D1658523

ALLE·ZEIT·WACH
1842

Johannes Wiedemann

Leichtbau

Band 2: Konstruktion

Mit 392 Abbildungen

Springer-Verlag
Berlin Heidelberg New York
London Paris Tokyo 1989

Professor Dr.-Ing. Johannes Wiedemann

Institut für Luft- und Raumfahrt
Technische Universität Berlin
Marchstraße 14
1000 Berlin 10

ISBN 3-540-50027-8 Springer-Verlag Berlin Heidelberg New York
ISBN 0-387-50027-8 Springer-Verlag New York Heidelberg Berlin

CIP-Kurztitelaufnahme der Deutschen Bibliothek
Wiedemann, Johannes:
Leichtbau/J. Wiedemann.
Berlin; Heidelberg; New York; Tokyo: Springer
Bd. 2. Konstruktion. – 1989
ISBN 3-540-50027-8 (Berlin . . .)
ISBN 0-387-50027-8 (New York . . .)

Satz: Mit einem System der Springer Produktions-Gesellschaft
Datenkonvertierung: Brühlsche Universitätsdruckerei, Gießen
Druck: Saladruck, Berlin
Bindearbeiten: Lüderitz & Bauer, Berlin
2068/3020-543210

Vorwort

Knapp drei Jahre nach Erscheinen des Bandes *Elemente*, etwas später als geplant, kann ich den angekündigten Band *Konstruktion* vorlegen. Er soll als eigenständiges Werk Kriterien und Methoden der Konstruktionssynthese vermitteln und sich nur zur Vertiefung der analytischen Grundlagen auf den ersten Band beziehen. Beide Bände decken gleichnamige Lehrveranstaltungen ab; sie sind zu diesem Zweck nicht als Nachschlagewerke sondern als Lehrbücher konzipiert. Wie schon zum ersten Band einleitend betont, legt der Verfasser aus didaktischen Gründen Wert auf eine weitestgehend analytisch geschlossene Betrachtungsweise. Numerische Analyse- und Optimierungsverfahren werden im Einzelfall herangezogen, aber nicht grundlegend behandelt, da sie an sich zu einer Konstruktionslehre wenig beitragen.

Durch die zum ersten Band eingegangenen Rezensionen und persönlichen Stellungnahmen sah ich mich in dieser Intention bestärkt und zur Abfassung des zweiten Bandes im gleichen Sinne ermutigt. Auch bei diesem werden Wünsche offen bleiben, einerseits nach mehr praktisch-anwendungsbezogener, andererseits nach mehr theoretisch-methodischer Vertiefung. Beanstandet wurde eine zum Teil unübliche Bezeichnung von Bauelementen; um Mißverständnisse zu vermeiden, möge sich der Leser an die erläuternden Abbildungen halten. Eine weitere kritische Anmerkung bezog sich auf die Literaturliste. Diese ist allerdings kurz gefaßt, denn ich habe mich, wie in der Einleitung gesagt, bewußt auf Quellenangaben beschränkt. Dies gilt auch für den zweiten Band. Eine weitere Aufzählung von Literaturstellen wäre mehr oder weniger willkürlich und könnte doch in keiner Weise Anspruch auf Vollständigkeit erheben. Freilich kann ich nicht ausschließen, daß wichtige aktuelle Literatur unberücksichtigt geblieben ist. Für kritische und ergänzende Hinweise zu einer verbesserten zweiten Auflage bin ich in jedem Fall dankbar.

Beim Überprüfen der Formeln und beim Korrekturlesen des Textes halfen wieder meine wissenschaftlichen Mitarbeiter, vor allem Herr Dipl.-Ing. Holger Völzke, der zu einzelnen Bildern auch inhaltlich beitrug. Herrn cand.-ing. Georg Mair oblag die redaktionelle Betreuung des zweiten Bandes, im besonderen die Kontrolle des Bildmaterials und das Sachregister. Die Ausführung der Zeichnungen lag in den bewährten Händen von Frau Gabriele Schwarzer; unterstützt wurde sie diesmal durch Frau Sylvia Halacz, Frau Hatun Kilinç und Herrn Sebastian Büchner. Allen genannten Kollegen danke ich für ihre Hilfe und die im Detail bewiesene Sorgfalt.

Nicht weniger fühle ich mich der Redaktion des Springer-Verlags für die gründliche und verständnisvolle Durchsicht und Betreuung des Skripts verpflichtet. Schließlich darf ich hier allen mit dieser Produktion befaßten Mitarbeitern des Verlags für die erfreuliche technische und ästhetische Qualität des Buches meinen Dank aussprechen.

Berlin, Januar 1989 Johannes Wiedemann

Inhaltsverzeichnis

Bezeichnungen

Aufgeführt sind nur die wichtigen Bezeichnungen, vor allem wenn diese in verschiedenen Kapiteln unterschiedliches bedeuten. Da Verwechslungen im Textzusammenhang kaum möglich sind, wurde auf genauere Differenzierung verzichtet. In der Liste sind hinter jedem Zeichen Bild- oder Gleichungsnummern angegeben, aus denen hervorgeht, in welchem Buchabschnitt es auftritt und wie es definiert ist.

$a\ b$	m	Seitenlängen, Abstände	Bild 4.2/18 (4.3–60)
$a\ a_1\ a_2$		Beiwerte	(7.1–8) (7.1–26)
b	m	Breite, Nietabstand	(4.3–47) (6.3–1)
b_m	m	Mittragende Breite	Bild 6.1/1 (6.1–4)
b_{44} bis b_{66}	Nm	Steifigkeiten der Platte	(4.3–35)
c_σ		Beiwert zur Biegespannung	Bild 4.2/18 (4.2–10)
c_f		Beiwert zum Biegepfeil	Bild 4.2/18 (4.2–10)
$c_y\ c_z$		Einspannfaktoren (Knickstab)	(4.3–5)
$c_M\ c_Z\ c_F\ c_O$		Kostenbeiwerte	(5.2–5) (5.2–7)
$c_1\ c_2$		Teilzielbeiwerte	Bild 5.2/15 (5.2–9)
c_{11} bis c_{33}	N/m	Steifigkeiten der Scheibe	(6.1–4)
c_{11}^+ bis c_{33}^+	m/N	Nachgiebigkeiten der Scheibe	(6.1–14)
$c_A\ c_B$		Streufaktoren	Bild 7.1/5 (7.1–29)
d	m	Steg- oder Flanschabstand	(4.2–37) (4.3–20)
d	m	Lagerabstand, Durchmesser	Bild 5.1/23 (6.3–1)
d_{ik}		Dämpfungsfaktoren	Bild 3.2/11
$f\ f_{zul}$	m	Biegepfeil (zulässiger)	(4.2–10)
$f \equiv \sigma_{max}/\sigma_\infty$		Spannungsspitzenfaktor	Bild 6.3/7 (6.3–5)
$f_Z\ f_V\ f_O$		Kostenfaktoren	(2.1–10)
$g \equiv G/b$	N/m	Gewicht pro Breiteneinheit	(4.2–8b)
h	m	Kasten- oder Profilhöhe	(2.2–6) (4.2–9)
i j k		Nummernindizes, Anzahlen	
$i_x\ i_y$	m	Trägheitsradien	(4.3–4)
$j\ j_{HB}\ j_{FB}$		Sicherheitsfaktor	Bild 5.4/11
$j_1\ j_2$		Sicherheit der Kettenglieder	Bild 7.1/8 (7.1–46)
$\overset{*}{j}_{BA}$		Bezugswerteverhältnis	(7.1–32)
j_{AS}		Ausfallsicherheit	Bild 7.3/13 bis 7.3/17
$k_B\ k_E\ k_W$		Faktoren im Kostenmodell	(2.1–9)
$k(\alpha, \beta)$		Beulwert des Profils	Bild 4.3/5 (4.3–21d)
$k\ \bar{k} = k(a/b)^2$		Beulwert der Platte	(4.3–29)
k_s		Kernschubknickwert	(4.3–28b)
k_S		Stegdruckbeulwert	(4.3–92)
k_τ		Schubbeulwert	(4.3–104)

k_{ZF}		Ausbildungsfaktor des Zugfeldes	(4.3−114)
l	m	Länge, Rißlänge	(4.1−1) (7.3−1)
l_z l_d	m	Zug- und Druckstablänge	(2.1−12) (5.2−2)
l_R	m	Feldlänge, Rippenabstand	Bild 2.2/8
$l_r \equiv \sigma_B/\gamma$	m	Reißlänge	(3.3−1) (4.4−1)
l_{eff}	m	effektive Knicklänge	(4.3−118)
l^*	m	Wirkungslänge der Klebung	(6.2−6)
m n		Anzahlen	Bild 5.2/1 (6.3−4)
m_z m_d		Stabanzahlen (Zug, Druck)	(2.1−11)
m m_V m_v		Exponenten der Kennwert-	(4.1−5) (4.1−12)
n n_V n_v		funktionen	(2.1−15) (4.1−12)
n_S n_{kr}		Lastvielfaches	Bild 2.2/1 und 2.2/2
n_x n_y n_{xy}		Scheibenkräfte	Bild 3.3/13 (6.1−9)
$\hat{p}$	N/m^2	Flächenlast, Innendruck	(4.1−3) (4.3−68)
p p_x	N/m	Linienlast, Längskraft	(2.2−6) (4.1−2)
p_L p_F p_K	N/m	Kräfte am Tragflügel	(2.2−1) (2.2−2)
q q_{xy}	N/m	Schubfluß	(4.1−2) (6.2−1)
q_v q_h	N/m	Stegschubflüsse	(2.2−7)
q_i q_j		Exponenten	(7.1−41)
r r_0 r_1	m	Radien (Loch, Pflaster)	Bild 6.4/2 (4.3−1)
$\boldsymbol{r}_j$	m	Ortsvektoren	(5.1−2)
r		Exponent	(7.1−17) (7.2−7)
s	m	Stegdicke	Bild 4.2/7 (4.2−16)
t	m	Flügelprofiltiefe	(2.2−1)
t	m	Dicke (Haut, Wand)	(4.2−5) (4.2−39)
$t_ä$	m	äquivalente Dicke	Bild 2.2/7 (4.2−44)
$\bar{t}$	m	verschmierte Plattendicke	(4.3−46a)
$\bar{t}_R$	m	verschmierte Rippenstärke	(4.3−60)
$\bar{t} \equiv t_1 + t_2$	m	Sandwichhautdicke	(4.2−42)
t_z t_d	m	Schichtdicken (Zug, Druck)	(5.1−16)
$\bar{t}_z$ $\bar{t}_d$	m	verschmierter Stabaufwand	(4.3−129)
t_K	m	Kleberschichtdicke	(6.2−2)
t	s	Zeit	Bild 5.2/3 (6.2/22)
v	m^2	Volumen pro Breite	(4.1−5b)
x y z		Koordinaten	(2.2−1) (3.1−8)
x_{MP}	m	Schubmittelpunktslage	(2.2−5)
x_A x_B x_{AB}		Verteilungskoordinaten	(7.1−7) (7.1−29)
x_A^* x_B^*		Bezugskoordinatenwerte	(7.1−32)
x_{01} bis x_{99}		für $Z = 0{,}01$ bis $0{,}99$	(7.1−7)
A A_j	m^2	Flächen allgemein	(2.1−1)
A	m^2	Querschnittsflächen	(4.2−1) (4.2−9)
A_F A_S	m^2	Flansch-, Stegfläche	(4.2−16)
A_G A_R	m^2	Gurt-, Randgurtfläche	(6.1−1) (6.1−13)
$\mathring{A}$	m^2	umschlossene Fläche	Bild 7.3/17
B B_x B_y B_{xy}	Nm	Plattensteifigkeiten	(3.3−8) (4.3−51)
D D_x D_y D_{xy}	N/m	Scheibensteifigkeiten	(3.3−6) (6.6−1)
D D_i		Schaden, Teilschaden	(7.2−9)
E	N/m^2	Elastizitätsmodul	Bild 3.3/1 (2.1−15)

E_s E_t	N/m^2	Sekanten-, Tangentenmodul	Bild 3.1/1 (4.3–2b)
E_w	N/m^2	wirksamer Knickmodul	(3.1–11) (3.1–12)
E_x E_y G_{xy}	N/m^2	orthotrope Moduln	(4.3–50) (6.2–1)
$E_\parallel$ $E_\perp$ $G_\#$	N/m^2	Moduln des UD-Laminats	(3.2–2) (4.5–28)
$E_\alpha \equiv E_{Kz}/\alpha$	N/m^2	bezogener Kernmodul	(4.3–35)
$\bar{E}$	N/m^2	wirksamer Sandwichmodul	(4.3–79)
F $\boldsymbol{F}$	N	Kraft, Kraftvektor	(4.1–1) (5.1–2)
F_1 bis F_6		Variablenfunktionen	(4.5–20) bis (4.5–43)
G G_{xy}	N/m^2	Schubmodul	Bild 3.1/6 (4.3–50)
G_K G_{Kx} G_{Ky}	N/m^2	Kleber-, Kernschubmodul	(4.3–53) (6.2–2)
$G_\alpha \equiv G_K/\alpha$		bezogener Kernschubmodul	(4.2–53)
G	N	Gewicht	(3.3–1) (4.2–8a)
G_T	N	Tragwerkgewicht	(2.1–3) (4.4–1)
G_N	N	Nutzlast	(2.1–9) (4.4–1)
G_Z	N	Zusatzgewicht	(2.1–31)
G_z G_d G_k	N	Teilgewichte am Fachwerk	(5.3–2)
$H(\sigma)$ $H_i(\sigma)$		Häufigkeitsverteilungen	(7.1–2) (7.2–5)
H_S		Summenhäufigkeit	(7.2–7)
I I_y I_z	m^4	Trägheitsmomente	(3.3–7) (4.3–20)
K_B K_E K_W K_F	DM	Anteile im Kostenmodell	(2.1–9)
K	N/m^2	Strukturkennwert	Bild 4.1/1 (2.1–15)
$K \equiv P/l^2$	N/m^2	Stabkennwert	(4.2–2) (4.3–2a)
$K \equiv p/l$	N/m^2	Plattenstabkennwert	(4.2–6) (4.3–28a)
$K \equiv p/b$	N/m^2	Plattenkennwert	(4.3–47a)
$K \equiv p/r$	N/m^2	Zylinderkennwert	(4.3–67a)
$K \equiv q/b$	N/m^2	Schubwandkennwert	(4.3–103)
$K_f \equiv Kl/f$	N/m^2	Federkennwert	(4.2–12b)
$K_\alpha \equiv K/\alpha$	N/m^2	bezogener Sandwichkennwert	(4.3–39)
K ΔK	N/m$^{3/2}$	Kerbspannungsintensität	Bild 7.3/1 (7.3–1)
K_c	N/m$^{3/2}$	Kerbbruchzähigkeit	(7.3–3)
M	kg	Masse	Bild 5.1/17
M_x M_y	Nm	Schnittmomente	(2.2–2) (2.2–4)
N N_B		Lastspielzahl (Bruch)	Bild 6.3/13 (7.2–2)
P P_z P_d	N	Stabkraft (Zug, Druck)	(2.1–4) (4.1–1)
Q_z	N	Querkraft	(2.2–2)
R S	m	Entscheidungsparameter	(2.1–20) (2.1–22)
S	m^3	Statisches Moment	(4.2–25a)
R_1 R_2 ...		Lastrestriktionen	Bild 4.5/1 bis 4.5/16
S_1 S_2 ...		Geometrierestriktionen	Bild 4.5/1 bis 4.5/10
$R \equiv \sigma_u/\sigma_o$		Spannungsverhältnis	Bild 6.3/13 (7.2–1)
T T_y	Nm	Torsionsmoment	Bild 7.3/17 (2.2–5)
T_L T_V	°C	Temperaturen	Bild 3.1/15
T_N T_σ		Streumaß	Bild 7.2/6 (7.2–3)
V V_j	m^3	Volumen	(2.1–1) (4.1–5a)
V_z V_d V_k	m^3	Stab- und Knotenvolumen	(4.1–5a) (5.1–1)
$V_ä \equiv V_H + \alpha V_K$	m^3	Äquivalentvolumen (Sandwich)	(4.2–44)
V^*	m^3	Optimalstrukturvolumen	(5.1–6)
V_M	m^3	Maxwell-, Michellvolumen	Bild 5.1/5

$V_B\ V_W$	m^3	Behälter-, Wandvolumen	(5.1−18)
$V(x)$		Versagenswahrscheinlich-	Bild 7.1/1 (7.1−4)
$V_G\ V_K$		keiten (Gruppe, Kette)	(7.1−13) (7.1−21)
$W(x)$		Wahrscheinlichkeitsintegral	(7.1−3)
$W_y\ W_z$	m^3	Widerstandsmoment (Profil)	(4.2−9)
$W_{el}\ W_{pl}$	N/m^2	spezifische Arbeitsaufnahme	(3.1−13) (3.1−14)
$W_a\ W_i$	Nm	äußere und innere Arbeit	(5.1−2) (5.1−3)
$X_1\ X_2 \ldots$		Optimierungsvariable	Bild 4.5/1 und 5.3/1
Y		Geometriefaktor	Bild 7.3/1 (7.3−1)
$Z(x)\ Z_K$		Zuverlässigkeit (Kette)	(7.1−4) (7.1−11)
$Z(X_i)$		Optimierungszielfunktion	Bild 4.5/1 bis 4.5/16
$Z_1\ Z_2$		Teilzielfunktionen	(5.2−8)
$\alpha \equiv \gamma_K/\gamma_H$		Kernfüllungsgrad	(4.2−44)
$\alpha_z\ \alpha_d\ \alpha = a/b$		Seitenverhältnisse	(4.3−125) (4.3−135)
$\alpha_{St}\ \alpha_C$		Wärmedehnzahlen	Bild 3.1/16
$\alpha_j\ \beta_j$		Exponenten, Winkel	(2.1−8) (5.1−5)
$\alpha_k\ \beta_k$		Formzahl, Kerbwirkzahl	Bild 7.2/2
$\alpha \equiv s/t\ \beta \equiv h/d$		Profilverhältnisse	(4.3−20) (4.3−90)
$\alpha \equiv r_0/r_1\ \beta \equiv t_0/t_1$		Pflasterverhältnisse	(6.4−1)
$\beta \equiv \alpha E/G_K = E/G_\alpha$		Sandwichparameter	(4.2−56)
$\beta_M\ \beta_Z\ \beta_F\ \beta_O$		Exponenten (Kostenmodell)	(5.2−5)
$\gamma\ \gamma_j$	N/m^3	spezifische Gewichte	(2.1−3) (3.3−1)
$\gamma_z\ \gamma_d$	N/m^3	spezifische Stabgewichte	(4.3−129) (5.2−2)
$\gamma_H\ \gamma_K$	N/m^3	spezifisches Haut-, Kerngewicht	(4.2−44)
γ_R	N/m^3	spezifisches Rippengewicht	(4.3−60)
$\bar{\gamma}$	N/m^3	mittleres spezifisches Gewicht	(4.1−4)
$\bar{\gamma}_N$	N/m^3	mittlere spezifische Nutzlast	(4.4−14)
$\gamma_{Kx}\ \gamma_{Ky}$		Kleberschubverformungen	(6.2−1)
$\delta = A_F/A_S$		Flanschfläche/Stegfläche	(4.2−16) (4.2−37)
$\delta = A_S/A_H$		Stegfläche/Hautfläche	(4.3−56)
$\delta = 2EA_G/D_x b$		relative Längsgurtsteifigkeit	Bild 6.1/1 (6.1−1)
$\varepsilon \equiv \Delta G/\Delta G_Z = \Delta G/\Delta G_N$		Vergrößerungsfaktor	(2.1−30)
$\varepsilon\ \varepsilon_B\ \varepsilon_F$		Dehnung (Bruch, Fließen)	Bild 3.1/1
$\varepsilon_x\ \varepsilon_y\ \varepsilon_{xy}$		Scheibenverformungen	(6.1−14)
$\varepsilon_{\parallel}\ \varepsilon_{\perp}$		Dehnungen des UD-Laminats	(4.5−31)
ε_R		Randdehnung	(3.1−8) (6.1−13)
ε_{bl}		bleibende Dehnung	(3.1−9)
$\zeta = \sqrt{D_x D_y}/D_{xy}$		Scherzahl der Scheibe	Bild 6.1/2
$\zeta_\sigma \equiv 2t_2/\bar{t}$		Exzentrizitätsbeiwerte	
$\zeta_f \equiv 4t_1 t_2/\bar{t}^2$		der Sandwichplatte	(4.2−42) (4.3−30)
$\eta \equiv B_{xy}/\sqrt{B_x B_y}$		Kreuzzahl der Platte	(4.3−50)
η		Nutzungs-, Wirkungsgrad	Bild 4.2/14 und 6.4/4
$\eta_{0,2}$		Wirkungsgrad der Klebung	(6.2−16)
$\eta_\sigma\ \eta_\tau$		Wirkungsgrad der Nietreihe	(6.3−1)
$\eta_w \equiv E_w/E$		relativer wirksamer Modul	(4.1−17)
$\eta_t \equiv E_t/E$		Faktor des Tangentenmoduls	(4.3−8b)
$\eta_s \equiv E_s/E$		Faktor des Sekantenmoduls	(4.3−105)
$\eta\ \xi$		gekrümmte Koordinaten	Bild 5.1/3 (5.1−11)

$\vartheta \equiv A_S/A$		Stegfläche/Gesamtfläche	Bild 4.2/10 (4.2–32)
$\varkappa_Z\ \varkappa_V\ \varkappa_O$		Exponenten	(2.1–10)
$\varkappa \equiv 3\bar{k}\zeta_f$		Beulwert des Sandwich	(4.3–31b)
$\varkappa$		Klebungskennzahl	(6.4–6)
$\varkappa_\alpha\ \varkappa_f$		Strukturkennwerte	(4.2–12)
λ		Schlankheit des Sandwich	(4.2–56)
$\lambda_R = b/i_R$		Rippenschlankheit	(4.3–62) (4.3–109)
$\Lambda_R = r/i_R$		Ringspantschlankheit	(4.3–97)
μ		Exponent, Parameter	(4.3–47c) (4.4–5)
$\mu \equiv \hat{p}/2K$		Kennwertverhältnis	(4.3–76)
$\mu_R \equiv I_R/A_R^2 = i_R^2/A$		Rippenprofilparameter	(4.3–111)
$\nu\ \nu_x\ \nu_y$		Querkontraktionszahlen	(3.1–1) (6.1–14)
$\nu_{\perp\parallel}\ \nu_{\parallel\perp}$		solche des UD-Laminats	(3.2–2)
$\xi_R \equiv \sigma_R/\sigma_{kr}$		Beulüberschreitungsgrad	(4.3–47c)
$\xi \equiv E_\perp/E_\parallel$		Modulverhältnis (UD-Lam.)	(4.5–28)
$\varrho \equiv A_R/A_H$		Rippenfläche/Hautfläche	(4.3–56b)
$\varrho_R \equiv E_R I_R/Kb^4$		bezogene Rippensteifigkeit	Bild 4.3/52 (4.3–110)
ϱ		Klebungskennzahl	(6.2–2)
$\sigma_F\ \sigma_B$	N/m^2	Fließgrenze, Bruchspannung	Bild 3.1/1
$\sigma_{0,2}$	N/m^2	Streckgrenze, Druckgrenze	Bild 3.1/1 und 4.3/2
σ_v	N/m^2	Vergleichsspannung	(3.1–2)
σ_a	N/m^2	Schwingspannungsamplitude	(7.2–1)
$\sigma_ä$	N/m^2	Äquivalentspannung	(4.1–18) (4.3–17)
$\sigma_{el}\ \sigma_{pl}$	N/m^2	elastische, plastische Spannung	(4.1–18)
σ_{kn}	N/m^2	Knautsch-, Knitterspannung	Bild 3.1/13 (4.3–35)
$\sigma_{kr}\ \sigma_{krö}$	N/m^2	Knick- oder Beulspannung	(4.3–2) (4.3–10)
$\sigma_m\ \sigma_{max}$	N/m^2	Mittelwert, Maximalwert	(4.3–3a)
$\sigma_o\ \sigma_u$	N/m^2	Oberwert, Unterwert	Bild 6.3/13 (7.2–1)
$\sigma_r\ \sigma_\varphi$	N/m^2	Radial-, Umfangsspannung	(6.4–1) (6.4–3)
$\sigma_m\ \sigma_{Am}\ \sigma_{Bm}$	N/m^2	Verteilungsmittelwerte	Bild 7.1/5 (7.1–29)
$\sigma_s\ \sigma_{As}\ \sigma_{Bs}$	N/m^2	Standardabweichungen	Bild 7.1/5 (7.1–29)
$\sigma_z\ \sigma_d$	N/m^2	Zugspannung, Druckspannung	(5.1–1)
$\bar{\sigma}_z\ \hat{\sigma}_z$	N/m^2	Schälspannungen	Bild 6.2/9
$\sigma_\parallel\ \sigma_\perp$	N/m^2	UD-Laminatspannungen	Bild 3.2/4
σ_∞	N/m^2	ungestörte Spannung	(6.3–5)
σ_D	N/m^2	Diagonalstabspannung	(4.3–128)
σ_G	N/m^2	Gurtspannung	Bild 6.1/1 (4.3–128)
$\sigma_H\ \sigma_{HS}$	N/m^2	Haut- und Stringerspannung	(4.3–61) (4.3–65)
σ_L	N/m^2	Lochleibungsdruck	(6.2–2)
σ_R	N/m^2	Randspannung	(3.1–8) (4.3–47)
σ_P	N/m^2	Pfostenspannung	(4.3–112)
$\tau_{0,2}\ \tau_F\ \tau_B$	N/m^2	Materialgrenzen für Schub	Bild 3.1/6 (4.3–51)
$\tau_ä$	N/m^2	Äquivalentschubspannung	(4.3–106) (4.3–126)
τ_{kr}	N/m^2	Schubbeulspannung	(4.3–104)
$\tau_{Kx}\ \tau_{Ky}$	N/m^2	Kleberschubspannungen	(6.2–1)
τ_{Km}	N/m^2	Kleberschubmittelwert	(6.2–4)
τ_{Kmax}	N/m^2	Kleberschubspitze	(6.2–5)
τ_{Kmax}^*	N/m^2	deren Mindestwert	(6.2–8) (6.2–11)

τ_{KB}	N/m^2	Kleberschubfestigkeit	(6.2–15)
τ_N	N/m^2	Nietscherspannung	(6.3–3)
τ_{ZF}	N/m^2	Zugfeldanteil des Schubes	(4.3–114)
$\varphi = \Delta G_T/\Delta G_N$		Verstärkungsfaktor	(2.1–23)
$\varphi = V_F/V$		Faservolumenanteil	(3.2–1)
φ		Netz- oder Stabwinkel	Bild 5.1/19 (5.1–24)
φ		Randgurtwinkel	(6.1–10)
$\psi \equiv M_F/M$		Fasermassenanteil	(3.2–1)
$\psi \equiv E_1 t_1/E_2 t_2$		Zugsteifigkeitsverhältnis	(6.2–2)
$\Phi \equiv \Phi_\sigma$		Wirkungsfaktor (bezüglich E)	(2.1–15) (4.1–10)
Φ_H Φ_{HS}		dieser von Haut + Stringern	(4.3–61) (4.3–65)
$\Phi_ä \equiv \Phi\sigma_ä/\sigma$		äquivalent. Wirkungsfaktor	(4.3–58c) (4.3–126)
$\Phi_d = \Phi_h d/h$		Profilfaktor der Platte	(4.3–45b)
Φ_V Φ_v		Volumenfaktoren (bezüglich E)	(4.1–5) (4.1–6)
$\Psi = \Psi_\sigma$		Wirkungsfaktor (bezüglich σ)	(4.1–10)
Ψ_V Ψ_v Ψ_{Vk}		Volumenfaktoren (bezüglich σ)	(4.1–5) (5.3–4)
Ω $\Omega_{0,2}$		Fachwerkparameter	(4.3–130)
$(\ )'$ $(\ )^{\cdot}$		Ableitungen nach Koordinaten oder Variablen	

1 Einführung

Das Gesamtwerk *Leichtbau* ist in zwei Bände gegliedert, die als selbständige Einzelwerke verstanden und genutzt werden können, die aber doch als Einheit konzipiert sind. Beide Teile sind in ihren didaktischen Zielen und Methoden aufeinander abgestimmt, damit der Zusammenhang zwischen analytischen Grundlagen und konstruktiven Folgerungen erkennbar wird. Zunächst sei erklärt, womit Band 2 *Konstruktion* über Band 1 *Elemente* hinausgeht, worin er sich auf diesen bezieht und was er im besonderen intendiert.

Der vorliegende Band handelt vom Entwurf, von der Gestaltung, Dimensionierung und Optimierung der Leichtbauwerke. Sein Titel deutet in diesem Sinn auf die *Konstruktion* als Syntheseprozeß; *Konstruktionen* als Objekte oder Ergebnisse interessieren dabei nur beispielhaft. Der Leser darf keine Aufreihung fertiger, normierter Lösungen erwarten; vielmehr ist beabsichtigt, ihm methodische Grundlagen und Strategien nahezubringen. Ziele, Möglichkeiten, Grenzen und Kriterien des Leichtbaus sind vielfältig und unterschiedlich wie seine Einsatzbereiche. Vorbilder aus der Praxis können nicht unbedacht übernommen werden. Der Konstrukteur soll imstande sein, auch unkonventionelle Lösungen zu finden und zu bewerten. Je mehr die Technik fortschreitet, je rascher sich ihre Voraussetzungen und Bedingungen ändern, desto mehr sind Beweglichkeit, Kreativität und Entscheidungsfähigkeit gefordert. Dies verlangt gründliche Kenntnis der ökonomischen und technologischen Grundlagen, die Beherrschung geeigneter Entscheidungs- oder Optimierungsverfahren und, vor allem, ein Verständnis für die Funktionsweise des Systems, hier also für das Tragverhalten der Leichtbaustruktur.

Solches Verständnis zu vermitteln, war das Ziel des ersten Bandes. Analytische Grundlagen, wie sie dort oder in ähnlicher Literatur ausgeführt sind, werden hier vorausgesetzt. Zur Herleitung und Begründung von Formeln, die dem Auslegen und Bemessen von Bauteilen nach Kriterien der Festigkeit, der Steifigkeit und der Stabilität dienen, wird jeweils auf die entsprechenden Abschnitte des ersten Bandes verwiesen. Beschränkt sich das Interesse auf Anwendungsformeln oder deren Resultate, so kann der zweite Band wie der erste für sich stehen. Allerdings gibt es auch für den Konstrukteur verschiedene Gründe, sich um tieferes analytisches Verstehen des Strukturverhaltens zu bemühen: anders kann er den Aussagewert einzelner Formeln und darauf gründender Optimierungsrechnungen schlecht beurteilen; erst recht dürfte es schwerfallen, neuartige Lösungen zu finden, wenn diese nicht aus konkreten Vorstellungen der Tragwerkfunktionen hervorgehen. Solche Vorstellungen zu bilden wird durch die heute üblichen numerischen Analysemethoden, so unbestritten deren Nutzen oder Notwendigkeit sein mag, nicht unbedingt gefördert. Die Geometrie komplizierter Strukturen sowie ihre Beanspruchungen und

Verformungen lassen sich mit Rechnerhilfe am Bildschirm darstellen; man erhält leicht und rasch eine Anschauung vom Strukturverhalten und vom Einfluß einzelner Maßnahmen. Doch kann ein solches, gewöhnlich durch kommerzielle CAD-Programme gewonnenes Bild die aus eigener Erkenntnis geschöpfte Vorstellung bestenfalls unterstützen, aber nicht ersetzen. Ein *kreatives* oder *innovatives* Verstehen setzt die Fähigkeit voraus, zu abstrahieren und idealisierte Analysemodelle zu bilden, die dem Entwicklungsstadium der Konstruktion von der Konzeptphase bis zur Detailausführung sowie dem ansteigenden Problematisierungsgrad angemessen sind. Im ersten Band wurden solche Modelle für einfache und komplexere Strukturen systematisch aufgebaut, in der Absicht, ihren hypothetischen Charakter deutlich zu machen und zu zeigen, wie man sie zweckentsprechend reduzieren oder verfeinern kann. Damit sollten nicht nur Dimensionierungsformeln verfügbar gemacht, sondern auch die zur Konstruktionssynthese notwendigen Einsichten in mechanische Zusammenhänge gefördert werden.

Eine allgemeine Einführung in den Leichtbau und in die Ziele des Buches ist dem ersten Band vorangestellt. Darin sind, neben Analysefragen, auch schon Grundsätze der Konstruktion, ihrer Prinzipien, Strukturen und Bauweisen angesprochen. Die Einführung zum zweiten Teil darf sich darum kürzer fassen. Sie beschränkt sich auf einige kritische Überlegungen zum Anspruch einer Konstruktionslehre, auf eine Problembeschreibung der Leichtbaukonstruktion und auf Erläuterungen zur inhaltlichen Gliederung des Bandes.

1.1 Fragen und Erwartungen an eine Konstruktionslehre

Dieses Buch soll nicht eine willkürliche Sammlung mehr oder weniger aktueller Praxisbeispiele oder Forschungsergebnisse bieten, sondern zu einer systematischen, methodisch strukturierten und theoretisch fundierten Konstruktionslehre des Leichtbaus beitragen. Deren Aussagen müssen von grundlegender Natur sein und über längere Zeit gelten können. Bei solchem Anspruch erheben sich eine Reihe Fragen, die Möglichkeiten und Grenzen einer Konstruktionslehre allgemein betreffend; sie fordern, wenn auch keine abschließende Antwort, so doch wenigstens eine Stellungnahme, bevor im weiteren das besondere Problemfeld der Leichtbaukonstruktion ausgebreitet wird.

Was heißt *Konstruieren*? Worin unterscheiden sich die Aufgaben des Konstruierens und des Analysierens?

Das Wort *Konstruktion* bezeichnet ebenso das Produkt wie den Prozeß des Konstruierens, d.h. der Synthese eines zweckdienlichen Gegenstandes, ausgehend von einem Funktionskonzept, über den Systementwurf und seine Auslegung, die Detailausführung und Dimensionierung bis zum Erstellen eines Fertigungsprogramms. Geht es um eine Teilaufgabe, etwa die Zelle eines Fahrzeuges, so kann man dessen Gesamtentwurf dem Konstruktionsproblem und dem Strukturentwurf der Zelle voranstellen; der Begriff *Konstruktion* soll damit nicht auf die Detailausführung des Entwurfs reduziert und diesem nachgeordnet werden. Die den ganzen Syntheseprozeß umfassende Aufgabe des Konstruierens besteht darin, aus gewissen Vorstellungen (*Ideen*) heraus, gestützt auf praktische Vorbilder und gesteuert durch Zielkriterien, eingeschränkt durch geometrische, mechanische und technologische Restriktionen, eine Maschine oder ein Tragwerk zu entwickeln, das eine vorgegebene

Mission erfüllt. Sie unterscheidet sich damit vom reinen Analyseprozeß, der bereits einen Gegenstand voraussetzt. Der Konstrukteur benötigt die Analyse zur Formulierung der mechanischen Restriktionen (Festigkeit und Steifigkeit) und zum Verständnis der System- und Bauteilfunktionen. Dazu muß er die Analysemodelle der jeweiligen Entwicklungsphase und der zunehmenden Konkretisierung und Differenzierung seines Objektes anpassen, er muß entsprechend abstrahieren können und die hypothetischen Voraussetzungen seiner Rechnung richtig einschätzen.

Sein Problem geht aber darüberhinaus: er hat Entscheidungen zu treffen, alternative Lösungen zu beurteilen und zu optimieren, sie zu bevorzugen oder zu verwerfen. Dafür sind Zielmodelle aufzubauen und Optimierungsstrategien zu entwickeln. Vor allem aber wird erwartet, daß der Konstrukteur alle denkbaren Alternativen und Variationen ausschöpft, Vorbilder heranzieht oder neuartige Lösungen findet oder *erfindet.* Der Analyseanteil mag am leichtesten dem Anspruch einer *Wissenschaft* genügen; Entscheidungen aber sind in der Regel nicht durchgehend rational begründbar. Bei unterschiedlichen Zielaspekten lassen sich Einzelmaßnahmen nur über subjektive Wichtungsfaktoren beurteilen und aufrechnen. Der Konstrukteur muß also nicht allein kritisch analysieren und optimieren können, er soll auch über Erfindungsgeist, Vorstellungskraft und Wirklichkeitssinn verfügen.

Ist Konstruieren lehrbar? Wie und wo werden Konstrukteure ausgebildet? Was leistet die Hochschule?

B. Knauer [1.1] weist auf den historischen Hintergrund gegensätzlicher Positionen hin ([1.2] und [1.3]). W. C. Waffenschmidt [1.4] vertritt die Auffassung, Konstruieren sei in jedem Fall nach Regeln lehrbar; dagegen R. Franke [1.5]: *die Kunst des Konstruierens muß angeboren sein, wie jede andere Kunst.* Diese gegensätzlichen Standpunkte scheinen heute weniger unversöhnlich. Dafür zeugen eine Reihe neuerer Publikationen und Lehrbücher [1.6–1.9], die sich um eine systematische Konstruktionslehre bemühen, und weitere [1.10–1.12], die besonders der Kreativitätsförderung, der Kunst des Erfindens gewidmet sind.

An Technischen Hochschulen und Universitäten nimmt derzeit das Fach *Konstruktionslehre* im Grundstudium relativ großen Raum ein. Daraus läßt sich schließen, daß Konstruieren lehrbar ist und daß man diesem Fach einen hohen Rang für die Ingenieurausbildung beimißt. Dem Konstruieren liegt wie jedem Handwerk eine *Technik* zugrunde, d.h. ein gewisser Apparat tradierbarer, empirisch bewährter und standardisierter Verfahren und Fertigkeiten, die sich vermitteln und einüben lassen. Von wissenschaftlichen Hochschulen darf man dazu erwarten, daß sie auf theoretische Fundierung, analytische Einsichten und systematische Methodik besonderen Wert legen.

Die Konstruktionsabteilungen der Industrie sind meistens mit Absolventen der Fachhochschulen besetzt, denen anstelle wissenschaftlicher Vertiefung größere Praxisnähe nachgerühmt wird, während den Akademikern die analytischen Aufgaben der Konstruktionsberechnung, der Forschung und der Entwicklung vorbehalten bleiben. Leider zeigt der Hochschüler im allgemeinen auch wenig Neigung zu konstruktiven Aufgaben, das Zeichenbrett gilt ihm oft als Symbol der Engstirnigkeit. Die *Angst vor dem weißen Blatt* und die daraus folgende Unsicherheit mag manchen bewegen, lieber vorgegebene Objekte zu analysieren. Hinzu kommen traditionelle Vorurteile: Fachschulabsolventen greifen zum Universitätsstudium, um das Berufsbild des Konstrukteurs hinter sich zu lassen und dafür die höheren Weihen der Wissenschaft einzutauschen.

Die Konstruktionslehre muß also, um auch Akademiker anzusprechen, ihr theoretisches Fundament ausbauen. Die Einführung numerischer, rechnergestützter Verfahren kann das Interesse des Studenten fesseln, fördert aber nicht in jedem Fall sein Verständnis und seine Kreativität. Diese wird am kräftigsten durch Motivation an konkreten Projekten angeregt; darum erlernt sich die *Kunst* des Konstruierens vielleicht besser in der industriellen Praxis als in akademischen Veranstaltungen oder aus Büchern. Indes kann man, bei aller Skepsis in didaktischer Hinsicht, von einer Konstruktionslehre erwarten, daß sie dem Ingenieur durch gedankliche Strukturierung seines Problemfeldes Richtlinien und Entscheidungshilfen für die Bewältigung komplexer Aufgaben anbietet.

Wie läßt sich eine Konstruktionsaufgabe strukturieren? Welche Berechnungs- und Optimierungsmethoden sind der Konstruktion angemessen? Welche Entscheidungshilfen gibt es?

Zunächst lassen sich verschiedene Aufgabenbereiche gegeneinander abgrenzen, ihre spezifischen Problemfelder beschreiben, Missionen definieren, Ziele und Bedingungen formulieren. Für Maschinen gelten andere Auslegungskriterien als für Tragwerke, für die Schifftechnik andere als für die Luft- und Raumfahrt, für den gewöhnlichen Stahlbau andere als für den Leichtbau. Wie einerseits Anwendungs- und Aufgabengebiete, so kann man andererseits Lösungsalternativen auffächern: Energie läßt sich mechanisch, hydraulisch, elektrisch oder thermisch erzeugen, speichern oder übertragen; Transportaufgaben werden auf Straßen oder Schienen, auf dem Wasserwege oder durch die Luft besorgt; Tragstrukturen können als Stabwerke oder Flächenwerke, in differenzierter oder integraler Bauweise oder als Verbundkonstruktionen ausgeführt werden. Spielt man systematisch verschiedene Möglichkeiten durch, so stößt man gelegentlich auch auf unkonventionelle Kombinationen (*Morphologische Methode*).

Methodisches Konstruieren geht in der Regel davon aus, daß die Gesamtfunktion eines Systems in Einzelfunktionen zerlegt und das Bauwerk aus Bauelementen kombiniert werden kann, die standardisierbar sind und sich jederzeit abrufen und zweckmäßig dimensionieren lassen. Die Systemstruktur, d.h. die Zuordnung der Teilfunktionen oder Elemente untereinander mag mehr oder weniger linearen oder vernetzten, seriellen, parallelen oder hierarchischen Charakter aufweisen. Auf komplexe Leichtbauwerke trifft häufig der letzte Fall zu; er ermöglicht es, die Gesamtfunktion des Systems zunächst durch ein idealisiertes Grundmodell (etwa als *Balken*) zu beschreiben und dieses stufenweise nach Unterfunktionen zu gliedern und zu verfeinern (als komplexen *Kastenträger*, siehe Bd. 1, Bild 1.3/1 bis 4). In diesem Sinne ließe sich eine von der Einheit ausgehende, in Unterfunktionen verzweigend aufteilende, quasi *organische* Vorgehensweise von einem eher *additiven* Konstruieren unterscheiden (es wird in verschiedenen Kapiteln dieses Buches Gelegenheit sein, derartige Strukturen zu erläutern).

Der Entwurf einer Systemstruktur, die Wahl der Bauweisen und der Bauelemente sowie deren fertigungsgerechte Auslegung stellen den Konstrukteur ständig vor Entscheidungen. Eine Konstruktionslehre muß dazu Zielmodelle und Strategien anbieten, die ebenso wie Analysemodelle dem Problematisierungsgrad und den Genauigkeitsforderungen der Konstruktionsentwicklung angemessen sind. Im einfachsten Fall kann es genügen, die Funktionsfähigkeit und Realisierbarkeit einer Lösung nachzuweisen, bei höheren Ansprüchen wird eine *Optimierung* verlangt. Diese setzt streng genommen eine eindeutige Zielfunktion (Kosten oder Gewicht) voraus. Läßt sich ein quantitatives Zielmodell begründen, so kann man verschiedene numerische Optimierungsverfahren darauf ansetzen. Dabei sollte keine größere Genauigkeit angestrebt werden, als durch das Zielmodell gerechtfertigt erscheint; dieses ist zum Zwecke einer solchen Optimierung meistens sehr idealisiert oder vereinfacht (etwa im Zusammenhang von Kosten und Gewicht). Auch sind die Optima, wenn sie nicht gerade auf geometrischen oder mechanischen Restriktionen liegen, im allgemeinen so flach, daß Abweichungen ohne große Wertverluste tolerierbar sind. Solche Toleranzen lassen sich etwa zur einfacheren Fertigung des Bauteils nützen; das Interesse des Ingenieurs gilt darum weniger dem Optimalpunkt selbst als seiner Umgebung.

Während sich im Leichtbau mit dem Gewicht eine eindeutige physikalische (und damit zeitlose) Zielfunktion anbietet, wird im allgemeinen eine Bewertung und darauf fußende Optimierung durch konkurrierende und widersprüchliche Zielvorstellungen erschwert (geringe Kosten! hohe Zuverlässigkeit! lange Lebensdauer! einfache Handhabung! Wartungsfreundlichkeit! Zugänglichkeit! u.ä.). Für solche Fälle empfehlen sich systemtechnische Methoden, in denen Ziele und Maßnahmen mit mehr oder weniger subjektiven Faktoren gewichtet und aufgerechnet werden. Das Ummünzen qualitativer in quantitative Kriterien und das Aufsummieren nicht dimensionsgleicher Einzelwerte machen diese Methode fragwürdig, wenigstens soweit sie Rationalität für sich beansprucht; trotzdem hat sich die Systemtechnik als Planungs- und Entscheidungshilfe in vielen technischen und ökonomischen Bereichen durchgesetzt. Zu ihrer Rechtfertigung kann man anführen, daß die Probleme in der Sache liegen, daß Ziele und Wertvorstellungen stets persönliche oder gesellschaftliche Schöpfungen sind und sich nicht selten widersprechen. (Die Problematik ungleichartiger Zieldimensionen wird in der *Vektoroptimierung* [1.13] durch Bezug auf die speziellen Minima gelöst, auch beschränkt sich das Verfahren auf nicht widersprüchliche Einzelziele; dennoch stellt deren willkürliche Wichtung das *Optimum* grundsätzlich in Frage.)

Eine zur Problemstrukturierung und für rationale Entscheidungen wichtige Größe ist die *Beanspruchungsdichte*, d.h. das Verhältnis von Energie oder Last zur äußeren Geometrie oder zum Raumbedarf. Ein solcher Kennwert ist der Konstruktion meistens vorgeschrieben; nach oben markiert er die Grenze technischer Realisierbarkeit. Als *Strukturkennwert* für Tragwerkkonstruktionen wird er im folgenden zur Charakterisierung des Problemfeldes und zur Leichtbauoptimierung dienen (Abschn. 1.2 und Kap. 4). Mit seiner Hilfe läßt sich etwas über Vorzüge der einen oder der anderen Bauweise aussagen.

In jedem Fall müssen die Alternativen und Variabilitäten der Bauweise oder des Bauteils vorgegeben sein. Unabhängig von Optimierungsverfahren und Entscheidungskriterien treten damit prinzipielle Fragen auf:

Was leistet *Optimierung*? Was bedeutet *Innovation*? Was hilft *Rechnergestütztes Konstruieren* (*C*omputer *A*ided *D*esign)?

Schlagworte kennzeichnen aktuelle Trends, verdecken aber in ihrem programmatischen und ideologischen Anspruch oft auch Defizite an kritischer Reflexion. So ist der Begriff *Optimierung* von vornherein positiv besetzt, wobei das Optimierungsziel, die angebotenen Variablen und die Einschränkungen des Spielraumes nicht immer hinterfragt werden. Wie zur Strukturanalyse sind heute auch zur Optimierung leistungsfähige numerische Verfahren verfügbar. Optisch eindrucksvolle Ergebnisse täuschen leicht über ihren Aussagewert und lassen vergessen, daß Optimierung nicht mehr leistet, als dies: gewisse vorgegebene und in ihrer Anzahl beschränkte Variable an eine spezielle Aufgabe unter besonderen Randbedingungen anzupassen. Selbst bei eindeutigem Ziel ist von einer Optimierung keinesfalls eine *Höherentwicklung* von einfachen zu mehr differenzierten Strukturen zu erwarten (wie man etwa dem Begriff einer *Evolutionsstrategie* entnehmen könnte, siehe Abschn. 5.3.2.1). Jeder Optimierungsstrategie muß ein topologischer und funktionaler Entwurf mit definierter Variabilität vorliegen; die Anzahl der Veränderlichen kann im Optimierungsprozeß zwar abgebaut, aber nicht erhöht werden. Wichtig sind darum *Innovationen*, also schöpferische Akte, die neue Variationsmöglichkeiten und Funktionssysteme erschließen. Durch neue Bauweisen, Werkstoffe oder Fertigungsverfahren läßt sich der Zielwert (Gewicht) oft weit mehr verbessern als durch Auslese oder Optimierung. Nur durch *Kreativität* kann man immer wieder Höhe gewinnen, aus der sich Anpassungen vollziehen lassen, ohne daß diese allmählich zu ideeller Verarmung führen. Woraus eine solche *geistige Thermik* sich speist und wie man sie fördert, dürfte die interessanteste didaktische Frage auch jeder Konstruktionslehre bleiben.

Gewisse Hilfe erhofft man sich heute von rechnergestützten Verfahren. Wieweit *innovative CAD-Systeme* den menschlichen Erfindungsgeist entlasten oder ersetzen können, bleibt abzuwarten. Zweifellos große Erleichterung verschaffen dem Konstrukteur Programme zur graphischen Objektdarstellung, zur Verwaltung und zur Verarbeitung der benötigten Informationen, Daten und Formeln; Konstruktionsergebnisse lassen sich direkt in Fertigungsprogramme für numerisch gesteuerte Werkzeugmaschinen übersetzen (CAM: Computer Aided Manufacturing). Der Begriff *Rechnergestütztes Konstruieren* ist schwer einzugrenzen, er soll hier nicht weiter ausgeführt sein; ein Hinweis auf aktuelle, kompetente Literatur möge genügen [1.4–1.20]. Ergebnisse rechnergestützten Entwerfens werden in diesem Buch an zweierlei Beispielen vorgestellt: einmal zur Optimierung statisch unbestimmter Flächentragwerke (Abschn. 5.4), das anderemal zum automatischen Entwurf von Stabwerken (Abschn. 5.2). Im letzten Fall wird der Frage nachgegangen, wieweit der Rechner auch eine Aufgabe übernehmen kann, die man gewöhnlich der *kreativen* Phase des Konstruierens zuordnet: nämlich die Konzeption einer vorteilhaften Stabwerktopologie, die man bei einer üblichen Dicken- oder Formoptimierung (Abschn. 5.3) vorgeben muß. Eine so tief ins Vorfeld des Konstruierens reichende Automatisierung ist freilich nur bei einfacher Problemstruktur möglich, und auch dann nicht unbedingt effektiv: meistens läßt sich durch interaktives Arbeiten, durch Prozeßbeobachtung und korrigierendes Eingreifen am Bildschirm der Entwurfs- oder Optimierungsvorgang beschleunigen und das Ergebnis verbessern. Trotz Rechnerhilfen wird man auch weiterhin auf den bewußten und geübten, einerseits analytisch geschulten, andererseits mit *richtigem Gefühl* und *Intuition* begabten Konstrukteur nicht verzichten können. Diese Feststellung provoziert die Frage:

Gibt es für den Ingenieur eine „Psychologie der Kreativität"? Gibt es ästhetische oder gar ethische Aspekte der Technik im allgemeinen und einer Konstruktionslehre im besonderen?

Der Verfasser maßt sich nicht an, solche Fragen beantworten zu wollen. Er möchte aber an dieser Stelle wenigstens auf das Buch „Technische Kompositionslehre" von Fritz Kesselring [1.21] hinweisen. Die darin gegebene „Wegleitung für das Auffinden wahrer Erfindungen" sei hier auszugsweise zitiert. Kesselring empfiehlt:

> „Befreiung von allen Vorurteilen, bewußte Loslösung vom Bestehenden. – Immer weiteres Sichhineinsteigern in die Überzeugung, ja beinahe in den Wahn, daß sich

etwas Besseres finden lasse. – Erwägen und Abwägen aller für eine Lösung irgendwie in Betracht kommenden physikalischen Gesetzmäßigkeiten, technologische Erfahrungen, mehr gefühlsmäßig sich aufdrängenden Möglichkeiten, wobei zunächst auch vor absurd anmutenden Kombinationen nicht zurückgeschreckt werden sollte. – Bewußtes Ausnützen der für das Erfinden günstigen körperlich-geistig-seelischen Verfassung. Charakteristisch hierfür ist jener schwebende, oft etwas träumerische und dann doch wieder von überhellen Augenblicken durchbrochene, allen logischen, insbesondere mathematischen Überlegungen abgewandte Zustand. – Unverzügliches Aufzeichnen aller, selbst noch so vager Einfälle, Gedankensplitter, Assoziationen, Analogien in Form von Stichworten und Skizzen. – Einschalten der schöpferischen Pause; Zurückdämmen, ja beinahe Vergessen des bisher Erarbeiteten, und doch immer von der Gewißheit erfüllt bleiben, daß eines Tages der rettende Gedanke sich einstellen wird. – Erhaschen und wenn irgend möglich Festhalten des meist unversehens und blitzartig auftauchenden Erfindungsgedankens nebst den daran sich lawinenartig anschließenden Gedankenassoziationen, Realisierungsmöglichkeiten, Abwandlung u. dgl. – Entspannung und Sichtung der Visionen; Überwindung der fast nie ausbleibenden Ernüchterung, Prüfung der Realisierungsmöglichkeiten oder, falls sich die Idee nicht als genügend tragfähig erweist nochmaliges Beginnen von vorn."

Man kann nur hoffen, daß auch die modernen Arbeitsbedingungen dem Ingenieur in diesen Punkten entgegenkommen.

Kesselring meint im übrigen, daß natürlich jede überdurchschnittliche Leistung an relativ selten auftretende Veranlagungen geknüpft sei und eine Erfindungslehre darum nur solche im Unbewußten schlummernde Begabung wecken und den „Willen zum Erfinden stärken" könne, „um dadurch den erfinderisch Tätigen mit jener Begeisterung zu erfüllen, die immer wieder Voraussetzung für jede schöpferische Tat ist". Er weist auf die förderliche und erhebende Wirkung der Kunstbetrachtung und der Philosophie hin. Er vergleicht das Konstruieren des Ingenieurs mit dem Komponieren des Musikers. Dabei sieht er in Kunstwerken einen über die zeitbedingte, der Vergänglichkeit verfallende Maschinenwelt hinausreichenden Wert, und in ihrer Betrachtung einen für den Techniker notwendigen Ausgleich.

Sicher ließen sich auch konkretere Zusammenhänge zwischen technischen und bildenden Künsten, zwischen Architektur, Musik und Mathematik aufzeigen, die in ingenieurdidaktischer Hinsicht Interesse verdienten. Früher erschienen solche Vergleiche nicht abwegig. So reflektierte anno 1762 der Enzyklopädist Denis Diderot:

„Michelangelo sucht nach der Form, die er der Kuppel des Petersdoms in Rom geben könnte. Es ist eine der schönsten Formen, die man wählen konnte. Ihre Eleganz erstaunt und begeistert einen jeden. Die Breite war gegeben; nun handelte es sich zunächst darum die Höhe zu bestimmen. Ich sehe, wie sich der Architekt herantastet, ich sehe ihn Höhe hinzufügen, wieder wegnehmen, bis er endlich jene findet, die er suchte, und er ruft aus: Das genau ist sie. Nachdem er die Höhe gefunden hatte, mußte er die Rundung für diese Höhe und diese Breite entwerfen. Wieviel neues Tasten! Wie oft kratzte er seinen Federstrich aus, um einen runderen, flacheren, bauchigeren zu ziehen, bis er schließlich den fand, nach dem er sein Bauwerk vollendete! Was lehrte ihn, im rechten Augenblick innezuhalten? Welchen Grund hatte er, unter so vielen aufeinanderfolgenden Figuren, die er auf das Papier zeichnete, dieser vor jener den Vorzug zu geben? Um diese schwierigen Fragen zu klären, rief ich mir ins Gedächtnis zurück, daß ein gewisser Monsieur de la Hire, ein großer Mathematiker von der Akademie der Wissenschaften, auf seiner Italienreise nach Rom kam und wie jedermann von der Schönheit der Kuppel von Sankt Peter überwältigt war. Doch seine Bewunderung blieb nicht ohne Früchte. Er wollte die Kurve haben, die diese Kuppel bildete. Also ließ er sie nachmessen und ermittelte mit Hilfe der Geometrie ihre Eigenschaften. Wie groß war sein Erstaunen, als er feststellte, daß es die der größten Widerstandsfähigkeit war."

Diderot führt das sichere Formempfinden Michelangelos auf einen teils natürlich begründeten, teils durch Erfahrung gewonnenen „Instinkt" zurück. Der Verfasser möchte sich dieser Ansicht insoweit anschließen, als er überzeugt ist, daß die Fähigkeit, mechanische Zusammenhänge wie das Verhalten von Tragwerken, ihre Kraftflüsse, Kraftwirkungen und Verformungen und schließlich auch *optimalen Kräftepfade* vorzustellen und zu begreifen, weniger durch den Kopf als durch den Körper vermittelt wird. (Er plädiert daher für die peripatetische statt der üblichen sitzenden Arbeitsweise.)

Auch die Betrachtung der äußeren Natur kann dem Techniker weiterhelfen. Sie war die Lehrmeisterin nicht zuletzt Otto Lilienthals, und bietet eine Fülle von Anregungen, wie Heinrich Hertel in seinem schönen Buch „Struktur, Form, Bewegung" [1.23] ausführt.

Ungleich schwieriger, weder aus natürlichen noch aus ästhetischen Vorbildern anzuleiten ist die Begründung und die Durchsetzung ethischer Kriterien. Mag die Notwendigkeit technischen Fortschritts zur Existenzsicherung der Menschheit oder auch nur zu ihrem Wohlbefinden unbestritten sein, so deutet doch wenig darauf hin, daß der Ingenieur wesentlich durch humane Ziele inspiriert und geleitet werde. Nach wie vor sucht der von seiner Idee eingenommene Techniker nach ökonomisch und politisch optimalen Realisationsbedingungen. Nicht nur in der Luft- und Raumfahrt geht die stärkste Faszination und Motivation vom Gegenstand selbst aus. Oft ist es gerade die kreative Persönlichkeit, die in ihrer Objektbesessenheit, koste es was es wolle, zur Verwirklichung drängt und ihre moralische Argumentation, soweit überhaupt gefragt, leicht ihren Wünschen anpaßt. Ethische Wertvorstellungen, als Restriktionen oder als Ziele, lassen sich freilich nicht aus der Technik selbst begründen; sie haben ihr Fundament im Welt- und Menschenbild der Gesellschaft und im Selbstverständnis des Individuums.

Eine Konstruktionslehre des Leichtbaus kann dazu wenig beitragen. Sie muß zunächst im Sinne der rein technischen Moral wirken, die darin besteht, ein funktionstüchtiges Tragwerk zu erstellen und dieses auf ein quantitativ formulierbares Ziel, ein Kosten- oder Gewichtsminimum hin zu optimieren. Unter dem Aspekt der Sicherheit und Zuverlässigkeit komplexer Systeme, etwa der Luft- und Raumfahrt, der Verkehrs- und der Energietechnik, berührt auch sie schließlich die Fragen einer weiterreichenden Verantwortung.

1.2 Das Problemfeld der Leichtbaukonstruktion

Der Konstrukteur will wissen, mit welchen Problemen des Gestaltens, des Optimierens und Analysierens er sich vornehmlich auseinandersetzen muß. Bei Leichtbauwerken, die bis zur Grenze ihrer Belastbarkeit genützt werden sollen, ist der *Strukturkennwert*, das Verhältnis der Last zur geometrischen Vorgabe (gewissermaßen die *Beanspruchungsdichte*), eine entscheidende Orientierungshilfe: bei niedrigem Kennwert dominieren generell die Probleme der Steifigkeit, bei hohem solche der Festigkeit. Bild 1.2/1 deutet an, welche Fragenbereiche damit zusammenhängen: die Steifigkeit bestimmt über statische Verformungen, über die Knick- und Beulstabilität sowie das Schwingungsverhalten der Gesamtstruktur oder ihrer Bauteile; zur Festigkeit interessieren die Spannungsverteilungen und Spannungsspit-

Bild 1.2/1 Problemfeld der Leichtbaukonstruktion. Problemtendenzen charakterisiert durch den Strukturkennwert (Last/Länge)

zen, wie sie vor allem an Kräfteeinleitungen auftreten, und die bei schwingender Beanspruchung zur Strukturermüdung führen. Fragen der statischen und der dynamischen Sicherheit betreffen damit sowohl die Festigkeit wie die Steifigkeit und nehmen, jedenfalls im Flugzeugbau, eine zentrale Stelle ein. Für die Strukturanalyse wie für die Konstruktionssynthese, für die Bauteilgestaltung und die Optimierung wie auch hinsichtlich Schadenstoleranz und Ausfallsicherheit ergeben sich demnach je nach Kennwert verschiedene Gesichtspunkte:

Zur Analyse der Gesamtverformung, des Knickens oder Beulens wie auch des Schwingungsverhaltens genügen im allgemeinen relativ grobe Annäherungen der Biegelinie oder der Spannungsverteilung; sei es, daß man Reihenansätze zur Lastverteilung oder für Variationsrechnungen auf wenige Glieder beschränkt, oder daß man ein weitmaschiges Netz Finiter Elemente anlegt. Derartige Näherungen oder vereinfachte Analysemodelle reichen auch zum Abschätzen des elementaren oder des globalen Kräfteflusses, um damit über eine Bauweise zu entscheiden oder ein Bauteil auszulegen (beispielsweise die Länge eines Krafteinleitungsgurtes). Eine genauere Analyse wird notwendig, wenn örtliche Spannungsspitzen an Kerben, Ausschnitten, Fügungen oder an anderen Störstellen die Tragfähigkeit gefährden, also vornehmlich bei hohem Strukturkennwert und entsprechend hohem Spannungsniveau; damit steigt auch die Bedeutung der Materialfestigkeit gegenüber den Problemen der Steifigkeit und der Stabilität. Weil selbst eine *exakte Lösung* oder eine feingliedrige Näherung das Objekt nur im Modell erfaßt und auch eine genaue Spannungsanalyse nicht direkt auf das Bruchverhalten schließen läßt, kann man die dynamische Strukturfestigkeit zuletzt nur im Betriebsversuch nachweisen.

Die Konstruktionssynthese befaßt sich bei niedrigem Strukturkennwert in erster Linie mit dem Gestalten und Auslegen leichter, aber steifer und stabiler Bauteile und Strukturen: dünnwandige Bleche müssen gegen Biegen, Beulen und Schwingen verrippt werden; schlanke Stäbe sind durch Profilierung gegen Knicken und

Wandknittern zu sichern. Je kleiner der Kennwert, desto geringer ist das realisierbare Spannungsniveau, desto lohnender wird es, das Tragwerk oder das Bauteil geometrisch fein zu gliedern. Neue Leichtbauweisen (Sandwich oder Kohlefaserkunststoff) zielen vor allem auf eine Steigerung der gewichtsbezogenen Steifigkeit. Bei hohem Strukturkennwert treten die Gestaltungsprobleme der Kräfteeinleitungen in den Vordergrund: Fachwerkknoten, Verbindungs- und Verstärkungselemente beanspruchen einen größeren Anteil am Gesamtgewicht. Der Konstrukteur bemüht sich, die Anschlüsse möglichst kerbarm zu formen; um fügetechnisch verursachte Kerben zu vermeiden und das Gewicht zu minimieren, bevorzugt er eine integrale oder integrierende Bauweise sowie ein Material hoher Festigkeit.

Auch Optimierungsstrategien sollte man unter verschiedenen Aspekten beurteilen und einsetzen. Das Gewicht als Zielfunktion zu nehmen, ist nur sinnvoll, wenn es durch die konstruktiven Maßnahmen oder Variationen unmittelbar und wirkungsvoll beeinflußt wird; beispielsweise durch Erhöhung der knick- oder beulkritischen Spannungen, oder durch Steuerung des globalen Kräfteflusses bei Variationen der Außenform und der Kräftepfade (etwa bei Fachwerken). Statisch bestimmte Strukturen sind im ausdimensionierten Zustand optimal; auch bei unbestimmten Tragwerken läßt sich meistens ein Gewichtsminimum ohne zielorientierte Optimierungsstrategie einfach durch spannungsgesteuerte Dickenvariation gewinnen (*Fully-Stressed-Design*). Handelt es sich um lokale Gestaltungsprobleme zum Abbau von Spannungsspitzen, so ist der Gewichtsaufwand der Maßnahme in der Regel uninteressant, man kann also direkt auf minimalen Spannungsfaktor zielen; die Maßnahme zahlt sich schließlich durch erhöhte Belastbarkeit des Tragwerks aus.

Die Sicherheitsphilosophie des Leichtbaus richtet sich in gewisser Weise ebenfalls nach dem Strukturkennwert: Im unteren Bereich kann man wegen des geringen Spannungsniveaus und der aus Steifigkeitsgründen erforderlichen Strukturunterteilung mit höherer Schadenstoleranz und Ausfallsicherheit rechnen (*Fail-Safe-Design*). Dem kommt eine Differentialbauweise entgegen, die in ihren Nietverbindungen zwar Kerbwirkungen induziert, andererseits aber den Rißfortschritt leichter aufhält als eine integrale Struktur. Bei hohen Kennwerten und entsprechend hohem Spannungsniveau wird eine integrale oder integrierte Bauweise erforderlich; da ein Riß in derartigen Strukturen sich rasch und unaufhaltsam ausbreitet, muß man Kerben vermeiden oder durch Aufdicken die Spannungen unter den Wert der Dauerfestigkeit senken, so daß in der ganzen Lebenszeit mit Sicherheit kein Schaden auftritt (*Safe-Life-Design*). Auch bei entsprechender Überdimensionierung, die im Leichtbau ohnehin unerwünscht wäre, läßt sich aber ein Schaden nicht mit voller Zuverlässigkeit ausschließen; darum ist der Konstrukteur gehalten, auch bei Integralstrukturen durch Unterteilung in parallel tragfähige Elemente für eine gewisse Ausfallsicherheit zu sorgen.

Mit diesen Anmerkungen soll das Problemfeld der Leichtbaukonstruktion umrissen und der Leser im besonderen auf die Bedeutung des Strukturkennwertes für ein methodisches Vorgehen hingewiesen sein.

1.3 Zum Inhalt des Buches

Im ersten, der Analyse von Leichtbauelementen gewidmeten Band konnten die Kapitel systematisch von einfachen zu komplexeren Strukturen hin geordnet werden.

Ein vergleichbarer Aufbau ist im Konzept des zweiten Bandes nicht angelegt; auch ist nicht daran gedacht, eine Gliederung etwa nach Phasen des Konstruktionsprozesses vorzunehmen, beginnend mit dem Systementwurf, endend bei der Detailausführung. Zweckmäßiger erschien eine Einteilung nach Problemkomplexen, deren Reihenfolge nicht zwingend ist und die jeweils für sich lesbar und verständlich sein sollten. Freilich sind die einzelnen Kapitel durch vor- und rückbezügliche Verweise miteinander verknüpft, wie auch in Analysefragen verschiedentlich auf den ersten Band angewiesen, doch sind diese Vernetzungen nicht im Sinne systematischer Voraussetzungen notwendig. Anders verhält es sich mit dem inneren Aufbau der Buchkapitel: diese sollte der Leser abschnittweise erarbeiten. Im übrigen wurden die Kapitel in möglichst sachgerechter Folge angeordnet.

Die ersten Betrachtungen gelten den Kriterien des Strukturentwurfs sowie seinen Entwicklungsstufen von der Konzeptphase bis zur Bauweisenwahl und zur Vordimensionierung. Zunächst wird ein kostenorientiertes Zielmodell gesucht, um eine Gewichtsminimierung als Unterziel zu rechtfertigen oder zu relativieren; als Demonstrationsbeispiel dient ein Fachwerk. Trägt das Eigengewicht der Struktur wesentlich zu ihrer Belastung bei, so wird der *Vergrößerungsfaktor der Zusatzgewichte* zum Entscheidungsargument des Entwurfs. Um ein geeignetes Struktursystem zu finden und eine vorteilhafte Bauweise zu bestimmen, muß man am vereinfachten Funktionsmodell (Tragflügel als *Balken*) resultierende Schnittlasten und damit elementare Kraftflüsse abschätzen; diese definieren den *Strukturkennwert* und erlauben eine erste Gewichtsabschätzung der primär tragenden Konstruktion (Kastenwände). Weitere Bauteile sind zur Kräfteeinleitung und als stützende Elemente erforderlich. Die Darlegungen zum Strukturentwurf berühren Fragen, die in den folgenden Kapiteln aufgegriffen und vertieft werden sollen.

Das dritte Kapitel befaßt sich mit den technologischen Grundlagen der Konstruktion. Werkstoffe und Bauweisen sind hinsichtlich ihrer Eigenschaften zu charakterisieren und über spezifische Kenngrößen gewichtsbezogen zu vergleichen. Neben Metallen treten dabei Faserverbund- und Sandwichbauweisen in den Vordergrund. Mehr als ein kurzer Abriß zur Leichtbautechnologie ist nicht beabsichtigt. (Über aktuelle Fertigungsverfahren des Flugzeugbaus unterrichtet ausführlich [1.24]). Hier soll deutlich werden, daß man Eignung und Wert von Werkstoffen nur im Hinblick auf bestimmte Funktionen, Beanspruchungen und geometrische Maße der Bauteile beurteilen kann.

Die Optimaldimensionierung von Bauteilen und der Vergleich von Bauweisen über dem Strukturkennwert sind Gegenstand des vierten Kapitels. Dieses beansprucht einen zentralen Platz und etwa ein Drittel des Buchumfangs, was die Bedeutung des Strukturkennwerts für die Auslegung von Leichtbauwerken unterstreicht. Es enthält zahlreiche Bemessungsformeln und Bewertungsdiagramme für zug-, druck-, biege- oder schubbelastete Bauteile und zeigt, wieweit man deren Querschnittsformen noch rein analytisch optimieren kann. In vielen Fällen (besonders bei hierarchischem Strukturaufbau) läßt sich eine Optimierung komplexer Baugruppen schrittweise durchführen; dabei werden jeweils zuvor an Einzelteilen oder Untergruppen gewonnene Ergebnisse auf höherer Stufe herangezogen und die Anzahl der Variablen damit reduziert. Es entspricht der didaktischen Absicht des Buches, die in der Strukturanalyse in Bd. 1 geübte geschlossene Behandlungsweise nach Möglichkeit auch auf die Strukturauslegung anzuwenden und numerische Optimierung nur dort zu betreiben, wo sie durch eine unübersichtliche Menge von

Variablen und Restriktionen aufgenötigt wird. Dem oft überzogenen Anspruch einer Optimierung begegnet man am besten, wenn man die Variationsempfindlichkeit des Gesamtsystems und die technologischen Bedingungen und Toleranzen im Auge behält. Der Strukturkennwert zeigt an, ob in erster Linie Kriterien der Festigkeit und der Kräfteeinleitung oder solche der Steifigkeit und der Stabilität den Ausschlag geben; er ermöglicht eine dimensionslose, allgemeingültige Darstellung von Optimierungsergebnissen und damit über den Einzelfall hinausgehende Einsichten in den Zusammenhang verschiedener Auslegungsparameter.

Unabhängig vom Strukturkennwert (der Belastungsdichte) stellt sich die Frage nach optimalen Kräftepfaden im fünften Kapitel. Aufgrund einer allgemeinen Entwurfstheorie für Stab- und Netzwerke kann man zweierlei Strukturtypen unterscheiden: im einen Fall (bei *Maxwellstrukturen*) sind die Kräftepfade für den Gewichtsaufwand gleichgültig, im anderen Fall (bei *Michellstrukturen*) müssen sie einem orthogonalen Trajektoriensystem folgen, das der vorgegebenen Lastgruppierung angepaßt ist. Das Auffinden oder Annähern derartiger Kraftwege ist, ebenso wie eine vielfach unbstimmte Analyse, eine dankbare Aufgabe für Hochleistungsrechner. In mehreren Beispielen werden CAD-Erfahrungen zum Topologieentwurf und zur Formoptimierung von Fachwerken wiedergegeben. Darüberhinaus wird untersucht, inwieweit man auch bei kontinuierlich zusammenhängenden Flächen von optimalen Kräftepfaden sprechen und diese entwurfstheoretisch begründen kann. Flächenwerke sind im allgemeinen statisch unbestimmt und fordern das Einschalten eines entsprechend aufwendigen FE-Analyseprogramms. Um die Anzahl der Variablen und damit den Optimierungsaufwand in Grenzen zu halten, kann man Dickenverteilungen und Randformen durch Funktionsansätze beschreiben. Das relativ umfangreiche Kapitel bietet sich dazu an, eine Reihe grundsätzlicher Fragen des Strukturentwurfs und der Strukturoptimierung zu erörtern.

Die Anlage der Kräftepfade und die Wahl der Bauweise (nach dem Strukturkennwert) bestimmen hauptsächlich das Gesamtgewicht der Struktur. Maßgebend für die Festigkeit sind aber oft die an Kräfteeinleitungen, Ausschnitten und Fügungen auftretenden Störungen der elementaren Spannungsverteilung. Die damit zusammenhängenden, im sechsten Kapitel aufgeworfenen Konstruktionsfragen setzen sich deutlich vom Problem der Gesamtauslegung ab. Sie erscheinen einerseits dieser untergeordnet, können aber andererseits für die Fertigung sowie für die Ermüdung ausschlaggebend werden und stellen den Konstrukteur oft vor schwierigste Gestaltungsaufgaben. Übliche Analyse- und Optimierungsverfahren reichen dafür meistens nicht aus. Zum systematischen Vorgehen empfiehlt sich, auch Störprobleme im Sinne einer hierarchischen Strukturgliederung zu lösen: beginnend bei gewichtsrelevanten Maßnahmen zur Einleitung größerer Kräfte oder zur Berandung großer Ausschnitte, weitergehend zur kerbarmen Gestaltung von Niet- und Klebeverbindungen. Hierbei kommt es nicht allein auf das Vermeiden von Spannungsspitzen an, sondern, da Anrisse nie völlig auszuschließen sind, vor allem auf gutartiges Bruchverhalten.

Dem Fragenkomplex der Sicherheit und der Zuverlässigkeit gilt das letzte Kapitel. Es soll zeigen, wie der Sicherheitsfaktor zum einen statistische Streuungen der Festigkeit und der Lastannahmen abdeckt, zum anderen die Resttragfähigkeit der Struktur nach Teilschädigung oder Ausfall einzelner Bauteile garantiert. Da die Zuverlässigkeit hauptsächlich die Ermüdung oder die Lebensdauer dynamisch beanspruchter Leichtbaustrukturen betrifft, wird hier einiges über Betriebslastversuche ausgeführt. Besonderes Interesse fordert die Sicherheitsphilosophie im Flugzeugbau. Anrisse, die meistens von Fügungen ausgehen, lassen sich kaum vermeiden; darum muß man für eine gewisse *Schadenstoleranz*, d.h. für kalkulierbare und kontrollierbare Rißausbreitung Sorge tragen. Durch Unterteilen der Gesamtstruktur in einzeln tragfähige Reststrukturen ist eine bestimmte *Ausfallsicherheit* zu verbürgen. Derartige Überlegungen sind über den Leichtbau hinaus auch für andere Bereiche mit hohem Schadensrisiko wichtig. Sie weisen schließlich auf die Grundverantwortung des Ingenieurs hin, die darin besteht, dem Widerspruch zwischen Wirtschaftlichkeit und Sicherheit bewußt zu begegnen und ökonomische Interessen oder andere Ziele nur im strengsten Rahmen nachweisbarer Sicherheit zu verfolgen.

Einige Hinweise zur Textgestaltung, zu Bezeichnungen, zur Numerierung der Abschnitte, Bilder und Formeln sollen dem Leser die Lektüre erleichtern:

Wie Band 1 *Elemente* wendet sich der vorliegende Band 2 *Konstruktion* an Studenten und wissenschaftliche Mitarbeiter von Hochschulen und anderen Forschungseinrichtungen, vor allem aber an den in Entwicklungs- und Konstruktionsabteilungen der Industrie tätigen Ingenieur der Luft- und Raumfahrt, der Fahrzeugtechnik, des Maschinenbaus oder des allgemeinen Bauwesens. Ein entsprechendes technisches Grundstudium wird zum Verständnis der theoretischen Ausführungen vorausgesetzt.

Zum größeren Teil dürfte dieser zweite Band (mit Ausnahme vielleicht von Kap. 4) wegen seines geringen Formelapparates leichter zu lesen sein als der erste. Keinesfalls muß man diesen vor der Lektüre des zweiten Bandes durchgearbeitet haben. Soweit im Text oder zu Formeln auf ihn verwiesen ist, sollen damit dem theoretisch interessierten Leser die Zusammenhänge von Analyse und Synthese der Konstruktion nähergebracht werden. Ein systematisches Studium beider Bände würde freilich das Verständnis des Leichtbaus nach beiden Richtungen vertiefen; es käme auch der didaktischen Absicht des Gesamtwerkes entgegen, das zu diesem Zweck einheitlich konzipiert und gestaltet ist.

Jedem Kapitel und Abschnitt sind Zusammenfassungen vorangestellt; sie ermöglichen einen raschen Überblick und sollen in die jeweils anstehende Problematik einführen. Im Unterschied zum ersten Band hängen die einzelnen Kapitel weniger systematisch zusammen und können darum auch in beliebiger Folge gelesen werden.

Über den Inhalt der jeweiligen Abschnitte orientiert man sich am besten über die Abbildungen. Jedem Diagramm ist wenigstens eine Skizze beigegeben, die das Bauteil oder die Konstruktion mit ihren Beanspruchungen und Bezeichnungen beschreibt. Im übrigen sind die wichtigsten Formelzeichen vorne aufgelistet. Dabei ist zu beachten, daß sich Doppelbedeutungen nicht durchgehend vermeiden ließen: dasselbe Zeichen kann in verschiedenen Kapiteln für unterschiedliche Begriffe stehen, doch sind Verwechslungen im Kontext praktisch ausgeschlossen. Außerdem ist im Register bei jedem Zeichen auf die Definitionsgleichung des jeweiligen Kapitels hingewiesen.

Bilder und Formeln sind über die beiden ersten Kennziffern den Kapiteln und Abschnitten zugeordnet und lassen damit auch ihren gegenseitigen Zusammenhang erkennen. In Rechenvorschriften, beispielsweise zu (4.2–19) oder zu (4.3–3) usw., wurden die jeweils angezogenen Gleichungen einfachheitshalber ohne diese Kennziffern zitiert; selbstverständlich handelt es sich dabei um Gleichungen der jeweiligen Abschnitte 4.2 bzw. 4.3.

Damit sind vielleicht einige formale Fragen vorweg ausgeräumt. Sollten inhaltliche Verständnisprobleme auftreten, so empfiehlt der Autor dem ungeduldigen Leser, sich über theoretische Begründungen zunächst einfach hinwegzusetzen und sein Interesse in erster Linie den Ergebnissen und ihren Interpretationen zuzuwenden.

2 Strukturentwurf

Am Anfang des Konstruktionsprozesses steht der Entwurf. Nach grundsätzlichen Entscheidungen über Nutzen und Kosten des Projektes ist ein Realisationskonzept zu entwickeln, eine Bauweise zu wählen und, nach einfacher Rechnung, die Struktur in ihren wichtigsten Teilen möglichst schon vorzudimensionieren und ihr Aufwand abzuschätzen. Bei variationsempfindlichen Systemen, etwa bei Luft- und Raumfahrzeugen, muß diese erste Entscheidungsphase öfter durchlaufen werden, ehe das Konzept zu einem realisationsreifen Entwurf konvergiert; erst dann kann die Detailkonstruktion einsetzen und eine genauere numerische Analyse rechtfertigen, die schließlich, nach iterativen Verbesserungen, die Funktionstüchtigkeit der Struktur bei minimalem Gewicht- oder Kostenaufwand nachweist.

Wie sich das Gesamtsystem gewöhnlich in Untersysteme gliedert, geht auch der Entwurfsprozeß von Stufe zu Stufe mehr ins Einzelne. Dabei sind stets zwei Prozeßkomponenten zu beachten: zum einen die Konzeption eines funktionsfähigen Systems, zum anderen seine Anpassung oder Optimierung nach quantitativen Leistungs- oder Zielkriterien. Zu deren Formulierung bedarf es eines physikalisch begründeten Funktionsmodells.

Die Findung eines Funktionsmodells ist die eigentliche, mehr oder weniger kreative Aufgabe des Entwerfens. Nach wie vor gibt es hierfür keine Rezepte und keine systematische Methodenlehre, wie etwa in der Strukturanalyse oder -optimierung. Rechnergestützte Verfahren können in der Konzeptphase zwar hilfreich sein, aber kaum innovativ; in den Variationsprogrammen des Rechners sind meistens gewisse Funktionsmodelle festgeschrieben. Freilich muß man unterscheiden, ob es sich um eine grundlegend neue oder um eine konventionelle Entwurfsaufgabe handelt. Im letzten Fall übernimmt man bewährte Systeme als Vorbilder und modifiziert sie nur materiell oder geometrisch. Als Beispiel dient im folgenden ein Tragflügelkasten; an ihm lassen sich Teilfunktionen in ihrem Zusammenwirken sowie das Prinzip einer hierarchisch gegliederten Struktur gut demonstrieren.

Nach der *Kreation* oder *Konzeption* des Funktionsmodells wird im weiteren Entwurfsprozeß die *Selektion* oder die *Optimierung* anhand eines Entscheidungsmodells gefordert. Dabei kann es sich um grundsätzliche, die Projektrealisierung betreffende Entscheidungen handeln, oder um Detailvariationen. Grundsätzliche Fragen nach Sinn und Zweck eines Projektes werden an den Leichtbaukonstrukteur gewöhnlich nicht herangetragen; im Flugzeugbau erhält er seine Vorgaben aus dem Systementwurf, der wesentlich von aerodynamischen, antriebstechnischen und flugmechanischen Kriterien bestimmt wird. Andererseits wirken technologische Fortschritte des Zellenbaus auf primäre Entwurfsentscheidungen zurück; auch können kritische Überlegungen zur Wirtschaftlichkeit und zur Sicherheit von

Leichtbaumaßnahmen für die Akzeptanz des Projektes ausschlaggebend sein. Der Konstrukteur darf darum seinen Rang in der ökonomischen wie auch in der technischen Entscheidungshierarchie nicht unterschätzen; er muß versuchen, bereits im Vorfeld seiner eigentlichen Aufgabe Einfluß zu nehmen, sei es zur Verbesserung seiner Vorgaben, zu grundlegenden Anregungen oder zu grundsätzlicher Projektkritik.

Aufgrund der Missionsvorgabe, der Lastannahmen, der geometrischen und technologischen Bedingungen bemüht sich der Konstrukteur um eine *optimale*, d.h. im allgemeinen um eine *kostengünstige* Lösung; versteht er sich als *Leichtbauer*, so muß er den Vorteil einer Gewichtsminimierung im Ganzen wie in einzelnen Maßnahmen an einem Kostenmodell nachweisen. Früher vertraute der Flugzeugkonstrukteur dem Optimalcharakter des Leichtbaus an sich, was in der Dominanz der gewichtsproportionalen Betriebskosten gegenüber den Herstellungskosten begründet sein mag, oder im Prestigewert der Luft- und Raumfahrt; heute kommt auch er nicht umhin, den Einsatz gewichtsgünstiger aber teurer Werkstoffe und Bauweisen im Kostenrahmen zu rechtfertigen.

Ein wichtiges Argument des Leichtbaus ist der *Vergrößerungsfaktor der Zusatzgewichte*. Dieser sagt, um wieviel das Gesamtgewicht sich ändert, wenn global oder lokal die Belastung ansteigt oder durch Leichtbaumaßnahmen reduziert wird: er ist jedenfalls größer als Eins, wenn die Struktur verstärkt werden muß; er tendiert nach Unendlich, wenn sie an die Grenze ihrer Eigentragfähigkeit stößt. Ist eine solche Grenze bei Bauwerken extremer Größe, bei Fahrzeugen extremer Reichweite oder bei hochtourigen Maschinen erreicht, so können nur verbesserte Leichtbauweisen helfen. Der Leichtbau rechtfertigt sich dann unmittelbar am Zweck, nicht mehr an direkten oder indirekten Kosteneinsparungen. *Sparleichtbau*, *Ökoleichtbau* und *Zweckleichtbau* sind in diesem Sinne Rangstufen einer gewichtsorientierten Technologie (Bd. 1, Kap. 1).

2.1 Zielmodell und Entscheidungsparameter

Ob ein Projekt verwirklicht werden soll und, wenn ja, mit welcher Priorität oder Variante, wird von Planern und Systemtechnikern meistens über eine *Kosten-Nutzen-Analyse* oder eine *Entscheidungsmatrix* beantwortet. Dabei tritt das Problem auf, daß man Größen unterschiedlicher Dimension verrechnen oder eine Qualität zur Bewertung quantifizieren muß. Die Gefahr subjektiver Täuschung ist bei solchem Vorgehen nicht ausgeschlossen. Selbst wenn sich das System gegen Verschätzungen relativ unempfindlich erweist, erscheint ein derartiges, nicht durchgängiges rationales Instrument für eine Leichtbauoptimierung wenig geeignet.

Ein rationales Entscheidungsmodell formuliert einen eindeutigen Zusammenhang zwischen Zielwert und Variablen. Zielt man auf minimales Gewicht, so existiert ein solcher Zusammenhang in der Physik des Tragwerks und seinem Funktionsmodell, etwa als Fachwerk oder als Kastenträger; darum ist eine gewichts- oder volumenbezogene Optimierung im Prinzip unproblematisch, wenn auch in der analytischen oder numerischen Ausführung nicht immer einfach. Auch eine Kostenrechnung ist insoweit rational, als der Zielwert die Summe dimensionsgleicher

Größen darstellt; zum Problem wird aber der Bezug zu den Konstruktionsvariablen: dieser kann nur über gewichts-, volumen- oder flächenbezogene Kostenfaktoren (Preise) hergestellt werden, die ihrer Natur nach von veränderlichen ökonomischen Bedingungen abhängen und, vor allem in Prognosen, oft fragwürdig sind. Wie empfindlich das System auf Preisschwankungen reagiert, läßt sich anhand eines Kostenmodells feststellen, das im übrigen dazu dienen soll, grundlegende Entwurfsentscheidungen zu rechtfertigen.

Da die Zielfunktionen stetiger Konstruktionsvariabler im Optimum oft sehr flach, also gegen Abweichungen relativ unempfindlich sind, muß man auf die Genauigkeit des Zielmodells und der Optimierung nicht unbedingt größten Wert legen. Wichtiger und effektiver ist es, eine möglichst große Varianz hinsichtlich der statischen Systemfunktionen, der technologischen Alternativen und der geometrischen Gestaltung auszuschöpfen; die Entwicklung einer neuen Bauweise bringt oft mehr Gewinn als die Optimierung einer alten.

Die wesentlichen Entscheidungskriterien des Strukturentwurfs liegen in der Regel als Restriktionen vor: solchen der Festigkeit, der Steifigkeit, der Geometrie oder der Fertigung. Die klare Trennung von Zielfunktion und Restriktionen kennzeichnet jeden rationalen Entscheidungsprozeß. Beispielsweise läßt sich das Ziel der Wirtschaftlichkeit kaum mit dem Ziel der Sicherheit vereinbaren: man kann nur die kostenminimale Ausführung im vorgesteckten Zuverlässigkeitsrahmen fordern, oder höchste Sicherheit ohne Kostenüberschreitung, niemals beide Ziele in Einem. Gleiches gilt für Gewicht und Tragfähigkeit der Struktur. Was man als Ziel, was als Restriktion formuliert, ist eine Frage der Zweckmäßigkeit, und der Gesamtheit restriktiver Bedingungen.

Festigkeits- und Steifigkeitsrestriktionen zu formulieren ist Aufgabe der Strukturanalyse; dabei sind äußere Lasten und Verformungsschranken ebenso wie gewisse geometrische Auslegungsgrenzen vorgegeben. Außerdem sind Restriktionen der Fertigung, der Fügetechnik und der Montage zu berücksichtigen, so daß u.U. der zulässige Bereich im Variablenraum und damit jede Realisierungsmöglichkeit gegen Null geht, ganz abgesehen von Kosten oder Gewicht.

Die Realisierungschancen eines Projektes schwinden auch in dem Maße, wie sein Aufwand nach Unendlich tendiert. Dies tritt ein, wenn ein System vorwiegend sein eigenes tragendes oder treibendes Gewicht verkraften muß und weiter kaum mehr belastbar ist. Durch Rückkopplung von Last und Gewicht tritt im Entwurfsprozeß ein destabilisierender Effekt auf, der das Gesamtgewicht über der Nutzlast unmäßig ansteigen läßt. Derart empfindliche Auslegungsbereiche sind möglichst zu vermeiden, sei es durch Reduzieren der Nutzlast, der Bauwerkhöhe oder der Reichweite, sei es durch Einsatz einer neuen Technologie oder eines gänzlich anderen Funktionssystems.

Ein Maß für die Empfindlichkeit eines Tragsystems und für die Effektivität von Leichtbaumaßnahmen ist der *Vergrößerungsfaktor der Zusatzgewichte*; er beschreibt den Gesamtgewichtsanstieg infolge einer primären Gewichtsänderung, etwa der Nutzlast. Er läßt sich grob aus dem Verhältnis beider Gewichte abschätzen und liegt danach bei Flugzeugen zwischen 4 und 10, in der Raumfahrt über 100. Seine Größe entscheidet im Kostenmodell darüber, ob sich eine teure Maßnahme zur primären Gewichtseinsparung im Hinblick auf das Gesamtgewicht und die Gesamtkosten auszahlt, oder darüber, ob eine Nachrüstung zur Aufnahme eines erhöhten Struktur-, Treibstoff- oder Nutzgewichts vertretbar ist.

Im folgenden wird zunächst ein gewichtsorientiertes Kostenmodell allgemein entwickelt, dann für die geometrischen und materiellen Variablen eines Fachwerks über Kräftebeziehungen und über Preisfaktoren des Werkstoffs, der Herstellung und des Betriebs ausformuliert und auf exemplarische Entscheidungsfälle angewendet (Abschn. 2.1.1). Für eigenlastbeanspruchte Tragwerke muß der *Vergrößerungsfaktor* bestimmt und in das Kostenmodell eingefügt werden (Abschn. 2.1.2).

2.1.1 Kostenmodell

Der Leichtbau muß sich ökonomisch rechtfertigen; damit treten an die Stelle der eindeutigen Zielgröße *Gewicht* die in mancher Hinsicht unwägbaren und schwankenden *Gesamtkosten*, die positiv die Ausgaben für Werkstoffe, Fertigung und Betrieb, negativ die Einnahmen über die Nutzlast enthalten. Ein solches Modell setzt wie jede Kosten-Nutzen-Betrachtung voraus, daß ein Ausgleich oder eine Abrechnung in diesem Sinne in der Praxis tatsächlich stattfindet, also daß Ausgaben vom selben Topf zehren, in den die Einnahmen fließen. Es geht ferner davon aus, daß Entscheidungen der Konsumenten wie der Produzenten der gleichen Rationalität gehorchen, also nicht manipuliert werden. (Da dies nicht so selbstverständlich ist, wie ein schön formuliertes Kostenmodell glauben machen möchte, sei hier betont, daß ein Denkmodell der Bewertung wie ein solches der Analyse an sich noch keinen Wirklichkeitscharakter besitzt.)

Kostendenken im Leichtbau bedeutet, daß zwischen Kosten und Gewicht ein Zusammenhang gefunden werden muß. Das Gewicht ist eine physikalische Funktion gewisser Konstruktionsvariablen und damit ein *Zwischenmaß*. Kosten hängen aber nur zum einen Teil vom Gewicht ab, zum anderen auch von Oberflächen (Konservieren) oder von Querschnitten (Zuschneiden und Verbinden); man muß dann die Kosten direkt auf die Variablen zurückführen. Bei diesen kann es sich um geometrisch stetig oder unstetig Veränderliche handeln, oder um topologische und technologische Alternativen, wie im folgenden erläutert.

2.1.1.1 Kenngrößen des Entwurfs, Variationsebenen

Jede Konstruktion wird durch eine Menge charakteristischer Größen beschrieben, die teils vorgegeben, teils variabel sind. Diese Daten lassen sich verschiedenen Merkmalbereichen zuordnen. Ausgehend von der geforderten oder gewählten Funktion (als Fachwerk, Rahmen, Balken oder Bogen) konkretisiert sich die Struktur auf den Ebenen der Technologie (Werkstoffe, Bauweisen, Fertigung und Fügung) sowie der Geometrie (Topologie, Form und Dimensionierung).

Bild 2.1/1 erläutert diese Begriffe an Beispielen von Bauteilen, Baugruppen und Systemen. Ist etwa die *Mission* vorgegeben, eine Last auf zwei Lager abzusetzen, so kann dies in der *Funktion* eines Balkens oder in der eines Bogens wahrgenommen werden; die Mission eines hohen Kragträgers läßt sich durch ein Schubwandsystem, ein Fachwerk oder durch einen Rahmen erfüllen. Die *Topologie*-Entscheidung betrifft die Anzahl der Variablen und deren Zusammenhang; beim Balken die Varianz seines Querschnitts als einfaches oder feingegliedertes Profil, beim Fachwerk die Zahl und Anordnung seiner Stäbe und damit den Grad seiner statischen Bestimmtheit. Als *Formvariable* wären die Knotenkoordinaten und die daraus

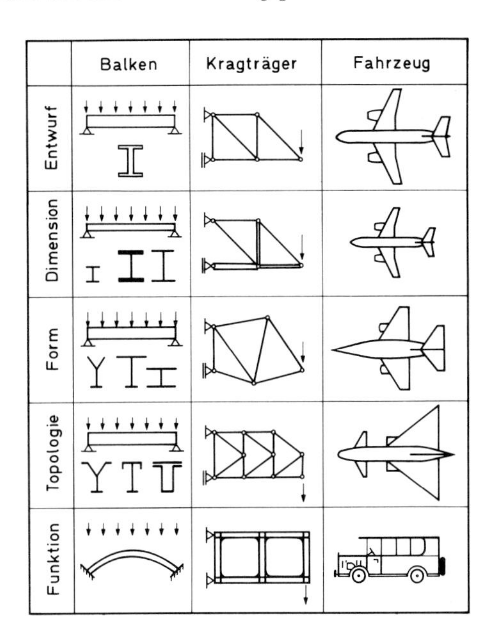

Bild 2.1/1 Funktionale und geometrische Variationsebenen des Strukturentwurfs. Beispiele: Balken, Schubwandträger, Transportsystem

resultierenden Stablängen und Stabwinkel anzusprechen, beim Balkenprofil die Eckpunkte oder Wandwinkel. Die *Dimensionierung* schließlich betrifft die Wanddicken des Profils bzw. die Querschnittsflächen der Fachwerkstäbe, die nun ihrerseits wieder in ihrer Topologie, Form und Dicke variiert werden können. So wiederholt sich das Variationsproblem komplexer Strukturen oft vom Großen ins Kleine gehend und ermöglicht damit ein stufenweises systematisches Vorgehen im Entwerfen und Optimieren.

Auch im Konzept des Gesamtsystems lassen sich Varianten funktionaler und geometrischer Kategorien unterscheiden: so könnte eine Transportmission durch alternative Systeme des Land-, Luft- oder des Seeverkehrs durchgeführt werden. Die Topologiefrage würde sich darauf beziehen, wieviele Einzelfahrzeuge man dazu einsetzt oder in wieviele Stufen sich das Transportsystem gliedert; sie betrifft, soweit es schon den Flugzeugentwurf angeht, zum Beispiel die Triebwerkanordnung am Flügel oder am Rumpf. Die Form des Flugzeugs, die Streckung von Flügeln und Rumpf und die Gesamtproportionierung wird hauptsächlich von aerodynamischen und flugmechanischen Gesetzen bestimmt, die innere Struktur und ihre Dimensionierung von solchen der Festigkeit und der Steifigkeit.

Nun stellt sich die Frage, nach welchen Zielwerten sich die im Rahmen statischer oder aerodynamischer Restriktionen variablen Größen optimieren lassen und wie sie in die Zielfunktion eingehen.

2.1.1.2 Flächen-, Volumen- und Gewichtsfunktionen

Für die Gesamtkosten können Oberflächen und Querschnitte des Tragwerks ebenso wichtig sein wie seine Volumina und Gewichte. Bezeichnet man die geometrischen Größen eines Strukturteils j mit a_j (Längendimension m), A_j (Flächendimension m²) und V_j (Volumendimension m³), so ergeben sich für die Gesamtstruktur die Summen

$$A = \sum A_j = \sum a_{1j} a_{2j} \quad \text{oder} \quad = \sum a_{2j} a_{3j}, \tag{2.1-1}$$

$$V = \sum V_j = \sum a_{1j} A_j = \sum a_{1j} a_{2j} a_{3j}. \tag{2.1-2}$$

Diese Funktionen sind nur dann linear, wenn in jedem Teil nur eine Größe variabel ist: die Länge a_1, die Breite a_2 oder die Dicke a_3 bzw. die Querschnittsfläche A; im allgemeinen liegt aus Dimensionsgründen bereits eine Funktion zweiten oder dritten Grades vor. Handelt es sich bei den Größen a_j nicht um primäre sondern um sekundär abhängige Variable (zum Beispiel um die Stablängen eines Fachwerks mit veränderlichen Knotenkoordinaten x_j), so erhält man mit $a_j(x_j)$ u.U. kompliziertere Funktionen $A(x_j)$ und $V(x_j)$.

Werkstoffgrößen kommen ins Spiel, wenn man nach dem Gewicht fragt oder Dimensionierungsvariable aus Festigkeitsbedingungen bestimmt. Mit den spezifischen Volumengewichten γ_j der Einzelteile erhält man das Gesamtgewicht des Tragwerks

$$G_T = \sum G_j = \sum \gamma_j V_j = \sum \gamma_j a_{1j} A_j = \sum \gamma_j a_{1j} a_{2j} a_{3j}. \tag{2.1-3}$$

Läßt sich die Dicke $a_{3j} \geqq p_j/\sigma_{Bj}$ oder der Querschnitt $A_j \geqq P_j/\sigma_{Bj}$ mit der Scheibenkraft p_j bzw. der Stabkraft P_j nach der Werkstoffestigkeit σ_{Bj} ausdimensionieren, so folgen anstelle von (2.1−1) bis (2.1−3) die Funktionen

$$A \geqq \sum a_{1j} p_j/\sigma_{Bj} \quad \text{bzw.} \quad A \geqq \sum p_j/\sigma_{Bj}, \tag{2.1-4}$$

$$V \geqq \sum a_{1j} a_{2j} p_j/\sigma_{Bj} \quad \text{bzw.} \quad V \geqq \sum a_{1j} P_j/\sigma_{Bj}, \tag{2.1-5}$$

$$G_T \geqq \sum a_{1j} a_{2j} p_j \gamma_j/\sigma_{Bj} \quad \text{bzw.} \quad G_T \geqq \sum a_{1j} P_j \gamma_j/\sigma_{Bj}, \tag{2.1-6}$$

oder, bei gleichem Werkstoff aller Bauteile:

$$G_T \geqq (\gamma/\sigma_B) \sum a_{1j} a_{2j} p_j \quad \text{bzw.} \quad G_T \geqq (\gamma/\sigma_B) \sum a_{1j} P_j. \tag{2.1-7}$$

Wenn die zulässige Spannung eine Funktion der Bauteilgeometrie ist (Beispiel Knickstab), kann, wie unten für ein Fachwerk ausgeführt werden soll, die Gewichtsfunktion eine Potenzform annehmen:

$$G_T \geqq \sum c_j a_j^{\alpha_j} P_j^{\beta_j}. \tag{2.1-8}$$

In die Koeffizienten c_j und die Exponenten α_j bzw. β_j geht neben dem Werkstoff auch die Bauweise ein (Alternativen: voller, hohler oder offener Stabquerschnitt). Die Kräfte P_j bzw. p_j sind Parameter, die sich aus den primären Variablen, den Knotenkoordinaten des Fachwerks bzw. aus Höhe und Breite des Kastenträgers, über Gleichgewichtsbedingungen ergeben.

Statisch unbestimmte Systeme kann man nicht direkt ausdimensionieren, weil die Kräfte der Einzelelemente selbst von deren Stärke abhängen. In solchem Fall muß die Gewichtsfunktion (2.1−3) durch eine Menge von Einzelrestriktionen, die Festigkeitsgrenzen der Einzelelemente betreffend, ergänzt werden. Eine Gewichtsminimierung im Rahmen dieser Restriktionen ist dann meistens nur mit Hilfe numerischer Analyse- und Optimierungsverfahren möglich und stellt den Leichtbaukonstrukteur vor eine anspruchsvolle Ausgabe (Abschn. 5.3); entsprechendes gilt für eine Kostenminimierung, die sich auf Gewichts- und Flächenfunktionen stützt.

2.1.1.3 Ansatz für ein Kostenmodell, Einfluß des Gewichtes

Die Gesamtkosten eines Trag- und Transportsystems lassen sich grob einteilen in *Betriebskosten* K_B, *Werkstoffkosten* K_W und *Fertigungskosten* K_F, die in unterschiedlicher Weise von den geometrischen und technologischen Kenngrößen oder direkt vom Gewicht abhängen. Ihnen stehen die *Einnahmen* K_E aus der Nutzlast gegenüber. Am Gesamtgewicht G haben teil: die *Nutzlast* G_N und das *Tragwerkgewicht* G_T, zu dem bei Fahrzeugen einfachheitshalber auch das Treibstoffgewicht gerechnet sei.

Betriebs- und Werkstoffkosten sind in erster Näherung gewichtsproportional. Mit dem Betriebskostenfaktor k_B des Gesamtgewichts $G = G_N + G_T$, dem Einnahmefaktor $-k_E$ der Nutzlast G_N und mit dem Werkstoffpreis k_W zu G_T erhält man als einfachstes Gesamtkostenmodell:

$$K = K_B + K_W + K_F \approx (k_B - k_E) G_N + (k_B + k_W) G_T + K_F . \qquad (2.1-9)$$

Eine Leichtbaumaßnahme zahlt sich demnach aus, so lange sie keinen erhöhten Herstellungspreis fordert, oder wenn die Kosten für Werkstoffe und Fertigung durch Gewichtseinsparungen über verringerte Betriebskosten ausgeglichen werden.

Die über Leichtbau entscheidende Frage hängt in der Tat an den Herstellungskosten: diese steigen an, wenn zu einer feingliedrigen Bauweise oder zu schwierig bearbeitbaren Werkstoffen gewechselt wird; andererseits kann eine Materialsubstitution, zum Beispiel Aluminium anstelle von Stahl, mit höherem spezifischem Volumen zusätzliche Versteifungselemente und damit Fertigungskosten ersparen. Ultraleichtbau ist aber meistens teuer und läßt sich nur mit einem hohen Betriebskostenfaktor begründen (*Ökoleichtbau*). Eine direkte Einsparung (*Sparleichtbau*) ist nur durch Ausdimensionieren, also Abmagern der Struktur bei einfacher Bauweise möglich, was hier weniger in Betracht kommt.

Nimmt man an, daß die Fertigung hauptsächlich das Zuschneiden und Verbinden von Querschnitten A_Q und die Bearbeitung von Oberflächen A_O betrifft, so kann man (nach [2.1]) für ihre Kosten ansetzen:

$$K_F = \sum (f_Z A_Q^{\varkappa_Z} + f_V A_Q^{\varkappa_V} + f_O A_O^{\varkappa_O})_j . \qquad (2.1-10)$$

Die Faktoren f und die Exponenten $\varkappa$ hängen von Werkstoff und Bauweise ab. Sofern diese nicht geändert, sondern nur Querschnitte abgemagert werden, sinken nach diesem Ansatz (für $\varkappa > 0$) auch die Fertigungskosten (praktisch kann man etwa Proportionalität unterstellen, also $\varkappa = 1$).

2.1.1.4 Gewichts- und Kostenmodell eines Fachwerks

Das Struktursystem eines Fachwerks, siehe Bild 2.1/2, setzt sich zusammen aus Zugstäben (Anzahl m_z), Druckstäben m_d und Verbindungsknoten m_k, und sein Gesamtgewicht aus den Teilsummen

$$G_T = \sum G_i = \sum_{i=1}^{m_z} G_{zi} + \sum_{i=1}^{m_d} G_{di} + \sum_{i=1}^{m_k} G_{ki} \qquad (2.1-11)$$

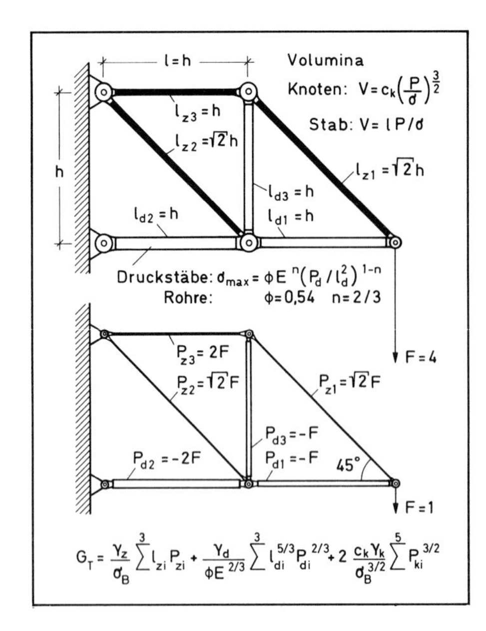

Bild 2.1/2 Struktursystem Fachwerk, Gewichtsmodell. Volumenansätze für Zugstäbe, Druckstäbe und Verbindungsknoten

oder, mit den spezifischen Gewichten γ, den Längen l und den Querschnittsflächen A der Stäbe sowie den Knotenvolumina V_k:

$$G_T = \sum_{1=1}^{m_z} \gamma_{zi} l_{zi} A_{zi} + \sum_{i=1}^{m_d} \gamma_{di} l_{di} A_{di} + \sum_{i=1}^{m_k} \gamma_{ki} V_{ki} . \qquad (2.1-12)$$

Dimensioniert man die Querschnitte A für Stabkräfte P nach Spannungen σ und rechnet für das Knotenvolumen mit einem Gestaltbeiwert c_k (bei geometrischer Ähnlichkeit), so folgt mit $A = P/\sigma$ und $V_k = c_k A^{3/2}$

$$G_T = \sum l_{zi} P_{zi} \gamma_{zi} / \sigma_{zi} + \sum l_{di} P_{di} \gamma_{di} / \sigma_{di} + \sum P_{ki}^{3/2} c_{ki} \gamma_{ki} / \sigma_{ki}^{3/2} . \qquad (2.1-13)$$

Bei den Fertigungskosten kann man sich wie in (2.1 – 10) auf die Querschnitte A beziehen oder, etwas differenzierter: beim Zuschneiden auf die Fläche, beim Verbinden auf die zu übertragende Kraft; ohne Anteil der Oberflächenbehandlung wäre dann

$$K_F = \sum (f_Z A_Q^{\varkappa z} + h_V P^{\varkappa v})_i = \sum [f_Z (P/\sigma)^{\varkappa z} + h_V P^{\varkappa v}]_i . \qquad (2.1-14)$$

Für positive Exponenten $\varkappa$ erhält man nicht nur die leichteste, sondern auch die kostengünstigste Struktur bei ausdimensionierten, d.h. bis an die Spannungsgrenze abgemagerten Querschnitten; jedenfalls solange die Kräfte P davon unberührt bleiben, also bei statisch bestimmten Fachwerken.

Die Spannungsgrenze der Zugstäbe ist durch die Materialfestigkeit σ_B gesetzt, die der Druckstäbe durch ihre Knickstabilität. Wird der Druckstab für eine vorgegebene Last P und Länge l gegen Knicken und Wandbeulen ausgelegt, so ist eine erzielbare Spannung eine Funktion des Materialmoduls und des Strukturkennwerts $K = P/l^2$ (Abschn. 4.1.2.4):

$$\sigma_{max} = \Phi E^n K^{1-n} . \qquad (2.1-15)$$

Der *Wirkungsfaktor* Φ und der *Wirkungsexponent* n hängen vom Profil, also von der Bauweise ab. Mit $\sigma_z = \sigma_B$ und $\sigma_d = \sigma_{max}$ steht für (2.1 – 13) und (2.1 – 14), gleiches Material und gleiche Bauweise aller Zug- oder Druckstäbe bzw. aller Knoten vorausgesetzt:

$$G_T = \frac{\gamma_z}{\sigma_B} \sum^{m_z} l_{zi} P_{zi} + \frac{\gamma_d}{\Phi E^n} \sum^{m_d} l_{di}^{3-2n} P_{di}^n + \frac{\gamma_k}{\sigma_B^{3/2}} c_k \sum^{m_k} P_{ki}^{3/2}, \qquad (2.1-16)$$

$$K_F = f_Z \sum (P/\sigma)_i^{\varkappa_Z} + f_V \sum (P/\sigma)_i^{\varkappa_V}. \qquad (2.1-17)$$

Die Kenngrößen und Parameter dieser Gewichts- und Kostenfunktionen lassen sich auf drei verschiedene Maßnahmenbereiche des Strukturentwurfs zurückführen:

- Werkstoffalternativen, betreffend die gewichtsbezogenen Festigkeiten und Steifigkeiten σ_B/γ, $\sigma_B^{3/2}/\gamma$ und E^n/γ, sowie die Preise und Fertigungsfaktoren k_W, f_V und f_Z;
- Bauweisenalternativen, betreffend den Wirkungsfaktor Φ und den Wirkungsexponenten n der Druckstäbe, den Konstruktionsfaktor c_k der Knoten sowie die Faktoren f_V, f_Z und Exponenten $\varkappa_V$, $\varkappa_Z$ der Fertigung;
- Variation der Kräftepfade (Topologie und Form), betreffend die Anzahlen m_z, m_d, m_k der Elemente sowie die Längen l und Kräfte P der Stäbe.

Unveränderliche Vorgaben des Strukturentwurfs sind die äußeren Lasten und ihre Angriffspunkte, im Gesamtkostenmodell (2.1 – 9) die Faktoren k_B und k_E der Betriebskosten und der Einnahmen sowie der Betrag G_N der Nutzlast.

2.1.1.5 Werkstoff- und Topologieentscheidung am Beispiel Fachwerk

Der Zweck des Kostenmodells sei an zwei Entscheidungsproblemen demonstriert. Vereinfachend wird angenommen, daß Druck- wie Zugstäbe bis zur Materialfestigkeit σ_B belastbar und Verbindungskosten flächenproportional sind; Knotengewichte bleiben außer Betracht. Mit Fertigungsexponenten $\varkappa_V = \varkappa_Z = 1$ erhält man dann die Gesamtkosten (2.1 – 9) mit dem Strukturgewicht (2.1 – 16) und den Fertigungskosten (2.1 – 17) in der Form

$$K = (k_B - k_E) G_N + (k_B + k_W)(\gamma/\sigma_B) \sum l_i P_i + [(f_Z + f_V)/\sigma_B] \sum P_i. \qquad (2.1-18)$$

Wird eine Werkstoffalternative erwogen, so interessiert die Kostenänderung ΔK infolge einer Variation der werkstoffabhängigen Parameter k_W, f_Z, f_V und σ_B/γ. Die Entscheidung ist positiv zu werten für $\Delta K < 0$, also wenn

$$(k_B + k_W) \Delta(\gamma/\sigma_B) + (\gamma/\sigma_B) \Delta k_W + \Delta[(f_Z + f_V)/\sigma_B]/S < 0. \qquad (2.1-19)$$

Neben den variablen Werkstoffunktionen gehen in die Entscheidung zwei vorgegebene Größen ein: der Betriebskostenfaktor k_B und, im Zusammenhang mit den Fertigungsfaktoren, der von Topologie und Form bestimmte Parameter

$$S \equiv \sum l_i P_i / \sum P_i, \qquad (2.1-20)$$

der gewissermaßen eine *Gesamtstrecke* des Stabsystems charakterisiert. Wenn diese, gemessen an der *Reißlänge* σ_B/γ des Werkstoffs, relativ groß ist, schwindet der Einfluß der Fertigungskosten; ein erhöhter Werkstoffpreis ($\Delta k_W > 0$) rechtfertigt sich dann mit größerer Reißlänge, also mit $\Delta(\gamma/\sigma_B) < 0$.

Variiert man nicht den Werkstoff sondern die Topologie des Fachwerks, so gilt für eine positive Entscheidung ($\Delta K<0$) anstelle von (2.1−19) die Bedingung

$$\Delta\left(\sum l_i P_i\right)+R\Delta\left(\sum P_i\right)<0\,, \tag{2.1-21}$$

mit dem von Kostenfaktoren der Fertigung, des Betriebs, des Werkstoffs sowie von dessen spezifischem Gewicht abhängigen Parameter

$$R=(f_Z+f_V)/\gamma(k_B+k_W)\,. \tag{2.1-22}$$

Bild 2.1/3 vergleicht zwei topologische Alternativen. In diesem Beispiel ist das einfache Zweistabwerk besser als das Sechsstabsystem, sofern $R/h>1{,}2$; also wenn das Zuschneiden und Verbinden der Stäbe relativ teuer ist, oder der Träger klein in Relation zum spezifischen Volumen $1/\gamma$. Für den höheren und längeren Träger lohnt sich eine topologische Variante mit größerer Stabanzahl und damit besserer Annäherung *optimaler Kräftepfade* (Kap. 5).

2.1.2 Vergrößerungsfaktor der Zusatzgewichte

Bei den zuletzt vorgeführten Entscheidungsbeispielen war eine konstante, von den Gewichtsänderungen der Struktur nicht betroffene Belastung vorausgesetzt. Dies gilt nicht mehr, wenn das Eigengewicht selbst einen wesentlichen Anteil der Last ausmacht. Ein wo und warum auch immer auftretendes primäres Zusatzgewicht fordert dann an allen Elementen Verstärkungen, die ihrerseits als sekundäre Zusatzgewichte wirken, und so fort. Der Strukturentwurf verhält sich instabil, sofern diese Entwicklung schlecht oder gar nicht konvergiert; der Fall tritt ein, wenn das Tragvermögen der Struktur völlig durch ihr Eigengewicht beansprucht wird und der Entwicklungsspielraum zur Aufnahme weiterer Lasten ausgeschöpft ist. Umgekehrt wirkt sich eine primäre lokale Leichtbaumaßnahme durch sekundäre Einsparungen an allen tragenden Elementen bei derart sensiblen Strukturen besonders vorteilhaft in einer Reduktion des Gesamtgewichts aus.

Die Änderung des Gesamtgewichts infolge eines primären (positiven oder negativen) Zusatzgewichts ΔG_Z oder ΔG_N wird durch den *Vergrößerungsfaktor* $\varepsilon\equiv\Delta G/\Delta G_Z$ bzw. $\Delta G/\Delta G_N$ beschrieben ([2.2]). Seine Größenordnung läßt sich aus dem Verhältnis G/G_N abschätzen. Genauer betrachtet hängt er vom Systemaufbau und vom Ort des Zusatzgewichtes ab; dieses wirkt sich in oberen Systemstufen stärker aus als in unteren.

Der Vergrößerungsfaktor ist damit ein wichtiger Entscheidungsparameter für globale wie auch für lokal begrenzte Leichtbaumaßnahmen an eigenbelasteten Strukturen.

2.1.2.1 Eigenbelastete Strukturen, Gesamtgewicht über Nutzlast

In Bild 2.1/4 sind schematisch verschiedene Verläufe des Gesamtgewichts $G=G_T+G_N$ über der Nutzlast G_N skizziert. In jedem Fall ist angenommen, das Entwurfskonzept ließe sich jeweils durchgängig (für verschiedene Nutzlasten) beibehalten. Die Kurventendenz wird dann durch geometrische Randbedingungen

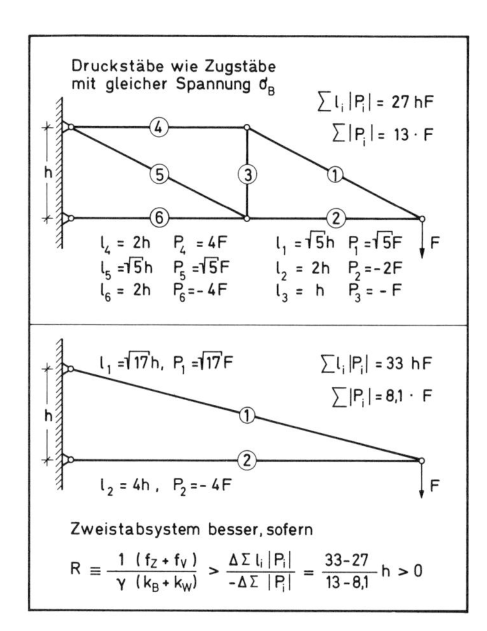

Bild 2.1/3 Fachwerke. Zwei Topologiealternativen (unterschiedliche Anzahlen, Längen und Kräfte der Stäbe). Entscheidung anhand eines Kostenmodells

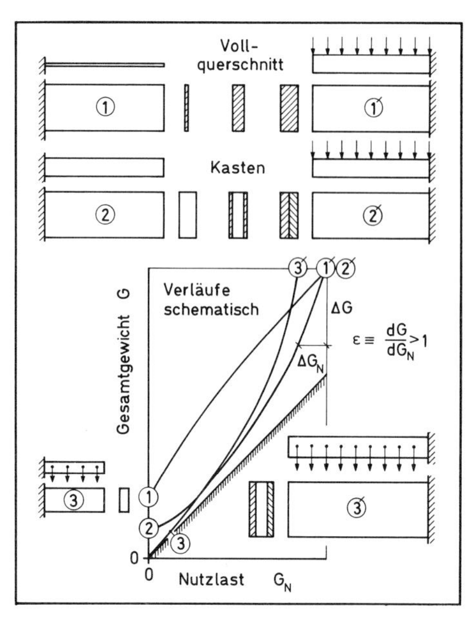

Bild 2.1/4 Tragsysteme; Anstieg des Gesamtgewichts mit der Nutzlast bei unterschiedlichen Geometrievorgaben. Einfluß des Eigengewichts als Zusatzbelastung

der Strukturauslegung bestimmt, wie sich an idealisierten Beispielen eines Biegeträgers zeigen läßt:

Fall 1: Vollquerschnitt; Länge und Breite vorgegeben, Dicke beliebig einstellbar. Ohne Nutzlast ist eine Mindestdicke gegen Durchbiegung unter Eigenlast erforderlich, darum $G = G_T > 0$ für $G_N = 0$. Dicke und Gewicht steigen über G_N unterproportional an, das Verhältnis G/G_N wird besser (kleiner), der Einfluß des Eigengewichtes sinkt. Die Nutzlast ist unbeschränkt, sofern sie keine größere Angriffsfläche benötigt. Praktisch sind Vollquerschnitte für Biegeträger uninteressant.

Fall 2: Kastenquerschnitte; Länge, Breite und Höhe vorgegeben, Wanddicke einstellbar. Ohne Nutzlast wäre Mindestdicke gegen Beulen unter Eigenlast erforderlich. Bei größerer Nutzlast (ohne vergrößertem Nutzraumbedarf) zunächst linearer, dann überproportionaler Anstieg des Gewichtes und der Wanddicke, bis diese schließlich den Querschnitt ausfüllt. Eigengewicht beschleunigt den Anstieg. Praktisch sind Kastenquerschnitte mit konstanten Außenmaßen von geringem Interesse, da der Platzbedarf der Nutzlast nicht berücksichtigt wird.

Fall 3: Kastenquerschnitt; konstante Außenverhältnisse, Volumen nach Nutzraumbedarf eingestellt, also $l \sim b \sim h \sim V_N^{1/3} \sim G_N^{1/3}$. Ohne Nutzlast kein Eigengewicht; mit der Nutzlast steigt die Wanddicke $t \sim G_N^{2/3}$ unterproportional und das Strukturgewicht $G_T \sim G_N^{4/3}$ überproportional. Der Anstieg wird durch Eigenlast beschleunigt und tendiert nach Unendlich, spätestens wenn die Außenmaße des Tragwerks die Größenordnung der Materialreißlänge σ_B/γ erreichen, praktisch aber schon wesentlich früher. Bereits vor dieser Realisationsgrenze ist der Entwurf kritisch, da er auf kleine Laständerungen zu sensibel reagiert. Will man die Nutzlast nicht senken, so kann das Konzept nur durch Werkstoffe mit größerer Reißlänge oder durch gewichtsbezogen steifere Bauweisen verwirklicht werden. Der Fall konstanter Proportionen trifft etwa auf Flugzeuge zu.

2.1.2.2 Definition und Bestimmung des Vergrößerungsfaktors

Bei Leichtbaumaßnahmen, oder bei relativ geringen Änderungen ΔG_N der Nutzlast und ΔG des Gesamtgewichts, ist der Vergrößerungsfaktor $\varepsilon \equiv \Delta G/\Delta G_N$ ein Maß für die Empfindlichkeit des Entwurfs. Die Gesamtgewichtszunahme $\Delta G = \Delta G_T + \Delta G_N$ resultiert zum einen aus ΔG_N, zum anderen aus dem notwendigen Zuwachs ΔG_T des Strukturgewichts. Bei proportionaler Verstärkung $\Delta G_T = \varphi \Delta G_N$ folgt für den Vergrößerungsfaktor

$$\varepsilon \equiv \Delta G/\Delta G_N = 1 + \Delta G_T/\Delta G_N = 1 + \varphi > 1\,. \qquad (2.1-23)$$

Beteiligt sich das Eigengewicht an der Belastung, so muß man die Struktur nach Maßgabe des Gesamtgewichtszuwachses verstärken. Mit $\Delta G_T = \varphi \Delta G$ erhält man dann aber

$$\varepsilon \equiv \Delta G/\Delta G_N = 1/(1 - \Delta G_T/\Delta G) = 1/(1-\varphi) > 1\,. \qquad (2.1-24)$$

Die Werte nach (2.1−23) und (2.1−24) unterscheiden sich wenig, wenn der Verstärkungsfaktor $\varphi \ll 1$ ist. Dagegen tendiert ε im zweiten Fall nach Unendlich für $\varphi \to 1$, also wenn ein Zusatzgewicht ein ebenso großes Verstärkungsgewicht verlangt. Da dieses seinerseits wieder Konsequenzen fordert, kommt es zu einem Reiheneffekt; so läßt sich der Vergrößerungsfaktor (2.1−24) eigenbelasteter Strukturen auch als Ergebnis einer Reihenentwicklung interpretieren:

$$\varepsilon = 1 + \varphi + \varphi^2 + \varphi^3 + \varphi^4 + \ldots \to 1/(1-\varphi)\,. \qquad (2.1-25)$$

Im normalen Auslegungsbereich beispielsweise eines Kastenträgers kann man davon ausgehen, daß eine geringe Gewichtsänderung, sei es eine Nutzlastzunahme oder eine lokale Leichtbaumaßnahme, ohne Änderung der äußeren Abmessungen möglich ist; der wirksame Vergrößerungsfaktor wäre dann nach Bild 2.1/4 aus der Kurve *2* abzuleiten. Sieht man von extrem dünnwandiger, beulgefährdeter Auslegung einerseits und extrem massiven Strukturen andererseits ab, so folgt aus dem etwa linearen Anstieg $G \sim G_N$ die einfache Abschätzung $\varepsilon \approx G/G_N$. Der Einfluß des Eigengewichts macht sich im überproportionalen Anstieg bemerkbar; dann gilt $\varepsilon > G/G_N$. Dagegen wird $\varepsilon < G/G_N$ und strebt zum Minimalwert $\varepsilon = 1$, wenn die Länge (Spannweite) des Trägers vorgegeben und im Verhältnis zur Nutzlast sehr groß ist.

2.1.2.3 Vergrößerungsfaktoren mehrstufiger Systeme

Ein an der Tragflügelspitze auftretendes Zusatzgewicht beansprucht die Struktur weniger als eine Lastzunahme an der Flügelwurzel oder im Rumpfbereich und fordert darum weniger Verstärkung. Zweifellos ist ein Gewichtszuwachs in unteren Stockwerken hoher Gebäude oder in unteren Raketenstufen weniger folgenreich als ein solcher in oberen Etagen. Nicht immer läßt sich die Auswirkung lokaler Maßnahmen auf Beanspruchung und Gewicht derart stufenweise verfolgen, doch eignet sich ein solches Beispiel besonders gut zur Ableitung ortsabhängiger Vergrößerungsfaktoren.

Ein gestuftes System nach Bild 2.1/5 ist dadurch ausgezeichnet, daß jede Stufe j nur durch sich und darüberliegende Gewichte $G_1 \ldots G_i \ldots G_j$ belastet wird. Ihr

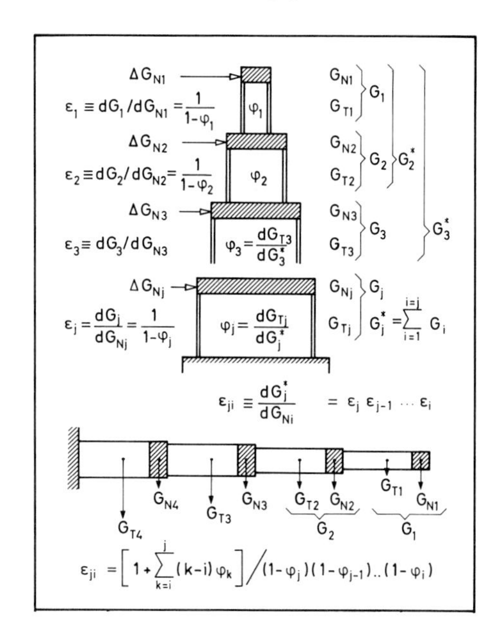

Bild 2.1/5 Vergrößerungsfaktoren von Zusatzgewichten bei mehrstufigen Tragsystemen, abhängig von Verstärkungsfaktoren der Einzelstufen

Gewicht $G_j = G_{Nj} + G_{Tj}$ setzt sich wieder aus Nutzlast G_{Nj} und Strukturanteil G_{Tj} zusammen; dieser muß verstärkt werden, wenn die Belastung G_j^* der Stufe ansteigt:

$$\Delta G_{Tj} = \varphi_j \Delta G_j^*, \quad \text{mit} \quad G_j^* = \sum_{i=1}^{j} G_i. \tag{2.1-26}$$

Mit dem konstruktionsbedingten Verstärkungsfaktor φ_j der Einzelstufe erhält man deren Gesamtgewichtszuwachs

$$\Delta G_j = \Delta G_{Nj} + \Delta G_{Tj} = \Delta G_{Nj} + \varphi_j \Delta G_j^*, \tag{2.1-27}$$

oder, mit $\Delta G_j^* = \Delta G_j + \Delta G_{j-1}^*$, die Rekursionsformel

$$\Delta G_j = (\Delta G_{Nj} + \varphi_j \Delta G_{j-1}^*)/(1-\varphi_j). \tag{2.1-28}$$

Daraus bestimmt sich der Anstieg des Systemgewichts bis einschließlich Stufe j:

$$\Delta G_j^* = \sum_{i=1}^{j} \varepsilon_{ji} \Delta G_{Ni}, \tag{2.1-29}$$

mit den speziellen Vergrößerungsfaktoren der Einzelstufen

$$\varepsilon_{ji} \equiv \Delta G_j^*/\Delta G_{Ni} = 1/(1-\varphi_j)(1-\varphi_{j-1})\ldots(1-\varphi_i). \tag{2.1-30}$$

Eine Zusatzlast ΔG_{N1} beispielsweise in der obersten von drei Stufen wirkt sich demnach mit $\varepsilon_{31} = 1/(1-\varphi_1)(1-\varphi_2)(1-\varphi_3)$ auf das Gesamtgewicht in ΔG_3^* stärker aus als eine Last ΔG_{N3} gleichen Betrags auf unterster Stufe mit $\varepsilon_{33} = 1/(1-\varphi_3)$.

Bei Biegeträgern (Bild 2.1/5 unten) unterscheiden sich die Vergrößerungsfaktoren der *Stufen* stärker als bei Axiallastträgern: eine Zusatzlast wirkt an der Spitze mit längerem Hebel als in Wurzelnähe.

2.1.2.4 Der Vergrößerungsfaktor als Entscheidungsparameter

Der Vergrößerungsfaktor von Zusatzgewichten oder Gewichtseinsparungen kann bei grundlegenden und bei speziellen Entwurfsentscheidungen über die Gesamtkosten den Ausschlag geben, wie an einigen Beispielen gezeigt werden soll.

Stellt sich etwa die Frage, ob man auf ein unvorhergesehenes Zusatzgewicht ΔG_Z mit Strukturverstärkung $\Delta G_T = \varepsilon \Delta G_Z$ oder mit Nutzlastreduktion $-\Delta G_N = \Delta G_Z$ reagieren möchte, so antwortet das Kostenmodell (2.1−9): der Kostenaufwand wäre je nachdem

$$\Delta K = (k_B + k_W)\varepsilon \Delta G_Z \quad \text{oder} \quad \Delta K = (k_E + k_W)\Delta G_Z , \tag{2.1−31}$$

und eine Reduktion der Nutzlast günstiger als eine Nachrüstung, wenn

$$\varepsilon > (k_E + k_W)/(k_B + k_W) . \tag{2.1−32}$$

Umgekehrt läßt sich argumentieren, daß unter dieser Bedingung eine primäre Gewichtseinsparung (etwa durch leichtere Bauweise) vorteilhafter zur Senkung des Gesamtgewichts genützt wird als zur Erhöhung der Nutzlast.

Erwägt man eine alternative Bauweise mit positivem oder negativem Zusatzgewicht ΔG_Z, die das Gesamtgewicht um $\varepsilon \Delta G_Z$, die Werkstoffkosten um $k_W \Delta G_Z + \Delta(k_W G_T)$ und, vielleicht durch bessere aerodynamische Oberflächengüte, auch die Betriebskosten um $\Delta(k_B G)$ verändert, so fällt die Entscheidung für diese Alternative positiv aus, sofern

$$\Delta K = G \Delta k_B + G_T \Delta k_W + k_B \varepsilon \Delta G_Z + k_W (\Delta G_T + \Delta G_Z) < 0 , \tag{2.1−33}$$

oder, mit $\varepsilon = 1/(1-\varphi)$ nach (2.1−24) und mit $\Delta G_T = \varphi \Delta G = \varphi \varepsilon \Delta G_Z$,

$$\Delta K = G \Delta k_B + G_T \Delta k_W + (k_B + k_W)\varepsilon \Delta G_Z < 0 . \tag{2.1−34}$$

Bei einem j-stufigen System (Bild 2.1/5) sind primäre Maßnahmen ΔG_{Zi} in jeder Stufe i möglich, mit Konsequenzen $\varepsilon_{ji} \Delta G_{Zi}$ für das Gesamtgewicht G_j^*, mit Δk_B für die Betriebskosten sowie Δk_{Wi} und ΔG_{Ti} für die Herstellung der Einzelstufen. Damit gilt anstelle (2.1−33) die erweiterte Bedingung

$$\Delta K_j = G_j^* \Delta k_B + \sum_{i=k}^{j} G_{Ti} \Delta k_{Wi} + k_B \sum_{i=1}^{j} \varepsilon_{ji} \Delta G_{Zi} + \sum_{i=1}^{j} k_{Wi} (\Delta G_{Ti} + \Delta G_{Zi}) < 0 , \tag{2.1−35}$$

mit ε_{ji} nach (2.1−30) und mit

$$\Delta G_{Ti} = \varphi_i \Delta G_i^* = \varphi_i \sum_{k=1}^{i} \varepsilon_{ik} \Delta G_{Zk} . \tag{2.1−36}$$

Beispielsweise für eine Änderung ΔG_{Z2} in der zweiten Stufe eines dreistufigen Systems erhält man damit die Entscheidungsformel

$$\Delta K_3 = G_3^* \Delta k_B + G_{T2} \Delta k_{W2} + [(k_B + k_{W3})\varepsilon_{32} + (k_{W2} - k_{W3})\varepsilon_{22}] \Delta G_{Z2} < 0 . \tag{2.1−37}$$

2.2 Beispiel Tragflügelstruktur, Bauteilfunktionen

Formen und Funktionen von Leichtbauwerken sind verschieden wie ihre Anwendungsbereiche. Äußere Geometrie und Struktursystem, als Stab- oder Flächenwerk, als Faltkonstruktion oder als Schale, sind wählbar oder aber durch die Mission vorgeschrieben. In solchem Fall beschränkt sich, etwa bei einer aerodynamischen Tragfläche, der Entwurf auf die innere Struktur, auf deren Kräftepfade und Bauweisen sowie ihre Aufteilung in einzelne Funktionsgruppen und Elemente. Sieht man von historischen Entwicklungen ab, so besteht die Aufgabe heute meistens darin, bekannte und bewährte Konstruktionen besonderen Lastbedingungen und dem technologischen Fortschritt anzupassen. Dies schließt nicht aus, daß mit neuen Werkstoffen und Fertigungsmethoden auch ein anderes Struktursystem gewählt oder neu konzipiert wird: bei Tragflächen kleinerer Flugzeuge in Faserverbundbauweise verteilt man die Funktionen von Biegung und Torsion wieder auf Holm und Schale, während sich im Metallbau der einfach oder mehrfach geschlossene Kasten als Biegetorsionsträger durchgesetzt hat.

Ein solcher Kastenträger wird im folgenden als Beispiel einer typischen Leichtbauweise betrachtet und hinsichtlich seiner Hauptelemente und Einzelfunktionen analysiert. An ihm läßt sich auch gut der Entwurfsprozeß bis zur Wahl der Bauweise und zur Vordimensionierung demonstrieren.

Es kann sich hier nicht darum handeln, alle zur Strukturauslegung eines Tragflügels relevanten Kriterien der statischen wie der dynamischen Festigkeit, der Steifigkeit und der Aeroelastizität oder alle Manöverlastfälle, Böen-, Schwing- und Stoßbeanspruchungen zu berücksichtigen. Da nur ein Strukturkonzept erstellt, und an diesem eine für die erste Entwurfsphase charakteristische Analyse- und Synthesemethode vorgeführt werden soll, genügt eine statische Auslegung für den Hauptlastfall: das Abfangen des Flugzeugs mit höchstem Lastvielfachem.

Bezeichnend für die Auslegungs- und Entscheidungsrechnung in der Konzeptphase ist die Idealisierung der noch unfertigen Struktur durch einfachste geometrische und analytische Modelle, zum Beispiel der schlanke Tragflügel als *Stab* mit elementaren Kraftflußverteilungen im Kastenquerschnitt. Nach Möglichkeit vermeidet man zunächst eine statisch unbestimmte Rechnung und versucht dafür, über reine Gleichgewichtsbetrachtungen sich ein Bild der Hauptkraftflüsse und der Bauteilbeanspruchungen zu verschaffen. Der gewöhnlich hierarchische Aufbau einer komplexen Kastenstruktur aus Haut, Längsstringern, Querrippen und Längsstegen kommt einer solchen Betrachtungsweise entgegen. Steifigkeitsabhängige Störbelastungen durch Ausschnitte, Kräfteeinleitung und Wölbbehinderung lassen sich erst nach einer Vordimensionierung analytisch und konstruktiv berücksichtigen, wobei oft auch noch Analysemodelle entsprechend höherer Ordnung ausreichen (Bd. 1, Abschn. 4.2.1 und 7.2). Eine genauere numerische Rechnung mit *Finiten Elementen* lohnt sich erst zur Nachdimensionierung und zum Nachweis des geforderten Tragverhaltens einer fertigen Konstruktion.

Zunächst wird die Flächenbelastung eines Tragflügels bestimmt und zu resultierenden Querkräften, Biege- und Drehmomenten bezüglich einer fiktiven Stabachse aufintegriert (Abschn. 2.2.1). Nachdem als Struktursystem ein Kastenträger konzipiert und sein Querschnitt definiert ist, können die Kraftflüsse seiner Längswände berechnet und deren Bauweise gewählt werden (Abschn. 2.2.2). Zur Konstruktion der Gesamtstruktur sind die Funktionen einzelner Bauteile detaillierter zu betrachten (Abschn. 2.2.3).

2.2.1 Resultierende Schnittlasten am schlanken Tragflügel

Bei statisch bestimmten Systemen kann man allein aus Gleichgewichtsbeziehungen gewisse resultierende Schnittlasten und mit diesen direkt die tragenden Querschnitte berechnen. Beim schlanken Tragflügel, als einseitig eingespannter Kragträger betrachtet, heißt dies, daß sich die Verläufe der Querkraft, des Biegemoments und des Drehmoments bezüglich einer zunächst willkürlichen Stabachse durch Integrieren der äußeren Lastverteilung ergeben. Die innere Struktur des Trägers muß bis dahin nicht bekannt sein; sie wird so konzipiert, daß sie, etwa als Kastenprofil, zur Aufnahme der Schnittlasten geeignet erscheint. Dann erst ist auch die *elastische Achse* des Trägers als Bezugsachse seiner Torsionsbeanspruchung abschätzbar, wie auch die Verteilung der Kraftflüsse über das Kastenprofil aus Querkraftbiegung und Torsion.

Die äußeren Belastungen, sofern sie den Träger biegend und tordierend beanspruchen, rühren aus den flächig verteilten Luftkräften, den Massenkräften des Treibstoffs, der Triebwerke sowie aus dem Eigengewicht des Flügels; sie werden durch Einspannmomente und Lagerkräfte an der Flügelwurzel ins Gleichgewicht gesetzt. Als Hauptlastfall, der über Konzept und Auslegung des Trägers entscheidet, ist das Abfangen des Flugzeugs mit höchstem Lastvielfachen zu betrachten. Dies schließt nicht aus, daß in Wirklichkeit auch andere Flugzustände, etwa mit maximalem Triebwerkschub oder Klappenausschlag, oder Beanspruchung aus Bodenberührung auf die Dimensionierung des Systems oder wenigstens einzelner Bauteile Einfluß nehmen. Da es sich hier nur um eine exemplarische Rechnung handelt, genügt die Behandlung des Flügels als *Einzweckstruktur*, d.h. die Beschränkung auf den Hauptlastfall. Selbst in diesem darf man die Annahmen zur Verteilung der aerodynamischen Kräfte und der Massen weitgehend vereinfachen, da bei ihrer Integration zu Schnittlasten Ungenauigkeiten ausgeglichen werden, und weil im Entwurfsstadium bis zur Vordimensionierung eine relativ grobe Abschätzung hinreicht.

2.2.1.1 Lastvielfaches und Sicherheitsfaktor

In Bild 2.2/1 sind verschiedene Flugzustände skizziert und die dazu erforderlichen Auftriebskräfte F_A angegeben; sie hängen vom Radius r der horizontalen oder vertikalen Flugkurven und von der Fluggeschwindigkeit ab. Als *Lastvielfaches* $n = F_A/G$ ist das Verhältnis der Auftriebskraft zum Flugzeuggewicht definiert; im Reiseflug ist $n = 1$. Das zulässige *sichere Lastvielfache* n_S wird durch Bauvorschriften festgelegt; es liegt bei Verkehrs- und Transportflugzeugen im Bereich $n_S = 2{,}5$ bis 3,8, bei Sport und Kunstflugzeugen geht man bis $n_S = 7$. Der Pilot muß darauf achten, daß kein Flugzustand mit höherem Lastvielfachem auftritt. Das in Bild 2.2/2 exemplarisch wiedergegebene *$v-n$-Diagramm* begrenzt den Bereich aerodynamisch möglicher und statisch zulässiger Zustände. Für dynamische Strukturbeanspruchungen wird ein *Böen-Lastvielfaches* $\Delta n_{Böe} \approx 0{,}4$ bis 0,7 veranschlagt.

Erst beim *kritischen Lastvielfachen* $n_{kr} = jn_S$ darf die Struktur versagen. Der *Sicherheitsfaktor* j ist in dieser Definition ein zusätzlicher Multiplikator der äußeren

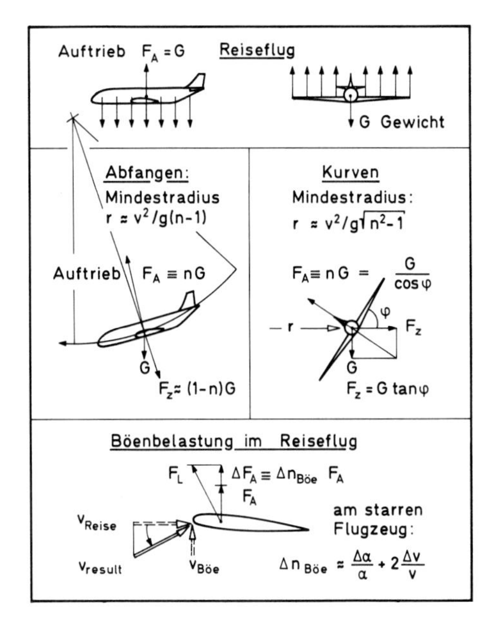

Bild 2.2/1 Lastvielfaches bei verschiedenen Flugzuständen: Abfangen und Hochreißen in der Vertikalebene, Kurven in der Horizontalebene

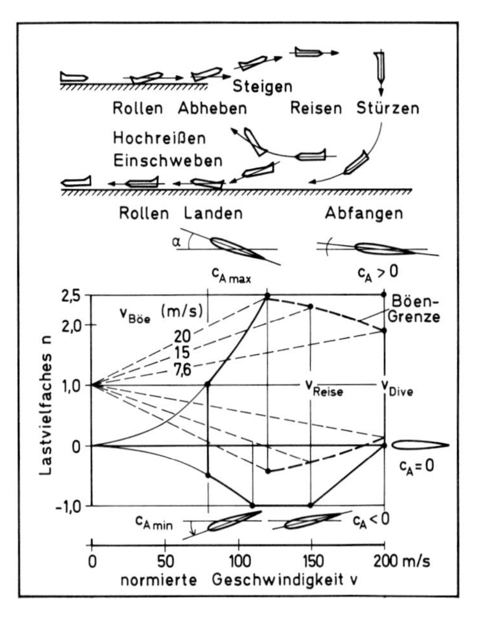

Bild 2.2/2 Lastvielfaches und Geschwindigkeit (v-n-Diagramm). Zulässige Flugbereiche (Grenzen der Aerodynamik und der Konstruktion); nach [2.3, 2.4]

Last und wie das sichere Lastvielfache n_S durch Bauvorschriften vorgegeben: $j = 1{,}5$ gegen Bruch (durch Reißen oder Knicken von Bauteilen), $j = 1{,}35$ gegen plastische Verformung. Bei gewaltsamem *Hochreißen* des Flugzeugs in Gefahr kann das sichere Lastvielfache überschritten werden und der Sicherheitsfaktor die Rettung sein. Er ist in diesem Sinne ein anschaulicher Begriff.

Problematischer ist der Zusammenhang zwischen statischer Sicherheit und statistischer Zuverlässigkeit (Abschn. 7.2). Zuverlässigkeit und Versagenswahrscheinlichkeit sind heute Schlüsselbegriffe zur Beurteilung großer und gefahrenträchtiger Systeme und sollten auch für die Vorgabe von Sicherheitsfaktoren bestimmend sein. Um Strukturgewicht einzusparen, wäre eine Reduzierung des Sicherheitsfaktors erwünscht; soll darunter nicht die Zuverlässigkeit leiden, so müssen die Streuungen der Werkstoffeigenschaften, der Fertigungsmaße und der Lastannahmen verringert werden. Damit dürfte auch die Senkung des Sicherheitsfaktors von $j = 1{,}8$ (nach BFV 1936) auf $j = 1{,}5$ (heute) begründet sein.

Die Struktur ist für eine versagenskritische Belastung $F_{kr} = jF_A = n_{kr} \cdot G$ auszulegen, die im Sinne der aerodynamischen Flächenlast am Tragflügel aufgebracht wird und diesen biegend und tordierend beansprucht. Entlastend wirken dabei die im Flügel selbst angreifenden Massenkräfte.

2.2.1.2 Verteilung der Luft- und Massenkräfte am Tragflügel

Der kritische Lastfall kann bei hoher Geschwindigkeit (im Sturzflug) mit geringer Flügelanstellung auftreten oder, beim Hochreißen aus dem Horizontalflug, mit großem Anstellwinkel. Die Resultierende der Luftkräfte wirkt dann etwa bei 25 %

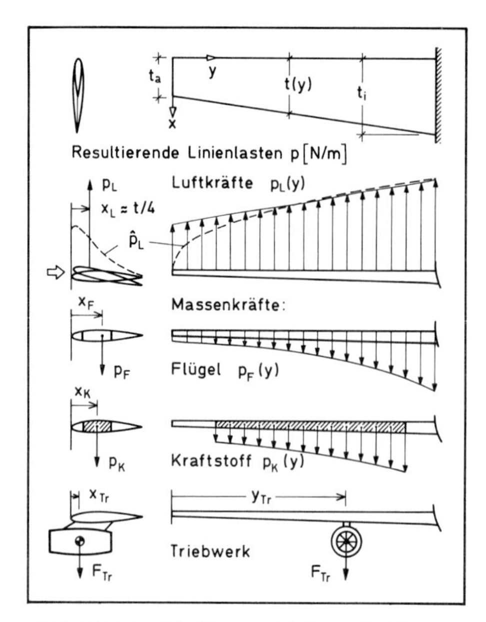

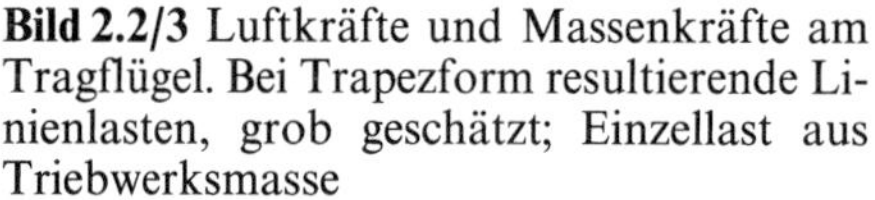

Bild 2.2/3 Luftkräfte und Massenkräfte am Tragflügel. Bei Trapezform resultierende Linienlasten, grob geschätzt; Einzellast aus Triebwerksmasse

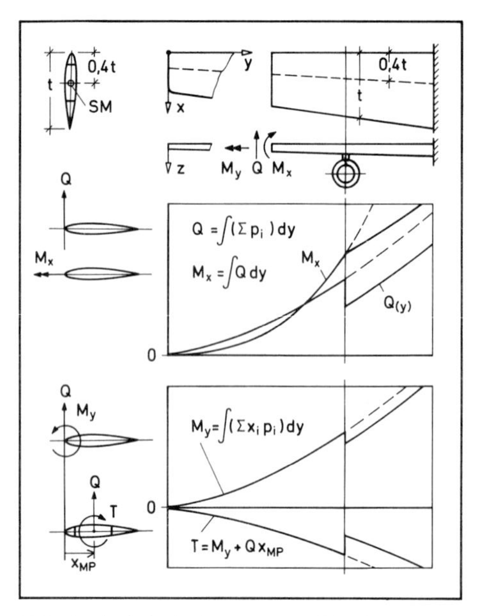

Bild 2.2/4 Schnittlasten am schlanken Tragflügel: Querkraft, Biegemoment und Drehmoment (um Nasenkante) bzw. Torsionsmoment (um Schubmittelpunktachse)

der Profiltiefe $t(y)$, (siehe [2.5]). Nimmt man nach Bild 2.2/3 eine trapezförmige Flügelfläche $A_F = l(t_a + t_i)$ und eine gemittelte Flächenbelastung $\hat{p}_L = F_A/A_F$ an, so erhält man eine im Abstand 0,25 $t(y)$ von der Nasenkante angreifende und über y linear ansteigende, resultierende Verteilung

$$p_L(y) = \hat{p}_L t(y) = \hat{p}_L [t_a + (t_i - t_a) y/l], \quad \text{mit} \quad \hat{p}_L = F_A/A_F. \qquad (2.2-1)$$

Der Luftkraftresultierenden entgegen und damit entlastend wirken (mit entsprechendem Lastvielfachem n) die Massen der Flügelstruktur, des im Flügelkasten untergebrachten Treibstoffs und der Triebwerke. Betrag und Verteilung der Strukturgewichte lassen sich in diesem Entwurfsstadium nur überschlägig anrechnen. Das Flügelgewicht hängt von diversen Parametern des Flugzeugentwurfs ab [2.6–2.8], bei großen Verkehrsflugzeugen (AIRBUS) beträgt es etwa 14 % des Startgewichtes G_A. Die Resultierende des Flügel- und des Kraftstoffgewichtes kann man etwa bei 35 bis 40 % der Flügeltiefe annehmen; ihre Verteilung über die Länge läßt sich ebenfalls nach statistischer Erfahrung oder über eine statische Überlegung abschätzen: Beim einfachen Rechteckflügel steigt das Flügelgewicht nach Kriterien der Beulstabilität mit $p_F \sim y$ etwa linear zur Wurzel hin an, ein parabolischer Verlauf $p_F \sim y^2$ wäre bei voller Ausnutzung der Materialfestigkeit möglich; bei dreieckigem oder trapezförmigem Flügel ist der Anstieg entsprechend steiler. Wie in der Frage der Luftkraftverteilung genügt auch hier in erster Näherung eine relativ grobe Abschätzung.

Einzelquerkräfte werden über die Aufhängung der Klappen und vor allem des Triebwerks eingeleitet. Dessen Gewicht G_{Tr} geht ein über die Massenkraft $F_{Tr} = nG_{Tr}$ an der Stelle y_{Tr} im Abstand x_{Tr} vor der Bezugsachse.

2.2.1.3 Bestimmung der resultierenden Schnittlasten

Bei geringer Zuspitzung des schlanken Trapezflügels darf man die Flügeltiefe $t(y)$ sowie die Abstände $x_{Tr}(y_{Tr})$, $x_L(y)$, $x_F(y)$ und $x_K(y)$ der Kraftwirkungslinien in rechtem Winkel zu einer beliebigen Längsachse y definieren. Aus dem Gleichgewicht am *Stabelement* erhält man dann durch Integration den Verlauf der *Querkraft* $Q_z(y)$ und des *Biegemoments* $M_x(y)$:

$$Q_z(y) = \int_0^y (p_L - p_F - p_K)\,dy \qquad - F_{Tr} \;(\text{für } y > y_{Tr}), \qquad (2.2-2)$$

$$M_x(y) = \int_0^y Q_z(y)\,dy = \int_0^y \left(\sum p_i\right) dy \qquad - (y - y_{Tr}) F_{Tr}. \qquad (2.2-3)$$

Als dritte *Schnittlast* folgt bezüglich der willkürlichen Längsachse (hier der Nasenkante) ein *Drehmoment*

$$M_y(y) = \int_0^y (x_L p_L - x_F p_F - x_K p_K)\,dy \qquad - x_{Tr} F_{Tr}, \qquad (2.2-4)$$

das man aber noch nicht als *Torsionsmoment* bezeichnen darf. Erst wenn die *elastische Achse* oder *Schubmittelpunktsachse* bekannt ist (Bd. 1, Abschn. 3.1.2 und 7.1.2), kann man sich auf diese beziehen und durch Versetzen der Querkraft Q_z um $x_{MP}(y)$ hinter die vorläufige Bezugsachse ein *Torsionsmoment* bestimmen:

$$T_y(y) = M_y(y) - x_{MP}(y) Q_z(y). \qquad (2.2-5)$$

Die aus Lastverteilungen nach Bild 2.2/3 errechneten Verläufe der Schnittkraft Q_z sowie der Schnittmomente M_x und M_y bzw. des Torsionsmomentes T_y (unter Annahme eines Schubmittelpunktabstandes $x_{MP} = 0{,}4t$) sind in Bild 2.2/4 wiedergegeben. Bezieht man M_y nicht auf die Nasenkante sondern auf die 25%-Linie, so ist $x_F = 0$ und $x_{MP} = 0{,}15t$.

Nicht zu vernachlässigen wäre im übrigen der Anteil des horizontal wirkenden Triebwerkschubes am Torsionsmoment.

2.2.2 Strukturkonzept des Biegetorsionsträgers

Zur Berechnung der resultierenden Schnittlasten $Q_z(y)$, $M_x(y)$ und $M_y(y)$ nach (2.2−2) bis (2.2−4) war noch kein Strukturkonzept erforderlich (abgesehen von der Schätzung des Eigengewichtes). Erst für das *Torsionsmoment* T_y (2.2−5) muß eine strukturspezifische *Schubmittelpunktsachse* bekannt sein.

Wählt man als tragende Grundstruktur einen geschlossenen Kastenträger, siehe Bild 2.2/5, so darf man ohne großen Fehler die elastische Achse etwa in Kastenmitte annehmen (Bd. 1, Bild 3.1/7 und 3.1/8). Zur Aufnahme der Torsion wäre eine große umschlossene Fläche des Trägerquerschnitts erwünscht, für Biegung ein großes Trägheitsmoment; da Höhe und Form des Profils durch die Aerodynamik vorgeschrieben sind, wird man versuchen, das längs tragende Material möglichst effektiv anzuordnen, d.h. im Bereich größter Profilhöhe. Den Anforderungen von Biegung und Torsion genügt ein Kastenquerschnitt etwa zwischen 15 und 65 % der Profiltiefe; damit steht auch hinreichendes Tankvolumen zur Verfügung, wie andererseits Platz für Ruder und Nasenklappen.

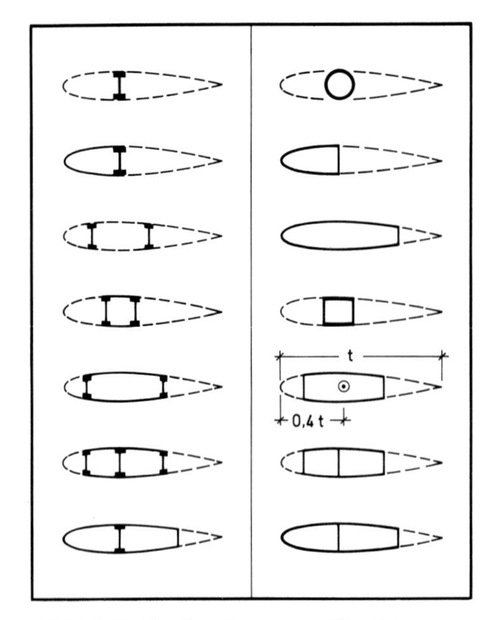

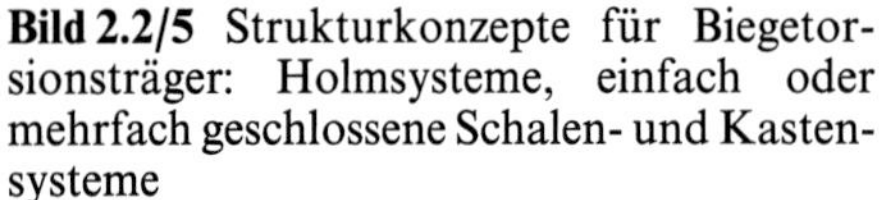

Bild 2.2/5 Strukturkonzepte für Biegetorsionsträger: Holmsysteme, einfach oder mehrfach geschlossene Schalen- und Kastensysteme

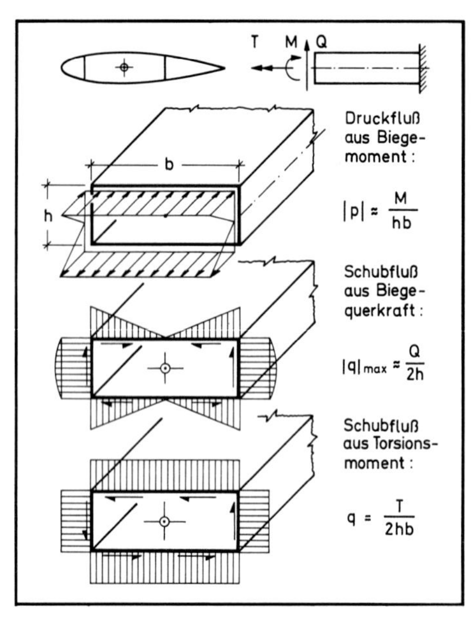

Bild 2.2/6 Einfach geschlossener, symmetrischer Kastenquerschnitt. Elementare Kraftflüsse aus Biegemoment, Querkraft und Torsion

Ob man einen einfach oder einen mehrfach geschlossenen Kastenquerschnitt wählt, hängt wesentlich von der Schlankheit des Tragflügels ab: bei kurzem oder deltaförmigem Flügel sind im Interesse einer großen *Mittragenden Breite* der Kastengurtscheibe mehr als zwei Stege erforderlich (Bd. 1, Abschn. 4.2.1.4), bei thermisch beanspruchten Strukturen wünscht man zum Temperaturausgleich eine möglichst kontinuierliche Anordnung von Rippen und Stegen. Ein anderer Grund wäre die *Ausfallsicherheit* bzw. die *Schadenstoleranz* einer mehrfach geschlossenen Torsionsröhre (Abschn. 7.3).

Um den Rahmen statisch bestimmter Analysen nicht zu überschreiten, sei hier ein einfach geschlossener, rechteckiger und auch in den Wanddicken zunächst symmetrischer Querschnitt angenommen. Bezüglich seines zentrischen Schubmittelpunkts lassen sich die Probleme der Querkraftbiegung und der Torsion trennen und für beide Beanspruchungen die elementaren Kraftflüsse der Längswände angeben. Sind Zug-, Druck- und Schubflüsse bekannt, so kann man *Strukturkennwerte* bilden und mit diesen über die Bauweise entscheiden und die Wände vordimensionieren. Grundsätzliche Überlegungen zur geometrischen Ähnlichkeit von Flugzeugstrukturen zeigen, daß die relativen Wanddicken mit dem Kennwert zunehmen.

2.2.2.1 Elementare Kraftflüsse im Kastenquerschnitt

Bild 2.2/6 beschreibt die Verteilungen der Längskräfte p (in N/m) und der Schubflüsse q (in N/m) über der Breite b der Gurtscheiben und der Steghöhe h infolge Querkraftbiegung und Torsion. Der Torsionsschubfluß $q_T = T/2bh$ ist beim einfach geschlossenen Querschnitt statisch bestimmt und über dem Umfang konstant

(Bd. 1, Abschn. 3.1.3.3). Auch der Querkraftschub q_Q folgt aus Gleichgewichtsbetrachtungen: er ist proportional zur Änderung der Längskraftverteilung. Diese hängt nun allerdings von der Verteilung der Längssteifigkeiten und vom Spannungs-Dehnungs-Verhalten des Werkstoffs ab und ist insofern unbestimmt (Bd. 1, Abschn. 7.1.2). Praktisch kann man aber den Anteil der Kastenstege am Biegemoment vernachlässigen; dann erhält man einfach aus dem Gleichgewicht die Zug- und Druckflüsse der unteren bzw. der oberen Gurtscheibe

$$p \approx M_x/hb, \qquad (2.2-6)$$

und für die Schubflüsse q_v im vorderen und q_h im hinteren Steg, aus Biegequerkraft Q und Torsionsmoment T:

$$q_v \approx Q/2h + T/2hb, \qquad q_h \approx Q/2h - T/2hb. \qquad (2.2-7)$$

Dies gilt für *orthotrope* wie für *isotrope* Kastenwände, also für einfache Bleche wie auch für längsgestringerte, querverrippte oder waffelförmig versteifte Platten. Auch das Verhältnis der Längssteifigkeit zur Schubsteifigkeit ist bei dieser statisch bestimmten Rechnung ohne Belang. *Elementare* Zustände setzen aber eine über die Wände jeweils konstante Dicke oder Steifigkeit (ohne Ausschnitte oder lokale Verstärkungen) voraus (Bd. 1, Bild 2.2/2). Außerdem muß der Kastenträger *schlank* sein; das Biegemoment darf über die Länge eigentlich nur linear oder, relativ zur Breite, quasilinear zunehmen; andernfalls verteilt sich der Kraftfluß p nicht gleichmäßig über die Breite b, die Scheibe trägt dann nicht voll mit, die Belastung ist an den Seiten höher als ihr Mittelwert nach (2.2-6). Einfluß auf die Mittragende Breite nimmt neben der geometrischen Stabschlankheit auch das Verhältnis Schub- zu Längssteifigkeit (Bd. 1, Abschn. 4.2.1.4); diese ist durch Haut und Längsstringer, jene nur durch die Haut gegeben. Bei solchen Systemen ist also Vorsicht geboten: die orthotrope Scheibe wird nur voll genutzt, wenn man ihre Breite durch weitere Kastenstege unterteilt oder die Hautschubsteifigkeit durch größere Dicke (bei Faserlaminaten durch schräge Bewegung) erhöht wird. Über die Bauweise soll aber erst nach Kenntnis der Kräfteflüsse entschieden werden, für die hier eine statisch bestimmte Abschätzung genügt.

2.2.2.2 Wahl der Bauweise, Vordimensionierung der Kastenwände

Die Kastenwände sind nicht nur durch Zug-, Druck- und Schubflüsse (als *Scheiben*) aus Kastenbiegung und -torsion belastet, sondern überdies (als *Platten*) durch Biegung aus Luftkräften und Tankdruck. Da sie unter Druck und Schub beulen können, bedürfen sie im einen wie im andern Fall einer gewissen Biegesteifigkeit und ausreichender Randstützung, sei es an den Längskanten des Kastens oder an zusätzlichen Querrippen. Die Lastabtragung hängt von der Bauweise ab: bei einer isotrop biegesteifen Sandwichplatte genügt u.U. eine seitliche Stützung, ein klassisches Haut- und Stringersystem benötigt dafür zusätzliche Rippen.

Hier sei nun, wie es vornehmlich in Wurzelnähe zutreffen mag, die Beulbeanspruchung als ausschlaggebend für die Bauweisenwahl angesehen. Neben technologischen Bedingungen und Fragen der Schadenstoleranz ist dann der *Strukturkennwert* die entscheidende quantitative Größe (Kap. 4); er ist definiert und vorgegeben als das Verhältnis der Last zu einer für das Beulproblem charakteristischen Länge.

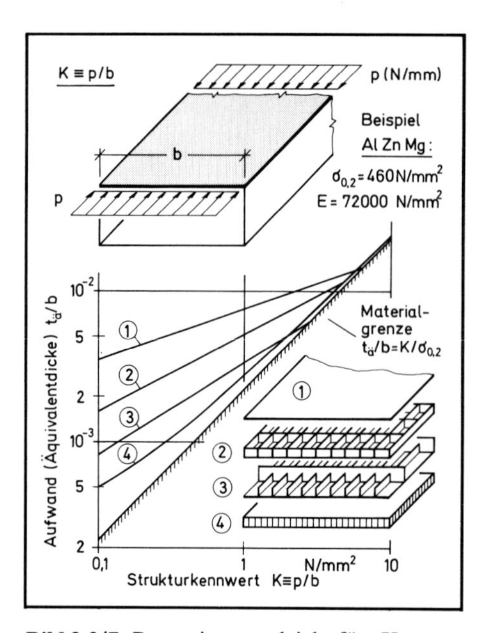

Bild 2.2/7 Bauweisenvergleich für Kastengurtplatten. Mindestaufwand, abhängig vom Strukturkennwert des längsgedrückten, seitlich gestützten Plattenstreifens

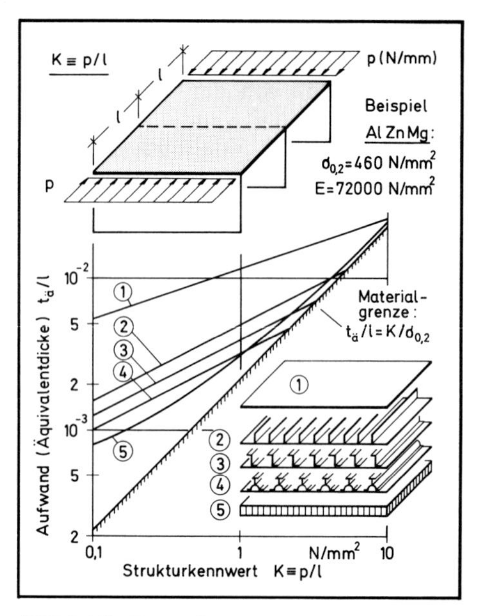

Bild 2.2/8 Bauweisenvergleich für Kastengurtplatten. Mindestaufwand, abhängig vom Strukturkennwert des längsgedrückten, quer gestützten Plattenstabes

Bild 2.2/7 zeigt als Ergebnis einer Optimierung verschiedener Bauweisen deren Mindestaufwand (relative Dicke $t_ä/b$) über dem Strukturkennwert $K = p/b$ der längsgedrückten, an ihren Längsrändern im Abstand b gestützten Platte (auf das Optimierungsverfahren und seine Kriterien globaleń und örtlichen Beulens wird in Abschn. 4.3.3 eingegangen, siehe Bilder 4.2/26 bis 4.2/40). Demnach verdient eine Sandwichplatte zumindest bei kleinem Kennwert deutlich den Vorzug gegenüber längsversteiften Bauweisen, da sie keine Querrippen benötigt. Will oder kann man auf solche nicht verzichten, sei es zur Einleitung von Querkräften oder zur besseren Formsteifigkeit des Kastenprofils, so kann ihr Abstand l_R nach Maßgabe der Mindestrippensteifigkeit optimiert oder nach Erfahrung vorgegeben werden. Letzteres scheint in Betracht des sehr flachen Optimums gerechtfertigt (Bild 4.3/35).

Bei längsversteiften Platten läßt sich die seitliche Stützung vernachlässigen; die globale Beullast entspricht dann der Knicklast eines *Plattenstabes* der Länge l_R. Für eine Bewertung wird in diesem Fall der Kennwert $K = p/l_R$ ausschlaggebend, über dem in Bild 2.2/8, wieder nach Optimierung der Profilquerschnitte, der relative Plattenaufwand (ohne Querrippenanteil!) dargestellt ist (Bild 4.3/11 bis 4.3/24). Danach erweist sich eine feingliedrige Profilierung mit ᒣ- oder Y-Stringern einer Integralplatte mit einfachen Stegen um 20 bis 30 % überlegen, allerdings nur im elastischen Spannungsbereich, d.h. bei kleinem bis mittlerem Kennwert $K < 1$ N/mm^2. Bei hohem Kennwert erreicht die Knickspannung die Materialfestigkeit (Streckgrenze), die geometrische Profilgestaltung verliert dann ihren Einfluß und es genügt vielleicht eine einfache Integralplatte.

Kleine Kennwerte treten an der Flügelspitze auf, große im Bereich der Flügelwurzel. Obwohl sich dementsprechend unterschiedliche Profile oder Bauwei-

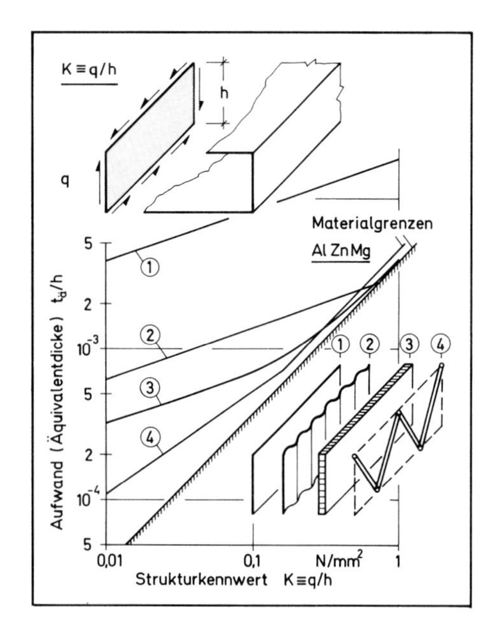

Bild 2.2/9 Bauweisenvergleich für Kastenstege. Mindestaufwand, abhängig vom Strukturkennwert des schubbelasteten, seitlich gestützten Plattenstreifens (Schubwand)

sen empfehlen, wird man sich aus fertigungs- und fügetechnischen Gründen für die eine oder die andere entscheiden. Eine Abweichung vom Optimum muß man auch hinsichtlich der Stringerabstände hinnehmen, die wie die Stringerhöhe mit dem Kennwert ansteigen, praktisch aber konstant gehalten werden.

Die Schubbelastung ist für die obere Kastenwand zunächst vernachlässigbar, sie wird aber maßgebend für die Auslegung der Seitenwände. In Bild 2.2./9 sind dazu (nach Abschn. 4.3.5) verschiedene Schubwandbauweisen über ihrem Kennwert $K = q/h$ verglichen. Im mittleren Kennwertbereich empfiehlt sich eine Sandwich- oder Wellblechausführung, bei niedrigen Kennwerten eine Konzentration des Materials in Druckstäben, als Fachwerkstäbe oder als Pfosten in einem *Zugdiagonalenfeld* (in diesem läßt man Wandbeulen zu und sichert die überkritische Tragfähigkeit). Bei großem Kennwert tritt das Problem der Stabilität wieder hinter das der Materialfestigkeit zurück; besondere Aussteifungen sind dann nicht notwendig. Die Daten gelten für eine lange, nur an den Längsrändern gelagerte Schubwand; praktisch wird diese auch durch die Kastenrippen gestützt, so daß der Aufwand etwas geringer ist und auch längsversteifte Schubwände vorteilhaft sein können.

Ein Fachwerk kommt nur für innere Kastenstege und Kastenrippen in Frage; die äußeren Wände müssen den Tank abschließen. Auch ein *Zugdiagonalenfeld* mit dünner, faltenbildender Haut verfügt nicht über die erforderliche Biegesteifigkeit gegen Innendruck. Im übrigen ist Beulen unter Schwellbelastung im Hinblick auf Strukturermüdung nicht unbedenklich; vertretbar wäre vielleicht ein dem Produkt jn aus Sicherheitsfaktor und Lastvielfachem entsprechender Überschreitungsgrad. Bei der Bauweisenwahl sind also neben dem Strukturkennwert noch verschiedene sekundäre Bedingungen oder Lastfälle zu beachten.

Die Tragflügelunterseite wird im Fall des Abfangens hauptsächlich zugbeansprucht; sie muß nach der Materialfestigkeit dimensioniert und in ihren Verbindungen möglichst kerbarm gestaltet sein; Biegesteifigkeit ist zur Aufnahme der Luftkräfte erforderlich, oder gegen Schubbeulen unter Torsion. Druckbelastet würde die Kastenunterseite im Rückenflug mit geringem Lastvielfachem (Bild 2.2/2); bei Verkehrsflugzeugen ist aber der Landestoß maßgebend. Auch Rollen am Boden, Böenbelastung und Tragflügelschwingen kann zur Lastumkehr und zur Druckbeanspruchung der Unterseite führen.

Die Kastenwände sind nach den Bildern 2.2/8 bzw. 2.2/9 hinsichtlich ihrer gemittelten Dicken $\bar{t}=p/\sigma_{max}$ bzw. $\bar{t}=q/\tau_{max}$ vordimensioniert; Einzelabmessungen der Profile muß man nach globalen und lokalen Beulkriterien bestimmen (Abschn. 4.3); bei *optimalen* Druckplattenprofilen beträgt der Hautanteil etwa 1/3, der Längssteifenanteil etwa 2/3 des Gesamtaufwandes. Eine genauere Dimensionierung muß berücksichtigen, daß in den Gurtscheiben auch Schubkräfte und in den Stegen auch Zugdruckkräfte auftreten (Bild 2.2/6), daß für eine große Mittragende Breite eine hohe Schubsteifigkeit erwünscht ist, und daß die Stringerhöhe sehr viel kleiner sein muß als die Kastenhöhe, wenn der Querschnitt unter Kastenbiegung voll genutzt werden soll. Diese Gesichtspunkte sprechen für eine Erhöhung des Hautanteils ($t_H>\bar{t}/3$), was nicht nur der örtlichen Schubbeulsteifigkeit der Haut zugute käme, sondern auch ihrem Biegewiderstand gegen Luftkräfte und damit einer aerodynamisch einwandfreien Oberfläche.

Bevor auf spezielle Beanspruchungen und Funktionen einzelner Strukturelemente weiter eingegangen wird, seien noch einige grundsätzliche Betrachtungen zum Kennwerteinfluß und zur geometrischen Ähnlichkeit von Strukturen angestellt.

2.2.2.3 Strukturkennwerte als Ähnlichkeitskennzahlen

Wie später in Abschn. 4.1 ausgeführt, handelt es sich beim Strukturkennwert, ähnlich der aerodynamischen *Reynoldszahl*, eigentlich um eine dimensionslose Größe, in der äußere Vorgaben mit Eigenschaften des Mediums relativiert werden; sie garantieren damit die Modellähnlichkeit unterschiedlich großer Objekte. Wenn man die Eigenschaften des Werkstoffs, seine Festigkeit und seinen Elastizitätsmodul bei diesem Vergleich ausnimmt, so bleibt ein Strukturkennwert mit der Dimension einer Flächenlast (N/m^2) übrig; ist dieser in zwei Vergleichsfällen bei (gleichem Werkstoff) identisch, so ist bei geometrischer Ähnlichkeit auch gleiches Tragverhalten gesichert.

Für einen Tragflügel mit konstant verteilter Flächenlast wäre ein linear zugespitzter, in jedem Abschnitt *sich selbst ähnlicher* Kragträger theoretisch unbedingt optimal. Dazu müßten aber nicht allein Höhe und Breite des Kastens, sondern auch seine inneren Abmessungen: Hautdicke, Stringerhöhe, Stringer- und Rippenabstände zur Spitze hin linear verjüngt werden; eine nicht gerade fertigungsfreundliche Konstruktion (ganz zu schweigen von Einwänden der Aerodynamiker).

Legt man statt dessen einen Rechteckflügel mit konstanten Außenabmessungen und Rippenabständen zugrunde, so steigt der Kennwert $K=p/l_R$ der Kastenoberseite infolge zunehmender Druckbelastung von der Flügelspitze zur Flügelwurzel an, und mit ihm die relative Wanddicke. Die Dicke richtet sich bei kleinem Kennwert nach der Beulgrenze der Kastenwand, bei großem nach der Festigkeit des Werkstoffes; dieser wird hier nach seiner *Reißlänge* σ_B/γ, dort nach seiner gewichtsbezogenen Steifigkeit E/γ bzw. $\sqrt{E}/\gamma$ bewertet. Die konstruktiven Probleme konzentrieren sich bei kleinem Kennwert auf die Optimierung von Aussteifungen, bei großem auf die Gestaltung von Krafteinleitungen. Da solche auch zunehmend Raum und Gewicht beanspruchen, bevorzugt man bei großem Kennwert integrale oder integrierende Bauweisen.

Die Einführung numerisch gesteuerter Fräsmaschinen kam damit der Entwicklung größerer Flugzeuge entgegen. In ihrem äußeren Entwurf ähnliche Flugzeuge können nämlich bei unterschiedlicher Größe L niemals auch in ihrem inneren Strukturaufbau ähnlich sein: bei gleicher Raumnutzung wächst das Gewicht mit L^3, die Fläche aber nur mit L^2; mit der Flächenbelastung $\hat{p}=G/A\sim L$ steigt damit der (äußere) Strukturkennwert $K=\hat{p}$ proportional zu L an. Anderes gilt für den Flugzeugrumpf, soweit für diesen der Innendruck maßgebend ist: wie bei Schalen, die gleichem hydrostatischem Außendruck (bei gleicher Tauchtiefe) ausgesetzt sind, oder bei Dächern unter gleicher Schneelast, darf man die Struktur im Einzelnen wie im Ganzen ähnlich verkleinert oder vergrößert gestalten und dimensionieren.

Da mit der Flugzeuggröße der Strukturkennwert und mit diesem der relative Anteil der Struktur am Gesamtgewicht anwächst, ist dem Systementwurf nach oben eine geometrisch oder ökonomisch bedingte Realisationsgrenze gesetzt.

2.2.3 Spezielle Funktionen einzelner Bauteile

Der schlanke Tragflügel wurde zunächst als linienhafter Kragträger aufgefaßt, und seine Grundstruktur als Balken mit einfach geschlossenem Kastenquerschnitt konzipiert. Für diesen ergaben sich nach der elementaren Balkentheorie Scheibenkräfte (Zug, Druck, Schub) in den vier Längswänden, die über deren Bauweise und Vordimensionierung entschieden. Mit der Wahl der Bauweise war man über das Konzept des Kastenträgers zu einem detaillierteren Strukturentwurf fortgeschritten: die Kastenwand kann nun längs oder waffelförmig verrippt, als Sandwich oder als Fachwerk ausgeführt sein. Als zusätzliche Bauelemente werden nun aber Querrippen erforderlich: sei es zur Kräfteeinleitung, zur Stützung der Längswände, zur Umleitung nichtelementarer Kraftflüsse oder einfach zur Formhaltung des dünnwandigen Kastenprofils.

Um den Gesamtaufbau und die Funktionsweise einer komplexen Kastenstruktur verständlich zu machen und an diesem Beispiel auf charakteristische Probleme der Detailkonstruktion hinzuweisen, werden im folgenden die tragenden, krafteinleitenden und stützenden Funktionen einzelner Bauteile beschrieben. Dabei lassen sich auch Parallelen zur Struktur einer zylindrischen Rumpfschale aufzeigen.

2.2.3.1 Tragende Funktionen, Kraftwege im Explosionsbild

In Bild 2.2/10 sind die Einzelteile eines aus Haut, Stringern, Rippen und Stegen aufgebauten Kastens nebeneinander gezeichnet und die an ihnen angreifenden oder zwischen ihnen übertragenen Kräfte durch Pfeile markiert. Ein derartiges Struktursystem kommt dem Verständnis sehr entgegen, weil fast alle Schnittkräfte statisch bestimmt sind. Die von Luftlasten beaufschlagte, über eng gesetzte Stringer durchlaufende Haut stützt sich nur auf diese ab; die Längsstringer tragen die Last zu den in größeren Abständen angebrachten Querrippen, die sie zu den Längsstegen transportieren und dort die Querkraft-Schubflüsse des Kastenträgers aufbauen. So geschieht konkret, was in der Stabtheorie einfach als Integration der äußeren Last $\hat{p}$ zur Querkraft Q (2.2−2) formuliert wird. Die Integration der Querkraft zum

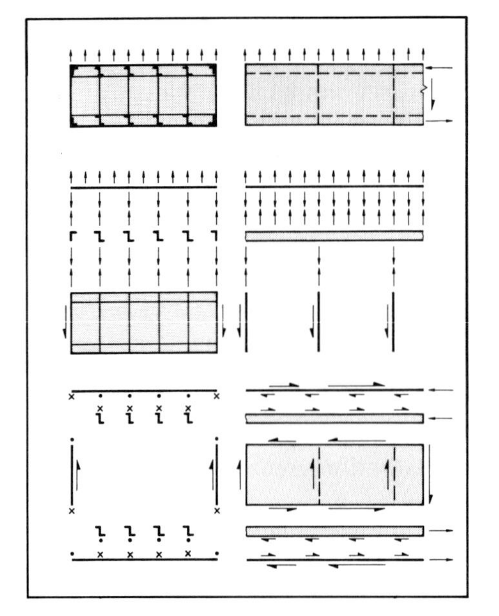

Bild 2.2/10 Tragflügelkasten in Haut + Stringer + Rippen-Bauweise. Tragende Funktion der Einzelteile. Kraftwege beim Aufbau des Kastenbiegemoments aus Luftlasten

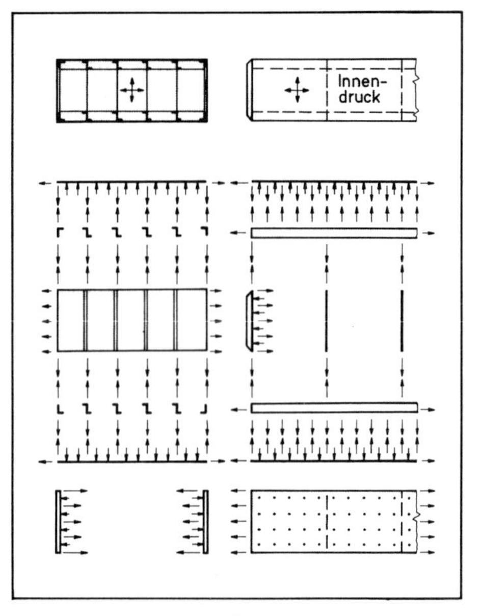

Bild 2.2/11 Tragflügelkasten in Haut + Stringer + Rippen-Bauweise. Beanspruchung der Einzelteile aus Innendruck (Tankdruck), annähernd statisch bestimmt

Biegemoment M_x (2.2–3) vollzieht sich über die Schubverbindung der Kastenstege zur Haut, und der Haut zu den Stringern; das Haut + Stringer-System bringt diese Schubkräfte durch Längszug oder -druck ins Gleichgewicht und baut damit das Kastenbiegemoment als Kräftepaar zur Wurzel hin auf. Auch diese letzte Kräfteumsetzung ist in erster Näherung statisch bestimmt; eine genauere Rechnung berücksichtigt das Verhältnis der Hautschubsteifigkeit zur Stringerzugsteifigkeit und eine ungleichförmige Längskraftverteilung.

Geht die Luftkraftresultierende nicht durch den Schubmittelpunkt des Kastens, so werden seine Rippen exzentrisch belastet und, soweit es den Torsionsanteil angeht, durch umlaufende Schubflüsse der horizontalen wie der vertikalen Längswände gehalten. Der elementare Torsionsschubfluß des Kastens wird allein von den Häuten aufgenommen, Längsstringer bleiben unbeteiligt.

Innendruck (Tankdruck), siehe Bild 2.2/11, wirkt wie äußere Luftlast auf die Haut, die ihn über Stringer zu den Rippen bringt; reichen diese als Querwände von einer Kastenseite zur anderen, so setzen sie deren Zugkräfte gegenseitig ins Gleichgewicht. Abschlußwandrippen werden wie die Längswände durch Innendruck biegend beansprucht und bedürfen entsprechender Aussteifungen oder Profilierung.

Besser als durch Plattenbiegung werden Luft- und Tankkräfte durch Membranzug aufgenommen. Bei gekrümmten Gurtplatten eines Tragflügelprofils können sich solche Membranzugkräfte nur ausbilden, wenn Querrippen als Druckpfosten gegenhalten. Die Aufteilung der Last in Biege- und Membrananteil ist statisch unbestimmt; sie hängt vom Krümmungsradius und von verschiedenen Steifigkeitsverhältnissen ab.

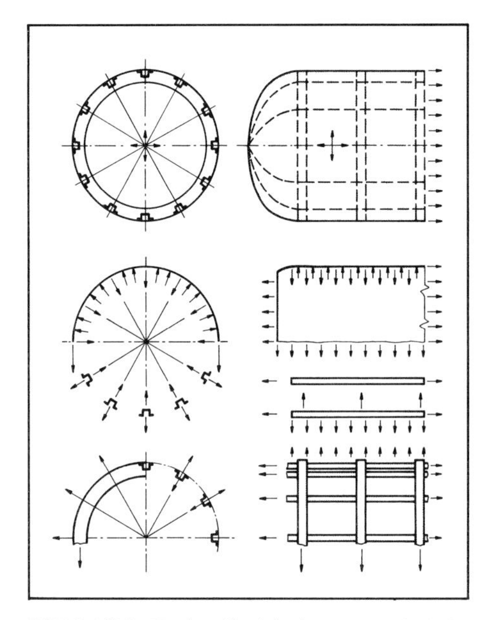

Bild 2.2/12 Kreiszylindrische Rumpfschale in Haut + Stringer + Spant-Bauweise. Beanspruchung der Einzelteile aus Innendruck, statisch unbestimmt

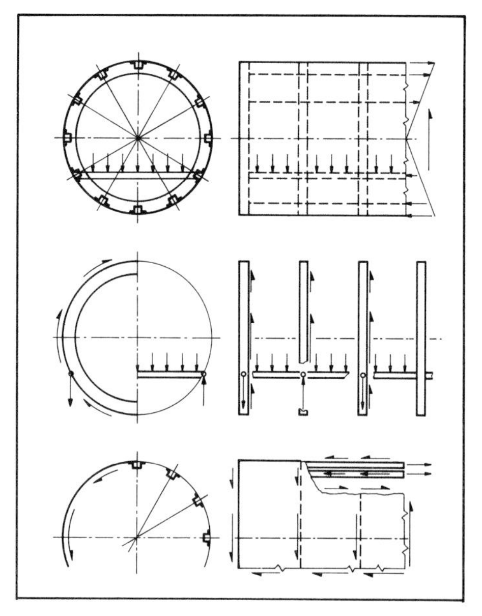

Bild 2.2/13 Kreiszylindrische Rumpfschale in Haut + Stringer + Spant-Bauweise. Kraftwege beim Aufbau von Biege- und Torsionsmomenten des Rohres

Auch bei zylindrischen Vollschalen ist, wenn diese aus Haut, Stringern und Spanten aufgebaut sind, die Bauteilbeanspruchung infolge Innendruck statisch unbestimmt, siehe Bild 2.2/12. Ohne Spante würde der Kessel die Umfangszugkräfte nur durch die Haut als Membran aufnehmen. Da die Aufweitung durch Spante behindert wird, treten Längsbiegemomente der Wand auf, entweder direkt in der Haut, oder in Stringern, sofern sich die Haut auf solche abstützt. Um Biegedeformationen und Oberflächenwelligkeit gering zu halten, ist auf hinreichend engen Spantenabstand zu achten (Bd. 1, Bild 2.2/17 und 4.2/21). Die Abschlußböden des druckbelüfteten Rumpfteiles sind doppeltgekrümmte Membranschalen; ebene Schottwände werden wie im Kastentank biegebeansprucht.

Vom Innendruck abgesehen fungiert die Flugzeugrumpfschale wie der Flügelkasten als Biegetorsionsträger, zum einen belastet durch die Leitwerkskräfte und -momente, zum andern durch Nutzgewichte, siehe Bild 2.2/13. Die Nutzlast greift am Zwischenboden an, der sich an den Systemspanten abstützt; diese sind an die Zylinderhaut angeschlossen und bauen in ihr den nach elementarer Theorie (Bd. 1, Bild 3.1/7) sinusverteilten Schubfluß auf (formal: Integration der Schüttlast zur Trägerquerkraft). Wie beim Kasten vom Steg zu den Gurtscheiben, so werden hier die Kräfte über Schub von den Seiten des Zylinders zu dessen oberen und unteren Bereichen übertragen und wandeln sich dort in cosinusverteilten Längszugdruck der Haut und der Stringer (Integration der Querkraft zum Trägerbiegemoment). Die elementaren Kraftflußverteilungen setzen einen schlanken Rumpf und biegestarre Einleitungsspante voraus; deren Nachgiebigkeit macht das Problem statisch unbestimmt (Bd. 1, Bild 6.2/13).

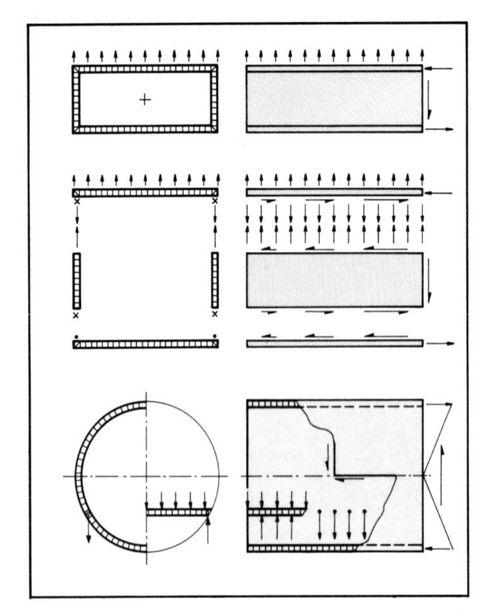

Bild 2.2/14 Tragflügelkasten und Rumpfschale in Sandwich-Bauweise Strukturvereinfachung durch Verzicht auf Systemrippen bzw. Systemspante

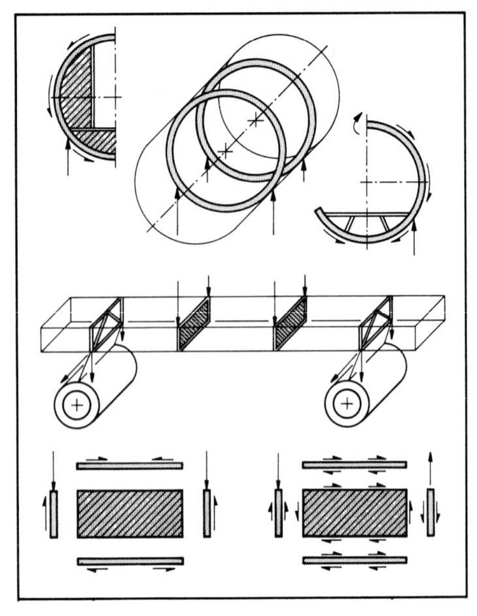

Bild 2.2/15 Querkrafteinleitung in Tragflügelkasten. Beanspruchung der Kastenrippe und ihrer Einzelteile aus symmetrischem und antimetrischem Lastanteil

Aus den Explosionszeichnungen des Kastens und der Schale geht unmittelbar hervor, welche Zug- oder Schubkräfte in den Bauteilen und in ihren Verbindungen wirken, die entsprechend gestaltet und dimensioniert werden müssen. Dies betrifft Anschlüsse der Haut, Stringer, Rippen oder Spanten, aber auch notwendige Längs- und Quernähte der Haut oder Stöße profilierter Platten (Abschn. 6.4).

Detaillierter hätte man den Aufbau der Rippen und der Schubstege als versteifte Wände oder als Fachwerke, der Stringer als offene oder geschlossene ⅂-, U- oder Y-Profile und der Haut als isotropes Blech oder als orthotropes Faserlaminat zu betrachten. Dazu wird in Kap. 4 einiges über Optimierung von Bauteilen und Bauweisen ausgeführt.

Weniger komplex als die oben beschriebenen klassische Struktur wäre ein Kasten oder Zylinder in reiner Sandwichbauweise nach Bild 2.2/14. Praktisch kommt man aber bei Flugzeugstrukturen nicht ohne besondere Einleitungsrippen oder -spante aus, womit auch in Sandwichkonstruktionen zwangsläufig Unstetigkeiten und statisch unbestimmte Störungen der Kraftflüsse auftreten.

2.2.3.2 Funktionen der Kräfteeinleitung und der Kräfteumleitung

Aufgaben der Kräfteeinleitung lassen sich nicht immer eindeutig aus dem Gesamtbild der Kraftflüsse herauslösen und auch nicht unbedingt einzelnen Bauteilen zuweisen. Ihr Begriff ist aber zum analytischen Verständnis wie zur systematischen Synthese der Struktur zweckmäßig; er gründet auf der Vorstellung einer idealen Grundstruktur mit gewissen *elementaren*, gleichförmigen Kraftflüssen, die willkürlich verteilte äußere Lasten aufnehmen soll und dazu besonderer Bauelemente bedarf. Das Krafteinleitungsproblem kann in sich wieder untergliedert und hierarchisch struktu-

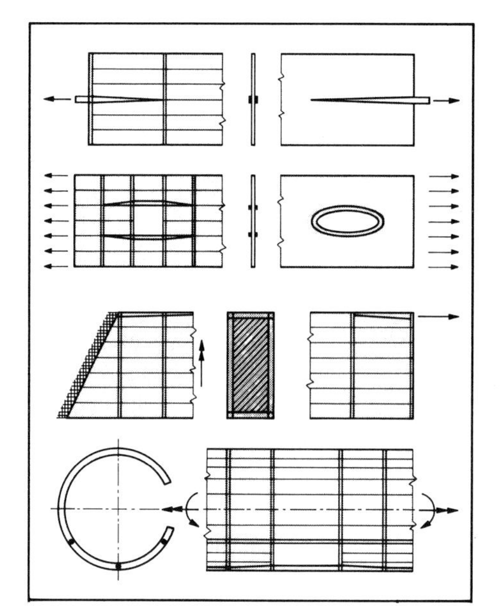
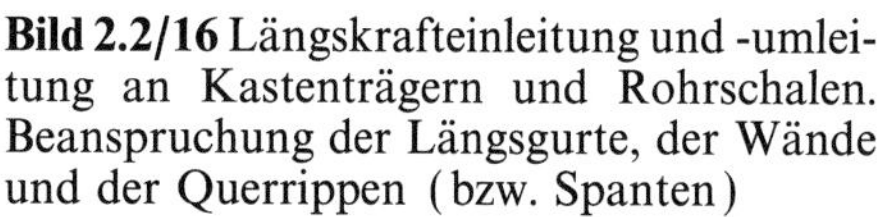

Bild 2.2/16 Längskrafteinleitung und -umleitung an Kastenträgern und Rohrschalen. Beanspruchung der Längsgurte, der Wände und der Querrippen (bzw. Spanten)

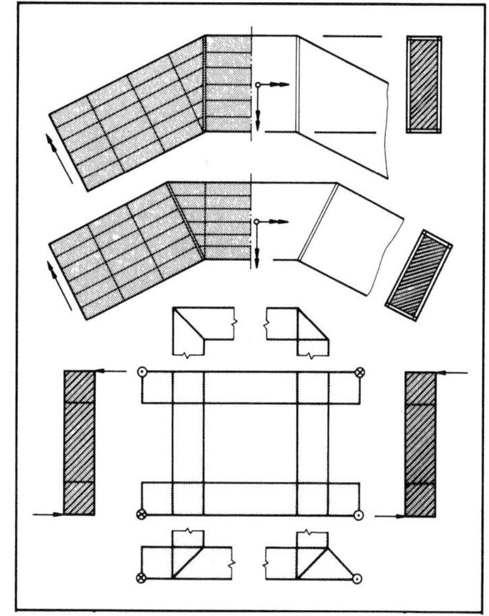

Bild 2.2/17 Momentenumleitung an gekrümmten oder abgewinkelten Trägern. Beanspruchung der Rippen oder Spanten beim Umsetzen von Biegung und Torsion

riert, statisch bestimmt oder unbestimmt sein. Entsprechendes gilt für Störungen des elementaren Zustandes durch Ausschnitte.

Am Beispiel des Kastenträgers als idealem Stab wären demnach alle Bauteile, die der Überführung der Luftkräfte in elementaren Stegschubfluß dienen, mit *Kräfteeinleitung* befaßt: die Haut (als Biegeplatte), die Stringer (als Biegebalken) und die Systemrippen (als Scheiben). Andererseits sind Haut und Stringer hinsichtlich ihrer Zugdruckkräfte (aus Kastenbiegung) primär tragende Strukturelemente.

Deutlicher als bei Systemrippen hebt sich die Funktion der Querkrafteinleitung bei Einzelrippen heraus, die der Triebwerkaufhängung oder dem Rumpfanschluß dienen, siehe Bild 2.2/15. Auch der hierarchische Problemcharakter läßt sich daran demonstrieren: die Rippe als Einleitungselement des idealen Kastens ist ihrerseits eine ideale Schubwand, die Punktlasten von horizontalen und vertikalen Randgurten über Bolzen-, Niet- oder Klebeverbindungen entgegennimmt. Symmetrisch angreifende Biegequerkräfte werden direkt über Gurte an die Kastenwände weitergegeben; nur bei antimetrischen Torsionskräftepaaren erfährt die Rippe eine Schubbeanspruchung (Bd. 1, Bild 7.1/12 und 7.1/13). Ist die Rippe nicht als Vollwand oder Fachwerk, sondern als Rahmen ausgeführt, so reagiert sie darauf (wie ein Ringspant) mit größerer Verformung und verzögert dadurch den Aufbau eines elementaren Torsionsschubflusses im Trägerquerschnitt (Bd. 1, Bild 6.1/13 und 7.1/6).

Zur Einleitung konzentrierter Längskräfte oder zur Kräfteumleitung an Ausschnitten in ebenen Scheiben benötigt man linienhafte Randgurte (Optimierung siehe Abschn. 6.1). Am Anfang wie am Ende jedes Einleitungsbereiches sind Querrippen erforderlich, also jeweils zwei vor und hinter dem Ausschnitt. Ebenso müssen am Kastenträger zur Längskrafteinleitung oder zum Abbau von Wölbstörungen (etwa bei schiefer Trägereinspannung) mindestens zwei Kastenrippen (beim Zylinder zwei Ringspante) vorgesehen sein, an Ausschnitten also mindestens vier; siehe Bild 2.2/16.

Rippen und Spante sind im übrigen auch in gekrümmten oder abgewinkelten Trägern zur Umwandlung von Biegemomenten in Torsionsmomente notwendig, siehe Bild 2.2/17. Ohne solche, die Querschnittverformung verhindernde Elemente kann ein dünnwandiger Biegetorsionsrahmen nicht die erwartete Steifigkeit aufweisen. Bei abgewinkelten Tragflügelkästen wird am Knick wie an Stellen konzentrierter Querkrafteinleitung eine besonders starke Rippe eingebaut.

Kräfteeinleitungen, Ausschnitte und Fügungen verursachen vor allem bei großem Strukturkennwert Probleme hinsichtlich ihres Gewichtsaufwandes wie auch ihrer geometrischen Gestaltung und räumlichen Auslegung. Auch wenn das Zusatzgewicht an Knoten und Fügeelementen unbedeutend ist, muß man doch im Hinblick auf die Ermüdungsfestigkeit der Konstruktion größten Wert auf kerbarme Gestaltung legen (Abschn. 6.2 bis 6.4, und 7.2). Katastrophales Strukturversagen geht meistens von schwer beherrschbaren Spannungsspitzen an Stellen konzentrierter Kräfteeinleitung aus.

2.2.3.3 Stützende und stabilisierende Funktionen

Wie bei großem Strukturkennwert die Spannungs- und Festigkeitsfrage, so dominiert bei kleinem Kennwert das Steifigkeits- und Stabilitätsproblem der dünnwandigen Konstruktion. Zur Aufnahme von Querkräften aus Luftlasten muß die Haut durch Stege oder Stringer in hinreichend engem Abstand gestützt werden, wie diese ihrerseits durch Rippen oder Spante, oder man muß in anderer Weise für Biegesteifigkeit sorgen, etwa durch Waffelverrippung oder Sandwichkonstruktion. Bei dieser stützt sich die dünne Deckhaut quasi kontinuierlich auf dem Kern ab.

Versteht man *Stützung* in diesem Sinne als Auflagereaktion querbelasteter Platten oder Schalen, so ist sie nicht von der primären Funktion des *Tragens* oder der *Kräfteeinleitung* zu trennen. Anders verhält es sich beim Stützen knick- oder beulgefährdeter Strukturen; hierzu können Bauelemente notwendig oder zweckmäßig sein, die selbst unbelastet sind und nur die Aufgabe haben, die primär tragende Struktur am Beulen zu hindern oder eine andere Beulform mit kürzerer Wellenlänge und höherer Beullast zu erzwingen. Dies gilt beispielsweise für alle randparallelen Aussteifungen von Schubwänden, oder für Kastenrippen, soweit es deren Funktion angeht, die längsgedrückte Gurtplatte gegen Knicken zu stützen; siehe Bild 2.2/18. Im allgemeinen werden solche Stützelemente mit einer *Mindeststeifigkeit* ausgelegt, die ausreichen soll, eine Knotenlinie der Beulform zu erzeugen (Bd. 1, Abschn. 6.3.2, 6.3.3 und 7.3).

Wie die Kastenrippe zum einen der querbelasteten Gurtplatte als Auflager dient, zum anderen diese als längsgedrückte Scheibe stabilisiert, oder wie der Sandwichkern Biegequerkräfte aufnimmt und die Haut gegen Knittern stützt, so können auch andere Bauteile gleichzeitig tragende und stützende Funktion haben. Zur Dimensionierung gibt dann das jeweils strengere Kriterium den Ausschlag.

Beul- oder knickgefährdete Bauteile können sich auch gegenseitig stützen, wenn sie entsprechend aufeinander eingestellt sind. Dies gilt vornehmlich für Versteifungen in Druckrichtung, siehe Bild 2.2/19. So zieht die Längssteife einer Platte aufgrund ihrer Dehnsteifigkeit auch eine Druckkraft auf sich, die sie als Knickstab bean-

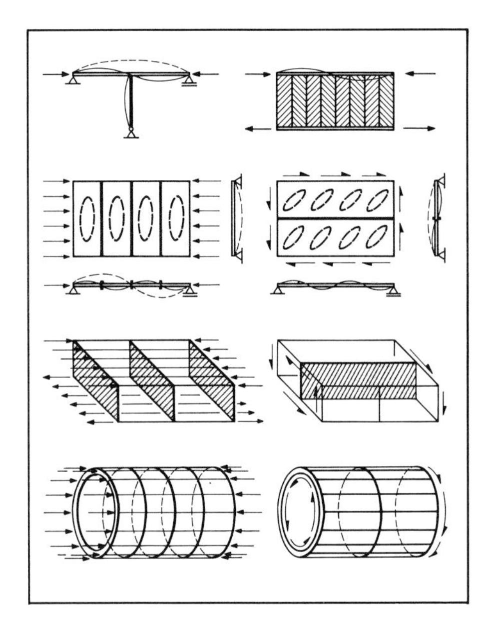
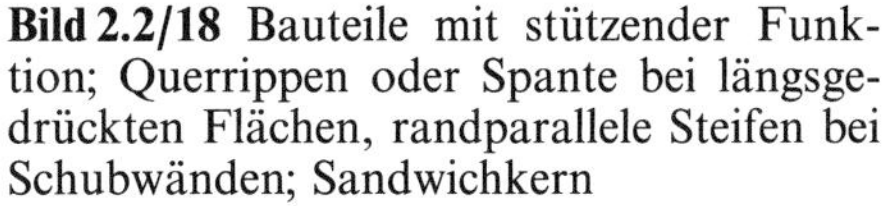

Bild 2.2/18 Bauteile mit stützender Funktion; Querrippen oder Spante bei längsgedrückten Flächen, randparallele Steifen bei Schubwänden; Sandwichkern

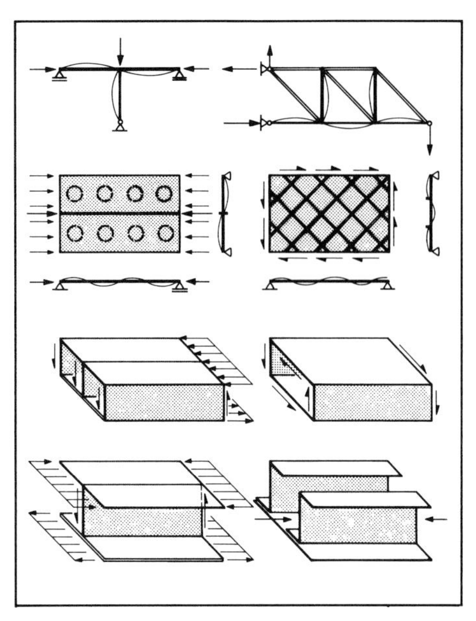

Bild 2.2/19 Bauteile mit tragender und gegenseitig stützender Funktion: Längssteifen, Flansche oder Bördel an längsgedrückten Flächen oder Profilen

sprucht; nur wenn sie überschüssige Biegesteifigkeit aufweist, kann sie einen Teil davon zur Stabilisierung des Plattenfeldes einsetzen. Erwünscht ist darum ein großes Trägheitsmoment bei kleiner Fläche, also ein großer Trägheitsradius des Steifenquerschnitts (Bd. 1, Abschn. 6.3.1).

Formt man, um großen Trägheitsradius zu erzielen, hohe Profilstege, so stützen diese zwar die Haut gegen vertikales Verschieben (wie sie ihrerseits durch die Haut seitlich gestützt werden); dafür neigen sie aber als dünnwandige Streifen nun selbst zum Beulen und bedürfen einer Stabilisierung ihrer freien Kante durch einen Flansch, wie dieser u.U. wieder durch einen Bördel gestützt wird. Das Abstimmen der äußeren und der inneren Plattengeometrie nach allen möglichen Knick- und Beulformen ist Aufgabe der Profiloptimierung (Abschn. 4.3). Eine feingegliederte Bauweise erzielt dabei einen hohen *Wirkungsfaktor*, der allerdings nur im elastischen Spannungsbereich, also bei niedrigem Strukturkennwert, voll zur Geltung kommt. Bei hohem Kennwert genügt eine einfachere Profilierung, wie überhaupt das Problem der Stabilisierung hinter dem der Materialfestigkeit zurücktritt.

Material und Bauweise sind die technologischen Fundamente der Leichtbaukonstruktion. Sie bedingen sich gegenseitig: bei der dickwandigeren Aluminiumkonstruktion kann man auf zusätzliche Versteifungen oder auf Feingliederung eher verzichten als bei dünnem Stahlblech, auch eignet sie sich besser als dieses zu spanabhebender Formgebung oder zum Strangpressen. Zur gewichtsbezogenen Bewertung der Werkstoffe, ihrer Festigkeit und Steifigkeit, dienen Kenngrößen, deren Definition von der Funktion des Strukturteils, seiner Form und seiner Bauweise abhängt. Das folgende Kapitel widmet sich diesem Gegenstand ausführlicher.

3 Werkstoffe und Bauweisen

Im *Struktursystem* werden die Kräftepfade definiert und die tragenden, kräfteeinleitenden oder stützenden Funktionen der Bauteile im wesentlichen festgelegt; in der *Bauweise* konkretisiert sich das System nach den technologischen und ökonomischen Bedingungen. Grenzen der Fertigungstechnik und des Werkstoffs schränken den Systementwurf ein; neue Bauweisen erschließen neue Möglichkeiten in der Anlage von Kräftepfaden und Systemfunktionen.

Die *Bauweise* orientiert sich an den statischen Funktionen des Gesamt- oder Teilsystems und sucht diese durch Ausschöpfen aller verfügbaren Werkstoffalternativen, Fertigungsverfahren und Fügetechniken *optimal* zu erfüllen. Dabei spielt das Gewicht eine entscheidende Rolle, doch kann bei der Bauweisenwahl auch das Kostenkriterium dominieren; der Einsatz teurer Werkstoffe und aufwendiger Fertigung läßt sich dann nur durch entsprechende Betriebskosteneinsparung rechtfertigen (Abschn. 2.1). Eine gewichtsbezogene Bewertung stützt sich auf physikalische Werkstoffgrößen, die sich ihrerseits auf die Bauweise des Strukturteils und seine statische Funktion beziehen. Bauweise und Werkstoff sind damit nicht nur technologisch aufeinander angewiesen; sie lassen sich auch nicht voneinander unabhängig bewerten.

Je nach Werkstoff empfehlen sich verschiedene Fertigungs- und Fügeverfahren. In dieser Hinsicht unterscheidet man *Integral-* und *Differentialbauweise*: im einen Fall wird die Struktur aus mehreren einfach gestalteten Elementen (durch Nieten, Punkte, Schrauben) zusammengesetzt, im anderen als komplexes Bauteil (durch Gießen, Fräsen, Pressen) aus einem Stück gefertigt. Als *integrierend* bezeichnet man eine Bauweise, bei der verschiedene Teile (durch Kleben oder Schweißen) zu einer quasi homogenen oder kontinuierlichen Einheit verbunden werden. In diesem Sinne kann man auch die *Faserverbund-* und *Sandwich*-Konstruktionen zu den integrierenden Bauweisen zählen (Bd. 1, Bilder 1.1/5 und 1.1/6).

Auf technologische Fragen der Herstellung, die viel Raum beanspruchen könnten, wird hier nur am Rande eingegangen. Im Vordergrund stehen Probleme der Bewertung bei unterschiedlichen Anforderungen des Leichtbaus: der Gewichtsminimierung (Kap. 4 und 5), der Kräfteeinleitungen und Fügungen (Kap. 6) oder der Sicherheit (Kap. 7). Mehr denn je entscheiden heute Kriterien der Zuverlässigkeit, der Schadenstoleranz und der Ausfallsicherheit über Vorzüge der einen oder der anderen Bauweise. So zögert man noch immer, die hochwertige Sandwichkonstruktion für primär tragende Strukturen einzusetzen, weil sie eine hohe Fertigungspräzision erfordert und ein Ablösen der Deckhäute vom Kern nicht durch Augenschein zu kontrollieren ist. Eine aus Haut und Stringern genietete oder geklebte Konstruktion verhält sich relativ schadenstolerant; ihr Rißfortschritt ist kalkulierbar und kontrollierbar. Die integral versteifte Platte bedarf zur Ausfallsicherheit einer Unterteilung. Wie die durch Form- und Kerbfaktoren beeinflußte Anrißfestigkeit unter dynamischer Belastung hängt auch die Restfestigkeit der geschädigten Struktur von der Bauweise ab.

Nimmt man noch Gesichtspunkte der räumlichen Anordnung, der Zugänglichkeit, der Kontrolle, der Montage, der Reparatur und der Austauschbarkeit hinzu, so wird hinreichend deutlich, daß die Entscheidung für oder gegen eine Bauweise sich nicht nur nach einer einzelnen Kenngröße richten kann, sondern eine Menge technologischer und funktionaler Ristriktionen berücksichtigen muß. Nicht alle Überlegungen, die zur Wahl der Bauweise beitragen, lassen sich auf quantitative und aufwägbare Kriterien zurückführen. Wie bei allen komplexen Problemen bleiben auch hier objektive und subjektive Reste, die man nicht streng in ein rationales Modell einfügen kann. Im Ansatz rational, jedenfalls dimensionsecht, erscheint ein Kostenmodell (Abschn. 2.1), doch sind die Kostenfaktoren zeitbedingt und anfechtbar. Eindeutig sind nur geometrische und materielle Größen, Strukturkennwerte und Werkstoffdaten, die zusammen eine gewichtsbezogene Beurteilung der Bauweise gestatten. Die folgenden Betrachtungen beschränken sich darum auf das mechanische Verhalten der Werkstoffe, ihre charakteristischen Eigenschaften und daraus abgeleitete Bewertungsgrößen.

Zunächst wird das Spannungs-Dehnungs-Verhalten metallischer Werkstoffe und ihr Plastizitätseinfluß auf gekerbte, biegend beanspruchte oder knickgefährdete Bauteile beschrieben (Abschn. 3.1). Faserkunststofflaminate, oft als *Verbundwerkstoffe* bezeichnet, müssen wie Sandwich- oder Hybridstrukturen als eine *Verbundbauweise* aufgefaßt werden, da sie nach statischen Gesichtspunkten aus Einzelkomponenten und -schichten aufgebaut und nur als Konstrukte zu analysieren und zu bewerten sind (Abschn. 3.2). Anhand werkstoff- und bauweisenspezifischer Kenngrößen läßt sich schließlich die Eignung technologischer Alternativen für unterschiedliche Bauteilaufgaben gewichtsbezogen beurteilen (Abschn. 3.3).

3.1 Metallische Werkstoffe

Obwohl im Leichtbau zunehmend auch Faserkunststoffe eingesetzt werden, behalten Metalle, vor allem hochwertige Aluminiumlegierungen, ihre vorrangige Bedeutung; zum einen sind sie einfacher und mit herkömmlichen Verfahren herzustellen, sei es in Integral- oder in Differentialbauweise, zum anderen läßt sich ihr isotropes mechanisches Verhalten mit weniger Daten zuverlässig beschreiben. Die technologische Rivalität hat auch neuere Entwicklungen metallischer Werkstoffe und Legierungen gefördert; sie werden auch weiter konkurrenzfähig bleiben, sofern sie hinsichtlich bestimmter Anforderungen überhaupt ersetzbar sind. Hervorzuheben ist dabei besonders das plastische Arbeitsvermögen entsprechend legierter und behandelter Metalle, das Spannungsspitzen der statisch unbestimmten Struktur abbaut und im Crash-Fall kinetische Energie absorbiert (auch bei faserverstärkten Karosserien wird man darum auf eine metallische Grundstruktur kaum verzichten). Durch verschiedene Legierungszusätze und Wärmebehandlungen läßt sich ein gewünschtes Verformungsverhalten der Metalle nahezu beliebig einstellen.

Es kann nicht Aufgabe des Buches sein, aktuelle Werkstoffdaten und Entwicklungstrends zu vermitteln; solche bezieht man besser aus einschlägigen Katalogen.

Hier sollen aber die zur Konstruktionsberechnung und zur gewichtsbezogenen Bewertung erforderlichen Werkstoffgrößen und das typische Spannungs-Dehnungs-Verhalten charakterisiert werden (Abschn. 3.1.1). Besonders interessiert bei Metallen das Trag- und Arbeitsvermögen im plastischen Bereich und sein Einfluß auf Kerbspannungsspitzen, Knickstabilität und Umformbarkeit von Bauteilen oder Halbzeugen (Abschn. 3.1.2). Die Eignung des Werkstoffs wird, abgesehen von seinem statischen Verhalten, über eine Reihe weiterer Eigenschaften beurteilt (Abschn. 3.1.3); wichtig bei dynamisch beanspruchten Strukturen sind seine Schwingfestigkeit und Kerbzähigkeit; bei hohen Betriebstemperaturen eine ausreichende Warmfestigkeit. Einfluß auf thermische Eigenspannungen oder Verformungen der Struktur nehmen die Wärmeleitzahl und der Ausdehnungskoeffizient des Werkstoffs. Gegen Korrosion sind bei Metallen besondere Maßnahmen vorzusehen.

Der Konstrukteur muß alle Eigenschaften und Eigenarten des Werkstoffs im Auge haben; als quantitative Zielgrößen seiner Entscheidung kommen aber nur gewichtsbezogene Festigkeiten und Steifigkeiten in Betracht, wie sie in Abschn. 3.3 entwickelt und vergleichend dargestellt werden. Sie gründen auf Aussagen des Spannungs-Dehnungs-Diagramms; dieses wird zunächst erläutert und für verschiedene metallische Leichtbauwerkstoffe wiedergegeben.

3.1.1 Spannungs-Dehnungs-Verhalten

Leichtbauwerke sind primär nach Kriterien der statischen Tragfähigkeit auszulegen, das heißt gegen Materialversagen, gegen Knicken und Beulen der Struktur oder gegen große Verformungen. In jedem Fall interessiert dabei das Werkstoffverhalten bis zur Bruchgrenze, im besonderen der Steifigkeitsverlust im plastischen Bereich, also nach Überschreiten der elastischen Proportionalität. Wie einerseits für hohe Knickspannungen eine hohe Elastizitätsgrenze gefordert wird, wünscht man sich andererseits zum Abbau von Kerbspannungen im Bauteil und zur Umformung von Halbzeugen ein ausgeprägtes plastisches Verhalten mit großer Bruchdehnung.

Die charakteristischen Spannungs- und Dehnungsgrenzen sowie die wirksamen Moduln werden in der Regel dem Diagramm des einachsigen Zugversuchs entnommen. Die Prüfstäbe müssen der Norm entsprechend lang genug sein, damit die Querkontraktion nicht behindert wird und keine Querspannungen auftreten. Das Verhalten unter mehrachsiger Beanspruchung wird dann im elastischen Bereich über die Querkontraktionszahl und im plastischen über Fließhypothesen berechnet.

3.1.1.1 Charakteristisches Werkstoffverhalten im Zugversuch

Bild 3.1/1 zeigt verschiedene typische Spannungs-Dehnungs-Funktionen für einachsige Zugbelastung: bis zu einer gewissen Grenze linear ansteigend (*Hookesche Gerade*), weichen sie danach deutlich voneinander ab. Im ersten Fall tritt plötzlich *ideales Fließen* auf, die Dehnung nimmt bei konstant bleibender Spannung bis zum Bruch unaufhaltbar zu; im zweiten Fall geht der elastische Bereich stetig in den plastischen über, die Verformung nimmt dann mit steigender Spannung überproportional zu, oder umgekehrt: bei wachsender Dehnung *verfestigt* sich das Material auch plastisch weiter, jedoch mit zunehmender Fließtendenz. Zur analytischen Vereinfachung rechnet man auch mit linearer plastischer Verfestigung (Fall *3*). Oft tritt aber

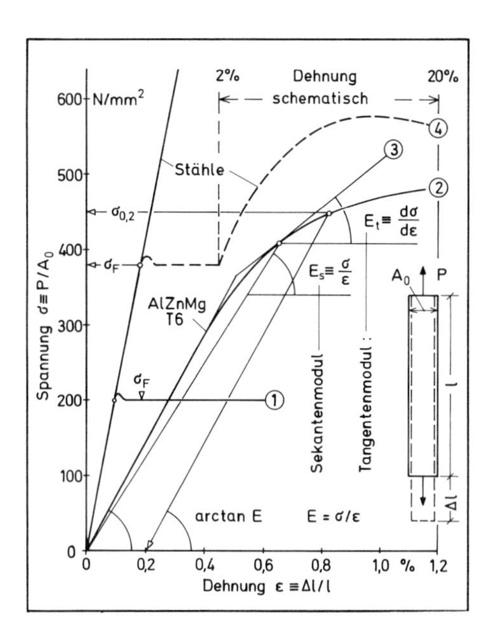

Bild 3.1/1 Charakteristisches Verhalten metallischer Werkstoffe im einachsigen Zugversuch: Ideales Fließen oder Verfestigung im plastischen Bereich. Bezeichnungen

bei Werkstoffen mit ausgeprägter Elastizitätsgrenze zunächst quasi ideales Fließen auf, mit anschließender Verfestigung vor endgültigem Versagen (Fall *4*). Bei großen Verformungen muß man die Einschnürung des Querschnitts berücksichtigen; trägt man nicht dessen wirkliche Spannung auf, sondern die Prüflast oder die auf den Ausgangsquerschnitt bezogene Nennspannung, so fällt diese vor dem Bruch wieder ab. Die tatsächliche Bruchdehnung läßt sich also nicht im *lastgesteuerten* sondern nur im *weggesteuerten* Versuch ermitteln, der zur Untersuchung des Werkstoffversagens überhaupt vorzuziehen ist.

Bei Entlastung geht die Dehnung parallel zur Hookeschen Geraden zurück; der Schnitt dieser Parallelen mit der Abszisse markiert die *bleibende Dehnung*, die umschriebene Fläche bezeichnet die geleistete Formänderungsarbeit. Für Druckbelastung rechnet man meistens einfach mit umgekehrtem Verhalten, obwohl dies nicht immer zutrifft. Bei wechselnder Zugdruckbeanspruchung in den plastischen Bereich wird eine *Hysterese* umschrieben, deren Arbeitsleistung schon nach relativ wenigen Zyklen zur vorzeitigen Ermüdung führt (*low-cycle-fatigue*, Abschn. 7.2.1.1).

Als *Elastizitätsmodul* (oder *Zugmodul*) $E \equiv \sigma/\varepsilon$ bezeichnet man den Anstieg der Hookeschen Geraden, als *Sekantenmodul* $E_s \equiv \sigma_{pl}/\varepsilon$ das Spannungs-Dehnungs-Verhältnis im nichtlinearen Bereich. Für Strukturanalysen interessiert aber meistens die Spannungszunahme bei wachsender Verformung, also der *Tangentenmodul* $E_t \equiv d\sigma/d\varepsilon$. Sekanten- und Tangentenmodul sind im linearen Bereich mit dem Elastizitätsmodul identisch, bei Überschreiten der Proportionalitätsgrenze fallen sie mit zunehmender Spannung ab, der Tangentenmodul mehr, der Sekantenmodul weniger.

Mit der Längsdehnung ε_x ist die Verformung des Zugstabes nicht vollständig beschrieben; bei elastischer Beanspruchung stellen sich dazu proportionale Querdehnungen $\varepsilon_y = \varepsilon_z = -\nu\varepsilon_x$ ein. Die *Querkontraktionszahl* (*Poissonsche Konstante*) von Metallen liegt bei $\nu \approx 0{,}33$, die von Kunststoffen bei $\nu \approx 0{,}4$; über $\nu = 0{,}5$ kann sie bei isotropen Werkstoffen nicht hinausgehen. Dieser Grenzwert wird nur bei leicht deformierbarem aber inkompressiblem Material erreicht. Auch bei großer plastischer Verformung metallischer Werkstoffe muß man demgemäß eine höhere Querkontraktion annehmen als im elastischen Verformungsanteil.

3.1.1.2 Elastisch-plastisches Verhalten von Aluminiumlegierungen

Aufgrund seines geringen spezifischen Gewichts ($\gamma = 28\ \mathrm{N/dm^3}$) ist Aluminium in seinen Kupfer- und Zinklegierungen das wichtigste Leichtbaumetall. In Bild 3.1/2 sind Spannungs-Dehnungs-Diagramme verschiedener AlCuMg-Proben wiedergegeben, in Bild 3.1/3 solche für AlZnMg. Der Elastizitätsmodul ($E \approx 72\,000\ \mathrm{N/mm^2}$) wird durch die Legierung wenig beeinflußt, die Streckgrenze und die Bruchspannung liegen bei zinklegiertem Aluminium (mit $\sigma_{0,2} \approx 460\ \mathrm{N/mm^2}$ und $\sigma_B \approx 540\ \mathrm{N/mm^2}$, $\varepsilon_B = 6\,\%$) höher als bei kupferlegiertem ($\sigma_{0,2} \approx 350\ \mathrm{N/mm^2}$, $\sigma_B \approx 440\ \mathrm{N/mm^2}$); entsprechend größer sind für AlZnMg auch die wirksamen Moduln im plastischen Bereich. Der Tangentenmodul ist als Ableitung der $\sigma - \varepsilon$-Kurve neben dieser dargestellt; praktisch geht er nach Null bei $\sigma_{0,2}$. Damit wird die Streckgrenze für hochbeanspruchte Knickstäbe maßgebend. In solchem Fall bevorzugt man AlZnMg, dagegen bei kerbgefährdeten Bauteilen AlCuMg, wegen seiner niedrigen Streckgrenze und seiner höheren Bruchdehnung.

Die Spannungsgrenzen dieser hochwertigen Knetlegierungen hängen wesentlich von ihrer Wärmebehandlung und Kaltverformung ab. Die Aushärtung erfolgt in Stufen: Weichglühen (bei 340 bis 410 °C), Vergüten durch Lösungsglühen (450 bis 520 °C) und Abschrecken (15 bis 40 °C), schließlich Auslagern (kalt bei 15 bis

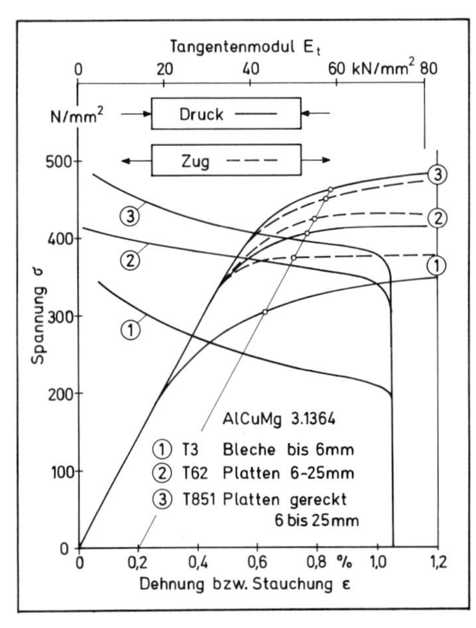

Bild 3.1/2 Elastisch-plastisches Verhalten einer Aluminium-Kupfer-Legierung bei einachsigem Zug. Tangentenmodul, abhängig von Spannung; nach [3.1]

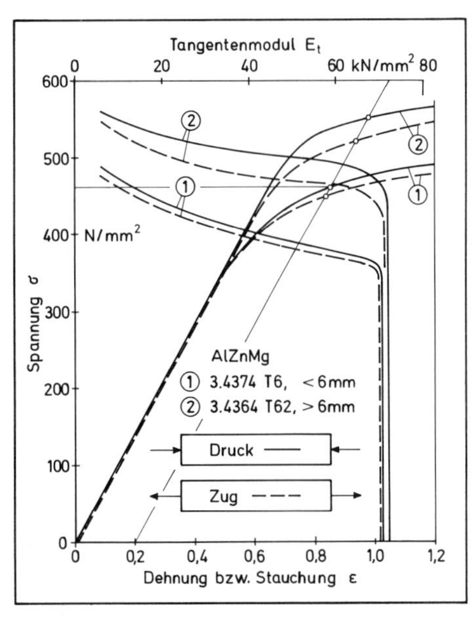

Bild 3.1/3 Elastisch-plastisches Verhalten einer Aluminium-Zink-Legierung bei einachsigem Zug. Tangentenmodul, abhängig von Spannung; nach [3.1]

25 °C, warm bei 120 bis 260 °C). Die Aushärteverfahren werden bei der Werkstoffkennzeichnung angegeben (beispielsweise T4 bei Kaltaushärtung, T6 bei Warmaushärtung); je nach Legierung erhält man durch diese eine dreifache Festigkeit σ_B und eine sechsmal höhere Streckgrenze $\sigma_{0,2}$ als im weichen Zustand. Für Umformungsarbeiten (Biegen, Prägen, Ziehen, Strecken, Pressen), die am bestem am weichen Material durchgeführt werden, ist der frischvergütete Zustand wichtig; er hält bei Normaltemperatur etwa 1 h an und läßt noch große plastische Verformungen zu.

Neben der Warmbehandlung beeinflußt auch das Herstellungsverfahren die Festigkeit. So haben zum Beispiel Strangpreßprofile gegenüber Blechprofilen eine rund 10 % höhere Streckgrenze, bei AlZnMg ist auch mit 5 % höherer Bruchfestigkeit zu rechnen. Bei Platten muß man die Wanddicke beachten: die hohen Werte gewalzter Bleche gelten nur bis $t < 50$ mm, bei $t \approx 100$ mm sind sie um 10 bis 15 % geringer. Aus dem Vollen gefräste Integralplatten sind daher u.U. weniger belastbar als Differentialplatten mit Blech- oder Strangpreßprofilen.

3.1.1.3 Elastisch-plastisches Verhalten anderer Metalle

Neben Aluminium bieten sich Magnesium- und Titanlegierungen als Leichtbauwerkstoffe an, diese wegen ihrer höheren Warmfestigkeit, jene wegen ihres geringeren spezifischen Gewichts ($\gamma = 18$ N/dm^3) oder höheren spezifischen Volumens ($1/\gamma$). Hohes spezifisches Volumen vereinfacht die Fertigung, erspart Aussteifungen und verspricht eine hohe Knick- und Beulstabilität des Bauteils, jedenfalls im elastischen Spannungsbereich. Die in Bild 3.1/4 wiedergegebenen Fließkurven für warmvergütete Magnesium-Strangpreßprofile zeigen aber gerade bei Druck ein ungünstiges Verhalten, nämlich eine ausgeprägte, tiefliegende Fließgrenze mit Entfestigungstendenz, während bei Zug die auch für Aluminiumlegierungen typische Verfestigung zu beobachten ist. Im übrigen hängen Fließgrenze und Festigkeit der Magnesiumlegierungen stark von ihrer Zusammensetzung, Herstellung, Vergütung und Querschnittsgröße ab. Der Elastizitätsmodul ($E = 45\,000$ N/mm^2) wird davon kaum berührt, er fällt allerdings mit steigender Prüftemperatur. Die Bruchdehnung ist sehr groß ($\varepsilon_B \approx 12$ %).

Für thermisch hoch beanspruchte Leichtbaustrukturen empfiehlt sich Titan. Es liegt mit seinem spezifischen Gewicht ($\gamma = 43$ bis 45 N/dm^3) zwischen Aluminium und Stahl. Mit seinem hohen Schmelzpunkt (1 660 °C) eignet es sich für hochwarmfeste Legierungen, im besonderen mit Al und Mn. Durch Vergüten kann die Festigkeit gesteigert werden (von $\sigma_B = 600$ bis 1 000 N/mm^2 auf 1 200 bis 1 400 N/mm^2). Die Streckgrenze $\sigma_{0,2}$ des reinen Titan liegt um 0,7 σ_B, die seiner Legierungen nahe an 0,9 σ_B; siehe Bild 3.1/5. Dabei ist die Bruchdehnung ($\varepsilon_B = 15\%$) schon bei Normaltemperatur außergewöhnlich groß und nimmt bei steigender Temperatur (bis $\varepsilon_B \approx 30$ %) zu; man kann darum mit nahezu idealem elastisch-plastischem Verhalten rechnen (Fall *1* in Bild 3.1/1).

Ebenso ideales Fließen zeigen Tiefziehstähle, doch kommen solche wegen ihrer niedrigen Spannungsgrenze ($\sigma_F \approx 300$ N/mm^2) für den Leichtbau kaum in Frage. Aber auch bei hoher Fließgrenze und Festigkeit ($\sigma_B \approx 1\,800$ N/mm^2) ist Stahl wegen seines großen spezifischen Gewichts ($\gamma = 78$ N/dm^3) wenig geeignet; trotz höheren Elastizitätsmoduls ($E = 210\,000$ N/mm^2) ist die im Vergleich zu Aluminium oder Titan dünnwandige Stahlkonstruktion beulgefährdet und versteifungsbedürftig. Als

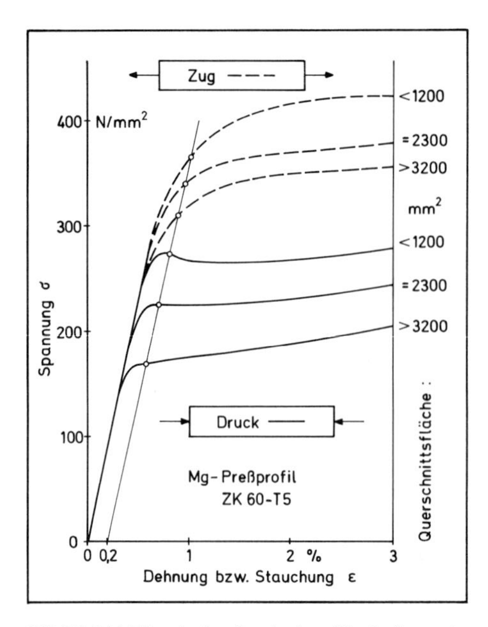

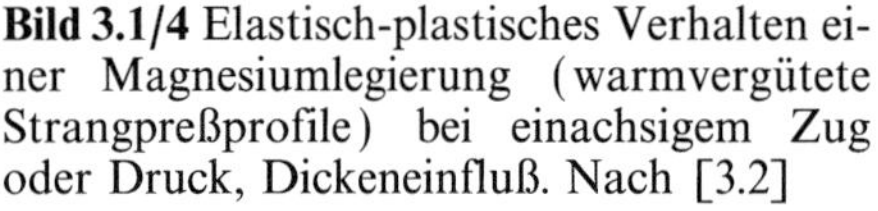

Bild 3.1/4 Elastisch-plastisches Verhalten einer Magnesiumlegierung (warmvergütete Strangpreßprofile) bei einachsigem Zug oder Druck, Dickeneinfluß. Nach [3.2]

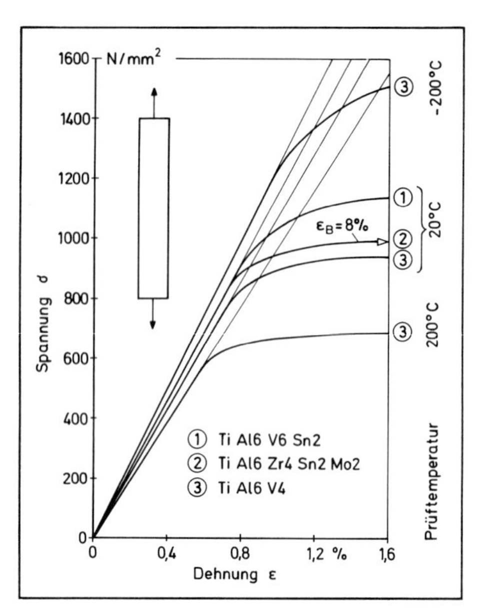

Bild 3.1/5 Elastisch-plastisches Verhalten von Titan und verschiedener Titanlegierungen (unvergütet oder vergütet) bei einachsigem Zug (Normaltemperatur); [3.1, 3.2]

hochwarmfester Werkstoff konkurriert Stahl mit Titan durch geringeren Preis und einfachere Verarbeitung.

3.1.1.4 Verhalten bei zweiachsiger Beanspruchung

Flächentragwerke sind als Scheiben, Platten oder Schalen gewöhnlich zweiachsig beansprucht: neben der Zugspannung σ_x (des oben betrachteten einachsigen Versuchs) tritt eine zweite Normalspannung σ_y und, sofern es sich bei den Achsen x und y nicht um die *Hauptlastrichtungen* handelt, auch eine Schubspannung τ_{xy} auf. Diesen drei Spannungen entsprechen drei Verformungen ε_x, ε_y und γ_{xy}, die bei isotropem Material mit ihnen über das Elastizitätsgesetz

$$\varepsilon_x = (\sigma_x - \nu\sigma_y)/E, \quad \varepsilon_y = (\sigma_y - \nu\sigma_x)/E, \quad \gamma_{xy} = \tau_{xy}/G = \tau_{xy} 2(1+\nu)/E \qquad (3.1-1)$$

zusammenhängen (Bd. 1, Abschn. 2.1.1.2). Das elastische Verhalten wird demnach nur durch zwei Materialgrößen beschrieben: durch den Zugmodul E und die Querkontraktionszahl ν; mit diesen errechnet man den Schubmodul aus der Isotropiebedingung $G = E/2(1+\nu)$.

Die Fließgrenze der zweiachsigen Beanspruchung wird hypothetisch aus dem Vergleichswert $\sigma_v = \sigma_F$ bzw. $\sigma_v = \sigma_{0,2}$ des einachsigen Zugversuchs bestimmt (Bd. 1, Bild 2.1/3), beispielsweise über die Gestaltsänderungsenergie aus der Formel

$$\sigma_x^2 + \sigma_y^2 - \sigma_x\sigma_y + 3\tau_{xy}^2 \leqq \sigma_v^2 . \qquad (3.1-2)$$

Streng genommen bezeichnet diese Bedingung nur die Grenze zum Beginn idealen Fließens. Bei ihrer Anwendung auf die etwas willkürlich definierte Streckgrenze

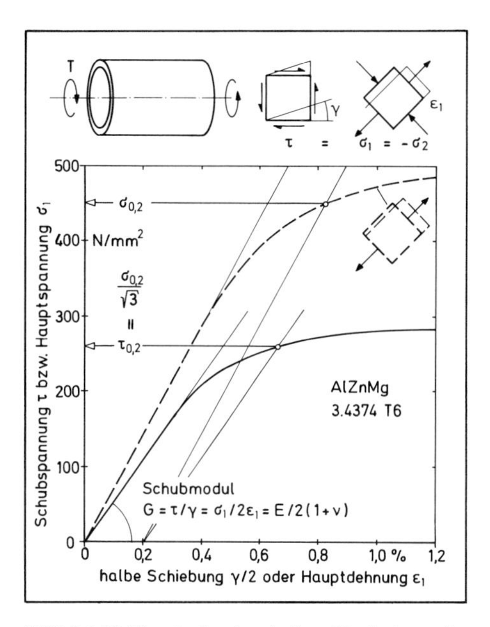

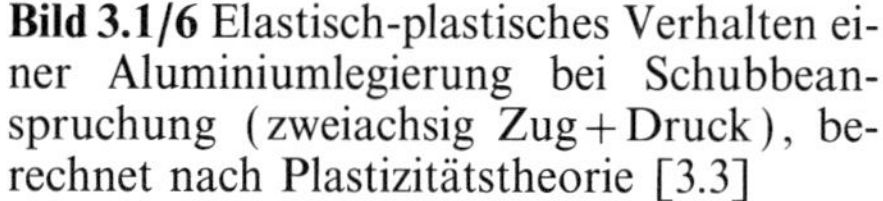
Bild 3.1/6 Elastisch-plastisches Verhalten einer Aluminiumlegierung bei Schubbeanspruchung (zweiachsig Zug + Druck), berechnet nach Plastizitätstheorie [3.3]

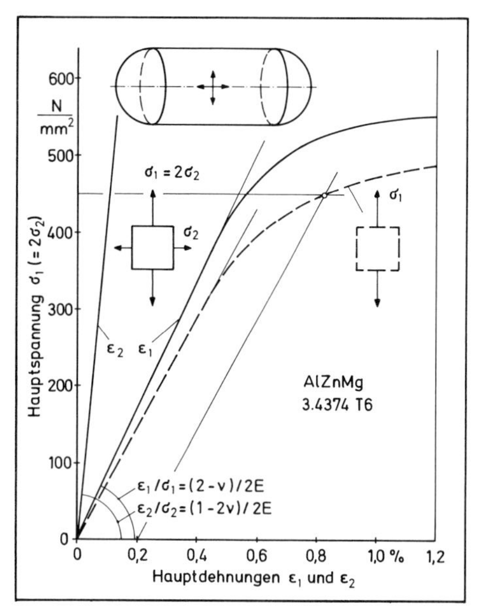

Bild 3.1/7 Elastisch-plastisches Verhalten einer Aluminiumlegierung bei zweiachsiger Zugbeanspruchung (Beispiel: Kessel), berechnet nach Plastizitätstheorie [3.3, 3.4]

(0,2 %-Dehngrenze) $\sigma_{0,2}$ ist mindestens Vorsicht geboten, da nicht gesagt ist, welche bleibende Dehnung (ε_x, ε_y oder γ_{xy}) die 0,2 % nicht überschreiten soll. Tatsächlich läßt sich das plastische Verhalten unter zweiachsiger Beanspruchung nur schrittweise und mit Berücksichtigung der dreidimensionalen Verformung berechnen (siehe [3.3]).

Als Beispiel ist in Bild 3.1/6 das Verhalten eines schubbeanspruchten Flächenelements wiedergegeben. Die Schubspannung τ_{xy} entspricht einem zweiachsigen Hauptspannungszustand $\sigma_1 = -\sigma_2 = |\tau_{xy}|$ unter $\pm 45°$. Im Vergleich zu einfachem Zug mit $\varepsilon_F = \sigma_F/E$ erhält man über die Hypothese (3.1–2) mit τ_{xy} nach (3.1–1) den Fließpunkt

$$\tau_F/\sigma_F = 1/\sqrt{3} = 0{,}58 \quad \text{und} \quad \gamma_F/\varepsilon_F = 2(1+\nu)/\sqrt{3} \approx 1{,}5\,. \qquad (3.1-3)$$

Auch für die nicht ideal plastischen, sondern verfestigenden Versuchskurven in Bild 3.1/6 läßt sich auf solche Weise die Streckgrenze $\sigma_{0,2}$ in eine Schubgrenze $\tau_{0,2}$ umrechnen. Diese deutet nicht unbedingt auf eine *bleibende Schubverformung* von 0,2 %; eher auf ein entsprechendes Abfallen des Tangentenschubmoduls.

Als weiteres Beispiel ist in Bild 3.1/7 das Verhalten eines zweiachsig zugbeanspruchten Elements beschrieben, etwa eines Druckkessels mit den Wandspannungen $\sigma_x = \sigma_y/2 = \hat{p}r/2t$. Dieses Spannungsverhältnis ist wieder statisch bestimmt und ändert sich nicht bei plastischer Verformung. Im elastischen Bereich gilt mit $\nu = 1/3$ nach (3.1–1):

$$\varepsilon_x = (0{,}5 - \nu)\sigma_y/E = 0{,}17\sigma_y/E \quad \text{und} \quad \varepsilon_y = (1 - 0{,}5\nu)\sigma_y/E = 0{,}83\sigma_y/E\,. \quad (3.1-4)$$

Der Fließpunkt des ideal plastischen Materials folgt aus (3.1−2):

$$\sigma_{yF} = 2\sigma_{xF} = \sigma_F\sqrt{4/3}\,, \qquad \varepsilon_{yF} = 5\varepsilon_{xF} = 0{,}96\varepsilon_F\,. \qquad (3.1-5)$$

Bei verfestigendem Material ohne ausgeprägte Fließgrenze ist ein Vergleich mit dem einachsigen Zugversuch wieder schwierig, weil keine *0,2 %-Grenze* definiert ist. Der Energiehypothese (3.1−2) zufolge wäre die Dehngrenze etwa für $\sigma_y = \sigma_{0,2}\sqrt{4/3}$ erreicht; in der Tat zeigen die Versuchskurven im zweiachsigen Zuglastfall eine höhere Dehngrenze als im einachsigen Vergleichsfall, wenn man darunter die Spannung verstehen will, bei der der Tangentenmodul nach Null tendiert.

3.1.2 Einflüsse der Plastizität auf das Bauteilverhalten

Wo des Menschen Klugheit nicht hinreicht, hilft manchmal die *Schläue des Materials.* Natürliche Werkstoffe wie Holz oder andere Faserstrukturen zeichnen sich durch Schadenstoleranz aus, bei Metallen vertraut man auf ihr plastisches Verhalten, das analytisch schwer erfaßbare und fertigungstechnisch kaum vermeidbare Spannungsspitzen in statisch unbestimmten Bauteilen abbaut. Nach Entlastung existieren dann vorteilhafte Eigenspannungszustände, die man auch durch entsprechendes Recken, Biegen, Aufweiten oder durch Kugelstrahlen künstlich hervorrufen kann, um in anrißgefährdeten Zonen Druckvorspannungen zu erzeugen.

Auch für die Herstellung von Bauteilen ist eine gute plastische Verformbarkeit des Werkstoffes mit großer Bruchdehnung erwünscht. Neben der Möglichkeit, Metalle zu schmelzen, zu gießen, zu pressen oder zu schmieden, wünscht man diese auch bei Normaltemperatur in gewissem Grade umformen zu können. Stärkere Umformungen wird man im ungehärteten Zustand vornehmen; sie sind auch im Endzustand des Materials möglich, doch muß man dann mit größerer elastischer Rückfederung rechnen.

Wünschenswert ist das plastische Arbeitsvermögen der Metalle auch im Hinblick auf Unfallsicherheit der Fahrzeuge. Bei kleinen Geschwindigkeiten kann man die kinetische Energie elastisch abfangen; im Ernstfall muß sich aber die Knautschzone der Fahrzeugstruktur bleibend verformen (verstärkte Kunststoffe können darum die Blechbauweise nicht völlig ersetzen). Ist man gewöhnlich zur Sicherung der Knick- und Beulstabilität an großem Elastizitätsmodul und hoher Fließgrenze interessiert, so fordert man in Fällen, wo durch Nachbeulen bei starker Verformung Energie absorbiert werden soll, außerdem eine große Bruchdehnung.

Bei der Werkstoffwahl muß man also je nach der Aufgabe des Bauteils gewollte oder unerwünschte Auswirkungen des plastischen Verhaltens berücksichtigen. Für Teile, die durch Zug- oder Schubbelastung kerbgefährdet sind, empfehlen sich Werkstoffe mit niedriger Streckgrenze; unter Druck oder Schub beulgefährdete Stäbe, Platten und Schalen fordern bei hoher Belastung (bei großem *Strukturkennwert*) eine hohe Streckgrenze, Knautschelemente besonders eine gute Verformbarkeit. Im folgenden werden die Einflüsse der Plastizität an Beispielen erläutert.

3.1.2.1 Plastische Biegung, bleibende Krümmung und Restspannungen

Bild 3.1/8 zeigt die Verteilungen $\varepsilon_x(z)$ der Dehnungen und $\sigma_x(z)$ der Spannungen im Querschnitt eines biegebeanspruchten Balkens oder Bleches; für den elastischen

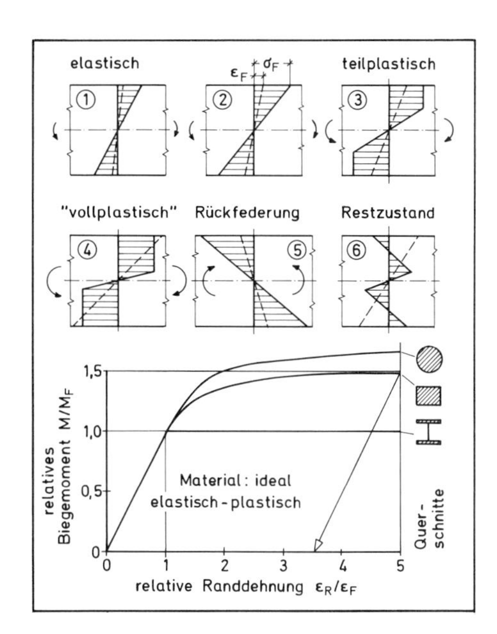

Bild 3.1/8 Plastische Biegung von Balken oder Platten. Spannungsverteilung im Querschnitt, resultierendes Biegemoment über Krümmung; bleibender Zustand

Bereich, nach Überschreiten der Elastizitätsgrenze, an der Grenze der Tragfähigkeit und nach Entlastung. Dabei ist ideal elastisch-plastisches Material unterstellt.

Die Dehnungen $\varepsilon_x = \varkappa z$ (Krümmung $\varkappa \equiv 1/r$) nehmen aus geometrischen Gründen stets linear mit der Entfernung z von der Neutralachse zu; die Spannungen verteilen sich dann über die Dicke einfach nach dem $\sigma-\varepsilon$-Diagramm (Bild 3.1/1), wobei die Randdehnung $\varepsilon_R = \varkappa t/2$ das Spannungsprofil bestimmt: ist sie kleiner als die Fließdehnung $\varepsilon_F = \sigma_F/E$, so verteilen sich auch die Biegespannungen linear; erzwingt man eine stärkere Krümmung, so wird $\varepsilon_R > \varepsilon_F$, die Spannungen nehmen nur bis zum Abstand $z_F = \varepsilon_F t/2\varepsilon_R$ proportional zu und bleiben von da an bis zur Oberfläche mehr oder weniger konstant. Die Tragfähigkeit erschöpft sich, wenn die Verteilung eine Rechteckform annähert, also für $z_F \gg t/2$ bzw. $\varepsilon_R \gg \varepsilon_F$. Bei I-Profilen, die Biegemomente praktisch nur durch Flanschkräftepaare aufnehmen, ist über die Fließgrenze hinaus keine Laststeigerung möglich; im übrigen gelten die Aussagen zur Spannungsverteilung unabhängig vom Profil des Balken- oder Plattenquerschnitts, jedenfalls bei Symmetrie zur Neutralebene.

Das Querschnittsprofil muß man erst beim Integrieren der Spannungsverteilung zum resultierenden Biegemoment berücksichtigen. Dieses ist in Bild 3.1/8 über der relativen Krümmung $t/2r = \varkappa t/2 = \varepsilon_R$ für verschiedene Profile aufgetragen. Bei ideal elastisch-plastischem Materialverhalten ist die Tragfähigkeit des I-Profils erschöpft, sobald die Randdehnung ε_R die Fließgrenze ε_F erreicht; beim Rechteckquerschnitt kann man das Biegemoment durch Ausnützen des plastischen Bereichs noch um 50 %, beim Kreisquerschnitt um 70 % steigern.

Für den vollen Balkenquerschnitt oder das einfache Blech folgt dies aus den Anteilen der dreieckigen (elastischen) und der rechteckigen (ideal plastischen) Spannungsflächen mit ihren jeweiligen Hebelarmen, also für $2z_F/t = \varepsilon_F/\varepsilon_R < 1$:

$$M/b = 2z_F^2\sigma_F/3 + (t/2 + z_F)(t/2 - z_F)\sigma_F \qquad (3.1-6)$$

oder, bezogen auf die Grenze der elastischen Tragfähigkeit:

$$6M/bt^2\sigma_F = 3/2 - (2z_F/t)^2/2 = 3/2 - (\varepsilon_F/\varepsilon_R)^2/2\,. \qquad (3.1-7)$$

Übersteigt das Moment nicht die Elastizitätsgrenze ($\varepsilon_R < \varepsilon_F$), gilt

$$6M/bt^2\sigma_F = \sigma_R/\sigma_F = \varepsilon_R/\varepsilon_F\,. \qquad (3.1-8)$$

Bei Entlastung bilden sich die Verformungen linear zurück; das aus plastischer Spannungsverteilung resultierende Biegemoment M_{pl} wird durch ein elastisches Moment $M_{el} = -M_{pl}$ aufgehoben. Beim Vollquerschnitt bleibt danach die relative Krümmung $\varkappa_{bl} = 1/r_{bl}$ mit der Randdehnung

$$\varepsilon_{Rbl}/\varepsilon_F = t/2r_{bl}\varepsilon_F = (\varepsilon_F/\varepsilon_R)^2/2 + \varepsilon_R/\varepsilon_F - 3/2 \qquad (3.1-9)$$

und die in Bild 3.1/8 skizzierte Restspannungsverteilung mit dem Randwert

$$\sigma_{Rbl}/\sigma_F = 1 - 6M/bt^2 = [(\varepsilon_F/\varepsilon_R)^2 - 1]/2\,. \qquad (3.1-10)$$

Will man Restspannungen und Rückfederung vermeiden, so muß man den Profilstab oder das Blech beim Biegen über eine Matrix gleichzeitig recken, bis über den ganzen Querschnitt eine konstante Fließspannung herrscht. Beim Entlasten verkürzt sich das Blech elastisch, behält aber seine Krümmung. Das Streckziehverfahren ohne Biegerückfederung eignet sich zum Formen von Blechschalen und Spanten.

Ein unsymmetrischer Querschnitt, zum Beispiel ein T-Profil, überschreitet zunächst nur an einem Rand die Fließgrenze; dadurch verschiebt sich die Neutralachse mit zunehmender Belastung. Die Dehnungsverteilung bleibt zwar linear, ihr Nulldurchgang aber ändert sich mit dem Gleichgewicht der plastischen Spannungsverteilung, die damit profilabhängig wird.

3.1.2.2 Plastischer Abbau von Kerbspannungsspitzen

Wie bei Biegung in der Randzone, so treten an Kerben und Bohrungen auch bei Zug oder Schub Spannungsspitzen auf; bei gekerbten Biegestäben überlagern sich beide Effekte. Eine Minderung der Tragfähigkeit wird vermieden, wenn die Werkstoffplastizität für einen Spannungsausgleich sorgt. Bei der in Bild 3.1/9 gezeichneten Verteilung im Nettoquerschnitt einer zugbelasteten Scheibe mit Bohrung führt dies nach Überschreiten der Fließgrenze an der Lochflanke schließlich zu völliger Egalisierung (ideal-plastisches Verhalten vorausgesetzt).

Die Analyse des ideal-elastischen Zustandes ist, wenn auch nicht einfach, doch in geschlossener Form möglich [3.5]; im teilplastischen Bereich müssen Fließhypothesen für dreiachsige Verformung und numerische Analyseverfahren herangezogen werden. Man kann die plastische Spannungsverteilung grob abschätzen, wenn man zu dieser eine elastische Verteilung der Dehnung annimmt, also einen nur betragsmäßig veränderten Verformungszustand. Läßt man den Einfluß der geringen Querspannung σ_y im Nettoquerschnitt außer acht, so ist dort die Längsspannung $\sigma_x(y)$ einfach mit dem relativen Sekantenmodul abzubauen: $\sigma_{pl}/\sigma_{el} = E_s(\sigma)/E$. Das Problem wird damit, wie beim Biegebalken, geometrisch bestimmt. Je mehr die plastizierende Zone um das Loch anwächst, desto fragwürdiger wird die Annahme quasi elastischer Verformung.

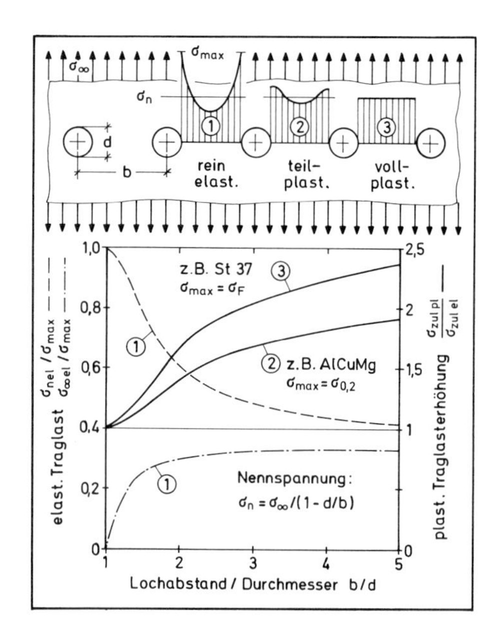

Bild 3.1/9 Plastischer Abbau der Spannungsspitzen an Lochflanken zugbelasteter Scheiben. Traglasterhöhung, abhängig vom relativen Lochabstand

Während die Kerbe im plastischen Spannungsbereich durch das *kluge Material* entschärft und die statische Festigkeit dadurch saniert wird, muß man beim geringeren Niveau dynamischer Beanspruchung mit größerer Wirksamkeit der Spannungsspitze rechnen. Man kann dieser nur durch Aufdicken oder durch einen künstlich erzeugten Eigenspannungszustand begegnen: entweder durch plastisches Vorrecken, wobei nach Entlasten eine Druckvorspannung an der Lochflanke herrscht, oder durch konisches Aufweiten, wonach ein rotationssymmetrischer Eigenspannungszustand vorliegt. Weil ein Ermüdungsriß in der Regel vom Rande ausgeht, wirkt sich eine Druckvorspannung dort immer vorteilhaft aus. So erklärt sich auch die Erhöhung der dynamischen Festigkeit durch Kugelbestrahlen.

3.1.2.3 Einfluß der Plastizität auf Knicken und Beulen

Zum Umformen von Blechen und Profilen und zum Entschärfen von Kerbspitzen wünscht man eine niedrige Streckgrenze; für stabilitätsgefährdete Bauteile wird zu hohen Spannungen ein großer Druckmodul gefordert, und damit eine hohe Streckgrenze (vorteilhaft: AlCuMg für Zug, AlZnMg für Druck).

Die knickkritische Drucklast P_{kr} eines Stabes ist seiner Biegesteifigkeit EI proportional. Überschreitet die Spannung $\sigma = P/A$ die Elastizitätsgrenze, so muß man mit abgeminderter Biegesteifigkeit rechnen. Diese läßt sich aus der Spannungsverteilung bestimmen, wie sie sich beim Ausknicken im Querschnitt einstellt; siehe Bild 3.1/10. Weil die primäre, über die Dicke zunächst konstante Druckspannung beim Knicken innen zunimmt, außen aber zurückgeht, wirkt, bei stetig linearer Dehnungsverteilung, außen der Elastizitätsmodul E, innen hingegen der Tangentenmodul $E_t(\sigma)$. Die Biegespannungen $\Delta\sigma(z)$ steigen dort über z weniger steil an als außen. Die Lage der wirksamen Neutralachse folgt aus dem Gleichgewicht; der resultierende Kraftzuwachs ist Null, das resultierende Beigemoment Δm_x im

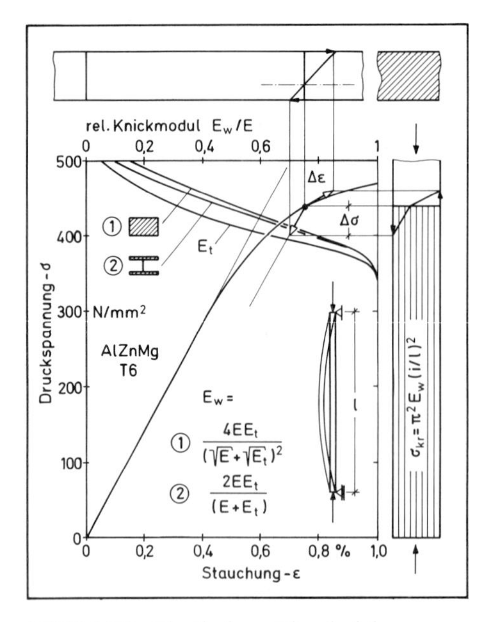

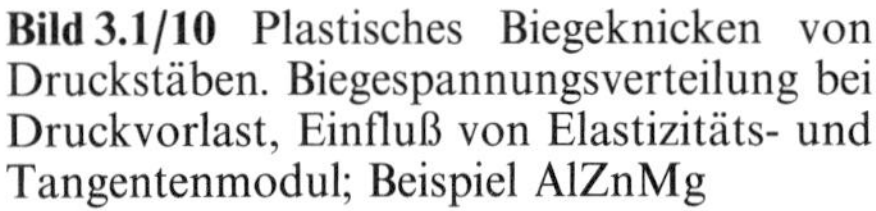
Bild 3.1/10 Plastisches Biegeknicken von Druckstäben. Biegespannungsverteilung bei Druckvorlast, Einfluß von Elastizitäts- und Tangentenmodul; Beispiel AlZnMg

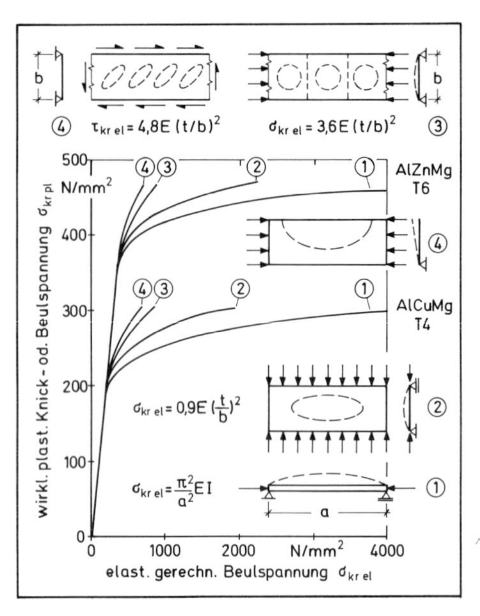

Bild 3.1/11 Plastisches Stabknicken und Plattenbeulen. Wirksamer Modul, Umrechnen der elastisch bestimmten in die wirkliche plastische Beulspannung; nach [3.2, 3.7]

Verhältnis zur Krümmung $\Delta\varkappa_x = \Delta\varepsilon_x/z$ definiert die wirksame Biegesteifigkeit $(EI)_w$ oder, bezüglich des geometrischen Flächenmomentes I, einen *wirksamen Modul* E_w. Für den rechteckigen Vollquerschnitt erhält man so

$$E_w = 4EE_t/(\sqrt{E}+\sqrt{E_t})^2\,, \tag{3.1-11}$$

und für das dünnwandige, symmetrische I-Profil

$$E_w = 2EE_t/(E+E_t)\,. \tag{3.1-12}$$

Bei schwindendem Tangentenmodul $E_t \ll E$ tendiert der wirksame Wert E_w des Vollquerschnitts zu $4E_t$, der des I-Profils zum halben Betrag $2E_t$. Um sicher zu liegen wird empfohlen, unabhängig von der Profilform bei Druckstäben $E_w = E_t$ zu setzen [3.6]. Bild 3.1/11 zeigt für Stäbe und Platten die kritische *plastische* Spannung σ_{pl} über der *elastisch* gerechneten Knickspannung $\sigma_{el} = \sigma_{pl}E/E_w$ am Beispiel AlCuMg und AlZnMg.

Der wirksame Modul des Plattenbeulens unter Druck oder Schub hängt vom Seitenverhältnis und von den Randbedingungen ab (Bd. 1, Bild 2.3/3). Er ist größer als beim Knickstab, da neben der geschwächten Längssteifigkeit noch eine stärkere Querstützung wirkt.

3.1.2.4 Plastische Arbeitsaufnahme bei Knautschelementen

Will man vermeiden, daß sich die Struktur unter statischer oder stoßender Belastung bleibend verformt, so wählt man ein Material mit großem elastischen Arbeitsvermö-

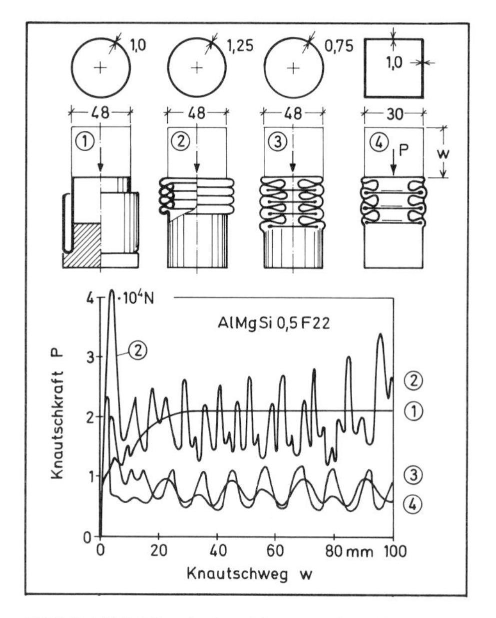

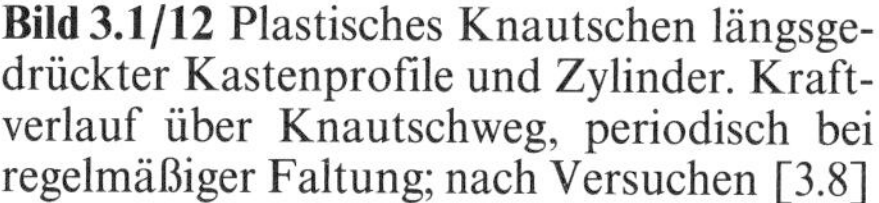
Bild 3.1/12 Plastisches Knautschen längsgedrückter Kastenprofile und Zylinder. Kraftverlauf über Knautschweg, periodisch bei regelmäßiger Faltung; nach Versuchen [3.8]

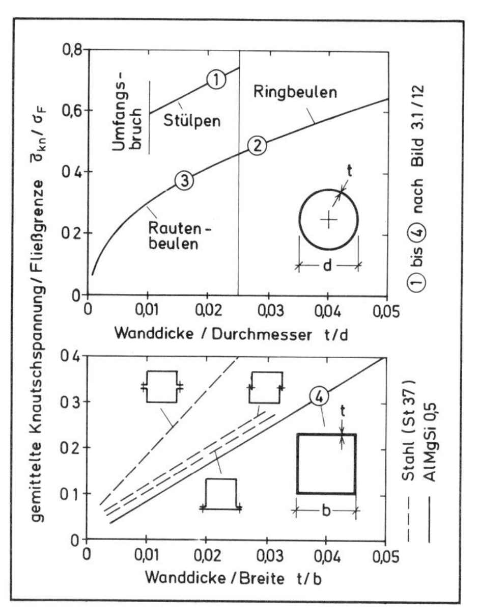

Bild 3.1/13 Plastisches Knautschen von Kastenprofilen und Rohren. Erzielbare Knautschspannung, abhängig von Materialfließgrenze und Wanddicke; nach [3.8]

gen (pro Volumenelement)

$$W_{el} = \sigma_F \varepsilon_F/2 = \sigma_F^2/2E = \varepsilon_F^2 E/2. \qquad (3.1-13)$$

Soll bei Unfällen, zur Vermeidung ernsterer Schäden, ein Teil der Struktur kinetische Energie absorbieren, so benötigt man dafür einen Werkstoff mit plastischem Arbeitsvermögen; bei idealem Fließen unter Zug:

$$W_{pl} = \sigma_F(\varepsilon_B - \varepsilon_F) = \sigma_F \varepsilon_B (1 - 1/x), \quad \text{mit} \quad x \equiv \varepsilon_B/\varepsilon_F, \qquad (3.1-14)$$

und bei Biegung, nach Integration des Momentes über der Krümmung (Bild (3.1/8), abzüglich der elastischen Rückfederung:

$$W_{pl} = \sigma_F \varepsilon_B (1/2 - 7/8x + 1/6x^2 + 1/4x^3 - 1/24x^5). \qquad (3.1-15)$$

Im elastischen Fall kommt es also hauptsächlich auf eine hohe Fließ- oder Streckgrenze $\sigma_F = \varepsilon_F E$ an, im plastischen auch auf eine große Bruchdehnung ε_B. Diese wird allerdings bei biegenden, beulenden oder knautschenden Blechen selten erreicht. Auch wenn die Randdehnung einer Knautschfalte an die Bruchdehnung herankommt, bleibt der größte Teil des Materials für die Energieaufnahme ungenutzt; darum sieht man am Fahrzeug Bauteile vor, die beim Knautschen abrollende Falten bilden und das Blech durchwalken. Bild 3.1/12 zeigt nach [3.8] Versuchskurven verschiedener kastenförmiger und zylindrischer Knautschelemente: nachdem zunächst ein gewisser Beulwiderstand überwunden ist, wirkt mit zunehmender Verformung eine etwa konstante Kraft F_{kn}. Bezogen auf den Querschnitt oder das Volumen wünscht man eine möglichst hohe Knautschspannung $\sigma_{kn} = F_{Kn}/A$; diese hängt zum einen von der Fließgrenze σ_F des Werkstoffs ab, zum anderen von der Bauteilgestaltung. Bild 3.1/13 beschreibt die Abhängigkeit der Knautschspannung σ_{kn} von der relativen Wanddicke t/a bzw. t/r. Bei hinreichender Dicke wurde $\sigma_{kn} \approx 0{,}7\sigma_F$ erzielt.

3.1.3 Verhalten bei dynamischer und bei thermischer Beanspruchung

Für die Konstruktion von Luft- und Raumfahrzeugen interessiert außer dem elastisch-plastischen Werkstoffverhalten bei statischer Belastung unter Normaltemperatur auch die dynamische Tragfähigkeit im Betrieb, und, im Hinblick auf hohe Fluggeschwindigkeiten, die Warmfestigkeit. Wie die Schwingbelastung durch Steifigkeits- und Massenverteilungen der Struktur beeinflußt wird, so bestimmt deren Gestalt auch den Wärmefluß und damit die thermische wie die dynamische Beanspruchung des Materials. Dieses erfährt nicht nur die Wirkungen, sondern ist, zum einen über seine Elastizität und Masse, zum anderen über seine Wärmekapazität und Leitfähigkeit, auch an den Ursachen beteiligt; beim Vergleich von Werkstoffen sind darum nicht allein ihre Festigkeiten zu beachten, sondern auch ihre ursächlichen Eigenschaften.

Auf Probleme der Schwingfestigkeit wird in Abschn. 7.2 ausführlicher eingegangen, im besonderen auf die experimentelle Bestimmung der Lebensdauer unter veränderlichen Betriebslastamplituden, auf den Einfluß von Spannungsverhältnissen und Kerbfaktoren und auf die Rißausbreitung. Hier genügt ein Vergleich der Wöhlerlinien verschiedener ungekerbter Werkstoffe unter einstufiger Biegewechselbelastung, und ein Hinweis auf Einflüsse der Fertigung und der Versuchsbedingungen.

Die bei Normaltemperatur hochwertigen und als Leichtbauwerkstoffe meistens verwendeten Al-Knetlegierungen eignen sich wegen ihrer geringen Warmfestigkeit nicht bei Betriebstemperaturen über 150 °C (Stautemperatur für Machzahl $Ma \approx 2$); sie verlieren ihren Vergütungszustand und gewinnen diesen auch nach Abkühlung nicht zurück. Reversibel sind dagegen die geringen Festigkeitsverluste von Al-Sinterstoffen und der hochwarmfesten, bis 400 °C einsetzbaren Titanlegierungen.

3.1.3.1 Wechsel- und Schwellfestigkeit über der Lastspielzahl

In Bild 3.1/14 sind für verschiedene Werkstoffe Wöhlerlinien wiedergegeben. Man gewinnt sie, indem man bei konstant gehaltener Schwingamplitude σ_a die Bruchlastspielzahl N_B ermittelt, und interpretiert sie als Wechselfestigkeit $\sigma_W (=\sigma_a)$ bzw. als Schwellfestigkeit $\sigma_S (=2\sigma_a)$ über der Lastspielzahl N.

Die Al-Knetlegierungen AlCuMg und AlZnMg, mit stark unterschiedlicher statischer Festigkeit σ_B (und Streckgrenze $\sigma_{0,2}$), differieren demnach kaum in ihrer dynamischen Festigkeit $\sigma_W(N)$, gekerbt wie ungekerbt. Ein Abfall vom statischen Bruchwert σ_B macht sich an glatten AlZnMg-Proben bereits bei $N > 10^2$, an AlCuMg erst bei $N > 10^3$ bemerkbar; bei $N = 10^8$ ist praktisch ein Mindestwert $\sigma_W = 150\ \mathrm{N/mm^2}$ erreicht. Eine lastspielunabhängige *Dauerfestigkeit* läßt sich für Aluminium nicht nachweisen; Stahl (Beispiel Inconel X) realisiert eine solche für $N \geqq 10^6$. Im Mittel verhält sich die Mindestbiegewechselfestigkeit zur statischen Bruchgrenze wie $\sigma_W/\sigma_B \approx 0{,}45$ bei Stahl, bzw. $\approx 0{,}38$ bei Al-Knetlegierungen [3.9].

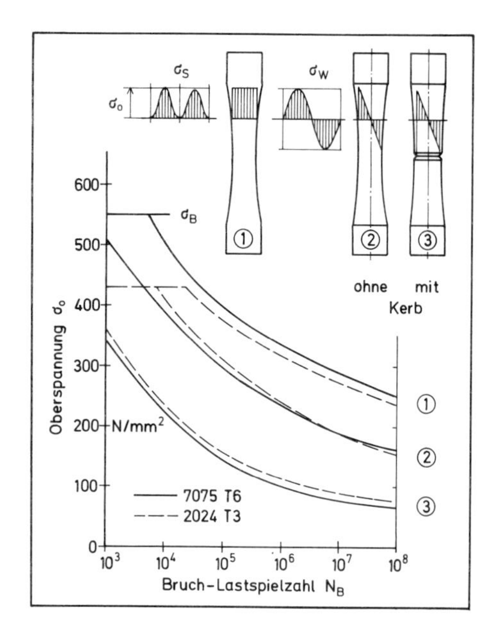

Bild 3.1/14 Wechsel- und Schwellfestigkeit von Aluminiumlegierungen über der Lastspielzahl, aus Umlaufbiege- und Axialversuchen an glatten Probestäben; [3.2]

Die Wöhlerlinien für σ_W wurden im Umlaufbiegeversuch gewonnen. Der Biegespannungsgradient bewirkt eine Stützung und damit eine höhere Festigkeit als im Axialversuch. Axiale Zugschwell- und Wechsellastversuche werden, um Zuverlässigkeit und Vergleichbarkeit zu verbessern, an Probestäben mit definierten Vorkerben durchgeführt (Bild 7.2/3). Die bei gleicher Lastspielzahl zulässige Amplitude der schwellenden Zugbelastung ist geringer, ihr Oberwert indes höher als die Wechselfestigkeit.

Außer dem Kerbfaktor und dem Schwingspannungsverhältnis nehmen Herstellung, Prüftemperatur, Belastungsfrequenz und Umgebungsbedingungen Einfluß auf die Schwingfestigkeit bzw. auf die Lebensdauer. Diese ist (im Gegensatz zur statischen Festigkeit) bei gepreßten Halbzeugen zwar nicht höher als bei gezogenen oder gewalzten, aber längs größer als quer zur Texturrichtung. Die Wechselfestigkeit der Al-Legierungen nimmt bei tiefen Temperaturen zu (AlZnMg mehr, AlCuMg weniger); bei hohen Temperaturen fällt sie ab, aber nicht so stark wie die statische Bruchfestigkeit (Abschn. 3.1.3.2). Die Frequenz ist im Versuch meistens höher als im Betrieb; dadurch werden viskoplastische Einflüsse unterdrückt und zu hohe Festigkeiten ermittelt, doch ist eine Abweichung erst bei Verformungsgeschwindigkeiten $d\varepsilon/dt > 1/s$ bzw. $f > 10\,Hz$) oder bei erhöhter Temperatur feststellbar, im übrigen eher im *low-cycle*-Bereich (bei größerer Verformung) als bei hohen Lastspielzahlen.

Eine durch größere Frequenz geraffte Versuchsdauer verkürzt auch die Einwirkungszeit korrodierender Umwelteinflüsse. Wie Vergleichsversuche im Vakuum zeigten, reduziert normale Luftatmosphäre die Wechselfestigkeit unplattierter AlZnMg-Bleche um 30 bis 40 %; dabei mag neben Oxidation auch der Luftdruck eine Rolle spielen (Vakuumversuche sind für die Raumfahrt interessant). Durch *Plattieren* mit aufgewalztem Reinaluminium schützt man legierte Bleche vor Korrosion; die geringe Ermüdungsfestigkeit der Plattierung hebt diesen Vorteil bei niederfrequenten Versuchen jedoch wieder auf; bei hoher Versuchsfrequenz zeigt das unplattierte Blech eine größere Biegewechselfestigkeit. Kunststoffüberzüge (Anstriche) sollen vor allem Fügeflächen gegen Reibkorrosion schützen; daß sie auch gegen Umgebungseinflüsse (Sauerstoff und Wasserdampf) wirken können, zeigten Schwellversuche an plattierten Blechen mit 0,1 mm dicken Epoxidschichten. Ölfilme verzögern den Rißfortschritt (interessant für integrierte Treibstofftanks).

Durch aggressive Umgebung wird die Ermüdung beschleunigt und die Dauerfestigkeit gemindert: bei Stahl (CK 45) durch H_2O etwa um 30 %, durch NaCl (3 %-Lösung, entspricht Seewasser) um 60 % (als Korrosionsschutz bewährte sich eine 30 µm dicke Nickelschicht). Bei Al-Legierungen wurde nach 10^7 Lastspielen ein Wechselfestigkeitsverlust von 50 % infolge Seewasser registriert. Durch Kugelstrahlen (Erzeugen von Eigendruckspannungen an der Oberfläche) läßt sich die Ermüdungsfestigkeit nicht nur in trockener sondern auch in korrodierender Umgebung verbessern. Solche und andere Einflüsse sind in [3.10] ausführlicher beschrieben und durch zahlreiche Literaturstellen belegt.

3.1.3.2 Statische und dynamische Warmfestigkeit

Bruchfestigkeit σ_B, Streckgrenze $\sigma_{0,2}$ und Elastizitätsmodul E vergüteter Al-Knetlegierungen sind in Bild 3.1/15 über der Prüftemperatur T_V aufgetragen (die stranggepreßten Probestäbe waren bei gleicher Temperatur $T_L = T_V$ vor der Prüfung 10 000 h gelagert). Deutlich unterscheiden sich zwei Kurvenäste: der linke, charakteristisch für den vergüteten Zustand, ist etwa konstant zwischen +100 und −100 °C und steigt bei tieferen Temperaturen an; der rechte Ast fällt bei $T_V > 100$ °C steil ab und signalisiert damit den Abbau des Vergütungszustands. Nach Abkühlen zeigt sich zwar wieder eine etwas höhere Festigkeit, doch bleibt der größere Verlustanteil irreversibel. Die Kurven für Bruch- und Streckgrenzen verlaufen nahezu gleichsinnig; man kann also auch bei sehr tiefen Temperaturen noch mit Plastizität rechnen. Der

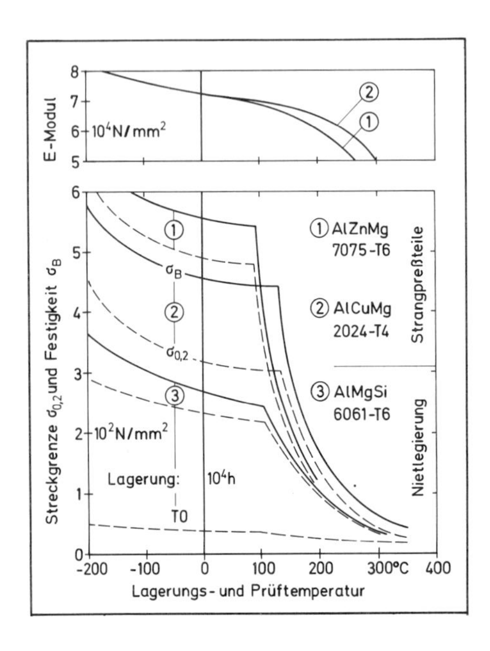

Bild 3.1/15 Warmfestigkeit vergüteter Al-Knetlegierungen. Streckgrenze und Bruchspannung über der Prüftemperatur; irreversibler Abfall durch Vergütungsverlust. [3.2]

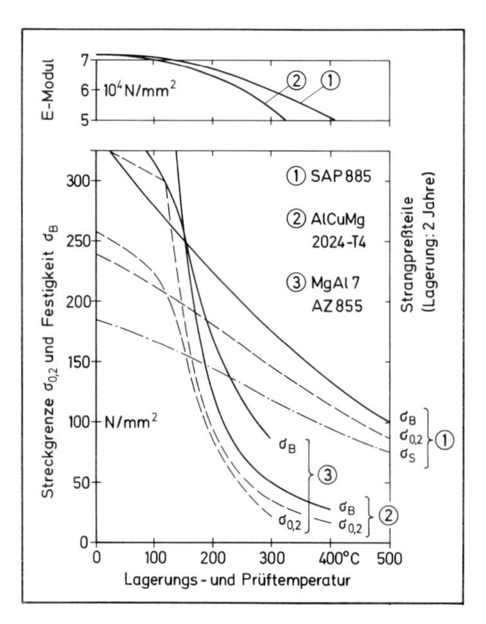

Bild 3.1/16 Warmfestigkeit von Al-Sinterstoff und Mg-Knetlegierung. Streck- und Bruchgrenze, Verluste reversibel; Vergleich mit Al-Knetlegierung. Nach [3.2]

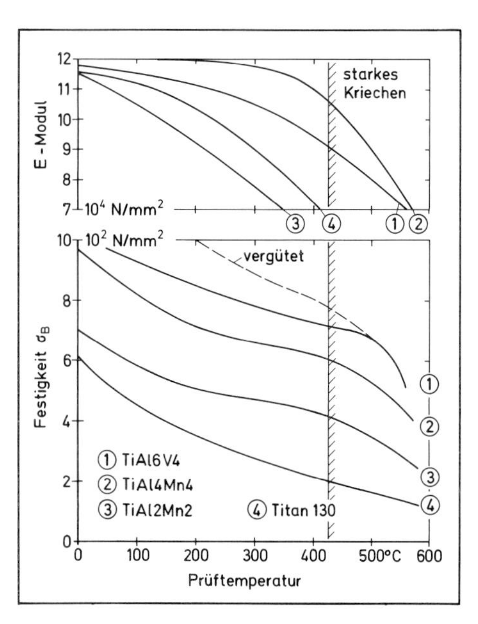

Bild 3.1/17 Warmfestigkeit und Warmsteifigkeit von Titanlegierungen. Bruchspannung und Modul über der Prüftemperatur, Kriechneigung. Verluste reversibel. [3.2]

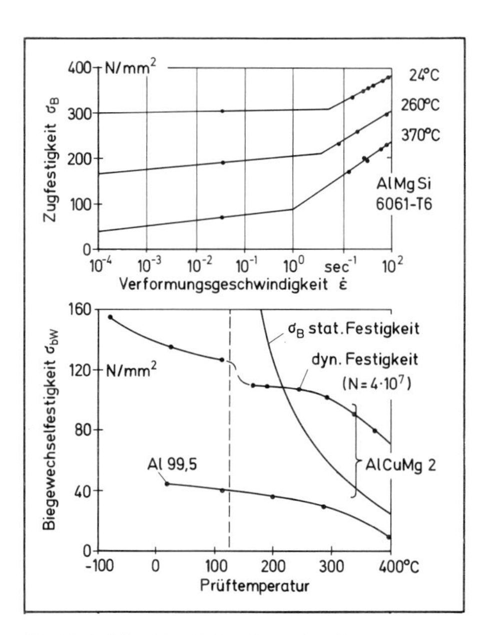

Bild 3.1/18 Einfluß der Verformungsgeschwindigkeit auf die Zugfestigkeit. Biegewechselfestigkeit von Aluminiumlegierungen über der Prüftemperatur. Nach [3.10]

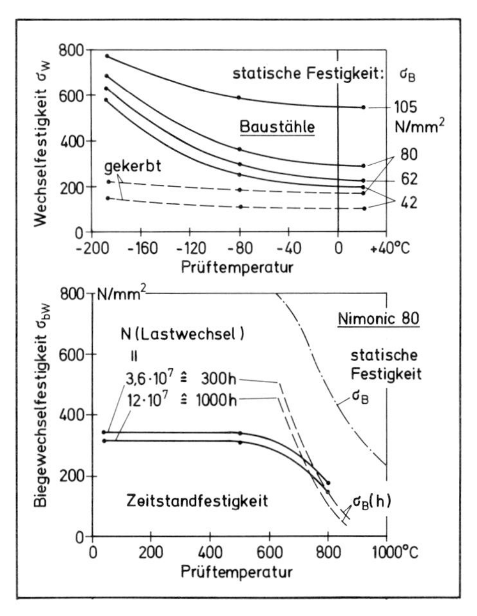

Bild 3.1/19 Dauerwechselfestigkeit von Stählen bei sehr tiefen und sehr hohen Temperaturen. Vergleich mit Zeitstandfestigkeit ($N = 12 \cdot 10^7$ entspricht 1 000 h). [3.10]

Elastizitätsmodul fällt (reversibel) mit steigender Temperatur, doch nicht so abrupt wie die Festigkeit, da er nicht vom Vergütungszustand abhängt. Sofern nur Steifigkeit gefordert ist, und die Spannung nicht die Elastizitätsgrenze überschreitet, ist Aluminium auch bei Temperaturen über 150 °C einsetzbar. Durch Sonderlegierungen (mit Zusätzen von Lithium oder Vanadium) wurden höhere Warmfestigkeiten erzielt.

Höhere Festigkeit bei $T_V > 150\,°C$ zeigt auch Al-Sinterstoff, siehe Bild 3.1/16. Während er bei Normaltemperatur den Knetlegierungen unterliegt, erweist er sich danach überlegen und behält etwa 40 % seiner Festigkeit noch bei 500 °C. Ein entscheidender Vorzug dieses (unvergüteten) Materials liegt darin, daß es bei Abkühlung nicht nur seine Steifigkeit sondern auch seine volle Festigkeit zurückgewinnt. Ebenso reversibel verhalten sich Magnesiumlegierungen, doch sind sie wegen ihres stärkeren Festigkeitsabfalles und ihrer Kriechneigung bei höheren Temperaturen uninteressant.

Als hochwarmfeste Werkstoffe kommen Stähle und Titanlegierungen in Betracht, letztere wegen ihres geringen spezifischen Gewichtes hauptsächlich für den Flugzeugbau. Nach Bild 3.1/17 hängt die Steifigkeit wie die Festigkeit des Titans bei hohen Temperaturen deutlich von seiner Legierung ab. Hochwertige Ti-Legierungen besitzen bei 500 °C noch etwa 70 % ihrer Kaltfestigkeit, doch tritt bei etwa 430 °C bereits starkes Kriechen auf; auch verliert das Material an dieser Schwelle seine Steifigkeit.

Die Festigkeit im Bereich des *Kriechens* ist eine Funktion der Verformungsgeschwindigkeit. Bild 3.1/18 beschreibt diesen Zusammenhang für eine Al-Legierung: bei Raumtemperatur ist die Bruchfestigkeit bis zu einer Dehngeschwindigkeit $\dot{\varepsilon} \approx 4/s$ konstant; bei hohen Temperaturen ist die Festigkeit im *statischen* Versuch ($\dot{\varepsilon} \approx 10^{-4}/s$) gering, steigt aber mit $\dot{\varepsilon}$ an. Damit erklärt sich auch die Überlegenheit im dynamischen Wechselversuch bei $T_V > 200\,°C$ (Bild 3.1/18 unten).

Bild 3.1/19 zeigt die Dauerwechselfestigkeit von Stählen über der Prüftemperatur: oben (für Baustahl) ihre Zunahme bei Unterkühlung $T_V < -40\,°C$, unten (für Nimonic 80) ihr Abfallen bei Überhitzung $T_V > 600\,°C$. Dazu ist auch die den Lastspielzahlen entsprechende Zeitstandfestigkeit (Belastungsdauer 300 bzw. 1 000 h) eingetragen; diese fällt im Kriechbereich ($T_V > 700\,°C$) wieder unter die Dauerwechselfestigkeit.

3.2 Verbundbauweisen

Faserwerkstoffe lassen sich nur in Verbindung mit einer stützenden Matrix für Tragwerke nützen; hochfeste Bleche oder Faserlaminate erhalten erst durch spezifisch leichte Stützkerne die bei Querkraft- und Druckbeanspruchung erforderliche Biege- und Beulsteifigkeit. In *Verbundbauweisen* werden meist völlig unterschiedliche Stoffe derart kombiniert, daß ihre individuellen Eigenschaften optimal zur Wirkung kommen. In der Regel handelt es sich um Werkstoffpaarungen, bei denen ein Partner primär tragende Funktion wahrnimmt, während der andere die Aufgabe hat, durch sein hohes spezifisches Volumen das gewünschte Trägheitmoment beizusteuern. In *Hybridbauweisen* sind verschiedene Funktionen der Festigkeit und der Steifigkeit auf mehrere Partner oft schicht- und richtungsspezifisch verteilt.

Technologisch sind Verbund- und Hybridbauweise, sieht man von neueren Entwicklungen faserverstärkter Keramik und Metalle ab, eng mit dem Aufkommen der Kunststoff- und Klebetechnik verknüpft. Vor der herkömmlich genieteten Differentialbauweise einerseits und der gefrästen oder gepreßten Integralkonstruktion andererseits zeichnet sie sich dadurch aus, daß sie deren Vorteile auf sich vereinigt und ihre Nachteile vermeidet: durch Kleben statt Nieten umgeht die *integrierende* Verbundbauweise die Kerbgefahr von Bohrungen, ohne dieses wie Integralbauteile mit der Gefahr rascher Rißausbreitung zu bezahlen. Faserverbund- und Sandwichkonstruktionen erweisen sich wie geklebte Strukturen allgemein als *schadenstolerant*.

Faserkunststoffe werden häufig als *Verbundwerkstoffe* angesprochen; besser bezeichnet man sie als *Werkstoffverbunde*. Wie bei Sandwichstrukturen handelt es sich um *Konstruktionen*, die nach statischen Gesichtspunkten, meistens mit richtungsabhängigen Eigenschaften, beanspruchungsgerecht aufgebaut und dimensioniert werden und auch nur als solche zu analysieren sind. Betrachtet man sie einfach als anisotrope Werkstoffe und sucht deren Verhalten wie bei Metallen durch geschlossene Festigkeitshypothesen zu erfassen, so verkennt man ihren konstruktiven Charakter und das komplexe Verformungs- und Bruchverhalten des statisch unbestimmten Systems. Der Analyse anisotroper Flächen und Sandwichstrukturen sind darum in Bd. 1 ausführliche Kapitel gewidmet, in denen u.a. der Einfluß der Faserorientierung und der Kernsteifigkeit auf das Biegen und Beulen von Platten und Schalen beschrieben wird. Unter dem Thema *Kräftepfadoptimierung* (Kap. 5) folgen exemplarische Betrachtungen zu Druckbehältern und Schubwänden in Faserbauweise. Die Sandwichbauweise ist hinsichtlich ihres Kernaufwands zu optimieren und über den *Strukturkennwert* mit Differential- und Integralstrukturen zu vergleichen (Abschn. 4.3).

Hier sollen die mehr werkstofftypischen Eigenschaften der Verbundkomponenten sowie einfacher, unidirektionaler und standardisierter Faserlaminate charakterisiert und ihre technologischen Grundlagen skizziert werden (Abschn. 3.2.1). Zur Sandwichkonstruktion, deren Aufbau und Statik schon detailliert dargestellt wurde (Bd. 1, Abschn. 5.1), sind noch einige zusammenfassende Erläuterungen zur Funktion und zum Versagen von Kern und Häuten sowie Hinweise zur Fertigung nachzutragen (Abschn. 3.2.2). Hybridkonstruktionen, bei denen mehrere Werkstoffkomponenten mit unterschiedlicher Festigkeit und Steifigkeit zusammenwirken, zeichnen sich durch gutartiges Bruchverhalten aus, bringen aber auch besondere Probleme mit sich: infolge differierender Wärmedehnungen der Komponenten treten aus der Fertigung oder aus Betriebstemperaturen thermische Eigenspannungen oder Verwerfungen auf. Das Spannungs-Verformungs-Verhalten unter Zug, Biegung und Wärmebelastung wird für unidirektionale Hybridsysteme in Abhängigkeit von den Volumenanteilen der Verbundkomponenten beschrieben; Anwendungsbeispiele sollen die Möglichkeiten und Vorzüge dieser Bauweise demonstrieren (Abschn. 3.2.3).

3.2.1 Faserkunststoffverbunde

Kunststoffe können in ihrer Vielfalt und Modifizierbarkeit heute fast jeden natürlich organischen, keramischen oder metallischen Werkstoff ersetzen oder mit diesem eine zweckvolle Verbindung eingehen. Bei Tragwerken dienen sie als Korrosionsschutz, zur Isolation, zur Dichtung und Dämpfung, aber auch in stützender, kräfteeinleitender oder in primär tragender Funktion. Klebstoffe sollen fest aber nachgiebig sein; für stützende und tragende Bauteile wird Steifigkeit gefordert. Durch ihr hohes spezifisches Volumen sind Kunststoffe relativ dickwandig und damit trotz ihres geringen Elastizitätsmoduls biegesteif; zur Erhöhung der Festigkeit und Steifigkeit werden sie durch Fasern verstärkt.

Dient die Kunststoffmatrix als tragende Substanz, und das Fasermaterial nur als Zusatz (bei Karosserieteilen, Verkleidungen, Möbeln), so trifft die Bezeichnung *Faserverstärkte Kunststoffe* zu. Für Leichtbaukonstruktionen interessieren jedoch in erster Linie die hochfesten und hochsteifen Fasern; die Harzmatrix ist zur Bettung, Stützung und Kräfteeinleitung notwendig, aber für die Bewertung der Faserbauweise gegenüber Metallen zweitrangig. In diesem Sinne wäre hier eigentlich von *Kunststoffgestützten Faserstrukturen* zu sprechen. Dabei ist die Bedeutung der Matrix für die Wanddicke und damit für das Biegeträgheitsmoment nicht zu unterschätzen.

Faserkunststoffe haben in Holz ihr natürliches Vorbild; wie dieses sind sie *anisotrop*, d.h. richtungsabhängig in ihren Eigenschaften. Hohe Festigkeit und Steifigkeit ist nur in Faserrichtung zu erzielen; für zweiachsige Beanspruchung wird darum (wie bei Sperrholz) ein mehrschichtiger Aufbau aus *unidirektionalen* Lagen oder Geweben erforderlich. Schichtdicken und Faserwinkel sind nach Maßgabe der Lastverhältnisse zu optimieren. Neben den Festigkeitsrestriktionen der Fasern und des Harzes in jeder Einzelschicht sind auch die Einflüsse der anisotropen oder orthotropen Steifigkeit des Schichtverbundes auf das Gesamtverhalten der Struktur oder des Bauteils zu beachten (Bd. 1, Kap. 4). Die *Faserverbundbauweise* muß als Konstruktion verstanden, analysiert und variiert werden; sie ersetzt nicht einfach isotrope Werkstoffe, sondern ermöglicht und verlangt aufgrund ihrer Variabilität und ihres komplexen Verhaltens andere Strukturkonzepte als die Metallkonstruktion; darin liegen ihre Probleme, aber auch ihre Vorzüge. Auf Analyse und Optimierung von Faserstrukturen wird an anderer Stelle ausführlicher eingegangen (Abschn. 5.4.3, siehe auch [3.11] und [3.12]).

Ohne Bezug auf den besonderen Beanspruchungsfall läßt sich hier nur der Verbundwerkstoff hinsichtlich seiner grundlegenden Eigenschaften charakterisieren: dies betrifft das Verhalten der Einzelkomponenten (Faser und Matrix), des unidirektionalen Laminats und gewisser standardisierter Schichtverbunde, im besonderen deren Festigkeiten und Moduln in den Hauptrichtungen. Die Eigenschaften des Verbunds hängen wesentlich von der Art, von der Orientierung und vom herstellungsbedingten Volumenanteil der Fasern ab; betrachtet werden Glas-, Kohle- und Aramidfaserlaminate mit Faseranteilen um 60 %. Kurz wird auf Herstellungsverfahren und spezielle Fragen des Langzeit- und Schwingungsverhaltens eingegangen. Eine gewichtsbezogene Bewertung der Faserverbunde und ein Vergleich mit metallischen Werkstoffen folgt in Abschn. 3.3.

3.2.1.1 Mechanische Eigenschaften der Fasern und der Matrix

Elastizitätsmodul, Zugfestigkeit und Bruchdehnungen der drei wichtigsten Leichtbaufaserstoffe sind in Bild 3.2/1 vergleichend dargestellt. Die Glasfaser ist fest, aber wenig steif, also stark dehnbar. Kohlefasern zeichnen sich durch höheren Modul aus und sind dafür spröder; sie werden in verschiedenen Versionen geliefert: mit besonders hoher Steifigkeit (HM: *High Modulus*), oder mit hochgezüchteter

Fasertypen	spezif. Gewicht	Zugmodul längs	eff. Modul quer	Zugfestigkeit	Bruchdehnung	Wärmedehnung längs	Wärmedehnung quer	Faserdurchmesser
Zeichen	γ	$E_\parallel$	$E_\perp$	$\sigma_\parallel$	$\varepsilon_\parallel$	$\alpha_\parallel$	$\alpha_\perp$	d
Einheit	$\frac{10^4 N}{m^3}$	$\frac{kN}{mm^2}$	$\frac{kN}{mm^2}$	$\frac{kN}{mm^2}$	%	$\frac{10^{-6}}{°C}$	$\frac{10^{-6}}{°C}$	µm
R-Glas	2,55	86	86	3,6	4,2	4	4	5-24
E-Glas	2,55	73	73	2,4	3,3	5	5	5-24
Aramid	1,45	120	≈7	3,1	2,6	-2 – -3,5	≈15	12
Kohle HT	1,8	240	28	3,4	1,4	-0,1 – -0,5	10 – 15	7
Kohle HM	1,8	380 – 550	5	2,0 – 2,75	0,4 – 0,6	-0,5 – -1,5	30	6 – 7
Bor	2,5 – 2,7	420 – 450	420 – 450	1,9 – 3,7	0,4 – 0,8	3 – 5	3 – 5	100

Bild 3.2/1 Hochfeste und hochsteife Faserwerkstoffe für Verbundbauweisen. Mechanische Eigenschaften von Glas-, Kohle- und Aramidfasern; nach [3.13, 3.14]

Harz-Systeme	spezif. Gewicht	Elast.-Modul	Zugfestigkeit	Druckfestigkeit	Bruchdehnung	Härteschrumpf	Wasseraufnahme	Wärmeformbest.
Zeichen	γ	E	σ_z	σ_d	ε		(RT)	
Einheit	$\frac{10^4 N}{m^3}$	$\frac{10^2 N}{mm^2}$	$\frac{N}{mm^2}$	$\frac{N}{mm^2}$	%	%	%	°C
Polyester	1,10 – 1,50	15 – 20	35 – 92	90 – 180	2 – 4	7 – 12	0,15 – 0,60	40 – 130
Epoxid	1,15 – 1,35	30 – 45	40 – 140	10 – 200	2 – 10	1 – 4	0,30 – 0,45	40 – 180
Epoxi-Novolack	1,15 – 1,35	30 – 45	40 – 140	90 – 200	2 – 10	1 – 4		160 – 300
Phenol	1,30 – 1,32	28 – 35	42 – 63	85 – 105	1,5 – 2,0		0,30 – 0,40	200 – 250
Polyimid	1,35 – 1,45	30	75	170	1 – 7	0,3		280 – 450

Bild 3.2/2 Matrixwerkstoffe für Faserkunststoffverbunde. Mechanische Eigenschaften von Duroplasten und warmfesten Thermoplasten; nach [3.13, 3.14]

Festigkeit (HT: *High Tenacity*). Neuere Entwicklungen (IM: *Intermediate Modulus* und ST: *SuperTenacity*) zielen auf größere Bruchdehnungen oder auf extreme Steifigkeit (UHM: *Ultra High Modulus*). Die Aramidfaser, ein organisches Polymerprodukt, weist etwa gleiche Festigkeit und höheren Modul auf als die Glasfaser, bleibt aber in beidem unter den Werten der Kohlefaser. Als schwerwiegender Nachteil der organischen Kunstfaser wird ihre geringe Druckfestigkeit angesehen, doch entscheidet bei druckbelasteten Bauteilen oft nur die Knickstabilität, also der Materialmodul.

Alle drei Faserstoffe verhalten sich bis zum Bruch quasi ideal elastisch. Bei Langzeitbelastung zeigt die Aramidfaser eine zunehmende Kriechdehnung, die aber im Vergleich zu anderen viskoelastischen Synthesefasern gering ist. Die Wärmedehnung der organischen Faser ist negativ: extrem bei Aramid, weniger stark bei Kohle, in jedem Fall problematisch im Hinblick auf Hybridverbunde mit Metall oder Glasfasern. Sowohl in ihrer thermischen Ausdehnung wie auch in ihrer Steifigkeit verhält sich die Kohlefaser stark anisotrop: quer zur Faserrichtung ist ihr Modul um vieles geringer als längs, und ihre Wärmedehnung positiv. Bei geeigneter Anordnung der Faser in Schichtlaminaten kann man damit Strukturen herstellen, die sich bei Erwärmung nicht verformen.

Längsdruckfestigkeit und Querverhalten der Faser lassen sich nur im Faser + Harz-Laminat beurteilen. Die Harzmatrix muß die Fasern betten und verbinden, sie gegen Knicken stützen und Kräfte einleiten oder überleiten. Darum ist für durchgehende Tränkung der Faserstruktur und für einwandfreie Haftung zu sorgen. Entscheidendes Kriterium ist aber die Bruchdehnung: diese muß beim Harz größer sein als bei der Faser, deren Längszugfestigkeit sonst nicht voll ausgenutzt werden kann. Bedenkt man dazu, daß bei zweiachsiger Belastung eines optimalen Kreuzlaminats gleiche Dehnung in beide Richtungen auftritt, solche quer zur Faser aber fast nur durch das Harz aufgebracht wird, so muß man bei Laminaten mit großem Fasergehalt vielfach höhere Harzbruchdehnung fordern.

Nach Bild 3.2/2 zeichnen sich Epoxide gegenüber Polyesterharzen durch größere Bruchdehnung und geringeren Härteschrumpf aus (starkes Schrumpfen löst das Harz von der Faser und fördert die Wasseraufnahme durch Kapillarwirkung). Die Wärmeformbeständigkeit liegt je nach Aushärtungstemperatur bei 130 bzw. 180 °C. Polyimide oder spezielle Thermoplaste (anstelle von Duroplasten) ertragen 280 bis 450 °C und liegen damit weit über vergüteten Al-Legierungen. Die Festigkeit der Harze ist gering, doch für die Tragfähigkeit eines beanspruchungsgerecht bewehrten Verbundes ohne Belang; nur für Kräfteüberleitung an kurzen Fasern oder an Rändern wird das Harz schubbeansprucht, wobei seine geringe Steifigkeit Spannungen ausgleicht und damit der Festigkeit zugute kommt. Zur Stützung der Fasern gegen Knicken ist allerdings ein hoher Elastizitätsmodul der Matrix erwünscht (er geht in die Längsdruckfestigkeit des unidirektionalen Laminats etwa mit dem Exponenten 2/3 ein). In Epoxidharz gebettete Kohlefasern sind auf Druck bis zum Betrag ihrer Zugfestigkeit belastbar. Epoxid ist zweimal steifer als Polyester, kann aber Spannungsspitzen durch plastisches Nachgeben (größere Bruchdehnung) besser abbauen.

3.2.1.2 Unidirektionale Faserlaminate

Als primär tragende Strukturkomponente müssen möglichst lange Fasern parallel gestreckt in Harz gebettet sein. Für einachsig belastete Bauteile genügt unidirektionale Bewehrung; bei Flächentragwerken sind Fasergewebe oder multidirektionale Schichtverbunde erforderlich, deren Verhalten sich auf das der unidirektionalen Einzelschicht zurückführen läßt (Bd. 1, Abschn. 4.1).
Das elastische Verhalten orthotroper Flächen wird durch vier Werte beschrieben: beim unidirektionalen Laminat durch die Zugmoduln $E_{\parallel}$ und $E_{\perp}$, die Querkontraktionszahl $\nu_{\perp\parallel}$ (bzw. $\nu_{\parallel\perp}=\nu_{\perp\parallel}E_{\perp}/E_{\parallel}$) und durch den Schubmodul $G_{\#}$ des Faser + Harz-Kontinuums. Sie hängen vom Faservolumenanteil $\varphi\equiv V_F/V$ ab (Bd. 1, Bild 4.1/5 für GFK); der sich über das Dichteverhältnis ϱ_F/ϱ_H aus dem Massenanteil $\psi\equiv M_F/M$ berechnen läßt (oder umgekehrt):

$$\varphi=\psi/[\psi+(1-\psi)\varrho_F/\varrho_H] \quad \text{oder} \quad \psi=\varphi/[\varphi+(1-\varphi)\varrho_H/\varrho_F]. \qquad (3.2-1)$$

Praktisch interessiert nur ein Bereich zwischen $\varphi\approx 25\ \%$ (bei Handlaminieren) und $\varphi\approx 70\ \%$ (bei Wickel- und Vakuumverfahren). Die Grenzwerte gelten für reines Harz ($\varphi=0$) und reines Fasermaterial ($\varphi=1$); zwischen diesen nehmen nur der Längsmodul $E_{\parallel}$ und $\nu_{\perp\parallel}$ (die Querkontraktion bei Längszug) über φ linear zu; Quermodul $E_{\perp}$ und Schubmodul $G_{\#}$ bleiben zunächst konstant und steigen erst bei höherem Fasergehalt progressiv an. Die Verläufe lassen sich aus den Eigenschaften der Komponenten Faser und Harz über idealisierte Querschnittsmodelle berechnen und interpretieren [3.15]. Bild 3.2/3 zeigt die Zugmoduln $E_{\parallel}$ und $E_{\perp}$ über φ für Glas-, Kohle- und Aramidfaserlaminate.

In Bild 3.2/4 sind Zug-, Druck- und Schubfestigkeiten längs und quer zur Faserrichtung exemplarisch für GFK über φ aufgetragen. Die Längszugfestigkeit

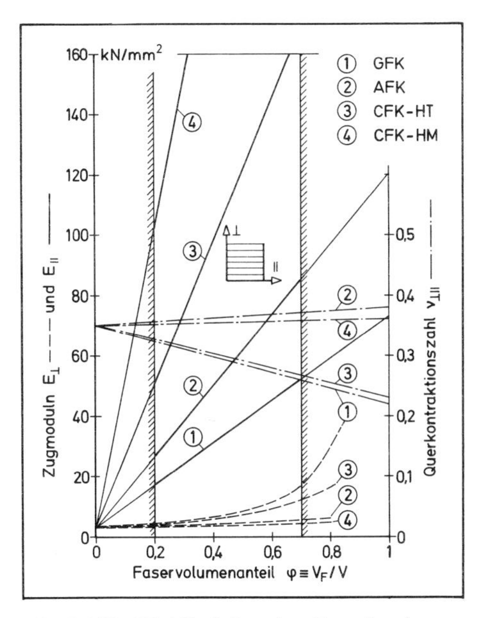

Bild 3.2/3 Unidirektionale Faserlaminate. Elastizitätsmoduln von GFK, CFK und AFK, längs und quer zur Faserrichtung, abhängig vom Fasergehalt

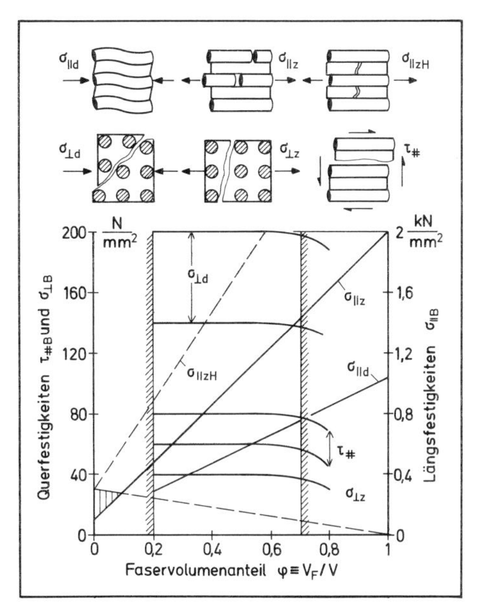

Bild 3.2/4 Unidirektionales GFK-Laminat. Zug-, Druck- und Schubfestigkeit längs und quer zur Faserrichtung, abhängig vom Fasergehalt

$\sigma_{\parallel Bz}$ nimmt, bei konstanter Faserbruchdehnung ε_{BF}, wie der Längsmodul $E_{\parallel}$ linear mit dem Fasergehalt φ zu. Der Anfangspunkt der Geraden bei $\varphi = 0$ markiert nicht die Harzbruchfestigkeit, sondern liegt mit $\sigma = E_H \varepsilon_{BF}$ unter $\sigma_{BH} = E_H \varepsilon_{BH}$ (bei kleinem φ verfügt also das Harz auch nach Faserbruch noch über eine gewisse Resttragfähigkeit). Der Endpunkt $\varphi = 1$ gilt für die Festigkeit σ_{BF} der reinen Faserstruktur; diese erreicht aber bei weitem nicht den an der Einzelfaser im Labor meßbaren Wert (3 500 N/mm² nach Bild 3.2/1), was auf unvermeidbare Störungen, Überschneidungen und Unterbrechungen im Faserverlauf zurückgeht. Bei Längsdruckbelastung wollen die Fasern knicken; in die kritische Spannung $\sigma_{Fd} \sim E_F^{1/3} E_H^{2/3}$ geht neben dem Bettungsmodul E_H des Harzes auch der Fasermodul E_F ein, der bei Glas gering ist; praktisch rechnet man für Druck mit halber Zugfestigkeit. Bei Zug oder Druck $\sigma_{\perp}$ quer zur Faser wie auch bei Schub $\tau_{\#}$ ist die Festigkeit der Matrix gefordert; die steifen Fasern wirken im Querschnitt wie starre Einschlüsse und erzeugen festigkeitsmindernde Spannungsspitzen, womit sich der Abfall bei hohem Fasergehalt erklärt. Da der Modul $E_{\perp}$ mit φ ansteigt, die Festigkeit $\sigma_{\perp B}$ indes abfällt, wird die Bruchdehnung $\varepsilon_{\perp B}$ im Verhältnis zu $\varepsilon_{\parallel B}$ gefährlich klein; bei mehrachsig beanspruchten und bewehrten Schichtverbunden sollte man daher nicht unbedingt hohen Fasergehalt anstreben. Bei Kohlefasern ist dank ihrer Modulorthotropie $E_{F\parallel}/E_{F\perp} \gg 1$ das Bruchdehnungsverhältnis $\varepsilon_{\parallel B}/\varepsilon_{\perp B}$ des Laminats besser ausgeglichen als bei den an sich isotropen Glasfasern. In Bild 3.2/5 finden sich für unidirektionale Glas-, Kohle- und Aramidlaminate mit gleichem Fasergehalt ($\varphi = 60\,\%$) die Moduln, Festigkeiten und Bruchdehnungen beider Hauptrichtungen aufgelistet.

Spannungen $\sigma_{\parallel}$, $\sigma_{\perp}$ und $\tau_{\#}$ treten in Einzelschichten des Verbundes meistens nicht einzeln sondern kombiniert auf und führen gemeinsam zum Versagen. Im Gegensatz

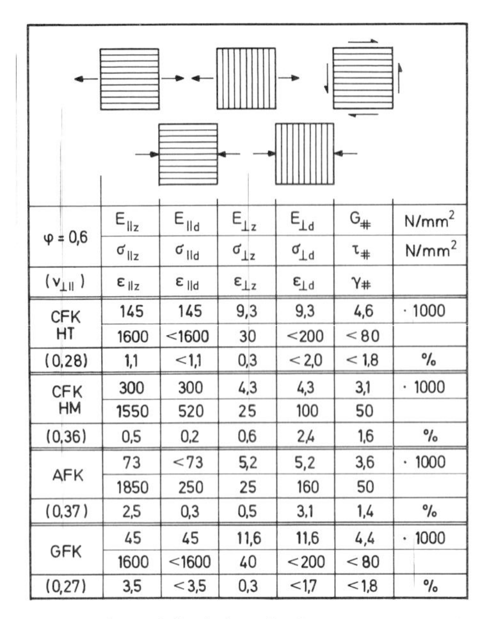

$\varphi = 0{,}6$	$E_{\parallel z}$	$E_{\parallel d}$	$E_{\perp z}$	$E_{\perp d}$	$G_{\#}$	N/mm^2
	$\sigma_{\parallel z}$	$\sigma_{\parallel d}$	$\sigma_{\perp z}$	$\sigma_{\perp d}$	$\tau_{\#}$	N/mm^2
($\nu_{\perp\parallel}$)	$\varepsilon_{\parallel z}$	$\varepsilon_{\parallel d}$	$\varepsilon_{\perp z}$	$\varepsilon_{\perp d}$	$\gamma_{\#}$	
CFK HT	145	145	9,3	9,3	4,6	· 1000
	1600	<1600	30	<200	<80	
(0,28)	1,1	<1,1	0,3	<2,0	<1,8	%
CFK HM	300	300	4,3	4,3	3,1	· 1000
	1550	520	25	100	50	
(0,36)	0,5	0,2	0,6	2,4	1,6	%
AFK	73	<73	5,2	5,2	3,6	· 1000
	1850	250	25	160	50	
(0,37)	2,5	0,3	0,5	3,1	1,4	%
GFK	45	45	11,6	11,6	4,4	· 1000
	1600	<1600	40	<200	<80	
(0,27)	3,5	<3,5	0,3	<1,7	<1,8	%

Bild 3.2/5 Unidirektionale GFK-, CFK- und AFK-Laminate (Fasergehalt $\varphi = 60\,\%$). Elastizitätsmoduln, Festigkeiten und Bruchdehnungen in den Hauptrichtungen

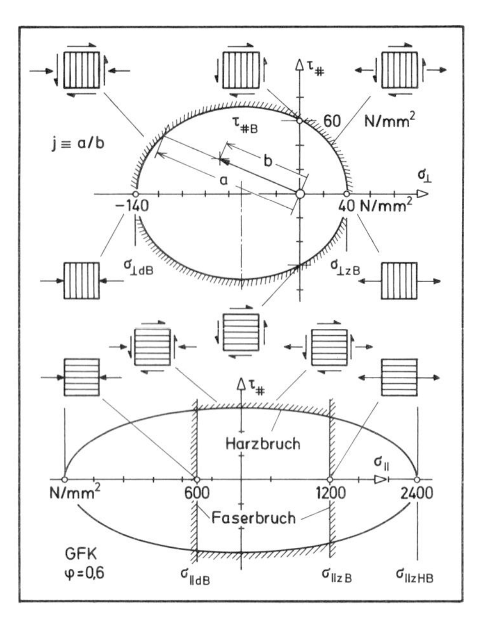

Bild 3.2/6 Unidirektionales GFK-Laminat ($\varphi = 60\,\%$) bei kombinierter Zug-, Druck- und Schubbeanspruchung in den Hauptrichtungen; Bruchhypothese nach [3.18]

zu homogenen Werkstoffen, etwa Metallen, unterscheidet man im Faserlaminat zweierlei Versagensformen: Faserbruch und Harzbruch oder, da auch die Bindung versagen kann, *Zwischenfaserbruch.* Während Faserbruch nur durch $\sigma_{\parallel}$ verursacht wird, sind für Harzbruch gleichzeitig $\sigma_{\perp}$ und $\tau_{\#}$ und, in geringerem Maße, auch $\sigma_{\parallel}$ verantwortlich. Nach Versuchen läßt sich der zulässige Bereich im Raum $\tau_{\#}$-$\sigma_{\perp}$-$\sigma_{\parallel}$ durch ein exzentrisches Ellipsoid beschreiben. Bild 3.2/6 zeigt dieses oben im Schnitt $\tau_{\#}$-$\sigma_{\perp}$ (für $\sigma_{\parallel} = 0$); die Achsenwerte $\sigma_{\perp Bz}$, $\sigma_{\perp Bd}$ und $\tau_{\# B}$ sind die Festigkeiten der reinen Zug-, Druck- oder Schublastfälle, die Sicherheit gegen Harzbruch ist längs einer Geraden $\sigma_{\perp}/\tau_{\#} = \text{const}$ durch das Verhältnis der Grenzstrecke zur Laststrecke definiert. In den Längsschnitten $\tau_{\#}$-$\sigma_{\parallel}$ und $\sigma_{\perp}$-$\sigma_{\parallel}$ endet das Ellipsoid bei der fiktiven Harzbruchgrenze $\varepsilon_{\parallel BH}$ (oberste Kurve in Bild 3.2/4), die nur bei entsprechend dehnbarer Faser erreicht würde. Weil die Faserbruchdehnung aber wesentlich kleiner ist als die der Matrix, wird das Harzbruchellipsoid an beiden Enden durch die Faserbruchrestriktion ($\sigma_{\parallel} < \sigma_{\parallel BF}$) derart beschnitten, daß man den Einfluß von $\sigma_{\parallel}$ auf das Harz praktisch vernachlässigen kann. Neben dieser Festigkeitshypothese nach [3.16] gibt es verschiedene Ansätze zu einer geschlossenen Beschreibung der Versagensgrenze ohne Unterscheidung von Harz- und Faserbruch (z.B. nach [3.17]), die formale Vorzüge aufweisen, aber physikalisch kaum zu interpretieren und nicht immer überzeugend sind.

Wie schon angedeutet, sind für das meist vorzeitige Versagen der Matrix im mehrachsigen Verbund eigentlich seine Verformungen verantwortlich. Da aber die Bruchdehnung bei zweiachsiger Beanspruchung auch von der Querkontraktion oder von deren Behinderung abhängt, muß man die Festigkeit über eine Schichtspannungsanalyse beurteilen. Im übrigen sind Mehrschichtverbunde stets so auszulegen, daß die Fasernetzstruktur die Last auch alleine tragen könnte; dann ist das Harz am geringsten beansprucht und sein Versagen am wenigsten gefährlich.

3.2.1.3 Steifigkeiten und Festigkeiten einiger Schichtlaminate

Faserwinkel und Einzelschichtdicken des Schichtverbundes lassen sich, mit den Festigkeitsrestriktionen gegen Faser- und Harzbruch, für den speziellen Lastfall optimieren (Abschn. 5.4.3 und [3.11]). Um die Auslegung zu vereinfachen und experimentell abgesicherte Steifigkeiten und Festigkeiten zu garantieren, kann man sich auf orthotrope oder isotrope Standardverbunde beschränken. Will man jedem Lastfall begegnen, ohne auf die Festigkeit der Matrix angewiesen zu sein, so muß man eine mindestens dreiachsige Netzstruktur vorsehen.

Elastische Isotropie trotz ausgezeichneter Bewehrungsachsen liegt vor, wenn drei oder vier gleiche Schichten unter gleichen Winkeln (60° bzw. 45°) gegeneinander versetzt sind. In Bild 3.2/7 findet man für derartige GFK-Verbunde ($\varphi=60\,\%$) die Moduln und Festigkeiten angegeben (dabei handelt es sich um Mittelwerte eines über die Gesamtdicke homogen angenommenen Querschnitts). Wie stets bei Isotropie ist $E=2(1+\nu)G$; die Beträge der Moduln und der Querkontraktionszahlen sind in beiden Fällen identisch ($E\approx 22\,400\ \mathrm{N/mm^2}$, $\nu\approx 0{,}30$). Man errechnet die isotrope Verbundsteifigkeit aus den orthotropen Steifigkeiten der Einzelschichten (Bd. 1, Abschn. 4.1.2):

$$E/(1-\nu^2)=[3(E_{\parallel}+E_{\perp})+2\nu_{\perp\parallel}E_{\perp}]/8(1-\nu_{\perp\parallel}\nu_{\parallel\perp})+G_{\#}/2. \qquad (3.2-2)$$

Die Restriktionen der Einzelschichtspannungen $\sigma_{\parallel}$, $\sigma_{\perp}$ und $\tau_{\#}$ gegen Faser- und Harzbruch bestimmen die zulässigen Beanspruchungen σ_B und τ_B des Verbundes, wie in Bild 3.2/7 wieder für beide Fälle angegeben: Zug- und Druckfestigkeiten sind in den Faserrichtungen etwas größer als in Richtung der Winkelhalbierenden, doch kann man praktisch auch mit isotroper Festigkeit rechnen. Vor Faserbruch treten aufgrund der Querkontraktion $\varepsilon_y/\varepsilon_x=0{,}30>\varepsilon_{\perp B}/\varepsilon_{\parallel B}$ bei GFK bereits Harzbrüche auf, die aber nicht zum Gesamtversagen führen.

Das in Bild 3.2/8 beschriebene orthotrope Dreischichtlaminat (0°/+45°/−45°) hat längs eine 2mal größere Steifigkeit und 5mal höhere Zugfestigkeit als quer. Es kann durch seine Diagonalbewehrung auch Schub aufnehmen und eignet sich damit für Biegetorsionsträger. Das Polardiagramm der Steifigkeiten erhält man aus dem der Einzelschichten durch Drehung und Addition (Bd. 1, Bild 4.1/10), die Festigkeiten wieder aus Spannungsanalysen. Bei GFK ist wieder vorzeitiger Harzbruch zu gewärtigen, CFK verhält sich darin besser. Ein reines Aramidfaserlaminat wäre hinsichtlich Schub wie für Druck unbrauchbar; allenfalls käme ein Hybridverbund mit Kohle- oder Glasfasern infrage.

In Bild 3.2/9 sind berechnete Steifigkeiten verschiedener zwei- und dreischichtiger GFK-Laminate wiedergegeben. Bei zweiachsiger Bewehrung muß man den netztheoretischen Gleichgewichtswinkel beachten: liegen die Fasern nicht in den (schubfreien) Hauptlastrichtungen, so wird das Lastverhältnis richtungsweisend. Hält man beispielsweise beim zylindrischen Kessel nicht einen Winkel $\pm 55° = \arctan\sqrt{2}$ ein, so führt Harzbruch zu großer Verformung und damit sofort zum Gesamtversagen. Um derartige *Schereneffekte* zu vermeiden, empfiehlt sich in jedem Fall eine dritte Bewehrung.

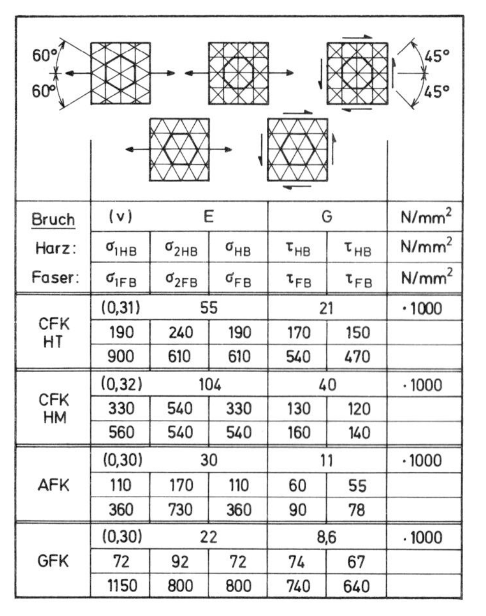

Bruch	(ν)	E		G		N/mm²
Harz:	σ_{1HB}	σ_{2HB}	σ_{HB}	τ_{HB}	τ_{HB}	N/mm²
Faser:	σ_{1FB}	σ_{2FB}	σ_{FB}	τ_{FB}	τ_{FB}	N/mm²
CFK HT	(0,31)	55		21		·1000
	190	240	190	170	150	
	900	610	610	540	470	
CFK HM	(0,32)	104		40		·1000
	330	540	330	130	120	
	560	540	540	160	140	
AFK	(0,30)	30		11		·1000
	110	170	110	60	55	
	360	730	360	90	78	
GFK	(0,30)	22		8,6		·1000
	72	92	72	74	67	
	1150	800	800	740	640	

Bild 3.2/7 Drei- und vierachsige Schichtlaminate, elastisch isotrop durch regelmäßige Faseranordnung. Moduln und Festigkeit für GFK ($\varphi = 60$ %)

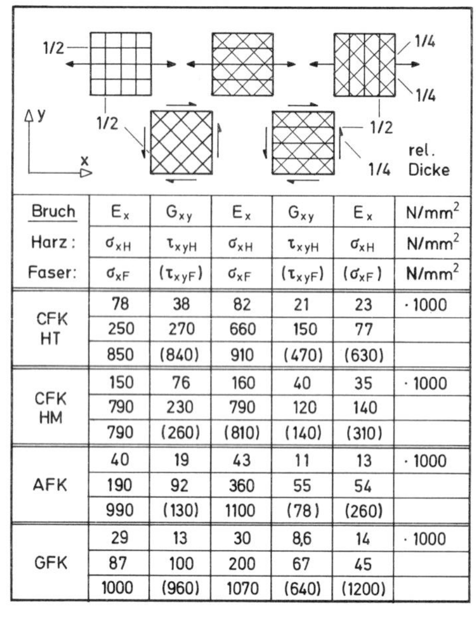

Bruch	E_x	G_{xy}	E_x	G_{xy}	E_x	N/mm²
Harz:	σ_{xH}	τ_{xyH}	σ_{xH}	τ_{xyH}	σ_{xH}	N/mm²
Faser:	σ_{xF}	(τ_{xyF})	σ_{xF}	(τ_{xyF})	(σ_{xF})	N/mm²
CFK HT	78	38	82	21	23	·1000
	250	270	660	150	77	
	850	(840)	910	(470)	(630)	
CFK HM	150	76	160	40	35	·1000
	790	230	790	120	140	
	790	(260)	(810)	(140)	(310)	
AFK	40	19	43	11	13	·1000
	190	92	360	55	54	
	990	(130)	1100	(78)	(260)	
GFK	29	13	30	8,6	14	·1000
	87	100	200	67	45	
	1000	(960)	1070	(640)	(1200)	

Bild 3.2/8 Orthotrope Schichtverbunde: Kreuzlaminat und Dreischichtlaminat (mit bevorzugter Längsachse). Steifigkeiten und Festigkeiten (GFK, CFK, AFK)

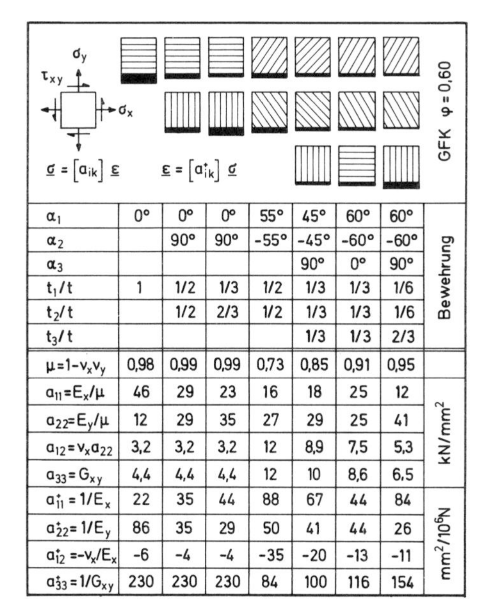

α_1	0°	0°	0°	55°	45°	60°	60°	Bewehrung
α_2		90°	90°	-55°	-45°	-60°	-60°	
α_3					90°	0°	90°	
t_1/t	1	1/2	1/3	1/2	1/3	1/3	1/6	
t_2/t		1/2	2/3	1/2	1/3	1/3	1/6	
t_3/t					1/3	1/3	2/3	
$\mu = 1-\nu_x\nu_y$	0,98	0,99	0,99	0,73	0,85	0,91	0,95	
$a_{11} = E_x/\mu$	46	29	23	16	18	25	12	kN/mm²
$a_{22} = E_y/\mu$	12	29	35	27	29	25	41	
$a_{12} = \nu_x a_{22}$	3,2	3,2	3,2	12	8,9	7,5	5,3	
$a_{33} = G_{xy}$	4,4	4,4	4,4	12	10	8,6	6,5	
$a^*_{11} = 1/E_x$	22	35	44	88	67	44	84	mm²/10⁶N
$a^*_{22} = 1/E_y$	86	35	29	50	41	44	26	
$a^*_{12} = -\nu_x/E_x$	-6	-4	-4	-35	-20	-13	-11	
$a^*_{33} = 1/G_{xy}$	230	230	230	84	100	116	154	

Bild 3.2/9 Verschiedene zwei- und dreiachsige GFK-Laminate ($\varphi = 60$ %). Orthotrope Steifigkeiten des Schichtverbundes errechnet aus den Moduln der Einzelschichten

Abgesehen von Bettung und Stützung ist die Faserstruktur auch ohne Harz tragfähig, wenn man die Bewehrung drei- oder mehrachsig anlegt oder nach den beiden Hauptlastrichtungen orientiert. Letzteres wäre netztheoretisch optimal bei negativem Hauptlastverhältnis (Beispiel Schubwand). Wenn dieses positiv ist (Beispiel Druckbehälter), kann man mit optimaler *Isotensoid*-Verformung rechnen (gleiche Dehnung in allen Richtungen); der Gesamtaufwand hängt dann nicht von den Faserrichtungen ab, sofern man nur die Einzelschichten ausdimensioniert. (Zur *Netztheorie* siehe [3.11] und Abschn. 5.1).

3.2.1.4 Viskoelastizität der Faserkunststoffe

Kunststoffe verhalten sich, vor allem bei Wärme, viskoelastisch oder viskoplastisch: sie *kriechen* unter Langzeitbelastung und *dämpfen* bei Schwingungen. Glas- und Kohlefasern zeigen keine Viskosität, Aramidfasern nur geringe. Wird die Harzmatrix durch Fasern entlastet, so verringern sich ihre Kriech- und Dämpfungsfaktoren; dennoch beeinflussen solche möglicherweise entscheidend das Gesamtverhalten der Struktur. Zum Beispiel kann ein nur längs bewehrter, zunächst stabiler Druckstab durch Schubkriechen der Matrix infolge geringer Exzentrizität nach einiger Zeit ausknicken [3.19]. Andererseits werden Spannungsspitzen in statisch unbestimmten Systemen durch Kriechen (wie durch Plastifizieren) abgebaut und die Belastbarkeit damit erhöht; die Harzmatrix relaxiert, intralaminare Spannungen $\sigma_\perp$ und $\tau_\#$ gehen zurück und interlaminare Schubspannungen gleichen sich aus. Die schwingungsdämpfende Wirkung der Kunststoffe ist an sich nicht unerwünscht, sie kann aber bei ständiger Energiezufuhr zur Erwärmung und damit schließlich zu unkontrollierbaren Zuständen oder zum Versagen führen.

Theoretisch beschreibt man viskoelastisches Verhalten mit Feder + Dämpfer-Modellen, für einachsige wie auch für flächig orthotrope Strukturen [3.20]. Doch selbst komplizierte Analysemodelle erfassen das wirkliche Verhalten der Kunststoffe nur unbefriedigend; daher wird vorgeschlagen, von empirischen Kriechkurven der Verbundkomponenten auszugehen und die Verformung unter veränderlicher Last oder die Lastumlagerung in Zeitschritten zu berechnen [3.21]. Bild 3.2/10 zeigt das Ergebnis einer solchen Analyse für ein zugbelastetes Dreischichtsystem: Harz und Matte relaxieren und geben ihren Lastanteil an die Rovings ab; nach einiger Zeit stellt sich ein stationärer Zustand ein. In diesem einachsigen Beispiel sind nur Längsspannungen und Längsdehnungen betrachtet; der multidirektionale orthotrope Schichtverbund fordert aufwendigere Rechnungen: entsprechend den vier elastischen Steifigkeitswerten sind vier Kriechfunktionen (für konstant gehaltene Spannungen) oder, invertiert, vier Relaxationsfunktionen (für konstante Dehnungen) zu berücksichtigen, wie in [3.19] an Beispielen uni- und multidirektionaler Laminate ausgeführt.

Entsprechend wird das viskoelastische Schwingungsverhalten orthotroper Platten und Schalen durch ebensoviele Dämpfungsfaktoren wie Steifigkeitswerte bestimmt [3.23]. In Bild 3.2/11 sind diese vier Faktoren $d_{ik} = a^v_{ik}/a^s_{ik}$ für verschiedene Laminate angegeben. Für einachsiges Biegeschwingen der Platte oder des Rohres braucht man nur den Faktor d_{11} zu betrachten (er bestimmt das *Logarithmische Dekrement* $\Lambda = 2\pi d$ der freien, oder die Hysteresenbreite der erzwungenen Schwingung): am größten ist er beim reinen Harz, am kleinsten beim unidirektionalen Laminat; bei Diagonalbewehrung steigt er wieder an, vor allem bei unbehinderter

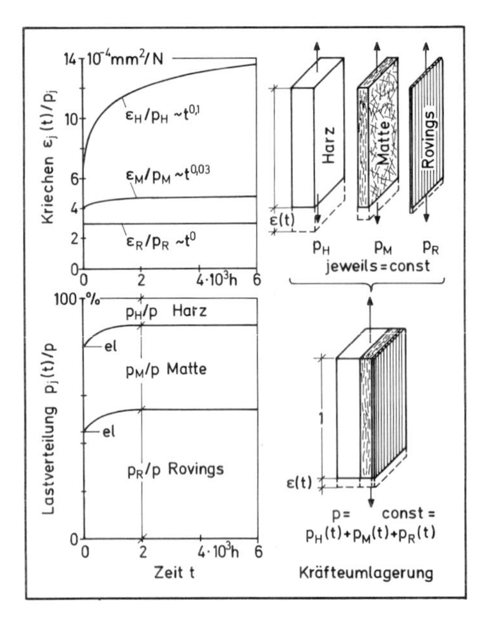

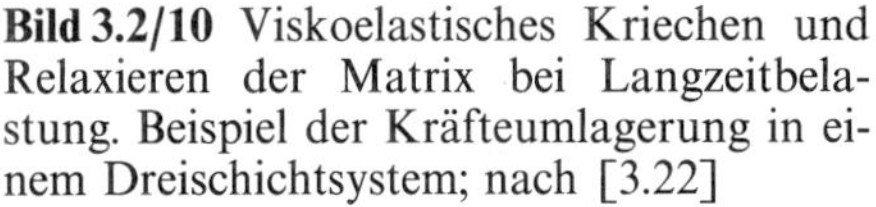

Bild 3.2/10 Viskoelastisches Kriechen und Relaxieren der Matrix bei Langzeitbelastung. Beispiel der Kräfteumlagerung in einem Dreischichtsystem; nach [3.22]

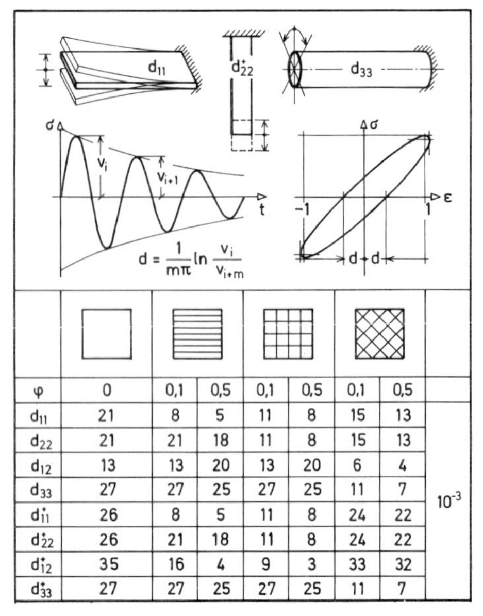

φ	0	0,1	0,5	0,1	0,5	0,1	0,5	
d_{11}	21	8	5	11	8	15	13	10^{-3}
d_{22}	21	21	18	11	8	15	13	
d_{12}	13	13	20	13	20	6	4	
d_{33}	27	27	25	27	25	11	7	
d^*_{11}	26	8	5	11	8	24	22	
d^*_{22}	26	21	18	11	8	24	22	
d^*_{12}	35	16	4	9	3	33	32	
d^*_{33}	27	27	25	27	25	11	7	

Bild 3.2/11 Viskoelastisches Dämpfen der Matrix bei schwingender Belastung. Orthotrope Dämpfungsfaktoren verschieden bewehrter GFK-Laminate; nach [3.23]

Querkontraktion ($d^*_{11}=0{,}022$). Für Torsionsschwingen des Rohres ist $d_{33}=d^*_{33}$ maßgebend: in diesem Fall mindert reine Längsbewehrung die Dämpfung nicht, die hingegen durch schräge Bewehrung auf ein Minimum reduziert wird. Generell gilt, daß die Dämpfung gering ist, wenn die Fasern beanspruchungsgerecht ausgerichtet sind oder wenn wenigstens ein dreiachsiges Netz vorliegt.

3.2.1.5 Herstellung von Fasern und Faserlaminaten

Textilglasfasern werden aus einer Schmelze natürlicher Mineralien (E-Glas: Aluminium-Bor-Silikat) durch Spinndüsen gezogen und mit hoher Geschwindigkeit aufgespult. Die Düse mit 200 oder mehr Lochnippeln produziert einen Spinnfaden aus 200 Elementarfasern von je 4 bis 10 µm Dicke. Durch Ziehen auf kleinen Durchmesser erzielt man die gewünschte hohe Festigkeit. Eine vor dem Wickeln aufgebrachte *Schlichte* soll die Fasern schützen, sie zum Spinnfaden verkleben und die Haftung im Laminat verbessern; sie besteht aus einem *Filmbildner* (der sich vor dem Tränken mit Harz lösen muß), einem *Netzmittel* und einem *Haftmittel* (auf Silanbasis).

Glasfäden werden in verschiedenen Formen zu Handelsprodukten weiterverarbeitet: als *assemblierter Roving* (Strang aus 30 bis 50 Fäden) oder als *Rovinggewebe* (Stränge aus je 8 Fäden). *Undirektionales Gewebe* wird durch schwache Quergarne zusammengehalten; zweiachsige Kreuzgewebe (1:1) können eng oder lose verschlungen sein (Satin: Bindung nur an jeder achten Litze). Gewünscht ist eine möglichst gerade Ausrichtung der Fäden; anstelle von Kreuzgeweben verwendet man darum oft Schichtverbunde mehrerer unidirektionaler Lagen. Kurz geschnittene

Spinnfäden werden flächig regellos verteilt und, durch Binder verklebt oder durch Steppen verbunden, als *Schnitt-* oder *Steppmatten* eingesetzt. Solche eignen sich, mit Thermoplastmatrix, zum Tiefziehen unter Wärme und interessieren darum den Automobilbau.

Das trockene Glasgewebe muß gut mit Matrixkunststoff durchtränkt werden, am besten durch Tauchen vor dem Legen; Rovings zieht man vor dem Wickeln durch ein Harzbad; überschüssiges Harz wird durch Pressen, Walzen oder Absaugen entfernt. Im *Injektionsverfahren* erfolgt das Tränken im Vakuum oder unter Druck. Mit Harz vorimprägnierte Rovings oder UD-Gewebe (*Prepregs*) erleichtern ein präzises Arbeiten mit definierten Volumenanteilen beider Komponenten und mit gleichmäßiger Dicke. Das Laminat wird unter Druck und, je nach Harztyp, bei 130 oder 180 °C ausgehärtet. Dadurch verbessert sich die Kohäsions- und die Adhäsionsfestigkeit der Matrix. Bei zu geringem Druck können Gasbläschen auftreten, oder infolge Schrumpfens (bei ungesättigten Polyestern) Kapillarrisse, die durch Feuchtigkeitsaufnahme zu Festigkeitsverlusten sowohl der Fasern wie der Adhäsion führen.

Kohlefasern gewinnt man durch thermischen Abbau von Polymerfasern (Polyacrylnitril). Diese werden nach dem Spinnen verstreckt und dadurch orthotrop; nach *Stabilisieren* (Oxidieren bei 200 bis 300 °C) sind sie unschmelzbar und lassen sich *carbonisieren* (bei 1 200 °C für HT, bei 2 200 °C für HM). Im *Kohlenstoff-Filamentgarn* sind 3 000 bis 12 000 praktisch endlose Einzelfasern zusammengefaßt. Wie Glasrovings werden Kohlestoffgarne in Geweben, Geflechten oder in UD-Gelegen (Bändern) verarbeitet, bevorzugt als *Prepregs*, die man im Naßwickelverfahren (bis 1 m breit) herstellt. Geschnittene Kurzfasern dienen, gerichtet oder regellos, zum Verstärken von Thermoplasten für tiefziehbare Schalen. Kohlefasern findet man auch in Hybrid- oder Mischgeweben kombiniert mit Glas- oder Aramidfasern angeboten (Abschn. 3.2.2).

Aramidfasern werden aus hochkonzentrierten Lösungen des Polymers in üblicher Weise naß gesponnen; das Lösungsmittel (Schwefelsäure) wird nach dem Spinnen ausgewaschen. Höhere Festigkeit und Steifigkeit erhält das Garn durch Nachverstrecken (bei 300 bis 400 °C); gleichmäßige Verstreckung, gute Verarbeitbarkeit in Geweben, Geflechten oder UD-Prepregs und eine gute Haftung zur Matrix wird durch besondere Vorbereitungen der Oberfläche sichergestellt.

Laminate mit Kohlefasern und erst recht solche mit Aramidfasern lassen sich nur schwer trennen oder fräsen, am besten mit hoher Schnittgeschwindigkeit; entsprechend hoch ist der Werkzeugverschleiß. Daher empfiehlt es sich, eine Faserverbundstruktur mit allen zur Aussteifung erforderlichen Einzelteilen integrierend in einem herzustellen (*In-Situ*-Bauweise), so daß möglichst wenig Nacharbeit erforderlich ist. Bei Druckbehältern werden Zylinderanteil und Böden nicht getrennt, sondern in einem durchlaufenden Prozeß gewickelt. Mit automatischer Steuerung lassen sich auch kompliziertere Behälterformen oder Maschinenteile herstellen. Weiteres zur Fertigung von Faserverbunden ist in [3.24] ausgeführt.

3.2.2 Hybridbauweisen

Um unterschiedlichen Anforderungen an Festigkeit, Steifigkeit, plastisches Arbeitsvermögen oder Bruchverhalten nachzukommen, kombiniert man verschiedene Faserarten im Laminat, oder verbindet dieses mit Metallen, so daß, von der Matrix abgesehen, mindestens zwei tragende Komponenten existieren. Ein *Hybrideffekt* hinsichtlich eines einzelnen Wertes, etwa einer erhöhten gewichtsbezogenen Steifigkeit, ist dabei nur in Ausnahmen zu erwarten; muß das Laminat oder das Bauteil hingegen mehreren Bedingungen genügen, etwa gleichzeitig hoher Festigkeit und großer Arbeitsaufnahme, so können sich Hybridkombinationen bewähren. Bei zweiachsiger Belastung beispielsweise eines Kessels läßt sich die Ausnutzung eines Metallbleches durch Faserauflagen verbessern. Eine metallische Basiskonstruktion kann aus Fertigungsgründen notwendig sein; es genügt dann, Faserverstärkungen nur an Stellen höchster Beanspruchung zu applizieren.

Besonders wichtig ist das Bruchkriterium: bei einer Fahrzeugstruktur kann man auf die plastische Arbeitsaufnahme der Stahlkonstruktion im Crash-Fall schwerlich verzichten, im übrigen wird die Gefahr eines CFK-Sprödbruchs durch die Anbindung an Blech und eine Abschirmung im geschlossenen Profil reduziert. Die Faserverstärkung ermöglicht eine Laststeigerung nach Fließen des Bleches; das Ausbilden von Fließgelenken wird behindert und die Energieaufnahme dadurch gesteigert. *Überkritisch* tragfähig ist auch eine Kombination von Fasern mit unterschiedlicher Bruchdehnung; ein solcher Hybridverbund verhält sich gutartig und partiell *ausfallsicher* (Abschn. 7.3.3.3). Durch Glasfaserzusatz wird die Schlagzähigkeit des CFK-Laminats verbessert.

Hybridbauweisen bringen andererseits spezielle technologische und analytische Probleme mit sich, vor allem bei thermischer Unverträglichkeit der Komponenten. Die durch unterschiedliche Wärmedehnung verursachten Eigenspannungen oder Verformungen sind besonders hoch bei Verbunden von Metallen mit CFK oder AFK (Kohle- und Aramidfasern verhalten sich thermisch orthotrop, was bereits bei reinen multidirektionalen Faserlaminaten zu Verspannungen führen kann). Dabei spielen nicht nur Schwankungen der Betriebstemperatur eine Rolle, sondern auch die dem Aushärten des Hybridverbunds folgende Abkühlung.

Abgesehen von speziellen Vorzügen des Bruchverhaltens und Schwierigkeiten thermischer Anpassung ist der Hybridverbund letztlich nach seinen gewichtsbezogenen Festigkeiten und Steifigkeiten im konkreten Einzelfall zu optimieren und zu bewerten (Abschn. 3.3 und 4.5.2.6).

3.2.2.1 Aufbau von Hybridlaminaten und Hybridverbunden

Hinsichtlich des strukturellen Aufbaus eines Flächenelements in Hybridbauweise unterscheidet man nach Bild 3.2/12 verschieden differenzierte Systeme:

Homogener Verbund: Fasermischlaminate, uni- oder multidirektional, einschichtig oder quasi homogen vielschichtig, mit gleichem Hybridverhältnis in allen Faserrichtungen. Dabei übernehmen verschiedene Fasern rivalisierend gleiche Tragfunktionen. Beabsichtigt ist im allgemeinen eine überkritische Belastbarkeit nach Versagen der spröderen Faser.

Richtungsspezifisch differenzierter Verbund: Laminate mit unterschiedlichen Faserarten und -verhältnissen in verschiedenen Richtungen, zur Wahrnehmung unterschiedlicher Funktionen; beispielsweise: hohe Steifigkeit durch Kohlefaser längs, Festigkeit durch (billigere) Glasfaser quer; oder isotropes Blech mit orthotropem Faserlaminat (zur Verstärkung eines Kessels in Umfangsrichtung).

Schichtspezifisch differenzierter Verbund: unterschiedliche Faserlaminate oder Bleche in verschiedenen Schichten, aus Fertigungsgründen oder zur Übernahme

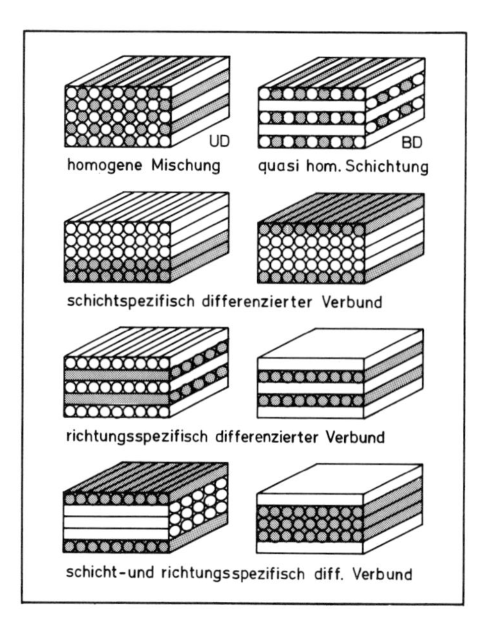

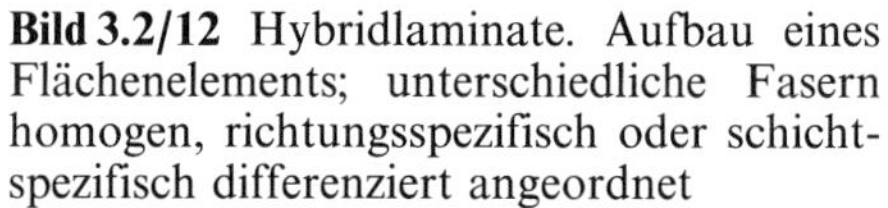

Bild 3.2/12 Hybridlaminate. Aufbau eines Flächenelements; unterschiedliche Fasern homogen, richtungsspezifisch oder schichtspezifisch differenziert angeordnet

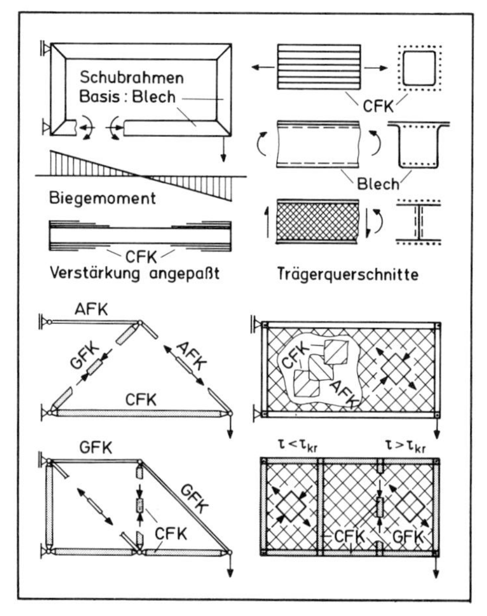

Bild 3.2/13 Hybridbauteile mit örtlich differenziertem Aufbau. Beispiel: Rahmenträger aus Blech, für Querkraftbiegung beanspruchungsgerecht verstärkt durch GFK

schichtspezifischer Funktionen. Beispiel: *Sandwich* hoher Biegesteifigkeit, mit leichtem oder billigem Kernmaterial (für hohen Trägheitsradius) und Außenschichten mit großem Elastizitätsmodul; oder mit flexiblen Häuten und spröderem Kern zu maximaler Arbeitsaufnahme, etwa bei Blattfedern.

Um ein Bauteil an örtlich unterschiedliche Beanspruchung anzupassen, kann man lokal differenzierte Verstärkungen vorsehen, wie im Beispiel eines Rahmenträgers nach Bild 3.2/13. Als Hybridkonstruktion im weitesten Sinne läßt sich jede aus verschiedenen Materialien aufgebaute Struktur bezeichnen, etwa ein Fachwerk mit CFK-Druckstäben und AFK-Zugstäben, oder ein Schubblech mit CFK-Versteifungen.

3.2.2.2 Tragverhalten unidirektionaler Hybridverbunde

Zug- und Biegesteifigkeiten quasi homogener oder schichtspezifisch differenzierter Verbunde sind in der für Schichtsysteme üblichen Weise zu berechnen (Bd. 1, Bild 4.1/16). Als Ergebnis ist in Bild 3.2/14 links das $\sigma-\varepsilon$-Diagramm eines unidirektionalen CFK + AFK-Verbundes, rechts das einer Stahl + AFK-Kombination wiedergegeben. Im ersten Fall tritt primäre Schädigung bei Bruch der spröderen Kohlefaser auf; Laststeigerung bis zum Versagen der Aramidfaser ist nur möglich, wenn deren Laminatanteil $t_{AFK}/t > 85$ % ist; bei Bauteilen in statisch unbestimmten Systemen läßt sich auch eine abgeminderte Resttragfähigkeit nützen. (Zum *überkritischen* Verhalten ist angenommen, daß die Kohlefasern nicht mehr mittragen, das Tragvermögen der Aramidfasern aber nicht durch Teillamination des Verbundes beeinträchtigt wird.) Im zweiten Beispiel beginnt zuerst das Blech zu fließen, es

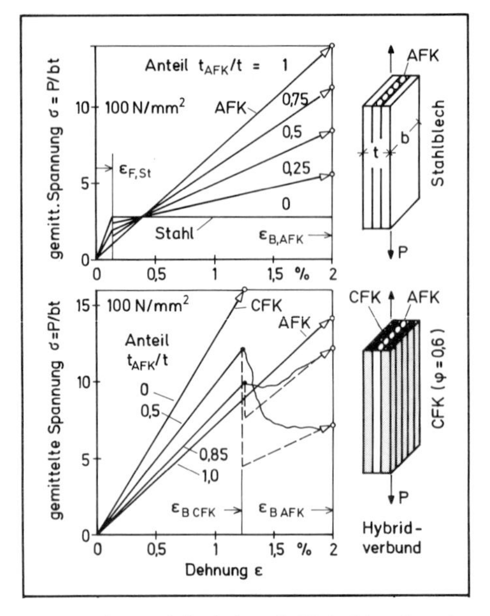

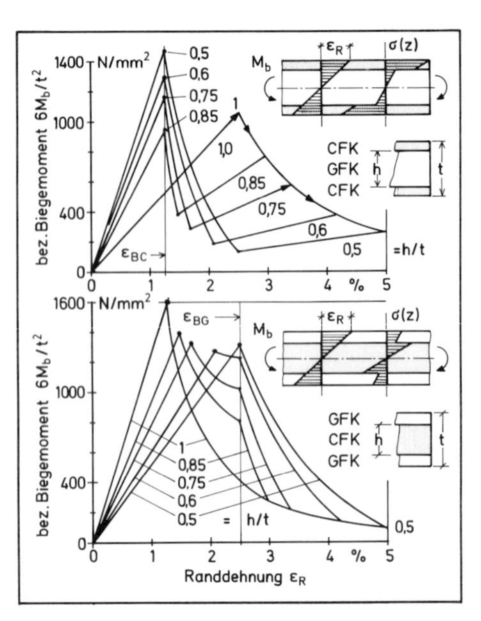

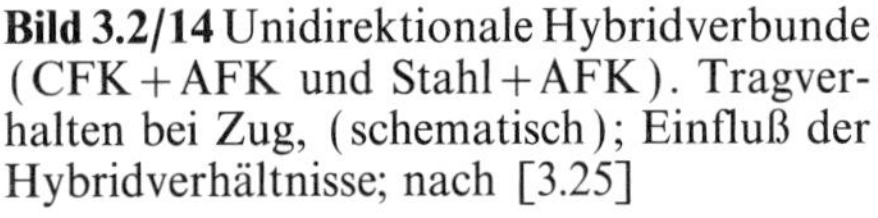
Bild 3.2/14 Unidirektionale Hybridverbunde (CFK + AFK und Stahl + AFK). Tragverhalten bei Zug, (schematisch); Einfluß der Hybridverhältnisse; nach [3.25]

Bild 3.2/15 Unidirektionale, schichtspezifisch differenzierte Hybridverbunde (GFK + CFK). Tragverhalten bei Biegung, Einfluß der Schichtverhältnisse; nach [3.25]

behält aber bei konstanter Fließspannung seine Tragfähigkeit bis zum Bruch der Aramidfaser; der Verbund zeigt daher eine doppelt lineare, im Punkt des Fließens geknickte $\sigma-\varepsilon$-Charakteristik. Nach Entlasten bleibt eine Dehnung und ein Eigenspannungszustand (Zug in den Fasern, Druck im Blech).

In beiden Beispielen ist ein zur Mittelfläche symmetrischer Aufbau vorausgesetzt, um ein Auswandern der Neutralebene und Exzentrizitätseffekte bei primärem Schädigen oder Fließen zu vermeiden; im übrigen ist der Schichtaufbau bei Zugbelastung gleichgültig. Ausschlaggebend ist er hingegen bei Biegung. Bild 3.2/15 zeigt dazu das Last-Verformungs-Verhalten schichtspezifisch differenzierter GFK + CFK-Verbunde: Liegt die sprödere Kohlefaser außen, so bricht sie in jedem Fall zuerst und delaminiert; eine Laststeigerung ist möglich bei relativ großer Kerndicke (Glaslaminatanteil) $h/t > 0{,}9$, allerdings unter starker Verformung ($\varepsilon_R = \varepsilon_G t/h$). Liegt die nachgiebige Glasfaser außen und sind die Schichtdicken im Verhältnis der Bruchdehnungen abgestimmt ($h/t = \varepsilon_{BC}/\varepsilon_{BG}$), so versagen Glas- und Kohlefaser gleichzeitig. Dieser Fall verdient Interesse, wenn nicht gewichtsbezogen höchste Steifigkeit, sondern höchstes elastisches Arbeitsvermögen gefragt ist, etwa bei Blattfedern (Abschn. 3.3.2.2).

3.2.2.3 Thermische Eigenspannungen und Verformungen

Durch unterschiedliche Wärmedehnungen beider Komponenten einer Hybridpaarung kommt es infolge Temperaturänderung bei symmetrischem Aufbau zu einer Längung und zu einem Eigenspannungszustand mit entgegengesetzt gleichen Schichtkräften, bei unsymmetrischem Aufbau zu einer Krümmung und zu linear

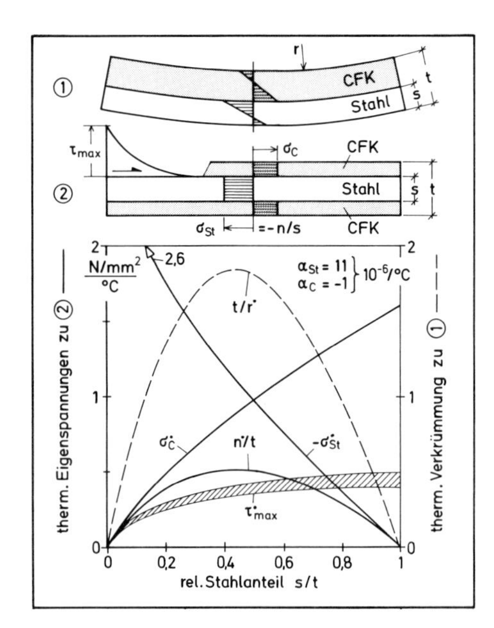

Bild 3.2/16 Thermische Eigenspannungen oder Verkrümmungen in einem Stahl + CFK-Hybridverbund, abhängig von Schichtanordnung und Hybridverhältnis; [3.25]

über die Schichtdicken verteilten Eigenspannungen. Die Kurven in Bild 3.2/16 gelten für einen Stahl + CFK-Verbund: größte Spannungen im CFK-Laminat treten bei Dickenverhältnis $s/t = 1$ auf (Zug bei Erwärmen, Druck bei Abkühlen), größte Blechspannung umgekehrt für $s/t = 0$ (Zug bei Abkühlen).

Das Laminat härtet bei 130 bis 170 °C aus. Nach Abkühlen auf Raumtemperatur herrscht ein Eigenzustand entsprechend einer Temperaturdifferenz von etwa 100° mit einer erniedrigten Proportionalitätsgrenze. Durch Nachrecken bis zur Elastizitätsgrenze des Verbundes ohne Eigenspannungen lassen sich diese beseitigen. Eine thermische Verwerfung kann man durch entgegengesetzte Vorkrümmung aufheben, nicht aber ihren Eigenspannungszustand (nach Bild 3.2/16). Völlig vermeiden ließen sich thermische Effekte, indem die Fasern um einen starken Stahlkern gewickelt und entgegen ihrem negativen Koeffizienten gezwungen wurden, beim Aushärten die positive Wärmedehnung des Stahlblechs mitzuvollziehen [3.25].

Ein besonderes Problem tritt am Rand eines Hybridverbundes auf: dort müssen sich die Eigenkräfte der beiden Schichten durch interlaminare Schubspannungen ausgleichen (Bild 3.2/16). Die nach elastischer Klebetheorie auftretende Schubspitze wird zwar durch Plastizität und Viskosität reduziert, doch kann sie, wenn über die Verbindung auch noch äußere Kräfte eingeleitet werden, eine Delamination auslösen. Durch die Laminatoberfläche eindringende Feuchtigkeit beeinträchtigt besonders die Verbindung zu korrosionsanfälligen Metallen; man muß darum für wirkungsvolle Isolation sorgen.

3.2.3 Sandwichbauweise

Unter *Sandwich* versteht man gemeinhin dreischichtige Verbundkonstruktionen mit tragenden Deckhäuten aus Blech oder Faserlaminat und einem spezifisch leichten

Stützkern aus Schaumstoff oder in Wabenform. Die Sandwichbauweise übernimmt das statische Prinzip des I-Balkenprofils für das Flächentragwerk und sorgt durch quasi kontinuierliche Stützung der dünnen Häute für deren Stabilität gegen Beulen oder Knittern und damit für hohe Belastbarkeit. Daher zeichnet sich die Sandwichplatte oder -schale gegenüber längsgestringerten oder verrippten Flächen gleicher Biege- und Beulsteifigkeit durch geringeres Gewicht aus (jedenfalls bei kleinem Strukturkennwert, siehe Abschn. 4.3.2.6), ganz abgesehen von ihrem entscheidenden Vorzug voller Tragfähigkeit und Steifigkeit in allen Richtungen.

Der Analyse von Sandwichflächen ist in Bd. 1 ein ausführliches Kapitel gewidmet. Im Unterschied zu klassischen Platten kann man hier die Schubverformung des Querschnitts (des Kernes) bei Querkraftbiegen und Knicken nicht vernachlässigen; daraus sind, wie für das Stützen der Häute, gewisse Forderungen an die Mindeststeifigkeit des Kernes abzuleiten. Die Querkraft beansprucht seine Schubfestigkeit. Steifigkeits- und Festigkeitsdiagramme für Schaumstoff- und Wabenkerne wurden bereits zur Analyse des Sandwichverhaltens benötigt (Bd. 1, Bild 5.1/5 bis 5.1/7); dort sind auch schon verschiedene Kernbauweisen und Versagensformen sowie konstruktive Vorschläge zur Kräfteeinleitung skizziert. So bleiben hier nur noch einige technologische Hinweise und zur Bewertung der Sandwichbauweise wesentliche Aspekte nachzutragen.

3.2.3.1 Aufbau und Herstellung des Sandwichverbundes

Die Sandwichkonstruktion ist technologisch als Verbundbauweise anzusehen, in dem Sinne, daß verschiedene Stoffe mit typisch unterschiedlichen Eigenschaften in ein Bauteil integriert sind: hier zum Zwecke gewichtsbezogen hoher Biegesteifigkeit und -festigkeit, wozu der leichte Kern den Trägheitsradius stellt und die Häute den Zugmodul und die Zugfestigkeit beitragen. Kern und Häute werden gewöhnlich verklebt, auch kann es sich bei den Fügeteilen selbst um orthotrope Verbundstrukturen handeln: bei den Häuten um Faserkunststofflaminate, beim Kern um eine Wabenstruktur. Die Sandwichtechnologie hängt daher eng mit der Entwicklung der Kunststoff- und Klebetechnik zusammen; nur in Ausnahmen, etwa für hohe Warmfestigkeit, werden Kern und Häute durch Löten oder Schweißen verbunden.

Abgesehen von speziellen Kernausführungen in Holz, als Wellblech, in Kubus- oder Tubusbauweise (Bd. 1, Bild 5.1/4) kommen hauptsächlich Schaumstoffe und Honigwabenstrukturen in Betracht. Sandwichkörper mit eingeschäumtem Kern sind billig, aber nicht hoch belastbar, es sei denn bei steifem und dafür relativ schwerem Kernmaterial. Hartschaum wird zur Stützung von Glasfaserlaminaten eingesetzt. Für hochbelastete Leichtbaukonstruktionen zieht man anisotrope Honigwabenkerne vor, die dank ihrer Strukturorientierung trotz niedrigsten Gewichts die gewünschte hohe Kompressions- und Schubsteifigkeit senkrecht zu den Häuten bieten. Wabenkerne werden aus harzgetränktem Papier oder Faserstoff hergestellt, oder aus dünnen Aluminiumfolien. Faserkunststoffwaben genügen u.U. zur Stützung von Faserlaminaten; Aluminiumhäute bedürfen der höheren Steifigkeit des Al-Wabenkerns, wenn sie bis zur Druckgrenze $\sigma_{0,2}$ belastbar sein sollen. Zur Herstellung der hexagonalen Wabenstruktur (mit Weiten zwischen 3 und 10 mm) werden die Folien (AlMg3 oder AlMn; Stärke 0,02 bis 0,12 mm) im Block auf Lücke geklebt; der zur Honigwabenform expandierte Kern hat ein spezifisches Gewicht von 0,3 bis 1,2 N/dm^3.

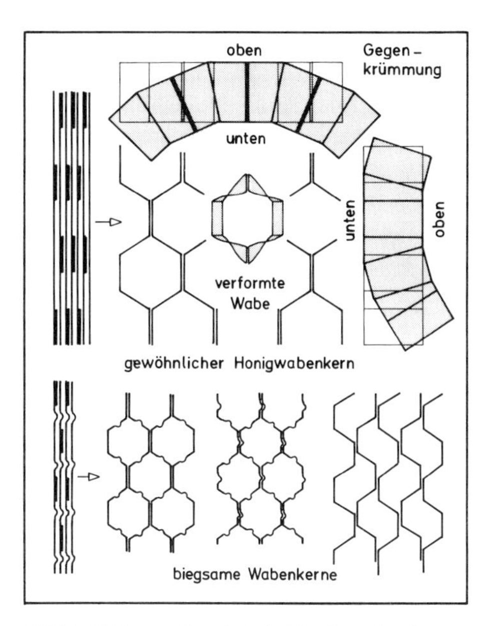

Bild 3.2/17 Sandwich-Honigwabenkern. Herstellung, Gegenverformung bei Biegung (Sattelfläche); zwangloser Kern mit versetzten oder gewellten Stegen. Nach [3.2]

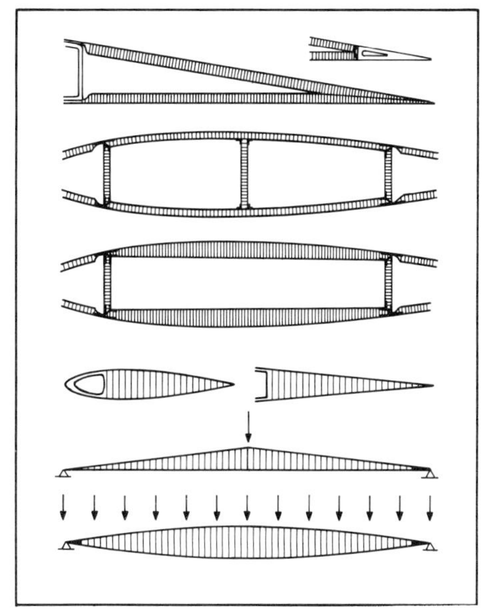

Bild 3.2/18 Sandwichkonstruktionen. Beispiele mit ebenen und gekrümmten Flächen, mit konstanter und veränderlicher Kernhöhe; profilierte Sandwichkörper

Gewöhnlich ist die Sandwichplatte oder -schale gleichförmig dick; in solchem Fall läßt sich der Wabenkern bereits vor dem Expandieren im Block bearbeiten. Allerdings fügt sich der expandierte Kern trotz seiner Nachgiebigkeit für Zug und Druck nicht zwanglos der Schalenkrümmung: nach Bild 3.2/17 bildet er durch Querverformung eine Sattelfläche, sein Einpassen in zylindrische oder kugelige Schalen ist daher nicht ohne Deformation der Wabenstruktur möglich; die Kernhöhe sollte im Verhältnis zum Schalenradius klein sein. Durch Versetzen oder Wellen der Wabenstege (Bild 3.2/17 unten) wird eine Nachgiebigkeit eingebaut, die den Zwang der Gegenkrümmung vermeidet und das Einpassen des Kernes in Schalen erleichtert.

Oft ist ein Sandwichkörper mit veränderlicher Dicke gefordert, sei es als *Träger gleicher Festigkeit*, sei es nach Vorgabe einer aerodynamischen Kontur wie bei den in Bild 3.2/18 skizzierten Beispielen von Flügelkästen, Klappen- und Blattquerschnitten. Sieht man von *Formschäumen* ab, so muß in diesen Fällen der Kern entsprechend bearbeitet werden. Für zylindrische oder prismatische Formen läßt sich der Wabenkern im Block fräsen; dabei ist zu beachten, daß sich beim Expandieren der Keilwinkel vergrößert bzw. der Krümmungsradius verkürzt, außerdem treten die Schnittkanten aus ihrer Fläche, was die Verbindung zur Haut beeinträchtigt. Um den Kern im expandierten Zustand bearbeiten zu können, stützt man die Wabenfolien durch eine lösbare Füllung oder durch Druckluft.

Die Zug und Schub übertragende, hauptsächlich auf Abreißen gefährdete Verbindung zwischen Wabenkern und Deckhäuten verlangt einen Kleber, der an den Wabenstegen Kehlnähte ausbildet. Bei sauberen, gut benetzbaren Oberflächen zieht sich der vor dem Aushärten leicht flüssige Klebstoff durch Kapillarwirkung an den Zellwänden hoch; um sein Wegfließen bei geneigter oder gekrümmter Fläche zu verhindern, verwendet man besondere Kleberfilme, die auf der Wabenseite stärker verflüssigen. Geringere Abreißfestigkeit erhält man bei aufschäumenden Klebern (Bd. 1, Bild 5.1/6); damit Schäumgase entweichen können, müssen die Wabenstege perforiert sein. Im Betrieb kann aber durch die Perforation Luftfeuchte eindringen, kondensieren und den Kern korrodieren; man muß darum die Plattenränder besonders abdichten. Die Kern-Haut-Verbindung wird unter Temperatur und Druck im Autoklaven oder in einer aufheizbaren Form ausgehärtet.

3.2.3.2 Besondere Festigkeits- und Konstruktionsprobleme

Das Prinzip der Sandwichkonstruktion fußt auf der gut abgestimmten Partnerschaft von Häuten und Kern. Dieser muß zum Stabilisieren der Platte genug schubsteif sein, und außerdem kompressionssteif, um die Häute gegen kurzwelliges Knittern zu stützen (Bd. 1, Bild 5.1/10 und 5.3/2); seine Schubfestigkeit ist gefordert zur Aufnahme von Biegequerkräften, seine Druck- und Zugfestigkeit zum Umlenken von Schalenbiegemomenten oder von Membrankräften gekrümmter Häute (Bd. 1, Bild 5.1/2 und 5.1/11).

Die Sandwichbauweise zeichnet sich vor profilierten, gestringerten oder verrippten Konstruktionen durch Kontinuität aus. Sie eignet sich damit vornehmlich zur Aufnahme flächig verteilter Lasten und verursacht aus sich heraus keine Störung elementarer Kraftflüsse. Andererseits werden dort, wo konzentrierte Kräfteeinleitungen, örtliche Ausschnitte oder Unstetigkeiten der äußeren Form unumgänglich sind, besondere Konstruktionsmaßnahmen notwendig. So muß man zum Einleiten der Lagerkräfte an Plattenrändern Anschlußprofile vorsehen und sie mit dem Kern verbinden; zur Momentenumlenkung an Kastenecken oder Wandanschlüssen dienen spezielle Strangpreßprofile (Bd. 1, Bild 5.1/12). Zur Einleitung konzentrierter Querkräfte in einen Kastenträger oder eine Zylinderschale, beispielsweise im Flügel-Rumpf-Anschluß, sind Einzelrippen oder biegesteife Ringspante erforderlich, die als Reaktion linienhaft verteilte Schubkräfte auf die Sandwichwand übertragen. Ist der Schubfluß gering, so genügt es, die Rippe oder den Spant einseitig aufzusetzen, der Kern verteilt dann den Schub auf beide Sandwichhäute (Bd. 1, Bild 5.2/6 bis 5.2/8); bei großen Kräften fügt man besser ein Profil ein oder verstärkt im Anschlußbereich wenigstens den Kern. Zur Einleitung konzentrierter Längskräfte oder zu deren Umleitung an Ausschnitten benötigt man Zuggurte, am Übergang einer zylindrischen in eine konische Schale besorgt ein dehnsteifer Ring die Kraftumlenkung; in beiden Fällen lassen sich die Zusatzelemente zwischen den Häuten unterbringen.

Die zum Zweck konzentrierter Kräfteeinleitung oder -umleitung der kontinuierlichen Sandwichstruktur applizierten oder eingefügten diskontinuierlichen Stabsysteme stören nun andererseits den elementaren Beanspruchungs- und Verformungszustand unter gleichförmiger Flächenlast: Ringspante behindern örtlich die Aufweitung des druckbelüfteten Rumpfes und bringen als Störung (bei einseitigem Anschluß über Zug) radiale Biegequerkräfte in die Sandwichschale (Bd. 1, Bild 5.2/17). Man sollte darum Unstetigkeiten der Lastverteilung, der Geometrie und der Steifigkeiten bei Sandwichflächen möglichst vermeiden.

Die Integration von Gurten, Spanten oder Rippen in die Sandwichstruktur bringt überdies besondere Fertigungsprobleme mit sich. Nur Bauteile oder Baugruppen beschränkter Ausmaße und Komplexität lassen sich in einem Autoklavenprozeß warm verkleben. Größere Strukturen müssen unterteilt und kalt verklebt oder durch

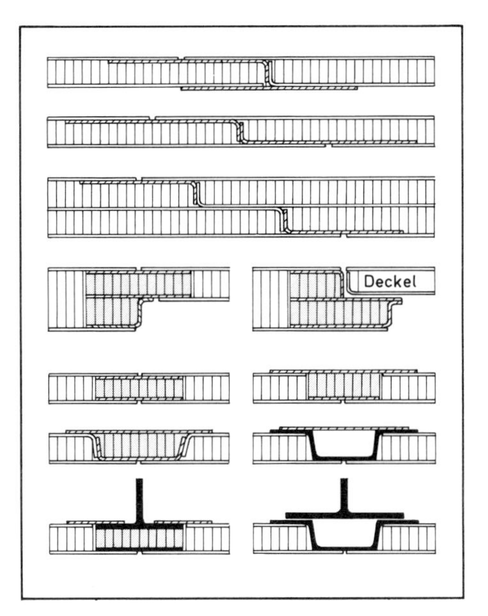

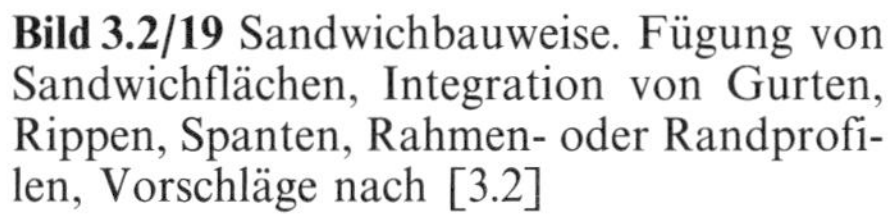

Bild 3.2/19 Sandwichbauweise. Fügung von Sandwichflächen, Integration von Gurten, Rippen, Spanten, Rahmen- oder Randprofilen, Vorschläge nach [3.2]

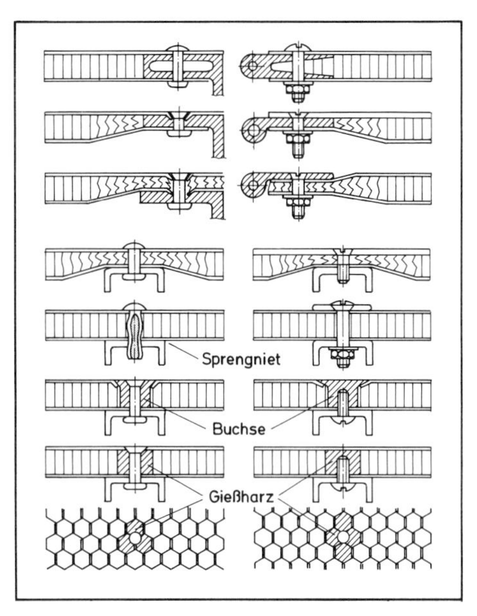

Bild 3.2/20 Sandwichbauweise. Niet- und Schraubanschlüsse zur Einleitung normaler oder tangentialer Einzelkräfte, ohne oder mit Kernanbindung; nach [3.2]

Nieten verbunden werden. Bild 3.2/19 zeigt verschiedene Möglichkeiten, Sandwichflächen zu fügen und Stab- oder Ringprofile zu integrieren. Vorschläge für Niet- und Schraubenanschlüsse sind in Bild 3.2/20 skizziert: im einfachsten Fall wird der Kern gequetscht; für höhere Ansprüche empfiehlt sich eine Ausfüllung mit Gießharz oder eine Distanzbuchse. Sprengniete fassen gut beide Häute, verbinden sich jedoch nicht mit dem Kern und sind darum nur schubbelastbar.

3.2.3.3 Vergleichende Beurteilung der Sandwichbauweise

Sandwichstrukturen lassen sich über gewichtsbezogene Festigkeits- und Steifigkeitskenngrößen bewerten (Abschn. 3.3), oder als Plattenstab, Plattenstreifen oder Zylinderschale hinsichtlich Biegen und Beulen über den *Strukturkennwert* mit anderen Konstruktionen vergleichen (Kap. 4). Solche speziellen quantitativen Vergleiche setzen bei variabler Bauweise ein vorgegebenes Strukturkonzept (Beispiel: Kastenträger) voraus, sie berücksichtigen indes nicht die möglichen Rückwirkungen auf den Systementwurf. So kann man beispielsweise in Faser- oder Hybridbauweise gewichtsminimale Druckbehälter auch zylindrisch gestalten, wogegen in Metall nur die Kugelform optimal ist. Die Sandwichfläche ist im Unterschied zu längsgestringerten Platten und Schalen auch in Querrichtung biegesteif; zur Einleitung verteilter Luftkräfte oder Nutzlasten und zur Stabilisierung des Haut + Stringer-Systems erforderliche regelmäßige Kastenrippen oder Rumpfspante können sich dadurch erübrigen. Besonders empfiehlt sich die Sandwichbauweise für kontinuierlich belastete Tragwerke.

Im Flugzeugbau schätzt man sie wegen ihrer aerodynamischen Oberflächengüte, ihrer kerbarmen Gestaltung und damit hohen Ermüdungsfestigkeit, und im übrigen wegen ihrer *Fail-Safe*-Qualitäten. Reißt eine Haut an, so wird der Rißfortschritt durch den Kern behindert; dank der Schubnachgiebigkeit des Kernes greift der Schaden nicht sofort auf die zweite Haut über, die zumindest bei Zug noch eine Restfestigkeit bietet.

Besonders hervorzuheben sind die Möglichkeiten thermischer oder akustischer Dämmung, interessant etwa für Kühlbehälter, Cryogentanks oder für Strukturen in Triebwerknähe. Dank der hohen Schwingsteifigkeit der Sandwichfläche, ihrem Schichtaufbau und ihrer kontinuierlichen Hautstützung wird nicht nur Lärm abgeschirmt, sondern die Struktur selbst vor Schallermüdung geschützt; ein Kern aus viskosem Material wirkt zudem dämpfend.

Auch ein geringerer Herstellungsaufwand kann für die Sandwichbauweise sprechen. Vor allem dünnwandige Strukturen, deren Haut zur Aussteifung vieler Einzelrippen oder Stege bedürfte, baut man einfacher und billiger mit durchgehendem Kern.

Trotz ihrer Vorzüge wird die Sandwichbauweise nur zögernd für primär tragende, hochbelastete Strukturen eingesetzt; wohl hauptsächlich darum, weil Herstellungsfehler und Betriebsschäden in der Haut-Kern-Verbindung optisch nicht erkennbar sind. Zwar gibt es verschiedene Testverfahren (auf Ultraschall- oder Röntgenbasis) für Klebungen, doch erscheinen derartige, im Betrieb regelmäßig durchzuführende Kontrollen bei komplexen Strukturen schwierig und aufwendig. So kann man verstehen, wenn selbst für Faserlaminate nicht die eigentlich angemessene, kontinuierliche Verbundkonstruktion gewählt wird, sondern die aus dem klassischen Blechbau stammende, offene Stringerversteifung. Für ultraleichte, extrem dünnwandige Systeme, im besonderen der Raumfahrt, wie auch für sekundäre Strukturteile hat sich die Sandwichbauweise bewährt; standardisierte Fertigungs- und Prüfverfahren können ihre Zuverlässigkeit erhöhen und ihren Anwendungsbereich erweitern.

3.3 Gewichtsbezogene Bewertungen

Werkstoffe und Bauweisen haben individuellen Charakter, der von mehreren technologischen und funktionalen Gesichtspunkten aus betrachtet und nach verschiedenen Kriterien beurteilt werden muß. Dabei sind zuerst Einzellösungen auf ihre Eignung und Machbarkeit zu prüfen, danach kann man Alternativen vergleichen und sich für die eine oder die andere entscheiden. Solche Vergleiche reduzieren die Betrachtung in der Regel auf singuläre Kenngrößen der Festigkeit, der Steifigkeit, der elastischen oder der plastischen Arbeitsaufnahme; damit begründen sie den Vorzug einer Bauweise nach einseitig hervorgehobenen Ansprüchen des Tragwerks an das Bauteil. Diese Anforderungen hängen von der äußeren Geometrie und von der Belastungshöhe des Bauteils ab: bei kleinem *Strukturkennwert* (Verhältnis der Last zur Länge) ist die Steifigkeit wichtig, bei großem die Festigkeit (Kap. 4); bei ebenen Platten zählt nur die Biegesteifigkeit, bei Schalen auch die Membransteifigkeit. So sind an einer Werkstoff- oder Bauweisenentscheidung meist mehrere Kenngrößen beteiligt.

Jede vergleichende Bewertung von Alternativen bezieht sich auf eine gemeinsame Basis. Entscheiden ökonomische Überlegungen, so können kostenbezogene Werkstoffwerte gefragt sein; im Leichtbau dient das Gewicht als Basis- oder als Zielgröße. Gleichgültig ist, ob etwa eine Steifigkeit (als Basis) vorgegeben und kleinstes Gewicht (als Ziel) gefordert wird, oder größte Steifigkeit (als Ziel) bei konstantem Gewicht (als Basis). Ebenso kann man beliebige andere Eigenschaften aufeinander beziehen: zum Beispiel die Festigkeit oder die Arbeitsfähigkeit auf die Steifigkeit; etwa wenn man wissen will, ob nach einer Werkstoffumstellung die leichtere, aber gleiche steife Struktur an Festigkeit gewonnen oder verloren hat. Je nach Fragestellung lassen sich derartige Relativgrößen aus Verhältnissen gewichtsbezogener Werte kombinieren.

Im folgenden werden gewichtsbezogene Materialkennwerte für spezielle Bauteile und Tragfunktionen definiert und danach verschiedene Metalle und Faserlaminate verglichen (Abschn. 3.3.1). Beim Biegeverhalten inhomogen aufgebauter Hybridlaminate und Sandwichflächen kommt es nicht allein auf die Volumenanteile der unterschiedlichen Materialkomponenten an, sondern auch auf deren Schichtanordnung (Abschn. 3.3.2). Schließlich soll gezeigt werden, wie die quantitative Materialbewertung von der Tragwerkgeometrie, den daraus resultierenden Kräfteverhältnissen und vom *Strukturkennwert* abhängt (Abschn. 3.3.3). Dessen grundlegende Bedeutung für die Optimierung und die Auswahl von Bauweisen wird aus späteren Ausführungen (Kap. 4) hervorgehen, die im übrigen auch weitere, bauweisen- und strukturabhängige Materialkenngrößen begründen.

3.3.1 Gewichtsbezogene Materialkenngrößen

Bei mechanischen Werkstoffgrößen handelt es sich dimensionsmäßig um flächen- oder volumenbezogene Kräfte: die Spannung σ in N/m^2, den Elastizitätsmodul E in N/m^2 oder das spezifische Volumengewicht γ in N/m^3. Sofern der Flächen- oder der Volumenaufwand unmittelbar interessieren, etwa um fertigungs- oder fügetechnisch günstige Wanddicken zu ermöglichen, kann ein Werkstoffvergleich schon anhand dieser Größen sinnvoll sein. Im Leichtbau stellt sich indes die Frage weniger nach dem Volumen als nach dem Gewicht; in Wertungsgrößen müssen darum Festigkeiten und Moduln auf spezifische Gewichte bezogen sein; das Volumen wird dabei als Dimensionierungsvariable eliminiert.

Da bei Strukturdimensionierungen in der Regel eine bestimmte Steifigkeit oder Tragfähigkeit gefordert ist, ermöglicht eine Werkstoffalternative mit höherem Modul bzw. größerer Festigkeit eine geringere Wanddicke oder Querschnittsfläche. Je nachdem, ob diese volumen- und gewichtsproportionalen Variablen linear, quadratisch oder in dritter Potenz die Steifigkeit bestimmen, erscheint nach ihrer Elimination in der bezogenen Wertungskenngröße das spezifische Gewicht mit entsprechendem Exponenten, oder der Modul bzw. die Festigkeit in entsprechender Wurzel. Der Materialbewertung liegt also stets eine Vorstellung von der Funktion und der Querschnittsgestalt des Bauteils zugrunde. Hier genügt es, Vollquerschnitte von Stäben und Platten unter Zug, Druck oder Biegung zu betrachten und mit deren Wirkungsexponenten $n=1$, $1/2$ und $1/3$ zu rechnen. Beim Auslegen knick- und beulgefährdeter dünnwandiger Profile und komplexer Bauteile werden verschiedene

Exponenten zwischen 1/3 und 2/3 maßgebend (Abschn. 4.2); für diese kann man zwischen den angegebenen Werten interpolieren.

Vorausgesetzt ist hier in jedem Fall ein homogener Querschnitt mit durchweg konstanten Materialeigenschaften; ausgeschlossen sind also schichtspezifisch differenzierte Hybrid- oder Sandwichverbunde (Abschn. 3.3.2) wie auch Fälle teilplastischer Biegung.

Da die Dimensionen der bezogenen Kenngrößen an sich belanglos sind, bewertet man Materialalternativen zweckmäßig in Relation zu einem Ausgangswerkstoff, also über dimensionslose Verhältnisgrößen. Hier wird eine Aluminiumlegierung als Vergleichsmaterial genommen.

In der Tendenz zeigt sich, daß es für zugbeanspruchte Bauteile auf hohen Modul und auf hohe Festigkeit ankommt, letzteres im besonderen an Knoten und Krafteinleitungen; bei Biegung voller Querschnitte macht sich der Vorzug geringen Volumengewichts durch größere Wanddicken geltend.

3.3.1.1 Festigkeiten

In Bild 3.3/1 sind Festigkeitskenngrößen für verschiedene Bauteile und Beanspruchungsarten begründet. In jedem Fall wird die zu vorgegebener Last und Länge nach Maßgabe der Materialgrenze σ_B oder $\sigma_{0,2}$ erforderliche Dicke oder Querschnittsfläche bestimmt, und mit dieser das Gewicht. Setzt man die Gewichte zweier Materialalternativen ins Verhältnis, so kürzen sich die vorgegebenen Größen heraus, und es bleiben zur Bewertung die materialspezifischen Kenngrößen übrig.

Bei reiner Zugbeanspruchung P eines Stabes mit vorgegebener Länge l, variabler Querschnittsfläche A und alternativen Materialwerten σ_B und γ (spezifisches Volumengewicht) folgt als Kenngröße die *Reißlänge* $l_r \equiv \sigma_B/\gamma$ aus

$$A = P/\sigma_B, \quad G = \gamma l A, \quad \text{also} \quad G/P = (\gamma/\sigma_B)(l/P). \qquad (3.3-1)$$

Bei dieser Länge würde ein Stab unter seinem eigenen Gewicht reißen.

Bei Biegung muß man *Stäbe* und *Platten* unterscheiden. Beim Stab wird ein Querschnittsverhältnis (Höhe zu Breite) oder eine Kreisform vorgegeben. Elastische, über die Dicke lineare Spannungsverteilung vorausgesetzt, gilt mit dem *Widerstandsmoment* $W = \pi d^3/32$ des runden oder $W = d^3/6$ des quadratischen Vollquerschnitts bei Biegemomentenbelastung $\sigma = M/W$:

$$d^3 \sim M/\sigma_B, \quad G \sim \gamma d^2, \quad \text{also} \quad G/M^{2/3} \sim \gamma/\sigma_B^{2/3}. \qquad (3.3-2)$$

Bei einer Platte sind die Breite b und die Länge l vorgegeben, variabel ist allein die Dicke t des homogenen Vollquerschnitts und damit das Widerstandsmoment $W = t^2 b/6$, woraus folgt:

$$t^2 \sim M/\sigma_B, \quad G \sim \gamma t, \quad \text{also} \quad G/M^{1/2} \sim \gamma/\sigma_B^{1/2}. \qquad (3.3-3)$$

Bei Sandwich-, Kasten- oder Rohrquerschnitten mit vorgegebener Höhe und variabler Haut- oder Wanddicke ist für Biegung wie für Zug die Reißlänge entscheidend.

Während bei Biegung von Vollquerschnitten die Bedeutung der Festigkeit σ_B gegenüber dem Gewichtsvolumen $1/\gamma$ auf ein Minimum zurückgeht, also möglichst *voluminöse* Werkstoffe erwünscht sind, dominiert der Festigkeitseinfluß bei Kraftein-

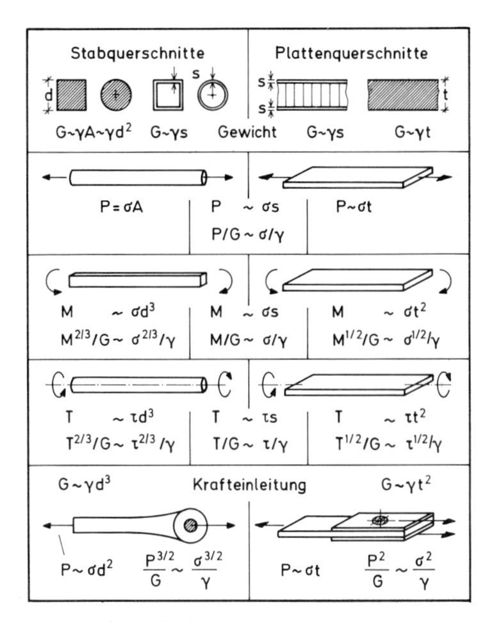

Bild 3.3/1 Definition gewichtsbezogener Festigkeitskenngrößen für verschiedene Beanspruchungen (Zug, Schub, Biegung, Torsion) und Bauteile (Stäbe, Platten)

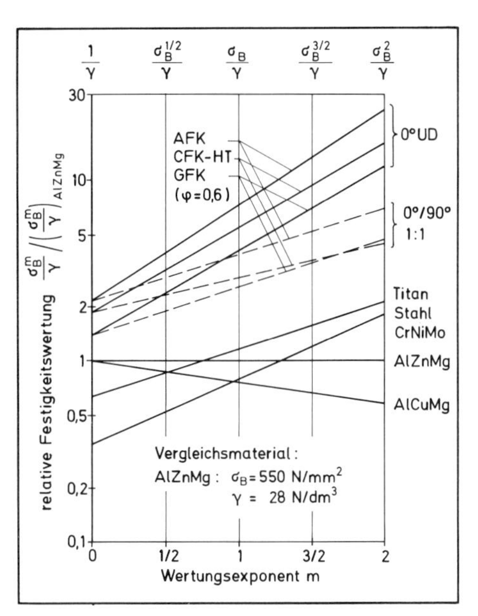

Bild 3.3/2 Gewichtsbezogene Festigkeitskenngrößen verschiedener Werkstoffe, normiert in bezug auf eine Aluminiumlegierung (AlZnMg), für Exponenten $m \leqq 2$

leitungselementen. So muß bei Seil- oder Stabknoten ein Volumenaufwand V angenommen werden, der bei geometrischer Ähnlichkeit der anschließenden Stabfläche A in der Form $V \sim A^{3/2}$ entspricht; daraus folgt

$$A = P/\sigma_B, \quad G \sim \gamma V \sim \gamma A^{3/2}, \quad \text{also} \quad G/P^{3/2} \sim \gamma/\sigma_B^{3/2}. \tag{3.3-4}$$

Bei der Anschlußkonstruktion einer Platte gilt mit $V \sim t^2 b$:

$$t \sim P/\sigma_B, \quad G \sim \gamma V \sim \gamma t^2, \quad \text{also} \quad G/P^2 \sim \gamma/\sigma_B^2, \tag{3.3-5}$$

woraus hervorgeht, daß für Anschlußelemente hochfeste Werkstoffe den Vorzug verdienen (im übrigen erleichtert deren geringes Knotenvolumen die konstruktive Gestaltung).

In Bild 3.3/2 sind in dimensionsloser Darstellung die Festigkeitskenngrößen σ^m/γ verschiedener Werkstoffe in bezug auf eine Al-Legierung normiert; je nach Fall lassen sich Werte für beliebige Exponenten m herauslesen. Bei großen Exponenten (also für Anschlußelemente) gewinnt Stahl an Bedeutung, bei kleinen ($m < 1$ für Biegung) zeigt die füllige Faserkunststoffbauweise ihre Vorzüge. In Bild 3.3/3 ist die Reißlänge σ_B/γ, in Bild 3.3/4 der Biegefestigkeitswert $\sigma_B^{1/2}/\gamma$ verschiedener Faserlaminate über ihrem Faservolumengehalt φ (bei quasi homogenem Querschnitt) aufgetragen: während sich die Reißlänge durch höheren Fasergehalt etwa proportional steigern läßt, ist dessen Einfluß auf die gewichtsbezogene Biegefestigkeit deutlich geringer. Bei UD-Laminaten tragen alle Fasern, bei 1:1-Gewebelaminaten trägt nur die Hälfte; damit fällt die Reißlänge von GFK etwa auf den Wert der Al-Legierung, bei dreiachsiger Bewehrung oder bei Matten noch tiefer.

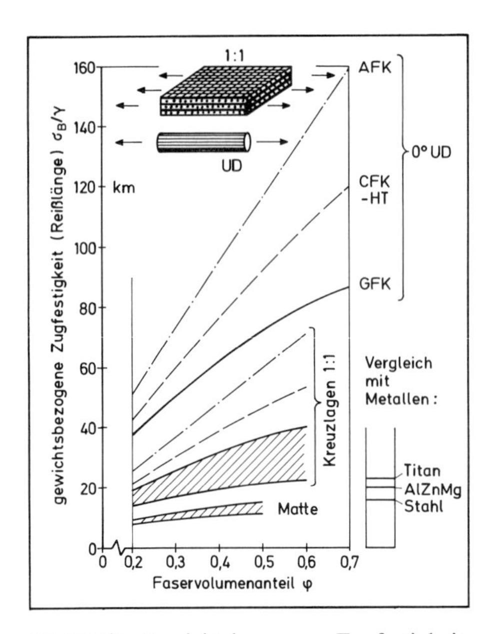

Bild 3.3/3 Gewichtsbezogene Zugfestigkeit (Reißlänge) verschiedener Faserlaminate (GFK, CFK, AFK), ein- oder mehrachsig, abhängig vom Faservolumenanteil

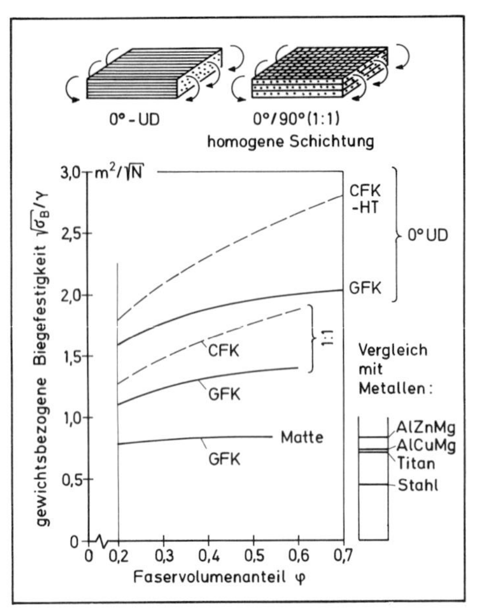

Bild 3.3/4 Gewichtsbezogene Biegefestigkeit verschiedener homogen geschichteter Faserlaminate (GFK, CFK), abhängig vom Faservolumenanteil

3.3.1.2 Steifigkeiten

Bild 3.3/5 zeigt, analog zur Herleitung der Festigkeitskenngrößen, die Zuordnung gewichtsbezogener Steifigkeitswerte zu Bauteilen und Beanspruchungen. Wieder werden Querschnitte den Anforderungen gemäß dimensioniert und danach das Gewicht bestimmt.

Soll ein Zugstab, eine Scheibe oder eine Sandwichhaut eine vorgegebene Dehnsteifigkeit EA bzw. $D = Et$ aufweisen, so folgt die *Dehnlänge* E/γ als Wertungsgröße einfach aus

$$G = \gamma l A, \qquad G/(EA) = \gamma/E. \tag{3.3-6}$$

Bei elastischer Biegung eines Stabes mit Vollquerschnitt und Durchmesser d gilt mit vorgegebener Biegesteifigkeit $EI \sim Ed^4$:

$$G = \gamma l A \sim \gamma d^2, \qquad G/(EI)^{1/2} \sim \gamma/E^{1/2}, \tag{3.3-7}$$

für Platten mit der Biegesteifigkeit $B \sim Et^3$ erhält man

$$G = \gamma l A \sim \gamma t, \qquad G/B^{1/3} \sim \gamma/E^{1/3}. \tag{3.3-8}$$

Bei Druckbelastung kann der Stab knicken und die Platte beulen. Da eine vorgegebene Druckkraft nach der Knick- oder Beulformel eine bestimmte Biegesteifigkeit fordert, gelten dafür (wie auch für Plattenbeulen unter Schub) die oben abgeleiteten Steifigkeitskenngrößen $E^{1/2}/\gamma$ bzw. $E^{1/3}/\gamma$. Je nach Bauteilgeometrie können im allgemeinen Fall E^n/γ unterschiedliche Exponenten n zwischen 1/3 und 1

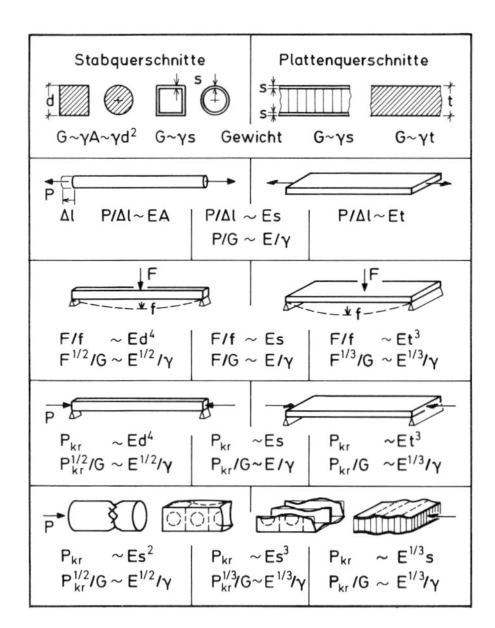

Bild 3.3/5 Definition gewichtsbezogener Steifigkeitskenngrößen für verschiedene Beanspruchungen (Zug, Druck, Biegung) und Bauteile (Stab- und Plattenprofile)

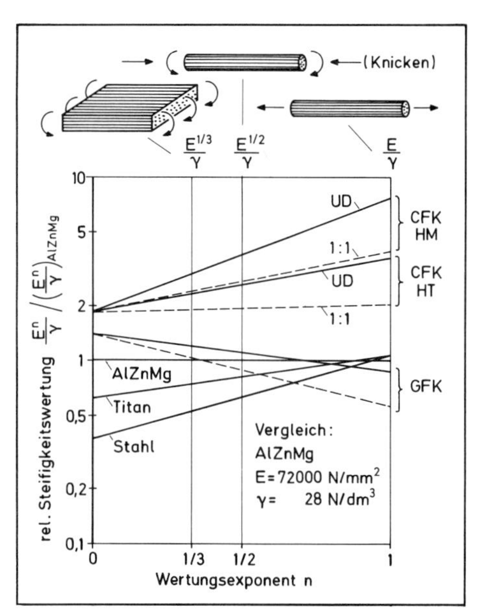

Bild 3.3/6 Gewichtsbezogene Steifigkeitskenngrößen verschiedener Werkstoffe, normiert in bezug auf eine Aluminiumlegierng (AlZnMg), für Exponenten $n \leqq 1$

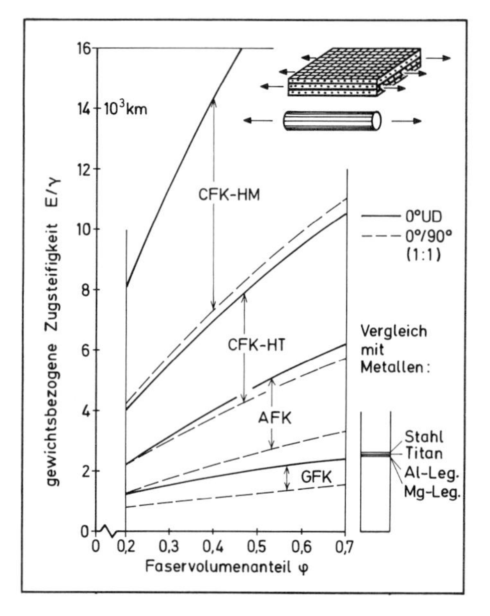

Bild 3.3/7 Gewichtsbezogene Zugsteifigkeit verschiedener Faserlaminate (GFK, CFK, AFK), ein- oder mehrachsig, abhängig vom Faservolumenanteil

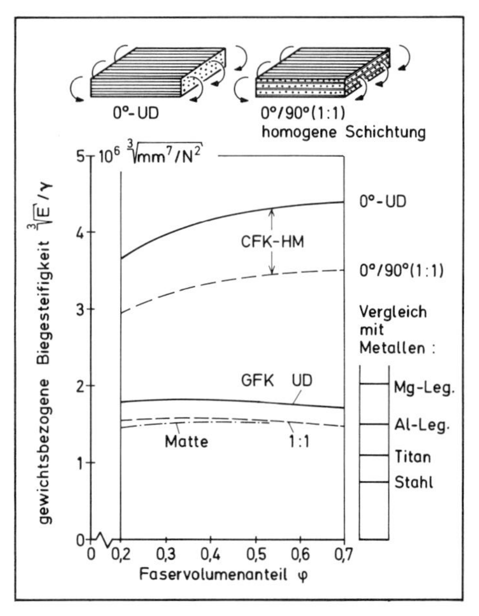

Bild 3.3/8 Gewichtsbezogene Biegefestigkeit verschiedener homogen geschichteter Faserlaminate (GFK, CFK), abhängig vom Faservolumenanteil

auftreten (Abschn. 4.2). Die wieder bezüglich Aluminium normierte Darstellung der Steifigkeitskenngrößen verschiedener Werkstoffe in Bild 3.3/6 erlaubt für beliebige Exponenten zu interpolieren.

Die geringe Überlegenheit von Stahl (gegenüber Al) bei Zug (E/γ) geht bei der Biegung ($E^{1/3}/\gamma$) auf die Hälfte zurück, dagegen holt das zugweiche GFK-Laminat auf und erreicht den Biegewert von Aluminium; CFK ist in jedem Fall steifer als Al. Nicht zu unterschätzen ist in der Steifigkeitswertung der natürliche Werkstoff Holz (Fichte, Kiefer): dieser erreicht den dreifachen Al-Biegewert.

Der hohe Biegewert des Holzes wie auch des Kunststoffs erklärt sich mit dem großen Gewichtsvolumen $1/\gamma$, das nicht weniger wichtig ist als der Fasermodul. Der Zugwert E/γ des Laminats steigt nach Bild 3.3/7 mit dem Fasergehalt φ an, der Biegewert $E^{1/3}/\gamma$ nach Bild 3.3/8 bleibt dagegen nahezu konstant: bei kleinem φ dank der Dicke des Harzes, bei großem φ wegen des hohen Fasermoduls. Die Verstärkung des Harzes durch Fasern dient darum bei Biegen oder Beulen hauptsächlich der Festigkeit.

3.3.1.3 Arbeitsaufnahme

Fahrzeugstrukturen sollen leicht sein, aber im Unfall kinetische Energie absorbieren: rein elastisch im Bagatellfall, plastisch im Ernstfall. In Bild 3.3/9 sind die volumenbezogenen Arbeiten nach (3.1−14) bis (3.1−16) auf das Volumengewicht γ bezogen und für verschiedene Werkstoffe relativ zu Tiefziehstahl bewertet.

Elastisch kann man bis zur Fließgrenze $\sigma_F = E\varepsilon_F$ belasten. Bei Zug ist die gewichtsbezogene Arbeit $W_{el}/\gamma = \sigma_F \varepsilon_F / 2\gamma$, bei Biegung des homogenen Querschnitts $W_{el}/\gamma = \sigma_F \varepsilon_F / 6\gamma$; bei Relativbewertungen zählt nur die Größe $\sigma_F \varepsilon_F/\gamma = E\varepsilon_F^2/\gamma$. Gegenüber Stahl gewinnt Aluminium durch sein geringes spezifisches Gewicht, bei GFK wirkt sich die zehnfache elastische Bruchdehnung in einer etwa hundertfachen Arbeitsfähigkeit hervorragend aus.

Plastische Arbeit wird bei Zug mit konstanter Fließspannung σ_F im Dehnungsbereich ($\varepsilon_B - \varepsilon_F$) geleistet: $W_{pl}/\gamma = \sigma_F(\varepsilon_B - \varepsilon_F)/\gamma$. Bei Biegung dringt die plastische Zone mit zunehmender Krümmung vom Rand zur Neutralachse vor. Rechnet man nur bis zur Randbruchdehnung ($\varepsilon_R < \varepsilon_B$), also nicht bis zum völligen Durchbrechen, so federt das Blech nach Entlasten in einen Eigenspannungszustand mit Restkrümmung zurück; die verlorene Energie folgt aus (3.1−16). Für ein Dehnungsverhältnis $\varepsilon_B/\varepsilon_F \gg 1$ kann man mit nahezu durchgehender Plastifizierung des Biegequerschnitts rechnen; die gewichtsbezogene Arbeit ist dann $W_{pl}/\gamma \approx \sigma_F \varepsilon_B / 2\gamma$. In dieser Wertung geht die Überlegenheit des Aluminiums wegen der größeren Bruchdehnung des Tiefziehstahls etwas zurück, doch bleibt dieser Vergleich theoretisch, weil Biegung bis zum Bruch im zweiten Fall praktisch nicht möglich ist. Dies gilt auch für *abrollende Faltung*, wie sie etwa beim *Knautschen* von Fahrzeuglängsträgern auftritt.

Doppelten Wert erzielt Aluminium gegenüber Stahl, wenn man die Arbeitsaufnahme im stationären *Fließgelenk* des Bleches betrachtet: dort ist das plastizierende Volumen proportional dem Quadrat t^2 der Blechdicke. Bezogen auf das dickenproportionale Gewicht folgt daraus die Wertungsgröße $(\sigma_F \varepsilon_B)^{1/2}/\gamma$; hierbei macht sich die größere Al-Dicke vorteilhaft geltend. Bei *unvollständiger Faltung* ist die Arbeit proportional zum Faltwinkel und für die Wertung $\sigma_F^{1/2}/\gamma$ maßgebend.

Soll die Fahrzeugstruktur für eine gewisse Schub- oder Biegesteifigkeit gewichtsminimal ausgelegt werden, so interessiert die Arbeitsaufnahme erst in zweiter Linie,

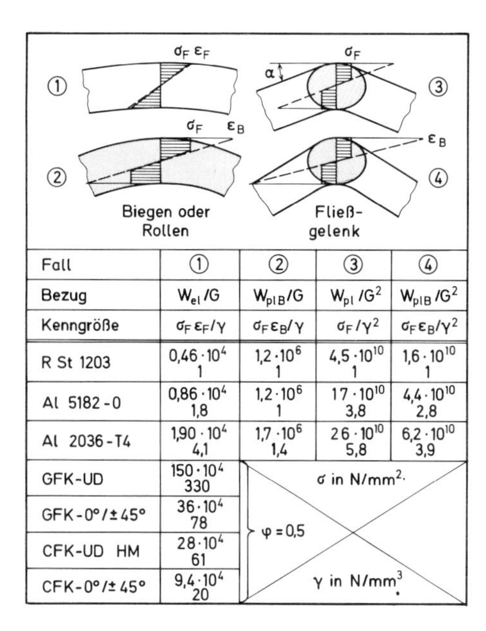

Fall	①	②	③	④
Bezug	W_{el}/G	W_{plB}/G	W_{pl}/G^2	W_{plB}/G^2
Kenngröße	$\sigma_F \varepsilon_F/\gamma$	$\sigma_F \varepsilon_B/\gamma$	σ_F/γ^2	$\sigma_F \varepsilon_B/\gamma^2$
R St 1203	$0{,}46 \cdot 10^4$ 1	$1{,}2 \cdot 10^6$ 1	$4{,}5 \cdot 10^{10}$ 1	$1{,}6 \cdot 10^{10}$ 1
Al 5182-0	$0{,}86 \cdot 10^4$ 1,8	$1{,}2 \cdot 10^6$ 1	$17 \cdot 10^{10}$ 3,8	$4{,}4 \cdot 10^{10}$ 2,8
Al 2036-T4	$1{,}90 \cdot 10^4$ 4,1	$1{,}7 \cdot 10^6$ 1,4	$26 \cdot 10^{10}$ 5,8	$6{,}2 \cdot 10^{10}$ 3,9
GFK-UD	$150 \cdot 10^4$ 330	σ in N/mm².		
GFK-0°/±45°	$36 \cdot 10^4$ 78	$\varphi = 0{,}5$		
CFK-UD HM	$28 \cdot 10^4$ 61			
CFK-0°/±45°	$9{,}4 \cdot 10^4$ 20	γ in N/mm³.		

Bild 3.3/9 Gewichtsbezogene Arbeitsaufnahme verschiedener Werkstoffe, elastisch und plastisch; bei Zug, Biegung oder Faltung. Nach [3.26]

und zwar bezogen nicht auf das Gewicht sondern auf die Vorgabe. In bezug auf die Biegesteifigkeit $B \sim Et^3$ des Bleches erhält man als Kenngröße der plastischen Biegung $W_{pl}/B^{1/3} \sim \sigma_F \varepsilon_B / E^{1/3} = E^{2/3} \varepsilon_F \varepsilon_B$, oder der plastischen Faltung $W_{pl}/B^{2/3} = E^{1/3} \varepsilon_F \varepsilon_B$. In dieser Wertung fällt Aluminium wegen seines geringen Moduls unter den Vergleichswerkstoff Stahl.

3.3.2 Bewertung schichtspezifisch differenzierter Verbunde

Bei Biegen und Beulen inhomogen aufgebauter Flächen handelt es sich weniger um ein Problem des Materials als der Bauweise: maßgebend ist neben den unterschiedlichen Werkstoffen der Einzelschichten vor allem deren Anordnung und Relativdicke. So erzielt man in Sandwichbauweise oder in Hybridverbunden mit leichtem Kern und tragfähigen Deckhäuten eine gewichtsbezogen hohe Steifigkeit und Festigkeit. Interessiert man sich für hohe elastische Arbeitsaufnahme, beispielsweise für Biegefedern, so kann ein umgekehrter Schichtaufbau zweckmäßig sein: die steifere Kohlefaser innen, die dehnbare Glasfaser außen.

3.3.2.1 Steife und feste Sandwichverbunde

Für Sandwichkombinationen mit Stahl-, Al- oder GFK-Häuten und Kernen aus Thermoplast, Schaumstoff oder Al-Waben sind Gewichte über der Hautdicke aufgetragen: in Bild 3.3/10 unter Vorgabe gleicher Biegefestigkeit, in Bild 3.3/11 für gleiche Biegesteifigkeit. Die erforderliche Sandwichdicke d wurde unter Annahme eines nicht mittragenden Kernes gerechnet (*Membrantheorie*, Bd. 1, Abschn. 5.1). Für einen dimensionslosen Vergleich im Hinblick auf Anwendungen im Automobilbau sind alle Werte auf ein homogenes Stahlblech der Dicke t_0 bezogen.

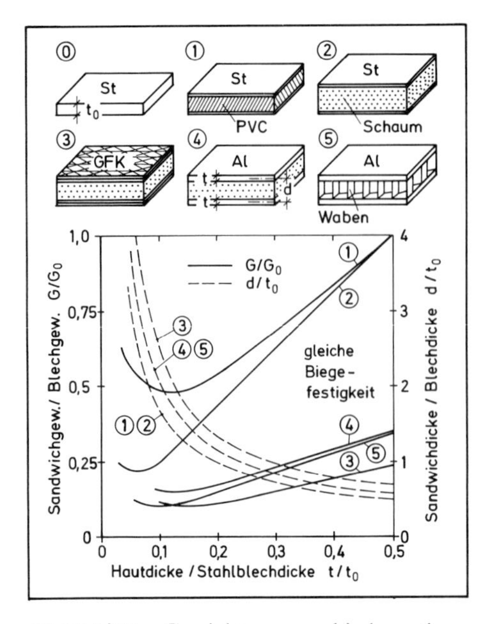

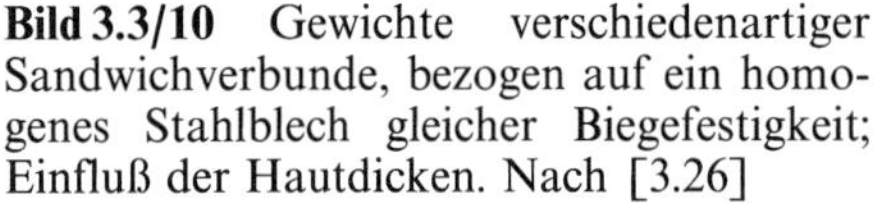

Bild 3.3/10 Gewichte verschiedenartiger Sandwichverbunde, bezogen auf ein homogenes Stahlblech gleicher Biegefestigkeit; Einfluß der Hautdicken. Nach [3.26]

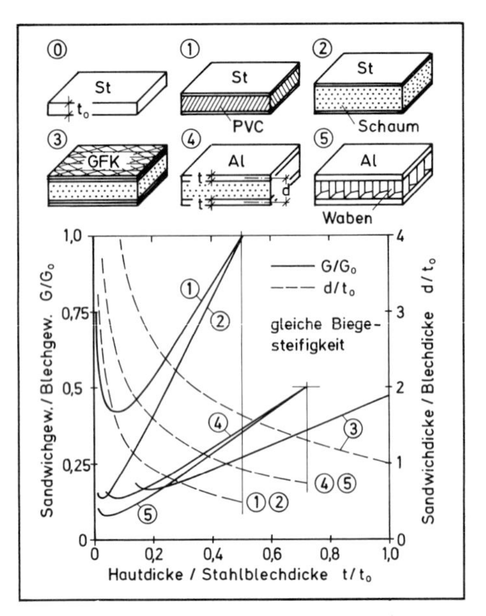

Bild 3.3/11 Gewichte verschiedenartiger Sandwichverbunde, bezogen auf ein homogenes Stahlblech gleicher Biegesteifigkeit; Einfluß der Hautdicken. Nach [3.26]

Geht man von $t_0 = 1$ mm aus, so kann bereits durch Trennung in zwei Stahlhäute zu je $t = 0{,}3$ mm mit Kunststoffzwischenschicht das Gewicht auf 75 % reduziert werden, bei Al- oder GFK-Häuten mit Schaumstoff- oder Wabenkern bis auf 25 % ; weitere Einsparungen wären bei geringeren Hautdicken möglich. Das Optimum der Biegefestigkeit liegt bei einem Querschnittsverhältnis $d/2t = \gamma_H/\gamma_K$ (Wichteverhältnis von Häuten und Kern), das der Biegesteifigkeit bei $d/2t = 2\gamma_H/\gamma_K$, also bei 1/2 bzw. 2/3 optimalem Kerngewichtsanteil (Abschn. 4.2.3.3). Dies läßt sich nur mit dünnen Häuten und hohem Kern realisieren. Zur Substitution eines einfachen Stahlblechs dient am besten ein Stahlsandwich mit Kunststoffkern und Hautdicken von $t/t_0 \approx 0{,}1$ bis 0,2. Dabei spart man etwa 50 % Gewicht.

Sandwich mit Wabenkern kommt eher als Alternative zu gestringerten und verrippten Platten in Frage. Im Vergleich zu allen anderen Sandwichkombinationen optimaler Auslegung zeichnet sich Al-Sandwich durch geringstes Gewicht aus. Läßt sich die Al-Haut nicht optimal dünn realisieren, so kann die GFK + Schaumstoff-Bauweise günstiger sein (zum Vergleich der Bauweisen über dem Strukturkennwert siehe Abschn. 4.2.3.5 und 4.3.2.6).

3.3.2.2 Hybrid-Schichtverbunde hoher elastischer Arbeitsfähigkeit

Auch bei inhomogen geschichteten Verbunden unterschiedlicher Faserlaminate oder von Faserkunststoffen mit Blech lassen sich *Hybrideffekte* wie beim Sandwich erzielen, nämlich höhere gewichtsbezogene Biegesteifigkeit und -festigkeit als Häute und Kern je für sich aufweisen. Dazu muß man das leichtere Material nach innen, das

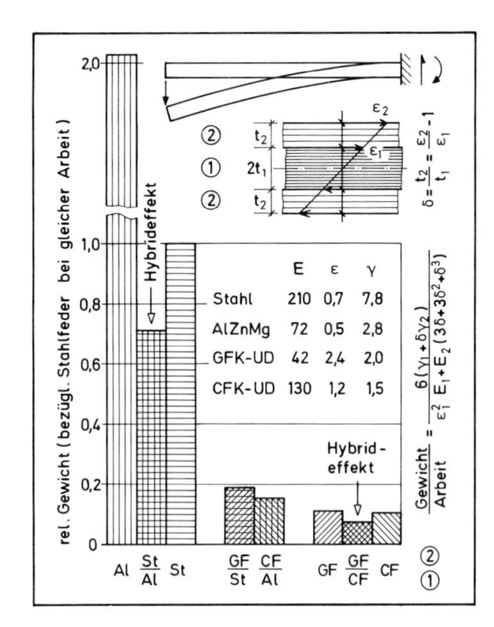

Bild 3.3/12 Gewichte verschiedenartiger Hybridschichtverbunde für Blattfedern, bezogen auf ein homogenes Stahlblech gleicher elastischer Arbeitsaufnahme

steifere bzw. festere nach außen legen. Ist der Kern nicht wesentlich leichter als die Häute, so bleibt der Effekt gering [3.25].

Größeres Interesse verdient der schichtspezifisch differenzierte Hybridverbund im Hinblick auf seine elastische Energieaufnahme. Diese ist bei Biegung des homogenen Querschnitts durch die zulässige Randdehnung limitiert, die inneren Zonen sind weniger genutzt; im Integral beträgt die Arbeitsfähigkeit bei Biegung nur 1/3 des Höchstwertes bei Zug. Das Verhältnis läßt sich anheben, wenn man im Schichtverbund außen das dehnbare, innen das steifere Material verwendet; zum Beispiel GFK außen, CFK innen. Optimale Ausnutzung wird erzielt, wenn beide Partner gleichzeitig ihre Bruchdehnung erreichen, also bei einem Dickenverhältnis $t/t_2 = (2t_1 + t_2)/t_2 = \varepsilon_{B1}/\varepsilon_{B2}$.

Im Vergleich zu einer Blattfeder aus Stahl sind in Bild 3.3/12 die Gewichte verschiedener Materialalternativen (Al, GFK, CFK) und Hybridkombinationen dargestellt. Danach wäre Aluminium an sich schlechter als Stahl, könnte aber dessen Wert im Hybridverbund verbessern. Glasfaser- wie auch Kohlefaserlaminate reduzieren den Aufwand der Stahlfeder auf etwa 15 %, ein GFK+CFK-Hybridverbund senkt ihn auf 10 %, also um ein weiteres Drittel.

Abgesehen vom Gewicht hat die GFK- oder die Faserhybridfeder noch einen entscheidenden Vorzug gegenüber Stahl: sie kann kürzer sein und damit noch als Blattfeder ausführbar, wo sonst aus Platzgründen eine Schraubenfeder erforderlich wäre.

3.3.3 Einfluß von Lastverhältnis, Geometrie und Strukturkennwert

Schon oben wurde deutlich, daß Werkstoffe nicht an sich, sondern immer im Hinblick auf die Bauteilfunktion und in bezug auf einen quantitativen Zielwert, hier das Gewicht, zu bewerten sind. Dabei gab stets eine oder die andere Kenngröße der Festigkeit oder der Steifigkeit den Ausschlag.

Nun können aber auch Entscheidungsfälle vorliegen, in denen verschiedene Kenngrößen konkurrieren: etwa zwei Festigkeitskriterien bei zweiachsigem Spannungszustand, zwei Steifigkeitswerte bei einer gekrümmten Platte, oder ein Steifigkeitswert mit einer Festigkeitsgröße bei stabilitätsgefährdeten Bauteilen. In solchen Fällen muß das Lastverhältnis, das Krümmungsmaß oder der Strukturkennwert als Entscheidungsparameter hinzugezogen werden.

3.3.3.1 Festigkeitswertung bei Druckbehältern

Wände rotationssymmetrischer Druckbehälter sind als Membranschalen zweiachsig beansprucht, die Kugel im Verhältnis $n_y/n_x - 1$, der Kreiszylinder mit $n_y/n_x = 2$. Vergleicht man daraufhin Metalle mit Faserlaminaten, so macht sich deren Orthotropie nachteilig bemerkbar: während isotrope Metalle gleichzeitig voll in beiden Richtungen belastbar sind (Bd. 1, Bild 2.1/3), tragen UD-Faserlaminate nur einachsig; für zweiachsige Belastung sind mindestens zwei dem Lastverhältnis entsprechend proportionierte Faserlagen notwendig. Höchsten Gewinn bringen Faserlaminate daher bei einfachem Zug, geringeren beim zylindrischen Kessel und geringsten beim Kugelbehälter. Bild 3.3/13 vergleicht die Gewichte verschiedener Faser- und Metallbauweisen über dem Lastverhältnis n_y/n_x. Wird dieses negativ (Beispiel: Hauptspannungen der Schubwand), so fällt die Festigkeit der Metallalternative, die dadurch ihren wesentlichen Vorteil einbüßt.

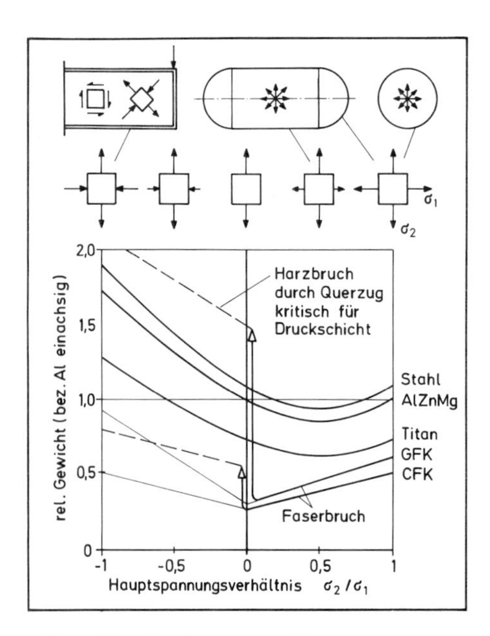

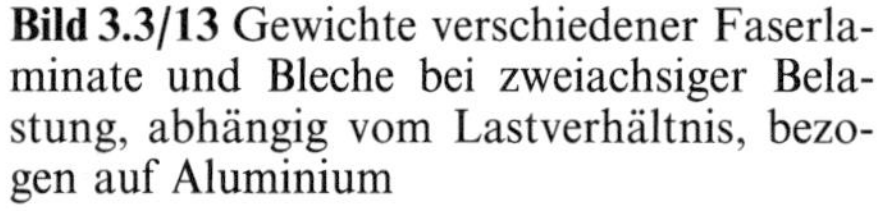
Bild 3.3/13 Gewichte verschiedener Faserlaminate und Bleche bei zweiachsiger Belastung, abhängig vom Lastverhältnis, bezogen auf Aluminium

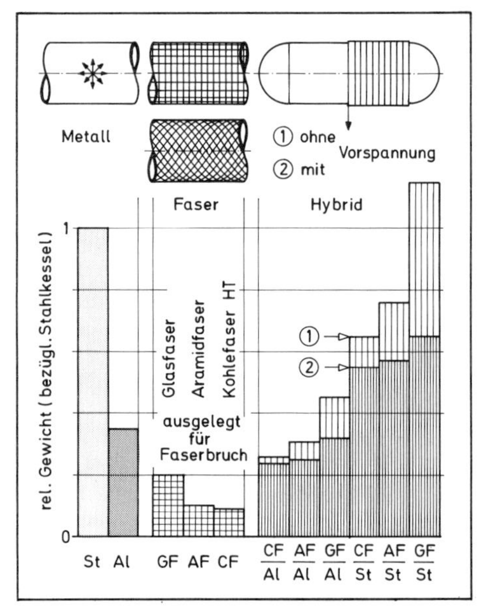

Bild 3.3/14 Gewichte zylindrischer Druckbehälter (Lastverhältnis $n_y/n_x = 2$) in verschiedenen Faser-, Blech- und Hybridbauweisen, bezogen auf Aluminium; nach [3.4]

Werkstoffalternativen sind aber nicht allein nach dem Lastverhältnis zu beurteilen: bei Druckbehältern in Faserbauweise ist vor allem wichtig, daß ihr Mindestgewicht nur vom Innendruck und vom Fassungsvolumen abhängt, nicht aber von der Behälterform [3.11]. Metalle werden beim Kugelbehälter voll genutzt, beim Zylinder nur zu 75 %. In Faserbauweise verdient die zylindrische Form den Vorzug, da sie am einfachsten zu wickeln und auszudimensionieren ist. Um auch metallische Rohre besser auszunützen, kann man solche durch eine Faserwicklung in Umfangsrichtung entlasten. Das Blech ist dann in beiden Richtungen gleich beansprucht und dafür nur halbdick auszulegen; die Faserwicklung wird zur Aufnahme der restlichen Umfangskraft dimensioniert. Gewichte verschiedener solcher Hybridkombinationen im Vergleich zu reiner Metall- oder Faserbauweise sind in Bild 3.3/14 aufgetragen: Fasern erweisen sich wegen ihrer großen Reißlänge auch bei zweiachsigem Zug den Metallen hoch überlegen. Kann man aus Fertigungs- oder Kostengründen auf eine Metallkonstruktion nicht verzichten, so läßt sich doch durch Umwickeln mit Kohlefasern die Fließgrenze erhöhen oder das Gewicht reduzieren. Die weniger steife Glasfaser bringt Gewichtsgewinne nur bei Vorspannung oder plastischer Auslegung gegen Bersten [3.4]. Bei Faserwerkstoffen im Verbund mit Metallen ist die Problematik thermischer Eigenspannungen zu beachten (Abschn. 3.2.2.3).

3.3.3.2 Steifigkeitswertung bei gekrümmten Platten

Handelt es sich nicht wie oben um geschlossene rotationssymmetrische Behälter sondern etwa um Schalensegmente oder -felder, so werden Normallasten teils durch Membrankräfte (Zug, Schub), teils durch Plattenmomente (Biegung, Torsion) abgetragen. Das Verhältnis dieser Wirkungen ist statisch unbestimmt; es folgt zum einen aus den Zug- und Biegesteifigkeiten des Flächenelements, zum andern aus der Geometrie und den Randbedingungen des Feldes. Ist die Schale relativ dünn und stark gekrümmt, so dominieren die Membranwirkungen, allerdings nur bei seitlicher Stützung der Ränder oder wenigstens der Feldecken; hier macht sich die Wertung E/γ und in dieser die hohe Zugsteifigkeit des Stahlblechs geltend. Bei schwacher Krümmung oder unzureichender Seitenstützung muß die Last hauptsächlich durch Biegemomente getragen werden; dann kommt es in der gewichtsbezogenen Wertung auf die Kenngröße $E^{1/3}/\gamma$ an, die den Vorzug der Faserverbundbauweise begründet.

Bild 3.3/15 zeigt als Beispiel den Querschnitt eines zylindrischen Schalenstreifens mit unverschieblich gestützten Längsrändern. Das Verhältnis des Biegepfeils f zur Flächenlast $\hat{p}$ sei vorgegeben; dargestellt sind die erforderlichen Gewichte verschiedener Materialausführungen über dem *Krümmungsmaß* h/t_0 (nach [3.26], Rechnung siehe Bd. 1, Abschn. 2.2.3.2). Zur Definition des Krümmungsmaßes muß eine Basisausführung zugrundeliegen; hier ist es eine Stahlblechkonstruktion (Dicke t_0), auf die sich dann auch die Gewichtsvergleiche beziehen. Man erkennt den Vorteil der *fülligeren* Werkstoffe bei schwacher Krümmung; bei höherem Krümmungsmaß verliert sich der Vorzug von GFK; Aluminium gleicht sich etwa dem Stahl an, nur CFK bleibt dank seiner großen Membransteifigkeit bis zuletzt besser. Aramid kommt wegen seiner geringen Tragfähigkeit bei Druck und Biegung nur im Bereich dominierender Zugbeanspruchung, also bei starker Krümmung in Betracht.

Unter Außendruck kann die schwach gekrümmte Schale *durchschlagen* (Bd. 1, Bild 2.3/8); dann ändert sich die Materialbewertung: bei kleiner Krümmung schlägt die Schale symmetrisch durch (Bewertung $\sim E^{1/2}/\gamma$), bei größerer antimetrisch in

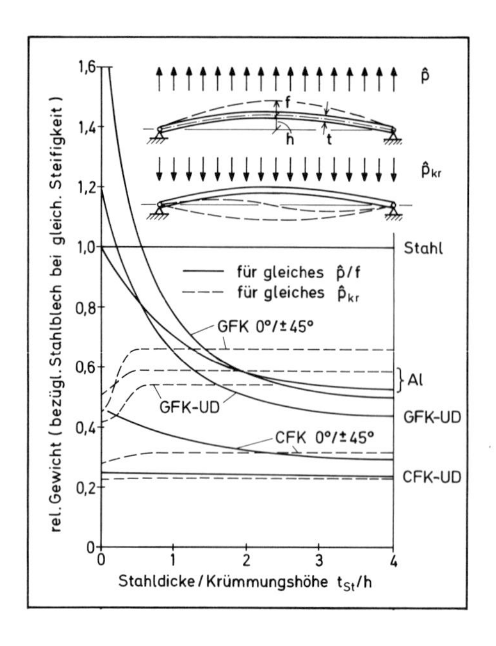

Bild 3.3/15 Gewichte gekrümmter Platten aus verschiedenen Werkstoffen, bezogen auf Stahlblechausführung gleicher Bogenhöhe und Durchbiegesteifigkeit; nach [3.26]

zwei Halbwellen (Bewertung $E^{1/3}/\gamma$). Da es hier wie bei allen Stabilitätsproblemen nicht auf die Membranwertung E/γ ankommt, schneidet Stahl gegenüber Aluminium und Faserbauweisen schlecht ab, besonders bei starker Krümmung.

3.3.3.3 Steifigkeits- und Festigkeitswertung als Strukturproblem

Legt man knick- oder beulgefährdete Bauteile für vorgegebene Last und Länge aus, so erzielt man eine der Steifigkeitswertung E^n/γ proportionale Spannung σ_{max}; überschreitet diese die Elastizitätsgrenze, so muß der Druckmodul abgemindert werden. Der bei Druckstäben wirksame Tangentenmodul $E_t(\sigma)$ strebt bei Erreichen der Fließ- oder Streckgrenze $\sigma_{0,2}$ nach Null; dann gibt statt der Steifigkeitswertung E_t^n/γ die Festigkeitswertung $\sigma_{0,2}/\gamma$ des Werkstoffs den Ausschlag. Der Übergang vollzieht sich unstetig bei ideal elastisch-plastischem, allmählich bei verfestigendem Werkstoffverhalten, mit zunehmendem *Strukturkennwert* (Last/Länge): für steife Werkstoffe mit niedriger Fließgrenze schon bei kleinem Kennwert, bei großem im umgekehrten Fall. Weil der für den Wertungswechsel bestimmende Strukturkennwert vom Material abhängt, läßt sich nicht mehr allein nach der Steifigkeit oder der Festigkeit urteilen; während beim einen Werkstoff noch der Modul interessiert, kann es beim anderen bereits die Streckgrenze sein.

Hier soll die Andeutung dieser Zusammenhänge genügen. Kapitel 4 ist der Bauteiloptimierung über dem Strukturkennwert gewidmet; dabei wird (in Abschn. 4.1.2.4) auch sein Einfluß auf die Materialbewertung für verschiedene Bauteile und Werkstoffe beschrieben.

4 Bauteiloptimierung über den Strukturkennwert

Ein Tragwerk soll nach Betrag, Richtung, Ort oder Wirkungslinie vorgegebene Kräfte und Momente im Raum übertragen. Sind diese Vorgaben konstant, so dient es nur diesem einzigen Lastfall oder *Zweck*. Dabei ist nicht ausgeschlossen, daß einschränkende Nebenbedingungen verschiedener Art zu berücksichtigen sind.

Die Formulierung der Aufgabe (des Zweckes, der Mission, der Funktion) eines Tragwerkes geht seiner materiellen Konzeption, Auslegung und Ausführung voraus; sie kommt im *Strukturkennwert* zum Ausdruck. Dieser enthält die Last und eine für die Aufgabe charakteristische Länge: die Stützlänge beim Balken oder beim Knickstab, die Höhe der Schubwand oder den Radius einer Zylinderschale. Sein Betrag deutet auf die vorherrschende Auslegungsproblematik: bei kleinem Kennwert dominieren Steifigkeits- und Stabilitätsprobleme, bei großem Kennwert die Fragen der Festigkeit und der Kräfteeinleitung; je nach dem wird man steife Werkstoffe und feinprofilierte Bauweisen wählen oder mehr Wert auf Materialfestigkeit und kerbarme Gestaltung legen. So führt der Strukturkennwert nicht nur zur quantitativen Dimensionierung der Struktur, sondern auch zu Entscheidungen über deren Typ und Topologie.

Konzeption und Auslegung des Tragwerks betreffen seine technologischen und seine geometrischen Möglichkeiten. Über Werkstoff und Bauweise, sowie über die für Art und Anzahl der geometrischen Variablen bestimmende Topologie sind in der Regel Vorentscheidungen zu treffen, während Form und Dickenverhältnisse stetig variiert und optimiert werden können. Ist für eine Bauweise ihr Optimum gefunden, so läßt sie sich mit anderen zur endgültigen Entscheidung vergleichen. Entsprechendes gilt für Werkstoffalternativen. Die Ergebnisse dieser Auslegungsrechnungen und Entscheidungen sind Funktionen des Strukturkennwertes.

Hauptrestriktionen des zulässigen *Entwurfsbereichs* sind solche des Tragverhaltens, also der Festigkeit, der Steifigkeit und der Stabilität; doch können weitere, geometrisch, fertigungs- oder fügetechnisch bedingte Schranken hinzutreten. In die Formulierung der statischen Grenzen gehen analytische Erkenntnisse über das Tragwerkverhalten ein, wie in Bd. 1 für idealisierte Modelle ausgeführt.

Das Tragwerk erfüllt seinen Zweck, wenn es mindestens seinem Strukturkennwert genügt und seine Auslegung den zulässigen Entwurfsrahmen nicht überschreitet. Im Leichtbau wird aber auch das Gewicht abgefragt; sein Minimum liegt in der Regel auf einer oder mehreren Restriktionen. Das optimale Tragwerk läßt sich dann hinsichtlich seines Tragvermögens über seine Festigkeits- oder Steifigkeitsbedingungen direkt *ausdimensionieren.*

Ist die Anzahl der Variablen größer als die der verfügbaren oder relevanten Restriktionen, so muß man ein Gewichtsminimum im Sinne einer horizontalen

Tangente aufsuchen, was bei analytisch geschlossener Problemformulierung durch partielle Ableitungen der Zielfunktion nach den freien Variablen geschehen kann. Im allgemeineren Fall, wenn eine zu hohe Anzahl Variabler eine geschlossene Betrachtung nicht mehr zuläßt, wären numerische Optimierungsverfahren (in Verbindung mit numerischer Analyse) heranzuziehen. Bei den folgenden Beispielen sollen nicht mehr als vier Dimensionierungsvariable bestimmt werden; damit bleibt der Auslegungs- oder Optimierungsvorgang überschaubar. Bei komplexeren Tragwerken läßt sich durch hierarchische, stufenweise Optimierung (erst der Einzelelemente, dann des Gesamtsystems) die Anschaulichkeit wahren.

Betrachtungen anhand des Strukturkennwertes haben den Vorzug, daß zu Auslegungskriterien und geeigneten Konstruktionsmaßnahmen Ausagen gemacht werden können, die wesentlich über Informationen einer speziellen numerischen Lösung hinausgehen, etwa zu tendenziellen Auswirkungen einer Last- oder Längenänderung. Man nützt dabei die Vorteile einer analytisch geschlossenen Betrachtung des Problems, möglichst in dimensionsloser Darstellung (Bd. 1).

Auch der Strukturkennwert ist eigentlich eine dimensionslose Größe und damit eine strukturgeometrische Ähnlichkeitskennzahl, nämlich in bezug auf die zur Tragfunktion relevanten Materialgrößen: den Elastizitätsmodul oder die Festigkeit. Da aber erst durch den Strukturkennwert entschieden wird, auf welche Materialeigenschaft es ankommt, so löst man zweckmäßig den Materialwert aus dem Strukturkennwert heraus und definiert diesen, entsprechend den Bezugsgrößen E und σ, mit der Dimension einer Flächenlast.

Kennwertabhängige Variable sind die Querschnittsmaße von Tragelementen oder Tragsystemen. Bei gemischten Systemen mit unterschiedlichen Teilfunktionen, etwa von Zug- und Druckstäben, können auch Anteilverhältnisse der Einzelsysteme oder deren Anordnung (Stabwinkel) durch den Kennwert bestimmt sein. Dagegen sind Spannungsverteilungen oder Biegelinien im allgemeinen keine Funktionen des Kennwertes, sondern solche der Steifigkeitsverhältnisse, der äußeren Gestaltung und besonderer Konstruktionsmaßnahmen, etwa von Krafteinleitungsgurten, -rippen oder -spanten. Nur wo Steifigkeitsverhältnisse durch die Last beeinflußt und Spannungsverteilungen dadurch geändert werden, also bei Überschreiten der Elastizitäts- oder der Beulgrenze, muß auch der Kennwert wieder in die Betrachtung eingehen.

Im folgenden seien zunächst (Abschn. 4.1) Kennwerte für verschiedene Tragfunktionen definiert und ihre Auswirkungen auf Gewicht und geometrische Proportionen allgemein beschrieben. Danach werden spezielle Bauteile für Zug- und Biegebeanspruchung (Abschn. 4.2) sowie für knick- und beulgefährdende Druck- und Schubbelastung (Abschn. 4.3) in verschiedenen Bauweisen optimal ausgelegt und über ihrem Kennwert verglichen; zunächst einfache Elemente mit wenigen Dimensionierungsvariablen, dann aber auch komplexe Baugruppen aus verschiedenen Einzelelementen mit unterschiedlichen Unterfunktionen. Da letztere selbst variabel sind, gilt dies auch für die Kennwerte der Einzelelemente, etwa der Stäbe eines Fachwerkes mit veränderlichen Stabwinkeln. Die zur Optimierung der Einzelstäbe vorgegebenen Stabkennwerte werden Variable im Gesamtsystem Fachwerk; die Synthese des Fachwerks als Beispiel einer komplexen Struktur stellt sich damit als hierarchisches Optimierungsproblem dar.

Bei extrem großen oder stark beschleunigten Strukturen ist der Anteil des Eigengewichts bzw. der Eigenmasse als zusätzliche Belastung nicht vernachlässigbar.

Unter Umständen ist dadurch der Nutzlast, d.h. dem Strukturkennwert, eine obere Grenze gesetzt, die durch ein Material mit höherer *Reißlänge* oder durch eine wirkungsvollere Bauweise hinausgeschoben werden kann (Abschn. 4.4).

Die Beurteilung einer Bauweise über den Strukturkennwert wird schwierig, wenn vielerlei Restriktionen aufgestellt und die entscheidenden nicht sofort erkennbar sind; beispielsweise an *Mehrzweck*-Strukturen. Die zunächst betrachteten Tragelemente oder Tragsysteme sind über ihren Kennwert einem bestimmten Lastfall zugeordnet; nur solche *Einzelzweck*-Strukturen gewinnen ein charakteristisches Profil und lassen darüber typische Aussagen zu.

Tragwerke, die unterschiedlichen Lastfällen genügen müssen, kann man im allgemeinen nur numerisch optimieren. Dabei bilden die unterschiedlichen Lastbedingungen verschiedene Restriktionen im mehrdimensionalen Entwurfsraum; welche Lastaufgaben für die Einzelabmessung relevant wird, läßt sich meistens nicht vorhersagen. Auch bei Einzelzweckstrukturen können Nebenbedingungen fertigungstechnischer Art auftreten, oder es müssen verschiedene Versagensmöglichkeiten und Mindeststeifigkeiten berücksichtigt werden, deren Relevanz nicht vorher zu erkennen ist. An einfachen Beispielen mit nur zwei Variablen wird in Abschn. 4.5 gezeigt, wie eine Optimierung bei beliebigen Restriktionen ablaufen kann.

Zum Anspruch der Strukturoptimierung, deren Wert von Praktikern mitunter infrage gestellt wird, erscheint an dieser Stelle (auch im Hinblick auf Kap. 5) noch eine Erklärung notwendig. Unter *Optimierung* wird hier auch eine Bemessung nach Festigkeits- oder Steifigkeitsbedingungen verstanden, die gewöhnlich streng sind, das heißt keine Abweichung ohne unmittelbaren Funktions- oder Wertverlust gestatten. Anders verhält es sich bei der Empfehlung eines Optimums im Sinne einer Ableitung (horizontalen Tangente) der Zielfunktion: dieses ist tolerant und bietet dem Konstrukteur, etwa zu einfacherer Fertigung oder zur Einhaltung von Normmaßen, relativ große Freiheiten. Es ist darum wichtig, nicht nur den Optimalpunkt aufzusuchen, sondern auch seine Umgebung zu betrachten. Auch in den folgenden Ausführungen wird auf eine ingenieurgemäße Darstellung Wert gelegt; weniger als die Optimalbemessung soll das erzielbare Gewichtsminimum verschiedener Bauweisen interessieren, damit man diese schließlich über den Strukturkennwert miteinander vergleichen kann.

4.1 Der Strukturkennwert und seine Funktionen

Ob es sich um die Auslegung eines Zugseiles mit Anschlüssen, eines Biegeträgers, eines Knickstabes oder einer Schubwand handelt: in jedem Fall einer *Einzelzweckstruktur* ergeben sich die inneren Proportionen und damit die *Volumendichte* als Funktionen des Strukturkennwertes in bezug auf die Festigkeit oder Steifigkeit des Werkstoffes. Mit dem volumenbezogenen Materialgewicht folgt daraus das spezifische Konstruktionsgewicht.

Der Strukturkennwert definiert sich nach der Aufgabe des Tragwerks; er enthält dessen äußere Belastung und eine für das Tragverhalten maßgebende Länge als vorgegebene Größen. Die Kennwertfunktionen sind im gewöhnlichen Fall einfache Potenzfunktionen, die sich im doppeltlogarithmischen Netz als gerade Linien abbilden. Es genügt dann die Angabe eines *Wirkungsfaktors* und eines *Wirkungsex-*

ponenten der Bauweise zum Charakterisieren des Konstruktionsaufwandes oder der Materialnutzung. Da solche Beziehungen selbst bei komplexen Strukturen und unterschiedlichsten Aufgaben fast die Regel sind, sollen hier zunächst allgemeine Definitionen und Erläuterungen zur graphischen Darstellung gegeben werden. Abweichungen von der einfachen Potenzfunktion lassen sich mit nichtlinearem Materialverhalten oder aus besonderer Bauweise begründen.

In den Kennwertfunktionen, die in jedem Fall monoton ansteigen oder abfallen, manifestieren sich die entscheidenden Gestaltungs- und Bemessungskriterien. Wie an zahlreichen Beispielen nachgewiesen wird, dominiert generell bei niedrigem Kennwert das Steifigkeits- oder das Stabilitätsproblem, bei großem dagegen die Frage der Material- und Gestaltungsfestigkeit. Bei kleinen Kennwerten stößt man an Restriktionen fertigungsbedingter Mindestdicken, bei großen an fügetechnische Aufwands- und Realisationsgrenzen für Kräfteeinleitungen und Bauteilverbindungen.

4.1.1 Definition des Strukturkennwertes

Jedes Tragwerk kann in den Grenzen seiner Festigkeits-, Steifigkeits- oder Stabilitätsbedingungen für vorgegebene Last und Länge ausgelegt werden, ohne daß es hierzu irgendwelcher Ähnlichkeitskennzahlen bedarf; eine dimensionslose, nach Proportionen fragende Rechnung führt aber von selbst auf Ausdrücke, bei denen die äußere Last in Relation zur äußeren Abmessung erscheint. Zweckmäßig definiert man dieses Verhältnis als *Strukturkennwert*.

Weil das Tragverhalten materiell durch Festigkeit und Elastizitätsmodul bestimmt wird, muß aus Dimensionsgründen auch der sich auf σ oder E beziehende Strukturkennwert den Charakter einer Flächenlast aufweisen. Damit läßt sich der maßgebende Kennwert des Problems schon vor dessen Lösung definieren; ausschlaggebend ist, welche Dimension die aufgebrachte Last selbst hat: ob es sich um eine Punktlast, eine linien- oder flächenhaft oder räumlich verteilte Kraft handelt. Je nachdem erscheint im Nenner des Kennwerts die äußere Länge quadratisch oder linear, überhaupt nicht oder, im letzten Fall, im Zähler. Geometrisch ähnliche Vergrößerung oder Verkleinerung des Tragwerks in allen seinen inneren wie äußeren Maßen ist nur bei konstantem Kennwert möglich, also unter Punkt- oder Linenbelastung nur bei quadratischer bzw. proportionaler Änderung der Kräfte, unter Flächenlast ohne weiteres, unter Volumenbelastung wegen der im allgemeinen unbeeinflußbaren Massenkräfte nicht oder nur durch bessere und leichtere Werkstoffe.

Zur Kennwertdefinition sind in den folgenden Bildern Beispiele verschiedener Tragwerkaufgaben gezeigt. Für alle diese Darstellungen gilt, daß sie nichts über die materielle oder geometrische Ausführung des Tragwerks selbst aussagen: weder muß die Aufgabe des *Stabes* unbedingt von einem eindimensional geradlinigen Bauelement wahrgenommen werden, noch das der *Scheibe* oder der *Platte* von einer ebenen, rechteckigen, homogenen Fläche. In jedem Fall läßt sich die Aufgabe durch geometrisch und topologisch sehr unterschiedliche Struktursysteme erfüllen, also durch Stabwerke ebenso wie durch kontinuierlich zusammenhängende Flächen. Soweit bereits in der Aufgabenstellung von *Stäben*, von *Scheiben*, *Platten* oder *Schalen* die Rede ist, sei damit nur angedeutet, durch welche Art Bauelemente die äußeren Lasten gemäß der Lage ihrer Angriffspunkte oder Wirkungslinien aufgenommen werden könnten, je nachdem, ob diese eine Linie, eine Ebene oder eine räumliche Dimension beanspruchen.

Sowenig wie über Bauweise und Struktursystem ist mit der Definition des Kennwertes bereits etwas über die Auslegungskriterien der Festigkeit, der Steifigkeit oder der Stabilität ausgesagt. Zwar läßt sich an der Richtung der aufgebrachten Lasten erkennen, ob im Tragwerk Druck- oder Schubelemente auftreten müssen, die seine statische Stabilität gefährden, doch entscheiden erst die Strukturtopologie und der Betrag des Strukturkennwertes, welche Knick- oder Beulformen gegebenenfalls relevant werden.

4.1.1.1 Punktbelastete Tragwerke

Bild 4.1/1 zeigt unterschiedliche Aufgaben für stab- und flächenhafte Tragwerke, denen gemeinsam ist, daß die Lasten punktuell angreifen und über eine gewisse vorgegebene Länge oder Breite abzutragen sind. Da der Strukturkennwert die Dimension einer Flächenlast haben muß, erscheint die charakteristische Länge im Nenner quadratisch; also gilt für den Stab (Beispiele (1), (2) und (4)):

$$K \equiv F/l^2 \quad \text{oder} \quad K \equiv P/l^2 . \tag{4.1-1}$$

Die Kennwertdefinition der anderen Aufgaben sind in Bild 4.1/1 anhand schematischer Skizzen erläutert:

Bei rechteckigen Scheiben (6) und Platten (5) können Seitenlängen und Lagerabstände vorgegeben sein. Man kann dann die Last auf die eine oder die andere Strecke beziehen; die übrigen Seitenverhältnisse und relativen Lagerabstände gehen neben dem Kennwert als zusätzliche Vorgaben in die Rechnung ein. Ist für die Scheibe (8) die äußere Form nicht vorgeschrieben sondern wie die innere Struktur einer Optimierung anheimgestellt (Abschn. 5.4.2.4), so sind als vorgegebene Längen die Abstände der Lastangriffspunkte oder der Wirkungslinien zu nehmen.

Bezieht man bei der Zylinderschale die Last auf den Radius ($K \equiv F/r^2$), so ist noch ihre relative Länge l/r zu berücksichtigen. Geht bei der Scheibe, der Platte oder der Schale die Länge gegen Unendlich, so ist das Problem durch den auf die Breite oder den Radius bezogenen Kennwert hinreichend erfaßt.

Bei dem Beispiel (10) einer sehr (quasi unendlich) breiten und langen *Halbscheibe* dienen die Abstände der Lastangriffspunkte als Bezugsstrecke. Greift, wie in Beispiel 11, nur eine Einzelkraft an der Halbscheibe an, so muß wenigstens deren Dicke t vorgegeben sein ($K \equiv F/t^2$). Dieser scheinbar rein theoretische Fall gewinnt Interesse, wenn die aufgegebene Last im Verhältnis zur äußeren Größe des Gesamttragwerks extrem klein wird: die Wanddicke richtet sich dann nach dem fertigungstechnischen Mindestmaß oder nach anderen Bedingungen und ist als vorgegeben anzusehen; die durch den Kennwert beschriebene Aufgabe reduziert sich auf ein lokales Krafteinleitungsproblem. Gleiches gilt für die Platte oder die Schale.

Greift die Punktlast an einem Halbraum an, so läßt sich mangels Bezugslänge kein Kennwert definieren; dann wird auch die Frage nach der geometrischen Ähnlichkeit gegenstandslos. Trotzdem ist auch dieser Fall von praktischem Interesse, etwa wenn eine Krafteinleitungskonstruktion auszulegen ist (Pfeilerfundierung im Erdreich); dabei muß man zur Bildung des Kennwertes die Länge (13) oder den Durchmesser (12) des Einleitungselements vorschreiben.

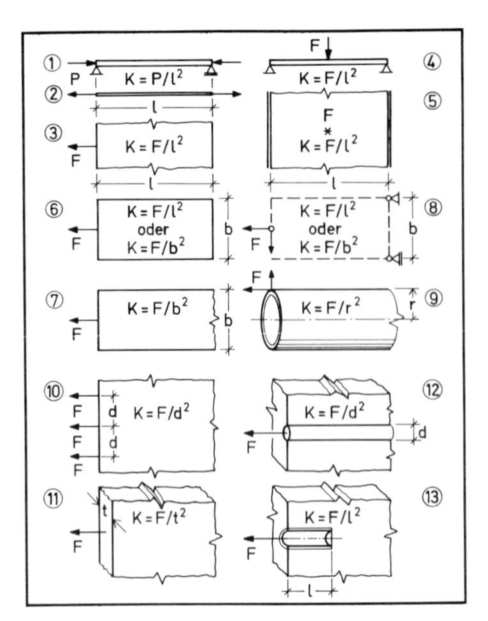

Bild 4.1/1 Definition von Strukturkennwerten für punktbelastete Tragwerke: Stäbe, Balken, Scheiben, Platten, Zylinderschalen, Körper

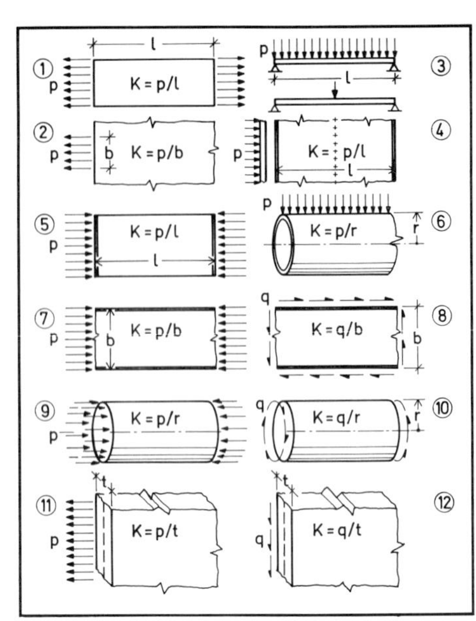

Bild 4.1/2 Strukturkennwerte für linienbelastete Tragwerke: Normalbelastung bei Balken, Platten und Schalen; Zug, Druck oder Schub an Scheiben, Zylindern und Körpern

Da der Strukturkennwert bei geometrisch ähnlichen Systemen gleiches Spannungsniveau gewährleistet, so muß, gleicher Werkstoff vorausgesetzt, bei Verkleinerung des Tragwerks die Last quadratisch reduziert werden. Lasterhöhung erfordert umgekehrt eine ähnliche Vergrößerung der Konstruktion.

4.1.1.2 Linienbelastete Tragwerke

Bei den in Bild 4.1/2 skizzierten Beispielen wirkt eine linienhaft verteilte Zugdruckkraft p in N/m oder Schubkraft q in N/m über der Länge eines Balkens, der Breite einer Scheibe oder Platte oder dem Umfang einer Rohrschale. Der Kennwert

$$K \equiv p/l \quad \text{oder} \quad K \equiv q/l, \qquad K \equiv p/r \quad \text{oder} \quad K \equiv q/r \tag{4.1-2}$$

ist auf eine beliebige, für das Problem relevante Länge bezogen. Die übrigen geometrischen Verhältnisse gehen wieder neben dem Kennwert als Vorgaben in den Tragwerkentwurf ein. Ist das Seitenverhältnis des Feldes oder der Schale sehr groß, oder ist zu erwarten, daß die Einflüsse der entfernteren Ränder vernachlässigbar sind, so genügt der auf die kürzere Seite bezogene Kennwert zur Auslegung des Tragwerks.

Bei der quasi unendlich breiten wie langen *Halbscheibe* (2) dient die Angriffsbreite der Last als Bezugsstrecke. Ist diese ebenfalls unbegrenzt, so muß, siehe Beispiel (11), die Scheibendicke t vorgegeben sein. Der Kennwert wäre dann identisch mit der über die Dicke gemittelten Spannung: $K \equiv p/t = \bar{\sigma}$ oder $K \equiv q/t = \bar{\tau}$; die Dickenvorgabe müßte mindestens der Festigkeit genügen. Praktisch handelt es sich um das Auslegungsproblem der Zug- oder Schubverbindung für eine bereits mehr oder weniger ausdimensionierte Scheibe oder, da es auf äußere Maße bei diesem lokalen Einleitungsproblem nicht ankommt, um die Längs- oder Umfangsnähte einer Membranschale.

Während bei punktbelasteten Tragwerken nur die Angriffs- und Lagerknoten vorgegeben und die Struktur im übrigen weitestgehend frei zu gestalten war, liegt nun die Angriffslinie fest und schränkt dadurch die Möglichkeiten der Strukturgestaltung ein. Zwar ließe sich ein Balken auch als Fachwerk ausbilden, doch müßte dieses wenigstens einen geradlinig durchlaufenden Stab oder eine Knotenreihe zur Aufnahme der Linienlast anbieten.

Das für einen bestimmten Strukturkennwert und für ein gewisses Material ausgelegte Tragwerk darf nur dann geometrisch ähnlich verkleinert werden, wenn auch die Linienlast entsprechend linear reduziert wird. Umgekehrt erfordert eine Laststeigerung die proportionale Vergrößerung der Längen oder eine neue Auslegung mit erhöhtem Kennwert.

4.1.1.3 Flächenbelastete Tragwerke

Im Unterschied zu punkt- oder linienbelasteten Tragwerken bedarf es bei Vorgabe einer Flächenlast wie nach Bild 4.1/3 keiner Bezugslänge zur Definition des Kennwertes: dieser hat die Dimension der vorgegebenen Flächenlast und ist mit ihr identisch

$$K \equiv \hat{p} \,. \qquad (4.1-3)$$

Vorgegebene geometrische Verhältnisse, etwa der Seitenlängen, sind davon unabhängig zu berücksichtigen.

Die im übrigen frei gestaltbare Struktur muß mindestens eine definierte Lastangriffsfläche bieten; diese kann als ebene oder gekrümmte Fläche vorgeschrieben sein. Denkbar wäre aber auch, daß nur die Wirkungsrichtung der Last vorgegeben ist: bei Wind- oder Schneebelastung von außen bestimmt, beim Druckbehälter senkrecht zur variablen Mantelfläche sich einstellend.

Diese Beispiele weisen auf eine Besonderheit der Flächentragwerke hin: Konstruktionen wie Dächer, die einer natürlichen Beanspruchung durch Wind und Schnee, oder Behälter und Rohrsysteme, die einem hydrostatischen Außen- oder Innendruck ausgesetzt sind, dürfen ohne weiteres ähnlich vergrößert oder verkleinert werden.

Dies deutet auch auf die Zweckmäßigkeit einer dem Ähnlichkeitsprinzip gehorchenden Feingliederung des Flächentragwerkes hin, wie an einem Rechteckfeld in Bild 4.1/4 skizziert: die innere Struktur wiederholt in immer feinerer Unterteilung ihre Proportionen. Ein Idealbeispiel ist der linear zugespitzte Kragträger: bei konstanter Flächenlastverteilung müßten sich alle inneren Abmessungen einschließlich der Rippenabstände zur Spitze hin linear verjüngen. Eine solche Vorgabe entspricht zwar nicht unbedingt den aerodynamischen Erfordernissen eines Tragflügels, auch dürfte die innere Strukturierung auf Fertigungsbedenken stoßen, doch demonstriert das Beispiel gut die Konsequenz einer Ähnlichkeitsstatik für den Tragwerkentwurf.

Die Tatsache, daß ein Flugzeug durch flächenhaft verteilte Luftkräfte oder ein Schiff durch hydrostatische Kräfte getragen wird, darf nicht zu der Annahme

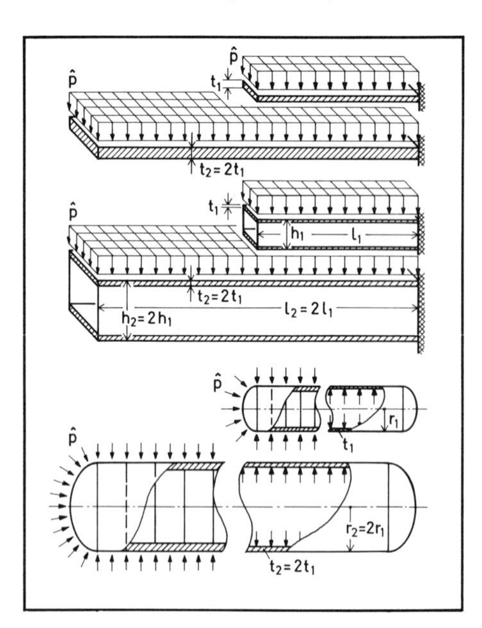

Bild 4.1/3 Flächenbelastung als Strukturkennwert. Zulässigkeit geometrisch ähnlicher Vergrößerung oder Verkleinerung; Beispiele: Kragplatte, Kastenträger, Kessel

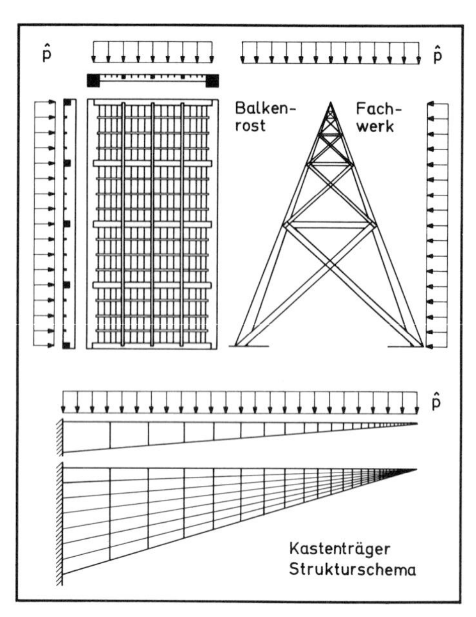

Bild 4.1/4 Innere Durchführung des Ähnlichkeitsprinzips bei flächenbelasteten Tragwerken. Beispiele: Flächendachrost, Turmfachwerk, Kragträgerkasten

verführen, man könnte auch derartige Konstruktionen beliebig vergrößern. In diesen Fällen sind nämlich die volumenproportionalen Massenkräfte vorzugeben, während die Flächenbelastung des Flugzeugs wie die des Schiffes (durch größere Tauchtiefe) mit der geometrischen Vergrößerung zunimmt.

4.1.1.4 Volumenbelastete Tragwerke

Wie für die eben angeführten Beispiele eines Flugzeuges oder Schiffes, bei denen die Beanspruchung aus Massenkräften teils von der Nutzlast, teils von der Struktur selbst herrührt, gilt auch für jedes andere durch Volumenkräfte belastete Bauwerk nach Bild 4.1/5 ein Kennwert

$$K = \bar{\gamma} l, \qquad (4.1-4)$$

mit dem gemittelten spezifischen Gewicht $\bar{\gamma}$ und einer Bezugslänge l, diesmal im Zähler.

Wollte man das Tragwerk ähnlich vergrößern, so müßte man die Lastdichte (volumenbezogene Nutzlast) zurücknehmen. Da dies dem Zweck des Tragwerks widerspricht, führt eine geometrische Vergrößerung in der Regel zum Ansteigen des Kennwertes und des relativen Strukturaufwandes. Dieser kann aus Raumgründen nicht beliebig anwachsen. Jedem Projekt ist daher eine obere Grenze gesetzt: eine bestimmte Bauhöhe, Spannweite oder Reichweite läßt sich nicht überschreiten. Nur durch Werkstoffe höherer Festigkeit oder Steifigkeit bei gleichem oder geringerem Gewicht (mit größerer *Reißlänge* σ_B/γ oder höherem Steifigkeitswert E/γ) oder

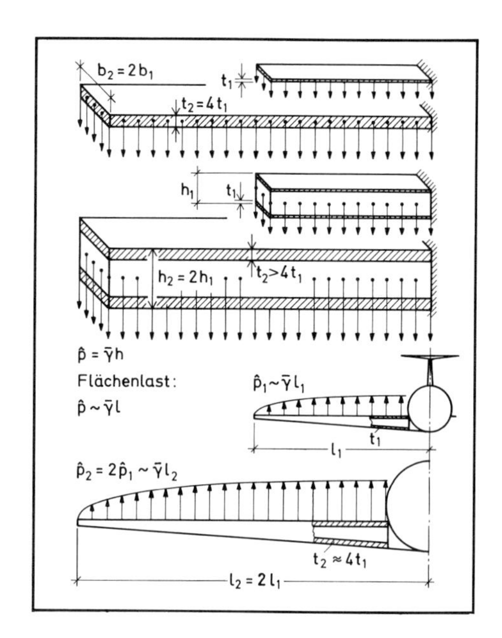

Bild 4.1/5 Strukturkennwerte volumenbelasteter Tragwerke. Beispiele: Kragplatte, Kastenträger, Tragflügel. Überproportionale Wanddickenzunahme bei Vergrößerung

durch neue Bauweisen (mit höherem *Wirkungsfaktor*) kann man die Realisationsgrenzen solcher eigenbelasteter Tragwerke hinausschieben.

Da die Vorgabe einer Volumenbelastung im allgemeinen auch eine bestimmte Volumenform voraussetzt, ist die äußere Gestalt der Struktur bei einer derartigen Aufgabe weitestgehend festgelegt; sie muß jedenfalls den Bereich der Nutzlast durchdringen oder umfassen.

4.1.2 Funktionen des Strukturkennwertes

Ergebnisse von Auslegungs- und Optimierungsrechnungen hinsichtlich Volumendichte, Materialnutzung und geometrischer Strukturverhältnisse, etwa der relativen Wanddicken, stellen sich als Funktionen des Strukturkennwertes dar. Diese monoton steigenden oder fallenden Funktionen sind im gewöhnlichen, einfachsten Fall Potenzen des auf Festigkeit oder Elastizitätsmodul bezogenen Kennwertes. Sie lassen sich durch Proportionalitätsfaktoren und Exponenten beschreiben und im doppeltlogarithmischen Maßstab als Gerade abbilden. Abweichungen von der gewöhnlichen Potenzfunktion sind möglich, wenn im Tragwerk Bauelemente unterschiedliche Aufgaben wahrnehmen, wenn geometrische Restriktionen vorliegen, oder bei nichtlinearem Verhalten des Materials bzw. der Struktur.

Auch die Materialwertung ist im gewöhnlichen Fall eine Potenzfunktion, nämlich des Moduls oder der Festigkeit, bezogen auf das spezifische Gewicht. In einem Vergleich der Werkstoffalternativen über dem Strukturkennwert zeigen sich im unteren Bereich die steiferen, im oberen die festeren Werkstoffe im Vorteil. Entsprechendes gilt für die Kriterien des Strukturentwurfs: Sind die äußeren Maße vorgegeben, so diktiert bei kleinem Kennwert die Steifigkeits- und Stabilitätsforderung, bei großem die Festigkeitsbedingung die Bauweise und ihre Dimensionierung.

4.1.2.1 Gewöhnliche Kennwertfunktionen in Potenzform

Bei einfachen, in ihrer Geometrie und Tragfunktion homogenen Bauteilen, aber auch bei komplexeren Strukturen, sofern die Volumenanteile ihrer verschiedenen Bauelemente sich optimal aufeinander abstimmen lassen, sind die Ergebnisse der Dimensionierung in der Regel Potenzfunktionen des Strukturkennwertes.

Als *Wirkungsfaktoren* werden die Proportionalitätsfaktoren Ψ oder Φ, als *Exponenten* die Zahlen m oder n definiert, je nachdem, ob die zulässige Spannung σ oder der Elastizitätsmodul E des Werkstoffs der Auslegung zugrunde liegt. Damit sind, bezogen jeweils auf eine vorgegebene Länge l des Tragwerks,

– die *Volumendichte* des Stabes

$$V/l^3 = \Psi_V (K/\sigma)^{m_V} \quad \text{oder} \quad V/l^3 = \Phi_V (K/E)^{n_V}, \tag{4.1–5a}$$

– die *Volumendichte* der Fläche pro Einheitsbreite

$$v/l^2 = \Psi_v (K/\sigma)^{m_v} \quad \text{oder} \quad v/l^2 = \Phi_v (K/E)^{n_v}, \tag{4.1–5b}$$

– die Einzelabmessungen

$$x_i/l = \Psi_i (K/\sigma)^{m_i} \quad \text{oder} \quad x_i/l = \Phi_i (K/E)^{n_i}. \tag{4.1–6}$$

Die Spannungsverteilung im Tragwerk kann konstant oder ungleichförmig sein; sie ist keine Funktion des Kennwertes, sondern eine solche der Bauweise, ihrer Gestalt und Steifigkeitsverhältnisse sowie der Lastverteilung. Für örtliche Spannungsbeträge σ_i lassen sich folgende Funktionen definieren:

$$\sigma_i/\sigma = \Psi_{\sigma i} \quad \text{und} \quad \sigma_i/E = \Phi_{\sigma i} (K/E)^{n_\sigma}. \tag{4.1–7}$$

Darin ist der Exponent der ersten Funktion gleich Null, da beim Ausdimensionieren nach der Materialfestigkeit die örtliche Spannung nur noch vom Verhältniswert $\Psi_{\sigma i} = \sigma_i/\sigma_{max} < 1$ abhängt. Dagegen ist beim Auslegen nach Steifigkeit oder Stabilität die auf den Elastizitätsmodul E bezogene Spannung eine Kennwertfunktion, mit dem Exponenten $n > 0$ (ohne Ortsindex i) und dem lokalen Spannungsfaktor $\Phi_{\sigma i}$.

Anstelle der (zu minimierenden) Volumendichte kann auch die (zu maximierende) Materialausnutzung als Ziel vorgegeben sein. Als Nutzungsmaß wird eine *Äquivalentspannung* $\sigma_ä$ definiert, die als Last/Volumen-Relation oder als Verhältnis der aufgegebenen Last zur äquivalenten Querschnittsfläche $A_ä$ zu verstehen ist:

$$\sigma_ä \equiv F/A_ä = Fl/V = K(l^3/V) \tag{4.1–8a}$$

oder

$$\sigma_ä \equiv p/t_ä = pl/v = K(l^2/v). \tag{4.1–8b}$$

Für die Äquivalentfunktionen

$$\sigma_ä/\sigma = \Psi_ä (K/\sigma)^{m_ä} \quad \text{und} \quad \sigma_ä/E = \Phi_ä (K/E)^{n_ä} \tag{4.1–9}$$

gelten somit Wirkungsfaktoren und Exponenten, die sich aus denen der Volumendichte (4.1–5) bestimmen. Im folgenden soll darum die Indizierung zu den Zielfunktionen entfallen. Es sei

$$\Psi \equiv \Psi_ä = 1/\Psi_v \quad \text{bzw.} \quad \Phi \equiv \Phi_ä = 1/\Phi_v, \tag{4.1–10a}$$

$$m \equiv m_v = 1 - m_ä \quad \text{bzw.} \quad n \equiv n_v = 1 - n_ä. \tag{4.1–10b}$$

Die Äquivalentfunktionen lassen sich damit wie folgt formulieren:

$$\sigma_{ä}/\sigma = \Psi (K/\sigma)^{1-m} \quad \text{bzw.} \quad \sigma_{ä}/E = \Phi (K/E)^{1-n}, \tag{4.1-11}$$

oder, dimensionsbehaftet:

$$\sigma_{ä} = \Psi \sigma^m K^{1-m} \quad \text{bzw.} \quad \sigma_{ä} = \Phi E^n K^{1-n}. \tag{4.1-12}$$

Die Äquivalentspannung ist gleich der tatsächlich auftretenden Spannung, wenn diese sich konstant über einen homogenen Querschnitt verteilt, etwa beim längsbelasteten Stab; im allgemeinen ist sie fiktiv und geringer als die Maximalspannung.

4.1.2.2 Logarithmische Darstellung der Zielfunktionen

Bild 4.1/6 zeigt für eine Steifigkeitsauslegung die Volumendichte als Kennwertfunktion (4.1 – 5) in logarithmischer Auftragung

$$\log (V/l^3) = n \log (K/E) - \log \Phi, \tag{4.1-13}$$

mit dem Wirkungsfaktor Φ und dem Exponenten n nach Definition (4.1 – 10). Da das Konstruktionsvolumen notwendig mit der Last ansteigt, muß der Exponent positiv sein; praktisch liegt er in den Grenzen $1/3 < n < 1$.

Um die Elastizitätsgrenze zu erkennen und auch eine absolut obere Festigkeitsschranke einsetzen zu können, empfiehlt es sich anstelle der Volumendichte die Äquivalentspannung nach (4.1 – 11) aufzutragen; also in logarithmischer Form

$$\log (\sigma_{ä}/E) = (1-n) \log (K/E) + \log \Phi. \tag{4.1-14}$$

Da in der Regel $n \leqq 1$ ist, zeigen die Geraden in Bild 4.1/6 eine über dem Kennwert ansteigende Materialnutzung (charakteristisch für Biegeträger und Knickstäbe). Als obere Schranke ist die relative Streckgrenze $\sigma_{0,2}/E$ des Werkstoffs (AlZnMg), als Proportionalitätsgrenze $\sigma_{0,01}/E$ eingezeichnet. Im zwischenliegenden, plastischen Bereich gilt ein nichtlinearer Verlauf.

Auch für Festigkeitsauslegungen lassen sich Volumendichte und Ausnutzung nach (4.1 – 5) bzw. (4.1 – 11) logarithmisch auftragen:

$$\log (V/l^3) = m \log (K/\sigma) - \log \Psi, \tag{4.1-15}$$

$$\log (\sigma_{ä}/\sigma) = (1-m) \log (K/\sigma) + \log \Psi. \tag{4.1-16}$$

Dabei liegt der Exponent praktisch in den Grenzen $1/2 < m < 2$. Für Krafteinleitungsprobleme ist $m > 1$, weil die Materialnutzung mit steigendem Kennwert fällt; dagegen steigt sie für $m < 1$; beispielsweise bei Biegeträgern, deren Volumen mit zunehmender Last unterproportional anwächst.

4.1.2.3 Abweichungen von der Potenzform

Infolge nichtlinearen Verhaltens des Werkstoffs oder der Struktur oder aufgrund inhomogener Tragwerkfunktionen können Abweichungen von der gewöhnlichen Potenzform auftreten.

Bereits Bild 3.1/11 beschrieb die Auswirkungen plastischen Materialverhaltens im Bereich zwischen Proportionalitäts- und Streckgrenze einer Al-Legierung. Der wirksame plastische Modul ist eine Funktion der Spannung und liegt bei Knick- und

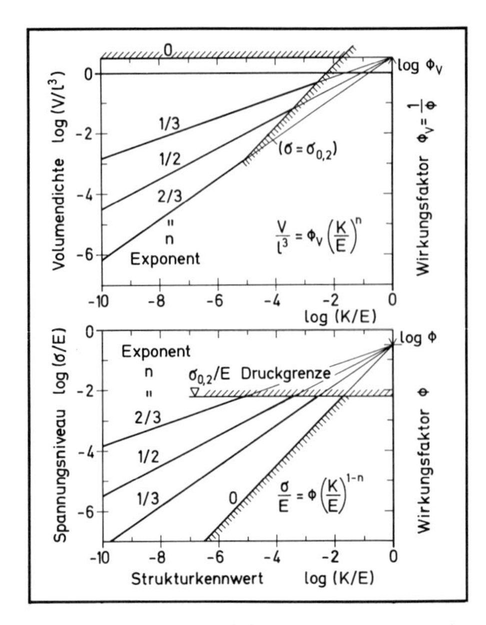

Bild 4.1/6 Volumendichte und Spannungsniveau als Potenzfunktion des Strukturkennwerts in doppeltlogarithmischer Auftragung. Exponent n als Parameter

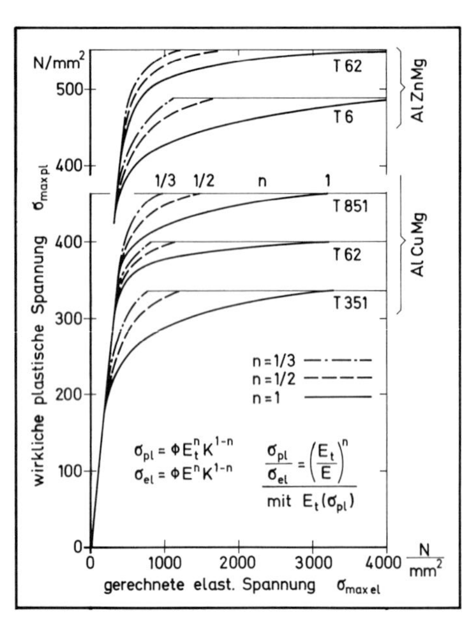

Bild 4.1/7 Plastizitätseinfluß auf die Kennwertfunktion. Wirkliche plastische Spannung abhängig von errechneter elastischer Spannung. Beispiele AlZnMg und AlCuMg

Beulproblemen zwischen Tangenten- und Sekantenmodul. Mit dem Abminderungsfaktor $\eta_w(\sigma) \equiv E_w(\sigma)/E$ gilt dann anstelle von (4.1−12):

$$\sigma = \Phi \eta_w^n(\sigma) E^n K^{1-n}. \qquad (4.1-17)$$

Der Plastizitätseinfluß läßt sich iterativ bestimmen. Eine andere Möglichkeit bietet Bild 4.1/7, das (für E_t zweier Al-Legierungen) die direkte Umrechnung der quasi elastisch ermittelten Spannung in die wirkliche, plastisch abgeminderte erlaubt:

$$\sigma_{pl}/\eta_w^n(\sigma_{pl}) = \sigma_{el} = \Phi E^n K^{1-n}. \qquad (4.1-18)$$

Nichtlineares Strukturverhalten tritt bei Überschreiten der Beulgrenze auf (Bd. 1, Abschn. 2.3.4). Darum läßt sich beispielsweise der Aufwand einer überkritisch ausgelegten Schubwand nicht mehr als Potenzfunktion des Kennwertes darstellen.

Abweichungen von der einfachen Potenzform sind auch zu erwarten, wenn das Tragwerk Einzelelemente mit unterschiedlichen Funktionen enthält; das Gesamtvolumen erscheint dann in Polynomform:

$$V/l^3 = \sum V_j/l^3 = \sum \Psi_{Vj}(K/\sigma)^{m_j} \quad \text{oder} \quad \sum \Phi_{Vj}(K/E)^{n_j}, \qquad (4.1-19)$$

Dementsprechend gilt für die reziproke Äquivalentfunktion

$$\sigma/\sigma_ä = \sum \Psi_j(K/\sigma)^{m_j-1} \quad \text{oder} \quad E/\sigma_ä = \sum \Phi_j(K/E)^{n_j-1}. \qquad (4.1-20)$$

Beispiele sind: der Zugstab mit Knoten, die Sandwichplatte mit Häuten und Kern, das Fachwerk mit Zug- und Druckstäben oder eine längsgedrückte Platte mit unbelasteten, nur stützenden Querrippen. Man kann aber auch bei derart *gemischten*, funktional inhomogenen Tragwerken das Ergebnis wieder in die gewöhnliche Potenzform überführen, sofern die Volumina der Einzelelemente im ausdimensionierten Zustand noch eine Variable enthalten und zueinander frei einstellbar sind.

4.1.2.4 Materialwertung über den Strukturkennwert

Zur Beurteilung von Bauweisen und Strukturen genügt ein Vergleich der Volumina V bzw. v oder der Äquivalentspannung $\sigma_{ä}$. Bei unterschiedlichen Werkstoffen muß man die Konstruktionsgewichte vergleichen, die sich über das spezifische Materialgewicht γ ergeben. Ist das Tragwerk materiell homogen, so sind zu bewerten: $G=\gamma V$ in N, $g=\gamma v$ in N/m oder $\sigma_{ä}/\gamma$ in m; also, mit (4.1 – 12), die *Äquivalentreißlängen*

$$\sigma_{ä}/\gamma=\Psi(\sigma^{m}/\gamma)K^{1-m} \quad \text{bzw.} \quad \sigma_{ä}/\gamma=\Phi(E^{n}/\gamma)K^{1-n}. \qquad (4.1-21)$$

Die darin maßgebenden Materialwertungsgrößen σ^{m}/γ bzw. E^{n}/γ wurden für verschiedene Exponenten m bzw. n bereits in Bild 3.3/2 und 3.3/6 zur Beurteilung verschiedener Werkstoffe herangezogen. Die Exponenten hängen von der Aufgabe und von der Bauweise des Tragwerks ab. So gilt $m=2$ für Krafteinleitungen in Scheiben, und betont damit die höhere Bedeutung der Materialfestigkeit für Einleitungselemente, während $m=1/2$ für Plattenbiegung mehr Wert auf geringes spezifisches Gewicht legt, d.h. auf hohes spezifisches Volumen (für hohes Trägheitsmoment).

Da die Beurteilung nach Steifigkeit, also über E^{n}/γ, andere Werkstoffe empfiehlt als die Festigkeitswertung σ^{m}/γ, muß der Strukturkennwert den Ausschlag geben.

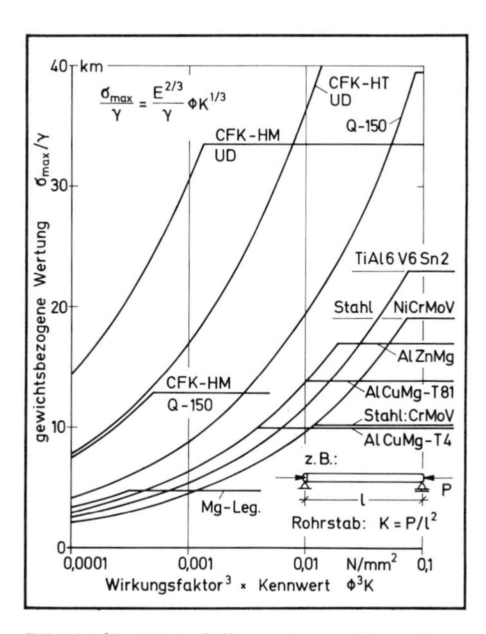

Bild 4.1/8 Materialbewertung über dem Strukturkennwert eines Druckstabes. Beispiel Rohrquerschnitt (knick- und beulgefährdet, Exponent $n=2/3$)

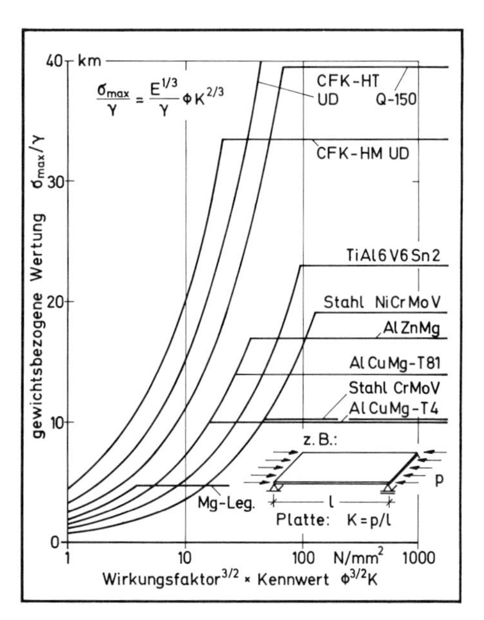

Bild 4.1/9 Materialbewertung über dem Strukturkennwert einer längsgedrückten (beulgefährdeten) Platte mit Vollquerschnitt (Exponent $n=1/3$)

Bild 4.1/8 zeigt Ergebnisse nach (4.1−21) am Beispiel eines Druckstabes ($\sigma_{\ddot{a}}=\sigma$, $\Psi=1, m=1; n=2/3$): bei hohem Kennwert sind feste, bei niedrigem Kennwert steife Werkstoffe vorteilhaft. Rechnet man bis zur Spannungsgrenze mit ideal elastischem Verhalten, so wechseln die Kriterien bei einem von Material und Bauweise abhängigen Grenzkennwert

$$K \approx (\Psi\sigma^{m}/\Phi E^{n})^{1/(m-n)}. \qquad (4.1-22)$$

Bild 4.1/9 gilt entsprechend für das Beispiel der einfachen Platte ($n=1/3$).

4.2 Auslegung für Festigkeit und Steifigkeit

Im folgenden werden Beispiele zur Dimensionierung und Optimierung einfacher, auf Zug oder Biegung beanspruchter Bauteile gegeben. Als Restriktionen kommen Festigkeit und Steifigkeit in Betracht: eine gewisse zulässige Werkstoffestigkeit σ_{zul} und ein vorgegebener Verformungsweg f_{zul} sollen nicht überschritten werden. Stabilitätsprobleme seien zunächst ausgeschlossen; dies setzt voraus, daß Biegeträgerprofile nicht zu dünnwandig und als Balken hinreichend kippsteif sind. Im übrigen wird elastisches Verhalten angenommen.

Art und Anzahl der Variablen richten sich nach der Bauweise, dem Profiltyp und nach der Gesamtgestaltung des Bauteils. Bei Zug ist das Querschnittsprofil nicht relevant, hier interessiert allein die Konstruktion der Krafteinleitung und deren relativer Gewichtsanteil. Bei Biegeträgern dagegen ist das Profil über das Trägheitsmoment für die Steifigkeit und über das Widerstandsmoment für die Festigkeit maßgebend. Neben einfachen Vollquerschnitten sollen darum beim Balken auch T- und I-Profile und bei der Platte auch einseitig stegversteifte Integralprofile und Sandwichquerschnitte untersucht werden.

Variable sind die Querschnittsmaße; diese sollen über die Länge konstant sein. Eine Variation über die Länge müßte die Lastverteilung berücksichtigen. Nur für Querkraftbiegung unter Einzellast wird zum Vergleich auch ein *Träger gleicher Festigkeit* mit längs veränderlicher Dicke ausgelegt. Ein solcher bringt Gewichtsvorteile, doch äußert sich dies allein im Volumenfaktor, nicht im Exponenten des Strukturkennwertes, dessen Funktionen hinsichtlich optimaler Querschnittsverhältnisse und minimalem Volumenaufwand hier zu untersuchen sind.

Beim Bemessen des Bauteils und beim Ermitteln seiner Kennwertfunktionen empfiehlt es sich, eine bewährte Vorgehensweise möglichst durchgehend beizubehalten. Hier werden, nach Beschreiben der Variablen, zunächst die zur Steifigkeits- und Spannungsbestimmung erforderlichen Profilwerte, nämlich Querschnittsfläche, Trägheitsmoment und Widerstandsmoment bestimmt; danach formuliert man das Volumen als Zielgröße und die analytischen Aussagen über Maximalwerte der Spannungsverteilung und der Biegelinie als Restriktionen, ausgedrückt durch den Kennwert. Zielfunktion und Restriktionen sind meist Potenzen gewisser Hauptvariabler; daher erkennt man leicht, wann ein Volumenminimum durch Erfüllen der Restriktion, also durch Ausdimensionieren erzielt wird, und welche Variablen sich auf solche Weise bestimmen lassen. Durch geschicktes Multiplizieren der Ziel- und

Restriktionsformeln kann man die Variablen eliminieren und erhält so direkt das Volumenminimum als Kennwertfunktion. Die überzähligen Variablen erscheinen im Volumenfaktor dieser Zielfunktion und können schließlich durch partielles Ableiten optimiert werden. Existieren mehr Restriktionen als Variable, oder konkurrieren bei deren Bestimmung verschiedene Restriktionen, so muß man das Bauteil für jede (beispielsweise für Steifigkeit und für Festigkeit) gesondert dimensionieren; vom Strukturkennwert und vom Werkstoff hängt es dann ab, welche Restriktion das größte Bauteilvolumen fordert und damit über die Ausführung entscheidet. Hat man verschiedene Profiltypen auf solche Weise optimal ausgelegt, so kann man deren Zielfunktionen über dem Kennwert auftragen und vergleichen.

Die folgenden Beispiele sollen die Vorgehensweise demonstrieren und charakteristische Kennwertfunktionen aufzeigen.

4.2.1 Festigkeitsauslegung von Zugträgern mit Anschlußelementen

Die Auslegung zugbeanspruchter Bauteile ist trivial, wenn man nicht den Aufwand für Kräfteeinleitungen in die Betrachtung einbezieht. Dieser Zusatzaufwand steigt, im Unterschied zum eigentlichen Strukturaufwand, überproportional mit der Belastung an; dadurch wird das Tragwerk funktional inhomogen und die Kennwertfunktion zum Polynom. Der Anteil der Einleitungselemente dominiert besonders bei großem Kennwert; mit ihm steigt die Bedeutung der Werkstoffestigkeit gegenüber dem spezifischen Gewicht.

Die konstruktive Ausführung der Anschlüsse, seien es Schlaufen oder Knoten für Seile oder Stäbe, seien es Verbindungsnähte von Membranen oder Scheiben, ist als Gestaltungsproblem hier nicht aufgegeben. Vielmehr wird eine tragfähige, möglichst optimale Knoten- oder Nahtausführung vorausgesetzt und, der Belastung angepaßt, ähnlich vergrößert oder verkleinert. Der Volumenfaktor Ψ_{VZ} bzw. Ψ_{vZ} für den Zusatzanteil der Anschlüsse ist damit vorgegeben und geht als Konstruktionskonstante in die Rechnung ein.

Nach der Auslegung stab- und flächenförmiger Zugträger werden geeignete Werkstoffe über den Strukturkennwert verglichen. Je größer der Volumenfaktor des Anschlußelements, desto wichtiger ist die Werkstoffestigkeit. Für das eigentliche Zugelement empfiehlt sich ein Material mit hoher Reißlänge σ_B/γ, für Knoten ein hoher Wert $\sigma_B^{3/2}/\gamma$, bzw. σ_B^2/γ für Nähte.

4.2.1.1 Zugseil oder Zugstab mit Anschlußknoten

Bild 4.2/1 zeigt schematisch einen Zugstab (Seil) mit Anschlußknoten (Schlaufen). Vorgegeben sind die Last P und die Länge l des eigentlichen Zugträgers und damit der Kennwert $K = P/l^2$, außerdem der Volumenfaktor Ψ_{VZ} der Knoten.

Dimensionierungsvariable ist die Querschnittsfläche A des Stabes und das Volumen V_Z des Knotens, die sich aus Ähnlichkeitsgründen entsprechen: $V_Z = \Psi_{VZ} A^{3/2}$. Damit ist der Volumenaufwand, als Summe der Einzelvolumina (dimensionslos durch Bezug auf die Länge l),

$$V/l^3 = A/l^2 + 2V_Z/l^3 = A/l^2 + 2\Psi_{VZ}(A/l^2)^{3/2}. \qquad (4.2-1)$$

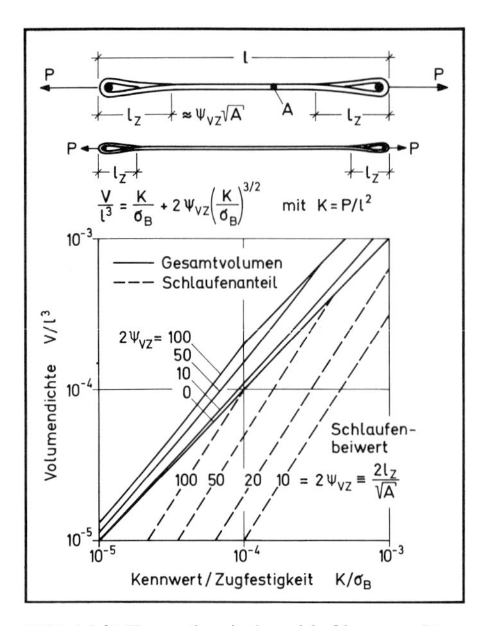

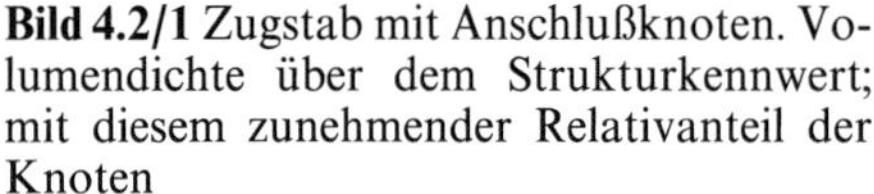

Bild 4.2/1 Zugstab mit Anschlußknoten. Volumendichte über dem Strukturkennwert; mit diesem zunehmender Relativanteil der Knoten

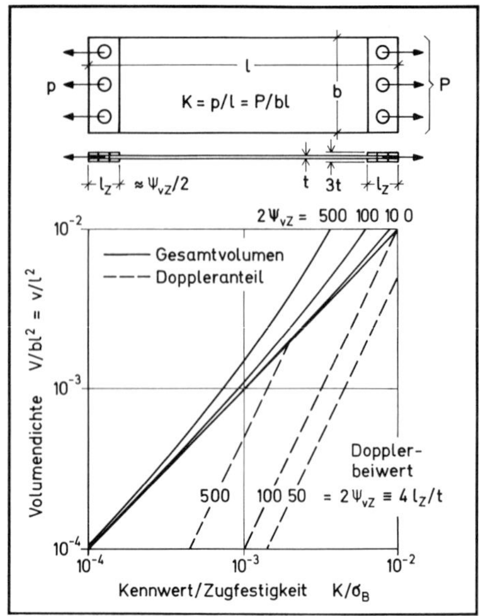

Bild 4.2/2 Zugblech mit Kräfteeinleitung. Volumendichte über Strukturkennwert; mit diesem zunehmender Relativanteil der Dopplerbleche

Aus der Festigkeitsrestriktion

$$\sigma_{zul} \geqq \sigma = P/A = (l^2/A)\,K \tag{4.2-2}$$

folgt die erforderliche Querschnittsfläche A/l^2 und mit ihr aus (4.2−1) das Mindestvolumen als Polynomfunktion des Kennwertes

$$V/l^3 \geqq (K/\sigma_{zul}) + 2\Psi_{VZ}(K/\sigma_{zul})^{3/2} \tag{4.2-3}$$

oder die reziproke Äquivalentspannung

$$\sigma_{zul}/\sigma_{ä} \geqq 1 + 2\Psi_{VZ}(K/\sigma_{zul})^{1/2}\,. \tag{4.2-4}$$

Ohne Knotenanteil wäre die Äquivalentspannung mit der wirklichen Spannung des ausdimensionierten Stabes identisch; durch den Zusatzaufwand der Knoten fällt sie geringer aus.

Der Volumenaufwand für den Stab steigt mit dem Kennwert proportional, der Knotenaufwand aber überproportional an. Bei großem Kennwert stößt man damit an eine Realisationsgrenze: wenn nämlich die Einleitungselemente die ganze Stablänge beanspruchen. Nimmt man eine Schlaufenlösung nach Bild 4.2/1, so ist die Schlaufenlänge $l_Z \approx V_Z/A = \Psi_{VZ}/A^{1/2}$, und da $2l_Z < l$ sein muß, die praktische Grenze: $K/\sigma_{zul} = A/l^2 \leqq 1/\Psi_{VZ}^2$. Besonders bei großem Strukturkennwert ist also auf kleinen Volumenfaktor der Knoten Wert zu legen.

In Bild 4.2/1 findet sich die Funktion (4.1−3) doppeltlogarithmisch aufgetragen. Während für die Einzelanteile einfache Potenzfunktionen und damit in dieser

Darstellung einfache Geraden resultieren, führt die Polynomfunktion des Gesamtvolumens zu einer nach oben abweichenden Kurve.

4.2.1.2 Zugmembran oder Zugscheibe mit Anschlußnaht

Bei dem flächigen Zugträger nach Bild 4.2/2 ist eine auf die Einheitsbreite bezogene Linienlast p in N/m vorgegeben und damit, in bezug auf die Länge l, der Kennwert $K=p/l$. Dazu wird eine ausdimensionierte Nahtkonstruktion angenommen, deren Volumenfaktor $\Psi_{vZ}=v_Z/t^2$ von der konstruktiven Ausführung der Naht als Schweiß-, Punkt-, Niet-, Bolzen oder Klebeverbindung abhängt. Einzige Dimensionierungsvariable ist die relative Scheibendicke t/l; mit ihr folgt das relative Gesamtvolumen (pro Einheitsbreite)

$$v/l^2=t/l+2v_Z/l^2=t/l+2\Psi_{vZ}(t/l)^2 . \qquad (4.2-5)$$

Aus der Festigkeitsrestriktion

$$\sigma_{zul}\geqq\sigma=p/t=(l/t)K \qquad (4.2-6)$$

kommt die Mindestdicke t/l, und mit ihr aus (4.2–5) der notwendige Gesamtaufwand als Polynomfunktion des Kennwertes:

$$v/l^2\geqq(K/\sigma_{zul})+2\Psi_{vZ}(K/\sigma_{zul})^2 . \qquad (4.2-7)$$

Eine logarithmische Auftragung dieser Funktion und ihrer Anteile zeigt Bild 4.2/2.

Im Vergleich zu (4.2–3) und Bild 4.2/1 stellt man fest, daß der Exponent des Zusatzvolumens bei der Naht ($m=2$) größer ist als beim Knoten ($m=3/2$); dadurch erhalten die Aussagen zum Kennwerteinfluß und zur Realisationsgrenze erhöhte Bedeutung. Nimmt man, wie in Bild 4.2/2 skizziert, für eine Nietverbindung eine Randverstärkung auf das Dreifache, also eine Zusatzdicke $t_Z=2t$ an, so ist das Zusatzvolumen $2v_Z\approx4tl_Z$. Mit der geometrischen Einschränkung $2l_Z<l$ wäre dann die Realisationsgrenze $K/\sigma_{zul}\leqq1/\Psi_{vZ}$, also $\leqq1/50$ bei $l_Z>25t$.

4.2.1.3 Materialbewertung für Zugelemente

Während für den Zugträger selbst die Reißlänge σ_B/γ über die Werkstoffgüte entscheidet, ist für Stabknoten die Wertungsgröße $\sigma_B^{3/2}/\gamma$, und für die Naht einer Scheibe oder Membran σ_B^2/γ, maßgebend. Dies folgt aus den Volumenfunktionen (4.2–3) und (4.2–7), wenn man sie mit dem spezifischen Materialgewicht γ multipliziert:

$$G/l^3=\gamma V/l^3\geqq(\gamma/\sigma_{zul})K+2\Psi_{vZ}(\gamma/\sigma_{zul}^{3/2})K^{3/2} , \qquad (4.2-8a)$$

$$g/l^2=\gamma v/l^2\geqq(\gamma/\sigma_{zul})K+2\Psi_{vZ}(\gamma/\sigma_{zul}^{2})K^{2} . \qquad (4.2-8b)$$

Dabei kann es zweckmäßig sein, für den eigentlichen Zugträger und seine Anschlußelemente unterschiedliche Werkstoffe einzusetzen. Nimmt man für alle Teile gleichen Werkstoff an, also materielle Homogenität, so lassen sich Werkstoffalternativen in einer Darstellung der Gewichte über dem Strukturkennwert vergleichen; beispielsweise eine Al-Legierung mit einem Längsfaserlaminat, wie in Bild 4.2/3 für den Stab nach (4.2–8a) und in Bild 4.2/4 für die Scheibe nach (4.2–8b). Dabei schneidet Glasfaserkunststoff dank seiner hohen Reißlänge besonders gut ab.

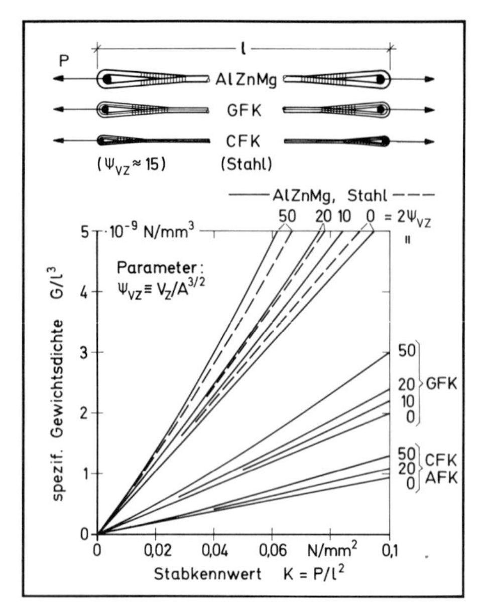

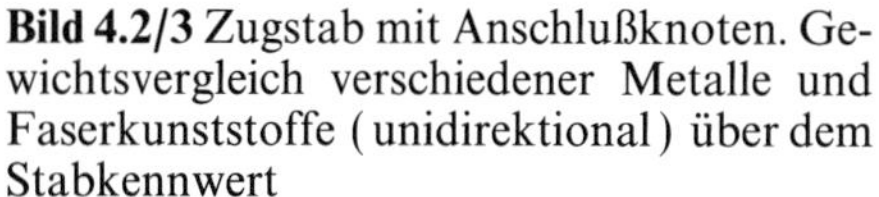

Bild 4.2/3 Zugstab mit Anschlußknoten. Gewichtsvergleich verschiedener Metalle und Faserkunststoffe (unidirektional) über dem Stabkennwert

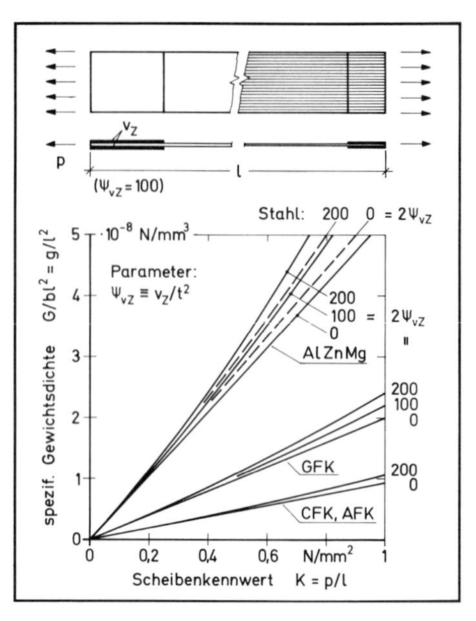

Bild 4.2/4 Blech oder unidirektionales Faserlaminat mit Dopplern zur Kräfteeinleitung. Gewichtsvergleich verschiedener Werkstoffe über dem Scheibenkennwert

Bei unterschiedlichen Werkstoffen kann auch der Volumenfaktor Ψ_{VZ} bzw. Ψ_{vZ} des Zusatzaufwandes verschieden ausfallen, da die Krafteinleitung etwa in einen Faserstrang anders zu gestalten ist als bei Metallstäben oder bei Drahtseilen. Darum sollte man einen Werkstoff nicht allein nach seinen gewichtsspezifischen Festigkeitswerten beurteilen, sondern auch danach, ob er eine günstige Einleitungskonstruktion mit kleinem Volumenfaktor ermöglicht.

4.2.2 Auslegung von Balken-Biegeträgern

Leichte Biegeträger brauchen ein Querschnittprofil, das großes Trägheitsmoment oder Widerstandsmoment bei kleinem Flächenaufwand verspricht. Darum ist große Profilhöhe bei geringer Dicke erwünscht; doch darf das Profil nicht zu dünnwandig ausfallen, weil es sonst im Druckbereich örtlich beult. Wird die Stegschlankheit (Höhe zu Dicke) vorgeschrieben, so erhält man eine Bedingung für die optimale Stabschlankheit (Länge zu Höhe) als Funktion des Strukturkennwertes, und, unabhängig von diesem, eine Aussage zur optimalen Flächenaufteilung des Profils. Die Breite des Stabprofils bzw. seiner Flansche ist für Biegung um die Querachse uninteressant, doch muß sie ausreichen, um seitliches Kippen des Trägers auszuschließen (Bd. 1, Abschn. 3.3.2); andererseits darf sie, um Flanschbeulen zu vermeiden, auch nicht zu groß sein (Abschn. 4.3.1.4).

Als Randbedingung wird beidseitig gelenkige Lagerung im Abstand l angenommen, als Last eine mittig angreifende Kraft F (Kennwert $K = F/l^2$); die Ergebnisse gelten dann auch für einen einseitig eingespannten, anderseits freien Kragträger der Länge $l/2$ und der Last $F/2$. Andere Einspannbedingungen oder Lastverteilungen, etwa eine Linienlast $p=F/l$ auf einem Durchlaufträger, also bei quasi eingespannten Enden, führen zu quantitativ anderen Ergebnissen; die Kennwertfunktion und ihr Exponent bleiben aber davon unberührt. So läßt sich am Beispiel des beidseitig gestützten, mittig belasteten Balkens das Auslegungsproblem des Biegeträgerprofils allgemeingültig erläutern.

Bei der Bestimmung der Trägerhöhe konkurriert die Steifigkeitsforderung mit der Festigkeitsbedingung; darum muß das Profil für beide Restriktionen getrennt ausgelegt werden. Schließlich entscheidet der Strukturkennwert, ob die Festigkeit oder die Steifigkeit für die Ausführung und das optimale Flansch/Steg-Verhältnis verantwortlich wird. Nur bei einem bestimmten Grenzkennwert oder in einem Übergangsbereich sind beide Kriterien gleichzeitig für das Mindestvolumen maßgebend.

Zunächst wird als einfachster Fall der rechteckige Vollquerschnitt mit nur einer Variablen betrachtet, die nach dem einen oder anderen Kriterium auszudimensionieren ist. Beim einfachsymmetrischen T- und beim doppeltsymmetrischen I-Profil kann eine von zwei Variablen frei gewählt oder durch Ableiten der Zielfunktion optimiert werden; dabei läßt sich die Toleranz des Ableitungsoptimums nachweisen. Beim Vergleich der Bauweisen über dem Strukturkennwert zeigt sich das I-Profil durchgehend überlegen.

4.2.2.1 Balken mit rechteckigem Vollquerschnitt

Zunächst sei ein einfacher Rechteckquerschnitt zugrundegelegt. Mit Höhe h und Breite b ergeben sich seine Fläche A, sein Trägheitsmoment I und sein Widerstandsmoment W:

$$A=bh, \qquad I=bh^3/12, \qquad W=2I/h=bh^2/6\,. \qquad (4.2-9)$$

Restriktionen sind hinsichtlich der maximalen Randbiegespannung σ_R und der maximalen Durchbiegung, dem *Biegepfeil* f vorgeschrieben. Nach der elementaren Balkentheorie (Bd. 1, Abschn. 3.2.1) erhält man für den beidseitig einfach gestützten, mittig punktbelasteten Träger:

$$\sigma_R=M/W=Fl/4W=(h/b)\,(l/h)^3 K/c_\sigma \leqq \sigma_{zul}\,, \qquad (4.2-10a)$$

$$f/l=Fl^2/48EI=(h/b)\,(l/h)^4 K/Ec_f \leqq f_{zul}/l\,, \qquad (4.2-10b)$$

mit den Beiwerten $c_\sigma=2/3$ und $c_f=4$ (für den durchlaufenden oder eingespannten Träger mit verteilter Last $p=F/l$ wären $c_\sigma=2$ und $c_f=32$). In die Zielgröße, das Volumen

$$V=Al=bhl \quad \text{bzw.} \quad V/l^3=(b/h)\,(h/l)^2 \rightarrow \text{Min!} \qquad (4.2-11)$$

gehen die beiden variablen Proportionen, die Schlankheit l/h und das Querschnittsverhältnis b/h, umgekehrt ein wie in die beiden Restriktionen. Geringstes Volumen läßt sich demnach durch *Ausdimensionieren*, d.h. durch Erfüllen der einen oder der anderen Restriktion erzielen. Allerdings kann man, da beide Bedingungen konkurrieren, nur eine Variable auf diese Weise bestimmen; die andere muß vorgegeben werden.

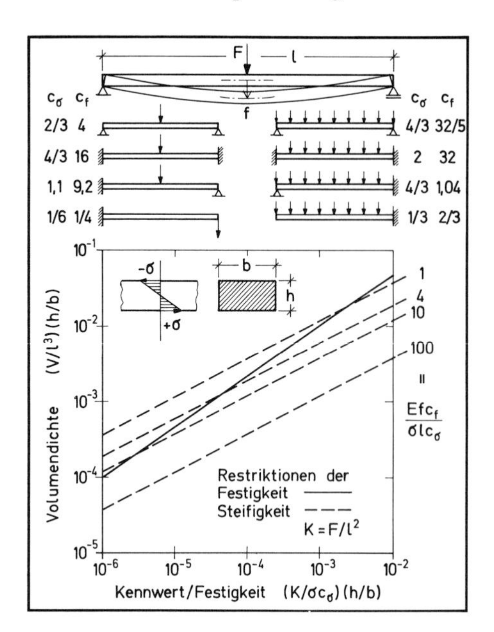

Bild 4.2/5 Balken mit Rechteckquerschnitt. Volumendichte über festigkeitsbezogenem Kennwert, Steifigkeitsbedingung im Parameter. Einflußfaktoren

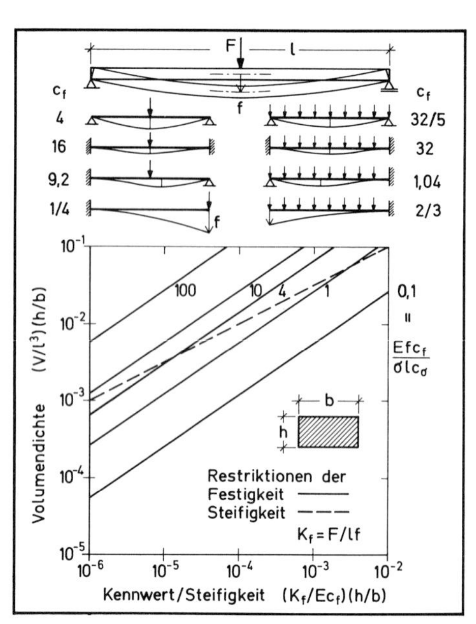

Bild 4.2/6 Balken mit Rechteckquerschnitt. Volumendichte über steifigkeitsbezogenem Kennwert, Festigkeitsbedingung im Parameter. Einflußfaktoren

Gibt man das Querschnittsverhältnis b/h vor, so erhält man, mit dem dimensionslosen *Spannungskennwert*

$$\varkappa_\sigma \equiv K/\sigma_{\text{zul}} c_\sigma \tag{4.2-12a}$$

bzw. dem *Federkennwert*

$$\varkappa_f = K_f/Ec_f \quad \text{mit} \quad K_f \equiv Kl/f_{\text{zul}}\,. \tag{4.2-12b}$$

aus (4.2–10a) bzw. (4.2–10b) die erforderliche Mindesthöhe

$$h/l \geqq (h/b)^{1/3} \varkappa_\sigma^{1/3}\,, \tag{4.2-13a}$$

$$h/l \geqq (h/b)^{1/4} \varkappa_f^{1/4}\,. \tag{4.2-13b}$$

Daraus folgt das Mindestvolumen, nach Elimination von h/l durch Multiplizieren von (4.2–10a) bzw. (4.2–10b) mit (4.2–11) gemäß

$$(11)(10a)^{2/3}: \quad V/l^3 \geqq (b/h)^{1/3} \varkappa_\sigma^{2/3}\,, \tag{4.2-14a}$$

$$(11)(10b)^{1/2}: \quad V/l^3 \geqq (b/h)^{1/2} \varkappa_f^{1/2}\,. \tag{4.2-14b}$$

Nach den Definitionen (4.1–5a) für die Volumenfunktion oder (4.1–11) für die Äquivalentfunktionen sind die Exponenten $m = m_V = 2/3$ und $n = n_V = 1/2$, die Volumenfaktoren $\Psi_V = 1/\Psi = c_\sigma^{-2/3}(b/h)^{1/3}$ und $\Phi_V = 1/\Phi = c_f^{-1/2}(b/h)^{1/2}(l/f)^{1/2}$. Diese streben nach Null für den extrem hohen und dünnen Querschnitt (hier muß man gegen *Kippen* eine Grenze setzen). Im übrigen gehen die Restriktionsbeiwerte c_σ und c_f ein, die man nach (4.2–12) auch als Kennwertfaktoren verstehen kann.

Die Kennwertfunktionen (4.2–14a) und (4.2–14b) sind in den Bildern 4.2/5 und 4.2/6 logarithmisch aufgetragen, für die Festigkeitsauslegung über $\varkappa_\sigma h/b$, für die Steifigkeitsbedingung über $\varkappa_f h/b$. Bild 4.2/5 zeigt neben der Festigkeits- auch die Steifigkeitsgrenze über $\varkappa_\sigma h/b$ mit Parameter $\sigma_{zul} l/E f_{zul}$; da der Exponent $m=2/3$ größer ist als $n=1/2$, überschneiden sich die Geraden, so daß unterhalb des Kennwertes

$$K/\sigma_{zul} = c_f^{-3} c_\sigma^4 (b/h)(\sigma_{zul} l/E f_{zul})^3 = (\Phi_V/\Psi_V)^6 (\sigma/E)^3 \qquad (4.2-15)$$

das Kriterium der Steifigkeit, oberhalb desselben das der Festigkeit für das Volumen maßgebend wird.

Soll der Trägerquerschnitt eine gewisse Höhe nicht überschreiten, so ist h/l vorzugeben und die relative Breite b/h als variabel zu behandeln. Aus (4.2–10) folgt dann einfach, daß Breite und Volumen der Last, also dem Kennwert, proportional sein müssen.

4.2.2.2 Balken mit I- oder Kastenquerschnitt

Beim doppeltsymmetrischen, dünnwandigen I-Profil nach Bild 4.2/7 sind drei Dimensionierungsgrößen für das Biegeverhalten um die Querachse verantwortlich: die Steghöhe h, die Stegdicke t und die Flanschfläche A_F, oder dimensionslos: die Stabschlankheit l/h, die Stegschlankheit h/s und das Flächenverhältnis $\delta \equiv A_F/A_S = A_F/hs$.

Gleiches gilt auch für ein Kastenprofil mit der Stegdicke $s/2$. Über Querschnittsfläche, Trägheitsmoment und Widerstandsmoment

$$A = A_S + 2A_F = sh(1+2\delta), \qquad (4.2-16a)$$

$$I = sh^3/12 + A_F h^2/2 = sh^3(1+6\delta)/12, \qquad (4.2-16b)$$

$$W = 2I/h = sh^2(1+6\delta)/6 \qquad (4.2-16c)$$

erhält man entsprechend (4.2–10) die Restriktionen der Festigkeit und der Steifigkeit in der Form

$$\sigma_R = (l/h)^3 (h/s)(1+6\delta)^{-1} K/c_\sigma \leqq \sigma_{zul}, \qquad (4.2-17a)$$

$$f/l = (l/h)^4 (h/s)(1+6\delta)^{-1} K/E c_f \leqq f_{zul}/l, \qquad (4.2-17b)$$

(mit den Beiwerten $c_\sigma = 2/3$ und $c_f = 4$ für den beidseitig gelenkig gestützten, mittig punktbelasteten Balken). Zielwert ist das Volumen

$$V = Al \quad \text{bzw.} \quad V/l^3 = (h/l)^2 (s/h)(1+2\delta). \qquad (4.2-18)$$

Damit läßt sich eine der beiden Variablen h/l oder s/h ausdimensionieren. Schreibt man die Stegschlankheit h/s vor, um örtliches Beulen auszuschließen, so kommt die Stabschlankheit l/h aus (4.2–17) und das Mindestvolumen aus Multiplikation von (4.2–17) und (4.2–18) nach der Vorschrift

$$(18)(17a)^{2/3}: \quad V/l^3 \geqq (s/h)^{1/3}(1+2\delta)(1+6\delta)^{-2/3} \varkappa_\sigma^{2/3}, \qquad (4.2-19a)$$

$$(18)(17b)^{1/2}: \quad V/l^3 \geqq (s/h)^{1/2}(1+2\delta)(1+6\delta)^{-1/2} \varkappa_f^{1/2}, \qquad (4.2-19b)$$

(mit den Kennwertverhältnissen $\varkappa_\sigma$ und $\varkappa_f$ nach (4.2–12)).

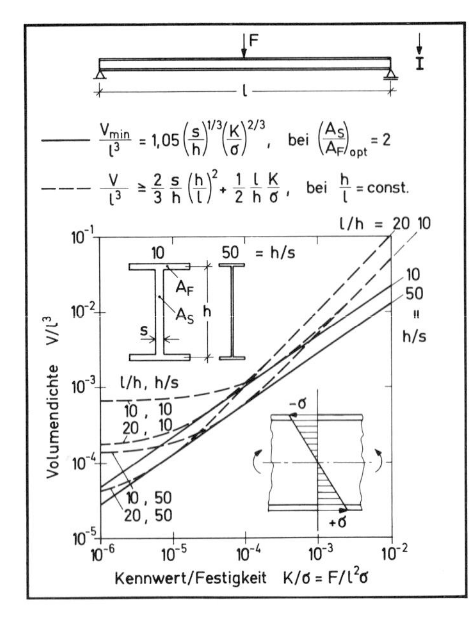

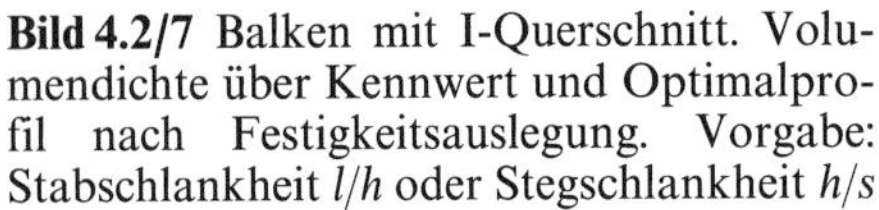

Bild 4.2/7 Balken mit I-Querschnitt. Volumendichte über Kennwert und Optimalprofil nach Festigkeitsauslegung. Vorgabe: Stabschlankheit l/h oder Stegschlankheit h/s

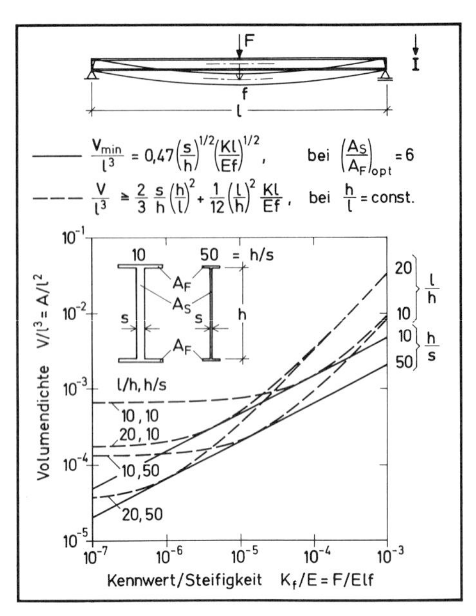

Bild 4.2/8 Balken mit I-Querschnitt. Volumendichte über Kennwert und Optimalprofil nach Steifigkeitsauslegung. Vorgabe: Stabschlankheit l/h oder Stegschlankheit h/s

Die dritte Variable, das Flächenverhältnis δ, läßt sich nicht *ausdimensionieren*. Sie kann aus anderen Gründen vorgegeben oder durch Ableiten der Volumenfunktion nach δ optimiert werden; dann erhält man (zur Festigkeit einen höheren, zur Steifigkeit einen geringeren) optimalen Flanschanteil, und das Minimalvolumen aus

$$(19a)': \quad \delta_{\text{opt}} = 1/2, \quad V_{\min}/l^3 = 0{,}80\,(s/h)^{1/3}\varkappa_\sigma^{2/3}, \qquad (4.2-20a)$$

$$(19b)': \quad \delta_{\text{opt}} = 1/6, \quad V_{\min}/l^3 = 0{,}94\,(s/h)^{1/2}\varkappa_f^{1/2}. \qquad (4.2-20b)$$

In den Bildern 4.2/7 und 4.2/8 sind diese beiden Funktionen für Stegschlankheiten $h/s = 10$ und 50 als Gerade aufgetragen. Außerdem sind Kurven für vorgegebene Höhe h bzw. Stabschlankheit l/h eingezeichnet; variabel ist dafür das Flächenverhältnis δ.

Will man eine gewisse Profilhöhe nicht überschreiten, so muß man, um die Restriktionen (4.2–17) einzuhalten, entweder die Stegdicke s/h oder die Flanschfläche $A_F = \delta hs$ als Variable freigeben. Im ersten Fall folgt aus

$$(18)(17a): \quad V/l^3 \geqq (l/h)(1+2\delta)(1+6\delta)^{-1}\varkappa_\sigma, \qquad (4.2-21a)$$

$$(18)(17b): \quad V/l^3 \geqq (l/h)^2(1+2\delta)(1+6\delta)^{-1}\varkappa_f. \qquad (4.2-21b)$$

Minimalvolumen würde sich dann für $1/\delta \to 0$, also für verschwindenden Steganteil einstellen, das heißt für $s/h \to 0$. Da der Steg nicht beulen darf, muß $(s/h)_{\min}$ vorgeschrieben werden. Nimmt man dafür das Flächenverhältnis δ als Variable, bestimmt diese aus (4.2–17) und setzt sie in (4.2–18) ein, so erhält man als

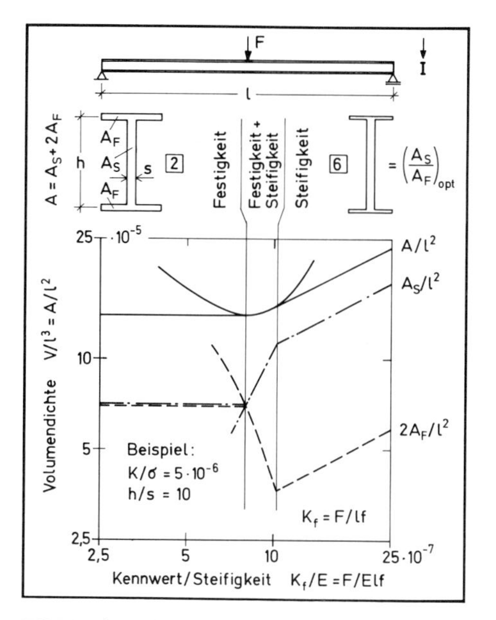

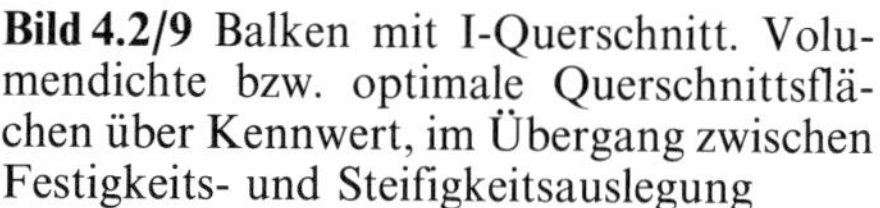

Bild 4.2/9 Balken mit I-Querschnitt. Volumendichte bzw. optimale Querschnittsflächen über Kennwert, im Übergang zwischen Festigkeits- und Steifigkeitsauslegung

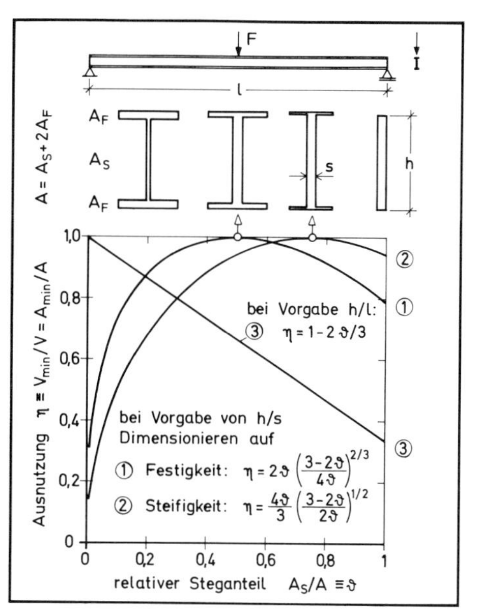

Bild 4.2/10 Balken mit I-Querschnitt. Auf Optimum bezogene Ausnutzung des Profils, abhängig von seinem relativen Steganteil. Empfindlichkeit des Ableitungsoptimums

Volumengrenze

$$V/l^3 \geqq (h/l)^2(2s/3h) + (l/h)\varkappa_\sigma/3\,, \qquad (4.2-22a)$$

$$V/l^3 \geqq (h/l)^2(2s/3h) + (l/h)^2\varkappa_f/3 \qquad (4.2-22b)$$

mit konstanter Stegfläche und lastproportionalem Flanschaufwand. Weil das Flächenverhältnis nicht mehr frei einstellbar ist, kann das Ergebnis nicht die gewöhnliche Potenzform annehmen, also im logarithmischen Netz (Bild 4.2/7 und 4.2/8) sich nicht als Gerade abbilden. Die Begrenzung der Trägerhöhe erfordert besonders bei großem Kennwert einen erhöhten Aufwand.

Bild 4.2/9 soll darauf hinweisen, daß der Wechsel vom Steifigkeits- zum Festigkeitskriterium beim I-Profil sich nicht, wie beim Vollquerschnitt nach (4.2–15), im Schnitt der Geraden bei einem bestimmten Kennwert vollzieht, sondern streng genommen einen Übergangsbereich beansprucht, in dem sich das optimale Flächenverhältnis $\delta_{opt} = 1/6$ (für Steifigkeit) zum Wert $\delta_{opt} = 1/2$ (für Festigkeit) ändert. In diesem Bereich gelten beide Restriktionen (4.2–17). Dividiert man diese Gleichungen, so folgt daraus eine Bedingung für die Stabschlankheit $h/l > \varkappa_f/\varkappa_\sigma$ und aus (4.2–22) das Mindestvolumen

$$V/l^3 \geqq (s/h)\,2\varkappa_f^2/3\varkappa_\sigma^2 + \varkappa_\sigma^2/3\varkappa_f\,. \qquad (4.2-23)$$

Die Berührungspunkte dieser Polynomfunktion mit den Potenzfunktionen (4.2–20) begrenzen den Übergangsbereich, wie in Bild 4.2/9 (am Beispiel $K/\sigma_{zul} = 5 \cdot 10^{-6}, h/s = 10$) zu sehen ist. Stegfläche $A_S/l^2 = (V/l^3)/(1+2\delta)$ und Flanschaufwand $2A_F/l^2 = (V/l^3)\,2\delta/(1+2\delta)$ bestimmen sich aus V/l^3 und dem Flächenverhältnis; dieses kommt aus (4.2−17), mit $h/l = \varkappa_f/\varkappa_\sigma$:

$$6\delta = (h/s)\varkappa_\sigma^4/\varkappa_f^3 - 1\,. \qquad (4.2-24)$$

Ignoriert man den Übergangsbereich und rechnet bis zum Schnitt der Potenzfunktionen (4.2−20) (bei $\varkappa_f^3 = 0{,}38(h/s)\varkappa_\sigma^4$) nur mit der Steifigkeit, darüber nur mit der Festigkeit, so wird das erforderliche Volumen unterschätzt; doch zeigt Bild 4.2/9, daß der Fehler praktisch vernachlässigbar ist.

Im Unterschied zu den Hauptvariablen h/s und l/h, also den Profil- und Stabschlankheiten, die nach der Steifigkeits- oder Festigkeitsbedingung auszudimensionieren sind und damit zu Funktionen des Kennwerts werden, ist das Flächenverhältnis vom Kennwert unabhängig und frei wählbar. Ein Optimum ergab sich durch Ableiten der Volumenfunktion. Wünscht man, etwa für bessere Kippstabilität, einen größeren Flanschanteil, also größeres δ, so interessiert der durch Abweichung vom *Optimum* verursachte Zielwertverlust.

Bild 4.2/10 zeigt hierzu die auf ihren Höchstwert bezogenen Wirkungsfaktoren zu (4.2−19a) und (4.2−19b). Man erkennt, daß beide Optimallösungen sehr tolerant sind: praktisch ist ein Verhältnis $\vartheta = A_S/A = 0{,}5$ bis 0,6 (optimal für Festigkeit) auch hinsichtlich Steifigkeit vertretbar. Bei vorgeschriebener Profilhöhe ist der optimale Steganteil gleich Null; die Güte fällt linear mit dem Stegaufwand, bis auf 1/3 des Höchstwertes beim Steg ohne Flansche.

4.2.2.3 Balken mit einfachsymmetrischem T-Querschnitt

Wie beim doppeltsymmetrischen I-Profil sind auch beim einfachsymmetrischen T-Profil drei Querschnittsvariable für Biegeverhalten um die Querachse verantwortlich: die Stegmaße h und s sowie die Flanschfläche A_F; oder die Verhältnisse h/l, s/h und $\delta \equiv A_F/A_S = A_F/sh$. Die Flanschbreite interessiert nur im Hinblick auf seitliche Kippstabilität.

Beim T-Profil hängt die Lage der Neutralachse vom Flächenverhältnis δ ab. Der Abstand e des Neutralpunktes von der Flanschmittelfläche folgt aus dem Statischen Moment S_0 um die Flanschachse, dividiert durch die Gesamtfläche A:

$$A = A_S + A_F = sh(1+\delta), \quad S_0 = sh^2/2, \quad e = S_0/A = h/2(1+\delta). \qquad (4.2-25a)$$

Damit erhält man das Trägheitsmoment und das Widerstandsmoment um die Neutralachse

$$I = I_0 - e^2\, A = sh^3/3 - sh^3/4(1+\delta) \quad = sh^3(1+4\delta)/12(1+\delta), \qquad (4.2-25b)$$

$$W = I/(h-e) = 2I(1+\delta)/h(1+2\delta) \quad = sh^2(1+4\delta)/6(1+2\delta), \qquad (4.2-25c)$$

und über diese, entsprechend (4.2−17), die Restriktionen für Spannung und Biegepfeil in der Form

$$\sigma_R = (l/h)^3(h/s)(1+2\delta)(1+4\delta)^{-1}K/c_\sigma \leqq \sigma_{zul}\,, \qquad (4.2-26a)$$

$$f/l = (l/h)^4(h/s)(1+\delta)(1+4\delta)^{-1}K/Ec_f \leqq f_{zul}/l\,, \qquad (4.2-26b)$$

(mit $c_\sigma = 2/3$ und $c_f = 4$ für den beidseitig gestützten, mittig belasteten Balken). Die Zielfunktion ist

$$V/l^3 = (h/l)^2(s/h)(1+\delta). \qquad (4.2-27)$$

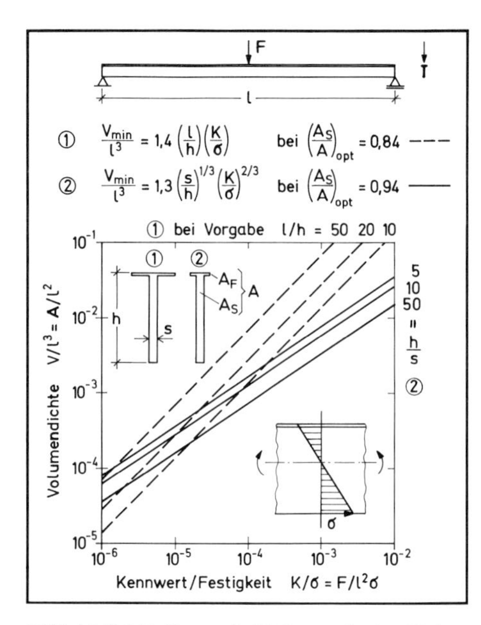

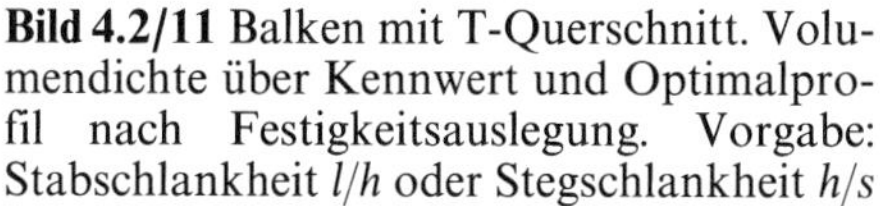

Bild 4.2/11 Balken mit T-Querschnitt. Volumendichte über Kennwert und Optimalprofil nach Festigkeitsauslegung. Vorgabe: Stabschlankheit l/h oder Stegschlankheit h/s

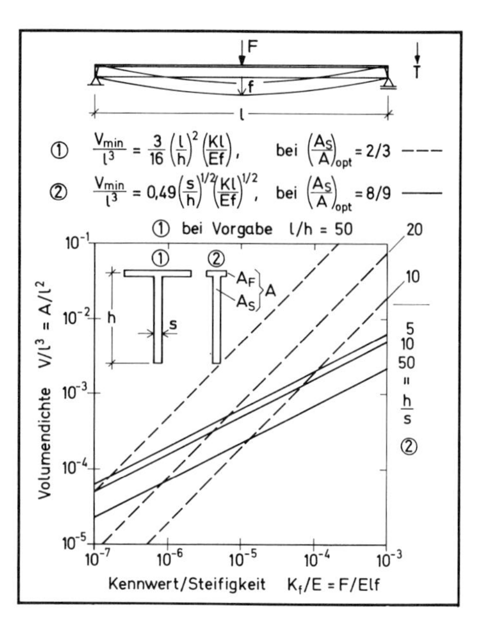

Bild 4.2/12 Balken mit T-Querschnitt. Volumendichte über Kennwert und Optimalprofil nach Steifigkeitsauslegung. Vorgabe: Stabschlankheit l/h oder Stegschlankheit h/s

Bei Vorgabe der Stegschlankheit h/s läßt sich die Stabschlankheit l/h wieder nach der einen oder der anderen Restriktion ausdimensionieren. Für das Volumen folgt aus

$$(27)\,(26\mathrm{a})^{2/3}\!: V/l^3 \geqq (s/h)^{1/3}(1+\delta)\,[(1+2\delta)/(1+4\delta)]^{2/3}\varkappa_\sigma^{2/3}\,, \qquad (4.2-28\mathrm{a})$$

$$(27)\,(26\mathrm{b})^{1/2}\!: V/l^3 \geqq (s/h)^{1/2}(1+\delta)\,[(1+\delta)/(1+4\delta)]^{1/2}\varkappa_\mathrm{f}^{1/2}\,. \qquad (4.2-28\mathrm{b})$$

Wieder kann das Flächenverhältnis δ frei gewählt oder durch Ableiten der Volumenfunktion optimiert werden. Damit erhält man das Volumenminimum aus

$$(28\mathrm{a})'\!: \quad \delta_\mathrm{opt} \approx 1/16, \quad V_\mathrm{min}/l^3 \approx (s/h)^{1/3}\varkappa_\sigma^{2/3}\,, \qquad (4.2-29\mathrm{a})$$

$$(28\mathrm{b})'\!: \quad \delta_\mathrm{opt} = 1/8, \quad V_\mathrm{min}/l^3 \approx (s/h)^{1/2}\varkappa_\mathrm{f}^{1/2}\,, \qquad (4.2-29\mathrm{b})$$

wie es in Bild 4.2/11 und 4.2/12 für den beidseitig gestützten Balken über K/σ_zul bzw. K_f/E aufgetragen ist.

Außerdem sind Volumenfunktionen auch für den Fall eingezeichnet, daß die maximale Profilhöhe h/l vorgegeben und dafür die Stegschlankheit h/s variabel ist. Indem man diese eliminiert, folgt das Volumen aus

$$(27)\,(26\mathrm{a})\!: \quad V/l^3 \geqq (l/h)\,(1+\delta)\,(1+2\delta)\,(1+4\delta)^{-1}\varkappa_\sigma\,, \qquad (4.2-30\mathrm{a})$$

$$(27)\,(26\mathrm{b})\!: \quad V/l^3 \geqq (l/h)^2(1+\delta)\,(1+\delta)\,(1+4\delta)^{-1}\varkappa_\mathrm{f}\,. \qquad (4.2-30\mathrm{b})$$

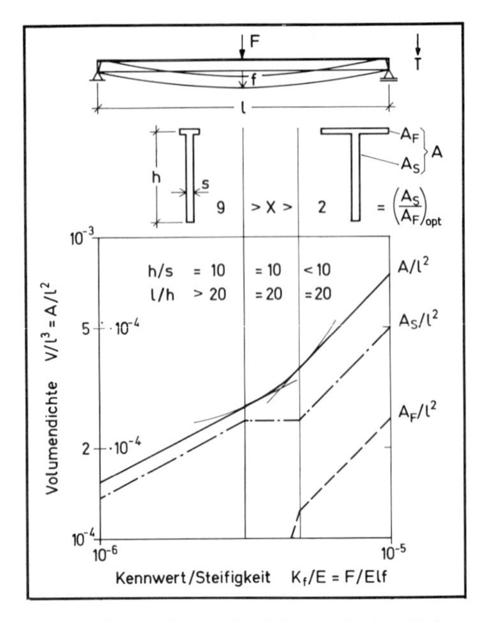

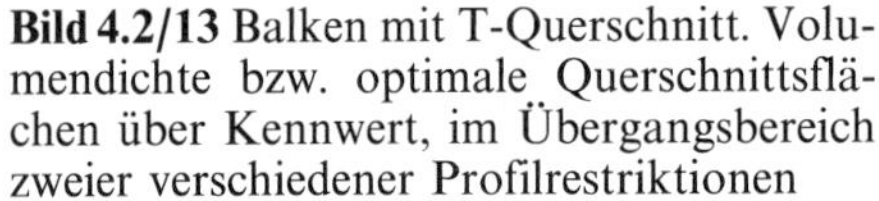

Bild 4.2/13 Balken mit T-Querschnitt. Volumendichte bzw. optimale Querschnittsflächen über Kennwert, im Übergangsbereich zweier verschiedener Profilrestriktionen

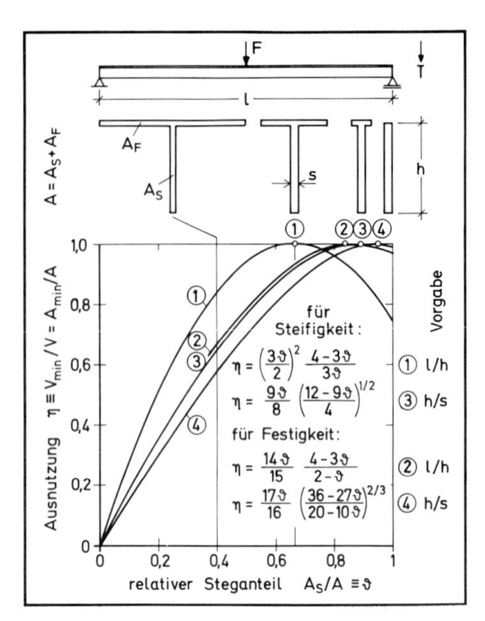

Bild 4.2/14 Balken mit T-Querschnitt. Auf Optimum bezogene Ausnutzung des Profils, abhängig von seinem relativen Steganteil. Empfindlichkeit des Optimums

Aus der Ableitung dieser Funktionen erhält man für den optimalen Flanschteil höhere Werte als nach (4.2–29), besonders zum Steifigkeitskriterium. So kommt aus

$$(30a)': \quad \delta_{opt} \approx 0{,}18, \quad V_{min}/l^3 \approx 0{,}93\,(l/h)\,\varkappa_\sigma\,, \qquad (4.2-31a)$$

$$(30b)': \quad \delta_{opt} = 0{,}50, \quad V_{min}/l^3 = 0{,}75\,(l/h)^2\varkappa_f\,. \qquad (4.2-31b)$$

Im Unterschied zum I-Profil existiert also hier auch bei Höhenbegrenzung ein optimales Flächenverhältnis. Wenn der optimale Steganteil auch geringer ist als bei freier Höhe, so kann er doch nicht verschwinden, weil sonst die Tragfähigkeit des Profils verloren ginge.

Schreibt man sowohl die maximale Profilhöhe wie auch die minimale Stegdicke vor, so führt dies beim I-Profil (Bild 4.2/7 und 4.2/8) zu einer Kurve mit stetig veränderlichem δ; dagegen existieren beim T-Profil die Grenzen (4.2–29) und (4.2–30) jeweils für sich mit unterschiedlichem δ_{opt}. Die Exponenten m und n sind im zweiten Fall (bei Vorgabe l/h) größer, also führt bei niedrigem Kennwert die Forderung minimaler Stegdicke, bei großem Kennwert die Höhenbegrenzung zum maßgebenden Mindestvolumen.

Da die optimalen Flächenverhältnisse δ_{opt} für beide Fälle verschieden sind, muß, wie schon in Bild 4.2/9 für den Wechsel von Steifigkeits- zu Festigkeitsrestriktion erläutert, auch beim Wechsel der geometrischen Restriktionen ein Übergangsbereich beachtet werden, in dem sich das optimale Flächenverhältnis δ_{opt} bei Festigkeitsauslegung von 0,06 nach 0,18 verlagert, bzw. bei Steifigkeitsauslegung von 1/8 nach 1/2. Bild 4.2/13 gibt dazu ein Beispiel (mit $h/s \leqq 10$ und $l/h \geqq 20$). Die Änderung von δ im

Übergangsbereich folgt aus der Division der statischen Restriktionsgleichungen (4.2–26b) und (4.2–26a)

$$\vartheta = 1/(1+\delta) = 2 - (l/h)(\varkappa_f/\varkappa_\sigma). \qquad (4.2-32)$$

Setzt man als Grenzen die jeweils optimalen Flächenverhältnisse: $8/9 > \vartheta > 3/2$, so ist damit auch der Übergangsbereich abgesteckt. Wie Bild 4.2/13 erkennen läßt, begeht man aber keinen großen Fehler, wenn man einfach mit unstetigem Übergang zwischen den Potenzfunktionen (4.2–29) und (4.2–30) rechnet.

Der durch Ableiten der Volumenfunktion gewonnene, kennwertunabhängige Flanschflächenanteil ist, abgesehen von $\delta_{opt} = 1/2$ für Steifigkeitsauslegung bei Höhenbegrenzung, vernachlässigbar gering. Wie Bild 4.2/14 in einer Auftragung des relativen Wirkungsfaktors zeigt, könnte in allen anderen Fällen auf den Flansch verzichtet werden. Da ein solcher aber zur seitlichen Stabilität notwendig ist, muß interessieren, wie stark der Zielwert bei einem Abweichen vom Optimum abfällt. Wählt man ein Flächenverhältnis $A_F/A_S = 1/2$, also das Steifigkeitsoptimum bei Höhenvorgabe, so ist hinsichtlich der übrigen Kriterien mit Aufwandserhöhungen um 7 bis 15 % zu rechnen.

4.2.2.4 Vergleich der Profiltypen über den Strukturkennwert

Bild 4.2/15 vergleicht die Gewichte der drei betrachteten Balkenprofile in Abhängigkeit vom Kennwert $K = F/l^2$. Zugrunde liegen die Minimalvolumina nach (4.2–14) für den Vollquerschnitt, nach (4.2–20) für das I- und (4.2–29) für das T-Profil.

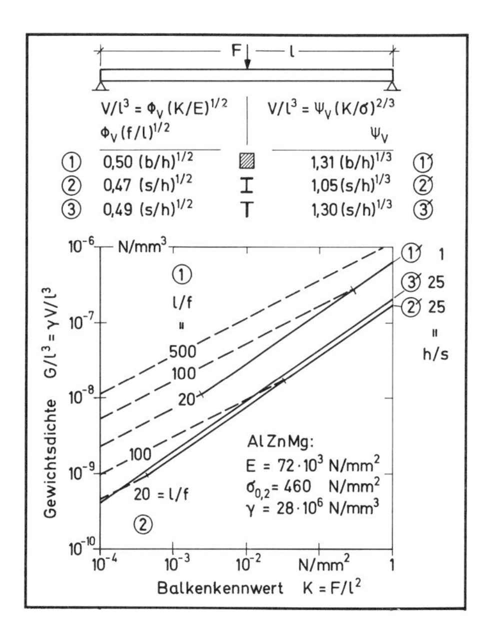

Bild 4.2/15 Balken. Gewichtsvergleich verschiedener Bauweisen über dem Kennwert; Profile jeweils für Festigkeit (rechts) oder Steifigkeit (links) optimiert. Vorgabe: h/s

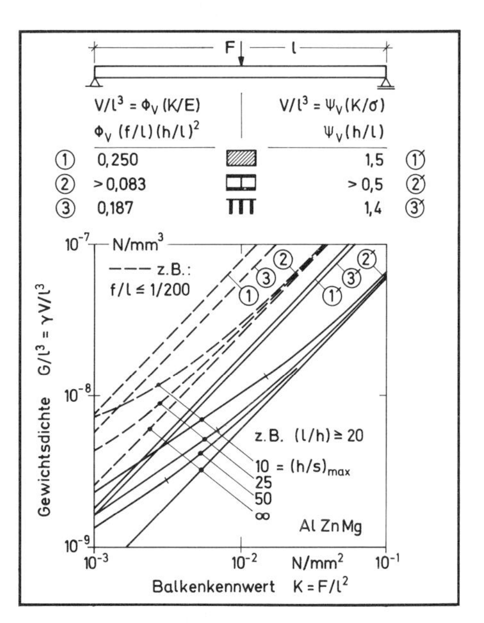

Bild 4.2/16 Balken. Gewichtsvergleich verschiedener Bauweisen über dem Kennwert; Profile jeweils für Festigkeit (rechts) oder Steifigkeit (links) optimiert. Vorgabe: l/h

Um Steifigkeits- und Festigkeitskriterium in ein Diagramm zu bringen, muß man einen Werkstoff vorgeben; als Beispiel dient eine Al-Legierung. Parameter ist die zulässige relative Durchbiegung. Je größer diese ist, desto geringer ist das zur Steifigkeit erforderliche Gewicht, desto niedriger aber auch die Kennwertgrenze, bei welcher statt der Steifigkeit (mit Kennwertexponent $n=1/2$) die Festigkeit (mit Exponent $m=2/3$) maßgebend wird.

Da die Kennwertexponenten der Profile sich nicht unterscheiden, die Zielgeraden im Diagramm folglich parallel laufen, kann man eine durchgehende Überlegenheit des I-Profils feststellen. Allerdings ist die Differenz zum T-Profil (4.2–29) gering (20 % für Steifigkeit, 6 % für Festigkeit); sie verschwindet fast ganz im Vergleich zum Vollquerschnitt, wenn man diesen mit dem vorgegebenen Stegquerschnitt gleichsetzt ($b/h=s/h$), weil nämlich der *optimale* Flanschaufwand bei unbegrenzter Profilhöhe vernachlässigbar gering ist.

Anderes gilt, wenn die Höhe h bzw. das Verhältnis l/h vorgegeben wird, siehe Bild 4.2/16. In diesem Fall verringert sich der Aufwand des I-Profils gegenüber dem Vollquerschnitt nach (4.2–22) bis auf 1/3. Dagegen ist das T-Profil nach (4.2–31) dem Vollquerschnitt weniger überlegen (25 % bei Steifigkeit, 7 % bei Festigkeit).

4.2.3 Auslegung von Platten-Biegeträgern

Hier werden nun durch Querkraftbiegung beanspruchte Platten vorgegebener Länge und Breite betrachtet. In Anlehnung an das Balkenproblem kann als Beispiel der zweiseitig gestützte *Plattenstab* dienen, dessen Längsränder ungestützt sind oder infolge ihrer Entfernung keinen Einfluß auf die Biegespannung σ und den Biegepfeil f nehmen. Die Rechnungen werden aber so allgemein formuliert, daß man über Restriktionsbeiwerte c_σ und c_f beliebige Seitenverhältnisse und Lagerfälle berücksichtigen kann, wie auch beliebige Lastverteilungen. Exemplarisch sei eine zwischen den Lagern mittig angreifende, über die Breite gleichmäßig verteilte Linienlast p (Kennwert $K=p/l$) angenommen, doch kann es ebenso eine gleichförmige Flächenlast $\hat{p}$ sein ($K=\hat{p}$).

Auslegung und Optimierung betreffen nur den Plattenquerschnitt. Als einfachster Fall wird zunächst der Vollquerschnitt dimensioniert, dann, analog zum T-Profil des Balkens, ein durch Längsstege einseitig versteiftes Integralplattenprofil und endlich, dem I-Balkenprofil vergleichbar, ein Sandwich. Dieser wird zunächst mit schubstarrem, dann auch mit nachgiebigem Kern gerechnet, wobei sich die Kennwertfunktionen nicht mehr in gewöhnlicher Potenzform darstellen. Abweichungen von der Potenzform treten in jedem Fall auf, wenn die Kernhöhe oder die Hautdicke vorgegeben sind; nur wenn sich Haut- und Kernwand optimal aufeinander abstimmen lassen, kann man mit der gewöhnlichen Form rechnen.

Da eine über die ganze Länge mit konstantem Querschnitt ausgelegte Platte unter Querbelastung keine konstante Biegespannung erfährt, also nicht ideal ausgenützt ist, realisiert sie auch nicht ihr absolutes Gewichtsminimum. Zum Vergleich sollen auch Platten als *Träger gleicher Festigkeit* mit einer längs veränderlichen Höhe dimensioniert werden. Dabei zeigt sich, daß die Gestaltung der Platte über ihre Länge, wie die Lagerung oder die Lastverteilung, nur den Volumenfaktor beeinflußt, während die optimale Profilgebung davon unberührt bleibt.

Beim Vergleich der Bauweisen über dem Strukturkennwert schneidet die Sandwichplatte mit leichtem Kern erwartungsgemäß am besten ab, wobei ihre Überlegenheit infolge Kernschubnachgiebigkeit bei großem Kennwert etwas zurückfällt.

4.2.3.1 Platte mit homogenem Vollquerschnitt

Die Platte hat im einfachsten Fall einen homogenen Querschnitt mit konstanter Höhe (Dicke) h. Sie sei, wie der Balken, im Abstand l gestützt und mittig belastet, diesmal durch eine über die Breite b gleichförmig verteilte Linienlast $p=F/b$. Mit dem anders definierten Kennwert ($K=p/l=F/bl$ anstelle von F/l^2) erscheinen die für den Balken aufgestellten Restriktionen (4.2−10) in der Form

$$\sigma_{xR}=(l/h)^2 K/c_\sigma \leqq \sigma_{zul}, \qquad (4.2-33a)$$

$$f/l=(l/h)^3 K/Ec_f \leqq f_{zul}/l, \qquad (4.2-33b)$$

(mit $c_\sigma=2/3$ und $c_f \approx 4$ bei zweiseitiger Stützung und mittiger Last). Allerdings ist bei der Platte im Unterschied zum Balken der Einfluß der Querkontraktionsbehinderung zu beachten. Diese wirkt sich zwar auf die Festigkeit kaum aus, da die Querspannung $\sigma_y=\nu\sigma_x(=0{,}3\sigma_x)$ von Betrag geringer und im Vorzeichen gleich ist wie die maßgebende Längsspannung (zu Festigkeitshypothesen für zweiachsige Beanspruchung siehe Bd. 1, Abschn. 2.1.3); sie erhöht aber die Biegesteifigkeit um den Faktor $1/(1-\nu^2)$, also um etwa 10 % (Bd. 1, Abschn. 2.1.2.2), was sich im Restriktionswert $c_f=4/(1-\nu^2)$ berücksichtigen läßt.

Das Plattenvolumen; bezogen auf die Einheitsbreite, ist einfach

$$V/b \equiv v=hl \quad \text{oder} \quad v/l^2=h/l, \qquad (4.2-34)$$

also die relative Höhe h/l, die nach (4.2−33a) oder (4.2−33b) ausdimensioniert wird und so auf das Mindestvolumen führt, über

$$(34)\,(33a)^{1/2}: \qquad v/l^2 \geqq (K/\sigma_{zul}c_\sigma)^{1/2} \equiv \varkappa_\sigma^{1/2}, \qquad (4.2-35a)$$

$$(34)\,(33b)^{1/3}: \qquad v/l^2 \geqq (Kl/Ef_{zul}c_f)^{1/3} \equiv \varkappa_f^{1/3}. \qquad (4.2-35b)$$

Beide Funktionen sind in Bild 4.2/17 über dem Relativkennwert $\varkappa_\sigma \equiv K/\sigma c_\sigma$ dargestellt. Parameter für die Steifigkeitsfunktionen ist dann das Verhältnis $\varkappa_f/\varkappa_\sigma=Efc_f/l\sigma c_\sigma$; diese schneiden die Festigkeitsfunktion bei

$$K/\sigma_{zul}=c_f^{-2}c_\sigma^3(l\sigma_{zul}/Ef_{zul})^2. \qquad (4.2-36)$$

Bei kleinerem Kennwert ist die Steifigkeit, bei größerem die Festigkeit maßgebend.

In Bild 4.2/18 sind die Restriktionsbeiwerte c_σ und c_f für verschiedene Seitenverhältnisse und Lagerbedingungen angegeben.

4.2.3.2 Integralplattenprofil mit einseitigen Längsstegen

Die Platte sei in Längsrichtung durch regelmäßig distanzierte Stege versteift; die Biegesteifigkeit in Querrichtung ist dann so gering, daß man die seitliche Stützung auch bei endlicher Breite der Platte vernachlässigen und diese als einachsig krümmenden *Plattenstab* rechnen darf (Bd. 1, Abschn. 4.2.2.2). Auch der Einfluß der

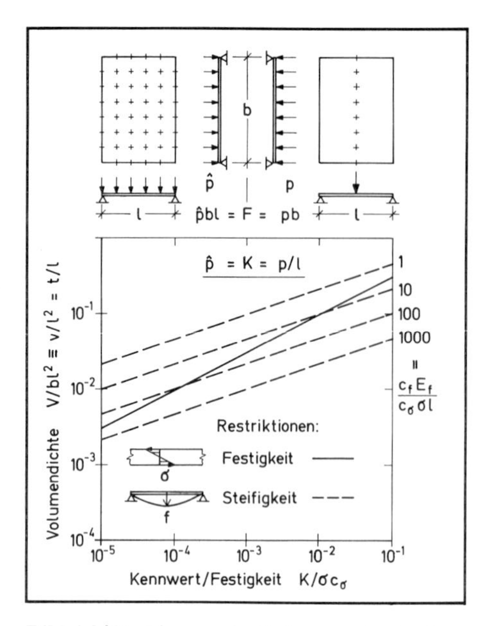

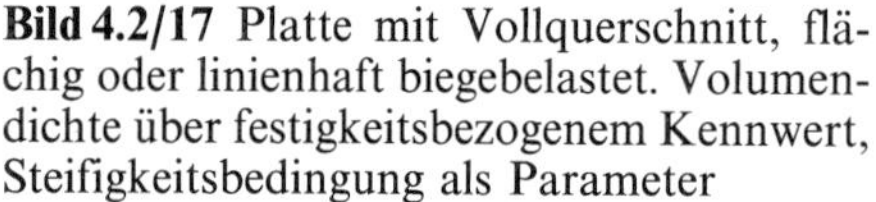

Bild 4.2/17 Platte mit Vollquerschnitt, flächig oder linienhaft biegebelastet. Volumendichte über festigkeitsbezogenem Kennwert, Steifigkeitsbedingung als Parameter

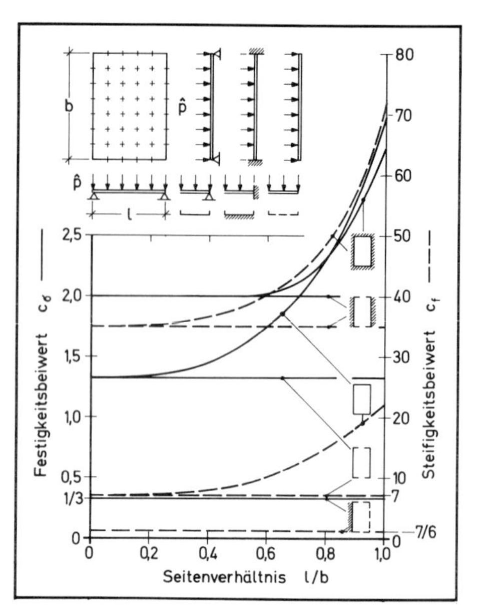

Bild 4.2/18 Platte mit Vollquerschnitt, flächig belastet. Einflußfaktoren für Festigkeit und Steifigkeit, abhängig vom Seitenverhältnis und von den Randbedingungen

Querkrümmungsbehinderung ist vernachlässigbar; im übrigen gelten wieder die Restriktionsbeiwerte des Balkens nach Bild 4.2/5.

Wie beim T-Profil sind für das Biegeverhalten nur drei Variable verantwortlich: die relative Profilhöhe h/l, die auf eine Einheit der Breite d (Stegabstand) bezogene Stegdicke s/d, und das Verhältnis Hautfläche (Flanschfläche) zu Stegfläche $\delta = A_H/A_S = td/sh$. Während Trägheits- und Widerstandsmoment (der Profileinheit) nach (4.2–25) übernommen werden können, haben nun (mit $K = p/l = F/dl$ anstelle von F/l^2) die Restriktionen (4.2–26) die Form

$$\sigma_R = (l/h)^2 (d/s)(1+2\delta)(1+4\delta)^{-1} K/c_\sigma \leqq \sigma_{zul}, \tag{4.2–37a}$$

$$f/l = (l/h)^3 (d/s)(1+\delta)(1+4\delta)^{-1} K/Ec_f \leqq f_{zul}/l, \tag{4.2–37b}$$

und das Volumen

$$v/l^2 = A_S(1+\delta)/dl = (h/l)(s/d)(1+\delta). \tag{4.2–38}$$

Nun ließe sich entweder d/s oder l/h ausdimensionieren. Im zweiten Fall müßte man d/s vorgeben und käme damit schließlich, durch Ableiten der Volumenfunktion nach δ, zu den gleichen optimalen Flächenverhältnissen δ_{opt} wie in (4.2–29). Das Verhältnis d/s ist aber keine irgendwie begründbare Vorgabe; besser schreibt man gegen Profilbeulen wie beim T-Profil eine Grenze der Stegschlankheit h/s und ein Hautstreifenverhältnis h/t vor. Ersetzt man d/s in (4.2–37) und (4.2–38) durch $(\delta hd/st)^{1/2}$, so folgt, nach Elimination der Plattenschlankheit l/h, die Volumenfunk-

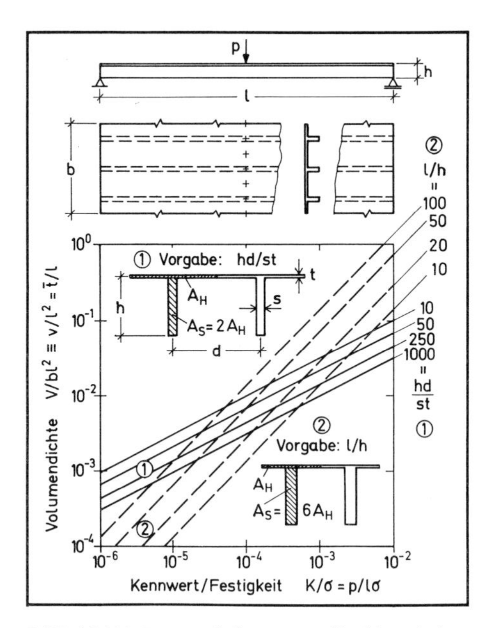

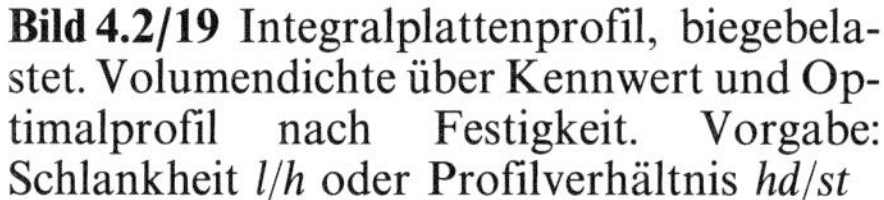

Bild 4.2/19 Integralplattenprofil, biegebelastet. Volumendichte über Kennwert und Optimalprofil nach Festigkeit. Vorgabe: Schlankheit l/h oder Profilverhältnis hd/st

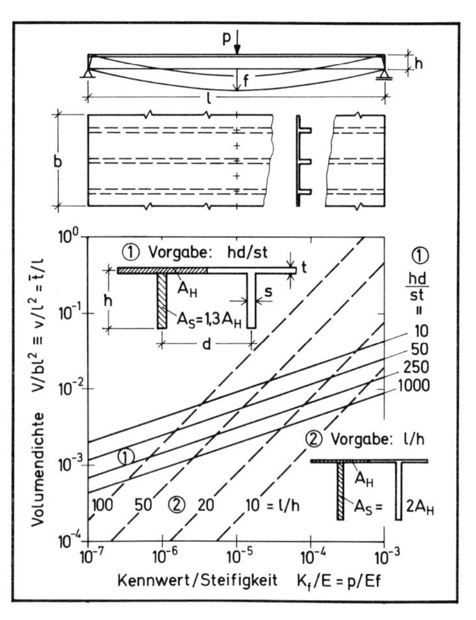

Bild 4.2/20 Integralplattenprofil, biegebelastet. Volumendichte über Kennwert und Optimalprofil nach Steifigkeit. Vorgabe: Schlankheit l/h oder Profilverhältnis hd/st

tion aus

$$(38)\,(37a)^{1/2}:\quad v/l^2 \geqq (st/hd\delta)^{1/4}(1+\delta)\,[(1+2\delta)/(1+4\delta)]^{1/2}\varkappa_\sigma^{1/2}, \qquad (4.2-39a)$$

$$(38)\,(37b)^{1/3}:\quad v/l^2 \geqq (st/hd\delta)^{1/3}(1+\delta)\,[(1+\delta)/(1+4\delta)]^{1/3}\varkappa_f^{1/3} \qquad (4.2-39b)$$

und, aus deren Ableitung nach δ, das Optimum

$$(39a)':\quad \delta_{opt}=0{,}50,\quad v_{min}/l^2 = 1{,}46\,(st/hd)^{1/4}\varkappa_\sigma^{1/2}, \qquad (4.2-40a)$$

$$(39b)':\quad \delta_{opt}=0{,}78,\quad v_{min}/l^2 = 1{,}46\,(st/hd)^{1/3}\varkappa_f^{1/3}, \qquad (4.2-40b)$$

also mit wesentlich größerem Flanschanteil als beim T-Balkenprofil nach (4.2–29).

Dagegen erhält man bei Vorgabe der Profilhöhe h/l, also nach Elimination von d/s aus (4.2–37) und (4.2–38), dieselben Volumenfunktionen (4.2–30) und Optimalergebnisse (4.2–31) wie beim T-Profil (mit $K=p/l$ und v/l^2 anstelle von $K=F/l^2$ und V/l^3).

Die Funktionen (4.2–40) und (4.2–31) sind in Bild 4.2/19 für die Festigkeit und in Bild 4.2/20 für die Steifigkeit aufgetragen. Die Kennwertexponenten entscheiden wieder darüber, welches Kriterium jeweils maßgebend wird. Da $n=1/3<m=1/2$ ist, gibt die Steifigkeit bei kleinem, die Festigkeit bei großem Kennwert den Ausschlag. Im übrigen ist die geometrische Restriktion der Wanddicke im unteren, die der Profilhöhe im oberen Kennwertbereich entscheidend. Der Wechsel erfolgt etwa im Schnitt der Kriterien (4.2–40) und (4.2–31), also bei

$$(40a) = (31a):\quad \varkappa_\sigma = (1{,}46/0{,}93)\,(st/hd)\,(h/l), \qquad (4.2-41a)$$

$$(40b) = (31b):\quad \varkappa_f = (1{,}46/0{,}75)\,(st/hd)\,(h/l). \qquad (4.2-41b)$$

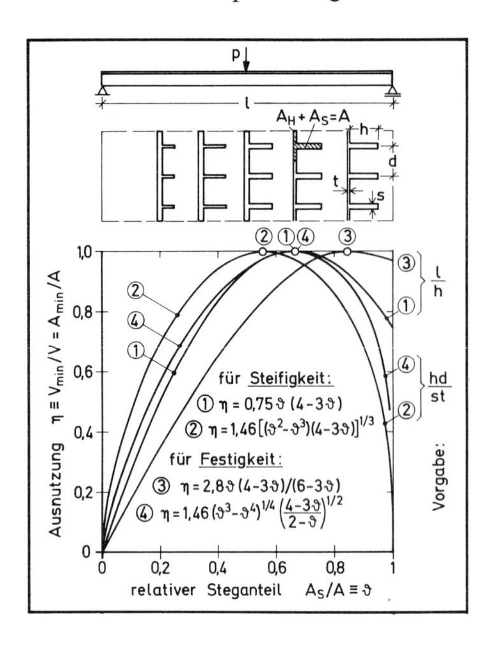

Bild 4.2/21 Integralplattenprofil, biegebelastet. Auf Optimum bezogene Ausnutzung des Profils, abhängig von seinem relativen Steganteil. Empfindlichkeit des Optimums

Eine genauere Rechnung hätte, wie in Bild 4.2/13 für das T-Profil gezeigt, eine Übergangskurve zu berücksichtigen; doch kann man diese ohne großen Fehler vernachlässigen.

In diesem Zusammenhang muß wieder interessieren, wie stark das Wertmaximum durch Abweichen vom *optimalen* Flächenverhältnis beeinträchtigt wird. Bild 4.2/21 zeigt dazu die reziproken Volumenfunktionen (4.2–39) und (4.2–30) abhängig vom Stegflächenanteil $\vartheta = A_S/A = 1/(1+\delta)$. Wählt man $\delta = 1/2$ ($\vartheta = 2/3$), also das Optimum der Steifigkeit bei Höhenbegrenzung wie auch der Festigkeit bei Wanddickenrestriktion, so hat man hinsichtlich der beiden anderen Kriterien Werteinbußen von etwa 5 % hinzunehmen.

4.2.3.3 Sandwichplatte mit schubstarrem Kern

Die Sandwichbauweise überträgt das Prinzip des I-Balkenprofils auf Flächentragwerke: Biegekräfte werden durch Zug und Druck in den Deckhäuten aufgenommen, der Kern trägt den Querkraftschub. (Im Unterschied zum Steg des I-Profils kann man den Anteil des leichten Waben- oder Schaumkernes am Biegemoment und damit auch im Trägheits- und Widerstandsmoment vernachlässigen). Dabei wird hier zunächst unterstellt, der Kern sei schubsteif, wie es die klassische Plattentheorie voraussetzt. Erst im folgenden Abschnitt wird nach dem Einfluß der Kernnachgiebigkeit gefragt (zur Sandwichtheorie siehe Bd. 1, Kap. 5).

Sind die Hautdicken t_1 und t_2 klein gegen die Kernhöhe h, so ist der Trägheitsradius $i = h/2$. Als Variable interessieren nur die Plattenschlankheit $2l/h$, das Dickenverhältnis $\bar{t}/h = (t_1 + t_2)/h$ und der *Kernfüllungsgrad* $\alpha \equiv \gamma_K/\gamma_H$ (spezifisches Hautgewicht/gemitteltem spezifischem Kerngewicht). Durch den Kernfüllungsgrad soll der Kerngewichtsanteil am Gesamtgewicht $G = \gamma_H V_H + \gamma_K V_K$ bzw. am *Äquivalentvolumen* $V_ä = G/\gamma_H = V_H + \alpha V_K$ berücksichtigt werden.

Als vierte Querschnittsvariable könnte man das Hautdickenverhältnis $t_1/t_2\,(>1)$ einführen; dieses geht aber nur in Exzentrizitätsbeiwerte $\zeta_\sigma = 2t_2/\bar{t}$ und $\zeta_f = 4t_1t_2/\bar{t}^2$ der Flächenmomente, und über diese in die Restriktionsbeiwerte c_σ und c_f ein, die auch Einflüsse der Lagerung, des Seitenverhältnisses und der Lastverteilung enthalten. Gewichtsminimal ist jedenfalls die symmetrische Platte ($\zeta_\sigma = \zeta_f = 1$), doch kann aus anderen Gründen, etwa um die Knittergefahr auf der Druckseite (Hautbeulen auf elastischer Kernbettung) zu reduzieren, für diese eine größere Dicke t_1 gewünscht sein. Zur Festigkeitsauslegung wird die höhere Spannung σ_2 der dünneren, zugbelasteten Haut mit dem Werkstoffwert σ_{zul} verglichen. Ist die Knitterspannung σ_{kn} (Bd. 1, Bild 5.1/10) geringer als die Zugfestigkeit, so empfiehlt sich ein Hautdickenverhältnis $t_1/t_2 = \sigma_{kn}/\sigma_{zul}$. (Um eine hohe Knitterspannung zu sichern, darf die Kernsteifigkeit nicht zu klein sein. Ein Al-Wabenkern mit Füllungsgrad $\alpha > 1/50$ kann Al-Häute bis zur $\sigma_{0,2}$-Druckgrenze stützen.)

Trägheitsmoment und Widerstandsmoment (pro Breiteneinheit) des Sandwichquerschittes werden nur durch die Hautdicken und den Hautabstand h bestimmt:

$$I/b = \bar{t}h^2\zeta_f/4, \qquad W/b = \bar{t}h\zeta_\sigma/2\,. \tag{4.2-42}$$

Damit haben Festigkeits- und Steifigkeitsrestriktion die Form

$$\sigma_2 = (l/h)^2(h/\bar{t})K/c_\sigma \leqq \sigma_{zul}\,, \tag{4.2-43a}$$

$$f/l = (l/h)^3(h/\bar{t})K/Ec_f \leqq f_{zul}/l\,, \tag{4.2-43b}$$

mit $c_\sigma = 2\zeta_\sigma$ und $c_f = 12\zeta_f/(1-\nu^2)$ beim zweiseitig gestützten oder sehr breiten Sandwichplattenstab mit zentrischer Linienbelastung $p\,(=F/b)$. Für andere Seitenverhältnisse, Randbedingungen und Lastverteilungen gelten wieder die Restriktionsbeiwerte nach Bild 4.2/18, für Sandwich zu multiplizieren mit Faktoren $3\zeta_\sigma$ bzw. $3\zeta_f$.

In der Zielgröße Gewicht muß man den Kernanteil berücksichtigen; dazu wird ein *Äquivalentvolumen* definiert:

$$V_ä/bl^2 \equiv v_ä/l^2 \equiv t_ä/l = (\bar{t}/l) + \alpha(h/l) = (h/l)(\bar{t}/h + \alpha)\,. \tag{4.2-44}$$

Dimensioniert man die Plattenhöhe h/l unter Vorgabe des Dickenverhältnisses $\bar{t}/h$ nach (4.2–43a) oder (4.2–43b), so folgt

$$(44)\,(43a)^{1/2}: \qquad v_ä/l^2 \geqq (\bar{t}/h + \alpha)(h/\bar{t})^{1/2}\varkappa_\sigma^{1/2}\,, \tag{4.2-45a}$$

$$(44)\,(43b)^{1/3}: \qquad v_ä/l^2 \geqq (\bar{t}/h + \alpha)(h/\bar{t})^{1/3}\varkappa_f^{1/3}\,. \tag{4.2-45b}$$

Auf vorgegebenen Kernfüllungsgrad α kann man das Dickenverhältnis $\bar{t}/h$ abstimmen: sein Optimum und das Minimalvolumen folgen aus Ableitung von (4.2–45) nach $\bar{t}/h$:

$$(45a)': \qquad (\bar{t}/h)_{opt} = \alpha, \qquad v_{ämin}/l^2 = 2\alpha^{1/2}\varkappa_\sigma^{1/2}\,, \tag{4.2-46a}$$

$$(45b)': \qquad (\bar{t}/h)_{opt} = \alpha/2, \qquad v_{ämin}/l^2 = 3(\alpha/2)^{2/3}\varkappa_f^{1/3}\,. \tag{4.2-46b}$$

Das optimale Verhältnis des Kerngewichts zum Hautgewicht $\alpha h/\bar{t}$ ist demnach weder vom Kennwert noch vom Kernfüllungsgrad abhängig: für Festigkeit gleich Eins, für Steifigkeit gleich Zwei.

Ein Kerngewichtsanteil von 2/3 des Gesamtgewichts mag überraschen, da der Kern gegenüber den Häuten *leicht* sein soll. Dies trifft auch für das Verhältnis der

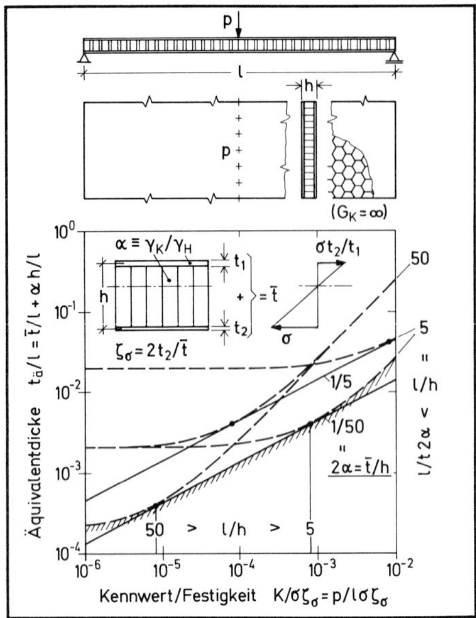

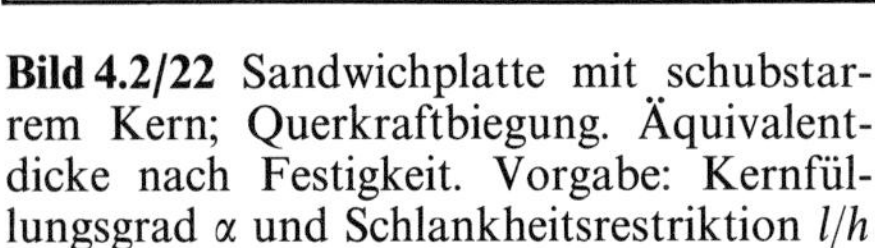

Bild 4.2/22 Sandwichplatte mit schubstarrem Kern; Querkraftbiegung. Äquivalentdicke nach Festigkeit. Vorgabe: Kernfüllungsgrad α und Schlankheitsrestriktion l/h

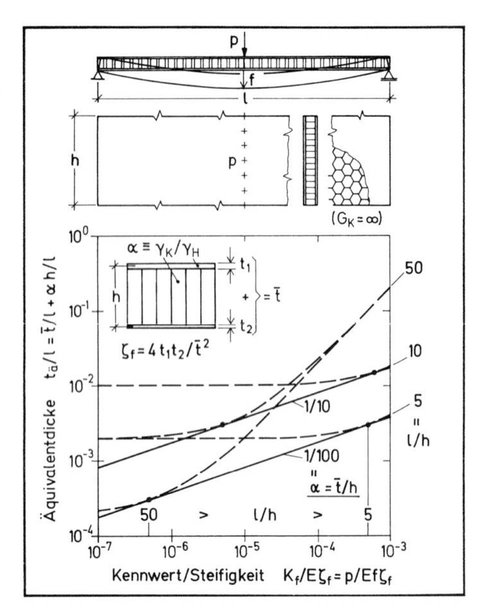

Bild 4.2/23 Sandwichplatte mit schubstarrem Kern; Querkraftbiegung. Äquivalentdicke nach Steifigkeit. Vorgabe: Kernfüllungsgrad α und Schlankheitsrestriktion l/h

spezifischen Gewichte zu, doch wird das große spezifische Kernvolumen $1/\gamma_K$ für einen großen Trägheitsradius $i=h/2$ des Querschnitts genutzt, wodurch sein Volumenanteil weit über den der Häute hinausgeht $(h \gg \bar{t})$.

Die Höhe (Gesamtdicke) der Sandwichplatte überschreitet damit u.U. ein gewünschtes Maß. Schränkt man sie durch Vorgabe von h/l ein, so läßt sich das Verhältnis der Häute zum Kern nicht mehr optimal einstellen: das Kerngewicht ist festgeschrieben, der Hautanteil lastproportional. Bestimmt man $\bar{t}/h$ aus (4.2–43) und setzt es in (4.2–44) ein, so folgt das Äquivalentvolumen

$$v_{ä}/l^2 \geqq (h/l)\alpha + (l/h)\varkappa_\sigma\,, \qquad (4.2-47a)$$

$$v_{ä}/l^2 \geqq (h/l)\alpha + (l/h)^2\varkappa_f\,. \qquad (4.2-47b)$$

Der relative Kerngewichtsanteil $\alpha h/\bar{t}$ sinkt in diesem Fall stetig mit steigendem Kennwert.

Bild 4.2/22 zeigt für die Festigkeit, Bild 4.2/23 für die Steifigkeit die Äquivalentvolumina über dem Kennwert: die Potenzfunktionen (4.2–46) in logarithmischer Darstellung als Gerade, die lineare Funktion (4.2–47) als Kurve. Beide Funktionen gehen stetig ineinander über; der Kennwert des Berührungspunktes läßt sich durch Ableiten von (4.2–47) nach h/l bestimmen:

$$(47a)': \quad \varkappa_\sigma = (h/l)^2\alpha, \quad \text{bzw.} \quad K/\sigma = 2\alpha(h/l)^2\,, \qquad (4.2-48a)$$

$$(47b)': \quad \varkappa_f = (h/l)^3\alpha/2, \quad \text{bzw.} \quad K_f/E = 6\alpha(h/l)^3\,. \qquad (4.2-48b)$$

Wie die Maximalhöhe kann auch eine Minimalhöhe vorgeschrieben sein, die bei kleinem Kennwert ein Abgehen von der Potenzform und vom optimalen Gewichts-

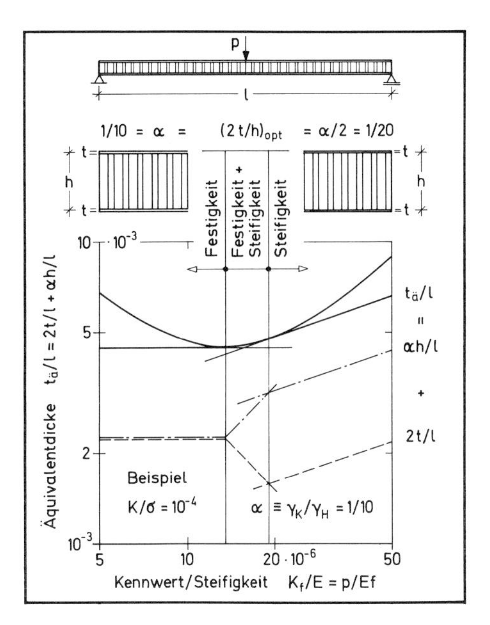

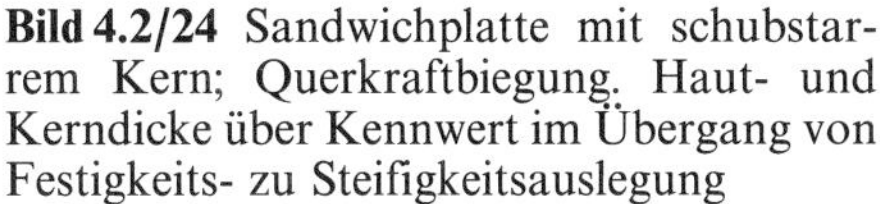

Bild 4.2/24 Sandwichplatte mit schubstarrem Kern; Querkraftbiegung. Haut- und Kerndicke über Kennwert im Übergang von Festigkeits- zu Steifigkeitsauslegung

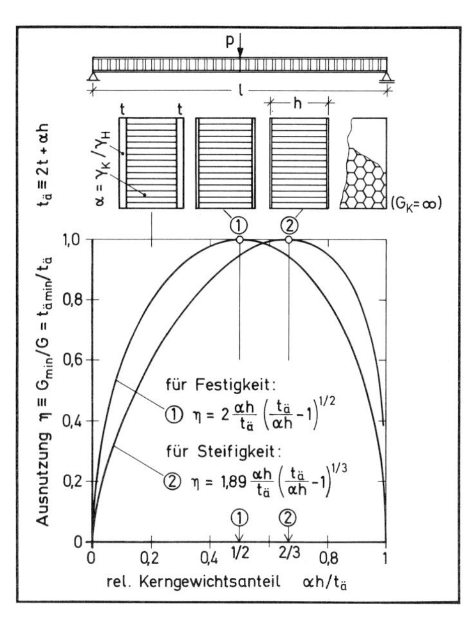

Bild 4.2/25 Sandwichplatte mit schubstarrem Kern; Querkraftbiegung. Auf Optimum bezogene Ausnutzung, abhängig vom Kerngewichtsanteil, Empfindlichkeit

verhältnis fordert; der Kernanteil wächst dann über sein optimales Maß 1/2 bzw. 2/3 noch hinaus. In den Bildern 4.2/22 und 4.2/23 sind Grenzen $50 > l/h > 5$ eingezeichnet.

Aus Fertigungsgründen läßt sich eine gewisse Hautdicke $\bar{t}$ nicht unterschreiten. Bei Vorgabe $\bar{t}/l$ ist h/l nach (4.2–43) auszudimensionieren und in (4.2–44) einzusetzen; daraus folgt

$$v_ä/l^2 \geqq \bar{t}/l + \alpha(l/\bar{t})\varkappa_\sigma\,, \tag{4.2–49a}$$

$$v_ä/l^2 \geqq \bar{t}/l + \alpha(l/\bar{t})^{1/2}\varkappa_f^{1/2}\,. \tag{4.2–49b}$$

Der Hautanteil ist konstant, der Kernanteil wächst mit dem Kennwert. Den Übergang zur Potenzfunktion (4.2–46) erhält man aus

$$(49a)': \quad \varkappa_\sigma = (\bar{t}/l)^2/\alpha, \quad \text{bzw.} \quad K/\sigma = 2(\bar{t}/l)^2/\alpha\,, \tag{4.2–50a}$$

$$(49b)': \quad \varkappa_f = 4(\bar{t}/l)^3/\alpha^2, \quad \text{bzw.} \quad K_f/E = 48(\bar{t}/l)^3/\alpha^2\,. \tag{4.2–50b}$$

Zur Kernauslegung seien noch einige Überlegungen angestellt: Zum einen weist das unterschiedliche Optimalverhältnis $(\alpha h/\bar{t})_{opt} = 1$ für Festigkeit bzw. 2 für Steifigkeit darauf hin, daß in den Kennwertfunktionen ein Übergangsbereich existieren muß, in dem beide Kriterien gelten. Bild 4.2/24 zeigt dies in einer Auftragung über K_f/E (Beispiel $K/\sigma_{zul} = 10^{-4}$ und $\alpha = 1/10$). Die Übergangskurve erhält man durch Ausdimensionieren von h/l und $\bar{t}/h$ für beide Restriktionen (4.2–43a) und (4.2–43b); mit $h/l = \varkappa_f/\varkappa_\sigma$ und $\bar{t}/h = \varkappa_\sigma^3/\varkappa_f^2$ folgt dann aus (4.2–44) die Volumenforderung

$$v_ä/l^2 \geqq \alpha\varkappa_f/\varkappa_\sigma + \varkappa_\sigma^2/\varkappa_f\,. \tag{4.2–51}$$

Diese liegt im Übergangsbereich jedenfalls höher als beide Potenzfunktionen (4.2–46). Die Berührungspunkte stecken den Bereich ab; sie ergeben sich mit den Grenzwerten des optimalen Kernaufwandes: aus $1<\alpha h/\bar{t}<2$ folgt für den Kennwertbereich

$$1<\alpha \varkappa_f^2/\varkappa_\sigma^3<2. \qquad (4.2-52)$$

Ignoriert man die Übergangskurve (4.2–51) und rechnet nur mit den Potenzfunktionen (4.2–46), so liegt man zwar auf der unsicheren Seite, doch bleibt der Fehler gering, da sich das Äquivalentvolumen bei Abweichung vom Optimum nur wenig ändert. Bild 4.2/25 zeigt dazu die auf ihr Maximum bezogenen Wertungsfunktionen (4.2–45a) und (4.2–45b) über dem Kerngewichtsanteil. Zwischen den Optima 1/2 und 2/3 kann man den Kernanteil beliebig auslegen, ohne einen größeren Wertverlust als 5 % hinnehmen zu müssen. Kommt es allein auf Festigkeit an, so wähle man einen Kernanteil zwischen 1/3 und 2/3; geht es um Steifigkeit, so empfiehlt sich ein höherer Aufwand zwischen 1/2 und 3/4.

In der Wahl des Dickenverhältnisses $\bar{t}/h$ besteht also eine gewisse Toleranz; dagegen sollte man die Sandwichhöhe h/l in den Grenzen (4.2–43) möglichst streng ausdimensionieren, da Abweichungen von den Restriktionen teuer bezahlt werden müssen, sei es durch Übergewicht oder, schlimmer, durch unzureichende Tragfähigkeit.

4.2.3.4 Sandwichplatte mit schubweichem Kern

Bei Sandwichplatten mit geringer Schlankheit (großem h/l) und leichtem Schaum- oder Wabenkern ist die Schubverformung unter Querkraft nicht mehr vernachlässigbar (Bd. 1, Abschn. 5.2.2). Für den beidseitig im Abstand l gestützten, mittig durch $p(=F/b)$ belasteten Sandwichplattenstab gilt anstelle von (4.2–43b) der durch endlichen Kernschubmodul G_K vergrößerte Biegepfeil

$$f/l=[(l/h)^2(l/\bar{t})/12\zeta_f+(l/h)E/4G_K]K/E\leqq f_{zul}/l. \qquad (4.2-53)$$

Die Festigkeitsrestriktion (4.2–43a) bleibt beim statisch bestimmt gelagerten Plattenstab von der Kernverformung unberührt, da sich die Hautspannungen aus dem Gleichgewicht gewinnen lassen. Im folgenden seien darum nur die Konsequenzen für eine Steifigkeitsauslegung untersucht.

Zielgröße ist wieder das Äquivalentvolumen, das den Kerngewichtseinfluß über den Füllungsgrad α enthält:

$$v_{ä}/l^2=\bar{t}/l+\alpha h/l. \qquad (4.2-54)$$

Mit (4.2–53) läßt sich entweder h/l oder $\bar{t}/l$ ausdimensionieren. Bestimmt man

$$l/\bar{t}=\zeta_f[12(h/l)^2E/K_f-3(h/l)E/G_K] \qquad (4.2-55)$$

und setzt dieses in (4.2–54), so kommt das Äquivalentvolumen als Funktion der Schlankheit $\lambda=2l/h$, des Relativkennwertes $K_f/E=Kl/Ef$, des Modulverhältnisses E/G_K und des Kernfüllungsgrades α. Man kann die Parameteranzahl verringern und die Darstellung der Optimierungsergebnisse dadurch vereinfachen, wenn man als Zielgröße die in (4.1–8b) definierte Äquivalentspannung einführt; für diese gilt

$$\frac{Ef}{\sigma_{ä}l}\equiv\frac{v_{ä}/l^2}{K_f/E}\geqq\frac{\lambda^2/\zeta_f}{48-6\beta\lambda K_f/E\alpha}+\frac{2}{\lambda K_f/E\alpha}, \quad \text{mit} \quad \beta\equiv\frac{E\alpha}{G_K}\equiv\frac{E}{G_\alpha}. \qquad (4.2-56)$$

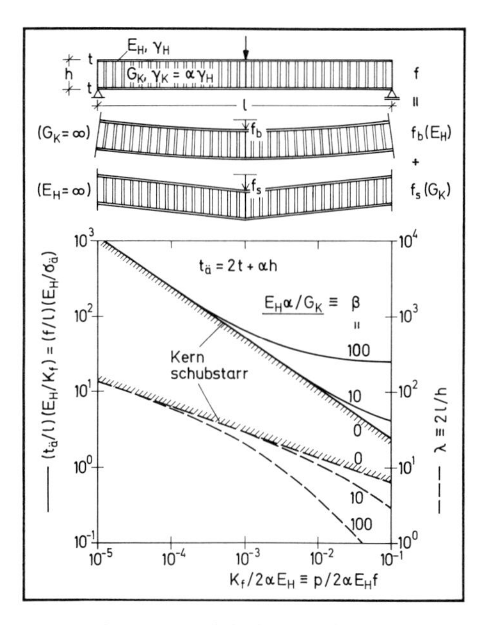

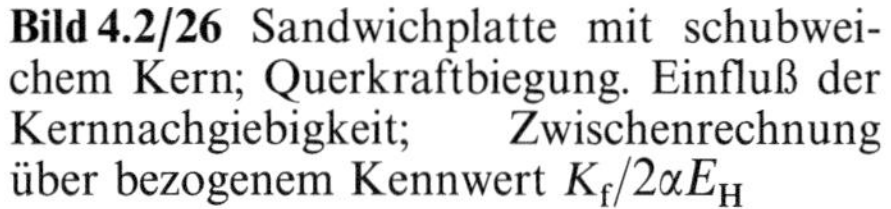

Bild 4.2/26 Sandwichplatte mit schubweichem Kern; Querkraftbiegung. Einfluß der Kernnachgiebigkeit; Zwischenrechnung über bezogenem Kennwert $K_f/2\alpha E_H$

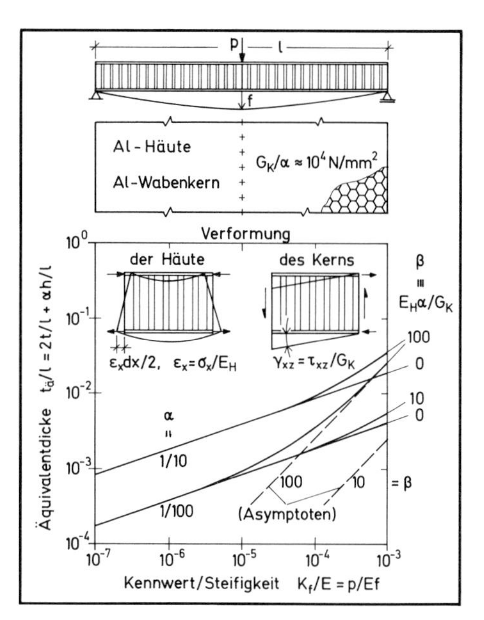

Bild 4.2/27 Sandwichplatte mit schubweichem Kern; Querkraftbiegung. Äquivalentdicke über Kennwert nach Steifigkeitsauslegung. Kernparameter: α und β

Darin ist β eine vorgegebene Größe, konstant auch bei veränderlichem α, sofern man zwischen spezifischem Gewicht und Schubmodul des Kernes Proportionalität unterstellen darf.

Man kann nun die Schlankheit λ optimieren, indem man für die Äquivalentfunktion (4.2–56) ein Minimum aufsucht. Ihre Ableitung nach λ führt zu einer Gleichung 4. Grades für λ und 2. Grades für K_f. Obwohl K_f die vorgegebene und λ die variable Größe ist, löst man besser nach dem Kennwert auf:

$$K_f/E\alpha = 8/\beta\lambda - [(8/\beta\lambda)^2 - 768\zeta_f/\beta\lambda^2(\lambda^2 + 12\beta\zeta_f)]^{1/2}. \qquad (4.2-57)$$

Auf diese Weise gelangt man zu den in Bild 4.2/26 gezeichneten, über dem Relativkennwert $K_f/2E\alpha$ abfallenden Kurven für die Plattenschlankheit λ und, nach (4.2–56), für die reziproke Äquivalentspannung. Einziger Parameter ist β, praktisch eine Materialkonstante ($\beta \approx 10$ für Al-Waben und Al-Häute). Löst man den Kernfüllungsgrad α aus der Abszisse und führt ihn als eigenständigen Parameter ein, so kann man über den Kennwert die Äquivalentspannung wieder zum Äquivalentvolumen umrechnen und kommt damit zu den ansteigenden Kurven in Bild 4.2/27.

Wie zu erwarten, macht sich die Kernschubnachgiebigkeit erst bei größerem Kennwert, also bei geringer Schlankheit geltend; bei leichtestem Al-Wabenkern ($\alpha = 1/100$) etwa ab $Kl/Ef > 5 \cdot 10^{-6}$.

Die Abweichung von der Geraden im logarithmischen Netz (der gewöhnlichen Potenzfunktion) ist auf die funktionelle Inhomogenität des Systems zurückzuführen: das Häutepaar nimmt das Biegemoment auf, der Kern die Querkraft; die Restriktion des Biegepfeils jedoch betrifft die Auswirkungen beider Funktionen in ihrer Summe.

4.2.3.5 Vergleich der Plattenbauweisen über den Kennwert

Die Kennwertexponenten $m=1/2$ der Festigkeit und $n=1/3$ der Steifigkeit sind, soweit Potenzfunktionen in Betracht kommen, für alle hier untersuchten Bauweisen identisch; es genügt also, die Volumenfaktoren zu vergleichen.

Nimmt man im Hinblick auf Beulgefährdung ein nicht zu großes Profilverhältnis $\mu=hd/st \leqq 250$, so sind für die Integralplatte die Volumenfaktoren $\Psi_v=0{,}448$ und $\Phi_{vf}=0{,}146$; gegenüber $\Psi_v=0{,}141$ und $\Phi_{vf}=0{,}038$ für die Sandwichplatte mit Kernfüllungsgrad $\alpha=1/100$; siehe Bild 4.2/28 (Werkstoffbeispiel Aluminium). Etwa bis $\alpha \leqq 1/10$ ($\Psi_v=0{,}446$ und $\Phi_{vf}=0{,}178$) kann die Sandwichbauweise ihre Überlegenheit also ohne Schwierigkeit wahren; bei zu hohem Füllungsgrad fällt sie, wegen zu großen *toten Gewichts* des nichttragenden Kernes, hinter die Integralplatte zurück.

Bild 4.2/29 vergleicht (am Beispiel GFK) Sandwichplatten mit unterschiedlichem Füllungsgrad, Bild 4.2/30 schließlich Sandwich- und Vollquerschnitte aus verschiedenen Werkstoffen (Stahl, Alu, GFK, CFK). Unidirektionales GFK, dessen Steifigkeitswert $E^{1/3}/\gamma$ nicht viel besser ist als bei Aluminium, zeigt sich im oberen Kennwertbereich ($K>0{,}1\ \text{N/mm}^2$ für $l/f=100$) wegen seines größeren Festigkeitswertes $\sigma_B^{1/2}/\gamma$ überlegen; der Vorteil der Al-Legierung gegenüber Stahl verringert sich bei höherem Kennwert.

Bei der Sandwichplatte mit schubweichem Kern wird die Festigkeitsbedingung möglicherweise auch bei großem Kennwert nicht relevant: Bild 4.2/27 zeigte nach oben abweichende Kurven für die Steifigkeitsauslegung; u.U. schneiden diese nicht die Festigkeitsrestriktion (der Häute). Allerdings müßte man neben dem Schubmodul auch die Schubfestigkeit des Kernes in Betracht ziehen und als Restriktion formulieren; auch kann die zulässige Hautdruckspannung (Knittergrenze) bei unzureichender Kernstützung abfallen. Die Schubnachgiebigkeit des Kernes stellt im übrigen die (in Bild 4.2/28 demonstrierte) Überlegenheit der Sandwichbauweise im oberen Kennwertbereich infrage.

4.2.3.6 Vorteile des Trägers gleicher Festigkeit

Bild 4.2/31 zeigt die Bewertung von Plattenstäben mit sich verjüngendem Längsschnitt und den Gewinn gegenüber Platten konstanter Dicke. Bei letzteren ändert sich die Randbiegespannung über die Länge wie das Biegemoment; sie nimmt beim Plattenstab mit zentrischer Belastung und gelenkiger Lagerung von der Mitte zu den Lagern linear ab, der Querschnitt läßt sich nur in Plattenmitte ausdimensionieren. Will man die Plattenhöhe zu den Lagern derart verjüngen, daß die Randspannung konstant ist, so erfordert dies eine parabolische Längsschnittfunktion $(h/h^*)^2=2x/l$, mit dem Höchstwert h^* in Trägermitte, dessen Festigkeitsrestriktion schon in (4.2–33a) formuliert wurde:

$$(h^*/l)^2 \geqq 3K/2\sigma_{zul}\,. \qquad (4.2-58)$$

Das Volumen folgt aus dem Integral der Längsschnittfläche zu

$$v/l^2=2h^*/3l \geqq (2K/3\sigma_{zul})^{1/2}=0{,}816\ (K/\sigma_{zul})^{1/2}\,, \qquad (4.2-59)$$

und ist damit gegenüber der Platte konstanter Dicke um ein Drittel reduziert.

Geringer ist die Einsparung bei Steifigkeitsauslegung. Die Durchbiegung erhält man aus einer Energiebilanz: Da der Vollquerschnitt bei linearer Biegespannungsver-

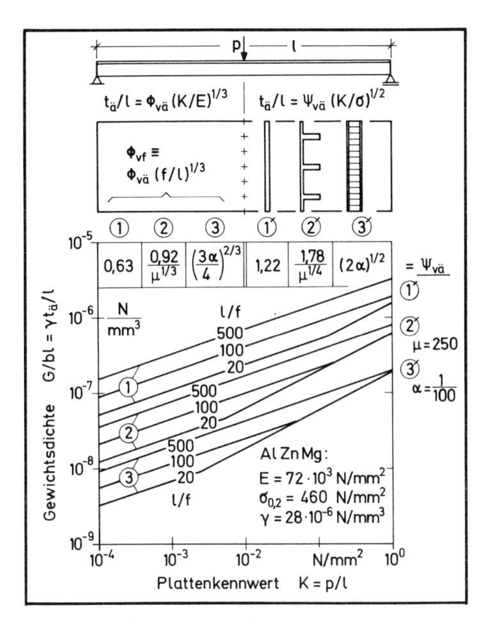

Bild 4.2/28 Plattenbiegung. Gewichtsvergleich verschiedener Bauweisen über dem Kennwert, Profile jeweils für Festigkeit (rechts) und Steifigkeit (links) optimiert

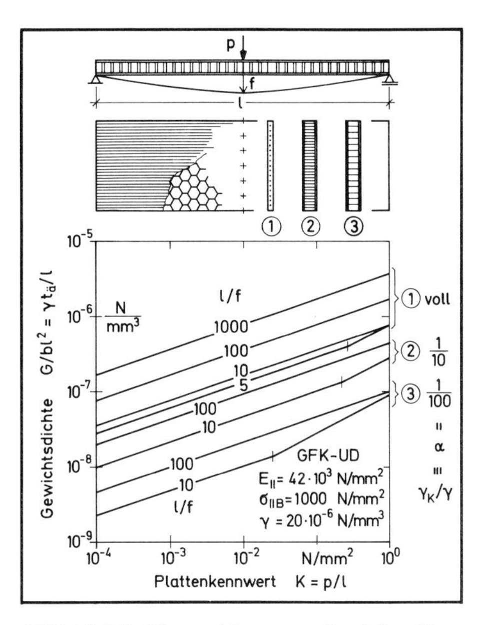

Bild 4.2/29 Plattenbiegung. Gewicht über Kennwert bei Sandwichplatten mit GFK-Häuten und verschiedenem Kernfüllungsgrad α. Vergleich mit GFK-Vollquerschnitt

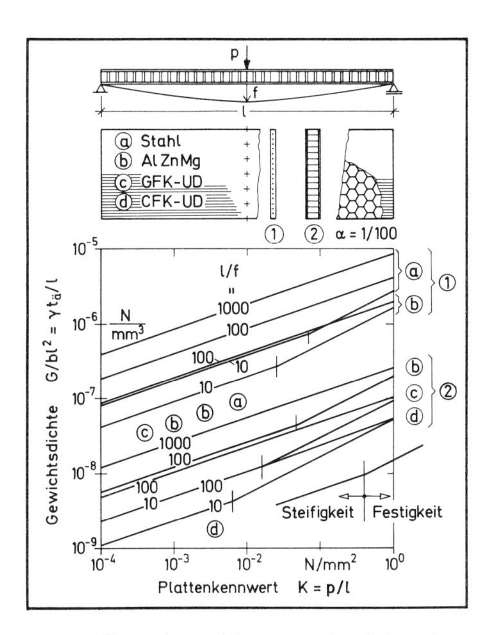

Bild 4.2/30 Plattenbiegung. Gewicht über Kennwert bei Sandwich mit unterschiedlichem Hautmaterial (Kernfüllungsgrad $\alpha = 1/100$). Vergleich mit Vollquerschnitten

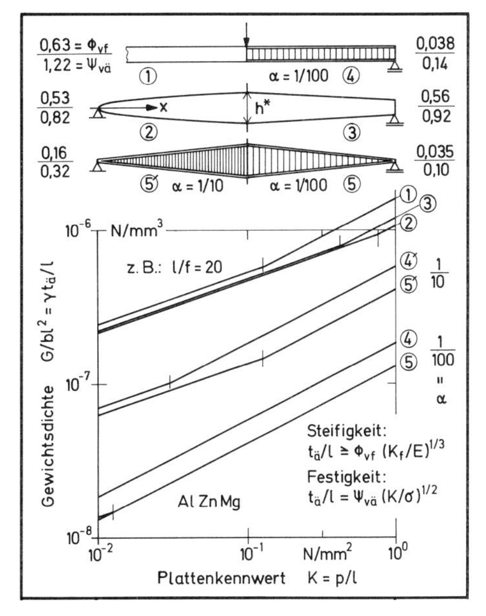

Bild 4.2/31 Biegeträger mit längs veränderlicher Dicke, optimiert als Vollquerschnitt und als Sandwichplatte. Gewichtsvergleich mit Platten konstanter Dicke

teilung über die Höhe stets nur zu 1/3 genützt werden kann, ist die innere Arbeit $(\sigma\varepsilon)_R v/6 = v\sigma_R^2/6E$, mit $v = 2lh^*/3$ und $\sigma_R = 3pl/2h^{*2}$. Aus Vergleich mit der äußeren Arbeit $pf/2$ folgt, anstelle von (4.2−33b):

$$f/l = (l/h^*)^3 K/2E \leqq f_{zul}/l \tag{4.2-60}$$

$$v/l^2 \geqq (4K_f/27E)^{1/3} = 0{,}53(K_f/E)^{1/3}, \tag{4.2-61}$$

also ein Volumenfaktor $\Phi_{vf} = 0{,}53$; um 16 % geringer als beim Träger konstanter Dicke ($\Phi_{vf} = 0{,}63$).

Setzt man statt der parabolischen Dickenverteilung eine allgemeine Potenzfunktion $h \sim x^k$ an, und bestimmt durch Ableiten des Volumens nach k einen optimalen Exponenten, so erhält man auch für die Steifigkeitsforderung $k_{opt} = 1/2$. Der Träger gleicher Festigkeit erweist sich damit auch als Träger höchster volumenspezifischer Steifigkeit.

Um die Fertigung zu erleichtern, könnte man den Träger auch linear verjüngen. Damit an keiner Stelle die maßgebende Randspannung (in Trägermitte) überschritten wird, darf der Längsschnitt nicht auf Null abnehmen, sondern nur auf $h_0 = h^*/2$. Damit ist das Volumen $v = 3h^*/4l$, also bei Festigkeitsauslegung ($\Psi_v = 0{,}92$) um ein Viertel reduziert, und nur wenig höher als beim parabolisch verjüngten Träger ($\Psi_v = 0{,}82$). Noch geringer ist der Unterschied in der Steifigkeitswertung ($\Phi_{vf} = 0{,}56$ gegenüber $\Phi_{vf} = 0{,}53$).

Am besten schneidet beim Vergleich ein Träger gleicher Festigkeit in Sandwichbauweise ab. Seine Höhe muß sich zu den Lagern linear auf Null verjüngen, wenn die Dicken $t_1 = t_2$ der allein tragenden Häute konstant sein sollen. Es gelten dann die Restriktionen

$$\sigma = (l/h^*)^2 (h^*/\bar{t}) K/2 \leqq \sigma_{zul}, \tag{4.2-62a}$$

$$f/l = (l/h^*)^3 (h^*/\bar{t}) K/4E \leqq f_{zul}/l. \tag{4.2-62b}$$

Im Äquivalentvolumen ist der Kern mit seinem Anteil $\alpha h^*/2$ zu berücksichtigen; so gilt anstelle von (4.2−44):

$$v_ä/l^2 = (h^*/l)(\bar{t}/h^* + \alpha/2) \tag{4.2-63}$$

und, nach Elimination der Höhe h^*/l:

$$(63)(62a)^{1/2}: \quad v_ä/l^2 \geqq (\bar{t}/h^* + \alpha/2)(h^*/\bar{t})^{1/2}(K/2\sigma_{zul})^{1/2}, \tag{4.2-64a}$$

$$(63)(62b)^{1/3}: \quad v_ä/l^2 \geqq (\bar{t}/h^* + \alpha/2)(h^*/\bar{t})^{1/3}(K_f/4E)^{1/3}. \tag{4.2-64b}$$

Das Dickenverhältnis $\bar{t}/h^*$ läßt sich durch Ableiten dieser Funktionen optimieren. So erhält man schließlich aus

$$(64a)': \quad (\bar{t}/h^*)_{opt} = \alpha/2, \quad v_{ämin}/l^2 = \alpha^{1/2}(K/\sigma_{zul})^{1/2}, \tag{4.2-65a}$$

$$(64b)': \quad (\bar{t}/h^*)_{opt} = \alpha/4, \quad v_{ämin}/l^2 = 0{,}75\alpha^{2/3}(K_f/E)^{1/3}. \tag{4.2-65b}$$

Mit den Volumenfaktoren $\Psi_v = 0{,}1$ und $\Phi_{vf} = 0{,}035$ bei einem Füllungsgrad $\alpha = 1/100$ (bzw. $\Psi_v = 0{,}32$ und $\Phi_{vf} = 0{,}16$ bei $\alpha = 1/10$) erweist sich die Sandwichausführung, selbst bei relativ schwerem Kern, dem homogenen, parabolischen Träger gleicher Festigkeit überlegen. Übrigens wird bei dieser keilförmigen Sandwichplatte der Kern nicht schubbelastet, was der Gesamtsteifigkeit zugute kommt; er muß nur die Druckhaut stützen.

Gleiches Äquivalentvolumen (4.2–65) resultiert, wenn man statt der Kernhöhe die Hautdicken verjüngt (in diesem Fall übernimmt der Kern die Querkraft). Das optimale Dickenverhältnis in Trägermitte ist dann $(\bar{t}^*/h)_{opt} = 2\alpha$ für Festigkeit, bzw. α für Steifigkeit (ohne Kernschubnachgiebigkeit). Wie bei der Sandwichplatte konstanter Dicke bleibt der optimale Kerngewichtsanteil 1/2 bzw. 2/3 des Gesamtgewichts, mit den in Bild 4.2/27 erläuterten Toleranzen.

4.3 Auslegung gegen Knicken und Beulen

Leichtbautragwerke sind bei kleinem Strukturkennwert schlank und dünnwandig. Ihre Tragfähigkeit unter Druck und Schub wird dann nicht durch die Materialfestigkeit sondern durch die Knick- oder Beulspannung begrenzt, die weit darunter liegen kann.

Die erzielbare Spannung ist ein Maß für die Materialnutzung und für die Güte der Bauweise. Sie ist bei druck- und schubbelasteten Bauteilen der Querschnittsfläche und damit dem Volumenaufwand umgekehrt proportional. Sofern nichttragende Elemente (Sandwichkern oder Querrippen) anzurechnen sind, geschieht es über eine *Äquivalentspannung* (4.1–22). Die Angabe der Spannung anstelle des Volumens hat den Vorzug, daß ein Überschreiten der Elastizitätsgrenze erkannt und der im plastischen Bereich wirksame Modul anstelle des Elastizitätsmoduls gesetzt werden kann. Die als elastisch gerechnete Knick- oder Beulspannung wird damit auf den tatsächlich plastischen Wert abgemindert.

Als höchste Druckspannung wird die Materialfließgrenze oder die $\sigma_{0,2}$-Grenze angenommen, da an dieser der Tangentenmodul gegen Null tendiert. So kommt es bei großem Kennwert auf die Druckfestigkeit des Werkstoffs an, während bei kleinem der Elastizitätsmodul wichtig ist. Die Materialbewertung über dem Strukturkennwert wurde schon angesprochen und am Beispiel eines Knickstabes (Bild 4.1/10) dargestellt. Von Materialvergleichen sei im weiteren abgesehen. Interessieren soll hier vielmehr die geometrische Auslegung und Bauweise des Tragwerkes.

Das leichte Stab- oder Flächenwerk muß gegen Knicken und Beulen gestützt werden. Dies geschieht durch einzeln oder kontinuierlich angebrachte, linienhafte Versteifungselemente, Rippen, Spante und Stringer, durch eine Sandwichbauweise mit stützendem Kern, oder durch Auflösung der Fläche in ein Fachwerk. In jedem Fall sind neben der Gesamtstabilität auch örtliche Beulphänomene zu betrachten, die zwischen den Versteifungen auftreten und diesen eine gewisse Mindeststeifigkeit oder einen Mindestabstand abverlangen. Bei der Sandwichfläche muß man das Knittern der Häute auf elastischer Kernbettung, beim Fachwerk das Knicken des Einzelstabes und das Wandbeulen des Stabprofils als örtliches Versagen neben der Gesamtstabilität berücksichtigen. Zum Knicken und Beulen verschiedener Stab- und Flächentragwerke sind in Bd. 1 analytische Grundlagen beschrieben, auf die in den folgenden Auslegungsrechnungen zurückgegriffen wird.

Hier sollen nun unterschiedliche Bauweisen von Knickstäben, Druckplatten, Druckzylindern und Schubwänden nach den Restriktionen ihres globalen und lokalen Versagens ausdimensioniert werden. Überzählige Dimensionierungsvariable lassen sich im Sinne eines Zielmaximums mit horizontaler Tangente optimieren, das in der Regel gegen Abweichungen tolerant ist. Die erzielbare Spannung ist meistens eine Potenzfunktion des Strukturkennwerts. Beim Vergleich der Bauweisen über den Kennwert ist dann ihr maximaler Wirkungsfaktor Φ (4.1 – 14a) und ihr Exponent n (4.1 – 14b) maßgebend; die beiden Größen bestimmen die Lage der Wertungsgeraden im doppeltlogarithmischen Maßstab (4.1 – 18) und entscheiden darüber, ob sich die Wertungsfunktionen im praktisch relevanten Kennwertbereich überschneiden. Dies würde bedeuten, daß je nach Kennwert unterschiedliche Bauweisen im Vorteil wären.

Ein derartiger Wechsel optimaler Bauweisen über dem Kennwert ist nur bei ungleichen Exponenten n möglich, oder wenn keine gewöhnliche Potenzfunktion vorliegt. Unterschiedliche Exponenten der Potenzfunktion sind zu erwarten, wenn die Wanddicke nach der örtlichen Beulgrenze ausdimensioniert wird. Bei den oben (Abschn. 4.2.2 und 4.2.3) betrachteten Biegeträgerprofilen wurden statt dessen die Schlankheiten h/s und b/t der Steg- und Hautstreifen vorgegeben. Damit waren die Exponenten von der Bauweise unabhängig ($m = 2/3$, $n = 1/2$ beim Balken, bzw. $m = 1/2$ und $n = 1/3$ bei der Platte) und für deren Vergleich allein die Volumenfaktoren interessant. Dabei könnte die stegversteifte Integralplatte gegenüber der Sandwichbauweise Vorteile gewinnen, wenn man ihr Profil dünnwandiger gestaltete. Eine Optimierung müßte darum auch beim Biegeträger das örtliche Beulen berücksichtigen, wie es hier für Druck- und Schubtragwerke geschehen soll.

Wenn man die Wanddicken nach der örtlichen Beulgrenze und die Profilhöhe nach der globalen Knick- oder Beulrestriktion ausdimensioniert, kommt man bei kleinem Kennwert zu schlanken, zartgliedrigen Profilen und bei großem zu gedrungenen, massiven Bauwerken. Während im letzten Fall sich die Frage der Materialdruckgrenze erhebt, dominiert bei kleinem Kennwert das Stabilitätsproblem. Das gewünschte hohe Flächenträgheitsmoment kann nur mit dünnwandigen Profilen realisiert werden; diese wiederum fordern zu ihrer Stabilität feingliedrige Strukturierung, d.h. Stützung durch Flansche und Bördel, oder gekrümmte Wände. So gewinnt bei kleinem Kennwert neben der Materialsteifigkeit auch die Profilgestalt und ihre Differenzierung zunehmende Bedeutung.

Die Kennwertfunktionen weichen im plastischen Bereich von der gewöhnlichen Potenzform ab, aber auch dann, wenn es sich um ein funktional inhomogenes Tragwerk handelt und wenn eine Optimalabstimmung der Einzelelemente nicht kennwertunabhängig möglich ist. Dies gilt beispielsweise für eine Sandwichplatte mit begrenzter Höhe oder schubweichem Kern, für eine längsgedrückte Platte mit nur stützenden Querrippen (in vorgegebenem Abstand) sowie für eine Schubwand mit Pfosten oder in gemischter Fachwerkbauweise (mit Zug- und Druckstäben).

Die Abschnitte 4.3.1 bis 4.3.5 sind Einzwecktragwerken mit unterschiedlichen Aufgaben und entsprechend unterschiedlich definierten Strukturkennwerten gewidmet. In den Unterabschnitten werden dazu jeweils verschiedene Bauweisen optimiert und über dem Kennwert verglichen. Ausgehend von einfachen Bauteilen wird auf zusammengesetzte Konstruktionen hingeführt, bei deren Auslegung sich die zuvor gewonnenen Optimierungsergebnisse der Einzelelemente aufgreifen lassen. Diese hierarchische Problemstruktur ermöglicht es, auch bei komplexen Tragwerken den Auslegungsprozeß auf wenige Parameter zu beschränken und damit durchsichtig zu machen; jedenfalls solange nur ein einziger Zweck verfolgt wird und nur ein Strukturkennwert entscheidet.

Auf das Problem einer Dimensionierung unter verschiedensten Restriktionen der Festigkeit, der Stabilität, der Steifigkeit und der Fertigung, oder zu mehreren Zwecken (Lastfällen), wird später eingegangen (Abschn. 4.4).

4.3.1 Auslegung von Druckstäben

In räumlichen oder ebenen Fachwerken, beispielsweise in der unter Abschn. 4.3.5 zu betrachtenden Schubwand, treten im allgemeinen Zug- und Druckstäbe auf. Die Auslegung von Zugstäben, im besonderen ihrer Anschlußknoten, wurde in Abschn. 4.2.1.1 behandelt. Was dort über den steigenden Gewichtsanteil der Knoten bei hohem Kennwert ausgesagt ist, gilt auch für Anschlüsse von Druckstäben. Darüberhinaus interessiert aber bei diesen die Biegeeinspannung durch den Knoten oder durch die über den Knoten wirkenden Nachbarstäbe. Gelenkiger Anschluß liegt meist nicht vor, auch wenn die Spannungsanalyse des Fachwerks eine solche Annahme zuläßt.

Um den Druckstab als Einzelelement betrachten zu können, seien Knickbeiwerte vorgegeben, die im Grenzfall gelenkiger Stützung den Wert $c=1$, bei starrer Einspannung den Wert $c=4$ aufweisen, oder $c=1/4$ beim einseitig eingespannten, anderseits freien Stab. Man kann die Einspannwirkung auch einfach im Kennwert $K=P/l^2$ berücksichtigen, indem man dort anstelle der Stablänge l die effektive Knicklänge setzt ($l_{eff}/l=1$, 1/2 bzw. 2). Der beidseitig gestützte Stab mit einer Sinushalbwelle zwischen den Lagern ist damit ein Grundbeispiel.

Ist der Stab um seine beiden Querachsen y und z unterschiedlich eingespannt, so muß man mit verschiedenen Knicklängen rechnen. Die Knickbeiwerte c_y und c_z sind dann ungleich; sie treten in zweierlei Restriktionen auf und erscheinen schließlich nebeneinander im Wirkungsfaktor Φ. Die Hauptträgheitsmomente des optimalen Profils verhalten sich zueinander wie die Wurzeln der Knickbeiwerte; als Beispiele werden der Rechteckquerschnitt und das I-Profil betrachtet.

Während beim Vollquerschnitt nur die globalen Knickformen um y und z interessieren, kommen bei dünnwandigen, geschlossenen oder offenen Profilen noch die örtlichen Beulbedingungen hinzu. Damit lassen sich bis zu drei Querschnittsvariable ausdimensionieren. Beim I-Profil kann das Dickenverhältnis von Flansch und Steg als vierte Variable frei optimiert werden; beim Füllstab wird, wie beim Sandwich, der optimale Kerngewichtsanteil durch Ableiten der Zielfunktion gewonnen. So lassen sich bereits beim Druckstab alle wesentlichen Verfahren der Querschnittsdimensionierung demonstrieren, wie sie dann auch bei der Platte Anwendung finden.

Im Vergleich der Bauweisen zeigt sich der dünnwandige Rohrstab besonders bei kleinem Kennwert den anderen Profilen durch seine hohe Wandbeulfestigkeit und seinen großen Trägheitsradius überlegen. Weitere Verbesserung läßt sich durch einen Stab mit längs veränderlichem Durchmesser erzielen.

4.3.1.1 Druckstab mit rundem oder rechteckigem Vollquerschnitt

Als einfachstes Beispiel sei zuerst ein beidseitig und nach beiden Richtungen gelenkig gestützter Druckstab mit vollem Kreisquerschnitt ausgelegt. Einzige Dimensionie-

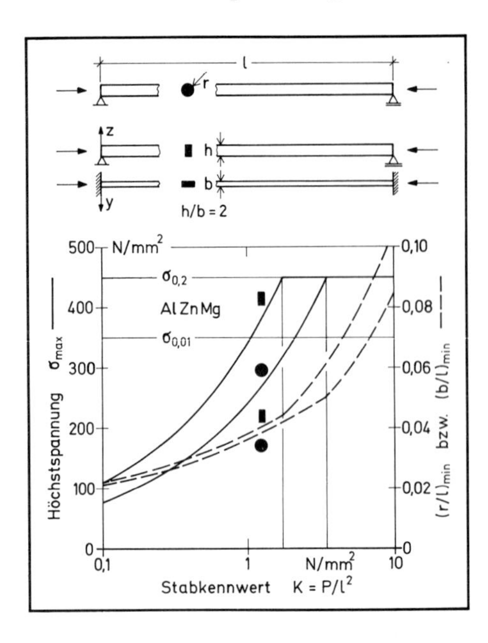

Bild 4.3/1 Druckstab mit Vollquerschnitt. Höchstspannung und Mindestauslegung über dem Strukturkennwert. Einfluß seitlicher Einspannung beim Rechteckprofil

rungsvariable ist der relative Radius r/l; er läßt sich über die Knickbedingung dimensionieren. Mit Querschnittsfläche und Trägheitsmoment

$$A = \pi r^2, \quad I = \pi r^4/4 \quad \text{bzw.} \quad I/A = i^2 = r^2/4 \tag{4.3-1}$$

erhält man die Zielgröße (Spannung) und ihre Restriktion (Knickgrenze):

$$\sigma = P/A = (l/r)^2 (P/l^2)/\pi = (l/r)^2 K/\pi, \tag{4.3-2a}$$

$$\sigma \leqq \sigma_{kr} = \pi^2 (i/l)^2 E_t = \pi^2 (r/l)^2 E_t/4. \tag{4.3-2b}$$

Daraus errechnen sich Höchstspannung und Mindestradius:

$$[(2a)(2b)]^{1/2}: \quad \sigma_{max} = (\pi/4)^{1/2} E_t^{1/2} K^{1/2} = 0{,}89 E_t^{1/2} K^{1/2}, \tag{4.3-3a}$$

$$(2a)(2b)^{-1}: \quad (r/l)^4 \geqq (4/\pi^3) K/E_t = 0{,}13 K/E_t. \tag{4.3-3b}$$

Nach (4.1–16) wäre damit der *Wirkungsfaktor* $\Phi = 0{,}89$ und der *Wirkungsexponent* $n = 1/2$. Als effektiver Knickmodul kann beim Knickstab der Tangentenmodul E_t gesetzt werden, der im elastischen Bereich ($\sigma < \sigma_{0,01}$) mit dem Elastizitätsmodul identisch ist, im plastischen Bereich abnimmt und an der Druckgrenze $\sigma_{0,2}$ gegen Null tendiert. Eine Umrechnung der quasi elastisch errechneten in die tatsächliche plastische Spannung ist über (4.1–22) oder Bild 4.1/8 möglich.

Bild 4.3/1 zeigt die Höchstspannung (4.3–3a) und den Mindestradius (4.3–3b) über dem Kennwert im Bereich der Proportionalitätsgrenze. Im allgemeinen wird mit steigendem Kennwert das Bauteil gedrungener und die Materialnutzung besser. Bei Erreichen der Druckgrenze $\sigma_{0,2}$ bleibt diese konstant, während die Querschnittsfläche dem Kennwert proportional anwächst.

Auch für einen Rechteckquerschnitt zeigt Bild 4.3/1 Auslegungsergebnisse. Mit Höhe h und Breite b sind Fläche und Trägheitsradien (um Querachsen y bzw. z)

$$A = bh, \quad i_y^2 = I_y/A = h^2/12, \quad i_z^2 = I_z/A = b^2/12. \tag{4.3-4}$$

Ein Abgehen vom quadratischen Querschnitt ist nur gerechtfertigt, wenn um beide Querachsen unterschiedliche Einspannungen wirken; im Extremfall gelenkige Lagerung um $y\,(c_y=1)$ und starre Einspannung um $z\,(c_z=4)$. Dann sind für beide Richtungen verschiedene Knickrestriktionen zu formulieren, und es gilt für die Spannung

$$\sigma = P/A = (l/h)\,(l/b)\,K\,, \tag{4.3-5a}$$

$$\sigma \leqq \sigma_{\mathrm{kry}} = c_y\,(\pi i_y/l)^2 E_t = c_y\,(\pi^2/12)\,(h/l)^2 E_t\,, \tag{4.3-5b}$$

$$\sigma \leqq \sigma_{\mathrm{krz}} = c_z\,(\pi i_z/l)^2 E_t = c_z\,(\pi^2/12)\,(b/l)^2 E_t\,, \tag{4.3-5c}$$

Daraus folgt zunächst, nach Elimination der Variablen, die Höchstspannung, mit der man dann die Mindestmaße bestimmt:

$$[(5a)^2(5b)(5c)]^{1/4}: \qquad \sigma_{\max} = (\pi^2/12)^{1/2}(c_y c_z)^{1/4} E_t^{1/2} K^{1/2}\,, \tag{4.3-6a}$$

$$(6a)^2(5b)^{-2}: \qquad (h/l)^4 \geqq (12/\pi^2)\,c_z^{1/2} c_y^{-3/2} K/E_t\,, \tag{4.3-6b}$$

$$(6a)^2(5c)^{-2}: \qquad (b/l)^4 \geqq (12/\pi^2)\,c_y^{1/2} c_z^{-3/2} K/E_t\,. \tag{4.3-6c}$$

Das optimale Querschnittsverhältnis ist $(h/b)_{\mathrm{opt}} = (c_z/c_y)^{1/2}$, d.h. aber gleich dem Verhältnis der Knickhalbwellen; im Extremfall einer um y gelenkigen, um z drehstarren Stützung: $(h/b)_{\mathrm{opt}} = 2$.

Der Wirkungsfaktor in (4.3–6a) ist $\Phi = 0{,}91\,(c_y c_z)^{1/4}$, also für den quadratischen Querschnitt (bei $c_y = c_z = 1$) nur 2 % höher als für den runden ($\Phi = 0{,}89$). Da für beide Formen derselbe Exponent ($n = 1/2$) gilt, ist der Wirkungsfaktor hier ein direktes Wertungsmaß, unabhängig vom Kennwert.

4.3.1.2 Druckstab mit Hohlquerschnitt

Vollquerschnitte sind für den Leichtbau untypisch. Für hohe Knick- und Biegesteifigkeit ist ein großer Trägheitsradius erwünscht, der nur durch dünnwandige Profile oder Hohlquerschnitte erzielt wird. Dünne Wände sind aber beulgefährdet; sie können nur bis zur Grenzspannung örtlichen Beulens ausdimensioniert werden, doch kann auch eine andere Restriktion, etwa der Fertigung, das Wandmaß bestimmen.

Für das dünnwandige Rohr mit Radius r und Wanddicke t folgen über Querschnittsfläche und Trägheitsradius

$$A = 2\pi r t, \quad i^2 = I/A = r^2/2 \tag{4.3-7}$$

zunächst die Spannung und ihre Knickgrenze

$$\sigma = P/A = (r/t)\,(l/r)^2 K/2\pi = (l/t)\,(l/r)\,K/2\pi\,, \tag{4.3-8a}$$

$$\sigma \leqq \sigma_{\mathrm{kr}} = (\pi^2/2)\,(r/l)^2 E_t = 4{,}93\,\eta_t\,(r/l)^2 E\,. \tag{4.3-8b}$$

Je nachdem, ob nun das Verhältnis r/t oder die Wanddicke t/l vorgegeben werden soll, erhält man daraus die Höchstspannung

$$[(8a)(8b)]^{1/2}: \qquad \sigma \leqq 0{,}89\,(r/t)^{1/2} E_t^{1/2} K^{1/2}\,, \tag{4.3-9a}$$

$$[(8a)^2(8b)]^{1/3}: \qquad \sigma \leqq 0{,}50\,(l/t)^{2/3} E_t^{1/3} K^{2/3}\,, \tag{4.3-9b}$$

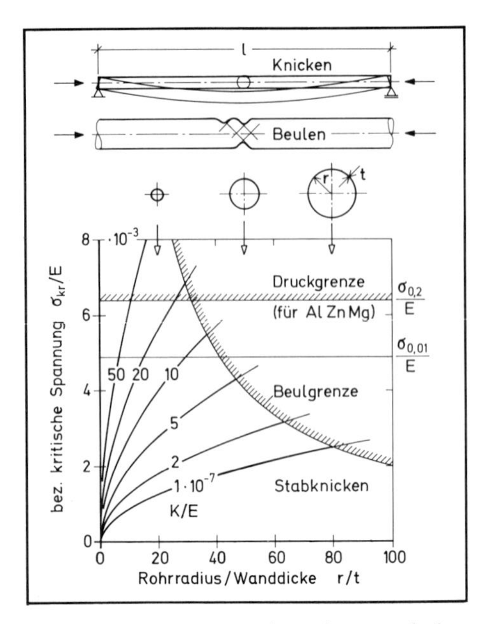

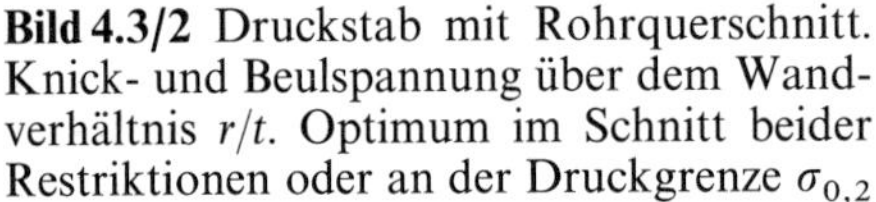

Bild 4.3/2 Druckstab mit Rohrquerschnitt. Knick- und Beulspannung über dem Wandverhältnis r/t. Optimum im Schnitt beider Restriktionen oder an der Druckgrenze $\sigma_{0,2}$

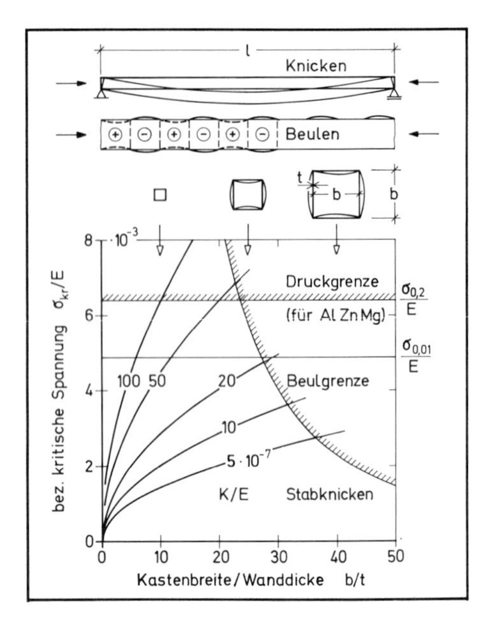

Bild 4.3/3 Druckstab mit Kastenquerschnitt. Knick- und Beulspannungen über dem Wandverhältnis b/t. Optimum im Schnitt beider Restriktionen oder bei $\sigma_{0,2}$

mit unterschiedlichen Exponenten $n=1/2$ bzw. $n=1/3$. Dies bedeutet, daß die Restriktion der Wanddicke besonders bei kleinem Kennwert maßgebend wird.

Aber auch im Verhältnis zum Radius darf die Wand nicht zu dünn werden. Bild 4.3/2 zeigt dazu die Knickspannung nach (4.3–9a) über r/t, zusammen mit der Grenze des örtlichen Beulens bzw. *Durchschlagens* (Bd. 1, Abschn. 2.3.3.4):

$$\sigma \leqq \sigma_{\text{krö}} = 0{,}2\,(t/r)\,E_{\text{w}} = 0{,}2\eta_{\text{w}}\,(t/r)\,E\,. \tag{4.3–10}$$

Dabei wird deutlich, daß man höchste Spannung erzielt, wenn globale und lokale Instabilität gleichzeitig auftreten, also wenn Radius und Wanddicke nach beiden Restriktionen ausdimensioniert sind. Die Forderung ist streng, da ein Abweichen vom Schnitt beider Restriktionen einen erheblichen Wertverlust oder gar eine Einbuße an Tragfähigkeit verursacht. Liegt man bereits im plastischen Bereich, so werden die Gradienten flacher und das Optimum toleranter, wie überhaupt bei Annäherung an die Druckgrenze des Werkstoffes (bei entsprechend großem Strukturkennwert) die Profilgeometrie an Bedeutung verliert.

Für den auf Knicken und Wandbeulen ausdimensionierten Rohrstab gilt dann schließlich

$$[(8a)(8b)(10)]^{1/3}: \qquad \sigma_{\max} = 0{,}54\,(\eta_{\text{t}}\eta_{\text{w}})^{1/3} E^{2/3} K^{1/3}\,, \tag{4.3–11a}$$

$$(8a)(8b)(10)^{-2}: \qquad (t/r)^3_{\text{opt}} = 20\,(\eta_{\text{t}}/\eta^2_{\text{w}})\,K/E\,. \tag{4.3–11b}$$

Der wirksame plastische Modul $E_{\text{w}} = \eta_{\text{w}} E$ ist beim örtlichen Beulen höher als beim Knicken ($E_{\text{t}} = \eta_{\text{t}} E$), doch liegt man ohne viel Mehraufwand auf der sicheren Seite, wenn man einfach $\eta_{\text{w}} = \eta_{\text{t}}$ setzt (genauer ist in [4.1] gerechnet).

Zum Vergleich sei ein quadratisches Kastenprofil mit Breite und Höhe b und Wanddicke t dimensioniert. Mit seinen Profilwerten

$$A=4bt, \quad I=2tb^3/3, \quad i^2=I/A=b^2/6 \qquad (4.3-12)$$

folgt für die Spannung, zunächst nur hinsichtlich Knickens

$$\sigma=P/A=(l/t)(l/b)K/4=(b/t)(l/b)^2K/4, \qquad (4.3-13a)$$

$$\sigma \leqq \sigma_{kr}=(\pi i/l)^2E_t=\pi^2\eta_t(b/l)^2E/6 \qquad (4.3-13b)$$

und je nachdem, ob t/b oder t/l vorgegeben wird, ihr Höchstwert

$$[(13a)(13b)]^{1/2}: \quad \sigma \leqq 0{,}64(b/t)^{1/2}\eta_t^{1/2}E^{1/2}K^{1/2}, \qquad (4.3-14a)$$

$$[(13a)^2(13b)]^{1/3}: \quad \sigma \leqq 0{,}47(l/t)^{2/3}\eta_t^{1/3}E^{1/3}K^{2/3}. \qquad (4.3-14b)$$

Die Exponenten sind die gleichen wie in (4.3−9) für den Rohrstab. Aus den Wirkungsfaktoren $\Phi=0{,}50(l/t)^{2/3}$ und $0{,}47(l/t)^{2/3}$ darf man schließen, daß bei Vorgabe einer konstruktiven Mindestwandstärke das Rohr um 6 % leichter ist als der Kasten, jedenfalls im elastischen Bereich unabhängig von Kennwert.

Unterschiedliche Exponenten erhält man aber, wenn die relative Wanddicke nach der Beulgrenze ausdimensioniert wird. Diese ist beim quadratischen Kasten, dessen vier Wände wie gelenkig gestützte Plattenstreifen beulen (Bd. 1, Bild 2.2/3):

$$\sigma \leqq \sigma_{krö}=3{,}6(t/b)^2\eta_w E. \qquad (4.3-15)$$

Die Auftragung von (4.3−14a) und (4.3−15) in Bild 4.3/3 deutet wieder auf das Optimum des ausdimensionierten Kastenstabes:

$$[(13a)^2(13b)^2(15)]^{1/5}: \quad \sigma_{max}=0{,}906(\eta_t^2\eta_w)^{1/5}E^{3/5}K^{2/5}, \qquad (4.3-16a)$$

$$(13a)(13b)(15)^{-2}: \quad (t/b)^5_{opt}=0{,}032(\eta_t/\eta_w^2)K/E. \qquad (4.3-16b)$$

Der Exponent $n=3/5$ ist kleiner als beim Rohrstab ($n=2/3$), aber größer als beim Vollquerschnitt ($n=1/2$). Dies bedeutet, daß ein Vorteil des Hohlquerschnitts besonders bei kleinem Kennwert zu erwarten ist (Vergleich in Abschn. 4.3.1.5).

4.3.1.3 Druckstab mit Füllquerschnitt

Durch Ausfüllen des Rohres mit geeignetem Kernmaterial, etwa mit Schaumstoff, läßt sich das Wandbeulen verhindern und damit ein größeres Verhältnis r/t realisieren. Andererseits muß aber das Kerngewicht in der *Äquivalentspannung* angerechnet werden, deren Ableitung nach dem Wandparameter auf geringeres Optimalverhältnis $(r/t)_{opt}$ führen kann, wenn das spezifische Gewicht des Kernes zu groß ist.

Das Verhältnis der spezifischen Gewichte γ_K des Kernes und γ_H der Haut ist wieder als *Kernfüllungsgrad* $\alpha \equiv \gamma_K/\gamma_H$ definiert. Die Längskraftaufnahme des Kernes sei vernachlässigbar; andererseits sei er hinreichend steif, um die Wand radial gegen Beulen zu stützen. Damit bleibt gültig, was zur Wandspannung über die Knickbedingung in (4.3−8) und (4.3−9a) ausgesagt ist. Für die Gewichtswertung ist aber nun die Äquivalentspannung maßgebend, die wie bei der Sandwichplatte (4.2−44) den

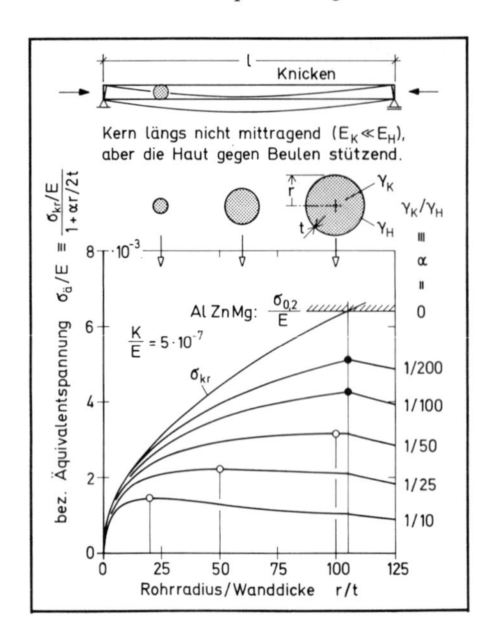

Bild 4.3/4 Druckstab mit Füllquerschnitt. Äquivalentspannung nach Knickbedingung über dem Wandverhältnis r/t, Parameter: Kernfüllungsgrad α. Ableitungsoptimum

Kernanteil enthält; mit (4.3–9a):

$$\sigma_ä \equiv \sigma/(1+\alpha r/2t) = (\pi/4)^{1/2}(r/t)^{1/2}(1+\alpha r/2t)^{-1} E_t^{1/2} K^{1/2}. \tag{4.3–17}$$

Die Ableitung dieser Funktion nach dem Wandverhältnis r/t führt auf

$$(17)': \quad (r/t)_{opt} = 2/\alpha; \quad \sigma_{ämax} = \sigma_{max}/2 = 0{,}63\alpha^{-1/2} E_t^{1/2} K^{1/2}, \tag{4.3–18}$$

also zu gleichem Gewichtsanteil von Kern und Haut, und zu einem nur noch vom Füllungsgrad abhängigen Wirkungsfaktor $\Phi_ä = \Phi/2 = 0{,}63/\alpha^{1/2}$. Je kleiner α sein kann, desto dünnwandiger und leichter fällt das Rohr aus; als Grenze ist dabei die Stützfähigkeit des Kernes gegen Wandbeulen zu beachten.

Das durch Ableiten nach r/t gewonnene Optimierungsergebnis (4.3–18) setzt voraus, daß der Elastizitätsmodul konstant ist. Bei plastischer Hautspannung wird der optimale Kernanteil geringer und dabei auch vom Kennwert abhängig. Schließlich muß der nichttragende Kernanteil verschwinden, wenn nicht mehr die Knickstabilität sondern nur noch die Materialdruckgrenze den Ausschlag gibt.

Bild 4.3/4 zeigt am Beispiel eines für den Füllstab bereits hohen Kennwertes ($K/E = 5 \cdot 10^{-7}$) die Äquivalentspannung (4.3–17) über r/t im Übergang zum plastischen Bereich. Setzt man einfach bis zur Druckgrenze $\sigma \leqq \sigma_{0,2}$ (der Al-Legierung) idealelastisches Verhalten voraus, so wird deutlich, daß auch mit kleinem Füllungsgrad α das optimale Wandverhältnis r/t bei Erreichen der Druckgrenze nicht über ein gewisses Maß hinausgeht; mit (4.3–9a) gilt

$$(r/t)_{opt} < 4\sigma_{0,2}^2/\pi EK, \quad 1/\sigma_{ämax} = 1/\sigma_{0,2} + 2\alpha\sigma_{0,2}/\pi EK. \tag{4.3–19}$$

Also schwindet der optimale Kernanteil im plastischen Bereich mit wachsendem Kennwert.

Bild 4.3/4 vermittelt im übrigen einen Eindruck von der Toleranz des Optimums auch im elastischen Bereich. Um Wandbeulen mit Sicherheit auszuschließen, nütze man diese Freiheit und wähle ein möglichst kleines Wandverhältnis r/t.

4.3.1.4 Druckstab mit I-Profil

Beim doppeltsymmetrischen I-Profil nach Bild 4.3/5 sind vier Querschnittsvariable zu bestimmen; drei davon lassen sich nach den beiden Bedingungen globalen Knickens und nach der Profilbeulgrenze ausdimensionieren, mindestens eine ist frei wählbar oder durch Ableiten der Zielfunktion zu optimieren.

Analog zur später betrachteten Integralplatte sei der beidseitig gestützte Profilstreifen, hier der *Steg*, in die Querachse y gelegt; es gelten dann für diesen die Maßbezeichnungen d und t, und für die *Flansche* h und s. Als dimensionslose Variable werden betrachtet die relative Stegbreite d/l, die relative Stegdicke t/d und die das Verhältnis von Flanschen zu Steg charakterisierenden Parameter $\alpha \equiv s/t$ sowie $\beta \equiv h/d$. Mit der Querschnittsfläche und den Trägheitsmomenten

$$A = td(1+2\alpha\beta), \quad I_y = td^3\alpha\beta^3/6, \quad I_z = td^3(1+6\alpha\beta)/12, \tag{4.3-20}$$

folgen die Spannung und ihre Knickgrenzen

$$\sigma = P/A = (d/t)(1+2\alpha\beta)^{-1}(l/d)^2 K, \tag{4.3-21a}$$

$$\sigma \leqq \sigma_{\text{kry}} = c_y(\pi^2/6)\alpha\beta^3(1+2\alpha\beta)^{-1}(d/l)^2 E_t \tag{4.3-21b}$$

$$\sigma \leqq \sigma_{\text{krz}} = c_z(\pi^2/12)(1+6\alpha\beta)(1+2\alpha\beta)^{-1}(d/l)^2 E_t, \tag{4.3-21c}$$

(mit den Knickbeiwerten c_y und c_z zwischen 1 für gelenkige Stützung und 4 für drehstarre Einspannung).

Als Dimensionierungsgrenze der Wanddicken ist außerdem die Profilbeulspannung anzugeben. Mit dem nach Bild 4.3/5 (Bd. 1, Bild 3.3/16) von α und β abhängenden Beulwert k muß sein

$$\sigma \leqq \sigma_{\text{krö}} = k(\alpha, \beta)(t/d)^2 E_w. \tag{4.3-21d}$$

Da bei vorgegebenen Profilparametern α und β die Knickrestriktionen (4.3–21b) und (4.3–21c) zur Ausdimensionierung von d/l konkurrieren, muß zunächst die eine oder die andere Knickform unterbunden werden. Es folgt dann für den nach y bzw. nach z gefesselten Stab die Höchstspannung und ihr Wirkungsfaktor aus

$$[(21a)^2(21b)^2(21d)]^{1/5}: \quad \sigma \leqq \Phi_y(\alpha, \beta)(\eta_t^2\eta_w)^{1/5}E^{3/5}K^{2/5} \tag{4.3-22a}$$

mit

$$\Phi_y = [\pi^4 c_y^2 k\alpha^2\beta^6/36(1+2\alpha\beta)^4]^{1/5}, \tag{4.3-22b}$$

$$[(21a)^2(21c)^2(21d)]^{1/5}: \quad \sigma \leqq \Phi_z(\alpha, \beta)(\eta_t^2\eta_w)^{1/5}E^{3/5}K^{2/5} \tag{4.3-23a}$$

mit

$$\Phi_z = [\pi^4 c_z^2 k(1+6\alpha\beta)^2/144(1+2\alpha\beta)^4]^{1/5}. \tag{4.3-23b}$$

Wäre die Beulwertfunktion $k(\alpha, \beta)$ explizit gegeben, so ließen sich durch partielle Ableitungen der Wirkungsfunktionen Φ_y und Φ_z nach α und β diese Profilparameter optimieren. Dies wäre indes nicht zweckmäßig; zum einen, weil diese Optima sehr flach, zum andern, weil sie beim freien, nach beiden Seiten knickenden Stab nicht mehr gültig sind. Bild 4.3/6 zeigt dazu, für kugelgelenkige Lagerung ($c_y = c_z = 1$), die Wirkungsfaktoren Φ_y und Φ_z als Zielfunktionsparameter im Entwurfsraum $\alpha - \beta$. Da beim freien Stab der jeweils geringere Wirkungsfaktor maßgebend ist, gelten die beiden Zielfunktionen jeweils nur bis zum Schnitt ihrer Höhenlinien. Das Zielmaxi-

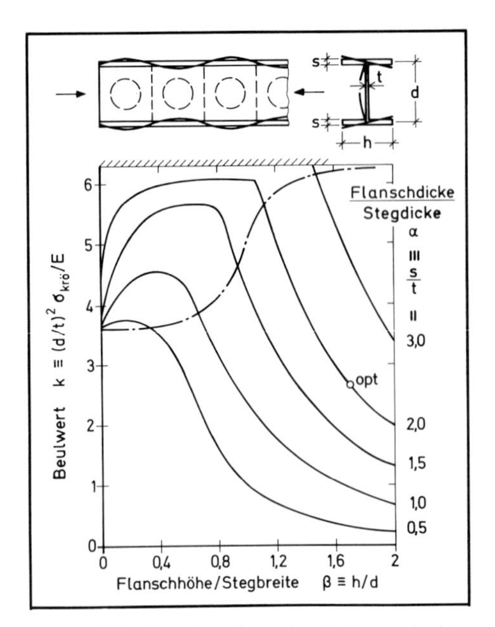

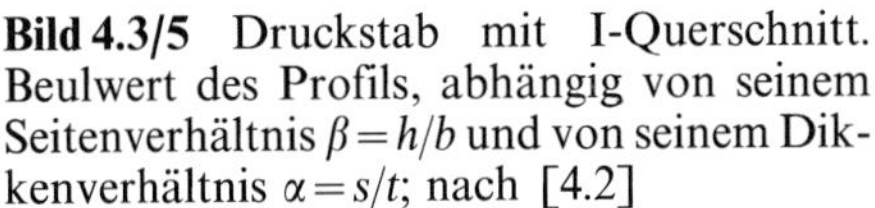
Bild 4.3/5 Druckstab mit I-Querschnitt. Beulwert des Profils, abhängig von seinem Seitenverhältnis $\beta = h/b$ und von seinem Dickenverhältnis $\alpha = s/t$; nach [4.2]

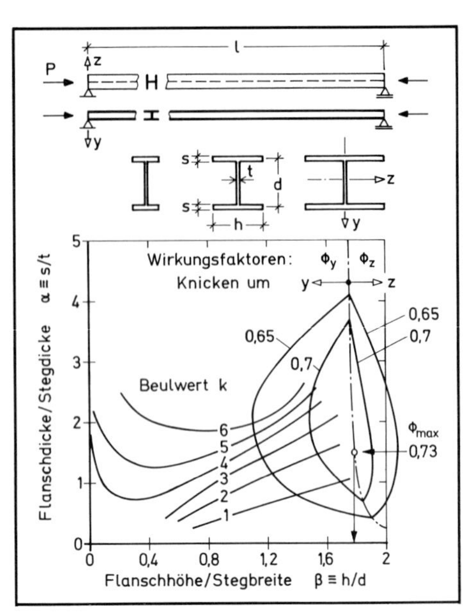

Bild 4.3/6 Druckstab mit I-Querschnitt. Wirkungsfaktoren abhängig von Profilverhältnissen α und β. Optimum im Schnitt beider Knickbedingungen (um y und z)

mum liegt dann auf der Schnittkurve beider Knickspannungen; für $\Phi_y = \Phi_z$ oder $\sigma_{kry} = \sigma_{krz}$ folgt für die Projektion der Schnittkurve ein Zusammenhang von α und β:

$$(21b) = (21c): \qquad 2c_y\alpha\beta^3 = c_z(1 + 6\alpha\beta). \qquad (4.3-24)$$

Bei gelenkiger Stützung ($c_y = c_z = 1$) ist $\Phi_{ymax} = \Phi_{zmax} = 0{,}72$ für $\beta_{opt} = 1{,}77$ und $\alpha_{opt} \approx 2$.

Der Charakter des Optimums gestattet beim frei knickenden Stab Abweichungen nur längs des *Höhengrades* über (4.3–24), während ein seitliches Abgehen bei steilen Gradienten zu starken Verlusten führt. Dies bedeutet nichts anderes, als daß Höhe und Breite des Profils nach beiden Knickbedingungen ausdimensioniert werden müssen. Die Schnittkurve in Bild 4.3/6 zeigt demgemäß eine große Toleranz hinsichtlich des Dickenverhältnisses α, aber nur eine geringe hinsichtlich des optimalen Profilparameters β_{opt} ($= 1{,}75$ bis 1,8 für $\alpha = 3$ bis 1,5). Damit ist das Verhältnis Flanschfläche zu Stegfläche $A_F/A_S = sh/td = \alpha\beta$ zwischen 2,5 und 5 wählbar. In diesem Bereich kann aber anstelle von (4.3–24) näherungsweise stehen: $\beta_{opt}^2 \approx 3c_z/c_y$.

So weist das Profil eines in beiden Richtungen gleich gestützten oder eingespannten Knickstabes Flansche auf, die um den Faktor $\sqrt{3}$ breiter sind als der Steg. Für einen um y gelenkig, um z drehstarr gelagerten Stab wäre das Profilverhältnis $(h/d)_{opt} \approx \sqrt{12} = 3{,}5$; im umgekehrten Fall $(h/d)_{opt} \approx \sqrt{3/4} = 0{,}87$. Diese Feststellungen behalten ihre Gültigkeit auch im plastischen Bereich, doch werden die Gradienten flacher, und damit Abweichungen von β_{opt} weniger hart bestraft.

4.3.1.5 Vergleich der Bauweisen über den Stabkennwert

Bei allen hier betrachteten Stabquerschnitten ist die Äquivalentspannung als reziprokes Maß des Volumenaufwands eine Potenzfunktion des Kennwertes, jedenfalls solange die wirkliche Spannung im elastischen Bereich bleibt. In Bild 4.3/7 sind Exponenten n und Wirkungsfaktoren Φ dieser Wertfunktionen zusammengestellt. Sie erscheinen im doppeltlogarithmischen Maßstab als Gerade. Für ein Werkstoffbeispiel (AlZnMg) gibt Bild 4.3/8 eine Darstellung der Spannung im proportionalen Maßstab, um den Einfluß der Plastizität zu verdeutlichen; im besonderen im Hinblick auf den Füllstab, wo zwischen tatsächlicher Spannung und Äquivalentspannung unterschieden werden muß. Einfachheitshalber ist im plastischen Bereich durchgehend mit dem Tangentenmodul gerechnet, also $\Phi_{pl} = \eta_t^n \Phi_{el}$.

Im Vergleich zeigt sich der Rohrquerschnitt allen anderen Bauweisen überlegen. Besonders bei kleinem Kennwert sind dünnwandige Hohlprofile im Vorteil, da sie zum einen gegen Knicken großen Trägheitsradius bieten, zum anderen eine gute Stützung der Wände gegen örtliches Beulen; wobei die Wandkrümmung des Rohres die Beulgrenze noch erhöht.

Der Füllstab bringt gegenüber dem hohlen Rohr nur mit sehr niedrigem Kernfüllungsgrad $\alpha < 1/100$ einen Gewinn, und auch dann nur bei höherem Kennwert. Da aber die Elastizitätsgrenze $\sigma_ä = \sigma_{0,01}/2$ um die Hälfte niedriger liegt als beim Hohlstab, verliert sich der Vorteil des Füllstabes im oberen Kennwertbereich wieder infolge Plastizität, wie andererseits bei kleinen Kennwerten durch den hohen Kerngewichtsaufwand. Bei zu geringem Füllungsgrad kann der Kern aber die Wand nicht gegen Beulen stützen.

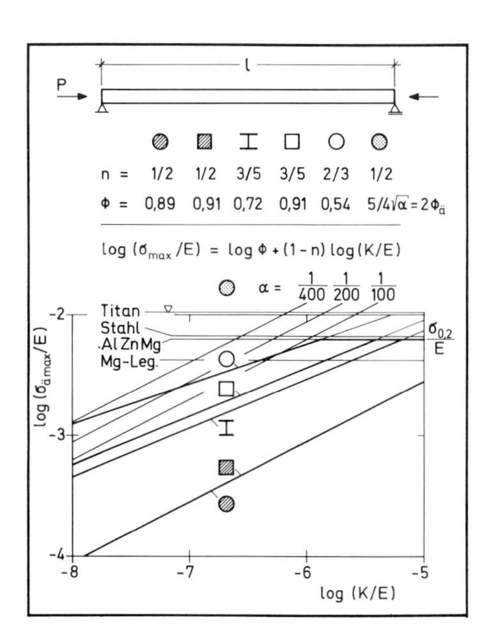

Bild 4.3/7 Druckstäbe. Kennwertexponenten n und maximale Wirkungsfaktoren Φ_{max} verschiedener Bauweisen. Vergleich der Äquivalentspannungen über dem Kennwert

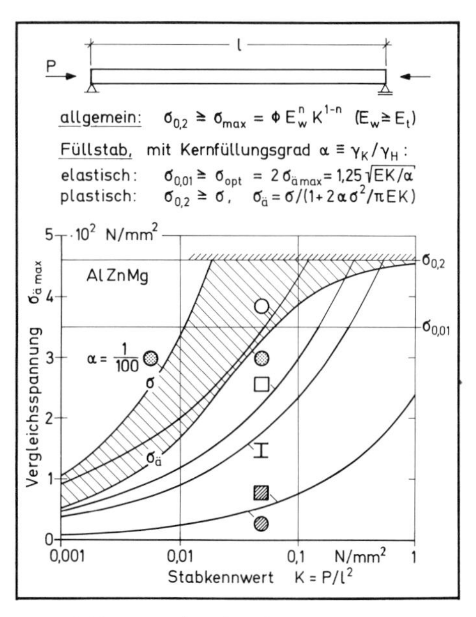

Bild 4.3/8 Druckstäbe. Spannungsvergleich verschiedener Bauweisen über dem Kennwert. Einfluß der Druckgrenze $\sigma_{0,2}$ auf die Äquivalentspannung des Füllstabes

Statt vollständiger Ausfüllung des Rohrquerschnitts empfiehlt sich bei großem Radius ein doppelwandiges Sandwichrohr. Nach der in Abschn. 4.3.4 angestellten Rechnung bringt dieses, bei $n=2/3$, einen Wirkungsfaktor $\Phi=(\pi/16\alpha)^{1/3}$.

4.3.1.6 Druckstab mit längs veränderlichem Radius

Wie der *Biegeträger gleicher Festigkeit* (Abschn. 4.2.3.6) läßt auch der Knickstab Gewichtsvorteile erwarten, wenn man ihn nicht mit konstantem Querschnitt ausführt, sondern diesen etwa dem Momentenverlauf anpaßt. Auf eine Optimierung des bauchigen Längsschnittes sei verzichtet; statt dessen werden einfachste Beispiele mit linear oder parabolisch veränderlichem Radius gewählt, wie in Bild 4.3/9.

Bei Hohlquerschnitten mit konstanter Wanddicke ist die Beullast über die ganze Länge konstant $P_{\text{krö}} \sim \sigma_{\text{krö}} rt \sim Et^2$. Allerdings steigt die Spannung von der Stabmitte zu den Stabenden reziprok zum Radius an und würde gegen Unendlich gehen bei spitzem Ende. Da die Druckgrenze $\sigma_{0,2}$ nicht überschritten werden darf, muß an den Enden ein Vollquerschnitt mit Mindestradius $(r/l)^2 > K/\pi\sigma_{0,2}$ existieren. Je größer der Kennwert und damit die Spannung auch in Stabmitte ist, desto mehr verliert die Ausbauchung ihren Sinn. Die folgenden Aussagen gelten darum nur für sehr kleinen Stabkennwert, mit einer gegenüber der Materialdruckgrenze $\sigma_{0,2}$ sehr niedrigen Beulspannungsgrenze in Stabmitte

$$\sigma^* = P/A^* = (l/r^*)^2 (r^*/t) K/2\pi\,, \qquad (4.3-25a)$$

$$\sigma^* \leqq \sigma^*_{\text{krö}} = 0{,}2 (t/r^*) E\,. \qquad (4.3-25b)$$

Zum Berechnen der Stabknickspannung muß man die Längsschnittfunktion $r(x)$ vorgeben. Aus einer Näherungsrechnung über das Arbeitsintegral erhält man dann die Knickspannungsgrenze

$$\sigma^* \leqq \sigma^*_{\text{kr}} = c_{\text{kr}} (r^*/l)^2 E\,, \qquad (4.3-25c)$$

mit dem Beiwert $c_{\text{kr}} \approx 2{,}75$ beim parabolischen, oder $c_{\text{kr}} \approx 1{,}5$ beim linear verjüngten Längsschnitt. Nach Elimination der Querschnittsvariablen ergibt sich die Höchstspannung (in Stabmitte)

$$[(25a)(25b)(25c)]^{1/3}: \qquad \sigma^*_{\max} = (c_{\text{kr}}/10\pi)^{1/3} E^{2/3} K^{1/3}\,, \qquad (4.3-26)$$

mit gleichem Exponenten $n=2/3$ wie beim Rohrstab nach (4.3–11a). Also reicht zur Bewertung ein Vergleich der Wirkungsfaktoren.

Dazu ist nun über die Stablänge das Volumenintegral zu bilden und mit diesem die Äquivalentspannung zu bestimmen. Man erhält sie proportional zur Bezugsspannung σ^*:

$$\sigma_{\text{ämax}} = c_{\text{ä}} \sigma^*_{\max} = 0{,}32 c_{\text{ä}} c_{\text{kr}}^{1/3} E^{2/3} K^{1/3} = \Phi_{\text{ä}} E^{2/3} K^{1/3}\,, \qquad (4.3-27)$$

mit den Formbeiwerten $c_{\text{ä}} = 3/2$ beim parabolischen oder $c_{\text{ä}} = 2$ beim linearen Längsschnitt. Der Wirkungsfaktor $\Phi_{\text{ä}} = 0{,}32 c_{\text{ä}} c_{\text{kr}}^{1/3}$ wäre danach $\Phi_{\text{ä}} = 0{,}67$ bzw. 0,73, und somit jedenfalls größer als beim Rohr mit konstantem Radius ($\Phi = 0{,}54$).

Wie schon begründet, gelten diese Ergebnisse nur bei kleinem Stabkennwert, also für $\sigma^* = \sigma_{\text{ä}}/c_{\text{ä}} \ll \sigma_{0,2}$. Bei linearer Verjüngung ist an der Unstetigkeit in Stabmitte ein Stützring zur Umleitung der Längsspannung erforderlich. Auch an den Stabenden muß eine zu hohe Spannungskonzentration durch geeignete Gestaltung vermieden werden.

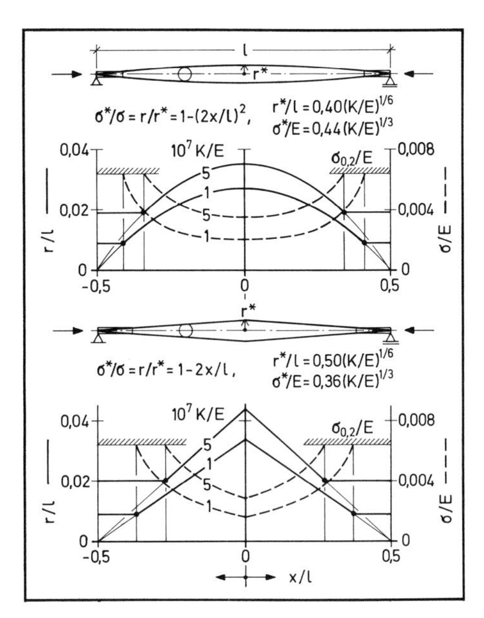

Bild 4.3/9 Druckstab mit parabolisch oder konisch verjüngtem Rohrquerschnitt. Höchstspannung σ^* und Mindestradius r^*, abhängig vom Strukturkennwert

Ein bauchiger Stab mit konstanter Querschnittsfläche, also mit zunehmender Wanddicke bei abnehmendem Radius, würde die Gefahr einer Spannungsüberhöhung an den Enden zwar vermeiden, aber keinen Gewichtsvorteil bringen, der eine Absenkung der Knickgrenze kompensieren könnte. (Bei der in [4.3] beschriebenen Optimierung von Stäben in Faserverbundbauweise war durch Stabverjüngung nur Umfangsfasermaterial einzusparen; die Zuspitzung zu den Enden verfolgte darum hauptsächlich den Zweck, eine konzentrierte Axiallast ohne besondere Knotenkonstruktur in den Rohrmantel einzuleiten.)

4.3.2 Auslegung längsgedrückter Plattenstäbe

Vertikal stehende und tragende Wände oder horizontale Gurtplatten von Kastenbiegeträgern sind in ihrer Fläche einachsig druckbelastet und als Leichtbauwerke gegen Beulen meistens durch eine Profilierung ihres Querschnitts mit hoher Biegesteifigkeit ausgestattet. Dazu dienen integral herausgefräste oder -gepreßte Längsstege, oder in Differentialbauweise aufgesetzte, blechgeformte oder stranggepreßte Stringer mit L-, Z-, Y- oder U-Querschnitt, die meistens in regelmäßigen, in Relation zur äußeren Länge und Breite des Plattenfeldes engen Abständen angeordnet sind, so daß man zur Beschreibung des globalen Biege- und Beulverhaltens das Feld als orthotropes Kontinuum idealisieren kann (Bd. 1, Kap. 4). Dieses stützt sich an seinen Längs- und Querrändern auf Nachbarwände, Längsstege oder Querrippen, deren Abstände vorgegeben sein mögen, und deren Stützsteifigeit als hinreichend angesehen wird, um an ihrem Ort Knotenlinien der Beulform zu erzeugen. Der zur äußeren Stützung erforderliche Aufwand bleibt bei der Optimierung des orthotropen Plattenfeldes außer Betracht; erst später (Abschn. 4.3.3) wird der Querrippenaufwand einbezogen und auch der Rippenabstand optimiert.

Das geometrische Seitenverhältnis des Feldes kann größer als Eins sein, der Abstand der Querrippen also größer als die Distanz der Kastenlängsstege; da aber die Längsbiegesteifigkeit B_x dank der Stringer sehr viel höher ist als die Querbiegesteifigkeit B_y, die allein von der Haut aufgebracht wird, kommt die seitliche Lagerung praktisch nicht zur Wirkung. Ist das *wirksame* Seitenverhältnis $(a/b)(B_y/B_x)^{1/4}$ kleiner als 1/5, so darf man in der Beulrechnung die seitliche Stützung vernachlässigen und das Feld als einachsig ausknickenden, nur an seinen beiden Querrändern gelagerten *Plattenstab* behandeln (Bd. 1, Abschn. 4.3.1.1). Man kann dann beim Auslegen des Plattenquerschnitts im Prinzip wie beim oben betrachteten Druckstab vorgehen. Der Strukturkennwert $K = p/l$ des Plattenstabes wird mit der Linienlast p und der Knicklänge l definiert.

Für die Querränder kann gelenkige bis drehstarre Lagerung angenommen werden, ausgedrückt durch einen Knickbeiwert c_y zwischen 1 und 4, wie beispielsweise in (4.3–21). Beim Kastenbiegeträger läuft die steife Gurtplatte über relativ torsionsweiche Rippen, so daß dort die Annahme gelenkiger Stützung gerechtfertigt wäre. Kastenrippen in Sandwichbauweise sind selbst biegesteif und können darum auch eine Drehstützung bieten (Bd. 1, Abschn. 7.3.4).

Gurtplatten in Sandwichbauweise haben gegenüber längsgestringerten Platten den Vorzug hoher Biegesteifigkeit auch quer zur Lastrichtung. Die seitliche Feldstützung ist dann nicht mehr zu vernachlässigen, und ein Vergleich über dem Plattenstabkennwert $K = p/l$ insofern ungerecht, als er die Tragfähigkeit der Sandwichplatte unterschätzt. Bei dieser muß man jedenfalls das Seitenverhältnis berücksichtigen, das wie die Randeinspannung über den Beulwert eingegeben werden kann.

Während sich die Ergebnisse der Querschnittdimensionierung gewöhnlich als Potenzfunktionen des Kennwerts darstellen, weicht die Sandwichplatte mit schubnachgiebigem Kern von dieser Regel ab: die unterschiedlichen statischen Funktionen von Häuten und Kern führen dazu, daß der relative Kerngewichtsanteil bei zunehmendem Kennwert abfällt. Hinzu kommt, daß die Sandwichplatte bereits bei kleinem Kennwert in den plastischen Bereich eintritt, wodurch sich der Kernanteil weiter reduziert.

Abweichungen von der gewöhnlichen Potenzfunktion ergeben sich auch, wenn man die Höhe des Plattenprofils beschränkt. Eine solche Restriktion kann beim Kastenträger zweckmäßig sein, dessen Gesamthöhe gegenüber der Plattenhöhe groß sein muß.

Ein anderes Problem tritt beim Kastenträger bei längs zunehmender Druckgurtbelastung auf: ein veränderlicher Kennwert fordert über die Länge auch veränderlichen Optimalabstand der Stringer oder Stege, was konstruktiv unrealistisch ist. Gibt man die Abstände der Längsversteifungen vor, so stellt sich die Frage nach dem Wertverlust bzw. nach der Toleranz des Optimums. Wie in den vorangegangenen Untersuchungen zur Plattenbiegung und zur Knickstabauslegung ist also darauf zu achten, welche Profilvariable streng ausdimensioniert werden müssen, und welche frei wählbar oder zu optimieren sind.

4.3.2.1 Platte mit homogenem Vollquerschnitt

Um den Einfluß des Seitenverhältnisses und der seitlichen Plattenstützung deutlich zu machen, wird zunächst ein unversteiftes, isotropes Plattenfeld der Länge $l = a$ und

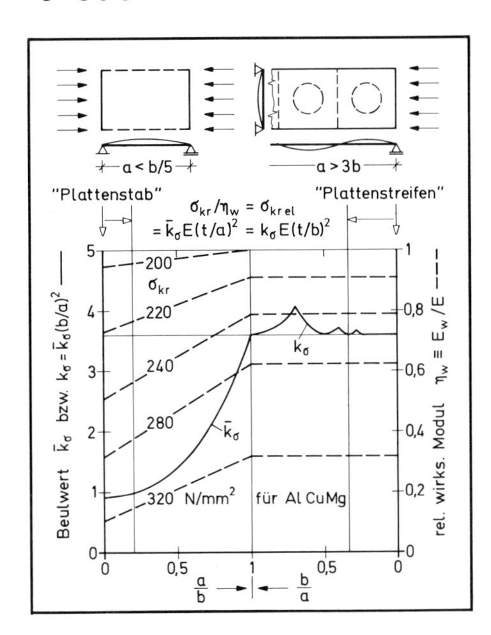

Bild 4.3/10 Isotrope Platte mit Vollquerschnitt, allseitig gestützt. Druckbeulwert und plastisch wirksamer Modul (Beispiel AlCuMg), abhängig vom Seitenverhältnis

der Breite b betrachtet, siehe Bild 4.3/10. Einzige Variable des homogenen Vollquerschnitts ist die relative Dicke t/l. Die Spannung soll die Beulgrenze nicht überschreiten (Bd. 1, Abschn. 2.3.1); somit gilt

$$\sigma = p/t = (l/t)K, \tag{4.3-28a}$$

$$\sigma \leqq \sigma_{\mathrm{kr}} = k(t/b)^2 E_{\mathrm{w}} = \bar{k}(t/l)^2 E_{\mathrm{w}}. \tag{4.3-28b}$$

Bei gelenkiger Randstützung und langgestrecktem Feld ($a/b > 1$) ist der Beulwert $k \approx 4\pi^2/12(1-\nu^2) = 3{,}6$. Beim kurzen, zur Drucklast querliegenden Feld gilt $k = \pi^2(a/b + b/a)^2/12(1-\nu^2)$; schließlich, bei unendlicher Breite oder ohne seitliche Stützung, der Knickwert $\bar{k} \equiv k(a/b)^2 = \pi^2/12(1-\nu^2) = 0{,}9$ des Plattenstabes (der Nennerausdruck $(1-\nu^2)$ berücksichtigt die Querkrümmungsbehinderung). Der Einfluß des Seitenverhältnisses auf $\bar{k}$ verliert sich mit zunehmender Breite, so daß bereits für $b/a > 5$ mit dem Beulwert des *Plattenstabes* gerechnet werden darf.

Auch die Abminderung des wirksamen Moduls E_{w} im plastischen Bereich hängt vom Seitenverhältnis ab (Bd. 1, Bild 2.3/3); im Grenzfall des Plattenstabes kann man dafür etwa den Tangentenmodul E_{t} setzen. Er ist selbst eine Funktion der Spannung, die sich nach Elimination der Variablen $t/1$ ergibt aus

$$[(28\mathrm{a})^2(28\mathrm{b})]^{1/3}: \qquad \sigma \leqq \bar{k}^{1/3} E_{\mathrm{t}}^{1/3} K^{2/3}, \tag{4.3-29}$$

also mit Exponent $n = 1/3$ und Wirkungsfaktor $\Phi = \bar{k}^{1/3}$, im Fall des Plattenstabes $\Phi = 0{,}97$.

4.3.2.2 Sandwichplatte mit schubstarrem Kern

Das Auflösen des homogenen Querschnitts in einen Sandwich ändert nichts am Einfluß von Seitenverhältnis und Randbedingungen auf den Beulwert, solange man den Kern als schubstarr betrachten und somit die klassische Plattentheorie beibehalten kann. Dies ist zumindest bei schlanken Platten, also bei kleinem Kennwert möglich.

Hinsichtlich der statischen Funktionen seien dieselben Annahmen getroffen wie bei Querkraftbiegung (Abschn. 4.2.3.3): der leichte Kern trage die (beim Beulen auftretenden) Querkräfte und stütze die Häute gegen Knittern auf elastischer Bettung, er beteilige sich dagegen nicht an der Aufnahme der Längskraft und des Knickbiegemoments. Die Hautdicken t_1 und t_2 seien klein gegenüber der Kernhöhe h. So gilt für den tragenden Querschnitt des Hautpaares

$$A=(t_1+t_2)b=\bar{t}b, \quad I=\bar{t}h^2\zeta_f/4 \quad \text{mit} \quad \zeta_f=4t_1t_2/\bar{t}^2 \tag{4.3-30}$$

und für seine Spannung die globale Beulgrenze

$$\sigma=p/\bar{t}=(l/\bar{t})K=(l/h)(h/\bar{t})K, \tag{4.3-31a}$$

$$\sigma\leqq\sigma_{kr}=\varkappa(h/l)^2E_w \quad \text{mit} \quad \varkappa\equiv 3\bar{k}\zeta_f, \tag{4.3-31b}$$

oder, nach Elimination der Variablen h/l:

$$[(31a)^2(31b)]^{1/3}: \qquad \sigma\leqq\varkappa^{1/3}(h/\bar{t})^{2/3}E_w^{1/3}K^{2/3}. \tag{4.3-32}$$

Zur Gewichtswertung ist wie in (4.2–44) ein Äquivalentvolumen $v_ä/l^2$ zu definieren, oder eine Äquivalentspannung $\sigma_ä\equiv Kl^2/v_ä$, die den Kernanteil entsprechend seinem Füllungsgrad $\alpha\equiv\gamma_k/\gamma_H$ berücksichtigt:

$$\sigma_ä=\sigma/(1+\alpha h/\bar{t})=\varkappa^{1/3}(h/\bar{t})^{2/3}(1+\alpha h/\bar{t})^{-1}E_w^{1/3}K^{2/3}. \tag{4.3-33}$$

Die Ableitung dieser Funktion nach $h/\bar{t}$ führt wie bei der Biegesteifigkeitsoptimierung (4.2–46b) auf $(\bar{t}/h)_{opt}=\alpha/2$, und damit auf ein Verhältnis Kerngewicht zu Gesamtgewicht gleich 2/3 (zur Toleranz des Optimums gilt wieder die Aussage des Bildes 4.2/24). Die Äquivalentspannung (4.3–33) ist dann 1/3 der maximalen Hautspannung (4.3–32)

$$\sigma_{max}=3\sigma_{ämax}=(4\varkappa)^{1/3}\alpha^{-2/3}E_w^{1/3}K^{2/3}, \tag{4.3-34a}$$

aus (4.3–31b) folgt damit die optimale Kernhöhe

$$(h/l)^3_{opt}=2K/\alpha\varkappa E_w. \tag{4.3-34b}$$

Kernhöhe und Knickspannung sind um so größer, je kleiner der Kernfüllungsgrad α gewählt werden kann.

Bei Al-Wabenkernen (zu Al-Häuten) ist der konstruktive Mindestwert $\alpha_{min}\approx 1/100$; im übrigen soll der Kern zur Hautstützung gegen Knittern hinreichend steif sein. Rechnet man mit gewichtsproportionalem Kompressionsmodul $E_{Kz}/\alpha\equiv E_\alpha$ und Schubmodul $G_K/\alpha\equiv G_\alpha$ des Kernes, so kann man mit der Knittergrenze (Bd. 1, Gl. (5.1–12))

$$\sigma\leqq\sigma_{kn}\approx 0{,}5(G_KE_{Kz}E_t)^{1/3}=0{,}5\alpha^{2/3}(G_\alpha E_\alpha E_t)^{1/3} \tag{4.3-35}$$

auch noch den Kernfüllungsgrad als Variable eliminieren, und es folgt schließlich als Optimum

$$[(34a)(35)]^{1/2}: \qquad \sigma_{max}=3\sigma_{ämax}=(\varkappa/2)^{1/6}(G_\alpha E_\alpha)^{1/6}E_t^{1/3}K^{1/3}, \tag{4.3-36a}$$

$$(34a)=(35): \qquad \alpha^4_{opt}=32\varkappa K^2/G_\alpha E_\alpha. \tag{4.3-36b}$$

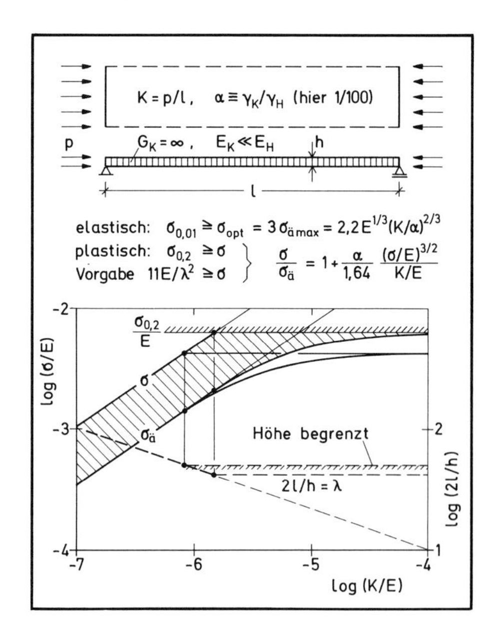

Bild 4.3/11 Sandwich-Plattenstab mit schubstarrem Kern. Maximale Äquivalentspannung, optimale Hautspannung und Schlankheit über Kennwert

Der Exponent der Äquivalentspannungsfunktion ist $n = 2/3$, und damit größer als in (4.3 – 34a) bei vorgegebenem α; was bedeutet, daß eine solche Vorgabe bei kleinem Kennwert notwendig werden kann.

Der Einfluß des Beulwertes $\bar{k}$ und des Exzentrizitätsbeiwertes ζ_f über $\varkappa \equiv 3\bar{k}\zeta_f$ ist bereits in (4.3 – 34a) in der dritten Wurzel gering und fällt gar bis in die sechste Wurzel in (4.3 – 36a). Bei einem Hautdickenverhältnis $t_1/t_2 = 2$ wäre $\zeta_f = 8/9$, und damit der Verlust in (4.3 – 36a) nur 2 %. Der Beulwert $\bar{k}$ wäre bei einer relativen Plattenbreite $b = 4a$ etwa 13 % höher als im Grenzfall des Plattenstabes ($a/b \to 0$); für die Äquivalentspannung (4.3 – 34a) macht das 4 %, nach (4.3 – 36a) etwa 2 %. Man darf also noch bei endlichem Seitenverhältnis $a/b < 1/4$ mit dem Wirkungsfaktor des Plattenstabes ohne seitliche Lagerung rechnen, bei gelenkiger Stützung der Querränder: $\Phi_{max} = 3\Phi_{ämax} = 2{,}21\zeta_f^{1/3}/\alpha^{2/3}$.

Schließlich sei der Fall betrachtet, in dem die Sandwichhöhe h/l begrenzt ist; etwa um sie als Gurtplattenhöhe klein zu halten gegenüber der Gesamthöhe des Kastenbiegeträgers. Mit (4.3 – 31b) liegt dann die Knickspannung fest, und bei vorgegebenem Füllungsgrad α auch der absolute Kernaufwand. Der Hautaufwand ist lastproportional; er folgt aus

$$(31a) = (31b): \quad \bar{t}/h = (l/h)^3 K/\varkappa E_w, \qquad (4.3-37a)$$

und mit ihm das Äquivalentvolumen bzw. die reziproke Äquivalentspannung, analog zu (4.2 – 47b), als Summe

$$v_ä/l^2 = K/\sigma_ä = (h/l)(\alpha + \bar{t}/h) = (h/l)\alpha + (l/h)^2 K/\varkappa E_w. \qquad (4.3-37b)$$

Der Kernfüllungsgrad α kann wieder bis zur Knittergrenze (4.3 – 35) ausdimensioniert werden. Im Unterschied zu (4.3 – 36b) ist er nun nicht mehr kennwertabhängig; man braucht nur die Knitterspannung der Knickspannung anzugleichen und erhält die Bedingung

$$(35)=(31\text{b}): \quad \alpha^{2/3}=2\varkappa(h/l)^2 E_t^{2/3}/(G_\alpha E_\alpha)^{1/3}. \tag{4.3-37c}$$

Auslegungsergebnisse für den Sandwichplattenstab mit schubstarrem Kern und vorgegebenem Füllungsgrad α sind in Bild 4.3/11 dargestellt. Ihre Gültigkeit beschränkt sich praktisch auf kleine Kennwerte, da bei niedrigem, nach der Hautknittergrenze ausdimensioniertem Kernfüllungsgrad und bei geringer Plattenschlankheit die Schubnachgiebigkeit des Kernes auch in der Knickformel nicht mehr vernachlässigbar ist.

4.3.2.3 Sandwichplattenstab mit schubweichem Kern

Wie sich beim Sandwichbiegeträger mit kleinem Kernschubmodul G_K die Durchsenkung f/l (4.2–53) vergrößert, so sinkt infolge der Kernnachgiebigkeit der Beulwert der gedrückten Sandwichplatte. Bei allseitiger Stützung verkürzt sich dabei auch die Längshalbwelle der Beulform (Bd. 1, Bild 5.3/5), beim querliegenden isotropen Sandwichfeld ist aber praktisch nur eine einzige Beule zu erwarten; es gilt dann für $a/b<1$ die gegenüber (4.3–31b) erweiterte Knickbedingung

$$1/\sigma \geqq 1/\sigma_{kr}=(l/h)^2/\varkappa E_w+(\bar{t}/h)/k_s G_K, \tag{4.3-38a}$$

mit den Beulwerten

$$\varkappa \equiv 3\bar{k}\zeta_f, \quad \bar{k}=k_s^2\pi^2/12(1-\nu^2), \quad k_s=1+(a/b)^2. \tag{4.3-38b}$$

Eliminiert man das Querschnittsverhältnis $\bar{t}/h=(l/h)K/\sigma$ nach (4.3–31a) und führt auf den Füllungsgrad α bezogene Werte $K_\alpha \equiv K/\alpha$ und $G_\alpha \equiv G_K/\alpha$ ein, so folgt für die Knickgrenze (4.3–38a)

$$\sigma \leqq \sigma_{kr}=\varkappa E_w[(h/l)^2-(h/l)K_\alpha/G_\alpha k_s], \tag{4.3-39}$$

und mit ihr, anstelle von (4.3–37b), die Äquivalentspannung

$$1/\sigma_{ä}=1/\sigma+h/lK_\alpha. \tag{4.3-40}$$

Diese ist, mit σ nach (4.3–39), eine Funktion der Plattenschlankheit $2l/h$ und läßt sich im elastischen Bereich (bei konstantem Hautmodul $E_w=E$) durch Ableiten nach h/l maximieren. Daraus folgt als Optimalbedingung

$$K_\alpha^2-2K_\alpha[G_\alpha k_s(h/l)+\varkappa E(h/l)^3]+\varkappa E G_\alpha k_s(h/l)^4 \approx 0, \tag{4.3-41a}$$

also eine Gleichung 4. Grades für die Plattenschlankheit und 2. Grades für den bezogenen Kennwert K_α (man gibt darum einfacher h/l vor und löst nach K_α auf). Die optimale Kernhöhe $(h/l)_{opt}$ fällt mit abnehmendem Kernschubmodul. Für schubstarren Kern erhält man sie wie nach (4.3–34b); dies gilt noch für $G_\alpha > \varkappa E(h/l)^2/10k_s$, zumal ein abgeleitetes Optimum in der Regel flach ist.

Mit $(h/l)_{opt}$ nach (4.3–34b) folgt für die Maximalspannung (4.3–39) die Polynomfunktion

$$\sigma_{max} \approx (4\varkappa E)^{1/3}K_\alpha^{2/3}-(4\varkappa E)^{2/3}(2k_s G_\alpha)^{-1}K_\alpha^{4/3}, \tag{4.3-41b}$$

und für die Äquivalentspannung der Verhältniswert

$$\sigma_{max}/\sigma_{ämax} \approx 3-(4\varkappa E)^{1/3}(k_s G_\alpha)^{-1}K_\alpha^{2/3}. \tag{4.3-41c}$$

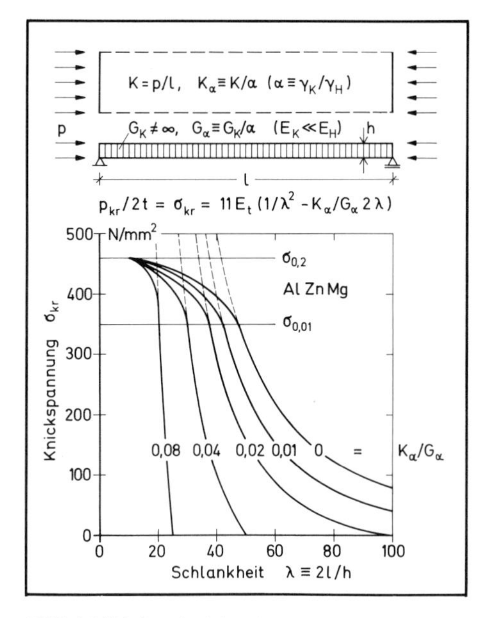

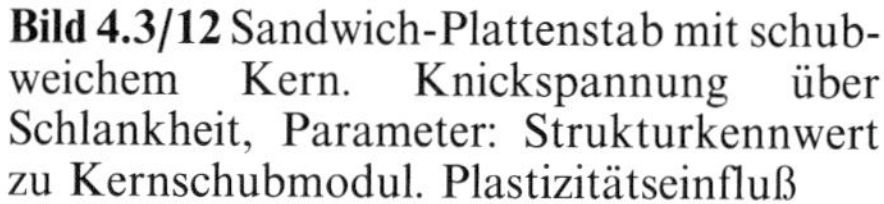

Bild 4.3/12 Sandwich-Plattenstab mit schubweichem Kern. Knickspannung über Schlankheit, Parameter: Strukturkennwert zu Kernschubmodul. Plastizitätseinfluß

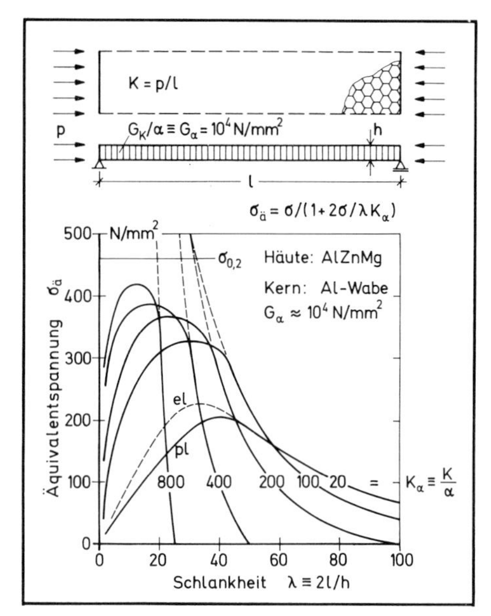

Bild 4.3/13 Sandwich-Plattenstab mit schubweichem Kern. Äquivalentspannung über Schlankheit. Parameter: Strukturkennwert zu Kernfüllungsgrad. Vorgabe: G_K/α

Demnach fällt der optimale Gewichtsanteil des schubweichen Kernes bei steigendem Kennwert.

Praktisch macht sich die Kernschubnachgiebigkeit erst bei gedrungenen Platten, also mit großem h/l bei großem Kennwert K_α bemerkbar. Dabei tritt aber die Hautspannung σ_{max} rasch in den plastischen Bereich, für den die Optimierungsergebnisse (4.3–41a) bis (4.3–41c) nicht mehr zutreffen. Eine Optimalauslegung ist dann nur noch auf graphischem Weg für bestimmte Haut- und Kernwerkstoffe möglich, wie am Beispiel eines Sandwichplattenstabes in Aluminium gezeigt wird.

Für Sandwichhäute aus AlZnMg ist in Bild 4.3/12 die Hautspannung σ_{kr} über der Plattenschlankheit $2l/h$ mit Parameter K_α/G_α aufgetragen (Grenzfall *Eulerhyperbel* für $K_\alpha/G_\alpha=0$); gerechnet nach (4.3–39) mit dem Tangentenmodul $E_t(\sigma)$ als wirksamem Modul E_w. Daraus wird die Äquivalentspannung (4.3–40) gewonnen, die in Bild 4.3/13 für einen Al-Wabenkern (mit spezifischem Schubmodul $G_\alpha = 10\,000$ N/mm^2) und zum Vergleich für schubstarren Kern dargestellt ist. Für einen Parameterwert K_α läßt sich nun die maximale Äquivalentspannung $\sigma_{\ddot{a}max}$ ablesen, dazu die optimale Stabschlankheit $(2l/h)_{opt}$ und mit dieser über Bild 4.3/12 die zugehörige Hautspannung σ_{opt}. Bild 4.3/14 zeigt die Optimalwerte über dem spezifischen Kennwert $K_\alpha \equiv K/\alpha$. Mit merkbarem Einfluß der Kernnachgiebigkeit ist demnach erst für $K_\alpha > 10$ N/mm^2 zu rechnen.

Der Kernfüllungsgrad α ist in dieser Betrachtung noch als freie Variable zu verstehen; vorausgesetzt, man kann näherungsweise mit einem gewichtsproportionalen Kernmodul rechnen, also mit konstantem Wert $G_\alpha \equiv G_K/\alpha$. Theoretisch wäre bei isotropem Wabenkern $G_\alpha = G_{Al}/2 \approx 14000$ N/mm^2, bei technisch orthotropem Wa-

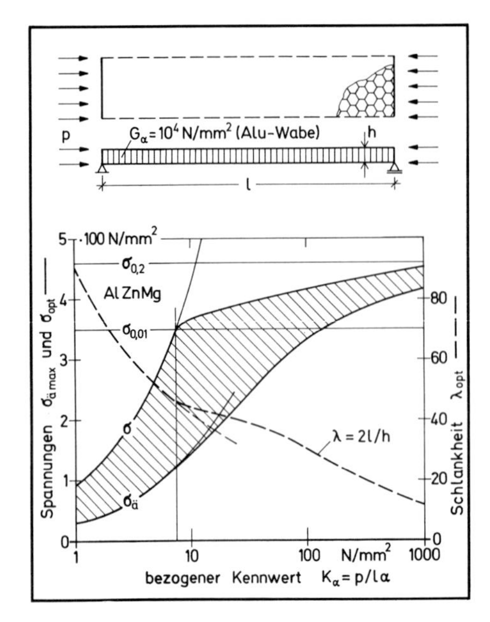

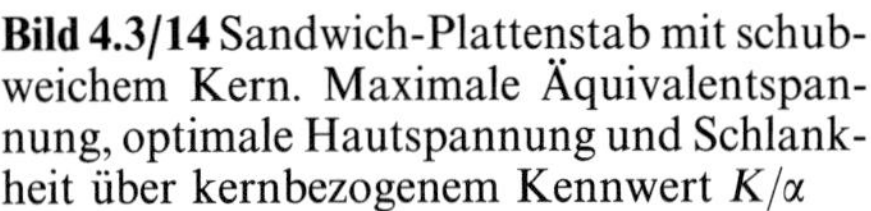

Bild 4.3/14 Sandwich-Plattenstab mit schubweichem Kern. Maximale Äquivalentspannung, optimale Hautspannung und Schlankheit über kernbezogenem Kennwert K/α

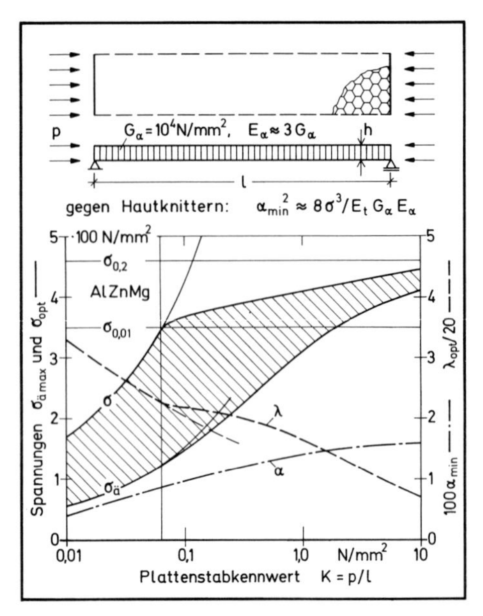

Bild 4.3/15 Sandwich-Plattenstab mit schubweichem Kern. Maximale Äquivalentspannung, optimale Hautspannung, Schlankheit und Füllungsgrad über Kennwert K

benkern längs $G_{\alpha l} = G_{Al}5/8$, quer $G_{\alpha q} = G_{Al}3/8$ (Bd. 1, Abschn. 5.1.2.3); praktisch ist der Zusammenhang zwischen G_K und α nicht streng linear (Bd. 1, Bild 5.1/7) und bei näherungsweiser Linearisierung flacher als der theoretische Anstieg. Mit der Annahme eines konstanten G_α ist es aber möglich, den Füllungsgrad noch als Variable im Kennwert K_α offen zu halten, wie auch schon beim Sandwichbiegeträger in Bild 4.2/26.

Der Kernfüllungsgrad soll, um mit hohem spezifischem Kennwert K_α eine hohe Äquivalentspannung zu erzielen, möglichst niedrig sein. Die konstruktive Mindeststärke bei Al-Waben ist $\alpha_{min} \approx 1/100$; zur Stützung der Häute gegen kurzwelliges Knittern wird u.U. ein höherer Füllungsgrad notwendig. Aus (4.3−35) (oder im plastischen Bereich direkt nach Bd. 1, Bild 5.1/10) kann man das hierfür erforderliche α_{min} zur Hautspannung $\sigma_{kr} = \sigma_{kn}$ entnehmen und mit ihm den Abszissenwert K/α punktweise in K umrechnen. Die so gewonnene Abhängigkeit der Optimalergebnisse σ_{opt}, $\sigma_{ämax}$, $(l/h)_{opt}$ und α_{min} vom Strukturkennwert $K = p/l$ zeigt Bild 4.3/15, das schließlich auch zum Vergleich mit anderen Plattenstabbauweisen herangezogen werden kann; beispielsweise mit den im folgenden betrachteten längsversteiften Flächen.

4.3.2.4 Integralplattenprofil mit einfachen Längsstegen

Wird die Platte gegen Knicken durch regelmäßig angeordnete Längsstringer oder integral herausprofilierte Stege stabilisiert, so ist die Biegesteifigkeit quer dazu meist so gering, daß man die seitliche Plattenstützung vernachlässigen und selbst noch beim geometrisch langen Feld mit den Bedingungen eines Plattenstabes rechnen kann (Bd. 1, Abschn. 4.3.1.1). Die Lagerbedingungen der Querränder, ob gelenkig oder eingespannt, können durch die effektive Knicklänge im Kennwert berücksichtigt werden, oder, wie beim Druckstab (4.3–21), durch einen Knickbeiwert $c_y = (l/l_{eff})^2$. Hier soll der gelenkig gestützte Plattenstab ($c_y = 1$) betrachtet sein.

Bei einseitig, also exzentrisch versteiften Flächen wäre in strenger Rechnung zu beachten, daß Scheiben- und Plattenproblem nicht entkoppelt sind (Bd. 1, Bild 4.1/13): so treten beim Biegen oder Knicken der einseitig längsversteiften Platte in der Haut Zug- oder Druckkräfte auf, die zu einer Querdehnung führen oder, bei deren Behinderung, zu entsprechenden Querzugkräften $n_y = \nu n_x$. Diese steifigkeitserhöhende Membranwirkung hängt ihrerseits vom Seitenverhältnis und von den Randfesseln ab; hier sei sie einfachheitshalber vernachlässigt.

Als einfachstes Querschnittsprofil ist die durch rechteckige Längsstege versteifte Haut nach Bild 4.3/16 anzusehen. Für das Knicken des Plattenstabes interessieren wie beim reinen Biegeproblem (Abschn. 4.2.3.2) als Variable nur die Profilhöhe h/l, die Stegdichte s/d und das Verhältnis Stegaufwand zu Hautaufwand $\alpha\beta = sh/td$. Die örtliche Druckstabilitität des Profils hängt aber von den relativen Wanddicken t/d der Haut oder s/h des Stegquerschnitts ab. Wie beim I-Stab (Bild 4.3/5) seien darum als Variable definiert die vier Verhältisse d/l, t/d, $\alpha \equiv s/t$, $\beta \equiv h/d$. Mit den charakteristischen Querschnittsgrößen (pro Breiteneinheit d)

$$A/A_H = \bar{t}/t = 1 + \alpha\beta, \quad (i/d)^2 = \alpha\beta^3(4 + \alpha\beta)/12(1 + \alpha\beta)^2, \qquad (4.3-42)$$

sowie dem Beulfaktor $k(\alpha, \beta)$ nach Bild 4.3/16 (Bd. 1, Bild 3.3/17) folgt für die Spannung und ihre Restriktionen

$$\sigma = p/\bar{t} = (l/d)(d/t)(t/\bar{t})K = (l/d)(d/t)(1 + \alpha\beta)^{-1}K, \qquad (4.3-43a)$$

$$\sigma \leqq \sigma_{kr} = \pi^2(i/d)^2(d/l)^2E_t = (d/l)^2E_t\pi^2\alpha\beta^3(4 + \alpha\beta)/12(1 + \alpha\beta)^2, \qquad (4.3-43b)$$

$$\sigma \leqq \sigma_{krö} = k(\alpha, \beta)(t/d)^2E_w \qquad (4.3-43c)$$

und, nach Elimination der Variablen h/l und t/d, als Höchstwert

$$[(43a)^2(43b)(43c)]^{1/4}: \quad \sigma \leqq \Phi(\eta_w\eta_t)^{1/4}E^{1/2}K^{1/2}, \qquad (4.3-44a)$$

mit dem noch von α und β abhängigen Wirkungsfaktor

$$\Phi = k^{1/4}[\pi(t/\bar{t})(i/d)]^{1/2} = [k\pi^2\alpha\beta^3(4 + \alpha\beta)/12]^{1/4}(1 + \alpha\beta)^{-1}. \qquad (4.3-44b)$$

Die Auftragung des Wirkungsfaktors Φ als Zielparameter in Bild 4.3/17 zeigt erhebliche Toleranz bei Abweichung sowohl in α wie in β. Während das I-Stabprofil gegen Knicken in zwei Richtungen ausgelegt werden mußte und damit auch $\alpha(\beta)$ nach (4.3–24) bestimmt war (Bild 4.3/6), kann man nun beide Restvariable unabhängig wählen oder optimieren. Im Bereich des Optimums ($\Phi_{max} = 0{,}81$; $\alpha_{opt} \approx 2$; $\beta_{opt} \approx 0{,}6$) zeigt sich die geringste Empfindlichkeit bei einem Abweichungsverhältnis $\Delta\beta/\Delta\alpha = (\beta/\alpha)_{opt} \approx 0{,}3$; was bedeutet, daß man sich im Beulwertdiagramm (Bild 4.3/16) auf der gestrichelten Linie bewegt. (Diese markiert etwa die Grenze, an der sich die gegenseitige Einspannung von Haut und Steg umkehrt, bzw. die kurzwellige Beulform der Haut in die längere des Steges umspringt; siehe Bd. 1, Bild 3.3/18). Daraus folgt, daß man den Stegabstand ziemlich frei wählen kann, wenn man nur die Wanddicken von Haut und Steg entsprechend abstimmt; eine Feststellung, die für die

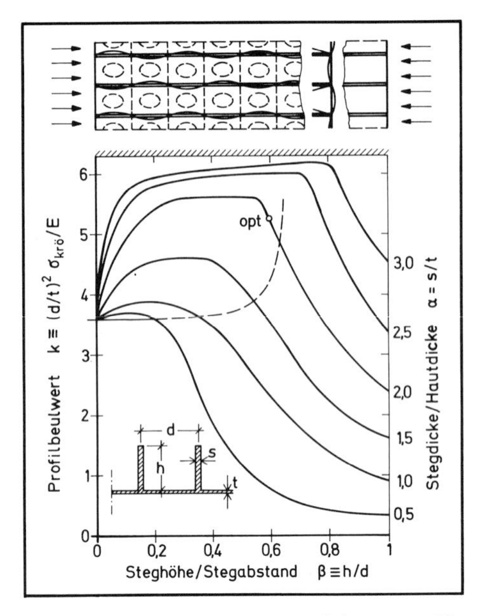

Bild 4.3/16 Einfaches Integralplattenprofil. Druckbeulwert, abhängig von Querschnittsverhältnissen $\alpha = s/t$ und $\beta = h/d$ der Haut und der Stege; nach [4.4]

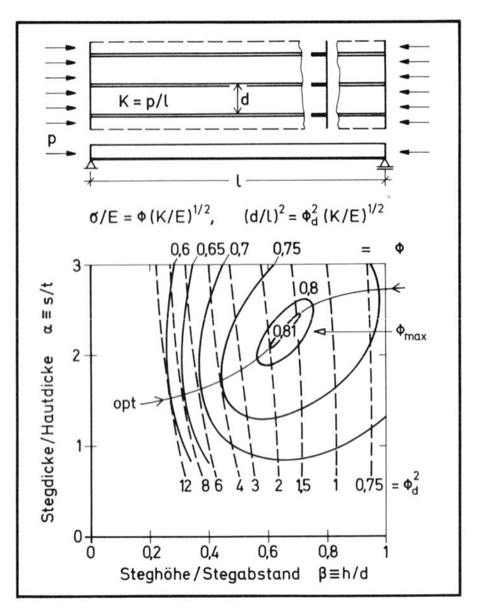

Bild 4.3/17 Einfache Integralplatte, längsgedrückt. Wirkungsfaktor Φ und Dimensionierungsfaktor Φ_d des Plattenstabes abhängig von Profilverhältnissen α und β; nach [4.5]

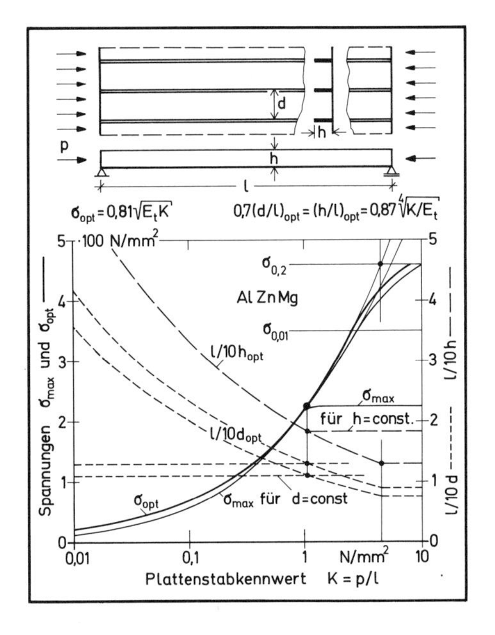

Bild 4.3/18 Einfache Integralplatte. Höchstspannung und Optimalschlankheit über Plattenstabkennwert. Abweichungen bei Vorgabe des relativen Stegabstandes d/l

Auslegung durchlaufender Gurtplatten von Kastenbiegeträgern mit feldweise veränderlichem Kennwert interessant ist.

Die Abhängigkeit des Stegabstandes d/l und der Profilhöhe h/l vom Kennwert erhält man aus

$$(44)=(43b): \quad (d/l)^2=(h/l)^2/\beta^2=\Phi_d^2(\eta_w/\eta_t)^{1/4}(K/E)^{1/2} \quad (4.3-45a)$$

mit dem Dimensionierungsfaktor

$$\Phi_d^2=\Phi_h^2/\beta^2=k^{1/4}(t/\bar{t})^{1/2}[\pi(i/d)]^{-3/2}. \quad (4.3-45b)$$

Bei einem Kragträger mit linear zunehmendem Kennwert müßte sich demnach der Abstand der Längsstege parabolisch erweitern. Will man über die ganze Trägerlänge konstante Abstände beibehalten, so ist ein Mehrgewicht in Kauf zu nehmen. Um dieses klein zu halten, sollte man vom Optimum möglichst günstig absteigen. In Bild 4.3/17 ist dazu neben dem Wirkungsfaktor Φ auch der Abstandsfaktor Φ_d^2 (4.3–45b) eingetragen, sowie die Linie optimalen Abstiegs. Unter Beibehaltung des Stegabstandes d/l muß man bei zunehmendem Kennwert K gemäß (4.3–45a) einen kleineren Abstandsfaktor $\Phi_d^2 \sim 1/K$ aufsuchen, mit möglichst geringem Wertverlust $\Delta\Phi$. Bild 4.3/18 zeigt, welches Spannungsniveau danach günstigstenfalls gehalten werden kann, wenn man bei Änderung des Kennwertes den Stegabstand zumindest bereichsweise konstant hält.

4.3.2.5 Plattenprofil mit geflanschten Stegen oder Stringern

Werden die Längsstege der Platte wie in Bild 4.3/19 mit einseitigen oder symmetrischen Flanschen versehen, so erhöht diese Maßnahme zum einen den relativen Trägheitsradius i/h und verbessert dadurch die Wirkung bei beschränkter Höhe; zum anderen wird der zuvor freie Stegrand gegen seitliches Ausbiegen gestützt und so der Beulwert des Profils angehoben.

Für das Knickproblem interessiert der Trägheitsradius, und für diesen nur das Verhältnis Flanschfläche zu Stegfläche $\delta \equiv A_F/A_S$ als zusätzliche Variable. Für das Profilbeulen ist darauf zu achten, daß der Flansch auch breit genug ist, um den Steg zu stützen (Bd. 1, Bild 3.3/13). Bei dünnwandigem Profil ($h/s>20$) mit gleicher Flansch- wie Stegdicke s reicht dafür eine relative Flanschbreite $c/h=0{,}3$ (also $\delta=0{,}3$) aus. Ein breiterer Flansch wäre seinerseits beulgefährdet und würde dadurch den Profilbeulwert wieder abmindern. Nur wenn der Flansch dicker ausgelegt, durch einen Randbördel gestützt oder, wie beim T-Profil, symmetrisch angebracht ist, wäre u.U. auch ein höherer Aufwand ($\delta>0{,}3$) sinnvoll.

Mit dem Beulwert $k(\alpha, \beta)$ nach Bild 4.3/19 und den charakteristischen Querschnittsgrößen

$$A/A_H=\bar{t}/t=1+\alpha\beta(1+\delta), \quad (4.3-46a)$$

$$(i/d)^2=\alpha\beta^3[4(1+3\delta)+\alpha\beta(1+4\delta)]/12[1+\alpha\beta(1+\delta)]^2 \quad (4.3-46b)$$

anstelle von (4.3–42) gelten wieder die Restriktionen (4.3–43) sowie die Kennwertfunktionen (4.3–44) und (4.3–45). Bild 4.3/20 gibt dazu (für einen Flanschaufwand $\delta=0{,}3$) den Wirkungsfaktor Φ und den Höhenfaktor Φ_h^2 wieder. Das Optimum $\Phi_{max}=1{,}02$ ist 25 % besser als beim ungeflanschten Steg (Bild

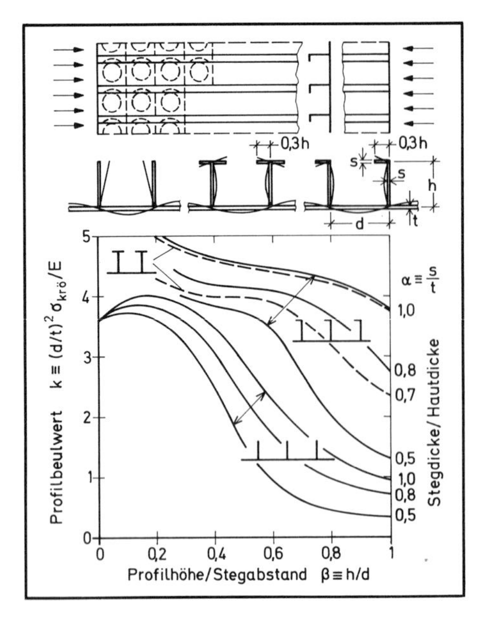

Bild 4.3/19 Integralplattenprofil mit geflanschten Stegen. Druckbeulwert, abhängig von Querschnittsverhältnissen; nach [4.6]

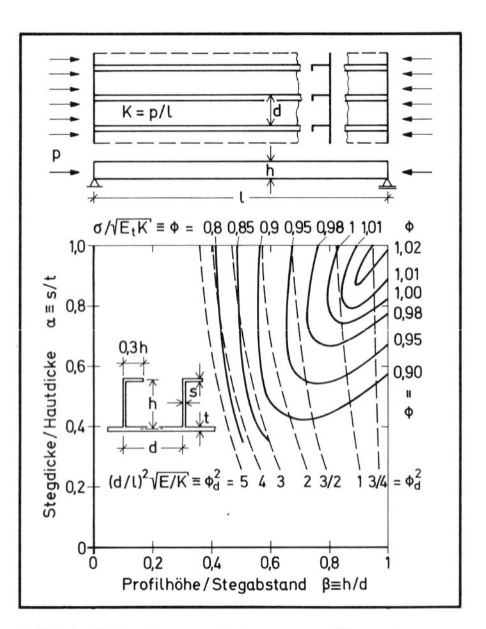

Bild 4.3/20 Integralplattenprofil mit geflanschten Stegen. Wirkungsfaktor Φ und Dimensionierungsfaktor Φ_d des Plattenstabes, abhängig von Profilverhältnissen

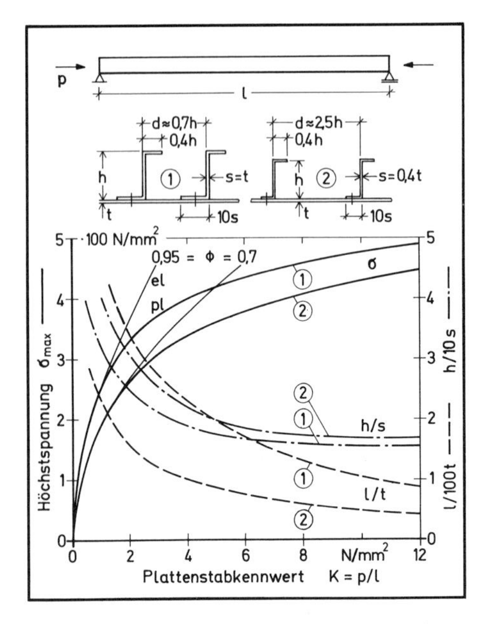

Bild 4.3/21 Platte mit ˥-Stringern. Höchstspannung und Optimalabmessungen über Plattenstabkennwert, Plastizitätseinfluß, Beispiel AlZnMg; nach [4.7]

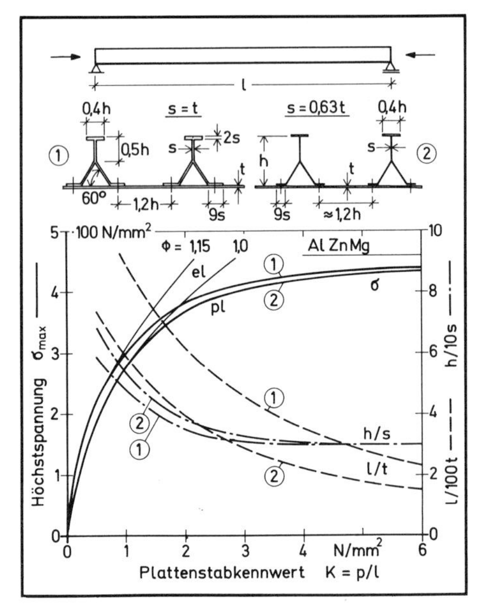

Bild 4.3/22 Platte mit Y-Stringern. Höchstspannung und Optimalabmessungen über Plattenstabkennwert, Plastizitätseinfluß, Beispiel AlZnMg; nach [4.7]

4.3/17); dabei ist $\beta_{opt} \approx 1$ größer, und $\alpha_{opt} \approx 1$ kleiner, weil der beidseitig gestützte Steg eine größere Höhe bei geringerer Dicke erlaubt. Das Verhältnis von Steifenaufwand zu Hautaufwand $s(h+c)/td = \alpha\beta(1+\delta) \approx 1{,}3$ nimmt dabei zu; Hautdicke und Stegabstand werden geringer, das Gesamtprofil wird feingliedriger.

Das Optimum wird gut angenähert, wenn man Haut- und Stegstreifen gleich auslegt und für das Profil den Beulwert $k = 3{,}6$ des beidseitig gelenkig gestützten Streifens setzt: mit $\alpha = \beta = 1$ und $\delta = 0{,}3$ folgt dann über (4.3−46) aus (4.3−44b) der Wirkungsfaktor $\Phi = 1{,}01$.

Nur wenig geringer ist der theoretische Wirkungsfaktor ($\Phi = 0{,}95$) der Platte mit aufgesetzten Z-Stringern; höhere Werte (bis $\Phi = 1{,}25$) erzielt man mit feiner gegliederten, torsionssteife Röhren bildenden Y-Stringern. Auslegungsdiagramme für derartige Plattenausführungen in Aluminium sind nach [4.7] und [4.8] in den Bildern 4.3/21 und 4.3/22 wiedergegeben.

Sind die Längsstringer relativ knicksteif, so muß ein Ausbeulen der Haut nicht gleich zum Versagen führen; eine überkritische Auslegung längsgestringerter Druckplatten bringt aber wegen des ohnehin geringen Hautflächenanteils keinen erheblichen Gewinn, im Unterschied etwa zu Schubwänden (Abschn. 4.3.5.3).

4.3.2.6 Vergleich der Bauweisen über den Plattenstabkennwert

Abgesehen von Sonderfällen (Sandwichplatte mit schubweichem Kern oder bei limitierter Profilhöhe) ist die erzielbare, volumenäquivalente Spannung stets eine Potenzfunktion des Kennwertes. Verschiedene Bauweisen lassen sich dann im elastischen Bereich anhand ihrer Exponenten n und Wirkungsfaktoren Φ bewerten, wie sie zum Vergleich in Bild 4.3/23 aufgelistet sind.

Bei allen längsversteifen Platten ist der Exponent $n = 1/2$ identisch und damit der Wirkungsfaktor direkt aussagekräftig: er ist am größten ($\Phi = 1{,}25$) bei geschlossen aufgesetzten Y-Stringern und am niedrigsten ($\Phi = 0{,}81$) beim Integralprofil mit ungeflanschten Rechteckstegen. Die Sandwichausführung mit Faltblechkern weist zwar noch geringeren Wirkungsfaktor ($\Phi = 0{,}78$) auf, hat aber dafür den Vorzug höherer Biegesteifigkeit in Querrichtung.

Dieser Vorzug ließe sich auch bei der gewöhnlichen Sandwichplatte (mit Wabenkern ohne Längssteifigkeit) geltend machen, die bei einer Bewertung als Plattenstab (ohne seitliche Stützung) zu ungünstig abschneidet. Ihr Exponent $n = 1/3$ ist geringer als bei längsversteiften Platten; damit deutet sich diesen gegenüber eine Überlegenheit der Sandwichplatte bei höherem Kennwert an (für $K/E > 10^{-7}$ bei Füllungsgrad $\alpha = 1/100$), siehe Bild 4.3/23. Andererseits verliert sie bei hohem Kennwert wieder durch früheres Plastifizieren.

Bild 4.3/24 zeigt dazu eine proportionale Auftragung der Vergleichsspannungen aller Bauweisen über dem Plattenstabkennwert. Während bei längsversteiften Platten durchweg die im Wirkungsfaktor Φ ausgesprochene Rangfolge gilt, wenn auch mit geringeren Unterschieden im plastischen Bereich, ist für die Sandwichplatte (aus AlZnMg) eine Überlegenheit nur für mittlere, praktisch kleine Kennwerte ($K = 0{,}01$ bis $1\ \mathrm{N/mm^2}$) festzustellen. Die Sandwichhautspannung überschreitet bereits bei $K \approx 0{,}1\ \mathrm{N/mm^2}$ die Elastizitätsgrenze, die Profilspannung längsversteifter Platten erst bei $K \approx 1\ \mathrm{N/mm^2}$. Bei $K \approx 10\ \mathrm{N/mm^2}$ erreicht diese die Materialdruckgrenze, während die Äquivalentspannung der Sandwichplatte infolge des nicht mittragenden Kerngewichts 10 bis 20 % darunter bleibt. Der Kernfüllungsgrad ist

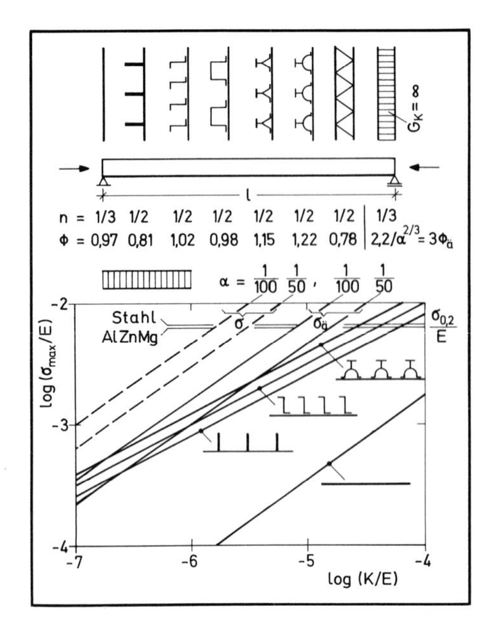

Bild 4.3/23 Plattenstäbe. Höchstspannungen, Vergleich verschiedener Bauweisen über dem Kennwert in doppeltlogarithmischer Auftragung

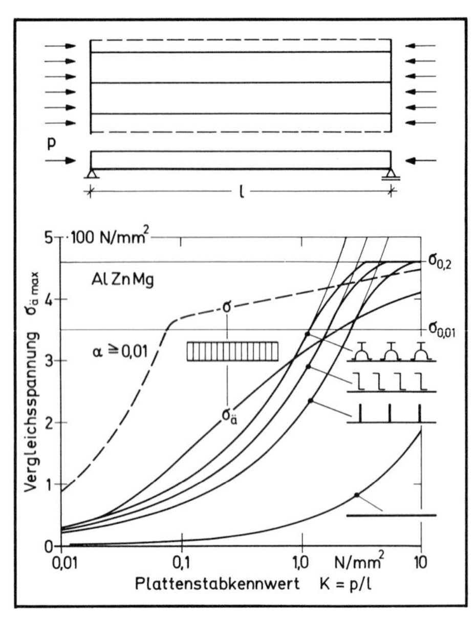

Bild 4.3/24 Plattenstäbe. Höchstspannungen, Bauweisenvergleich über Kennwert. Plastizitätseinfluß (AlZnMg), im besonderen auf Sandwichplatte

$\alpha \geqq 0{,}01$ und im übrigen (wie in Bild 4.3/15) nach der Knittergrenze (4.3–35) ausgelegt.

Bei Seitenverhältnissen $a/b > 0$ gewinnt die isotrope Sandwichplatte Vorteile hauptsächlich im elastischen Bereich. Größte Überlegenheit gegenüber längsversteiften Platten erreicht sie etwa an ihrer Elastizitätsgrenze, die indes infolge seitlicher Plattenstützung schon bei kleinerem Kennwert ($K < 0{,}1\ \text{N/mm}^2$) überschritten wird. Im plastischen Bereich verliert sowohl die Profilierung des orthotropen Plattenstabes wie auch die seitliche Stützung der isotropen Sandwichplatte an Bedeutung.

4.3.3 Auslegung längsgedrückter Plattenstreifen

Im Gegensatz zum *Plattenstab*, der quer zur Lastrichtung sehr breit oder dessen seitliche Stützung wegen geringer Querbiegesteifigkeit vernachlässigbar ist, sei als *Plattenstreifen* ein langes Feld bezeichnet, das sich nur auf den seitlichen Rändern abstützt oder dessen Querrandbedingungen jedenfalls auf das Beulverhalten keinen Einfluß nehmen. Der Strukturkennwert $K \equiv p/b$ bezieht die Last p auf die allein maßgebende Streifenbreite b.

Als isotroper Plattenstreifen wäre beispielsweise das Hautfeld zwischen den Längsstringern einer Druckplatte (Bild 4.3/24) anzusehen; aber auch die ganze isotrope oder orthotrope Gurtplatte eines langen Kastenbiegeträgers kommt hier in Betracht, sofern die Kastenlänge groß ist gegenüber dem Stegabstand. Regelmäßige

Querrippen müssen dabei wie die Längsstringer als Elemente des Plattenstreifens verstanden werden, also nicht, wie die seitlichen Kastenstege, nur als äußere Stützung. Neben dem Plattenquerschnitt (dem Haut-Stringer-Profil) sind dann auch die im Gewicht berücksichtigten Querrippen hinsichtlich ihres Aufwandes und ihrer Abstände zu optimieren. Sind diese nicht aus anderen Gründen vorgegeben, so ist das Gewicht auch dieses komplexeren Systems letztlich wieder eine einfache Potenzfunktion des Kennwertes. Für den Anteil von Haut und Längsstringern können die bekannten Ergebnisse des Plattenstabes übernommen werden, wobei dessen Kennwert wegen der Veränderlichkeit seiner Bezugslänge (des Rippenabstandes) nun selbst als Variable aufzufassen ist. So läßt sich an dem aus Haut, Stringern und Rippen aufgebauten Plattenstreifen ein hierarchisches Optimierungsprinzip demonstrieren.
Bei dieser Bauweise haben die Rippen relativ große Abstände, u.U. in der Größenordnung der Plattenbreite; sie können darum nicht wie die Längsstringer einfach zu einem orthotropen Kontinuum *verschmiert* werden, sondern sind als Einzelelemente mit der gebotenen *Mindeststeifigkeit* auszudimensionieren. Daneben seien auch orthotrope Plattenstreifen untersucht, bei denen keine oder nur in kleinen Abständen angeordnete Rippen in der Querbiegesteifigkeit B_y zu berücksichtigen sind. Als *Plattenstreifen* wäre dann ein Feld zu betrachten, dessen *wirksames Seitenverhältnis* $(a/b)(B_y/B_x)^{1/4} > 3$ ist.

Im übrigen wird hier angenommen, daß die Belastung, also der Strukturkennwert, über die Streifenlänge konstant sei. Dies trifft für die Gurtplatte eines Kastenträgers im allgemeinen nicht zu, doch kann man die Annahme gelten lassen, sofern die Schnittlast wenigstens innerhalb eines *wirksamen Quadrats* nicht mehr als etwa 10 % ansteigt.

Wie die optimalen Verhältnisse von Haut- und Stringer- und Rippenaufwand sich als kennwertunabhängig erweisen und ohne großen Wertverlust verschoben werden können, so ist auch der optimale Kerngewichtsanteil des Sandwichplattenstreifens wie des Sandwichplattenstabes (mit schubsteifem Kern) wieder konstant 2/3, aber ohne Bedenken geringer zu wählen. Die Auslegung der Sandwichplatte, auch mit schubweichem Kern, ist im Prinzip bereits beschrieben (Abschn. 4.3.2.3). Als Plattenstreifen ist die Sandwichbauweise aber nun besonders vorteilhaft, da sie im Unterschied zu längsgestringerten Platten zur Abstützung keiner Querrippen bedarf.

Ein wesentlicher Unterschied im Nachbeulverhalten von Plattenstäben und Plattenstreifen sollte nicht außer Acht bleiben: Stabknicken führt in der Regel (bei statisch bestimmter Last) sofort zum Versagen; beim Beulen der seitlich gestützten Platte ist ein Überschreiten der Beullast möglich, da sich die Spannung zu den Seiten verlagert und weil, je nach Randfesselung, eine mehr oder weniger starke Membranwirkung die Beulamplitude zurückhält. Endgültiges Versagen tritt erst ein, wenn die Randspannung die Materialdruckgrenze erreicht, oder früher, wenn die Randstützen des Feldes ausknicken. Jedenfalls ist der Volumenaufwand bei Ausnutzen der überkritischen Tragfähigkeit geringer; besonders bei kleinem Kennwert sind höhere Überschreitungsgrade und damit größere Einsparungen möglich. Ob diese sich im Haut- und Stringersystem lohnen, kann man infrage stellen (siehe [4.9]). Im folgenden sei nur der einfache Fall des Hautstreifens betrachtet.

4.3.3.1 Überkritische Auslegung isotroper Hautstreifen

Der beidseitig gestützte Feldstreifen einer über Längsstringer durchlaufenden Haut kann ausbeulen, ohne daß damit schon seine Tragfähigkeit und die des Haut- und Stringersystems erschöpft wäre, siehe Bild 4.3/25. Die nach Überschreiten der Beulspannung in Feldmitte abnehmende und an den Längsrändern zunehmende Spannungsverteilung wird durch die *Mittragende Breite* $b_m/b \equiv \sigma_R/\sigma_m$ charakterisiert, die mit wachsender Spannungsüberschreitung $\xi_R \equiv \sigma_R/\sigma_{kr}$ abnimmt (Bd. 1, Bild 2.3/11). Dieses Verhalten wird von den Längsrandbedingungen beeinflußt. Hier sei eine für durchlaufende Haut, also gerade bleibende Längsränder, mit guter Näherung zutreffende Funktion $1/\xi_R \approx (b_m/b)^\mu$ zugrundegelegt, mit $\mu \approx 2{,}5$ für kleine Überschreitung $\xi_R < 2$, bis $\mu \approx 3$ für $\xi_R > 5$.

Die für den Aufwand bezeichnende Äquivalentspannung $\sigma_ä$ ist gleich der über die Breite gemittelten Spannung σ_m. Für ihren Zusammenhang mit der Beulspannung σ_{kr} und der Randspannung σ_R gilt

$$\sigma_ä = \sigma_m = p/t = (b/t)K, \tag{4.3-47a}$$

$$\sigma_{kr} = 3{,}6\,(t/b)^2 E, \tag{4.3-47b}$$

$$\sigma_{kr}/\sigma_R \equiv 1/\xi_R = (\sigma_m/\sigma_R)^\mu \tag{4.3-47c}$$

und, nach Elimination von b/t und σ_{kr}, ihr Höchstwert, abhängig von der zulässigen Randspannung σ_{Rzul}:

$$[(47a)^2(47b)(47c)^{-1}]^{\frac{1}{\mu+2}}: \quad \sigma_ä \leqq 3{,}6^{\frac{1}{\mu+2}}\, \sigma_{Rzul}^{\frac{\mu-1}{\mu+2}}\, E^{\frac{1}{\mu+2}}\, K^{\frac{2}{\mu+2}}. \tag{4.3-48}$$

Die Randspannung des Hautstreifens ist, gleicher Modul vorausgesetzt, mit der Spannung der Stringer identisch. Knicken diese nicht bereits früher aus, so kann bis zur Materialdruckgrenze belastet werden. Mit $\sigma_R \leqq \sigma_{0,2}$ und einem Verhaltensexpo-

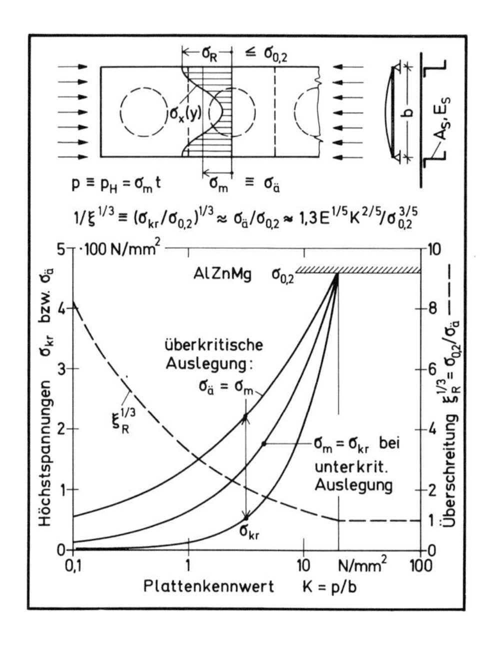

Bild 4.3/25 Hautstreifen, längsgedrückt. Nachbeulverhalten und überkritische Auslegung. Maximale Äquivalentspannung und Überschreitungsgrad über Kennwert

nenten $\mu = 3$ des überkritischen Streifens wäre dann nach (4.3−48) die Materialwertungsgröße: $\sigma_{0,2}^{2/5} E^{1/5}/\gamma$. Bei unterkritischer Auslegung gilt wie üblich die Biegesteifigkeitswertung $E^{1/3}/\gamma$; läßt man ein Überschreiten der Beulgrenzen zu, so gewinnt neben der Steifigkeit auch die Festigkeit des Materials an Interesse.

In dieser Rechnung ist bis zur Druckgrenze $\sigma_{0,2}$ ideal-elastisches Materialverhalten unterstellt. Außerdem wird angenommen, daß die Beulgrenze noch im elastischen Bereich liegt und der Überschreitungsgrad $\xi_R > 1$ ist. Dies bedeutet, daß die Aussage (4.3−48) nur bei entsprechend kleinem Kennwert gilt; aus (4.3−47c) und (4.3−48) folgt nämlich (mit $\mu = 3$) die Bedingung

$$(1/\xi_R)^{1/3} = \sigma_{ä}/\sigma_{0,2} = 1{,}29(E/\sigma_{0,2})^{3/5}(K/E)^{2/5} \leqq 1\,. \qquad (4.3-49)$$

Die Materialwertung $\sigma_{0,2}^{2/5} E^{1/5}/\gamma$ hängt nicht vom Strukturkennwert ab. Im Vergleich zur Wertung $E^{1/3}/\gamma$ zeigt sich, daß beispielsweise Stahlblech gegenüber Aluminium bei überkritischer Auslegung aufholt, wie auch der Wert hochfester Verbundwerkstoffe zunimmt. Davon unberührt bleibt die Frage der Betriebsfestigkeit bei wiederholtem Beulen.

Betrachtet man nicht den Hautstreifen allein, sondern den aus Haut und Stringern gebildeten Gesamtquerschnitt (Bild 4.3/25) und definiert den Kennwert $K_{HS} = p_{HS}/b$ mit der gemittelten Gesamtkraft $p_{HS} = p_H + p_S = \sigma_{mH} t + \sigma_S A_S/b$, so folgt, mit der Äquivalentspannung $\sigma_{äH} = \sigma_{mH}$ der Haut, der Stringerspannung $\sigma_S = \sigma_R E_S/E_H$ und der bezogenen Stringerfläche A_S/b^2, für den Kennwert des Hautstreifens in (4.3−47a) wie schließlich auch in (4.3−48): $K = K_{HS} - \sigma_R E_S A_S/E_H b^2$.

Dies bedeutet, daß der Hautaufwand zwar eine Potenzfunktion des Hautkennwertes K, nicht aber des Gesamtkennwertes K_{HS} ist. Auch die Frage der Materialwertung wird komplizierter. Nimmt man gleiches Material für Haut und Stringer an, und für diese eine Belastbarkeit bis zur Druckgrenze $\sigma_{0,2}$, so gilt $K = K_{HS} - \sigma_{0,2} A_S/b^2$; bei vorgegebenem Stringeraufwand würde eine Haut überhaupt erst erforderlich, wenn $K_{HS} > \sigma_{0,2} A_S/b^2$.

Es versteht sich, daß der Stringeraufwand bei einer Optimierung des Gesamtsystems (etwa als Plattenstab nach Abschn. 4.3.2.5) nicht vorgeschrieben werden kann; doch sollte hier wenigstens auf den Unterschied von Haut- und Gesamtkennwert hingewiesen sein, sowie auf die Umverteilung der Hautkraft auf die Stringer bei zunehmender Überschreitung der Hautbeulgrenze.

4.3.3.2 Orthotroper Sandwichstreifen mit schubweichem Kern

Bei Sandwichhäuten aus Faserlaminaten sind Längsmodul E_x und Quermodul E_y zu unterscheiden; im übrigen ist der Hautschubmodul G_{xy} besonders zu berücksichtigen, da er sich nicht, wie bei Isotropie, einfach aus Elastizitätsmodul und Querkontraktionszahl ergibt. Die Querkontraktionszahlen längs und quer verhalten sich wie die Moduln: $\nu_x/\nu_y = E_x/E_y$. Schubmodul- und Querkontraktionseinfluß gehen durch die *Kreuzzahl*

$$\eta \equiv [2G_{xy}(1 - \nu_x\nu_y) + \nu_x E_y]/(E_x E_y)^{1/2} \qquad (4.3-50)$$

in die Rechnung ein. Bei Isotropie ist $\eta = 1$; bei nur längs bewehrtem GFK-Laminat wäre $\eta \approx 0{,}5$; bei $\pm 45\,°$-Bewehrung $\eta \approx 1{,}6$ (beim Sandwich wie beim homogen geschichteten Laminat; Bd. 1, Bild 4.1/19).

Auch technischer Honigwabenkern ist orthotrop: je nach Folienrichtung ist sein Schubmodulverhältnis $G_{Ky}/G_{Kx} \approx 1/2$ oder ≈ 2 (Bd. 1, Bild 5.1/7). Bei längsgedrückten Platten wählt man vorteilhaft $G_{Kx} > G_{Ky}$, wie auch zur höheren Längsfestigkeit vorwiegend längsbewehrte Häute mit $E_x > E_y$.

Beim langen, seitlich gelenkig gestützten Plattenstreifen stellt sich dann ein *wirksames Beulseitenverhältnis* $\alpha_{wm} = (a/mb) \cdot (E_y/E_x)^{1/4} \approx 1$ ein, das sich infolge Kernschubnachgiebigkeit verkürzt (Bd. 1, Bild 5.3/7). Ist $\alpha_w \equiv \alpha_{wm} m > 3$, stellen sich also wenigstens drei Beulen ein, so wird der Längeneinfluß vernachlässigbar und allein die Streifenbreite b maßgebend.

Der Beulwert des Streifens ist der Minimalwert der Beulwertgirlande; beim isotropen Sandwichstreifen (nach (5.3–22) in Bd. 1), mit Biegesteifigkeit $B = E\bar{t}h^2\zeta_f/4(1-\nu^2)$, exakt

$$k_{min} = p_{kr} b^2/\pi^2 B = 4/(1+\pi^2 B/G_K h b^2)^2, \quad \text{bei} \quad \alpha_m \geqq 1 . \tag{4.3–51a}$$

Diese Beziehung läßt sich bei nicht zu weichem Kern ($G_K h > 50B/b^2$) linearisieren, indem man das Kurvenminimum bei $\alpha_m \approx 1$ annimmt:

$$k_{min} \approx 4/(1+2\pi^2 B/G_K h b^2) \quad \text{oder} \quad 1/p_{kr} = b^2/4\pi^2 B + 1/2G_K h . \tag{4.3–51b}$$

Es gilt dann also, wie beim Plattenstab, für die reziproke Beullast einfach die Summe der Nachgiebigkeiten von Häuten und Kern; damit läßt sich auch die Optimierung wie beim Plattenstab durchführen.

Für den allgemeineren Fall der orthotropen Sandwichplatte folgt, nach Linearisierung des Beulwertminimums (Bd. 1, Gl. (5.3–24)) mit $\alpha_{wm} \approx 1$, anstelle von (4.3–38):

$$1/\sigma_{kr} \approx (b/h)^2/\varkappa E_x + (\bar{t}/h)/k_s G_{Kx} , \tag{4.3–52a}$$

mit dem Beulwert des Sandwich mit schubstarrem Kern

$$\varkappa = [\pi^2(\eta+1)/2(1-\nu_x\nu_y)\zeta_f](E_y/E_x)^{1/2} \tag{4.3–52b}$$

und dem Einflußfaktor der Kernsteifigkeit

$$k_s = 2(\eta+1)/[1+(G_x^2 E_y/G_y^2 E_x)^{1/2} + (\eta-1)(G_x^2 E_y/G_y^2 E_x)^{1/4}]. \tag{4.3–52c}$$

Mit der Streifenbreite b anstelle der Stablänge l (und mit Kennwert $K = p/b$ anstelle von $K = p/l$) gelten dann wieder alle Aussagen (4.3–39) bis (4.3–41c).

Für den Sandwichstreifen mit gleichstarken isotropen Al-Häuten ($\eta = 1$, $E_y = E_x$, $\zeta_f = 1$, also $\varkappa \approx 1{,}1\pi^2$) und mit orthotropem Al-Honigwabenkern ($G_x \approx 2G_y$, also $k_s = 4/3$) kann man die knickkritische Hautspannung σ_{kr} dem Bild 4.3/26 (analog Bild 4.3/12) entnehmen, und damit die Äquivalentspannung $\sigma_ä$ in Bild 4.3/27 (analog Bild 4.3/13) bestimmen. Deren Höchstwert $\sigma_{ämax}$ weist auf die optimale Plattenhöhe $(h/l)_{opt}$, diese wiederum auf σ_{kropt}, abhängig vom relativen, auf den Kernfüllungsgrad α bezogenen Kennwert $K_\alpha \equiv K/\alpha$. Die Optimierungsergebnisse sind in Bild 4.3/28 über K_α dargestellt, und in Bild 4.3/29 (analog Bild 4.3/15) über K, mit $\alpha \geqq 1/100$ bzw. nach Maßgabe der Hautknittergrenze (4.3–35).

Zum Vergleich sind auch die unter Annahme eines schubstarren Kernes ermittelten Ergebnisse eingetragen. Im elastischen Bereich wäre dann, wie beim Plattenstab, der optimale Kerngewichtsanteil 2/3 des Gesamtgewichts; er wird geringer bei schubweichem, bzw. relativ hohem Kern, sowie bei plastischer Haut-

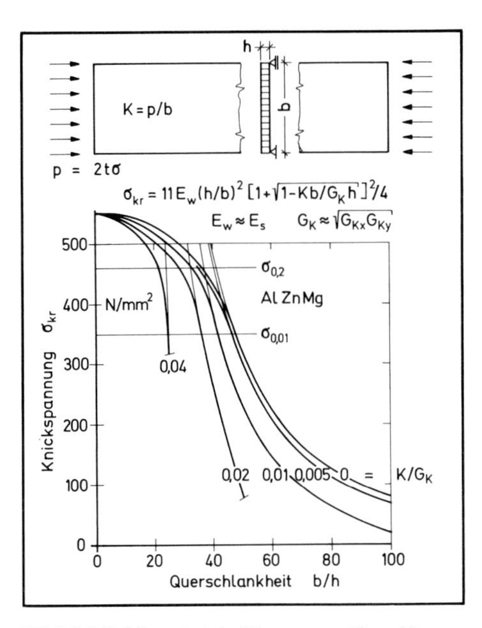

Bild 4.3/26 Sandwich-Plattenstreifen, längsgedrückt. Beulspannungen über Querschlankheit. Parameter: Strukturkennwert zu Kernschubmodul

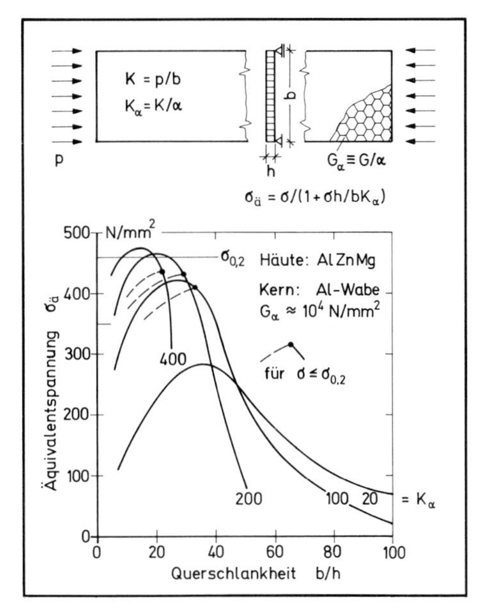

Bild 4.3/27 Sandwich-Plattenstreifen, längsgedrückt; Kern schubweich. Äquivalentspannung über Schlankheit, Parameter: Strukturkennwert zu Kernfüllungsgrad

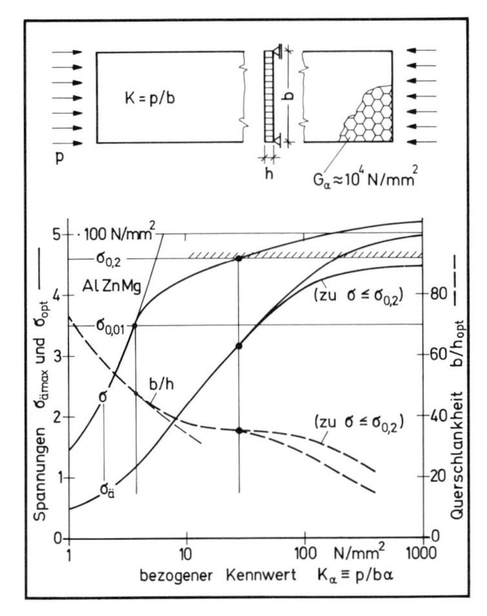

Bild 4.3/28 Sandwich-Plattenstreifen, längsgedrückt; Kern schubweich. Höchste Äquivalentspannung, optimale Werte über dem kernbezogenen Kennwert K/α

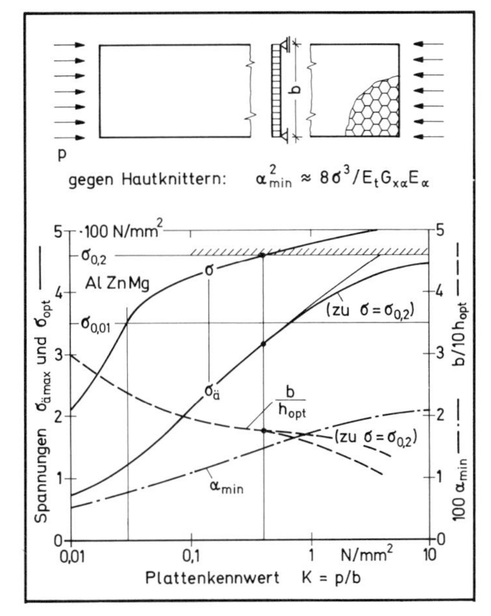

Bild 4.3/29 Sandwich-Plattenstreifen, längsgedrückt; Kern schubweich. Höchste Äquivalentspannung, opt. Hautspannung, Schlankheit und Füllungsgrad über Kennwert K

spannung, also bei großem Kennwert. Da der Plattenstreifen im Vergleich zum Plattenstab schon bei halber Kernhöhe die elastische Spannungsgrenze erreicht, der Einfluß der Kernnachgiebigkeit aber mit geringerer Höhe zurückgeht, ist auch verständlich, daß dieser Einfluß in Bild 4.3/29 gegenüber Bild 4.3/15 weniger hervortritt. Bei Al-Waben kann er u.U. sogar vernachlässigt werden, jedenfalls bei kleinem Kennwert, und eher als beim Plattenstab.

4.3.3.3 Orthotroper Plattenstreifen mit Längsstegen

Die nur längs versteifte Platte stützt sich am effektivsten als *Plattenstab* auf Querlager oder Querrippen ab. Als Plattenstreifen muß sie sich auf die Längslager stützen und bedarf dazu einer gewissen Querbiegesteifigkeit, die allein von der Haut aufgebracht wird. Deren optimaler Volumenanteil wird darum jedenfalls größer sein müssen als beim Plattenstab; er wird aber nicht gegen Eins gehen, da die durch Profilierung erhöhte Längsbiegesteifigkeit B_x ebenso wie die Querbiegesteifigkeit B_y der Haut die Grenze globalen Beulens bestimmt.

Mit den in Bild 4.3/30 definierten Querschnittsvariablen h, d, s und t bzw. d/l, t/d, $\alpha \equiv s/t$ und $\beta \equiv h/d$ sind die für eine längsversteifte Platte charakteristischen Steifigkeiten (Bd. 1, Abschn. 4.1.3):

$$B_x = b_{44} = Etd^2\alpha\beta^3(4+\alpha\beta)/12(1+\alpha\beta), \tag{4.3-53a}$$

$$B_y = b_{55} = Et^3/12(1-\nu^2), \tag{4.3-53b}$$

$$B_{xy} = b_{45} + 2b_{66} = Et^3[1+(1-\nu)\alpha^3\beta]/12(1-\nu^2). \tag{4.3-53c}$$

Behandelt man die einseitig versteifte, also exzentrisch aufgebaute Platte wie eine zur Mittelfläche symmetrische, vernachlässigt man somit die beim Beulen auftretenden Membrankräfte (Bd. 1, Abschn. 4.1.3.2), so gilt für die Längsspannung

$$\sigma = p/\bar{t} = (b/\bar{t})K = (b/d)(d/t)(1+\alpha\beta)^{-1}K \tag{4.3-54a}$$

die Grenze globalen Plattenbeulens (Bd. 1, Abschn. 4.3.1.1):

$$\sigma \leqq \sigma_{kr} = (2\pi^2/b^2\bar{t})\left(\sqrt{B_x B_y} + B_{xy}\right) \tag{4.3-54b}$$

$$= \frac{\pi^2}{6}\left(\frac{d}{b}\right)^2\left[\left(\frac{t}{d}\right)\sqrt{\frac{(4+\alpha\beta)\alpha\beta^3}{(1-\nu^2)(1+\alpha\beta)^3}} + \left(\frac{t}{d}\right)^2\frac{1+(1-\nu)\alpha^3\beta}{(1-\nu^2)(1+\alpha\beta)}\right]E$$

und die Grenze des Profilbeulens, mit $k(\alpha, \beta)$ (nach Bild 4.3/16):

$$\sigma \leqq \sigma_{krö} = k(t/d)^2 E. \tag{4.3-54c}$$

Während die Variable d/b aus (4.3–54a) und (4.3–54b) ohne weiteres eliminiert werden kann, bereitet solches bei t/d Schwierigkeiten: die relative Wanddicke erscheint in (4.3–54b) im Biegesteifigkeitsanteil linear, im Drillsteifigkeitsanteil quadratisch. Beschränkt man sich auf dünnwandige Profile, so darf man den letzten Anteil unterschlagen. (Man umgeht damit übrigens auch das Problem, wie die Längsstringer über die dünne Haut zur Torsion gezwungen werden können, um die theoretische Drillsteifigkeit zu erbringen.)

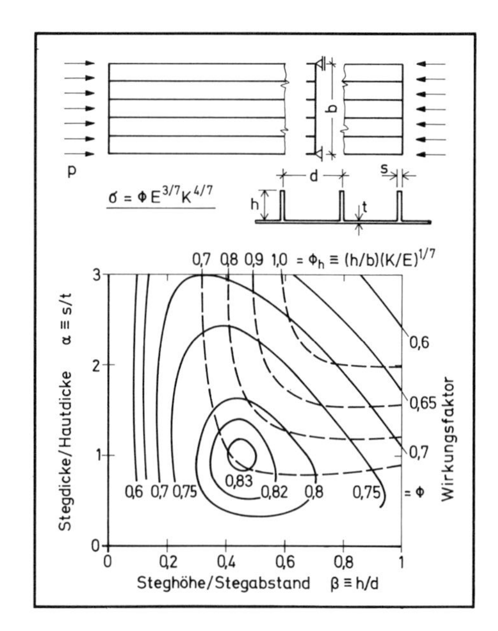

Bild 4.3/30 Orthotroper Plattenstreifen mit Längsstegen, längsgedrückt. Wirkungsfaktor Φ und Dimensionierungsfaktor Φ_h, abhängig von Querschnittsverhältnissen

So folgt nach Elimination von d/b und t/d die nur noch von α und β abhängige Spannungsgrenze

$$[(54a)^4(54b)^2(54c)]^{1/7}: \qquad \sigma \leqq \Phi(\alpha, \beta) E^{3/7} K^{4/7}, \qquad (4.3-55a)$$

mit dem Wirkungsfaktor

$$\Phi = [\pi^4 k \alpha \beta^3 (4+\alpha\beta)/36(1-\nu^2)]^{1/7}/(1+\alpha\beta). \qquad (4.3-55b)$$

Die Darstellung des Wirkungsfaktors $\Phi(\alpha, \beta)$ in Bild 4.3/30 bestätigt, daß der optimale Steifenanteil des Plattenstreifens geringer ist als der des Plattenstabes: mit $\alpha_{opt} \approx 1$ und $\beta_{opt} \approx 0{,}4$ bis 0,5 ist das Verhältnis Steifen/Haut: $\alpha\beta \approx 2/5$ (gegenüber 3/2 nach Bild 4.3/17).

Der höchste Wirkungsfaktor ist $\Phi_{max} = 0{,}84$. Ein Vergleich mit Wirkungsfaktoren anderer Bauweisen des Plattenstreifens wäre aber nur bei Übereinstimmen der Exponenten sinnvoll; hier ist $n = 3/7$ und damit höher als $n = 1/3$ beim unversteiften Blech oder bei der Sandwichplatte. Dem ersteren ist die längsversteifte Platte durchweg überlegen, der Sandwichbauweise jedoch erst im plastischen Bereich, also bei hohem Kennwert. Von Vorteil ist dabei das volle Mittragen des Materials. Im elastischen Bereich verspricht aber die Platte mit zusätzlichen, nicht tragenden sondern nur stützenden Querrippen höheren Gewinn.

4.3.3.4 Orthotroper Plattenstreifen mit Kreuzverrippung

Die oben betrachtete Platte mit Längsstegen sei nun mit Querrippen zur Erhöhung der Biegesteifigkeit B_y versehen, siehe Bild 4.3/31. Die Rippen sollen dieselbe Höhe h haben wie die Stege. Da sie unbelastet sind, existiert kein Kriterium zur Auslegung ihrer relativen Dicke s_R/h oder ihres relativen Abstandes d_R/h, etwa aus einer Beulbedingung wie beim Steg. Im Hinblick auf die Biegesteifigkeit B_y interessiert nur

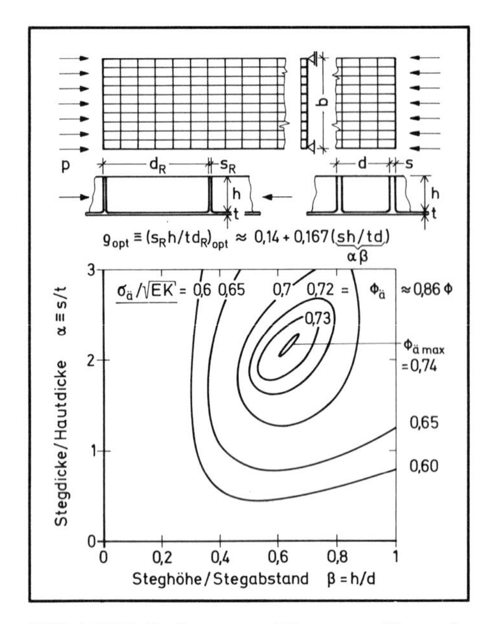

Bild 4.3/31 Orthotroper Plattenstreifen mit randparalleler Kreuzverrippung, längsgedrückt. Äquivalenter Wirkungsfaktor $\Phi_{\ddot a}$ abhängig von Querschnittsverhältnissen

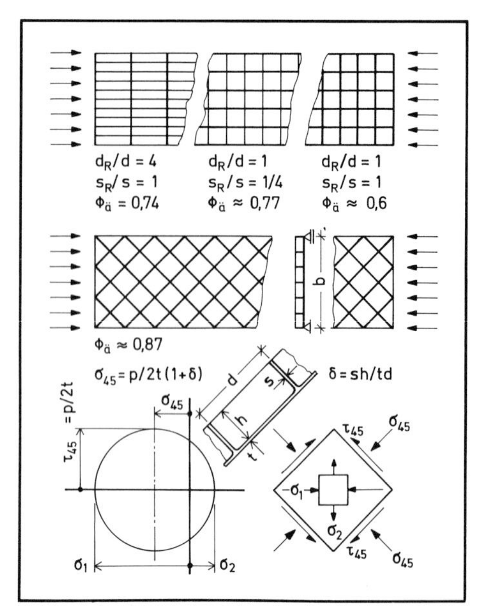

Bild 4.3/32 Orthotroper Plattenstreifen, längsgedrückt. Wirkungsfaktoren bei unterschiedlichen Kreuzverrippungen. Spannungszustand bei Scherenverrippung

der Querschnittsaufwand des Rippensystems, dessen Verhältnis zum Hautaufwand durch den Rippenparameter $\varrho \equiv hs_R/td_R$ bezeichnet wird.

Für die einseitig kreuzverrippte Platte mit den Querschnittsvariablen d, t, $\alpha \equiv s/t$, $\beta \equiv h/d$ (bzw. dem Steg/Haut-Verhältnis $\delta = sh/td = \alpha\beta$) sowie mit dem Rippenparameter ϱ sind die Biegesteifigkeiten (Bd. 1, Abschn. 4.1.3):

$$B_x = b_{44} = Etd^2(\beta/\alpha)\delta^2[4 + (1-\nu^2)\delta]/12[1 + (1-\nu^2)\delta], \qquad (4.3-56a)$$

$$B_y = b_{55} = Etd^2(\beta/\alpha)\delta\varrho[4 + (1-\nu^2)\varrho]/12[1 + (1-\nu^2)\varrho]. \qquad (4.3-56b)$$

Die Drillsteifigkeit B_{xy} kann dagegen bei dünnwandigen Systemen unberücksichtigt bleiben, mit noch größerer Berechtigung bei der kreuzverrippten als bei der nur längsversteiften Platte in (4.3–54b).

Auch bei gleichem Aufwand an Rippen und Stegen ($\varrho = \delta$) existiert streng genommen keine allgemeine Neutralebene zur Trennung von Scheiben- und Plattenproblem (Bd. 1, Bild 4.1/13). Vernachlässigt man wieder den Exzentrizitätseinfluß und rechnet wie für eine symmetrische orthotrope Platte, so gilt für die Längsspannung (4.3–54a) die Grenze globalen Beulens in der Formel

$$\sigma \leqq \sigma_{kr} = (2\pi^2/b^2\bar{t})\sqrt{B_x B_y}$$
$$= \frac{\pi^2}{6}\left(\frac{d}{b}\right)^2\left(\frac{\beta}{\alpha}\right)\frac{\delta^2}{1+\delta}\left[\frac{\varrho(4{,}4+\delta)(4{,}4+\varrho)}{\delta(1{,}1+\delta)(1{,}1+\varrho)}\right]^{1/2} E. \qquad (4.3-57)$$

Wenn der Rippenabstand wenigstens dreimal größer ist als der Stegabstand, was aufgrund des geringeren optimalen Rippenaufwandes zweckmäßig erscheint, kann angenommen werden, daß für die örtliche Profilbeulspannung (4.3−54c) wieder der Beulwert nach Bild 4.3/16 zutrifft. So folgt schließlich für die gegen globales und lokales Beulen ausdimensionierte Platte die Höchstspannung

$$[(54a)^2(54c)(57)]^{1/4}: \quad \sigma = \Phi_\sigma E^{1/2} K^{1/2} \tag{4.3-58a}$$

mit

$$\Phi_\sigma = \left[\frac{\pi^2}{6} k \frac{\beta}{\alpha} \frac{\delta^2}{(1+\delta)^3}\right]^{1/4} \left[\frac{\varrho(4{,}4+\delta)(4{,}4+\varrho)}{\delta(1{,}1+\delta)(1{,}1+\varrho)}\right]^{1/8}. \tag{4.3-58b}$$

Dieser Wirkungsfaktor ist noch nicht für den Gesamtaufwand sondern nur für den belasteten Querschnitt von Haut und Stegen repräsentativ. Der zusätzliche Rippenaufwand wird berücksichtigt in der Äquivalentspannung bzw. im äquivalenten Wirkungsfaktor

$$\sigma_ä/\sigma = \Phi_ä/\Phi_\sigma = (1+\delta)/(1+\delta+\varrho). \tag{4.3-58c}$$

Die drei Restvariablen ϱ, δ und β/α sind nun so zu bestimmen, daß $\Phi_ä$ aus (4.3−58c) mit Φ_σ aus (4.3−58b) ein Maximum annimmt. Leitet man zuerst nach dem Rippenparameter ϱ ab, so erhält man seinen optimalen Zusammenhang mit δ in

$$\varrho^2(\delta-10) - 2\varrho(16-\delta) + 5(1+\delta) \approx 0 \quad \text{bzw.} \quad \varrho \approx 0{,}14 + 0{,}17\delta. \tag{4.3-58d}$$

Damit ist der Wirkungsfaktor (4.3−58b) nur noch eine Funktion von α und β, siehe Bild 4.3/31. Wie beim Plattenstab (Bild 4.3/17) zeigt sich ein Optimum (zu $\Phi_{ämax} = 0{,}74$) wieder bei Querschnittsverhältnissen $\alpha_{opt} = 2$ bis 2,5 und $\beta_{opt} = 0{,}6$ bis 0,75, bei größter Toleranz für konstantes Verhältnis $\beta/\alpha = 0{,}3$. Der optimale Stegaufwand $\delta_{opt} = \alpha\beta = 1{,}2$ bis 1,8 führt über (4.3−58d) zu einem optimalen Rippenaufwand $\varrho_{opt} = 0{,}34$ bis 0,45, also etwa $\varrho_{opt}/\delta_{opt} = 1/4$. Bei gleicher Höhe $h_R = h$ und gleicher Dicke $s_R = s$ kann also der Rippenabstand viermal größer sein als der Stegabstand, womit die Anwendung des Beulwertdiagramms 4.3/16 gerechtfertigt ist.

Wählt man indes, wie in Bild 4.3/32 skizziert, eine Versteifungsstruktur mit quadratischem Raster (und dafür auf 1/4 reduzierter Rippendicke), so kann man mit Stützung der Stege durch die Rippen und damit höherem Beulwert rechnen. Der Wirkungsfaktor wird dadurch etwa auf $\Phi_{ämax} = 0{,}77$ angehoben (bei $\Phi_{\sigma opt} = 0{,}87$, $\alpha_{opt} \approx 1{,}5$, $\beta_{opt} \approx 0{,}75$). Er läßt sich weiter anheben, wenn man den optimalen Rippenaufwand noch feiner unterteilt und dadurch die Halbwellenlänge der Profilbeulform verkürzt; eine Grenze setzt dabei die realisierbare Mindestdicke der Rippen.

Auf $\Phi_{ämax} \approx 0{,}87$ steigt der Wirkungsfaktor bei der schrägen Kreuzverrippung unter +45°/−45° nach Bild 4.3/32. Vernachlässigt man gegenüber den Biegesteifigkeiten B_{45}, die sich für beide Schrägschnitte nach (4.3−56a) ergeben, wieder die Drillsteifigkeit in den Stegrichtungen, so erhält man nach Transformation um 45° (Bd. 1, Abschn. 4.1.3.5) die für das globale Beulen interessierenden Plattensteifigkeiten im randparallelen Achsensystem: $B_x = B_y = B_{xy}/3 = B_{45}/2$. Für das örtliche Beulen sind die Spannungen in den Schrägschnitten maßgebend. Nach Transformation der Längskraft (Bd. 1, Bild 2.1/1) sind die Druck- und Schubkräfte in Stegrichtung $p_{45} = q_{45} = p_x/2$, und daher die Druckspannungen in Haut und Stegen $\sigma_{45} = p_x/2t(1+\delta)$ sowie die Schubspannung in der Haut $\tau_{45} = p_x/2t$. Die Haut hat also zweiachsig Druck und überdies Schub zu ertragen. Nimmt man zur Abschätzung der Beulgrenze eine gelenkige Verbindung von Haut und Stegen an, so kann man mit gleichzeitigem Beulen etwa bei $\sigma_{45} \geqq (t/d)^2 E$ und $\alpha/\beta \approx 2$ rechnen (der Beulwert der Stege ist besonders hoch, da sich die beiden Stegscharen gegenseitig einspannen). Man gelangt dann schließlich auf dem üblichen Weg zu einer Äquivalentspannung

$$\sigma_{ä} = p_x/t(1+2\delta) = \Phi_{ä} E^{1/2} K^{1/2}, \tag{4.3-59a}$$

mit einem noch vom Steifen/Haut-Verhältnis $\delta = \alpha\beta$ des Schrägschnitts abhängigen Wirkungsfaktor

$$\Phi_{ä} \approx [12\delta^2(4+\delta)/(1+\delta)]^{1/4}/(1+2\delta), \tag{4.3-59b}$$

dessen Maximum $\Phi_{ämax} \approx 0{,}87$ sich für $\delta_{opt} \approx 0{,}42$ (also $\alpha \approx 0{,}9$ und $\beta \approx 0{,}45$) einstellt.

Der Wirkungsfaktor der schräg kreuzverrippten Platte ist groß, weil ihre globale Beulgrenze höher ist als bei randparalleler Verrippung (Bd. 1, Bild 4.3/2). Dafür ist aber die Haut durch die Scherenwirkung der Steifen sehr stark beansprucht. Dies erfordert nicht nur eine größere Hautdicke gegen örtliches Beulen, sondern führt auch früher zum Plastifizieren. Mit der Fließbedingung $\sigma_{45}^2 + 3\tau_{45}^2 \leqq \sigma_{0,01}^2$ (Bd. 1, Gl. (2.1–23)) folgt als Elastizitätsgrenze der Äquivalentspannung

$$\sigma_{äel} \leqq \sigma_{0,01} 2/(1+2\delta)[3+(1+\delta)^{-2}]^{1/2}, \tag{4.3-59c}$$

also $\sigma_{ä} = 0{,}58\sigma_{0,01}$ (bei einem Steifenaufwand $\delta = 0{,}42$), und mit $\Phi_{ämax} = 0{,}87$ aus (4.3–59a) die Kennwertgrenze $K_{el} = 0{,}47\sigma_{0,01}^2/E$. Behält man auch für höheren Kennwert, also im plastischen Bereich, den Steifenaufwand $\delta = 0{,}42$ bei, so ist schließlich die Druckgrenze $\sigma_{ä} \leqq 0{,}58\sigma_{0,2}$; man erreicht $\sigma_{ä} = \sigma_{0,2}$, wenn man mit zunehmendem Kennwert den Steifenaufwand zurücknimmt.

4.3.3.5 Plattenstreifen mit äquidistanten Einzelrippen

Die Wirkung regelmäßiger Querrippen wurde oben über die Biegesteifigkeit B_y (4.3–56b) des quasi kontinuierlichen Systems im globalen Beulverhalten (4.3–57) berücksichtigt; dabei interessierte nicht der Abstand der Rippen, sondern nur ihr gemittelter oder *verschmierter* Volumen- und Steifigkeitsanteil. Wenn nun aber, wie beispielsweise in Bild 4.3/33, der Rippenabstand groß ist im Verhältnis zum Trägheitsradius des Plattenquerschnitts, genügt das Kontinuumsmodell nicht mehr: neben dem globalen Beulen, das mit großer Halbwelle über die Rippen hinweggeht und diese ausbiegt, ist eine weitere Beulform zu betrachten, bei der das Plattenfeld zwischen den Rippen knickt oder beult. Die Rippen sind dabei als diskrete Einzelelemente anzusehen, auf die sich die Platte abstützt. Ein Optimum stellt sich in der Regel dann ein, wenn die Rippen gerade die zum Erzwingen einer Knotenlinie erforderliche Mindestbiegesteifigkeit aufweisen (Bd. 1, Abschn. 6.3.2).

Zur Optimierung ist das Äquivalentvolumen zu formulieren. Dieses enthält den volltragenden Plattenquerschnitt mit der gemittelten Dicke $\bar{t} = p/\sigma$ und die über ihren Abstand a verteilte Querschnittsfläche A_R der Rippen in $\bar{t}_R = A_R/a$. Da die Rippen keine tragende sondern nur stützende Funktion haben, kann es zweckmäßig sein, sie in anderem Material auszuführen als die längstragende Platte. Bei unterschiedlichen spezifischen Gewichten γ_R (der Rippe) und γ (der Platte) gilt dann für die reziproke Äquivalentspannung die Summe

$$\frac{1}{\sigma_{ä}} = \frac{\bar{t} + \bar{t}_R \gamma_R/\gamma}{p} = \frac{1}{\sigma} + \frac{\gamma_R}{\gamma}\frac{A_R}{ap} = \frac{1}{\sigma} + \frac{\gamma_R}{\gamma}\frac{A_R}{abK}, \tag{4.3-60}$$

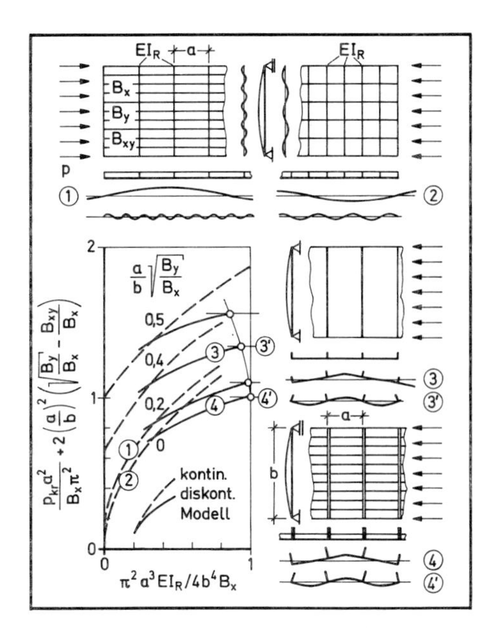

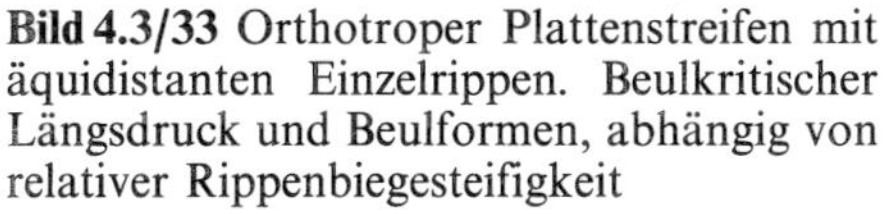
Bild 4.3/33 Orthotroper Plattenstreifen mit äquidistanten Einzelrippen. Beulkritischer Längsdruck und Beulformen, abhängig von relativer Rippenbiegesteifigkeit

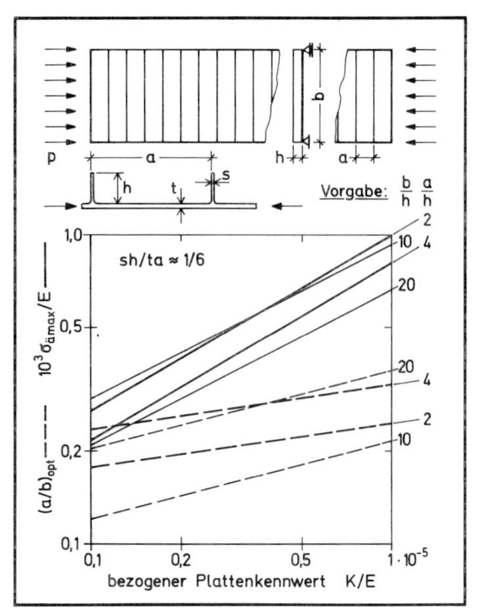

Bild 4.3/34 Isotroper Plattenstreifen mit äquidistanten Querrippen, längsgedrückt. Höchste Äquivalentspannung und optimaler Rippenabstand über Kennwert

analog zur Sandwichplatte (4.3–40) mit nichttragendem, spezifisch leichterem Kern. Man darf erwarten, daß wie beim Sandwich der relative Kernanteil, hier der relative Rippenanteil, im Optimum vom Kennwert unabhängig ist, während sich das Gesamtgewicht als Potenzfunktion desselben darstellt. Dazu muß allerdings der Rippenabstand a als Variable freigegeben sein, da sonst keine Optimalabstimmung zwischen Rippen- und Plattenaufwand möglich ist.

Bei der Platte selbst soll es sich um ein einfaches isotropes Blech oder um eine orthotrope, längsversteifte Struktur mit konstanter Spannungsverteilung, also volltragendem Querschnitt handeln. Nimmt man weiter an, daß das *wirksame Seitenverhältnis* des Feldes zwischen den Rippen $(a/b)(B_y/B_x)^{1/4} < 1/5$ ist (Bild 4.3/33), so kann man die seitliche Lagerung vernachlässigen und mit dem Verhalten eines *Plattenstabes* rechnen, der sich allein auf die Rippen abstützt. Da die Querschnittsverhältnisse des längsgestringerten wie des unversteiften Plattenstabes bereits oben (Abschn. 4.3.2) optimiert wurden, kann man die Maximalspannungen von dort übernehmen und einfach in (4.3–60) einsetzen. Dabei ist aber zu beachten, daß der Kennwert $K = p/a$ des Plattenstabes nicht mit dem Kennwert $K = p/b$ des Plattenstreifens identisch ist, sondern mit dem Seitenverhältnis a/b variiert.

Für den einfachsten, in Bild 4.3/34 skizzierten Fall eines isotropen Hautfeldes mit relativ kurzem Rippenabstand $a/b < 1/5$ erhält man dann, mit seiner Höchstspannung $\sigma_{\max}$ (4.3–29) als Plattenstab, nach (4.3–60) die reziproke Äquivalentspannung

$$\frac{1}{\sigma_ä} = \frac{1}{\Phi_H E_H^{1/3} K^{2/3}} \left(\frac{a}{b}\right)^{2/3} + \frac{\gamma_R A_R}{\gamma_H b^2 K} \left(\frac{b}{a}\right). \qquad (4.3\text{–}61\text{a})$$

Darin ist $\Phi_H = 0{,}97$ der Wirkungsfaktor des Hautfeldes bei quasi gelenkiger Stützung durch torsionsweich angenommene Rippen.

Diese Polynomfunktion von K führt, abgeleitet nach dem Seitenverhältnis a/b, zunächst auf dessen Optimalwert

$$(a/b)^{5/3}_{\text{opt}} = (3\Phi_H A_R \gamma_R / 2\gamma_H b^2)(E_H/K)^{1/3} \tag{4.3-61b}$$

und mit ihm auf die maximale Äquivalentspannung als Potenzfunktion des Kennwertes:

$$\sigma_{\text{ämax}} = \frac{3}{5}\sigma_{\text{Hmax}} = \frac{3}{5}\left(\frac{2\gamma_H b^2}{3\gamma_R A_R}\right)^{2/5} \Phi_H^{3/5} E_H^{1/5} K^{4/5}\,. \tag{4.3-61c}$$

Der optimale Anteil der Rippen am Gesamtgewicht beträgt demnach 2/5.

Diese Rechnung setzt voraus, daß die Querschnittsfläche A_R der Einzelrippe vorgegeben, und deren Biegesteifigkeit jedenfalls groß genug ist, um an ihrem Ort eine Knotenlinie zu erzwingen. Um dieses abzusichern, muß man eine Restriktion über die Mindestbiegesteifigkeit der Rippe formulieren, wie im folgenden ausgeführt.

Der Zusammenhang zwischen Fläche A_R und Trägheitsmoment I_R des Rippenquerschnitts ist über den Trägheitsradius i_R gegeben, bzw. über das Schlankheitsquadrat $\lambda_R^2 = (b/i_R)^2 = b^2 A_R / I_R$. Damit läßt sich über die Forderung der Mindeststeifigkeit zur Plattenabstützung (Bd. 1, Bild 6.3/15) eine Bedingung für den Rippenaufwand aufstellen:

$$EI_{\text{Rmin}} = 4B_x b^4/\pi^2 a^3, \quad \text{also} \quad A_{\text{Rmin}}/b^2 = 4B_x \lambda_R^2/\pi^2 a^3 E_R\,, \tag{4.3-62a}$$

oder, in bezug auf die Knicklast $p_{kr} = \pi^2 B_x/a^2$ des Plattenstabes:

$$EI_{\text{Rmin}} = 4p_{kr} b^4/\pi^4 a, \quad \text{also} \quad A_{\text{Rmin}}/b^2 = 4p_{kr}\lambda_R^2/\pi^4 a E_R\,. \tag{4.3-62b}$$

Setzt man diesen Ausdruck in (4.3–61a) ein, so folgt zunächst

$$\frac{1}{\sigma_{\ddot a}} = \frac{1}{\Phi_H E_H^{1/3} K^{2/3}}\left(\frac{a}{b}\right)^{2/3} + \frac{4\gamma_R \lambda_R^2}{\pi^4 \gamma_H E_R}\left(\frac{b}{a}\right)^2, \tag{4.3-63a}$$

und aus der Ableitung nach a/b der optimale Rippenabstand und die maximale Äquivalentspannung:

$$(a/b)^{8/3}_{\text{opt}} = (12\Phi_H \lambda_R^2 \gamma_R/\pi^4 \gamma_H E_R) E_H^{1/3} K^{2/3}\,, \tag{4.3-63b}$$

$$\sigma_{\text{ämax}} = \frac{3}{4}\sigma_{\text{Hmax}} = \frac{3}{4}\left(\frac{\pi^4 \gamma_H \Phi_H^3}{12\gamma_R \lambda_R^2}\right)^{1/4} E_R^{1/4} E_H^{1/4} K^{1/2}\,. \tag{4.3-63c}$$

Der optimale Rippenanteil am Gesamtgewicht beträgt diesmal 1/4, ist also geringer als bei vorgegebener Rippenfläche nach (4.3–61c); dabei ist der Exponent des Kennwertes kleiner als dort, was darauf hindeutet, daß bei niedrigem Kennwert nicht mehr die Mindeststeifigkeit, sondern ein konstruktiv bedingter Mindestquerschnitt der Rippe maßgebend wird.

Der Wirkungsfaktor des Gesamtsystems hängt nun von der Rippenschlankheit $\lambda_R = b/i_R$ ab, die mehr oder weniger willkürlich zu wählen ist. Bei einseitig aufgesetzten Rippen stellt sich dabei noch die Frage nach der *Mittragenden Breite* der Haut im Trägheitsmoment der Rippe. Man kann jedoch aus dem geringen optimalen Rippenanteil im Längsschnitt schließen, daß bei rechteckigem Rippenprofil die

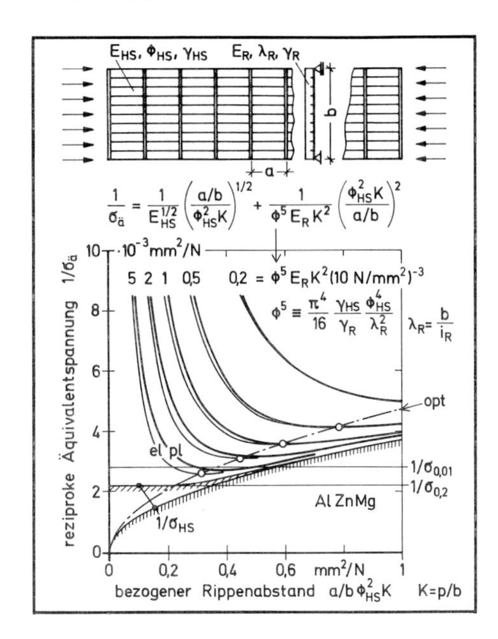

Bild 4.3/35 Längsversteifter Plattenstreifen mit äquidistanten Querrippen, längsgedrückt. Maximierung der Äquivalentspannung, Optimierung des Rippenabstandes

Neutralachse des aus Haut und Rippensteg gebildeten T-Profils nahe an der Haut liegt, diese also zum Trägheitsmoment wenig beiträgt. In bezug auf die Rippenhöhe h kann dann für die einseitig aufgesetzte Rippe $(i_R/h)^2 \approx 1/4$ bis $1/3$ angenommen werden (für beidseitig, symmetrisch zur Haut aufgebrachte Rippen: $(i_R/h)^2 = 1/12$). Je höher die Rippe sein kann, desto größer ist die erzielbare Äquivalentspannung (4.3–63c), desto kürzer wird aber nach (4.3–63b) der optimale Rippenabstand und desto dünner der Rippensteg.

Begrenzt man aus praktischen Erwägungen das Verhältnis h/a und schätzt die Schlankheit der einseitig aufgesetzten Rippe mit $\lambda_R^2 \approx 3(b/h)^2 = 3(b/a)^2(a/h)^2$, so erhält man anstelle von (4.3–63a) die Formel

$$\frac{1}{\sigma_ä} = \frac{1}{\Phi_H E_H^{1/3} K^{2/3}} \left(\frac{a}{b}\right)^{2/3} + \frac{12\gamma_R}{\pi^4 \gamma_H E_R} \left(\frac{a}{h}\right)^2 \left(\frac{b}{a}\right)^4, \tag{4.3–64a}$$

und aus ihrer Ableitung nach a/b:

$$(a/b)_{\text{opt}}^{14/3} = (72\Phi_H \gamma_R a^2/\pi^4 h^2 \gamma_H E_R) E_H^{1/3} K^{2/3}, \tag{4.3–64b}$$

$$\sigma_{\text{ämax}} = \frac{6}{7}\sigma_{\text{Hmax}} = \frac{6}{7}\left[\frac{\pi^4}{72}\frac{\gamma_H}{\gamma_R}\left(\frac{h}{a}\right)^2 \Phi_H^6\right]^{1/7} E_R^{1/7} E_H^{2/7} K^{4/7}. \tag{4.3–64c}$$

In diesem Fall wäre nur 1/7 des Gesamtgewichts in Rippen zu investieren, das optimale Verhältnis Hautdicke/Rippendicke also $t/s = 6h/a$. Praktikabel erscheint $t/s \approx 3$ und $a/h \approx 2$; damit ist aber bei gleichem Material für Haut und Rippen nach (4.3–64c) der Wirkungsfaktor $\Phi_ä \approx 0{,}71$ geringer als beim nur längs versteiften Plattenstreifen ($\Phi_{\max} = 0{,}84$ nach Bild 4.3/30). Dieser ließe sich nur mit einer Rippenhöhe $h/a > 4/5$ übertreffen. Bild 4.3/34 vermittelt eine Anschauung der optimalen Längsschnittverhältnisse.

Größeres Interesse als die nur querverrippte Haut verdient die längsgestringerte Platte mit Einzelrippen nach Bild 4.3/35. Da die Längsbiegesteifigkeit B_x dieser orthotropen Platte sehr viel größer ist als ihre Querbiegesteifigkeit B_y, kann man selbst bei relativ weitem Rippenabstand a/b die seitliche Stützung der Platte vernachlässigen und diese als Plattenstab behandeln. Nach Bild 4.3/23 ist der Exponent der längsgestringerten Plattenstäbe $n=1/2$, bei Wirkungsfaktoren $\Phi_{HS}=0{,}81$ bis 1,2 der verschiedenen Haut + Stege- oder Haut + Stringer-Systeme. So gilt, bei vorgegebener Rippenquerschnittsfläche A_R, anstelle (4.3 – 61a) bis (4.3 – 61c):

$$\frac{1}{\sigma_{ä}}=\frac{1}{\Phi_{HS}E_{HS}^{1/2}K^{1/2}}\left(\frac{a}{b}\right)^{1/2}+\frac{\gamma_R A_R}{\gamma_{HS}b^2K}\left(\frac{b}{a}\right), \tag{4.3–65a}$$

$$(a/b)_{opt}^{3/2}=2(\gamma_R/\gamma_{HS})(A_R/b^2)\Phi_{HS}(E_{HS}/K)^{1/2}, \tag{4.3–65b}$$

$$\sigma_{ämax}=\frac{2}{3}\sigma_{HSmax}=\frac{2}{3}\left(\frac{\gamma_{HS}b^2}{2\gamma_R A_R}\Phi_{HS}^2\right)^{1/3}E_{HS}^{1/3}K^{2/3}; \tag{4.3–65c}$$

und nach dem Kriterium der Rippenmindeststeifigkeit, bei Vorgabe der Rippenschlankheit λ_R, anstelle von (4.3 – 63a) bis (4.3 – 63c):

$$\frac{1}{\sigma_{ä}}=\frac{1}{\Phi_{HS}E_{HS}^{1/2}K^{1/2}}\left(\frac{a}{b}\right)^{1/2}+\frac{4\gamma_R\lambda_R^2}{\pi^4\gamma_{HS}E_R}\left(\frac{b}{a}\right)^2, \tag{4.3–66a}$$

$$(a/b)_{opt}^{5/2}=(16/\pi^4)(\gamma_R/\gamma_{HS})\lambda_R^2\Phi_{HS}E_{HS}^{1/2}K^{1/2}/E_R, \tag{4.3–66b}$$

$$\sigma_{ämax}=\frac{4}{5}\sigma_{HSmax}=\frac{4}{5}\left(\frac{\pi^4\gamma_{HS}\Phi_{HS}^4}{16\gamma_R\lambda_R^2}\right)^{1/5}E_R^{1/5}E_{HS}^{2/5}K^{2/5}. \tag{4.3–66c}$$

Der optimale Rippenanteil beträgt im ersten Fall (4.3 – 65c) ein Drittel, im zweiten (4.3 – 66c) nur ein Fünftel des Gesamtgewichts. Hinsichtlich der Kennwertexponenten macht sich die erste Bedingung (4.3 – 65c) eher bei niedrigem, die zweite bei höherem Kennwert geltend. Eine genauere Betrachtung (wie bei der Sandwichplatte in Bild 4.2/24) würde einen Übergangsbereich berücksichtigen müssen, in dem beide Restriktionen wirken und in dem der optimale Rippenanteil von 1/3 nach 1/5 wechselt. Das Optimum ist aber gegen eine Abweichung des Rippenabstandes und damit des Rippenaufwandes so tolerant, daß sich eine besondere Optimierungsrechnung für den Übergangsbereich nicht lohnt.

Die durch Ableitung gewonnenen Optima in (4.3 – 65) und (4.3 – 66) gelten wieder nur im elastischen Bereich der Spannung σ_{HS}. Im plastischen Bereich wird der relative Rippenanteil kleiner und geht gegen Null für $\sigma_{HS}\rightarrow\sigma_{0,2}$; dabei vergrößert sich auch der Rippenabstand gegenüber dem elastischen Optimum nach (4.3 – 65b) bzw. (4.3 – 66b).

Die Einstellung des Optimums im elastischen und im plastischen Bereich sowie seine große Toleranz gehen aus der Auftragung der reziproken Äquivalentspannung über dem relativen Rippenabstand nach (4.3 – 66a) in Bild 4.3/35 hervor. Die Plastizität wirkt sich allein im Anteil des *HS*-Systems aus: die Kurve $1/\sigma_{HS}=[(a/b)/\Phi_{HS}^2E_{HS}K]^{1/2}$ ist mit dem Tangentenmodul $E_{HS}=E_t(\sigma_{HS})$ für AlZnMg als untere Aufwandsgrenze schraffiert gezeichnet; sie läuft bei großem Kennwert auf die Druckgrenze $1/\sigma_{0,2}$. Dem mit größerem Rippenabstand ansteigen-

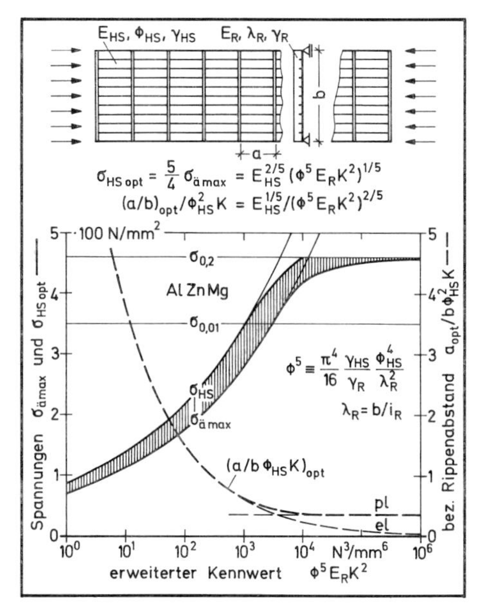

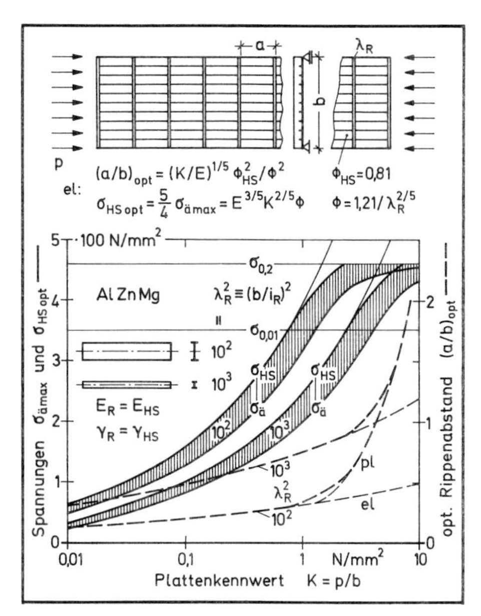

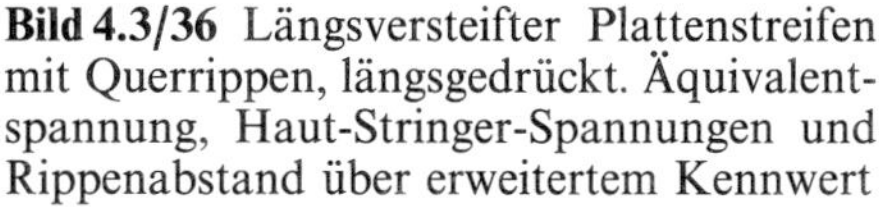
Bild 4.3/36 Längsversteifter Plattenstreifen mit Querrippen, längsgedrückt. Äquivalentspannung, Haut-Stringer-Spannungen und Rippenabstand über erweitertem Kennwert

Bild 4.3/37 Längsversteifter Plattenstreifen mit Querrippen, längsgedrückt. Spannungen und Rippenabstand über Kennwert. Einfluß der Rippenschlankheit λ_R

den HS-Anteil überlagert sich der abfallende Rippenanteil, wodurch sich ein optimaler Rippenabstand einstellt. Dieser verkürzt sich (bei $K \cdot \Phi_{HS}^2 = \text{const}$) mit wachsendem Parameter $E_R \gamma_{HS}/\gamma_R \lambda_R^2$, wobei die Spannung in der Platte ansteigt und das Gesamtgewicht sich verringert. Weicht man um 20 % vom optimalen Rippenabstand ab, so muß man im elastischen Bereich nur einen Gewichtszuwachs bis etwa 5 % bezahlen; im plastischen Bereich wird das Optimum noch flacher. Diese große Toleranz erlaubt, beispielsweise bei Gurtplatten von Kastenbiegeträgern, auch bei längs zunehmendem Kennwert, wenigstens bereichsweise die Rippenabstände konstant zu halten.

Die längsgestringerte Platte mit Einzelrippen ist ein Beispiel dafür, wie komplexe Strukturen mit zahlreichen Dimensionierungsvariablen entsprechend den hierarchisch gegliederten Tragwerkfunktionen stufenweise optimiert werden können, und wie sich durch geeignetes Zusammenfassen von Parametern das Ergebnis schließlich in anschauliche, geschlossene Form bringen läßt. So sind sämtliche Einflußgrößen der Rippen und des Haut- und Stringersystems im Wirkungsfaktor $\Phi_ä$ zu (4.3–65c) bzw. (4.3–66c) enthalten. In Bild 4.3/36 ist dieser mit dem Rippenmodul E_R und dem Kennwert $K = p/b$ des Plattenstreifens in der Abszisse vereinigt, über der die Maximalspannungen (4.3–66c) und der optimale Rippenabstand (4.3–66b) aufgetragen sind. Die Allgemeingültigkeit dieser Darstellung ist nur durch den Materialbezug (AlZnMg) eingeschränkt, der wie in Bild 4.3/35 den Plastizitätseinfluß erläutern soll. Spezieller ist die Aussage des Bildes 4.3/37, bei dem gleiches Material für Rippen und Platte angenommen ist, und für diese ein einfaches Integralprofil ($\Phi_{HS} = 0{,}81$). Als Parameter bleibt λ_R^2, die Schlankheit der Einzelrippe.

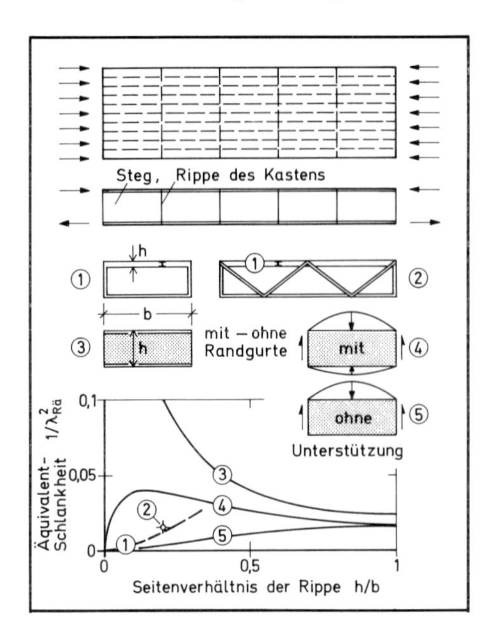

Bild 4.3/38 Plattenstreifen mit Stützwänden anstelle balkenförmiger Querrippen. Äquivalente Rippenschlankheit, abhängig vom Seitenverhältnis der Wand

Zuletzt sei darauf hingewiesen, daß man anstelle balkenförmiger Rippen auch Stützwände nach Bild 4.3/38 zugrundelegen kann. In (4.3–65) ist dann einfach der gemittelte Querschnittsaufwand $A_R = ht_R$ der Rippenscheibe zu setzen, und für die Schlankheit $\lambda^2_{Rä} \equiv b^2 A_R / I_{Rä}$ in (4.3–66) ein der Balkenrippe äquivalentes Trägheitsmoment $I_{Rä}$ des oberen Scheibenrandes. Diese rein fiktive Größe faßt die Einflüsse der Biege- und Schubnachgiebigkeit sowie der Stützung der Wandrippe durch die Kastenzugseite zusammen (Bd. 1, Abschn. 7.3.3). Danach wäre etwa bei relativer Kastenhöhe $h/b = 0{,}6$ eine isotrope Rippenscheibe (ohne Randgurte und ohne Schubverbindung zur Druckplatte) mit $\lambda^2_{Rä} \approx 40$ besser als eine Fachwerkrippe mit $\lambda^2_{Rä} \approx 140$; andererseits fällt aber die nach ihrer Mindeststeifigkeit ausgelegte Blechscheibe in der Regel so dünnwandig aus, daß sie ohne zusätzliche Aussteifungen praktisch nicht realisierbar ist.

Wählt man als Rippe eine Sandwichplatte, so kann diese dank ihrer Biegesteifigkeit die knickgefährdete Kastengurtplatte drehsteif einspannen. Mit der *Äquivalentdrillsteifigkeit* des Sandwichrandes (Bd. 1, Bild 7.3/11) erhöht sich zum einen die Knicklast oder der Stützabstand, zum anderen aber auch die zur Wegstützung erforderliche Mindeststeifigkeit (Bd. 1, Bild 6.3/17), so daß im Optimalfall dickere Rippenhäute resultieren.

Um zu realisierbarer Rippendicke zu kommen, kann man die in Bild 4.3/35 ablesbare Toleranz ausschöpfen, und im elastischen Beanspruchungsbereich der Gurtplatte, also bei kleinem Kennwert, auch möglichst kleine Rippenabstände wählen. Damit erhöht sich der Rippenaufwand, was auch für andere Rippenfunktionen (Einleitung von Quer- und Wölbkräften in den Kasten) vorteilhaft wäre. Dominieren diese anderen Funktionen, oder ist aus Fertigungsgründen ein gewisser Rippenquerschnitt A_R nicht zu unterschreiten, so gilt anstelle von (4.3–66) die Rechnung nach (4.3–65). Nach [4.10] ist der Aufwand für eine einzelne Aluminiumrippe in Tragflügelkästen im wesentlichen eine Funktion der Kastenhöhe: $A_R \approx 0{,}036 h^{3/2} \mathrm{mm}^{1/2}$.

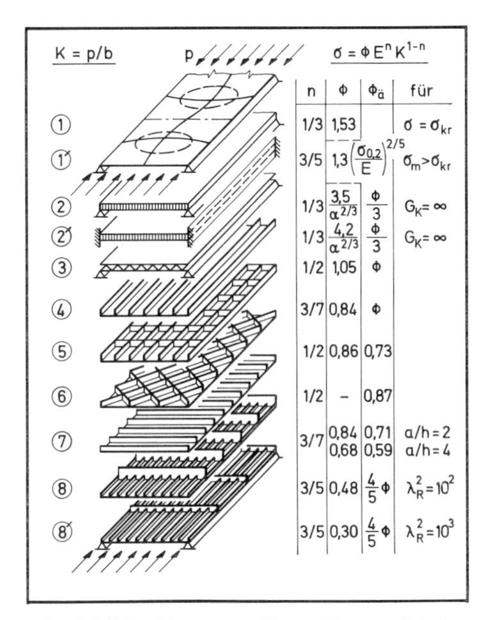

Bild 4.3/39 Plattenstreifen, längsgedrückt. Wirkungsfaktoren und Exponenten unterschiedlicher Bauweisen für den elastischen Bereich

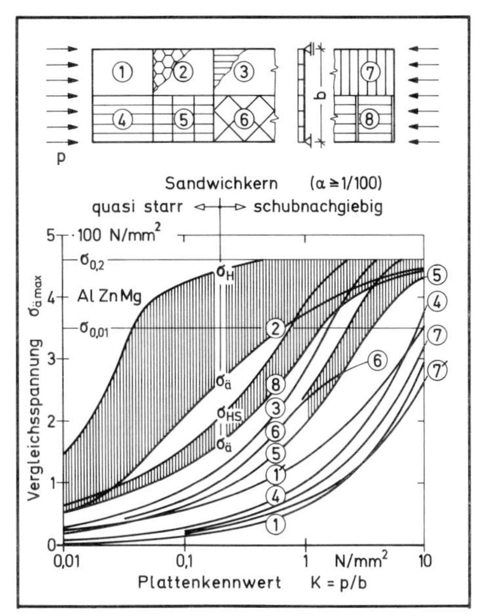

Bild 4.3/40 Plattenstreifen, längsgedrückt. Spannungsvergleich verschiedener Bauweisen über dem Kennwert. Einfluß der Plastizität, Beispiel AlZnMg

4.3.3.6 Vergleich der Bauweisen über den Plattenstreifenkennwert

In Bild 4.3/39 sind Wirkungsfaktoren und Exponenten zu den oben besprochenen und zu einigen weiteren Bauweisen des Plattenstreifens aufgeführt. Wegen der recht unterschiedlichen Exponenten $n = 1/3$ bis $3/5$ ist ein Vergleich nur in der Auftragung der Äquivalentspannungen über dem Kennwert möglich, wie in Bild 4.3/40 für das Materialbeispiel AlZnMg.

Dabei zeigt sich die Sandwichbauweise (2) im Kennwertbereich $K = 0{,}01$ bis $2\ \mathrm{N/mm^2}$ allen längsgestringerten und verrippten Platten überlegen. Ihr Güteverlust bei höherem Kennwert erklärt sich, wie schon beim Plattenstab (Bild 4.3/24), mit dem früh einsetzenden Plastizieren (hier schon für $K \approx 0{,}03\ \mathrm{N/mm^2}$), infolge des großen nichttragenden Kernanteils.

Auch bei der querverrippten Platte (7) und (8) ist zwischen der im Bild dargestellten Äquivalentspannung $\sigma_ä$ und der höheren, für die Plastizitätsgrenze entscheidende Haut-Stringer-Spannung σ_{HS} zu unterscheiden (Bild 4.3/36). Da dieses Verhältnis in (8) indessen nur 5/4 beträgt (gegenüber 3 beim Sandwich), zeigt sich die verrippte Bauweise bei größerem Kennwert wieder im Vorteil. Ausschlaggebend ist dabei allerdings die Rippenschlankheit, die mit $\lambda_R = 10$ für eine Balkenrippe (und selbst für eine Wandrippe im Kastenträger) schon sehr klein angenommen ist. Bei geringerer Höhe, also größerer Schlankheit der Rippe fällt die Äquivalentspannung $\sigma_ä \sim 1/\lambda_R^{2/5}$ im elastischen Bereich ab.

Bei hohem Kennwert erweist sich die Sandwichplatte (3) mit längs voll tragendem Faltkern am günstigsten. Dagegen besitzt die ebenfalls voll tragende, nur längsversteifte Platte (4) eine zu geringe Querbiegesteifigkeit, vor allem bei kleinem Kennwert.

Kreuzweise randparallel (5) oder schräg verrippte Platten (6) haben denselben Exponenten $n = 1/2$ wie die Faltkern-Sandwichplatte (3) und lassen sich mit dieser einfach über den Wirkungsfaktor vergleichen: demnach sind sie im elastischen Bereich um 15 bis 30 % schwerer. Die scherenförmige Verrippung (6) hat überdies den Nachteil, daß die Haut ihrer Schubbeanspruchung wegen früher plastiziert und dabei rasch ihre Tragfähigkeit verliert; siehe (4.3 – 59c).

Aus den Kurven (1) und (1') zum unversteiften Plattenstreifen geht hervor, daß durch überkritische Auslegung bei niedrigem Kennwert ein beträchtlicher Gewinn erzielt wird. Für den Hautstreifen als Zwischenfeld einer längsgestringerten Platte muß man diese Aussage jedoch relativieren: da sich nach dem Ausbeulen der Haut deren Last auf die Stringer verlagert, ist der tatsächliche Gewinn für das Gesamtsystem wesentlich geringer (siehe Abschn. 4.3.3.1).

4.3.4 Auslegung axial gedrückter Kreiszylinderschalen

Ist der lange Plattenstreifen quer zur Druckbelastung stark gekrümmt, so verschwindet der Einfluß der Streifenbreite ebenso wie der Länge auf das globale Beulverhalten; dafür wird beim Schalenstreifen wie bei der zum Rohr geschlossenen Kreiszylinderschale der Krümmungsradius r maßgebend. Auf ihn als unveränderliche Vorgabe bezieht sich im Strukturkennwert $K = p/r$ der Zylinderschale die am Schalenrand angreifende, axial wirkende Drucklast p.

Der Zylinder sei hinreichend lang, um Einflüsse der Ränder auf das Beulverhalten auszuschließen ($l > 3\sqrt{rt}$ bei der unversteiften Schale); andererseits soll er nicht als Rohrstab ausknicken, also auch nicht zu lang sein ($l < \sqrt{rt}\,r/t$, siehe Bd. 1, Bild 2.3/9). In einer weiteren Stufe (Abschn. 4.3.4.6) können dann Länge und Stützung der Schale als Stab vorgeschrieben und der Radius als Variable freigegeben werden; dabei erscheint die Auslegung der Schale mit Kennwert $K = p/r$ als Unterproblem einer Rohrstabauslegung über $K = P/l^2$, wie diese dann später der Fachwerkoptimierung als Grundlage dient. Nach der anderen Seite wird man auf Optimierungsergebnisse des *Plattenstabes* zurückgreifen können, wenn die Zyinderschale in Haut + Stringer-Bauweise ausgeführt werden soll. So hat man in dieser Folge ein gutes Beispiel für ein komplexes, aber hierarchisch gestuftes und lösbares Strukturkonzept vor sich.

Hier wird nun, herausgelöst aus einem möglicherweise übergeordneten Strukturproblem, die Auslegung einer axialgedrückten Zylinderschale mit vorgegebenem Radius als gesonderte Aufgabe ins Auge gefaßt. Als Bauweisen kommen im Prinzip wieder die schon am Plattenstreifen untersuchten Alternativen in Betracht, angefangen vom unversteiften Rohr über die Sandwichschale und die Waffelverrippung bis zum Haut + Stringer-System mit Einzelspanten. Bei der geschlossenen Schale interessiert darüberhinaus die Frage, welche Gewichtsvorteile durch die Entlastungs- und Stützwirkung eines zusätzlich aufgebrachten Innendrucks erzielt werden können.

Wird eine Rohrschale nicht nur axial gedrückt, sondern außerdem oder ausschließlich biegend beansprucht (Beispiele: Freimast, Flugzeugrumpf), so treten damit keine grundsätzlich neuen Auslegungsprobleme auf, jedenfalls solange man an einer kreissymmetrischen Ausführung festhält. Anstelle einer über den Umfang konstant verteilten Axialdrucklast p ist dann der Maximalwert der Biegeverteilung in den Kennwert zu nehmen und der höhere Biegebeulwert anstelle des Druckbeulwerts der Schale zu setzen. Bei überlagerter Druck/Biegebelastung rechnet man am einfachsten mit dem Druckbeulwert, verzichtet dabei aber auf den Gewichtsvorteil.

4.3.4.1 Axialbelastete, unversteifte Schale mit Innendruck

Bei vorgegebenem Radius r ist als einzige Variable der unversteiften isotropen Rohrschale ihre relative Dicke t/r zu dimensionieren. Maßgebend ist die Axialdruckspannung, die zum einen durch die äußere, im Kennwert $K = p_x/r = P/2\pi r^2$ enthaltene Last erzeugt, zum anderen durch einen möglicherweise zusätzlich eingebrachten Innendruck $\hat{p}$ reduziert wird:

$$\sigma_x = p_x/t - \hat{p}r/2t = (r/t)(K - \hat{p}/2). \qquad (4.3-67a)$$

Für die Bewertung ausschlaggebend ist aber die Äquivalentspannung

$$\sigma_{ä} = p_x/t = (r/t)K = \sigma_x + \hat{p}r/2t = \sigma_x/(1 - \hat{p}/2K). \qquad (4.3-67b)$$

Beim Formulieren der Stabilitätsgrenze einer dünnwandigen Zylinderschale muß man die Phänomene des *Schachbrettbeulens* (nach linearer Theorie) und des *Rautenbeulens* oder *Durchschlagens* (nach Theorie großer Verformung) unterscheiden (Bd. 1, Bild 2.3/10). Wird die Schale längs gedrückt, so schlägt sie infolge unvermeidlicher Formimperfektionen in die Rautenform durch; wird zusätzlich Innendruck aufgebracht, so mindert dieser nicht nur die Axialspannung (4.3–67a), sondern arbeitet auch gegen die Rautenbildung. Dadurch hebt sich die Grenze des Durchschlagens an, nach empirischen Untersuchungen [4.11] etwa in der linearen Form

$$\sigma_x \leqq \sigma_{kr1} = 0{,}2(t/r)E + 2(r/t)\hat{p}. \qquad (4.3-68)$$

Als oberste Grenze ist das Schachbrettbeulen anzusetzen, eine Verformung, bei der sich das Volumen nicht ändert und gegen die der Innendruck nichts ausrichtet:

$$\sigma_x \leqq \sigma_{kr2} = 0{,}6(t/r)E. \qquad (4.3-69)$$

Zum Bestimmen der Variablen t/r konkurrieren diese beiden Restriktionen; sie müssen darum jeweils einzeln aktiviert werden. Danach mag sich zeigen, bei welchem Kennwert die eine oder die andere maßgebend wird.

Mit σ_x nach (4.3–67a) erhält man aus der Bedingung σ_{kr1} des Durchschlagens die erforderliche Winddicke und die maximale Spannung

$$(t/r)^2 \geqq (K - 2{,}5\hat{p})/0{,}2E, \qquad (4.3-70a)$$

$$\sigma_x = \sigma_{ä}(1 - \hat{p}/2K) \leqq [0{,}2E(K - 2{,}5\hat{p})]^{1/2}[1 + 2\hat{p}/(K - 2{,}5\hat{p})], \qquad (4.3-70b)$$

oder, aus der Bedingung σ_{kr2} (4.3–69) des Schachbrettbeulens:

$$(t/r)^2 \geqq (K - 0{,}5\hat{p})/0{,}6E, \qquad (4.3-71a)$$

$$\sigma_x = \sigma_{ä}(1 - \hat{p}/2K) \leqq [0{,}6E(K - 0{,}5\hat{p})]^{1/2}. \qquad (4.3-71b)$$

Beide Lösungen haben nur ohne Innendruck die gewöhnliche Potenzform; für $\hat{p} = 0$ wäre die Durchschlaggrenze (4.3–70) entscheidend:

$$t/r = (5K/E)^{1/2}, \quad \sigma_x = \sigma_{ä} = (0{,}2EK)^{1/2}. \qquad (4.3-72)$$

Bild 4.3/41 zeigt (für Materialbeispiel AlZnMg) diese Funktion über dem Kennwert $K = p_x/r$ als unterste Kurve. Durch Innendruck kann die Äquivalentspannung angehoben werden. Nimmt man $\hat{p}$ als vorgegebenen Parameter, so erkennt man aus dem Verlauf $\sigma_ä(K)$ nach (4.3–70b), daß die Stützwirkung etwa für $K < 20\hat{p}$ einsetzt und daß bei $K \approx 5\hat{p}$ ein Minimum auftritt. Ab $K < 7\hat{p}/2$ wird anstelle von (4.3–70b) die Beulrestriktion maßgebend, der Innendruck wirkt von da an nur noch axial entlastend, nicht mehr radial stützend.

Nach Durchlaufen eines Minimums bei $K = \hat{p}$ tendiert die Äquivalentspannung für $K = \hat{p}/2$ nach unendlich. Dieser Grenzfall ist unrealistisch: da sich hierbei Außen- und Innendruck aufheben, wird die Axialspannung σ_x (4.3–67a) zu Null, und somit auch die nach Maßgabe von σ_x gegen Beulen erforderliche Wanddicke. In Wirklichkeit muß diese aber auch der Umfangskraft $p_y = \sigma_y t = \hat{p} r$ des Kessels genügen. Nach der *Schubspannungshypothese*, einem Fließkriterium für mehrachsige Materialbeanspruchung (Bd. 1, Bild 2.1/3), darf der Innendruck in bezug auf die Streckgrenze $\sigma_{0,2}$ nicht größer sein als

$$\hat{p} = \sigma_y t/r \leqq (\sigma_{0,2} - |\sigma_x|)\, t/r\,. \qquad (4.3-73)$$

Damit folgt zunächst aus (4.3–67b) eine Bedingung für die maximale Äquivalentspannung bzw. die Mindestwanddicke

$$\sigma_ä = (r/t)\, K = (\sigma_{0,2} + |\sigma_x|)/2\,. \qquad (4.3-74)$$

Für die weitere Rechnung wird einfachheitshalber bis zur Fließ- oder Streckgrenze $\sigma_{0,2}$ ideal elastisches Verhalten unterstellt.

Setzt man $\hat{p}$ aus (4.3–73) und r/t nach (4.3–74) in die Durchschlagbedingung (4.3–68) ein, so erhält man eine quadratische Gleichung für σ_x und aus deren Lösung über (4.3–74) die oberste Grenze der Äquivalentspannung

$$\sigma_ä \leqq 5\sigma_{0,2}/12 + [(5\sigma_{0,2}/12)^2 + EK/30]^{1/2}\,. \qquad (4.3-75a)$$

Im unteren Kennwertbereich gilt aber die aus der Beulbedingung (4.3–69) resultierende, in Bild 4.3/41 eingetragene Begrenzung

$$\sigma_ä \leqq \sigma_{0,2}/4 + [(\sigma_{0,2}/4)^2 + 3EK/10]^{1/2}\,. \qquad (4.3-75b)$$

Es läge nun nahe, die Äquivalentspannung nach dieser Formel zu bestimmen, also den Innendruck so zu wählen, daß sich die Funktionen (4.3–71b) und (4.3–75b) bzw. (4.3–75a) schneiden. In Bild 4.3/41 ist danach der höchstmögliche Innendruck angegeben: er steigt zunächst über dem Kennwert an, muß aber schließlich auf Null fallen, wenn die Äquivalentspannung an die Streckgrenze herankommt (nach (4.3–72) also für $K = 5\sigma_{0,2}^2/E \approx 15\ \text{N/mm}^2$). Eine Innendruckstützung kann also nur bei kleinem Kennwert nennenswerte Vorteile bringen, wie schon aus dem Abstand der obersten von der untersten Kurve in Bild 4.3/41 hervorgeht.

Bei kleinen Kennwerten tritt nun aber ein anderes Problem auf, das ratsam erscheinen läßt, diesen Vorteil nicht voll auszuschöpfen, sondern einen geringeren Innendruck zu wählen. Die obere Grenzkurve $\sigma_{ä\max}(K)$ geht gegen $\sigma_{0,2}/2$ für $K \to 0$, und die Auslegungskurve nach der Beulbedingung (4.3–71c) läuft steil in den Schnittpunkt. Dies bedeutet, daß man sich schon nahe an der vertikalen Asymptote $K = p/2$ befindet, an der die äußere Axiallast vom Innendruck gerade aufgehoben

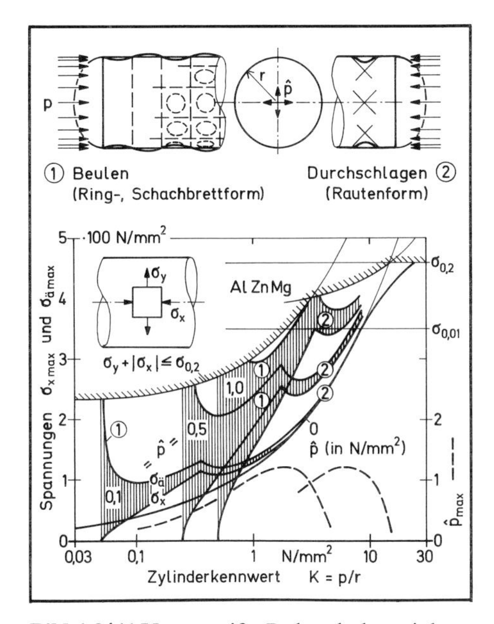

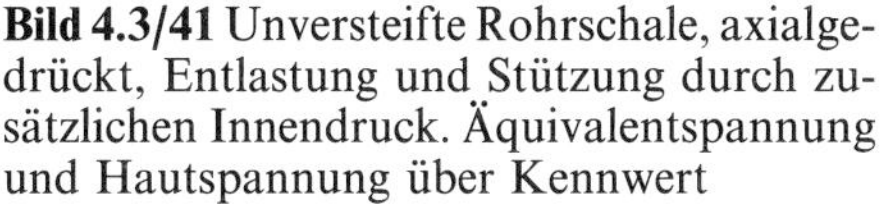

Bild 4.3/41 Unversteifte Rohrschale, axialgedrückt, Entlastung und Stützung durch zusätzlichen Innendruck. Äquivalentspannung und Hautspannung über Kennwert

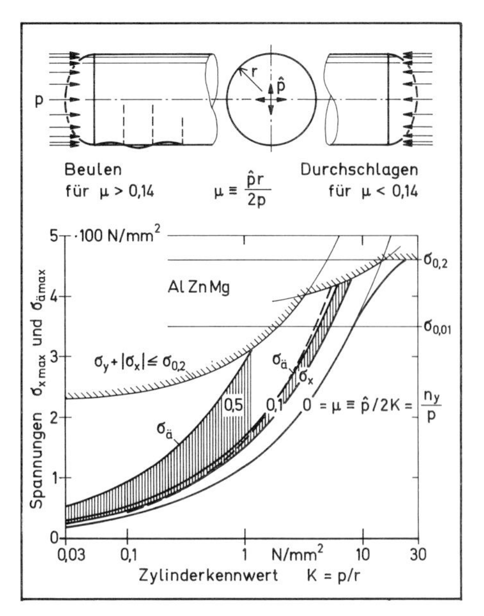

Bild 4.3/42 Unversteifte Rohrschale, axialgedrückt; Innendruck zur Axialbelastung proportional (Parameter $\hat{p}/2K$). Äquivalent- und Hautspannung über Kennwert

wird, und hat zur Folge, daß ein geringer Lastzuwachs eine starke Aufdickung erfordert oder leicht zum Versagen führt. Es handelt sich also um einen *instabilen Entwurfsbereich*, in dem Sinne, daß kleine Änderungen in den Vorgaben sich stark auf die Dimensionierung auswirken. Wählt man $\hat{p}=K$, so liegt man im Minimum der Auslegungskurve (für Beulen) und damit bei relativ unempfindlichen Entwurfsbedingungen; allerdings überschreitet man damit schon bei mittlerem Kennwert (hier bei $K>1\ \mathrm{N/mm^2}$) die Grenze der Kesselspannung. Bei größerem Kennwert (hier etwa bis $K<5\ \mathrm{N/mm^2}$) setzt man darum besser auf das zweite Minimum der Auslegungskurve (für Durchschlagen), also auf $\hat{p}\approx K/5$, und folgt schließlich im Übergang zum plastischen Bereich der Kurve $\hat{p}=0$.

Legt man sich für eine Auslegung im elastischen Bereich auf ein Verhältnis $\mu\equiv\hat{p}/2K$ fest, so resultieren damit aus den Bedingungen des Durchschlagens (4.3–70b) und des Schachbrettbeulens (4.3–71b) wieder gewöhnliche Potenzfunktionen des Kennwertes:

$$\sigma_x=\sigma_ä(1-\mu)\leqq[1+4\mu/(1-5\mu)](1-5\mu)^{1/2}(0{,}2EK)^{1/2}, \qquad (4.3-76a)$$

$$\sigma_x=\sigma_ä(1-\mu)\leqq(1-\mu)^{1/2}(0{,}6EK)^{1/2}, \qquad (4.3-76b)$$

die natürlich nur unterhalb der Kesselspannungsgrenze (4.3–75a) bzw. (4.3–75b) gelten können, siehe Bild 4.3/42.

Angesichts der Unsicherheit, die einer analytischen Beschreibung des Durchschlagverhaltens dünnwandiger Zylinder mit geringer Formgenauigkeit anhaften, kann man einem Optimierungsanspruch freilich nur mit Vorbehalt begegnen. So ist u.U. bei großen Vorbeulen der Faktor 0,2 in (4.3–76a) bereits überschätzt, während es andererseits bei präziser Fertigung oder Formhaltung möglich wäre, auch ohne Innendruck an den Faktor 0,6 der Schachbrettbeullast heranzukommen. Dies gilt vornehmlich für dickwandigere Schalen, also bei großem Kennwert. Rechnet man, um diesem Einfluß der relativen Wanddicke auf die Formpräzision gerecht zu werden, nach [4.12] mit einem Beulwert $k_\sigma \approx 0{,}6(1+r/100t)^{-1/2}$ (Bd. 1, Gl. (2.3–29)), so gilt anstelle der Durchschlagbedingung (4.3–72) ohne Innendruck die ungewöhnliche, aber iterativ lösbare und danach in Bild 4.3/42 gestrichelt eingezeichnete Funktion

$$\sigma \leqq (0{,}6EK)^{1/2}(1+\sigma/100K)^{-1/4}. \tag{4.3–77}$$

In den folgenden Beispielen des Sandwichzylinders oder eines verrippten Rohrmantels wird von vornherein mit dem Beulen der idealen Schale gerechnet und ein vorzeitiges Durchschlagen infolge Vorbeulen oder anderer Imperfektionen ausgeschlossen.

4.3.4.2 Axial gedrückte Zylinderschale in Sandwichbauweise

Eine Sandwichschale kann, wie die Sandwichplatte (Abschn. 4.3.3.2), hinsichtlich ihrer Haut- und Kernsteifigkeiten orthotrop oder isotrop sein; der leichte Kern kann im Sinne der Hautfunktionen (in der Fläche) mehr oder weniger mittragen, und in seiner eigentlichen Funktion (senkrecht zur Fläche) unter Schub nachgeben und dadurch die Beulgrenze senken (Bd. 1, Abschn. 5.3.3).

Hier soll zuerst eine dünnhäutige isotrope Sandwichschale mit längs nicht tragendem Kern ausgelegt werden, siehe Bild 4.3/43. Zu bestimmen sind die relative Kernhöhe h/r und das Haut/Kern-Dickenverhältnis $\bar{t}/r=(t_1+t_2)/r$, vorgegeben sind der Kernfüllungsgrad $\alpha \equiv \gamma_K/\gamma_H$, die Moduln E_H der Haut und G_K (bzw. $G_\alpha \equiv G/\alpha$) des Kernes sowie der Kennwert $K=p/r$ (bzw. $K_\alpha \equiv K/\alpha$). Im Prinzip ist dann wie beim Plattenstab (Abschn. 4.3.2.3) zu verfahren.

Bei nicht mittragendem Kern gilt für die in beiden Häuten herrschende Spannung

$$\sigma = p/\bar{t} = p/(t_1+t_2) = (r/\bar{t})K = (r/h)(h/\bar{t})K \tag{4.3–78}$$

nach der Membrantheorie (für $\bar{t} \ll h$) die Beulgrenze der isotropen Sandwichschale (Bd. 1, Abschn. 5.3.3.2)

$$\sigma \leqq \sigma_{kr} = (h/r)\bar{E}[1-(\bar{t}/r)(\bar{E}/4G_K)], \tag{4.3–79}$$

mit Abkürzung $\bar{E}=E\sqrt{\zeta_f/(1-\nu^2)}$, $\zeta_f = 4t_1t_2/\bar{t}^2$.

Als weitere Schranke ist bei weichem Kern die Kernschub-Knickspannung

$$\sigma \leqq \sigma_{ks} = G_K h/\bar{t} \quad (\text{für } G_K < \bar{E}\bar{t}/2r) \tag{4.3–80}$$

zu beachten, sowie die Knittergrenze σ_{kn} (4.3–35) der Deckhäute.

Setzt man $\bar{t}/r$ aus (4.3–78) in (4.3–79), so erhält man eine quadratische Gleichung für σ und deren Lösung

$$\sigma \leqq (h/r)[1+(1-K_\alpha r/G_\alpha h)^{1/2}]\bar{E}/2, \tag{4.3–81}$$

die man bei nicht zu weichem Kern linearisieren darf:

$$\sigma \approx (h/r - K_\alpha/4G_\alpha)\bar{E}. \tag{4.3–82}$$

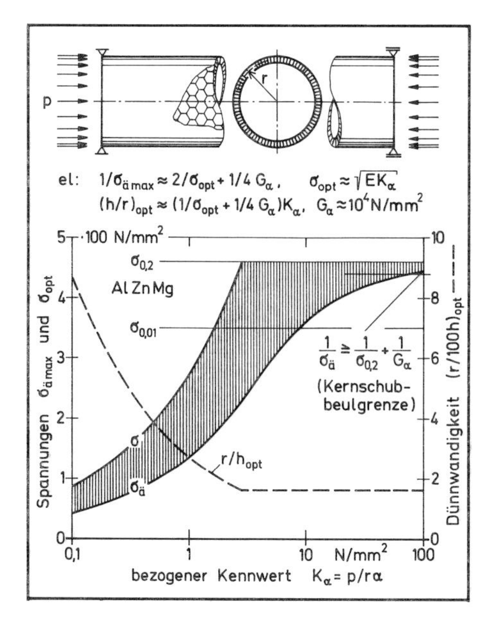

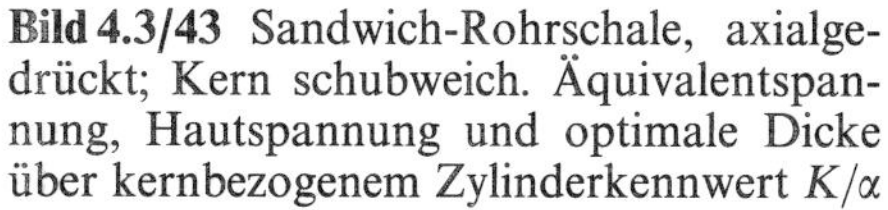

Bild 4.3/43 Sandwich-Rohrschale, axialgedrückt; Kern schubweich. Äquivalentspannung, Hautspannung und optimale Dicke über kernbezogenem Zylinderkennwert K/α

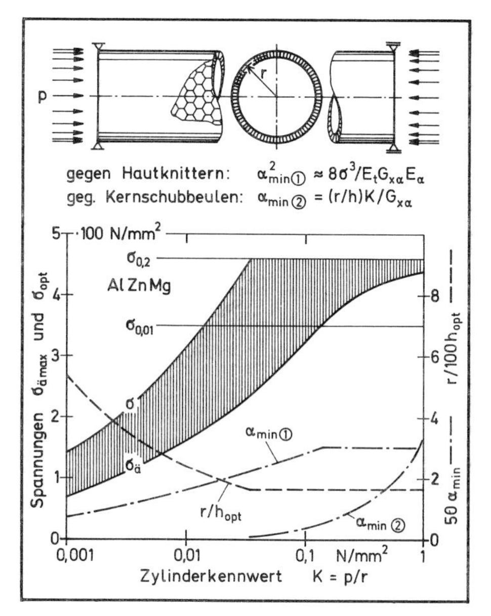

Bild 4.3/44 Sandwich-Rohrschale, axialgedrückt; Kern schubweich. Haut- und Äquivalentspannung, optimale Dicke und Mindestkernfüllungsgrad über Kennwert K

Die Äquivalentspannung läßt sich wie in (4.3–40) ebenfalls als Funktion des bezogenen Kennwertes K_α angeben:

$$1/\sigma_{\ddot{a}} = 1/\sigma + h/rK_\alpha = (\bar{E}h/r - \bar{E}K_\alpha/4G_\alpha)^{-1} + h/rK_\alpha. \qquad (4.3-83)$$

Die Ableitung dieser Funktion nach h/r führt auf das Optimum des elastischen Bereichs

$$(h/r)_{opt} = (K_\alpha/\bar{E})^{1/2} + K_\alpha/4G_\alpha, \qquad (4.3-84)$$

$$\sigma_{opt} = (\bar{E}K_\alpha)^{1/2} = [\zeta_f/(1-\nu^2)\alpha^2]^{1/4} E^{1/2} K^{1/2}, \qquad (4.3-85)$$

$$1/\sigma_{\ddot{a}max} = 2/(\bar{E}K_\alpha)^{1/2} + 1/4G_\alpha. \qquad (4.3-86)$$

Die optimale Hautspannung und mit ihr die Hautdicke hängen demnach nicht von der Kernnachgiebigkeit ab; nur die Kernhöhe muß vergrößert werden, wodurch sich die Äquivalentspannung verringert.

Im Grenzfall des schubstarren Kernes ($G_\alpha \to \infty$) ergeben sich reine Potenzfunktionen und ein Kernanteil von 1/2 des Gesamtgewichts:

$$\sigma_{opt} = 2\sigma_{\ddot{a}max} = (\bar{E}K/\alpha)^{1/2}, \qquad (4.3-87)$$

und mit dem Kernfüllungsgrad α_{min} nach Maßgabe der Knitterbedingung (4.3–35) schließlich

$$\sigma_{opt} = 0{,}6\,(G_\alpha E_\alpha)^{1/7} \bar{E}^{3/7} K^{2/7}. \qquad (4.3-88)$$

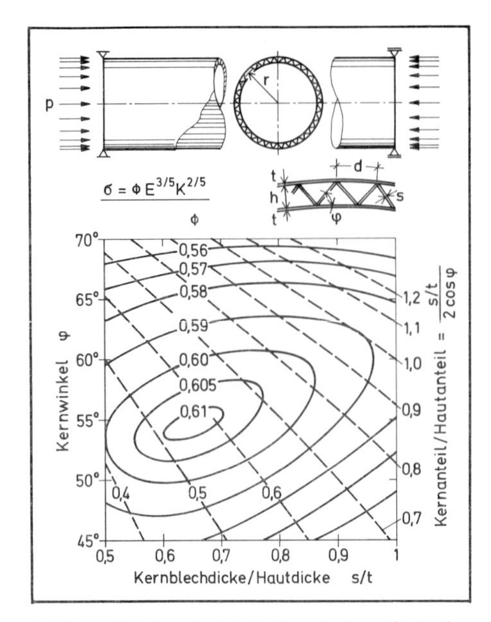

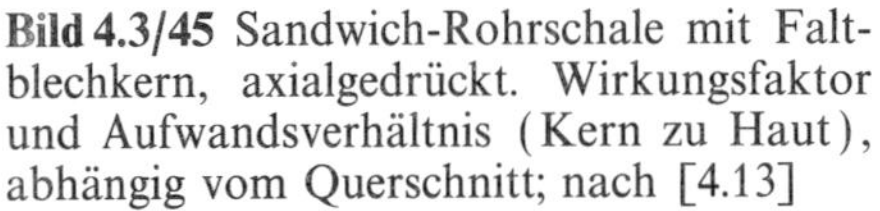
Bild 4.3/45 Sandwich-Rohrschale mit Faltblechkern, axialgedrückt. Wirkungsfaktor und Aufwandsverhältnis (Kern zu Haut), abhängig vom Querschnitt; nach [4.13]

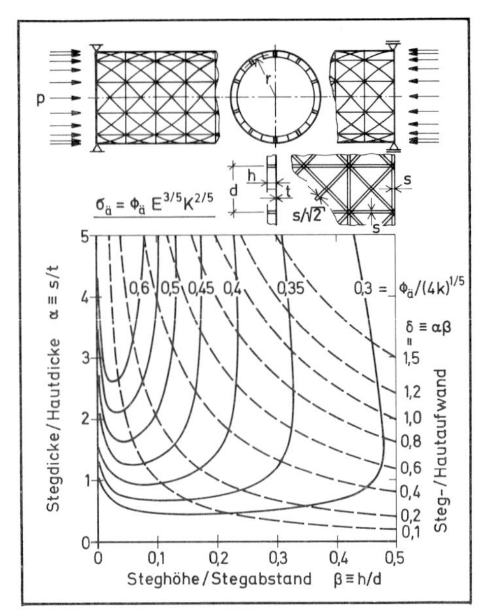

Bild 4.3/46 Rohrschale mit Waffelrippung (elastisch isotrop), axialgedrückt. Äquivalenter Wirkungsfaktor und Aufwandsverhältnis, abhängig vom Querschnitt

Die Optimierungsergebnisse (4.3–84) bis (4.3–88) gelten nur, solange die Hautspannung im elastischen Bereich bleibt. Dieser wird nun aber beim Sandwich bereits bei mittlerem Kennwert überschritten. Um ein Optimum zu finden, muß man dann wie beim Plattenstreifen (Bilder 4.3/32 und 4.3/33) zunächst die Hautspannung σ (4.3–81) und damit die Äquivalentspannung $\sigma_{ä}$ (4.3–83) über der *Schlankheit* (hier über r/h) auftragen. Ergebnisse einer solchen Optimierung sind in Bild 4.3/43 über dem bezogenen Kennwert $K_\alpha \equiv K/\alpha$ dargestellt.

Zum Bauweisenvergleich muß auch der Kern ausgelegt werden. Bild 4.3/44 zeigt danach die Wertungskurven über dem Strukturkennwert $K = p/r$ für einen Sandwichzylinder mit Al-Häuten und Al-Wabenkern, dessen Füllungsgrad $\alpha \geqq 1/100$ nach Maßgabe der Knitterbedingung ausdimensioniert ist.

Auch auf einen Sandwichzylinder mit Faltblechkern sei hier noch kurz eingegangen. Bei der in Bild 4.3/45 skizzierten Form wäre der Kern quasi schubstarr. Das globale Beulverhalten gleicht dann etwa dem einer klassischen isotropen Schale, für deren Biegesteifigkeit man den geometrischen Mittelwert $B \approx (B_x B_y)^{1/2}$ des Faltkernsandwich setzen kann. Die örtliche Beulspannung hängt von den Querschnittsverhältnissen des Kernes und der Häute ab. Wie bei der Integralplatte (Abschn. 4.3.2.4) lassen sich zwei Variable (hier h/r und t/h) mit den Restriktionen des globalen und des lokalen Beulens ausdimensionieren, während die beiden restlichen (hier $\varphi \equiv \arctan 2h/b$ und $\alpha \equiv s/t$) frei wählbar bleiben. So gilt schließlich für die voll tragende Schale

$$\sigma_{ä} = \sigma = \Phi E_w^{3/5} K^{2/5}, \qquad (4.3-89)$$

mit $\Phi(\varphi, \alpha)$ nach Bild 4.3/45, also mit $\Phi_{max} = 0{,}61$ für $\varphi_{opt} \approx 55°$, d.h. $(h/b)_{opt} \approx 0{,}7$, und für $\alpha_{opt} \approx 0{,}65$ (Kernanteil/Hautanteil $\approx 2/5$).

4.3.4.3 Axial gedrückte Zylinderschale mit Waffelverrippung

Sind die vier Steifenscharen der in Bild 4.3/46 skizzierten Mantelstruktur gleich hoch, und ist im übrigen ihr Querschnittsaufwand gleich groß, nämlich $\delta = \alpha\beta$, mit $\alpha \equiv s/t$ und $\beta \equiv h/d$ (die Diagonalsteifen im Abstand $d/\sqrt{2}$ müssen dazu die Dicke $s/\sqrt{2}$ aufweisen), so ist die als Kontinuum aufgefaßte Schale isotrop hinsichtlich ihrer Biegesteifigkeit B wie auch ihrer Dehnsteifigkeit D (Bd. 1, Abschn. 4.1.3.3):

$$B_x = B_y = B_{xy} \equiv B = Esh^2\beta(8+3\delta)/8(2+3\delta), \tag{4.3-90a}$$

$$D_x = D_y = D_{xy} \equiv D = Es(2+3\delta)/2\alpha. \tag{4.3-90b}$$

Alle Restriktionen werden im folgenden bezogen auf die Spannung in den Längsstegen, die man über die Dehnsteifigkeit D erhält:

$$\sigma_x = E\varepsilon_x = p_x E/D = p_x 2\alpha/s(2+3\delta) = K(r/h)(h/s)2\alpha/(2+3\delta). \tag{4.3-91}$$

Da die Diagonalstege bei den gewählten Proportionen weniger beulgefährdet sind, und auch ein Beulen der dreieckigen Hautfelder die Tragfähigkeit nicht entscheidend beeinflußt, wird eine Grenze nur gegen Beulen der Längsstege aufgestellt:

$$\sigma_x \leqq \sigma_{krö} = k_S(s/h)^2 E. \tag{4.3-92}$$

Formuliert man auch die Grenze globalen Beulens (Bd. 1, Abschn. 4.3.2.2) über die Bezugsspannung der Längsstege,

$$\begin{aligned}\sigma_x \leqq \sigma_{kr} &= p_{kr}E/D = (2/r)(BD)^{1/2}E/D = 2(B/D)^{1/2}E/r \\ &= (h/r)[\delta(8+3\delta)/(2+3\delta)^2]^{1/2}E,\end{aligned} \tag{4.3-93}$$

so lassen sich die Variablen h/r und s/h über die beiden Beulbedingungen ausdimensionieren, und man erhält die Höchstspannung aus

$$[(91)^2(92)(93)^2]^{1/5}: \quad \sigma \leqq \Phi_\sigma E^{3/5}K^{2/5} \tag{4.3-94a}$$

mit dem Wirkungsfaktor

$$\Phi_\sigma = [4k_S\alpha^2\delta(8+3\delta)/(2+3\delta)^4]^{1/5}. \tag{4.3-94b}$$

Für den Gewichtsvergleich entscheidend ist die Äquivalentspannung

$$\sigma_ä = p/t(1+4\delta) = \sigma_x(2+3\delta)/(2+8\delta) = \Phi_ä E^{3/5}K^{2/5} \tag{4.3-95a}$$

mit dem Äquivalentfaktor

$$\Phi_ä = [4k_S\alpha^2\delta(8+3\delta)(2+3\delta)]^{1/5}/(2+8\delta). \tag{4.3-95b}$$

Nimmt man für die Längsstege einen von α und β unabhängigen Beulwert $k_S = 0{,}38$ an (kleinster Wert bei gelenkiger Haut-Steg-Verbindung), so steigt der Äquivalentfaktor $\Phi_ä$ (4.3–95b) mit steigendem β und fallendem α. Fertigungstechnisch vernünftig und auch hinsichtlich Haut- und Stegbeulens gut abgestimmt erscheinen die Querschnittsproportionen $\alpha = 2$ und $\beta = 1/5$ (also $\delta = 2/5$), damit wären die Wirkungsfaktoren $\Phi_\sigma = 0{,}56$ und $\Phi_ä = 0{,}34$. Bei günstigster Annahme, nämlich $k_S = 1{,}16$ (bei drehstarrer Einspannung der Stege durch die Haut), erhöht sich der Wirkungsfaktor auf $\Phi_ä = 0{,}42$; er bleibt damit aber noch unter dem des Faltkernsandwich ($\Phi = 0{,}61$ nach Bild 4.3/45).

Hautbeulen könnte man zulassen; auch bei großer Überschreitung ihrer Beulgrenze würde die Haut den Rippen und Stegen immer noch eine seitliche Stützung bieten. Die Mantelstruktur wäre aber auch ohne Haut tragfähig; anstelle der Beulbedingung (4.3−92) der Stege müßte man dann ihre Knickspannungsgrenze

$$\sigma_x \leqq \sigma_{krö} = 0{,}9\,(s/d)^2 E = 0{,}9\beta^2\,(s/h)^2 E \tag{4.3−96}$$

in die Rechnung einführen. Daraus folgte (mit $\delta \to \infty$) anstelle von (4.3−95b) der allerdings wesentlich geringere Wirkungsfaktor $\Phi_ä = \Phi_\sigma 3/8 = 0{,}19$.

4.3.4.4 Längsgestringerte Schale mit äquidistanten Einzelspanten

Bei Waffelverrippung waren die unbelasteten Querrippen ebenso hoch und stark ausgebildet wie die längs tragenden Stege. Rechnet man den Anteil der Diagonalrippen mit ein, so tragen nur etwa 3/5 des Gesamtmaterials; dementsprechend bald wird die Elastizitätsgrenze überschritten.

Beim längsgestringerten Plattenstreifen mit Einzelrippen (Abschn. 4.3.3.5) war nur 1/5 des Gesamtgewichts in Rippen zu investieren, dagegen 4/5 in das längs tragende Haut + Stringer-System. Außerdem war die Rippenhöhe nicht an die Steg- oder Stringerhöhe gebunden, sondern frei wählbar; maßgebend für den optimalen Rippenabstand und den Gesamtwirkungsfaktor war die Rippenschlankheit $\lambda_R = b/i_R$. So darf man auch bei der Zylinderschale erwarten, daß ein orthotroper Haut + Stringer-Mantel, gestützt durch äquidistante Einzelringspante, sich besonders vorteilhaft erweist.

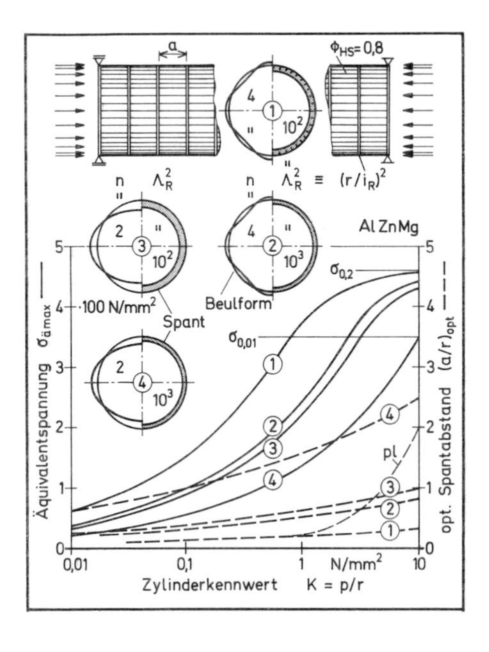

Bild 4.3/47 Längsversteifte Rohrschale mit äquidistanten Einzelspanten, axialgedrückt. Äquivalentspannung über Kennwert. Einfluß von Beulform und Spantschlankheit

Eine vereinfachte, auf der sicheren Seite liegende Rechnung vernachlässigt den stützenden Einfluß der Hautschubsteifigkeit beim Schalenbeulen und übernimmt die Optimierungsergebnisse des Plattenstreifens, indem sie statt dessen Breite b die kleinste mögliche Halbwellenlänge in Umfangsrichtung, also $b = \pi r/n$ mit $n = 2$ setzt, siehe Bild 4.3/47. Damit gilt dann wieder, nach Einsetzen von $(n/\pi)(p/r) = (n/\pi)K$ anstelle des Kennwertes $K = p/b$ und von $(\pi/n)\Lambda_R = (\pi/n)(r/i_R)$ anstelle der Rippenschlankheit $\lambda_R = b/i_R$, das Ergebnis (4.3–66) in der Form

$$(na/\pi r)^{5/2} = (16/\pi^4)(\gamma_R/\gamma_{HS})(\pi/n)^{3/2}\Lambda_R^2 \Phi_{HS} E_{HS}^{1/2} K^{1/2}/E_R\,, \tag{4.3–97a}$$

$$\sigma_{\ddot{a}max} = 0{,}8\sigma_{HSmax} = 0{,}8(\gamma_{HS}\Phi_{HS}^4 n^4/16\gamma_R\Lambda_R^2)^{1/5} E_R^{1/5} E_{HS}^{2/5} K^{2/5}\,. \tag{4.3.97b}$$

Wählt man gleiches Material für die Ringspante wie für das Haut + Stringer-System ($\gamma_R = \gamma_{HS}$), und für letzteres einen Wirkungsfaktor $\Phi_{HS} \approx 1$, so ist bei kleinster Periodenzahl $n = 2$ (einfaches Ovalisieren) der Wirkungsfaktor des Gesamtsystems $\Phi_\sigma = 1{,}25\Phi_{\ddot{a}} \approx 1/\Lambda_R^{2/5} = (i_R/r)^{2/5}$, also allein noch von der Schlankheit des Ringspantes abhängig. Wenn dieser einseitig auf die Haut gebracht und mit ihr schubstarr verbunden ist, gilt $i_R^2 \approx h_R^2/3$, also $\Lambda_R^2 \approx 3(r/h_R)^2$; für $r/h = 5$ bis 10 folgt daraus $\Phi_{\ddot{a}} \approx 0{,}32$ bis 0,22.

Dieser Wert ist vergleichsweise gering, kennzeichnet aber (wie auch Bild 6.3/19 in Bd. 1) nur die untere Grenze des Möglichen. Berücksichtigt man nämlich die Schubsteifigkeit der Haut, so erhöht sich zum einen die Beulgrenze des hier nur als *Plattenstab* gerechneten Mantelfeldes zwischen den Spanten, zum anderen aber auch die Beulenanzahl n und damit die Wirkung des Spantes (mit $n = 4$ erzielt man etwa den Wert $\Phi_{\ddot{a}} \approx 0{,}6$ des Faltkern-Sandwichzylinders). Bei genauerer Betrachtung darf man aber auch nicht einfach den Optimalquerschnitt des Plattenstabes und dessen Wirkungsfaktor Φ_{HS} übernehmen: beim Zylinder müßte der optimale Hautanteil und der optimale Stringerabstand größer ausfallen. Da die analytischen Voraussetzungen einer genaueren Rechnung hier nicht dargelegt werden können, mag dieser Hinweis genügen.

4.3.4.5 Vergleich der Bauweisen über den Zylinderkennwert

Unter den in Bild 4.3/48 aufgelisteten und in Bild 4.3/49 über K aufgetragenen Beispielen zeigt sich im elastischen Bereich die Sandwichschale mit Wabenkern (2) noch bei relativ hohem Füllungsgrad ($\alpha = 1/50$) allen anderen Bauweisen überlegen, gegenüber der unversteiften Schale (1) etwa um das 7 bis 10fache. Durch Innendruckstützung (1′) (mit $\hat{p} \approx K$) kann das Durchschlagen der dünnen Schale verhindert und ihr Wert dadurch auf das Doppelte angehoben werden. Bei der Sandwichschale wurde von vornherein mit idealer Form und daher mit idealem Beulen (ohne Durchschlagen) gerechnet. Bei sehr kleinem Kennwert, also relativ kleiner Sandwichdicke $h \ll r$, müßte man diese optimistische Annahme infrage stellen und einen entsprechend geringen Beulwert ansetzen.

Die Sandwichbauweise mit längsorientiertem Faltblechkern (3) bedarf ebenso wie die längsgestringerte (5) oder die waffelverrippte Schale (4) einer Optimalabstimmung ihrer lokalen und globalen Stabilität und führt daher wie diese auf den Exponenten $n = 3/5$. Im Vergleich bringt sie den höchsten Wirkungsfaktor ($\Phi = 0{,}61$), zum einen wegen ihres hohen lokalen Beulwertes, zum andern weil neben den Häuten auch der Kern längs voll mitträgt, das Material also zu 100 % genutzt ist. Bei der Waffelverrippung tragen dagegen nur 60 %, bei der Haut + Stringer + Spant-

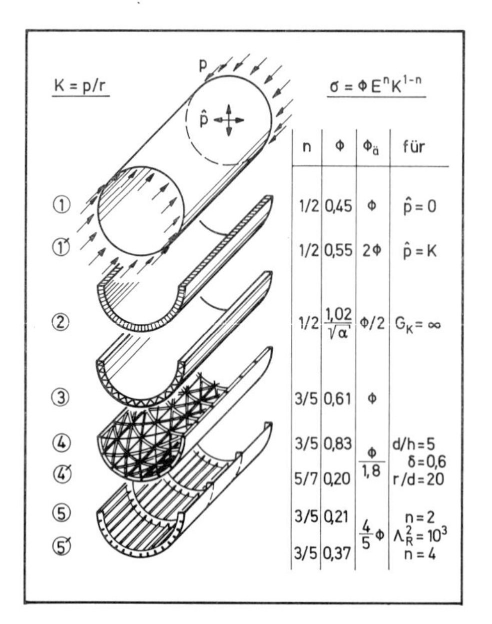

Bild 4.3/48 Rohrschalen, axialgedrückt. Wirkungsfaktoren und Exponenten verschiedener Bauweisen, gültig im elastischen Bereich

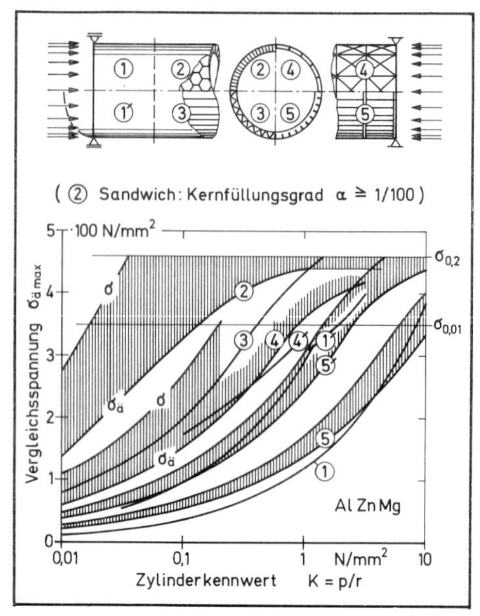

Bild 4.3/49 Rohrschalen, axialgedrückt. Spannungsvergleich verschiedener Bauweisen über dem Kennwert. Einfluß der Plastizität, Beispiel AlZnMg

Bauweise immerhin 80 %. Die Bewertung der letzteren hängt, wie oben ausgeführt, wesentlich von Material und Gestaltung der Ringspante ab, im übrigen von der zu erwartenden Beulperiodenzahl n über dem Umfang. Diese ist mindestens $n = 2$, kann aber dank der Hautschubsteifigkeit auf höhere Zahlen ansteigen; ein Vergleich ist daher nur mit Vorbehalt möglich.

Der im Verhältnis der Wirkungsfaktoren $\Phi_{ä}/\Phi_{\sigma}$ zum Ausdruck kommende Anteil tragenden Materials am Gesamtgewicht entscheidet vor allem über die Güte im plastischen Bereich. Je kleiner dieses Verhältnis ist, desto früher wird die Elastizitätsgrenze überschritten. Damit verlieren die aus Ableitungen gewonnenen Aussagen über optimale Gewichtsproportionen ihre Gültigkeit; die nichttragenden Anteile müssen mit steigendem Kennwert reduziert werden, da sonst die maximale Äquivalentspannung nicht über $\sigma_{ä} = \sigma_{0,2}\Phi_{ä}/\Phi_{\sigma}$ hinausgehen kann.

Interessant ist dazu ein Vergleich der beiden Sandwichbauweisen: Im elastischen Bereich, also bei kleinem Kennwert, ist die Ausführung mit nicht tragendem Wabenkern deutlich besser, da dieser die Häute quasi kontinuierlich stützt. Wegen ihres geringen Anteils an tragendem Material ($\Phi_{ä}/\Phi_{\sigma} = 1/2$) überschreitet sie aber bald die Elastizitätsgrenze und verliert danach, selbst bei angemessener Zurücknahme des Kernaufwandes, ihren Vorteil gegenüber der längs voll tragenden Faltkernbauweise bei großem Kennwert.

4.3.4.6 Zylinderbauweisen für Druckstäbe

Als erstes Auslegungsproblem stabilitätsgefährdeter Tragwerke wurde in Abschn. 4.3.1 der Knickstab betrachtet, in seiner einfachsten Bauweise mit rundem

Vollquerschnitt, im weiteren auch mit Hohlquerschnitt und als offenes I-Profil. Im Vergleich über dem Stabkennwert $K = P/l^2$ (Bild 4.3/8) zeigte sich der runde Rohrstab den anderen Bauweisen überlegen, auch dem Füllquerschnitt, dessen Kern den ganzen Hohlraum einnimmt.

Nun, nachdem differenziertere Zylinderstrukturen unter Vorgabe des Radius ausgelegt wurden, läßt sich weiter fragen, wie sich diese als Stabbauweisen bewähren. Dazu muß die Knicklänge des Stabes vorgeschrieben und der Zylinderradius als Variable disponibel gemacht werden. Übernimmt man die Knickbedingung (4.3−8b) des beidseitig gelenkig gestützten Rohrstabes

$$\sigma_{Stab} \leqq \sigma_{kr} = (\pi^2/2)(r/l)^2 E, \qquad (4.3-98)$$

und setzt für die Längsspannung den Maximalwert (4.3−72) bzw. (4.3−76) des unversteiften Rohres oder (4.3−87) der Sandwichschale, nun aber mit dem Stabkennwert $K_{Stab} \equiv P/l^2 = 2\pi(r/l)^2 K_{Zyl}$, also

$$\sigma_{Zyl} = \Phi_{Zyl} E^{1/2} K_{Zyl}^{1/2} = \Phi_{Zyl} E^{1/2} K_{Stab}^{1/2} (l/r)/(2\pi)^{1/2}, \qquad (4.3-99)$$

so folgt nach Elimination des Radius r/l die Höchstspannung

$$\sigma_{Zyl} = \sigma_{Stab} \leqq \Phi_{Stab} E^{2/3} K_{Stab}^{1/3} \quad \text{mit} \quad \Phi_{Stab} = (\pi/4)^{1/3} \Phi_{Zyl}^{2/3}. \qquad (4.3-100)$$

Für die unversteifte Rohrschale ohne Innendruck (4.3−72) ist $\Phi_{Zyl} = 0{,}45$ und damit, wie schon in (4.3−11a): $\Phi_{Stab} = 0{,}54$. Durch Innendruck ($\hat{p}/2K \equiv \mu = 1/2$) könnte man den Wirkungsfaktor des Zylinders nach (4.3−76b) auf $\Phi_{Zyl} = 1{,}1$ und damit den des Stabes auf $\Phi_{Stab} = 0{,}98$ anheben. In diesem Fall charakterisiert die Äquivalentspannung direkt den tragenden Querschnitt, wogegen bei der Sandwichschale (4.3−87) zunächst der Faktor $\Phi_{Zyl} \approx \alpha^{-1/2}$ in $\Phi_{Stab} = (\pi/4\alpha)^{1/3}$ umzurechnen ist. Erst danach läßt sich der optimale Gewichtsanteil des nicht mittragenden Kerns (50 %) in Rechnung stellen und der Äquivalentfaktor $\Phi_{äStab} = \Phi_{Stab}/2$ bilden. Bei einem Kernfüllungsgrad $\alpha = 1/100$ wäre $\Phi_{äStab} = 4{,}3/2 = 2{,}1$, also wesentlich höher als beim unversteiften Rohr.

Will man auch den Faltkern-Sandwichzylinder sowie waffelverrippte und längsgestringerte Rohre als Stäbe bewerten, so gilt für diese anstelle von (4.3−99) die Kennwertfunktion

$$\sigma_{Zyl} = \Phi_{Zyl} E^{3/5} K_{Zyl}^{2/5} = \Phi_{Zyl} E^{3/5} K_{Stab}^{2/5} (l/r)^{4/5}/(2\pi)^{2/5} \qquad (4.3-101)$$

und nach Elimination von r/l über (4.3−98), anstelle von (4.3−100):

$$\sigma_{Zyl} = \sigma_{Stab} = \Phi_{Stab} E^{5/7} K_{Stab}^{2/7} \quad \text{mit} \quad \Phi_{Stab} = (\pi/4)^{2/7} \Phi_{Zyl}^{5/7}. \qquad (4.3-102)$$

Dabei gilt der höchste Wirkungsfaktor $\Phi_{Zyl} = 0{,}61$ und damit $\Phi_{Stab} = 0{,}66$ für Faltkernsandwich (Bild 4.3/45). Bei Waffelverrippung wäre $\Phi_{Zyl} \approx 0{,}83$ und $\Phi_{Stab} \approx 0{,}82$; für den Äquivalentfaktor käme allerdings nur $\Phi_{äStab} \approx 0{,}82/1{,}8 = 0{,}45$ (näherungsweise kann man dabei die Längsspannung σ_x (4.3−94a) der Stege gleich der Spannung des gesamten längstragenden Materials setzen).

In Bild 4.3/50 sind die Wertungskurven der verschiedenen als Zylinder ausgesteiften Stabkonstruktionen neben denen der einfachen Stabprofile aufgetragen. Dabei zeigt sich ein Vorteil der feingegliederten Konstruktion vor allem bei kleinem Kennwert. Im übrigen sind auch praktische Realisationsgrenzen zu beachten: weil in der Fertigung gewisse Mindestwanddicken eingehalten werden müssen, setzt eine derartige Feingliederung absolut große Außenmaße (Stablängen) voraus.

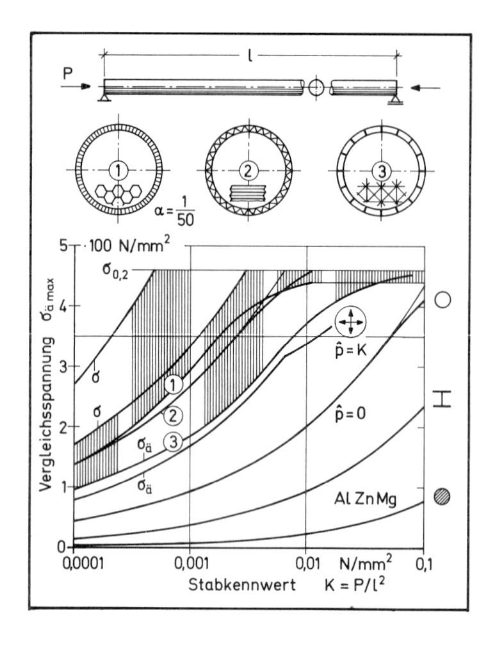

Bild 4.3/50 Rohrschalen als Druckstäbe, in Sandwichbauweise, waffelförmig verrippt oder durch Innendruck gestützt. Spannungsvergleich über dem Stabkennwert

Bei der Haut + Stringer + Spant-Bauweise ist der Wirkungsfaktor Φ_{Zyl} aus (4.3−97b) zu entnehmen. Da dieser seinerseits vom Wirkungsfaktor Φ_{HS} des Haut + Stringer-Feldes abhängt, läßt sich an diesem Beispiel gut das hierarchische Struktur- und Optimierungsprinzip demonstrieren, und zwar in der *Verschachtelung* der Wirkungsfaktoren: $\Phi_{\mathrm{Stab}} \sim \Phi_{\mathrm{Zyl}}^{2/3} \sim (\Phi_{\mathrm{HS}}^{4/5})^{2/3} = \Phi_{\mathrm{HS}}^{8/15}$. Der Faktor einer übergeordneten Stufe ergibt sich danach als Wurzel aus Faktoren jeweils unterer Stufen. Das bedeutet aber, daß konstruktive Maßnahmen zur Verbesserung von Substrukturen nach oben hin abnehmenden Einfluß haben: während beispielsweise ein Plattenstabprofil mit Y-Stringern gegenüber einem Integralprofil mit einfachen Stegen den Wirkungsfaktor Φ_{HS} von 0,81 auf 1,2, also etwa um 50 % anhebt, wirkt sich diese Verbesserung auf das Gesamtsystem des ausgesteiften Zylinderstabes nur noch mit 23 % aus.

4.3.5 Auslegung ebener Schubwände

Nach ausschließlich druckbelasteten Stäben, Platten und Schalen soll nun als letztes Beispiel eines Einzwecktragwerkes noch die schubbeanspruchte Platte oder Wand in verschiedenen Bauweisen entworfen und optimiert werden. Rein schubbelastet wären etwa die Mantelflächen eines Torsionskastens (Bd. 1, Abschn. 3.1.3.3 und Bild 7.1/13). Hauptsächlich Schub erfahren die Längsstege von Querkraftbiegeträgern (Bd. 1, Bild 7.1/12), doch müssen diese außerdem über die Höhe linear abnehmende Längsspannungen ertragen; der Schub ist über die Höhe etwa konstant, wenn die Dehnsteifigkeit der Biegeträgergurte (bzw. der Kastengurtscheiben) im Vergleich zu den Stegen groß ist. Der Strukturkennwert $K = q/b = Q/b^2$ der Schubwand wird dann mit dem über die Wandhöhe b gemittelten Schubfluß $q = Q/b$ definiert.

Als Bauweisen kommen kontinuierliche und diskontinuierliche Wandstrukturen in Betracht. Bei kleinen bis mittleren Kennwerten, wie sie für Leichtbauwerke charakteristisch sind, ist die unversteifte Schubwand uneffektiv. Wie bei der Druckplatte bietet sich zur Erhöhung der Beulsteifigkeit zunächst eine Sandwichausführung an; hierbei ergeben sich gegenüber der Druckauslegung keine wesentlichen neuen Gesichtspunkte. In dieser Hinsicht verdienen typische Schubwandbauweisen hier mehr Interesse. Für Schub charakteristisch ist die zweiachsige Beanspruchung: Druck in der einen, Zug in der anderen Hauptrichtung ($\pm 45°$). Dies legt den Gedanken nahe, zur Verbesserung der Beulsteifigkeit die Wand orthotrop auszubilden, und zwar mit höherer Biegesteifigkeit in der Druckdiagonalen. Andererseits bleibt aber die Haut nach ihrem Beulen unter Druck noch in der Zugdiagonalen tragfähig; die Druckfunktion kann dann von Pfosten (Querrippen) übernommen werden, die vor dem Feldbeulen nur als unbelastete Steifen fungieren (Bd. 1, Abschn. 6.3.4). Eine solche überkritische Auslegung als *Zugfeld* bringt Gewinn besonders bei kleinem Kennwert, der hohe Beulüberschreitung zuläßt. Bei höchster Überschreitung liegt ein ideales Zugfeld vor, bei dem die Haut nur Diagonalzug trägt. Das Funktionssystem ist dem eines Fachwerks mit Diagonalzugstäben und Vertikaldruckpfosten vergleichbar und zeigt in der Gewichtsbewertung über dem Kennwert gleiche Tendenz.

In reine Fachwerkstrukturen aufgelöste Schubwände erweisen sich bei kleinem Kennwert allen anderen Bauweisen überlegen, weil das drucktragende Material in relativ stabile Einzelstäbe zusammengefaßt wird. Diese können ihrerseits als Druckstäbe (nach Bild 4.3/8 oder 4.3/50) optimiert sein; ihr Kennwert $K_{\text{Stab}} \equiv P/l^2$ läßt sich im weiteren durch Variation der Stabwinkel im Sinne minimalen Gesamtgewichts von Zug- und Druckstäben optimieren. So hat man in der Fachwerkschubwand zum einen nochmals ein Demonstrationsbeispiel für hierarchisch stufenweise Strukturoptimierung, zum anderen klingt bereits das Problem der *Kräftepfadoptimierung* von Fach- und Netzwerken an, das in Kap. 5 ausführlich behandelt wird.

4.3.5.1 Isotrope Schubwand, homogen oder in Sandwichbauweise

Einzige Variable der isotropen homogenen Haut ist ihre Dicke t, bezogen auf die vorgegebene Plattenbreite (Wandhöhe) b. Mit dem Kennwert $K = q/b$ ist ihre über die Dicke konstante Schubspannung

$$\tau = q/t = (b/t)K, \tag{4.3-103}$$

bei unterkritischer Auslegung restringiert durch die Beulgrenze

$$\tau \leqq \tau_{\text{kr}} = k_\tau (t/b)^2 E_s, \tag{4.3-104}$$

mit dem Schubbeulwert k_τ (Bd. 1, Bild 2.3/5) und dem im plastischen Bereich wirksamen Sekantenmodul $E_s = \eta_s E$ (Bd. 1, Bild 2.3/3). Der Beulwert hängt vom Seitenverhältnis des Feldes und von seinen Randbedingungen ab. Sein kleinster Wert $k_\tau = 4{,}8$ gilt für die lange Wand ($a > 5b$) bei gelenkiger Stützung. Unterteilt man die Wand durch Stützrippen in quadratische Felder, so erhöht er sich auf $k_\tau = 8{,}4$.

Der für Schubbeulen über der Elastizitätsgrenze $\tau_{0,01} = \sigma_{0,01}/3^{1/2}$ wirksame Sekantenmodul E_s ist größer als der bei Druckstäben wirksame Tangentenmodul E_t. Wie der Beulwert macht sich aber auch der Modul bei der unversteiften Platte letztlich immer nur in der dritten Wurzel geltend; nach Elimination der Variablen t/h folgt nämlich

$$[(103)^2(104)]^{1/3}: \qquad \tau \leqq k_\tau^{1/3} E_s^{1/3} K^{2/3} = (k_\tau \eta_s)^{1/3} E^{1/3} K^{2/3}. \tag{4.3-105}$$

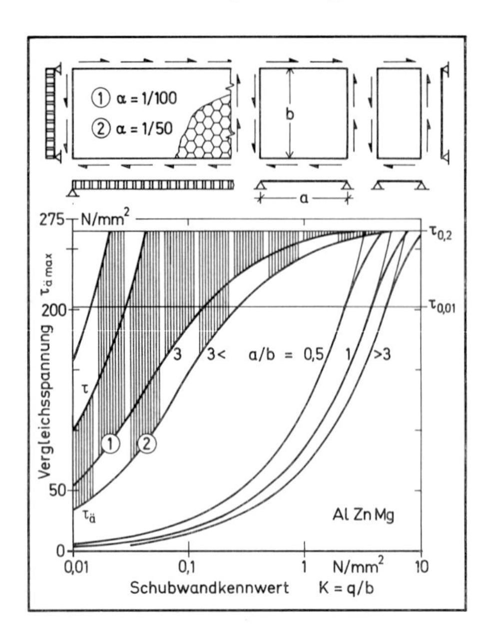

Bild 4.3/51 Schubwand, homogen oder in Sandwichbauweise. Vergleichsspannungen über dem Kennwert. Einfluß des Seitenverhältnisses und des Kernfüllungsgrades

Obwohl die Schubwand im plastischen Bereich eine höhere Steifigkeit behält und im Tragverhalten weniger empfindlich reagiert als der Druckstab, sei hier doch auch die Materialstreckgrenze als oberste Restriktion angesetzt, nach der Gestaltsänderungsenergiehypothese (Bd. 1, Bild 2.1/3) für zweiachsige Beanspruchung: $\tau_{0,2}=\sigma_{0,2}/3^{1/2}$. Entsprechend ist auch der Sekantenmodul $E_s(\sigma)=\eta_s(\sigma)E$ (Bd. 1, Bild 2.3/3), abhängig von der Schubspannung, durch Substitution $\sigma=3^{1/2}\tau$ zu bestimmen.

Die unversteifte, im üblichen Kennwertbereich dünne Wand beult meistens schon elastisch. Im Vergleich erzielt die Sandwichbauweise höhere Äquivalentspannung, allerdings mit noch dreimal höherer und damit bald im plastischen Bereich liegender Hautspannung $\tau=3\tau_{ä}$.

Bei der Optimalauslegung der Sandwichwand mit schubstarrem Kern ist wie in Abschn. 4.3.2.2 zu verfahren. Anstelle von (4.3–34a) folgt dann, nach Elimination der Variablen h/b und nach Optimierung von $\bar{t}/h$ bzw. des Kernaufwandes,

$$\tau_{opt}=3\tau_{ämax}=(12k_\tau\zeta_f/\alpha^2)^{1/3}E_s^{1/3}K^{2/3}\,. \tag{4.3-106}$$

Darin ist, neben dem Beulwert k_τ der isotropen Platte, nun auch der Kernfüllungsgrad $\alpha\equiv\gamma_K/\gamma_H$ maßgebend, sowie der Exzentrizitätsbeiwert $\zeta_f\equiv 4t_1t_2/(t_1+t_2)^2$. Da dieser hier auch nur in der vierten Wurzel eingeht, wäre selbst bei einem Hautdickenverhältnis $t_1/t_2=2$ (gegenüber $t_1/t_2=1$) nur eine Werteinbuße von 4 % hinzunehmen.

Der Kernfüllungsgrad α muß, soweit er nicht konstruktiv vorgegeben oder nach unten begrenzt ist ($\alpha_{min}=1/100$ bei Al-Wabenkern), zur Stützung der Häute gegen kurzwelliges Knittern genügen. Da sich die Knitterfalten quer zur Hauptdruckrichtung (45°) ausbilden, kann als kritische Spannung σ_{kn} in (4.3–35) die zur Schubspannung betragsgleiche Hauptspannung $\sigma_{45}=\tau$ geltend gemacht werden. Im plastischen Bereich müßte man hierzu den Tangentenmodul nehmen; die Elastizitätsgrenze wird aber schon bei $\sigma_{45}=\tau_{0,01}=\sigma_{0,01}/3^{1/2}$ überschritten, daher ist die plastische Knittergrenze niedriger als bei der Druckplatte (Bd. 1, Bild 5.1/10). Dimensioniert man den Kern nach der Knitterbedingung aus, so folgt schließlich für die Schubwand, analog zu (4.3–36a), mit α_{opt} nach (4.3–36b),

$$\tau_{opt}=3\tau_{\ddot{a}max}=(3k_\tau\zeta_f/2)^{1/6}(G_\alpha E_\alpha)^{1/6}(E_t E_s)^{1/6}K^{1/3}. \qquad (4.3-107)$$

Der Beulwert k_τ und der Exzentrizitätsbeiwert ζ_f nehmen darin nur noch in der sechsten Wurzel Einfluß. Eine Beulwerterhöhung durch Unterteilen der Wand würde sich in diesem Fall noch weniger auswirken als beim Vollquerschnitt (4.3–105) oder beim Sandwich mit vorgeschriebenem Kernfüllungsgrad (4.3–106). Praktisch läßt sich aber ein Füllungsgrad nach (4.3–36b) für Wabenkerne im üblichen Kennwertbereich kaum realisieren.

In Bild 4.3/51 sind die erzielbaren Äquivalentschubspannungen der unversteiften Haut und der Sandwichbauweise über dem Kennwert $K=q/b$ der Schubwand aufgetragen; Parameter ist das Feldverhältnis a/b. Danach läßt sich der Wirkungsfaktor im elastischen Bereich durch Unterteilen der Wand in quadratische Felder ($a/b=1$) etwa um 20% anheben, bei sehr enger Unterteilung ($a/b<1/5$) etwa proportional zu $(b/a)^{2/3}$, also etwa auf das 3fache bei $a/b=1/5$. Bei horizontaler Unterteilung würde die Breite (Wandhöhe) b reduziert, die über den Kennwert in der dritten Wurzel eingeht und bei Halbierung die Äquivalentspannung um 26% erhöht.

Derartige Überlegungen zur Feldunterteilung bekommen allerdings erst dann einen Sinn, wenn man auch den zur Stützung erforderlichen Aufwand an Längs- oder Querrippen mit in Rechnung stellt. Dieser steigt mit engerem Stützabstand an, so daß man nach Minimierung des Gesamtaufwandes von Haut und Steifen ein kennwertabhängiges Optimum erhält.

Da der erforderliche Steifenaufwand sich nach der Biegesteifigkeit der zu stützenden Platte richtet, würde er bei der Sandwichwand besonders groß sein. Hinzu kommt, daß diese auch ohne Feldunterteilung bereits hohe Spannungen erzielt und daß im plastischen Bereich der Anteil des nichttragenden, nur stützenden Materials (auch des Kernaufwandes) reduziert werden muß. Darum beschränkt sich der folgende Abschnitt auf die durch Einzelrippen gestützte, einfache Haut, die im weiteren auch als Zugfeld überkritisch ausgelegt werden kann und damit bei kleinem Kennwert höhere Effektivität verspricht.

Im Hinblick auf die häufigste Anwendung einer Schubwand als Steg von Querkraftbiegeträgern sei noch auf die Möglichkeit hingewiesen, auch zusätzlich auftretende Längsspannungen aus Biegung zu berücksichtigen. Der Randwert σ_R dieser über die Wandhöhe linear veränderlichen Spannungsverteilung ist, gleiches Material für Steg und Randgurte vorausgesetzt, gleich der Gurtspannung und somit bekannt (Gurtauslegung als Plattenstreifen gemäß Abschn. 4.3.3). Legt man die Wand nach (4.3–105) oder (4.3–106) zunächst für reinen Schub aus, so kennt man ihr Spannungsmaximum τ_{max}. Mit diesem bestimmt man einen reduzierten Schubbeulwert $k_\tau=0{,}48[1+(5\sigma_R/22\tau_{max})^2]^{1/2}$ (nach Auswertung der Bilder 2.3/4 bis 2.3/6 in Bd. 1) und korrigiert das Ergebnis für τ_{max} bzw. $\tau_{\ddot{a}max}$. Der Einfluß über $k^{1/3}$ ist so gering, daß ein Iterationsschritt genügt; praktisch darf man auch den Steg eines Querkraftbiegeträgers als reine Schubwand bewerten.

4.3.5.2 Schubwand mit äquidistanten Einzelrippen

In Abschn. 4.3.3.5 wurde das Optimierungsproblem eines gedrückten Plattenstreifens mit Einzelrippen ausführlich behandelt. Es konnte gezeigt werden, daß nach Optimierung des Rippenabstandes der erst als Summe formulierte Gesamtaufwand von Haut und Rippen sich im Minimum wieder als gewöhnliche Potenzfunktion des Kennwertes darstellt. Dazu mußte man den Beulwert des Feldes in Abhängigkeit vom Rippenabstand analytisch beschreiben, was durch Beschränkung auf kleine *wirksame Seitenverhältnisse* (Feldbeulen als *Plattenstab*) möglich war. Dies galt für isotrope Häute bei engem Rippenabstand, aber auch für orthotrope Haut + Stringer-Systeme hoher Längsbiegesteifigkeit bei relativ weitem Rippenabstand, wie sie beispielsweise an Kastenbiegeträgern üblich sind.

Bei Schubwänden (etwa als Kastenstege) sind nun isotrope Hautfelder mit größeren Seitenverhältnissen $a/b \leq 1$ auszulegen, deren Beulwert sich nicht einfach analytisch beschreiben läßt. Daher sei hier der Rippenabstand nicht als stetig variabel angesehen, sondern mit dreierlei Verhältnissen $a/b = 1, 1/2$ und $1/5$ vorgegeben. Statt dessen soll nun der Rippenaufwand variiert und sein Einfluß auf den Beulwert genauer erfaßt werden.

Beim druckbeanspruchten Plattenstreifen wurde ein Optimum erzielt, wenn die Rippe ihre zum Erzwingen einer Knotenlinie (und damit des höchsten Beulwerts) nötige Mindestbiegesteifigkeit aufwies. Bei der Schubwand existiert nun streng genommen keine solche Mindeststeifigkeit, da sich natürlicherweise keine randparallelen Knotenlinien ausbilden wollen. Die dazu erforderliche Rippensteifigkeit wäre theoretisch unendlich und kommt daher als Optimum nicht infrage. Dafür existieren aber gewisse *Übergangssteifigkeiten* der Rippe, bei der diese mehr oder weniger mit der Haut ausbiegt, aber doch mit größerer Biegesteifigkeit einen Wechsel der Beulform und damit einen Knick in der Beulwertkurve erzwingt (Bd. 1, Bild 6.3/22). Man darf erwarten, daß sich das Optimum vorzugsweise in einem solchen Übergangspunkt einstellt.

Das zu minimierende Gesamtvolumen von Haut und Rippen läßt sich wie bei der Druckplatte (4.3–60) über die reziproke Äquivalentspannung beschreiben, mit dem relativen Rippengewichtsaufwand δ_R:

$$1/\tau_ä = 1/\tau_H + \gamma_R A_R / ab\gamma_H K = (1 + \delta_R)/\tau_H . \tag{4.3–108}$$

Mit der nach (4.3–105) erzielbaren Hautspannung und dem Zusammenhang $A_R = I_R \lambda_R^2 / b^2$ zwischen Querschnittsfläche A_R, Trägheitsmoment I_R und Schlankheit $\lambda_R = b/i_R$ der Rippe steht dafür

$$1/\tau_ä = 1/(k_\tau E_H K^2)^{1/3} + \gamma_R I_R \lambda_R^2 / ab^3 \gamma_H K . \tag{4.3–109}$$

Der Beulwert k_τ hängt zum einen vom Feldverhältnis a/b ab, zum anderen von der kennwertbezogenen Rippensteifigkeit $\varrho_R \equiv E_R I_R / K b^4$ nach Bild 4.3/52 (Bd. 1, Bild 6.3/22). So läßt sich die Aufwandsumme (4.3–109) in der dimensionslosen Form

$$E_H/\tau_ä = (E_H/K)^{2/3} / k_\tau^{1/3} + (b/a)(\gamma_R E_H / \gamma_H E_R) \lambda_R^2 \varrho_R \tag{4.3–110}$$

über ϱ_R darstellen und minimieren, wie beispielsweise für einen Kennwert $K/E_H = 10^{-6}$ in Bild 4.3/53. Dabei zeigt sich, daß bei nicht zu großem Parameter $(\gamma_R E_H / \gamma_H E_R) \lambda_R^2$, also bei nicht zu geringer spezifischer Rippensteifigkeit, ein Optimum meistens im letzten Übergangspunkt auftritt, also knapp unterhalb der

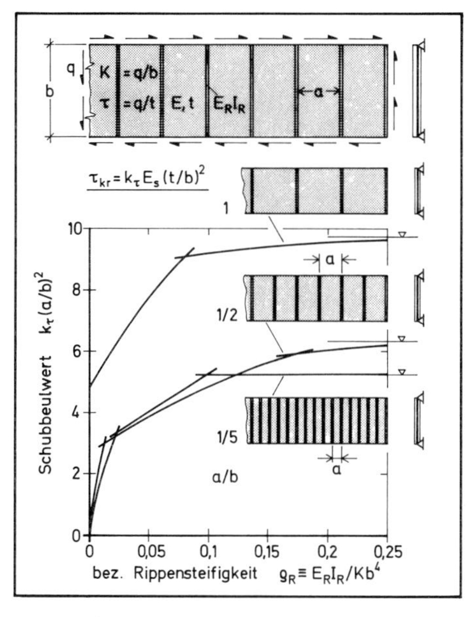

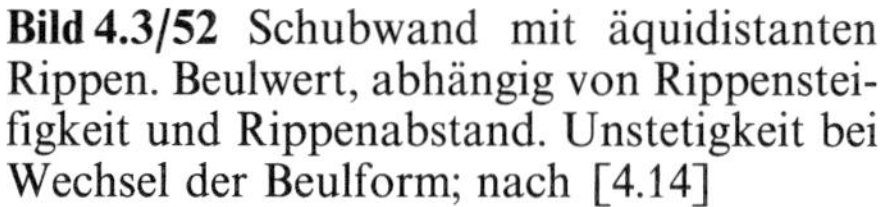

Bild 4.3/52 Schubwand mit äquidistanten Rippen. Beulwert, abhängig von Rippensteifigkeit und Rippenabstand. Unstetigkeit bei Wechsel der Beulform; nach [4.14]

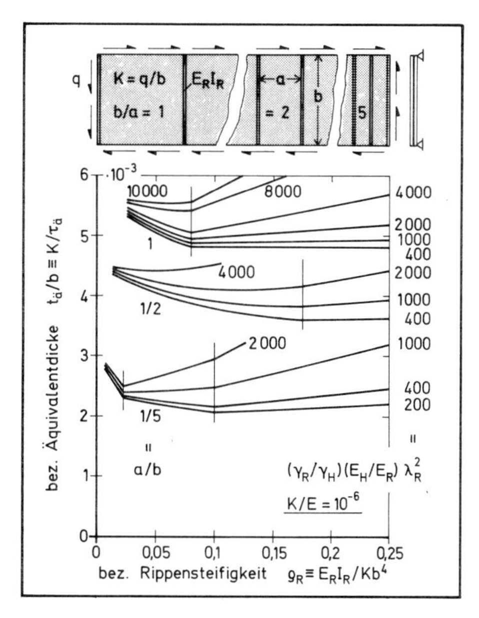

Bild 4.3/53 Schubwand mit Rippen. Gesamtaufwand über Rippensteifigkeit; Optimum für Übergangssteifigkeit (bei Wechsel der Beulform). Beispiel $K/E = 10^{-6}$

Beulgrenze des starr abgestützten Feldes. Bei sehr engem Rippenabstand erfordert aber eine quasi starre Abstützung zu hohen Rippenaufwand; das Optimum rutscht dann, besonders bei großem Kennwert K und kleiner spezifischer Rippensteifigkeit $E_R/\gamma_R \lambda_R^2$, leicht auf einen früheren Übergangspunkt. Wenn dieser Fall eintritt, kann man das globale Beulverhalten des Haut + Rippen-Systems bereits als das einer kontinuierlichen orthotropen Platte beschreiben (Bd. 1, Bild 6.3/23).

Bild 4.3/54 zeigt (am Materialbeispiel AlZnMg) die erzielbaren Äquivalentspannungen über dem Strukturkennwert bei verschiedenen Feldverhältnissen. Der Unterschied ist gering, wie ja auch beim gedrückten Plattenstreifen (Bild 4.3/35) die Zielfunktion gegen ein Abweichen vom optimalen Rippenabstand tolerant reagierte. Tendenziell empfiehlt sich bei kleinem Kennwert ein enger, bei großem ein weiter Rippenabstand.

Bei Vorgabe des Feldverhältnisses a/b und der Rippenschlankheit λ_R steigt der absolute Mindestaufwand der Rippen im elastischen Bereich proportional mit dem Kennwert an, fällt dann aber im plastischen Bereich wieder ab, wie üblich bei nur stützenden, nicht mittragenden Elementen. Der in Bild 4.3/55 über K aufgetragene relative Rippenaufwand δ_R wächst (mit $K^{2/3}$) schwächer an. Übersteigt er 25 %, so verzichtet man besser auf Einzelfeldstützung und rechnet mit Beulen des orthotropen Kontinuums (entsprechend $\tau_{\ddot{a}max}$ nach Bild 4.3/54); der Hautanteil wird dann größer, dafür fällt der Relativaufwand der Rippen etwa auf 1/5 seines vorigen Wertes.

Als Parameter fungiert in diesen Rechnungen die willkürlich vorzugebende Rippenschlankheit $\lambda_R = b/i_R$. Fällt die erforderliche Querschnittsfläche danach sehr gering aus, so wird die Rippe leicht zu dünnwandig. Es ist darum zweckmäßiger,

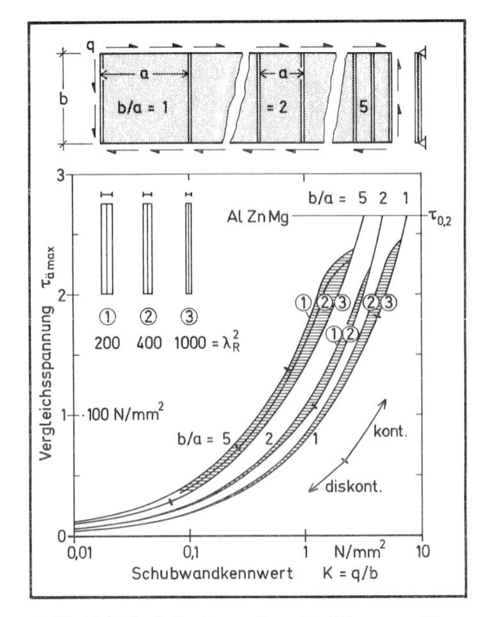

Bild 4.3/54 Schubwand mit Rippen. Vergleichsspannungen über Kennwert. Einfluß des Rippenabstandes und der Rippenschlankheit

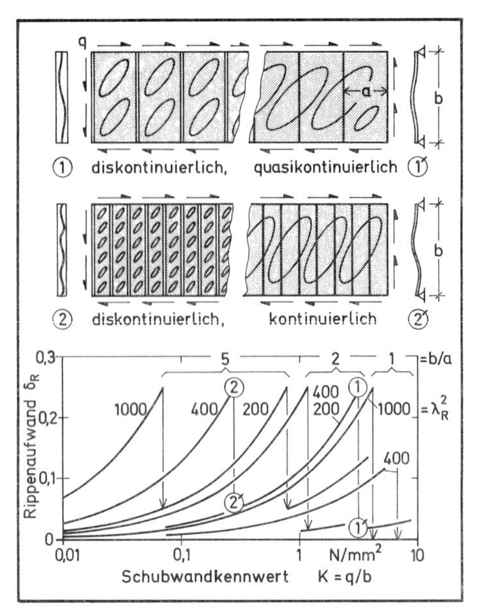

Bild 4.3/55 Schubwand mit Rippen. Optimaler Rippenaufwand über Kennwert. Einfluß von Rippenabstand und -schlankheit. Auslegung mit Einzelrippen oder als Kontinuum

anstelle von λ_R das Verhältnis $\mu_R \equiv I_R/A_R^2$ vorzuschreiben; mit diesem folgt aus (4.3–109) anstelle von (4.3–110) nun

$$\frac{E_H}{\tau_ä} = \frac{1}{k_\tau^{1/3}} \left(\frac{E_H}{K}\right)^{2/3} + \frac{b}{a}\frac{\gamma_R}{\gamma_H}\left(\frac{E_H}{E_R}\right)^{1/2}\left(\frac{E_H}{K}\right)^{1/2}\left(\frac{\varrho_R}{\mu_R}\right)^{1/2}. \quad (4.3-111)$$

Wieder kann, mit $k_\tau(\varrho_R)$ nach Bild 4.3/52, diese Summe über der kennwertspezifischen Rippensteifigkeit ϱ_R aufgetragen und minimiert werden. Parameter ist diesmal, abgesehen von den Verhältnissen a/b und K/E_H, der Rippenformfaktor μ_R in Verbindung mit dem Materialwertverhältnis $(\gamma_R/\gamma_H)(E_H/E_R)^{1/2}$. Im Unterschied zu (4.3–110) ist also hier der Wert $E^{1/2}/\gamma$ anstelle von E/γ entscheidend. Das bedeutet: bei Vorgabe eines Formfaktors μ_R anstelle der Rippenschlankheit λ_R wäre ein Rippenmaterial mit geringem spezifischen Gewicht (hohem spezifischem Volumen) vorteilhafter als ein solches mit hohem Elastizitätsmodul.

Bei einseitig aufgebrachten Rippen erhebt sich wieder die Frage nach dem mittragenden Hautanteil im Trägheitsmoment I_R des Rippenquerschnitts. Legt man der Rechnung ein einfaches Winkelprofil ($h/s=12$, $c/b=1/2$) wie in Bild 4.3/56 zugrunde, so ist bei symmetrischer Anordnung der Formfaktor $\mu_R \approx 2h/27s = 0{,}9$; ebenso bei einseitiger Rippe im ungünstigsten Fall nicht mittragender Haut. Ergebnisse einer Optimierung über (4.3–111) sind für diese Profilform in Bild 4.3/56 (für AlZnMg) aufgetragen.

Die Äquivalentspannung ist weder nach (4.3–110) noch nach (4.3–111) eine gewöhnliche Potenzfunktion des Kennwertes. Geht man davon aus, daß das Optimum, wenigstens bei größerem Rippenabstand, in der Regel in einem Über-

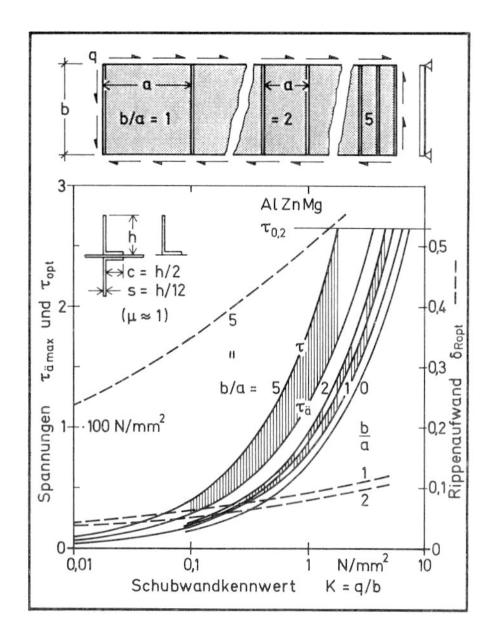

Bild 4.3/56 Schubwand mit Rippen, Winkelprofilform einseitig oder beidseitig vorgegeben. Vergleichsspannungen über Kennwert. Einfluß des Rippenabstandes

gangspunkt der Funktion $k_\tau(\varrho_R)$ (Bild 4.3/52) auftritt, so sind, mit dessen Größen $k_{\tau opt}$ und ϱ_{Ropt}, die Zielfunktionen (4.3–110) und (4.3–111) Polynome des Kennwertes. Da zwar der Hautanteil in beiden identisch, der Rippenanteil aber verschieden ist, erklären sich daraus unterschiedliche Verläufe in den Bildern 4.3/54 und 4.3/56: Bei Vorgabe der Rippenschlankheit fallen die Kurven zu kleinerem Kennwert weniger steil ab als bei Vorgabe des Formfaktors. Besteht man also auf einer Mindestdicke s/h der Rippe, so muß man bei kleinem Kennwert K (und damit geringer Wanddicke t/b) eine geringere Effektivität der Rippe hinnehmen.

Andererseits kann man aber bei kleinem Kennwert ein Hautbeulen zulassen und damit wesentlich höhere Äquivalentspannung erzielen. Die Rippen übernehmen dann die Funktion von Druckpfosten und müssen gegen Knicken und Flanschbeulen dimensioniert werden, dürfen also nicht zu dünnwandig sein. Die Auslegung des Zugfeldes und seiner Pfosten ist Gegenstand des folgenden Abschnitts.

4.3.5.3 Überkritische Schubwand, Zugfeld mit Pfosten

Das Schubfeld verliert beim Ausbeulen seine Steifigkeit und damit auch seine Tragfähigkeit in der Druckdiagonalen, behält diese aber in der Zugdiagonalen. Wird das Gleichgewicht durch vertikale Pfosten und horizontale Gurte gewährleistet, die als Druckglieder die verlorene Hautfunktion übernehmen, so kann das Gesamtsystem über die Beulgrenze hinaus eine Laststeigerung ertragen, bis die Haut durch Zug bricht oder die Pfosten durch Knicken versagen (Bd. 1, Abschn. 6.3.4). Man erzielt ein Gewichtsminimum, indem man alle Elemente auf ihre Versagensgrenze hin ausdimensioniert.

Die statische Funktion von Haut und Pfosten und deren Auslegungsproblem versteht man am besten am *idealen Zugfeld*, bei dem die Haut nur noch Diagonalzug übernimmt; ein Zustand, der praktisch nur bei sehr großer Beulüberschreitung angenähert wird. Das System ist dann einem Fachwerk mit Diagonalzugstäben vergleichbar, die ihre horizontale Kraftkomponente als Randschub abgeben und ihre vertikale durch Druckpfosten aufnehmen lassen (Abschn. 4.3.3.6). Der über das Feld gemittelte Spannungszustand wird durch einen exzentrischen *Mohrschen Kreis* beschrieben, dessen eine Hauptspannung gleich Null, und dessen andere $\sigma_{45}=2\tau=2q/t$ ist (Bd. 1, Bild 2.3/12). Die Randzugspannungen $\sigma_x=\sigma_y=\tau=q/t$ müssen durch Druckkräfte $P_x=\sigma_x tb=qb$ der Gurte und $P_y=\sigma_y ta=qa$ der Pfosten ins Gleichgewicht gebracht werden.

Die Versagensgrenze der Haut sei durch $\sigma_{45}\leqq\sigma_B$ gegeben, die der Pfosten, als Kasten- oder I-Profil nach Maßgabe des Stabkennwertes ausdimensioniert (Bild 4.3/6), durch $Kb^2/A_P=\sigma_P\leqq\Phi_{Stab}E_P^{3/5}K_{Stab}^{2/5}(b/l_e)^{4/5}$. Der Stabkennwert folgt über das Gleichgewicht aus dem Kennwert der Schubwand: $K=q/b=P_y/ab=(b/a)(l_e/b)^2K_{Stab}$. Damit sind die Mindestmaße

$$t/b\geqq 2K/\sigma_B \quad \text{und} \quad A_P/b^2\geqq(b/a)^{2/5}(K/E_P)^{3/5}/\Phi_{Stab} \tag{4.3-112}$$

und der Gesamtaufwand, entsprechend (4.3–108) ausgedrückt durch die Äquivalentspannung,

$$1/\tau_ä=2/\sigma_B+(\gamma_P/\gamma_H)(b/a)^{2/5}/\Phi_{Stab}E_P^{3/5}K^{2/5}. \tag{4.3-113}$$

Je größer der relative Pfostenabstand a/b, desto höher wäre demnach die Äquivalentspannung, da eine Aufteilung des Pfostenmaterials in mehrere und damit schlankere Stäbe nur deren Stabilität mindert. Endliche Pfostenabstände ließen sich dann nur mit der Biegebeanspruchung der horizontalen Randgurte begründen, die als Durchlaufträger die Hautlasten $\sigma_y t$ über die Stützweite a auf die Pfosten absetzen müssen.

Das Modell des idealen Zugfeldes reicht aber auch in anderer Hinsicht nicht aus; vor allem unterschätzt es die erzielbare Äquivalentspannung, indem es die Lastaufnahme der Haut in der Druckdiagonalen unterschlägt. In Wirklichkeit bildet sich das Zugfeld mit zunehmendem Überschreitungsgrad $\tau/\tau_{kr}=q/q_{kr}$ erst allmählich aus. Sein Zustand wird nach [4.15] beschrieben durch den *Ausbildungsfaktor* k_{ZF} (Bd. 1, Bild 2.3/13); für $\tau/\tau_{kr}<10$ gilt näherungsweise

$$k_{ZF}\equiv\tau_{ZF}/\tau=\sigma_x/\tau=\sigma_y/\tau\approx 1-(\tau_{kr}/\tau)^{1/4}. \tag{4.3-114}$$

Die Beulgrenze τ_{kr}, die im idealen Zugfeldmodell nicht gefragt ist, hängt nun aber vom Seitenverhältnis und von der Randeinspannung des Hautfeldes ab (Bd. 1, Bild 6.3/24). Die Rippen haben damit nicht nur eine Aufgabe als Druckpfosten im Nachbeulzustand, sondern davor schon die Funktion reiner Steifen zur Unterteilung der Schubwand in Einzelfelder (Abschn. 4.3.5.2). Bei quasi unverschieblicher, gelenkiger Stützung läßt sich die Beulspannung (für $a<b$) annähern durch

$$\tau_{kr}=k_\tau(t/b)^2E_H \quad \text{mit} \quad k_\tau\approx 3{,}6+4{,}8(b/a)^2. \tag{4.3-115}$$

Mit der auf Bruch ausdimensionierten Hautdicke $t/b=K/\tau_{zul}$ folgt damit über (4.3–114) ein direkter Zusammenhang zwischen Ausbildungsfaktor k_{ZF}, Hautfestigkeit τ_{zul} und Kennwert K:

$$k_{ZF}=1-(k_\tau E_H K^2/\tau_{zul}^3)^{1/4}. \tag{4.3-116}$$

Ein hoher Überschreitungsgrad $\tau/\tau_{kr}(\to\infty)$ und damit ein großer Ausbildungsfaktor $k_{ZF}(\to 1)$ läßt sich also nur bei kleinem Kennwert realisieren.

Die zulässige Beanspruchung τ_{zul} wäre nach der *Schubspannungshypothese* (Bd. 1, Bild 2.1/3) vom Ausbindungsfaktor unabhängig, weil die Betragssumme der Hauptspannungen konstant bleibt, also wie beim idealen Zugfeld: $\tau_{zul} = \sigma_B/2$. In Wirklichkeit fällt sie mit zunehmender Zugfeldausbildung ab, und zwar etwa nach der empirischen Beziehung (Bd. 1, Bild 6.2/28)

$$\tau_{zul} \approx [4 + (1 - k_{ZF})^3]\sigma_B/10. \tag{4.3-117}$$

Die zulässige Pfostenspannung wäre bei symmetrischer Anordnung wieder die Knickspannung. Allerdings stützt die angebundene Haut durch ihre Diagonalzugkraft die Pfosten und reduziert dadurch deren effektive Knicklänge (Bd. 1, Bild 6.3/27) auf

$$l_{eff}^2 = b^2/[1 + k_{ZF}^2(3 - 2a/b)], \quad \text{für} \quad a/b < 3/2. \tag{4.3-118}$$

So erhält man schließlich anstelle der einfachen Beziehung (4.3−113) des idealen Zugfeldes die nun vom Ausbildungsfaktor k_{ZF} (116) und darüber nochmals vom Kennwert abhängige Aufwandsumme

$$\frac{1}{\tau_ä} = \frac{10}{[4 + (1 - k_{ZF})^3]\sigma_B} + \frac{k_{ZF}(b/a)^{2/5}}{[1 + k_{ZF}^2(3 - 2a/b)]^{2/5}\Phi_{Stab}E_P^{3/5}K^{2/5}}. \tag{4.3-119}$$

Die Auftragung dieser Funktion in Bild 4.3/57, gerechnet mit dem hohen Wirkungsfaktor $\Phi_{Stab} = 0{,}9$ eines symmetrischen Pfostens mit Winkelprofil, zeigt für unterschiedliche Pfostenabstände ($a/b = 1/5$ und 1) nur geringfügig differierende Äquivalentspannungen. Großer Abstand erhöht die Druckstabilität des Einzelpfostens; kleiner Abstand erhöht die Hautbeulspannung (4.3−115), verringert damit den Ausbildungsfaktor (4.3−116) und mit diesem die Pfostenlast. Da der Hautaufwand fast nur von der Hautfestigkeit abhängt, erklärt sich damit leicht die Toleranz der Zielfunktion gegenüber dem Pfostenabstand.

Auch (4.3−119) gründet noch auf vereinfachten Vorstellungen: durchweg ist ein Faltenwinkel $\varphi = 45°$ angenommen; in Wirklichkeit wird er bei nachgiebigen Pfosten geringer unter zunehmender Belastung, also wachsender Überschreitung (Bd. 1, Bild 6.3/25 bzw. Gl. (6.3−64)). Dies reduziert einerseits die Pfostenlast um den Faktor $\tan\varphi$, mindert aber andererseits die Zugfestigkeit der Haut (Bd. 1, Bild 6.3/28). Weiterhin ist nicht bedacht, daß die Hautspannungen ungleichmäßig über das Feld verteilt sind: zum einen konzentriert sich die Zugspannung infolge Durchbiegung der Randgurte in den Feldecken (Bd. 1, Bild 6.3/25), zum anderen macht die Haut im Bereich des Pfostens aus geometrischem Zusammenhang dessen Kompression mit und trägt etwa über eine Breite $(1 - k_{ZF})a/2$ zu seiner Kraftaufnahme bei (Bd. 1, Bild 6.3/26).

Bei einseitig aufgebrachten, in der Hautebene mit Exzentrizität e belasteten Pfosten muß die Spannung $\sigma_{max} = \sigma_P[1 + (e/i_P)^2]$ des Anschlußflansches limitiert werden, sei es durch die Materialfließgrenze $\sigma_{0,2}$ oder durch eine Beulbedingung des Flansches. Auch bei symmetrischen Pfosten kann anstelle der Stabknickbedingung das örtliche Versagen der nicht nur längs gedrückten, sondern auch noch durch die Hautfalten quer biegebelasteten Anschlußflansche für den Pfostenaufwand ausschlaggebend werden. In der Knitterbedingung (Bd. 1, Gl. (6.3−69)) spielt das Verhältnis Flanschdicke/Wanddicke eine maßgebende Rolle. Selbst für ein relativ dickwandiges Winkelprofil ($h/s = 12$, $c/h = 1/2$) erweist sich die Bedingung des

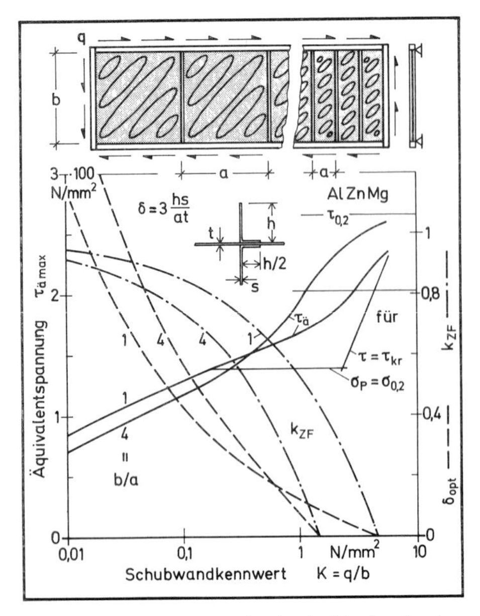

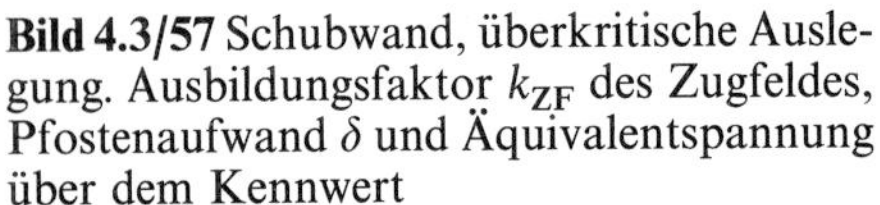
Bild 4.3/57 Schubwand, überkritische Auslegung. Ausbildungsfaktor k_{ZF} des Zugfeldes, Pfostenaufwand δ und Äquivalentspannung über dem Kennwert

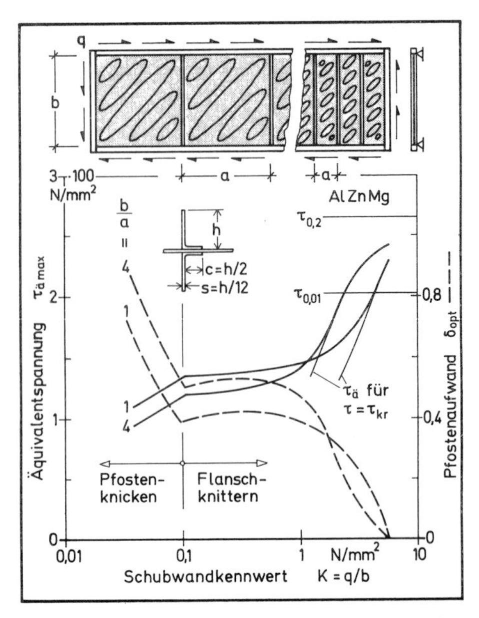

Bild 4.3/58 Schubwand, überkritisch. Pfostendimensionierung gegen Knicken und Flanschknittern. Äquivalentspannung über Kennwert; nach [4.15]

Flanschknitterns im mittleren Kennwertbereich kritisch, wogegen Pfostenknicken nur bei kleinem Kennwert bestimmend wird.

Bild 4.3/58 zeigt für ein solches Winkelprofil bei einseitiger und bei symmetrischer Anordnung die nach [4.15] erzielbare Äquivalentspannung (für AlZnMg). Pfostenknicken wird danach nur für $K < 0{,}1$ N/mm² maßgebend (bei höherem Kennwert knittert der Pfostenflansch). Andererseits wäre eine überkritische Schubwandauslegung nur für $k_{ZF} \geqq 0$, bei $a/b = 1$ nach (4.3−116) also nur etwa bis $K = 5$ N/mm² möglich; der erforderliche Pfostenaufwand ginge dann gegen Null. Da die Stützung der Einzelfelder gegen Beulen aber noch Rippen mit einer gewissen Mindeststeifigkeit erfordert, verliert die Zielfunktion der überkritischen Auslegung bereits bei kleinerem Kennwert ihre Gültigkeit. Für $K > 1$ N/mm² gilt dann die Äquivalentspannung nach Bild 4.3/56.

Die durch Faltenbildung der Haut in den Gurt- und Pfostenanschlüssen senkrecht zur Wand auftretenden Kräfte mindern nicht nur die Längsdruckstabilität des Pfostenprofils, sie gefährden überdies die Verbindung zwischen Haut und Pfosten. Die *Sprengwirkung* der Falten muß darum auch in der Dimensionierung der Verbindungsniete berücksichtigt werden und zwar nach [4.15] mit einer Zugkraft $F_N = 0{,}15\sigma_B td$ bei Doppelpfosten, oder $F_N = 0{,}22\sigma_B td$ bei Einzelpfosten (Hautfestigkeit σ_B, Hautdicke t, Nietabstand d). Eine Klebeverbindung wäre durch Schälkräfte gefährdet und muß darum besonders schmiegsam gestaltet sein; zur Sicherung empfehlen sich zusätzliche *Angstniete*. Um die Tragfähigkeit der Pfosten nicht durch Hautfalten in Mitleidenschaft ziehen zu lassen, wäre eine biegeweiche, quasi gelenkige Verbindung erforderlich, etwa über besondere Fügebänder.

Man erkennt daraus, daß die Realisierung überkritischer Tragwerke konstruktive Probleme aufwirft, die ihren theoretisch hohen Nutzen praktisch infrage stellen. Besondere Bedenken gelten der Ermüdungsfestigkeit unter wechselnder Belastung.

4.3.5.4 Orthotrope Schubwand, Einfluß der Steifenorientierung

Will man ein Ausbeulen der Haut vermeiden, so muß man die Versteifungsrippen in engen Abständen anordnen. Wie bereits angedeutet (Abschn. 4.3.5.2), braucht man bei einem Feldverhältnis $a/b < 1/5$ die Rippen nicht als Einzelelemente mit *Mindeststeifigkeit* auszulegen, sondern darf sie zum Beschreiben des globalen Wandbeulens mit der Haut zusammen als *orthotropes Kontinuum* auffassen (Bd. 1, Bild 6.3/23).

Für ein einfaches Haut + Stege-Integralprofil nach Bild 4.3/59 (Stegabstand $d = a$) wurden die orthotropen Plattensteifigkeiten schon in (4.3 – 53) beschrieben; für die querverrippte Platte sind nur die Richtungsindizes in B_x und B_y zu vertauschen. Vernachlässigt man wie in der Druckbeulgrenze (4.3 – 54) auch hier die bei dünnwandigen Profilen relativ geringe Drillsteifigkeit B_{xy}, so gilt, ausgedrückt über die Hautspannung

$$\tau = q/t = (b/d)(d/t)K, \tag{4.3-120}$$

die Beulgrenze des orthotropen Kontinuums (Bd. 1, Bild 4.3/5), mit $\beta = h/d$ und $\alpha = s/t$, bzw. dem relativen Rippenaufwand $\delta = \alpha\beta = sh/td$:

$$\begin{aligned} \tau \leqq \tau_{kr} &= q_{kr}/t = 5{,}3(\pi/b)^2 (B_x B_y^3)^{1/4}/t \\ &= 4{,}5(d/b)^2 (t/d)^{1/2} [\beta^2 \delta (4+\delta)/(1+\delta)]^{3/4} E. \end{aligned} \tag{4.3-121}$$

Zum Schubbeulen des schmalen Hautfeldes ($b/d > 5$) zwischen den Rippen wird eine gelenkige Stützung angenommen:

$$\tau \leqq \tau_{krö} = 4{,}8(t/d)^2 E_s, \quad \text{mit} \quad E_s = \eta_s E. \tag{4.3-122}$$

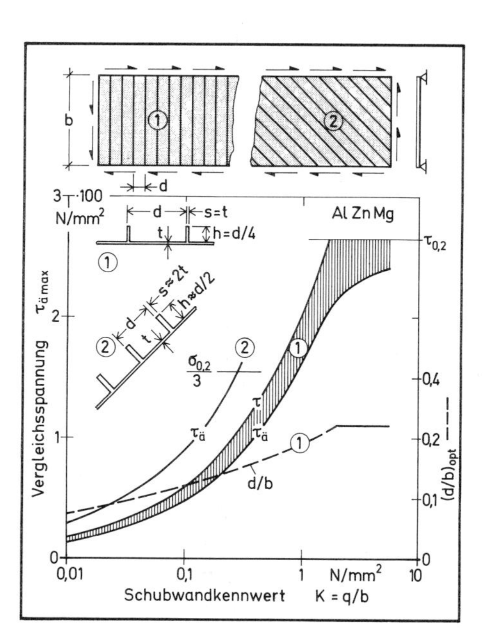

Bild 4.3/59 Schubwand mit Integralprofil, quer oder schräg versteift, optimiert gegen globales oder lokales Beulen, Äquivalentspannung über Kennwert

Damit folgt, nach Elimination von d/b und t/d, die Höchstspannung

$$[(120)^8(121)^4(122)^3]^{1/15}: \qquad \tau \leqq \Phi_\tau \eta_s^{3/15} E^{7/15} K^{8/15}, \qquad (4.3-123a)$$

mit dem Wirkungsfaktor

$$\Phi_ä = \Phi_\tau/(1+\delta) \approx 2[\beta^2\delta(4+\delta)/(1+\delta)^6]^{1/5}. \qquad (4.3-123b)$$

Die Ableitung des Äquivalentfaktors $\Phi_ä$ nach δ führt auf einen optimalen Rippenanteil $\delta_{opt}=0{,}21 \approx 1/5$ (mit einer Toleranz $\Delta\Phi_ä/\Phi_ä = \pm 1$ % im Bereich $\delta=0{,}15$ bis 0,3). Das Verhältnis $\beta = h/d$ sollte man so groß wie möglich wählen. Praxisgerecht erscheint $\beta=1/4$ ($\alpha=0{,}6$ bis 1,2); damit wird der Wirkungsfaktor $\Phi_ä=\Phi_\tau/1{,}25=1{,}18$. Im Hinblick auf die Elastizitätsgrenze empfiehlt sich, die Hautspannung $\tau=(1+\delta)\tau_ä$ möglichst niedrig zu halten, also die Toleranz des Optimums auszuschöpfen und kleinsten Steifenaufwand δ zu investieren (mit $\delta=0{,}1$ anstelle von $\delta_{opt}=0{,}2$ wäre noch immer $\Phi_ä=1{,}13$). Bei Annäherung an die Streckgrenze $\tau_{0,2}$ ist der nichttragende Steifenanteil ganz zurückzunehmen.

Die Schubwand beult global wie örtlich durch Druckbeanspruchung in der Diagonalen. Es liegt darum nahe, die Steifen nicht längs oder quer sondern unter 45° zu orientieren (Bd. 1, Bild 4.3/8). Zwar geht die Querbiegesteifigkeit B_y in (4.3−121) bereits mit dem hohen Exponenten 3/4 ein, doch würden schräg ausgerichtete Steifen überdies auf Druck voll mittragen.

Der Wirkungsfaktor einer unter 45° einachsig versteiften Platte läßt sich rasch abschätzen, wenn man über eine effektive Stützlänge l_{eff} einfach wieder mit dem Knicken des *Plattenstabes* rechnet. Aus Gleichgewichtsgründen ist die Druckbelastung $p_{45}=q$; so folgt mit dem Plattenstabkennwert $K_{Stab}=p/l_{eff}=q/l_{eff}=(b/l_{eff})K$ aus (4.3−44):

$$\tau_ä \equiv q/t = \sigma_{45} \leqq \Phi_ä E^{1/2} K^{1/2} \quad \text{mit} \quad \Phi_ä = \Phi_{Stab}(b/l_{eff})^{1/2}. \qquad (4.3-124)$$

Dabei muß man berücksichtigen, daß die Haut in der anderen Diagonalrichtung mit höherer Spannung $\sigma=q/t=(1+\delta)\tau_ä$ zugbelastet ist: durch die zweiachsige Beanspruchung wird die Elastizitätsgrenze früher überschritten als bei reinem Druck. Als positive Wirkung erfährt aber der *Plattenstab* durch Zugstützung eine Reduktion seiner effektiven Knicklänge auf $l_{eff}^2 \approx 0{,}3b^2$. Auch die örtliche Beulspannung des Plattenprofils wird durch Querzug erhöht. Rechnet man trotzdem nur mit dem Wirkungsfaktor $\Phi_{Stab}=0{,}81$ des Plattenstabes nach Bild 4.3/17, so folgt aus (4.3−124) mindestens ein Äquivalentfaktor $\Phi_ä \approx 1{,}1$ der Schubwand.

Im Vergleich zur Äquivalentspannung (4.3−123) der quer verrippten Wand zeigt die Auftragung von (4.3−124) in Bild 4.3/59 eine Überlegenheit der Diagonalverrippung. Diese reicht allerdings bei weitem nicht an die Güte heran, die sich durch Auflösen der Wand in ein Fachwerk mit diskreten Zug- und Druckstäben erzielen läßt, wie im folgenden gezeigt werden soll.

4.3.5.5 Symmetrische Fachwerkschubwand

In jeder Schubwand, ob kontinuierlich oder diskontinuierlich aufgebaut, treten Zug- und Druckkräfte auf. Die unversteifte Haut erfährt dabei eine zweiachsige Beanspruchung und, bei großem Kennwert, höchste Ausnutzung bis zur Streckgrenze. Im üblichen Kennwertbereich bedarf sie gegen Beulen zusätzlicher Aussteifungen, die

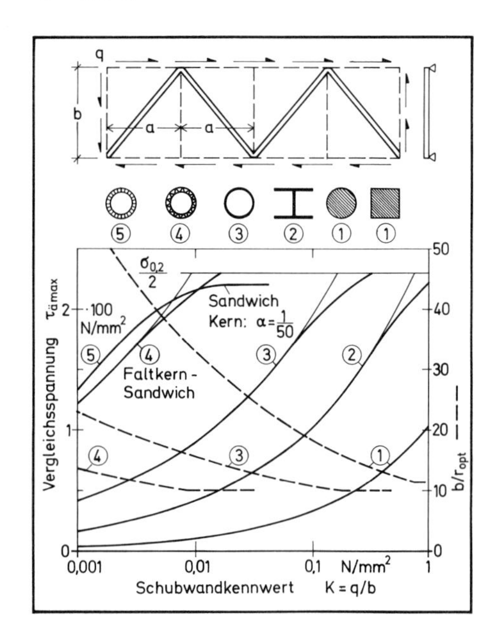

Bild 4.3/60 Schubwand als symmetrisches Fachwerk; Stabrichtung und Stabquerschnitt in verschiedenen Bauweisen optimiert. Äquivalentspannung über Kennwert

die Äquivalentspannung herabsetzen (Abschn. 4.3.3.2). Durch überkritische Auslegung (Abschn. 4.3.3.3) werden die Steifen als Druckpfosten genützt und dafür die statischen Funktionen der Haut auf die eines reinen Zugelements reduziert; bei kleinem Kennwert erhöht sich damit die Gesamtnutzung. In letzter Konsequenz bietet sich eine Fachwerkbauweise mit einzelnen Zug- und Druckstäben an; sie verspricht höchste Äquivalentspannung durch hohe Druckstabilität bei kleinem Kennwert, wird aber bei großem Kennwert der homogenen Schubwand unterlegen sein, da sie das Material nur einachsig nutzt.

Bei den unterkritisch ausgelegten Schubwänden konnte der Stegaufwand variiert und optimiert werden. Beim Zugfeld war die Funktion von Haut und Pfosten statisch bestimmt; beide Elemente ließen sich direkt dimensionieren, wobei für die Pfosten Ergebnisse der Staboptimierung eingingen. Auch beim Fachwerk sind die Stabkräfte und damit die Stabkennwerte bestimmt, so daß je nach Bauweise die Höchstspannung des Stabes und über diese die Äquivalentspannung der Fachwerkschubwand angegeben werden kann. Insoweit stellt das Fachwerk kein neues Optimierungsproblem dar; es läßt sich einfach nach gegebenen Spannungsgrenzen ausdimensionieren. Erst durch die Einführung des Stabwinkels als zusätzliche Variable wird eine neue Optimierungsaufgabe formuliert, neu auch ihrem Charakter nach: erstmals tritt hier die Frage nach optimalen Kräftepfaden auf, deren grundsätzliche Behandlung später ansteht (Kap. 5).

Hier wird zunächst das symmetrische Fachwerk betrachtet, dessen beide Stabsysteme unter entgegengesetzt gleichen Winkeln angeordnet sind, siehe Bild 4.3/60. Soll das Fachwerk wie die oben betrachteten Wände Schub mit wechselndem Vorzeichen aufnehmen können, so müssen beide Stabsysteme für Druck ausgelegt werden. Die Stabrichtung sei durch das Seitenverhältnis $\alpha \equiv a/b$ des vom Einzelstab diagonal durchschnittenen Feldes beschrieben; die Länge des Stabes folgt dann geometrisch aus $l^2 = b^2(1+\alpha^2)$ und seine Kraft aus dem Gleichgewicht $P = Ql/b = ql$.

Damit ergibt sich über α ein Zusammenhang zwischen der Stabspannung σ und der Äquivalentspannung $\tau_ä$ der Schubwand, die dem auf die Feldfläche *ab verschmierten* Volumenaufwand $V/ab = Al/ab = \bar{t}$ des Stabes reziprok entspricht:

$$\tau_ä \equiv q/\bar{t} = qab/Al = Pab/Al^2 = \sigma\alpha/(1+\alpha^2). \qquad (4.3-125)$$

Setzt man für die Stabspannung den Höchstwert des ausdimensionierten Stabes $\sigma_{max} = \Phi_{Stab} E^n K_{Stab}^{1/n}$ mit $K_{Stab} = P/l^2 = q/l = Kb/l$, so erhält man daraus

$$\tau_ä = \Phi_ä E^n K^{1-n} \quad \text{mit} \quad \Phi_ä = \Phi_{Stab}\alpha/(1+\alpha^2)^{(3-n)/2}. \qquad (4.3-126)$$

Die Ableitung des Äquivalentfaktors nach dem Richtungsparameter α führt auf die Optimalwerte

$$\alpha_{opt} = 1/(2-n)^{1/2}, \quad \Phi_{ämax} = \Phi_{Stab}[(2-n)^{2-n}/(3-n)^{3-n}]^{1/2}. \qquad (4.3-127)$$

Der Äquivalentfaktor der Schubwand ist proportional dem Wirkungsfaktor der Stabbauweise. Nach Bild 4.3/7 gilt für Vollquerschnitte $n=1/2$, also $\alpha_{opt}=0{,}82$ und $\Phi_ä = 0{,}43\Phi_{Stab} \approx 0{,}39$; für runde Hohlquerschnitte: $n=2/3$, also $\alpha_{opt}=0{,}87$ und $\Phi_ä = 0{,}45\Phi_{Stab}$ (mit $\Phi_{Stab}=0{,}58$ für das einfache Rohr, und $\Phi_{äStab} \approx 2$ für einen Sandwichzylinder), und schließlich für I- oder Kastenprofile: $n=3/5$, also $\alpha_{opt}=0{,}84$ und $\Phi_{ämax} = 0{,}44\Phi_{Stab} = 0{,}32$ bis 0,4.

Ein Bauweisenvergleich bei unterschiedlichen Exponenten n ist wieder nur über dem Kennwert möglich, siehe Bild 4.3/60. Hohlstäbe oder gar Sandwichrohre empfehlen sich für kleine Kennwerte; feingegliederte Rohrschalen als Fachwerkstäbe sind nur bei entsprechend großen Stablängen und -radien realisierbar. Bei großem Kennwert erreicht die Stabspannung die Druckgrenze $\sigma_{0,2}$; der Richtungsparameter α geht im plastischen Bereich gegen Eins (45°) und führt damit an die Obergrenze der Äquivalentschubspannung $\tau_ä \leqq \sigma_{0,2}/2$. Diese ist niedriger als $\tau_ä \leqq \sigma_{0,2}/3^{1/2}$ bei der zweiachsig voll tragenden, unversteiften Schubwand.

Das Feldverhältnis α_{opt} ist auch im elastischen Bereich nahezu Eins. Verzichtet man auf die Richtungsoptimierung und setzt einfach $\alpha=1$, so ist im ungünstigsten Fall (für $n=1/2$) nur eine Einbuße von 2 % hinzunehmen.

Bei dieser Rechnung ist der Aufwand der Horizontalgurte nicht berücksichtigt, da diese nicht unbedingt als Elemente der Schubwand mitzählen. Beim Fachwerk haben sie aber die Aufgabe, einen gleichförmig angreifenden Schubfluß q auf die Knoten zu verteilen; dabei werden die Gurtabschnitte zwischen den Knoten durch linear veränderliche Schnittkraft mit dem Spitzenwert $P=qa$ (einerseits Zug, andererseits Druck) belastet.

Wenn kein Knicken der Gurte zu befürchten ist, kann man diese bis zur Streckgrenze $\sigma_{0,2}$ beanspruchen. Mit unterschiedlicher Mittelspannung $\bar{\sigma}_G$ der Gurte und σ_D der Diagonalstäbe ist der Gesamtaufwand dann keine gewöhnliche Potenzfunktion des Kennwerts mehr, sondern wieder eine Summe:

$$\frac{1}{\tau_ä} = \frac{(1+\alpha^2)}{\alpha\sigma_D} + \frac{\alpha}{\bar{\sigma}_G} = \frac{(1+\alpha^2)^{(3-n)/2}}{\alpha\Phi_{Stab}E^n K^{1-n}} + \frac{\alpha}{\bar{\sigma}_G}. \qquad (4.3-128)$$

Bei kleinem Kennwert verliert der Gurtanteil an Bedeutung; bei großem Kennwert gelangt man mit $\sigma_D \to \bar{\sigma}_G = \sigma_{0,2}$ an die Nutzungsgrenze $\tau_ä \leqq \sigma_{0,2} 2/5$. Dazu müssen aber die Gurte mit linear veränderlichem Querschnitt ausdimensioniert sein; bei konstanter Gurtstärke wäre $\bar{\sigma}_G = \sigma_{0,2}/2$ und $\tau_ä \leqq \sigma_{0,2}/3$.

Im übrigen darf man auch den bei großem Kennwert erheblichen Aufwand an Verbindungselementen nicht vergessen (Abschn. 4.2.1). Der Knotenaufwand des Fachwerks hängt wie sein Stabaufwand stark von der Bauweise ab; er wird bei integrierenden Verbindungen (Schweißen oder Kleben) geringer sein als bei angenieteten oder verschraubten Knotenblechen. Jedenfalls aber bringt er in (4.3–128) einen zusätzlichen Anteil $\bar{t}_K/q \approx K^{1/2}(1+\alpha^2)^{3/4}/\alpha\sigma_K^{3/2}$, der mit zunehmendem Kennwert die Äquivalentspannung wieder herabdrückt. So ist die Fachwerkbauweise zum einen wegen ihrer geringen Materialausnutzung, zum anderen wegen ihres Gurt- und Knotenaufwandes bei großem Kennwert der Vollwand deutlich unterlegen.

Bei kleinen Kennwerten empfiehlt sich zur höheren Stabilität prinzipiell eine feingegliederte Struktur, etwa in der Bauweise des Fachwerkstabes als Sandwichrohr oder als verrippte Zylinderschale. Man muß daher fragen, ob nicht auch eine feinere Unterteilung der Fachwerkstruktur vorteilhaft wäre: man könnte beispielsweise die Stabanzahl verdoppeln und die beiden Stabsysteme überkreuzen.

Tatsächlich ist der Zugstab imstande, einen umgekehrt gleichstark belasteten Druckstab mittig so zu stützen, daß er in zwei Halbwellen knickt, und zwar nicht nur in der Wandebene, sondern auch senkrecht dazu (Bd. 1, Bild 7.3/1). Bei halbierter Knicklänge und halbierter Drucklast (infolge halbierter Stababstände) verdoppelt sich der Stabkennwert $K_{Stab} = P/l^2$, wodurch die Äquivalentspannung (4.3–126), je nach Exponent $n = 2/3$ bis $1/2$, um 26 bis 41 % ansteigt.

Stützt man die Druckstäbe nicht nur gelenkig, sondern spannt sie an den Knoten drehstarr ein, so erzielt man ohne Stabkreuzung, also bei ungeminderter Stablast, eine Verkürzung der effektiven Knicklänge bis auf 1/2, damit aber einen 4fachen Kennwert und eine nahezu 2fache Äquivalentspannung. Es lohnt sich daher, durch entsprechend steife Knoten und Randgurte für eine Einspannung der Druckstäbe zu sorgen; auch wenn diese niemals starr sein kann, ist der Effekt einer Stabeinspannung doch nicht geringer einzuschätzen als der einer Stabwinkel- oder Bauweisenoptimierung.

4.3.5.6 Unsymmetrische Fachwerkschubwand

Erhebliche Gewichtseinsparung ist möglich, wenn man auf die Umkehrbarkeit der Belastung verzichtet und in der Auslegung Druckstäbe von Zugstäben unterscheidet, diese also auch unter verschiedenen Winkeln orientiert. Durch eine solche Unsymmetrie erhält die Wand gewisse anisotrope Eigenschaften, die ihre Gesamtsteifigkeit betreffen, für die hier durchzuführende Festigkeitsauslegung aber nicht interessieren.

Bei kleinem Kennwert ist es sicher günstig, die Druckstäbe kurz zu halten, also möglichst vertikal einzubauen: einfachheitshalber wird darum zunächst nur der Richtungsparameter α der Zugstäbe variiert, siehe Bild 4.3/61. Die Zugkraft $P_z = Ql/b = ql = Kbl$ ist proportional zur Zugstablänge $l = b(1+\alpha^2)^{1/2}$. Die Pfostenkraft $P_d = Q = qb = Kb^2 = K_{Stab}b^2$ hängt dagegen nicht vom Feldverhältnis α ab; im übrigen ist der Pfostenkennwert $K_{Stab} = P/b^2$ hier gleich dem Kennwert $K = Q/b^2 = q/b$ der Schubwand. Durch *Verschmieren* der Volumina $V_z = A_z l = P_z l/\sigma_z$ und $V_d = A_d b = P_d b/\sigma_d$ über die Feldfläche *ab*, sowie durch Gewichtung der beiden Anteile mit möglicherweise unterschiedlichen Werten γ_z und γ_d erhält man den Gesamtgewichtsaufwand. Will man diesen wieder über eine Äquivalentspannung, also ein Vergleichsvolumen ausdrücken, so muß man sich auf das spezifische Gewicht

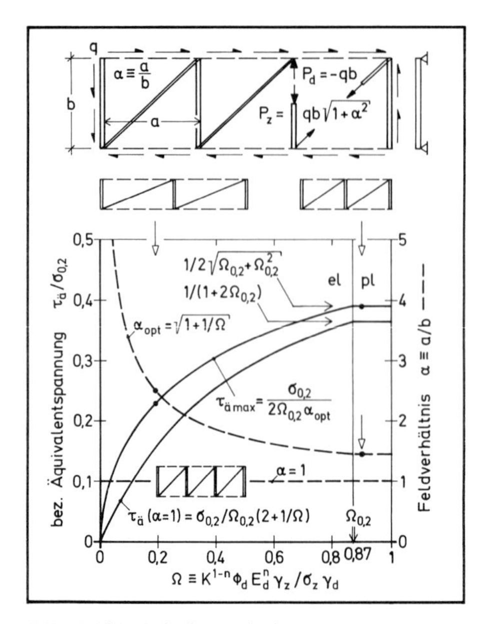

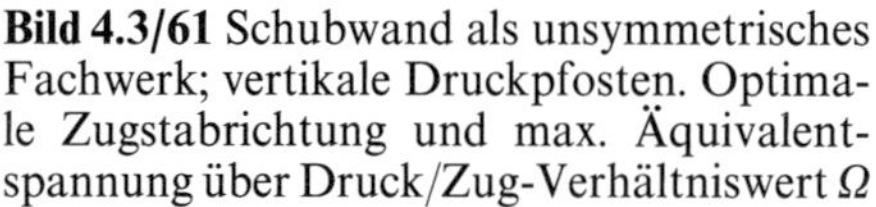

Bild 4.3/61 Schubwand als unsymmetrisches Fachwerk; vertikale Druckpfosten. Optimale Zugstabrichtung und max. Äquivalentspannung über Druck/Zug-Verhältniswert Ω

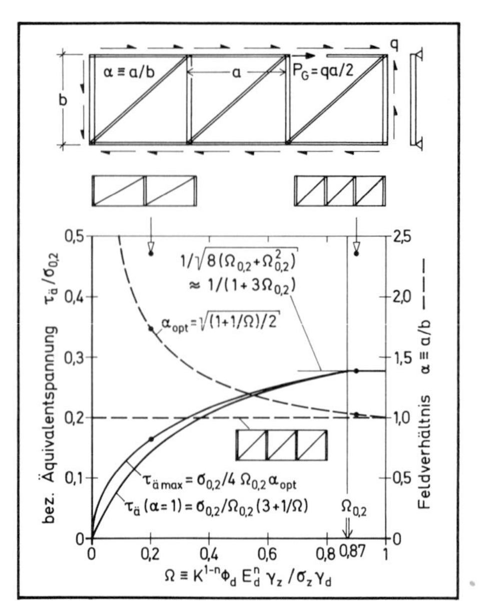

Bild 4.3/62 Schubwand als unsymmetrisches Fachwerk; vertikale Druckpfosten. Zugstabrichtung und Äquivalentspannung bei Anrechnung der Horizontalgurte

des einen oder des anderen Anteils beziehen. In bezug auf die Druckstäbe gilt dann

$$\frac{1}{\tau_{ä}}=\frac{\bar{t}_d}{q}+\frac{\gamma_z\bar{t}_z}{\gamma_d q}=\frac{1}{\alpha\sigma_d}+\frac{\gamma_z}{\gamma_d}\frac{(1+\alpha^2)}{\alpha\sigma_z}=\frac{1}{\alpha\sigma_d}[1+\Omega(1+\alpha^2)]. \qquad (4.3-129)$$

Darin ist $\Omega\equiv\gamma_z\sigma_d/\gamma_d\sigma_z$ das Verhältnis der gewichtsspezifischen Druck- und Zugspannungen. Dimensioniert man den Druckstab mit $\sigma_d=\Phi_d E^n K^{1-n}\leqq\sigma_{0,2}$ auf Knicken und Beulen, den Zugstab mit $\sigma_z=\sigma_B$ auf Bruch aus, so ist dieser Parameter

$$\Omega=\frac{\Phi_d E^n K^{1-n}/\gamma_d}{\sigma_B/\gamma_z}<\Omega_{0,2}=\frac{\sigma_{0,2}/\gamma_d}{\sigma_B/\gamma_z} \qquad (4.3-130)$$

und mit ihm die auf die auf die Materialdruckgrenze bezogene Äquivalentspannung

$$\tau_{ä}/\sigma_{0,2}\leqq\alpha/(\alpha^2+1+1/\Omega)\,\Omega_{0,2}\,. \qquad (4.3-131)$$

Im elastischen Bereich ($\Omega=\text{const}$ für $E=\text{const}$) erhält man aus Ableitung nach α die optimale Richtung der Zugstäbe

$$\alpha_{opt}=(1+1/\Omega)^{1/2}>(1+1/\Omega_{0,2})^{1/2} \qquad (4.3-132)$$

und den dazu reziproken Höchstwert der Äquivalentspannung

$$\tau_{ämax}/\sigma_{0,2}=1/2\alpha_{opt}\Omega_{0,2}<1/2(\Omega_{0,2}+\Omega_{0,2}^2)^{1/2}\,. \qquad (4.3-133)$$

Rechnet man bis zur $\sigma_{0,2}$- bzw. $\Omega_{0,2}$-Grenze mit ideal-elastischem Verhalten, so gelten die in Bild 4.3/61 gezeichneten Verläufe für α_{opt} (4.3–132) und $\tau_{ämax}/\sigma_{0,2}$ (4.3–133). Im Unterschied zum symmetrischen Fachwerk (Bild 4.3/60), bei dem der optimale Stabwinkel (4.3–127) nur vom Exponenten n der Stabfunktion abhängt und nur geringfügig von 45° abweicht, nimmt hier der Kennwert auf die optimale Zugstabneigung starken Einfluß. Zum Vergleich sind Ergebnisse nach (4.3–131) mit $\alpha=1$ eingezeichnet: diese liegen besonders bei kleinem Kennwert erheblich unter dem Optimum, kommen aber auch bei großem Kennwert nicht an die Obergrenze (4.3–133) heran.

Für den optimalen Stabwinkel wie auch für das Gesamtgewicht ist der Parameter Ω (4.3–130) verantwortlich, der nicht nur den Strukturkennwert, sondern auch den Wirkungsfaktor Φ_{Stab} des Druckstabes, dessen Materialgröße E^n/γ_d und die Reißlänge σ_B/γ_z des Zugstabes enthält und sich in diesem Sinne als *Kombinationskennwert* bezeichnen läßt. Bedenkt man, daß der Wirkungsfaktor der *Substruktur Druckstab* selbst, etwa nach (4.3–100) oder (4.3–102), wieder auf einen Faktor der *Zylinderschale*, und dieser womöglich auf einen solchen des *Plattenstabes* zurückzuführen ist, so hat man hier ein anschauliches Beispiel, wie durch stufenweises Vorgehen das Optimierungsergebnis auch einer komplexen, durch eine Vielzahl Variabler ausgezeichneten Struktur letztlich als Funktion einer einzigen Kenngröße ausgedrückt werden kann.

Wie für *gemischte* Konstruktionen charakteristisch, ist das Ergebnis hier keine gewöhnliche Potenzfunktion des Kennwertes. So ist auch die Gewichtsaufteilung zwischen Zug- und Druckstäben kennwertabhängig: mit steigendem K bzw. Ω wächst nach (4.3–129) mit (4.3–132) der Relativanteil der Zugstäbe

$$G_z/G_d=\Omega(1+\alpha^2)=1+2\Omega, \quad \text{für} \quad \alpha_{opt}. \tag{4.3–134}$$

Bei kleinem Kombinationskennwert Ω erhält man nach (4.3–132) ein großes Feldverhältnis α, also lange, flach geneigte Zugstäbe. Der relative Aufwand an weniger hoch nutzbaren Druckpfosten geht dadurch zurück. Steht für die Zugstäbe ein Material mit sehr hoher Reißlänge σ_B/γ_z zur Verfügung, so ist dies ebenso wie ein kleiner Strukturkennwert ein Grund, großen Pfostenabstand zu wählen und damit den Relativanteil der Zugstäbe zu erhöhen. Allerdings geht der hierdurch erzielte Gewinn auch zu Lasten der Horizontalgurte, die in dieser Rechnung nicht berücksichtigt sind und wie in (4.3–128) in die Aufwandsumme mit eingehen müßten. Zählt man sie als Zugglieder, so muß $(1+2\alpha^2)$ anstelle von $(1+\alpha^2)$ in (4.3–129) stehen; damit wird der optimale Pfostenabstand enger und die maximale Äquivalentspannung $\tau_ä$ fällt ab, siehe Bild 4.3/62.

Führt man Zug- wie Druckelemente in gleichem Material aus und beansprucht beide nicht über die Streckgrenze $\sigma_{0,2}$, so ist $\Omega_{0,2}=1$ und die bei großem Kennwert anzunähernde Obergrenze $\tau_ä \leqq \sigma_{0,2}/2\sqrt{2}=0{,}35\sigma_{0,2}$. Nützt man die Zugstäbe bis zur Bruchgrenze σ_B, so erreicht man höhere Endwerte, beispielsweise $\tau_ä \leqq 0{,}38\sigma_{0,2}$ für AlZnMg, mit $\Omega_{0,2}=\sigma_{0,2}/\sigma_B=0{,}87$.

Im Sinne des Leichtbaus wäre es konsequent, wegen der unterschiedlichen Materialwertung E^n/γ_d bzw. $\sigma_{0,2}/\gamma_d$ für Druckstäbe und σ_B/γ_z für Zugstäbe eine *Hybridbauweise* zu wählen: etwa GFK für Zug und AlZnMg oder CFK für die Druckstäbe. Mit der Reißlänge $\sigma_B/\gamma=50$ km eines GFK-Stabes und einem Wert $\sigma_{0,2}/\gamma \approx 16$ km des AlZnMg-Druckstabes wäre $\Omega_{0,2}=16/50=0{,}32$ und letztlich $\tau_ä \leqq 2{,}8\sigma_{0,2}$, also weit höher als bei der reinen Metallausführung. Die Überlegenheit auch bei kleinem Kennwert zeigt sich in der vergleichenden Darstellung in Bild 4.3/63 (auf der Basis AlZnMg).

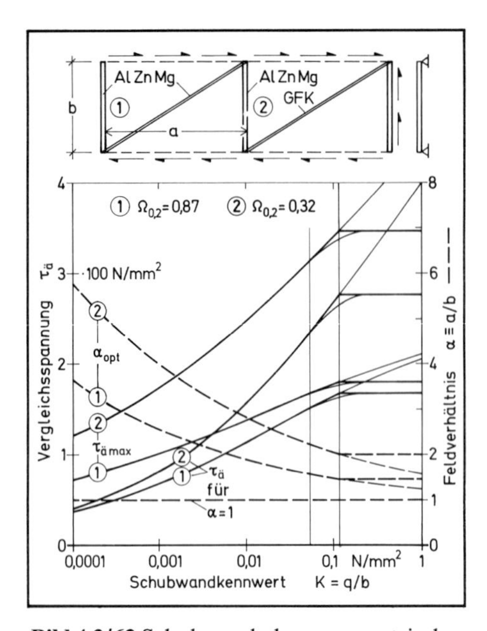

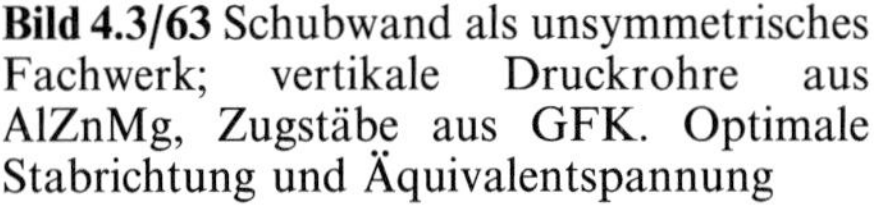
Bild 4.3/63 Schubwand als unsymmetrisches Fachwerk; vertikale Druckrohre aus AlZnMg, Zugstäbe aus GFK. Optimale Stabrichtung und Äquivalentspannung

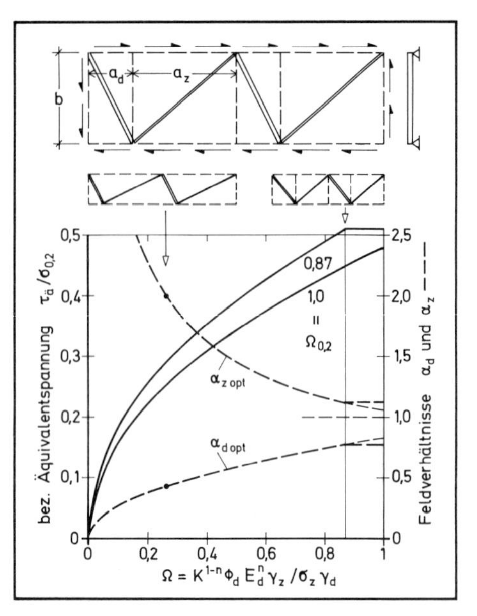

Bild 4.3/64 Schubwand als unsymmetrisches Fachwerk. Optimale Druck- und Zugstabrichtung und Äquivalentspannung über dem Druck/Zug-Verhältniswert Ω

Gegenüber einem symmetrischen Fachwerk (Bild 4.3/60) schneidet das unsymmetrische bei hohem Kennwert schlechter ab: bei jenem erzielte man $\tau_ä \leqq 0{,}5\sigma_{0,2}$ (mit $\alpha_{opt}=1$), bei diesem erreicht man nur $\tau_ä \leqq 0{,}38\sigma_{0,2}$ (AlZnMg für Zug und Druck). Für Kennwerte $K \leqq 0{,}05$ N/mm² erweist sich das Fachwerk mit Vertikalpfosten überlegen.

Ein stetiger Übergang zum symmetrischen Fachwerk mit höherer Äquivalentspannung im Bereich mittlerer Kennwerte läßt sich herstellen, wenn man nicht nur die Richtung der Zugstäbe, sondern auch die der Druckstäbe optimiert. Mit unterschiedlichen Feldverhältnissen α_z und α_d für Zug und Druck steht dann anstelle von (4.3–131):

$$\tau_ä/\sigma_{0,2} = (\alpha_z+\alpha_d)/[(1+\alpha_z^2) + (1+\alpha_d^2)^{(3-n)/2}/\Omega]\,\Omega_{0,2}\,. \tag{4.3–135}$$

Aus partieller Ableitung nach α_z folgt wieder wie (4.3–133):

$$\tau_ä/\sigma_{0,2} = 1/2\alpha_{zopt}\Omega_{0,2}\,, \tag{4.3–136}$$

und mit partieller Ableitung nach α_d ein Zusammenhang zwischen den Optimalrichtungen von Zug- und Druckstäben über die quadratische Gleichung

$$\alpha_d^2(2-n) + \alpha_d(\alpha_z - 1/\alpha_z)(3-n)/2 - 1 = 0\,, \tag{4.3–137}$$

sowie, als Funktion von α_z und α_d, der Kombinationskennwert

$$\Omega = (3-n)(1+\alpha_d^2)^{(1-n)/2}\alpha_d/2\alpha_z\,. \tag{4.3–138}$$

Bei Eingabe von α_{zopt} läßt sich $\tau_{ämax}$ über (4.3–136), α_{dopt} über (4.3–137) und schließlich auch Ω über (4.3–138) errechnen. Ergebnisse sind in Bild 4.3/64 für

$\Omega_{0,2}=\sigma_{0,2}/\sigma_B=0{,}87$ (AlZnMg) aufgetragen. Mit $\alpha_{zopt}\approx 1/\alpha_{dopt}$ richten sich Zug- und Druckstäbe etwa rechtwinklig zueinander aus (Bild 5.1/18).

Ein Vergleich der Fachwerkstruktur mit anderen Bauweisen soll die Betrachtungen zur Schubwand abschließen.

4.3.5.7 Vergleich der Bauweisen über den Schubwandkennwert

In Bild 4.3/65 sind die Optimierungsergebnisse der oben untersuchten Bauweisen zusammengefaßt. Ergänzend sind Aussagen über die gelochte Schubwand nach [4.16] und für die Wellblechwand nach [4.17] ausgewertet.

Die gelochte Schubwand (8) spart Material und erhöht die Beulsteifigkeit durch Randbördel (Bd. 1, Bild 7.1/3); dadurch ist sie bei kleinem Kennwert der einfachen Wand gegenüber etwas im Vorteil. Bei größerem Kennwert muß man den Lochdurchmesser reduzieren, sonst fällt die Äquivalentspannung unter die des ungelochten Bleches.

Die Wellblechwand (4) zeigt ähnliche Tendenz wie die eng querverrippte Platte (mit vorgegebenem Verhältnis $h/d=1/2$). In beiden Fällen nimmt der Rippenabstand bzw. die Wellenlänge mit dem Kennwert ab. Das globale Beulverhalten wird durch ein Kontinuumsmodell beschrieben.

Als Diskontinuum ist die in größeren Abständen verrippte Platte (5) zu betrachten (Formfaktor $\mu_R=1$, siehe Bild 4.3/56). Bei unterkritischer Auslegung ist die in weiten Abständen versteifte Wand ineffektiv; erst beim Zugfeld (6) kann der Hautaufwand stark reduziert und dadurch die Äquivalentspannung angehoben werden. Für $K>0{,}3$ N/mm^2 ist das Zugfeld der unterkritischen, eng verrippten Platte unterlegen; ab $K>1$ N/mm^2 ist keine Beulüberschreitung mehr möglich.

Bei allen querverrippten Wänden muß nach Überschreiten der Elastizitätsgrenze der relative Steifenanteil allmählich zurückgenommen werden; nur so erreicht man

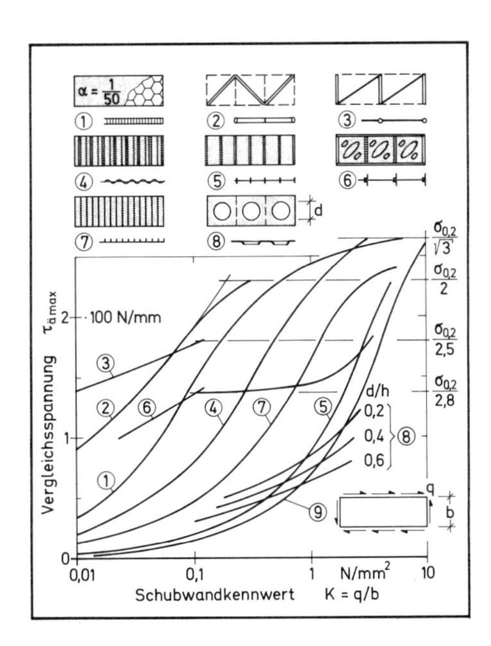

Bild 4.3/65 Schubwände in verschiedenen Bauweisen. Vergleich der Äquivalentspannungen; Vorzug des Zugfeldes (6) und der Fachwerke bei kleinem Strukturkennwert

bei großem Kennwert schließlich die Nutzungsgrenze $\tau_{ä} \leqq \sigma_{0,2}/3^{1/2}$ der unversteiften, voll tragenden Wand.

Dagegen ist im Fachwerk das Material nur einachsig genützt; damit erreicht man bei symmetrischer Ausführung $\tau_{ä} \leqq \sigma_{0,2}/2$. Noch niedriger liegt die Obergrenze beim unsymmetrischen Fachwerk mit vertikalen, also nicht in Hauptlastrichtung 45° orientierten Druckpfosten. Solche sind nur bei kleinem Kennwert günstig; im Übergang zu größeren Kennwerten stellt man die Druckstäbe besser schräg (Bild 4.3/64).

Der Verlauf der Zielfunktion $\tau_{ä}(K)$ beim Fachwerk (3) mit Vertikalpfosten erklärt auch die Tendenz beim Zugfeld (6): Dieses hat bei kleinem Kennwert noch den Vorteil, daß die effektive Knicklänge der Pfosten durch die Hautzugstützung reduziert wird, im mittleren Kennwertbereich aber den Nachteil, daß die Pfosten gegen Knittern ihrer Anschlußflansche (erzwungen durch Hautfalten) einen höheren Aufwand erfordern.

Eine Sandwichplatte (1), nach (4.3–106) mit Kernfüllungsgrad $\alpha_{min} = 1/100$ gerechnet, zeigt sich bei kleinem Kennwert zwar besser als die unkritisch verrippte Wand, dem Fachwerk aber wegen ihres hohen Anteils nichttragenden Kerngewichts (zwei Drittel) deutlich unterlegen. Aus gleichem Grund tritt sie früher als die verrippte Platte in den plastischen Bereich ein und erreicht erst bei höherem Kennwert allmählich die Obergrenze $\tau_{ä} \leqq \sigma_{0,2}/3^{1/2}$.

4.4 Einfluß des Eigengewichtes auf die Konstruktion

Bis hierher wurde das Eigengewicht des Tragwerkes nur als die zu minimierende Zielgröße angesehen, die jedenfalls gegenüber der Nutzlast klein und als zusätzliche Last vernachlässigbar sein sollte. Die vorgegebene Länge ging mit der Nutzlast in den Strukturkennwert ein und wurde so für den Volumenaufwand, also das Eigengewicht der Konstruktion maßgebend. Rechnet man dieses nun zur Belastung hinzu, so nimmt die Trägerlänge noch über einen weiteren Parameter Einfluß auf die Dimensionierung, nämlich in bezug auf die *Reißlänge* $l_r \equiv \sigma_B/\gamma$ oder, bei Steifigkeitsproblemen, bezüglich der *Dehnlänge* $l_d \equiv E/\gamma$ des Materials. Damit wird letztlich der Größe jedes der Gravitation unterworfenen Tragwerks eine materialbedingte Grenze gesetzt.

Im einfachsten Fall eines nur zugbeanspruchten Tragwerkes (ohne Knotengewichte und ohne geometrische Restriktionen) bleibt die Proportionalität zwischen Konstruktionsaufwand und Nutzlast erhalten, doch steigt der Proportionalitätsfaktor (Volumenfaktor) mit dem materialspezifischen Längenparameter l/l_r an und strebt nach Unendlich für $l/l_r \rightarrow 1$.

In anderen Fällen, etwa bei biegebeanspruchten oder stabilitätsgefährdeten Tragwerken, wirkt sich das Eigengewicht als Zusatzbelastung in der Kennwertfunktion aus; diese hat dann in der Regel nicht mehr die einfache Potenzform. Dabei zeigen sich im untersten und im obersten Kennwertbereich aus unterschiedlichen Gründen charakteristische Abweichungen: einmal strebt das Eigengewicht einem endlichen Minimum zu, das anderemal wird das Nutzlastmaximum reduziert.

Wie schon in den vorausgegangenen Beispielen ohne Eigenlast gilt auch hier, daß bei kleinem Kennwert das Steifigkeits- oder Stabilitätskriterium maßgebend wird, dagegen bei großem Kennwert die Materialfestigkeit und die geometrische Begrenzung der äußeren Abmessungen, etwa die Trägerhöhe. Daraus resultieren für den *Vergrößerungsfaktor* des Zusatzgewichtes (Abschn. 2.1.2), d.h. für die Änderung (Ableitung) des Gesamtgewichtes nach der Nutzlast und damit für die Entwurfsfrage konträre Bedingungen und Empfehlungen.

Ist die Nutzlast beispielsweise in bezug auf seine vorgegebene Länge sehr klein, so dominiert das *sich selbst tragende* Eigengewicht. Da eine Änderung der Nutzlast dieses nur wenig beeinflußt, ist der *Vergrößerungsfaktor* quasi gleich Null und die Entwurfsaufgabe in diesem Sinne sehr *stabil*. Dafür ist aber die *Effektivität* wegen des niedrigen Verhältnisses der Nutzlast zum Eigengewicht entsprechend gering. Man müßte dann empfehlen, den Nutzlastkennwert zu erhöhen, also die Nutzung zu steigern oder die Trägerlänge zu reduzieren. Wenn möglich, sollte man bei niedrigen Kennwerten ein Tragsystem wählen, bei dem die Steifigkeitsprobleme des Biegens, Knickens oder Beulens nicht auftreten; also am besten eine Zugkonstruktion, beispielsweise eine Seilbrücke, die sich an wenigen massiven Druckpfeilern aufhängt und deren Biegeelemente (Fahrbahn) nur kurze Teilspannweiten überbrücken.

Bei punkt- oder linienbelasteten Tragwerken erscheint die Trägerlänge im Nenner des Kennwertes; große Länge führt dann zu kleinem Kennwert und zu den oben beschriebenen Steifigkeitsproblemen. Bei Flächenbelastung geht nur diese selbst, nicht aber die Länge in den Kennwert ein. Bei Volumenbelastung, beispielsweise einem durch Nutzlast ausgefüllten Behälter oder Fahrzeug, steigt der Kennwert mit der Länge; große Länge führt dann auf Probleme der Festigkeit und der geometrischen Restriktionen, wie sie für den oberen Kennwertbereich bezeichnend sind.

Auch ohne Eigenbelastung steigt bei großem Kennwert (durch die Festigkeitsrestriktion) das Eigengewicht über der Nutzlast steiler an. Ist überdies die verfügbare Trägerhöhe begrenzt oder die äußere Proportion des Tragwerks vorgeschrieben (wie beim Flugzeug aus aerodynamischen Gründen), so steigt das Eigengewicht überproportional an. Da die Wand nur nach innen aufgedickt werden kann, fällt der Trägheitsradius des Querschnitts ab. Füllt schließlich das tragende Material den ganzen Trägerquerschnitt aus, so läßt sich dessen Tragfähigkeit, also auch die Nutzlast nicht weiter erhöhen; der *Vergrößerungsfaktor* geht aus geometrischen Gründen nach Unendlich, der Entwurf wird *instabil*. Um die Realisationsgrenze zu höheren Nutzlasten zu verschieben und damit den Entwurf zu stabilisieren, hilft nur ein Material höherer Festigkeit σ_B, das geringere Wanddicke ermöglicht.

Geht das Eigengewicht in die Belastung mit ein, so wird die obere Nutzlastgrenze noch weiter reduziert; der Vergrößerungsfaktor strebt nach Unendlich noch bevor das tragende Material den Trägerquerschnitt ausfüllt. Helfen kann dann nur leichteres Material hoher Festigkeit, also mit größerer *Reißlänge*.

Im folgenden werden die Folgen einer Eigenbelastung zunächst an einfachsten Beispielen zug- und biegebeanspruchter Systeme, im weiteren auch an knick- und beulgefährdeten Tragwerken dargestellt.

4.4.1 Eigenlasteinfluß bei Zug- oder Biegebeanspruchung

Die in Abschn. 4.3 zur Dimensionierung von Zug- und Biegeträgern angestellten Überlegungen seien hier hinsichtlich des Eigenlasteinflusses weitergeführt. Da nur allgemeine Zusammenhänge und Tendenzen beschrieben werden sollen, genügen einfachste Beispiele mit konstanten Querschnitten. Natürlich müßte man reale Leichtbaukonstruktionen, erst recht wenn ihr Eigengewicht als Zusatzbelastung wirkt, als *Träger gleicher Festigkeit* bzw. maximaler Steifigkeit mit längsveränderlichen Dicken oder Höhe gestalten, doch darf hier jedes Gestaltungsproblem, auch des Querschnitts selbst, außer Betracht bleiben. Als einzige Variable fungiert die Dicke bzw. die tragende Querschnittsfläche, die nach dem Kriterium der Festigkeit oder der Steifigkeit dimensioniert wird.

Bei Zugkonstruktionen interessiert vornehmlich die Festigkeitsauslegung, wobei unter Eigenlast der Reißlängenparameter nur den Volumenfaktor beeinflußt. Bei Biegekonstruktionen ist zu erwarten, daß die Kennwertfunktion im unteren Bereich von der einfachen Potenzform abweicht, wobei die Steifigkeitsforderung den Ausschlag gibt. Dies gilt besonders für homogene Querschnitte, deren Trägheitsmoment mit der 3. Potenz der Dicke zunimmt. An dünnwandigen Kasten- oder I-Trägern (ohne Berücksichtigung des Steganteils) ist die Biegesteifigkeit dem Gurtquerschnitt und damit dem Aufwand proportional; ein Steifigkeitsproblem existiert dann nur als örtliches Beulproblem der (bei kleinem Kennwert) relativ dünnen Gurtwände (siehe Abschn. 4.4.2). Bei großem Kennwert wird der Kastenträger dickwandig; ist dazu die äußere Trägerhöhe begrenzt, so beschränkt dies aus Festigkeitsgründen die Nutzlast. Unter Eigenlasteinfluß weicht die Kennwertfunktion früher von der Potenzform ab und senkt damit die Nutzlastschranke.

4.4.1.1 Zugkonstruktion unter Nutz- und Eigenlast

Ein vertikal aufgehängter Zugstab reißt unter Eigengewicht bei einer Länge $l_r \equiv \sigma_B/\gamma$. Eine Nutzlast G_N wird nur ertragen, wenn die Stablänge l kürzer ist als die Reißlänge l_r seines Materials. Für das Tragwerkgewicht G_T gilt nämlich mit der Gesamtbelastung $G_{NT} = G_N + G_T$ die Festigkeitsbedingung

$$G_T = l\gamma A = G_{NT} l\gamma/\sigma = (G_N + G_T)\, l/l_r, \quad \text{also} \quad G_T = G_N/(l_r/l - 1) \tag{4.4-1}$$

oder, mit dem Nutzlastkennwert $K = G_N/l^2$, die Volumendichte:

$$V/l^3 = G_T/l^3\gamma = \Psi_V K/\sigma \quad \text{mit} \quad \Psi_V = 1/(1 - l/l_r). \tag{4.4-2}$$

Der *Vergrößerungsfaktor* der Zusatzgewichte (Abschn. 2.1.2), definiert als Ableitung $\varepsilon_{ZG} \equiv \partial G_{NT}/\partial G_N$ des Gesamtgewichtes nach der Nutzlast, wäre in diesem Fall $\varepsilon_{ZG} = 1 + \partial G_T/\partial G_N = 1/(1 - l/l_r)$, also identisch mit dem Volumenfaktor Ψ_V.

Da die Reißlänge l_r von Leichtbauwerkstoffen meistens größer ist als 20 km (siehe Bild 3.3/2), hat das Beispiel des vertikalen Zugstabes im Erdschwerefeld keine praktische Bedeutung. Darum sei als Zugkonstruktion noch eine Hängebrücke nach Bild 4.4/1 betrachtet: als tragende Konstruktion gelte dabei allein das Hauptseil; die daran aufgehängten Vertikalseile sowie die Fahrbahn bilden die Nutzlast. Hängt das Hauptseil nur wenig durch, so muß es eine große Zugkraft ertragen und entsprechend großen Querschnitt aufweisen. Dieser ist dann auch über die Länge praktisch konstant, so daß in Betracht der geringen Neigung mit einer über l konstant verteilten Eigenlast p_T gerechnet werden kann. Nimmt man auch entsprechend linienhaft verteilte Nutzlast p_N an, so ist die Seilkurve etwa parabolisch. Das Hauptseil ist für die Gesamtlast $p_{NT} = p_N + p_T = (G_N + G_T)/l$ zu dimensionieren; man erhält dann über

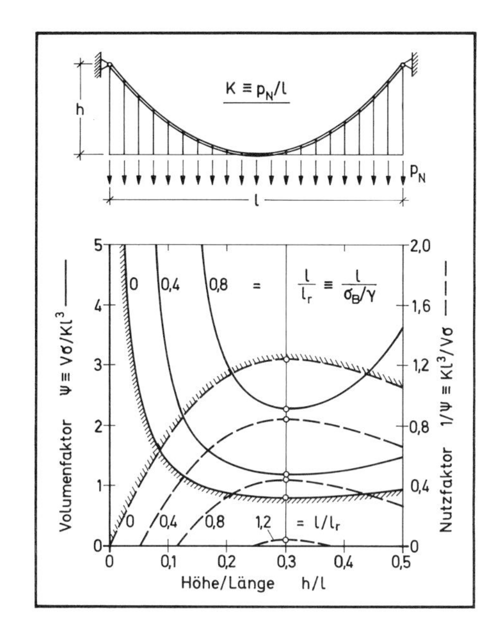

Bild 4.4/1 Hängebrücke unter Nutzlast und Eigengewicht; Volumenfaktor Ψ des Hauptseils, abhängig von seiner relativen Durchhängung h/l und der Reißlänge l_r/l

Gleichgewicht und Festigkeitsbedingungen sein Gewicht

$$G_T = (p_N l + G_T)\mu l/l_r, \quad \text{also} \quad G_T = p_N l/(l_r/l\mu - 1) \qquad (4.4-3)$$

oder, mit dem Nutzlastkennwert $K = p_N/l$, die Volumendichte

$$V/l^3 = G_T/l^3\gamma = \Psi K/\sigma, \quad \text{mit} \quad \Psi = \mu/(1 - \mu l/l_r). \qquad (4.4-4)$$

Darin ist der Beiwert μ eine Funktion der Seildurchhängung h/l, und zwar

$$\mu \approx \frac{1}{2}\left[1 + \frac{8}{3}\left(\frac{h}{l}\right)^2 - \frac{32}{5}\left(\frac{h}{l}\right)^4\right]\left[1 + \frac{1}{16}\left(\frac{l}{h}\right)^2\right]^{1/2}. \qquad (4.4-5)$$

Mit $\mu_{min} = 0{,}81$ bei $(h/l)_{opt} \approx 0{,}3$ könnte eine Spannweite $l_{max} = l_r/\mu_{min} \approx 1{,}2 l_r$ überbrückt werden, die größer ist als die Reißlänge, allerdings bei einer Aufhängung in großer Höhe $h \approx 0{,}36 l_r$. Bei geringer Relativhöhe $h/l = 0{,}1$ wäre der Volumenbeiwert $\mu \approx 1{,}4$, damit $l_{max} \approx 0{,}73 l_r$ und $h \approx 0{,}07 l_r$, also für $l_r = 20$ km noch $h \approx 1{,}4$ km.

Zu realistischeren Werten gelangt man, wenn in der Reißlänge noch der Sicherheitsfaktor j berücksichtigt wird, der im Flugzeugbau $j = 1{,}5$ und im allgemeinen Bauwesen $j = 3$ beträgt. Die *sichere Reißlänge* wäre dann l_r/j, und die Höchstspannweite im letzten Beispiel $l_{max} = 4{,}7$ km bei einer Höhe $h = 470$ m.

Neben der Festigkeit interessiert natürlich auch die Steifigkeit der Hängebrücke, vor allem hinsichtlich ihres Schwingungsverhaltens. Da das Seil nur Zugsteifigkeit aufweist, ist hierbei die Biege- und Torsionssteifigkeit der Fahrbahn als Platte oder als Kastenträger gefordert. Auslegungsprobleme von Biegeträgern unter dominierender Eigenlast seien im folgenden betrachtet.

4.4.1.2 Homogene Biegeplatte unter Nutz- und Eigenlast

Am Beispiel eines Plattenkragträgers unter flächig verteilter Nutzlast $\hat{p}$ und Eigenlast γt zeigt Bild 4.4/2 die aus dem Nutzlastkennwert $K_f/E = \hat{p}l/Ef$ bei beschränktem

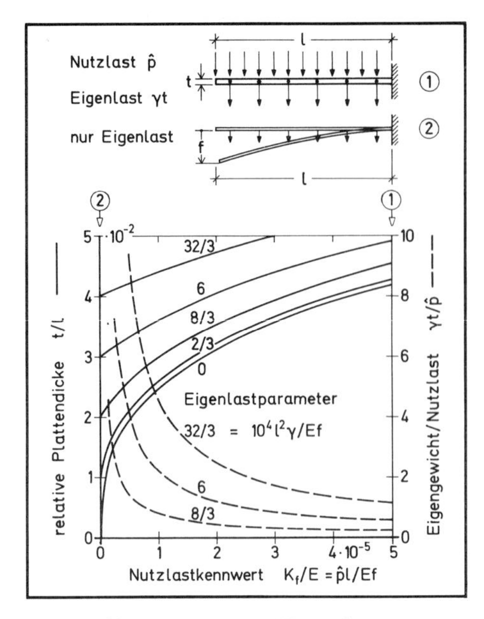

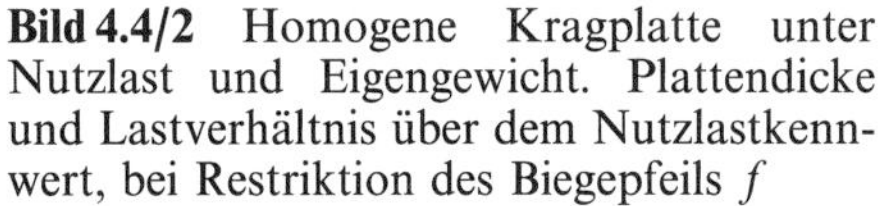
Bild 4.4/2 Homogene Kragplatte unter Nutzlast und Eigengewicht. Plattendicke und Lastverhältnis über dem Nutzlastkennwert, bei Restriktion des Biegepfeils f

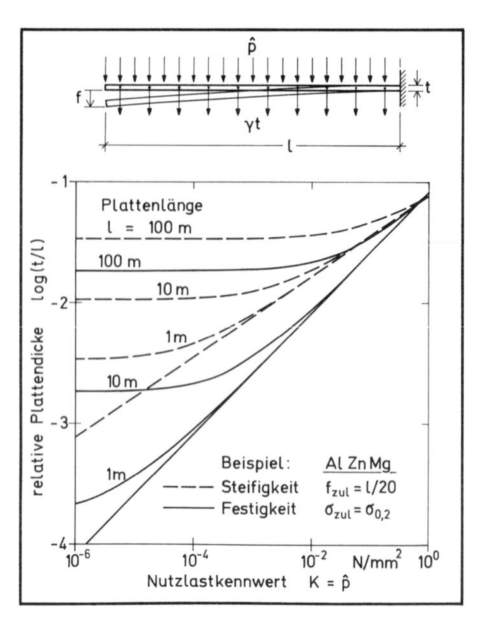

Bild 4.4/3 Homogene Kragplatte unter Nutzlast und Eigengewicht. Plattendicke über Kennwert, nach Restriktion der Steifigkeit und der Festigkeit; Beispiel AlZnMg

Biegepfeil f resultierende Relativdicke $t/l(=V/bl^2)$ nach der Gleichung

$$\hat{p}l/Ef = 2(t/l)^3/3 - (\gamma l^2/Ef)(t/l). \tag{4.4-6}$$

Da die Steifigkeit mit der dritten Potenz der Dicke t abnimmt, die Eigenlast aber nur proportional zu t, muß man auch ohne Nutzlast (für $\hat{p}=0$) eine Mindestdicke einhalten:

$$t/l \geqq \sqrt{3\gamma l^2/2Ef}\,. \tag{4.4-7}$$

Das Verhältnis von Eigenlast zu Nutzlast tendiert somit bei kleinem Nutzlastkennwert nach Unendlich; es steigt im übrigen mit zunehmendem Eigenlastparameter $l^2\gamma/Ef$. Für bessere Effektivität müßte man einen höheren Nutzlastkennwert oder ein Material mit größerer Dehnlänge $l_d = E/\gamma$ empfehlen, oder anstelle des homogenen Querschnitts eine profilierte Platte bzw. einen Kastenträger.

Für ein Materialbeispiel (AlZnMg) zeigt Bild 4.4/3 in logarithmischem Maßstab die Steifigkeitsauslegung nach (4.4–6) und außerdem die relative Plattendicke nach der Festigkeitsbedingung

$$\hat{p}/\sigma = (t/l)^2/3 - (l/l_r)(t/l) \tag{4.4-8}$$

mit der zum Reißlängenparameter l/l_r proportionalen Mindestdicke

$$t/l \geqq 3l/l_r\,. \tag{4.4-9}$$

Diese ist im allgemeinen kleiner als nach der Steifigkeitsbedingung (4.4–7), die auch ohne Eigengewicht bei kleinem Kennwert den Ausschlag gibt, wie aus dem

Verlauf der beiden Geraden in Bild 4.4/3 hervorgeht. Der Einfluß des Eigengewichts äußert sich in der Differenz der Auslegungsfunktionen zu diesen Geraden. Mit ihrer bei großem Kennwert asymptotischen Annäherung verliert sich der Eigenlasteinfluß für die homogene Platte. Nur wenn die Plattendicke oder die Kastenhöhe von außen beschränkt wird, muß man über die Reißlänge wieder mit erheblicher Minderung der Nutzlast infolge Eigenlast rechnen.

4.4.1.3 Kastenträger vorgegebener Höhe, Eigenlasteinfluß

Beim idealisierten Biegeträger nach Bild 4.4/4 werden als tragende Struktur wie auch für das Eigengewicht nur die beiden Gurte mit Einzeldicke t berücksichtigt; der Anteil der Kastenstege bleibt außer Betracht.

Die Kastenhöhe h sei wie die Trägerlänge l vorgegeben. Bei kleiner Gurtdicke t kann man unter h den Abstand der Gurtmittelflächen oder die äußere Begrenzung verstehen; beim dickwandigen Kasten muß man diese Fälle unterscheiden. Aus der Randspannungsrestriktion $\sigma_R = M/W \leqq \sigma_B$ folgt nämlich im Fall *1*, bei äußerer Grenze h:

$$\hat{p}l^2/h^2\sigma = (1 - l^2/hl_r)(2t/h) - (2t/h)^2 + (2t/h)^3/3, \qquad (4.4-10)$$

dagegen im Fall *2*, bei Vorgabe der Mittelflächendistanz h:

$$\hat{p}l^2/h^2\sigma = [(2t/h) + (2t/h)^3/12]/(1 + t/h) - (2t/h)l^2/hl_r. \qquad (4.4-11)$$

Im ersten Fall ist der Kastenquerschnitt an der Grenze $2t/h \leqq 1$ ausgefüllt; darüber hinaus ist keine Nutzlaststeigerung möglich, es sei denn unter Aufgabe der Höhenbeschränkung als Vollquerschnitt gemäß (4.4–8). Ohne Eigenlast, also beim Parameterwert $l^2/hl_r = 0$, geht die Ableitung der Nutzlast nach dem Aufwand an dieser Grenze gegen Null, mit Eigenlast bereits für

$$(2t/h)_{opt} = 1 - \sqrt{l^2/hl_r}, \qquad (4.4-12a)$$

$$(\hat{p}l^2/h^2\sigma)_{max} = [1 - 3(l^2/hl_r) + 2(l^2/hl_r)^{3/2}]/3. \qquad (4.4-12b)$$

Dies erklärt sich damit, daß eine Auffüllung zum Vollquerschnitt nur die Eigenlast erhöht, aber kaum das Widerstandsmoment.

Dagegen vergrößert sich im zweiten Fall mit t auch die äußere Höhe und mit ihr das Widerstandsmoment. Die Funktion (4.4–11) führt darum auf kein Nutzlastmaximum im Sinne einer Vertikaltangente. Sie findet jedoch ihre geometrische Grenze

$$(\hat{p}l^2/h^2\sigma)_{max} = 4/3 - 2l^2/hl_r, \quad \text{für} \quad (t/h)_{max} = 1. \qquad (4.4-13)$$

Hier wie auch im ersten Fall nach (4.4–12) wird durch Eigenlast die Nutzlastgrenze abgemindert. Dabei spielt neben dem Reißlängenparameter l/l_r (wie bei der Hängebrücke) auch die relative Höhe h/l eine entscheidende Rolle; sie erscheint mit dem Kennwert in der Abszisse. Eine größere Kastenhöhe erlaubt eine Steigerung der Nutzlast.

Eine andere Darstellung des Kastenträgerproblems zeigt Bild 4.4/5. Hier ist anstelle der Flächenlast $\hat{p}$ eine volumenproportionale Nutzlast $\bar{\gamma}_N h$ angenommen (mit dem mittleren spezifischen Gewicht $\bar{\gamma}_N$ der Kastenfüllung. Man kann, wie bei

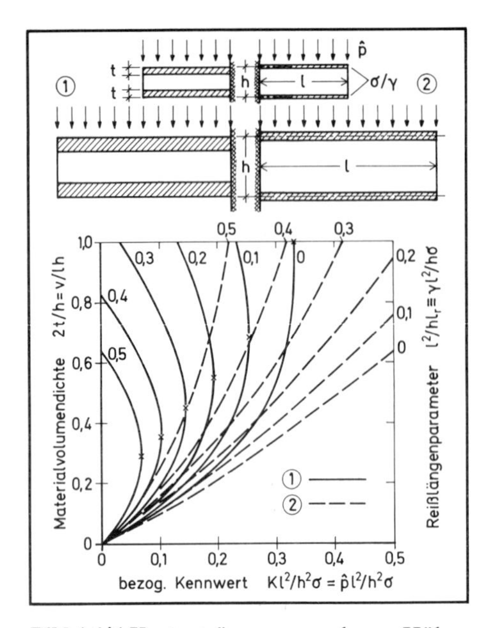

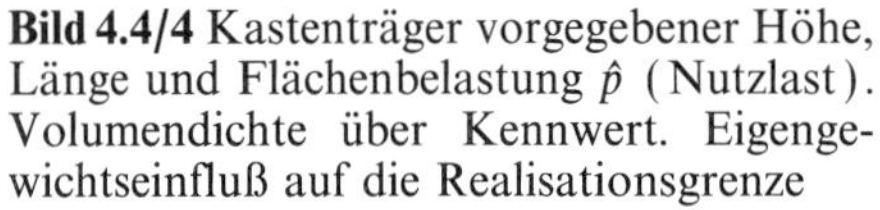
Bild 4.4/4 Kastenträger vorgegebener Höhe, Länge und Flächenbelastung $\hat{p}$ (Nutzlast). Volumendichte über Kennwert. Eigengewichtseinfluß auf die Realisationsgrenze

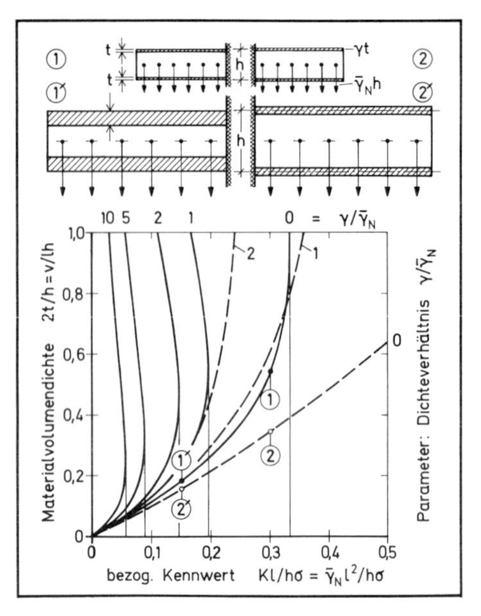

Bild 4.4/5 Kastenträger vorgegebener Höhe, Länge und Raumbelastung $\bar{\gamma}_N$ (Nutzlast). Strukturvolumendichte über Kennwert. Eigengewichtseinfluß auf Realisationsgrenze

einer Sandwichplatte mit Kern, das Verhältnis der spezifischen Gewichte, den *Füllungsgrad* $\bar{\gamma}_N/\gamma$ als Parameter einführen. Anstelle (4.4−10) gilt dann im Fall *1*:

$$\hat{p}l^2/h^2\sigma = [(2t/h) - (2t/h)^2 + (2t/h)^3/3]/[1 + (2t/h)\gamma/\bar{\gamma}_N] \qquad (4.4-14)$$

und im Fall *2*, anstelle von (4.4−11),

$$\hat{p}l^2/h^2\sigma = [(2t/h) + (2t/h)^3/12]/(1 + t/h)[1 + (2t/h)\gamma/\bar{\gamma}_N]. \qquad (4.4-15)$$

Die Reißlänge $l_r \equiv \sigma/\gamma$ tritt in dieser Darstellung nicht auf, da die Materialfestigkeit σ nur in der Abszisse und das spezifische Gewicht γ nur im Parameter enthalten ist. Man kann aber auch so erkennen, daß ein zunehmendes spezifisches Konstruktionsgewicht die Nutzlastgrenze reduziert.

Außer im Geometrieverhältnis l/h erscheint die Kastenlänge l im Zähler des Kennwerts. Dies bedeutet, daß bei volumenbelasteten Strukturen (bei Flugzeugen wie beim nutzlastgefüllten Kastenträger) mit zunehmender Größe die Festigkeitsproblematik in den Vordergrund rückt und daß bei vorgeschriebenen äußeren Proportionen auch eine gewisse Länge (Spannweite) nicht überschritten werden kann, weil der Querschnitt nach innen zuwächst (abgesehen von der Frage nach dem verbleibenden *Nutzraum*). Infolge Eigenbelastung wird die realisierbare Länge verkürzt.

Bei kleinem Kennwert tritt wieder ein Steifigkeitsproblem auf, das sich beim Kastenträger oder bei profilierten Platten vorgegebener Höhe als Stabilitätsproblem der dünnen Wand äußert (siehe Abschn. 4.4.2.3).

4.4.2 Einfluß des Eigengewichtes bei Knicken und Beulen

Für die in Abschn. 4.3 behandelten Knickstäbe, Druckplatten, Schalen und Schubwände stellte sich bei kleinem Kennwert die Frage nach der globalen und lokalen Stabilität der schlanken, dünnwandigen Konstruktion. Zur Erhöhung der Beulgrenze empfehlen sich Versteifungen und mehr oder weniger fein differenzierte Profile. Hier genügen aber wieder einfachste Beispiele mit nur einer einzigen Auslegungsvariablen, um den charakteristischen Einfluß der Eigenlast zu beschreiben, der generell zu einer Abweichung der Kennwertfunktion von der Potenzform und zu einer Restdicke bei verschwindender Nutzlast führt.

4.4.2.1 Knicken senkrechter Masten bei Eigenlast

Einzige Variable eines durch Nutzlast G_N und Eigengewicht $G_T = \gamma l$ beanspruchten aufrechten Druckstabes nach Bild 4.4/6 sei der relative Radius r/l seines Vollquerschnittes. Dieser ergibt sich ohne Eigenlast aus der oben ansetzenden Nutzlast nach der Eulerschen Knickformel mit sinusförmiger Auslenkung. Die über die Länge verteilt wirkende Eigenlast führt streng genommen zu einer anderen Knickkurve, wodurch sich die Einflüsse verkoppeln. Näherungsweise kann man aber die Eigenlast der Nutzlast zuaddieren, allerdings mit einem Abminderungsfaktor, der ihre geringere *Knicklänge* berücksichtigt. Man erhält dann die erforderliche Abmessung $(r/l)^2$ über den Nutzlastkennwert $K = G_N/l^2$ aus der quadratischen Gleichung

$$K \approx 2E(r/l)^4 - \gamma l (r/l)^2 \qquad (4.4-16)$$

und bei verschwindender Nutzlast den Mindestradius

$$(r/l)^2 \geqq 0{,}5 l\gamma/E = 0{,}5 l/l_d . \qquad (4.4-17)$$

In Bild 4.4/6 ist danach der erforderliche Radius für Stahl und Aluminium über dem Nutzlastkennwert aufgetragen: Stahl fordert wegen seines höheren Elastizitätsmoduls bei reiner Nutzbelastung einen geringeren Radius, läßt aber bei Eigenlastdominanz, also bei kleinem Kennwert, diesbezüglich keinen Unterschied zu Aluminium erkennen, da beide Werkstoffe etwa die gleiche *Dehnlänge* $l_d = E/\gamma$ aufweisen.

Auch die *Reißlänge* $l_r \equiv \sigma/\gamma \approx 16$ km ist etwa gleich, wenn man als Grenzspannungen $\sigma_B = 1\,400$ N/mm² bzw. $\sigma_{0,2} = 460$ N/mm² gelten läßt. Natürlich ist damit auch der Knicklänge eine theoretische Grenze gesetzt. Im übrigen fordert die Festigkeitsbedingung

$$K \leqq \pi(\sigma - \gamma l)(r/l)^2 = \pi\sigma(1 - l/l_r)(r/l)^2 , \qquad (4.4-18)$$

die in Bild 4.4/6 ebenfalls eingetragen ist und für einen Zugstab maßgebend wäre, stets einen geringeren Querschnittsaufwand als die Knickbedingung (4.4−16).

4.4.2.2 Beulen senkrechter Rohrschale bei Eigenlast

An einer Rohrschale nach Bild 4.4/7 kann man sich die Nutzlast G_N am oberen Rand angreifend oder als Schalenfüllung vorstellen, die sich über Zwischenböden auf das Rohr absetzt; bei durchgehend gleicher Wanddicke t/r ist jedenfalls lokales Beulen im untersten Schalenbereich zu erwarten. Die Schalenlänge l geht nur in die Eigenlast

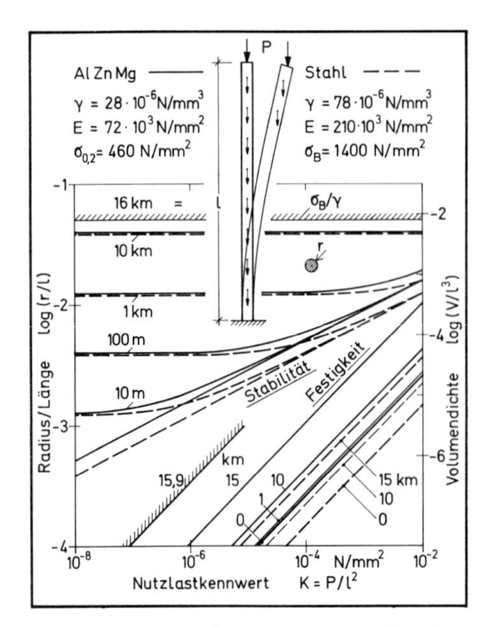

Bild 4.4/6 Senkrechter Mast unter Nutzlast und Eigengewicht. Auslegung über dem Kennwert, nach Grenzen der Knicksteifigkeit und der Festigkeit. Einfluß der Höhe

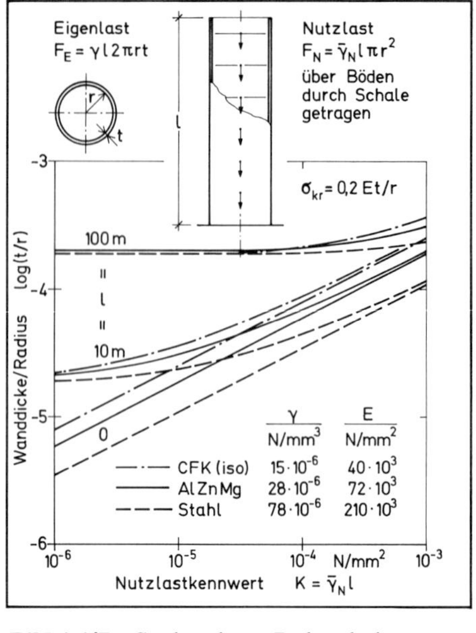

Bild 4.4/7 Senkrechte Rohrschale unter Raumbelastung $\bar{\gamma}_N$ (Nutzlast) und Eigengewicht. Auslegung über dem Kennwert nach Beulgrenze. Höheneinfluß, Materialvergleich

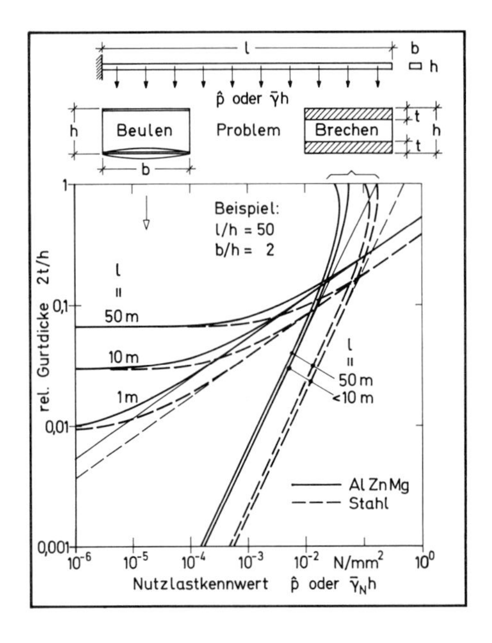

Bild 4.4/8 Kastenbiegeträger vorgegebener Höhe, Breite und Länge. Dickenauslegung über dem Kennwert nach Beulgrenze und Festigkeit bei Eigenlast. Materialvergleich

$G_T = \gamma l 2\pi r t$ und, bei mittlerem volumenspezifischem Gewicht $\bar{\gamma}_N$ der Füllung, in die Nutzlast $G_N = \bar{\gamma}_N l \pi r^2$ ein.

Über die Beulspannung $\sigma_{kr} = 0{,}2Et/r$ (Bd. 1, Abschn. 2.3.3.4) erhält man dann die erforderliche relative Wanddicke über den Nutzlastkennwert $K = \bar{\gamma}_N l$ aus der quadratischen Gleichung

$$K \leqq 0{,}4E(t/r)^2 - 2\gamma l(t/r) \qquad (4.4-19)$$

und die auch bei verschwindender Nutzlast erforderliche Mindestdicke

$$t/r \geqq 5\gamma l/E = 5l/l_d . \qquad (4.4-20)$$

Bei reiner Nutzbelastung fällt die Wand in Stahl dünner aus als in Aluminium, unter Eigenlast sind aber fast gleiche Dicken notwendig. Durch geringeres spezifisches Gewicht ist dann die Aluminiumschale etwa dreimal leichter.

4.4.2.3 Versagen horizontaler Kastenträger bei Eigenlast

Zuletzt soll nochmals der idealisierte Kastenbiegeträger (Bild 4.4/4) betrachtet werden, diesmal auch hinsichtlich seines Wandbeulens bei kleinem Kennwert; siehe hierzu Bild 4.4/8.

Die Kastenstege bleiben bei diesem vereinfachten Modell unberücksichtigt. Die äußere Kastenhöhe h ist ebenso wie die Kastenlänge l vorgeschrieben. Außerdem muß im Hinblick auf das Wandbeulen die Stützbreite b (Stegabstand) vorgegeben sein. Einzige Dimensionierungsvariable ist dann wieder die Wanddicke t, bzw. ihr Verhältnis $2t/h \leqq 1$. Bei durchgehend gleicher Dicke beult die Wand bei der Spannung $\sigma_{kr} = 3{,}6E(t/b)^2$ (Bd. 1, Abschn. 2.3.1.2) am Ort der höchsten Beanspruchung, also an der Wurzel des Kragträgers. Die Kastenlänge l geht in das Biegemoment ein, das aus einer Flächennutzlast $\hat{p}$ und einer entsprechend verteilten Eigenlast γh herrührt. Die gegen Wandbeulen erforderliche Gurtwanddicke erhält man dann über den Nutzlastkennwert aus

$$K \equiv \hat{p} = 0{,}9E(2t/h)^3(h/b)^2(h/l)^2 - \gamma l(2t/h)(h/l), \qquad (4.4-21)$$

also bei verschwindender Nutzlast zu

$$(2t/h)^2 \geqq 1{,}1(\gamma l/E)(b/h)^2(l/h) = 1{,}1(b/h)^2 l^2/hl_r . \qquad (4.4-22)$$

In Bild 4.4/8 ist diese Funktion für AlZnMg und Stahl ausgewertet, bei exemplarischen Kastenproportionen $l/h = 50$ und $b/h = 2$. Außerdem ist nochmals die Festigkeitsbedingung nach (4.4−10) eingetragen, im Unterschied zu Bild 4.4/4 diesmal werkstoffbezogen und logarithmisch dargestellt. Die dabei sich abzeichnende geringere Wanddicke der Stahlausführung und damit höhere Nutzlastgrenze erklärt sich allein aus der höheren Materialfestigkeit. Das Eigengewicht geht über γ ein, doch bleibt dieser Einfluß, jedenfalls bis zu einer Kastenlänge $l < 50$ m, verhältnismäßig gering.

Das Beispiel des Kastenträgers demonstriert nochmals zusammenfassend die Auswirkungen des Eigengewichts als Zusatzlast im oberen und im unteren Kennwertbereich: hier führt es aus Steifigkeits- oder Stabilitätsgründen zu endlicher Minimalauslegung, dort aus Festigkeitsgründen zu vergrößertem Aufwand oder gar, bei Höhenbeschränkung, zu einer Reduzierung der realisierbaren Nutzlast.

4.5 Optimierung im vielfach begrenzten Entwurfsraum

Schon wenn nur zwei Restriktionen, etwa der Steifigkeit und der Festigkeit, einzuhalten sind, wird eine analytische Optimierung u.U. undurchsichtig und aufwendig. Da für die Auslegung der Schnittpunkt beider Restriktionen maßgebend sein kann, aber auch ein Ableitungsoptimum auf einer Restriktion oder in der Zielfunktion selbst, muß man sämtliche Möglichkeiten abfragen und ihre Ergebnisse vergleichen. Dies wird zunehmend schwieriger, wenn weitere Restriktionen hinzutreten, etwa solche geometrischer und fertigungstechnischer Art oder hinsichtlich verschiedener, nacheinander auftretender Lastfälle.

Auch mit der Anzahl der Variablen steigen die Schwierigkeiten einer analytischen Optimierung rasch an. Dies zeigt sich am Beispiel der Integralplatte (Bild 4.3/16), deren Variable bereits einen vierdimensionalen *Entwurfsraum* aufspannen. Durch analytische Auswertung der Knick- und Beulrestriktionen konnten zwei Variable eliminiert und der Entwurfsraum auf zwei Dimensionen reduziert werden; in diesem ließ sich ein Ableitungsoptimum der Zielfunktion aufsuchen. Eine weitere Möglichkeit, den vieldimensionalen Entwurfsraum eines komplexen Tragwerkes zu reduzieren, bietet dessen hierarchische Problemstruktur: beispielsweise läßt sich die Optimierung der Fachwerkschubwand mit Sandwichrohrstäben (Bild 4.3/50) in Einzelschritte mit jeweils wenigen Variablen zerlegen.

Man sollte immer versuchen, auf die eine oder andere Art die Anzahl der Variablen im eigentlichen Optimierungsprozeß niedrig zu halten. Als *eigentliche Optimierung* wird hier das Aufsuchen von Minima oder Maxima der Zielfunktion im Sinne horizontaler Tangenten (*Ableitungsoptima*) verstanden, egal ob dieses auf einer Restriktion oder innerhalb des zulässigen Raumes liegt. Während solche Optima in der Regel gegen Abweichungen (längs der Tangente) tolerant sind, ist ein Über- oder Unterschreiten der Lastrestriktionen sofort mit Verlust an Tragfähigkeit oder mit Mehrgewicht zu bezahlen. Die Einhaltung derartiger Grenzen, im besonderen ihrer Schnittpunkte (*Schnittoptima*), ist folglich strenger geboten. Auch für eine numerische Optimierung treten an solchen scharfen Grenzen Konvergenzprobleme auf (sofern es sich nicht um ein Problem linearer Programmierung handelt), die es nahelegen, die Restriktionsforderungen möglichst analytisch einzulösen. Dies wird im allgemeineren Fall eines vielfach restringierten mehrdimensionalen Entwurfsraums selten möglich sein; ohne die Hilfe leistungsfähiger numerischer Optimierungsverfahren kommt man dann in der Regel nicht aus.

Im folgenden sollen nur *zweidimensionale* Beispiele betrachtet werden, die noch keine numerische Optimierung erfordern, aber sich gut eignen, die Darstellungsweise und das Vorgehen im Entwurfsraum zu demonstrieren. Dabei handelt es sich hauptsächlich um bereits bekannte (in Abschn. 4.2 und 4.3 analytisch ausgelegte und optimierte) Strukturbeispiele, für die sich nun zusätzliche Restriktionen aufstellen lassen.

Zunächst (Abschn. 4.5.1) geht es um den Einfluß verschiedener geometrisch oder fertigungsbedingter Schranken bei unterschiedlichem Lastkennwert der *Einzweckstruktur*. Je nach Kennwert wird sich die eine oder andere Grenzbedingung als maßgebend herausstellen.

Danach (Abschn. 4.5.2) wird vorgeführt, wie mehrere aufeinanderfolgende Lastfälle einer *Mehrzweckstruktur* den Entwurfsraum einschränken und welche Konsequenzen daraus für das Optimum resultieren. Zum Vergleich werden auch

Zustände gleichzeitiger, kombinierter Mehrfachbelastung betrachtet, um daran zu zeigen, daß der Kombinationsfall nicht unbedingt ungünstiger ist als ein unabhängiges Auftreten der Einzellastfälle.

4.5.1 Tragwerke für Einzellastfall (single-purpose)

Wie bisher (Abschn. 4.2 bis 4.4) wird auch hier zunächst angenommen, daß sich die Festigkeits- und Steifigkeitsforderungen auf eine einzige, allenfalls in ihrer Größe, aber nicht in ihrer Verteilung oder Richtung veränderlichen Belastung beziehen, deren Höchstbetrag im Strukturkennwert ausgedrückt ist. Auch die einfachen Strukturbeispiele sind diesen Abschnitten entnommen, so daß auf die dort formulierten Restriktionsbeziehungen zurückgegriffen werden kann. Die Darstellung der Restriktionen und der Zielfunktion im *Entwurfsraum* soll den Auslegungs- oder Optimierungsvorgang veranschaulichen und verständlich machen; dies fordert eine Beschränkung auf den zweidimensionalen Raum, das heißt auf Beispiele mit zwei Variablen.

Neben den Lastrestriktionen R_j der Festigkeit und der Steifigkeit lassen sich auch fertigungsbedingte oder andere geometrische Restriktionen S_j in den Entwurfsraum eintragen, etwa obere Grenzen des Radius bzw. der Profilhöhe oder untere Grenzen der Hautdicke. Man kann dann leicht erkennen, welche Restriktionen im einen oder anderen Kennwertbereich maßgebend (relevant) sind, und ob es sich dabei um ein *Schnittoptimum*, also um eine Bestimmung beider Variabler aus zwei Restriktionen, oder um ein *Ableitungsoptimum* handelt.

Auf numerische Optimierungsverfahren wird hier nicht eingegangen; solche interessieren erst bei multivariablen Problemen, also im *mehrdimensionalen*, nicht mehr vorstellbaren Entwurfsraum (siehe Kap. 5). Es läßt sich aber schon an *zweidimensionalen* Beispielen auf die Möglichkeit hinweisen, durch geschickte Definition der Variablen den Charakter der Zielfunktion wie auch der Restriktionen günstig zu beeinflussen, womöglich zu linearisieren und dadurch die Konvergenz einer numerischen Optimierung zu verbessern.

4.5.1.1 Hohlstab unter Längsdruck

Als Beispiel einer zweifach variablen Struktur wird der in Abschn. 4.3.1.2 bereits behandelte Hohlstab aufgegriffen. Definiert man wie in Bild 4.5/1 als Variable $X_1 \equiv r/l$ und $X_2 \equiv t/l$, also Rohrradius r und Wanddicke t jeweils bezogen auf die vorgegebene Stablänge l, so hat die Zielfunktion (die Volumendichte)

$$Z \equiv V/2\pi l^3 = X_1 X_2 \qquad (4.5-1)$$

einen hyperbolischen Charakter und als solche kein Minimum, es sei denn für $X_1 = 0$ oder $X_2 = 0$. Für die Auslegung werden also Restriktionen maßgebend.

Die Längskraft P bzw. der Kennwert $K = P/l^2$ setzt zwei untere Grenzen: zum einen gegen Stabknicken nach (4.3−8b), zum anderen gegen Wandbeulen nach (4.3−10). Im Entwurfsraum X_1-X_2 haben diese die Form

$$X_1^3 X_2 \geqq R_1 = K/\pi^3 E, \qquad \text{(Knicken)}, \qquad (4.5-2)$$

$$X_2^2 \geqq R_2 \approx 25K/\pi^3 E\,(=25R_1), \qquad \text{(Beulen)}. \qquad (4.5-3)$$

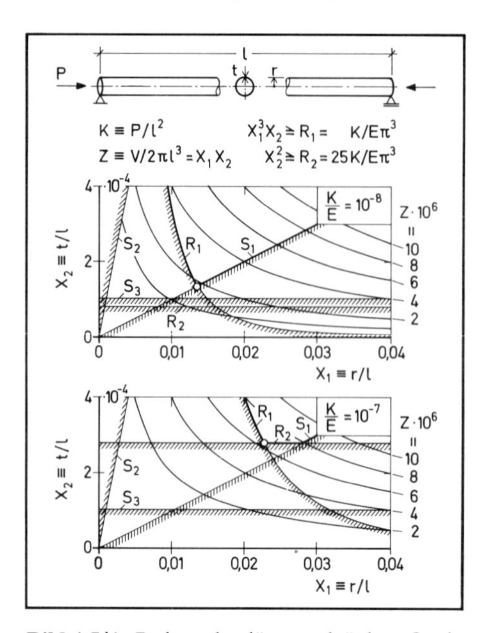

Bild 4.5/1 Rohrstab, längsgedrückt. Optimierung von Radius und Dicke bei beliebigen Restriktionen *R*, der Tragfähigkeit und *S*, der Geometrie; Kennwert vorgegeben

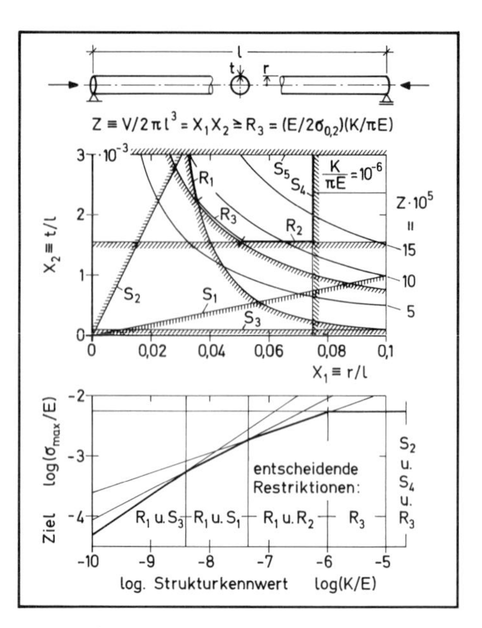

Bild 4.5/2 Rohrstab, längsgedrückt. Optimierung von Radius und Wanddicke bei beliebigen Restriktionen. Höchstspannung über Kennwert

Wie ihre Eintragung in Bild 4.5/1 verdeutlicht, hat die Knickgrenze wieder hyperbolischen Verlauf, sie schneidet aber die *Höhenlinien* der Zielfunktion und führt stetig abwärts bis $V=0$ für $X_2=0$. Dabei wird als zweite Schranke die lineare Grenze (4.5–3) aus der Beulbedingung wirksam. Das *Optimum* liegt im Schnitt beider Stabilitätsrestriktionen und ist gegen Abweichungen sehr empfindlich. Ein Überschreiten der Stabilitätsgrenze verbietet sich aus Sicherheitsgründen; ein Abweichen entlang der einen oder der anderen Grenze oder gar ein Zurückweichen in den zulässigen Entwurfsraum ist als *Überdimensionierung* sofort mit Volumenanstieg zu bezahlen.

Um auch bei restringierten Entwurfsräumen den Einsatz von Gradientenverfahren zu ermöglichen, kann man der Zielfunktion anstelle der Restriktionen *Straffunktionen* auferlegen, die noch vor der Grenze ein Ableitungsminimum erzeugen und an der Grenze selbst nach Unendlich streben. Dabei muß bewußt bleiben, daß man zwar auf der *sicheren Seite* liegt, u.U. aber ein erhebliches Zusatzvolumen in Kauf nimmt.

Als dritte Lastrestriktion ist in Bild 4.5/2 die Materialfestigkeitsgrenze $\sigma \leqq \sigma_{0,2}$ eingetragen; mit (4.3–8a) folgt für sie

$$X_1 X_2 \geqq R_3 = K/2\pi\sigma_{0,2}\,. \tag{4.5–4}$$

Im übrigen ist bis zu dieser Schranke ideal elastisches Materialverhalten angenommen. Sie macht sich erst bei größerem Kennwert ($K \geqq 10^{-6}E$) als Entwurfsraumbegrenzung geltend und verläuft dann längs einer Höhenlinie der Zielfunktion (4.5–1). Wie Bild 4.5/2 zeigt, ist damit das Optimum nicht auf einen Auslegungspunkt fixiert, sondern erlaubt, zwischen den Schnitten mit R_1 einerseits und R_2

andererseits, längs der Grenze R_3 eine *Wanderung auf konstanter Höhe*, also eine Variation ohne Wertverlust.

Neben den Lastrestriktionen R_j sind geometrische Grenzen S_j zu beachten, die fertigungstechnische Gründe haben können oder andere Nebenbedingungen berücksichtigen, etwa die *Griffestigkeit* des dünnen Rohres. Dieser dient die Schranke $t/r = X_2/X_1 \geqq S_1 = 1/100$, die bei kleinem Kennwert anstelle der Beulgrenze R_2 im Schnitt mit der Knickbedingung R_1 für das Optimum maßgebend wird. Das obere Diagramm in Bild 4.5/2 (Beispiel $K/E = 10^{-8}$) zeigt, daß es sich im Schnitt S_1-R_1 um einen sehr empfindlichen Auslegungspunkt handelt, jedenfalls sensibler als der Schnittpunkt R_2-R_1 im unteren Diagramm (Beispiel $K/E = 10^{-7}$).

Die weiteren geometrischen Schranken $t/r = X_2/X_1 \leqq S_2 = 1/10$ (Analysegrenze für *dünnwandiges Rohr*) und $t/l = X_2 \geqq S_3 = 10^{-4}$ (Fertigungsgrenze) kommen erst im obersten und untersten Kennwertbereich zur Geltung: S_2 zusammen mit R_3 (und $S_4 = 0{,}075 \leqq X_1$) bei $K/E \approx 2 \cdot 10^{-5}$, oder S_3 im Schnitt mit R_1 für $K/E \leqq 4 \cdot 10^{-9}$.

Dieses geht aus dem unteren Diagramm in Bild 4.5/2 hervor, das wie Bild 4.3/7 als Zielwert die Höchstspannung über dem Kennwert wiedergibt. Oberhalb $K/E > 10^{-7}$ sind die Aussagen der Bilder identisch; die im doppeltlogarithmischen Maßstab linearen Funktionen folgen aus dem Schnitt der Stabilitätsrestriktionen R_1-R_2, also nach (4.3–11a), bzw. aus R_3, also für $\sigma \leqq \sigma_{0,2}$. Dagegen zeigt sich nun, daß bei kleinem Kennwert ($K/E < 4 \cdot 10^{-8}$) zunächst die Bedingung S_2 (der Griffestigkeit oder Ovalisiersteifigkeit) und weiter unten (für $K/E \leqq 4 \cdot 10^{-9}$) die Fertigungsgrenze S_3 neben der Knickbedingung R_1 maßgebend wird.

Durch die topologische Bestimmung des Tragwerkes oder Bauelementes, hier des Rohrstabes, ist die Anzahl seiner Variablen festgelegt, nicht aber deren Definition. Diese kann die einzelnen Abmessungen an sich, oder deren Verhältnisse, Produkte oder andere Funktionen als Variable benennen; je nachdem werden die Zielfunktionsgleichungen (*Höhenlinien*) und die Restriktionen im Entwurfsraum verschiedene Gestalt annehmen. Da hiervon auch die Konvergenz einer numerischen Optimierung abhängt, sollte man die Variablen nicht zu willkürlich definieren.

Zwar treten Probleme numerischer Optimierung erst im mehrdimensionalen Entwurfsraum auf, doch lassen sich die Auswirkungen unterschiedlicher Variablendefinitionen augenfälliger am bekannten, zweifach variablen Hohlstab vorführen. Da in dessen Zielfunktion Z (4.5–1) wie auch in seinen Lastrestriktionen R_1(4.5–2) bis R_3(4.5–4) und geometrischen Schranken S_1 bis S_5 die beiden Auslegungsgrößen r/l und t/l in reiner Potenzform voneinander abhängen, ist es in diesem Fall sogar möglich, das Optimierungsproblem als ein solches der *Linearen Programmierung* zu formulieren, nämlich durch die Definition logarithmischer Variabler $X_1 \equiv \log(r/l)$ und $X_2 \equiv \log(t/l)$. Bild 4.5/3 zeigt in solcher Darstellung dieselben Funktionen wie schon Bild 4.5/1 und Bild 4.5/2. Durch Linearisierung wird das Gesamtproblem auch für das Auge leichter faßbar; man sieht, wie sich bei Änderung des Kennwerts ($K/E = 10^{-9}$ bis $3 \cdot 10^{-6}$) die Lastrestriktionen R_j parallel verschieben und wie dadurch jeweils andere Restriktionsschnittpunkte für das Optimum entscheidend werden.

Eine solche Linearisierung sowohl der Zielfunktion wie sämtlicher Restriktionen ist nur in besonderen Fällen möglich (Abschn. 5.2), doch kann es für ein Optimierungsverfahren schon vorteilhaft sein, wenn nur die Zielfunktion linearisiert wird. Hierzu zeigt Bild 4.5/4 viermal dasselbe Problem des Hohlstabes in verschiedenen Entwurfsräumen dargestellt: Oben rechts ist wie in Bild 4.5/1 die Variable

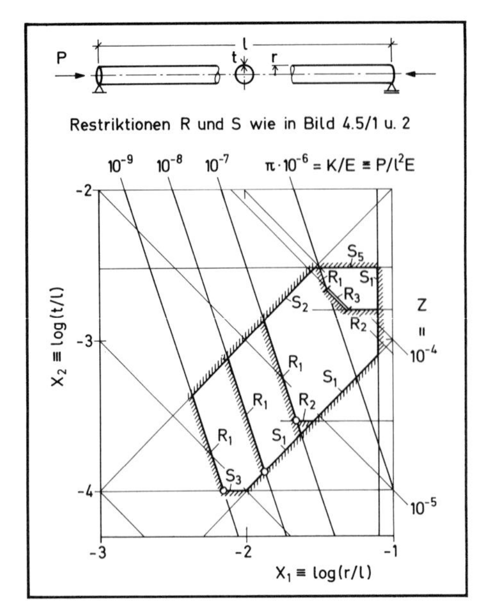

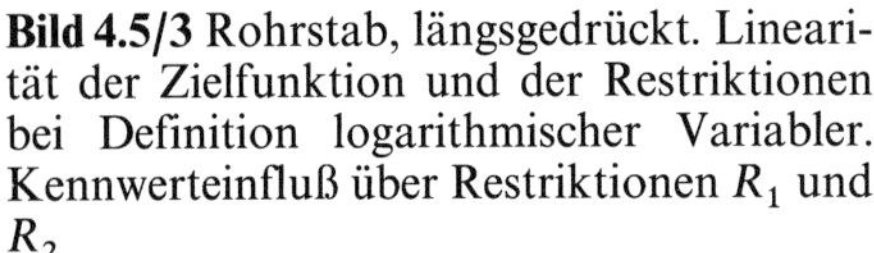

Bild 4.5/3 Rohrstab, längsgedrückt. Linearität der Zielfunktion und der Restriktionen bei Definition logarithmischer Variabler. Kennwerteinfluß über Restriktionen R_1 und R_2

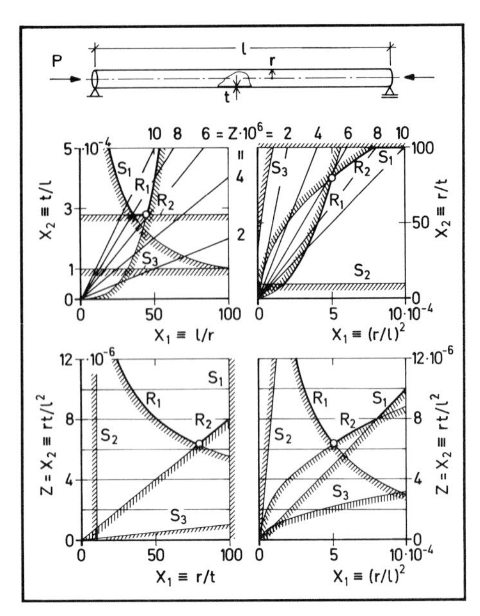

Bild 4.5/4 Rohrstab, längsgedrückt. Beispiele für unterschiedliche Definition der beiden Variablen, Auswirkung auf Erscheinungsbild von Zielfunktion und Restriktion

$X_2 \equiv t/l$ beibehalten, aber $X_1 \equiv l/r$ als Kehrwert genommen; dadurch werden die vormals hyperbolischen *Höhenlinien* zu fächerartig angeordneten Geraden (*Wendeltreppe*). Solche bilden sich auch aus, wenn man, wie im oberen rechten Diagramm, $X_1 \equiv (r/l)^2$ und $X_2 \equiv r/t$ als Variable definiert. Allerdings bedeuten geradlinige Zielhöhenlinien noch nicht, daß damit auch die Zielfunktion linearisiert ist: dazu müßte man die Höhenlinien parallel ausrichten, etwa indem man das Variablenprodukt in die Summe seiner Logarithmen zerlegt (wie zu Bild 4.5/3) oder die Zielfunktion selbst als eine Variable definiert (wie in den beiden unteren Diagrammen des Bildes 4.5/4). Beim Hohlstab bedeutet dies: $X_2 \equiv Z \equiv rt/l^2$; die andere Variable kann dann beliebig definiert sein: $X_1 \equiv r/t$ oder $X_1 \equiv (r/l)^2$.

Im folgenden Beispiel eines Füllstabes wird sich eine solche Variablendefinition besonders vorteilhaft erweisen, da auch der Anteil des Kerngewichts im Zielwert additiv zum Wandanteil hinzutritt und die Zielfunktion dadurch linear bleibt.

4.5.1.2 Füllstab unter Längsdruck

Der Hohlraum des dünnwandigen Rohres sei durch einen Kern mit spezifischem Gewicht γ_K ausgefüllt. Dieser geht über den *Kernfüllungsgrad* $\alpha \equiv \gamma_K/\gamma_H$ in das Äquivalentvolumen ein. Mit dem relativen Radius $X_1 \equiv r/l$ und der relativen Wanddicke $X_2 \equiv t/l$ als Variable erhält man diese Zielfunktion in nichtlinearer Form

$$Z = V_ä/2\pi l^3 = X_1 X_2 + X_1^2 \alpha/2, \tag{4.5-5}$$

wie in Bild 4.5/5 (oben für $\alpha = 1/100$, unten für $\alpha = 1/40$) durch gekrümmte Zielhöhenlinien charakterisiert.

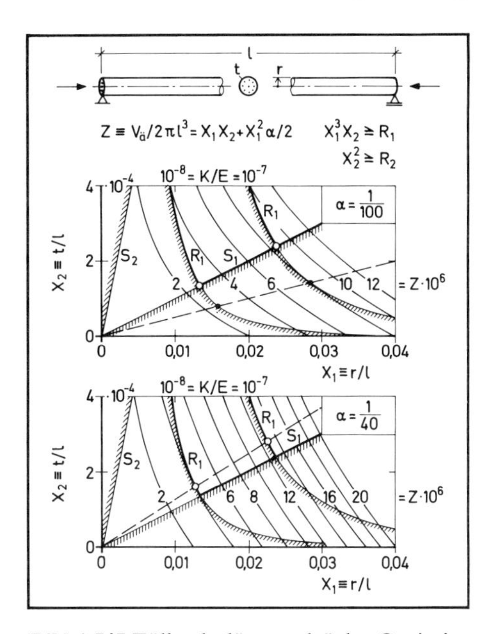

Bild 4.5/5 Füllstab, längsgedrückt. Optimierung des Radius r/l und der Dicke t/l. Einfluß des Kernfüllungsgrades α auf optimales Verhältnis t/r unabhängig vom Kennwert

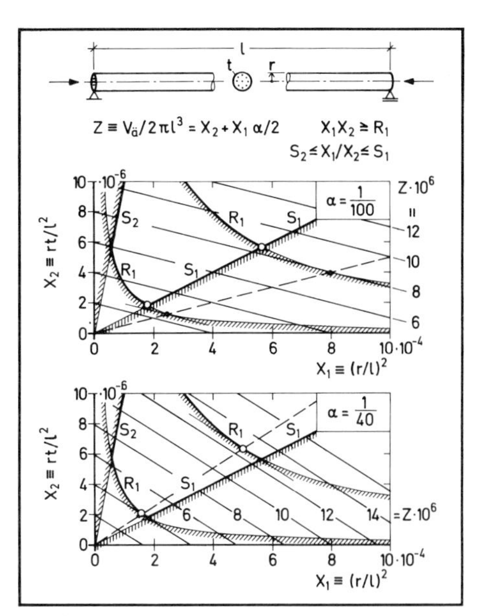

Bild 4.5/6 Füllstab, längsgedrückt. Linearität der Zielfunktion bei Definition der Variablen $(r/l)^2$ und rt/l^2. Erkennung des Ableitungsoptimums auf Knickgrenze R_1

Der Kern soll keinen Beitrag zur Dehn- und Biegesteifigkeit des Rohres liefern, aber hinreichend steif sein, um örtliche Wandbeulen zu verhindern. Damit gelten wieder die Restriktionen R_1 gegen Knicken und R_3 der Materialfestigkeit in der Form (4.5–2) und (4.5–4). Da die Beulrestriktion R_2 entfällt, muß zur Bestimmung der beiden Auslegungsvariablen neben R_1 eine geometrische Restriktion oder ein Ableitungsoptimum zur Geltung kommen: Gibt man als geometrische Restriktion wieder $t/r \geqq S_1 = 0{,}01$ vor, so wird diese, wie Bild 4.5/5 oben zeigt, bei kleinem Kernfüllungsgrad α für ein Schnittoptimum mit R_1 maßgebend. Bei höherem Kernfüllungsgrad tritt dagegen ein Ableitungsoptimum auf R_1 in Erscheinung.

Dieses Optimum $(r/t)_{\text{opt}} = 2/\alpha$ wurde bereits (in Abschn. 4.3.1.3) durch Ableiten der *Äquivalentspannung* gewonnen, nachdem die Variable r/l über die Knickbedingung bereits eliminiert war. Im zweidimensionalen Entwurfsraum X_1-X_2 erhält man das gleiche Ergebnis durch partielles Ableiten sowohl der Restriktion R_1 wie der Zielfunktion Z. Aus

$$(\partial R_1/\partial X_1)(\partial Z/\partial X_2) - (\partial R_1/\partial X_2)(\partial Z/\partial X_1) = 0\,, \tag{4.5–6}$$

folgen das optimale Querschnittverhältnis und das Zielminimum

$$(X_2/X_1)_{\text{opt}} = \alpha/2 \quad \text{und} \quad Z_{\min} = \alpha X_1^2 = \sqrt{2\alpha R_1}\,. \tag{4.5–7}$$

In Bild 4.5/4 war am Beispiel des Hohlstabes gezeigt worden, wie man durch geschickte Definition der Variablen die Zielfunktion linearisieren und dadurch die Optimierung erleichtern kann. Führt man nun beim Füllstab die zu den Querschnittsflächen von Wand und Kern proportionalen Variablen $X_2 \equiv rt/l^2$ und

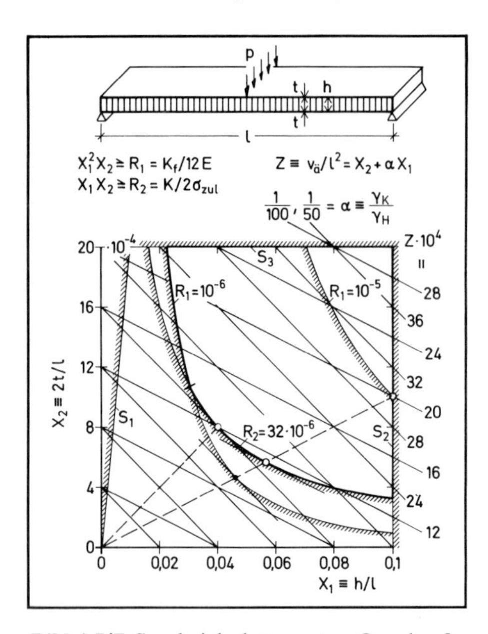

Bild 4.5/7 Sandwichplatte unter Querkraftbiegung. Optimierung von Kernhöhe und Hautdicke. Einfluß des Kernfüllungsgrades auf Zielfunktion

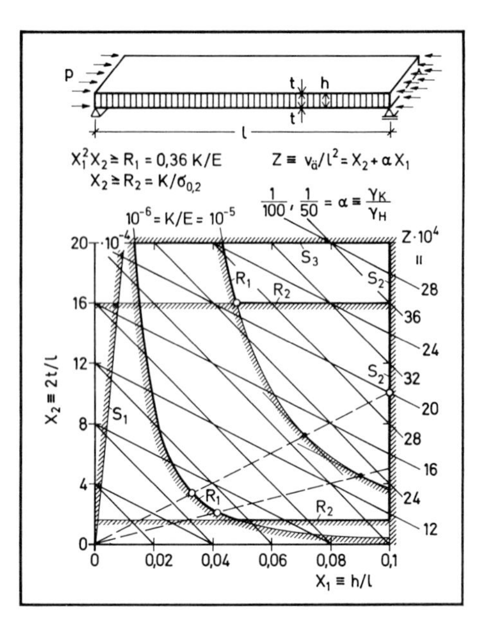

Bild 4.5/8 Sandwichplatte, längsgedrückt. Variation von Kernhöhe und Hautdicke. Optimum bei kleinem Kennwert auf R_1 (Knicken), bei großem im Schnitt R_1 mit R_2

$X_1 \equiv r^2/l^2$ ein, so ergibt sich die Zielfunktion

$$Z = X_2 + X_1\alpha/2 \tag{4.5-8}$$

als Linearkombination dieser Variablen. Die Richtung der Zielhöhenlinien ist, wie Bild 4.5/6 veranschaulicht, durch den Kernfüllungsgrad α bestimmt. Die Restriktionen haben dann die Form $X_1X_2 \geqq R_1$ und $S_2 \leqq X_1/X_2 \leqq S_1$.

Wie das Ableitungsoptimum in Bild 4.5/6 mit dem Auge leichter zu erkennen ist als in der nichtlinearen Darstellung des Bildes 4.5/5, so führt auch die analytische Ableitung (4.5–6) rascher zum Ergebnis. Für das einfache *zweidimensionale* Beispiel mag dieser Vorteil unbedeutend sein, doch kann man annehmen, daß bei mehrdimensionalen Problemen mit höherem Optimierungsaufwand eine lineare Zielfunktion die Konvergenz des Verfahrens begünstigt.

4.5.1.3 Sandwichplatte unter Querlastbiegung

Auch bei der schon in Abschn. 4.2.3.3 für Biegung optimierten Sandwichplatte ist das Kerngewicht über den Füllungsgrad α im Äquivalentvolumen zu berücksichtigen. Die für Haut- und Kerngewicht maßgebenden Abmessungen sind zum einen die Gesamtdicke $\bar{t} = t_1 + t_2$ der Häute, zum anderen die Kernhöhe h. Nimmt man deren Relativwerte $X_1 \equiv h/l$ und $X_2 \equiv \bar{t}/l$ als Variable, so erhält man die lineare Zielfunktion

$$Z = v_ä/l^2 = X_2 + \alpha X_1, \tag{4.5-9}$$

deren Höhenlinien, mit unterschiedlichen Richtungen für $\alpha = 1/100$ und $\alpha = 1/50$, in Bild 4.5/7 eingetragen sind.

Die Restriktionen R_1 der Steifigkeit (bei schubstarrem Kern) und R_2 der Festigkeit folgen aus (4.2–43a) und (4.2–43b) in der Form

$$X_1^2 X_2 \geqq R_1 = Kl/Ef c_f = K_f/12E\,, \tag{4.5–10}$$

$$X_1 X_2 \geqq R_2 = K/\sigma_{zul} c_\sigma = K_f/2\sigma_{zul}\,. \tag{4.5–11}$$

Da beide Restriktionen konkurrieren, ist ein Optimum nicht in ihrem Schnitt, sondern im Sinne einer Ableitung auf der einen oder der anderen Grenze zu erwarten. Diese Optimalwerte sind aus (4.2–46a) bzw. (4.2–46b) bereits bekannt, man erhält sie hier aus partiellen Ableitungen von R_1 bzw. R_2 nach X_1 und X_2 über (4.5–6).

Die Darstellung für zwei verschieden hohe Steifigkeitsrestriktionen $R_1 = 10^{-6}$ und 10^{-5} in Bild 4.5/7 soll zeigen, wie einmal die Festigkeit, das andere Mal die Steifigkeit maßgebend werden kann. Für $R_1 > 10^{-5}$ ist in diesem Beispiel kein Ableitungsoptimum mehr realisierbar; statt dessen entscheidet über die Auslegung der Schnitt von R_1 mit der geometrischen Begrenzung der Plattenhöhe $h/l \leqq S_2 = 0{,}1$.

4.5.1.4 Sandwichplatte unter Längsdruck

Die gleiche Platte wird nun für Längsdruck, also gegen Knicken ausgelegt. Als Zielfunktion gilt wieder die Summe (4.5–9) als Linearkombination der Variablen $X_1 \equiv h/l$ und $X_2 \equiv \bar{t}/l$. Mit diesen erhält man aus der Knickbedingung (4.3–31) des Plattenstabes und aus der Festigkeitsbedingung $\sigma \leqq \sigma_{0,2}$ des Materials die Lastrestriktionen in der Form

$$X_1^2 X_2 \geqq R_1 = K/\varkappa E = 0{,}36 K/E\,, \tag{4.5–12}$$

$$X_2 \geqq R_2 = K/\sigma_{0,2} = (K/E)(E/\sigma_{0,2})\,. \tag{4.5–13}$$

In Bild 4.5/8 sind R_1 und R_2 für zwei verschiedene Kennwerte $K/E = 10^{-6}$ und 10^{-5} eingezeichnet ($E/\sigma_{0,2} = 72\,000/460 = 156$ für AlZnMg). Dabei zeigt sich, daß die Festigkeitsrestriktionen R_2 im Schnitt mit der Knickbedingung R_1 erst bei großem Kennwert Bedeutung gewinnt. Dagegen macht sich bei kleinem Kennwert ein Ableitungsoptimum geltend, und zwar, wie aus (4.3–33), für $(X_1/X_2)_{opt} = \alpha/2$.

Die Darstellung im Entwurfsraum X_1-X_2 läßt übrigens auch deutlich erkennen, wie tolerant sich das Ableitungsoptimum bei Abweichungen längs der Knickgrenze R_1 verhält (Bild 4.2/27); dagegen reagiert das Schnittoptimum R_1-R_2 sehr sensibel.

Neben den Lastrestriktionen R_1 und R_2 sind in Bild 4.5/8 noch geometrische Restriktionen S_1, S_2 und S_3 eingetragen, die aber in dem gewählten Kennwertbereich nicht wirksam werden.

4.5.1.5 Längsversteifte Platte unter Querlastbiegung

Der schon in Bild 4.2/21 beschriebene Integralplattenquerschnitt weist eigentlich vier Variable (h, d, s, t) auf und würde damit einen vierdimensionalen Entwurfsraum beanspruchen. Zur Vereinfachung seien aber (wie in Abschn. 4.2.3.2) die relativen Dicken s/h und t/d der Stege und der Haut vorgegeben; wählt man diese hinreichend groß, so kann man örtliches Beulen des Profils vermeiden. Die beiden Vorgaben lassen sich in einen Wert hd/st zusammenfassen, wenn man im übrigen das

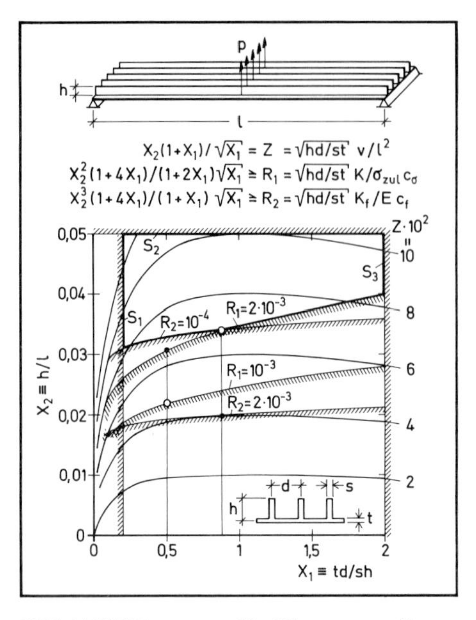

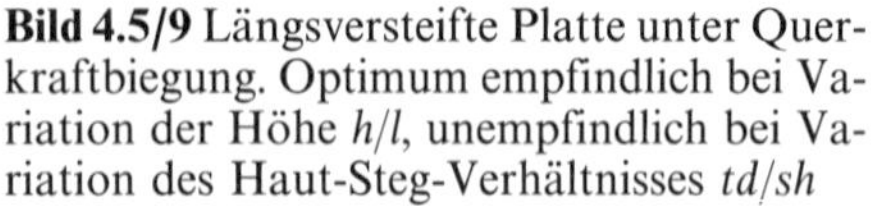

Bild 4.5/9 Längsversteifte Platte unter Querkraftbiegung. Optimum empfindlich bei Variation der Höhe h/l, unempfindlich bei Variation des Haut-Steg-Verhältnisses td/sh

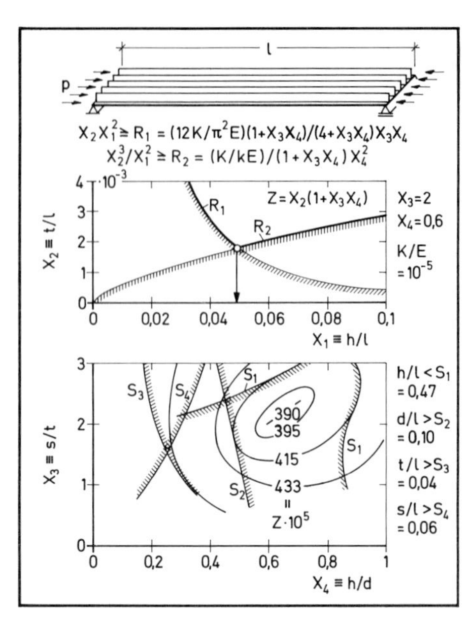

Bild 4.5/10 Längsversteifte Platte, längsgedrückt. Optimierung im *vierdimensionalen* Variablenraum, dargestellt in zwei Schnitten X_1-X_2 und X_3-X_4

Querschnittsverhältnis $X_1 \equiv A_H/A_S = td/sh$ und die relative Höhe (reziproke Schlankheit) $X_2 \equiv h/l$ als Variable definiert.

Damit nehmen die Zielfunktion (4.2–38), die Festigkeitsrestriktion (4.2–37a) und die Steifigkeitsrestriktion (4.2–37b) folgende Form an

$$X_2(1+X_1)/\sqrt{X_1} = Z = \sqrt{hd/st}\, v/l^2\,, \tag{4.5–14}$$

$$X_2^2(1+4X_1)/(1+2X_1)\sqrt{X_1} \geqq R_1 = \sqrt{hd/st}\, K/\sigma_{\text{zul}} c_\sigma\,, \tag{4.5–15}$$

$$X_2^3(1+4X_1)/(1+X_1)\sqrt{X_1} \geqq R_2 = \sqrt{hd/st}\, K_f/Ec_f\,. \tag{4.5–16}$$

In Bild 4.5/9 sind diese Restriktionen (neben geometrischen Grenzen S_1, S_2, S_3) für Werte $R_1 = 2 \cdot 10^{-3}$ und $R_2 = 10^{-4}$ eingezeichnet; dabei fällt das Optimum in den Schnittpunkt R_1-R_2, der aber hier gleichzeitig das Ableitungsoptimum auf R_2 liefert. Partielle Ableitungen nach X_1 und X_2 führen nämlich über (4.5–6) auf die Aussagen $X_{1\text{opt}} = 1/2$ (auf R_1) oder $X_{1\text{opt}} = 0{,}78$ (auf R_2), wie bereits aus (4.2–40) bekannt. Wie schon aus Bild 4.2/23 hervorging und sich in Bild 4.5/9 bestätigt, ist das Optimum (selbst im Schnitt R_2-R_1) gutmütig hinsichtlich Abweichungen nach X_1. Dagegen wäre ein Unterschreiten der Grenze nach X_2, also eine zu geringe Profilhöhe, sofort mit einem Verlust an Tragfähigkeit zu bezahlen, wie andererseits eine überdimensionierte Höhe mit erheblichem Zusatzaufwand.

4.5.1.6 Längsversteifte Platte unter Längsdruck

Als einziges *vierdimensionales* Entwurfsproblem wird die längsversteifte Platte unter Bedingungen des Stabknickens und des Profilbeulens betrachtet. Bei ihrer analytischen Auslegung (Abschn. 4.3.2.4) wurden zunächst die beiden Variablen h/l und t/d über die Stabilitätskriterien eliminiert und danach die restlichen Variablen $\alpha \equiv s/t$ und $\beta \equiv h/d$ im zweidimensionalen Entwurfsraum optimiert (Bild 4.3/17). Da die Lastrestriktionen bereits im Vorfeld ausgewertet und keine geometrischen Schranken aufgestellt wurden, war der Raum α-β unbegrenzt; nur durch Ableiten der Zielfunktion (des *Wirkungsfaktors* Φ) ließ sich darin ein von der Belastung (vom Kennwert) unabhängiges Optimum auffinden.

Das Beispiel zeigt, wie man durch sinnvolle Definition der Variablen das *weiche* Problem des *Optimierens* (im Sinne horizontaler Tangente) von der *harten* Aufgabe der Festigkeitsdimensionierung trennen und damit auch den Einfluß des Kennwertes auf die Optimierung der einen oder anderen Variablen vermeiden kann.

Bild 4.5/10 soll einen Eindruck von der Vierdimensionalität des Entwurfsproblems vermitteln. Als Variable sind definiert $X_1 \equiv h/l$, $X_2 \equiv t/l$, $X_3 \equiv s/t$ und $X_4 \equiv h/d$. Damit erhält man wieder die Zielhöhenlinien (Muschelkurven) als Funktion von $X_3 (=\alpha)$ und $X_4 (=\beta)$ nach Bild 4.3/17, und zwar unabhängig von den lastabhängigen Variablen X_1 und X_2.

Diese finden, wie das obere Diagramm in Bild 4.5/10 zeigt, ihr Optimum im Schnitt zweier Restriktionen

$$X_2 X_1^2 \geqq R_1 = (12K/\pi^2 E)(1+X_3X_4)/(4+X_3X_4)X_3X_4, \qquad (4.5-17a)$$

$$X_2^3/X_1^2 \geqq R_2 = (K/kE)/(1+X_3X_4)X_4^2, \qquad (4.5-17b)$$

die aus den Bedingungen (4.3–43b) des Knickens und (4.3–43c) des Beulens folgen und die, ebenso wie die Zielfunktion

$$Z \equiv \bar{t}/l = X_2(1+X_3X_4), \qquad (4.5-18)$$

von den beiden anderen Variablen, X_3 und X_4 (auch über den Beulwert k), abhängen. Der im Bild gezeigte Schnitt gilt für einen Kennwert $K/E = 10^{-5}$ und die davon unabhängigen Werte $X_{3\mathrm{opt}} \approx 2$, $X_{4\mathrm{opt}} \approx 0{,}6$.

Die Zielhöhenlinien verlaufen im Schnitt X_1-X_2 horizontal; ein Abweichen vom Optimum längs der ansteigenden Restriktionen R_1 oder R_2 muß sofort mit Mehraufwand bezahlt werden.

Die Auswirkung einer geometrischen Restriktion ist im mehrdimensionalen Entwurfsraum weniger leicht zu erkennen als bei nur zweidimensionalen Problemen. Es wäre beispielsweise falsch, bei Beschränkung der Profilhöhe $X_1 \equiv h/l \leqq S_1$ einfach im oberen Diagramm X_1-X_2 des Bildes 4.5/10 eine solche Grenze einzutragen und aus ihrem Schnitt mit R_1 ein Optimum bestimmen zu wollen. Richtig ist vielmehr, aus (4.3–45) Grenzen $h/l \leqq S_1$ oder $d/l \geqq S_2$ zu formulieren und diese in das untere Diagramm X_3-X_4 einzutragen. Geometrische Restriktionen dieser Art reduzieren nämlich den dort als Zielwert fungierenden Wirkungsfaktor, und zwar nun unabhängig vom Kennwert (im Beispiel: $K/E = 10^{-5}$). Für den relativen Stegabstand $d/l = \mathrm{const}$ wurden derartige Charakteristiken schon in Bild 4.3/17 gezeichnet und in Bild 4.3/18 ausgewertet.

Als weitere geometrische Restriktionen sind untere Grenzen der Hautdicke $X_2 \equiv t/l \geqq S_3$ und der Stegdicke $X_2 X_3 \equiv s/l > S_4$ im Diagramm X_3-X_4 eingezeichnet. Diese erhält man über Φ(4.3–44*b*) zu

$$S_3 = S_4/X_3 = (K/E)^{1/2}/\Phi(1+X_3X_4). \qquad (4.5-19)$$

Auch bei mehreren Variablen ist also noch eine analytische Optimierung möglich, solange die Anzahl der Restriktionen gering und ihre Auswirkung überschaubar bleibt; bei steigender Variabilität und zunehmender Anzahl von Restriktionen, etwa bei Mehrzweckstrukturen, wird man aber kaum mehr ohne numerische Suchstrategien auskommen.

4.5.2 Tragwerke für mehrere Lastfälle (multi-purpose)

Eine Tragkonstruktion ist in der Regel nacheinander verschiedenen Lastfällen ausgesetzt, die sich nicht nur im Betrag, sondern auch in der Verteilung oder Richtung unterscheiden. Als *Einzweckstrukturen* können nur solche Konstruktionen aufgefaßt und optimiert werden, bei denen zweifelsfrei der Höchstwert einer bestimmten Belastung über die Auslegung entscheidet. Diese Last geht dann in den Strukturkennwert ein und ermöglicht (wie in Abschn. 4.2 und 4.3) über diesen einen Vergleich verschiedener Bauweisen. Grundsätzlich muß man aber für jede im Lauf der Lebenszeit zu erwartende Belastung die Tragfähigkeit der Struktur sichern, was nur dadurch möglich ist, daß man für alle möglichen Lastfälle Restriktionen des *zulässigen Entwurfsraums* aufstellt.

Beim Formulieren der Lastrestriktionen ist darauf zu achten, ob die verschiedenen Lastzustände nacheinander wirken oder ob sie sich teilweise überlagern. Bei gleichzeitigem Auftreten ihrer Höchstbeträge hätte man es definitionsgemäß nicht mit einer *Mehrzweckstruktur* zu tun, sondern nur mit einem *kombinierten* Lastzustand. Aber auch bei zeitlich versetzten Zuständen können Lastkombinationen auftreten, deren Auswirkungen sich addieren oder nichtlinear verkoppeln und dementsprechend nicht durch verschiedene unabhängige Restriktionen, sondern nur durch eine gemeinsame Restriktion erfaßt werden.

Als Beispiel nehme man die periodische Biege- und Torsionsbelastung eines schwingenden Kastenträgers: bei einer 90°-Zeitversetzung treten die Höchstwerte der einen Last jeweils dann auf, wenn die andere den Wert Null annimmt. In diesem Sinne handelt es sich um unabhängige Lastfälle der *Mehrzweckstruktur*. Zwischen diesen Zeitpunkten treten aber Biegung und Torsion kombiniert auf, bei 45° jede mit dem Anteil $1/2^{1/2}$ ihres Höchstwertes. Ob gerade dieser Zustand für die Dimensionierung der unter Druck und Schub beulenden Kastengurtplatte maßgebend wird, ist nicht gesagt. Zur Sicherheit müßte man weitere Zeitpunkte bzw. Lastzustände durch jeweils eigene Restriktionen berücksichtigen, die sich bei hinreichend engen Zeitintervallen zu einem quasi stetigen Kurvenzug verbinden.

Im folgenden werden einfachste Beispiele mit jeweils zwei unabhängigen Lastfällen betrachtet. Das erforderliche Strukturvolumen ist dann immer kleiner als bei gleichzeitigem Auftreten beider Lasten. Zum Vergleich dienen Beispiele kombinierter Belastung, bei denen es sich um kein *Mehrzweckproblem* handelt, an denen man aber aufzeigen kann, wie sich die Auswirkungen der Einzelbelastungen in einer Restriktion, etwa der Knickbiegung oder des Druckschubbeulens, nichtlinear verknüpfen.

4.5.2.1 Sandwichplatte unter Biegung oder/und Längsdruck

Ist die Sandwichplatte nacheinander einer Querkraftbiegung (nach Bild 4.5/7) *oder* einer Längsdruckbelastung (nach Bild 4.5/8) ausgesetzt, so muß man den zulässigen

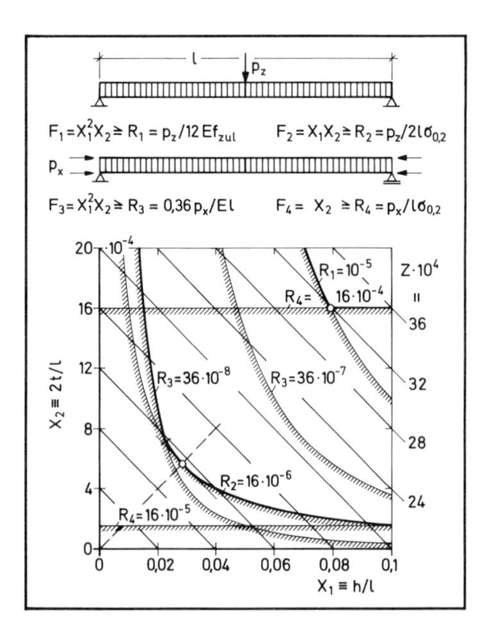

Bild 4.5/11 Sandwichplatte für mehrere Lastfälle. Restriktionen R_1 (Steifigkeit) und R_2 (Festigkeit) für Biegung, R_3 (Knicken) und R_4 (Fließen) für Längsdruck

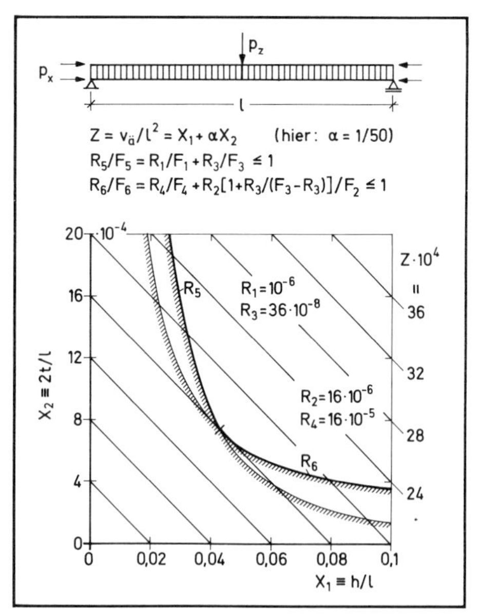

Bild 4.5/12 Sandwichplatte für kombinierte Last: Knickbiegung (Spannungsproblem höherer Ordnung). Restriktionen R_5 (Verformung) und R_6 (Festigkeit)

Entwurfsraum durch Restriktionen beider Lastfälle begrenzen. Dazu sind in Bild 4.5/11 vier Restriktionen eingetragen: R_1 gegen große Durchbiegung, R_3 gegen Knicken, R_2 und R_4 gegen Überschreiten der Materialgrenze in der gedrückten Haut.

Wie die Zahlenbeispiele in Bild 4.5/11 demonstrieren, können beide Lastfälle für die Auslegung maßgebend werden, etwa im Schnitt von $R_1 = 10^{-5}$ mit $R_4 = 16 \cdot 10^{-4}$. Das Optimum kann auch im Schnitt von R_2 mit R_3 auftreten oder (hier für $R_2 = 16 \cdot 10^{-6}$ und $R_3 = 36 \cdot 10^{-8}$) als Ableitungsoptimum auf R_2. Eine analytische Bestimmung des Optimums wird also durch die größere Anzahl von Restriktionen erschwert, erst recht im mehrdimensionalen Entwurfsraum.

Wirken beide Lasten, wie in Bild 4.5/12, gleichzeitig, so erhöht sich gegenüber dem Einzelfall nicht die Anzahl der Restriktionen, dafür aber deren Komplexität. Im vorliegenden Kombinationsfall verknüpfen sich die Einzelprobleme der Durchbiegung und des Knickens zum nichtlinearen Problem der *Knickbiegung* (Bd. 1, Bild 3.3/2). Übernimmt man die Definition der Restriktionen R_1 bis R_4 mit den zugehörigen Variablenfunktionen F_1 bis F_4, so gelten im Kombinationsfall die Restriktionen der Durchbiegung ($f \leqq f_{zul}$) und der Festigkeit der Druckseite ($\sigma_d \leqq \sigma_{0,2}$) näherungsweise in der Form

$$R_1/F_1 + R_3/F_3 \leqq 1\,, \tag{4.5-20}$$

$$R_4/F_4 + R_2[1 + R_3/(F_3 - R_3)]/F_2 \leqq 1\,. \tag{4.5-21}$$

Diese neuen Restriktionen sind, mit $R_5(\leqq F_5)$ und $R_6(\leqq F_6)$ bezeichnet, in Bild 4.5/12 für gleiche Zahlenwerte R_1 bis R_4 eingetragen wie in Bild 4.5/11. Dabei stellt sich ein Optimum im Schritt R_5-R_6 ein, das einen höheren Aufwand ($Z = 16 \cdot 10^{-4}$) erfordert, als das Ableitungsoptimum ($Z < 12 \cdot 10^{-4}$) auf R_2 in Bild 4.5/11.

4.5.2.2 Sandwichplatte unter Schub oder/und Längsdruck

Die Gurtplatte eines auf Biegung oder Torsion belasteten Kastenträgers erfährt Druck oder Schub. Für solche Beanspruchungen wurde ein Sandwichplattenstreifen ausgelegt (Abschn. 4.3.3.2 bzw. 4.3.5.1). Vorgegeben ist wieder die Plattenbreite b; auf diese bezogen sind die Variablen $X_1 \equiv h/b$ und $X_2 \equiv \bar{t}/b$. Für reine Druckbelastung p gelten dann, nach (4.3–52) bei quasi schubstarrem Kern ($G_K = \infty$), die Restriktionen des Beulens und der Materialfestigkeit in der Form

$$X_1^2 X_2 = F_1 \geqq R_1 \approx 0{,}09 p/bE\,, \tag{4.5–22}$$

$$X_2 = F_2 \geqq R_2 = p/b\sigma_{0,2}\,, \tag{4.5–23}$$

und entsprechend für reine Schubbelastung q nach (4.3–104):

$$X_1^2 X_2 = F_3 \geqq R_3 \approx 0{,}07 q/bE\,, \tag{4.5–24}$$

$$X_2 = F_4 \geqq R_4 = q/b\tau_{0,2}\,. \tag{4.5–25}$$

Für den Fall, daß Druck und Schub nacheinander auftreten, sind in Bild 4.5/13 alle vier Grenzen eingezeichnet. Bei den zugrundegelegten Werten R_1 bis R_4 werden im Schnitt R_1-R_4 beide Lastfälle für die Dimensionierung maßgebend.

Wirken Druck und Schub gleichzeitig, so muß man die Beulgrenze und die Materialgrenze für kombinierte Belastung bestimmen. Über eine parabolische Abschätzung (Bd. 1, Bild 2.1/3) folgen daraus, mit den oben definierten Grenzen R_1 bis R_4, die Restriktionen des Kombinationsfalles

$$X_1^2 X_2 = F_5 \geqq R_5 = R_1/2 + (R_1^2/4 + R_3^2)^{1/2}\,, \tag{4.5–26}$$

$$X_2 = F_6 \geqq R_6 = (R_2^2 + R_4^2)^{1/2}\,. \tag{4.5–27}$$

Bei den exemplarischen Werten R_1 bis R_4 liegt das Optimum im Schnitt dieser Restriktionen R_5-R_6, wobei der erforderliche Volumenaufwand höher ausfällt als im

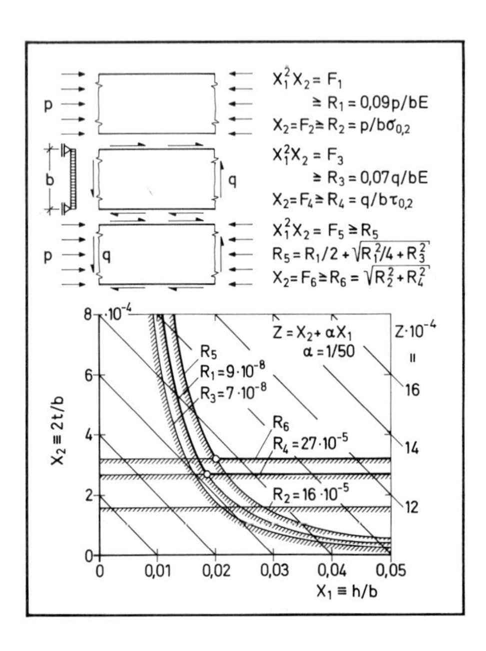

Bild 4.5/13 Sandwichplattenstreifen für Längsdruck (R_1 und R_2) und Schub (R_3 und R_4) als getrennte Lastfälle, oder kombiniert gleichzeitig

Schnitt R_1-R_4. Da für die Stabilität in diesem Beispiel hauptsächlich die Druckbelastung p (in R_1) und für die Festigkeit der Schubfluß q (in R_4) maßgebend ist, werden auch die Restriktionen R_5 (4.5–26) und R_6 (4.5–27) im wesentlichen durch R_1 und R_4 geprägt und durch R_2 und R_3 etwas angehoben.

Ein Schnittoptimum zwischen Beul- und Festigkeitsbedingung stellt sich bei entsprechend hoher Belastung ein. Bei kleinem Lastkennwert tritt die Festigkeitsrestriktion zurück, und es macht sich ein Ableitungsoptimum auf R_1, R_3 oder R_5 geltend.

4.5.2.3 Orthotrope Platte unter Schub oder/und Längsdruck

Wieder für einzeln oder kombiniert wirkende Druck- und Schubbelastung soll nun eine kreuzbewehrte Faserkunststoffplatte optimiert werden. Der Längslagenanteil der quasi homogen geschichteten Platte wird durch die Teildicke t_x, der Querlagenanteil durch $t_y = t - t_x$ beschrieben, die in den Variablen $X_1 \equiv t_y/b$ und $X_2 \equiv t_x b$ auf die Breite b des Plattenstreifens bezogen sind.

Für das Beulen einer orthotropen Platte (Bd. 1, Abschn. 4.3.1) sind ihre Biegesteifigkeiten B_x und B_y verantwortlich, die sich bei einer randparallel bewehrten Faserlaminatplatte aus den Moduln $E_{\|}$ und $E_{\perp} = \xi E_{\|}$ des unidirektionalen Laminats berechnen lassen (Bd. 1, Abschn. 4.1.3.6):

$$B_x \approx (X_1 + X_2)^2 (X_2 + \xi X_1) E_{\|} b^3/12,$$

$$B_y \approx (X_1 + X_2)^2 (X_1 + \xi X_2) E_{\|} b^3/12. \tag{4.5–28}$$

Vernachlässigt man einfachheitshalber die Drillsteifigkeit B_{xy} der randparallel bewehrten Platte, so folgt daraus (nach Bd. 1, Bild 4.3/1) für die kritische Drucklast $p_{kr} \approx 2\pi^2 (B_x B_y)^{1/2}/b^2$ des gelenkig gestützten, orthotropen Plattenstreifens die Restriktion

$$(X_1 + X_2)^2 [(X_1 + \xi X_2)(X_2 + \xi X_1)]^{1/2} = F_1 \geqq R_1 \approx 0{,}6 p/bE_{\|}, \tag{4.5–29}$$

und für Schubbeulen (Bd. 1, Bild 4.3/5) bei $q_{kr} \approx 33 (B_x B_y^3)^{1/4}/b^2$:

$$(X_1 + X_2)^2 [(X_1 + \xi X_2)^3 (X_2 + \xi X_1)]^{1/4} = F_3 \geqq R_3 \approx 0{,}36 q/bE_{\|}. \tag{4.5–30}$$

Die Tragfähigkeit des Verbundes ist gefährdet, wenn die Matrix der Querschichten unter Druck oder Schub versagt, also wenn die Bruchkompression $\varepsilon_{\perp Bd}$ bzw. die Bruchschiebung $\gamma_{\# B}$ des UD-Laminats überschritten wird. Mit der Längsdrucksteifigkeit $E_{\|} b (X_2 + \xi X_1)$ und der Schubsteifigkeit $G_{\#} b (X_2 + X_1)$ des Kreuzlaminats folgen daraus die Festigkeitsrestriktionen

$$X_2 + \xi X_1 = F_2 \geqq R_2 = p/bE_{\|} \varepsilon_{\perp Bd}, \tag{4.5–31}$$

$$X_2 + X_1 = F_4 \geqq R_4 = q/bG_{\#} \gamma_{\# B}. \tag{4.5–32}$$

Bei den in Bild 4.5/14 zugrundegelegten Zahlenwerten R_1 bis R_4 (und $\xi = 0{,}4$) erweist sich die Druckbeulgrenze allein als maßgebend. Sie ist nur schwach gekrümmt und verläuft im interessierenden Bereich nahezu parallel zur linearen Zielfunktion $Z = X_1 + X_2$; dadurch ist das Ableitungsoptimum extrem flach. Es ist also für die Druckbeulsteifigkeit nahezu gleichgültig, ob man die Fasern längs oder quer orientiert (Bd. 1, Bild 4.3/3), jedenfalls solange die Druckfestigkeitsgrenze R_2 nicht zur Geltung kommt. Bei höherer Belastung p läge das Optimum im Schnitt R_1-R_2.

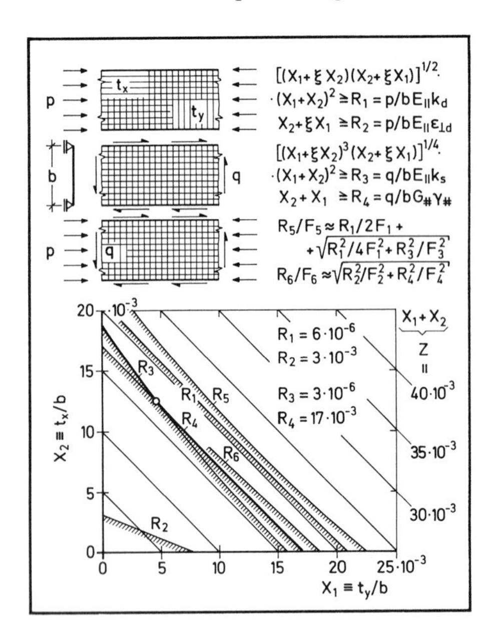

Bild 4.5/14 Orthotroper Plattenstreifen (GFK) für Druck und Schub, getrennt oder kombiniert. Optimum unempfindlich gegen Variation des Schichtverhältnisses t_x/t_y

Im Unterschied zu R_1 führt die Schubbeulrestriktion mit abnehmender Längsbewehrung X_2 stetig zu geringerem, also zu besserem Zielwert. Nur die Schubfestigkeitsgrenze R_4, parallel zur Zielfunktion verlaufend, erfordert eine gewisse Gesamtdicke und macht es bei hoher Schubbelastung q gleichgültig, ob man die Fasern längs oder quer orientiert.

Falls Druck und Schub nicht nacheinander sondern gleichzeitig wirken, sind Versagenshypothesen für kombinierte Belastung heranzuziehen. Für Beulen sei wieder eine parabolische Abschätzungsformel (Bd. 1, Bild 2.3/6) verwendet, für Harzversagen eine empirische Beziehung in elliptischer Form (Bd. 1, Abschn. 4.1.4.2). Mit den oben definierten Variablenfunktionen F_1 bis F_4 und den zugeordneten Einzelrestriktionen R_1 bis R_4 folgen daraus die Kombinationsrestriktionen

$$R_1/2F_1 + (R_1^2/4F_1^2 + R_3^2/F_3^2)^{1/2} \leqq 1\,, \tag{4.5-33}$$

$$(R_2^2/F_2^2 + R_4^2/F_4^2)^{1/2} \leqq 1\,, \tag{4.5-34}$$

die, bezeichnet als R_5 und R_6, ebenfalls in Bild 4.5/14 eingezeichnet sind. Bei den relativ niedrig angesetzten Lastwerten ist wieder nur das Ableitungsoptimum der Beulgrenze R_5 entscheidend. Da hierbei der Einfluß der Druckbelastung über R_1 in R_5 (4.5−33) dominiert, zeigt sich wieder der sehr flache, nahezu indifferente Verlauf des Optimums.

4.5.2.4 Sandwichkessel unter Innendruck oder/und Längsdruck

Der zylindrische Innendruckbehälter nach Bild 4.5/15 ist zur Sicherung seiner Längsdruckstabilität in Sandwichbauweise ausgeführt. Der Kern sei quasi schubstarr, er beteilige sich nicht an der Längskraftaufnahme; seine Höhe sei viel kleiner als der Kesselradius und seine radiale Kompressionssteifigkeit groß genug, um die

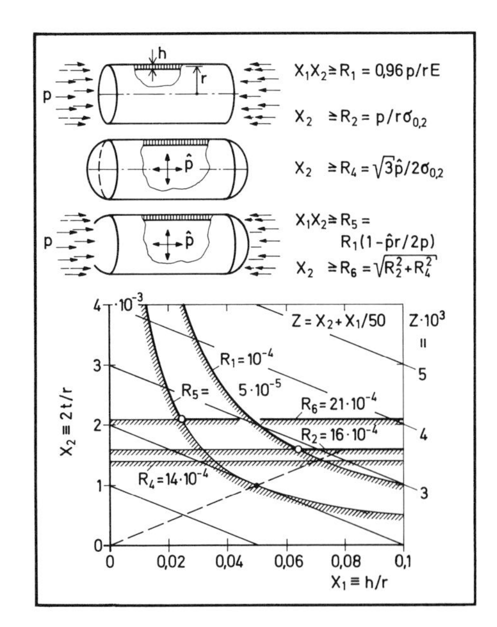

Bild 4.5/15 Sandwichkessel unter Axialdruck und Innendruck, getrennt (R_1, R_2, R_3) oder kombiniert (Optimum im Schnitt R_5-R_6); verminderter Aufwand bei Kombination

Häute gegen Knittern zu stützen und gleiche Umfangsdehnung beider Häute zu gewährleisten. Unter diesen Voraussetzungen sollen die relative Kernhöhe $X_1 \equiv h/r$ und die relative Hautgesamtdicke $X_2 \equiv \bar{t}/r = (t_1 + t_2)/r$ des Mantels bei vorgegebenem Radius r optimiert werden; die Kesselböden bleiben außer Betracht. Die Variablen X_1 und X_2 sind so definiert, daß sie mit dem *Kernfüllungsgrad* $\alpha = \gamma_K/\gamma_H$ wieder auf eine lineare Zielfunktion $Z = X_1 + \alpha X_2$ führen.

Unter reiner Axialdruckbeanspruchung p beult der Zylinder nach (4.3−78) bei $p_{kr} = 1{,}04 E\bar{t}h/r$ (Bd. 1, Abschn. 5.3.3.2); mit der Festigkeitsgrenze $p/\bar{t} = \sigma_x \leqq \sigma_{0,2}$ ergeben sich die Restriktionen

$$X_1 X_2 \geqq R_1 = 0{,}96 p/rE, \qquad X_2 \geqq R_2 = p/r\sigma_{0,2}\,. \tag{4.5−35}$$

Unter reiner Innendruckbeanspruchung $\hat{p}$ treten Umfangsspannungen $\sigma_y = \hat{p}r/\bar{t}$ und Längszugspannungen $\sigma_x = \sigma_y/2 = \hat{p}r/2\bar{t}$ auf. Aus der Bedingung $\sigma_x^2 + \sigma_y^2 - \sigma_x\sigma_y \leqq \sigma_{0,2}^2$ (Bd. 1, Bild 2.1/3) folgt als einzige Festigkeitsrestriktion

$$X_2 \geqq R_4 = \sqrt{3}\hat{p}/2\sigma_{0,2} = 0{,}87\hat{p}/\sigma_{0,2}\,. \tag{4.5−36}$$

Wirken Innendruck und Längsdruck nicht gleichzeitig, so liegt der Auslegungspunkt im Schnitt der Beulrestriktion R_1 mit einer der beiden Festigkeitsrestriktionen R_2 oder R_4, oder bei niedrigem Lastwert, im Ableitungsoptimum auf R_1 entsprechend (4.3−79b).

Interessant ist dieses Beispiel aber nun dadurch, daß ein gleichzeitiges Wirken beider Beanspruchungen vorteilhafter sein kann als einzelnes Auftreten. Der Innendruck $\hat{p}$ wirkt nämlich dem Längsdruck entgegen und entlastet dadurch die beulgefährdete Schale in Axialrichtung; anstelle von R_1 (4.5−33) gilt dann die Beulrestriktion

$$X_1 X_2 \geqq R_5 = R_1(1 - \hat{p}r/2p) = 0{,}96(p - \hat{p}r/2)/rE\,. \tag{4.5−37}$$

In der Festigkeitsbedingung macht sich allerdings die Überlagerung von $\hat{p}$ und p nachteilig bemerkbar, da gleichzeitiges Wirken von Umfangszug und Längsdruck die zulässige Spannung herabsetzt (Bd. 1, Bild 2.1/3); daraus folgt als Festigkeitsrestriktion im Kombinationsfall:

$$X_2 \geqq R_6 = (R_2^2 + R_4^2)^{1/2}. \qquad (4.5-38)$$

Bei den in Bild 4.5/15 gewählten Zahlenbeispielen erweist sich das Schnittoptimum R_5-R_6 des Kombinationsfalles trotz der höher gerückten Festigkeitsgrenze günstiger als das Schnittoptimum R_1-R_2 des Einzelfalles (ohne Innendruck). Ist der zeitliche Verlauf der Einzelbelastungen ungewiß, so muß man die Schale für den ungünstigsten Fall auslegen, nämlich für den Schnitt R_1-R_6, also gegen Beulen ohne Innendruckstützung und gegen Zug-Druck-Versagen im Kombinationsfall.

4.5.2.5 Orthotroper Kessel unter Innendruck oder/und Längsdruck

Der Mantel des zylindrischen Druckbehälters soll nun nicht als isotrope Sandwichschale, sondern in Faserverbundbauweise ausgeführt werden, siehe Bild 4.5/16. Wie bei der Platte in Bild 4.5/14 beschreiben die Teildicken t_x und t_y die Anteile der längs- bzw. querbewehrten Schichten an der Gesamtdicke $t = t_x + t_y$. Diese sind in den Variablen $X_1 \equiv t_y/r$ und $X_2 \equiv t_x/r$ auf den vorgegebenen Schalenradius bezogen und bilden in der Summe die lineare Zielfunktion $Z = X_1 + X_2$.

Mit den Biegesteifigkeiten B_x und B_y entsprechend (4.5−28) sowie den Dehnsteifigkeiten $D_x = E_{\|} r(X_1 + \xi X_2)$ und $D_y = E_{\|} r(X_2 + \xi X_1)$ und den für Drill- und Schubsteifigkeit charakteristischen Verhältniszahlen $\eta \equiv B_{xy}/(B_x B_y)^{1/2} \approx 0{,}5$ (Bd. 1, Bild 4.1/19) und $\zeta = (D_x D_y)^{1/2}/D_{xy} \approx 2$ folgt aus der Beulgrenze $p_{kr} \approx 1{,}4(D_x D_y B_x B_y)^{1/4}/r$ (nach Bd. 1, Abschn. 4.3.2.2) die Restriktion

$$(X_1 + X_2)[(X_2 + \xi X_1)(X_1 + \xi X_2)]^{1/2} \geqq R_1 = 0{,}7p/rE_{\|}. \qquad (4.5-39)$$

Für die Druckfestigkeit des Laminats gilt R_2 nach (4.5−31) wie für die Platte.

Der Verlauf der Beulrestriktion R_1 zeigt wie bei dieser (Bild 4.5/14) ein sehr flaches, hinsichtlich des Verhältnisses von Längs- und Umfangsbewehrung nahezu indifferentes Optimum (wie auch Bild 4.3/12 in Bd. 1). Nur die Festigkeitsbedingung R_2 nötigt bei höherem Lastwert dazu, einen Mindestanteil der Fasern in Lastrichtung zu legen.

Bei reiner Innendruckbelastung versagt die Längs- oder die Umfangsschicht durch Zugbruch der Faser bei einer Grenzdehnung $\varepsilon_{\|Bz}$; damit erhält man zwei getrennte Restriktionen

$$X_2 + \xi X_1 \geqq R_3 = \hat{p}/2E_{\|}\varepsilon_{\|Bz} \quad \text{und} \quad X_1 + \xi X_2 \geqq R_4 = 2R_3. \qquad (4.5-40)$$

Das Optimum liegt in diesem Fall eindeutig im Schnitt der beiden Festigkeitsgrenzen. Dies gilt auch, wenn man mit einem Versagen der Harzmatrix vor dem Faserbruch rechnet, allerdings mit abgemindertem Quersteifigkeitsfaktor $\xi = E_{\perp}/E_{\|} < 0{,}4$. Ohne Mittragen der Harzmatrix (also für $\xi = 0$) würden sich die Restriktionen R_3 und R_4 rechtwinklig kreuzen und damit das Optimum am stärksten ausprägen; im theoretischen Fall $\xi = E_{\perp}/E_{\|} = 1$ würden sie sich nicht schneiden, sondern beide parallel zur Zielhöhenlinie laufen; maßgebend für das indifferente Optimum wäre dann die Umfangsfestigkeit R_4. Im vorliegenden Fall ($\xi = 0{,}4$) ist das optimale Verhältnis $t_y/t_x = X_1/X_2 \approx 6$.

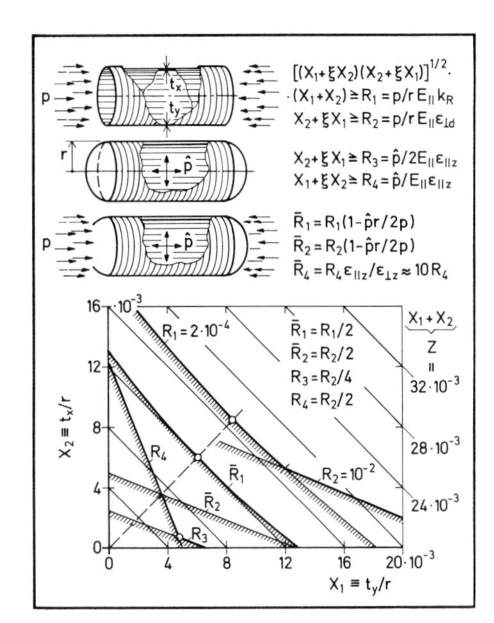

Bild 4.5/16 Orthotroper Kessel (GFK) unter Axialdruck und Innendruck, getrennt oder kombiniert. Optimum auf Beulgrenze (R_1 bzw. $\bar{R}_1$) tolerant gegenüber t_x/t_y

Bei gleichzeitigem Wirken von Innendruck und Längsdruck kann man wieder (für $p > \hat{p}r/2$) mit axialer Entlastung rechnen. Dies beeinflußt wie beim Sandwichzylinder die Beulgrenze R_5 (4.5–37), im übrigen aber auch die Längsbruchgrenze. Für die Umfangsdehnung muß nun, im Unterschied zum reinen Innendrucklastfall, anstelle der Faserbruchdehnung $\varepsilon_{\parallel Bz}$ die sehr viel geringere Harzbruchgrenze $\varepsilon_{\perp Bz}$ ($\approx \varepsilon_{\parallel Bz}/10$) gesetzt werden, da sonst die Beulsteifigkeit gefährdet ist. So folgen schließlich im Kombinationsfall mit den oben definierten Einzelrestriktionen R_1, R_2 und R_4 die drei Bedingungen

$$F_1 \geqq \bar{R}_1 = R_1(1 - \hat{p}r/2p), \quad (4.5-41)$$

$$F_2 \geqq \bar{R}_2 = R_2(1 - \hat{p}r/2p), \quad (4.5-42)$$

$$F_4 \geqq \bar{R}_4 = R_4 \varepsilon_{\parallel Bz}/\varepsilon_{\perp Bz} \approx 10 R_4\,. \quad (4.5-43)$$

Ob der Kombinationsfall oder der Einzelfall günstiger ist, läßt sich nicht allgemein sagen. Reine Kesselbeanspruchung gestattet eine hohe Ausnutzung der Fasern über die Harzbruchgrenze hinaus; Axialdruckstabilität setzt aber eine ungeschädigte Matrix voraus. Zusätzlicher Innendruck erfordert darum höheren Aufwand an Umfangsfasern, andererseits entlastet er die Wand in Axialrichtung und erlaubt eine Einsparung an Längsmaterial. Dabei ist noch nicht in Rechnung gestellt, daß der Innendruck auch ein vorzeitiges *Durchschlagen* der axialgedrückten Schale verhindern kann (Abschn. 4.3.4.1).

4.5.2.6 Orthotrope Kastenwand unter Längszug oder Längsdruck

Die Eingrenzung des zulässigen Entwurfsraumes durch Restriktionen der Tragfähigkeit, der Geometrie oder der Fertigung ist unabhängig von der Zielfunktion vorzunehmen; diese entscheidet dann, welcher Grenzpunkt für die Auslegung

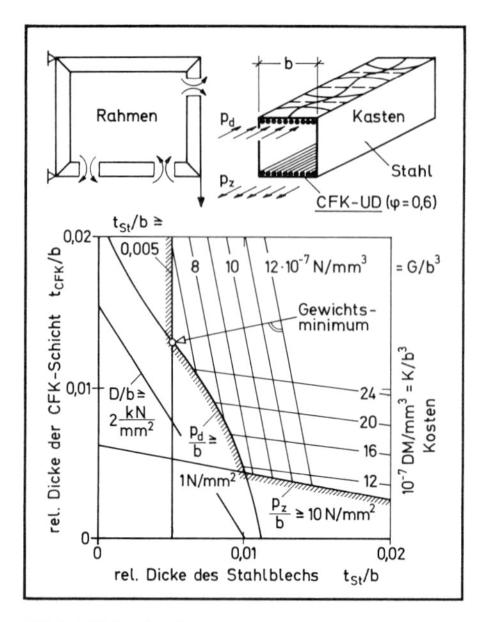

Bild 4.5/17 Orthotrope Wand eines Kastenträgers in CFK + Stahl-Hybridbauweise. Gewichts- oder Kostenoptimierung unter verschiedenen Restriktionen. Nach [4.18]

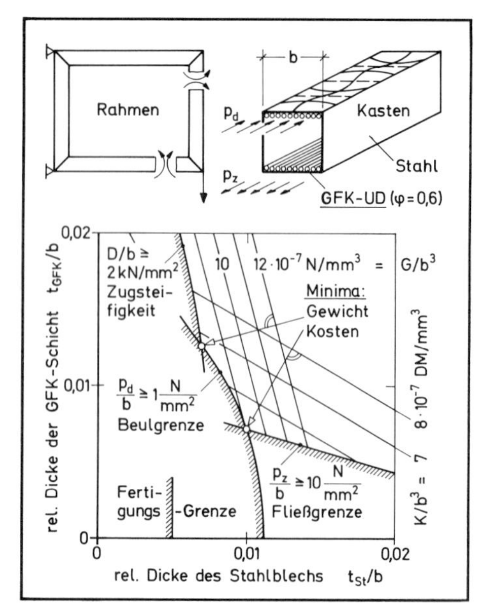

Bild 4.5/18 Orthotrope Wand eines Kastenträgers in GFK + Stahl-Hybridbauweise. Gewichts- oder Kostenoptimierung unter verschiedenen Restriktionen. Nach [4.18]

maßgebend wird oder ob innerhalb der Grenzen ein globales oder optimales Ableitungsoptimum existiert. Wird dem Materialaufwand des Bauteils, etwa wegen seines geringen Anteils am Gesamtgewicht des Struktursystems, kein besonderer Wert beigemessen, so bietet sich jeder Punkt im zulässigen Entwurfsraum zur Auslegung an; auch eine *Überdimensionierung* wäre dann hinzunehmen. Praktisch wird man aber auf eine Bewertung ungern verzichten, wenn nicht hinsichtlich des Gewichts, so doch bezüglich der Kosten. Das letzte Beispiel soll zeigen, wie sich das Optimum verlagert, wenn diese anstelle des Gewichts den Ausschlag geben. Dabei werden allein die zum Volumenaufwand proportionalen Materialkosten in Rechnung gestellt.

Wie in Bild 4.5/17 skizziert, handelt es sich um einen orthotropen Plattenstreifen in Blech + Faserlaminat-Hybridbauweise. Dieser soll als Gurt eines Kastenbiegeträgers abwechselnd Druck oder Zug aufnehmen. Restriktionen sind darum gegen Druckbeulen wie gegen Zugbruch aufzustellen; außerdem soll für die Kastenbiegesteifigkeit auch eine gewisse Gurtdehnsteifigkeit sichergestellt sein. Aus Fertigungsgründen darf eine gewisse Blechdicke nicht unterschritten werden.

Die beiden Variablen sind die Einzeldicken t_M des Metallbleches und t_L des applizierten, unidirektionalen Faserlaminats, in $X_1 \equiv t_M/b$ und $X_2 \equiv t_L/b$ bezogen auf die vorgegebene Kastenbreite. Als Linearkombination dieser Variablen erhält man, über die volumenspezifischen Gewichte der beiden Materialkomponenten, das Gesamtgewicht oder, mit volumenspezifischen Preisfaktoren, die Gesamtkosten als Zielfunktion.

Auf eine Herleitung der Restriktionen und der Zielfunktionen wird verzichtet. Die Zahlenwerte der Diagramme nach [4.18] sind willkürlich gewählt, um die Einflußtendenzen der Zielfunktionen deutlich zu machen. In Bild 4.5/17 ist das Beispiel eines Tiefziehstahlblechs mit Kohlefaserverstärkung wiedergegeben, in Bild 4.5/18 das Beispiel eines glasfaserverstärkten Bleches. Hinsichtlich des Gewichtsminimums ist der CFK-Hybridverbund besser; sein Kostenminimum tendiert jedoch wegen des hohen Preises der Kohlefaser nach $X_2=0$, also zur reinen Blechbauweise. Dagegen stellt sich bei der billigeren GFK-Verstärkung ein Kostenminimum für ein Dickenverhältnis $t_L/t_M=X_2/X_1\approx 0{,}7$ ein.

Gegenüber einer Gewichtsminimierung leidet die Kostenoptimierung stets an der Ungenauigkeit und Zeitbedingtheit der Einzelpreise wie auch an der Unschärfe des Gesamtkostenmodells. Dadurch wird der Sinn eines aufwendigen Optimierungsverfahrens fragwürdig; es rechtfertigt sich nur, wenn über den *Vergrößerungsfaktor* (Abschn. 2.1.2) eine erhebliche Reduktion des Gesamtgewichts und, etwa über einen hohen Betriebskostenfaktor des Flugzeugs, auch der Gesamtkosten erzielt werden kann.

5 Entwurf und Optimierung von Kräftepfaden

Im Vorangegangenen wurden hauptsächlich einachsig beanspruchte Stäbe, Scheiben, Platten und Schalen betrachtet; ihr Querschnittsprofil und gegebenenfalls stützende Querrippen waren nach Kriterien des örtlichen und des globalen Beulens auszulegen. Durch die Stabilitätsproblematik nahm der Strukturkennwert wesentlich Einfluß auf die Bewertung unterschiedlicher Bauweisen. Für die Schubwand, im einfachsten Fall eine zweiachsig diagonal auf Zug und Druck beanspruchte Scheibe, kam auch eine Fachwerkausführung in Frage. Neben den Stabquerschnitten ließen sich dabei, abhängig vom Kennwert, auch die Stabwinkel, also die *Kräftepfade* optimieren (Bild 4.3/64). Alternative oder variable Pfade interessieren nur bei mehrachsig beanspruchten Strukturen, sei es aufgrund der äußeren Belastung, sei es infolge von Kräfteeinleitungen oder -umleitungen an Fügungen und Ausschnitten.

Die Definition von *Kräftepfaden* setzt voraus, daß es sich um Fachwerk- oder Netzstrukturen handelt, bei denen die Einzelelemente jeweils einachsig tragen. Die *Hauptspannungstrajektorien* kontinuierlich zusammenhängender Flächen könnte man ebenfalls als Kräftepfade interpretieren; diese sind aber nicht nur Merkmale der Struktur, sondern Funktionen ihrer Beanspruchung, also nicht direkt manipulierbare Entwurfsvariable.

Kräftepfade werden charakterisiert hinsichtlich ihrer Richtung wie auch ihrer Diskretisierung; beides kann über die Gesamtkonstruktion konstant oder veränderlich sein. Im Beispiel der (durchgehend konstant belasteten und strukturierten) Fachwerkschubwand ist der Höchstgrad der Diskretisierung durch die Mindestmenge der Stäbe (ohne Stabkreuzungen) bestimmt; es sind aber auch mehr Stäbe (mit entsprechend vielen Kreuzungsknoten) möglich, bis zum Grenzfall des *quasi kontinuierlichen* Netzes. Die Anzahl der Knoten und der Stäbe sowie ihre Zuordnung definieren die *Strukturtopologie.* Durch die Topologie und die *Form,* d.h. die Knotenkoordinaten, sind die Kräftepfade beschrieben.

Zum Topologieentwurf und zur Formoptimierung muß man die äußere Belastung und die äußere Geometrie vorgeben. Die Vorgaben entscheiden, ob sich eine reine, *ungemischte* Zugstruktur (oder Druckstruktur) realisieren läßt, oder ob eine aus Zug- und Druckgliedern *gemischte* Konstruktion erforderlich wird. Diese Entscheidung ist von grundsätzlicher Bedeutung, da nur bei *gemischten* Strukturen nach Optimalpfaden gefragt werden muß. Bei *ungemischten* Strukturen existieren keine ausgezeichneten Pfade: ihr Aufwand ist (Ausdimensionierung vorausgesetzt) von der Wahl des Stab- oder Netzsystems unabhängig.

Die beiden Grundtypen *ungemischter* und *gemischter* Strukturen finden sich auch in natürlichen Tragwerken, einerseits als organische Membransysteme, andererseits als Trajektoriensysteme, etwa in der Innenstruktur eines Oberschenkelknochens. Als technische Tragwerke einfachster Art kann man den Druckbehälter und die Schubwand anführen. Da zum Tragsystem auch der verborgene Kraftschluß zwischen Festlagern hinzugerechnet werden muß, existieren wirklich ungemischte Konstruktionen nur selten; so kommt man im allgemeinen nicht umhin, nach optimalen Kräftepfaden zu fragen.

Entwurfstheoretische Grundsätze hierzu gehen auf Maxwell [5.1] und Michell [5.2] zurück. Maxwell zeigte, daß unter gewissen Bedingungen der Strukturaufwand kräftepfadunabhängig ist und daß bei gemischten Strukturen die Summe des *Spannungsvolumens* minimiert werden muß. Michell wies nach, daß dazu die Pfade gewissen Orthogonaltrajektorien folgen müssen und gab analytische Beispiele. Praktischen Wert erlangte die Entwurfstheorie indes erst durch numerische Verfahren, die es gestatteten, zu beliebigen Lastkonstellationen optimale Fachwerke zu erzeugen; siehe [5.3] bis [5.5].

Für das (in zwei sich dual entsprechenden Formulierungen einsetzbare) Verfahren der *Linearen Programmierung* wird mit einem Punkteraster potentieller Fachwerkknoten eine mehr oder weniger starke Diskretisierung vorgegeben. Je enger das Raster, desto besser ist die Annäherung an das ideale Optimum der *Michellstruktur*, desto höher aber auch der Rechenaufwand. Vor allem für räumliche Fachwerke empfiehlt sich darum, zulässige Pfade von vornherein einzuschränken, zum einen durch gröberes Raster, zum anderen durch begrenzte Stablängen. Diese Vorgaben beeinflussen den Topologieentwurf und das erzielbare Gewicht des *optimalen* Fachwerks.

Das numerische LP-Entwurfsverfahren krankt wie die grundlegende Entwurfstheorie daran, daß die Knickstabilität weder der Einzelelemente noch des Gesamtsystems Berücksichtigung findet; es sagt daher nicht, welches Diskretisierungsmaß und welche Topologie hinsichtlich Tragverhalten und Strukturaufwand an sich optimal wäre. Ein Topologieoptimum stellt sich nur ein, wenn gegen den Anspruch, eine Michellstruktur zu approximieren, das Knickproblem der Druckstäbe, der materielle Knotenaufwand oder der Kostenaufwand für Stabzuschnitte und -verbindungen ins Feld geführt wird. Diese Einflüsse beugen die Linearität der Zielfunktion. Eine kostenminimale Topologie läßt sich dann über *sequenzielle Linearisierung* aufsuchen.

Im Prinzip unproblematisch gestaltet sich die Kräftepfadoptimierung, wenn man die Fachwerktopologie vorgibt und allein die Knotenlagen, also die Form variiert. Bei statisch bestimmter Topologie sind die Knotenkoordinaten die einzigen Variablen, da sich die Stäbe direkt für ihre Bruch- oder Knickspannung ausdimensionieren lassen. Um auch größere Formvariationen zu ermöglichen und ein *globales Optimum* der multimodalen Zielfunktion zu finden, wurde für Beispiele ein *evolutionsstrategisches* Verfahren eingesetzt. Als effektiv erwies sich auch eine Kopplung der Formentwicklung mit einem vorausgehenden oder wiederholt eingesetzten LP-Entwurf.

Die Optimierung statisch unbestimmter Strukturen erfordert nach jedem Variationsschritt eine erneute aufwendige Spannungsanalyse und ist darum unökonomisch. Meistens genügt aber ein Spannungsausgleich anstelle einer Gewichtsminimierung; dabei wird die Dickenvariation jedes Stabes oder Elementes nicht über einen globalen Zielwert (Gesamtgewicht) gesteuert, sondern allein nach Maßgabe des lokalen Spannungsniveaus. Bei Fach- und Netzwerken läßt sich auf diese Weise u.U. auch die gewichtsgünstigste Topologie der Kräftepfade herausmodellieren.

Das Variationsmodell, das Art und Anzahl der Variablen definiert, muß nicht mit dem Analysemodell (etwa der Finiten Elemente) übereinstimmen; aus fertigungsbedingten oder rechenökonomischen Gründen kann die Variabilität stark reduziert sein. Damit wird selbst bei hochgradig unbestimmter FEM-Analyse eine gewichtsorientierte Optimierung vertretbar.

Kontinuierlich zusammenhängende, zweiachsig beanspruchte Flächentragwerke sind, im Unterschied zu diskontinuierlichen Fachwerken und zu quasi kontinuierlichen Netzwerken, in der Regel statisch unbestimmt, wobei der Grad der Unbestimmtheit von der Feinheit des Analysenetzes abhängt. Üblicherweise *optimiert* man kontinuierliche Flächenwerke auch einfach nach dem Prinzip der lokalen Ausdimensionierung, obwohl die Festigkeitsgrenze über eine Hypothese für mehrachsige Beanspruchung formuliert werden muß und das Verfahren damit nicht mit Sicherheit zum Gewichtsminimum konvergiert. Da Kräftepfade kontinuierlich zusammenhängender isotroper oder orthotroper Flächen nicht mehr eindeutig definierbar sind (Hauptspannungstrajektorien oder Faserrichtungen?), verlieren auch die Grundsätze der Entwurfstheorie streng genommen ihre Aussagekraft; man kann aber gewisse Ergebnisse der Flächenoptimierung zumindest tendenziell durch sie interpretieren.

Die durch Maxwell und Michell begründete Entwurfstheorie für Kräftepfade bietet, trotz oder dank ihrer idealisierenden Annahmen, die einzige Möglichkeit, etwas über den Charakter und das Mindestgewicht der Optimalstruktur vorauszusagen; diese verdient damit, wenn auch nicht als reale Konstruktion, so doch als Referenzstruktur Interesse. Die grundlegenden Prinzipien seien im folgenden ausgeführt und an analytischen Beispielen erläutert. Anschließend wird auf numerische Verfahren der Kräftepfadoptimierung eingegangen.

5.1 Grundlegende Entwurfstheorie für Stab- und Netzwerke

Von Kräftepfaden läßt sich im eigentlichen Sinne nur bei einachsig tragenden Elementen und daraus gebildeten ebenen oder räumlichen Stab- und Netzwerken sprechen. Bleiben die aus einer Diskretisierung in Einzelelemente resultierenden Knick- und Knotenprobleme dabei außer Betracht, so kann man in der Frage nach optimalen Kräftepfaden auf grundlegende Theoreme von C. Maxwell [5.1] und A. G. M. Michell [5.2] aus den Jahren 1860 bzw. 1904 zurückgehen. Diese frühen Ansätze zu einer Entwurfstheorie gewannen wegen ihrer idealisierenden Voraussetzungen zunächst keine praktische Bedeutung; sie führten auch nur für bestimmte einfache Lastfälle zu Lösungen. Erst 1958 wurden sie durch H. L. Cox [5.3] und W. S. Hemp [5.4] aufgegriffen und einer zusammenfassenden Darstellung gewürdigt. Heute bietet sich die Möglichkeit, aufgrund eines von Hemp 1964 vorgeschlagenen Verfahrens mit Hilfe leistungsfähiger Rechner *Michellstrukturen* für beliebige Lastaufgaben anzunähern; siehe [5.5] bis [5.8].

Optimale Kräftepfade können nur für einen bestimmten Lastfall, also für *Einzelzweckstrukturen* gelten. Maxwell und Michell gehen in ihrer Entwurfstheorie davon aus, daß gewisse Lasten hinsichtlich ihres Betrags, ihrer Richtung sowie ihres Angriffspunktes vorgegeben sind. Gibt man im übrigen die Spannungen der Zug- oder Druckstäbe vor, so folgt aus einer Betrachtung der äußeren und inneren Arbeit bei virtueller Raumdilatation, daß für reine Zugstrukturen (oder reine Druckstrukturen ohne Stabilitätsprobleme) keine bevorzugten Kräftepfade existieren. Im Unterschied zu solchen *Maxwellstrukturen* zeichnen sich *Michellstrukturen* mit entgegengesetzten Zug- und Druckspannungen durch optimale Kräftepfade aus, die unter allen möglichen Alternativen größte Dehnungsbeträge aufweisen; im absoluten Optimum eines kontinuierlich belegbaren Feldes handelt es sich dabei um ein System orthogonaler *Hauptdehnungstrajektorien.*

Die Aussage, daß Zug- wie Druckstäbe, um höchste Ausdehnung zu erfahren, auf Wegen größter Dehnung angeordnet werden müssen, erscheint ohne besondere Begründung plausibel, wenn nicht gar trivial. Diese Einschätzung kann aber auf einem Mißverständnis beruhen: die realen Dehnungen interessieren nämlich bei den in der Regel statisch bestimmten Strukturen nicht. Bemerkenswerterweise spielt darum das Materialgesetz in dieser grundlegenden Entwurfstheorie auch keine Rolle. Die Spannungen werden wie die äußeren Lasten vorgegeben, um über virtuelle Dehnungen bzw. Verrückungen virtuelle Arbeit zu leisten und über diese eine pauschale Gleichgewichtsaussage zu machen. Ein Zusammenhang zwischen Dehnungen und Spannungen, ob linear elastisch oder nichtlinear plastisch, ist dabei nicht unterstellt. So kann als virtueller Zustand eine reine Raumdilatation, also ein virtuelles *Isotensoid*, auferlegt werden, auch wenn die Stäbe der statisch bestimmten *Maxwellstruktur* unterschiedliche Realdehnungen erfahren (nur bei statisch unbestimmten Maxwellstrukturen erfordert der geometrische Zusammenhang auch ein Übereinstimmen der Stabdehnungen). Entsprechend läßt sich zum Entwurf von *Michellstrukturen* ein reiner Deviationszustand (ohne Raumdilatation), also mit gleichen Hauptdehnungsbeträgen $\varepsilon_z = \varepsilon_d$ als virtuelle Verformung verwenden, auch wenn unterschiedliche Spannungen $\sigma_z > \sigma_d$ und damit unterschiedliche Realdehnungen vorgegeben sind. Müssen äußere Dehnungsvorschriften, etwa die Nulldehnung zwischen unverrückbaren Lagerpunkten, berücksichtigt werden, so ist es sogar notwendig, diesen geometrischen Randbedingungen einen virtuellen Zustand kompatibel anzupassen, dessen Hauptdehnungsverhältnis dem Spannungsverhältnis reziprok entspricht: $\varepsilon_d^*/\varepsilon_z^* = \sigma_z/\sigma_d$.

Daß dieses Vorgehen sinnvoll ist, wird sich bei der Herleitung der Michellbedingungen wie auch an konkreten Beispielen zeigen. Jedenfalls ist damit deutlich gemacht, daß die realen Dehnungen und das Materialverhalten in diesem Zusammenhang nicht gefragt sind. Vorausgesetzt wird nur, daß die realen Spannungen wie die virtuellen Dehnungen über das ganze Entwurfsfeld konstant sind; dabei können für Zug- und Druckelemente unterschiedliche Spannungsgrenzen vorgegeben sein, etwa um einer geringeren Belastbarkeit der knickgefährdeten Druckelemente Rechnung zu tragen. Wollte man die Knickgrenzen genauer berücksichtigen, so müßte man für jeden Stab je nach Schlankheit eine individuelle Knickspannung eingeben. Dies ist für Michellentwürfe nicht möglich, doch lassen sich solche zu echten Fachwerkstrukturen weiterentwickeln (Abschn. 5.3).

Trotz der vereinfachenden Annahme konstanter Spannungen ist der Entwurf von Michellstrukturen im allgemeinen kein einfaches Problem. Solange noch keine rechnerorientierten numerischen Verfahren verfügbar waren (Abschn. 5.2), ging man von analytisch oder graphisch gewonnenen Hauptdehnungsfeldern aus und suchte dazu passende Lastfälle. Auf diesem Wege lassen sich nur wenige Beispiele begründen, doch verdienen diese aus didaktischen Gründen eine ausführliche Darstellung. Nach Herleitung der Grundsätze werden die von Michell u.a. angegebenen Dehnungsfelder hier beschrieben und für gewisse geeignete Lastfälle mit konkreten Strukturen belegt.

5.1.1 Theoreme über optimale Dehnungsfelder

Die Sätze von Maxwell [5.1] und Michell [5.2] folgen aus einem Vergleich virtueller Arbeiten. Dabei ergibt sich die innere Energie, gleiche Zug- oder Druckspannungen in allen Einzelelementen vorausgesetzt, als Produkt aus dem Zugspannungsvolumen $V_z\sigma_z$ bzw. dem Druckspannungsvolumen $V_d\sigma_d$ mit der gleichfalls für alle Elemente identischen virtuellen Dehnung $\delta\varepsilon$. Je nachdem, ob es sich bei dieser (wie bei Maxwell) um eine reine Raumdilatation (Aufweitung) oder (wie bei Michell) um eine Raumdeviation (Gestaltänderung) handelt, ist die innere Arbeit proportional der Differenz $(V_z\sigma_z - V_d\sigma_d)$ oder der Summe $(V_z\sigma_z + V_d\sigma_d)$ der Spannungsvolumina. Erkennt man, inwieweit diese beiden Ausdrücke von den Kräftepfaden der Struktur abhängen, so erfährt man etwas über die Bedingungen optimaler Pfade hinsichtlich des Gesamtvolumens

$$V = V_z + V_d = \frac{1}{2}\left(\frac{1}{\sigma_z} - \frac{1}{\sigma_d}\right)(V_z\sigma_z - V_d\sigma_d) + \frac{1}{2}\left(\frac{1}{\sigma_z} + \frac{1}{\sigma_d}\right)(V_z\sigma_z + V_d\sigma_d). \tag{5.1-1}$$

Hierzu werden zunächst die allgemeinen Aussagen von Maxwell und Michell hergeleitet und die geometrischen Bedingungen beschrieben, denen kontinuierliche Dehnungsfelder nach Michell genügen müssen.

5.1.1.1 Satz von Maxwell

Man geht davon aus, daß die Angriffspunkte der äußeren Lasten durch Ortsvektoren $\boldsymbol{r}_j$ und diese selbst durch Kräftevektoren $\boldsymbol{F}_j$ vorgegeben sind, siehe Bild 5.1/1. Unterwirft man den gesamten Raum einer virtuellen Ausweitung (Dilatation) $\delta\varepsilon$ nach allen Richtungen und hält dabei den Bezugspunkt der Ortsvektoren fest, so leisten die Kräfte $\boldsymbol{F}_j$ an der Verrückung $\boldsymbol{r}_j\delta\varepsilon$ ihrer Angriffspunkte insgesamt die virtuelle äußere Arbeit

$$\delta W_a = \sum_j \boldsymbol{F}_j\boldsymbol{r}_j\delta\varepsilon = \left(\sum \boldsymbol{F}_j\boldsymbol{r}_j\right)\delta\varepsilon. \tag{5.1-2}$$

Diese muß gleich der inneren Arbeit δW_i des Tragwerks sein. Handelt es sich um ein Stabwerk mit vorgegebener (jeweils positiv definierter) Spannung σ_z aller Zugstäbe und σ_d aller Druckstäbe, so leistet die virtuelle Ausweitung $\delta\varepsilon$ am Gesamtvolumen V_z aller Zugelemente positive Arbeit $V_z\sigma_z\delta\varepsilon$, während die Druckglieder über ihr Gesamtvolumen V_d negative Arbeit $-V_d\sigma_d\delta\varepsilon$ abgeben. Aus einem Vergleich der gesamten inneren Strukturarbeit

$$\delta W_i = V_z\sigma_z\delta\varepsilon - V_d\sigma_d\delta\varepsilon = (V_z\sigma_z - V_d\sigma_d)\delta\varepsilon \tag{5.1-3}$$

mit der äußeren Arbeit δW_a aus (5.1−2) folgt, daß die Differenz der Spannungsvolumina

$$V_z\sigma_z - V_d\sigma_d = \sum \boldsymbol{F}_j\boldsymbol{r}_j = \text{const}, \tag{5.1-4}$$

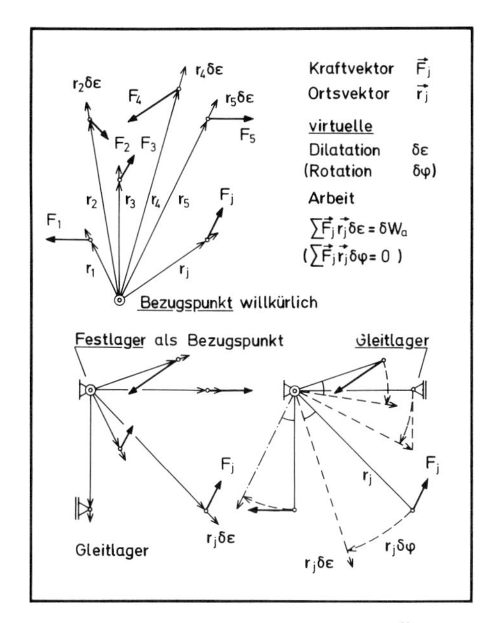

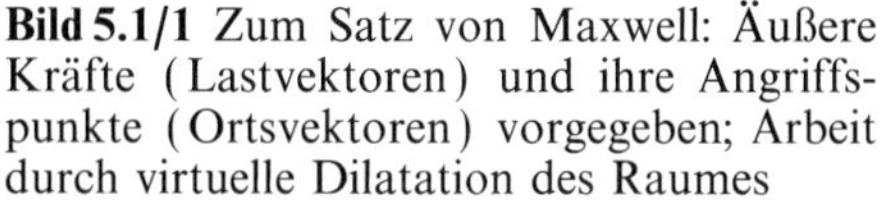

Bild 5.1/1 Zum Satz von Maxwell: Äußere Kräfte (Lastvektoren) und ihre Angriffspunkte (Ortsvektoren) vorgegeben; Arbeit durch virtuelle Dilatation des Raumes

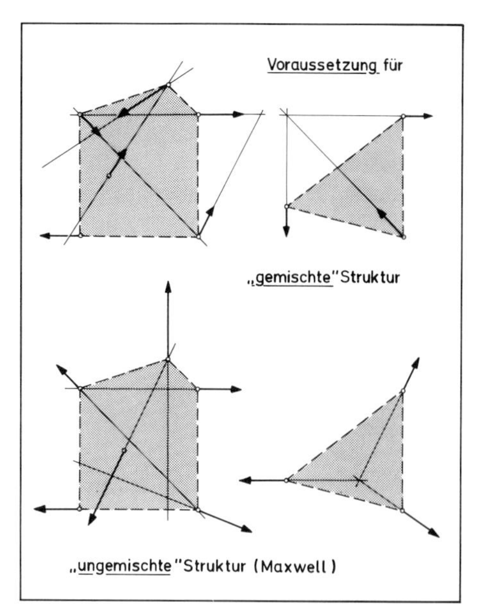

Bild 5.1/2 Voraussetzung für Maxwellstruktur (ungemischt, Zug oder Druck): Schnittpunkte der Wirkungslinien äußerer Kräfte im Polygon der Angriffspunkte

ein mit der äußeren Aufgabe vorgegebener, in keiner Weise von den Kräftepfaden des Tragwerks abhängiger Wert ist. Ein Minimum des Gesamtvolumens V nach (5.1−1) wird demnach erzielt, wenn die Summe $V_z\sigma_z + V_d\sigma_d$ der Spannungsvolumina ihren kleinsten Wert annimmt.

Die entscheidende Frage, durch welche Struktur bzw. welche Kräftepfade dieses Minimum im allgemeinen realisiert wird, wurde durch Maxwell noch nicht beantwortet. Er konnte aber aussagen, daß für eine rein zugbeanspruchte Struktur das Gesamtvolumen

$$V = V_z = \left(\sum \boldsymbol{F}_j \boldsymbol{r}_j\right) / \sigma_z \qquad (5.1-5)$$

bereits mit den äußeren Kräften vorgegeben und für alle Strukturalternativen, sofern deren Stäbe durchweg für dieselbe Spannung σ_z ausdimensioniert sind, identisch ist. Entsprechendes gilt für die rein druckbeanspruchte Struktur mit konstanter Spannung σ_d (also ohne Stabilitätsproblematik).

Eine solche einheitlich zugbelastete (oder druckbelastete) *Maxwellstruktur* ist nur möglich, wenn sich die Wirkungslinien der äußeren Lasten innerhalb des kleinsten konvexen Polyeders schneiden, das alle Lastangriffspunkte einschließt, siehe Bild 5.1/2. Auch die Struktur darf dann dieses Polyeder nicht überschreiten; sonst treten neben Zugstäben *unnötigerweise* auch Druckstäbe auf, wodurch nach (5.1−4) der Volumenanteil der Zugstäbe über den erforderlichen Mindestwert (5.1−5) ansteigt, und erst recht das Gesamtvolumen.

Der Anwendungsbereich für Maxwellstrukturen (ohne ausgezeichnete Kräftepfade) wird im übrigen erheblich durch die Voraussetzung eingeschränkt, daß auch Lagerkräfte statisch bestimmt vorgegeben werden müssen. Sind zwei unverschiebliche Lagerpunkte vorgeschrieben, so läßt sich keine virtuelle Raumausweitung $\delta\varepsilon$ vornehmen; damit verlieren auch die Aussagen (5.1−4) und (5.1−5) ihre Gültigkeit. Daher ist auch nicht jedes rein zugbeanspruchte Stab- oder Seilwerk eine Maxwellstruktur: sowohl für das in zwei Punkten starr gefesselte Stabwerk in Bild 5.1/2 wie auch für eine Hängebrücke (Bild 4.4/1) existieren eindeutig optimale Kräftepfade. Über diese wird sich (in spezieller Anwendung eines Satzes von Michell) sagen lassen, daß sie sich unter allen möglichen Kräftepfaden durch größte Dehnung auszeichnen.

5.1.1.2 Satz von Michell

Hier wird nun gefragt, welchen Bedingungen optimale Kräftepfade solcher Strukturen genügen müssen, die aufgrund ihrer äußeren Belastung sowohl Druck- wie Zugelemente benötigen. Wie schon angedeutet, liegt dieser allgemeinere Fall vor, sobald sich die Lastresultierenden außerhalb des durch die Lastangriffspunkte aufgespannten Polyeders schneiden.

Michell [5.2] beantwortet die Frage nach den optimalen Pfaden, indem er wie Maxwell von vorgegebenen Kräften $\boldsymbol{F}_j$ und Angriffspunkten $\boldsymbol{r}_j$ ausgeht, den Raum jedoch nicht einer virtuellen Ausweitung (Dilatation) aussetzt, sondern einer virtuellen Gestaltänderung (Deviation), bei der positive und negative Dehnungen auftreten. Michell stellt sich dabei einen kontinuierlich zusammenhängenden und durch Kraftwege belegbaren Raum vor; es kann sich statt dessen aber auch um eine Menge potentieller Knotenpunkte und deren virtuelle Verschiebungen handeln und dementsprechend um die vollständige oder eine geringere Anzahl geradliniger Knotenverbindungen als zugelassene Kräftepfade. Als *Optimum* gilt dann diejenige Struktur, die im Rahmen zugelassener Pfade ein Volumenminimum realisiert.

Ohne eine bestimmte geometrische Vorstellung des virtuellen Dehnungs- oder Verschiebungszustandes zugrunde zu legen, nimmt man an, es existiere eine Struktur, die in diesem Zustand die Wege größter Dehnungsbeträge $\delta\varepsilon_z^*$ und $\delta\varepsilon_d^*$ belegt. Im übrigen soll diese Struktur für die höchsten zulässigen Spannungen σ_z^* und σ_d^* ausdimensioniert sein. Da hiermit sowohl am Zugvolumen V_z^* wie am Druckvolumen V_d^* positive Arbeit geleistet wird, ist die innere virtuelle Arbeit gegeben in der Summe $V_z^*\sigma_z^*\delta\varepsilon_z^* + V_d^*\sigma_d^*\delta\varepsilon_d^*$. Vergleicht man diese ausgezeichnete Struktur mit einer beliebigen anderen, die demselben virtuellen Raumverformungszustand unterworfen wird, so muß mit derselben äußeren Arbeit auch die innere übereinstimmen. Die Alternativstruktur wird aber nun auf ihren Wegen definitionsgemäß geringere Dehnungsbeträge $\delta\varepsilon_z \leqq \delta\varepsilon_z^*$ und $\delta\varepsilon_d \leqq \delta\varepsilon_d^*$ erfahren, die an ihren Spannungsvolumina $V_z\sigma_z$ und $V_d\sigma_d$ virtuelle Arbeit leisten; diese muß für beide Strukturen gleich sein, also

$$V_z\sigma_z\delta\varepsilon_z + V_d\sigma_d\delta\varepsilon_d = V_z^*\sigma_z^*\delta\varepsilon_z^* + V_d^*\sigma_d^*\delta\varepsilon_d^* . \qquad (5.1-6)$$

Im weiteren werden nach Michell gleiche Maximalbeträge $\delta\varepsilon_z^* = \delta\varepsilon_d^* = \delta\varepsilon^*$ der virtuellen Zug- und Druckdehnungen angenommen. Mit $\delta\varepsilon_z \leqq \delta\varepsilon^*$ und $\delta\varepsilon_d \leqq \delta\varepsilon^*$ erhält man damit zunächst eine Ungleichung für die Summe der Spannungsvolumina

$$V_z\sigma_z + V_d\sigma_d \geqq V_z^*\sigma_z^* + V_d^*\sigma_d^* . \qquad (5.1-7)$$

Für $\sigma_z = \sigma_d \leqq \sigma_z^* = \sigma_d^*$ folgt daraus direkt: $V \geqq V^*$. Haben Zug- und Druckspannungen unterschiedliche Beträge, so geht aus (5.1−1) mit (5.1−4) hervor, daß die Summe der Spannungsvolumina im Optimalfall ein Minimum annehmen muß, was nach (5.1−7) für die ausgezeichnete Struktur (*) zutrifft.

Eine solche Beweisführung setzt die durch eine virtuelle Raumdilatation gewonnene Aussage (5.1−4) über die Konstanz der Spannungsvolumendifferenz voraus. Dies bedeutet aber, daß sämtliche Knotenpunkte bis auf einen frei verschiebbar sein müssen. Liegen zwei oder mehr Knoten, etwa als Auflager, fest, so muß der virtuelle Verschiebungszustand des Gesamtraumes damit verträglich sein. Eine *Nulldehnung* zwischen zwei Festlagern oder längs einer starren Wand läßt sich aber nur durch einen Zustand berücksichtigen, der sowohl Zugdehnungen $\delta\varepsilon_z^*$ wie auch Druckdehnungen $\delta\varepsilon_d^*$ enthält. Legt man dazu ein Dehnungsfeld nach Michell zugrunde und überlagert ihm eine Dilatation derart, daß das Dehnungsverhältnis $\delta\varepsilon_z^*/\delta\varepsilon_d^* = \sigma_d^*/\sigma_z^*$ dem Spannungsverhältnis umgekehrt entspricht, so kann ohne Umweg über (5.1−4) direkt aus (5.1−6) gefolgert werden

$$\sigma_z \delta\varepsilon_z = \sigma_d \delta\varepsilon_d \leqq \sigma_z^* \delta\varepsilon_z^* = \sigma_d^* \delta\varepsilon_d^*, \quad \text{also} \quad V = V^*. \tag{5.1−8}$$

Die optimale Fachwerk- oder Netzstruktur zeichnet sich also dadurch aus, daß ihre Elemente für maximale Spannungen σ_z^* und σ_d^* ausdimensioniert sind und dabei nur Wege größter Zug- und Druckdehnung nützen. Damit ist aber erst die Grundbedingung für optimale Kräftepfade formuliert; wie diese verlaufen können und bestimmten Lastfällen zuzuordnen sind, ist noch nicht gesagt. Für ein diskontinuierliches System einzelner Knoten und Knotenverbindungen wird darauf später eingegangen (Abschn. 5.2). Für einen kontinuierlich zusammenhängenden und beliebig (durch Stäbe oder Netze) belegbaren Raum kann es sich bei den Pfaden maximaler Verformung nur um ein System orthogonaler *Hauptdehnungstrajektorien* handeln; diese verwirklichen das absolute Optimum, an dem alle relativen Optima diskontinuierlicher oder auf weniger Kräftepfade beschränkte Strukturen zu messen wären.

Derartige *Michellstrukturen* realisieren nicht nur das absolute Gewichtsminimum, sondern zeichnen sich überdies durch höchste Steifigkeit aus, nämlich durch ein Minimum realer äußerer wie innerer Arbeit. Dies ist ohne weiteres einsichtig: bei vorgegebener Spannung muß die elastische Energie der überall ausdimensionierten Konstruktion volumenproportional sein. Man kann zeigen, daß die Aussage auch gilt, wenn Zug- und Druckspannungen unterschiedlichen Betrag haben. Die an realen Knotenverschiebungen $\boldsymbol{v}_j$ durch äußere Kräfte $\boldsymbol{F}_j$ geleistete Arbeitssumme entspricht der inneren elastischen Arbeit

$$\frac{1}{2}\sum \boldsymbol{F}_j \boldsymbol{v}_j = \frac{1}{2E}\left(V_z \sigma_z^2 + V_d \sigma_d^2\right). \tag{5.1−9}$$

Mit (5.1−4) läßt sich der Klammerausdruck umformen, so daß dafür steht

$$\frac{1}{2}\sum \boldsymbol{F}_j \boldsymbol{v}_j = \frac{1}{2E}\left[V\sigma_z\sigma_d + (\sigma_z - \sigma_d)\sum \boldsymbol{F}_j \boldsymbol{r}_j\right]. \tag{5.1−10}$$

Da außer dem Strukturvolumen $V = V_z + V_d$ alle Größen vorgegeben sind, nimmt für das Michellvolumen $V^* = V$ die Arbeitssumme ihren niedrigsten Wert und in diesem Sinne die Steifigkeit ihren Höchstwert an.

5.1.1.3 Konstruktion kontinuierlicher Michellsysteme

Für jeden Verformungszustand eines Raum- oder Flächenelementes existieren *Hauptdehnungsrichtungen*, in denen die Zug- und Druckdehnungen Extremwerte annehmen und die Schubverformungen verschwinden (siehe *Mohrscher Dehnungskreis*, Bd. 1, Bild 2.1/1). Diese Richtungen sind Ableitungen eines orthogonalen Trajektoriensystems, das den Verformungszustand des Gesamtbauteils bzw. seines Raumes oder Feldes charakterisiert. An homogenen Körpern oder Flächentragwerken lassen sich je nach Belastung beliebige Verformungszustände und Trajektoriensysteme erzeugen und ausmessen.

Optimale Michellsysteme sind derartige Orthogonalsysteme, die aber der Zusatzbedingung genügen müssen, daß ihre Dehnungsbeträge ε_z und ε_d längs der Trajektorien konstant sind. Um Hauptdehnungstrajektorien kann es sich nur dann handeln, wenn auch nach dieser Verformung die Orthogonalität erhalten bleibt, also bezüglich der Hauptrichtungen keine Schubverformung auftritt. Auf experimentellem Wege läßt sich ein solches System nicht gewinnen, da im allgemeinen die Hauptdehnungen einer Scheibe nicht konstant sind. Analytisch oder graphisch lassen sich aber doch einzelne Lösungen angeben, deren Herleitung hier kurz beschrieben sei.

Bild 5.1/3 zeigt ein differentiell kleines Element des ebenen Trajektoriensystems mit den gekrümmten orthogonalen Koordinaten ξ und η; dieses hat die ungleichen Seitenlängen: $a\partial\xi$, $b\partial\eta$, $(a+a^{\cdot}\partial\eta)\partial\xi$, $(b+b'\partial\xi)\partial\eta$. Der Orientierungswinkel $\varphi(\xi, \eta)$ der Trajektorien gegenüber einer willkürlichen Bezugsrichtung ändert sich infolge der Krümmung nach ξ wie nach η:

$$\partial\varphi/\partial\xi \equiv \varphi' = -a^{\cdot}/b \quad \text{und} \quad \partial\varphi/\partial\eta \equiv \varphi^{\cdot} = b'/a\,. \qquad (5.1-11)$$

Bei Deformation ε_z^* längs ξ und ε_d^* längs η verdrehen sich die Trajektorien um einen Winkel $\omega(x, y)$; für die Richtung $\bar{\varphi} = \varphi + \omega$ gilt dann am verformten, aber nach wie vor orthogonalen Element wie oben:

$$\begin{aligned}\bar{\varphi}' &= -a^{\cdot}(1+\varepsilon_z^*)/b(1-\varepsilon_d^*) = -(1+\varepsilon_z^*+\varepsilon_d^*)a^{\cdot}/b = (1+\varepsilon_z^*+\varepsilon_d^*)\varphi'\,,\\ \bar{\varphi}^{\cdot} &= b'(1-\varepsilon_d^*)/a(1+\varepsilon_z^*) = (1-\varepsilon_z^*-\varepsilon_d^*)b'/a = (1-\varepsilon_z^*-\varepsilon_d^*)\varphi^{\cdot}\,, \end{aligned} \qquad (5.1-12)$$

oder, mit dem Drehwinkel ω,

$$\begin{aligned}\bar{\varphi}' &= \varphi' + \omega' = (1+\varepsilon_z^*+\varepsilon_d^*)\varphi'\,, \quad \text{also} \quad \omega' - (\varepsilon_z^*+\varepsilon_d^*)\varphi' = 0\,;\\ \bar{\varphi}^{\cdot} &= \varphi^{\cdot} + \omega^{\cdot} = (1-\varepsilon_z^*-\varepsilon_d^*)\varphi^{\cdot}\,, \quad \text{also} \quad \omega^{\cdot} + (\varepsilon_z^*+\varepsilon_d^*)\varphi^{\cdot} = 0\,. \end{aligned} \qquad (5.1-13)$$

Daraus folgen, unabhängig von den Beträgen ε_z^* und ε_d^*, die Differentialgleichungen

$$\varphi'^{\cdot} \equiv \partial^2\varphi/\partial\xi\partial\eta = 0 \quad \text{und} \quad \omega'^{\cdot} \equiv \partial^2\omega/\partial\xi\partial\eta = 0\,. \qquad (5.1-14)$$

Die Bedingung $\varphi'^{\cdot} = 0$ sagt über den Verlauf der Trajektorien aus, daß deren Richtungsänderung nach ξ (d.h. zwischen zwei η-Linien) für jedes η identisch sein muß. Dies ist erfüllt bei

- geradlinigen Orthogonalsystemen ($\varphi' = 0$, $\varphi^{\cdot} = 0$),
- geradlinigen Tangenten ($\varphi' = 0$) und gekrümmten Involuten ($\varphi^{\cdot} = 0$) zu gewissen Evoluten; im Sonderfall Radien und Kreise zu einem Punkt.
- gleichwinkligen logarithmischen Spiralen ($\varphi' = \text{const}$, $\varphi^{\cdot} = \text{const}$), die ihren gemeinsamen Ursprung entgegengesetzt umlaufen.

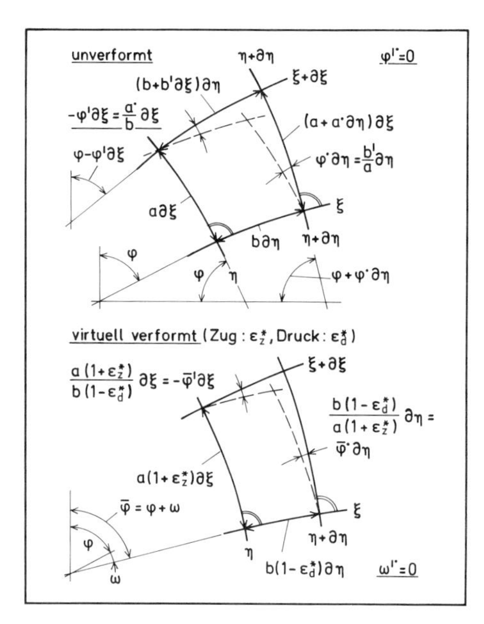

Bild 5.1/3 Flächenelement eines Michellfeldes. Differentialbeziehungen im orthogonalen Trajektoriensystem der Hauptdehnungen ε_z^* und ε_d^*; nach [5.7]

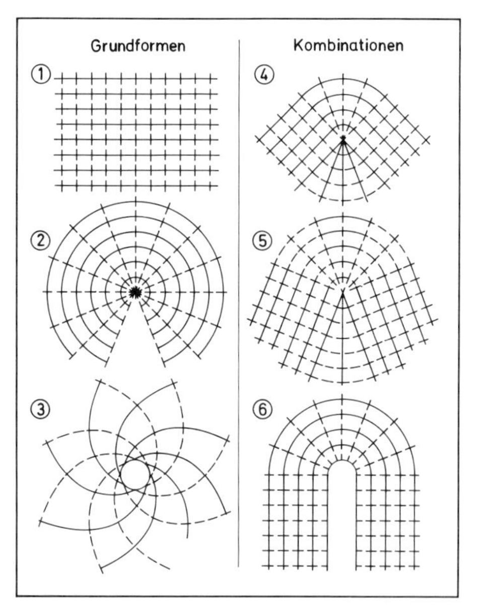

Bild 5.1/4 Hauptdehnungsfelder für Michellstrukturen. Analytisch gewonnene Grundformen, verformungsverträgliche Kombinationen; nach [5.2, 5.7]

Darüberhinaus sind beliebige Kombinationen derartiger Grundsysteme zulässig, solange φ an jedem Ort eindeutig definiert und der geometrische Zusammenhang bei gleichen ε_z^* bzw. ε_d^* aller Einzelsysteme gewährleistet ist, wie in den bereits durch Michell angegebenen Beispielen (4) bis (6) in Bild 5.1/4.

Um die Verformungsverträglichkeit ohne geometrische Randbedingungen zu überprüfen, genügt es, den reinen Gestaltsänderungsanteil der Verformung zu betrachten; der Dilatationsanteil (reine Aufweitung) läßt die Orthogonalität unberührt. Rechnet man dementsprechend nach Michell mit gleichen Dehnungsbeträgen $\varepsilon_z^* = \varepsilon_d^*$, so erweist sich das symmetrische System (4) als unproblematisch: Die Winkelvergrößerung des oberen Fächers (mit Zugbögen und Druckradien) wird durch die Winkelreduktion des unteren (mit Druckbögen und Zugradius) ausgeglichen, so daß die Orthogonalität der geradlinigen Felder erhalten bleibt. Dagegen ist im Beispiel (5) zu beachten, daß die Winkelverträglichkeit nur gewährleistet ist, wenn der obere Fächer Anteile reiner Dilatation bzw. Kompression (ohne Winkeländerung) enthält, wenn also durchlaufende Bogentrajektorien bereichsweise wechselnd Zug oder Druck erfahren. Im letzten Fall (6) schließlich muß aus Verträglichkeitsgründen ein zentraler Bereich ausgespart bleiben, es sei denn, der Fächer wird derart in Zug- und Drucksektoren unterteilt, daß er sich in Bogenrichtung nicht aufweitet, die anschließenden Rechtecknetze sich also nicht verdrehen.

Die Grundbedingung $\varphi'^{\cdot} = 0$ nach (5.1−13) der Michelltrajektorien gilt analog für Gleitlinien einer zweidimensionalen idealplastischen Strömung, so daß von dort bekannte Verfahren auch zur Entwicklung von Michellfeldern übernommen werden können. W. Prager [5.9] u. A. S. L. Chan [5.10] geben dafür Beispiele, ausgehend von geometrischen Randbedingungen.

Wie zu (5.1−8) begründet, muß bei geometrischen Randvorgaben diesen ein virtuelles Dehnungsfeld mit einem Hauptdehnungsverhältnis $\delta\varepsilon_z^*/\delta\varepsilon_d^* = \sigma_d/\sigma_z$ angepaßt werden. So erfüllt die von Michell angegebene symmetrische Spiralstruktur (3) in Bild 5.1/4 die Anschlußbedingungen an einen starren Kreisrand (Scheibe an Welle) für $\delta\varepsilon_d^* = \delta\varepsilon_z^*$ und ist damit nur optimal bei gleichen Spannungsbeträgen $\sigma_z = \sigma_d$. Aus dem Mohrschen Dehnungskreis (Bd. 1, Bild 2.1/1) geht hervor, daß eine Nulldehnung (starrer Rand) nur möglich ist unter dem Winkel

$$\alpha = \tfrac{1}{2} \arccos(\varepsilon_z^* - \varepsilon_d^*)/(\varepsilon_z^* + \varepsilon_d^*). \qquad (5.1-15)$$

Bis hierher galten alle Überlegungen allein der geometrischen Frage nach orthogonalen, verformungsverträglichen Trajektoriensystemen. Das eigentliche Strukturproblem besteht jedoch in der Zuordnung passender Dehnungsfelder zu vorgegebenen Belastungen. Im folgenden sollen einige Anwendungsbeispiele vorgestellt werden; dabei läßt sich auch zeigen, daß nicht für alle Fälle geeignete Maxwell- oder Michellfelder existieren.

5.1.2 Beispiele zugbeanspruchter Optimalstrukturen

Nach den vorangegangenen Betrachtungen ist bekannt, welchen geometrischen Bedingungen optimale Kräftepfade genügen müssen. Für rein zugbeanspruchte, statisch bestimmt belastete (und gelagerte) Strukturen existieren nach Maxwell keine bevorzugten Pfade: man darf alle möglichen (zugelassenen) Wege im diskret oder kontinuierlich belegbaren Feld wählen. Welche Wege und Feldbereiche die Struktur tatsächlich nützen kann, hängt von der Art der äußeren Belastung ab; bei Einzelkräften wird es ein geradliniges Fachwerk, bei verteilten Kräften ein kontinuierliches Netzwerk, ein Bogenstabwerk oder eine Schale sein.

Das Beispiel des schalenförmigen Druckbehälters verdient wegen seiner praktischen Bedeutung besonderes Interesse; im übrigen ist bemerkenswert, daß sich die Maxwellsche Aussage auch auf die Form derartiger Behälter anwenden läßt, obwohl es sich weder um Einzelkräfte noch um bestimmte Angriffspunkte oder -flächen, und auch nicht unbedingt um einachsig beanspruchte Elemente handelt. Darüber hinaus lassen sich kaum weitere Anwendungen von Maxwellstrukturen aufzeigen, weil diese eine statisch unbestimmte Lagerung ausschließen. Praktisch kommen nur solche Konstruktionen in Frage, bei denen sich die eingeprägten Kräfte gegenseitig ausgleichen; beispielsweise Innendruckbehälter oder zentrifugal belastete, rotierende Systeme.

Zur Demonstration der entwurfstheoretischen These von Maxwell werden alternative Fachwerkstrukturen für einen bestimmten Lastfall hinsichtlich ihres Volumenaufwandes verglichen. Am Beispiel einer an zwei Fixpunkten gefesselten Struktur mit ausgezeichneten optimalen Kräftepfaden läßt sich zeigen, daß nicht alle rein zugbeanspruchten Konstruktionen als *Maxwellstrukturen* anzusprechen sind.

5.1.2.1 Alternative Stabwerke zu Punktlastgruppen

Für zwei sich entgegengerichtete Kräfte gleichen Betrages F kommt als *Maxwellstruktur* nur ein Einzelstab infrage, der mit seiner Länge a die Lastangriffspunkte verbindet; mit seiner Spannung σ_z ist sein Volumen $V_M = aA = aF/\sigma$. Dabei handelt es

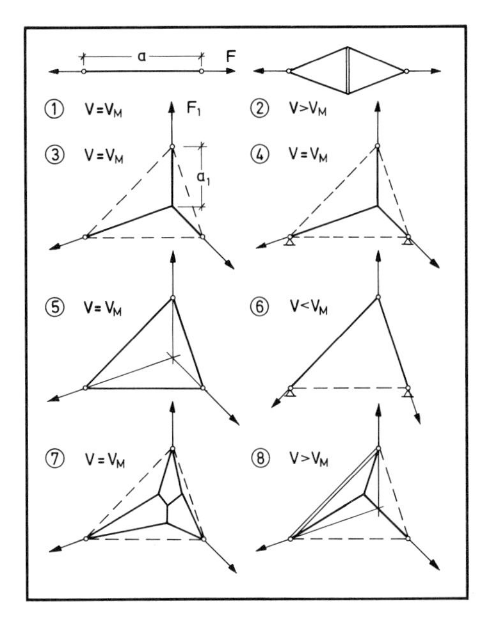

Bild 5.1/5 Statisch bestimmte Maxwellstrukturen; Volumen V_M unabhängig von Kräftepfaden. Gegenbeispiele: $V > V_M$ bei gemischter Struktur, $V < V_M$ bei Festlagern

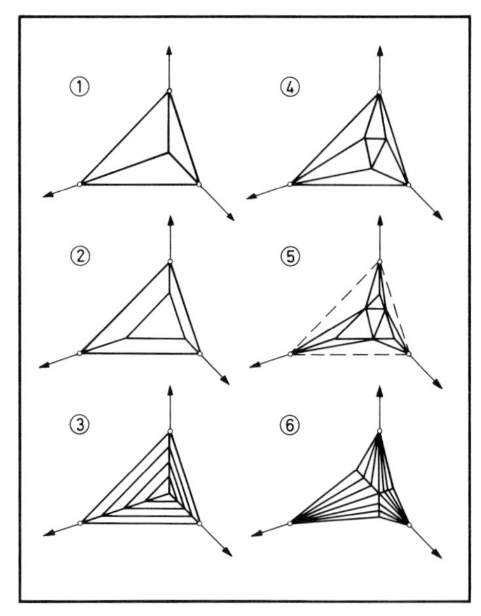

Bild 5.1/6 Beispiele statisch unbestimmter Maxwellstrukturen; geometrisch bestimmt und von gleichem Volumen bei gleicher Dehnung und gleichem Modul aller Stäbe

sich nicht um eine irgendwie ausgezeichnete Richtung, sondern um die einzige Möglichkeit, eine rein zugbeanspruchte Konstruktion zu realisieren: dies setzt nämlich voraus, daß die Struktur nicht über das durch die Lastangriffsknoten aufgespannte Polyeder oder Polygon, im vorliegenden Fall also die Verbindungslinie selbst, hinausgeht. Muß aus irgendwelchen Gründen, etwa um einen Ausschnittbereich zu umgehen, ein *Kräfteumweg* eingeschlagen werden, so ist dieser mit zusätzlichem Aufwand zu bezahlen. Bei dem in Bild 5.1/5 skizzierten Beispiel mit einer Querweite (Druckstablänge) b wären die statisch bestimmten Zugstabkräfte $P_z = (1 + b^2/a^2)^{1/2} F/2$ und die Druckstabkraft $P_d = (b/a) F$; daraus folgen die Volumina $V_z = (1 + b^2/a^2) aF/\sigma_z$ und $V_d = (b/a)^2 aF/\sigma_d$. Die Kraftumleitung erfordert also Zusatzvolumen für Zug wie für Druck; die Differenz der Spannungsvolumina bleibt, unabhängig von b, konstant und bestätigt damit den Satz von Maxwell (5.1–4).

Nach dem trivialen Fall des einachsig wirkenden Lastpaares sei nun eine Gleichgewichtsgruppe von drei Einzellasten vorgegeben. Die Lastwirkungslinien schneiden sich innerhalb des durch die Angriffsknoten aufgespannten Dreiecks. Für Kräftepfade innerhalb und in der Ebene des Dreiecks wäre damit die notwendige Maxwellbedingung rein zugbeanspruchter Strukturen erfüllt. Bild 5.1/5 zeigt drei Beispiele statisch bestimmter Stabwerke: einen Dreistabstern (3), ein Dreieckfachwerk (5) und ein Neunstabsystem (7). Abgesehen vom Vorzug des Fachwerks, das auch imstande wäre Nebenlasten aufzunehmen, sind alle diese Fälle gleichwertig: man erhält über die Stabgleichgewichte zu den vorgegebenen Hauptlasten dasselbe Volumen $V_M = (F_1 a_1 + F_2 a_2 + F_3 a_3)/\sigma_z$. Im letzten Fall (8) bleibt die Möglichkeit zur Maxwellstruktur ungenutzt.

Daß unter gewissen Bedingungen die Strukturpfade beliebig gewählt werden dürfen, gilt offensichtlich unabhängig vom Material; vorausgesetzt ist lediglich gleiche Spannung in allen Stäben, während das Verformungsverhalten im einzelnen wie im ganzen bei der Festigkeitsauslegung des statisch bestimmten Stabwerkes nicht interessiert. Es handelt sich darum bei Maxwellstrukturen nicht notwendig um *Isotensoide* (im Sinne gleicher Dehnung); der zur Beweisführung (Abschn. 5.1.1.1) eingeprägte virtuelle Dilatationszustand $\delta\varepsilon$ dient im Grunde nur einer verallgemeinerten Gleichgewichtsaussage.

Da praktisch mit gleichen Grenzspannungen auch gleiches Material aller Stäbe unterstellt wird, liegt in der Regel auch ein reales Isotensoid vor; dabei kann es sich um elastisches oder auch um plastisches Verformen handeln. In einem solchem Fall dürfen beliebige statisch bestimmte Einzelsysteme, wie in Bild 5.1/6, zu einer statisch unbestimmten Struktur verknüpft werden: das Isotensoid ist geometrisch bestimmt, also sind die Verformungszustände der Einzelsysteme a priori kompatibel. Zur Dimensionierung sind die Stabkräfte erforderlich; diese ermittelt man zweckmäßig für die statisch bestimmten Einzelsysteme, die man jeweils mit einem beliebigen Betragsanteil der äußeren Last beansprucht. Die relativen Volumenanteile der Einzelsysteme verhalten sich dann wie ihre Lastanteile; das Gesamtvolumen ist jedenfalls proportional der Gesamtlast, unabhängig von Anzahl und Art der Einzelsysteme.

Was hier für eine ebene Dreilastgruppe beschrieben ist, gilt natürlich auch für jede ebene oder räumliche Gruppierung von vier oder mehr nach Betrag und Richtung vorgegebenen Einzellasten, sofern deren Wirkungsschnittpunkte wie die gewählte Struktur im Polyeder der Lastangriffspunkte liegen (Bild 5.1/5).

Wird zwischen zwei Lagerpunkten des ebenen oder räumlichen Systems eine bestimmte Dehnung (meistens *Nulldehnung*) vorgeschrieben, so ist keine Maxwellstruktur möglich. Am einfachsten zeigt dies ein Vergleich der beiden Alternativen (4) und (6) in Bild 5.1/5 für eine auf zwei Festlager abzusetzende Einzellast: während beim Dreistabsystem (4) dasselbe Volumen erforderlich ist wie für die Maxwellstruktur (3), kann im Fall (6) gegenüber (5) ein Stab eingespart und damit das *Maxwellgewicht* unterboten werden. Das Optimum (6) belegt die Pfade größter Zugdehnung; bei gleicher Verschiebung des freien Lastangriffspunktes dehnen sich die Stäbe der Alternative (4) im Mittel geringer.

5.1.2.2 Alternative Strukturen für Zentrifugalkräfte

Da gewöhnlich Bauwerke auf unverschieblichen Festlagern gründen, kommen Maxwellstrukturen meist nur für solche Aufgaben infrage, bei denen sich Kräfte im Raum frei ausgleichen, wie bei Druckbehältern oder rotierenden Massen. So können beispielsweise die Lastengruppen der Bilder 5.1./5 und 5.1/6 als Fliehkräfte von Einzelmassen verstanden werden, die um den gemeinsamen Schnittpunkt aller Lastwirkungslinien kreisen. Meistens wird es sich aber, wie in Bild 5.1/7, um regelmäßig angeordnete oder rotationssymmetrisch verteilte Massen, etwa eines Schwungrades, handeln.

Die tragende Struktur derartiger Fliehkraftsysteme kann nun nach Maxwell wieder beliebige Wege einnehmen: Radialspeichen oder Kreisbögen bzw. Polygone, ebenso aber auch Sekanten. Das Gesamtvolumen ist in jedem Fall $V_M = r\sum F_j/\sigma_z$

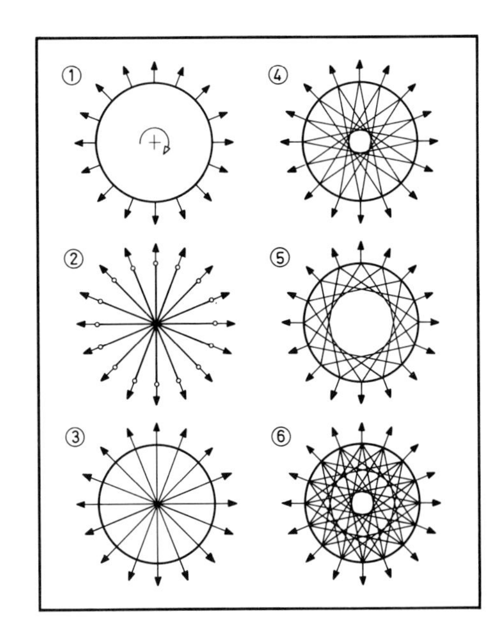

Bild 5.1/7 Maxwellstrukturen für linienhaft verteilte Zentrifugalkräfte. Ring oder Speichenstruktur statisch bestimmt. Geometrisch bestimmte Kombinationen

bzw., bei gleichmäßiger Lastverteilung, $V_M = 2\pi r^2 p/\sigma_z$, wie sich leicht an den statisch bestimmten Strukturen nachprüfen läßt.

Auch hier kann man, gleiches Material und gleiche Spannung für Speichen und Ring vorausgesetzt, beide Grundsysteme zu einem statisch unbestimmten Gesamtsystem kombinieren, bei willkürlicher Aufteilung der Gesamtlast auf die beiden Einzelsysteme; der geometrische Zusammenhang ist durch den Isotensoidcharakter der Verformung gewährleistet. Als konstruktiv einfachste Lösung bietet sich der Ring an, doch kann man u.U. auf eine Verbindung zur Antriebswelle nicht verzichten. Um neben den radialen Zentrifugalkräften auch tangentiale Winkelbeschleunigungskräfte aufzunehmen, empfehlen sich schräge, die Nabe tangential umlaufende Pfade; also die klassische Speichenanordnung des Fahrrades. Eine nabenlose Radienlösung verbietet sich übrigens schon aus Platzgründen, da sich die Speichen im Mittelpunkt durchdringen müßten.

Eigentlich bietet die Nabe oder Welle mit endlichem Durchmesser wieder ein in sich mehr oder weniger starres Auflager, das die Maxwellvoraussetzung des Isotensoids in diesem Bereich stört. Tatsächlich fällt dadurch die Speichenlösung etwas günstiger aus als die Ringlösung (analog den Beispielen (6) und (4) in Bild 5.1/5).

Zur technischen Ausführung eines Zentrifugalsystems in Radform bietet sich die Faserbauweise an: als Ring ein Rovingstrang, als Speichensystem ein quasi kontinuierliches Fadennetz (Beispiel (6) in Bild 5.1/7). Breitere Anwendung findet die Faserbauweise bereits bei den im folgenden betrachteten Druckbehältern.

5.1.2.3 Netzflächenelement bei positivem Hauptlastverhältnis

Bei statisch bestimmten Flächenwerken, etwa einem rotationssymmetrischen Druckbehälter, sind die Kräfte n_x, n_y und n_{xy} am Flächenelement bekannt; das Auslegungs-

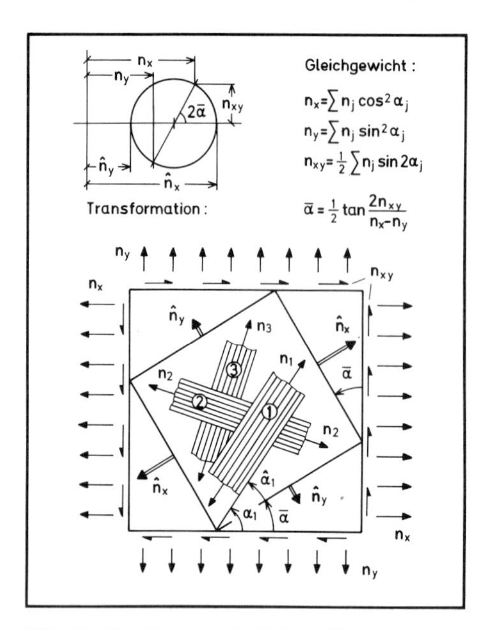

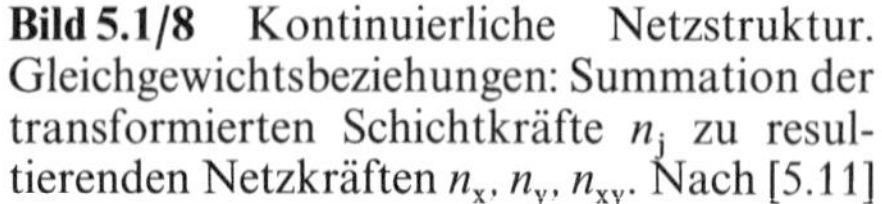
Bild 5.1/8 Kontinuierliche Netzstruktur. Gleichgewichtsbeziehungen: Summation der transformierten Schichtkräfte n_j zu resultierenden Netzkräften n_x, n_y, n_{xy}. Nach [5.11]

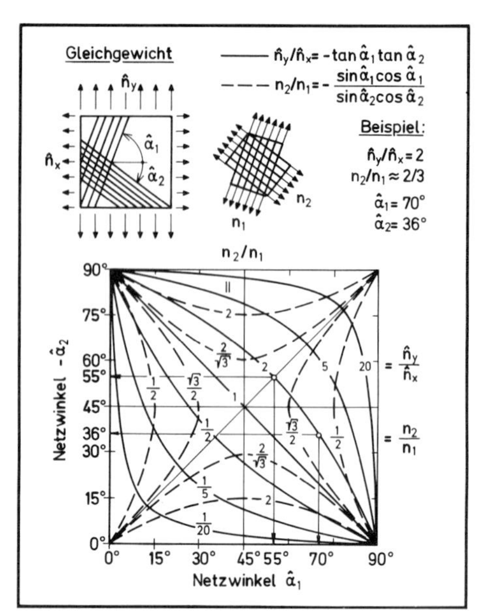

Bild 5.1/9 Netzstruktur mit zwei Schichten (Bewehrungsachsen), einfach statisch überbestimmt. Für Lastverhältnis $\hat{n}_y/\hat{n}_x$ notwendige Winkeleinstellung $\alpha_2(\alpha_1)$. Nach [5.11]

problem reduziert sich dann auf dessen Variable, bei Faserverbundbauweise also auf die Faserorientierungen und Dicken der Einzelschichten.
An Druckbehältern dieser Bauweise treten meistens vor Faserbruch bereits Risse in der Harzmatrix auf. Um das Verhalten bis zum Faserbruch zu bechreiben, müßte eine nichtlineare Kennlinie allmählich abnehmender Steifigkeit angenommen werden; einfacher und konservativ rechnet man mit der asymptotischen Reststeifigkeit der reinen Faserstruktur, also ohne Mittragen des Harzes, siehe [5.11].
Unter dieser *netztheoretischen* Annahme lassen sich in idealer Weise die Sätze der Entwurfstheorie anwenden. Hinsichtlich des Volumens wäre nur nach der Gesamtdicke $t = t_z + t_d$ des Netzelementes zu fragen, das sich aus Zug- und Druckschichten zusammensetzt. Die aus einer virtuellen Dilatation $\delta\varepsilon$ gewonnene Maxwellsche Aussage (5.1−4) zur Differenz des Spannungsvolumens hat dann die Form

$$t_z\sigma_z - t_d\sigma_d = \hat{n}_x + \hat{n}_y = \text{const}\,. \qquad (5.1-16)$$

Da eine Schubkraft n_{xy} bei Dilatation keine Arbeit leistet, kommen hier nur *Hauptkräfte* $\hat{n}_x$ und $\hat{n}_y$ in Betracht, analog zum skalaren Produkt $\boldsymbol{F}_j\boldsymbol{r}_j$ in (5.1−4). Die Koordinaten des Flächenelementes müssen also mit den *Hauptlastrichtungen* des zweiachsigen Beanspruchungszustandes übereinstimmen; nach den Gleichgewichtsbeziehungen des Mohrschen Kreises (Bd. 1, Bild 2.1/1) erhält man diese gegenüber einer willkürlichen Richtung $\tan 2\alpha = 2n_{xy}/(n_y - n_x)$.

Mit (5.1−15) ist ausgesagt, daß im Fall $t_d = 0$ die Gesamtdicke $t = t_z = (\hat{n}_x + \hat{n}_y)/\sigma_z$ nicht von der Wahl der Kräftepfade, also nicht von den Einzelschichtorientierungen abhängt. Notwendig ist vorauszusetzen, daß beide

Hauptkräfte $\hat{n}_x$ und $\hat{n}_y$ positiv sind (oder negativ im Fall $t_z = 0$, also für eine reine Druckstruktur). Diese Forderung entspricht analog der Bedingung, daß sich die Wirkungslinien von Einzelkräften innerhalb des umschriebenen Knotenpolygons schneiden müssen (Bild 5.1/2).

Außerdem müssen auch die Stäbe einer Maxwellstruktur innerhalb des Knotenpolygons verlaufen; dementsprechend können am Netzflächenelement trotz positiver Kräfte $\hat{n}_x$ und $\hat{n}_y$ negative Belastungen in Einzelschichten auftreten, wenn deren Winkel ungeschickt gewählt sind. Von solchen Ausnahmen abgesehen, ist die Gesamtdicke des rein zugbeanspruchten Netzflächenelementes unabhängig von der Wahl der Einzelschichtwinkel, sofern die Einzelschichtdicken für gleiche Spannungen σ_z ausdimensioniert sind.

Zur Dimensionierung der Schichtdicken müssen deren Kräfte $n_j = t_j \sigma_z$ bekannt sein. Zu ihrer Bestimmung existieren nach Bild 5.1/8 drei Gleichgewichtsbeziehungen, nämlich für die resultierenden äußeren Kräfte n_x, n_y und n_{xy} als Summen der transformierten Einzelschichtkräfte n_j (Bd. 1, Bild 2.1/1). Bei bekannten Resultierenden lassen sich daraus drei Schichtkräfte n_1 bis n_3 ermitteln. Auch mit nur zwei Schichten wäre das Flächenelement tragfähig, allerdings statisch überbestimmt; man kann dann nur einen der beiden Schichtwinkel α_1 oder α_2 vorgeben, der andere fungiert neben den Kräften n_1 und n_2 als dritte Variable, und zwar nach der Beziehung $\tan \alpha_2 = -(\hat{n}_y/\hat{n}_x) \cot \alpha_1$, wie in Bild 5.1/9 aufgetragen. Danach sind, trotz symmetrischer Belastung, auch unsymmetrische Ausführungen zulässig. Im Beispiel eines zylindrischen Kessels wäre das Lastverhältnis $\hat{n}_y/\hat{n}_x = 2$ und als symmetrische Bewehrung eine Zuordnung 0°/90° oder +55°/−55° möglich, als unsymmetrische etwa +30°/−73°.

Über den realen Verformungszustand des Zweischichtnetzes läßt sich nichts bestimmtes aussagen, selbst dann nicht, wenn für beide Schichten gleiche Spannung $\sigma_{\parallel}$ und gleiches Material unterstellt wird; hierzu wären mindestens drei Dehnungsaussagen erforderlich. So gilt erst für die in Bild 5.1/10 im weiteren analysierten statisch bestimmten drei- bzw. vierschichtigen Systeme bei Materialvorgabe auch ein eindeutiger Verformungszustand. Dabei muß es sich, auch bei Maxwellstrukturen, nicht unbedingt um eine Isotensoidverformung handeln. Die in Bild 5.1/9 hergeleiteten *Optimalergebnisse* ($t = 2$ mm) sind allein aus Gleichgewichtsbetrachtungen gewonnen. Erst nach Annahme gleichen Materials kann man, bei gleicher Spannung σ_z, auf gleiche Dehnung ε_z aller Schichten schließen; gleiche Dehnungen in drei oder mehr Richtungen sind aber nur bei reiner Dilatation möglich: beim *Isotensoid* schrumpft der Mohrsche Dehnungskreis zum Punkt. Keine Maxwellstruktur liegt im vierten Beispiel (0°/+45°/−45°) des Bildes 5.1/10 vor: hier tritt nämlich in der ersten Schicht eine Druckkraft $n_1 = -1000$ N/mm auf, neben Zugkräften $n_2 = n_3 = 2\,000$ N/mm des symmetrischen Schichtpaares. Dadurch erhöht sich (bei $\sigma_z = 2\sigma_d = 1\,500$ N/mm^2) die erforderliche Gesamtdicke auf $t = 4$ mm bzw. $t = 3{,}3$ mm (bei $\sigma_z = \sigma_d$). Der Fall läßt sich mit dem Stabwerk in Bild 5.1/5 vergleichen, bei dem *unnötigerweise* die Kraft umgeleitet und dadurch Mehraufwand erzeugt wird.

Mit den drei Gleichgewichtsbedingungen lassen sich bis zu drei Schichtkräfte bestimmen; bei symmetrischer Struktur ist die dritte Bedingung a priori erfüllt und es bleiben zwei Gleichungen übrig, mit denen wie im letzten Beispiel (+30°/−30°/+60°/−60°) zwei Schichtpaare berechenbar sind.

Bei größerer Schichtanzahl wird das Netzsystem statisch unbestimmt. In seine Verformungs- und Spannungsanalyse müßten, wie üblich, die Steifigkeiten der

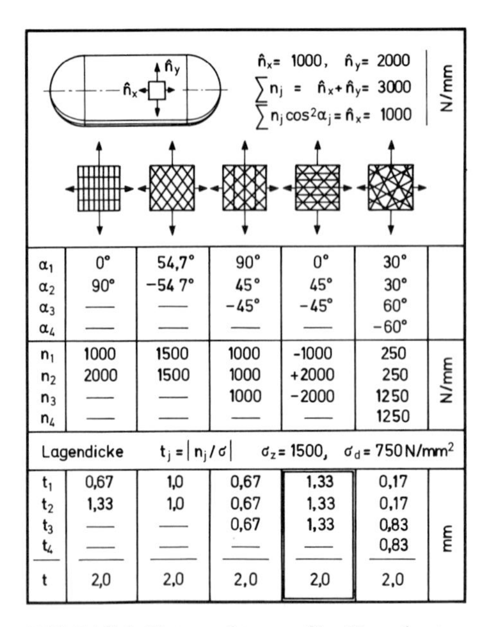

Bild 5.1/10 Netzstrukturen für Kessel; statisch bestimmte Dimensionierung. Gleiche Gesamtdicke im Regelfall, höherer Aufwand bei gemischter Struktur. Nach [5.11]

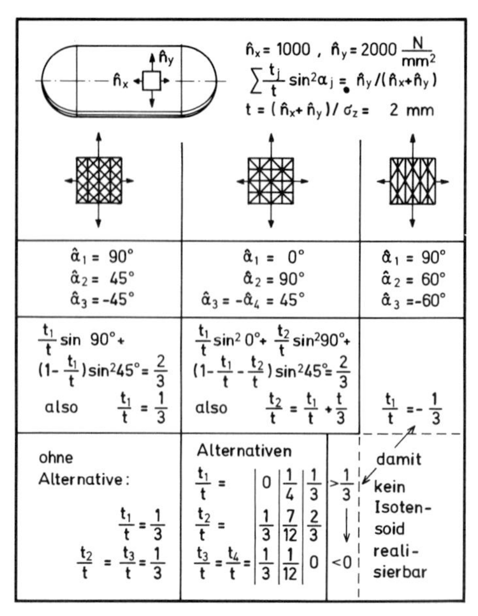

Bild 5.1/11 Netzstrukturen für Kessel. Direkte Optimalauslegung statisch bestimmter oder unbestimmter Netze: geometrische Bestimmung durch *Isotensoid.* Nach [5.11]

Einzelschichten eingehen. Eine solche Analyse erübrigt sich aber, wenn der Verformungszustand, wie für die Maxwellstruktur, als Isotensoid vorgegeben ist. Demzufolge können überzählige Dimensionierungsvariable (Winkel α_j oder Dicken t_j), soweit sie nicht aus dem Gleichgewicht bestimmt sind, frei vorgegeben werden.

Bild 5.1/11 zeigt dazu Beispiele, wieder für ein Kessellastverhältnis $\hat{n}_y/\hat{n}_x=2$. Die Gesamtdicke errechnet sich nach (5.1–15) einfach zu $t=(\hat{n}_x+\hat{n}_y)/\sigma_z$. Die relativen Einzelschichtdicken t_j/t folgen aus einer einzigen Summengleichung

$$\sum(t_j/t)\,\sin^2\alpha_j=\hat{n}_y/(\hat{n}_x+\hat{n}_y). \qquad (5.1-17)$$

Bei nur zwei Unbekannten (Beispiel 90°/+45°/−45°) folgen diese zwingend ($t_1=t_2=t_3=t/3$); im zweiten Beispiel (90°/±60°) oder (0°/±45°) deutet die *negative Schichtdicke* $t_1=-t/3$ auf eine negative Schichtkraft $-n_1$ und damit auf die Unzulässigkeit des Konzepts als Michellstruktur. Bei drei Unbekannten (Beispiel 0°/90°/±45°) kann eine Einzeldicke t_1/t frei vorgegeben werden, die übrigen folgen über die Gleichgewichtsbedingung (5.1–16); wählt man $t_1>t/3$, so führt dies wieder auf negative Dicken $t_3=t_4<0$ und kennzeichnet damit einen Fehlentwurf.

Die *Netztheorie* der Faserbauweise hat also gegenüber einer *Kontinuumstheorie* des Faser + Harz-Verbundes nicht nur den Vorteil, daß bis zu zwei symmetrische Schichtpaare direkt ausdimensioniert werden können; sie erlaubt überdies eine direkte Auslegung beliebig hochgradig statisch unbestimmter Systeme für minimalen Volumenaufwand. Später (Abschn. 5.4.3) soll gefragt werden, ob auch kontinuumstheoretisch ein Isotensoid realisierbar ist und ob man dieses gegebenenfalls als Optimum ansprechen kann.

5.1.2.4 Druckbehälter als Maxwellstruktur

Oben war angenommen, die Form des Behälters und damit auch die Belastung seines Wandelementes seien vorgegeben. Nun läßt sich aber nachweisen, daß es für den Gesamtaufwand gleichgültig ist, wie man den Behälter gestaltet, sofern dieser überall konvex und damit für konstante Zugspannung σ_z auszudimensionieren ist. Damit erfährt der Satz von Maxwell eine interessante und wichtige Erweiterung seines Gültigkeitsbereiches: während bisher gerichtete Kräfte und für ihren Angriff feste Punkte, Linien oder Flächen vorgegeben waren, ist hier neben der ungerichteten Flächenlastgröße $\hat{p}$ des Innendrucks nur das Behältervolumen V_B, nicht aber eine bestimmte Gestalt seiner Wandung vorgeschrieben. Um zu beweisen, daß diese auf den Materialaufwand V_W keinen Einfluß hat, sei wieder eine virtuelle Dilatation $\delta\varepsilon$, also eine Volumenvergrößerung ohne Gestaltänderung aufgebracht. Mit dieser leistet der Innendruck die *äußere Arbeit* $\delta W_a = 3\delta\varepsilon p V$. Die innere Arbeit wird in den für durchweg gleiche Spannung σ_z ausgelegten Einzelschichten aufgenommen; summiert man deren Dicken t_j und integriert die Gesamtdicke t des Flächenelementes über die Behälteroberfläche A, so folgt aus dem Vergleich der Arbeiten

$$3 V_B \hat{p} \delta\varepsilon = \sigma_z \delta\varepsilon \int_A \sum t_j \mathrm{d}A = V_W \sigma_z \delta\varepsilon , \qquad (5.1-18a)$$

also ein Volumen- oder Gewichtsaufwand der Wand

$$V_W = 3 V_B \hat{p}/\sigma_z \quad \text{oder} \quad G_W = \gamma V_W = 3 V_B \hat{p} \gamma/\sigma_z . \qquad (5.1-18b)$$

Bild 5.1/12 demonstriert diese allgemeine Aussage an Beispielen unterschiedlich schlanker Zylinderschalen mit Kugelböden, mit dem Sonderfall des reinen Kugelbehälters.

In der Praxis sind Fertigungsaspekte ausschlaggebend: Faserschichten, die für konstante Spannung ausdimensioniert sind, lassen sich am besten auf der Zylinderschale wickeln, die Kesselböden sind meistens überdimensioniert. So empfiehlt sich für Faserbauweise besonders der schlanke Kessel mit dominierendem Zylinderanteil. Dagegen ist für Blechbauweise der Kugelbehälter optimal, weil bei isotropem Material nur dieser ein *Isotensoid* verwirklicht.

Mit der Betrachtung einer isotropen, zweiachsig tragenden Struktur wird eigentlich die Voraussetzung der Maxwellschen Entwurfstheorie verlassen. Wenn aber in beiden Richtungen gleiche Zugspannungen herrschen, kann man, nach der Versagenshypothese für mehrachsige Belastung (Bd. 1, Bild 2.1/3), so rechnen, als handle es sich um zwei einachsig tragende Einzelschichten mit jeweils doppelter Festigkeit. Damit gilt anstelle von (5.1–186) für das Gewicht eines metallischen Kugelbehälters $G_W = 3 V_B \hat{p}/2\sigma_z$. Beim Vergleich mit Faserbauweise muß also in der *Reißlänge* σ_z/γ die zweiachsige Tragfähigkeit der Metallalternative durch den Faktor 2 berücksichtigt werden. Beim zylindrischen Metallkessel gilt statt dessen etwa der Faktor 3/2; von einer *Maxwellstruktur* läßt sich dabei nicht mehr sprechen.

Bild 5.1/13 zeigt weitere Beispiele von Behälterformen, wie sie nach dem Seifenblasenprinzip aus Kugelteilschalen oder auch aus Zylinderschalenstreifen kombiniert werden können. Die äußere Form ist bis auf die Schnittlinien konvex: dort müssen aus Gleichgewichtsgründen jeweils mindestens drei Flächen zusammentreffen; bei gleichem Innendruck in beiden Kugeln wäre ein ebener Zwischenboden erforderlich.

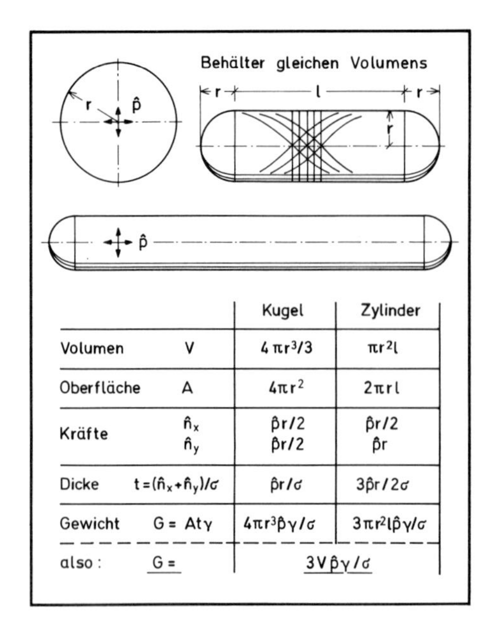

		Kugel	Zylinder
Volumen	V	$4\pi r^3/3$	$\pi r^2 l$
Oberfläche	A	$4\pi r^2$	$2\pi r l$
Kräfte	$\hat{n}_x$ $\hat{n}_y$	$\hat{p}r/2$ $\hat{p}r/2$	$\hat{p}r/2$ $\hat{p}r$
Dicke	$t=(\hat{n}_x+\hat{n}_y)/\sigma$	$\hat{p}r/\sigma$	$3\hat{p}r/2\sigma$
Gewicht	$G = At\gamma$	$4\pi r^3\hat{p}\gamma/\sigma$	$3\pi r^2 l\hat{p}\gamma/\sigma$
also:	$G =$	$3V\hat{p}\gamma/\sigma$	

Bild 5.1/12 Druckbehälter in Faserbauweise als Maxwellstruktur: Unabhängigkeit des Strukturvolumens von der Behälterform; überall konvexe Oberfläche vorausgesetzt

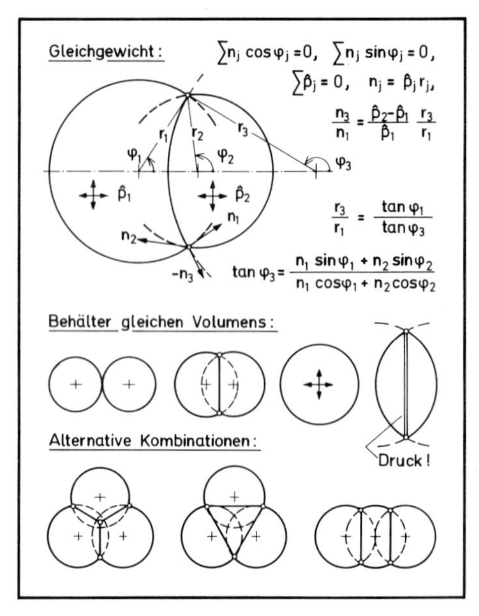

Bild 5.1/13 Druckbehälter in Kugel- oder Zylinderform; aufgeteilt nach dem Doppelblasenprinzip. In allen Fällen (ohne Druckglieder) gleiches Strukturvolumen

Obwohl sich eine isotrope Metallröhre nicht als räumliches Isotensoid verformt, in diesem Sinne also keine Maxwellstruktur ist, fordern auch bei Blechbauweise die verschiedenen zylindrischen Alternativen gleichen Aufwand. Dies erklärt sich damit, daß das Spannungsverhältnis $\sigma_y/\sigma_x = 2$ unberührt bleibt und das räumliche Problem sich auf die Frage nach der Querschnittgestaltung, also auf ein ebenes Problem reduziert.

5.1.3 Beispiele gemischt zug- und druckbeanspruchter Strukturen

Es wurde begründet, daß Strukturen minimalen Volumens die Kräftepfade größtmöglicher virtueller Dehnung belegen müssen (Abschn. 5.1.2.3). Wenn die äußere Kräftesituation sowohl Zug- wie Druckelemente erforderlich macht, folgen diese im Idealfall eines kontinuierlich belegbaren Feldes orthogonalen Trajektorien. In Bild 5.1/4 sind derartige Trajektorienfelder nach Michell [5.2] wiedergegeben; sie sind allein nach geometrischen Kriterien konstruiert und lassen die Frage offen, für welche Kräftesituation sie sich eignen.

Hier seien nun einige Lastfälle vorgestellt, denen man Strukturen auf der Basis bekannter Michellfelder zuordnen kann. Dabei handelt es sich um einfache Rechtecke, Fächersysteme oder Spiraltrajektorien, die bei Einzellasten durch Einzelstäbe oder Gurte, bei verteilten Lasten oder zur Stützung stetig gekrümmter Trajektorien durch quasi kontinuierliche Speichen oder Netze belegt werden. Diese Idealstrukturen mögen von geringer praktischer Bedeutung sein, zumal sich stetig gekrümmte Trajektoriennetze oder -gurte kaum mit der erforderlichen Genauigkeit ausrichten und ausdimensionieren lassen, doch kann man das Mindestgewicht der Michellstruktur als Referenzwert für konstruktiv vertretbare Näherungslösungen heranziehen (Abschn. 5.2).

Auf die Problematik geometrischer Randvorgaben sei besonders hingewiesen: diesen muß ein virtueller Dehnungszustand $\delta\varepsilon_z^*/\delta\varepsilon_d^* = \sigma_d/\sigma_z$ verträglich angepaßt werden. Im übrigen läßt sich nachweisen, daß nicht in allen Fällen, die Zug- und Druckelemente erfordern, Michellstrukturen im Sinne von Hauptdehnungstrajektorien existieren.

5.1.3.1 Schubwand als Netz- oder Fachwerkstruktur

Wieder soll (wie in Abschn. 5.1.2.3) ein Netzflächenelement betrachtet werden, diesmal belastet durch Hauptkräfte $\hat{n}_x = -\hat{n}_y$, also mit entgegengesetzten Vorzeichen, entsprechend einer reinen Schubbeanspruchung n_{xy} unter $\pm 45°$.
Sind keine geometrischen Randbedingungen vorgeschrieben, so gilt wieder, daß die Differenz der Spannungsvolumina bzw. der *Spannungsdicken* (5.1–16) durch die Summe der äußeren Kräfte vorgegeben, in diesem Falle also $\hat{n}_x + \hat{n}_y = 0$ ist; daraus folgt das Dickenverhältnis $t_z/t_d = \sigma_d/\sigma_z$. Die Gesamtdicke ist, entsprechend (5.1–1), proportional der Summe der Spannungsdicken

$$t = (t_z\sigma_z + t_d\sigma_d)(1/\sigma_z + 1/\sigma_d)/2, \qquad (5.1-19)$$

die nach Michell minimal wird, wenn Zug- und Druckelemente die Hauptdehnungsrichtungen belegen. Diese sind dann aus Gleichgewichtsgründen mit den Hauptlastrichtungen identisch. Ein Vergleich verschiedener Netzausführungen in Bild 5.1/14 bestätigt den Optimalcharakter des Orthogonalsystems. Das Ergebnis scheint wieder plausibel, da die Hauptdehnungsrichtungen die beste Materialnutzung auf Zug und Druck versprechen, doch muß man dabei im Auge behalten, daß die realen Dehnungen für die Begründung von Michellstrukturen keine Rolle spielen, wie im folgenden erläutert wird.

Handelt es sich bei der Schubwand um den Steg eines Querkraftbiegeträgers, siehe Bild 5.1/15, so ist in der Verbindung zu den Trägergurten die geometrische Verträglichkeit zu beachten: die Randdehnung der Schubwand muß mit der Gurtdehnung übereinstimmen. Dies gilt nicht für die reale Verformung, die bei dem statisch bestimmten Gesamtsystem von Schubnetz und Längsrandgurten nicht interessiert, sondern für das virtuelle Dehnungsfeld, dem nach (5.1–8) ein Hauptdehnungsverhältnis $\delta\varepsilon_z^*/\delta\varepsilon_d^* = \sigma_d/\sigma_z$ zugrundegelegt werden muß.

Bei gleichen Zug- und Druckspannungen $\sigma_z = \sigma_d$ sind dann die Beträge der virtuellen Dehnungen $\delta\varepsilon_d^* = \delta\varepsilon_z^*$ identisch und, nach (5.1–15), die Randdehnung (unter 45° zu den Hauptrichtungen) gleich Null; damit ist die geometrische Verträglichkeit zu einem dehnstarren Randgurt gewährleistet.

Bei unterschiedlichen Spannungen $\sigma_z > \sigma_d$ müssen unterschiedliche virtuelle Dehnungen $\delta\varepsilon_d > \delta\varepsilon_z$ auferlegt werden. Wie man dem *Mohrschen Dehnungskreis* in Bild 5.1/15 oder (5.1–15) entnimmt, ist dann eine *Nulldehnung* ($\varepsilon_x = 0$), also ein dehnstarrer Randgurt, nur unter einem Winkel $\alpha < 45$ möglich. Die Richtung der (betragsmäßig kleineren) virtuellen Zugdehnung ist die Richtung der (betragsmäßig größeren) Zugkraft; aus dem *Mohrschen Kräftekreis* in Bild 5.1/15 folgt dann, daß am x-parallelen Längsrand nur eine Schubkraft n_{xy}, aber keine Normalkraft eingeleitet wird ($n_y = 0$).

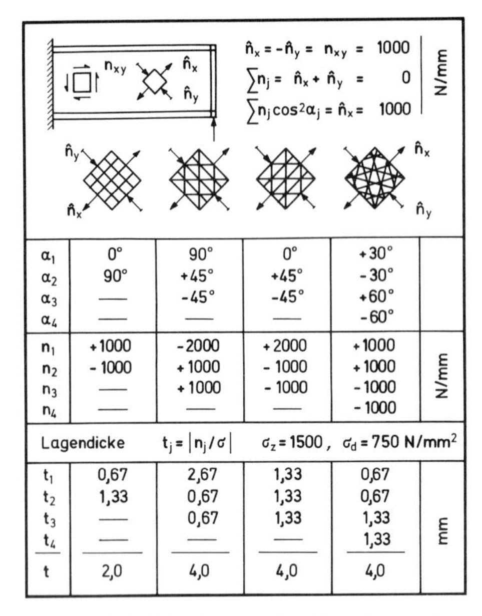

Bild 5.1/14 Schubwand in Faserbauweise; statisch bestimmte Dimensionierung. Optimum nur bei orthogonaler Faserstruktur (Trajektorien nach Michell). Nach [5.11]

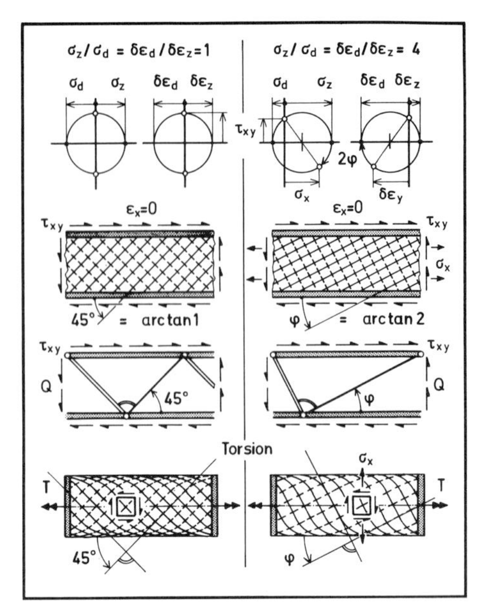

Bild 5.1/15 Schubwand als Netz- oder Fachwerk, Torsionsröhre. Anpassung der Michellstruktur an starre Randgurte; Unsymmetrie bei ungleichen Hauptdehnungen

Entsprechend könnte man y-parallele Randgurte vorschreiben, doch im allgemeinen nicht Gurtpaare in beiden Richtungen; damit würde nämlich das Gesamtsystem statisch unbestimmt. Bei einem dehnstarren Gelenkrahmen müßten die Diagonaldehnungen $\delta\varepsilon_z^* = \delta\varepsilon_d^*$ zwangsläufig gleich sein. Bei ungleichen Hauptdehnungen $\delta\varepsilon_d^*/\delta\varepsilon_z^* = \sigma_z/\sigma_d > 1$ lassen sich die Bedingungen nur eines Randpaares erfüllen ($\delta\varepsilon_x = 0$, $n_y = 0$), an den dazu senkrechten Rändern müssen Dehnungen und Normalkräfte akzeptiert werden ($\delta\varepsilon_y \neq 0$, $n_x > 0$).

Im letzten Fall liegt also keine reine Schubbelastung mehr vor. Das einfache Beispiel zeigt, wie schwierig es sein kann, ein Trajektoriensystem einer vorgegebenen Belastung und außerdem noch gewissen geometrischen Randbedingungen anzupassen. Wollte man überdies Randdehnungen vorschreiben, wie sie aus der Längsbeanspruchung der Biegeträgergurte resultieren, so wäre keine analytische Lösung über Rechtecktrajektorien mehr möglich. Man kann eine derartige Michellstruktur also nur unter der üblichen Annahme gelten lassen, daß sich der Schubsteg des Trägers nicht wesentlich an der Aufnahme des Biegemoments beteiligt; nur dann ist mit quasi konstantem Schubfluß zu rechnen (Bd. 1, Bilder 3.1/7 und 6.1/1).

Weniger problematisch erscheint die Optimalauslegung einer Torsionsröhre, deren Mantel nur reinen Schub aufzunehmen hat. Bei gleichen Spannungen $\sigma_d = \sigma_z$ lassen sich, wie für die ebene Schubwand, optimale Kräftepfade unter $\pm 45°$ anlegen und die Ränder dehnstarr abschließen. Bei ungleichen Spannungen müßte man wieder die Hauptrichtungen drehen und dazu Längsdehnungen sowie Umfangskräfte zulassen; diese können aber nur aufgenommen werden, wenn die Torsionsröhre über ihre ganze Länge durch starre Spante an einer Einschnürung gehindert wird. In jedem Fall ist zu beachten, daß die schalenförmige Trajektoriennetzwand (im

Unterschied zur ebenen) auch mit Randspanten nicht allgemein, sondern nur für bestimmte Lasten tragfähig ist; man sollte darum stets eine zusätzliche, dritte Bewehrung in Längs- oder Umfangsrichtung vorsehen.

Wird der Wandschub nicht als Linienlast sondern durch Einzelkräfte aufgebracht, so ist die auf der Basis des kontinuierlichen Michellfeldes zu konstruierende Struktur ein aus schrägen Einzelstäben aufgebautes Fachwerk, siehe Bild 5.1/15. Die horizontalen Randgurte sind nicht Teile der Michellstruktur, aber zur statischen Bestimmtheit des Systems erforderlich; sie können im übrigen dazu dienen, eine Linienlast aufzusammeln und auf die Fachwerkknoten zu verteilen. Hinsichtlich optimaler Hauptrichtungen sind dann, wie bei der kontinuierlichen Netzwand (siehe oben), wieder die geometrischen Randbedingungen zu beachten. Damit ist freilich noch nicht dem Stabilitätsproblem der Fachwerkdruckstäbe, sowenig wie dem der Netzschubwand, Rechnung getragen (im Unterschied zu Bild 4.3/64).

5.1.3.2 Symmetrische Lastgruppe, Zweistützenträger für Einzellast

Grundlage der oben betrachteten Schubwand war in beiden Fällen, für die Netzstruktur zur Linienbelastung wie für das Fachwerk zur Einzelpunktbelastung, ein homogenes rechteckiges Dehnungsfeld. Nun soll als nächst einfaches System ein aus Kreissegmenten und Rechtecken kombiniertes Michellfeld (nach Bild 5.1/4) vorgenommen und auf seine Eignung zur Anlage eines Tragwerkes untersucht werden.

Als einfachster Lastfall bietet sich hierzu eine symmetrische Gruppe dreier Einzelkräfte an. Liegt der Wirkungsschnittpunkt der Kräfte innerhalb des Dreiecks ihrer Angriffsknoten, so kann man eine rein zug- oder druckbeanspruchte *Maxwellstruktur* realisieren (Bild 5.1/5); liegt er außerhalb, so müssen notwendig sowohl Zug- wie auch Druckelemente eingesetzt werden. Auf der Basis des kombinierten Kreis + Rechteck-Feldes läßt sich eine dafür tragfähige *Michellstruktur* anlegen, bestehend aus geraden Einzelstäben, einem Einzelbogen und dazu gehörigem, kontinuierlich fächerartig angeordneten Speichensystem.

Bild 5.1/16 zeigt solche Michellstrukturen für den Fall, daß alle drei Lastangriffsknoten auf einer Linie liegen ($h=0$); Bild 5.1/17 gilt für eine relative Höhe $h/a=1/2$ des Knotendreiecks, Bild 5.1/18 für $h/a=1$.

In Bezug auf den Knotenabstand $2a$ und den Betrag P des äußeren Kräftepaares erhält man, abhängig von der relativen Knotenhöhe h/a und dem Kräfterichtungswinkel φ, über das Gleichgewicht die Stab-, Bogen- und Fächerkräfte und mit diesen über die Spannungen σ_z und σ_d das Gesamtvolumen

$$\frac{V\sigma_z}{2Pa} = (\varphi \sin\varphi + \cos\varphi) + \frac{h}{a}(\varphi\cos\varphi - \sin\varphi) + \varphi\left(\sin\varphi + \frac{h}{a}\cos\varphi\right)\frac{\sigma_z}{\sigma_d}. \tag{5.1-20}$$

Diese Rechnung gilt aber nur, solange die Kraftrichtung $\tan\varphi < a/h$ ist, also für alle linken Beispiele (1) bis (4) in Bild 5.1/16, aber nur für (7) bis (9) in Bild 5.1/17 sowie (13) und (14) in Bild 5.1/18. Für $\tan\varphi \geqq a/h$ entfallen die geraden Zuleitungsstäbe; die äußeren Kräfte P greifen direkt am Bogen an und bedürfen für ihr Gleichgewicht eines Einzelstabpaares in Radialrichtung, das zum kontinuierlichen Speichensystem hinzutritt. Der Richtungswinkel des Trajektoriensystems in den

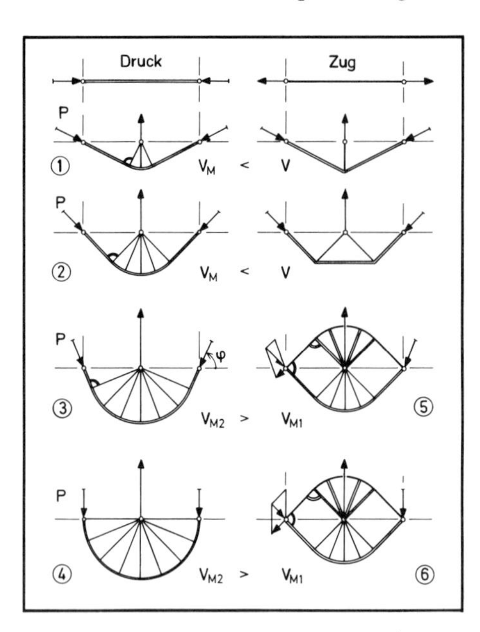

Bild 5.1/16 Michellstrukturen (V_M) für symmetrische Lastgruppe; Angriffsknoten kollinear ($h=0$). Alternativen bei Lastwinkel $\varphi > 45°$: $V_{M2} > V_{M1}$

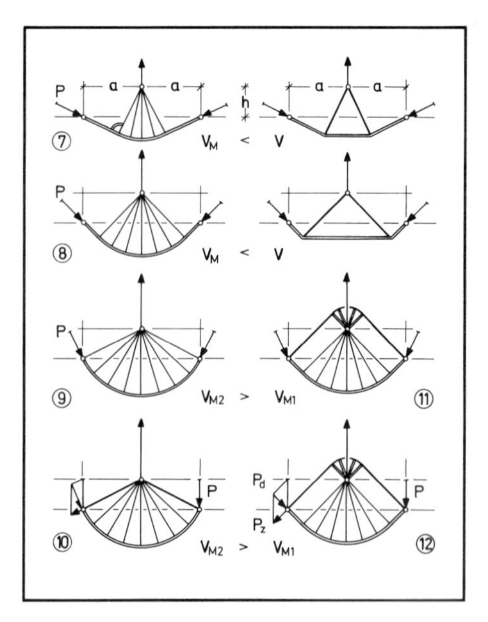

Bild 5.1/17 Michellstrukturen für symmetrische Lastgruppe; Knotendreieckshöhe $h=a/2$. Zweiseitige Ausführung (bei $\varphi > 45°$) wenig besser als einseitige

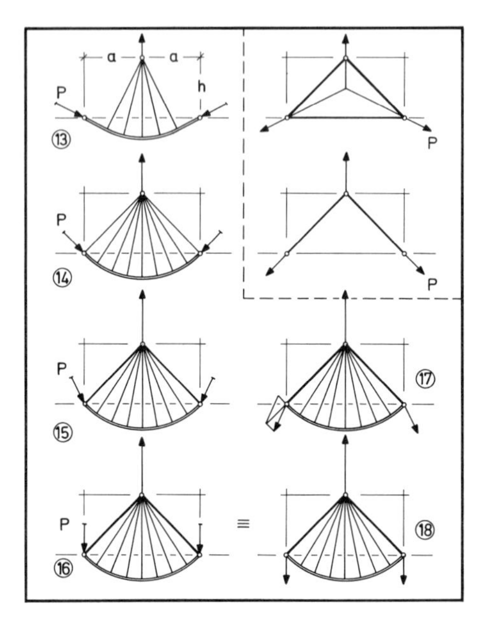

Bild 5.1/18 Michellstrukturen für symmetrische Lastgruppe; Höhe $h=a$. Nur einseitige Ausführung möglich. Starke Randspeiche für $\varphi > 45°$; keine Michellstruktur für $\varphi < 0$

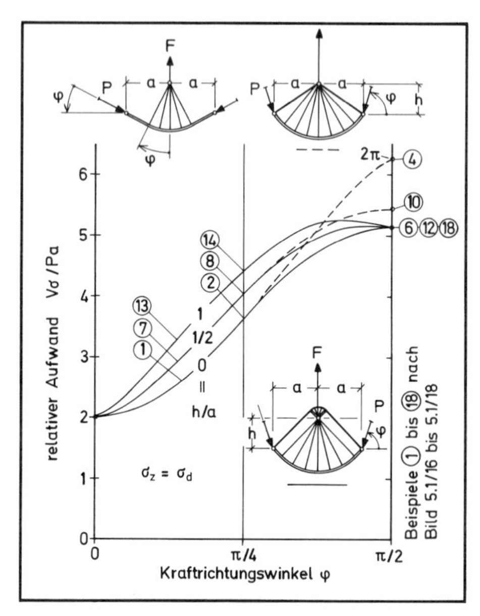

Bild 5.1/19 Michellstrukturen für symmetrische Lastgruppe. Strukturvolumen, abhängig vom Kraftrichtungswinkel φ und von Knotenhöhe h/a.

äußeren Knoten ist dann $\alpha = \operatorname{arccot} h/a$; mit ihm folgt für die Beispiele (10) in Bild 5.1/17 und (15) bis (18) in Bild 5.1/18

$$\frac{V\sigma_z}{2Pa} = \alpha\left(1+\frac{\sigma_z}{\sigma_d}\right)\left(\sin\varphi + \frac{h}{a}\cos\varphi\right) + \left(\frac{h}{a}\sin\varphi - \cos\varphi\right). \qquad (5.1-21)$$

Ist die Kraftrichtung $\tan\varphi > 1$, so bietet sich neben den oben betrachteten Strukturen noch eine andere Michellösung an, und zwar eine zweifache Fächerstruktur (Beispiele (5), (6), (11) und (12) in Bild 5.1/16 und Bild 5.1/17). Diese gründet ebenfalls auf dem kombinierten Kreis+Rechteck-Feld (Bild 5.1/4) und ist bei konstanter Bogendehnung in sich kompatibel bei einem Fächerwinkel $\pi/4$; also müssen auch die geraden Zuleitungsstäbe unter 45° am äußeren Knoten ansetzen. Das Kräftepaar P ist dann in Komponenten $P_z = P(\sin\varphi - \cos\varphi)/2^{1/2}$ in Richtung +45° und $P_d = P(\sin\varphi + \cos\varphi)/2^{1/2}$ in −45° zu zerlegen, die je für sich die untere bzw. obere Struktur beanspruchen. Anstelle von (5.1−20) folgt daraus

$$\frac{V\sigma_z}{2Pa} = \left[\frac{\pi}{4}\left(1+\frac{\sigma_z}{\sigma_d}\right)+1\right]\sin\varphi + \frac{h}{a}\left[\frac{\pi}{4}\left(1+\frac{\sigma_z}{\sigma_d}\right)-1\right]\cos\varphi. \qquad (5.1-22)$$

Ein Vergleich der Strukturvolumina für die Beispiele (4) und (6) in Bild 5.1/16 beweist die Überlegenheit der Doppelfächerstruktur. Die Auftragung der Volumina über dem Kräftewinkel in Bild 5.1/19 zeigt, daß für $\varphi > \pi/4$ die Überlegenheit zunimmt, bis $V\sigma_z/2Pa = 1 + \pi/2$ nach (5.1−22) gegenüber π nach (5.1−20) im äußersten Fall paralleler Wirkungslinien $\varphi = \pi/2$. Die Doppelfächerstruktur repräsentiert also im Bereich $\pi/4 < \varphi < \pi/2$ das absolute Optimum, während die einfache Michellstruktur nur für den Fall optimal ist, daß oberhalb der Knotenlinie bzw. des Knotendreiecks keine Kräftepfade zugelassen sind.

Eine Doppelfächerstruktur läßt sich nur bilden, wenn die relative Höhe des Knotendreiecks $h/a < 1$ ist; in diesem Falle geht (5.1−22) in (5.1−21) für die Einfächerstruktur über, die für $h/a > 1$ maßgebend wird, jedenfalls bei steiler Kraftrichtung $\tan\varphi \geqq h/a > 1$. Bild 5.1/18 zeigt oben rechts Beispiele für $0 < \tan\varphi \leqq h/a = 1$: hier schlägt die *Michellstruktur* in eine rein zugbeanspruchte *Maxwellstruktur* um.

Bei einer Ausführung von Michellstrukturen mit gekrümmten Gurten wäre die hohe Formempfindlichkeit derartiger Konstruktionen zu beachten: geringe Krümmungsabweichungen der biegeschlaff angenommenen Bögen führen zu erheblichen Spannungsschwankungen in den Speichen; die dadurch notwendige Erhöhung des Sicherheitsfaktors kann die Gewichtsvorteile der Fächerstruktur aufheben. Weniger formempfindlich sind dagegen gewöhnliche Fachwerke (Bilder 5.1/16 und 5.1/17 oben rechts); das Michellgewicht wird nur geringfügig überschritten, wenn man den kontinuierlichen Fächer durch ein oder zwei spitzwinklige Stabdreiecke ersetzt.

Schließlich sei noch gefragt, wie sich eine beidseitige Fesselung der Struktur auf ihre optimalen Kräftepfade auswirkt. Oben wurde das Kräftepaar nach Betrag P und Richtung φ vorgegeben; daraus folgt die resultierende Gleichgewichtskraft $F = 2P\sin\varphi$. Geht man von F aus, so kann man umgekehrt die Kräfte P als statisch bestimmte Fesselkräfte zweier senkrecht zu φ verschieblicher Gleitlager auffassen. Für $\varphi = 90°$ gilt dann der in den Beispielen (6), (12) und (18) der Bilder 5.1/16 bis 5.1/18 skizzierte Fall paralleler Kraftwirkungslinien, also eines mittig belasteten *Trägers auf zwei Stützen.*

Sind die beiden Randknoten unverschieblich gefesselt, so sind die Lagerkräfte P hinsichtlich ihrer Richtung und somit ihres Betrags zunächst unbestimmt; dafür läßt sich aber etwas über optimale Kräftepfade aussagen. Im Fall gleicher Spannungsbeträge σ_z und σ_d muß das virtuelle Dehnungsfeld $\partial\varepsilon_d^*/\partial\varepsilon_z^* = \sigma_z/\sigma_d = 1$ den Bedingungen unverschieblicher Knoten genügen. Dies trifft zu für die einfache wie für die zweifache Fächerstruktur (2) bzw. (6) in Bild 5.1/16. Die Strecken zwischen den Knoten erfahren dann als Diagonalen quadratischer Hauptdehnungsfelder keine Längung oder Kürzung, im Unterschied etwa zur Halbkreisstruktur (4), die der Bedingung unverschieblicher Knoten wegen ihrer horizontalen Speichendehnung nicht gerecht wird. Für den Gesamtaufwand ist es gleichgültig, ob die Fächerstruktur einseitig wie (2) oder zweiseitig wie (6) aufgebaut wird; auch darf die Last willkürlich auf oben und unten verteilt, also die Richtung der Lagerkräfte zwischen $-\pi/4 < \varphi < \pi/4$ beliebig eingestellt werden.

Im allgemeinen Fall unterschiedlicher Spannungen erfüllt das virtuelle Dehnungsfeld die Bedingung verschwindender Dehnung zwischen den Lagerpunkten bei einer Stabrichtung

$$\tan^2\varphi = \delta\varepsilon_z^*/\delta\varepsilon_d^* = \sigma_d/\sigma_z \,. \tag{5.1-23}$$

Dabei ist, wie im Beispiel (5) des Bildes 5.1/20 für $\sigma_z/\sigma_d = 4$ mit $\tan\varphi = -1/2$, nur der obere Bereich des Dehnungsfeldes nutzbar; der untere Bereich müßte bei stumpfem Fächerwinkel nach Bild 5.1/4 über seinem Bogen wechselnde Dehnung bzw. Spannung aufweisen, was mit der Lastvorgabe nicht vereinbar wäre.

Schwieriger gestaltet sich die Kräftepfadoptimierung, wenn die Kraft F oberhalb der Verbindungslinie beider Fixlagerpunkte angreift, also für $h/a > 0$. Auch wenn die Struktur nur im oberen Bereich des Dehnungsfeldes angelegt wird und das Gesamtsystem statisch bestimmt ist, muß man doch für optimale Pfade die geometrische Verträglichkeit des gesamten virtuellen Dehnungsfeldes nachweisen, also den unteren Teil hinzudenken. Dabei erkennt man, daß die horizontale Knotenverbindungslinie den unteren Fächer schneidet und in diesem Bereich positive Dehnung erfährt; diese kann nur durch Stauchung im Rechteckbereich kompensiert werden, dementsprechend müßte man den Stabwinkel φ einstellen.

Statt aus einer geometrischen Verträglichkeitsbedingung kann man den optimalen Stabwinkel φ auch aus einer Ableitung des Gesamtvolumens gewinnen. Mit $F = 2P\sin\varphi$ gilt anstelle von (5.1–20)

$$\frac{V\sigma_z}{Fa} = (\varphi + \cot\varphi) + \frac{h}{a}(\varphi\cot\varphi - 1) + \varphi\left[1 + \frac{h}{a}\cot\varphi\right]\frac{\sigma_z}{\sigma_d} \,. \tag{5.1-24}$$

Aus Ableitung nach φ folgt für den optimalen Stabwinkel die Beziehung

$$\sin^2\varphi - (\varphi - \sin\varphi\cos\varphi)\,h/a = 1/(1 + \sigma_z/\sigma_d)\,, \tag{5.1-25}$$

die sich einfach nach h/a auflösen läßt und in Bild 5.1/21 ausgewertet ist. Sie enthält den Sonderfall (5.1–23) für $h/a = 0$.

Die Fächerlösung verliert ihren Wert, wenn ein einfaches Stabpaar geringeren Aufwand erfordert; für dieses gilt $\tan\varphi = h/a$ und das Volumen

$$V\sigma_z/Fa = h/a + a/h = \tan\varphi + \cot\varphi \,. \tag{5.1-26}$$

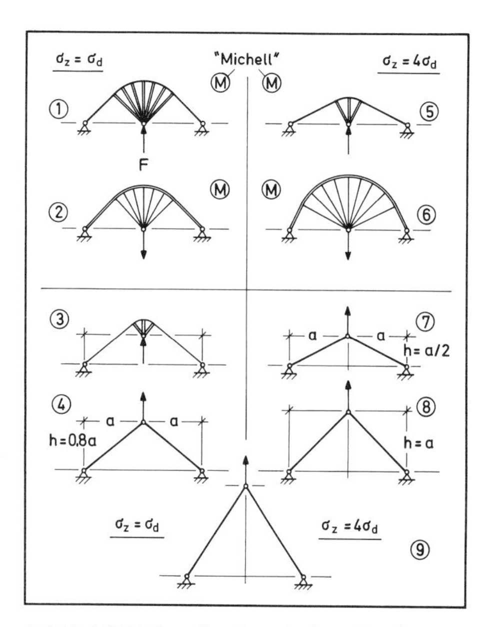

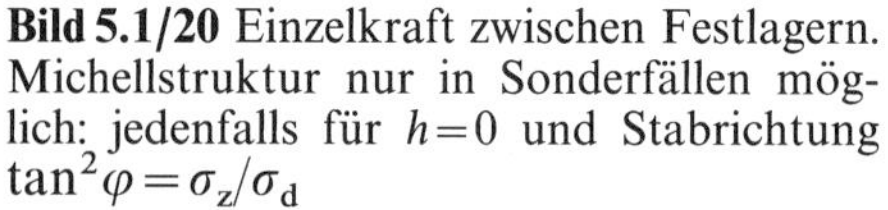

Bild 5.1/20 Einzelkraft zwischen Festlagern. Michellstruktur nur in Sonderfällen möglich: jedenfalls für $h=0$ und Stabrichtung $\tan^2\varphi=\sigma_z/\sigma_d$

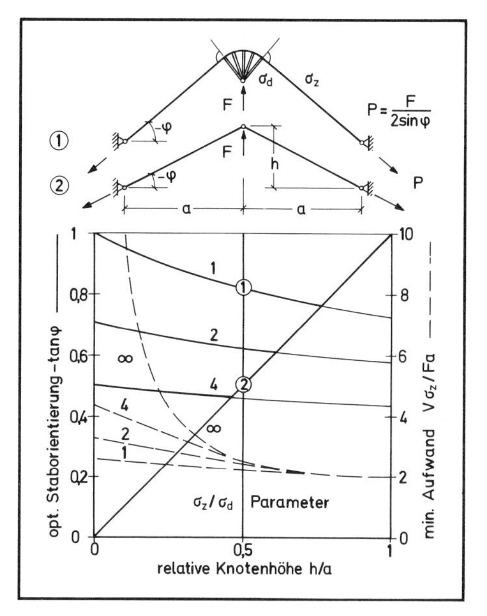

Bild 5.1/21 Einzelkraft zwischen Festlagern. Mindestaufwand und optimale Stabwinkel, abhängig von h/a und σ_z/σ_d; Michell (1) oder Zweistaboptima (2)

Die Auftragung dieser Funktion in Bild 5.1/21 zeigt, daß ein Zweistabwerk für jede Höhe h/a vorteilhaft ist, falls die zulässige Druckspannung σ_d der Speichen gegen Null geht. Im günstigsten Fall gleicher Spannungen $\sigma_d=\sigma_z$ wäre eine Fächerstruktur etwa bis $h/a=3/4$ realisierbar, doch ist der Volumenvorteil für $h/a>1/2$ bereits so gering, daß praktisch zwei Stäbe genügen.

Für $h/a>1$ repräsentiert das Zweistabwerk bei unverschieblichen Fußpunkten die optimalen Kräftepfade. Dabei ist es weder als *Michellstruktur* noch als *Maxwellstruktur* anzusehen, womit gezeigt wäre, daß nicht für jeden Fall optimale Dehnungsfelder im Sinne der Entwurfstheorie existieren.

5.1.3.3 Kragträger für Einzel- und Linienlast

Wie jeder symmetrische, mittig belastete Träger auf zwei Stützen können auch die Michellstrukturen (4) und (6) in Bild 5.1/16 als Kragträger aufgefaßt werden, indem man nur eine Hälfte nimmt und die Lagerung in die Symmetrieebene legt. Allerdings lassen sich dann die Lagerpunkte für die Aufnahme des Biegekräftepaares im allgemeinen nicht vorgeben; sie folgen vielmehr aus den Radien der Fächerstrukturen.

Hier sollen nur solche Träger betrachtet werden, die sich auf zwei vorgegebene, unverschiebliche Punkte oder an einer starren Wand abstützen. Optimale Trajektoriensysteme, die derartige Randbedingungen ermöglichen, wurden durch Michell [5.2], Prager [5.9], A. S. L. Chan [5.10] und H. S. Y. Chan [5.12] analytisch oder graphisch gewonnen; sie haben den Charakter logarithmischer Spiralen, kombiniert mit Fächerstrukturen bei Einzelpunktlagerung.

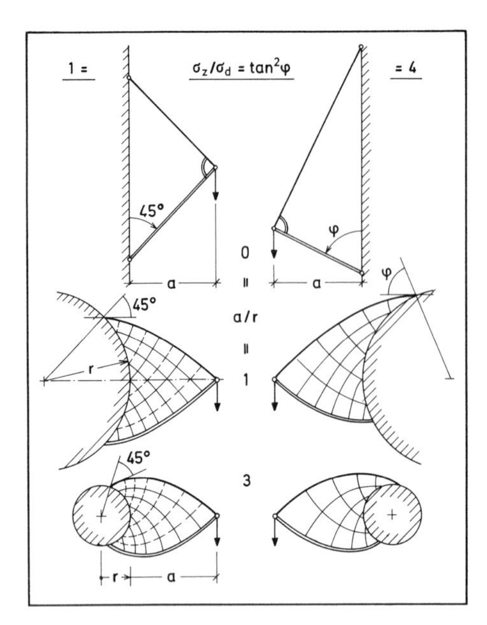

Bild 5.1/22 Michell-Kragträger für Einzellast bei kontinuierlichem Lager. Zweistabwerk bei ebener Wand; kontinuierliches Netz mit Randgurten bei gekrümmter Wand

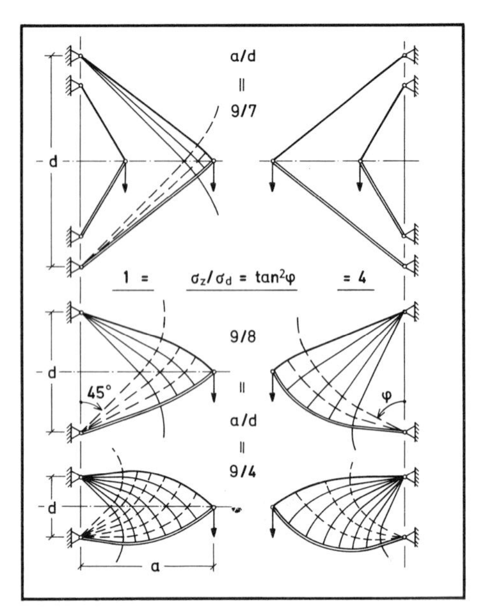

Bild 5.1/23 Kragträger für Einzellast bei zwei Festlagern. Michellstruktur nur bei Lagerabstand $d/a < 2^{1/2}$; Unsymmetrie bei Spannungsverhältnis $\sigma_z/\sigma_d = \tan^2\varphi > 1$

Bild 5.1/22 zeigt auf der Basis derartiger Trajektoriensysteme konstruierte Michellstrukturen für Kragträger, denen zur Abstützung eine mehr oder weniger gekrümmte, starre Wand angeboten ist. Im Grenzfall der ebenen Wand liegt im Grunde wieder das Schubproblem aus Bild 5.1/15 vor, diesmal beschränkt auf eine parallel zur Wand *schiebende* Einzelkraft; das geradlinige Trajektoriensystem orientiert sich zur Wand gemäß $\tan^2\varphi = \sigma_z/\sigma_d$. Dementsprechend erhält man auch bei der gekrümmten Stützwand in der linken Bildhälfte symmetrische, in der rechten unsymmetrische Strukturen, diesmal auf der Basis eines gekrümmten Trajektoriensystems. Aus den geraden Einzelstäben werden zwei Randbogen, die zur stetigen Kräfteumleitung eine quasi kontinuierliche Stützung durch ein orthogonales Trajektoriennetz benötigen. Je nach dem Verhältnis a/r des Lastabstandes zum Wandradius beansprucht die Struktur zu ihrer Lagerung einen größeren oder kleineren Teil des Kreisumfangs. Jedem dieser symmetrischen Fälle liegt das bereits von Michell [5.2] angegebene logarithmische Spiralfeld zugrunde (Bild 5.1/4); die für ein Spannungsverhältnis $\sigma_z/\sigma_d = 4$ skizzierten Beispiele nach [5.7] sind graphisch gewonnen.

Auch in Bild 5.1/23 sind symmetrische und unsymmetrische Strukturen gegenübergestellt, diesmal gelagert an zwei Fixpunkten. Zur Anbindung der spiraligen Hauptstruktur sind zwei Fächerstrukturen erforderlich, deren Radienverhältnis $(r_1/r_2)^2 = \tan^2\varphi = \sigma_z/\sigma_d$ sein muß, um die Bedingung der *Nulldehnung* zwischen den Lagern zu erfüllen. Die Michellstruktur kann nun, je nach relativem Lastabstand a/d, nach außen praktisch unbegrenzt aufgebaut werden, wogegen das rechtwinklige Dreieck zwischen den inneren Fächerrandstäben ausgespart bleibt. Rückt der Lastpunkt mit $a/d < 1/2$ in diesen Zwickel, so existiert dafür keine Michellstruktur

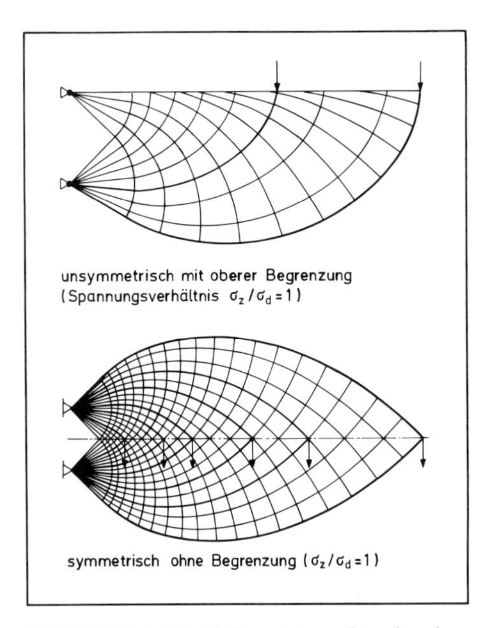

Bild 5.1/24 Michell-Kragträger für einzelne oder verteilte Lasten. Dehnungsfeld bei unbegrenztem und bei einseitig begrenztem Entwurfsraum; nach [5.10, 5.12]

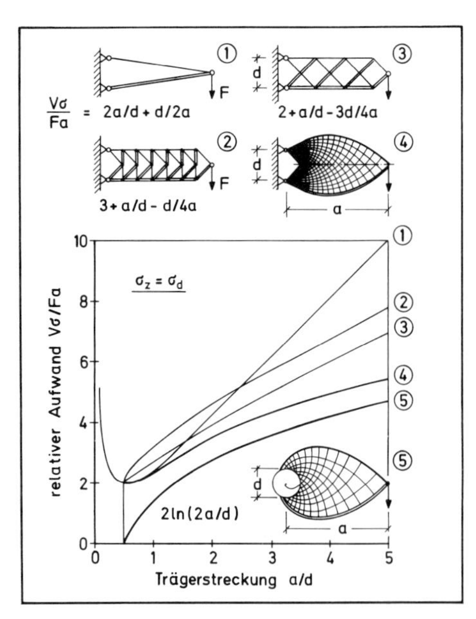

Bild 5.1/25 Kragträger, Strukturaufwand über Trägerstreckung; mit dieser zunehmender Vorteil der Michellstruktur gegenüber Zweistab oder Fachwerken konstanter Höhe

mehr; das Optimum wird dann durch das einfache Zweistabsystem repräsentiert (im unsymmetrischen Fall gilt dies bereits für größeres a/d).

Ein Michellkragträger kann auch mehrere, in verschiedenen Abständen angreifende Lasten aufnehmen. Zu jeder Punktlast gehört dann ein eigenes Bogengurtpaar, siehe Bild 5.1/24. Bei linienhaft verteilter Belastung sind keine besonderen Gurte notwendig; es genügt dann das kontinuierliche Netz. Dies gilt für die symmetrische Struktur wie auch für die unsymmetrische, mit erhöhter Lastangriffslinie und darüber ausgespartem Bereich (beide für $\sigma_z = \sigma_d$).

In Bild 5.1/25 ist der spezifische Volumenaufwand des symmetrischen Michellkragträgers über dem maßgebenden Knotenabstandsverhältnis a/d aufgetragen, und zwar der etwas höhere Aufwand (4) des zweipunktgelagerten und der etwas geringere (5) des an einer Bogenwand oder einer *Welle* sich abstützenden Hebels. Am einfachsten bestimmt man den Aufwand über die Arbeit, die von der Last an der Verschiebung ihres Angriffspunktes geleistet wird. Aus Integration der Dehnungen längs des logarithmischen Spiralbogens folgt daraus im Fall (5) einfach

$$V\sigma/Fa = \ln(2a/d)/2\,. \tag{5.1-27}$$

Zum Vergleich mit der idealen Michellstruktur (4) finden sich in Bild 5.1/25 auch die Volumina gewöhnlicher Fachwerkstrukturen (2) und (3) sowie des einfachsten Zweistabsystems (1) aufgetragen. Für $a/d = 1/2$ sind die Fälle identisch; mit größerer Spannweite wird die Michellstruktur immer besser, hauptsächlich darum, weil sich die optimalen Kräftepfade in höherem Bogen ausbilden dürfen. Gestattet man dies auch dem diskontinuierlichen Fachwerk, so nähert sich sein Aufwand leicht dem Referenzwert nach Michell.

Die Annäherung von Michellstrukturen in einem Raster potentieller Fachwerkknotenpunkte wird im folgenden beschrieben. Dabei braucht man nicht mehr, wie bisher, von bekannten Trajektorienfeldern auszugehen; dem praktischen Interesse gemäßer, lassen sich äußere Kräfte vorgeben und optimale Strukturpfade aufsuchen. Überdies kann man die quasi kontinuierliche Michellnetzstruktur durch ein mehr oder weniger diskretisiertes Fachwerk ersetzen und damit die Auslegungsempfindlichkeit wie auch die Fertigungskosten reduzieren.

5.2 Fachwerkentwurf durch Lineare Programmierung

Nach der grundlegenden Entwurfstheorie lassen sich Bedingungen für optimale Kräftepfade angeben, doch ist es praktisch unmöglich, auf analytischem oder graphischem Wege passende Kräftepfade für beliebig vorgegebene äußere Lasten zu konstruieren. Nur für einige typische Fälle konnten Beispiele auf der Basis rechteckiger, fächer- oder spiralförmiger Michellfelder vorgestellt werden.

Nach einem auf Hemp [5.5] zurückgehenden, für den Einsatz moderner Rechner ideal geeigneten Verfahren lassen sich nun Michellstrukturen für beliebige Lastvorgaben annähern. Der kontinuierlich belegbare Entwurfsraum wird dabei auf ein diskontinuierliches Linienfeld reduziert, das die Gesamtmenge oder eine Teilmenge möglicher geradliniger Verbindungen in einem vorgegebenen Raster potentieller Knoten repräsentiert. Die kontinuierliche Michellstruktur wird umso besser angenähert, je dichter das Raster angelegt ist; andererseits steigt mit der Anzahl potentieller Knoten und Stäbe der Rechenaufwand rasch an. Auch für praktische Konstruktionen empfiehlt es sich, die Stabanzahl niedrig zu halten: zum einen wird die Struktur gegen Formungenauigkeiten unempfindlicher, zum anderen die Herstellung einfacher und billiger. Die Michellstruktur erhält dadurch den ideellen Charakter einer Referenzstruktur; sie wird auch hier nur herangezogen, um die Leistungsfähigkeit und die Konvergenz des Entwurfsverfahrens zu prüfen.

Zunächst wird die Entwurfsstrategie der Linearen Programmierung beschrieben; danach soll gezeigt werden, wie man durch Beschränkung zulässiger Knotenverbindungen bzw. Stablängen den Rechenaufwand verringert und geometrische Grenzen oder Aussparungen an ebenen wie an räumlichen Strukturen berücksichtigt. Zuletzt sei gefragt, ob sich auf vergleichbare Weise eine Fachwerkoptimierung auch für minimalen Kostenaufwand durchführen läßt; dabei muß sich der Einfluß der Fertigungskosten tendenziell im Sinne einer Reduzierung der optimalen Stabanzahl geltend machen.

Ein entscheidender Mangel der Michellstrukturen wie auch der darauf gründenden Entwurfsverfahren nach Hemp liegt nach wie vor darin, daß Druckspannungen ebenso wie Zugspannungen vorgegeben werden müssen damit das Stabknicken außer Betracht bleibt. Will man dieses berücksichtigen, so muß man mit nichtlinearer Zielfunktion rechnen. Das eigentliche Problem tritt aber bei der Bestimmung der Knicklängen im Punktraster auf. Einfacher berücksichtigt man Stabknicken nachträglich in der Formoptimierung des topologischen Vorentwurfs (Abschn. 5.3.3.1).

5.2.1 Formulierung des LP-Problems, Leistung des Verfahrens

Als Michellstrukturen könnte man im weitesten Sinne alle Netze oder Stabwerke bezeichnen, die nach den Prinzipien der Entwurfstheorie für vorgegebene Zug- und Druckspannungen hinsichtlich des Volumenaufwandes optimale Pfade aus der Gesamtmenge zulässiger bzw. angebotener Pfade belegen. Im engeren Sinne sollen unter Michellstrukturen solche Systeme verstanden werden, bei denen im kontinuierlichen Raum eine unbegrenzte Anzahl oder eine beliebige Anlage von Kräftepfaden möglich ist; nur dann können sich *absolut optimale*, orthogonale Trajektorienpfade ausbilden.

Der absolut minimale Volumenaufwand einer solchen Michellstruktur läßt sich jedoch auch mit einer beschränkten Anzahl zulässiger Kräftepfade annähern. Darauf beruht im Prinzip das von Hemp [5.5] vorgeschlagene Verfahren: anstelle eines kontinuierlich belegbaren Feldes oder Raumes wird ein Raster potentieller Knoten vorgegeben; als Kräftepfade sind nur geradlinige Knotenverbindungen zugelassen. Aufgegeben ist zunächst, aus dieser Menge die optimalen Pfade zu bestimmen, und im weiteren, auf diesen Optimalpfaden Stäbe eines tragfähigen Fachwerks anzulegen.

Zum Entwurfs des optimalen Wegenetzes bietet sich die *Lineare Programmierung* an; diese setzt Linearität der Zielfunktion wie auch der Restriktionen voraus. Variable des Hempschen Verfahrens sind die virtuellen Verschiebungen der Rasterpunkte, restringiert durch maximale Dehnungen und Stauchungen der Verbindungslinien; Zielfunktion ist die virtuelle Arbeit der äußeren Kräfte an der Verschiebung ihrer Knotenpunkte. Damit orientiert sich das Verfahren an den Grundsätzen von Michell.

Nach Beschreibung des Verfahrens soll am Beispiel des Michellkragträgers seine Leistungsfähigkeit untersucht werden; dies betrifft die zu einer befriedigenden Approximation des Michelloptimums erforderliche Rasterdichte und den damit steigenden Rechenaufwand. Zu seiner Reduzierung kommen verschiedene Maßnahmen in Betracht, insbesondere eine Beschränkung zulässiger Pfade auf kurze Knotenverbindungen.

Zu jedem *primären* Problem linearer Programmierung gibt es eine *duale* Problemformulierung; für die Kräftepfadoptimierung bedeutet dies, daß als Variable die Stabkräfte genommen werden können; Restriktionen sind dann die Knotengleichgewichte, Zielfunktion ist direkt das über die vorgegebenen Spannungen errechnete Gesamtvolumen. Diese duale Formulierung ist anschaulicher als die primäre, da sie nicht der Argumentation nach Michell bedarf; sie bietet im übrigen gewisse Vorteile, etwa bei der Berücksichtigung des Stabknickens.

5.2.1.1 Vorgehensweise nach dem Michellprinzip

In Bild 5.2/1 sind die einzelnen Schritte von der Lastaufgabe bis zur Konstruktion einer tragfähigen optimalen Struktur an einem einfachen Beispiel skizziert. Vorgegeben sind drei Knotenpunkte, nämlich ein Lastangriffspunkt und zwei Lagerpunkte. Zum Strukturaufbau wird darüber hinaus ein Raster potentieller Knoten angelegt, dessen Verbindungslinien zugelassene Kräftepfade sein mögen. Diese sollen, nach dem Prinzip von Michell, in einem virtuellen Verformungszustand Pfade maximaler Dehnung oder Stauchung sein. Damit werden die virtuellen Verrückungen der

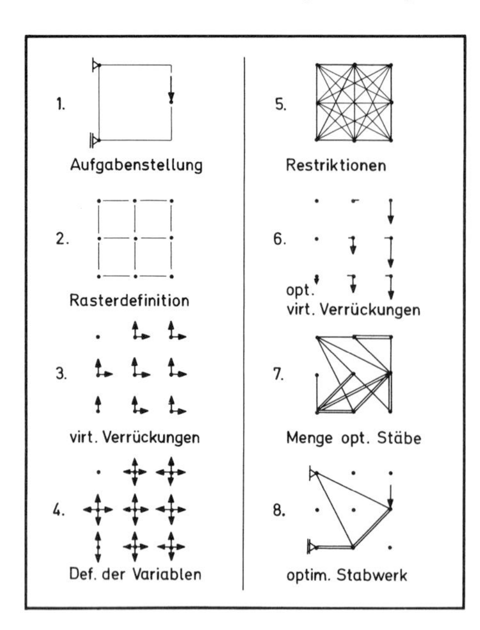

Bild 5.2/1 Fachwerkentwurf durch Lineare Programmierung, auf vorgegebenem Raster potentieller Knotenpunkte. Vorgehensweise nach dem Michellprinzip; nach [5.13]

Rasterpunkte gewissen linearen Restriktionen unterworfen. Nimmt die äußere, am Lastangriffspunkt geleistete virtuelle Arbeit ein Minimum an, so sind die Pfade maximaler Dehnungsbeträge als optimal ausgewiesen.

Variable des Optimierungsproblems sind also die Verrückungen der potentiellen Knotenpunkte; je zwei Komponenten im ebenen, oder drei im räumlichen Fall. Da im LP-Verfahren alle Variablen positiv sein müssen, werden negative Verrückungen als zusätzliche Variable definiert. Bei einem ebenen Raster mit k Punkten wäre somit die Anzahl der Variablen $n=4k$, abzüglich zweier Variabler pro Fessel; im Beispiel Bild 5.2/1 also $n=4\cdot 9-2\cdot 3=30$. Die Anzahl der Restriktionen ist dann gleich der doppelten Anzahl möglicher Knotenverbindungen, also $2m=k(k-1)$, vermindert um den Anteil unveränderlicher Abstände zwischen Festlagern. Liegen, etwa bei regelmäßigem Raster, mehrere Verbindungsstrecken auf einer Linie, so kann die Anzahl der Restriktionen um diese Redundanz verringert und damit der Rechenaufwand erheblich reduziert werden. Im vorliegenden Beispiel des 3×3-Punkte-Rasters wäre die Gesamtzahl der Restriktionen $2m=9\cdot 8=72$; da acht Verbindungsstrecken jeweils über zwei Einzelknotenabstände hinweggehen, braucht man insgesamt nur $72-2\cdot 8=56$ Restriktionen zu berücksichtigen.

Die linearen Restriktionen bilden im n-dimensionalen Entwurfsraum einen Vielflächner. Bei linearer Zielfunktion, an der als Variable jeweils 4 bzw. 6 positive Verrückungen pro Lastangriffspunkt beteiligt sind, liegt das Optimum auf der einen oder anderen Ecke oder Kante des Vielflächners. Die Aufgabe der Optimierung besteht darin, die Koordinaten dieses Eckwertes aufzusuchen. Leyßner [5.13], auf dessen Arbeit sich die folgenden Ausführungen stützen, bedient sich des *Simplexverfahrens*; siehe [5.14].

Teilbild (6) in Bild 5.2/1 beschreibt die optimalen Verrückungen der Knoten, Teilbild (7) die zugehörige Menge optimaler Zug- und Druckpfade, entsprechend der in der *Optimalecke* des Restriktionspolyeders sich schneidenden Flächen. Damit wäre an sich der Optimierungsprozeß abgeschlossen und das *optimale Dehnungsfeld* zum vorgegebenen Lastfall charakterisiert.

Im weiteren muß man nun auf der Menge optimaler Kräftepfade eine tragfähige Struktur errichten, also eine notwendige Untermenge als Zug- oder Druckstäbe *materialisieren*. Dazu dienen die im einzelnen bislang nicht angesprochenen Knotengleichgewichte; aus ihnen folgt im vorliegenden Beispiel, daß nur die in Teilbild (8) gezeichneten vier Stäbe in Betracht kommen. Diese Struktur ist übrigens statisch überbestimmt (und damit nur für diesen Lastfall tragfähig), da die Verbindung zwischen den Lagerpunkten nicht als optimaler Pfad ausgewiesen und darum nicht belegbar ist.

Der Strukturcharakter geht auf die Anzahl verfügbarer Rasterpunkte zurück. Würden außer dem Lastangriffspunkt und den beiden Auflagern keine weiteren Knoten zugelassen, so wäre die Zweistabstruktur ohne Verbindung der Lagerpunkte überhaupt nicht tragfähig. Bei engmaschigem Knotenraster könnte eine quasi kontinuierliche Fächerstruktur (wie (4) in Bild 5.1/16) entstehen, deren letzte Speiche die Lagerpunkte verbindet und damit die für Michellstrukturen charakteristische statische Bestimmtheit herstellt.

Zur Ännäherung der Michellstruktur bieten sich im Raster oft mehrere gleichwertige, jeweils statisch bestimmte Optima an (d.h. zwei gleichwertige Ecken im Restriktionspolyeder). Aufgrund der Kompatibilität des virtuellen Dehnungsfeldes sind diese Einzellösungen zu einem ebenfalls gleichwertigen, aber statisch unbestimmten System kombinierbar, sofern sie gleiche Spannungen und Dehnungen (also gleiches Materialverhalten) aufweisen.

Der Einfluß der Rasterdichte bzw. der Rasterpunktzahl auf das minimale Strukturvolumen und dessen Annäherung an das absolute Minimum der quasi kontinuierlichen Optimalstruktur soll im folgenden untersucht werden. Andererseits ist aber auch der mit erhöhter Rasterpunktanzahl rapide ansteigende Rechenaufwand kritisch zu betrachten.

5.2.1.2 Annäherung eines Michellkragträgers

Will man den an zwei Fixpunkten gelagerten, für $\sigma_z = \sigma_d$ symmetrischen Michellträger (Bild 5.1/24) durch ein mehr oder weniger diskretisiertes Fachwerk ersetzen, so genügt es, eine Hälfte einschließlich der Symmetrielinie zu betrachten, also auch nur die halbe Menge Variabler, wodurch sich der Rechenaufwand erheblich reduziert.

Bild 5.2/2 zeigt, in einer Darstellung nach Porter Goff [5.15], das spezifische Volumen in der Form $V\sigma d/Fa^2$ über der Trägerstreckung a/d. Anstelle der ansteigenden Funktionen in Bild 5.1/25 erhält man hierbei abfallende Kurven, die beim Zweistab asymptotisch dem Wert 2, beim K-Verband konstanter Höhe d dem Wert 1 zustreben. Die Michellstruktur hat wegen ihres logarithmischen Charakters keinen solchen Grenzwert, sondern fällt stetig ab, wodurch sie gegenüber den beiden anderen Strukturen mit wachsender Streckung immer vorteilhafter wird.

Zur Annäherung der Michellstruktur im Bereich größerer Streckung muß man ein Rasterfeld anbieten, das jedenfalls höher ist als der Lagerabstand d; das 4×4-Punkte-Raster (der Strukturhälfte) in Bild 5.2/2 stellt dazu über dem oberen Lagerpunkt noch zwei Punktreihen zur Verfügung. Wie die eingetragenen Ergebnisse zeigen, werden diese erst bei Streckung $a/d > 3$ beansprucht; für $a/d > 7$ bedarf es bereits einer größeren Rasterhöhe, der Michellstruktur entsprechend etwa

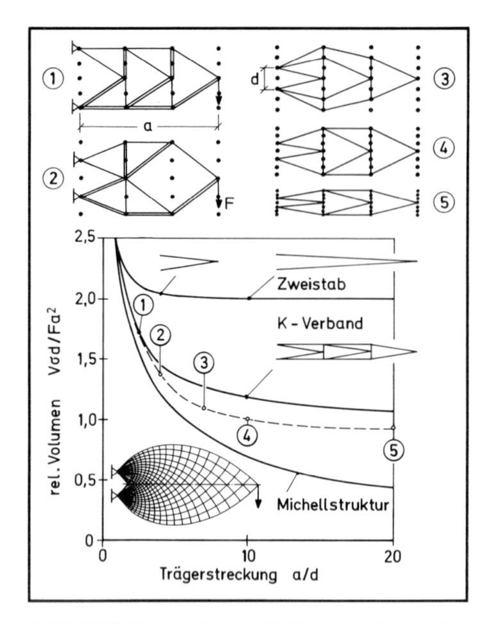

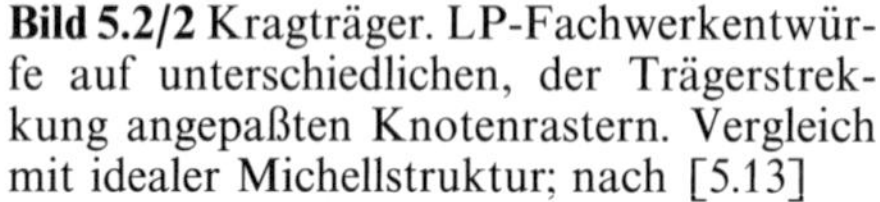

Bild 5.2/2 Kragträger. LP-Fachwerkentwürfe auf unterschiedlichen, der Trägerstreckung angepaßten Knotenrastern. Vergleich mit idealer Michellstruktur; nach [5.13]

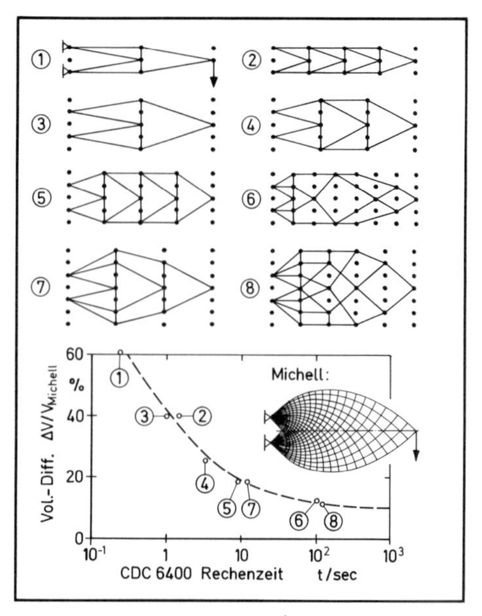

Bild 5.2/3 Kragträger. LP-Fachwerkentwurf, bessere Annäherung der Michell-Referenzstruktur durch größeres und feineres Raster, bei längerer Rechenzeit; nach [5.13]

$h_R/d \approx a/2d$. Da durch den Lagerpunkt der Zeilenabstand $\Delta y = d/2$ des regelmäßigen Rasters feststeht, läßt sich das Feld nur durch zusätzliche Zeilen erhöhen.

Je größer die Streckung des Kragträgers, desto größer wäre demnach die Anzahl der zur Michellannäherung erforderlichen Rasterzeilen und -spalten und damit der Rechenaufwand. Für ein Streckungsbeispiel $a/d = 6$ zeigt Bild 5.2/3 die relative Volumendifferenz diverser Strukturentwürfe gegenüber dem idealen Michellwert. Mit verfeinertem Raster bzw. steigender Anzahl möglicher Knotenpunkte erhält man verbesserte Annäherung bei stetig steigender Rechenzeit t (bezogen auf eine rechnertypische Einheit). Die logarithmische Zeitabszisse macht deutlich, daß der Rechenaufwand rasch über zumutbare Grenzen hinauseilt. So bringt die Rasterverfeinerung von 4×4 oder 3×5 auf 4×6 oder 3×8 Punkte eine Volumeneinsparung von 6 %, benötigt aber dafür die 10fache Rechenzeit. Extrapoliert für weitere 2 % Verbesserung wäre etwa der 100fache Zeitaufwand erforderlich.

Eine Annäherung des Michellwertes auf 10 % mag nicht in jedem Fall befriedigen. Sicher lassen sich mit erhöhter Kapazität und Geschwindigkeit moderner Rechner bessere Werte erzielen; trotzdem muß man im Hinblick auf räumliche Strukturen versuchen, den relativen Rechenaufwand zu reduzieren. Dazu werden unterschiedliche Maßnahmen vorgeschlagen:

– Erstens das Knotenraster betreffend: ähnlich der Netzgenerierung bei einer FEM-Analyse (Bd. 1, Bild 1.2/4) könnte man das Raster dort verdichten, wo Kräftekonzentrationen zu erwarten sind; also beim Kragträger im Bereich der Lagerpunkte. Über eine gewisse Streckung hinaus ($a/d \approx 5$) ändert sich nämlich die Trajektoriengeometrie der Michellstruktur kaum noch, so daß eine weitere

Rasterverfeinerung in bezug auf die Länge *a* nicht zweckmäßig wäre. Dagegen muß im Lagerbereich mit kleinerem Lagerabstand *d* auch das Rasternetz enger werden. Dabei sollte man, um die Anzahl möglicher Knotenverbindungen nicht unnötig zu vergrößern, eine gewisse Regelmäßigkeit beibehalten, also zusätzliche Knoten auf Verbindungslinien des gröberen Rasters anordnen.

- Zweitens, die zulässigen Verbindungen betreffend: man könnte diese auf kürzere Wege, etwa auf einfache Knotenabstände oder Diagonalen beschränken und damit, bei gleichbleibender Variablenzahl, die Menge der Restriktionen verringern. Wie in Abschn. 5.2.2 näher ausgeführt werden soll, lassen sich damit auch innere oder äußere (konkave) Grenzen des geometrischen Entwurfsraumes durch entsprechende Aussparung des Rasterfeldes berücksichtigen.
- Drittens, das Vorgehen betreffend: um zu erkunden, welchen Raum die optimalen Pfade etwa beanspruchen, könnte man zunächst einen Vorentwurf auf grobem, aber dafür weitem Raster erstellen; zu einem zweiten Entwurf ließe sich das Raster auf den relevanten Raum beschränken und dafür verfeinern.
- Viertens, das Optimierungsverfahren betreffend: nach einem ersten Topologieentwurf auf relativ grobem Raster verbessert man diesen durch Formentwicklung; dabei werden, unter Beibehaltung der Fachwerktopologie, also der Anzahl und Art der Stäbe und Knoten, deren Koordinaten mit dem Ziel der Volumenminimierung variiert. Eine solche Formentwicklung läßt sich mit dem LP-Topologieentwurf auch zyklisch verkoppeln (Abschn. 5.3.4).

Im übrigen kann man in der Struktursynthese wie in der Analyse Symmetrieeigenschaften stets zur Halbierung des Problems nützen. Dies wäre am Kragträger nicht mehr möglich bei exzentrischem, aus der Mittelebene herausgehobenem Lastangriff oder bei ungleichen Zug- und Druckspannungen $\sigma_z > \sigma_d$.

5.2.1.3 Einschränkung zulässiger Kräftepfade

Jeder Kräftepfad läßt sich durch einen Polygonzug mehr oder weniger gut annähern. Praktisch genügt dafür bei hinreichend feinem Raster eine begrenzte Anzahl Stabwinkel, wie man sie erhält, wenn man nur kürzere Knotenverbindungen zuläßt, etwa als Diagonalen über ein bis zwei Rasterfelder. Berücksichtigt man weitere oder gar sämtliche Knotenverbindungen, so wird der Rechenaufwand unnötig in die Höhe getrieben; darum empfiehlt es sich, neben den wirklich redundanten, auf einer Linie liegenden Strecken auch *quasi redundante*, durch andere nahezu ersetzbare Verbindungen einzusparen. Allgemein sollte man auf grobem Raster möglichst viele, aber auf feinem Raster nur kürzere Verbindungen zulassen.

Bild 5.2/4 nach [5.16] zeigt, wie sich durch Beschränkung zulässiger Pfade die Anzahl der Restriktionen und damit der Speicherbedarf des Rechners reduzieren läßt. Die Annäherung an die Geometrie und das Gewicht der Michellstruktur bleibt im wesentlichen vom Rechenaufwand abhängig. Beschränkt man die zulässigen Knotenverbindungen, so darf man, bei gleichem Zeitaufwand, die Anzahl der Knoten heraufsetzen. Über die Approximation eines Michellkragträgers ($a/d = 6$) gibt Bild 5.2/5 Auskunft: darin repräsentieren die Einzelpunkte auf verschiedenen Rastern gewonnene Ergebnisse. (Die starken Streuungen weisen darauf hin, daß vor allem bei eingeschränkten Kräftepfaden nicht nur die Anzahl sondern auch die Anordnung potentieller Knoten erheblichen Einfluß gewinnt.) Die Tendenz läßt sich durch stetig fallende Kurven beschreiben. Dabei zeigt das Beispiel (2) im Vergleich zur dick

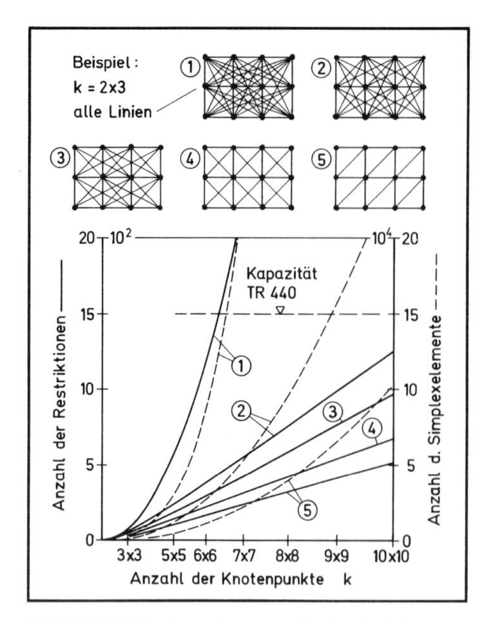

Bild 5.2/4 Fachwerkentwurf durch Lineare Programmierung. Reduktion der Restriktionen und des Rechenaufwandes durch Beschränkung zulässiger Stäbe; nach [5.16]

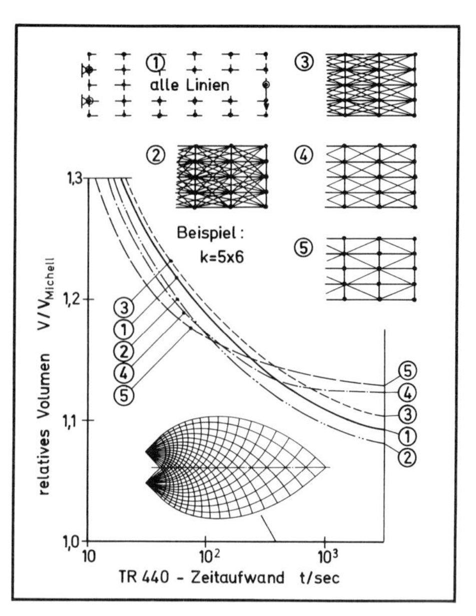

Bild 5.2/5 Kragträger. LP-Fachwerkentwürfe mit unterschiedlicher Beschränkung zulässiger Stäbe. Einfluß auf Rechenaufwand und Michellapproximation; nach [5.16]

ausgezogenen Kurve (1), wie man durch Kräftepfadbeschränkung den zu einer bestimmten Approximation erforderlichen Rechenzeitaufwand verringern kann. Dieser Zweck wird nicht erreicht, wenn Kräftepfade bevorzugt in einer Richtung angeboten werden, wie in Beispiel (3). Erst recht unbefriedigend bleibt die Approximation, wenn im ganzen nur vier Stabrichtungen verfügbar sind, siehe Beispiele (4) und (5); mit ihnen läßt sich ein stetig gekrümmter Trajektorienbogen nur schwer nachbilden. Selbst bei feinem Raster stellt sich dann statt eines stumpfwinklig angepaßten Polygonzuges ein scharfwinkliger, u.U. sägeförmiger oder treppenartiger Stabzug ein; jedenfalls ein Umweg, der in der Regel erhöhten Volumenaufwand kostet.

Andererseits geht aus Bild 5.2/6 hervor, daß durch Beschränkung zugelassener Pfade eine gewisse *Strukturbereinigung* erzielt wird, die einer praktischen Konstruktion entgegenkommt. So weisen die der Michellstruktur ähnlichsten oberen Beispiele eine Vielzahl nahe benachbarter, sich vielfach überkreuzender Stäbe unterschiedlichster Längen auf, während die unteren Beispiele, bei nicht viel höherem Volumenaufwand, durch ihre Einfachheit überzeugen. Diese bieten nicht nur wegen ihrer geringeren Anzahl von Knoten, Stäben und Stablängen fertigungstechnische und fertigungsökonomische Vorteile, sie zeichnen sich überdies durch eine geringere Formempfindlichkeit ihrer Statik aus: bei stumpfen Knotenwinkeln verursachen nämlich kleine Ungenauigkeiten starke Streuungen der Stabkräfte, was durch größeren Sicherheitsfaktor kompensiert werden muß; bei scharfen Winkeln sind die Knotengleichgewichte in diesem Sinne stabiler. Wegen ihrer höheren Zuverlässigkeit benötigt die einfache Konstruktion einen geringeren Sicherheitsfaktor und ist damit u.U. sogar effizienter als die im Michelloptimum angenäherte Struktur.

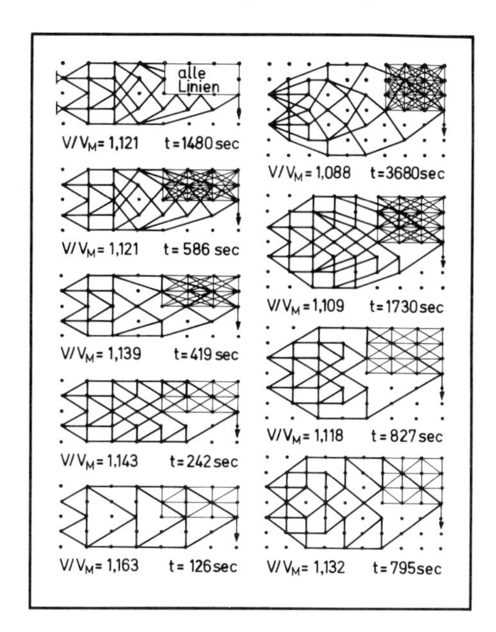

Bild 5.2/6 Kragträger. LP-Fachwerkentwürfe, konstruktive Vereinfachung, im übrigen geringere Rechenzeit durch Beschränkung zulässiger Stäbe; nach [5.16]

Auch im Hinblick auf die Knickstabilität der Druckstäbe ist in der Begrenzung zulässiger Stablängen ein Vorteil zu erkennen: kurze Stäbe lassen sich höher belasten, eventuell bis zur Materialfließgrenze $\sigma_{0,2}$, womit schließlich auch die hier zugrundeliegende Annahme gleicher Spannung in allen Druckelementen zutrifft.

Der wichtigste Vorzug kurzer Stäbe liegt jedoch darin, daß äußere oder innere konkave Grenzen des geometrischen Entwurfsraumes durch entsprechende Aussparungen im Raster vorgesehen werden können. Erst dadurch wird die hier vorgeschlagene Entwurfsstrategie für viele praktische Aufgaben interessant, hauptsächlich aber für schalenartige Strukturen oder körperhaft räumliche Fachwerke (Abschn. 5.2.2).

5.2.1.4 Duale Formulierung des LP-Problems

Zu jedem *primären* Problem der Linearen Programmierung existiert eine mathematisch *duale* Formulierung (siehe [5.14]). Im vorliegenden Anwendungsfall tritt dabei an die Stelle des auf Michellprinzipien beruhenden, mit virtuellen Zuständen arbeitenden Hempschen Verfahrens eine physikalisch unmittelbar begründete und einsehbare Problemformulierung nach W. S. Dorn und H. J. Greenberg [5.17]; diese nimmt direkt den Volumen- oder Gewichtsaufwand als Ziel und ist, weil nicht an die Voraussetzungen der Michellstruktur gebunden, universeller einsetzbar. So kann man für Zug- und Druckmaterial unterschiedliche spezifische Gewichte vorgeben; auch läßt sich das bei individuellen Stabknickspannungen nicht mehr lineare Problem in der *dualen* Formulierung einer Lösung zuführen (Abschn. 5.2.1.5).

In der dualen Problemformulierung steht (anstelle der äußeren virtuellen Arbeit) als Zielfunktion das Gesamtvolumen aus Zug- und Druckstäben:

$$V=\sum V_{zj}+\sum V_{dj}=\sum P_{zj}l_{zj}/\sigma_z+\sum P_{dj}l_{dj}/\sigma_d\,. \qquad (5.2-1)$$

Variable sind (anstelle der virtuellen Knotenverrückungen) die Stabkräfte. Da in (5.2–1) bereits nach den Spannungsgrenzen σ_z und σ_d ausdimensionierte Stäbe eingeführt sind, treten schließlich die Knotengleichgewichte (anstelle der virtuellen Stabdehnungen) nur formal als *Restriktionen* des LP-Problems auf. Kinematische Randbedingungen, etwa unverschiebliche Lager, lassen sich berücksichtigen, indem für die Fesselung keine Gleichgewichtsforderung aufgestellt wird. Sind genug potentielle Knotenpunkte verfügbar, so läßt sich damit in der Regel ein statisch bestimmtes Fachwerk erzeugen. Das Materialgesetz, also die reale Verformung, interessiert hierbei so wenig wie in der primären Problemformulierung, bei der virtuelle Dehnungen nur anstelle von Gleichgewichten gefragt waren.

Wie mit unterschiedlichen Spannungen σ_z und σ_d kann man nun aber auch mit unterschiedlichen spezifischen Gewichten γ_z und γ_d der Zug- und Druckelemente rechnen und, anstelle des Volumens (5.2–1), das Gesamtgewicht

$$G=\sum G_{zj}+\sum G_{dj}=\sum P_{zj}l_{zj}\gamma_z/\sigma_z+\sum P_{dj}l_{dj}\gamma_d/\sigma_d \qquad (5.2-2)$$

als lineare Zielfunktion des *dualen Problems* einführen. Im Ergebnis handelt es sich aber bei unterschiedlichen spezifischen Gewichten $\gamma_d \neq \gamma_z$ nicht mehr um eine *Michellstruktur*. Die optimalen Pfade repräsentieren keine Hauptdehnungslinien mehr und können auch nicht mehr als solche über virtuelle Zustände aufgesucht werden.

Auf rechentechnische Vorteile der dualen Formulierung wird in Abschn. 5.2.2.1 eingegangen.

5.2.1.5 Berücksichtigung des Stabknickens

Ein für die Praxis entscheidender Mangel der auf den Michellprinzipien bzw. auf der Linearen Programmierung beruhenden Entwurfsstrategie liegt in der Voraussetzung gleicher Spannung σ_d für alle Druckelemente. In den auf Rastern entworfenen, diskretisierten Fachwerken treten aber Stäbe unterschiedlicher Länge und Belastung, somit auch unterschiedlicher Knickspannung auf.

Sollen nun individuelle Stabknickspannungen berücksichtigt werden, so geht über diese der Materialmodul ein; im übrigen verliert die Zielfunktion ihre Linearität. Nach Bild 4.3/6 ist die in einem Druckstab erzielbare Spannung $\sigma_d=\Phi E^n K^{1-n}$ eine Funktion seiner Bauweise (über Φ und n) sowie des Stabkennwertes $K=P/l^2$, sein Volumen $V=Al=Pl/\sigma \approx P^n$ also nicht mehr der Stabkraft P proportional; damit ist auch das Gesamtgewicht

$$G=\left(\sum P_{zj}l_{zj}\right)\gamma_z/\sigma_z+\left(\sum P_{dj}^n l_{dj}^{3-2n}\right)\gamma_d/E_d^n\Phi \qquad (5.2-3)$$

nicht mehr wie (5.2–2) eine lineare Funktion der Stabkräfte.

Die Zielfunktion ist aber in ihren Variablen trennbar und *konkav*; so darf man jedenfalls erwarten, daß das Optimum in einer Ecke des Restriktionspolyeders zu finden ist, nämlich in einer bestimmten Gleichgewichtsgruppierung der Stäbe. Die Suche gestaltet sich allerdings schwieriger als bei linearen Zielfunktionen. Ausgehend von der dualen Formulierung des LP-Problems schlägt P. Pedersen [5.18] für den nichtlinearen Fall einen modifizierten Simplexalgorithmus vor; U. Breitling [5.19] rechnet mit *sequenzieller Linearisierung*. Da man hierbei im Sinne eines Gradientenverfahrens benachbarte Eckpunkte abschreitet, ist es möglich, daß der Suchprozeß in einem lokalen Optimum endet, bevor das globale Optimum gefunden ist.

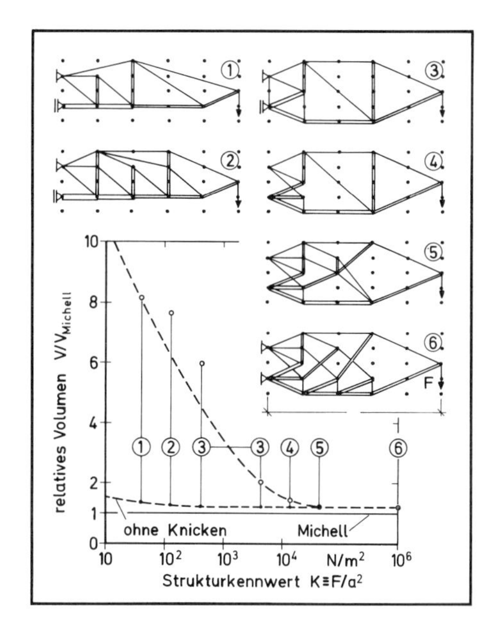

Bild 5.2/7 Kragträger. Fachwerkentwurf unter Berücksichtigung des Stabknickens. Starke Abweichung vom Michellvolumen bei kleinem Strukturkennwert; nach [5.19]

Die Knickspannung des Einzelstabes hängt (nach Bild 4.3/8) über dessen Kennwert $K = P/l^2$ zum einen von der Stabkraft P, zum anderen von der Stablänge l ab; so wollen sich im Optimierungsprozeß einerseits die Druckkräfte auf wenige Stäbe konzentrieren, andererseits möchten sich kurze Druckstäbe herausbilden. Dabei ist zu beachten, daß auch wirklich jeder Knoten durch mindestens drei Stäbe in der Ebene (und außerdem zu dieser quer) gestützt sein muß. Die Unterteilung eines langen Druckstabes durch ungestützte Zwischenknoten täuscht über das tatsächliche Tragverhalten.

Dies gilt auch für die in Bild 5.2/7 dargestellten Ergebnisse einer Entwurfsoptimierung: die langen Stäbe setzen sich aus zwei kurzen Stäben zusammen und müssen in ihrer Mitte gestützt werden, wenn sie die hier zugrundegelegte Knickspannung des kurzen Stabes aushalten sollen. Will man dazu nicht nachträglich Stützstäbe aufwenden, so muß man

- in einem wiederholten Entwurfsprozeß die Stabteilung aufheben, indem man den einen oder anderen der kollinearen Kurzstäbe verbietet, oder
- als *Straffunktion* einen mehr oder weniger fiktiven Knotenaufwand in Rechnung stellen, oder
- durch eine gewisse Unregelmäßigkeit des Entwurfsrasters, die nachträglich wieder gerichtet werden kann, eine kollineare Anordnung kurzer Druckstäbe vermeiden.

Aber auch die Gesamtstabilität der Struktur darf dabei nicht außer Acht bleiben: theoretisch läßt sich mit hinreichend feinem Raster die Knickspannung der Einzelstäbe u.U. bis an die $\sigma_{0,2}$-Grenze anheben und, bei gleicher Spannung aller Druckstäbe, wieder eine Michellstruktur annähern, doch ist damit nicht gesichert, daß die Knoten nach allen Seiten hinreichend steif abgestützt sind; schließlich kann auch das Michellnetz als Kontinuum beulen oder der Kragträger im Ganzen wegkippen.

Bei Berücksichtigung des Einzelstabknickens oder der Gesamtinstabilität ist in jedem Fall gegenüber dem idealen Michellgewicht G_M ein Mehraufwand zu erwarten. Wie die Knickspannung mit dem Stabkennwert zurückgeht, steigt der relative Aufwand G/G_M mit kleiner werdendem Kennwert $K=F/a^2$ des Kragträgers; er strebt nach Eins bei großem Kennwert, weil dann das Knickproblem der Stäbe in ein Festigkeitsproblem ($\sigma_d=\sigma_{0,2}$) übergeht. Bild 5.2/7 zeigt diese Tendenz; es unterscheidet in der Abweichung vom idealen Michellwert noch die Einflüsse des Knickproblems und der Kräftepfadänderung.

Man darf nicht übersehen, daß im Hinblick auf Stabknicken die Anlage des Knotenrasters größere Bedeutung hat als für die geometrische Annäherung von Michellpfaden. Sicher könnte man die in Bild 5.2/7 dargestellten Ergebnisse durch ein feineres Raster und damit kürzere Knicklängen erheblich verbessern, auch wenn diese Verfeinerung die Kräftepfade nur wenig verlagert. Bei sehr kleinem Kennwert $K=F/a^2$ wird sich allerdings auch auf feinerer Rasterung eine stärkere Abweichung von der Michellstruktur abzeichnen, und zwar durch Konzentration der Druckpfade in wenige Stäbe.

Aus diesen Überlegungen geht hervor, daß die Berücksichtigung von Instabilitäten im Topologieentwurf mehr Probleme aufwirft als nur die Frage nach einer numerischen Behandlung der nichtlinearen Zielfunktion. Bei den im folgenden betrachteten räumlichen Fachwerken wird darum die Kräftepfadoptimierung mit vorgegebenen Höchstspannungen, also mit linearer Zielfunktion durchgeführt, und ein Mehraufwand durch nachträgliches Aufdicken der Knickstäbe in Kauf genommen. Das nichtlineare Problem soll später, beim Topologieentwurf unter Kostenkriterien (Abschn. 5.2.3.3), nochmals aufgegriffen werden.

5.2.2 Räumliche Fachwerke minimalen Volumens

Am ebenen Beispiel eines Kragträgers wurde gezeigt, daß man mittels Linearer Programmierung eine Fachwerktopologie entwerfen kann, die bei hinreichend feinem Knotenraster und entsprechend hohem Rechenaufwand geometrisch und nach Gewicht an eine *ideale* Michellstruktur herankommt. Dabei wurde aber auch deutlich, daß es nicht unbedingt zweckmäßig ist, eine Michellstruktur rechnerisch annähern oder gar konstruktiv realisieren zu wollen. Dies gilt im besonderen für räumliche Fachwerke. Mehrere Gründe sprechen dagegen:

- der unverhältnismäßig hohe Rechenaufwand,
- die Unübersichtlichkeit vielfältiger Kräftepfade,
- die Schwierigkeit, ein solches Fachwerk zu bauen,
- die damit verbundenen Fertigungskosten,
- die einheitliche Spannungsvorschrift für Druckstäbe,
- die Unbeschränkbarkeit des geometrischen Entwurfsraumes.

Praktisch sind dem Strukturentwurf geometrische Grenzen gesetzt, sei es um dem Tragwerk nach außen nicht zu viel Raum zu geben, sei es als innere Aussparung, um seiner Funktion als Brücke, Kran, Schale oder Dach zu entsprechen. Konvexe Grenzen lassen sich schon durch die Anlage des Rasterfeldes vorgeben; bei konkaven Aussparungen genügt es nicht, im unzulässigen Bereich keine Knotenpunkte anzubieten, es dürfen außerdem auch keine langen Knotenverbindungen zugelassen werden.

Eine Beschränkung der Kräftepfade auf kurze Stäbe hat im übrigen erhebliche konstruktive Vorteile. In einem regelmäßigen kubischen Raster genügen zur Ausfachung der Würfeleinheit zwei bis drei verschiedene Stablängen; in einem versetzten Raumraster läßt sich bereits mit einer einzigen Stablänge eine Tetraedereinheit aufbauen. Mit den Stablängen sind auch die Stabwinkel auf bestimmte Richtungen eingeschränkt, was eine einheitliche Knotengestaltung ermöglicht und unvorhergesehene Überschneidungen und Durchdringungen vermeidet. Schließlich ist auch der ökonomische Vorzug einer derart typisierten Bauweise nicht zu verkennen.

Nicht zuletzt erzwingt aber der zum Topologieentwurf erforderliche Rechenaufwand eine Beschränkung zulässiger Kräftepfade auf wenige Strecken, also auf kurze Verbindungen in einem relativ groben Raster. Da sich bei dreidimensionalen Entwürfen die Kapazität auch leistungsfähiger Rechner rasch erschöpft, wird zunächst auf das Ausgangsformat des Optimierungsproblems und auf mathematische Maßnahmen zur Aufwandsreduzierung eingegangen. Danach werden Möglichkeiten aufgezeigt, durch die Anlage des *Rasterkörpers* den zulässigen Strukturbereich zu definieren und damit gewissermaßen die äußere Gestalt des Bauwerks vorzuschreiben. Die Nutzung des zugelassenen Raumes durch automatisch entworfene Fachwerkstrukturen läßt sich schließlich an Beispielen mehrschichtig plattenartiger und einschichtig schalenförmiger Dachkonstruktionen diskutieren.

Der automatische LP-Entwurf kann eigentlich nur zur Vordimensionierung dienen; Druckstäbe müssen gegen Knicken nachträglich aufgedickt werden, zur Knotenstützung oder zur optischen Auffüllung des Rasters sind Zusatzstäbe einzufügen. Im Vergleich mit einer herkömmlich gerechneten, nämlich iterativ ausdimensionierten, vielfach statisch unbestimmten Konstruktion zeigt sich aber, daß durch Einsatz der Entwurfsstrategie für eine Vordimensionierung trotz der zur konstruktiven Realisierung notwendigen Nachrüstung erhebliche Gewichtsgewinne zu erzielen sind.

5.2.2.1 Problemformat, Reduzierung des Rechenaufwandes

Die Entwurfsoptimierung als Lineares Problem läßt sich mit dem *Simplexverfahren* lösen. Dieser, von Hadley [5.14] ausführlich beschriebene Algorithmus arbeitet auch bei einer großen Zahl von Unbekannten sehr effektiv. Wesentlich ist dabei das Systemformat von Gleichungen und Ungleichungen, die durch Restriktionen formuliert und deren Koeffizienten in einer Matrix A zusammengefaßt werden.

Geht man von der primären Problemformulierung (mit unbekannten Knotenverschiebungen) aus, so hat man für jeden Knoten in der Ebene zwei, im Raum drei Unbekannte, bei k Knoten ohne Fesseln also insgesamt $\bar{n}=2k$ (eben) bzw. $\bar{n}=3k$ (räumlich). Da im Simplexverfahren nur nichtnegative Unbekannte zugelassen sind, müssen alle Verschiebungen als Differenz zweier entgegengerichteter, jeweils positiver Komponenten ausgedrückt werden, wodurch sich die Zahl der Unbekannten auf $n=2\bar{n}$ verdoppelt. Restriktionen sind für (positive) Dehnungen wie auch für (negative) Stauchungen zu formulieren; damit ist ihre Gesamtzahl bei Nutzung aller möglichen Rasterpunktverbindungen $m=2\bar{m}=k(k-1)\approx k^2$. Die Anzahl der Elemente in der Matrix A ist $j=mn=4k^2(k-1)\approx 4k^3$ im ebenen, bzw. $j=6k^2(k-1)\approx 6k^3$ im räumlichen Fall.

Viele Rechenprogramme benötigen $\boldsymbol{A}$, den Hauptteil des *Tableaus*, im Kernspeicher, dessen Bedarf also durch die Elementanzahl j charakterisiert wird. Da zur Lösung des Simplexproblems eine gewisse Anzahl Transformationen erforderlich ist, die zwischen der einfachen und der doppelten Zahl der Restriktionen liegt, läßt sich abschätzen, daß die Bezugszeit $t \approx 1{,}5jm \approx 6k^5$ bzw. $t \approx 9k^5$ ist, also jedenfalls proportional der fünften Potenz der Knotenanzahl. Man kann ermessen, wie durch den Übergang vom ebenen zum räumlichen Raster, das wesentlich mehr potenzielle Knoten erfordert, der Rechenaufwand drastisch ansteigt: vergleicht man hierzu etwa ein ebenes Quadratfeld mit r Punkten längs wie quer, also einer Gesamtzahl $k = r^2$, und einen entsprechenden Würfel mit $k = r^3$, so steigt der Rechenaufwand auf das r^5-fache.

Man muß also zunächst die Anzahl der Restriktionen möglichst verringern. Dabei versteht sich, daß alle redundanten kollinearen Verbindungen in einem regelmäßigen Raster entfallen können. In räumlichen Rastern muß aber die Menge zulässiger Verbindungen weiter reduziert werden. Läßt man nur kurze Stäbe zu, die über die Länge oder die Diagonale einer Rastereinheit nicht hinausgehen, so ist ihre Anzahl diesen Einheiten und damit der Knotenanzahl etwa proportional, also $m \sim k$; entsprechend fällt der Exponent des Speicherbedarfs $j = mn \sim k^2$ und der Rechenzeit $t \sim jm \sim k^3$.

Im übrigen sollte man rechentechnische Möglichkeiten zur Aufwandreduzierung nutzen. Wie schon in Abschn. 5.2.1.4 angesprochen, existiert eine der ersten analog oder *dual* entsprechende Problemformulierung, in der die Stabkräfte als Variable fungieren. Abgesehen von dieser physikalischen Bedeutung und den Möglichkeiten einer über Michellprinzipien hinausgehenden Anwendung läßt sich die duale Formulierung auch als rein mathematische Maßnahme aufgreifen. Die Anzahl der Variablen $n^* = k(k-1) = m$ entspricht nämlich hier der vormaligen Zahl der Restriktionen, während diese jetzt der Knotenanzahl bzw. den Knotengleichgewichten proportional ist, also $m^* = \bar{n} = 2k$ (eben) oder $m^* = 3k$ (räumlich). Die Matrix $\boldsymbol{A}^*$, im wesentlichen eine Transponierte von $\boldsymbol{A}$, besteht aus zwei Teilmatrizen, die sich nur im Vorzeichen unterscheiden. Das Simplexverfahren läßt sich mit der halben Matrix durchführen, also mit einer Elementanzahl $j = n^*m^*/2 \approx k^2$ (eben) bzw. $j \approx 3k^3/2$ (räumlich). Da beim dualen Problem wegen einiger Hilfsrechnungen etwa die doppelte Anzahl von Tableautransformationen notwendig sind, folgt für die Bezugszeit $t \approx 3jm^* \approx 3k^4$ (eben) bzw. $t \approx 14k^4$ (räumlich). Entscheidend für die Effizienz des Verfahrens ist die Proportionalität zur vierten Potenz k^4 der Knotenzahl (gegenüber k^5 in der primären Formulierung). Bei räumlichen Fachwerken verdient die duale Rechnung darum im allgemeinen den Vorzug.

Beschränkt man zulässige Verbindungen auf die Rastereinheit, so gilt $n^* \sim m^* \sim k$, $j \sim n^*m^* \sim k^2$ und somit für den Zeitaufwand $t \sim jm^* \sim k^3$, also dieselbe Potenz wie im primären Verfahren. In diesem Fall ist kein entscheidender Vorteil der dualen Formulierung festzustellen.

5.2.2.2 Möglichkeiten räumlicher Entwurfsrasterung

Gründe der Berechnung wie auch der Konstruktion und Fertigung sprechen für eine regelmäßige Anlage des Rasters potentieller Fachwerkknoten. Ein Minimum verschiedener Stablängen über eine Rastereinheit erfordern

- im zweidimensionalen Raster (für ebene oder abwickelbare Flächen): das Quadrat mit Diagonale (2 Längen), das gleichseitige Dreieck (1 Länge);
- im dreidimensionalen Raster (für räumliche Entwurfskörper): der Kubus mit Flächen- und Raumdiagonalen (3 Längen), oder das Oktaeder-Tetraeder (1 Länge).

Diese regelmäßigen Vielflächner bilden die Einheiten eines räumlichen Kontinuums. Während ein Kubus sich an den anderen schließt, wechseln im Raum Oktaeder und Tetraeder in gleicher Anzahl, siehe Bild 5.2/8.

Die Oktaeder-Tetraeder-Struktur ist wegen ihrer Regelmäßigkeit und ihrer einheitlichen Stablängen für industrielle Anwendung besonders geeignet. Da die Rasterpunkte nicht nur auf geraden Linien sondern auch auf durchgehenden Ebenen angelegt sind, lassen sich parallel zu den vier Tetraederflächen durchgehende Grenzen bilden oder Schichten herausschneiden. Dabei sind drei aufeinanderfolgende Schichten jeweils um eine Dritteleinheit gegeneinander verschoben und bieten in der Aufsicht zusammen ein vollständiges Rasterbild; erst die vierte Schicht wiederholt die Lage der ersten.

Bei *räumlichen Fachwerken* unterscheidet man, wie bei kontinuierlichen Tragwerken,

- zweidimensional (flächenhaft) ausgebreitete, im Raum gekrümmte oder gefaltete Strukturen, einschichtig, und damit wie *Scheiben* oder *Membranschalen* keine Momente tragend;
- zweidimensional ausgebreitete, ebene oder gekrümmte Strukturen, über ihre Dicke zwei- oder mehrschichtig aufgebaut, und damit wie Platten oder dicke Schalen auch Biegemomente tragend;
- dreidimensional (körperhaft) ausgebreitete und damit im eigentlichen, engeren Sinne *räumliche* Strukturen.

Bei den erstgenannten, praktisch wohl interessantesten ein- oder mehrschichtigen Konstruktionen muß die Gestalt der Fläche im Raum nebst ihrer zulässigen *Dicke* vorgegeben werden; die *Kräftepfadoptimierung* beschränkt sich auf die Anlage der Einzelstäbe in der Fläche und über die Dicke. Natürlich wird mit der mehr oder weniger willkürlichen Vorgabe der Flächengestalt, sei es unter funktionalen (z.B. aerodynamischen) oder unter ästhetischen Kriterien, der Anspruch einer Kräftepfadoptimierung fragwürdig. Aber auch einer körperhaft ausgebreiteten Struktur sind in der Regel äußere oder innere Grenzen gesetzt, deren Festlegung für den Strukturaufwand oft entscheidender ist als eine Pfadoptimierung im eingeschränkten Bereich. Dies wurde bereits am ebenen Beispiel des Kragträgers (Bild 5.2/3) deutlich, dessen Mindestvolumen wesentlich von der verfügbaren Rasterhöhe abhängt. Entsprechendes gilt für den Einfluß der nutzbaren Höhe bzw. Dicke in einem räumlichen, zwei- oder mehrschichtigen *Plattenraster*.

Die drei oben aufgezählten Grundtypen *räumlicher* Strukturen sind in Bild 5.2/9 exemplarisch dargestellt. Legt man wie in Beispiel (1) Kräftepfade nur in Einzelschichten an, so sind diese mangels Biegesteifigkeit nur unter den Form- und Lastbedingungen einer Mebranschale oder eines Scheibenfaltwerks tragfähig. Bei ebenen Flächen benötigt man darum mindestens eine zweite Schicht, die mit der ersten zusammenwirkend Biegekräftepaare bilden kann; siehe Beispiel (2). Auch in diesem Fall bleibt der Flächencharakter der Konstruktion erhalten und die Variation der Kräftepfade im wesentlichen zweidimensional. Eine dritte Dimension zur Optimierung öffnet sich eigentlich erst, wenn mehr als zwei Schichten angeboten

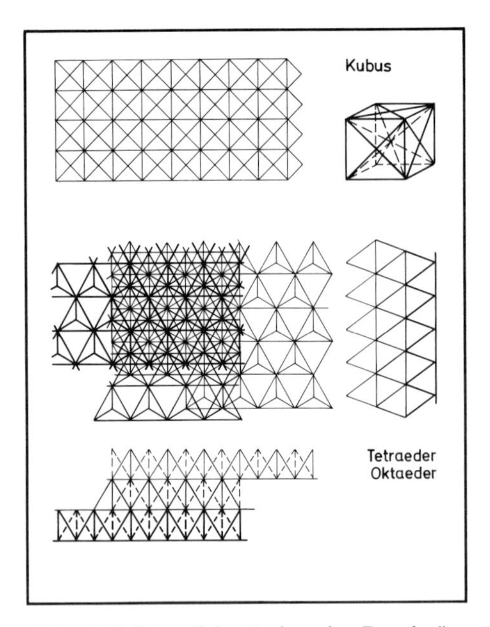

Bild 5.2/8 Räumliche Fachwerke. Regelmässige Rasterstrukturen für LP-Entwürfe mit beschränkten Stablängen: Kubussystem und Tetraeder-Oktaeder-System

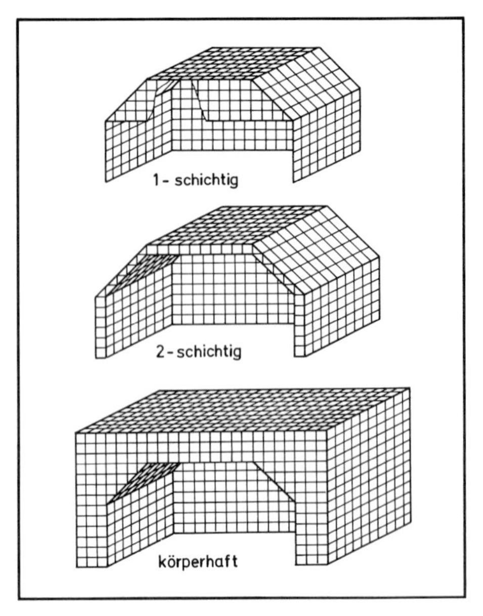

Bild 5.2/9 Räumliche Fachwerke. Typen: einschichtiges Scheibenfaltwerk (oder Membranschale), zweischichtiges Plattenfaltwerk (Biegeschale), körperhafte Struktur

werden oder wenn, wie in Fall (3), innere und äußere Begrenzungen nicht mehr parallel zueinander eine gleichmäßig dicke Wand vorschreiben. So genügt es vielleicht, aus funktionalen Gründen eine innere Begrenzung vorzugeben, die äußere hingegen in weiterer Entfernung mehr oder weniger grob zu markieren. Damit wird ein dreidimensionales Rasterkontinuum zur Verfügung gestellt, das eine räumliche Gestaltung optimaler Kräftepfade ermöglicht. Die Umrißform des Tragwerks hängt dann nicht von der äußeren, willkürlichen Entwurfsraumbegrenzung ab, sondern kann sich nach Last- und Lagerbedingungen optimal einstellen.

5.2.2.3 Mehrschichtiges Hallendach mit Kubusstruktur

Für Beispielrechnungen [5.20] wurde eine verhältnismäßig einfache, praxisnahe Aufgabe gewählt: ein Hallendach, gestützt auf drei vertikale Wände, gleichförmig belastet durch eine vertikal wirkende Flächenlast (Schnee).

Charakteristisch für eine solche Lastannahme ist der Umstand, daß zwar Betrag und Wirkungsrichtung der Flächenlast, nicht aber die Angriffsfläche oder gar die einzelnen Lastangriffspunkte bekannt sind, bevor das Tragwerk hinsichtlich seiner Oberfläche definiert ist. Dies führt zu grundsätzlichen Schwierigkeiten, sofern nicht nur innere Kräftepfade sondern auch äußere Formen des Tragwerks optimiert werden sollen. Unproblematisch ist es, wenn sich die Schichtanzahl auf ein Paar beschränkt und damit die Dicke wie auch die Oberfläche der Struktur vorgeschrieben sind.

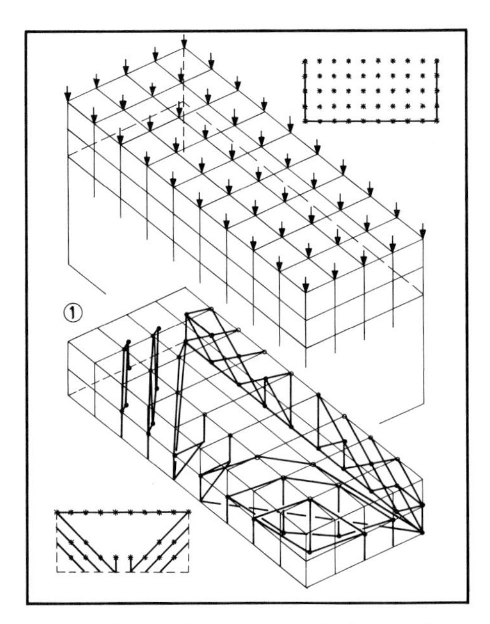

Bild 5.2/10 Fachwerkentwurf für Hallendach, dreiseitig gestützt, gleichförmig belastet. Dreischichtiges Kubusraster. Teilstruktur (Rest im nächsten Bild); nach [5.20]

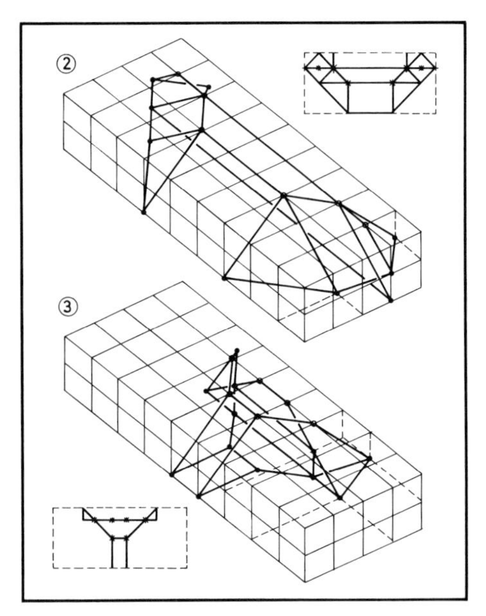

Bild 5.2/11 Fachwerkentwurf für Hallendach im dreischichtigen Kubusraster. Zweite und dritte Teilstruktur (erste im vorigen Bild); nach [5.20]

Bei einem dreischichtigen, quasi körperlichen Raster ist die optimale Oberfläche der Konstruktion nicht unbedingt mit der obersten Rasterschicht gleichzusetzen. Trotzdem bleibt keine andere Möglichkeit, als die Lasten an der oberen Grenze des Rasterkörpers angreifen zu lassen, womit deren Punkte zwangsläufig zu Knoten des *optimalen* Fachwerks vorbestimmt werden.

In Bild 5.2/10 sind die Last- und Lagerbedingungen am kubisch strukturierten Rasterkörper beschrieben. Horizontalstäbe können sich in drei Schichten, Vertikal- und Raumdiagonalstäbe in zwei Zwischenräume ausbilden. Im folgenden ist das errechnete Optimalfachwerk zur besseren Anschauung in drei Strukturgruppen unterteilt, die tatsächlich fast unabhängig voneinander verschiedene äußere Lastanteile übernehmen und absetzen. Dabei sind Vertikalstäbe über den drei Stützwänden außer Betracht gelassen, soweit sie nur dazu dienen, direkt über der Wand angreifende Lasten nach unten zu leiten. Die eigentliche Dachkonstruktion hat die Aufgabe, Kräfte zu übernehmen, deren Wirkungslinien nicht in den Wandflächen liegen. Es lassen sich dann folgende Teilstrukturen erkennen:

- Nach Bild 5.2/10 unten ein System von *Querkraftbiegeträgern*, und zwar ein Hauptträger längs der Vorderseite und eine Schar Nebenträger schräg von beiden Seiten zur Rückwand. Die Träger übernehmen alle unmittelbar über ihnen angreifenden Knotenlasten und setzen sie auf die Wände ab.
- Nach Bild 5.2/11 ein Art *Schale*, nämlich eine flächige Konstruktion, die sich von den stützenden Wänden aus zur ungestützten Seite hochwölbt; sie übernimmt einen Teil der Lasten des Biegeträgersystems.

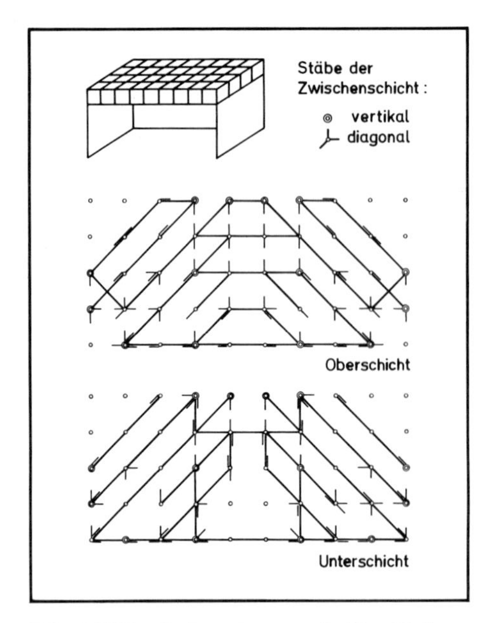

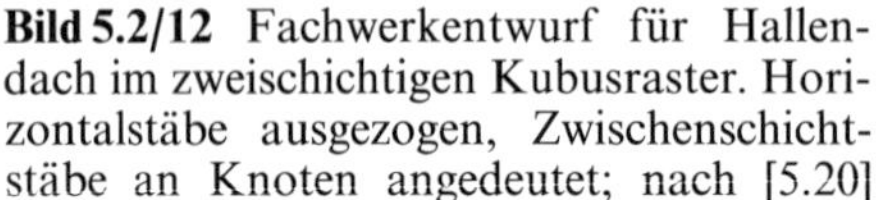

Bild 5.2/12 Fachwerkentwurf für Hallendach im zweischichtigen Kubusraster. Horizontalstäbe ausgezogen, Zwischenschichtstäbe an Knoten angedeutet; nach [5.20]

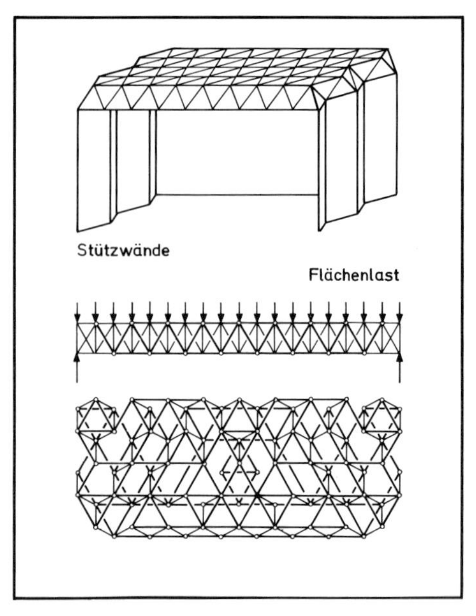

Bild 5.2/13 Fachwerkentwurf für Hallendach im zweischichtigen Tetra-Oktaeder-System (seitliche Stützwände den Systemknoten angepaßt); nach [5.20]

- Nach Bild 5.2/11 unten schließlich eine Art *Spinne*, die sich zwischen Rückwand und vorderem Hauptträger aufhängt und den Rest der im Mittelfeld angreifenden Knotenlasten absetzt.

Bei einem Rasterkörper mit mehr als drei Schichten und einer höher liegenden Entwurfsgrenze könnte sich eine Kuppelschale herausbilden. Sicher ließe sich das Ergebnis auch verbessern, wenn die Lastangriffspunkte von vornherein mehr im Sinne einer Wölbung angelegt oder gar ein schalenförmig gekrümmtes Rasternetz angeboten worden wäre.

Reduziert man die Rasterschichten auf die Mindestzahl einer Paarung und verringert dabei die Entwurfshöhe auf die Hälfte, so muß das Mindestgewicht ansteigen. Da das System zu flach und in der Höherschichtung zu wenig differenziert ist, hat das Dach den Charakter einer auf Biegung und Torsion beanspruchten Platte. Die optimalen Kräftepfade können sich eigentlich nur zweidimensional ausbilden und orientieren sich dabei, soweit es die Rasterung zuläßt, etwa an den Hauptbiegetrajektorien einer dreiseitig gestützten Platte. So zeigt Bild 5.2/12 einen ähnlichen Verlauf optimaler Pfade wie Bild 5.2/10, nämlich einen Hauptbiegeträger über der freien Seite und schräg laufende Nebenträger.

5.2.2.4 Zweischichtiges Dach mit Oktaeder + Tetraeder-Struktur

Dieses nur eine einzige Stablänge erfordernde System ist vor allem für industrielle Anwendung geeignet. Bild 5.2/13 beschreibt die optimalen Pfade für das Dach mit zwei Schichten horizontaler Stäbe und einer Zwischenschicht schräger Stäbe.

Da es sich wieder um eine *Platte* handelt, deuten sich etwa die gleichen Kräftepfade an wie in Bild 5.2/12, allerdings weniger ausgeprägt, da die zwangsläufig schief liegenden Biegeträger einer seitlichen Abstützung und damit zusätzlicher Stäbe bedürfen. Dies macht sich in einem gegenüber dem Kubussystem höheren Mindestgewicht und in einer dichteren Belegung des Rasters bemerkbar. Letzteres hat zwar den Nachteil, daß sich optimale Pfade weniger deutlich herausprofilieren, aber den Vorteil, daß es dem praktischen Bedürfnis nach einer möglichst homogenen Struktur näherkommt.

Die Tendenz, möglichst viele bis alle zugelassenen Verbindungen durch Stäbe zu nützen, wächst mit der Anzahl der Lastangriffspunkte bei abnehmender Rasterpunktmenge. Daher sind auch, im Unterschied zum dreischichtigen Dach (Bild 5.2/10 und 5.2/11), beim nur zweischichtigen (Bild 5.2/12 und 5.2/13) fast alle Rasterpunkte von der Konstruktion eingenommen. Das Tetraederfachwerk beansprucht einen größeren Anteil zulässiger Verbindungen als das kubisch strukturierte System, so daß es im ganzen die dichteste und regelmäßigste Packung optimaler Kräftepfade aufweist.

5.2.2.5 Einschichtiges, tonnenförmiges Hallendach

Als Beispiel eines einschichtigen Daches wurde eine Struktur gerechnet, deren Knotenpunkte auf einer Zylinderfläche liegen. Bild 5.2/14 zeigt das Quadratraster mit vertikal angenommener Belastung. Nur die Stirnwände sind gelagert; damit ist die Tonnenform fixiert.

Da jeder Knoten belastet ist und Stäbe nur in der Schalenfläche zugelassen sind, besteht keine große Auswahl für optimale Pfade. Dennoch zeigt sich deutlich, wie die Last über ein System von Diagonalstäben zu den Randlagern hin übertragen wird. Dazu bilden sich erwartungsgemäß (wie beim Biegeträger) oben Längsdruckstäbe und an den Seiten unten Längszugstäbe aus.

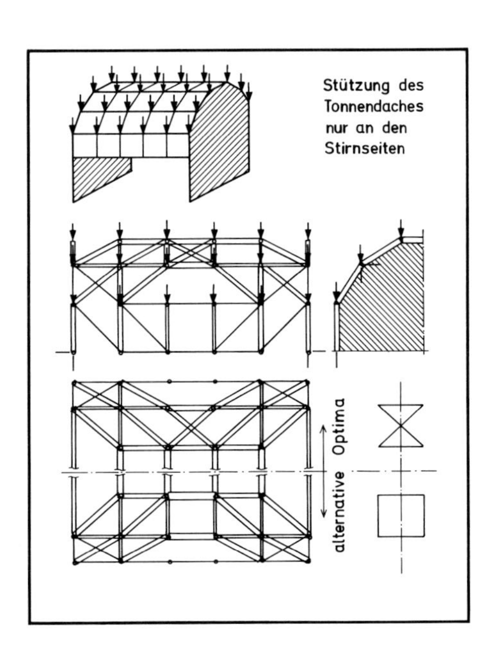

Bild 5.2/14 Fachwerkentwurf für einschichtiges Tonnendach, in den Ebenen der Seitenwände gestützt. Alternative Optimalpfade mit gleichem Volumen; nach [5.20]

In der Aufsicht sind zwei alternative Stabanordnungen wiedergegeben: im einen Fall besteht das Mittelteil aus parallelen Stäben, im anderen ergibt sich eine Stabkreuzung. Beide Varianten führen zum gleichen Strukturgewicht.

Bei der Berechnung zeigte sich, daß das abgebildete System nur bei ausreichender Fesselung der Stirnränder tragfähig ist. Damit liegt ein typisches Problem der *Membranschale* vor. So traten beispielsweise numerische Schwierigkeiten beim Entwurf einer Struktur auf, die in einer Richtung stark und in der zweiten Richtung schwach gekrümmt war; bei gleicher Lagerung, aber nur einfacher Krümmung versagte die Rechnung völlig. Numerische Probleme weisen oft auf eine kritische Aufgabenstellung hin, etwa auf eine instabile Lagerung. Um fehlerhafte Resultate zu vermeiden, muß man die Aufgabe jedenfalls sorgfältig definieren und die Ergebnisse kritisch betrachten.

5.2.2.6 Wert des Entwurfsverfahrens für die Konstruktion

Die beschriebenen *Optimalstrukturen* gehen notwendig von vereinfachenden Bedingungen aus, wie sie der Entwurfstheorie nach Maxwell und Michell zugrundeliegen: Spannungen werden vorgeschrieben, Stabilitätsprobleme also nicht berücksichtigt; der Knotenaufwand für die Verbindung von Einzelelementen wird nicht erfaßt; die *Einzweckstruktur* ist nur für einen bestimmten Lastfall optimal und für Nebenlasten u.U. nicht tragfähig. Die praktische Konstruktion fordert aber:

- nachzuweisen ist die Tragfähigkeit der Stäbe nicht nur auf Zug (Materialbruch) sondern auch auf Druck (Stabknicken), womöglich auch die dynamische Festigkeit der Fachwerkknoten und Anschlüsse;
- aus Sicherheitsgründen sind redundante Kräftepfade vorzusehen, so daß der Ausfall eines beliebigen Stabes nicht zum Versagen der Gesamtkonstruktion führt, also statisch unbestimmte statt bestimmter Strukturen;
- zur Gesamtstabilität ist die Stützung der Knoten zu sichern, wenn nötig durch zusätzliche Stützstäbe mit *Mindeststeifigkeit*;
- die Tragfähigkeit bzw. das Optimum der Gesamtstruktur ist nicht nur für einen einzigen Lastfall, sondern in der Regel für verschiedene, nacheinander wirkende Fälle nachzuweisen;
- aus optischen Gründen ist eine Regelmäßigkeit nicht nur der Knotenanordnung sondern auch der Ausfachung erwünscht, so daß neben den *optimalen* Stäben auch nichttragende oder mittragende Zusatzstäbe eingebaut werden müssen.

Am besten trennt man darum den Konstruktionsprozeß in eine *Vorentwurfsphase* mit idealisierenden Annahmen der Entwurfstheorie und in eine *Ausführungsphase*, in der man alle praktischen Forderungen berücksichtigt und für die Enddimensionierung auch die Festigkeit nachweist. Damit wird zwar nicht unbedingt ein globales Optimum, aber wenigstens eine gewichtsgünstige praxisgerechte Konstruktion realisiert.

Will man die Entwurfsstrategie in diesem Sinne nur als Orientierungshilfe einsetzen und hierzu den Rechenaufwand klein halten, so genügt vielleicht ein gröberes Raster, auch wenn man letztlich eine Ausführung mit engen Knotenabständen beabsichtigt. Im Entwurf wird die Spannung ohne Rücksicht auf Knicklängen vorgegeben.

Erscheint es notwendig, Zusatzstäbe in Richtungen oder an Stellen anzubringen, die nicht als optimale Kräftepfade ausgewiesen sind (um etwa aus optischen

Gründen ein regelmäßig ausgefachtes Stabsystem herzustellen), so kann man diese mittragend einbinden, zunächst mit Minimalquerschnitt, dann nach iterativer Analyse des unbestimmten Systems erforderlichenfalls aufgedickt. Es ist aber in der Regel für das Gewicht günstiger, Zusatzstäbe nicht kraftschlüssig einzubauen, wie sich nach Vergleichsrechnungen [5.20] am Beispiel eines Hallendachs in Kubusstruktur (Bild 5.2/10) bzw. in Tetraederstruktur (Bild 5.2/13) herausstellte.

Wird keine Entwurfsstrategie zur Vordimensionierung eingesetzt, sondern von Einheitsquerschnitten ausgegangen, so kann man zwar durch iteratives Nachdimensionieren das Gewicht verringern, aber nicht mit wenigen Schritten den ausdimensionierten Zustand oder gar ein Optimum erreichen. Für einen realistischen und reellen Vergleich muß man die Werte heranziehen, die man nach einem *korrigierten* Optimalentwurf erhält, dessen Druckstäbe auf Knicken nachdimensioniert und dessen Leerstellen im Raster mit nichttragenden Zusatzstäben aufgefüllt sind. Damit brachte der Vorentwurf im Beispiel der Dachstruktur einen Gewinn von 15° bis 20%; dieser erhöht sich bis auf 65%, wenn man nur die im Vorentwurf empfohlenen Pfade mit Stäben belegt und auf eine Rasterauffüllung durch Zusatzstäbe verzichtet.

5.2.3 Entwurfsoptimierung von Fachwerken nach Kostenkriterien

Regelmäßige Gitterstrukturen mit wenigen standardisierten Stablängen und Stabtypen sind bei flächig oder räumlich ausgebreiteten Fachwerken sicher nicht nur konstruktiv sondern auch ökonomisch günstig. In diesem Sinne wurde oben argumentiert, wobei der Materialaufwand bzw. das Strukturgewicht als Zielgröße der Optimierung galt. Der Einfluß der Stab- und Knotenanzahl auf die Fertigungs- und Montagekosten läßt sich bei solchen regelmäßig angelegten Gitterstrukturen nicht berücksichtigen; die Anzahl der Einzelelemente mit vorbestimmter Maschenweite steht mehr oder weniger fest (Leerstellen im *optimalen* Verband werden u.U. durch nichttragende Blindstäbe aufgefüllt).

Im folgenden wird von derartig regelmäßigen Fachwerken mit weitgehend vorgeprägter Strukturtopologie abgesehen und untersucht, wieviele Stäbe und welche Stabverbindungen sich für eine Optimalstruktur empfehlen, wenn statt des Gewichtes die Betriebs- und Herstellungskosten den Ausschlag geben.

Von *Leichtbau* kann dann nur die Rede sein, soweit sich in einem Gesamtkostenmodell das Gewicht als entscheidender Parameter herausstellt, etwa über einen hohen Betriebskostenfaktor bei Flugzeugen, oder bei großen Fachwerken, deren volumenproportionale Halbzeug- und Transportkosten gegenüber den flächenproportionalen Kosten des Zuschneidens und Fügens überwiegen. Tendenziell werden bei kleinen Bauwerken die Fertigungskosten in den Vordergrund treten und den Leichtbau in Frage stellen.

Am Beispiel eines Fachwerks wurde bereits gezeigt, wie ein einfaches Kostenmodell als Entscheidungshilfe dienen kann (Bild 2.1/3). Dabei waren nur zwei Fachwerktopologien mit unterschiedlicher Stabanzahl zur Wahl gestellt. Über dieses einfache Entscheidungsproblem hinausgehend soll hier nun die Möglichkeit untersucht werden, mit Hilfe der Linearen Programmierung eine unter Kostenkriterien optimale Topologie zu entwerfen.

Nach empirischen Erhebungen [5.19] lassen sich die Herstellungskosten etwa als Potenzfunktionen der Stabquerschnitte beschreiben, und die Betriebskosten als lineare Funktionen des Stabvolumens. Damit wird es möglich, die Gesamtkosten als Funktion der Stabkräfte darzustellen, also der physikalischen Variablen der Entwurfsoptimierung. An Beispielen ebener Krag- und Brückenträger erkennt man, wie sich unter Kostenkriterien eine einfachere Topologie mit weniger Stäben herausbildet als für ein Gewichtsminimum. Da die Stäbe im einfacheren Fachwerk in der Regel länger ausfallen, darf ihre Knickstabilität nicht außer Acht bleiben. Eine Rechnung mit individuellen Knickspannungen der Druckstäbe erfordert eine nichtlineare Zielfunktion.

Problemformulierung, Lösungsweg und Ergebnisbeispiele kostenminimaler Fachwerke werden hier nach Breitling [5.19] wiedergegeben und mit Resultaten einer reinen Volumen- bzw. Gewichtsminimierung verglichen.

5.2.3.1 Definition der Kosten-Zielfunktion

Das Modell geht von jährlichen, durch den Betreiber des Systems aufzubringenden Kosten aus. Als direkte Betriebskosten zählen solche für Energie, Wartung und Reparatur; indirekte Betriebskosten betreffen die von den Herstellungskosten proportional abhängige Abschreibung, Kapitalverzinsung und Versicherung. Mit der Lebensdauer, dem jährlichen Zinssatz und der Versicherungsprämie kann man als Zielgröße die Summe der jährlichen Betriebskosten oder die um den direkten Betriebskostenanteil erweiterten Herstellungskosten formulieren.

Die verschiedenen Einzelkosten müssen als empirische Funktionen charakteristischer mechanischer bzw. geometrischer Bezugsgrößen X_{ij} des Bauwerks bzw. seiner Einzelstäbe beschrieben werden, als solche bieten sich Funktionen der Querschnittsflächen A_j an:

- das Stabvolumen $V_j = l_j A_j$ oder das Stabgewicht $G_j = \gamma_j V_j = \gamma_j l_j A_j$, maßgebend etwa für *Gewichtskosten* K_G des Halbzeugs, des Transports, der Montage und des direkten Betriebs,
- die Stabquerschnittsfläche A_j oder die Stabkraft $|P_j| = A_j |\sigma_j|$, maßgebend etwa für die *Fügekosten* K_F und *Zuschnittkosten* K_Z;
- der Stabdurchmesser $d_j = \delta_j A_j^{1/2}$, maßgebend etwa für die *Zuschnittkosten* K_{Zd} (bei konstantem Vorschub der Säge); und schließlich die Staboberfläche $O_j = \vartheta_j l_j A_j^{1/2}$, maßgebend für den *Oberflächenschutz* K_O.

Direkte Betriebskosten darf man proportional der Gesamtmasse oder der Gesamtoberfläche annehmen; die übrigen Kosten lassen sich gut durch Potenzfunktionen beschreiben. Damit erhält man, nach Aufsummierung über alle m Kostenarten i und alle n Stäbe j die Zielfunktion als Polynom der Bezugsgrößen X_{ij} oder der Querschnittsflächen A_j in der allgemeineren Form

$$Z = \sum_i^m \sum_j^n c_i X_{ij}^{\beta_i} = \sum_i^m \sum_j^n a_{ij} A_j^{\alpha_i}. \qquad (5.2-4)$$

Für *Massekosten* K_M, *Fügekosten* K_F, *Zuschnittskosten* K_Z und Kosten K_O für *Oberflächenschutz* gilt die Summe

$$Z = \sum_j^n [c_M(\gamma_j l_j A_j)^{\beta_G} + c_F A_j^{\beta_F} + c_Z A_j^{\beta_Z} + c_{Zd}(\delta_j \sqrt{A_j})^{\beta_{Zd}} + c_O(\vartheta_j l_j \sqrt{A_j})^{\beta_O}]. \qquad (5.2-5)$$

Bemißt man die Stabquerschnittsfläche A_j nach der Stabkraft P_j und der zulässigen Spannung σ_j, die für Zug gleich der Materialfestigkeit σ_z und für Druck (nach Bild 4.3/7) gleich der individuellen Knickfestigkeit σ_{dj} ist, so folgt mit

$$A_{zj} = P_{zj}/\sigma_z \quad \text{und} \quad A_{dj} = P_{dj}^n l_{dj}^{3-2n}/E_d^n \Phi \tag{5.2-6}$$

aus (5.2–5) eine nichtlineare Zielfunktion der Stabkräfte, wie sie in einfacherer Art für die Gewichtsminimierung bereits in (5.2–3) formuliert wurde.

Für eine lineare Zielfunktion müßte die Spannung σ_d vorgeschrieben, das Stabilitätsproblem also vernachlässigbar sein; außerdem müßte sich die Untersuchung auf *Massekosten* und *Fügekosten* mit Exponenten $\beta_M = \beta_F = 1$ beschränken. Da man aber für sämtliche Kostenexponenten β_i (wie auch für alle Knickstabexponenten n) Werte <1 und damit jedenfalls eine *konkave Zielfunktion* annehmen darf, ist das im übrigen durch lineare Restriktionen (Knotengleichgewichte) charakterisierte Optimierungsproblem mittels sequenzieller Linearisierung lösbar.

Es bleibt die Frage, ob sich die oben angenommenen Zusammenhänge zwischen Einzelkosten und Bezugsgrößen tatsächlich nachweisen und sich die Faktoren c_i und Exponenten β_i aus empirischen Daten ermitteln lassen. Untersuchungen [5.19] belegen, daß der Ansatz von Potenzfunktionen einigermaßen realistisch ist. Quantitative Aussagen sind aber aus technologischen und wirtschaftlichen Gründen zeitbedingt und geben nur charakteristische Größenordnungen und Tendenzen wieder.

5.2.3.2 Kostenminimaler Entwurf bei linearer Zielfunktion

Rechnet man in (5.2–5) nur mit den drei ersten Anteilen, unterstellt für deren Exponenten $\beta_M = \beta_F = \beta_Z = 1$ und vernachlässigt das Stabknickproblem, setzt also $A_j = |P_j|/\sigma$, so bleibt eine von den Stabkräften P_j linear abhängige Zielfunktion übrig:

$$Z = c_1 Z_1 + c_2 Z_2 = c_M \left(\sum |P_j| l_j \right) \gamma/\sigma + (c_Z + c_F) \left(\sum |P_j| \right) /\sigma . \tag{5.2-7}$$

Bezogen auf die äußere Last F und die Länge l des Tragwerks lassen sich definieren die dimensionslosen, variablen Summen

$$Z_1 = \sum |P_j| l_j / Fl \quad \text{und} \quad Z_2 = \sum |P_j| / F , \tag{5.2-8}$$

und dazu die konstanten Kostenbeiwerte in DM

$$c_1 = c_M F l \gamma / \sigma \quad \text{und} \quad c_2 = (c_Z + c_F) F/\sigma , \tag{5.2-9}$$

deren Verhältnis $c_2/c_1 = (c_Z + c_F)/c_M l \gamma$ für die optimalen Kräftepfade und ihre Topologie entscheidend wird.

Damit ist, am einfachsten Beispiel einer linearen Zielfunktion, eine Aussage von grundlegender Bedeutung für *kostenbewußten Leichtbau* formuliert: eine Kräftepfadauslegung für minimales Gewicht oder Materialvolumen lohnt sich besonders bei großen Stab- oder Flächenwerken, während bei kleinen Bauwerken die auf Querschnittsflächen bezogenen Zuschneide- und Fügekosten dominieren und Leichtbaukriterien zurückdrängen. Dies gilt unabhängig von der Materialfestigkeit σ, die zwar in c_1 (5.2–9), aber nicht mehr im entscheidenden Verhältnis c_2/c_1 auftritt. Darin bleibt neben der Trägerlänge a nur das volumenspezifische Material-

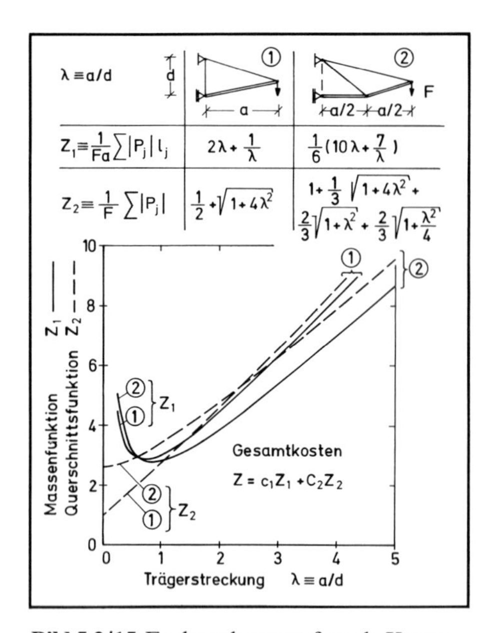

Bild 5.2/15 Fachwerkentwurf nach Kostenminimum. Zielfunktionsanteile Z_1 (Volumen) und Z_2 (Querschnittsflächen) am Beispiel eines Kragträgers; nach [5.19]

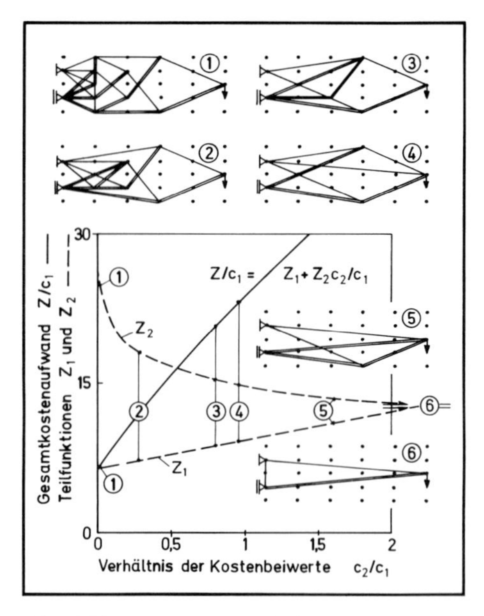

Bild 5.2/16 LP-Entwurf kostenminimaler Fachwerk-Kragträger. Optimale Topologie und Kostenminimum abhängig vom Verhältnis der Kostenbeiwerte; nach [5.19]

gewicht γ bzw. der volumenspezifische Materialpreis $\gamma c_M = c_V$. Je größer dieser ist, desto kleiner wird c_2/c_1 und desto interessanter eine Volumenminimierung.

Für zwei einfachste Kragträgerstrukturen unterschiedlicher Topologie ist in Bild 5.2/15 die Zielfunktion $Z/c_1 = Z_1 + Z_2 c_2/c_1$ über dem Entscheidungsparameter c_2/c_1 aufgetragen. Die Zielfunktionsanteile Z_1 und Z_2 (5.2–10) enthalten die aus Knotengleichgewichten für verschiedene Trägerstreckungen a/d errechneten Stabkräfte. Je kürzer die Streckung a/d ist und je größer die Diskriminante c_2/c_1, desto eher empfiehlt sich die einfache Topologie.

Bild 5.2/16 zeigt für Streckung $a/d = 6$ eine Reihe optimaler Topologieentwürfe, die mittels Linearer Programmierung nach Maßgabe des Beiwertverhältnisses c_2/c_1 erstellt wurden. Über diesem sind die Zielfunktionsanteile Z_1 und Z_2 sowie die Gesamtkostenfunktion Z/c_1 wiedergegeben; außerdem das Verhältnis Gesamtkosten/Gewichtskosten: $Z/c_1 Z_1 = 1 + c_2 Z_2/c_1 Z_1$. Die Ausgangstopologie (für $c_2 = 0$) entspricht einer volumenminimalen diskretisierten Michellstruktur (Bild 5.2/3). Je mehr mit c_2/c_1 der Einfluß der Stabschnittflächen (ihres Zuschnitt- und Verbindungsaufwandes) gegenüber dem der Stabvolumina (ihres Materialaufwandes) ansteigt, desto geringer wird die Anzahl optimaler Stäbe und Knoten; desto einfacher wird die Fachwerktopologie. Bei einem Verhältnis $c_2/c_1 > 2$ rechtfertigt sich (selbst bei großer Streckung $a/d = 6$) bereits die einfachste Ausführung mit nur zwei Hauptstäben.

Die bei großer Druckstablänge geringere individuelle Knickspannung ist in dieser linearisierten Zielfunktion nicht in Rechnung gestellt; ihr Einfluß wird in einem der folgenden Strukturbeispiele berücksichtigt.

5.2.3.3 Kostenminimale Entwürfe bei nichtlinearer Zielfunktion

Für eine anspruchsvollere Rechnung mit nichtlinearer Zielfunktion (5.2−5) ist in (5.2−6) neben der Zugstabfestigkeit σ_z auch der Elastizitätsmodul E, der Wirkungsfaktor Φ und der Exponent n der Knickstabbauweise vorzugeben; außerdem eine größere Menge empirischer Kostenparameter, für die von Fall zu Fall bestimmte Halbzeugformen, Bauweisen, Herstellungsverfahren und Betriebsbedingungen zugrundegelegt werden müssen. Die hier vorgestellten *Optimalentwürfe* zeigen darum nur Tendenzen und lassen sich nicht verallgemeinern; sie stellen in der Regel auch nicht das globale Optimum dar, da auf dem hier gewählten Wege einer *sequenziellen Linearisierung* meist nur ein lokales Optimum aufgefunden wird. Trotzdem zeigt sich in allen Beispielen deutlich, wie sich unter Kostenkriterien, auch bei sehr unterschiedlichen Einzelparametern c_i und β_i, einfachere und praxisgerechtere Strukturen herausbilden.

Bild 5.2/17 gibt für einen Hochspannungsmast-Ausleger, der ein Kabelpaar zu tragen hat, drei topologisch unterschiedliche Entwürfe wieder. Der erste Entwurf ist das Ergebnis einer reinen (linearen) Volumenminimierung und weist in der Vielfalt seiner Kräftepfade den Charakter einer Michellstruktur auf. Dagegen reduzieren sich in beiden (nichtlinearen) kostengünstigen Entwürfen die Kräftepfade auf zwei bis drei Zug + Druck-Paare. Daß auch *lokale Optima* Interesse verdienen, zeigt ein Vergleich des ersten mit dem dritten Entwurf: dieser ist zwar fast +20 % teurer als der zweite, aber doch −60 % billiger als der erste, obwohl er dessen Minimalgewicht nur um 10 % überschreitet. Dabei ist diese Form ohne konstruktive Schwierigkeit realisierbar und entspricht üblichen Ausführungen.

Der Kragträger in Bild 5.2/18 soll eine gleichförmig auf eine Reihe Einzelknoten verteilte Last tragen. Mit den Lastangriffsknoten ist die äußere Begrenzung des geometrischen Entwurfsraumes vorgeschrieben; optimale Kräftepfade dürfen sich nur zwischen der Dachschräge und dem horizontalen Untergurt ausbilden. Der oberste Entwurf resultiert aus reiner (linearer) Volumenminimierung ohne Knickproblem; der zweite berücksichtigt dazu das Stabknicken und führt mit nichtlinearer Volumenfunktion zu höherem Gewicht und mit diesem zu höheren Kosten (die zuvor schrägen Druckstäbe richten sich zur Verkürzung der Knicklänge in die Vertikale auf). Erst der dritte, ein Minimum der Kosten anstrebende Entwurf reduziert diese durch eine Verringerung der Stabanzahl (dabei bildet sich anstelle eines regelmäßigen Systems vertikaler, diagonal abgespannter Pfosten ein Druckstabfächer aus). Der Kostengewinn ist in diesem Beispiel gering, da wegen der vielen Lastangriffspunkte und der engen Entwurfsraumbegrenzung nur wenig Spielraum für Kräftepfadalternativen und kaum eine Möglichkeit zur effektiven Reduzierung der Stabmenge verbleibt.

Bei dem in Bild 5.2/19 wiedergegebenen Beispiel eines Brückenträgers ist aus funktionalen Gründen der ganze Innenraum ausgespart. Dazu muß die zugelassene Einzelstablänge auf den Abstand und die Diagonale der quadratischen Rastereinheit beschränkt sein. Sofern im Ergebnis längere Stäbe erscheinen, setzen sich diese aus zwei oder mehr kollinearen Stabeinheiten zusammen; kürzere Stäbe entstehen durch Überschneiden zweier Diagonalen. Die Rasteranlage zu den in Bild 5.2/19 gezeichneten Entwürfen bietet für den Querträger zwei und für die Säulen jeweils drei Reihen potentieller Knotenpunkte an. Der volumenminimale Entwurf (ohne Stabknicken) nützt diese zur Bildung einer *Biegesäule* (die gestrichelte Linie deutet eine bessere

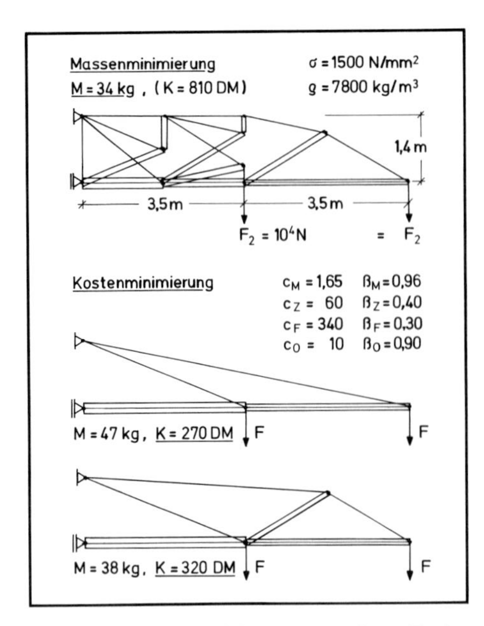

Bild 5.2/17 Entwurf kostengünstiger Fachwerke bei nichtlinearer Zielfunktion ($\beta < 1$). Beispiel: Mastausleger. Kostenminimum bei kleinster Stabanzahl; nach [5.19]

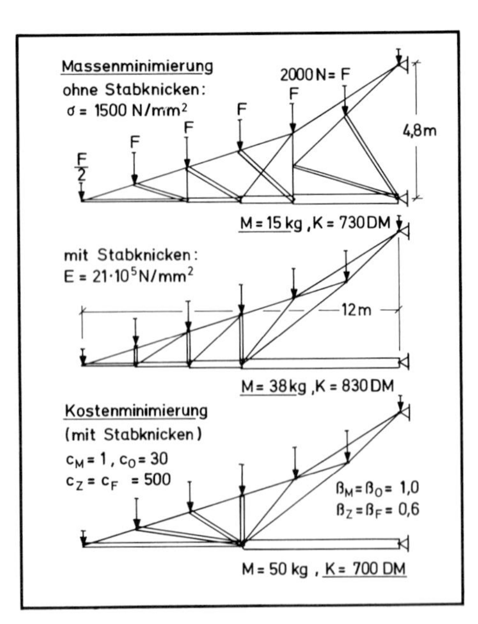

Bild 5.2/18 Entwurf gewichts- oder kostengünstiger Fachwerke bei nichtlinearer Zielfunktion (durch Stabknick-Problem des Stabknickens). Beispiel Kragdachträger; nach [5.19]

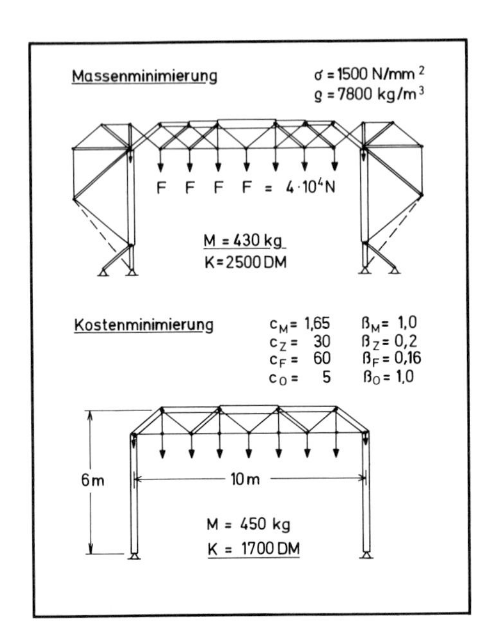

Bild 5.2/19 Entwürfe eines Brückenträgers. Innenraum durch Beschränkung des Rasters und der Stablängen ausgespart. Weniger Stäbe bei Kostenminimum; nach [5.19]

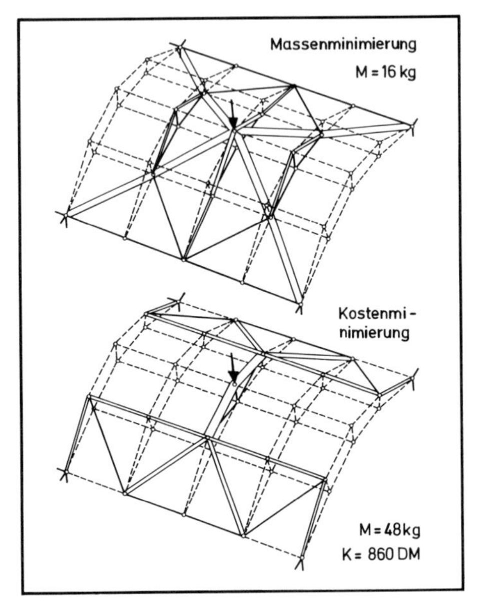

Bild 5.2/20 Entwurf einer räumlichen Fachwerkstruktur (Schalendach mit Einzellast). Vergleich der gewichtsminimalen und der kostengünstigen Lösung; nach [5.19]

Lösung an, doch läßt das Programm nur Schrägstäbe unter 45° zu). Der kostengünstige Entwurf verzichtet auf derart seitlich ausholende Kräftepfade und empfiehlt einfache Drucksäulen; auch wird im Schubverband die Anzahl der Diagonalstäbe verringert. So bleibt endlich eine Konstruktion übrig, die den Zweck des Brückenträgers mit einem Minimum notwendiger Stäbe erfüllt.

Beide Entwürfe in Bild 5.2/19 sind kinematisch unbestimmt und nur für symmetrische Lastverteilung tragfähig. Zur Aufnahme unsymmetrisch wirkender Nebenlasten wären besondere Stützstäbe erforderlich. Dies trifft auf viele *Einzelzweckstrukturen* zu, deren Kräftepfade nur im Hinblick auf einen einzigen Lastfall entworfen sind, so auch für das Beispiel eines räumlichen Fachwerks in Bild 5.2/20.

Für *Mehrzweckstrukturen* läßt sich auf dem hier beschrittenen Wege der Linearen (oder sequenziell linarisierten) Programmierung kein Optimalentwurf erstellen; auch ist kein Verfahren bekannt, das solches leisten könnte. Dagegen bereitet es keine Schwierigkeit, bei vorgegebenem Topologieentwurf eine *Formentwicklung* durchzuführen, nämlich eine Variation der Knotenlagen unter Beibehalten der Knotenverbindungen, also bei unveränderter Topologie. Zur Lösung einer derartigen, gewöhnlichen Optimierungsaufgabe stehen verschiedene numerische Suchstrategien zur Verfügung.

Der Formentwicklung von statisch bestimmten Fachwerken widmet sich der folgende Abschn. 5.3. Dort lassen sich, im Unterschied zum oben beschriebenen Topologieentwurf, auch verschiedene Lastfälle berücksichtigen; außerdem das Eigengewicht als Zusatzlast, die Knotengewichte neben den Stabgewichten, sowie natürlich das Stabknicken. Dagegen bleibt die Kostenminimierung eine Aufgabe des Topologieentwurfs, da nur dieser über die Anzahl der Stäbe und der Knoten und damit über einen wesentlichen Anteil der Herstellungskosten entscheidet.

5.3 Formentwicklung statisch bestimmter Fachwerke

Bei der geometrischen Optimierung eines Tragwerks unterscheidet man drei Variationsebenen: die erste betrifft den Topologieentwurf, die zweite die Formentwicklung, die dritte die Dicken- oder Querschnittsdimensionierung. Je nach Aufgabe empfehlen sich verschiedene Optimierungsverfahren. Für den Topologieentwurf von Fachwerken wurde oben die Lineare Programmierung herangezogen. Ist nach einem solchen Entwurfsprozeß oder nach willkürlicher Vorgabe die Topologie, d.h. die Anzahl der Knoten und die Art der Knotenverbindungen definiert, so kann sich eine Optimierung der Form oder der Dimensionierung anschließen.

Die Dimensionierung der Dicken bzw. der Stabquerschnitte interessiert als Optimierungsproblem nur bei statisch unbestimmten Strukturen (Abschn. 5.4). Bei statisch bestimmten Fachwerken, wie sie in der Regel aus einem Topologieentwurf für Einzweckstrukturen resultieren, ist die ausdimensionierte Konstruktion in jedem Fall optimal und direkt über die Gleichgewichtsbeziehungen zu gewinnen; offen bleibt allein die Frage nach den optimalen Knotenkoordinaten, also nach der *Form* des Fachwerks, und nach einer für die Formentwicklung geeigneten Optimierungsstrategie.

Im folgenden werden, nach einer Arbeit von Höfler [5.21], die Möglichkeiten und Ergebnisse einer Formoptimierung durch Einsatz der *Evolutionsstrategie* [5.22 und 5.23] dargestellt.

Bei der Formentwicklung eines über Lineare Programmierung (Abschn. 5.2.2) gewonnenen Topologieentwurfs ist zu beachten, daß dieser nur für die zunächst vorgegebenen Rasterpunkte optimal ist. Verschiebt man die Knoten im Entwicklungsprozeß, so verläßt man die Vorgabe des Entwurfs und erzielt vielleicht nur ein relatives, an die Topologie gebundenes Optimum. Bei großen Knotenverlagerungen kann darum eine Topologieänderung im Prozeß der Formoptimierung vorteilhaft sein, etwa in einem zyklisch verknüpften Entwurfs + Entwicklungs-Verfahren nach Leyßner und Höfler [5.24 bis 5.26]. Dieses konvergiert natürlich nur, wenn für die Formentwicklung wie für den Topologieentwurf gleiche Voraussetzungen gelten, nämlich vorgegebene Spannungen und ein gewisser einziger Lastfall.

Unter Verzicht auf Topologievariation lassen sich in der Formentwicklung auch individuelle Knickspannungen, verschiedene Lastfälle, der Knotenaufwand, das Eigengewicht als Zusatzlast, Fertigungsgrenzen oder beliebige andere Restriktionen berücksichtigen, wofür im folgenden Beispiele gegeben werden sollen. Da die Spannungsbedingungen der statisch bestimmten Struktur durch Ausdimensionieren der Stabquerschnitte direkt zu erfüllen sind, handelt es sich im einfachsten Fall um ein restriktionsfreies Optimierungsproblem mit *multimodaler* Zielfunktion.

5.3.1 Formulierung des Optimierungsproblems

Die Aufgabe einer Optimierung wird durch die Missionsvorgaben, die Variablen, deren Restriktionen und die Zielfunktion charakterisiert, das strategische Problem durch deren funktionalen Zusammenhang. Während beim Topologieentwurf (Abschn. 5.2.2) in beiden sich dual entsprechenden Formulierungen mit linearer Zielfunktion und linearen Restriktionen zu rechnen und das Optimum stets auf einer Ecke des *Restriktionspolyeders* aufzufinden war, zeichnet sich bei der Formentwicklung des Fachwerks die nichtlineare Zielfunktion durch ein globales Ableitungsoptimum und möglicherweise mehrere lokale Optima aus. Da die statisch bestimmte Struktur im Optimum stets ausdimensioniert ist, treten keine besonderen Spannungsrestriktionen auf; geometrische Restriktionen haben nur als Nebenbedingungen Bedeutung. Eine numerische Optimierungsstrategie muß dem Charakter der Zielfunktion entgegenkommen; dieser hängt wesentlich von der Topologievorgabe des Fachwerks ab.

Im folgenden werden die Voraussetzungen der Formentwicklung und ihre Variable definiert, die Möglichkeiten geometrischer Restriktionen aufgezeigt und die Zielfunktion beschrieben. An einem einfachen Beispiel läßt sich demonstrieren, daß die Existenz verschiedener lokaler Optima auf die bei starker Umgestaltung des Fachwerks auftretenden Vorzeichenwechsel einzelner Stabkräfte zurückzuführen ist. Dies unterstreicht die Bedeutung einer belastungsgerechten Topologievorgabe.

5.3.1.1 Vorgaben und Variable der Formentwicklung

Jedes Tragwerk hat die *Mission*, an gewissen Punkten, Linien oder Flächen, oder längs gewisser Wirkungslinien angreifende Kräfte zueinander oder zu einem Auflager hin materiell ins Gleichgewicht zu setzen. Ein Fachwerk, dessen Stäbe keine Biegung erfahren sollen, kann nur Einzelkräfte an seinen Knoten aufnehmen. Zwischen diesen auftretende Lasten werden auf die Nachbarknoten verteilt; beispielsweise das Eigengewicht der Stäbe, sofern es Berücksichtigung finden soll. Lastangriffsknoten und Lagerpunkte können bei der Formentwicklung fixiert oder längs der Lastwirkungslinie verschiebbar sein.

Die Definition der Variablen nach Anzahl, Art und Verknüpfungen ist für ein Optimierungsproblem grundlegend wichtig; diese sind durch die mehr oder weniger differenzierte Bauweise oder Strukturtopologie vorgeschrieben. Durch Änderung solcher Vorgaben kann man u.U. wesentlich höhere Gewichtsvorteile erzielen als durch eine *Optimierung* unzureichender oder ineffektiver Variabler. Da die Form des Fachwerks durch seine Knotenlagen bestimmt und variiert wird, muß man seine Topologie im Hinblick auf seine Mission besonders überlegt vorgeben, wenn möglich durch einen automatischen Vorentwurf (Abschn. 5.3.4).

Die topologische Vorgabe beschreibt, wie groß die Anzahl der Knoten ist, und welche durch Stäbe miteinander verbunden sind; damit ist auch der Grad der statischen Unbestimmtheit definiert. Hier sollen nur statisch bestimmte Fachwerke betrachtet werden, wobei überzählige Fesselkräfte durch entsprechende Reduzierung der Stabanzahl zu berücksichtigen sind. Diese Einschränkung könnte man damit rechtfertigen, daß auch *Michellstrukturen* (Abschn. 5.1.3) statisch bestimmt sind. Mit der Topologie ist aber nicht nur die Anzahl sondern auch die Art der Knotenverbindungen vorentschieden; man kann nicht behaupten, daß in jedem Fall das globale Optimum erzielt wird. Der Hauptgrund für eine statisch bestimmte Topologievorgabe liegt vielmehr darin, daß eine aufwendige, den Optimierungsprozeß behindernde Analyse entfällt, die Stäbe direkt ausdimensioniert werden können und somit keine besonderen Festigkeitsrestriktionen notwendig sind.

Zugstäbe lassen sich nach der Materialfestigkeit, Druckstäbe nach ihrer Knickspannung ausdimensionieren. Dazu sind, für Zug- und Druckelemente gleich oder unterschiedlch, Werkstoffwerte $\sigma_{0,2}$ und E vorzugeben, im Hinblick auf die Eigenlast auch das spezifische Gewicht γ. Für Knickstäbe muß man zudem die Bauweise (*Querschnittstopologie*) vorwählen, die sich (nach Abschn. 4.3.1) vorweg optimieren läßt und die über ihren *Wirkungsfaktor* Φ und ihren *Exponenten* n direkt in die Zielfunktion eingeht. Dabei kann es sich um Stäbe handeln, die über ihre Länge veränderlichen Querschnitt aufweisen (Bild 4.3/9), während Zugstäbe zweckmäßig mit konstanter Dicke ausgelegt werden. Auch für den Knotenaufwand ist ein bauweisentypischer Wirkungsfaktor vorzuschreiben.

Die Knoten seien *gelenkig* angenommen, so daß man mit Einzelstabknicken rechnen kann; sie mögen im übrigen nach allen Seiten hinreichend gestützt sein, um weitere Knickformen des Fachwerks auszuschließen.

Die im Prozeß invariante Fachwerktopologie wird in der Regel anhand einer Ausgangskonfiguration der Knotenlagen beschrieben; diese nimmt nicht unbedingt Einfluß auf das Endergebnis, aber sicher auf die Rechenzeit und auf die Konvergenz des Verfahrens. Daß die Wahl des *Startpunktes* im Entwurfsraum für das Erreichen des globalen Optimums entscheidend sein kann, gilt im Prinzip für jedes nichtlineare Problem. Im vorliegenden Fall verkoppeln sich aber willkürlich oder unwillkürlich die Vorgaben der Knotenausgangslagen einerseits und der Topologie andererseits: diese wird meistens so angelegt, daß die Stäbe sich nicht überkreuzen und so eine gefällige und praktikable Struktur bilden. Ist die Ausgangsstruktur weit vom Optimum entfernt, so sind zu dessen Realisierung u.U. große Umformungen erforderlich, wobei es zu Stabkreuzungen und zu Umkehrungen der Stabkräfte kommen kann. Damit wird aber das Optimierungsergebnis hinsichtlich der Kräftepfade wie auch des erzielten *Minimalaufwandes* fragwürdig.

Man sollte also nicht darauf vertrauen, daß durch starke Formentwicklung ein Optimum auch aus einer ungünstigen Anfangsform heraus aufgefunden wird; vielmehr sollte man sich bemühen, mit der Topologie auch eine vorteilhafte Knotenausgangslage vorzugeben und große Umformungen, die zur *Verwirrung* der Kräftepfade führen, durch Limitierung der Knotenverschiebungen, also durch entsprechende geometrische Restriktionen zu unterbinden.

Die Knotenkoordinaten sind die eigentlichen Variablen der Formentwicklung und, sofern das Optimum eine ausdimensionierte Konstruktion sein soll, auch die einzigen. Stabquerschnitte als Dimensionierungsvariable treten nur hinzu, wenn es sich um ein statisch unbestimmtes Fachwerk handelt, wenn Steifigkeitsforderungen zu beachten sind, wenn die Auslegung verschiedenen Lastfällen genügen muß oder wenn die Stabdicken, etwa aus Fertigungsgründen, limitiert werden müssen.

5.3.1.2 Restriktionen der Formentwicklung

Sieht man von statisch unbestimmten Fachwerken und von Verformungsrestriktionen ab, so ist ein Aufwandsminimum nur zu erzielen, indem jeder Stab auf sein kleinstes zulässiges Volumen, also auf seinen Mindestquerschnitt abgemagert wird. Dabei sind, über die von Topologie und Knotenlagen abhängigen Stabkräfte, in der Regel die zulässigen Zug- und Druckspannungen maßgebend.

Kommt nur ein einziger Lastfall und mit ihm für jeden Stab nur eine einzige Kraft in Betracht, so ist das absolute Optimum eine in allen Elementen bis zur Spannungsgrenze voll ausdimensionierte Struktur. Festigkeitsrestriktionen im Sinne von Ungleichungen sind dann nicht erforderlich; an ihre Stelle treten zur Bestimmung der Stabquerschnitte Gleichungen, die unmittelbar in die Zielfunktion eingehen.

Anders ist es, wenn wechselnde Lastfälle zu berücksichtigen sind und die daraus herrührenden, unterschiedlichen Kräfte des Einzelstabes bei dessen Dimensionierung konkurrieren; oder wenn man aus anderen, nicht spannungsbedingten Gründen, etwa der Fertigung, einen Mindestquerschnitt einhalten muß. In einem solchen Fall sind die Einzelstabquerschnitte zu variieren, bis sie an die eine oder die andere Grenze stoßen. Das Ergebnis ist dann im allgemeinen keine für den Einzelfall *ausdimensionierte* Struktur mehr, weil für jeden Stab ein anderer Lastfall oder statt eines solchen die Fertigungsgrenze maßgebend sein kann. Trotzdem erübrigt sich das Aufstellen besonderer Festigkeitsrestriktionen: da man nach wie vor davon ausgehen kann, daß zur Aufwandsminimierung jeder Stab auf sein zulässiges Minimum abgemagert werden muß, kann man dieses wieder direkt in die Zielfunktion einführen; man muß nur in jedem Schritt abklären, welcher Lastfall für das Einzelstabminimum maßgebend ist, und ob dieses nicht womöglich eine Fertigungsgrenze unterschreitet.

Indem auf solche Weise, nämlich durch notwendige Aktivierung einer unteren Schranke, die Dimensionierungsvariablen eliminiert werden, reduziert sich das Optimierungsproblem auf die eigentlichen Formvariablen: die Koordinaten der Fachwerkknoten. Für sie lassen sich geometrische Restriktionen aufstellen, die nicht notwendig für das Optimum aktiv werden, sondern nur den zulässigen Suchbereich einschränken.

Im einfachsten Fall handelt es sich um eine äußere, für das ganze Fachwerk gültige, konvexe Grenzlinie. Die variablen Koordinaten der Knoten sollen diese

Grenzlinie nicht überschreiten; auch die Stäbe bleiben dann innerhalb des zulässigen Bereichs.

Schwieriger wird es, wenn die äußere Grenzlinie teilweise konkav ist oder wenn ein innerer Bereich ausgespart werden soll. Dann genügt es nicht, die Knotenkoordinaten einzeln zu limitieren. Um zu vermeiden, daß Stäbe den verbotenen Bereich durchlaufen, muß man für jeden Stab eine Restriktion (oder mehrere) formulieren, in der die Koordinaten seiner beiden Anschlußknoten, also im ebenen Fall jeweils vier Variable verknüpft sind. Ist die innere Grenze beispielsweise durch ein Vieleck beschrieben, so gilt für jeden Stab (mit Knoten *i* und *j*) zu jeder Ecke *k* des Polygons eine nichtlineare Bedingung

$$(x_j - x_k)/(y_j - y_k) - (x_i - x_k)/(y_i - y_k) \leqq 0 . \qquad (5.3-1)$$

Statt eines Polygons kann für die innere Aussparung auch eine gekrümmte, analytisch geschlossene Grenze, etwa ein Kreis oder eine Ellipse vorgeschrieben werden. An die Stelle mehrerer Restriktionen der Art (5.3–1) tritt dann für jeden Stab nur eine einzige Restriktion höherer Ordnung (siehe [5.21]).

Bedeutsamer als solche äußeren oder inneren Grenzkonturen der Formentwicklung sind Einschränkungen, die eine zu starke Umgestaltung und Verlagerung von Kräftepfaden gegenüber der Ausgangskonfiguration verhindern sollen. Wie durch jede geometrische Restriktion wird auch damit möglicherweise das globale Optimum ausgeschlossen; doch kann es gewünscht sein, aus konstruktiven Gründen Stabkreuzungen zu vermeiden, oder zur Vereinfachung der Zielfunktion jeden Vorzeichenwechsel der Stabkräfte zu unterbinden. Eine analytische Formulierung derartiger Restriktionen würde jeweils eine größere Anzahl Variabler nichtlinear verknüpfen und wäre darum kaum praktikabel. Die Wahrscheinlichkeit, daß es zu Stabüberkreuzungen kommt, ist indes gering, solange man die Verschiebungen der Einzelknoten gegenüber den Knotenabständen klein hält. Entsprechendes gilt auch für das Übertreten äußerer oder innerer Konturen, so daß sich u.U. Restriktionen der Art (5.3–1) erübrigen.

Beim Vorzeichenwechsel der Stabkräfte müssen in der Regel *Unendlichkeitsbarrieren* der Zielfunktion überwunden werden. Existieren keine singulären Tore und arbeitet die numerische Optimierung nach dem Gradientenverfahren mit kleinen Schritten, so wirken diese Barrieren (im Sinne von *Straffunktionen*) wie Grenzen. Auch in einem solchen Fall kann man auf die analytische Formulierung besonderer Restriktionen verzichten.

5.3.1.3 Zielfunktion der Formentwicklung

Zielwert des aus m Stäben aufgebauten Fachwerks ist das Minimum des Gesamtgewichts aller m_z Zugstäbe, aller m_d Druckstäbe und sämtlicher $2m$ Knoten, also die Summe der spezifisch gewichteten Volumenanteile

$$G = \sum_1^{m_z} G_{zj} + \sum_1^{m_d} G_{dj} + \sum_1^{m} G_{kj} = \gamma_z \sum_1^{m_z} V_{zj} + \gamma_d \sum_1^{m_d} V_{dj} + 2\gamma_k \sum_1^{m} V_{kj} , \qquad (5.3-2)$$

oder, bei Stäben mit über l_j konstantem oder gemitteltem Querschnitt $A_j = V_j / l_j$:

$$G = \gamma_z \sum_1^{m_z} A_{zj} l_{zj} + \gamma_d \sum_1^{m_d} A_{dj} l_{dj} + 2\gamma_k \sum_1^{m} V_{kj} . \qquad (5.3-3)$$

Die Stablängen l_j hängen nichtlinear von den Formvariablen, den Knotenkoordinaten ab. Die Stabquerschnitte A_j und die Knotenvolumina V_{kj} sind Dimensionierungsvariable, die man, wie aus (5.2–3) hervorgeht, zum Gesamtgewichtsminimum jeweils für sich minimieren, also *ausdimensionieren* muß. Voraussetzung ist allerdings, daß sich die Stabquerschnitte nicht gegenseitig bedingen, etwa über statisch unbestimmte Stabkräfte.

Sofern nicht Fertigungsgrenzen $A_j = A_{lim}$ oder $V_{kj} = V_{lim}$ vorgeschrieben sind, werden Stabkräfte P_j maßgebend, die beim statisch bestimmten Fachwerk über Knotengleichgewichte von den äußeren Lasten (linear) und den Formvariablen (nichtlinear) abhängen. In der vereinfachten Stabkraftanalyse und der Möglichkeit einer direkten Ausdimensionierung ist ein entscheidender Vorteil gegenüber statisch unbestimmten Strukturen zu erkennen, bei denen auch die Stabsteifigkeiten berücksichtigt werden müßten.

Sind die Stabkräfte nach Betrag und Vorzeichen bekannt, so lassen sich alle Zugstäbe nach der Materialfestigkeit σ_z und alle Druckstäbe (entsprechend Bild 4.3/7) nach ihrer individuellen Höchstspannung σ_{dj} ausdimensionieren, siehe (5.2–6). Für die Knotenanschlüsse darf man (nach Bild 4.2/1) einen Volumenaufwand $2V_{kj} = \Psi_{Vk}(P_j/\sigma_k)^{3/2}$ annehmen, mit einem Konstruktionsfaktor Ψ_{Vk} (≈ 5 bis 10). Damit folgt aus (5.2–3) als Funktion der formabhängigen Stabkräfte und Stablängen das Gesamtgewicht

$$G = (\gamma_z/\sigma_z) \sum_1^{m_z} P_{zj} l_{zj} + (\gamma_d/\Phi E^n) \sum_1^{m_d} P_{dj}^n l_{dj}^{3-2n} + 2(\gamma_k/\sigma_k^{3/2}) \Psi_{Vk} \sum_1^{m} P_j^{3/2} . \quad (5.3-4)$$

Ist das Fachwerk (als *Mehrzweckstruktur*) wechselnden Lastfällen ausgesetzt, so wird für jeden Stab jeweils derjenige Lastfall maßgebend, der die höchste Stabkraft P_j verursacht. Wechselt mit dem Lastfall das Vorzeichen der Stabkraft, so muß jedenfalls die Druckstabilität gewährleistet sein, auch wenn die Zugkraft einen höheren Betrag aufweist. Darum müssen beispielsweise in einer Schubwand, die in beiden Richtungen tragfähig sein soll, alle Stäbe auf Druck ausgelegt werden.

Für ein einfachstes ebenes Fachwerk, bei dem nur die Position eines einzigen Knotens variabel ist, zeigt Bild 5.3/1 die Gestalt der Zielfunktion über den beiden Positionskoordinaten. Bei gleicher *Topologie* lassen sich, je nach Vorzeichen der Variablen, für jeden Quadranten des Entwurfsfeldes unterschiedliche Fachwerktypen unterscheiden, siehe Bild 5.3/2. Das globale Optimum ($Z_{min} = 3{,}3$) liegt im ersten Quadranten und weist drei Zug- und zwei Druckstäbe auf. Davon durch *Unendlichkeitsbarrieren* des Achsenkreuzes getrennt, existiert im dritten Quadranten ein lokales Optimum mit sechsmal höherem Zielwert ($Z_{min} = 19$) bei zwei Zug- und drei Druckstäben. In den spiegelbildlich symmetrischen zweiten und vierten Quadranten erhält man wieder bessere Zielwerte, doch kommt es dabei zu Stabüberkreuzungen, die praktisch nicht akzeptabel sind. Die Barrieren ($X_1 = 0$ bzw. $X_2 = 0$) zum ersten Quadranten weisen (bei $X_2 = 1$ bzw. $X_1 = 1$) singuläre Tore auf.

Punkte auf dem Achsenkreuz mit unendlichem Zielwert bezeichnen nicht tragfähige Konfigurationen: drei Stäbe fallen in einen zusammen, ein vierter wird dadurch kraftlos, und die Topologie degeneriert auf zwei anstelle von fünf Stäben. Die auf der Nebendiagonalen des ersten (und darüberhinaus des zweiten und des vierten) Quadranten liegenden Punkte kennzeichnen eine gleichfalls reduzierte, aber noch tragfähige Topologie: hier richten sich die beiden Druckstäbe kollinear aus,

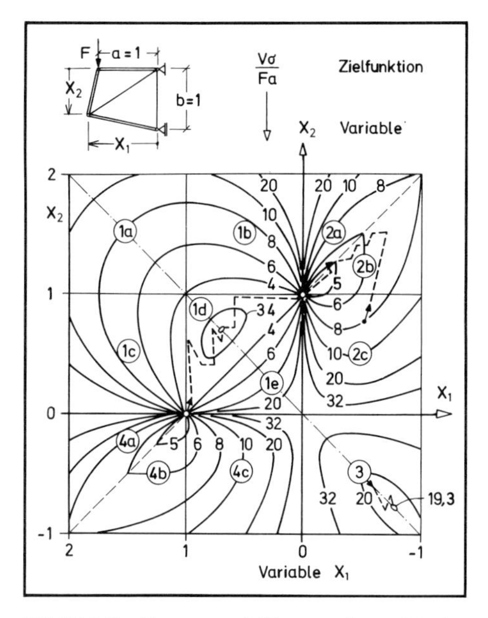

Bild 5.3/1 Formentwicklung eines Fachwerks mit zwei Variablen (zwei Koordinaten eines Knotens). Zielfunktion mit globalem und lokalem Optimum; nach [5.21]

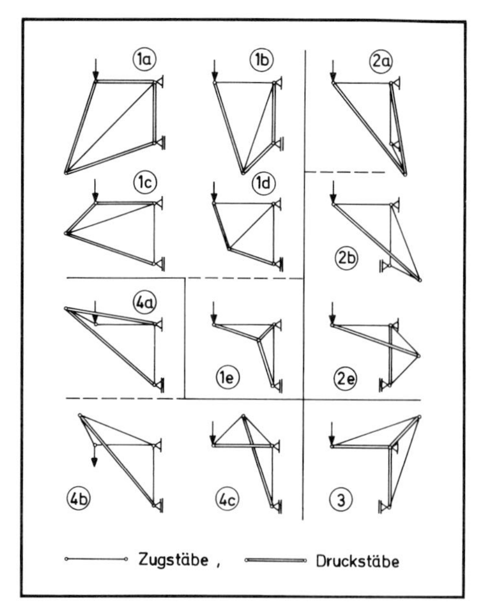

Bild 5.3/2 Fachwerk mit einem zweifach variablen Knoten. Zwölf Variationsbereiche mit wechselndem Vorzeichen der Stabkräfte (Barrieren der Zielfunktion siehe Bild 5.3/1)

wodurch die Kraft des dritten (jetzt nur noch stützenden) Stabes zu Null wird oder ihr Vorzeichen wechselt.

Ein Vorzeichenwechsel der Stabkraft verursacht stets eine Unstetigkeit in der ersten Ableitung der Zielfunktion, auch wenn, wie hier, gleiche Zug- und Druckspannungen angenommen sind. Dies wird im oberen Teil des zweiten Quadranten deutlich, der im übrigen ohne praktische Bedeutung bleibt. Die Unstetigkeiten verschärfen sich, wenn Druckstäbe gegen Knicken dimensioniert werden müssen. Es kann darum sowohl aus konstruktiven wie aus optimierungsstrategischen Gründen zweckmäßig sein, Unendlichkeitshürden und Unstetigkeiten der Zielfunktion aus Überkreuzungen oder Vorzeichenwechsel der Stäbe zu vermeiden. Unter diesem Aspekt interessiert in Bild 5.3/1 allein die obere Hälfte des ersten Quadranten. Dementsprechend ist in Bild 5.3/3, das die Zielfunktion unter Berücksichtigung des Stabknickens zeigt, der zulässige Bereich nach unten durch eine Diagonale begrenzt, um einen Vorzeichenwechsel des Zugstabes auszuschließen.

Startet man die Suche in einem derart abgesteckten, das globale Optimum enthaltenden Bereich, so läßt sich dieses ohne Schwierigkeit auffinden. Im vorliegenden Beispiel kann man leicht erkennen, welche Stäbe am besten Zug und welche Druck übernehmen müssen; dagegen ist es bei komplizierten Fachwerken mit unterschiedlichen Belastungen nicht einfach, eine vorteilhafte Startkonfiguration zu bestimmen. Liegt diese im falschen Bereich, so steht man zum einen vor dem Problem, bei der Suche nach dem globalen Optimum Unendlichkeitshürden überwinden zu müssen, zum anderen vor der Frage, ob das so gefundene Optimum auch konstruktiv sinnvoll ist. Im Zweifelsfall empfiehlt sich eine Änderung der

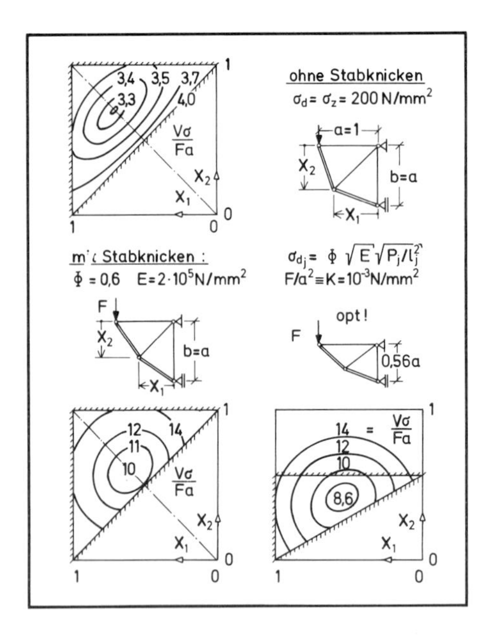

Bild 5.3/3 Fachwerk mit einem zweifach variablen Knoten. Bereichsbegrenzung. Einfluß des Stabknickens auf Zielfunktion und optimalen Lagerabstand; nach [5.21]

Knotenverbindungen, also eine korrigierte Topologie und mit dieser eine wiederholte Suche.

Die globalen oder lokalen *Ableitungsoptima* der Formentwicklung zeichnen sich, im Gegensatz zur Forderung der Stabdimensionierung, durch größere Toleranz aus. Dies bietet zum einen den Vorteil, daß man das Optimum nicht exakt bestimmen oder realisieren muß, zum anderen, daß die Struktur auch auf fertigungsbedingte Ungenauigkeiten nicht empfindlich reagiert.

5.3.2 Strategien der Formentwicklung

Bei der Wahl einer Optimierungsstrategie muß man den Charakter der Zielfunktion und gegebenenfalls der Restriktionen im Auge haben. Wie oben am einfachen Beispiel mit zwei Variablen gezeigt wurde, ist die Zielfunktion der Formentwicklung hochgradig nichtlinear und multimodal; das heißt, sie weist neben einem globalen Optimum noch lokale Optima auf. Sie ist im übrigen *pathologisch*, insofern Unendlichkeitsbarrieren existieren. Unstetigkeiten in der ersten Ableitung haben ihre Ursache im Vorzeichenwechsel der Stabkräfte. Bei komplexen Fachwerken mit zahlreichen Formvariablen kompliziert sich auch der Zielfunktionscharakter. So existieren bei k Knoten bis zu $k-2$ Unendlichkeitshürden, die den Hyperraum in 2^{k-2} Teilbereiche trennen. Für jeden Teilbereich kann eine konvexe, stetige und unimodale Zielfunktion angenommen werden; das Minimum findet sich dann im Innern oder auf einer Restriktion.

Eine direkte analytische Bestimmung der Extremwerte über Nullbedingungen der zweiten Ableitungen scheitert im allgemeinen schon bei kleiner Variablenanzahl an der Schwierigkeit, ein vielfach gekoppeltes, nichtlineares Gleichungssystem aufzulösen. Auch das Lagrange-Verfahren zur Auffindung eines auf der Berandung liegenden Optimums wird unangemessen aufwendig. Man ist darum in der Regel auf analytische oder numerische Suchmethoden angewiesen.

Als solche kommen direkte oder nichtdeterministische Strategien infrage. Auf direkte Verfahren sei nur kurz eingegangen; etwas ausführlicher soll die von Höfler [5.21] eingesetzte *Evolutionsstrategie* dargestellt werden, die sich für die Aufgabe der Formentwicklung von Fachwerken bewährt hat und deren Ergebnisse anschließend zur Diskussion stehen.

5.3.2.1 Direkte Suchverfahren

Im Prinzip orientieren sich alle direkten Suchverfahren (hill-climbing-strategies) im Fortschreiten am jeweiligen Gradienten der Zielfunktion. Seine Richtungskomponenten lassen sich an Zielfunktionen, welche in sich und in ihren Ableitungen stetig sind, durch partielle analytische Differentiation gewinnen. Diese wird bei *numerischen Gradientenmethoden* durch Differenzenbildung ersetzt, womit man auch Unstetigkeiten der Ableitungen, etwa bei Vorzeichenwechsel der Stabkräfte, überschreiten kann. In neueren Strategieentwicklungen wird zur Berechnung der ersten und der höheren Ableitungen die Zielfunktion durch ein internes Modell (meist zweiter Ordnung) angenähert, wodurch sich Fortschrittsrichtung und Schrittweite mit geringerem Aufwand bestimmen lassen.

Jede Strategie wird, je nach dem Charakter der Zielfunktion und der Restriktionen, hinsichtlich ihres Rechenaufwandes und ihres Konvergenzverhaltens unterschiedlich zu bewerten sein. Allen direkten Suchstrategien gemeinsam ist aber der Nachteil, daß sie nicht mit Sicherheit ein globales, sondern, je nach Startposition, möglicherweise nur ein lokales Optimum auffinden (gleich einem Bergsteiger, der allein der Wahrnehmung seiner Füße vertraut). Ist der Startpunkt dazu noch durch eine Unendlichkeitsbarriere oder durch verbotene Gebiete vom globalen Optimum getrennt, so versagen deterministische Approximationsverfahren völlig.

Will man sicher sein, das globale Optimum aufzuspüren, so bieten sich dafür bei multimodalen oder abartigen Zielfunktionen nur zwei Möglichkeiten: entweder eine systematische, deterministische Rastersuche (*totale Ennumeration* des Hyperraums) oder das probabilistische *Monte-Carlo-Verfahren* mit gleichverteilter Trefferwahrscheinlichkeit der Zufallszahlen. Beide Verfahren werden bei zahlreichen Variablen unökonomisch. Effektiver arbeitet die *Evolutionsstrategie*, die zwar den Gradientenverfahren näher steht als den Monte-Carlo-Methoden, aber doch mit einer gewissen Wahrscheinlichkeit selbst pathologische Zielfunktionen meistert.

5.3.2.2 Evolutionsstrategische Verfahren

Die auf Rechenberg [5.22] zurückgehende, von Schwefel [5.23] zur numerischen Optimierung ausgebaute *Evolutionsstrategie* beruft sich auf den teils zufälligen, teils gesetzmäßigen Charakter natürlicher Entwicklungsprozesse. Dahingestellt sei, ob damit eine *Höherentwicklung* im Sinne zunehmender Differenzierung und Komplexität erklärt oder nachgeahmt werden kann; dies würde hier bedeuten, aus einem einfachen Fachwerk mit wenig Variablen ein komplexes mit mehr Variablen herausentwickeln. Der umgekehrte Weg, nämlich eine Vereinfachung der Topologie und eine Formentwicklung zu optimaler Anpassung an gewisse äußere Bedingungen bedarf keiner *Innovation* und kann darum sicher *automatisch* ablaufen. Soweit hierzu

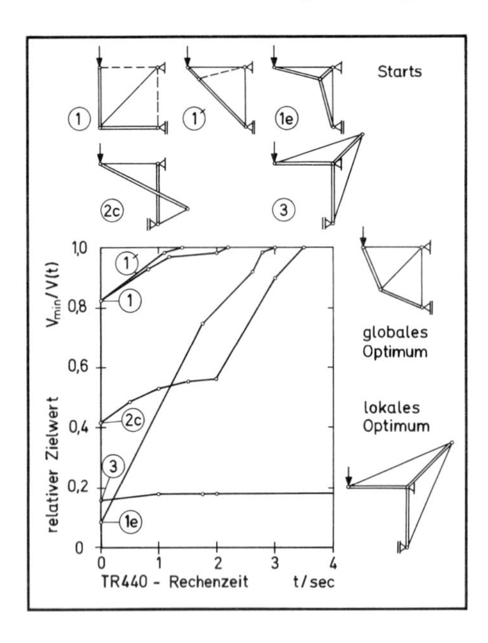

Bild 5.3/4 Fachwerk mit einem zweifach variablen Knoten. Fortschritt und Rechenaufwand der Formentwicklung bei evolutionsstrategischer Optimierung; nach [5.21]

die *Evolutionsstrategie* in Betracht kommt (und die Frage scheint offen, ob sie im Prinzip mehr zu leisten vermag), handelt es sich jedenfalls um eine *Anpassungsstrategie*, die sich bei schwierigen Zielfunktionen bewährt hat.

Biologisch ausgedrückt besteht die Aufgabe darin, einen vorbestimmten *Genotyp* (Topologie) unter dem Qualitätskriterium *Vitalität* (Gewicht) durch Variation seines *Phänotyps* (Form) einer gewissen *Umwelt* (Last- und Lagerbedingungen) optimal anzupassen. Die einfachste, *zweigliedrige* Evolutionsstrategie stellt zwei konkurrierende Individuen des gleichen Genotyps gegeneinander. Dazu wird aus einem zunächst willkürlichen Phänotyp (in *Parthenogenese*) eine Variante erzeugt. Nach Qualitätsvergleich wird das *minderwertige* Individuum verworfen und das *höherwertige* selektiert. Dieses darf sich wieder fortpflanzen und das Spiel beginnt von neuem.

Um die jeweils neue Ausgangssituation für einen *Zweikampf* herzustellen, wird ein fehlerlos duplizierter genetischer Satz des überlebenden Individuums einer willkürlichen *Mutation* unterworfen. Deren Schrittweiten (Beträge der Variablenänderung) sollen *normalverteilt* sein, entsprechend der natürlichen genetischen Variationskurve. Häufige kleine Schritte sorgen für stetiges Vorankommen, seltene große Sprünge beschleunigen, sofern sie erfolgreich sind, den Fortschritt.

In jedem Schritt werden sämtliche n Variablen um Zufallsbeträge $x_i \, (i = 1 \ldots n)$ geändert. Ihre Wahrscheinlichkeitsdichte soll der Gaußschen Normalverteilung gehorchen. Für den resultierenden Schrittvektor $\boldsymbol{x} = (x_1 \ldots x_i \ldots x_n)$ gilt dann eine gleichfalls normalverteilte Wahrscheinlichkeit. Man erhält diese paarweise aus gleichverteilten, gewürfelten oder am Rechner generierten, unabhängigen Zufallszahlen. Die *mittlere* Schrittweite ist proportional der Standardabweichung; diese muß dem Charakter der Zielfunktion angemessen sein.

Bei der Bewertung des Verfahrens ist auf seine Fortschrittsgeschwindigkeit und sein Konvergenzverhalten zu sehen. Beide Forderungen widersprechen sich im allgemeinen Fall multimodaler oder gar pathologischer Zielfunktionen. Werden zur Beschleunigung die mittleren Schrittweiten bei Annäherung an das nächstliegende lokale Optimum verkürzt, so nimmt damit die Wahrscheinlichkeit ab, das globale Optimum zu finden.

Wichtig ist neben dem Charakter der Zielfunktion auch die mehr oder weniger zufällig gewählte Ausgangsposition. Bild 5.3/1 zeigte für drei verschiedene Starts, wie im ersten Fall ein lokales Optimum eingenommen wird, im zweiten das globale; im dritten Fall wurde eine *Unendlichkeitsbarriere* in einem singulären Punkt durchlaufen. Bild 5.3/4 gibt dazu die zeitliche Entwicklung wieder. Am schnellsten konvergiert der Prozeß, wenn man in der Nähe eines lokalen oder globalen Optimums startet. Wird zunächst ein lokales Optimum angesteuert, so kann sich die Entwicklung durch einen großen Mutationssprung davon befreien und zum globalen Optimum vordringen.

Ein Effektivitätsvergleich der Evolutionsstrategie mit Gradientenverfahren ist nur an einfachen Zielfunktionsmodellen möglich. An einer linearisierten Zielfunktion zeigt sich die Evolutionsstrategie bereits bei einer Variablenanzahl $n>4$ dem Gradientenverfahren überlegen. Davon abgesehen kommt der eigentliche Vorteil der nichtdeterministischen Strategie erst bei multimodalen oder durch Singularitätsgrenzen ausgezeichnete Zielfunktionen zur Geltung, wie hier bei der Formentwicklung von Fachwerken.

5.3.3 Ergebnisse reiner Formentwicklung ebener Fachwerke

An Beispielen ebener Fachwerke demonstriert Höfler [5.21] die Leistungsfähigkeit der *evolutionsstrategischen* Formentwicklung. Ohne dieser Strategie hiermit allgemeinen Vorzug einzuräumen, sollen einige Fälle wiedergegeben werden, da sich an ihnen verschiedene Einflüsse, etwa des Stabknickens, des Knotenaufwands, der Eigenbelastung und wechselnder Beanspruchung aufzeigen lassen.

Um *reine Formentwicklung* handelt es sich insofern, als die Topologie des Fachwerks mehr oder weniger willkürlich vorgegeben wird. Wie oben ausgeführt, hängt das globale Optimum selbst wie auch die Konvergenz des Verfahrens stark von dieser Vorgabe ab. Für einfache, überschaubare Lastfälle, wie in den ersten Beispielen, läßt sich ohne Schwierigkeit *intuitiv* eine günstige Topologie angeben; bei kombinierten Lasten, besonders unter dem Einfluß von Instabilitäten und Eigengewicht, können sich aber die Knoten erheblich umlagern, so daß Stabkreuzungen und konstruktiv problematische Konfigurationen auftreten. In solchen Fällen empfiehlt sich eine Topologiekorrektur.

5.3.3.1 Einfluß des Stabknickproblems

Bild 5.3/5 zeigt an einem Kragträger, dessen Topologie etwa in Anlehnung an eine *Michellstruktur* (Bild 5.2/2) vorgegeben ist, die Entwicklung zur optimalen Form unter Berücksichtigung des Stabknickens. Dabei bestätigt sich eine Tendenz, die sich bereits in Bild 5.1/23 andeutete, obwohl dort noch nicht mit individuellen Stabspannungen gerechnet wurde: sind die zulässigen Spannungbeträge für Druck kleiner als für Zug, so entwickelt sich mit abnehmendem Strukturkennwert $K=F/a^2$ eine unsymmetrische Form mit verkürzten Druckwegen.

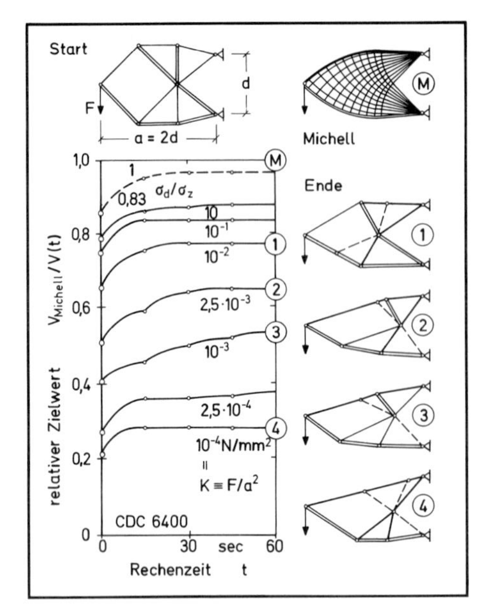

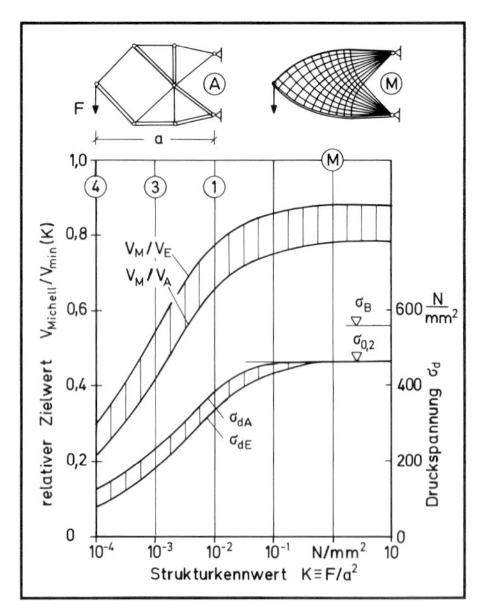

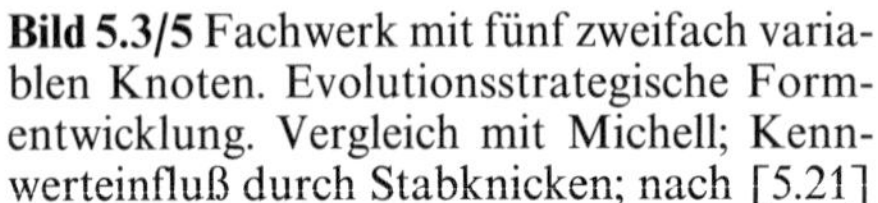

Bild 5.3/5 Fachwerk mit fünf zweifach variablen Knoten. Evolutionsstrategische Formentwicklung. Vergleich mit Michell; Kennwerteinfluß durch Stabknicken; nach [5.21]

Bild 5.3/6 Fachwerk mit fünf zweifach variablen Knoten. Gewinn durch Formoptimierung, Abfall der Knickspannung und des Zielwerts bei kleinem Kennwert; nach [5.21]

Außerdem läßt sich die Neigung zur *Topologieentfeinerung* feststellen: schon im symmetrischen Fall (also bei hohem Kennwert) wollen sich jeweils zwei Einzelstäbe auf einem optimalen Kräftepfad zusammenlegen, so daß sich im mittleren Knoten nicht mehr drei sondern, im Sinne einer Michellstruktur, nur noch zwei Pfade (*Trajektorien*) kreuzen. Der gleiche Effekt wird erzielt, wenn sich zwei aufeinanderfolgende Stäbe kollinear ausrichten, wodurch ein Querstab zu Null degeneriert (dabei muß die Zwischenknotenstützung kollinearer Druckstäbe gesichert, oder die Entwicklung mit entfeinerter Topologie neu gestartet werden). Unter dem Einfluß des Stabknickproblems (bei kleinem Kennwert) möchte sich die Anzahl der Druckstäbe weiter verringern, gleichzeitig aber auch ihre Knicklänge. So bleiben von je sechs Zug- und Druckstäben der Ausgangstopologie am Ende nur vier Zug- und drei Druckstäbe übrig.

Dabei bestätigt sich der Grundsatz, daß durch *Optimierung*, auch *evolutionsstrategisch*, im Sinne einer *Anpassung* stets nur eine Abnahme, niemals aber eine Zunahme der Komplexität, hier also der Anzahl von Knoten und Stäben, bewirkt wird. Die Topologie entfeinert sich im Laufe der Formentwicklung.

Die Auftragung des Qualitätsgewinnes (der Volumenabnahme) über der Rechenzeit in Bild 5.3/5 läßt den unsteten Charakter der nichtdeterministischen Strategie erkennen, aber auch ihre Fähigkeit, sich vom lokalen Optimum zu befreien und das globale Optimum aufzufinden. Daß es sich schließlich um ein solches handelt, geht aus dem stetigen Verlauf des Zielwertes über dem Strukturkennwert in Bild 5.3/6 hervor. Der Zielwert ist hier wie in Bild 5.3/5 auf den Referenzwert der Michellstruktur (mit gleichen Spannungsbeträgen $\sigma_z = \sigma_d = \sigma_{0,2}$) bezogen. Er fällt mit kleiner werdendem Strukturkennwert infolge abnehmender Druckspannung.

Durch Formentwicklung wird der Zielwert gegenüber der Ausgangskonfiguration verbessert und die Druckspannung angehoben.

5.3.3.2 Einfluß des Knotenaufwandes

Je mehr Stäbe und Knoten topologisch vorgegeben sind, desto besser lassen sich optimale Kräftepfade der Michellstruktur annähern. Nun zwingt aber das Stabilitätsproblem, Druckkräfte auf wenige Stäbe zu konzentrieren. Wird außerdem im Gesamtgewicht ein Knotenaufwand für Stabverbindungen angerechnet, so reduziert dies tendenziell die optimale Anzahl auch der Zugstäbe. Andererseits sind zur Unterteilung der Druckkräftepfade in kürzere Knicklängen mehr Zugstäbe erforderlich, und zur Annäherung optimaler Michellpfade auch nicht zu wenig Druckstäbe.

Wie das Stabilitätsproblem ist also auch der Knotenaufwand für die Topologievorgabe wichtig und für die darauf folgende Formentwicklung maßgebend. Hinsichtlich des Strukturkennwertes sind diese Einflüsse gegenläufig: bei hohem Kennwert dominiert das Problem der Kräfteeinleitungen, also des Knotenaufwandes (Abschn. 4.2.1), bei kleinem Kennwert das Knickproblem. Optimal ist in jedem Fall eine endliche Stabanzahl: eine kleine Zahl bei kleinem Strukturkennwert K, geringem Wirkungsfaktor Φ der Druckstabbauweise und bei hohem Volumenfaktor Ψ_{Vk} der Knoten; eine größere Zahl im umgekehrten Fall.

Bild 5.3/7 zeigt Ergebnisse der Formentwicklung eines Kragträgers bei unterschiedlicher Diskretisierung. Für einen Knotenfaktor $\Psi_{\mathrm{Vk}}=10$ erweist sich eine Topologie mit zwei Druck- und sieben Zuggurten (d.h. je 14 einzelnen Druck- und Zugstäben und 16 Knoten) am günstigsten, soweit Stabknicken in Betracht kommt. Kann man Knickgefahr ausschließen, so erhöht sich die optimale Anzahl der Druckgurte auf etwa vier, während die der Zuggurte auf drei zurückgeht; die Knotenanzahl bleibt annähernd gleich. Ohne Knotenanteil oder bei kleinerem Knotenfaktor tendiert die Topologie zum quasi kontinuierlichen Michellnetz.

5.3.3.3 Einfluß des Eigengewichts als Zusatzlast

Schon in Bild 4.4/1 wurde die Auswirkung des Eigengewichts auf die optimale Höhe h/l einer parabolischen Hängebrücke untersucht. Bild 5.3/8 zeigt nun an einer ausgefachten Druckbogenbrücke das Ergebnis der Formoptimierung (Endgewicht G_{E} gegenüber Anfangsgewicht G_{A}). Das Eigengewicht der Stäbe wirkt dabei je zur Hälfte als Zusatzlast auf die Anschlußknoten.

Bei großem Strukturkennwert, d.h. bei großer Primärbelastung, bleibt der Einfluß der Eigenlast gering; es genügt dann, diese in einem einzigen Iterationsschritt zu ermitteln. Da das Knickproblem entfällt, tendiert die optimale Höhe wie bei der Hängebrücke (4.4–5) nach $h/l \approx 0{,}3$.

Bei kleinem Kennwert, also bei geringer Nutzlast oder bei großer Spannweite, gewinnt das Eigengewicht dominierenden Einfluß. Um die Endform und das Eigengewicht der nur noch sich selbst tragenden Brücke bei verschwindendem Kennwert anzunähern, muß man die Belastung in mehreren Iterationsschritten korrigieren. Bleibt das Knickproblem unberücksichtigt, so geht das Eigengewicht, wie bei der Hängebrücke, mit verschwindender Primärlast (Nutzlast) ebenfalls gegen Null, da es zu dieser proportional ist. Erst infolge unproportionaler Dimensio-

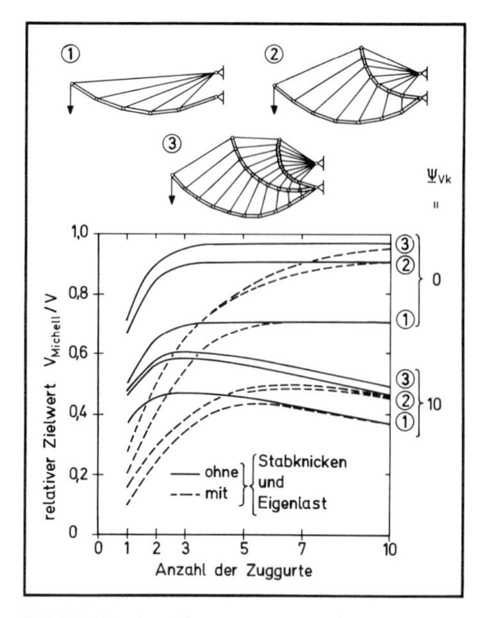

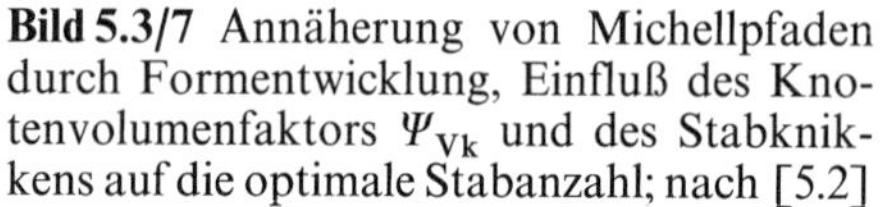

Bild 5.3/7 Annäherung von Michellpfaden durch Formentwicklung, Einfluß des Knotenvolumenfaktors Ψ_{Vk} und des Stabknickens auf die optimale Stabanzahl; nach [5.2]

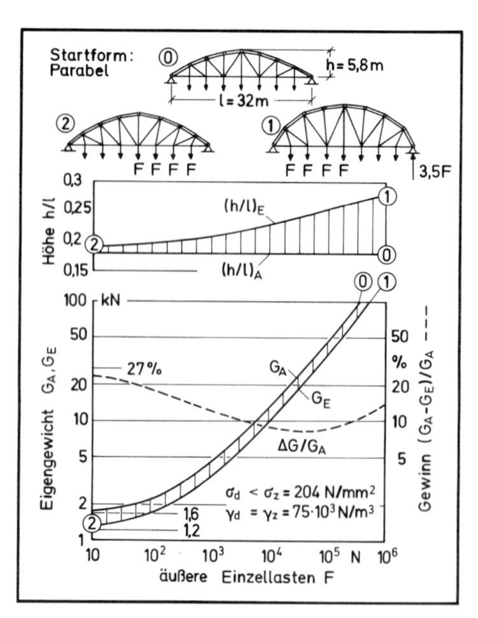

Bild 5.3/8 Bogenbrücke unter Nutzlast und Eigengewicht. Gewinn durch Formentwicklung, Restgewicht (bei verschwindender Nutzlast) gegen Stabknicken; nach [5.21]

nierung gegen Knicken oder Beulen (Bild 4.4/4) wird auch ohne Primärlast ein Mindesteigengewicht notwendig.

Sind keine großen Gewichtsänderungen durch Formentwicklung zu erwarten, so kann man im Optimierungsprozeß die zuvor iterativ korrigierte Gesamtbelastung konstant halten; andernfalls läßt sich die Last während der Formentwicklung nachkorrigieren.

Im Beispiel Bild 5.3/8 reduziert sich das (ohne Nutzlast) notwendige Restgewicht um 20 %. Abgesehen von der Bogenhöhe und entsprechenden Vertikalverlagerungen der oberen Knoten ändert sich an der Form nur wenig. Zwar kommt es zu Vorzeichenwechseln in der Ausfachung, aber zu keinen Stabüberkreuzungen. Topologie und Startposition sind also günstig gewählt. Das Optimum ließe sich in diesem Fall auch mit einer direkten Suchstrategie erreichen, da auf dem Weg vom Start zum Ziel offenbar keine lokalen Optima existieren.

Die geringe Formänderung könnte man mit der Fixierung der unteren neun Last- und Lagerknoten erklären. Daß diese Erklärung nicht hinreicht, zeigt das Beispiel des Kragträgers in Bild 5.3/9: hier sind die vier Lastangriffspunkte ebenfalls festgehalten; die Topologievorgabe scheint dem Lastproblem angemessen. Bei dominierender Eigenlast entwickelt sich jedoch eine stark abweichende Form mit mehreren Stabkreuzungen; das Restgewicht (bei verschwindender Nutzlast) geht in der Formentwicklung um 60 % zurück.

Praktisch kommen solche entarteten Entwicklungsergebnisse nicht in Betracht. Gegebenenfalls sollte man, unter Beibehaltung der Knotenlagen, die Stäbe kreuzungsfrei umordnen und mit der korrigierten Topologie einen neuen Entwicklungsprozeß starten; dieser verspricht im übrigen erhöhten Zielgewinn.

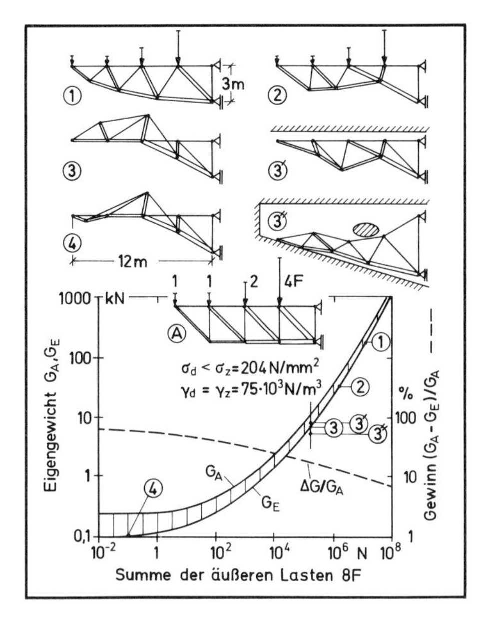
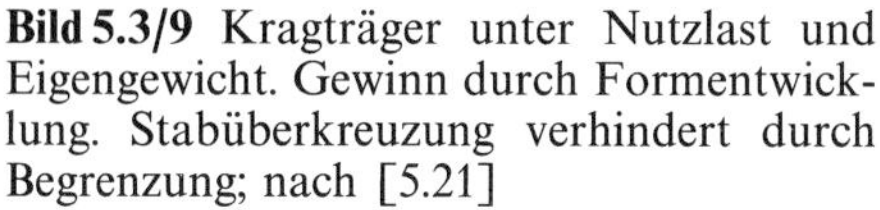

Bild 5.3/9 Kragträger unter Nutzlast und Eigengewicht. Gewinn durch Formentwicklung. Stabüberkreuzung verhindert durch Begrenzung; nach [5.21]

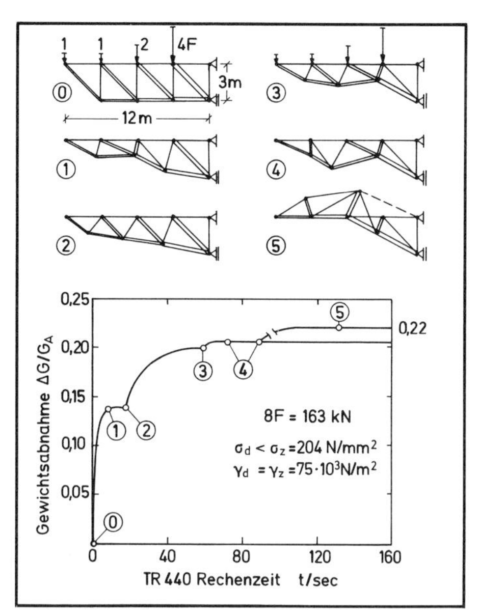

Bild 5.3/10 Kragträger unter Nutzlast und Eigengewicht. Fortschritt und Rechenaufwand der evolutionsstrategischen Entwicklung; nach [5.21]

Es kann aber auch genügen, Stabkreuzungen einfach durch Limitieren der Knotenverschiebungen zu vermeiden, entweder individuell, oder generell durch Vorgabe einer äußeren Grenze. Bild 5.3/9 zeigt dazu auch den Einfluß äußerer oder innerer geometrischer Restriktionen auf das Ergebnis der Formentwicklung: im Fall (3) wird ein Überschreiten der oberen horizontalen Lastknotenlinie und damit ein Überschneiden der Stäbe verhindert. Das erzielbare Mindestgewicht ist dabei nur 2 % höher als im unbegrenzten Fall (2).

Man kann die *Entartung* des Fachwerks auch einfach dadurch vermeiden, daß man den Optimierungsprozeß beobachtet, ihn unterbricht und sich mit einem lokalen Optimum zufrieden gibt. In Bild 5.3/10 sind Entwicklungsstadien des Fachwerks mit ihren Gewichtsdifferenzen wiedergegeben. Zu Stabüberschneidungen kommt es erst nach Verlassen des letzten lokalen Optimums (identisch mit Fall (3) in Bild 5.3/9). Auf die letzten 2 % Zugewinn kann man zugunsten einer praktikableren Form leicht verzichten.

5.3.3.4 Einfluß wechselnder Lastfälle (Mehrzweckstruktur)

Für den Kragträger mit Wanderlast (Laufkatze) gibt Bild 5.3/11 zunächst die Optimalform zu einzelnen Lastpositionen wieder, also für verschiedene *Einzelzweckstrukturen.* Diese unterscheiden sich stark, nicht allein in der erforderlichen Stabanzahl, die bereits in der Ausgangstopologie für lagernahe Last reduziert ist, sondern auch in der Orientierung und im Vorzeichensinn der Einzelstäbe. Im Falle lagerferner Belastung kommt es gar zu einer Stabüberschneidung.

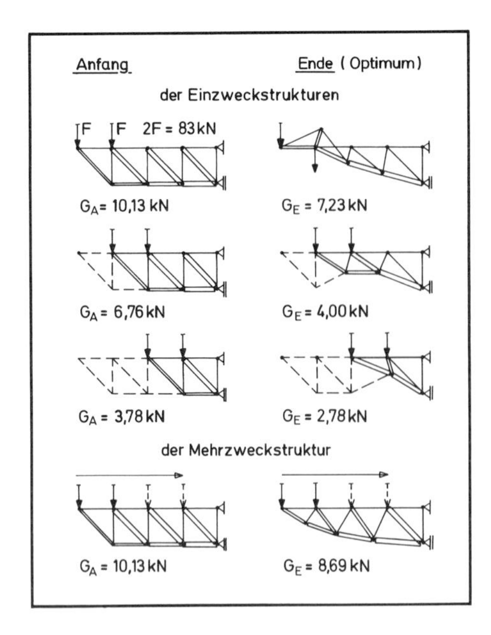

Bild 5.3/11 Kragträger für mehrere Lastfälle (Mehrzweckstruktur). Stark unterschiedliche Optimalformen im Einzelfall; Formglättung bei Mehrzweckoptimierung; [5.21]

Wird der Träger als *Mehrzweckstruktur* optimiert, so daß er die Einzellastfälle nacheinander erträgt, so *bügeln* diese als Wanderlast die charakteristischen Formmerkmale der verschiedenen Einzelzweckstrukturen gewissermaßen aus. Die optimale Endform unterscheidet sich dann nur wenig von der Ausgangsform; auch die Vorzeichen der Stabkräfte wechseln nicht. Das Ergebnis: ein nach außen sich verjüngender Träger, mit Ausfachung unter $\pm 45°$, erscheint in diesem Fall naheliegend. Weniger vorhersehbar ist die Entwicklung, wenn die maßgebenden Lastfälle in ihrer Art und Richtung wesentlich verschieden sind.

5.3.4 Formentwicklung mit Entwurfsoptimierung

Die vorgestellten Beispiele zeigten, daß der Charakter der Zielfunktion und ihres Optimums wesentlich von der Topologievorgabe abhängt. Ist diese hinsichtlich der Lastgruppierung unglücklich gewählt, so kann das globale Optimum nur unter starker Formentwicklung und -umbildung erreicht werden; das Ergebnis ist konstruktiv unbefriedigend und weist darauf hin, daß durch eine korrigierte Topologie nicht nur geordnetere Kräftepfade, sondern auch bessere Zielwerte zu gewinnen sind.

Es liegt darum nahe, die Ausgangstopologie nicht willkürlich oder intuitiv, sondern durch das in Abschn. 5.2 beschriebene LP-Entwurfsverfahren vorzugeben. Dieses hatte den Vorzug, optimale Kräftepfade ohne topologische Voraussetzungen aufzuzeigen, aber den Nachteil, zur guten Annäherung eines absoluten Optimums (etwa der Michellstruktur) eine feine Rasterteilung und damit hohen Rechenaufwand zu beanspruchen. Bei einer anschließenden Formentwicklung kann man mit gröberem Entwurfsraster, also mit weniger potentiellen Knotenpunkten auskommen, da sich die Stäbe zuletzt durch Knotenverschiebungen den optimalen Kräftepfaden nähern.

So lassen sich die Vorzüge beider Verfahren verknüpfen und ihre Nachteile weitgehend vermeiden. Höfler und Leyßner [5.24] haben die Möglichkeit einer Formentwicklung nach topologischem Vorentwurf untersucht und überdies ein *zyklisches* Vorgehen erprobt, bei dem das LP-Verfahren auch zur mehrmaligen Nachkorrektur der Topologie herangezogen wird. Das zyklische Verfahren konvergiert allerdings nur bei Annäherung einer Michellstruktur (also bei Umgehen der Knickstabproblematik).

Stabknicken läßt sich in der Formentwicklung berücksichtigen, aber nicht, oder nur unbefriedigend im LP-Verfahren (Abschn. 5.2.1.5); darum kann ein Vorentwurf vom endgültien Optimum noch relativ weit entfernt sein. Keinesfalls ist nach der Formentwicklung die Topologie durch lineare Programmierung zu korrigieren, da diese einer durch das Stabilitätsproblem geprägten Entwicklung nicht nachkommt.

5.3.4.1 Entwicklung nach alternativen Topologieentwürfen

Im Hinblick auf anschließende Formentwicklung soll ein Vorentwurf auf grobem Raster, also mit wenigen potentiellen Knotenpunkten genügen. Damit können die absolut optimalen Kräftepfade einer Michellstruktur zunächst nur ungenau approximiert werden; dafür bietet das LP-Verfahren auf der Basis eines solchen Rasters meistens mehr optimale Pfade an, als für eine statisch bestimmte Struktur erforderlich sind. Durch Verzicht auf den einen oder den anderen Stab kann man daraus verschiedene statisch bestimmte Fachwerke bilden; sie weisen alle, wie auch die ursprüngliche unbestimmte Struktur, dasselbe Minimalgewicht auf.

Diese zunächst gleichwertigen alternativen Vorentwürfe führen jedoch bei weiterer Formentwicklung zu unterschiedlichen Ergebnissen. Bild 5.3/12 zeigt links die auf nur zehn Rasterpunkten entworfene, mehrfach unbestimmte Struktur und zwei (von fünf) Möglichkeiten statisch bestimmter Alternativen; rechts sind die

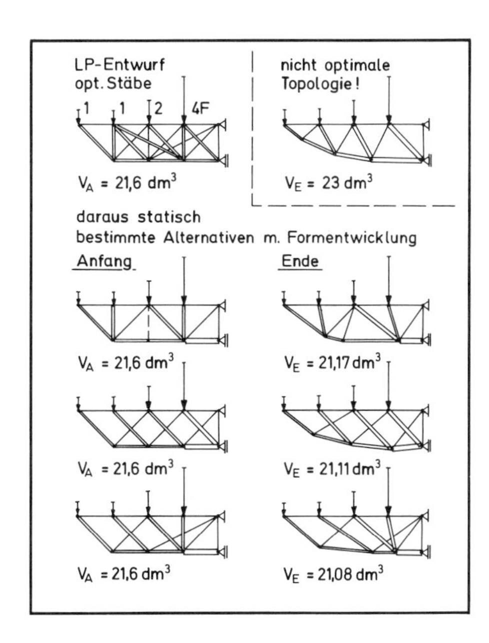

Bild 5.3/12 Kragträger. Verschiedene Ergebnisse der Formentwicklung bei unterschiedlichen, im LP-Entwurf der Ausgangsform gleichgewichtigen Topologievorgaben; nach [5.24]

Ergebnisse der Formentwicklung gezeichnet. Da nur drei von neun Knoten verschoben wurden und Stabknicken außer Acht blieb, unterscheiden sich die Endformen nur wenig von ihrer Ausgangsform. Durch Formentwicklung sind bei ungünstigster Ausgangstopologie etwa 2 % , im günstigsten Fall 2,4 % Gewicht zu gewinnen.

Zum Vergleich ist in Bild 5.3/12 auch das Entwicklungsergebnis einer nicht voroptimierten Topologie wiedergegeben. Hier bringt die Formentwicklung zwar 6,3 % Gewinn, doch bleibt dieses Ergebnis −9 % unter dem Optimum zurück, das über einen LP-Vorentwurf erzielt wurde.

5.3.4.2 Annäherung einer Michellstruktur

Die Leistungsfähigkeit des gekoppelten oder zyklischen Entwurfs- und Entwicklungsverfahrens läßt sich am besten an der Referenzstruktur eines Michellkragträgers prüfen. Seine Annäherung durch reinen LP-Entwurf erfordert ein feines Raster und damit hohen Rechenaufwand (Bild 5.2/3). Beschränkt man das Raster, wie in Bild 5.3/13, auf 5 × 5 Punkte, so liefert das Entwurfsverfahren (bei Trägerstreckung $a/d > 6$) einen regelmäßigen K-Verband. Dieser realisiert die optimalen Pfade der Michellstruktur nur sehr unvollkommen; vor allem nachteilig ist aber die zu geringe Rasterfeldhöhe bei großer Streckung. Die anschließende Formentwicklung korrigiert hauptsächlich die Trägerhöhe und kommt damit etwa bis auf 20 % an das Michellgewicht heran. Weitere Annäherung wäre nur bei besserer Topologie (anstelle des K-Verbands) möglich.

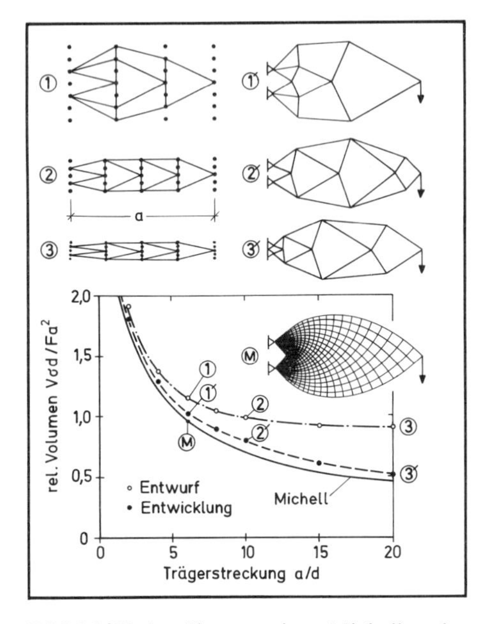

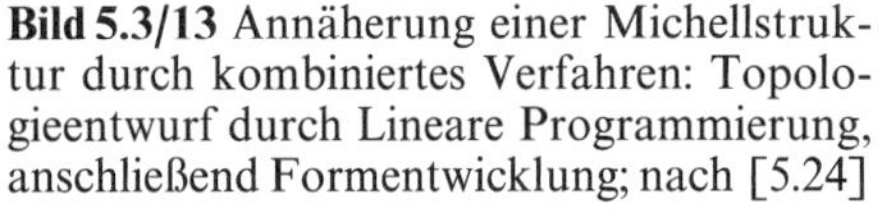
Bild 5.3/13 Annäherung einer Michellstruktur durch kombiniertes Verfahren: Topologieentwurf durch Lineare Programmierung, anschließend Formentwicklung; nach [5.24]

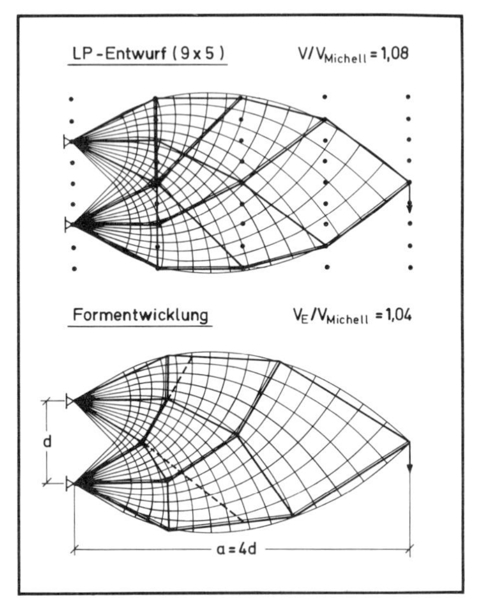

Bild 5.3/14 Annäherung einer Michellstruktur durch kombiniertes Verfahren, Vergleich der Kräftepfade. Verbesserung durch Formentwicklung; nach [5.24]

Reicht die Rasterfeldhöhe aus, so kann der Entwurf schon so gute Pfade anbieten, daß durch Formentwicklung nicht viel mehr zu gewinnen ist; es sei denn durch Verbesserung der inneren Wege. Bild 5.3/14 zeigt, auf dem Hintergrund der Michellstruktur, oben den auf feinerem Raster (9×5 statt 5×5) erzeugten Entwurf: seine Kontur folgt bereits gut dem idealen Umriß, sein Gewicht kommt dadurch schon bis auf 7,3 % an Michell heran; die inneren Stäbe folgen den idealen Pfaden indes noch sehr ungenau. Die Topologie ist aber so günstig entworfen, daß eine anschließende Formentwicklung leicht die Michellstruktur auch im Inneren annähert; siehe Bild 5.3/14 unten. Einige Stäbe fallen dabei zusammen oder degenerieren zu Null, so daß am Ende in jedem Knoten jeweils ein Zug- und ein Druckpfad sich kreuzen; das Michellgewicht wird bis auf 3,6 % erreicht.

5.3.4.3 Topologievereinfachung durch zyklisches Verfahren

Sieht man vom Knickproblem ab, so kann man durch wechselnden Einsatz des Topologieentwurfs- und des Formentwicklungsverfahrens auch in komplizierteren Fällen Michellstrukturen rasch und gut annähern. Da hierbei als Rasterpunkte (als potenzielle Knoten) in jeder neuen Entwurfsphase nur die realen Knoten des jeweils vorangegangenen Konzeptes angeboten werden, kann deren Menge im zyklischen Prozeß nur abnehmen. In der Regel geht damit auch die Anzahl der jeweils neu erzeugten Knotenverbindungen zurück. Die Tendenz zur Topologievereinfachung wird unterstützt durch die Formentwicklung: diese läßt Stäbe zusammenfallen oder verschwinden, falls sie nicht optimalen Pfaden folgen wollen.

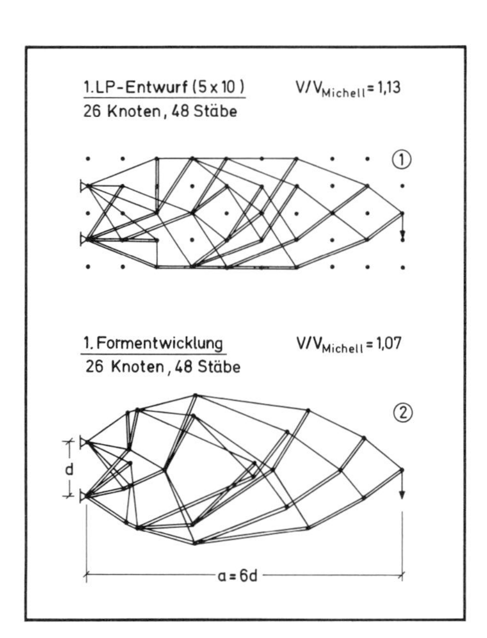

Bild 5.3/15 Annäherung einer Michellstruktur durch zyklisches Verfahren: Erster Entwurf auf regelmäßigem Raster, erste Formentwicklung (Fortgang siehe Bild 5.3/16)

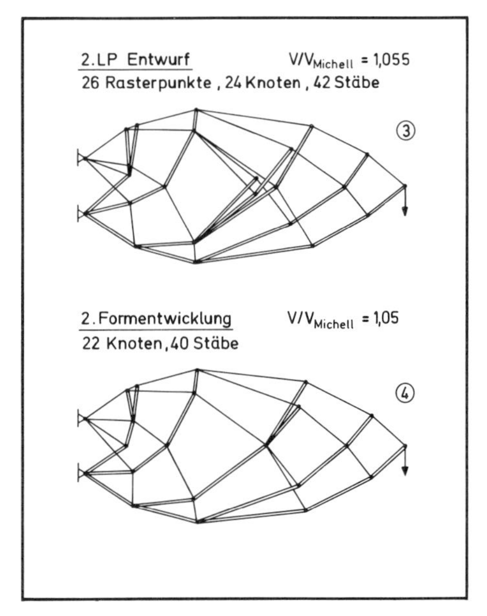

Bild 5.3/16 Annäherung einer Michellstruktur durch zyklisches Verfahren. Zweiter Entwurf auf Knoten der ersten Formentwicklung (Bild 5.3/15); nach [5.24]

Als Testbeispiel dient wieder ein Michellkragträger (diesmal mit größerer Streckung $a/d=6$), siehe Bild 5.3/15. Dem Vorentwurf lag ein relativ feines Raster mit $5 \times 10 = 50$ Punkten zugrunde; davon wurden 26 für Knoten eines statisch bestimmten Fachwerks (1) beansprucht. Durch erste Formentwicklung (2) ordnen sich die Knoten und Stäbe näher zu Michellpfaden. Diese Knotenkonfiguration wird einem neuen Topologieentwurf angeboten, der davon nur 24 beansprucht und auch die Stabanzahl entsprechend reduziert, siehe (3) in Bild 5.3/16. Dabei liegen bereits einige Stäbe eng nebeneinander, so daß sie bei weiterer Entwicklung (4) leicht in einen einzigen zusammenfallen können. Das Ergebnis des zweiten Zyklus läßt sich durch eine dritte Iteration kaum noch verbessern.

Topologisch ließe sich der letzte Zustand (4) noch bereinigen; schließlich würden weniger als 22 Knoten genügen. Die letzte Vereinfachung kann man aber von Hand vornehmen.

Bei der Beurteilung des zyklischen Verfahrens wie auch der Einzelstrategien stellt sich die Grundsatzfrage, ob ein durchgehend automatisierter Prozeß überhaupt sinnvoll ist. Das Auge erfaßt intuitiv gewisse Entwicklungstendenzen zu optimalen Kräftepfaden, die eine *blinde* Strategie u.U. nur mühsam auffindet. Bei interaktivem Vorgehen mit Prozeßkontrolle am Bildschirm lassen sich überflüssige Knoten und Stäbe leicht erkennen und eliminieren, vielleicht auch ungünstige Knotenlagen von Hand korrigieren. Bei räumlichen Fachwerken wird dies schwieriger sein als bei ebenen, doch sollte man gerade dort, wo der Aufwand eines automatischen Verfahrens leicht über alle Grenzen geht, auf die ordnende Fähigkeit des *sehenden Bewußtseins* oder der *bewußten Wahrnehmung* nicht ohne Not verzichten.

5.4 Optimierung statisch unbestimmter Fach- und Flächenwerke

Ist im ebenen (oder räumlichen) Fachwerk die Stabanzahl größer als die zweifache (bzw. dreifache) Anzahl der Knoten, so reichen deren Gleichgewichtsbedingungen zur Bestimmung der Stabkräfte nicht aus; entsprechend dem Grad der *statischen Unbestimmtheit* sind Zusatzbedingungen des geometrischen Zusammenhangs über die Stabsteifigkeiten zu formulieren. Bei kontinuierlichen Flächen richtet sich der Grad der Unbestimmtheit nach der Anzahl der *Finiten Elemente*, d.h. nach der Feinheit des Analysenetzes und dem damit verfolgten Genauigkeitsanspruch.

Zur Analyse hochgradig unbestimmter Strukturen stehen leistungsfähige numerische Verfahren zur Verfügung. Da aber bei einer Optimierung mit jeder Variation eine erneute Analyse notwendig wird, steigt der Rechenaufwand, im Vergleich zu statisch bestimmten Fachwerken, um Größenordnungen an. Dies zwingt dazu, einerseits die Analyse zu entfeinern, andererseits eine dem Zweck besonders angepaßte Optimierungsstrategie zu entwickeln.

Üblicherweise variiert man nach einer ersten Spannungsanalyse die Dicken der Einzelelemente nach Maßgabe ihrer individuellen Ausnutzung und wiederholt die Analyse so oft, bis das Spannungsniveau der Gesamtkonstruktion einigermaßen ausgeglichen ist. Das Gewicht wird dabei nicht abgefragt, doch nimmt man an, daß ein *Fully-Stressed-Design*, also eine in allen Elementen bis zur Festigkeitsgrenze ausdimensionierte Konstruktion, zumindest bei *Einzelzweckstrukturen* auch das

Gewichtsminimum verwirklicht. Bei *Mehrzweckstrukturen* mag dies im Einzelfall gleicherweise zutreffen; allgemein läßt sich ein solcher Zusammenhang aber nicht nachweisen. Auch beim Scheibenkontinuum, dessen Versagensgrenze über eine Hypothese für zweiachsige Beanspruchung beschrieben wird, bei dem der Begriff *fully-stressed* also nicht eindeutig definiert ist, läßt sich nichts verbindliches über ein globales oder lokales Gewichtsminimum aussagen. Davon abgesehen ist es sicher sinnvoll, im Interesse der Konstruktionssicherheit für ein ausgeglichenes Spannungsniveau zu sorgen und örtliche Spannungsspitzen abzubauen. Dies kann aber meist durch örtlich begrenzte Maßnahmen geschehen, deren Aufwand gegenüber dem Gesamtgewicht praktisch vernachlässigbar ist und die darum auch nicht über die Zielfunktion Gewicht gesteuert werden sollten.

Optimiert man mit dem Ziel minimalen Gewichts oder Volumens, so tritt dieses, bei unveränderlicher Knotenlage der Stäbe oder der Finiten Elemente, als lineare Funktion der Dimensionierungsvariablen auf. Das Optimum liegt dann stets an der Grenze des zulässigen Entwurfs-Hyperraums, also auf irgendwelchen Festigkeitsrestriktionen der Elemente für den einen oder anderen Lastfall, auf einzelnen Fertigungsgrenzen oder auf einer Verformungsgrenze. Ist die Anzahl der Elemente groß, so reagiert das Gesamtgewicht nur schwach auf die Einzelvariation, stark dagegen die Spannung am Ort oder im Umfeld der Maßnahme. Die Optimierung konvergiert darum rascher, wenn man das *Spannungsvolumen* zum Zielwert erklärt. Sofern nicht Nebenbedingungen der Fertigung oder der Steifigkeit berücksichtigt werden müssen, erhält man so ein unrestringiertes Optimierungsproblem mit nichtlinearer, uni- oder multimodaler, möglicherweise unstetiger Zielfunktion.

Analyse- und Optimierungsmodell können übereinstimmen, sofern die Mengen der Optimierungsvariablen und der Analyseelemente identisch sind. Eine solche Identität ist aber im allgemeinen unzweckmäßig: zu einer genauen Spannungsanalyse sind viele Elemente erforderlich, während für eine Optimierung, je nach Anspruch, vielleicht wenige Variable genügen. So läßt sich beispielsweise die Dickenverteilung oder die Randkurve einer Scheibe durch Ansatzfunktionen beschreiben, deren Koeffizienten als Veränderliche fungieren. Dies hat auch den Vorteil, daß die Variation keine geometrischen Unstetigkeiten und daraus rührende Spannungsspitzen oder -sprünge produziert. Die Trennung von Analyse- und Optimierungsmodell ist eine wichtige oder gar entscheidende Maßnahme zur rationellen Optimierung statisch unbestimmter Strukturen, im besonderen kontinuierlicher Flächen.

Das in Abschn. 5.2.2 beschriebene Entwurfsverfahren für Fachwerke bedurfte keiner statisch unbestimmten Analyse; die optimalen Strukturen waren alternativ statisch bestimmt oder, bei Überlagerung, geometrisch bestimmt. Dieses eigentlich nur für Stab- und Netzwerke begründete Verfahren der Linearen Programmierung kann man auch zum Entwurf kontinuierlicher Scheibentragwerke einsetzen. Allerdings lassen sich damit, je nachdem ob Knotengleichgewichte oder geometrische Zusammenhänge außer Acht bleiben, nur obere oder untere Grenzen angeben, zwischen denen das wirkliche Gewichtsminimum liegt (*Limit-Design*).

Das Hauptproblem einer Entwurfstheorie für das Scheibenkontinuum liegt darin, daß seine zweiachsige Beanspruchung eine Fließ- oder Bruchhypothese erfordert. Die Festigkeitsgrenze wird bei unterschiedlichen Spannungszuständen erreicht; die Art der Materialausnutzung und der kritischen Verformung ist damit auch von Element zu Element verschieden. Beim orthotropen Scheibenkontinuum, etwa einem Faserkunststofflaminat, muß man Versagensmöglichkeiten der Einzelschichten und in diesen wieder Bruch der Faser und der Matrix unterscheiden; die kontinuumstheoretische Betrachtung zwingt darum, gewisse Aussagen der Netztheorie zum *Isotensoidoptimum* (bei Druckbehältern) und zum *Trajektorienoptimum* (bei Schubwänden) zurückzunehmen oder zu relativieren.

5.4.1 Optimaldimensionierung statisch unbestimmter Fachwerke

Im Unterschied zur *Formentwicklung* statisch bestimmter Fachwerke (Abschn. 5.3), bei denen man die Stäbe direkt ausdimensionieren und die Knotenlagen verschieben konnte, sollen hier nun die Knoten an ihrem Ort bleiben und nur die Stabquerschnitte variiert werden. Analyse- und Optimierungsmodell sind durch die Menge ihrer Variablen charakterisiert und mit dem Fachwerk selbst identisch; im Gegensatz zu kontinuierlichen Flächen, deren Analysenetze nach Genauigkeitsforderungen ausgelegt und deren Optimierungsvariable für Dickenverteilung und Kontur besonders definiert werden müssen.

Ein weiterer Vorteil des Fachwerks, selbst wenn dieses mit vielen regelmäßigen Knoten und Stäben quasi ein Kontinuum bildet, ist in der einachsigen Beanspruchung seiner Elemente zu sehen. Damit läßt sich die Konstruktion eindeutig zum Gewichtsminimum *ausdimensionieren.* Auch kann man von *Kräftepfadoptimierung* streng nur bei Fach- oder Netzwerken sprechen, da diese erlauben, Zug- und Druckpfade getrennt zu dimensionieren, während im isotropen homogenen Flächenelement zwar zwei Hauptspannungen zu unterscheiden sind, aber nur die Elementdicke variiert werden kann. So lassen sich auch nur bei Fach- und Netzwerken die Ergebnisse einer statisch unbestimmten Optimierung an solchen der grundlegenden Entwurfstheorie oder einer LP-Entwurfsstrategie messen.

Zu optimalen Kräftepfaden gelangt man entweder durch einen LP-Topologieentwurf oder durch wiederholte Analyse und Variation in Richtung eines Spannungsausgleichs, ausgehend von einem durch Einheitsstäbe voll belegten Knotensystem. Hat man ausschließlich Spannungsrestriktionen zu beachten, so müssen beide Verfahren das Gleiche ergeben, nichtoptimale Stäbe also zu Null degenerieren. Entsprechendes läßt auch eine Optimierung nach dem *Spannungsvolumen* erwarten.

An verschiedenen Beispielen ebener Fachwerke sollen die drei Verfahren des LP-Entwurfs, des Spannungsausgleichs und der Spannungsvolumenminimierung erläutert werden. Probleme des Stabknickens müssen dabei außer Acht bleiben.

5.4.1.1 Dreistabsystem als Demonstrationsbeispiel

Definiert man als Zielfunktion das *Spannungsvolumen* $V\sigma$, so fungieren als Variable nicht die absoluten Querschnittsflächen, sondern ihre Verhältnisse. Bei einem Dreistabfachwerk reduziert sich die Anzahl der Variablen auf zwei, nämlich die Flächenverhältnisse A_2/A_1 und A_3/A_1. Damit läßt sich die Zielfunktion und ihr Minimum in einem Diagramm veranschaulichen.

Das in Bild 5.4/1 vorgestellte Fachwerk stützt sich mit allen drei Stäben gegen eine starre Wand und ist einfach statisch unbestimmt. Rechnet man zunächst mit einem Einheitsquerschnitt $A_1 = 1$ und variiert A_2 und A_3, so erhält man zum einen das

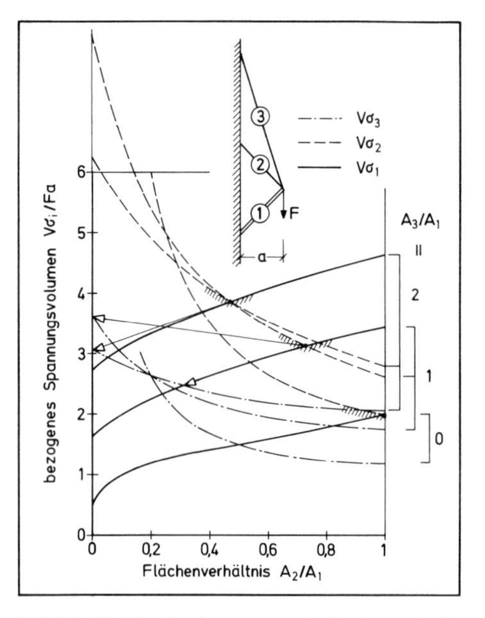

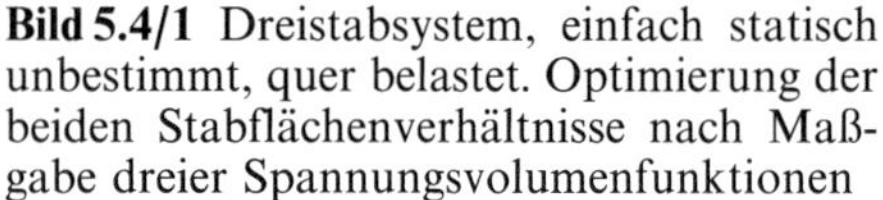

Bild 5.4/1 Dreistabsystem, einfach statisch unbestimmt, quer belastet. Optimierung der beiden Stabflächenverhältnisse nach Maßgabe dreier Spannungsvolumenfunktionen

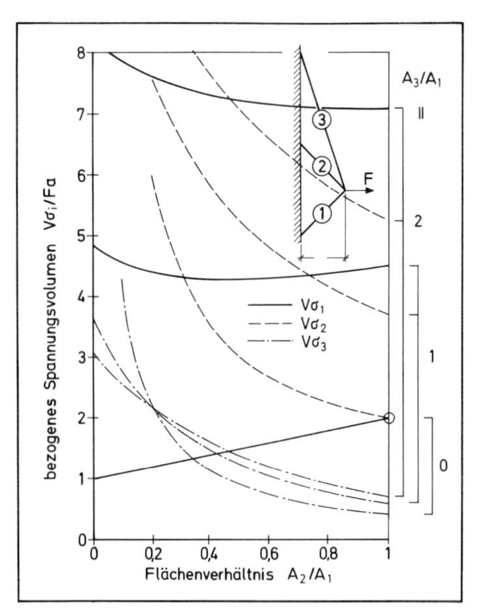

Bild 5.4/2 Dreistabsystem, einfach statisch unbestimmt, längs belastet. Optimierung der beiden Stabflächenverhältnisse nach Maßgabe dreier Spannungsvolumenfunktionen

Volumen $V = A_1 l_1 + A_2 l_2 + A_3 l_3$, zum anderen aus der statisch unbestimmten Analyse verschiedene Spannungen σ_1, σ_2 und σ_3 der drei Stäbe, und damit dreierlei *Spannungsvolumina* $V\sigma_1$, $V\sigma_2$ und $V\sigma_3$. Diese sind, bezogen auf die Last F und den Hebelarm l, in Bild 5.4/1 über A_2/A_1 mit Parameter A_3/A_1 aufgetragen.

Bei vorgegebenen Verhältnissen A_2/A_1 und A_3/A_1 ist die höchste lokale Spannung $\sigma_{\max}(=\sigma_1, \sigma_2$ oder $\sigma_3)$ für die Dimensionierung des Bezugsquerschnittes A_1 maßgebend. Dabei wird hier angenommen, daß der Betrag der zulässigen Spannung für Zug- und Druckstäbe gleich σ_{zul} sei; so folgt zuletzt

$$A_1 = V\sigma_{\max}/\sigma_{\text{zul}}(l_1 + l_2 A_2/A_1 + l_3 A_3/A_1). \qquad (5.4-1)$$

Für eine Optimierung der Flächenverhältnisse ist jeweils das höchste Spannungsvolumen entscheidend. Die Zielfunktion $V\sigma_{\max}$ ist im allgemeinen unstetig, weil sie mal durch die eine, mal durch die andere Stabspannung bestimmt ist. Das Optimum liegt dann in der Regel im Schnitt zweier Bereiche, also dort, wo die Spannungen wenigstens zweier Stäbe übereinstimmen. Nach Bild 5.4/1 erhält man beispielsweise bei Vorgabe $A_3/A_1 = 2$ ein optimales Verhältnis $A_2/A_1 = 0{,}47$; und zwar bei Spannungsbeträgen $|\sigma_1| = |\sigma_2| > |\sigma_3|$.

Das statisch unbestimmte Dreistabsystem läßt sich in keinem Fall voll ausdimensionieren. Selbst wenn man den unterbelasteten Stabquerschnitt gegen Null führt, bleibt seine Spannung unter dem Maximum. So herrscht auch für $A_3/A_1 = 0$, mit Optimum bei $A_2/A_1 = 1$, längs der Linie (3) die Spannung $|\sigma_3| < |\sigma_1| = |\sigma_2|$. Diese ist jedoch gegenstandslos, wenn kein Stab (3) mehr existiert. Da der Fall das globale

Optimum repräsentiert, muß ein automatisches Verfahren den Stab (3) stetig abmagern. Zur Konvergenzbeschleunigung kann man den auf ein gewisses Minimum geschrumpften Stab aus dem Analyse- und Optimierungsprogramm entfernen.

Im Beispiel des einfach unbestimmten Dreistabsystems liegt bereits nach Elimination eines einzigen Stabes ein statisch bestimmtes Optimum vor; bei mehrfach oder hochgradig unbestimmten Fachwerken sind dazu nacheinander mehrere unterbeanspruchte Stäbe zu beseitigen.

Unter Umständen empfiehlt sich auch, verhältnismäßig überbeanspruchte Elemente zu eliminieren. Ist etwa, aus welchen Gründen immer, ein Verhältnis $A_3/A_1=2$ vorgeschrieben, so kann man durch Entfernen des Stabes (2) die Restriktion $V\sigma_2 < V\sigma_{zul}$ gegenstandslos machen und das Spannungsvolumen (nach dem Pfeil in Bild 5.4/1 für $A_2/A_1 \rightarrow 0$), von $|V\sigma_1|=|V\sigma_2|=3{,}8Fa$ auf $|V\sigma_3|=3{,}1Fa$ absenken. Überspannte Stäbe lassen sich aber nicht wie unterbeanspruchte Stäbe durch einen Automatismus des *Ausdimensionierens* aussondern, da dieser entgegengesetzt steuert.

Bild 5.4/2 zeigt die Zielfunktionen desselben Fachwerks, diesmal für horizontale Last F, gebildet mit den Zugspannungen σ_1, σ_2 und σ_3 der Stäbe. Ein Optimum stellt sich für das symmetrische Zweistabsystem ein, also für $A_2/A_1=1$, $A_3/A_1=0$ und $\sigma_1=\sigma_2>\sigma_3$ (die zweifellos beste Lösung, ein horizontaler Stab, ist hier nicht vorgesehen). Der dritte Stab ist wieder unterbeansprucht und muß darum verschwinden. Der Verlauf von $V\sigma_1$ über A_2/A_1 für $A_3/A_1=1$ beweist, daß Ableitungsminima existieren können, doch wird auch diesmal ein Schnittminimum ($V\sigma_1=V\sigma_2$) maßgebend.

Will man das Fachwerk nacheinander durch horizontale und vertikale Kraft F belasten, so muß man bei der Optimierung der *Mehrzweckstruktur* die Zielrestriktionen beider Bilder (5.4/1 und 5.4/2) in einem Diagramm berücksichtigen. Das absolute Optimum liegt dann wieder beim symmetrischen Stabpaar ($A_2/A_1=1$, $A_3/A_1=0$). Bei Vorgabe $A_3/A_1>0$ entscheidet der horizontale Lastfall.

5.4.1.2 Entwicklung zu optimaler Kragträgertopologie

Auf der Basis eines Punktrasters wurde mittels Linearer Programmierung eine statisch bestimmte Topologie des Kragträgers entworfen (Bild 5.2/6). Die Optimierung einer hinreichend ausgefachten, statisch unbestimmten Struktur muß, sofern diese die *optimalen* Stäbe enthält, zu einem ähnlichen Ergebnis führen.

Wie für den Entwurf soll auch für die Entwicklung der Topologie angenommen werden, daß ein einziger Lastfall maßgebend ist, daß Zug- und Druckspannungen vorgegeben, und daß keine Mindestquerschnitte einzuhalten sind. Unter diesen Voraussetzungen existiert nämlich mindestens eine statisch bestimmte Optimalstruktur. Existieren zu dieser weitere Alternativen, so haben sie gleiches Minimalvolumen, ebenso das aus ihnen zusammengesetzte, statisch unbestimmte Fachwerk. Jedenfalls ist die Optimalstruktur in allen Stäben bis zur Spannungsgrenze ausdimensioniert, was nahelegt, zur Topologieentwicklung ein Verfahren des Spannungsausgleichs (*Fully-Stressed-Design*) heranzuziehen.

Bei diesem Verfahren, das bei der Strukturdimensionierung häufig Anwendung findet, werden, ohne das Gesamtvolumen zu beachten, in jedem Variationsschritt sämtliche Variable (Stabquerschnitte) nach Maßgabe ihres individuellen Span-

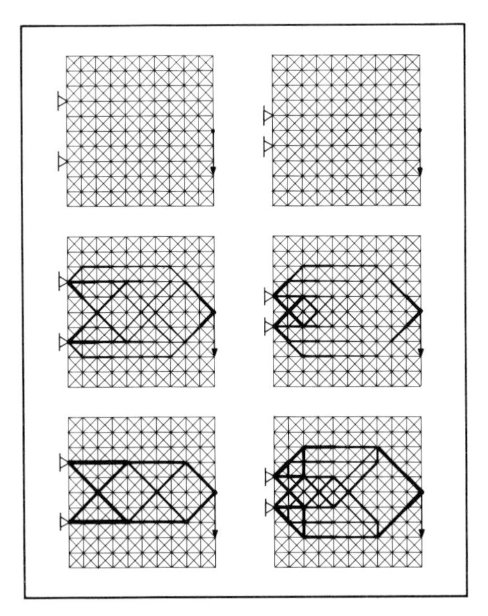
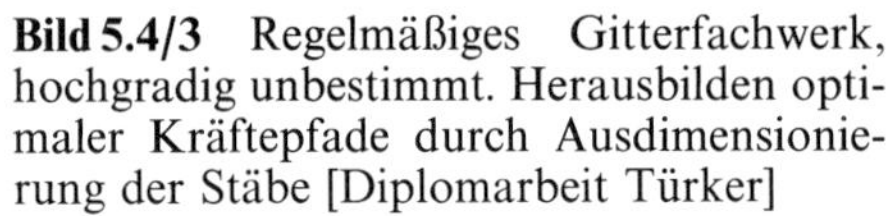

Bild 5.4/3 Regelmäßiges Gitterfachwerk, hochgradig unbestimmt. Herausbilden optimaler Kräftepfade durch Ausdimensionierung der Stäbe [Diplomarbeit Türker]

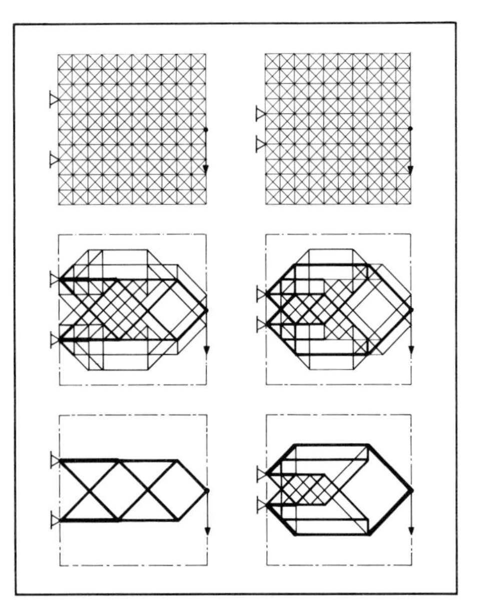

Bild 5.4/4 Regelmäßiges Gitterfachwerk, hochgradig unbestimmt. Herausbilden einer bestimmten Topologie durch Eliminieren nicht ausdimensionierter Stäbe [Türker]

nungsniveaus aufgedickt oder abgemagert. Mit der Spannung $\sigma_{j,i}$ des Elementes j in der Prozeßphase i bestimmt man den neuen Wert der Variablen x_j:

$$x_{j,i+1} = x_{j,i}(\sigma_{j,i}/\sigma_{zul})^{\beta}. \qquad (5.4-2)$$

Durch den Exponenten $\beta > 1$ wird berücksichtigt, daß bei statisch unbestimmten Strukturen eine örtliche Versteifung Kräfte auf sich zieht; man stellt ihn von Fall zu Fall so ein, daß der Prozeß möglichst rasch konvergiert.

Das Verfahren konvergiert im allgemeinen gut, solange die Ausbildung einer ausdimensionierten Struktur nicht durch besondere Lastverhältnisse oder geometrische Restriktionen behindert wird. Stäbe, deren Querschnitt nicht auf einen endlichen Wert hinläuft und die nicht zur Gitterfüllung notwendig sind, kann man nach Unterschreiten einer Mindestgrenze eliminieren.

Um die optimale Trägertopologie aus einem absolut neutralen Vorentwurf herauszuentwickeln, wurde von einem regelmäßigen, mit Einheitsstäben voll belegten Fachwerkgitter nach Bild 5.4/3 ausgegangen. Dieses ist hochgradig statisch unbestimmt und erfordert im Analyseteil entsprechenden Rechenaufwand. Durch Eliminieren unterbelasteter Stäbe wird aber rasch eine statisch bestimmte Optimalstruktur angenähert; siehe Bild 5.4/4.

Das Verfahren des Spannungsausgleichs erweist sich, zumindest bei geometrisch nicht restringierten Einzelzweckstrukturen, als recht leistungsfähig. Von einer Optimierung nach dem Gewicht oder Spannungsvolumen wird wegen der Vielzahl der Variablen und dem hohen Rechenaufwand besser abgesehen (zur Gewichtsminimierung mit reduziertem Variablenmodell siehe Abschn. 5.4.2.3).

5.4.2 Isotropes Scheibenkontinuum

Bei der kontinuierlich zusammenhängenden, isotropen Scheibe kann der Kräftefluß nur durch Variation der Dicke und der Randform reguliert werden. Von *Kräftepfaden* läßt sich allenfalls in bezug auf die *Hauptspannungstrajektorien* sprechen; diese sind aber nicht, etwa wie Fachwerkstabwinkel, unmittelbare Variable der Optimierung. Insofern umgeht die Betrachtung des Scheibenkontinuums die Frage nach optimalen Kräftepfaden; erst im Ergebnis lassen sich anhand der Spannungstrajektorien und der Materialverteilung Vergleiche mit Michellstrukturen anstellen.

Beispiele zeigen, daß trotz unterschiedlicher Beanspruchung und Variabilität die Scheibe ebenso wie das Fachwerk eine Michellstruktur annähern kann, zumindest was die äußere Form angeht, aber auch in der Dickenverteilung.

Kontinuierlich zusammenhängende Flächen unterscheiden sich von diskontinuierlichen Fachwerken oder quasi kontinuierlichen Netzwerken dadurch, daß für Zug- und für Druckkräfte nicht verschiedene Elemente verfügbar sind. Dies verringert die Variabilität, im übrigen wird eine Festigkeitshypothese notwendig, die für das mehrachsig beanspruchte Scheibenelement eine Versagensgrenze definiert.

Da Versagen bei unterschiedlichen Spannungszuständen auftreten kann, ist der Begriff *Ausdimensionierung* oder *Fully-Stressed-Design* nicht mehr eindeutig wie bei Fachwerken. Damit läßt sich nicht mehr beweisen, daß man durch Ausdimensionieren ein Gewichtsminimum erzielt, dennoch ist dieses Verfahren durchaus praxisüblich. Eine Optimierung nach dem Gewicht verbietet sich meistens wegen des hohen Aufwandes einer wiederholten FEM-Analyse.

Die Analyse der statisch unbestimmten Struktur läßt sich durch ein Entwurfsverfahren, wie es in Abschn. 5.2 für Fachwerke beschrieben wurde, umgehen. Zwar liefert dieses hier nur gewisse obere und untere Schranken des Optimums, doch kommt man damit überraschend nahe an das reale Gewichtsminimum heran.

Im allgemeinen empfiehlt es sich, den Optimierungsaufwand des unbestimmten Systems durch weitestgehende Reduzierung der Variablen in Grenzen zu halten. Jedenfalls wäre es unzweckmäßig, das FEM-Analysenetz direkt als Variablenmodell zu nehmen. Statt dessen kann man die Dickenverteilung über die Scheibe wie auch die Randkontur bei konstanter Dicke (also bei reiner Formoptimierung) durch Funktionen annähern, deren Koeffizienten veränderlich sind.

Möglichkeiten und Ergebnisse der Scheibenoptimierung werden im folgenden an Standardbeispielen des Kragträgers und der Längskrafteinleitung diskutiert. Stabilitätsprobleme bleiben dabei außer Betracht.

5.4.2.1 Dickendimensionierung nach der Spannungsgrenze

Bild 5.4/5 zeigt das Ergebnis einer *Ausdimensionierung* der isotropen Scheibe, deren Lager- und Lastbedingungen einem *Kragträger* entsprechen. Der Iterationsprozeß nach (5.4–2) wurde abgebrochen, als sich die Spannungsverteilung stabilisierte; dabei ist nicht gesagt, daß am Ende alle Elemente voll ausdimensioniert sind und die Festigkeitsgrenze erreichen.

Der Vergleich mit dem idealen Michellträger läßt eine gute Übereinstimmung der Spannungstrajektorien mit Michellpfaden erkennen. Auch die Scheibendicke entspricht etwa der Materialverteilung der Zug- und Druckelemente, obwohl diese hier nicht getrennt existieren.

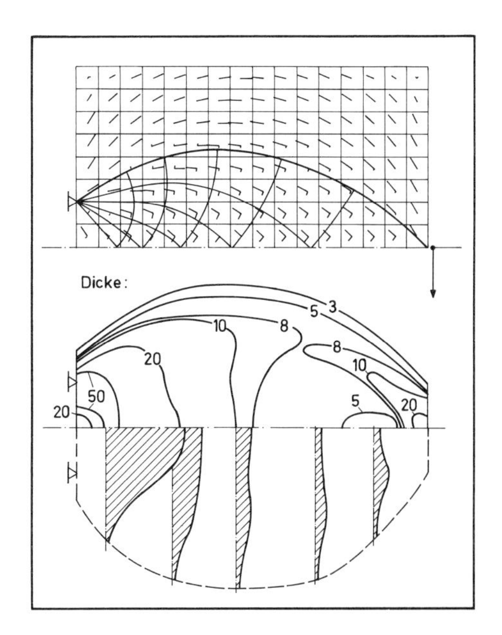

Bild 5.4/5 Isotrope Scheibe, belastet und gefesselt als Kragträger. Iterative Analyse (FEM) und Dimensionierung der Elemente nach der Spannungsgrenze; nach [5.27]

Vorgegeben war eine gleichförmig dicke Rechteckscheibe; die äußere Form bleibt erhalten, doch nimmt beim Ausdimensionieren die Dicke zum Rand hin ab. Die Form des Michellträgers läßt sich etwa in einer Linie konstanter Dicke wiederfinden. Zur direkten Formoptimierung müßte man eine Mindestdicke vorschreiben, bei deren Unterschreiten das Element entfällt.

Das absolute Minimalgewicht ist nicht bekannt, doch darf man annehmen, daß es nahezu erreicht wird. Dies bestätigt ein Vergleich mit einem LP-Entwurf (Abschn. 5.4.2.2), aber auch mit dem Referenzwert der Michellstruktur: Legt man als Festigkeitsgrenze die *Schubspannungshypothese* (Bd. 1, Bild 2.1/3) zugrunde, so ist die erforderliche Scheibendicke gleich der Summe beider Netzschichten für Zug und Druck. Ist kein Scheibenelement zweiachsig nur zug- oder nur druckbeansprucht, so muß das Minimalgewicht der Scheibe gleich dem der Michellstruktur sein. Der (um etwa 7 %) geringere Aufwand der ausdimensionierten Scheibe ($V\sigma/Fa=4{,}52$) gegenüber dem Referenzwert nach Michell ($V\sigma/Fa=4{,}8$) läßt sich auf den Einsatz der günstigeren *Gestaltsänderungsenergie-Hypothese* zurückführen.

Es ist wichtig, festzuhalten, daß bei *gemischt* zugdruckbeanspruchten Strukturen eine Ausführung als Flächenkontinuum keine wesentliche Verbesserung gegenüber diskontinuierlichen oder nicht kohärenten Systemen bietet, während bei *ungemischten* Strukturen, etwa bei zweiachsig zugbelasteten Innendruckbehältern, das Gewicht bis auf die Hälfte reduziert werden kann.

Bemerkenswert ist außerdem, daß die Steifigkeiten der Scheibenelemente zwar in die Spannungsanalyse eingehen, aber auf das Optimierungsergebnis offenbar keinen entscheidenden Einfluß nehmen; sonst würde dieses nicht so nahe an die (statisch bestimmte) Michellstruktur herankommen. Darauf deutet auch ein Vergleich mit dem nachfolgend beschriebenen Entwurfsverfahren, das ohne statisch unbestimmte Spannungsanalyse auskommt.

5.4.2.2 Entwurfsstrategische Auslegung der Scheibe

Michellstrukturen sind in der Regel statisch bestimmt, ebenso Fachwerke, die nach den Grundsätzen der Entwurfstheorie mittels Linearer Programmierung erzeugt wurden (Abschn. 5.2). Sie sind außerdem, gleicher Elastizitätsmodul aller Stäbe vorausgesetzt, auch geometrisch bestimmt, so daß sich auch bei Fachwerktopologien mit überzähligen Stäben eine Spannungsanalyse über die Stabsteifigkeiten erübrigt. Dagegen ist eine kontinuierlich zusammenhängende Scheibe, von elementaren Zuständen abgesehen, im allgemeinen statisch unbestimmt. Ein Versuch, sie wie ein Fachwerk entwurfsstrategisch auszulegen, kann nur Erfolg versprechen, wenn der Einfluß der Steifigkeiten auf das Optimierungsergebnis gering bleibt.

In der primären Formulierung der Entwurfsstrategie (Abschn. 5.2.1.1) tritt die Frage nach dem Gleichgewicht nicht auf, in ihrer dualen Formulierung (Abschn. 5.2.1.4) bleibt der geometrische Zusammenhang außer Acht. Bei der statisch und geometrisch bestimmten Michellstruktur führen beide LP-Strategien zum gleichen Ergebnis. Im unbestimmten Scheibenkontinuum kann unter Vernachlässigung des Gleichgewichts nur eine obere Grenze, bei Mißachtung der geometrischen Verträglichkeit (wie bei voll plastizierendem Material) eine untere Schranke des erforderlichen Strukturgewichts ermittelt werden. Je geringer der Steifigkeitseinfluß, desto mehr nähern sich die Schranken, desto zuverlässiger wird eine entwurfsstrategische Optimalauslegung.

Im Unterschied zu Fach- und Netzwerken muß man bei kontinuierlichen Flächen eine Festigkeitshypothese heranziehen, womit eigentlich die Voraussetzungen der Entwurfstheorie nicht mehr zutreffen. Da man verschiedene Hypothesen einsetzen kann, ist das Ergebnis jedenfalls nicht mehr eindeutig. Auch verspricht die zweiachsige Beanspruchung im allgemeinen eine höhere Materialausnutzung und damit geringeres Gesamtgewicht.

Die Erwartung einer besseren Ausnutzung erfüllt sich bei *ungemischten* Strukturen (z.B. Druckbehälter), nicht aber bei solchen, die durchgehend *gemischten* Charakter aufweisen, wie der vorliegende Kragträger. In diesem Fall führt die Schubspannungshypothese zu gleichem Aufwand für das Scheiben- wie für das Netzelement. Man darf also annehmen, daß die Grundsätze der Entwurfstheorie mindestens tendenziell gültig bleiben.

Weiter ließe sich einwenden, daß man bei der Scheibe geometrisch nur die Dicke variieren kann, während beim Netzelement die Trajektorienrichtung und die beiden Netzschichten für Zug und Druck getrennt einstellbar sind. Der Einwand wird aber dadurch entkräftet, daß beim Scheibenelement neben der Dicke auch zwei Spannungsverhältnisse (σ_y/σ_x und τ_{xy}/σ_x) variiert und optimiert werden müssen, also hier wie dort drei Freiheitsgrade zur Verfügung stehen. In der dreidimensionalen vektoriellen Darstellung des Scheibenspannungszustandes ($\sigma_x, \sigma_y, \tau_{xy}$) bedeutet dies, daß neben der Länge auch die beiden Richtungswinkel des Zustandsvektors zu variieren sind.

Für eine *Lineare Programmierung* müssen sich Zielwert und Restriktion als Linearkombinationen der Veränderlichen darstellen. Diese Forderung gilt auch für die Festigkeitshypothese als Restriktion im dreidimensionalen Spannungsraum des Einzelelements. Nun ist zwar die *Schubspannungshypothese* bereichsweise linear bezüglich der beiden Hauptspannungen σ_1, σ_2, (siehe Bd. 1, Bild 2.1/3), nicht aber hinsichtlich der dritten Variablen, der Hauptspannungsrichtung, und somit auch

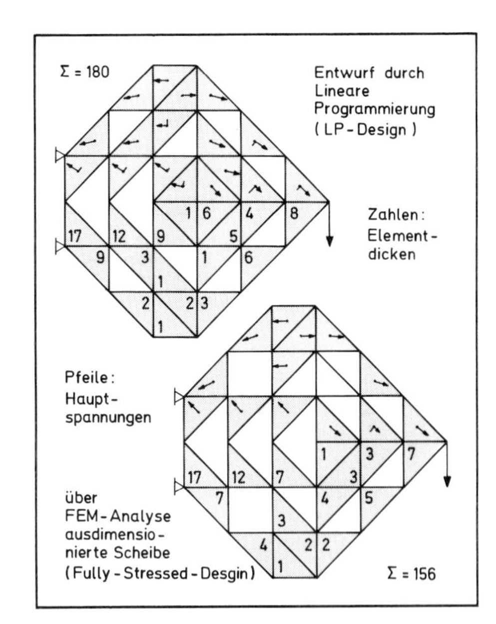

Bild 5.4/6 Entwurfsstrategische Auslegung eines Kragträgers als isotrope Scheibe; grobes Modell, Vergleich mit statisch unbestimmter Dimensionierung; [5.27]

nicht linear in dreidimensionaler Darstellung (σ_x, σ_y, τ_{xy}). Die analytisch geschlossene *Gestaltsänderungsenergie-Hypothese* bildet als Begrenzung des zulässigen Spannungsraumes ein Ellipsoid, das Birkholz [5.27] für seine lineare Entwurfsstrategie durch ein eingeschriebenes Polyeder (mit 12 bis 16 Ecken) ersetzt. Der Spannungszustand des Scheibenelements wird in der für Finite Elemente üblichen Weise aus den Knotenkräften bestimmt, die (in der dualen Formulierung des LP-Problems) den Knotengleichgewichten genügen müssen. Der geometrische Zusammenhang der Elemente wird nach dem Prinzip der Entwurfstheorie nicht abgefragt; damit erübrigt sich eine FEM-Analyse der eigentlich statisch unbestimmten Gesamtscheibe.

Das Ergebnis eines LP-Entwurfs hängt stark von der Elementierung der Scheibe ab. Die in Bild 5.4/6 nach [5.27] wiedergegebene, sehr grobe Modellierung mit Dreieckelementen ist wenig vorteilhaft; dennoch zeigt das LP-Ergebnis im Vergleich mit einer auf gleichem Netz in herkömmlicher Weise analysierten und ausdimensionierten Struktur eine recht gute Übereinstimmung. Um einen Vergleich zu ermöglichen, wurde beim Ausdimensionieren eine Mindestdicke vorgeschrieben. So kommt es zu einer Beschneidung der ursprünglichen rechteckigen Außenform, im übrigen (bei Dreieckelementen) auch zu Lücken im inneren Strukturbereich. Dementsprechend weist auch das Ergebnis der Entwurfsstrategie offene Stellen auf, wo ein Element nicht die Festigkeitsgrenze erreicht.

Wie für die Fachwerkentwicklung ein topologischer Vorentwurf mittels Linearer Programmierung erstellt wurde (Abschn. 5.3.4), kann man bei der Scheibe die Dickenverteilung entwerfen und damit eine günstige Startposition für weitere Optimierung oder Ausdimensionierung anbieten.

5.4.2.3 Dickenoptimierung über Funktionsansätze

Eine Optimierung hochgradig unbestimmter Strukturen nach dem Gewichtsminimum erfordert enormen Rechenaufwand und konvergiert schlecht, wenn man die

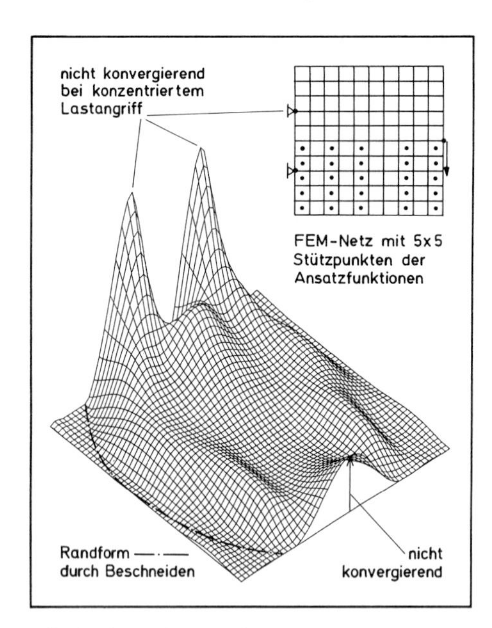

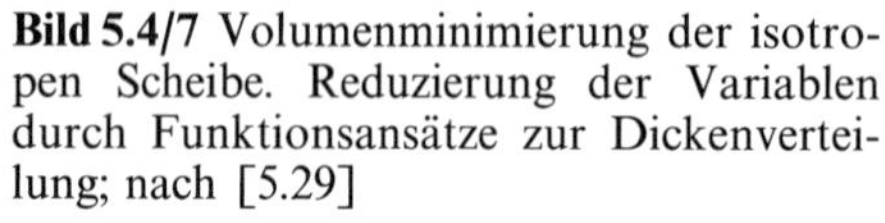

Bild 5.4/7 Volumenminimierung der isotropen Scheibe. Reduzierung der Variablen durch Funktionsansätze zur Dickenverteilung; nach [5.29]

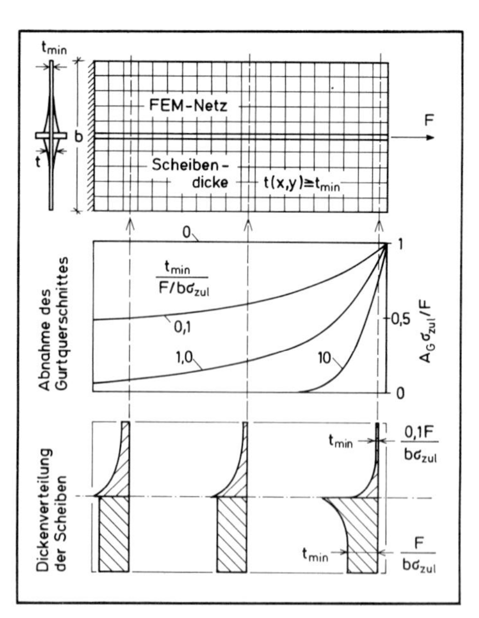

Bild 5.4/8 Volumenminimierung der isotropen Scheibe mit gesondertem Längsgurt. Gurtverjüngung durch variable Exponentialansätze beschrieben; nach [5.29]

zahlreichen Elemente des Analysemodells einzeln variiert. Um die Variabilität des Systems zu reduzieren und Unstetigkeiten zu vermeiden, kann man die Dickenverteilung über Elementgruppen oder über die gesamte Scheibe durch Funktionsansätze (Reihen, Polynome, Spline-Funktionen) beschreiben, siehe [5.28] und [5.29]. Durch Variation einer mehr oder weniger großen Anzahl Koeffizienten bzw. Stützstellen wird damit die optimale Dickenverteilung beliebig approximiert, abgesehen natürlich von lokalen Unstetigkeiten und Diskontinuitäten (Einzelgurten, Ausschnitten). Zur Optimierung eignet sich eine direkte Suchstrategie [5.30].

Bild 5.4/7 zeigt das Ergebnis einer Annäherung des optimalen Scheibenträgers über einen zweidimensionalen Funktionsansatz mit 25 veränderlichen Gliedern. Damit wird die in Bild 5.4/5 dargestellte elementweise ausdimensionierte Struktur hinsichtlich der äußeren Form, des Gesamtgewichts sowie der Massenverteilung bereits gut angenähert. Zur genaueren Bestimmung der Dicke im Bereich konzentrierter Kräfteeinleitung wären ein feineres Analysenetz und mehr Stützstellen erforderlich. (Die Gestaltung der Anschlußknoten bleibt aber ein besonderes konstruktives Problem.)

Das Volumen ist eine lineare Funktion der Variablen; das Optimum liegt damit jedenfalls auf den Restriktionen. Da keine geometrische Beschränkungen der Scheibendicke sondern nur Festigkeitsgrenzen vorgeschrieben sind, kann als Zielfunktion das *Spannungsvolumen* $V\sigma_{max}$ gewählt und die Konvergenz des Optimierungsverfahrens damit beschleunigt werden. Die Zielfunktion ist zwar in der ersten Ableitung unstetig (Bild 5.4/1), dafür entfallen aber die Restriktionen. Die Menge der Zielteilfunktionen $V\sigma_i$ (wie sonst der Restriktionen $\sigma_i \leqq \sigma_v$) hängt von der

Anzahl der Kontrollstellen ab, die gleich oder geringer sein kann als die Anzahl Finiter Elemente im Analyseverfahren.

Bild 5.4/8 gibt die optimierte Dickenverteilung der einerseits konzentriert längsbelasteten, andererseits über ihre ganze Breite eingespannten Rechteckscheibe wieder. In diesem Fall ist, konstruktiv vernünftig, ein besonderer linienhafter Krafteinleitungsgurt vorgesehen. Zu den Variablen der Scheibendicke tritt eine exponentielle Ansatzfunktion zur Variation des Gurtquerschnitts über die Länge.

Wäre die Scheibendicke nicht limitiert, so dürfte als Optimalstruktur nur der Gurt übrigbleiben. Darum sind hier verschiedene, auf die Last bezogene Mindestdicken vorgeschrieben, was als Nebenbedingung berücksichtigt werden muß: unterschreitet der Wert der Ansatzfunktion in einem Element die Mindestdicke, so wird diese für die Spannungsanalyse wie auch für den Anteil des Elements am Gesamtvolumen maßgebend.

5.4.2.4 Formoptimierung über Funktionsansätze

Ist die Scheibendicke unveränderlich und durchgehend konstant, beispielsweise aus einem profilierten Körper durch parallele Schnitte quer herausgetrennt, so bleibt nur die äußere Form der Scheibe (das Körperprofil) zu variieren. Eine Randkraft darf dann nur flächenhaft angreifen; die Flächenlast $\hat{p}$ muß kleiner sein als die Materialfestigkeit σ, für die Linienlast p am Scheibenrand gilt dementsprechend die Forderung $p=\hat{p}t<\sigma t$. Das Verhältnis $p/\sigma t<1$ nimmt, wie im übrigen die Lastverteilung und die Lagerbedingung, wesentlich Einfluß auf die Optimalform des Trägers.

Bild 5.4/9 zeigt dies am Beispiel eines links unverschieblich eingespannten, am oberen Rand durch eine gleichförmig verteilte Linienlast beaufschlagten Trägers. Variabel ist allein die Kontur zwischen dem untersten Lagerpunkt und dem oberen freien Trägerende. Sie wurde durch eine kubische Polynomfunktion, also durch nur zwei freie Variable angenähert, und zeigt damit schon deutlich den Einfluß des Lastparameters $p/\sigma t$. Die größte Spannung tritt, wie beim Biegeträger nicht anders zu erwarten, am oberen oder am unteren Rand auf. Sie erreicht am Lager die Festigkeitsgrenze bei einer Last $p/\sigma t \approx 0{,}1$; dabei folgt die optimale, konvexe Randform etwa der eines *Trägers gleicher Festigkeit*. Geringere Last erfordert geringere Trägerhöhe, was sich bei unveränderter Einspannhöhe durch konkave Einbuchtung des unteren Randes äußert.

Da die Dicke vorgeschrieben ist, läßt sich die Scheibe keinesfalls *ausdimensionieren*; selbst am Scheibenrand wird nur in Ausnahmen, etwa beim *Träger gleicher Festigkeit*, durchgehend die Spannungsgrenze realisiert, an Ausschnitträndern höchstens unter allseitigem Zug. Die *Optimierung* kann darum nur auf das Minimum des Volumens bzw. der Scheibenfläche zielen, oder sie begnügt sich damit, im Rahmen gewisser geometrischer Schranken den Höchstwert der Randspannung unter die Festigkeitsgrenze zu zwingen. Je nachdem werden verschiedene Verfahren zur Formoptimierung empfohlen, siehe [5.31] bis [5.35]. (Im vorliegenden Fall (Bild 5.4/9) wurde zur Volumenminimierung ein Straffunktionsverfahren mit einer Suchstrategie nach [5.30] eingesetzt.)

Bei Variationen der Randform treten, im Unterschied zu solchen der Dicke, auch Probleme im Analyseverfahren auf: man muß entweder außerhalb des Randes liegende Elemente eliminieren oder das Analysenetz bei konstanter Elementanzahl in jedem Variationsschritt verändern. Hier wurde, um die Randform besser zu

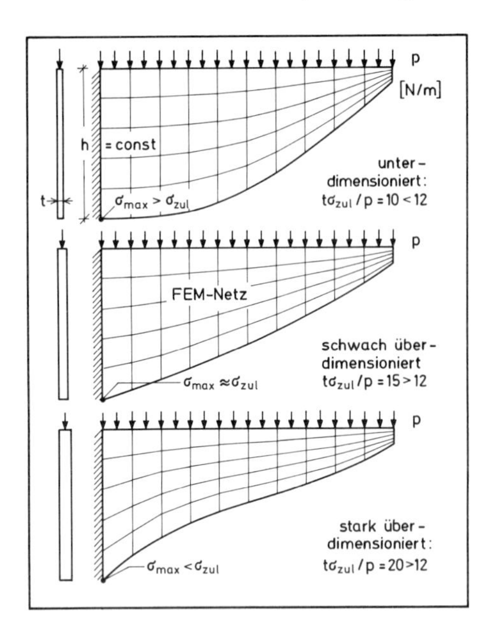

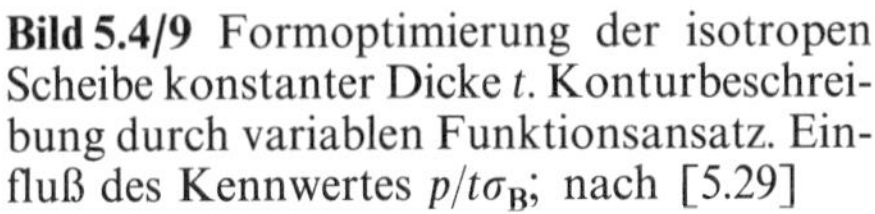

Bild 5.4/9 Formoptimierung der isotropen Scheibe konstanter Dicke t. Konturbeschreibung durch variablen Funktionsansatz. Einfluß des Kennwertes $p/t\sigma_B$; nach [5.29]

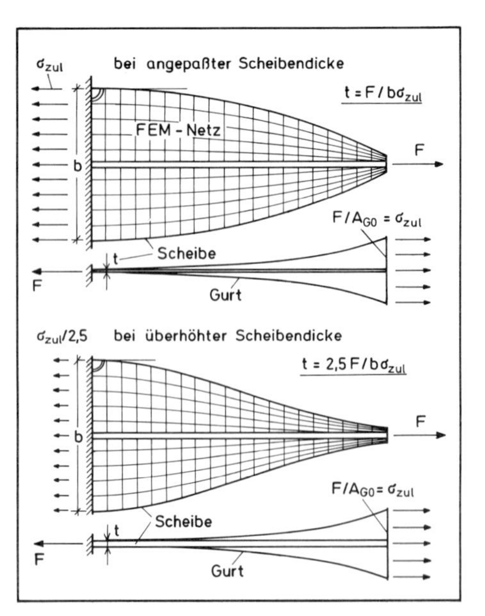

Bild 5.4/10 Formoptimierung der isotropen Scheibe konstanter Dicke t mit gesondertem Längsgurt. Kontur und Gurtverjüngung abhängig vom Kennwert $F/bt\sigma_B$; nach [5.29]

beschreiben, der zweite Weg gewählt. Eine Randvariation über Funktionsansätze begünstigt die Konvergenz der Optimierung und bewahrt das Analysenetz vor extremen Verzerrungen und Unstetigkeiten. Die inneren Netzknoten wurden so verschoben, daß sie möglichst gleiche Abstände hielten.

Für das konstruktive Problem einer Längskrafteinleitung ist in Bild 5.4/10 die nach dem Volumen optimierte Randform der Scheibe mit konstanter Dicke wiedergegeben. Am linken, eingespannten Rand steht die Gesamtbreite b zur Kraftaufnahme zur Verfügung; bis dahin wird der Verlauf der Breite über die Länge durch einen dreigliedrigen Ansatz variiert. Auch für den Längsgurt muß (wie in Bild 5.4/8) eine Funktion angesetzt werden, die seine Verjüngung beschreibt, bei einem der Last F angemessenen Anfangsgurtquerschnitt $A_{G0} = A^* \equiv F/\sigma$. Ist auch der am Ende verfügbare Scheibenquerschnitt $tb = F/\sigma$, bzw. die Dicke $t = t^* \equiv F/\sigma b$, so bildet sich eine konvexe Randkurve. Bei geringerer Kraft F oder größerer Scheibendicke $t > t^*$ wird nicht die volle Scheibenbreite benötigt; die Randkurve nimmt darum im vorderen Bereich konkave Form an.

Bei relativ großer Scheibenlänge ($a \gg b$) trennt sich das Problem der Krafteinleitung (rechts) von dem der Kraftausleitung (links); dazwischen stellt sich eine konstante Breite $b^*/b = t^*/t$ ein. Der Gurt endet bereits im Einleitungsbereich; die Scheibenrandkurve folgt etwa der Zunahme der *Mittragenden Breite* (siehe Abschn. 6.1, und Bd. 1, Bild 2.2/9). In solchem Fall empfiehlt es sich, für beide Bereiche ($b > b^*$ und $b < b^*$) verschiedene Ansätze zu wählen. Für reine Krafteinleitungsprobleme eignen sich exponentielle Funktionen.

5.4.3 Faserschichtlaminat als orthotropes Kontinuum

Bei der isotropen Scheibe ließen sich Hauptspannungstrajektorien berechnen und mit den Pfaden einer idealen Michellstruktur vergleichen (Bild 5.4/5). Von *Kräftepfadoptimierung* kann man aber eigentlich nur sprechen, wenn ausgezeichnete Richtungen als konstruktive Variable existieren, etwa bei Stab- oder Netzwerken oder beim orthotropen Kontinuum. Handelt es sich bei diesem um einen mehrschichtigen Faser+Harz-Verbund, so ist das Scheibenelement als solches bereits ein statisch unbestimmtes System. Die Frage nach optimalen Faserrichtungen betrifft dann schon das einzelne Element, für das hier eine zweiachsige Zug- oder Schubbelastung vorgegeben sei.

In Abschn. 5.1.2.3 und 5.1.3.1 wurde für solche Beanspruchungen ein reines Fasernetzelement (ohne Harz) optimiert und dabei festgestellt, daß dieses bei reiner Zugbelastung keine bevorzugten Kräftepfade aufweist, wohingegen bei Schub die Fasern in Hauptzug- und Hauptdruckrichtung liegen müssen. Diese Ergebnisse folgen den Aussagen der grundlegenden Entwurfstheorie, wonach bei positivem Hauptlastverhältnis ein *Isotensoid* (Dilatationszustand), bei negativem ein *Trajektoriensystem* (Deviationszustand) optimal ist. Die Dimensionierung der Dicken richtet sich nach der Längsfestigkeit der Fasern.

Druckbelastete Fasern bedürfen der Stützung durch die Harzmatrix; auch rein zugbeanspruchte Konstruktionen, etwa Behälter, kommen nicht ohne eine solche aus. Da die Matrix des zweiachsig tragenden Laminats in der Regel vor den Fasern versagt, muß *Harzbruch* (oder *Zwischenfaserbruch*) neben *Faserbruch* als Optimierungsrestriktion formuliert werden.

Gegen Harzbruch ist eine Versagenshypothese für kombinierte Belastung ($\sigma_\perp$ und $\tau_\#$) der unidirektionalen Einzelschicht heranzuziehen, während für Faserbruch nur die Längsspannung $\sigma_\|$ interessiert. Der Begriff *Ausdimensionierung* beschreibt also (wie auch bei der isotropen homogenen Scheibe) keinen eindeutigen Zustand. Man kann deshalb auch nicht erwarten, daß sich beim orthotropen Kontinuum die netztheoretischen Optima nach Maxwell und Michell unbedingt einstellen. An Beispielen von GFK-Laminaten für Innendruckbehälter und für Schubwände wird gezeigt, daß die optimalen Verformungszustände des Faser+Harz-Kontinuums tatsächlich von denen der Netztheorie abweichen.

Zur statisch unbestimmten Spannungs- und Verformungsanalyse des Schichtverbundes siehe Bd. 1 (Abschn. 4.1.4) oder entsprechende Kapitel in [5.11].

5.4.3.1 Innendruckbehälter aus Glasfaserkunststoff

In Bild 5.4/11 sind für zweiachsige Zugbelastung ($\sigma_y = 2\sigma_x$) eines zylindrischen Behälters die erzielbaren Sicherheiten j_{HB} gegen Harzbruch und j_{FB} gegen Faserbruch für unterschiedliche Schichtdickenverhältnisse $t_{90}/2t_\alpha$ und Faserrichtungen $\tan^2\alpha$ dargestellt.

Ohne Umfangswicklung ($t_{90} = 0$) wäre das Zweischichtsystem netztheoretisch nur bei einer Orientierung $\tan^2\alpha = \sigma_y/\sigma_x = 2$ tragfähig (Bild 5.1/9). Legt man beide Schichten nach der Zugfestigkeit aus, so ist ihr Gesamtgewicht gleich dem jeder ausdimensionierten mehrschichtigen Kombination, und der optimale Verformungszustand (gleiche Fasern vorausgesetzt) jedesmal ein *Isotensoid.*

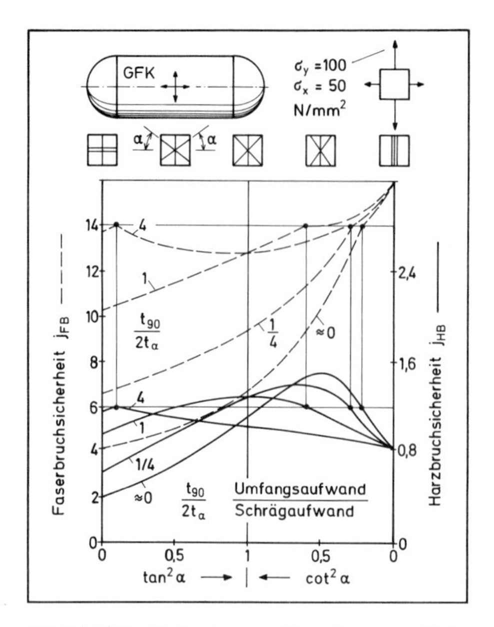

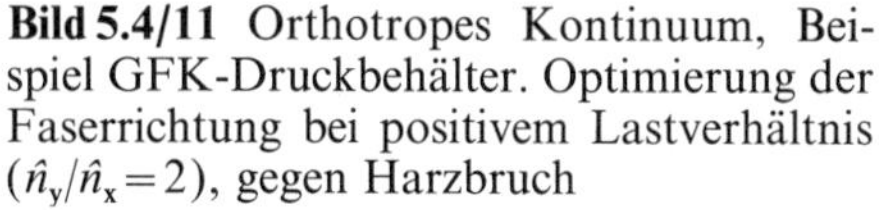
Bild 5.4/11 Orthotropes Kontinuum, Beispiel GFK-Druckbehälter. Optimierung der Faserrichtung bei positivem Lastverhältnis ($\hat{n}_y/\hat{n}_x=2$), gegen Harzbruch

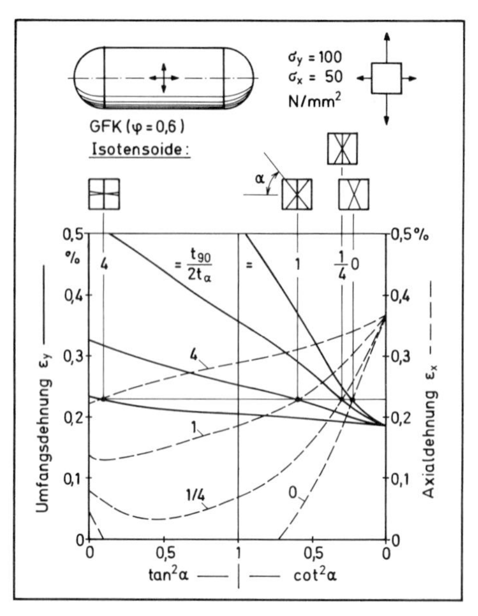

Bild 5.4/12 Orthotropes Kontinuum, Beispiel GFK-Behälter. Axial- und Umfangsdehnung, abhängig von Faserwinkel und Schichtverhältnis; Isotensoidauslegung

Kontinuumstheoretisch (siehe [5.11]) läßt sich ein Isotensoid auslegen nach der gegenüber (5.1–17) erweiterten Formel

$$\sum(t_j/t)\,\sin^2\alpha_j=(n_y-\xi n_x)/(1-\xi)\,(n_x+n_y). \qquad (5.4-3)$$

Darin ist $\xi=(a_\perp+a_{\perp\parallel})/(a_\parallel+a_{\perp\parallel})$ gleich dem Kräfteverhältnis $n_\perp/n_\parallel$ der unidirektionalen Einzelschicht bei Isotensoidverformung $\varepsilon_\perp=\varepsilon_\parallel$, und etwa $\xi\approx 0{,}3$ für Glasfasergehalt $\varphi=0{,}4$ bis 0,6. Realisierbar wäre ein Isotensoid nach (5.4–3) nur in den Grenzen

$$\xi<n_y/n_x<1/\xi, \qquad (5.4-4)$$

bei isotropem Material ($\xi=1$) demnach nur als Kugelbehälter ($n_y=n_x$), mit GFK ($\xi=0{,}3$) aber auch als Zylinder ($n_y=2n_x$).

Bei symmetrischem Schichtpaar ($\alpha_2=-\alpha_1$) folgt aus (5.4–3) die Winkelauslegung $\tan^2\alpha\approx 4$, also der in Bild 5.4/12 ganz links (für $t_{90}/2t_\alpha=0$) dargestellte Kreuzungspunkt $\varepsilon_y=\varepsilon_x$. Hinsichtlich Harzversagen ist dieses Isotensoid jedoch nicht optimal: die nach der Versagenshypothese (Bd. 1, Gl. (4.1–43)) errechnete Harzbruchsicherheit j_{HB} ist Bild 5.4/11 zufolge am größten für $\tan^2\alpha\approx 2$, also in der Nähe des netztheoretischen Optimalwinkels; die Dehnungen stehen dabei aber im Verhältnis $\varepsilon_y/\varepsilon_x\approx 4$.

Im Fall reiner Längs- und Umfangsbewehrung wäre das netztheoretisch optimale Dickenverhältnis des Isotensoids $t_{90}/2t_\alpha=n_y/n_x$; kontinuumstheoretisch folgt aus (5.4–6): $t_{90}/2t_\alpha\approx 4$, also ein mehrfacher Umfangsaufwand. Bild 5.4/11 weist zwar für diesen Fall (90°/0°) das Isotensoid als Optimum aus, doch bleibt der

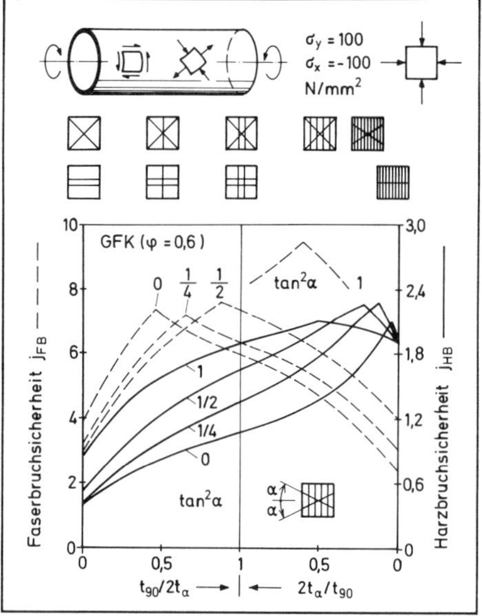

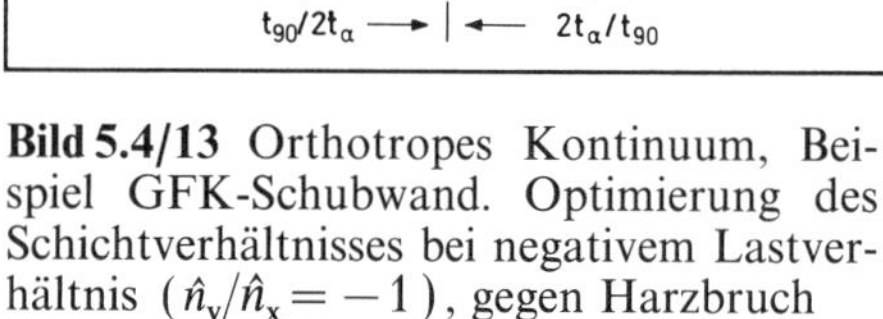

Bild 5.4/13 Orthotropes Kontinuum, Beispiel GFK-Schubwand. Optimierung des Schichtverhältnisses bei negativem Lastverhältnis ($\hat{n}_y/\hat{n}_x = -1$), gegen Harzbruch

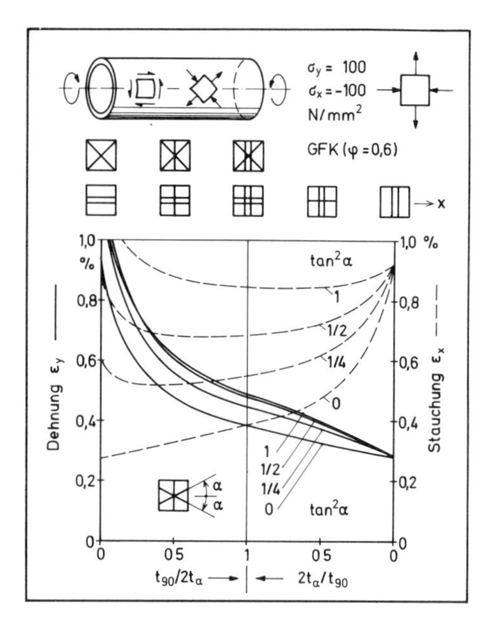

Bild 5.4/14 Orthotropes Kontinuum, Beispiel GFK-Schubwand. Dehnung und Stauchung in Hauptlastrichtungen, abhängig von Faserwinkel und Schichtverhältnis

Sicherheitswert j_{HB} um 20 % unter dem der Schrägbewehrung ($t_{90}=0$, $\tan^2\alpha=2$). Man muß also feststellen, daß kontinuumstheoretisch das absolute Optimum nur für eine ausgezeichete Faserrichtung realisiert wird, und dabei nicht als Isotensoid.

5.4.3.2 Schubwand aus Glasfaserkunststoff

Die Schubwand (mit negativem Hauptlastverhältnis $n_y/n_y = -1$) wurde bereits in Abschn. 5.1.3.1 netztheoretisch ausgelegt. Die optimalen Faserrichtungen waren die Hauptlastrichtungen (hier 90° und 0°), das Dickenverhältnis (hier $t_{90}/2t_0$) entsprach dem angenommenen Festigkeitsverhältnis $\sigma_{\parallel d}/\sigma_{\parallel z} \approx 1/2$ der Fasern.

Rechnet man mit Harzbruch, so kehrt sich das Aufwandsverhältnis um: die Querzugfestigkeit $\sigma_{\perp z}$ (≈ 40 N/mm²) ist sehr viel geringer als die Querdruckfestigkeit $\sigma_{\perp d}$ (≈ 140 N/mm²). Um bei einem Lastverhältnis $n_y/n_x = -1$ ein Dehnungsverhältnis $\varepsilon_y/\varepsilon_x = -40/140 \approx -0{,}35$ zu realisieren, müßte das Verhältnis der Schichtdicken $t_{90}/2t_0$ sehr groß sein, wie das Ergebnis einer Kontinuumsanalyse in Bild 5.4/13 zeigt. Das Optimum liegt aber nicht bei der Kreuzbewehrung ($\alpha = 0°$) sondern bei $\tan^2\alpha \approx 1/4$; es ist gegen Dickenvariation empfindlich, dagegen tolerant hinsichtlich α. Wählt man ein weniger extremes Dickenverhältnis $t_{90}/2t_\alpha \approx 2$, so kann man ohne wesentlichen Verlust an Sicherheit die Druckschicht durch zwei schräge Schichten unter $\alpha = \pm 45°$ ersetzen.

Gegen Faserbruch wurde eine Zugfestigkeit $\sigma_{\parallel z} = 1\,000$ N/mm² und eine Druckfestigkeit $\sigma_{\parallel d} = 500$ N/mm² zugrundegelegt, doch läßt sich diese nur ohne vorausgehende Harzschädigung erreichen. Da die Sicherheit gegen Harzbruch höchstens die

Hälfte der Faserbruchsicherheit beträgt, ist bei der Auswahl und Anordnung der Fasern in Schubwänden mehr auf ihre Steifigkeit als auf ihre Festigkeit zu achten.

Bild 5.4/14 gibt die Hauptdehnungen der Schubwand wieder. Danach wird bei Optimalauslegung ($t_{90}/2t_\alpha \approx 7$, $\tan^2\alpha = 1/4$) ein Verhältnis $\varepsilon_y/\varepsilon_x \approx \varepsilon_z/\varepsilon_d = -0{,}4$ realisiert.

Mit diesen Betrachtungen an GFK-Schichtlaminaten schließt das Kapitel zur Kräftepfadoptimierung. Sie sollten zeigen, daß die stab- oder netztheoretisch begründeten Aussagen zu optimalen Pfaden nicht ohne weiteres auf kontinuierliche, mehrachsig beanspruchte Strukturen übertragbar sind, auch wenn diese, im Unterschied zu isotropen Flächen, konstruktiv ausgezeichnete Richtungen aufweisen. Gerade beim orthotropen Kontinuum ist Vorsicht geboten, da sich Hauptspannungstrajektorien und Faserrichtungen im allgemeinen nicht decken, womit auch der Begriff *Kräftepfade* fragwürdig wird.

6 Krafteinleitungen, Ausschnitte und Verbindungen

Die Leichtbaukonstruktion soll in allen ihren Elementen möglichst bis an die Grenze der Tragfähigkeit ausdimensioniert sein, sei es bis zur Materialfestigkeit, sei es gegen Knicken oder Beulen. Querschnitte von Stäben oder Flächen sowie Kräftepfade von Fach- und Netzwerken wurden nach diesen Kriterien optimiert (Kap. 4 bzw. Kap. 5). Die eigentlichen Festigkeitsprobleme der Konstruktion treten jedoch in der Regel, unabhängig von der Frage der Gesamtauslegung, an besonders kritischen Punkten auf: nämlich an Stellen konzentrierter Kräfteeinleitung, an Ausschnitten, an Fügungen oder wo sonst der elementare Kräftefluß durch materielle oder geometrische Diskontinuitäten gestört ist. Daraus resultierende Spannungshäufungen oder Spannungsspitzen mindern empfindlich die Lebensdauer dynamisch beanspruchter Strukturen (Abschn. 7.2). Gelingt es nicht, sie durch konstruktive Maßnahmen zu vermeiden, so muß das Nennspannungsniveau gesenkt werden, entweder durch Reduzieren der Last oder durch Überdimensionieren. Jedenfalls wird die Optimierung des Gesamttragwerks fragwürdig, wenn man Spannungsspitzen nicht oder nur mit erheblichen Zusatzaufwand vermeiden kann.

Bei der Spannungsanalyse und der Konstruktion von Krafteinleitungen und Kraftumleitungen ist es wichtig, diese als ein von der Gesamtauslegung gesondertes Problem zu erkennen und zu behandeln. So werden in der elementaren Theorie schlanker Stab- und Flächenwerke Spannungsprobleme aus Kräfteeinleitungen als solche höheren Grades meistens vernachlässigt. Dagegen gewinnen Randstörungen bei gedrungenen, massiveren Strukturen größeren Einfluß auf das Gesamtverhalten; beispielsweise eine Wölbbehinderung des tordierten Stabprofils (Bd. 1, Abschn. 3.2.2). Dementsprechend nehmen Krafteinleitungselemente auch mehr oder weniger hohen Anteil am Gesamtgewicht.

Schlanke Stäbe und dünnwandige Flächen erhält man bei kleinem *Strukturkennwert* ($K = P/l^2$ bzw. $K = p/l$, d.h. bei geringer Last und großer Länge), massivere Konstruktionen werden bei hohem Kennwert erforderlich. Mit diesem wächst der relative Anteil der Knotenelemente und des Fügeaufwandes am Gesamtgewicht (Bild 4.2/1 bis 4.2/4) und damit auch ihr Einfluß auf den Gesamtentwurf, etwa auf die Fachwerktopologie (Bild 5.3/7). Hinzu kommt das rein geometrische Konstruktionsproblem, massive Einleitungselemente räumlich unterzubringen und anzuschließen (daraus erklärt sich die Tendenz zur Integralbauweise bei hohem Strukturkennwert). Das Tragwerk läßt sich dann nicht mehr unabhängig von seinen Zusatzelementen optimieren, wie auch *Elementarbelastung* und *Störung* in der Analyse nicht mehr zu trennen sind.

Aber auch bei niedrigem Strukturkennwert, wenn die Krafteinleitung das Gewicht und die Festigkeits- oder Steifigkeitsauslegung des Tragwerks nur wenig beeinflußt und sich als Störproblem gesondert behandeln läßt, bleibt doch die Gesamtkonstruktion gefährdet, sobald örtliche Spannungsspitzen auftreten und Anrisse auslösen. Solche zu vermeiden, ist eine wesentliche Aufgabe der Bauteilgestaltung; dabei spielt das Gewicht eine untergeordnete Rolle. Die *Gestaltoptimierung* kann dann praktisch auf eine Zielfunktion verzichten; es ist nur ein zulässiger Auslegungsbereich innerhalb verschiedener Spannungs- und Geometriegrenzen aufzusuchen. Gestalt und Steifigkeit der Gurte, Pflaster oder Verbindungselemente müssen so abgestimmt werden, daß weder in noch neben ihnen die Festigkeit überschritten wird. Abgesehen von geometrischen oder fertigungstechnischen Restriktionen, die einer solchen Abstimmung vielleicht entgegenstehen, wird diese durch den statisch unbestimmten Charakter des Störproblems erschwert: so reduziert eine örtliche Aufdickung zwar in sich das Spannungsniveau, zieht aber als Versteifung auch Kräfte auf sich und verlagert damit das Festigkeitsproblem womöglich auf den Scheibenbereich außerhalb des Gurtes oder Pflasters, oder in deren Anbindung. Im ungünstigsten Fall ist keine tragfähige Dimensionierung möglich (beispielsweise bei einer Klebeverbindung dicker Bleche); dann muß ein alternatives Konstruktionskonzept entwickelt werden (etwa eine geschäftete Verbindung oder eine mehrschichtig abgestufte Klebung). Gelingt es nicht, die Spannung in den geforderten Grenzen zu halten, so kann man im Rahmen der geometrischen Restriktionen bestenfalls die Spannungsspitze minimieren.

Die Optimierung einer im Entwurf vorgegebenen Einleitungsstruktur ist auf numerischem Wege möglich (Bild 5.4/8), u.U. aber sehr beschwerlich oder aufwendig, und nicht unbedingt zuverlässig im Erfassen lokaler Spannungsspitzen. Auch die im folgenden herangezogenen analytischen Lösungen beschreiben solche Spitzen nur ungenau und geben keine Hinweise zur kerbarmen Feingestaltung. Sie setzen vereinfachte Randbedingungen und konstante Dicke des Fügeteils voraus und erlauben damit, nach Maßgabe der *mittragenden Scheibenbreite* oder der *Abklinglänge* der Kleberschubspannung, höchstens eine Abschätzung der notwendigen Gurt- bzw. Überlappungslänge. Kerbspannungen im Gurtansatz oder Schälspannungsspitzen im Kleber werden damit kaum erfaßt; diese hängen von der Randausformung und von der Fertigungspräzision ab. Auch eine Feinmodellierung mit Finiten Elementen erhöht die Genauigkeit nur zum Schein, wenn die Randbedingungen idealisiert oder nicht reproduzierbar sind.

Wie man das Problem der Krafteinleitung von dem der Globalauslegung meistens trennen kann, so lassen sich im Sinne eines hierarchischen Strukturprinzips auch in der Einleitungskonstruktion selbst Auslegungs- und Gestaltungsprobleme unterschiedlichen Ranges erkennen und analytisch wie konstruktiv gesondert behandeln. Dies gilt beispielsweise für den längskrafteinleitenden Gurt und seine schubübertragende Niet- oder Klebeverbindung zur Scheibe, oder für eine querkrafteinleitende Kastenrippe mit Anschlußwinkeln und Nietung.

Analytische Grundlagen zum Entwurf von Krafteinleitungs- und Ausschnittkonstruktionen vornehmlich primären Ranges wurden in Bd. 1 bereitgestellt: Bei Längsgurtauslegungen kann vom Verlauf der *Mittragenden Breite* ausgegangen werden (Bd. 1, Abschn. 2.2.1 und 4.2.1). Die Einleitung von Biegequerkräften in dünnwandige Kastenträger oder Rohrschalen über schubsteife Rippen bzw. biegesteife Ringspante kann man näherungsweise als statisch bestimmt betrachten (Bd. 1, Abschn. 6.2.2 und 7.1.3). Konzentrierte Längskräfte, große Ausschnitte oder schiefe Einspannung verursachen Wölbstörungen des Kastens, die durch Längsgurte aufgenommen und über Rippen ins Gleichgewicht gebracht werden müssen (Bd. 1, Abschn. 7.2). Zur Querkrafteinleitung in Platten empfehlen sich biegesteife Rippen (Bd. 1, Bild 6.2/4 und 6.2/5); Ausschnitte in Schubwänden benötigen Randgurte (Bd. 1, Bild 6.1/5). Für Spannungsprobleme der Klebeverbindung kann man auf das einfache oder das erweiterte Sandwichmodell (Bd. 1, Abschn. 5.2.3 bzw. 5.2.6) oder auf das halbkontinuierliche Längsgurtmodell der Scheibe (Bd. 1, Abschn. 6.1.2) zurückgreifen.

Im folgenden werden zunächst (Abschn. 6.1) gewichtsrelevante Auslegungsprobleme diskutiert: erstens die Einleitung großer Kräfte, zweitens die Gestaltung großer Ausschnitte in Scheiben mit linienhaften Längs- und Randgurten. Weniger das Gewicht als die Spannungsspitze interessiert bei überlappten Klebeverbindungen zur Zug- und Schubübertragung (Abschn. 6.2); gleiches gilt für Niet- und Bolzenverbindungen (Abschn. 6.3), jedenfalls bei niedrigem Strukturkennwert. Zur Senkung des Spannungsniveaus im Bereich kleiner Ausschnitte, von Bohrungen oder Rissen empfehlen sich örtliche Aufdickungen oder Pflaster; dabei sind, wie bei flachen oder abgewinkelten Anschlußlaschen an Haut + Stringer + Rippen-Systemen, mehrachsige Spannungszustände und -verteilungen in den Fügeteilen sowie in ihrer Schubverbindung zu beachten und Spannungskonzentrationen durch kraftflußgerechte Gestaltung möglichst zu vermeiden (Abschn. 6.4). Ziel muß es sein, die *Formzahl* (den Spannungsfaktor) der Fügung, der Einleitungskonstruktion oder der Ausschnittverstärkung zu minimieren, da diese erheblichen Einfluß auf die *Gestaltsfestigkeit* dynamisch beanspruchter Strukturen nimmt (siehe Abschn. 7.2.1.2).

6.1 Einleitung und Umleitung von Scheibenkräften durch Gurte

Es liegt nahe, punktförmig konzentrierte Lasten in flächige Strukturen mittels linienhafter Elemente einzuleiten oder Ausschnittränder durch solche zu verstärken. *Punkt* und *Linie* sind hier, wie auch die *Fläche* selbst, abstrakte Modelle im Sinne einer einfachen Stab- und Flächentheorie und können darum die reale körperhafte Struktur nur soweit abbilden, wie es diese Idealisierung zuläßt. Daher wird der Spannungszustand in den Verbindungsknoten der Stabgurte oder in deren Klebe- oder Nietanschluß zur Scheibe, also das Unterproblem der *Krafteinleitung in den Einleitungsgurt*, auf dieser Abstraktionsebene nicht erfaßt. Bei relativ zu ihrer Länge und Breite *dickwandigen Flächen*, also bei hohen Strukturkennwerten, sind meistens auch massive Gurtquerschnitte erforderlich, die eine linienhafte Idealisierung fragwürdig machen. Die hier anzustellenden Betrachtungen gelten darum vornehmlich für *dünnwandige* Konstruktionen im niederen bis mittleren Kennwertbereich.

Die Idealisierung des Krafteinleitungselementes als *Gurt*, d.h. als gerader oder gekrümmter Zugdruckstab, ermöglicht es, einfache Gleichgewichts- und Verträglichkeitsbedingungen für den Zusammenhang von Gurt und Scheibe zu formulieren und mit analytischen Lösungen des Scheibenproblems zu verknüpfen. So kann man aus dem bekannten Verlauf der *Mittragenden Breite* einer Rechteckscheibe (Bd. 1, Abschn. 4.2.1.3) die erforderliche Gurtlänge und die mögliche Gurtverjüngung ablesen. Variiert man die inneren Versteifungen der *orthotropen Scheibe*, so läßt sich der Gesamtgewichtsaufwand von Gurt und Scheibe minimieren.

Dies gilt im Prinzip auch für die Kräfteumleitung an Ausschnitten, doch kann man bei diesen auch die Randform variieren, mit dem Ziel, eine Störung des elementaren Spannungszustandes in der Umgebung des Ausschnitts und daraus resultierende Zusatzgewichte zu vermeiden. Der Gewichtsaufwand der Randgurte, deren Dehnsteifigkeit wie auch die Randform den äußeren Belastungen der isotropen oder orthotropen Scheibe angepaßt werden muß, wird bei der Konstruktion des *Neutralen Ausschnitts* zwar nicht ganz, aber doch zum größeren Teil, durch das herausgeschnittene Material kompensiert.

Von einer Optimierung im strengen Sinn kann weder bei der hier vorgeschlagenen Längsgurtauslegung noch beim Neutralen Ausschnitt die Rede sein: bei diesem läßt sich der Randgurt nicht ausdimensionieren und das Gewicht nicht als Zielkriterium einschalten, bei jener werden die Festigkeitsrestriktionen der Scheibe ignoriert. Um die Einflüsse örtlicher Störspannungen zu mindern, wären hier wie dort Einzelmaßnahmen notwendig: bei der Rechteckscheibe am Gurtansatz, beim Ausschnitt in den Gurtknoten, und in beiden Fällen im Übergang bzw. in der Verbindung zwischen Scheibe und Gurt. Es ist hier aber auch nicht beabsichtigt, Optimierungsergebnisse vorzustellen; vielmehr soll gezeigt werden, wie man aufgrund idealisierter Modelle über einfache analytische Ansätze zu Strukturentwürfen gelangt, die dann für weitere numerische Optimierungen und für konkrete Detailkonstruktionen eine günstige Ausgangsbasis bieten. Eine konstruktive Ausgestaltung der hier nur linienhaft starr angenommenen Scheiben-Gurt-Verbindung erfordert besondere Überlegungen zur Fügetechnik und zur Fügetheorie (siehe Abschn. 6.2 und Abschn. 6.3).

6.1.1 Gurtauslegung zur Längskrafteinleitung in Rechteckscheibe

Das Problem der Kräfteeinleitung in Rechteckscheiben wurde einmal für das orthotrope Kontinuum, das anderemal für das Längsgurtmodell bereits angesprochen (Bd. 1, Abschn. 4.2.1 bzw. Abschn. 6.1.2). Nun sollen die Einflüsse der Steifigkeitsverhältnisse auf die Mittragende Breite der Scheibe näher untersucht und Auslegungskriterien für den Gurt formuliert werden.

Will man den Gesamtaufwand minimieren, so genügt es nicht, die Mittragende Breite zu betrachten und diese durch Variation der Scheibensteifigkeiten, etwa über den Bewehrungswinkel, zu maximieren. Eine solche Variation der Scheibe beeinflußt nämlich auch den erforderlichen Restgurtaufwand, so daß eine reine Längsbewehrung trotz geringerer Mittragender Scheibenbreite günstiger sein kann als eine Schrägbewehrung mit hoher Schubsteifigkeit. Am vorteilhaftesten hinsichtlich des Gesamtaufwandes erscheint eine Scheibe mit längs veränderlicher Steifigkeit: im Anlaufbereich schrägversteift zum Beschleunigen der Krafteinleitung, dahinter längsversteift entsprechend dem elementaren parallelen Kräftefluß.

Eine beschleunigte Kräfteeinleitung erhöht die Schubspitze am Gurtanlauf, zum einen in der Scheibe, zum anderen in deren Verbindung zum Gurt. Darum kann auch eine Verzögerung vorteilhaft sein, jedenfalls bei geringem Gurtgewichtsanteil, d.h. bei relativ zur Scheibenbreite geringer Last (kleinem Strukturkennwert $K = P/b^2$). Beschleunigt man die Einleitung durch eine Diagonalbewehrung der Scheibe, also durch Erhöhen der Schubsteifigkeit, so erhöht sich damit in der Regel auch die Schubfestigkeit; die Tragfähigkeit der Scheibe wird also durch eine solche Maßnahme kaum beeinträchtigt, möglicherweise aber die der Schubverbindung.

Von diesen Steifigkeitseinflüssen nahezu unberührt bleibt das Problem der Spannungsspitze, die bei Querkontraktionsbehinderung und starrem Gurtanschluß rein elastisch nach Unendlich tendiert. Solche Kerbeffekte lassen sich nur durch örtliche Gestaltungsmaßnahmen vermeiden oder reduzieren.

6.1.1.1 Einfluß des Gurtes auf die Mittragende Scheibenbreite

Bild 6.1/1 vergleicht die Verläufe der Mittragenden Breite einer orthotropen Scheibe bei unterschiedlicher Dehnsteifigkeit des krafteinleitenden Längsgurtes. Das Verhältnis der Längssteifigkeiten EA_G des Gurtes und $D_x b/2$ des zugehörigen (halben) Scheibenstreifens sei definiert als relativer Gurtaufwand

$$\delta \equiv 2EA_G/D_x b, \qquad (=2EA_G/c_{11}b \quad \text{bei} \quad \varepsilon_y=0). \qquad (6.1-1)$$

Die relative Schubsteifigkeit D_{xy}/D_x ($\approx 2c_{33}/c_{11}$) der Scheibe erscheint (wie in Bd. 1, Bild 4.2/3) als Verzerrungsfaktor der Längskoordinate x; die Dehnsteifigkeit D_y ist so groß angenommen, daß man die Querdehnung ε_y vernachlässigen kann.

Die Kurven für Randgurte konstanter Steifigkeit sind über ein Zwölfgurtmodell gerechnet. Aus der Auftragung in Bild 6.1/1 geht hervor, daß der Randgurtaufwand δ nur geringen Einfluß auf die Mittragende Breite nimmt (Bd. 1, Bild 6.1/14 bis 6.1/16). Die Kurve für den Randgurt konstanter Spannung (bzw. $\delta \to \infty$) folgt aus der Analyse des orthotropen Kontinuums (Bd. 1, Bild 4.2/3)

Die *Mittragende Breite* ist definiert als Verhältnis der über b gemittelten Kraft $\bar{n}_x$ zur Randkraft n_{xR}. Diese nimmt aber bei unverjüngtem Randgurt wie dessen Dehnung über die Länge ab. Für die Scheibendimensionierung wäre dann, abgesehen von zusätzlichen Schubkräften, die Längskraftspitze $n_{x\max}$ in der vorderen Feldecke maßgebend. Das *effektive Mittragen* der Scheibe, definiert als Verhältnis $\bar{n}_x/n_{x\max}$, erhält man über das Längskraftgleichgewicht

$$P=\sigma_{G\max}A_G=\sigma_G A_G+\bar{n}_x b_m/2=\sigma_G A_G(1+b_m/b\delta), \qquad (6.1-2)$$

als Funktion der örtlich mittragenden Breite b_m/b und des Gurtparameters δ

$$\bar{n}_x/n_{x\max}=b_m\sigma_G/b\sigma_{G\max}=(b_m/b)/(1+b_m/b\delta). \qquad (6.1-3)$$

Die dazu in Bild 6.1/1 (gestrichelt) gezeichneten Verläufe zeigen nun einen starken Einfluß des Gurtes: ist dieser zu schwach, so konzentriert sich die Scheibenspannung in der Feldecke; im übrigen Bereich bleibt die Scheibe schlecht ausgenutzt. Wählt man einen steifen Gurt, so sorgt dieser zwar einerseits für einen gewissen Ausgleich der Scheibenspannungen, andererseits erhöht sich aber der Gewichtsanteil des Gurtes.

6.1.1.2 Auslegung eines Einleitungsgurtes konstanter Spannung

Die Konzentration der Scheibenlängsspannung am Vorderrand kann man vermeiden, wenn man den Gurt gemäß seiner Kraftabnahme verjüngt. Dadurch wird zum einen die Scheibe über die Länge besser ausgenützt, zum anderen der Gurtaufwand reduziert. Mit zunehmender Mittragender Scheibenbreite

$$b_m/b=1-\exp(-\pi\sqrt{c_{33}/c_{11}}\,x/b) \qquad (6.1-4)$$

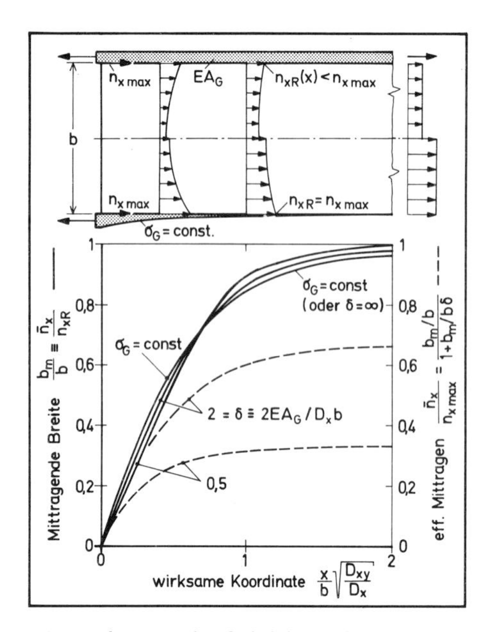

Bild 6.1/1 Längskrafteinleitung in orthotrope Rechteckscheibe. Einfluß der Gurtsteifigkeit und der Gurtverjüngung auf die örtliche und die effektive Mittragende Breite

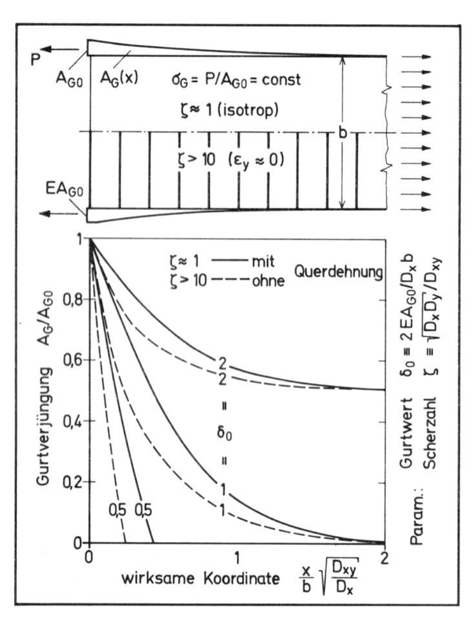

Bild 6.1/2 Längskrafteinleitung in Rechteckscheibe durch Randgurte konstanter Spannung. Gurtverjüngung, abhängig vom Gurtwert δ_0 (am Vorderrand)

(Bd. 1, Gl. (4.2–15)) verringert sich die Gurtkraft

$$P_G(x) = P_{G0} - n_{xR} b_m/2 = P_{G0} - \varepsilon_{xR} c_{11} b_m/2\,, \qquad (6.1-5)$$

und dementsprechend, für $\varepsilon_G = \varepsilon_{xR} = \text{const}$, die Gurtsteifigkeit

$$EA_G(x) = EA_{G0} - c_{11} b_m/2 = EA_{G0}(1 - b_m/b\delta_0)\,. \qquad (6.1-6)$$

Die Gurtverjüngung ist in Bild 6.1/2 über der wirksamen Längskoordinate der orthotropen Scheibe dargestellt; Parameter ist der relative Anfangsquerschnitt δ_0 des Gurtes. Mit $\delta_0 = 1$ ist der Gurt genau der Scheibe angepaßt und läuft asymptotisch gegen Null; bei $\delta_0 > 1$ ist er stärker als die Scheibe und behält einen Restquerschnitt; für $\delta_0 < 1$ versagt die Lösung, da die Funktion (6.1–5) einen Nulldurchgang mit negativem Restquerschnitt aufweist.

Der letzte Fall interessiert bei einer Längskraft, die im Verhältnis zur Aufnahmefähigkeit der Scheibe gering ist und nur einen kleinen Gurtquerschnitt erfordert. Ein solcher Gurt hätte seine ganze Kraft bereits an die Scheibe abgegeben, bevor deren Spannung über die Breite ausgeglichen ist. Für die Konstruktion kann man eine notwendige Gurtlänge abschätzen: diese muß wenigstens zu einer Mittragenden Breite $b_m/b = \delta_0$ führen; aus (6.1–4) folgt

$$\frac{l_{min}}{b} \approx \frac{1}{\pi}\sqrt{\frac{c_{11}}{c_{33}}}\,\ln\frac{1}{1-\delta_0}\,. \qquad (6.1-7)$$

Ist umgekehrt die einzuleitende Kraft größer als die Tragfähigkeit der Scheibe, so wird ein überstarker Gurt notwendig, der nur soweit verjüngt werden darf, wie ihn die Scheibe entlasten kann. Sein Restquerschnitt bestimmt sich aus der Bedingung $\delta_\infty = \delta_0 - 1$ zu

$$EA_{G\infty} = EA_{G0} - c_{11}b/2\,. \qquad (6.1-8)$$

Im übrigen zeigt Bild 6.1/2 auch, wie die Querkontraktionsbehinderung durch starre Querrippen die Einleitungslänge verkürzt.

6.1.1.3 Einfluß der Scheibenorthotropie auf die Gurtabnahme

Hinsichtlich des Gesamtaufwandes genügt es nicht, die Mittragende Breite der Scheibe zu maximieren; der Gurtaufwand hängt nicht allein von dieser, sondern auch vom Parameter δ_0 ab. Zur Beschleunigung der Kräfteeinleitung wäre eine große relative Schubsteifigkeit c_{33}/c_{11} erwünscht, zur Erhöhung der Längstragfähigkeit der Scheibe und damit zur Einsparung am Gurtrestquerschnitt dagegen ein großes Längssteifigkeitsverhältnis $c_{11}b/2EA_{G0} = 1/\delta_0$. Damit ist unbestimmt, ob die Scheibe besser längs oder schräg versteift wird.

Bild 6.1/3 zeigt die mögliche Gurtabnahme $\Delta EA_G(x)$, bezogen auf die Steifigkeit $E\bar{t}/(1-\nu^2)$ der zunächst isotrop und homogen angenommenen Scheibe. Zum Vergleich sind die Gurtabnahmen für verschieden verrippte orthotrope Scheiben gleicher mittlerer Dicke $\bar{t}$ aufgetragen, mit einem Hautanteil $t = \bar{t}/3$ und einem Steifenanteil $2\bar{t}/3$ (zur Berechnung der Steifigkeitswerte siehe Bd. 1, Abschn. 4.1.2.2). Dabei zeigt sich bei allen Versteifungsarten eine Verschlechterung gegenüber der isotropen Scheibe: in dieser ist das Material am besten genützt, es kommt sowohl der

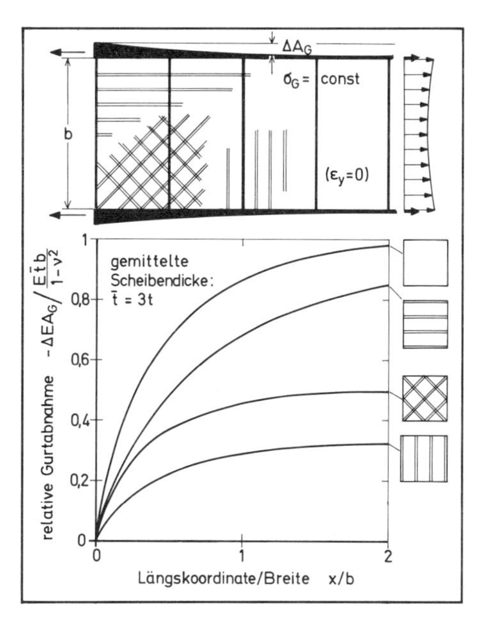

Bild 6.1/3 Längskrafteinleitung in unterschiedlich versteifte Blechscheiben. Abnahme des Gurtquerschnitts (konstanter Spannung) abhängig von Steifenrichtung

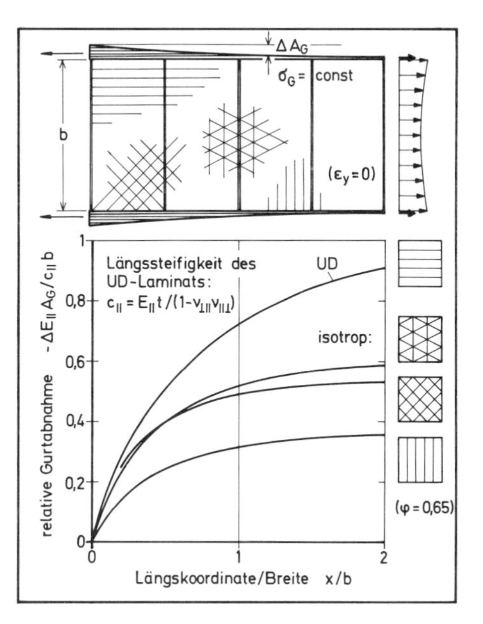

Bild 6.1/4 Längskrafteinleitung in unterschiedlich bewehrte GFK-Scheiben. Abnahme des Roving-Gurtquerschnitts abhängig von Faserorientierung der Scheibe

Schubsteifigkeit wie der Längssteifigkeit zugute. Sofern Verrippungen aus anderen Gründen, etwa gegen Biegen oder Beulen, notwendig sind, werden sie zur Aufnahme der Scheibenlängskraft am besten randparallel orientiert, weil dann der Gurtquerschnitt am stärksten abnehmen kann. Die höhere Schubsteifigkeit der schrägen Verrippung kommt selbst im Einleitungsbereich nicht gegen diesen Vorteil an.

Anders fällt ein solcher Vergleich bei orthotropen Faserverbundscheiben mit Faserrovinggurten aus. Bild 6.1/4 beschreibt die Gurtabnahme, bezogen auf die Längssteifigkeit $c_{\parallel}$ eines gleichfalls unidirektionalen Flächenlaminats. Wird aus drei derartigen Schichten ein elastisch isotroper Verbund ($0°/+60°/-60°$) aufgebaut, so nimmt gegenüber dem unidirektionalen Laminat gleicher Dicke die Schubsteifigkeit zu, während die Längssteifigkeit zurückgeht; noch mehr gilt dies für einen Diagonalkreuzverbund ($+45°/-45°$). Dementsprechend weniger kann der Gurt, bei gleichem Scheibenaufwand, am Ende abnehmen. Dieser Nachteil gegenüber einer unidirektionalen Scheibe wird auch durch die höhere Mittragende Breite im Einleitungsbereich nicht wettgemacht. Im Hinblick auf die Schubfestigkeit wäre dort, besonders in der Feldecke, allerdings eine Schrägbewehrung zweckmäßig.

6.1.1.4 Scheibe mit bereichsweise unterschiedlicher Steifigkeit

Für die Festigkeit wie für den Gesamtaufwand erscheint es vorteilhaft, die Faserbewehrung der Scheibe an den Hauptspannungstrajektorien des *Kräfteflusses* zu orientieren. Dies bedeutet, daß die Fasern im Einleitungsbereich etwa unter 30° bis 45° am Gurt anlaufen und sich allmählich randparallel ausrichten müßten.

Eine stetige Richtungsänderung ist konstruktiv nicht realisierbar. In Bild 6.1/5 ist statt dessen eine Scheibe mit bereichsweise konstanter, aber jeweils unterschiedlicher Steifigkeit betrachtet: sie ist im vorderen Bereich unter $+30°/-30°$ bewehrt und so weit aufgedickt, daß sie gleiche Längssteifigkeit aufweist wie das anschließende

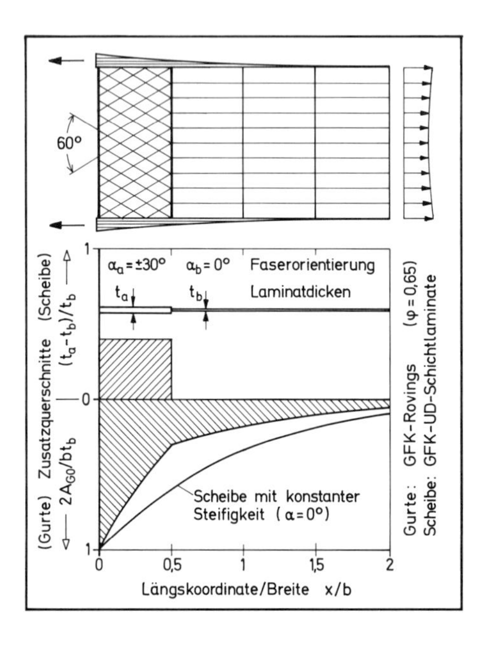

Bild 6.1/5 Längskrafteinleitung in GFK-Scheibe durch Rovinggurte. Reduzierter Gurtaufwand, erhöhter Scheibenaufwand durch schubversteiften Anlauf; nach [6.1]

unidirektionale Laminat. Dieser Zusatzaufwand der Scheibe ist im Diagramm als schraffierte Rechteckfläche ausgewiesen; er ist notwendig, um eine konstante Randgurtdehnung zu erzielen, muß aber nun dem gleichfalls schraffierten Gurtaufwand zuaddiert werden. Dadurch verringert sich der im Vergleich zur Scheibe konstanter Steifigkeit erwartete Gewichtsgewinn; der Vorzug einer derartigen gestuften Konstruktion wäre demnach hauptsächlich in der erhöhten Schubfestigkeit des Einleitungsbereichs zu sehen.

Im Gesamtaufwand muß man übrigens auch den Anteil der Querrippen berücksichtigen, der bei Schrägbewehrung ansteigt. Starke Einzelrippen sind jeweils am Vorderrand und im Übergang zur Längsbewehrung erforderlich.

6.1.1.5 Besondere Maßnahmen zur Festigkeit

Über (6.1−6) läßt sich der Einleitungsgurt nach Maßgabe der Mittragenden Scheibenbreite gewichtsminimal ausdimensionieren. Damit ist noch nicht gesagt, ob die Scheibe neben ihrer Längskraft auch die Schubbeanspruchung im Einleitungsbereich erträgt und ob die am Gurtanlauf wie am Gurtauslauf zu erwartenden Spannungsspitzen beherrschbar sind. Bei Differentialbauweise wäre überdies auch die Festigkeit der Niet- oder Klebeverbindung zu kontrollieren, die von der Schubverteilung der Scheibe am Gurtanschluß beansprucht wird.

Als Scheibenbeanspruchung wurde zunächst nur die Längskraft n_x (6.1−3) betrachtet. Auslegungsrelevant ist aber außerdem die bei Längskraftänderung zum Gleichgewicht erforderliche Schubkraft; sie ist in der Symmetrieachse gleich Null und hat am Gurtanschluß ihren Höchstwert

$$n_{xymax} = \bar{n}'_x b \equiv n_{xmax} b'_m \sim \sqrt{c_{33}/c_{11}} \,. \tag{6.1-9}$$

Sie folgt der Ableitung b'_m der Mittragenden Breite und ist nach (6.1−4) proportional der Wurzel aus dem Verhältnis c_{33}/c_{11} (Schubsteifigkeit zu Längssteifigkeit). Geht man davon aus, daß durch verstärkte Diagonalbewehrung die Schubfestigkeit ebenso wie die Schubsteifigkeit linear angehoben wird, so kann man sagen, daß die Erhöhung der Schubspannung (6.1−9) von der Festigkeitszunahme tendenziell eingeholt wird. Dies gilt erst recht, wenn sich die Verstärkungsmaßnahme auf den vorderen Scheibenbereich oder gar nur auf die Feldecke beschränkt.

Das eigentliche analytische und konstruktive Problem besteht nun allerdings darin, daß die Reihenentwicklung (Bd. 1, Gl. (4.4−14)) zwar für die Mittragende Breite b_m gut konvergiert, aber nur schlecht für ihre Ableitung b'_m und damit auch für die Schubkraftspitze n_{xymax}. Diese steigt an, wenn man Störglieder höherer Ordnung mitnimmt und tendiert in der Feldecke theoretisch nach Unendlich, wenn man die Querkontraktion unterdrückt (Bd. 1, Bild 4.2/3: $D_y = \infty$). So vorteilhaft eine starke Randrippe zur Beschleunigung der Krafteinleitung und zur Aufnahme von Querkräften n_y sein mag, so ungünstig erweist sich ihr Einfluß auf die Schubspitze; diese wird allenfalls durch örtliche Nachgiebigkeit der Scheibe oder der Verbindung abgebaut.

Im Prinzip ist die Spannungsspitze als Kerbeffekt zu interpretieren, wie er gewöhnlich bei unstetigen Querschnittsprüngen auftritt; sie läßt sich nur durch Ausrunden des Übergangs reduzieren. In Bild 6.1/6 sind dazu Vorschläge skizziert.

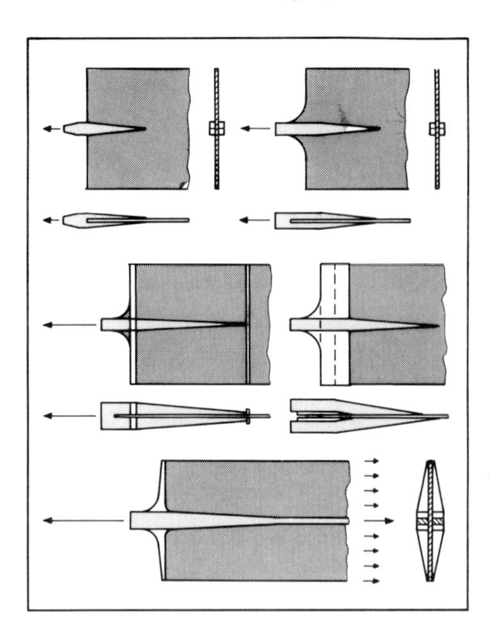

Bild 6.1/6 Längskrafteinleitung in Scheiben durch Gurte. Maßnahmen zur Festigkeit, besonders zur Vermeidung von Spannungsspitzen am Gurtanlauf und am Gurtende

Auch am Gurtende ist für möglichst stetigen Auslauf zu sorgen; dort können infolge fertigungstechnisch unvermeidbarer Diskontinuitäten Spannungssprünge und Spannungsspitzen auftreten. Zur Aufnahme konzentrierter Querkräfte wird wieder eine Einzelrippe empfohlen, zur Verteilung der Lastspitze vielleicht ein flächiger und abgerundeter Gurtauslauf.

Ist der Gurt nicht integral, sondern durch Kleben, Nieten oder Bolzen mit der Scheibe verbunden, so muß man die Verbindungsfestigkeit sichern. Zur Übernahme der Schubkraft n_{xymax} (6.1−9) ist eine hinreichend breite Anschlußfläche und gegebenenfalls eine mehrreihige Nietverbindung vorzusehen. Die Idealisierung des *linienhaften* Gurtes muß dabei aufgegeben und seine Querschnittgestaltung konkretisiert werden. Durch Schubnachgiebigkeit der Verbindung wird die Schubspannungsspitze in ihr und auch in der Scheibenecke reduziert, der globale Kräftefluß und die Schubverteilung nach (6.1−9) aber kaum beeinflußt. Bei flächenhaftem Anschluß oder mehrreihiger Nietverbindung ist auch die ungleiche Verteilung der Kleberschubspannung bzw. der Nietkräfte über die Flanschbreite zu beachten (Abschn. 6.2 und 6.3).

6.1.2 Scheibenausschnitte mit Randgurten, Neutralisierung

Kreisausschnitte in zugbelasteten isotropen Scheiben erhöhen die Spannung an der Lochflanke auf das Dreifache. Im allgemeineren Fall hängt der Erhöhungsfaktor von den Orthotropieverhältnissen der Scheibe und vom Achsenverhältnis des elliptischen Ausschnitts ab (Bd. 1, Bild 4.2/10). Er kann auf Zwei abgemindert werden, wenn man die Ellipse mit $a/b = 2$ in Lastrichtung streckt; damit ist der Gestaltungsspielraum praktisch erschöpft. Bei rechteckigen Ausschnitten wäre mit extremen Spannungsspitzen in den Ecken zu rechnen.

Will man die Spannungshäufungen der Scheibe weiter abbauen, so muß man den Ausschnitt durch Versteifungen kompensieren. Bei einem (relativ zur Scheibendicke) großen Ausschnitt kommen hierfür Randgurte in Betracht. Gurtsteifigkeit, Randform und Belastung müssen aufeinander abgestimmt werden: eine Aufgabe, die nur in Ausnahmefällen, etwa bei Rotationssymmetrie, analytisch lösbar ist.

Eine Sonderstellung nimmt der *Neutrale Ausschnitt* ein (siehe [6.3] und [6.4]): bei diesem herrscht in der Scheibe definitionsgemäß ein elementarer, ungestörter Spannungszustand; die Gurtkraft ergibt sich aus dem Gleichgewicht, und die Steifigkeitsverteilung des Gurts aus dem geometrischen Zusammenhang; die Randkurve ist im Normalfall eine Ellipse, deren Achsenverhältnis gleich der Wurzel des Hauptlastverhältnisses sein muß.

Der Neutrale Ausschnitt repräsentiert damit nicht unbedingt das Gewichtsminimum. Zwar ist die Scheibe selbst mit konstanter Dicke voll ausdimensioniert, doch wird über die Festigkeitsausnutzung des Randgurtes, der einer Steifigkeitsbedingung genügen soll, nichts ausgesagt. Zu einer *Optimierung* im Vergleich mit anderen Konstruktionen müßte man im übrigen geometrische Bedingungen vorgeben. (Da die Form des Neutralen Ausschnitts nach dem Lastverhältnis eingestellt werden muß, kann man ihn nur mit solchen Alternativen vergleichen, bei denen zufällig dieselbe Form oder wenigstens das gleiche Seitenverhältnis vorgegeben ist.) Der Vorzug eines Neutralen Ausschnitts liegt im wesentlichen darin, daß in seinem Umfeld keine weiteren Maßnahmen zum Spannungsausgleich erforderlich sind und das Dimensionierungs- und Formgesetz des Randgurtes in analytisch geschlossener Form vorliegt.

Allerdings treten durch das Formgesetz des Neutralen Ausschnitts Probleme auf, die seine Realisierbarkeit einschränken: die Ellipse entartet bei einachsiger Last zur Parabel, im Scheitelbereich werden theoretisch negative Gurtsteifigkeiten erforderlich. Dies führt zu konstruktiven Unstetigkeiten, Zusatzgurten und Gurtknoten, die örtliche Spannungsprobleme mit sich bringen und damit den angestrebten Neutralisierungseffekt infrage stellen. Eine Konstruktion, die den Scheibenzustand nur annähernd egalisiert, dafür aber durch kontinuierliche Formgebung und Gurtverläufe Spannungsspitzen vermeidet, ist darum in der Regel vorzuziehen.

6.1.2.1 Elliptischer Ausschnitt mit konstant steifem Randgurt

Bild 6.1/7 beschreibt, wie ein Randgurt konstanter Dehnsteifigkeit EA_G die Spannungsspitze an der Lochflanke einer einachsig gezogenen Scheibe reduziert: auch mit zunehmender Gurtsteifigkeit kann man den Spannungsfaktor nicht auf Eins abbauen, also damit auch keine *Neutralisierung* erzielen. Ein Minimum (3/2 beim Kreisausschnitt) erreicht dieser Faktor bei einem Gurtaufwand $A_R/tb \approx 0{,}4$ bis 0,6; beim Kreis wird damit etwa das Ausschnittmaterial ($\pi r^2 t$) im Gurtvolumen ($2\pi r A_R$) investiert. Ist der Gurt steifer, so zieht er zuviel Kraft auf sich und läßt den Spannungsfaktor wieder ansteigen. Stellt man überdies eine Biegesteifigkeit des Gurtes in Rechnung, so hat dieser schließlich die Wirkung eines starren Kernes mit Radialspannungsspitze am Ellipsenscheitel (Bd. 1, Bild 2.2/23).

Für eine zweiachsig isotrope (also rotationssymmetrische) Zugbeanspruchung, wie in Bild 6.1/8, kann der Ausschnitt völlig neutralisiert werden: als Kreis mit einem Gurtaufwand $EA_G = Etb/(1-\nu)$. Dies folgt aus den allgemeinen Form- und Steifigkeitsbedingungen des Neutralen Ausschnitts. Der Gurt kompensiert die

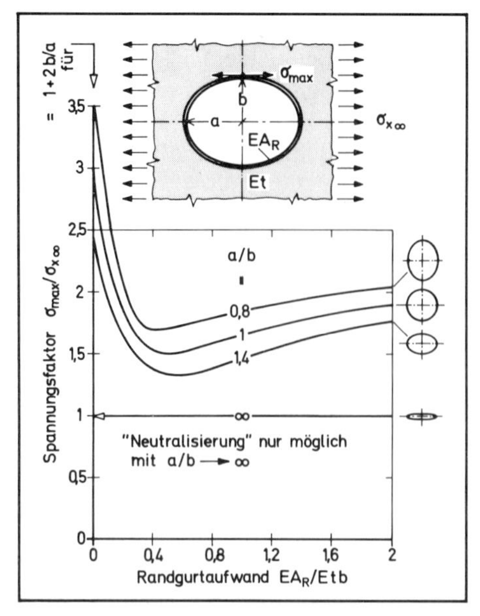

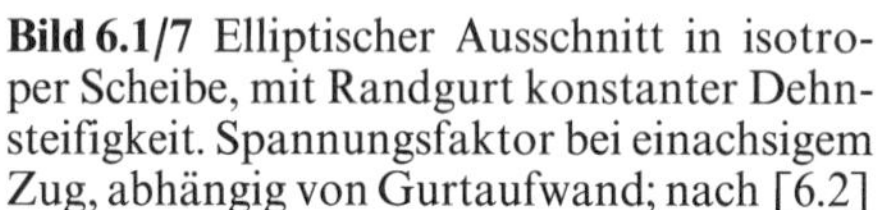
Bild 6.1/7 Elliptischer Ausschnitt in isotroper Scheibe, mit Randgurt konstanter Dehnsteifigkeit. Spannungsfaktor bei einachsigem Zug, abhängig von Gurtaufwand; nach [6.2]

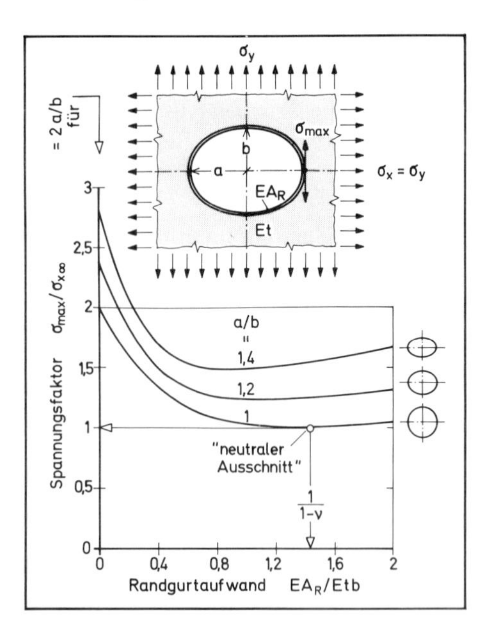

Bild 6.1/8 Elliptischer Ausschnitt in isotroper Scheibe, mit Randgurt konstanter Dehnsteifigkeit. Spannungsfaktor bei zweiachsigem Zug, abhängig von Gurtaufwand; [6.2]

Steifigkeit des herausgeschnittenen Materials; sein Volumen ist aber um den Faktor $2/(1-\nu)=2{,}9$ höher. Eine gewichtsneutrale Lösung des Ausschnittproblems wäre auch in keinem anderen Fall möglich, es sei denn bei Einsatz eines Gurtwerkstoffes mit gewichtsspezifisch höherer Steifigkeit E/γ, also bei *Hybridbauweise*.

6.1.2.2 Form- und Steifigkeitsgesetz des Neutralen Ausschnitts

Der Neutrale Ausschnitt soll so gestaltet und versteift sein, daß die Scheibe bis unmittelbar am Randgurt ihren ungestörten elementaren Belastungszustand behält; dieser sei beschrieben durch konstante *Hauptspannungen* bzw. *Hauptkräfte* n_x und n_y (Schubkräfte n_{xy} werden durch entsprechende Ausrichtung des Koordinatensystems x-y ausgeschlossen: $\tan 2\alpha = 2n_{xy}/(n_x - n_y)$, siehe Bd. 1, Bild 2.1/1). Um den elementaren Belastungszustand der Scheibe durch Gurte ins Gleichgewicht zu setzen, ist eine bestimmte Randkurvenform erforderlich, und zwar im allgemeinen ein Kegelschnitt.

Aus dem differentiellen Gleichgewicht am Gurtelement, mit dessen Kraft P_G und Neigungswinkel φ:

$$n_y \mathrm{d}x - \mathrm{d}(P_R \sin\varphi) = 0, \qquad n_x \mathrm{d}y + \mathrm{d}(P_R \cos\varphi) = 0 \tag{6.1-10}$$

folgt nach erster Integration und nach Elimination des Winkels

$$\tan\varphi \equiv \mathrm{d}y/\mathrm{d}x = (n_y x + C_x)/(n_x y + C_y) \tag{6.1-11}$$

mit noch offenen Konstanten C_x und C_y. Weitere Integration führt auf die Kegelschnittfunktion

$$n_y x^2 + 2C_x x + n_x y^2 + 2C_y y + C = 0\,. \tag{6.1-12}$$

Sie ist im speziellen Fall, abhängig vom Lastverhältnis

$n_y/n_x > 0$: eine Ellipse,

$n_y/n_x = 0$: eine Parabel,

$n_y/n_x < 0$: eine Hyperbel.

Praktisch ist nur die Ellipse als geschlossene Ausschnittform realisierbar; bei der Parabel und bei der Hyperbel läßt sich der Ausschnitt nur durch Zusammenfügen einzelner Kurvensegmente schließen.

Das Formgesetz fußt allein auf dem Gleichgewicht; es gilt darum für isotrope wie für orthotrope Scheiben unabhängig von deren Steifigkeiten. Diese nehmen erst auf die Gurtdimensionierung Einfluß: es muß nämlich die Gurtdehnung

$$\varepsilon_R = P_R/EA_R \tag{6.1-13}$$

mit den Scheibendehnungen (Bd. 1, Bild 4.1/2)

$$\begin{aligned} \varepsilon_x &= c_{11}^+ n_x + c_{12}^+ n_y = (n_x - \nu_x n_y)/D_x, \\ \varepsilon_y &= c_{12}^+ n_x + c_{22}^+ n_y = (n_y - \nu_y n_x)/D_y \end{aligned} \tag{6.1-14}$$

über die Transformationsbeziehung (Bd. 1, Bild 2.1/1)

$$\varepsilon_R = \varepsilon_x \cos^2\varphi + \varepsilon_y \sin^2\varphi \tag{6.1-15}$$

kompatibel sein. Legt man die x-Achse durch den Kurvenscheitel ($C_y = 0$), so folgt damit über (6.1–11) das Steifigkeitsgesetz des Randgurtes

$$EA_R = \frac{y/\cos\varphi}{(c_{11}^+ \cos^2\varphi + c_{12}^+ \sin^2\varphi) + (c_{22}^+ \sin^2\varphi + c_{12}^+ \cos^2\varphi)\, n_y/n_x} \tag{6.1-16}$$

als Funktion der Randkoordinaten y und φ, sowie der orthotropen Scheibensteifigkeit mit Ausnahme der Schubsteifigkeit.

Bei positivem Lastverhältnis n_y/n_x gilt nach (6.1–12) eine elliptische Randform, bei zentrierten Koordinaten ($C_x = C_y = 0$):

$$x^2/a^2 + y^2/b^2 = 1, \quad \text{mit} \quad a/b = \sqrt{n_x/n_y}\,. \tag{6.1-17}$$

Mit der über die Ableitung $\mathrm{d}y/\mathrm{d}x$ gewonnenen Randwinkelfunktion

$$\cos^2\varphi = \frac{1}{1+\tan^2\varphi} = \frac{1}{1+(\mathrm{d}y/\mathrm{d}x)^2} = \frac{1-(x/a)^2}{1-[1-(b/a)^2](x/a)^2} \tag{6.1-18}$$

folgt für die Randgurtsteifigkeit aus (6.1–16) die Formel

$$\frac{EA_R}{D_x b} = \frac{\{1-[1-(b/a)^2](x/a)^2\}^{3/2}}{1-\nu_x(b/a)^2 + [(b/a)^4 D_x/D_y - 1](x/a)^2}\,. \tag{6.1-19}$$

Bei einachsiger Belastung $n_x (n_y = 0)$ gilt nach (6.1–12) eine Parabel, mit Koordinatenursprung im Scheitel ($C_x = n_x r$):

$$y^2 = 2rx \text{ (Scheitelradius: } r). \tag{6.1-20}$$

Mit der Randwinkelfunktion

$$\cos^2\varphi = 1/(1+\tan^2\varphi) = 1/(1+r/2x) \qquad (6.1-21)$$

folgt aus (6.1 – 16) die Randgurtsteifigkeit

$$EA_R/D_x r = (1+2x/r)^{3/2}/(2x/r - \nu_x). \qquad (6.1-22)$$

An der orthotropen Scheibe interessieren hier nur noch die Längssteifigkeiten D_x und die Querkontraktionszahl ν_x. Deren Einfluß ist, auch in (6.1 – 19), von entscheidender Bedeutung für die Realisierbarkeit eines Neutralen Ausschnittes, wie im folgenden beschrieben.

6.1.2.3 Realisierung Neutraler Ausschnitte, Segmentbauweise

Bild 6.1/9 zeigt den Verlauf der Randgurtsteifigkeit nach (6.1 – 19) für eine isotrope Scheibe ($\nu_x = \nu = 0{,}3$; $D_x = D_y = Et$). Bei kleinem Lastverhältnis n_y/n_x und damit großer Streckung a/b nimmt die Gurtsteifigkeit unvertretbar hohe Werte an. Sie strebt nach Unendlich für $(b/a)^2 = n_y/n_x < \nu\,(=0{,}3)$. Dadurch wird es unmöglich, den Ausschnitt mit stetiger Berandung zu realisieren: der Scheitelbereich muß über eine gewisse Breite $2\Delta y$ ausgespart und die Berandung durch zwei Ellipsensegmente gebildet werden, die in einem Winkel zusammentreffen und dort von einem zusätzlichen Längsgurt ins Gleichgewicht zu bringen sind. Der Längsgurt hat die Steifigkeit $2D_x\Delta y$ und ersetzt damit die Scheibe im ausgesparten Streifen.

Das Beispiel in Bild 6.1/10 vermittelt eine Anschauung der Segmentkonstruktion für $n_x/n_y = 4$, mit $\Delta y/b \approx 1/3$ und einer entsprechenden Kürzung der Längsachse auf $(x/a)^2 = 8/9$. Damit erhält man nach (6.1 – 19) als stärksten Randgurtquerschnitt am Knoten $A_{Gmax} = 2{,}1 D_x b/E_G$ und als schwächsten $A_{Gmin} = 1{,}08 D_x b/E_G$ an der Flanke $(x=0)$.

Bei einer zweiachsig beanspruchten Scheibe mit verschwindend geringer Querkontraktion $\nu_x \approx 0$ (z.B. Kreuzbewehrung 0°/90°) bleibt der Gurtquerschnitt in jedem Fall endlich, und zwar $A_{Rmax}/A_{Rmin} = D_y a/D_x b$, so daß hier der Ausschnitt ohne weiteres geschlossen ausgeführt werden kann.

Dagegen wäre bei der einachsig belasteten Scheibe nach (6.1 – 22) selbst für $\nu_x = 0$ ein im Parabelscheitel starrer Gurt erforderlich. Der Scheitelbereich muß also unbedingt ausgespart bleiben, und zwar, nach dem Gurtsteifigkeitsverlauf in Bild 6.1/11 zu schließen, zweckmäßig über eine Länge $\Delta x/r \approx 1$ bis 2 und eine entsprechende Breite $\Delta y/r = 2^{1/2}$ bis 2. Beispiele praktischer Ausführungen zeigt Bild 6.1/12.

Ein Neutraler Ausschnitt für einachsige Zugbelastung muß demnach aus vier Parabelbögen gebildet werden, zum kompatiblen statischen System ergänzt durch einen in der Scheibe fortlaufenden Längsgurt und einen die Öffnung überbrückenden Quergurt mit Steifigkeiten

$$EA_{Gx} = 2D_x\Delta y \quad \text{und} \quad EA_{Gy} = 2D_x r/\nu_x(1+2x_G/r). \qquad (6.1-23)$$

Darin ist x_G, der Abstand des Quergurtes vom Parabelscheitel, eine noch freie Konstruktionsvariable. Wie die unterschiedlichen Auslegungsbeispiele in Bild 6.1/12 zeigen, erhält man bei kleinem x_G eine gedrungene, andernfalls eine gestreckte Ausschnittform, diese mit starkem, jene mit schwächerem Längsgurt. Die Quergurtsteifigkeit nimmt bei verschwindender Querkontraktionszahl ν_x unrealistisch hohen Wert an.

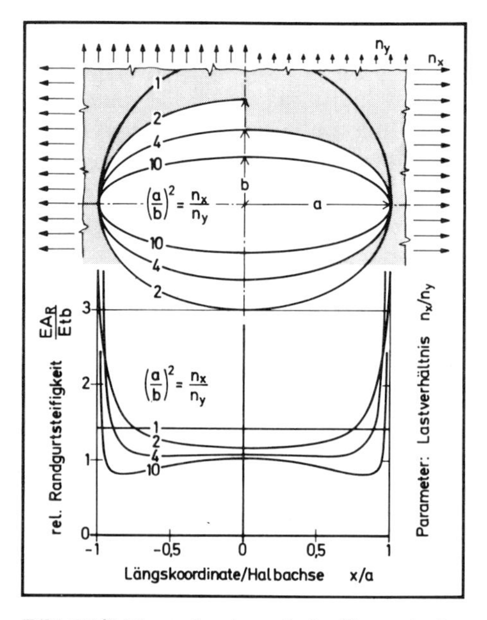

Bild 6.1/9 Neutraler Ausschnitt für zweiachsigen Zug. Elliptisches Formgesetz. Verteilung der Randgurtsteifigkeit bei isotroper Scheibe. Einfluß des Lastverhältnisses

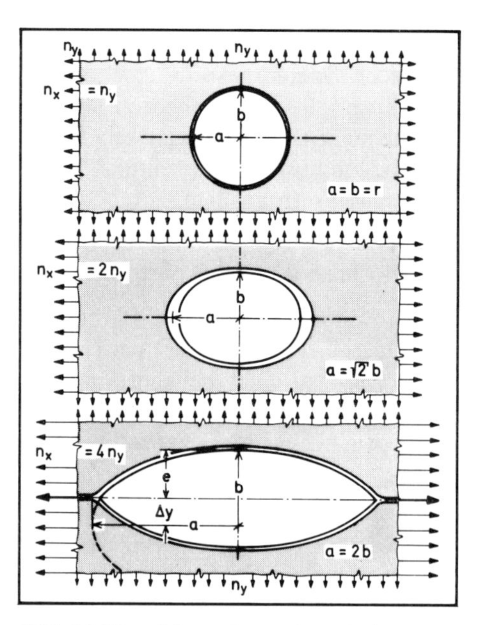

Bild 6.1/10 Neutraler Ausschnitt für zweiachsigen Zug. Gestaltung bei isotroper Scheibe, Übergang zu Segmentkonstruktion mit Längsgurt bei extremem Lastverhältnis

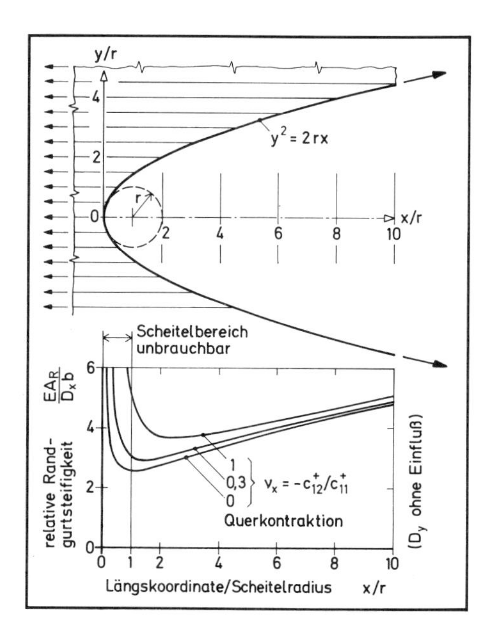

Bild 6.1/11 Neutraler Ausschnitt für einachsigen Zug. Parabolisches Formgesetz. Verteilung der Randgurtsteifigkeit bei orthotroper Scheibe, Einfluß der Querkontraktion

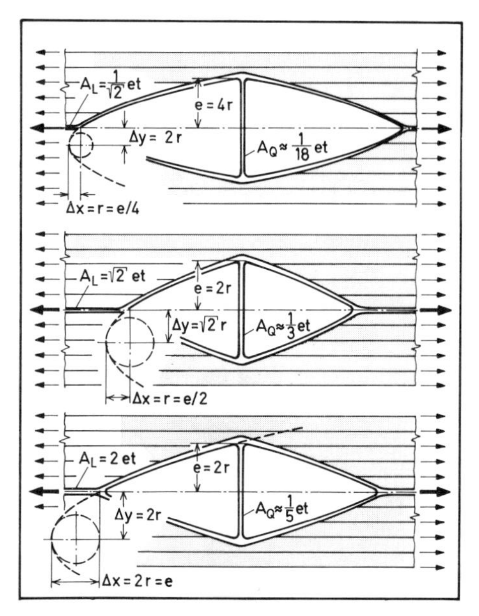

Bild 6.1/12 Neutraler Ausschnitt für einachsigen Zug. Segmentkonstruktion mit Längs- und Quergurt, bei unterschiedlichen Parabelabschnitten und Seitenverhältnissen

Angesichts derartiger Auslegungsschwierigkeiten, und im Hinblick auf unvermeidliche Spannungsprobleme in den Knoten des Gurtsystems, muß man die Zweckmäßigkeit eines theoretisch neutralen Ausschnitts für einachsige Belastung infrage stellen. Vernünftiger scheint es, gewisse Querkontraktionsstörungen in der Scheibe zugunsten einer einfacheren Konstruktion hinzunehmen, also eine etwa elliptische Form größerer Streckung anstelle der Segmentbauweise zu wählen.

6.1.2.4 Quasi neutrale Konstruktionen für Rechteckausschnitte

Die in Bild 6.1/12 skizzierte Parabelsegmentkonstruktion läßt sich durch Aufteilen des Quergurtes und Zwischenschalten zweier paralleler Längsgurte (jeweils mit $EA_R = D_x e$) zu einer beliebig langen, rechteckigen Öffnung erweitern, siehe Bild 6.1/13. Die von Parabelbögen umfaßten Dreiecke sind dann als Umleitungsstrukturen zu verstehen. Man kann diese, ohne daß sich an ihrer Funktion wesentliches ändert, durch die Haut schließen und als Gurtdreiecke linearisieren.

Konstruktiv einfacher wäre bei längs oder rechtwinklig versteiften Scheiben eine ebenfalls rechtwinklige Rahmenstruktur nach Bild 6.1/13 unten. Die Kräfteumleitung wird in diesem Fall durch Hautschub zwischen den Längsgurten besorgt. Dieser Bereich erfährt also eine Störung des elementaren Lastzustandes und müßte demgemäß verstärkt werden. Dagegen bleibt der Umgebungsbereich außerhalb der Längsgurte nahezu ungestört, wenn man diese für konstante Spannung ausdimensioniert und nach den in Bild 6.1/2 gezeichneten Kurven verjüngt.

Der globale Kräftefluß um einen Ausschnitt läßt sich also durch richtiges Anordnen, Gestalten und Dimensionieren berandender Längsgurte und Querrippen weitgehend ausgleichen und mehr oder weniger neutralisieren. Davon unberührt bleibt aber das Problem der örtlichen Spannungskonzentration in den Gurtknoten und den Ecken des Ausschnittes; dort ist stets durch Ausrundung mit hinreichendem Radius für einen Abbau der Kerbwirkung Sorge zu tragen.

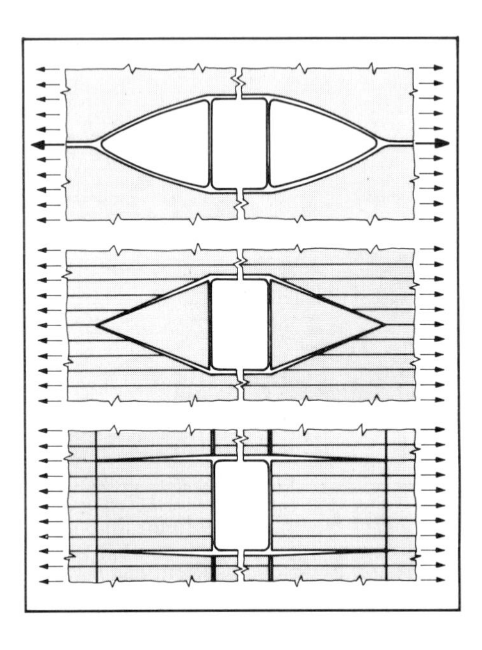

Bild 6.1/13 Neutraler Ausschnitt und quasi neutrale Konstruktionen für einachsigen Zug; mit beliebig langem Rechteckausschnitt zwischen den Bereichen der Kräfteumleitung

6.2 Klebeverbindungen zur Übertragung von Zug und Schub

In klassischer Leichtbauweise werden Bleche, Stringer und Rippen zu einer komplexen steifen Struktur verbunden. Aber nicht nur bei reiner *Differentialbauweise*, sondern auch dort, wo integral gefräste oder gepreßte Bauteile, profilierte oder verrippte Platten und Schalen zu einem größeren Tragwerk, etwa einem Tragflügelkasten, zusammengesetzt werden müssen, ist man auf eine fertigungs- und funktionsgerechte Fügetechnik angewiesen.

Technologisch und konstruktiv betrachtet bietet die Klebung nicht nur eine interessante Alternative zur herkömmlichen Nietverbindung, sondern ergänzt diese in geradezu idealer Weise: Spannungserhöhungen in geschwächten Nettoquerschnitten, Lochleibungsdrücke und Kerbeffekte, die bei Nieten und Bolzen unvermeidbar sind, lassen sich durch aufgeklebte Doppler auf das vertretbare Maß reduzieren. Als Alternative zur Nietung zeichnet sich die Klebung durch ihre geringere Kerbgefahr und höhere dynamische Anrißfestigkeit aus. Manche Konstruktionen, etwa die Sandwichbauweise, wären ohne Klebetechnik nicht zu realisieren.

Die überlappte Klebeverbindung eignet sich vorzüglich für absolut dünnwandige Leichtbaustrukturen (Blechdicken bis 2 mm); in dieser Einschränkung liegt aber auch ihr Konkurrenznachteil begründet: während Niet- und Schraubverbindungen fast in beliebiger Größe ausgelegt werden können, ist mit der realisierbaren Dicke der Keberschicht auch die des Fügeteils begrenzt. Man muß dann zu mehrschichtig abgestuften Klebelaschen oder Hybridverbindungen übergehen.

Fügungen in Tragwerken haben in der Regel die Funktion, Kräfte einzuleiten oder überzuleiten, bei flächigen Leichtbaustrukturen im allgemeinen durch Überlappungen. Dabei kann es sich einfach um die Verbindung zweier Bleche, um Längs- oder Quernähte etwa eines Druckkessels handeln, oder um das Sekundärproblem des Anschlusses einer primären Krafteinleitung, beispielsweise eines Längsgurtes (Abschn. 6.1.1). Will man die notwendige Überlappungslänge oder die erforderliche Anzahl Nietreihen bestimmen, so genügt es nicht, die Schubfestigkeit des Klebers oder die Belastbarkeit eines Nietes zu kennen; man muß auch etwas über die statisch unbestimmte Verteilung der Schubspannungen oder der Nietkräfte wissen.

Meistens läßt sich das analytische Problem der Fügung in der Regel von der Berechnung der statisch bestimmten oder unbestimmten Kraftflüsse der Gesamtstruktur trennen. So wird der Kesselzugfluß oder der Torsionsschubfluß einer Röhre von der Nachgiebigkeit der Verbindungsnähte überhaupt nicht beeinflußt, und die Mittragende Breite bei Kräfteeinleitung (Abschn. 6.1.1) oder die Gurtdimensionierung des Neutralen Ausschnitts (Abschn. 6.1.2) nur geringfügig. Am stärksten wirkt sich die Verbindung auf Spannungsspitzen der Fügeteile aus, die durch Nietlöcher oder Exzentrizitäten hervorgerufen, andererseits durch Schubnachgiebigkeit abgebaut werden.

Maßgebend für die Auslegung einer Niet- oder Klebeverbindung ist aber in erster Linie der Spitzenwert ihrer inneren Schubspannungsverteilung. Diese läßt sich für eine ideale Klebeverbindung in geschlossener Form berechnen und gilt im Prinzip auch für eine diskontinuierliche Reihennietung. Sie wird darum hier zuerst abgehandelt, und zwar für den einfachsten Fall einer nur einachsig unbestimmten Spannungsverteilung in Zug- und Schubnähten.

Unter Annahme elastischen Verhaltens der Fügeteile wie des Klebers lassen sich analytische Lösungen aufgreifen, die an analogen Modellen der Sandwichplatte und der Längsgurtscheibe hergeleitet wurden (Bd. 1, Abschn. 5.1 und 6.1). Die Verbindung wird nach Maßgabe der Schubspannungsspitze ausgelegt; doch kann man diese auch durch längere Überlappung nicht beliebig reduzieren (Abschn. 6.2.1). Der Wirkungsgrad der Verbindung stößt an eine Grenze, die durch die Steifigkeit der Fügeteile, den Schubmodul und die Schubfestigkeit des Klebers sowie durch dessen Schichtdicke bestimmt ist. Die Plastizität des Klebers baut Schubspannungsspitzen ab und vergrößert damit die effektive Überlappungslänge und den Wirkungsgrad; andererseits ist die Belastbarkeit nach oben durch die Streckgrenze der Fügeteile beschränkt (Abschn. 6.2.2). Bei langzeitbeanspruchten Klebungen (Abschn. 6.2.3) ist der Einfluß des Kriechens, der Umwelteinflüsse und der Alterung zu beachten; bei dynamischer Belastung auch die Schwingfestigkeit, besonders im Vergleich zur Nietverbindung.

6.2.1 Spannungsverteilungen nach elastischer Theorie

Die Tragfähigkeit der Klebeverbindung hängt von verschiedenen fertigungstechnischen Bedingungen ab, die eine wirklichkeitsgetreue Analyse der Spannungszustände und der Festigkeit sowie eine darauf gründende Dimensionierung erschweren. Empirische Untersuchungen und Firmenangaben beziehen sich darum meistens direkt auf ein- oder zweischnittige Verbindungen unterschiedlicher Fügeteile, weniger auf die Eigenschaften des Klebers selbst. Angaben vor allem zur Kleberschichtdicke, die je nach Verfahren unterschiedlich ausfallen kann, die für eine theoretische Spannungsanalyse aber bekannt sein muß, fehlen oft völlig. So liegen einer Dimensionierung meist eher technologische Prüfungen und Erfahrungswerte zugrunde als spannungsanalytische Berechnungen. Trotzdem ist es für das Verständnis sinnvoll, sich anhand eines mehr oder weniger idealisierten Analysemodells Vorstellungen über die Spannungsverteilungen zu bilden und daran die Einflüsse der geometrischen und der materialbedingten Parameter zu studieren.

Dazu genügt vorerst ein einfaches Modell, bei dem nur ebene Verschiebungen der Fügeteile in Betracht kommen und senkrechte Verformungen der Kleberschicht ausgeschlossen sind, analog zur einfachen Sandwichtheorie (mit inkompressiblem Kern) oder zum Längsgurtschema (ohne Querdehnung). Bei zugübertragenden Verbindungen muß man, um Biegemomente infolge Exzentrizität auszuschließen, eine symmetrisch zweischnittige Fügung annehmen. Bei Schubübertragung, die ansonsten völlig analog gerechnet werden kann, erübrigt sich diese Voraussetzung, da in ihr weder Schälspannungen noch nichtlineare Verformungen auftreten.

Die allgemeine Lösung der am Modellelement formulierten Differentialgleichung führt auf zwei entscheidende Parameter: das Verhältnis ψ der Fügeteildicken bzw. -steifigkeiten, und die Klebungskennzahl ϱ, die neben den Steifigkeiten der Fügeteile und der Kleberschicht die Überlappungslänge als eigentliche und einzige Dimensionierungsvariable enthält. Im übrigen nehmen die Randbedingungen Einfluß. Hinsichtlich der Fügeteilränder sind zwei Fälle zu unterscheiden: erstens die Kräfteübertragung zwischen zwei Blechen, zweitens das durchlaufende Blech mit aufgeklebtem Pflasterstreifen zur Verstärkung einer Lochreihe oder als Flansch eines Versteifungsprofils oder eines Anschlußwinkels. Für die Zwischenschicht kann man im einfachen Modell keine Randbedingung vorschreiben. Bei einem erweiterten Modell mit kompressibler Zwischenschicht ließe sich fordern, daß deren Schubspannung am Rand verschwindet; dadurch würde das Schubmaximum, ohne seinen Betrag wesentlich zu ändern, etwas nach innen rücken und eine Schälspannungsspitze berechenbar. Da sich die idealen Randbedingungen des empfindlicheren Modells in der Praxis aber kaum wiederfinden, und weil im übrigen die Kleberplastizität Schub- und Schälspannungsspitzen abbaut, genügt im allgemeinen eine Abschätzung nach der einfachen Theorie. Deren Ergebnisse seien zunächst erläutert.

6.2.1.1 Analogie zum Sandwich- und zum Längsgurtmodell

Die allgemeine Lösung der einfachen Klebetheorie entspricht analog den bereits bekannten, im halbkontinuierlichen Längsgurtmodell entwickelten Beziehungen für Kräfteeinleitungen und -umleitungen in Scheiben (Bd. 1, Abschn. 6.1.2). Dabei ist die Scheibenebene des Gurtmodells als Längsschnittebene der Überlappungsverbindung anzusehen: der stabförmige Längsgurt als flächiges Fügeteil, die Schubwand als dreidimensionale, körperhafte Zwischenschicht. Die modellanalytische Annahme, daß sich Längskräfte in den Gurten konzentrieren, während die Zwischenwände nur Schub und Querkräfte (Schälspannungen) übernehmen, sollte beim Gurtmodell die Rechnung vereinfachen, trifft indes bei der Blech-Klebeverbindung real zu: die Längssteifigkeit der Klebeschicht ist sehr viel geringer als die der Bleche und somit vernachlässigbar; zum anderen ist ihr Schubmodul relativ gering, so daß allein die Klebernachgiebigkeit für die gegenseitige Verschiebung der Bleche verantwortlich ist und letztere nur mit ihrer Dehnsteifigkeit in die Rechnung eingehen. (Näher läge die Analogie zwischen Klebe- und Sandwichtheorie, da hier nur der Kern durch die Kleberschicht zu ersetzen wäre; analytische Lösungen für die Sandwichbauweise wurden aber hauptsächlich für Biege- und Beulbeanspruchungen aufgestellt, und nur ausnahmsweise auch für ein ebenes Scheibenproblem; siehe Bd. 1, Abschn. 5.2.3).

Bild 6.2/1 veranschaulicht die analogen Beziehungen der Klebeverbindung einerseits und des Längsgurtmodells andererseits im Fall der Zugübertragung. In beiden Modellen ist durch zweischnittige Verbindung exzentrische Biegung vermieden. Auch in der Zwischenschicht sind nur horizontale Verschiebungen zugelassen; Schälspannungen lassen sich damit nicht erfassen. Bei schubübertragender Verbindung nach Bild 6.2/2 treten keine Schälspannungen und keine Exzentrizitätsprobleme auf; darum genügt eine einschnittige Fügung.

Die Analogie läßt sich nicht nur zwischen Klebeverbindung, Sandwichscheibe und Gurtmodell formulieren; sie gilt auch zwischen dem Problem der Zugübertragung (ohne Exzentrizität) einerseits und dem der Schubübertragung andererseits. Im einzelnen entsprechen sich die elastischen und geometrischen Verhältnisse der Gurt- und Zwischenschichten wie folgt:

- Zuggurtmodell: $P/\varepsilon = EA, \quad q/\gamma = Gt, \quad \gamma' = \Delta\varepsilon/d,$
- Sandwich, Zug: $p_x/\varepsilon_x = E_x t, \quad \tau_{Kx}/\gamma_{Kx} = G_{Kx}, \quad \gamma'_{Kx} = \Delta\varepsilon_x/h,$
- Sandwich, Schub: $q_{xy}/\varepsilon_{xy} = G_{xy} t, \quad \tau_{Ky}/\gamma_{Ky} = G_{Ky}, \quad \gamma'_{Ky} = \Delta\varepsilon_{xy}/h,$ (6.2–1)
- Klebung, Zug: $p_x/\varepsilon_x = E_x t, \quad \tau_{Kx}/\gamma_{Kx} = G_K, \quad \gamma'_{Kx} = \Delta\varepsilon_x/t_K,$
- Klebung, Schub: $q_{xy}/\varepsilon_{xy} = G_{xy} t, \quad \tau_{Ky}/\gamma_{Ky} = G_K, \quad \gamma'_{Ky} = \Delta\varepsilon_{xy}/t_K.$

Dabei ist für die Klebeverbindung als allgemeiner Fall Orthotropie der Fügeteile, beim Sandwich außerdem solche des Kernes unterstellt.

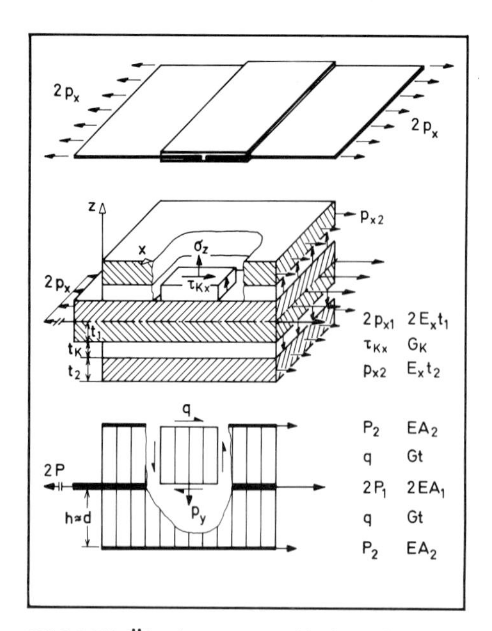

Bild 6.2/1 Überlappungsverbindung für Zugübertragung. Spannungen und Steifigkeiten von Fügeteilen und Kleberschicht; Analogie zum Längsgurtmodell (Bd. 1, Bild 6.1/12)

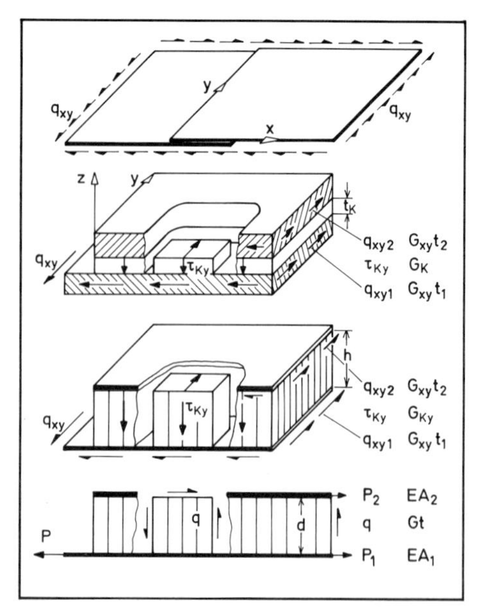

Bild 6.2/2 Überlappungsverbindung für Schubübertragung. Spannungen und Steifigkeiten; Analogie zum Sandwich- und zum Längsgurtmodell

Mit der Bezugslänge a der Scheibe bzw. l der Überlappung erhält man die charakteristischen Parameter der Fälle

- Zuggurtmodell: $\varrho^2 \equiv (1+\psi)\,Gta^2/EA_1 d,\quad \psi \equiv E_1A_1/E_2A_2,$ (6.2–2a)
- Klebung, Zug: $\varrho^2 \equiv (1+\psi)\,G_K l^2/E_{x1}t_1t_K,\quad \psi \equiv E_{x1}t_1/E_{x2}t_2,$ (6.2–2b)
- Klebung, Schub: $\varrho^2 \equiv (1+\psi)\,G_K l^2/G_{xy1}t_1t_K,\quad \psi \equiv G_{xy1}t_1/G_{xy2}t_2$ (6.2–2c)

und mit diesen die bekannten Lösungen der Kräfteeinleitungen und -umleitungen (Bd. 1, Abschn. 6.1.2.3).

6.2.1.2 Überlappungsverbindung für Zugübertragung

Bild 6.2/3 zeigt Abbau und Aufbau der Zugkräfte $p_1(x) = \sigma_1(x)t_1$ und $p_2(x) = p - p_1(x)$ in zwei gleichstarken Fügeteilen (Blechen), sowie die aus ihrer Ableitung resultierende bzw. diese besorgende Kleberschubverteilung

$$\tau_K = p_2' = -p_1' \quad \text{bzw.} \quad \tau_K/\sigma_{10} = -t_1\sigma_1'/\sigma_{10} \tag{6.2–3}$$

als Funktion der Klebungskennzahl ϱ. Diese enthält neben den im allgemeinen vorgegebenen Steifigkeiten der Fügeteile und der Kleberschicht die variable Überlappungslänge l, deren Einfluß durch die Auftragung unterschiedlicher Spannungsverläufe deutlich werden soll:

Bei kurzer Überlappung erhält man eine ausgeglichene aber hohe Kleberschubspannung $\tau_K(x)$, bei größerer Länge eine ungleichförmige Verteilung mit ausgeprägter, aber weniger hohen Spitze $\tau_{K\max}$. Diese ist für die Festigkeit ausschlaggebend und

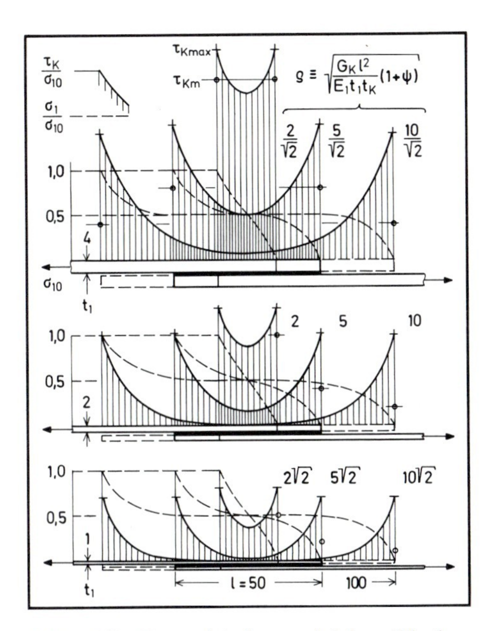

Bild 6.2/3 Zugverbindung gleicher Bleche. Symmetrische Verteilung der Kleberschubspannung, abhängig von der Klebungskennzahl (Überlappungslänge l, Blechdicke t)

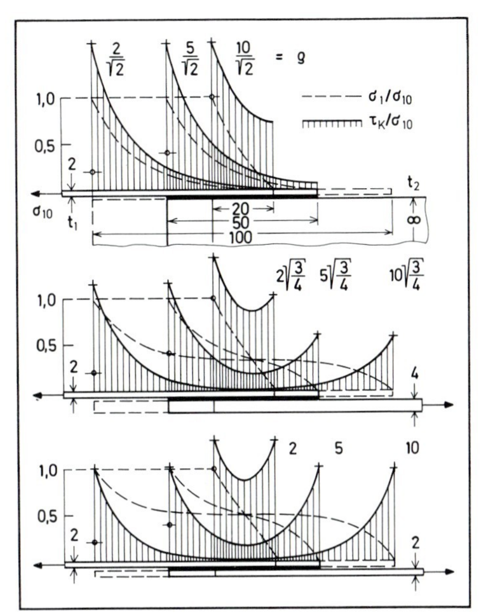

Bild 6.2/4 Zugverbindung ungleicher Bleche. Unsymmetrische Verteilung der Kleberschubspannung, abhängig von Kennzahl (Länge) und Dickenverhältnis

soll darum möglichst niedrig sein; sie läßt sich aber nicht beliebig reduzieren: geht di Überlappungslänge über eine gewisse Wirkungsläne l^* (aus $\varrho^*=5$) der Kraftübertra gung hinaus, so verlängert sich nur der schubspannungsfreie mittlere Bereich, während die Schubspitze konstant bleibt. Die Kraft wird dann nur noch an den Enden der Verbindung übertragen.

Je dünner die Fügeteile sind, desto höher ist die übertragbare Blechspannung σ_{10} im Verhältnis zur Schubspitze τ_{Kmax} und desto geringer die dazu erforderliche Überlappungslänge, wie die Beispiele in Bild 6.2/3 zeigen sollen.

Bei unterschiedlich starken Fügeteilen ($\psi<1$) verteilt sich die Spannung unsymmetrisch, siehe Bild 6.2/4; dabei tritt die höhere, entscheidende Spitze τ_{Kmax} am Ende des dickeren Bleches auf. Verstärkt man dieses, so steigt die Mindestschubspitze im Vergleich zum symmetrischen Fall höchstens um den Faktor $2^{1/2}$ (für $\psi\to 0$); im wesentlichen bleibt also das schwächere Blech für die Klebung maßgebend.

Die Spannungsverläufe in den Bildern 6.2/3 und 6.2/4 folgen aus der analogen Betrachtung am Längsgurtmodell (Bd. 1, Gl. (6.1−25), (6.1−26) und Bild 6.1/12). Mit der Überlappungslänge $l=2a$ als Bezugslänge in ϱ (6.2−2b) erhält man die Schubspannungsverteilung

$$\frac{\tau_{\mathrm{K}}(x)}{\tau_{\mathrm{Km}}}=\frac{\tau_{\mathrm{K}}(x)}{p/l}=\frac{\tau_{\mathrm{K}}}{\sigma_{10}}\,\frac{l}{t_1}=\frac{\varrho}{2}\left[\frac{\cosh(\varrho x/l)}{\sinh(\varrho/2)}-\frac{(1-\psi)}{(1+\psi)}\,\frac{\sinh(\varrho x/l)}{\cosh(\varrho/2)}\right] \qquad (6.2-4)$$

und im besonderen deren Spitzenfaktor bei $x=-l/2$:

$$\frac{\tau_{\mathrm{Kmax}}}{\tau_{\mathrm{Km}}}=\frac{\tau_{\mathrm{Kmax}}}{\sigma_{10}}\,\frac{l}{t_1}=\frac{\varrho}{2}\left[\coth\frac{\varrho}{2}+\frac{1-\psi}{1+\psi}\tanh\frac{\varrho}{2}\right]. \qquad (6.2-5)$$

Beide hyperbolischen Funktionen gehen mit steigender Kennzahl ϱ gegen Eins; praktisch kann man bereits bei

$$\varrho > \varrho^* = 5, \quad \text{bzw.} \quad l > l^* = \varrho^* \sqrt{E_1 t_1 t_K / G_K (1+\psi)} \tag{6.2-6}$$

mit dem Grenzwert des Schubspannungsfaktors

$$\tau^*_{K\max} / \tau_{Km} = \varrho / (1+\psi) \tag{6.2-7}$$

rechnen, d.h. aber: mit einem von der Überlappungslänge l unabhängigen Mindestwert der Spannungsspitze

$$\tau^*_{K\max} / \sigma_{10} = \varrho t_1 / l (1+\psi) = \sqrt{G_K t_1 / E_1 t_K (1+\psi)}. \tag{6.2-8}$$

Diese steigt mit der Fügeteildicke t_1, wie bereits anhand der Bilder 6.2/3 und 6.2/4 diskutiert.

Es ist in jedem Fall zu beachten, daß die Fügung, um exzentrische Biegung zu vermeiden, symmetrisch zweischnittig ausgeführt werden muß; die Fügeteildicke t_1 wäre dann als halbe Scheibendicke $2t_1$ zu verstehen. Praktisch bedeutet dies, daß auch noch bei dickeren Blechen eine tragfähige Verbindung realisierbar ist.

Handelt es sich, wie in Bild 6.2/1 oben skizziert, um eine Laschenverbindung, so gelten die Aussagen der Bilder 6.2/3 und 6.2/4 für die linke wie für die rechte Überlappung. Da die eigentlichen Fügeteile, die Bleche, hier nicht exzentrisch versetzt sind, genügt bei großer Laschendicke $t_2 > t_1$ u.U. auch eine einschnittige Verbindung.

6.2.1.3 Durchlaufende Scheibe mit Querstreifenpflaster

Zur örtlichen Verstärkung der Scheibe, beispielsweise im Bereich einer Lochreihe, kann quer zur Zugrichtung ein Pflasterstreifen als *Doppler* aufgeklebt sein. Es kann sich aber auch um den Flansch eines Versteifungsprofils oder eines Anschlußwinkels handeln, der zwar hinsichtlich der Scheibenzugbelastung keine tragende Aufgabe hat, dessen Klebeanbindung aber durch das unvermeidbare Mittragen des Flansches schubbeansprucht und damit gefährdet ist.

Bild 6.2/5 zeigt neben der symmetrischen Senkung der Scheibenspannung $\sigma_1(x)/\sigma_{10}$ im Pflasterbereich den antimetrischen Verlauf der relativen Kleberschubspannung $\tau_K(x)/\sigma_{10}$. Deren Spitzenwert $\tau_{K\max}$ steigt diesmal mit zunehmender Pflasterlänge (in Lastrichtung x) und erreicht seinen Höchstbetrag bei l^* (6.2–6). Dient das Pflaster als Verstärkung einer Lochreihe, so muß, damit die Störung aus der Bohrung (Radius r) und der Krafteinleitung sich nicht überschneiden, das Spannungsniveau $\sigma_1 = \sigma_2$ über einen inneren Bereich etwa der Länge $10r$ konstant sein, die Gesamtlänge des Pflasters somit $l > l^* + 10r$. Um das Zugspannungsniveau zum Ausgleich der Zugspannungsspitze am Bohrungsrand hinreichend abzusenken, wäre mindestens eine Pflasterdicke $t_2/t_1 = 1$ bis 2 erforderlich. Je dünner die Scheibe, desto unproblematischer ist die Applikation eines Verstärkungspflasters, da mit t_1 auch die Schubspitze $\tau_{K\max}$ zurückgeht (Beispiele in Bild 6.2/5).

Handelt es sich nicht um ein Verstärkungspflaster, sondern um einen Anschlußflansch, so muß man im Interesse einer niedrigen Schubspitze empfehlen, den Flansch so schmal oder so dünn wie möglich auszubilden; die durchlaufende Scheibe mag so dick sein wie sie will. Bild 6.2/6 zeigt dazu die Spannungsverteilungen und -spitzen bei unterschiedlichen Dickenverhältnissen $t_2/t_1 = 0{,}5$; 2 und ∞.

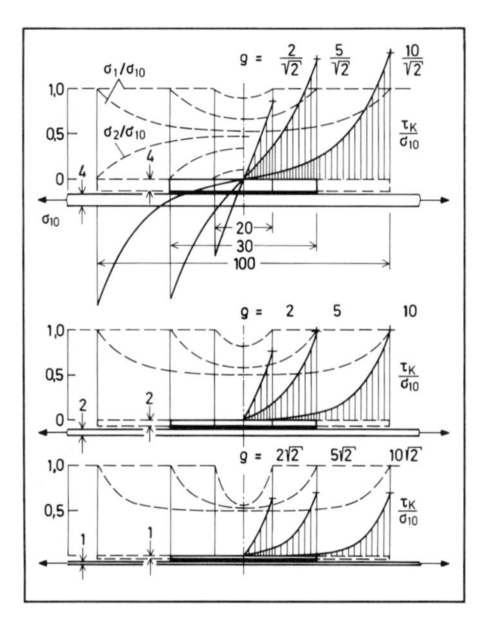

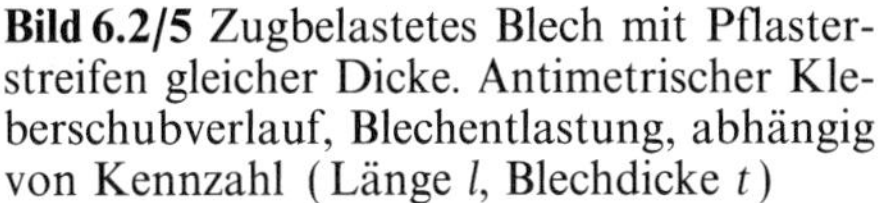

Bild 6.2/5 Zugbelastetes Blech mit Pflasterstreifen gleicher Dicke. Antimetrischer Kleberschubverlauf, Blechentlastung, abhängig von Kennzahl (Länge l, Blechdicke t)

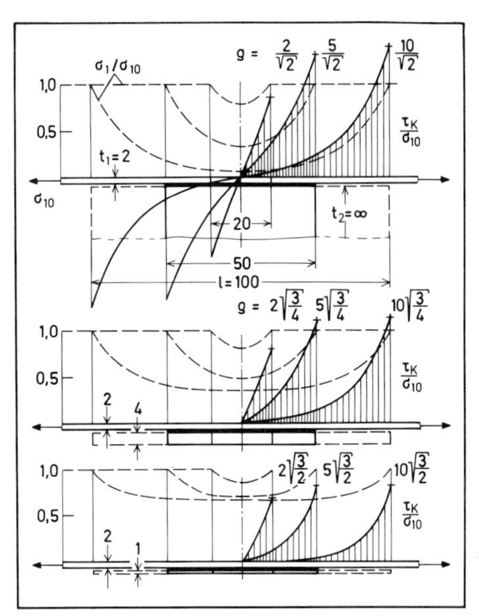

Bild 6.2/6 Zugbelastetes Blech mit dickerem oder dünnerem Pflasterstreifen. Antimetrischer Kleberschubverlauf, Blechentlastung, Einfluß von Kennzahl und Dickenverhältnis

Die Berechnungsformeln zu den Kurven in Bild 6.2/5 und 6.2/6 erhält man wieder analog zum Gurtmodell (Bd. 1, Gl. (6.1–21), (6.1–24) und Bild 6.1/11). Anstelle der Einspannung der Gurtscheibe (mit Länge a) muß man sich die Symmetrieebene und den Koordinatenursprung des Pflasters (mit Länge $l=2a$) vorstellen. Für den Verlauf der Kleberschubspannung und deren Spitze gilt dann, mit den charakteristischen Parametern ϱ und ψ (6.2–2b):

$$\frac{\tau_K}{p/l}=\frac{\varrho}{1+\psi}\,\frac{\sinh(\varrho x/l)}{\cosh(\varrho/2)}\,,\qquad \frac{\tau_{K\max}}{p/l}=\frac{\varrho}{1+\psi}\tanh(\varrho/2) \tag{6.2–9}$$

und, diesmal als Höchstwert, für $l>l^*$ (6.1–6) wieder die längenunabhängige Schubspitze $\tau^*_{K\max}$ (6.2–8). Bei kurzem Pflaster ($l \ll l^*$) linearisiert sich der antimetrische Schubspannungsverlauf; sein Spitzenwert geht nach Null bei verschwindender Länge oder Dicke des Pflasters.

Die Gefahr exzentrischer Biegung ist bei der durchlaufenden Scheibe mit Pflaster geringer als bei der einfachen Überlappungsnaht. Trotzdem sollte man ein Pflaster möglichst beidseitig aufsetzen; t_1 versteht sich dann wieder als halbe Scheibendicke, während t_2 für das obere wie für das untere Pflaster gilt.

6.2.1.4 Überlappungen und Pflaster bei Schubübertragung

Ist die zu verbindende oder zu verstärkende Scheibe schub- statt zugbelastet, so sind bei langer Naht oder langem Pflasterstreifen keine Exzentrizitätseffekte zu gewärtigen; anstelle einer ebenen Scheibe darf es sich darum auch um eine Membranschale,

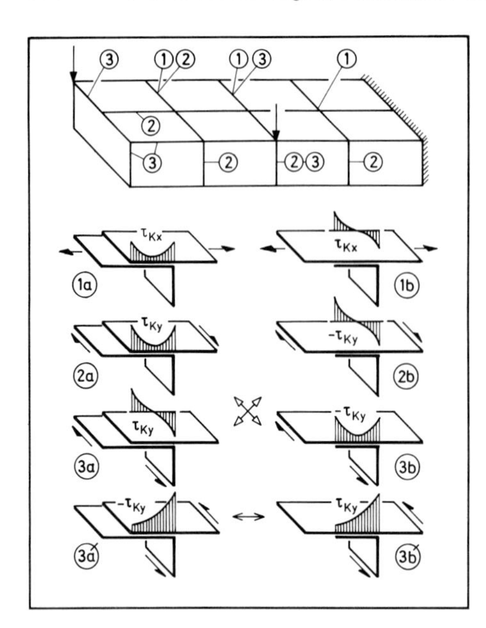

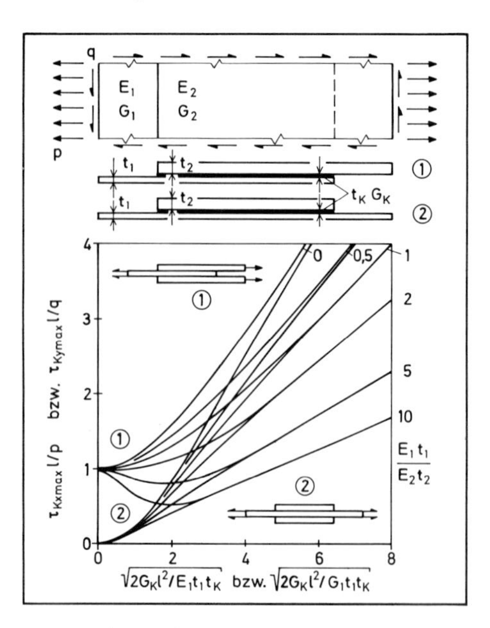

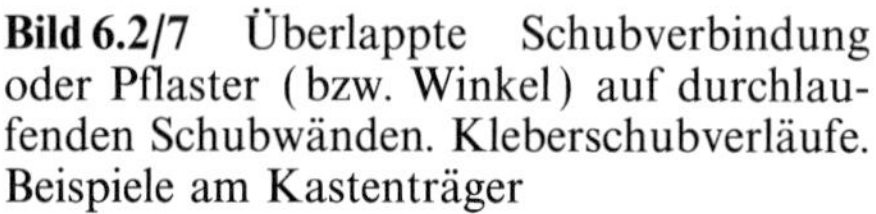

Bild 6.2/7 Überlappte Schubverbindung oder Pflaster (bzw. Winkel) auf durchlaufenden Schubwänden. Kleberschubverläufe. Beispiele am Kastenträger

Bild 6.2/8 Kleber-Schubspannungsspitzen bei Zug- und Schubverbindungen (1) oder Pflastern (2), abhängig von Klebungskennzahlen und Blechdickenverhältnis

ein Faltwerk oder einen Kasten handeln, siehe Bild 6.2/7. An diesem treten Schubflüsse q infolge Torsion oder Querkraftbiegung auf, die an Längs- und Quernähten übertragen werden (Beispiele 2a und 3b) oder unter Pflasterstreifen, Flanschen oder Anschlußwinkeln durchlaufen (Beispiele 2b und 3a).

Die Kleberschubspannungen $\tau_{Ky(z)}$ wirken bei Schubflußübertragung nicht in Überlappungsrichtung x sondern in Nahtrichtung y. Ansonsten verteilen sie sich über x wie bei Zugübertragung (Bilder 6.2/3 bis 6.2/6). In den Formeln (6.2–4) bis (6.2–9) sind nur die Steifigkeitsparameter ϱ und ψ nach (6.2–2c) anstelle von (6.2–2b) zu setzen, die Scheibenbelastung $q=\tau_{10}t_1$ anstelle von $p=\sigma_{10}t_1$, und die Kleberspannung τ_{Ky} anstelle von τ_{Kx}. Da der Schubmodul $G_1=E_1/2(1+\nu)=E_1/2{,}6$ der Scheibe kleiner ist als ihr Zugmodul E_1, ist die Wirkungslänge l^* der Schubverbindung kürzer als nach (6.2–6), und die relative Schubspitze τ^*_{Kmax}/τ_0 höher als nach (6.2–8) für Zug.

Als Sonderfall (3′) ist in Bild 6.2/7 eine Falzüberlappung skizziert, bei der am selben Ende der Schubfluß ein- und ausgeleitet wird; an dieser Stelle ist der Kleber am höchsten beansprucht, und zwar mit

$$\tau_{Kmax}/\tau_{Km}=\tau_{Kmax}l/q=\varrho\coth\varrho\,. \qquad (6.2-10)$$

Bereits für $2\varrho>\varrho^*=5$, also bei einer Überlappungslänge $l>l^*/2$, wird $\coth\varrho$ etwa Eins; man kann dann mit einem längenunabhängigen Spitzenmindestwert rechnen:

$$\tau^*_{Kmax}/\tau_{10}=\sqrt{(1+\psi)\,G_K t_1/G_1 t_K}\,. \qquad (6.2-11)$$

Dieser ist hier zweimal höher als bei einer gewöhnlichen Verbindung (2a oder 3b), die nicht nur an einem sondern an beiden Enden der Überlappung Kraft überträgt.

Bei großen Kräften sollte man darum eine Falzverbindung (3′) möglichst vermeiden.

Stoßen in einer Anschlußkante drei Schubwände zusammen, so kann sich der Schubfluß verzweigen; in solchem Fall addieren sich die Kleberschubspannungen, beispielsweise (2) und (3) in Bild 6.2/7.

6.2.1.5 Schubspannungsspitzen bei Zug- und Schubübertragung

Für eine gewöhnliche Überlappungsfügung zeigt Bild 6.2/8 den Spannungsspitzenfaktor $\tau_{\mathrm{Kxmax}}/\tau_{\mathrm{Kxm}}$ nach (6.2–5) bei Zugbelastung und analog $\tau_{\mathrm{Kymax}}/\tau_{\mathrm{Kym}}$ für Schubübertragung, jeweils über der charakteristischen Kennzahl (im einen Fall mit E_1, im anderen mit G_1). Das Dickenverhältnis ψ der Fügeteile fungiert als Parameter (und ist darum aus der Abszisse herausgenommen). In der Abszisse steht proportional die Überlappungslänge l; sie erreicht ihren Wirkungsgrenzwert l^*, wenn sich der Kurvenverlauf der linearen Asymptote annähert (ein linearer Anstieg des Spitzenfaktors $\tau_{\mathrm{Kmax}}/\tau_{\mathrm{Km}} = \tau_{\mathrm{Kmax}} l/p$ bedeutet, daß die Spannungsspitze τ^*_{Kmax} konstant bleibt).

Wirken Zug- und Schubbelastung kombiniert, so muß man die Überlappungslänge nach Maßgabe der Zugübertragung auslegen, da deren Wirkungslänge l^* größer ist als im Schubfall. Für die Kleberfestigkeit und seine Elastizitätsgrenze ist eine aus τ_{Kx} und τ_{Ky} resultierende Schubspannung maßgebend; aus (6.2–8) folgt ihr Spitzenwert

$$\tau^2_{\mathrm{Kmax}} = \tau^2_{\mathrm{Kxmax}} + \tau^2_{\mathrm{Kymax}} = (\sigma^2_{10}/E_1 + \tau^2_{10}/G_1)\, G_{\mathrm{K}} t_1/t_{\mathrm{K}} (1+\psi). \qquad (6.2-12)$$

Entsprechendes gilt beim durchlaufenden Blech für die am Pflasterrand auftretende Spannungsspitze, deren Faktor ebenfalls in Bild 6.2/8 aufgetragen ist; doch kann man in diesem Fall, wenn das Pflaster keine Verstärkungsfunktion hat, die Schubspitze durch Verkürzen der Klebelänge beliebig reduzieren.

6.2.1.6 Schälspannungen in zugübertragenden Überlappungen

Bei Zugbelastung p_x der Verbindung treten in der Klebeschicht neben Schubspannungen τ_{Kx} auch Schälspannungen σ_{Kz} auf. Diese lassen sich nur berechnen, wenn man im analytischen Modell auch entsprechende Dehnungen $\varepsilon_{\mathrm{Kz}}$ der Zwischenschicht zuläßt (analog zum erweiterten Sandwichmodell mit kompressiblem Kern oder zum Längsgurtmodell mit nachgiebigen Querrippen; siehe Bd. 1, Bild 5.2/20 bzw. Bild 6.1/9).

Wie in Bild 6.2/9 skizziert, unterscheidet man über die Kleberschichtdicke konstante (symmetrisch wirkende) Schälspannungen $\bar{\sigma}_z(x) \sim \bar{\varepsilon}_z(x)$ und linear veränderliche (antimetrisch wirkende) $\hat{\sigma}_z(x, z) \sim \hat{\varepsilon}_z(x, z) \sim z$. Im ersten Fall muß sich die Schichtdicke bei Blechbiegung verformen; diese wird durch exzentrischen Angriff des Kleberschubes an der inneren Blechseite oder durch einschnittige Fügung verursacht und hängt von der Biegesteifigkeit der Bleche ab. Im zweiten Fall, bei antimetrischen Schälspannungen, ändert sich die Gesamtdicke der Kleberschicht nicht; die Fügeteile bleiben gerade, nur die Mittelfläche der Zwischenchicht steigt am Ende nach oben und trifft rechtwinklig auf den s-förmig verkrümmten Rand. Im verfeinerten Modell läßt sich damit die Bedingung berücksichtigen, daß am Rand der Kleberschicht deren Schubspannung verschwinden muß. Die korrigierte Schubverteilung $\tau_{\mathrm{Kx}}(x)$ ist in Bild 6.2/9 schematisch dargestellt, neben der zu ihrem Aufbau

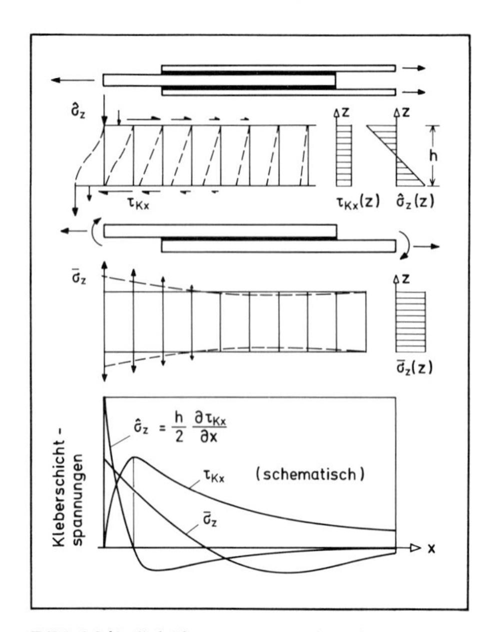
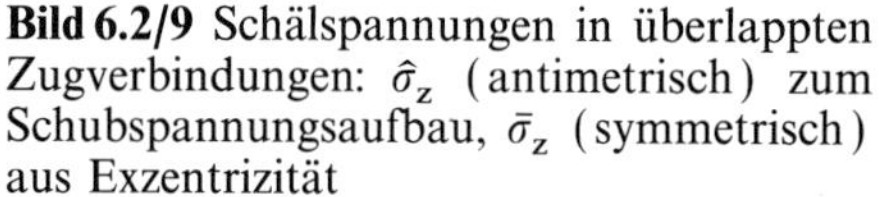

Bild 6.2/9 Schälspannungen in überlappten Zugverbindungen: $\hat{\sigma}_z$ (antimetrisch) zum Schubspannungsaufbau, $\bar{\sigma}_z$ (symmetrisch) aus Exzentrizität

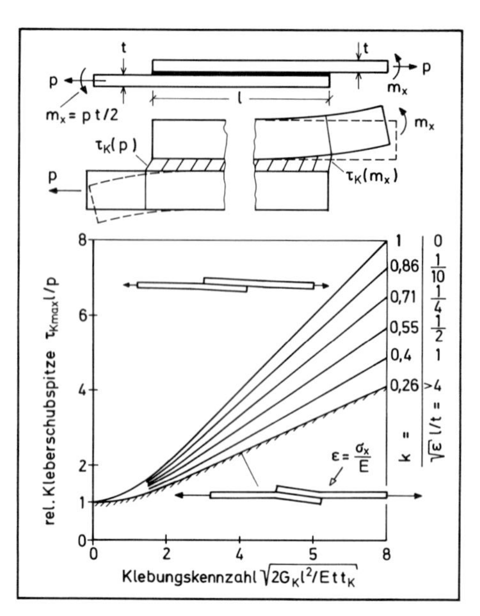

Bild 6.2/10 Einschnittige Zugverbindung. Nichtlinearer Einfluß der Blechbiegung auf Kleberschubspitze, abhängig von Klebungskennzahl und Lastparameter; nach [6.5]

aus Gleichgewichtsgründen erforderlichen Schälspannung $\hat{\sigma}_{Kz}(x) \sim \tau'_{Kx} t_K$. Diese hat nun ihre Spitze am Rand, während das Schubspannungsmaximum etwas nach innen rückt, ohne seinen Betrag wesentlich zu ändern.

Eine Berechnung der elastischen Schälspannungsspitze ist praktisch zwecklos, da zum einen die Randform stark idealisiert ist, zum anderen der Spitzenwert plastisch abgebaut wird. Auf eine genauere Analyse sei darum hier verzichtet, auch wenn man darauf hinweisen muß, daß der Einfluß der Schälspannungen auf die Festigkeit der Klebung nicht ohne weiteres zu vernachlässigen ist.

Bei schubübertragenden Verbindungen können Schälspannungen $\hat{\sigma}_{Kz}(y) \sim \dot{\tau}_{Ky} t_K$ höchstens am Ende der Klebenaht auftreten, die hier quasi unendlich angenommen ist. Praktisch sichert man das Ende der Klebenaht durch einen *Angstniet* gegen Abschälen.

6.2.1.7 Einfluß der Blechbiegung auf die Kleberschubspannung

Abgesehen von Schälspannungen $\bar{\sigma}_{Kz}$ tritt bei einschnittigen Zugverbindungen infolge Blechbiegung auch eine Erhöhung der Schubspitze auf. Ihr Faktor ist in Bild 6.2/10 wieder über der Kleberkennzahl aufgetragen; Parameter ist die *Schlankheit* l/t der Überlappung, multipliziert mit der Wurzel aus ε, der Blechzugdehnung. Die unterste Kurve (für $\varepsilon^{1/2} l/t > 4$) ist identisch mit der *membrantheoretischen* Funktion (für $\psi = 1$) in Bild 6.2/8; da die dünnen Bleche biegeweich sind, stellt sich sofort der skizzierte Endverformungszustand ein. Dickere Bleche leisten dem Exzentrizitätsmoment größeren Wiederstand und erreichen erst bei höherer Zugbeanspruchung ε den Endzustand großer Verformung. Infolge ihrer Verkrümmung $\varkappa$ dehnen sich die dicken Bleche an der Innenseite der Fügung mehr als in ihrer Neutralachse ($\varepsilon_{max} = \varepsilon + \varkappa t/2$). Sie wirken darum auf die Klebeschicht wie Fügeteile geringerer Zugsteifigkeit, d.h. sie erhöhen die Schubspitze, und zwar auf den doppelten Wert (nach linearer Theorie kleiner Verformung). Zerlegt man die Kleberschubspannung in einen primär durch die Zugkraft p_x und einen sekundär durch das Exzentrizitätsmoment m_x verursachten Anteil, so bleibt dieser nach Erreichen des Endzustandes großer Verformung konstant, während jener proportional zur Belastung p_x weiter ansteigt. In der Summe ist das Verhalten nichtlinear.

Nach theoretischen Untersuchungen [6.5] ergeben sich die in Bild 6.2/10 (für $\psi = 1$) beschriebenen Abhängigkeiten aus der Formel

$$\tau_{Kmax}/\tau_{Km} \equiv \tau_{Kmax} l/p_x = [(1+3k)\varrho \coth \varrho + (3-3k)]/4, \qquad (6.2-13a)$$

mit dem Einflußparameter der Nichtlinearität

$$k = 1/[1 + 2{,}83 \tanh(0{,}581\sqrt{\varepsilon}\, l/t)]. \qquad (6.2-13b)$$

Sofern man diesen nachteiligen Effekt der einschnittigen Verbindung nicht durch eine zweischnittige Ausführung vermeiden kann, empfiehlt es sich, im Hinblick auf den Parameter $\varepsilon^{1/2} l/t$ in k (6.2−13b) die Überlappung möglichst lang zu dimensionieren, auch wenn eine Streckung über die Wirkungslänge l^* (6.2−6) hinaus sonst keinen Vorteil verspricht.

Auf die materialspezifische Dimensionierung und Ausbildung von Klebeverbindungen sowie auf die unter Plastizität vergrößerte Wirkungslänge und Tragfähigkeit wird im folgenden eingegangen.

6.2.2 Auslegen und Gestalten von Klebeverbindungen, Tragfähigkeit

Die Klebetechnik eignet sich besonders zur Verbindung dünnwandiger Flächen, nicht nur aus Gründen der Fertigung, sondern auch ihrer Tragfähigkeit. Man kann die Kleberschicht nämlich nicht ohne Festigkeitsverlust über ein gewisses Maß aufdicken; daraus resultiert eine Beschränkung der Fügeteildicke oder ein verminderter Wirkungsgrad der Verbindung. Diese läßt sich dann nicht bis zur Festigkeits- oder Streckgrenze der Fügeteile beanspruchen.

Nun ist auch nicht immer eine so hohe Belastbarkeit der Fügung gefordert: die Auslegungsspannung beulgefährdeter Flächen liegt oft deutlich unter der Materialfestigkeit; oder das Blech ist für kombinierte Zug + Schub-Belastung dimensioniert, während die Naht nur Schub übertragen muß. Geht man davon aus, daß Material und Dicke der Bleche nach Beul- und Festigkeitskriterien der Gesamtstruktur vorgegeben sind, und daß auch die Kleberschichtdicke nicht variabel ist, so bleibt nur die Frage, wie lang die Überlappung notwendig oder zweckmäßig auszulegen und wie hoch der realisierbare Wirkungsgrad der Verbindung ist. Genügt dieser nicht, so muß man zu geschäfteten oder mehrschichtigen Konstruktionen übergehen.

Auf Längenauslegung und Wirkungsgrad nehmen die Eigenschaften des Klebermaterials oder der Kleberschicht wesentlichen Einfluß; sie werden darum zuerst beschrieben. Unter Annahme idealelastischen Verhaltens des Klebers und der Fügeteile (aus Stahl oder Aluminium) lassen sich dann nach theoretischer Spannungsanalyse (Abschn. 6.2.1) geschlossene Formeln zur Auslegung und Wirkung einfach überlappter Klebeverbindungen angeben; unter gewissen Bedingungen auch für geschäftete oder mehrschichtig abgestufte Klebelaschen. Durch plastisches Verhalten des Klebers wird die Schubspitze reduziert, die wirksame Überlappungslänge vergrößert und der Wirkungsgrad damit angehoben. Fließen des Fügeteilwerkstoffs steigert die Spannungsspitze des Klebers und mindert die Tragfähigkeit der Verbindung.

6.2.2.1 Verhalten, Modul und Festigkeit des Klebers

Bild 6.2/11 gibt das Schubspannungs-Gleitungs-Verhalten verschiedener Kleberwerkstoffe wieder. Erwünscht ist, neben hoher Bruchfestigkeit, ein niedriger Schubmodul, ideales plastisches Fließen und große Bruchverformung. Die vorteilhafte Wirkung auf die Schubspannungsverteilung in einer Überlappungsverbindung zeigt Bild 6.2/12.

Die Versuche zu Bild 6.2/11 wurden an einer Fügung mit gleichförmiger Spannungsverteilung durchgeführt, nämlich an einer Klebeverbindung zweier torsionsbeanspruchter Metallrohre. Eine dünne Kleberschicht zwischen zwei steifen Fügeteilen verhält sich in zweierlei Hinsicht anders als ein homogener Prüfstab gleichen Materials unter Zug oder Schub: zum einen ist die Querkontraktion von beiden Seiten behindert, was den wirksamen Kompressionsmodul E_{Kz} etwa auf den doppelten Wert anhebt; zum andern ist die Schubfestigkeit der Kleberschicht höher als die eines homogenen Torsionsstabes, (etwa $\tau_{KB} = 50\,\text{N/mm}^2$ bei $t_K = 0{,}1$ bis 0,2 mm). Sie fällt (auf $\tau_{KB} = 20$ bis $30\,\text{N/mm}^2$) bei zu großer Schichtdicke (t_K

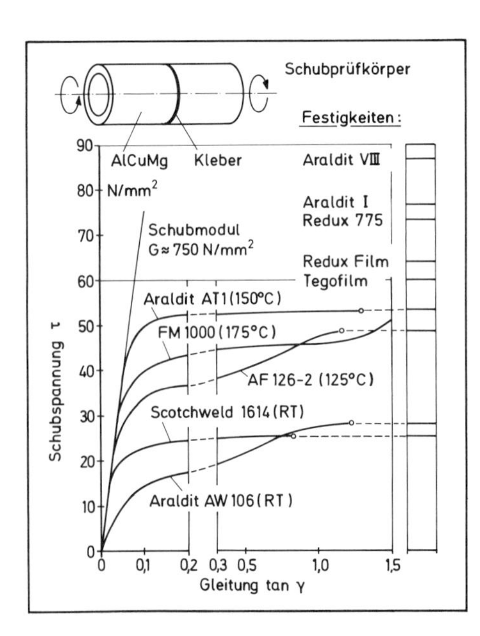

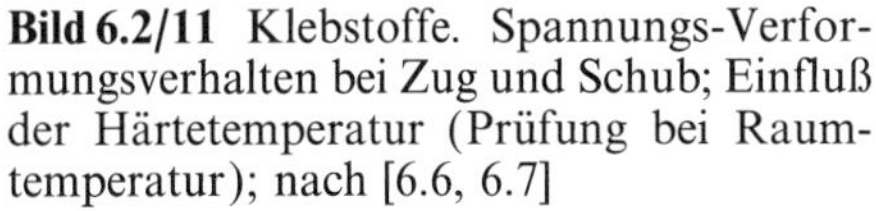
Bild 6.2/11 Klebstoffe. Spannungs-Verformungsverhalten bei Zug und Schub; Einfluß der Härtetemperatur (Prüfung bei Raumtemperatur); nach [6.6, 6.7]

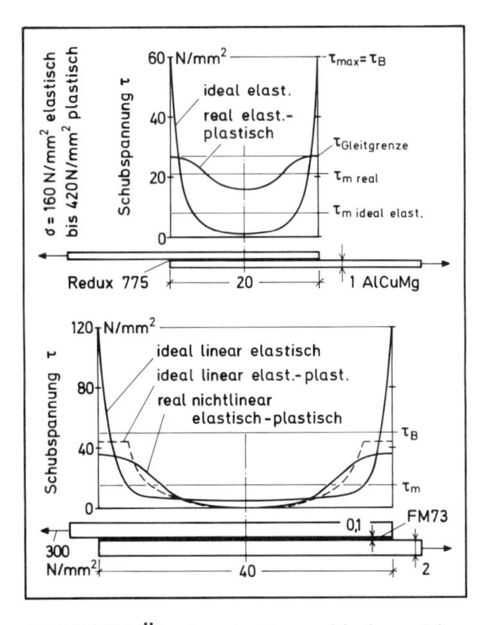

Bild 6.2/12 Überlappte Zugverbindung. Einfluß der Kleberplastizität auf die Schubspannungsverteilung bei idealem und realem Verhalten; nach [6.7]

>1 mm) und streut stark, wenn die Schicht zu dünn ist (t_K<0,1 mm). Von erheblichem Einfluß ist dabei die Oberflächenbeschaffenheit der Fügeteile, da es nicht nur auf die Kohäsionsfestigkeit des Klebers sondern auch auf die Adhäsion beider Komponenten ankommt. Sorgfältige Vorbereitung und genaues Einhalten der Temperatur- und Druckverläufe sind für eine zuverlässige hochfeste Klebeverbindung notwendig. Durch Einsatz von Kleberfilmen erhält man definierte und reproduzierbare Schichtdicken.

Um die Kleberschubspannungen in der überlappten Verbindung gut zu verteilen, wäre eine dicke Schicht erwünscht. Da eine solche zwar die Kleberfestigkeit τ_{KB} mindert, andererseits aber die Schubspitze $\tau_{K\max}$ abbaut, ist das Verhältnis $\tau_{KB}/\tau_{K\max}$, also die Tragfähigkeit der Fügung im praktischen Bereich (t_K = 0,1 bis 0,5 mm) u.U. gegen Fertigungsungenauigkeiten relativ unempfindlich.

6.2.2.2 Elastizitätstheoretische Auslegung einfacher Überlappungen

Um die Schubspannungsspitze der Kleberschicht auf ihr Minimum zu reduzieren, muß die Überlappungslänge größer sein als die Wirkungslänge l^*; diese ist für eine Zugverbindung nach (6.2–6) in Bild 6.2/13 aufgetragen über der Stärke t_1 des dünneren Bleches, mit dem Dickenverhältnis $t_2/t_1 \geqq 1$ als Parameter. Beide Bleche sind jeweils aus Stahl ($E_1 = E_2 = 210\,000$ N/mm²) oder aus Aluminium ($E_1 = E_2 = 72\,000$ N/mm²). Als Kleberschubmodul ist $G_K = 1\,100$ N/mm² angenommen, als Kleberschichtdicke $t_K = 0{,}2$ mm (nach neueren Angaben wäre mit $G_K \approx 750$ N/mm² und $t_K \approx 0{,}1$ bis 0,2 mm zu rechnen, was aber am entscheidenden

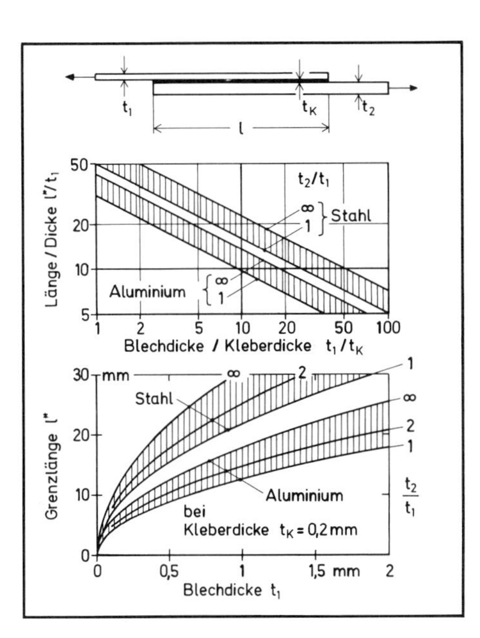

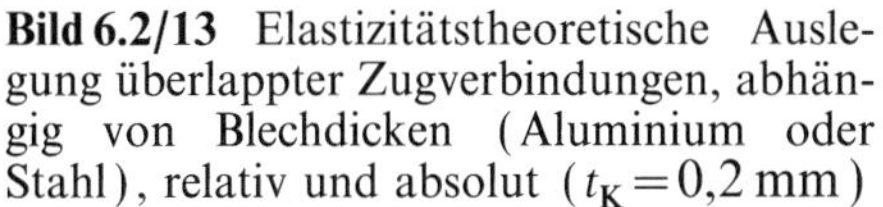
Bild 6.2/13 Elastizitätstheoretische Auslegung überlappter Zugverbindungen, abhängig von Blechdicken (Aluminium oder Stahl), relativ und absolut ($t_K = 0{,}2$ mm)

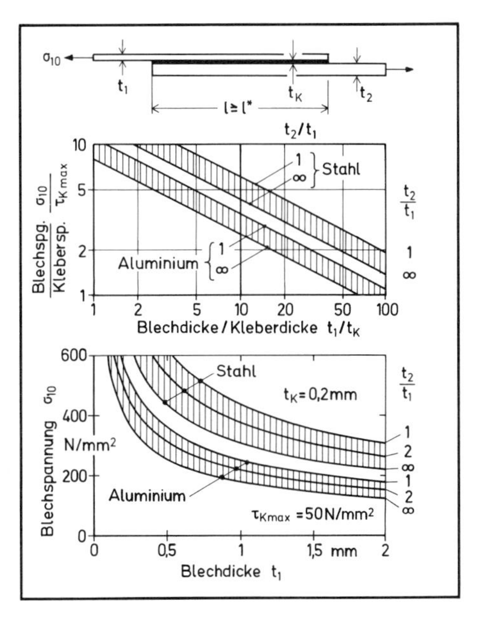

Bild 6.2/14 Elastisch erzielbare Blechspannung bei überlappter Zugverbindung, abhängig von Blechdicken (Al oder St), relativ und absolut ($t_K = 0{,}2$ mm; $\tau_K = 50$ N/mm²)

Verhältnis G_K/t_k wenig ändert). In der allgemeineren Darstellung des oberen Diagramms ist t_1 auf t_K und l^* auf t_1 bezogen:

$$(l^*/t_1)^2 = 25(E_1/G_K)/(1+\psi)(t_1/t_K). \qquad (6.2-14)$$

Die Wirkungslänge l^* steigt mit der Wurzel der Blechsteifigkeit $E_1 t_1$; sie wäre bei gleicher Blechdicke t_1 für Stahl um den Faktor 2,9 größer als für Aluminium.

Die damit erzielbare Tragfähigkeit der Zugverbindung ist nach (6.2−8) in Bild 6.2/14 beschrieben; sie ist proportional der Wirkungslänge l^*:

$$\sigma_{10}/\tau_{KB} \leqq \sigma_{10Br}/\tau_{KB} = \sigma_{10}/\tau_{Kmax} = (1+\psi)\, l^*/5t_1. \qquad (6.2-15)$$

Der *Wirkungsgrad* der Verbindung definiert deren Tragfähigkeit σ_{10Br} im Verhältnis zur Zugfestigkeit σ_B oder $\sigma_{0,2}$ als obere Grenze:

$$\eta_{0,2} \equiv \sigma_{10Br}/\sigma_{0,2} = (\tau_{KB}/\sigma_{0,2})\sqrt{(1+\psi)E_1 t_K/G_K t_1}. \qquad (6.2-16)$$

Bei einer Kleberschicht mit $\tau_{KB} = 50\,\mathrm{N/mm^2}$ und $t_k = 0{,}2\,\mathrm{mm}$ folgt daraus für Aluminium ($\sigma_{0,2} = 460\,\mathrm{N/mm^2}$) die Grenze $t_1 \leqq 0{,}4$ bis $0{,}6\,\mathrm{mm}/\eta_{0,2}^2$, und bei Tiefziehstahl ($\sigma_F = 280\,\mathrm{N/mm^2}$): $t_1 = 1{,}1$ bis $1{,}6\,\mathrm{mm}/\eta_F^2$. Bei zweischnittiger Fügung gilt der doppelte Wert.

Bei schubübertragender Verbindung steht anstelle des Zugmoduls E_1 in (6.2−14) und (6.2−16) der Schubmodul $G_1 = E_1/2(1+\nu)$ der Bleche. Dadurch verringert sich die Wirkungslänge l^* mit dem Faktor $1/\sqrt{2{,}6} = 0{,}62$; dagegen steigt der Wirkungsgrad wegen der geringeren Schubfestigkeit $\tau_{0,2} = \sigma_{0,2}/\sqrt{3}$ des Bleches mit dem Faktor $\sqrt{3/2{,}6} = 1{,}07$ etwas an. Die Bleche dürfen demnach bei Schub etwa 15 % dicker sein als bei Zug, sofern es auf hohen Wirkungsgrad der Fügung ankommt.

6.2.2.3 Geschäftete oder mehrschichtig gestufte Verbindungslaschen

Will man dickere Fügeteile mit hohem Wirkungsgrad verbinden, so muß man entweder die Bleche selbst schäften, d.h. im Überlappungsbereich linear verjüngen, oder man muß Verbindungslaschen wählen, deren Stärke nach außen abnimmt, siehe Bild 6.2/15. Während bei ideal geschäfteten Fügeteilen die Schubspannungen gleichmäßig verteilt sind ($\tau_K = \tau_{Km} \equiv p/l$), ist bei einer Verbindungslasche jedenfalls am Ende des unverjüngten Bleches noch mit einer Spannungsspitze $\tau_{Kmax} > \tau_{Km}$ zu rechnen. Um diese niederzuhalten, muß man dort die Lasche möglichst steif ausbilden, bei gleichem Material mit $t_2 > t_1$, also dicker als zu ihrer Festigkeit notwendig wäre.

Die Tragfähigkeit der Verbindung bezieht sich auf die Spannung σ_{10} des Grundbleches, das am Ort der kritischen Kleberschubspitze endet. Darum gilt hier statt (6.2−8) die in Bild 6.2/15 ausgewertete Formel

$$\sigma_{10}/\tau_{Kmax} = \sqrt{E_1 t_K (1+\psi)/\psi^2 G_K t_1}. \qquad (6.2-17)$$

Das Steifigkeitsverhältnis $E_2 t_2/E_1 t_1 \equiv 1/\psi$ muß demnach bei einer Fügeteildicke $t_1 = 2\,\mathrm{mm}$ (bzw. $2t_1 = 4\,\mathrm{mm}$ bei zweischnittiger Fügung) etwa gleich 3 sein, wenn die Aluminiumbleche bis zu ihrer Streckgrenze $\sigma_{0,2}$ belastbar sein sollen. Bei steiferem Laschenmaterial ($E_2 > E_1$) genügt entsprechend geringere Dicke t_2. Diese sollte, um die Krafteinleitung abklingen zu lassen, über einem mittleren Bereich $c > l^*$ konstant

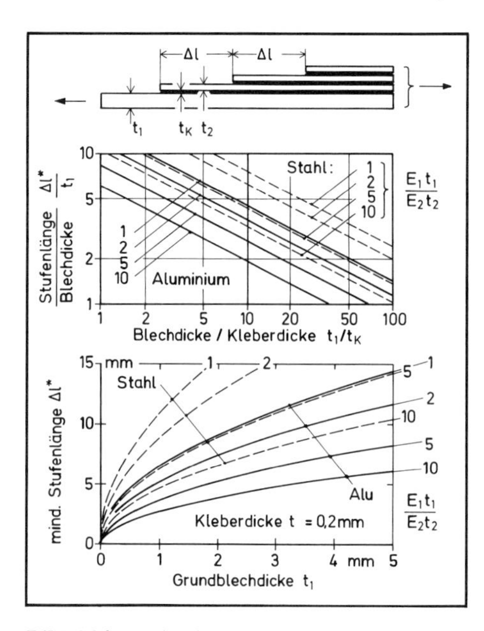

Bild 6.2/15 Elastisch erzielbare Blechspannung bei Zugverbindung über geschäftete Lasche, relativ und absolut ($t_K = 0{,}2$ mm, Schubspitze $\tau_K = 50$ N/mm^2)

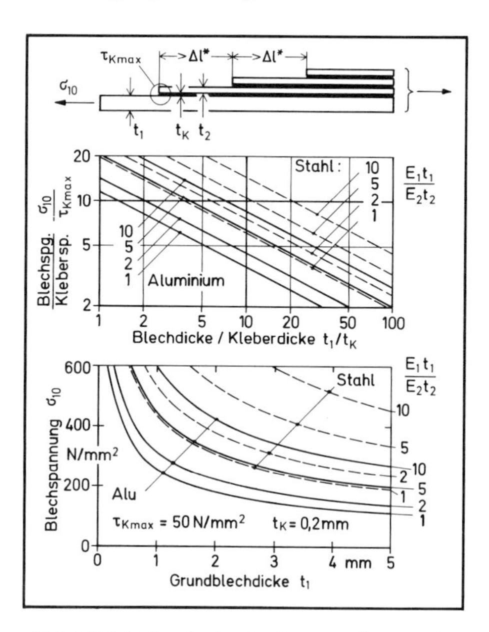

Bild 6.2/16 Elastische Auslegung einer mehrschichtig gestuften Zuglasche, abhängig von Blechdicke (Aluminium oder Stahl), relativ und absolut (Kleberdicke $t_K = 0{,}2$ mm)

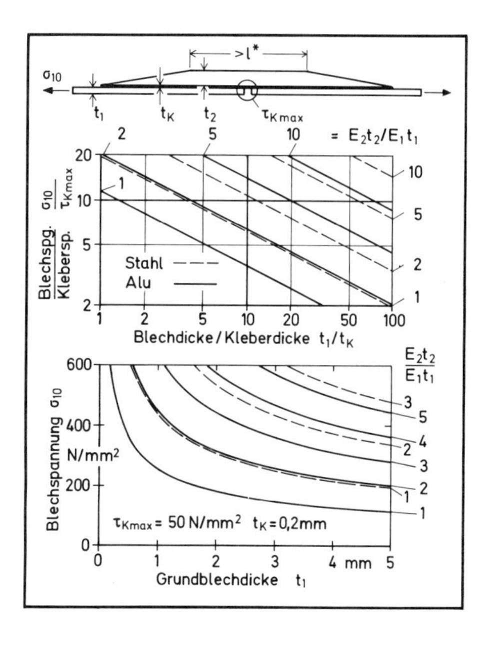

Bild 6.2/17 Elastisch erzielbare Blechspannung bei mehrfach gestufter Kleberlasche, abhängig von Blechdicke (Al oder St); relativ und absolut ($t_K = 0{,}2$ mm; $\tau_K = 50$ N/mm^2)

sein, bei einer Gesamtlaschenlänge $l > 3l^*$. Läuft die Laschendicke an den Enden auf Null, so sind dort keine Spannungsspitzen zu befürchten.

Eine stetig abnehmende Dicke mit idealem Auslauf ist nicht immer realisierbar. Als Alternative empfiehlt sich eine mehrschichtig abgestufte Lasche nach Bild 6.2/16. Spannungsspitzen sind hier in jeder Stufe zu erwarten, doch kann man diese durch hinreichend dünne Blechschichten beherrschen. Zum Beispiel müßte man, um ein Aluminiumblech der Dicke $t_1 = 2$ mm bis an seine Streckgrenze $\sigma_{0,2} = 460$ N/mm² belasten zu können, nach Bild 6.2/17 die erste Laschenschicht mit einer relativen Steifigkeit $E_2 t_2 / E_1 t_1 = 1/10$ ausführen, bei gleichem Material also mit $t_2 = 0{,}2$ mm. Dimensioniert man alle weiteren Schichten mit gleicher oder geringerer Dicke, so bleibt die erste Schubspitze für die Tragfähigkeit maßgebend. Um die Spitze auf ihr Minimum zu reduzieren, muß die Stufenlänge $\Delta l > l^*/2$ sein (l^* nach (6.2−6) mit $\psi > 1$). Da nach dieser Länge die Krafteinleitung der Einzelstufe abgeschlossen ist, können zu ihrer Auslegung die Formeln (6.2−13) bis (6.2−16) herangezogen werden.

6.2.2.4 Tragfähigkeit nach Versuchen, Plastizitätseinfluß

Die oben angestellten Rechnungen gelten unter idealen Annahmen: exzentrizitätsfreie, also eigentlich zweischnittige Fügung, sowie elastisches Verhalten des Klebers und der Fügeteile. Bild 6.2/18 zeigt dazu in Beispielen (1) bis (3) nochmals die nach (6.2−5) erzielbare Blechspannung als Funktion der Überlappungslänge. Zum Vergleich sind Versuchsergebnisse dargestellt: danach folgt die zweischnittige

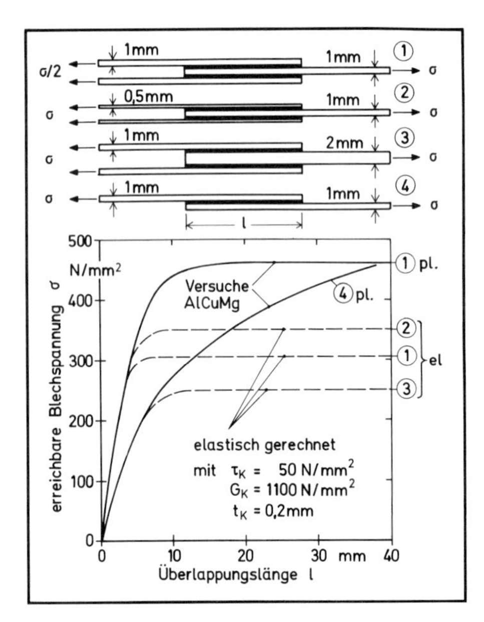

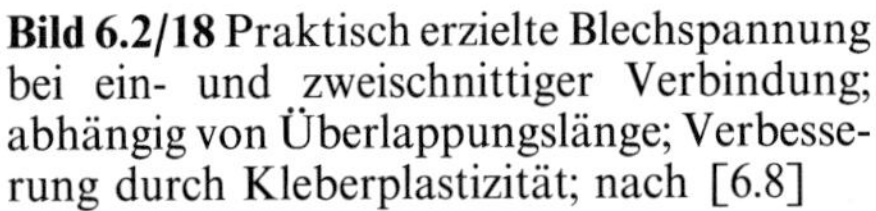

Bild 6.2/18 Praktisch erzielte Blechspannung bei ein- und zweischnittiger Verbindung; abhängig von Überlappungslänge; Verbesserung durch Kleberplastizität; nach [6.8]

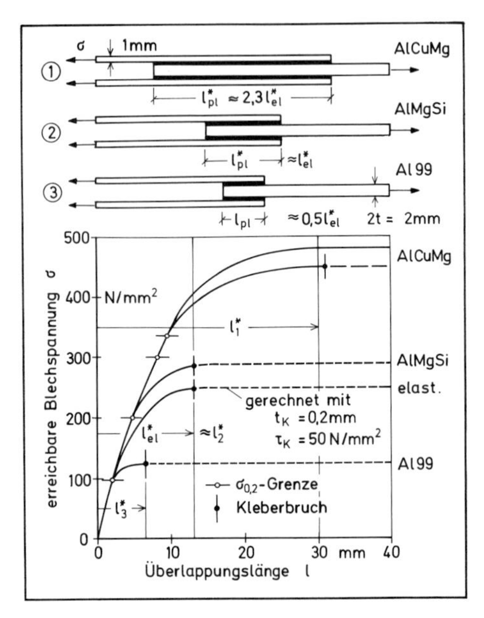

Bild 6.2/19 Praktisch erzielte Blechspannung bei zweischnittiger Klebung, abhängig von Überlappungslänge; Verschlechterung durch niedere Blechstreckgrenze; nach [6.8]

Verbindung (1) im linear ansteigenden Bereich, also bei konstanter Kleberschubverteilung, dem theoretischen Verlauf $\sigma = \tau_{Kb} l/t_1$, weicht aber erst später von diesem ab und erreicht bei größerer Wirkungslänge l^* schließlich eine rund 50 % höhere Tragfähigkeit. Offenbar werden elastich gerechnete Schubspitzen durch die Kleberplastizität reduziert. Will man diesen Vorteil nützen, so muß man die Überlappung etwa zweimal so lang ausführen als nach (6.2−14) bzw. Bild 6.2/13, also $l > 2l^*$.

Als weiteres Beispiel (4) ist in Bild 6.2/18 die Versuchskurve einer einschnittigen exzentrischen Verbindung aufgetragen; sie entspricht in den Dickenverhältnissen dem zweischnittigen Fall (3). Die mit größerer Überlappung stetig ansteigende Tragfähigkeit läßt sich nicht allein auf die Plastizität des Klebers zurückführen, sondern erklärt sich mit dem in Bild 6.2/10 beschriebenen Exzentrizitätseinfluß über den Parameter $\sqrt{\varepsilon} l/t$. Wie schon angedeutet, sollte man zur Ausschöpfung der Tragfähigkeit einschnittiger Fügungen die Überlappung möglichst lang ausbilden.

Die Tragfähigkeit der Klebung wird andererseits durch die Fließ- oder Streckgrenze des Fügeteils eingeschränkt, wie aus dem Vergleich verschiedener Aluminiumlegierungen in Bild 6.2/19 hervorgeht. Nur bei hoher Streckgrenze, im Beispiel von AlZnMg, läßt sich mit $l > l^*$ die Plastizität des Klebers ausnützen. Bei AlMgSi erreicht man etwa die elastizitätstheoretische Festigkeit der Klebung, bei Al99 nicht einmal diese; demgemäß genügt hier auch eine kürzere Überlappung ($l < l^*$). Die nachteilige Wirkung der Fügeteilplastizität geht auf eine Erhöhung der Kleberschubspitze am Blechanlauf zurück.

6.2.3 Zeitverhalten überlappter Klebeverbindungen

Wo immer Kunststoffe für tragende Bauelemente oder in tragenden Funktionen eingesetzt werden, sorgt man sich um ihr Langzeitverhalten. Dabei interessiert nicht allein die Ermüdung oder die Rißausbreitung unter dynamischer, oder viskoelastisch-plastisches Kriechen unter statischer Belastung, sondern auch die Veränderung des Kunststoffs und seiner Eigenschaften infolge Alterns unter hydrothermischen und chemischen Umwelteinflüssen. Jedenfalls muß die tragende Kleberschicht durch besondere Abdichtung geschützt werden: bei Blechnähten einfach längs der Überlappungsränder, beim Verkleben von Faserlaminaten oder Laminat + Metall-Hybridverbunden auch an den Oberflächen. Warme Feuchtigkeit wird von der Matrix und vom Kleber leicht aufgenommen und beeinträchtigt seine Kohäsionsfestigkeit, aber auch seine Adhäsion an der Metalloberfläche, zumal wenn diese korrodiert.

Abgesicherte Aussagen zum Langzeitverhalten der Klebung sind wegen der Vielzahl von Einflußparametern nur nach umfangreichen und langwierigen Versuchen möglich. Vorliegende Erfahrungen beziehen sich meist auf spezielle Abmessungen und Versuchsbedingungen und lassen sich kaum verallgemeinern. Im folgenden seien exemplarisch Tendenzen der Schwingfestigkeit, der Alterung und des Kriechens überlappter Verbindungen diskutiert.

6.2.3.1 Schwingfestigkeit der Klebeverbindung

Bild 6.2/20 zeigt für eine einschnittige Fügung zweier Aluminiumbleche die *Dauerschwellfestigkeit* (für Lastspielzahlen $N > 10^7$, siehe Abschn. 7.2.1.1) abhängig

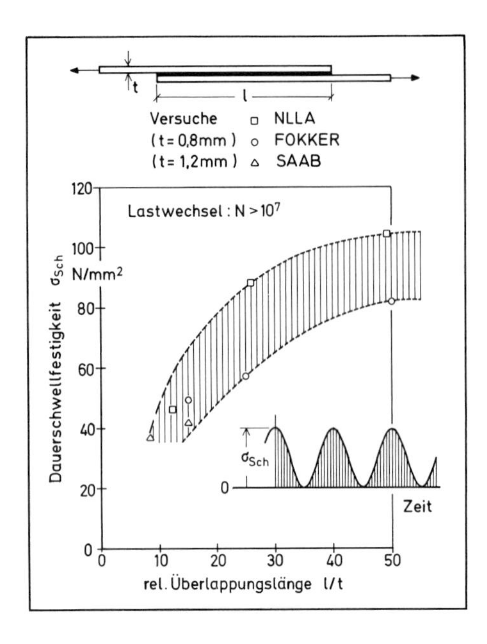

Bild 6.2/20 Dauerschwellfestigkeit von Klebeverbindungen, abhängig von Überlappungslänge. Streuband über Versuchsergebnisse verschiedener Autoren; nach [6.8]

von der Überlappungslänge. Trotz erheblicher Streuungen und Unterschiede in den Versuchsergebnissen verschiedener Autoren offenbart sich doch eine gemeinsame Tendenz, vergleichbar dem Anstieg der statischen Festigkeit über der Länge l in Bild 6.2/18 (Fall 4). Bei hinreichender Überlappung kommt man an $\sigma \approx 100\,\text{N/mm}^2$ heran, also etwa an die Dauerfestigkeit des Bleches (Bild 7.2/5). Abgesehen vom Einfluß exzentrischer Biegung und gewisser Kerbwirkungen kann man daraus schließen, daß die Verbindung hauptsächlich durch Ermüden des Fügeteils, nicht der Kleberschicht versagt.

6.2.3.2 Festigkeitsverlust durch Langzeitbelastung und Alterung

In Bild 6.2/21 ist nach Versuchen die statische Tragfähigkeit verschiedener Kleber (ausgedrückt durch die gemittelte Schubspannung $\tau_{Km} = p/l = \sigma t/l$) oben über der Belastungszeit, unten über der Lagerungsdauer aufgetragen; Parameter sind die Temperatur oder die Umweltbedingung.

Die Festigkeitskurven des oberen Diagramms fallen bereits über dem ersten Tag stark ab, stabilisieren sich aber nach einigen Wochen etwa auf halber Höhe; eine hohe Last wird demnach nur kurze Zeit ertragen, eine hinreichend niedrige Last beliebig lange (analog zur dynamischen *Dauerfestigkeit*). Auch die im unteren Diagramm beschriebene *Alterung* beruhigt sich, insofern nach etwa 2 bis 3 Jahren kein wesentlicher Festigkeitsverlust mehr auftritt. Allerdings können aggressive Umwelteinflüsse die Alterung gefährlich beschleunigen und den Festigkeitsverlauf destabilisieren.

6.2.3.3 Kriechen der Klebeverbindung unter Langzeitbelastung

Als *Kriechen* bezeichnet man die Verformungszunahme über der Zeit bei konstanter Spannung. Dies würde auf eine Klebeverbindung mit ausgeglichenem Schubspan-

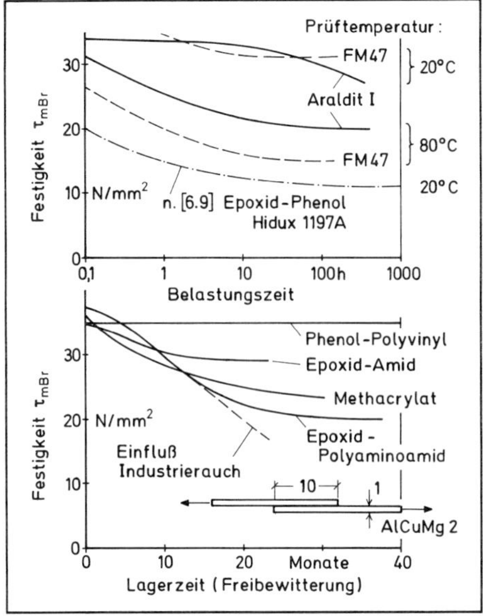

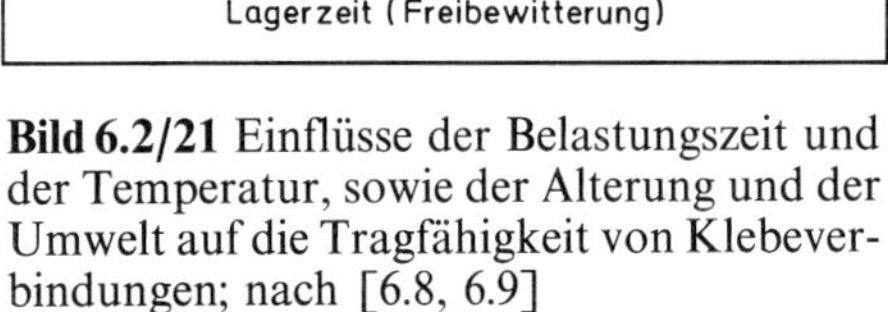

Bild 6.2/21 Einflüsse der Belastungszeit und der Temperatur, sowie der Alterung und der Umwelt auf die Tragfähigkeit von Klebeverbindungen; nach [6.8, 6.9]

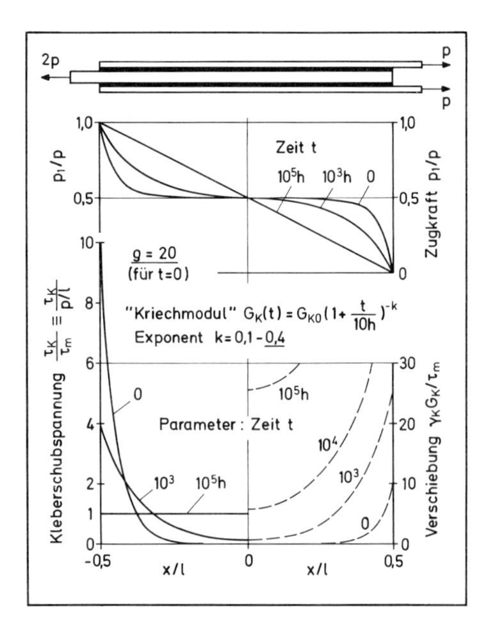

Bild 6.2/22 Viskoelastisches Kriechen überlappter Klebeverbindungen. Ausgleich der Schubspannungen, Zunahme der Schubverformung mit der Zeit; nach [6.10, 6.11]

nungsniveau (also bei kleiner Kennzahl ϱ) zutreffen. Bei einer für höchste Tragfähigkeit nach (6.2–6) ausgelegten Überlappung ist aber die Schubspannung sehr ungleich verteilt; infolge ihrer statischen Unbestimmtheit führt das Abfallen des *Kriech-Schubmoduls* $G_K(t) \equiv \gamma(t)/\tau$ über der Zeit t zu einer Egalisierung, d.h. zum *Relaxieren* der Schubspitzen.

Ist die Kriechkurve $\gamma(t)$ eines Werkstoffs aus Versuchen mit konstanter Spannung τ bekannt, so kann man damit schrittweise das Kriechen auch unter zeitlich sich ändernder Spannung berechnen, und für jedes *Finite Element* der statisch unbestimmten Konstruktion die Steifigkeitsänderung bestimmen, siehe [6.10]. Eine solche Rechnung lohnt sich aber nur bei Strukturproblemen mit instabilem Charakter, beispielsweise bei Knickstäben [6.11]; bei der Klebung wie in anderen gutartigen Fällen darf man einfach *quasi elastisch* rechnen, d.h. mit dem Kriechmodul $G_K(t)$ anstelle $G_K(t=0)$ in allen Formeln der elastischen Theorie.

Ergebnisse einer Analyse in Zeitschritten gibt Bild 6.2/22 wieder: aufgetragen ist oben die Blechkraftabnahme, unten links die Verteilung der Kleberschubspannung und rechts die Schubverformung; Parameter ist die Belastungszeit t, als Kriechexponent ist ein relativ hoher Wert angesetzt. Zu Anfang ($t=0$) zeigt die Schubspannung eine ausgeprägte Spitze, die nach 10^5 h voll abgebaut ist. Zur egalisierten Schubspannungsverteilung gehört aber eine nach wie vor ungleichförmige, betragsmäßig stark zunehmende Schubverformung, die mit der Zeit zum Versagen führen muß.

6.3 Niet- und Schraubverbindungen

Neben der neueren, technologisch anspruchsvollen Klebung behält die klassische Fügetechnik des Leichtbaus ihre Bedeutung: dünne Bleche werden vorzugsweise genietet, dickere Bleche und Integralbauteile verschraubt. Tragfähige Klebeverbindungen müssen in Autoklaven eingebracht und unter Druck ausgehärtet werden, was nicht bei beliebiger Größe und Form der Einzelteile und ihrer Fügungen möglich ist. Komplexere Strukturen lassen sich nur durch Nieten oder Bolzen montieren, automatisch oder von Hand. Auf Schrauben ist man angewiesen, wenn die Teilstruktur zur Inspektion, zur Reparatur oder zum Austausch lösbar sein soll.

Eine gewöhnliche Überlappungsklebung ist nur bei dünnen Blechen realisierbar, dafür kerbfrei. Niet- oder Bolzenverbindungen sind durch Lochspannungsspitzen bei dynamischer Belastung anrißgefährdet; andererseits zeichnen sie sich aber durch Schadenstoleranz aus: Bohrungen wirken auch als *Rißfallen*, aufgenietete Steifen als *Rißstopper* (Abschn. 7.3.1). Wie schon betont, wäre es falsch, Kleben und Nieten als konkurrierende Alternativen zu betrachten: durch aufgeklebte *Doppler* läßt sich das Spannungsniveau der kerbgefährdeten Nietverbindung senken und deren Tragfähigkeit oder Lebensdauer anheben. Beide Techniken ergänzen sich also in konstruktiv idealer Weise.

Die Nietverbindung mag einfacher zu fertigen sein als die Klebung: spannungstheoretisch ist sie weniger leicht zu beschreiben. Zwar kann man von der kontinuierlichen Verteilung der Kleberschubspannung auf eine diskontinuierliche Verteilung der Niet- oder Bolzenkräfte mehrreihiger Verbindungen schließen, doch muß man dazu die Schubnachgiebigkeit des Nietes kennen. Auch ist die Mechanik der Kräfteübertragung komplizierter; diese wird teils durch Reibung der Bleche, teils über Scherbiegung des Nietschaftes und Lochleibungsdruck besorgt. Dabei treten an den Lochflanken Zugspannungsspitzen auf, die zwar plastisch abgebaut werden können, aber bei dynamischer Beanspruchung zu Anrissen führen.

Im folgenden wird zunächst unter der einfachsten Annahme ideal plastischen Spannungsausgleichs eine Nietverbindung dimensioniert, und der Einfluß der Nietreihenanzahl auf die statische Tragfähigkeit in Analogie zur Klebung untersucht (Abschn. 6.3.1). Nach Betrachtung elastischer Spannungsspitzen an Lochflanken werden Wöhlerkurven wiedergegeben, die den Einfluß der Fügegeometrie auf die Schwingfestigkeit oder die Lebensdauer erkennen und sich mit solchen der Klebung und der Punktschweißung vergleichen lassen (Abschn. 6.3.2).

6.3.1 Statische Dimensionierung, Kräfteverteilung auf Nietreihen

Nietverbindungen werden in der Praxis nach Normvorschriften ausgelegt, denen lange Erfahrungen und zahlreiche Versuche zugrundeliegen. Nietabstände, Bohrungsdurchmesser und Nietreihenanzahl richten sich nach den Werkstoffen der Fügeteile und der Verbindungselemente sowie deren Ausführung als Rundkopfniete, Senkniete, Blindniete etc. Um Dimensionierungskriterien hier möglichst einfach darzustellen, wird vorausgesetzt, daß sich Spannungsspitzen im Nettoquerschnitt plastisch abbauen und daß die Kraft allein über Lochleibung, nicht durch Blechreibung übertragen wird (Leichtbauniete werden im Unterschied zu Stahlnieten kalt geschlagen, pressen also nicht wie diese die Bleche aneinander). Nimmt man außerdem an, daß sich die Kräfte durch plastisches Nachgeben der Niete und der Lochleibung gleichmäßig auf alle Reihen verteilen, so kann man den Wirkungsgrad der Verbindung durch höhere Reihenanzahl theoretisch beliebig, praktisch auf 80 bis 90 % steigern. Infolge ungleichförmiger Lastverteilung ist aber die Wirksamkeit der Nietreihen wie die effektive Überlappungslänge der Klebung begrenzt. Anstelle einer Erhöhung der Nietreihenanzahl empfiehlt sich eine Aufdickung des gefährdeten Nettoquerschnitts, wenn möglich mit geschäfteten Fügeteilen oder Laschen.

6.3.1.1 Dimensionierung und Wirkungsgrad bei plastischem Ausgleich

Wie die Klebung muß auch die Nietung zweischnittig symmetrisch ausgeführt werden, wenn man unerwünschte Biegeeffekte vermeiden will. Solche seien in der folgenden Betrachtung ausgeschlossen, obwohl sich die Rechnung auf eine einschnittige Fügung bezieht (bei Zweischnittigkeit wäre die innere Blechdicke gleich $2t$). Dimensionierungsvariable sind der Nietabstand b und der Lochdurchmesser d.

Der *Wirkungsgrad* η einer Nietreihe ist definiert als das Verhältnis der übertragbaren Spannung σ_{Br} (im Bruttoquerschnitt vor der Fügung) zur Materialfestigkeit σ_B. Nimmt man an, daß im geschwächten Nettoquerschnitt einer Lochreihe die Zugspannung sich gleichförmig verteilt und die Bruchfestigkeit σ_B erreicht, so verhalten sich die Spannungen umgekehrt wie die Querschnittflächen; mit Lochdurchmesser d und Abständen b gilt dann

$$\eta_\sigma \equiv \sigma_{Br}/\sigma_B = (b-d)/b = 1 - d/b\,. \qquad (6.3-1)$$

Der zulässige Relativabstand b/d bestimmt sich aus der Nietreihenanzahl n und der Lochleibungsfestigkeit: mit $\sigma_L = F_N/td$ bezeichnet man eine fiktive mittlere Spannung, mit der die resultierende Nietkraft F_N auf den Bohrungsrand drückt, und die nach Erfahrung nicht größer sein darf als $\sigma_L \leqq 1{,}5\sigma_B$. Wird die Gesamtkraft $F = \sigma_B(b-d)t$ eines Längsstreifens der Breite b von einer Anzahl n hintereinander sitzender Niete mit gleichen Einzelkräften $F_N = F/n$ übertragen, so folgt daraus

$$b/d = 1 + n\sigma_L/\sigma_B \leqq 1 + 1{,}5n\,. \qquad (6.3-2)$$

Der Wirkungsgrad η_σ (6.3−1) hängt demnach nur von der Anzahl der Nietreihen ab, jedenfalls bei vorgeschriebenem Lochleibungsdruck.

Der Lochleibungsdruck ist aber eine Funktion des Durchmessers; dieser muß mindestens so groß sein, daß der Nietschaft nicht abschert. Rechnet man mit einer gemittelten Scherspannung $\tau_N \approx 4F_N/\pi d^2$ und (bei gleichem Material für Blech und Niete) mit einer Schubfestigkeit $\tau_B \approx \sigma_B/3^{1/2}$, so ist

$$\sigma_L/\sigma_B \approx \sigma_L/\sqrt{3}\tau_B < \sigma_L/\sqrt{3}\tau_N = 0{,}45d/t\,. \qquad (6.3-3)$$

Mit dem für eine Lochleibungsfestigkeit $\sigma_L = 1{,}5\sigma_B$ ausgelegten relativen Lochdurchmesser $d/t = 1{,}5/0{,}45 = 3{,}3$ erhält man über (6.3−2) für ein- bis dreireihige Fügungen erforderliche Lochabstände $b/d = 2{,}5$ bis 5,5 und, nach (6.3−1), Wirkungsgrade $\eta = 0{,}62$ bis 0,82. Bild 6.3/1 vermittelt eine Anschauung der geometrischen Proportionen. Der Randabstand der ersten Lochreihe sollte $> 2d$ sein, um ein Ausscheren zu vermeiden. Der Reihenabstand wird zweckmäßig gleich dem Zeilenabstand b gewählt, bei versetzten Reihen gleich $b3^{1/2}/2 = 0{,}87b$. Ist er zu kurz, so

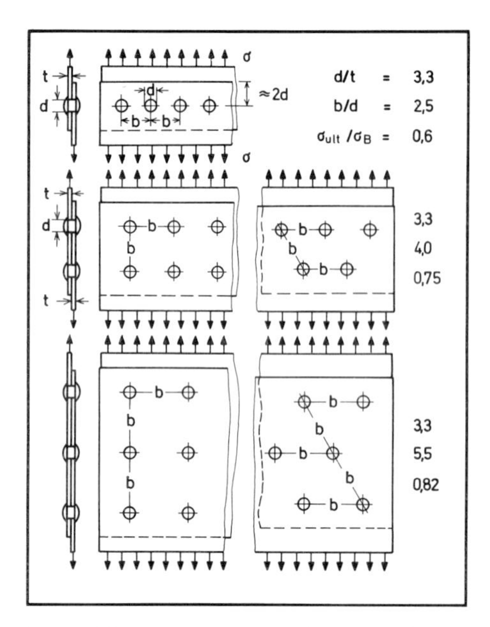

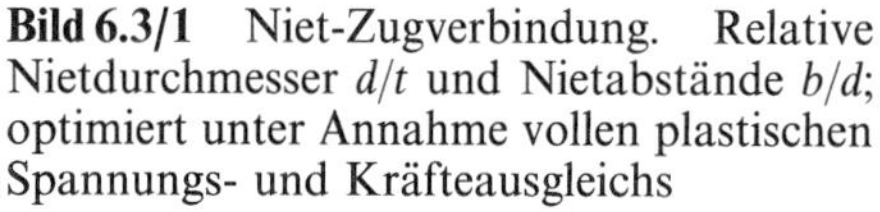

Bild 6.3/1 Niet-Zugverbindung. Relative Nietdurchmesser d/t und Nietabstände b/d; optimiert unter Annahme vollen plastischen Spannungs- und Kräfteausgleichs

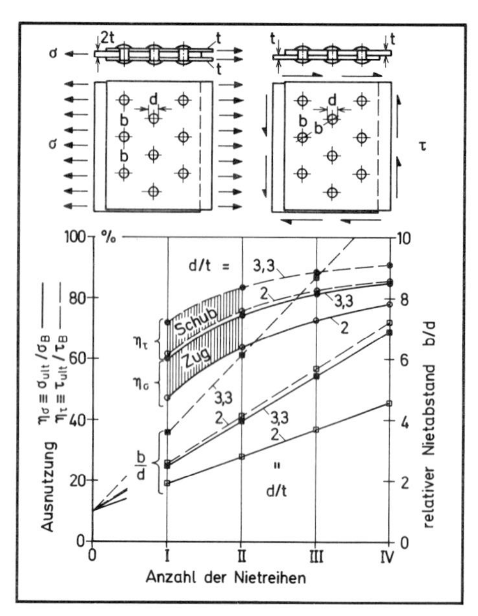

Bild 6.3/2 Nietverbindung für Zug und Schub. Einfluß der Nietreihenanzahl auf die Ausnutzung der Blechfestigkeit, bei vollem plastischen Spannungs- und Kräfteausgleich

treten im Blech zu hohe Scherspannungen auf; ist er zu lang, so verteilen sich die Kräfte nicht gleichmäßig auf die Reihen.

Bild 6.3/2 zeigt für praktisch übliche Durchmesserverhältnisse $d/t=2$ bis 3,3 den zulässigen Nietabstand b/d (6.3–2) und den damit theoretisch erzielbaren Wirkungsgrad (6.3–1) über der Nietreihenanzahl. Mehr als vier Nietreihen lohnen sich nicht; die letzte Reihe erhöht den Wirkungsgrad von 80 auf 83 %. Statt weiterer Nietreihen empfiehlt sich eine Aufdickung der Zugverbindung um 20 bis 30 %.

Besser ist der Wirkungsgrad der schubübertragenden Fügung (gestrichelte Linien in Bild 6.3/2). Mit τ_{Br} und τ_B anstelle von σ_{Br} und σ_B in (6.3–1) und (6.3–2) gilt im Schubfall

$$\eta_\tau \equiv \tau_{Br}/\tau_B = 1 - d/b \quad \text{mit} \quad b/d = 1 + 0{,}79nd/t. \qquad (6.3-4)$$

6.3.1.2 Statisch unbestimmte Kraftverteilung auf Nietreihen

Für kontinuierliche Klebeverbindungen wurde in Abschn. 6.2.1.2 eine elastische Schubspannungsverteilung gerechnet, die von den Steifigkeiten der Fügeteile und der Kleberschicht abhängt; sie zeigte Spitzen an den Überlappungsenden, die sich auch bei größerer Länge nicht unter einen gewissen Wert drücken ließen. Ebenso ist bei diskontinuierlichen Nietverbindungen zu erwarten, daß die Reihen am Rande höher beansprucht sind als die in der Mitte, wenn diese nicht gar, bei hoher Reihenanzahl und Verbindungssteifigkeit, völlig wirkungslos bleiben.

Die Berechnung einer mehrreihigen, statisch unbestimmten Nietverbindung ist allerdings schwieriger als die einer Klebung, weil sich die Anteile der Niete und der

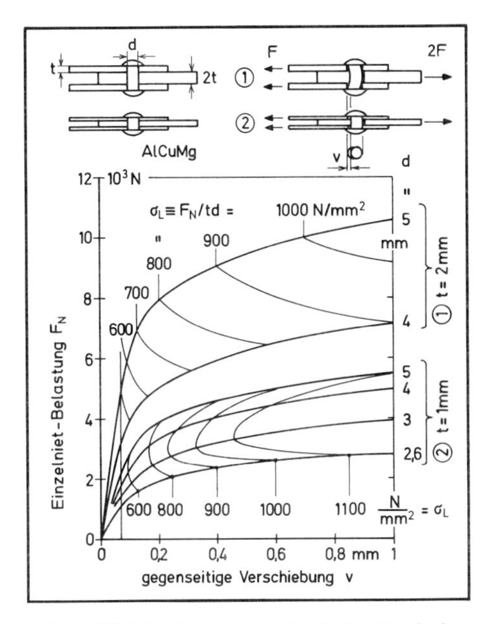

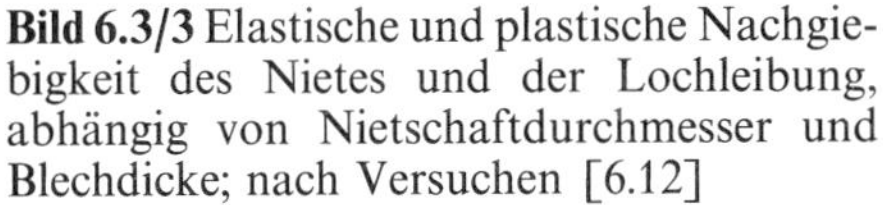
Bild 6.3/3 Elastische und plastische Nachgiebigkeit des Nietes und der Lochleibung, abhängig von Nietschaftdurchmesser und Blechdicke; nach Versuchen [6.12]

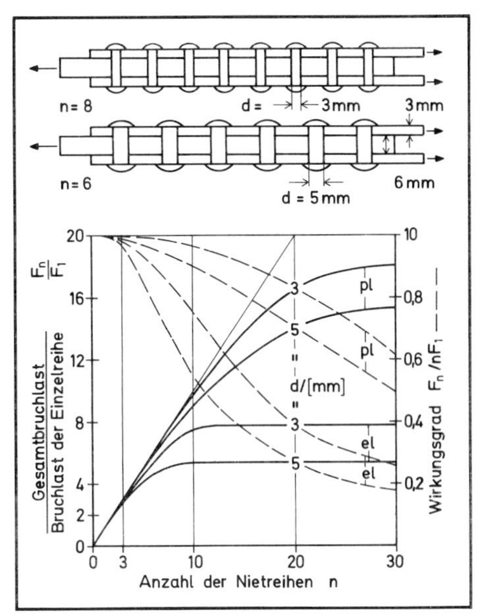

Bild 6.3/4 Quasi kontinuierliche Nietverbindung. Gesamttragfähigkeit und Nietwirkungsgrad über Reihenanzahl, rein elastisch und elastisch-plastisch; nach [6.12]

Fügeteile an der Verformung nicht so einfach unterscheiden lassen. Bei der Klebung verschieben sich die Bleche nur infolge der Schichtnachgiebigkeit t_K/G_K; beim Niet ist daran die Schubverformung des Schaftes wie auch seine Biegung beteiligt, und schließlich auch die Nachgiebigkeit des Bleches im Lochleibungsbereich. Im übrigen ist das Verformungsverhalten unter Last, wie die in Bild 6.3/3 wiedergegebenen Versuchskurven zeigen, stark nichtlinear; besonders bei hohem Lochleibungsdruck ($\sigma_L = P/td$, im Bild als zusätzlicher Parameter eingetragen) ovalisiert die Bohrung plastisch und mindert damit die *Schubsteifigkeit* der Verbindung.

Auch wenn es sich nicht um ideales Fließen handelt (wie zu Bild 6.3/2 angenommen), verteilt sich doch infolge dieses Nachgebens die Gesamtkraft besser auf die Nietreihen als im rein elastischen Fall. Bild 6.3/4 zeigt dazu die Belastbarkeit und den Ausnutzungsgrad von Nietstößen, die mit vielen Nietreihen ausgelegt wurden, um einen Vergleich mit der kontinuierlichen Klebung zu ermöglichen. Tatsächlich steigt das Tragvermögen mit der Reihenanzahl wie in Bild 6.2/18 mit der Überlappungslänge, wobei infolge Plastizität eine größere Nietanzahl über die Länge wirksam wird. Als *Ausnutzung* ist hier die gemittelte Nietbelastung im Verhältnis zur Belastbarkeit des Einzelnietes verstanden; sie ist ein Maß für die Ungleichförmigkeit der Kräfteverteilung und wäre gleich 100 % bei ideal-plastischem Verhalten.

Bei einer zweireihigen Verbindung gleichstarker Bleche sind aus Symmetriegründen beide Reihen gleich beansprucht; dann ist jedenfalls $\eta = 0{,}75$ (für $b/d = 4$ und $d/t = 3{,}3$). Bei ungleich starken Blechen oder stärkerer Lasche, siehe Bild 6.3/5, wird der Niet am Ende des steifen Fügeteils höher belastet (Bild 6.2/4). Kommen auf eine Überlappung drei oder vier Nietreihen, so tragen die inneren weniger als die äußeren; die Tragfähigkeit erhöht sich darum nicht in dem Maße, wie Bild 6.2/2 unter

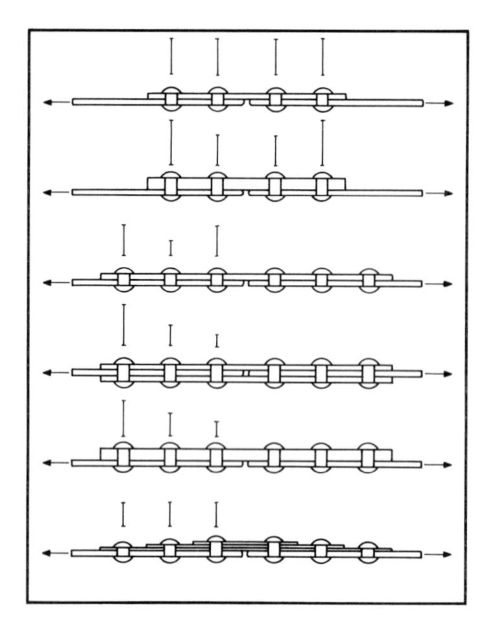

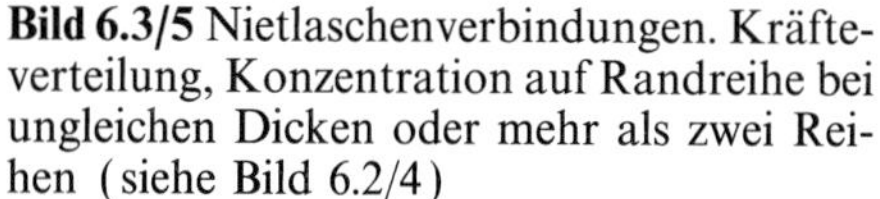

Bild 6.3/5 Nietlaschenverbindungen. Kräfteverteilung, Konzentration auf Randreihe bei ungleichen Dicken oder mehr als zwei Reihen (siehe Bild 6.2/4)

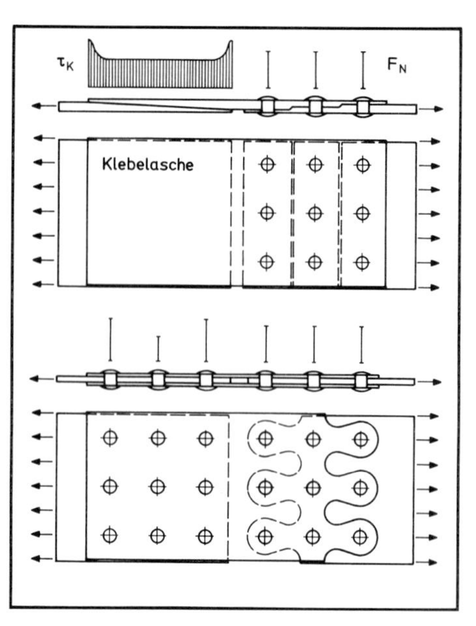

Bild 6.3/6 Nietlaschenverbindung. Kräfteausgleich über Nietreihen durch Schäftung von Blech und Lasche. Entlastung der ersten Reihe durch Auslappen, nach [6.13]

Annahme eines idealen Kräfteausgleichs vorgibt. Mehr als vier Nietreihen sind bei optimaler Proportionierung der relativen Durchmesser und Abstände nicht zweckmäßig.

6.3.1.3 Maßnahmen zum Kräfteausgleich

Für die Klebefügung wurde eine geschäftete oder abgestufte Verbindungslasche zum Ausgleich der Kleberschubspannungen vorgeschlagen (Abschn. 6.2.2.3). Ebenso kann man für einen Kräfteausgleich in mehrreihigen Niet- oder Schraubverbindungen sorgen (siehe Bild 6.3/5).

In Bild 6.3/6 ist oben eine geschäftete Klebeverbindung mit fast konstanten Spannungen skizziert (geringe Spitzen lassen sich praktisch nicht vermeiden), daneben eine gestufte dreireihige Nietverbindung mit gleichverteilten Einzelkräften. Die untere Skizze deutet die Möglichkeit an, die Dehnsteifigkeit des Bleches nicht durch Verjüngen der Dicke, sondern durch Ausschneiden von Augenlappen abnehmen zu lassen (Hertel [6.13] konnte damit eine erhöhte Ermüdungsfestigkeit nachweisen). Eine solche Maßnahme erlaubt im übrigen eine optische Kontrolle des Rißfortschritts und empfiehlt sich damit als *schadenstolerante* Konstruktion (Abschn. 7.3.1). Ein gewisser Verjüngungs- oder Stufeneffekt ließe sich auch durch *Entlastungsbohrungen* hinter den äußeren Nieten erreichen.

6.3.2 Zugspannungsspitzen an Bohrungsrändern, Ermüdungsfestigkeit

Niet- und Bolzenverbindungen sind im Gegensatz zur Klebung bei dynamischer Belastung stark gefährdet. Zur vorzeitigen Ermüdung können beitragen: exzentrische Biegung, Lochleibungsdrücke, Kantenpressungen (durch Schrägstellung einschnittig belasteter Niete) oder Reibkorrosion. Hauptursache ist aber die Kerbwirkung der Bohrungen, d.h. deren hohe Flankenspannungsspitze, die im niederen Lastbereich großer Lastspielzahlen nicht plastisch abgebaut wird und den Wirkungsgrad der dynamischen Festigkeit auf etwa 1/3 beschränkt, sofern man das Fügeteil nicht örtlich aufdickt oder durch Doppler verstärkt.

Nietbrüche treten seltener auf, vorzugsweise bei niedrigen Lastspielzahlen ($N < 10^4$), verursacht durch Scheren und Biegen (an langen Nietschäften mehrschnittiger Fügung). Abreißen des Nietkopfes erfolgt meistens erst nach vorangegangenem Blechbruch. Bei ermüdungsgefährdeten Nietverbindungen versucht man darum in erster Linie, die Lochspannungsspitzen der Bleche zu minimieren.

6.3.2.1 Dimensionierungsaspekte bei elastischen Spannungsspitzen

In Bild 6.3/7 sind theoretische Spannungsfaktoren $f \equiv \sigma_{max}/\sigma_{\infty}$ unbelasteter und belasteter Bohrungen bzw. Lochreihen über dem relativen Durchmesser d/b aufgetragen. Im einen Fall *fließt* die Kraft durch die Scheibe um die leeren Löcher herum, im anderen wird sie durch Niete oder Bolzen eingeleitet.

Die leere Einzelbohrung in der unendlichen Scheibe ($d/b = 0$) erhöht bekanntlich die Spannung an der Flanke auf das Dreifache. Dieser Faktor steigt bei einer Lochreihe (Fall 1) mit enger werdendem Lochabstand b bis $d/b = 0{,}7$ nur etwa auf den Betrag 3,7 an, stärker aber beim Einzelloch in einem seitlich beschnittenen Streifen der Breite b (Fall 2). In beiden Fällen wäre ein großer Lochabstand bzw. eine große Streifenbreite vorteilhaft.

Dies gilt nicht mehr, wenn eine Niet- oder Bolzenkraft eingeleitet wird (Fall 3). Die umzuleitenden Zugkräfte rühren dann nicht aus einer elementaren gleichmäßigen Verteilung sondern aus der Lochleibung. Da der Lochleibungsfaktor $\sigma_L/\sigma_{\infty} = b/d$ mit wachsender Abszisse d/b fällt, während der Umlenkfaktor ansteigt, stellt sich ein minimaler Gesamtfaktor $(\sigma_{max}/\sigma_{\infty})_{min}$ bei einem optimalen Abstandsverhältnis ein: für die einreihige Verbindung oder den Augenstab etwa bei $(b/d)_{opt} = 2$ bis 3. Dabei ist der Lochleibungsdruck selbst unkritisch: er verhält sich zur Spannungsspitze wie $\sigma_L/\sigma_{max} = b/df \approx 3/5$. Die Festigkeit des Nietes muß durch hinreichenden Schaftdurchmesser gesichert sein. Nimmt man für das Verhältnis der dynamischen wie der statischen Festigkeiten $\sigma_B/\tau_B \approx 3^{1/2}$ an, so genügt $d/t > 3$ bis 4.

In Bild 6.3/8 ist für einen Augenstab mit veränderlicher Stielform der experimentell ermittelte Spitzenfaktor nach [6.13] wiedergegeben (hier bezogen auf die Nettospannung $\sigma_n = 3\sigma_{\infty}/2$). Ungünstig wirkt sich eine Einschnürung hinter dem Auge aus (Fall 1), vorteilhaft dagegen eine Aufspaltung des Stieles in zwei äußere Stäbe mit geringerem Umlenkungszwang (Fall 3). Man kann daraus folgern, daß auch in einer Nietverbindung eine *Entlastungsbohrung* oder ein *Entlastungsspalt* direkt hinter der belasteten Bohrung im Hinblick auf die Kerbspannungsspitze vorteilhaft wäre, besser als ein Ausschnitt zwischen den Augen nach Bild 6.3/6.

Der Spitzenfaktor $f_1 \equiv \sigma_{max\,1}/\sigma_{\infty} \approx 5$ der einreihigen Verbindung läßt sich auch durch mehrreihige Ausführung und entsprechende Entlastung der Niete reduzieren,

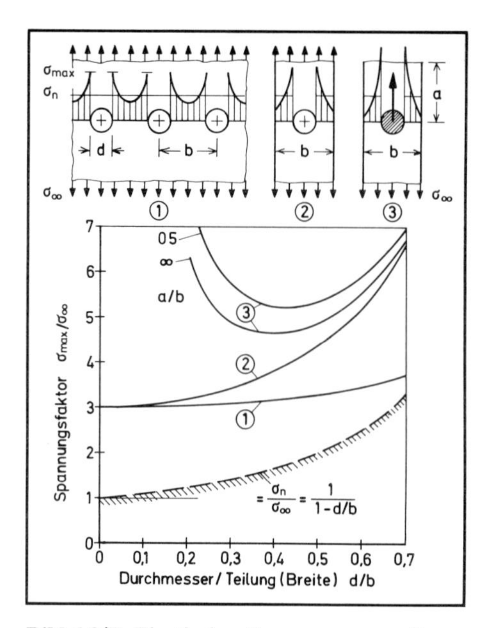

Bild 6.3/7 Elastische Zugspannungsspitzen an Lochflanken, ohne Niet (1) (2), und bei Krafteinleitung durch Niet (3). Einfluß von Loch- und Randabständen, nach [6.14]

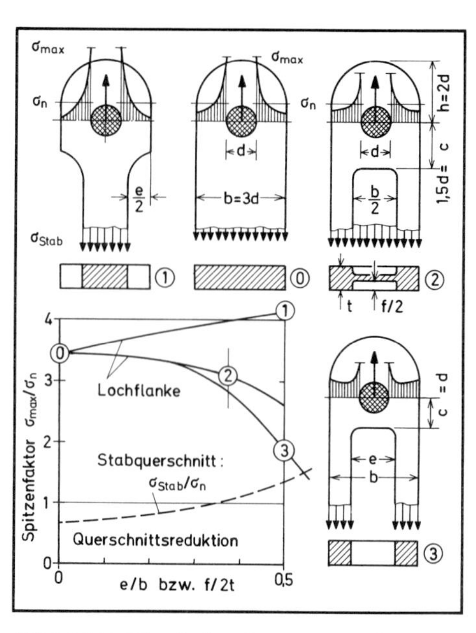

Bild 6.3/8 Elastische Spannungsspitzen an Augenstäben. Erhöhung bei eingeschnürtem Stiel, Reduktion durch Entlastungsspalt hinter dem Zugbolzen; nach Versuchen [6.13]

allerdings nicht unter den Faktor des unbelasteten Loches. Dieses ist nicht leer, sondern durch einen Nietschaft am Ovalisieren behindert; je nach Passung wird dadurch sein Spitzenfaktor f_0 von 3 bis auf 2 herabgesetzt. Eine mehrreihige Nietung kann somit den Spitzenfaktor etwa auf die Hälfte reduzieren und damit den Wirkungsgrad auf das Zweifache anheben.

Bei konstanter Dicke ist das Blech im Nettoquerschnitt der ersten Reihe am stärksten gefährdet. Tragen alle Reihen mit gleicher Nietkraft, so erhält man den Spitzenfaktor der ersten als reziproken Wirkungsfaktor

$$1/\eta_{el} = f_n = [f_1 + (n-1) f_0]/n \approx 5(1+n)/2n. \qquad (6.3-5)$$

Demnach läßt sich der Spannungsfaktor von $f_1 = 5$ bei einer Reihe auf $f_2 = 3{,}8$ bei zwei oder $f_4 = 3{,}1$ bei vier Reihen reduzieren. Diese Abschätzung wird durch die Beispiele zweireihiger Fügungen in Bild 6.3/9 bestätigt; die höheren Faktoren ($f = 8$ bis 13) der vierreihigen einschnittigen Verbindungen muß man mit Exzentrizitätseinflüssen und unstetigen Übergängen erklären.

Eine Schäftung verspricht für die dynamische, durch Spannungsspitzen beeinträchtigte Festigkeit weniger Vorteile als für statische Auslegung, bei der es auf die Egalisierung der Nietkräfte ankommt; sie kann aber die Exzentrizität einschnittiger Fügungen mindern oder die Ausnutzung des Fügeteils verbessern und dadurch Gewicht sparen. Der geringere Spannungsfaktor der konisch geschäfteten zweireihigen Verbindung (Bild 6.3/9) dürfte mit dem stärkeren Nettoquerschnitt der ersten Reihe zu erklären sein. Eine Aufdickung des gefährdeten Querschnitts ist übrigens das einzige Mittel, den elastischen Wirkungsfaktor über 40 % anzuheben. Um den

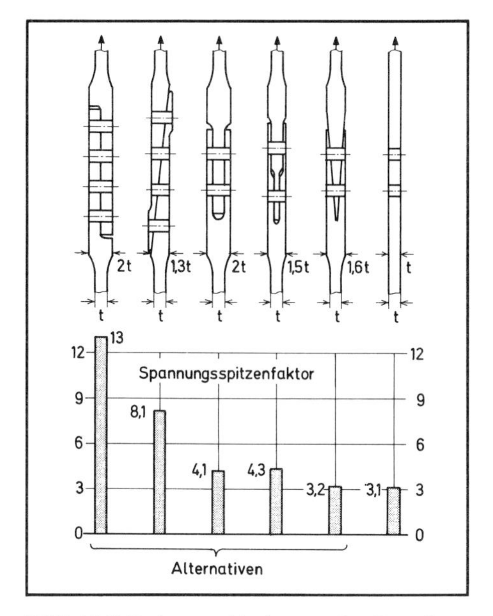

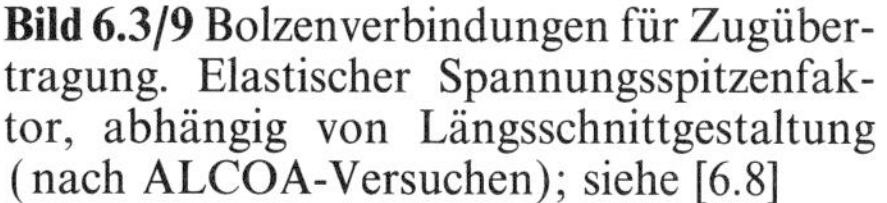

Bild 6.3/9 Bolzenverbindungen für Zugübertragung. Elastischer Spannungsspitzenfaktor, abhängig von Längsschnittgestaltung (nach ALCOA-Versuchen); siehe [6.8]

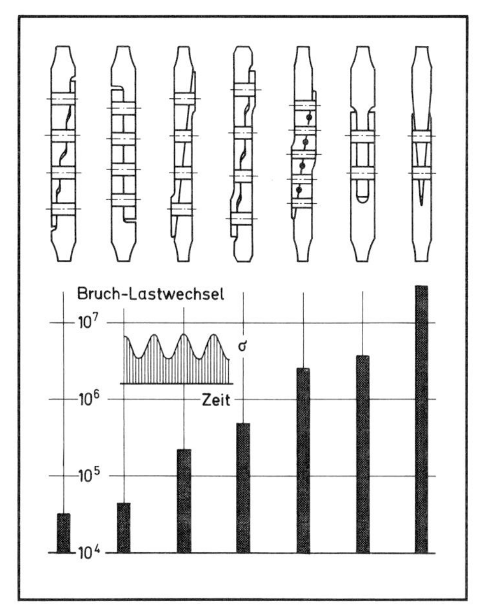

Bild 6.3/10 Bolzenverbindungen für Zugübertragung. Lebensdauer bei Schwingbeanspruchung, abhängig von Längsschnittgestaltung; nach [6.13]

Faktor $f_4 \approx 3$ zu kompensieren, wäre eine dreifache Verstärkung der vierreihigen Nietverbindung erforderlich. Die elastische Spannungsspitze schlägt aber nicht voll auf die dynamische Festigkeit durch, darum genügt praktisch ein *Doppler.*

Daß der Spannungsfaktor die Ermüdungsfestigkeit beeinträchtigt, zeigt ein Vergleich der Bilder 6.3/10 und 6.3/9. Im folgenden bestätigt sich dies auch an Wöhlerkurven einfacher Nietverbindungen.

6.3.2.2 Ermüdungsfestigkeit von Nietverbindungen

Zur Optimierung dynamisch beanspruchter Aluminiumnietverbindungen wurden umfangreiche systematische Versuche an ein- und mehrschnittig überlappten Fügungen durchgeführt [6.15]. Als günstig erwies sich ein relativer Nietabstand $b/t \approx 10$, mit $b/d = 2{,}7$ bis 3,7 bei einem relativen Durchmesser $d/t = 4{,}0$ bis 2,7. Den Einfluß der Reihenanzahl auf die Schwellfestigkeit zeigt Bild 6.3/11 in Wöhlerlinien (als untere Grenzen von Streubändern): Gegenüber der einreihigen Fügung erhöht sich die Festigkeit bei zwei Reihen um 20 bis 30 %, bei drei Reihen um 40 bis 60 %; darüberhinaus ist auch bei mehrreihiger Verbindung kein Vorteil zu erwarten. Tendenziell bestätigt dies den Einfluß des Spannungsfaktors f_n (6.3−5), der ebenfalls bei drei bis vier Reihen seine Grenze erreicht. Allerdings tritt bei der einschnittigen Verbindung noch exzentrische Blechbiegung auf, deren Auswirkung durch größere Überlappungslänge abgebaut wird.

Bild 6.3/12 zeigt die durch Zweischnittigkeit (2) gegenüber (1) um das Zwei- bis Dreifache erhöhte Schwellfestigkeit. Weniger günstig wirkt sich die vierschnittige

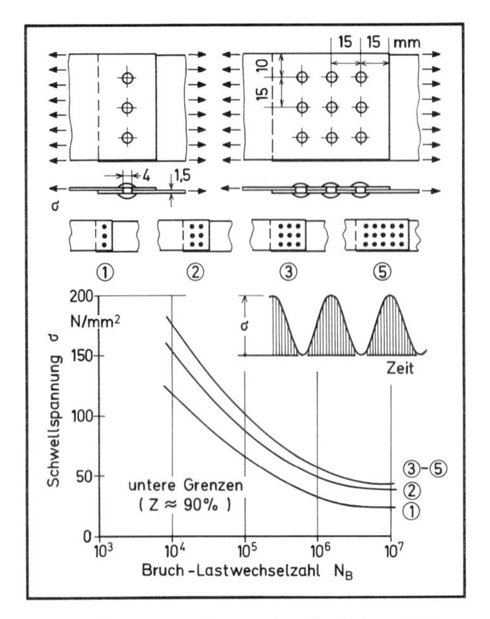

Bild 6.3/11 Ermüdung einschnittiger Niet-Zugverbindungen. Schwellfestigkeit über Lastspielzahl. Einfluß der Nietreihenanzahl; nach [6.13, 6.15]

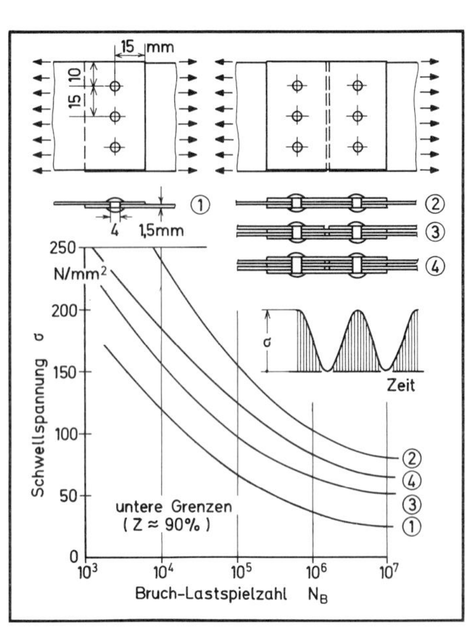

Bild 6.3/12 Ermüdung mehrschnittiger Nietlaschenverbindungen. Erhöhte Schwellfestigkeit durch symmetrische Gestaltung (ohne Blechbiegung); nach [6.13, 6.15]

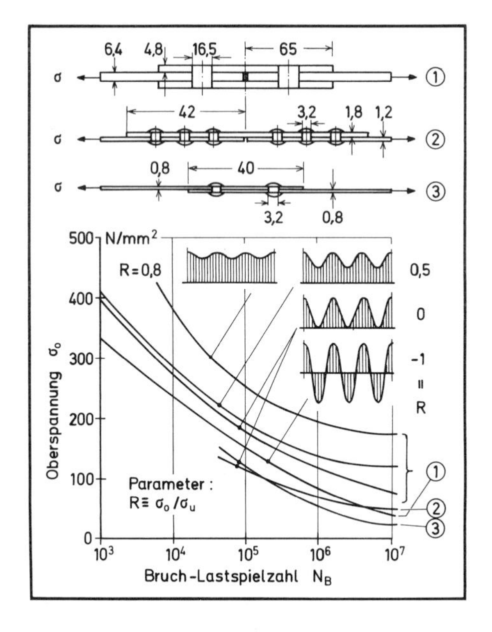

Bild 6.3/13 Ermüdung verschiedener Nietverbindungen. Einfluß des Schwingspannungsverhältnisses. Wechselbelastung ($R = -1$) nur bei Symmetrie (1); nach [6.8]

Fügung (4) aus, möglicherweise infolge Biegung des schlanken Nietschaftes. Bei Dreischnittigkeit tritt wieder Exzentrizität auf.

In Bild 6.3/13 sind Versuchsergebnisse verschiedener Autoren zusammengestellt. Dabei zeigt sich zunächst wieder der Vorzug der zweischnittigen Fügung (1). Bei einschnittiger Verbindung über eine stärkere Lasche (2) wirkt sich die Exzentrizität weniger aus als bei einfacher Überlappung gleichstarker Bleche (3). Beispiel (1) beschreibt auch den Einfluß des Spannungsverhältnisses $R \equiv \sigma_u/\sigma_o$ der Schwingbelastung (Abschn. 7.2.1.3): demnach ist die *Schwellfestigkeit* ($R=0$) höher als die *Wechselfestigkeit* ($R=-1$). In Niet- und Bolzenverbindungen erfährt aber auch bei wechselnder Zugdruckbelastung die Lochflanke stets eine schwellende Zugbeanspruchung, und zwar mit doppelter Lastspielzahl N (so läßt sich die seitliche Verschiebung der Wöhlerkurve für $R=-1$ gegenüber $R=0$ einfach erklären). Darum ermüdet die Nietverbindung im Unterschied zu integralen Blechen oder Bauteilen auch bei schwellender Druckbelastung; in diesem Sinne müssen die Kurven für R und $1/R$ übereinstimmen (Stabilitätsprobleme seien dabei ausgenommen).

6.3.2.3 Vergleich zwischen Niet-, Punkt- und Klebeverbindungen

Bild 6.3/14 zeigt nach verschiedenen Untersuchungen die Schwellfestigkeit von Klebe- und Punktverbindungen im Vergleich zur Nietung: Die kerbfreie Klebeverbindung (1) ist wie erwartet der Nietung (3) und (4) weit überlegen, besonders im Bereich hoher Lastspielzahlen. Während die Wöhlerlinie der Nietung auch bei $N > 10^8$ weiter abfällt, also auch bei niedriger Belastung (bei hohem Sicherheits-

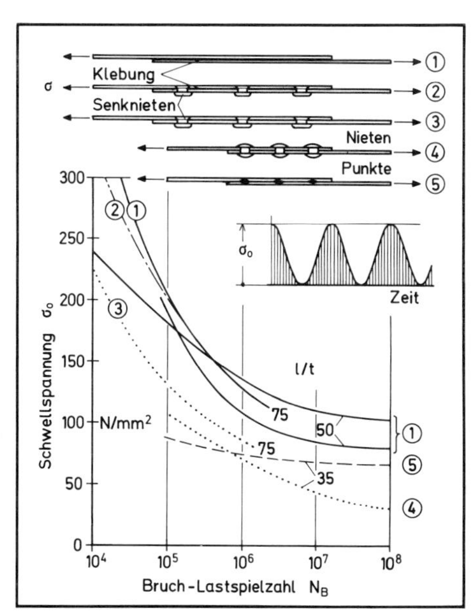

Bild 6.3/14 Ermüdung von Nietverbindungen im Vergleich zu Klebe- und Punktschweißverbindungen. Schwellfestigkeit bei einschnittiger Fügung; nach [6.13]

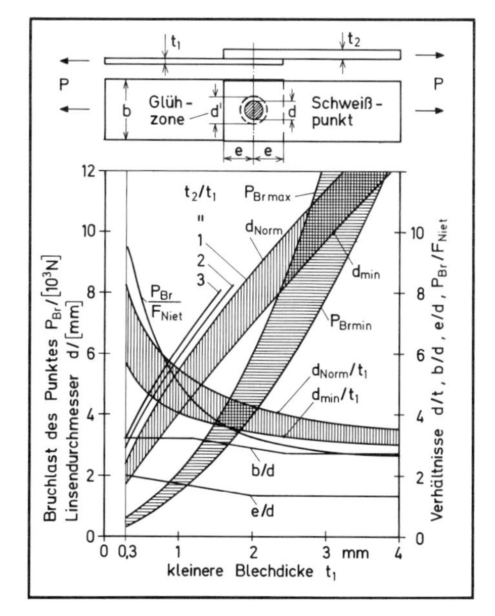

Bild 6.3/15 Auslegung und Festigkeit von Schweißpunkten, Linsendurchmesser, Randabstände und Bruchlast, abhängig von Blechdicke; nach [6.8]

faktor) eine begrenzte Lebensdauer ausweist, tendiert die Kurve der Klebung zu horizontalem Auslauf, also zu einer *Dauerfestigkeit* (Abschn. 7.2.1.1).

Gleiches gilt für die Punktschweißverbindung (5), die zwar schlechter ist als die Klebung, aber bei großer Lastspielzahl ($N > 10^6$) eine höhere Schwellfestigkeit zeigt als die Nietung, allerdings eine geringere bei kleiner Lastspielzahl. Nach Bild 6.3/15 überträgt der Schweißpunkt eine größere statische Last als ein Niet; doch kann man daraus nicht unbedingt auf das kerbspannungsabhängige dynamische Bruchverhalten schließen.

Zur Sicherheit werden Klebeverbindungen oft zusätzlich genietet. Wie die Kurve (2) in Bild 6.3/14 zeigt, mindert dies kaum die hohe Schwellfestigkeit der Klebung (1). Man darf annehmen, daß die Kraft im Querschnitt der ersten Nietreihe bereits zur Hälfte eingeleitet, die Zugspannung also auf das halbe Niveau abgesenkt und der Kerbfaktor dadurch voll kompensiert ist.

6.4 Flache Verstärkungen, Pflaster, Laschen und Winkel

Zur Kräfteumleitung an großen Ausschnitten werden linienhafte Randgurte eingesetzt; sie sollen mit ihrer Steifigkeit die Wirkung des Ausschnitts möglichst neutralisieren, so daß in seiner Umgebung keine Spannungshäufungen auftreten, die örtliche Aufdickungen oder ein Absenken des gesamten Spannungsniveaus erfordern. Für Ausschnitte oder Bohrungen mit relativ kleinem Durchmesser ($d/t < 10$) muß man zum Festigkeitsausgleich aus geometrischen Gründen flache Verstärkungen integral herausformen oder applizieren. Beim Gestalten und Dimensionieren solcher nicht mehr linienhafter Elemente sind im allgemeinen zweidimensionale Spannungsverteilungen im Verstärkungsbereich und in der Klebung zu beachten. Versagen kann am Bohrungsrand, in der Kleberschicht oder in der Scheibe vor dem Pflaster auftreten.

Am einfachsten läßt sich der nur einachsig veränderliche Spannungszustand an einem querliegenden Pflasterstreifen analysieren (Abschn. 6.2.3). Ein solcher eignet sich zur Verstärkung oder Überdeckung einer Lochreihe, oder als *Doppler* an einer Nietverbindung, um deren elastischen Wirkungsgrad anzuheben (Abschn. 6.3.2). Wirkungslos bleibt ein Streifen hingegen bei einer in Zugrichtung orientierten Lochreihe, etwa bei einer schubübertragenden Längsnaht.

An Einzelbohrungen wäre ein durchlaufender Verstärkungsstreifen unangemessen; vor örtlich begrenzten Versteifungen treten aber Spannungskonzentrationen in der Scheibe auf, die man nur durch besondere Form des Pflasters oder, allerdings nur für rotationssymmetrische Belastung, durch *neutralisierende* Querschnittgestaltung ausgleichen kann (Abschn. 6.4.1).

Bei nicht integralen sondern aufgesetzten Verstärkungen muß man auch die zweidimensionale Schubspannungsverteilung der Kleberschicht sowie ihren Einfluß auf deren Festigkeit und auf die Wirksamkeit des Pflasters berücksichtigen. Bei Rotationssymmetrie läßt sie sich geschlossen analysieren; für rechteckige Pflaster und Einleitungslaschen werden Ergebnisse numerischer Analysen dargestellt (Abschn. 6.4.2).

Auch Verbindungslaschen können nicht immer, wie zur Fügung einfacher Bleche, als Streifen konstanter Breite durchlaufen. Für Querstöße längsgestringerter Platten sind einzelne oder gefingerte Laschen erforderlich, die sich zwischen und auf die Stringer nieten oder kleben lassen. Wird an das Haut + Stringer-System eine Kastenrippe oder ein Zylinderspant angeschlossen, so muß man zur Übertragung horizontaler und vertikaler Kräfte dreidimensional geformte und belastbare Winkelelemente einsetzen (Abschn. 6.4.3).

6.4.1 Analyse und Auslegung flächenhafter Verstärkungen

Bei einer gelochten Scheibe mit Pflaster oder Randverstärkung treffen in der Regel zwei Spannungsprobleme zusammen: erstens die Kräfteumleitung mit Spannungsspitze an der Lochflanke, zweitens die Kräfteeinleitung mit Spannungsspitze vor dem Pflasterscheitel. Die *Neutralisierung* eines Ausschnittes beruht im Grunde darauf, daß diese Einflüsse sich überlagern und aufheben; sie ist aber nur bei größeren Ausschnitten realisierbar, und bei runden nur für kreissymmetrische Belastung. Da die Pflastergröße bei kleinen Bohrungen kaum ins Gewicht fällt, kann man sich erlauben die Störeinflüsse zu trennen, indem man das Pflaster soviel größer macht als das Loch, daß einerseits dessen Störung nicht über den Pflasterrand hinausreicht, andererseits die Gesamtsteifigkeit des Pflasters durch die Bohrung nicht merklich geschwächt wird.

Die ideale Form derartiger Verstärkung ist die Ellipse: in ihrem Bereich herrscht ein elementarer, ausgeglichener Spannungszustand. Dies vereinfacht die Dimensionierung: die Scheibe muß dann nur proportional zum Spannungsfaktor aufgedickt werden, also bei zugbelasteten Scheiben oder Nietverbindungen auf das Zwei- bis Dreifache; die Pflasterlänge (bzw. die Streifenbreite) muß über die Klebungswirklänge l^* hinaus einen Bereich etwa des zehnfachen Lochradius abdecken ($l > l^* + 10r$, siehe oben Abschn. 6.2.1.3). Die Festigkeit der Verbindung läßt sich über ihre Schubspitze τ^*_{Kmax} nach (6.2−8) berechnen; reicht sie nicht aus, so muß man den Pflasterlängsschnitt verjüngen oder abstufen (Bild 6.2/15 und 6.2/16).

Bei solchen *Verstärkungspflastern* hängt auch die Spannungsverteilung in der Scheibe vor und neben dem Pflaster allein von dessen Dicke (bzw. Steifigkeit) und Gestalt ab. Im trivialen Fall des quer liegenden Streifens sind die Zugspannungen der Scheibe elementar verteilt. Dagegen ziehen die hier interessierenden, örtlich begrenzten, rechteckigen, kreisrunden oder elliptischen Pflaster, die sich zur Verstärkung oder Abdeckung einzelner Bohrungen anbieten, durch ihre Steifigkeit Scheibenkräfte an sich und führen an den Ecken oder vor dem Scheitel zu Spannungskonzentrationen. Diese können nur im Fall einachsiger Zugbelastung durch hinreichende Querstreckung des elliptischen Pflasters egalisiert werden. Bei zweiachsigem Zug läßt sich solches nicht mehr durch Formgebung des *Verstärkungspflasters* sondern nur durch *Neutralisierung*, d.h. unter Einbeziehung der Lochnachgiebigkeit erreichen.

Nach einer Spannungsanalyse verstärkender elliptischer und neutralisierender runder Aufdickungen sollen Pflaster für ein- und mehrachsige Belastungen der isotropen Scheibe ausgelegt und ihr Wirkungsgrad abgeschätzt werden. An orthotropen GFK-Laminaten gewonnene Versuchsergebnisse zeigen den Einfluß der Größe und Form sowie der Faserausrichtung des Pflasters auf das Bruchverhalten. Zum Vergleich wird vorgeführt, wie man bei Gewebelaminaten den durch Bohrungen verursachten Festigkeitsverlust durch Umlenken der Fasern vermeiden kann.

6.4.1.1 Spannungsanalysen an elliptischen Verstärkungen ohne Loch

Wie für den elliptischen Ausschnitt existiert eine geschlossene Lösung auch für einen elliptischen Kernbereich höherer Steifigkeit $(Et)_0 > (Et)_1$. Sofern diese Versteifung durch ein Pflaster $(Et)_2$ verursacht wird, gilt $(Et)_0 = (Et)_1 + (Et)_2$, oder das Verhältnis $(Et)_0/(Et)_1 = 1 + (Et)_2/(Et)_1$. Dazu ist eine starre Verbindung zwischen Pflaster und Scheibe vorausgesetzt.

Bild 6.4/1 zeigt oben die Spannungsverteilungen der Scheibe und des Kernbereichs bei längs- und bei quergestreckter Ellipse. In jedem Fall ist die Spannung im Kernbereich konstant: eine ideale Voraussetzung für ein *Verstärkungspflaster*, dessen Berandung sich möglichst nicht auf den Spannungszustand der Bohrung auswirken soll. So kann der bekannte Spannungsfaktor $f_L = 3$ der Lochflanke auf den Kernbereich angewendet und dieser entsprechend aufgedickt werden. Bei gleichem Material von Scheibe und Pflaster wäre demnach wie beim Pflasterstreifen ein Dickenverhältnis $t_2/t_1 = 2$ erforderlich.

Kritisch ist dann nur noch die Konzentration der Scheibenspannung vor dem Pflasterscheitel. Die Auftragung des Spannungsfaktors über dem Achsenverhältnis der Ellipse (Bild 6.4/1) macht deutlich, daß ein Pflaster (im Unterschied zum Ausschnitt) stets quer zur Zugrichtung gestreckt sein muß. Bei kreisrundem Pflaster $(b/a = 1)$ ist der Scheitelspannungsfaktor $f_S = 1{,}3$ (mit $t_2/t_1 = 2$); bei elliptischer Gestalt $b/a = 2$ läßt er sich bis auf 1,14 reduzieren, was praktisch ausreichen dürfte.

Das Kreispflaster wäre *optimal* für kreissymmetrische Belastung $(\sigma_{x\infty} = \sigma_{y\infty})$ und müßte zum Ausgleich eines Lochspannungsfaktors $f_L = 2$ eine relative Dicke $t_2/t_1 = 1$ aufweisen; damit erhöht sich die Radialspannung am ganzen Umfang um den Faktor 1,2. Will man ihn reduzieren, so muß der Pflasterquerschnitt nach außen verjüngt oder sein Außenradius verkürzt werden, wie im folgenden beschrieben.

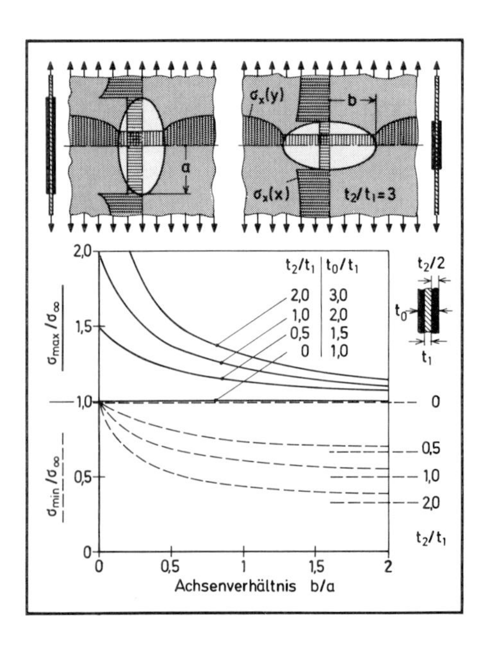

Bild 6.4/1 Elliptische Verstärkung auf Scheibe ohne Loch. Spannungsverteilung bei einachsiger Zugbelastung; Spannungsspitzen am Ellipsenscheitel; nach [6.16]

6.4.1.2 Kreissymmetrischer Lastfall, Neutralisierung des Loches

Für eine Bohrung (Radius r_0) mit ringförmiger Aufdickung (Außenradius r_1) unter zweiachsig gleicher, also kreissymmetrischer Zugbelastung σ_∞ ($=\sigma_{x\infty}=\sigma_{y\infty}$) der Grundscheibe ist in Bild 6.4/2 oben nach elastischer Analyse [6.17] der Verlauf der Radial- und Umfangsspannungen $\sigma_r(r)$ und $\sigma_\varphi(r)$ über der dimensionslosen Koordinate r/r_1 aufgetragen, und zwar für drei Radienverhältnisse $\alpha \equiv r_0/r_1 = 0{,}2$; 0,6 und 1,0. Der Aufdickungsfaktor $\beta \equiv t_0/t_1 = 2$ ist im Hinblick auf einen Lochspannungsfaktor $f_L = 2$ gewählt; damit baut sich am Rand der Verstärkung (für $\alpha \to 0$) eine Radialspannungsspitze $\sigma_{r\max} = 1{,}2\sigma_\infty$ auf (Bild 6.4/1).

Eine *Neutralisierung*, d.h. ein ungestörter Scheibenzustand wird erreicht, wenn der Spitzenfaktor

$$\sigma_{r\max}/\sigma_\infty = 2\beta(1-\alpha^2)/[2+(1+\nu)(\beta-1)(1-\alpha^2)] \qquad (6.4-1)$$

gegen Eins geht, also bei verschiedenen Zuordnungen

$$\beta = 1 + 2\alpha^2/(1-\alpha^2)(1-\nu). \qquad (6.4-2)$$

Ein *Optimum* setzt voraus, daß die Spannungsspitze am Lochrand

$$\sigma_{\varphi\max}/\sigma_\infty = 4/[2+(1+\nu)(\beta-1)(1-\alpha^2)] \qquad (6.4-3)$$

mit der Radialspannungsspitze (6.4−1) am Außenrand übereinstimmt, also

$$\alpha_{opt}^2 = 1 - 2/\beta. \qquad (6.4-4)$$

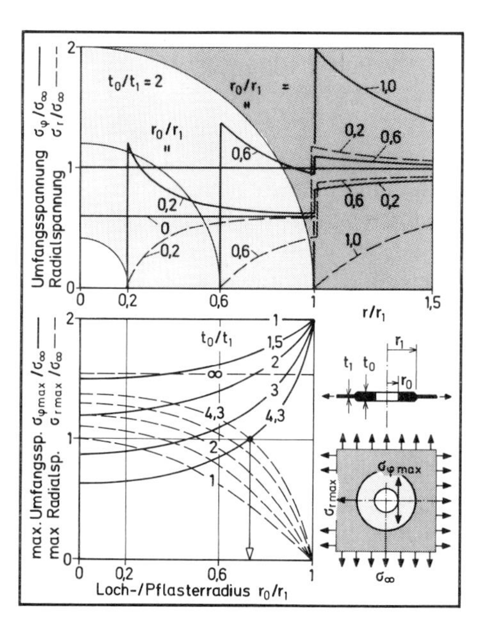

Bild 6.4/2 Ringverstärkung auf Scheibe mit Loch. Spannungsverläufe bei kreissymmetrischer Zugbelastung. Spannungsspitzen an Loch- und Pflasterrand, nach [6.17]

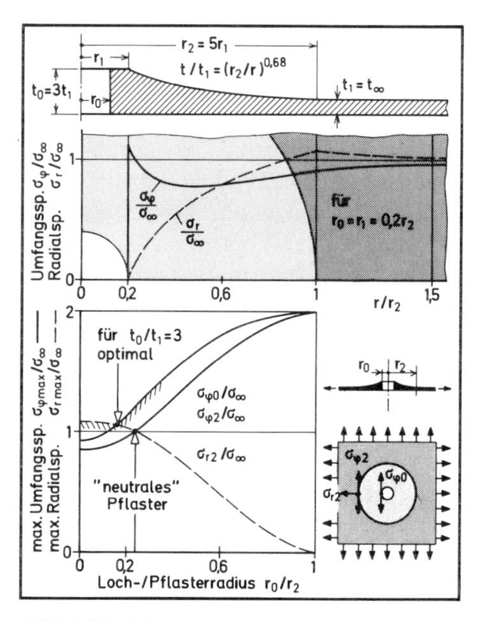

Bild 6.4/3 Ringverstärkung mit verjüngtem Querschnitt. Spannungen bei kreissymmetrischer Belastung. Neutrale und optimale Abstimmung; nach [6.17]

Mit der Neutralisierungsbedingung (6.2–2) erhält man das absolute Optimum (Bild 6.4/2 unten):

$$\beta_{opt} = 1 + 1/\nu = 4{,}3; \qquad \alpha_{opt} = \sqrt{(1-\nu)/(1+\nu)} = 0{,}73 . \tag{6.4–5}$$

Das heißt aber, daß bereits bei einem Bohrungsverhältnis $r_0/t < 10$ der Ringquerschnitt höher als breit und damit kaum mehr als *flächenhafte* Verstärkung anzusehen ist. Im übrigen treten dabei erhebliche Probleme der Kräfteüberleitung zwischen Scheibe und *Kragen* auf.

Wünscht man, um den Übergang zu entschärfen oder eine Klebeverbindung herzustellen, eine flachere Form, so muß man den Querschnitt nach außen verjüngen. Bild 6.4/3 zeigt dazu die Spannungsverläufe einer Verstärkung, die in Lochnähe zwischen r_0 und r_1 eine konstante Dicke $t_0 = 3t_1$ einhält und zwischen r_1 und $r_2 = 5r_1$ nach einer Potenzfunktion auf t_1 abnimmt. Der Neutralisierungseffekt ($\sigma_{\varphi 1} = \sigma_{r1} = 1$) tritt hierbei für $r_2/r_0 \approx 4$ ein, während das Optimum ($\sigma_{\varphi 0} = \sigma_{r1} = \min!$) bei $r_2/r_0 = 6{,}2$ liegt, mit einer geringen Spannungsüberhöhung von 5 %, also einem Wirkungsgrad $\eta \approx 95$ %.

6.4.1.3 Lochverstärkungen für verschiedene Scheibenbelastungen

In Bild 6.4/4 sind Verstärkungen von Einzelbohrungen für unterschiedliche Belastungsfälle vorgeschlagen und die Wirkungsgrade η dieser Maßnahmen angeführt. Die vier oberen Beispiele gelten für den kreissymmetrischen Fall: ausgehend vom Spannungsfaktor $f_L = 2$ der Bohrung bei zweiachsigem Zug (Bd. 1, Bild 2.2/20) und entsprechendem Wirkungsgrad $\eta_0 = 1/2$ zeigt Beispiel (3) die Ringverstärkung mit einer Gesamtdicke $2t$ und einem über den Störbereich der Bohrung hinausgehenden Radius $r_1 > 5r_0$. Damit wäre die Störung am Lochrand kompensiert, doch tritt nun vor dem Pflaster eine Spannungserhöhung auf, die den Wirkungsgrad auf $\eta = 0{,}83$ begrenzt. Vorteilhafter ist das verjüngte Ringpflaster (4) mit nahezu neutralisierender Wirkung.

Für einachsigen Zug ermöglicht die Kreisverstärkung (5) nur $\eta = 0{,}78$ (gegenüber $\eta_0 = 1/3$). Die Bohrung läßt sich in diesem Fall nicht neutralisieren, doch kann man durch elliptische Gestaltung des Pflasters (6) den Wirkungsgrad beliebig erhöhen, etwa mit einem Achsenverhältnis $b/a > 2$ auf $\eta > 0{,}88$.

Bei Schubbelastung τ_∞ tritt an der unverstärkten Bohrung eine Zugspannung $\sigma_{\varphi max} = 4\tau_\infty$ auf; die Festigkeit wird aber nur im Verhältnis $\eta_0 = 3^{1/2}/4 = 0{,}43$ abgemindert. Da am Rand der Kreisverstärkung (7) mit $t_0 = t/\eta_0 = 2{,}3t$ die Radialspannung $\sigma_{rmax} \approx 1{,}5\tau_\infty$ herrscht, erreicht man mit dieser Maßnahme einen vollen Wirkungsgrad $\eta = 1\ (< 3^{1/2}/1{,}5)$. Bohrungen in Schubblechen sind also weniger kritisch, und ihre Auswirkungen leichter zu beheben als bei Zugbelastung.

Natürlich setzen die hier angegebenen Wirkungsgrade eine kerbfreie Gestaltung des Übergangs voraus, also Ausrundung oder Schäftung; bei geklebten Pflastern auch hinreichende Verbindungsfestigkeit.

Bild 6.4/5 zeigt Ausführungen und Wirkungsgrade niveausenkender Verstärkungsstreifen für Lochreihen. Bei einer quer zur Zugrichtung liegenden Reihe (mit Abständen $> 6r$) kann nach Bild 6.3/7 mit $\eta_0 = 1/3$ gerechnet und dementsprechend im Verhältnis $t_0/t_1 = 3$ aufgedickt werden. Der Streifen wird mit konstanter Breite $> 10r$ ausgelegt. Da die Störung des Loches voll ausgeglichen ist, und bei kerbfreiem Übergang die Spannung auch vor dem Pflaster sich nicht erhöht, ist $\eta = 1$.

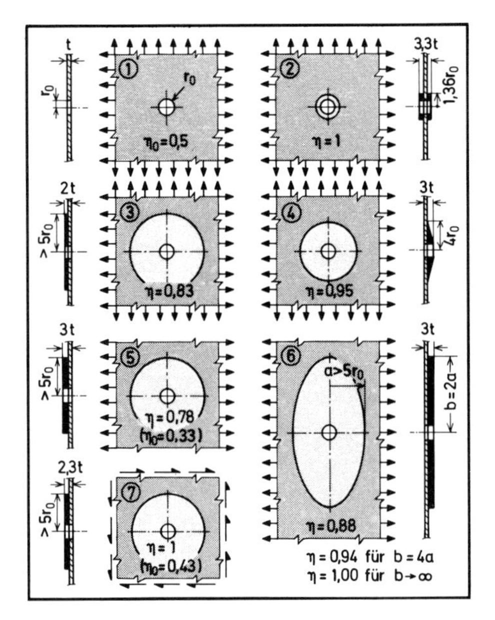

Bild 6.4/4 Einzelloch mit Pflasterverstärkung. Elastischer Wirkungsgrad η (gegenüber η_0 ohne Verstärkung) bei ein- und zweiachsigen Scheibenbelastungen

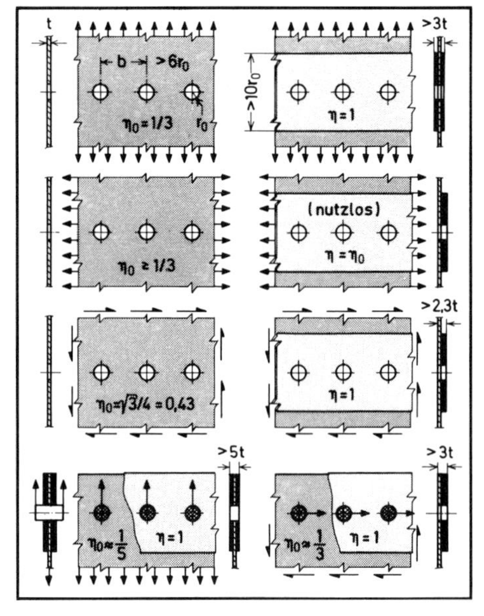

Bild 6.4/5 Lochreihe oder Nietreihe mit Pflasterverstärkung. Elastischer Wirkungsgrad, bei Zug längs oder quer, bei Schub oder bei Nietkräfteeinleitung

Dagegen kann man bei einer in Zugrichtung orientierten Lochreihe keine Entlastungswirkung des Streifens erwarten, weil dieser aus Zusammenhangsgründen dieselbe Dehnung und Spannung erfährt wie der benachbarte Bereich. Das Spannungsniveau wird also durch den Längsstreifen nicht gesenkt. Lochspannungsspitzen werden höchstens durch gegenseitige Entlastung benachbarter Bohrungen etwas reduziert, so daß auch ohne besondere Maßnahmen $\eta_0 > 1/3$ ist. Nach Möglichkeit sollte man Lochreihen in Zugrichtung bei dynamisch beanspruchten Strukturen vermeiden und, soweit es sich um Anschlüsse von Stringern oder Stegen handelt, sie durch integrierende Verbindung (Kleben oder Schweißen) ersetzen.

Bei reiner Schubbelastung der Scheibe läßt sich mit $t_0 \geqq 2{,}3t_1$ wieder die volle Festigkeit $\eta = 1$ erzielen.

6.4.1.4 Versuchsergebnisse an GFK-Laminaten

Zur empirischen Stützung der theoretisch begründeten Auslegungsrichtlinien können Versuche an gebohrten und durch Pflaster verstärkten Glasfaserlaminaten angeführt werden. Bild 6.4/6 zeigt für orthotropes Laminat (0°/90°), das an der Bohrung beidseitig durch gleichartige elliptische Pflaster aufgedickt ist, die Festigkeitszunahme über der Pflastergröße bis zu einem Wirkungsgrad $\eta \approx 0{,}95$, zuletzt begrenzt durch Bruch der Scheibe am Ellipsenscheitel. Aufgedickt wurde im Verhältnis $t_0/t_1 = 2$, entsprechend dem ohne Pflaster ermittelten Festigkeitsverlust 1/2 (bei elastischer Spannungsspitze $f_L > 3$, siehe Bd. 1, Bild 4.2/12). So trat am verstärkten Loch ein vorzeitiger Bruch nur für $a/r_0 < 5$ auf, also wenn das Pflaster zu klein war.

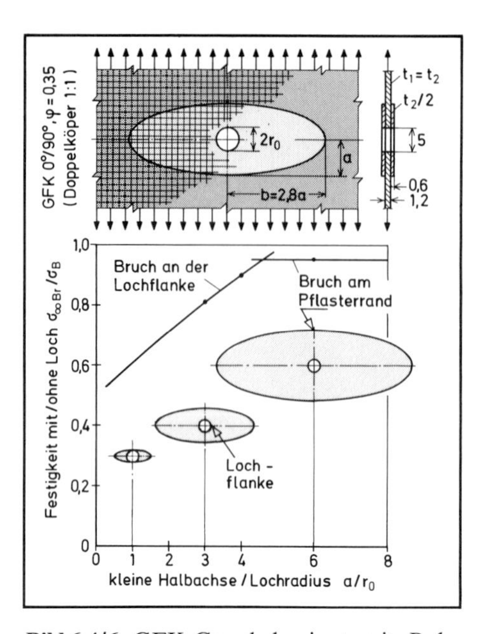

Bild 6.4/6 GFK-Gewebelaminat mit Bohrung und elliptischem Verstärkungspflaster. Zugfestigkeit und Versagensart abhängig von Pflastergröße, nach [6.18, 6.19]

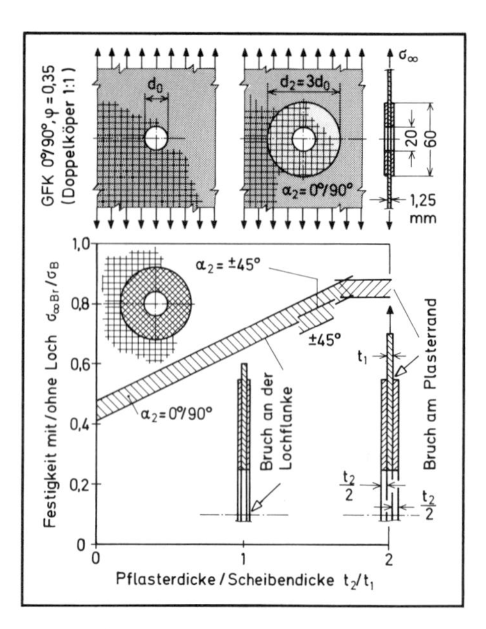

Bild 6.4/7 GFK-Gewebelaminat mit Bohrung und Ringpflaster. Zugfestigkeit und Versagensart abhängig von Pflasterdicke (und Pflasterbewehrung); nach [6.18]

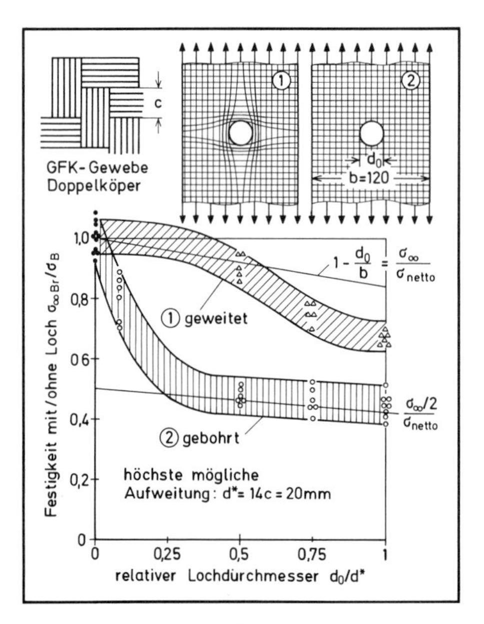

Bild 6.4/8 GFK-Laminat mit Faserumleitung (Gewebeaufweitung) am Loch: Festigkeitsgewinn gegenüber angebohrtem Laminat; nach [6.18, 6.19]

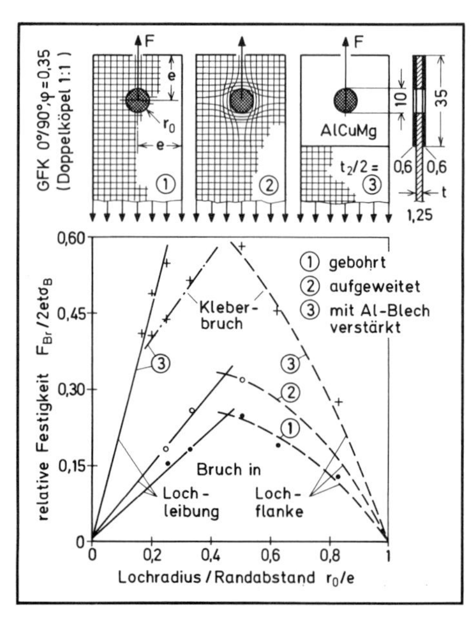

Bild 6.4/9 GFK-Laminat, Krafteinleitung durch Bolzen: Festigkeit und Versagensart bei unverstärkter Bohrung, Pflasterverstärkung oder Gewebeaufweitung; nach [6.18]

Der lineare Einfluß der relativen Pflasterdicke auf die Festigkeit zeigt sich in Bild 6.4/7. Bereits bei $t_2/t_1 \approx 1{,}8$ bricht die Scheibe nicht mehr am Loch sondern am Pflasterrand. Der experimentell ermittelte Wirkungsgrad $\eta_{max} \approx 0{,}88$ liegt höher als nach Bild 6.4/1, was auf Entlastung durch das Loch, also eine gewisse Neutralisierung zurückgeht. Eine *Schuborientierung* des Pflasters ($+45°/-45°$) erfüllte nicht die Erwartung einer besseren Kräfteumlenkung und erhöhter Festigkeit.

Werden die Fasern des Laminats nicht durch Bohren angeschnitten sondern um das Loch herumgeführt, so erübrigt sich u.U. eine Verstärkung. Das Gewebe läßt sich vor dem Tränken mittels eines Dornes aufweiten, bei Doppelköper nach Bild 6.4/8 bis auf einen Durchmesser $d^* = 20$ mm. Bis zum Weitungsmaß $d_0/d^* < 0{,}5$ läßt sich die volle Festigkeit halten, danach fällt sie auf 75 % (bei $d_0/d^* \to 1$). Die gebohrte Scheibe hat dagegen nur einen Wirkungsgrad von 50 % (jedenfalls bei Bohrungsdurchmessern, die groß waren im Verhältnis zum Fadenabstand).

Auch bei Kräfteeinleitung durch einen Bolzen zeigte das geweitete Loch eine höhere Tragfähigkeit als das gebohrte, siehe Beispiele (1) und (2) in Bild 6.4/9. Versagen kann bei zu kleinem Lochradius durch Lochleibungsdruck, bei zu kleinem Randabstand durch Reißen oder Schubbruch an der Lochflanke auftreten. An einer applizierten Verstärkung, im Fall (3) durch ein Aluminiumblech, versagt bei erhöhter Tragfähigkeit primär die Klebung.

Den Einflüssen der Klebernachgiebigkeit auf die Spannungsverteilungen an Pflastern gilt der folgende Abschnitt.

6.4.2 Einfluß der Klebung bei Pflastern und Laschen

Beim Gestalten und Dimensionieren applizierter Verstärkungen sind nicht allein die Beanspruchungen der Scheibe und des Pflasters zu beachten, sondern auch die Schubspannungsverteilungen und -spitzen in der Kleberschicht. Der Einfluß der Klebernachgiebigkeit auf den Zustand des Gesamtsystems wird durch die *Klebungskennzahl* ϱ erfaßt: ist sie groß, so darf man mit quasi starrer Verbindung rechnen; ist sie klein, so verliert das Pflaster zum Teil seine Wirkung und muß, um diese Einbuße auszugleichen, entsprechend größer oder steifer ausgelegt werden. Dies gilt umso mehr, als für eine niedrige Schubspitze und damit für hohe Verbindungsfestigkeit eine nachgiebige Kleberschicht oder ein geschäfteter Querschnitt erwünscht ist. Bei *Verstärkungspflastern* genügt es, sie um das Maß l^* der Kleberwirkung zu verlängern; bei *neutralisierenden* Pflastern ist eine erhöhte Steifigkeit erforderlich.

Am eindimensionalen Problem eines quer liegenden Pflasterstreifens wurden die Zusammenhänge zwischen Kleberkennzahl und Spannungsverteilungen schon diskutiert (Abschn. 6.2.1.3). Hier sollen nun zweidimensionale Spannungszustände runder und rechteckiger Pflaster betrachtet werden. Ist die Scheibe mit Rundpflaster auch kreissymmetrisch belastet, so liegt wieder nur ein einachsiges Verteilungsproblem (in Radialrichtung) vor, das sich analytisch behandeln läßt, und zwar für beliebige innere und äußere Randbedingungen: für einen Pflasterring wie für ein deckendes Pflaster. Im allgemeineren Fall muß man mit zwei Kleberschubkomponenten rechnen, die beide längs und quer ungleichförmig verteilt sind; dann erhält man nur numerische Lösungen, wie exemplarisch für das rechteckige rißüberdeckende Pflaster und für eine Krafteinleitungslasche gezeigt wird.

6.4.2.1 Verstärkendes Rundpflaster (Ring) um eine Bohrung

Die Scheibe sei wieder (wie in Bild 6.4/2) kreissymmetrisch belastet, ihr Spannungszustand im ungestörten Bereich $\sigma_{x\infty}=\sigma_{y\infty}$ oder, in Polarkoordinaten, $\sigma_{r\infty}=\sigma_{\varphi\infty}$. Die an der Bohrung (Radius r_0) und am Kreispflaster (Außenradius r_1) auftretende Störung betrifft dann nur die Spannungsverläufe über der Radialkoordinate r und ist eine Funktion des Radienverhältnisses r_0/r_1, des Dicken- oder Steifigkeitsverhältnisses t_2/t_1 ($\equiv 1/\psi$) und der Klebungskennzahl

$$\varkappa \equiv G_K r_0^2 (1-\nu^2)/E_1 t_1 t_K \,. \qquad (6.4-6)$$

Bild 6.4/10 zeigt oben links die Spannungsverläufe $\sigma_{r1}(r)$ und $\sigma_{\varphi 1}(r)$ der Scheibe sowie $\sigma_{r2}(r)$ und $\sigma_{\varphi 2}(r)$ des Pflasters, rechts die Verteilung der Kleberschubspannung bei relativ weicher Kleberschicht ($\varkappa=5$). Ist der Ring schmal ($r_0/r_1=0{,}6$), so egalisiert sich die Schubspannung, doch wirkt das Pflaster nur wenig entlastend auf $\sigma_{\varphi 1\,\max}$ am Lochrand. Ein breiterer Ring ($r_0/r_1=0{,}2$) reduziert diese Spitze, steigert aber dafür die Radialspannung $\sigma_{r1}(r_1)$.

Der Einfluß der Kleberkennzahl auf die Spannungsspitzen geht aus dem Diagramm hervor: links (für $\varkappa<10^{-2}$) laufen die Kurven zum Faktor $\sigma_{\varphi 1}/\sigma_\infty=2$ der Scheibe ohne Pflasterwirkung, rechts (für $\varkappa>10^3$) zu den Grenzwerten (6.4–1) und (6.4–3) für schubstarre Verbindung. Ein absolutes Optimum mit Neutralisierungseffekt ($\sigma_{\varphi 1}=\sigma_{r1}=1$) wäre in diesem Grenzfall (nach Bild 6.4/2) für Verhältnisse $r_0/r_1=0{,}73$ und $t_0/t_1=4{,}4$ (bzw. $t_2/t_1=3{,}3$) erzielbar. Bei nachgiebigem Kleber ist dazu eine größere Pflastersteifigkeit nötig. Bei $\varkappa<2$ läßt sich der Ausschnitt selbst mit starrem Pflaster ($t_2/t_1=\infty$) nicht neutralisieren; im Optimum bleibt die Spitze $\sigma_{\varphi\max}=\sigma_{r\max}\approx 1{,}1\sigma_\infty$.

6.4.2.2 Deckendes Rundpflaster über einer Bohrung

Ein Pflaster kann dazu dienen, eine Bohrung nicht nur zu verstärken sondern völlig abzudecken. Bei schubstarrer Verbindung sind (nach [6.17]) die für eine Pflasterauslegung relevanten Spannungsspitzen der Scheibe (mit $\psi\equiv E_1 t_1/E_2 t_2$ und $\alpha\equiv r_0/r_1$):

$$\sigma_{r1\,\max}/\sigma_\infty=(1+\psi)\,[(1-\nu)(1-\alpha^2)+2/\psi]/N\,, \qquad \text{bei} \quad r=r_1\,, \qquad (6.4-7)$$

$$\sigma_{\varphi 1\,\max}/\sigma_\infty=2[1+\psi(1-\nu)]/N\,, \qquad \text{bei} \quad r=r_0\,, \qquad (6.4-8)$$

mit $N=2+\psi(1-\nu)+(1+\nu)/\psi+(1-\nu^2)(1-\alpha^2)/2$.

Ist das Pflaster aus gleichem Material wie die Scheibe, so hat es im Lochbereich eine größere Spannung als diese am Lochrand, und zwar:

$$\sigma_{\varphi 2}/\sigma_\infty=\sigma_{r2}/\sigma_\infty=2(1+\psi)/N\,. \qquad (6.4-9)$$

Bei schubweicher Verbindung fällt die Pflasterspannung ab, während die Scheibenspannung $\sigma_{\varphi 1}$ ansteigt. Bild 6.4/11 zeigt oben wieder die Spannungsverläufe für $\varkappa=5$, unten die Spitzenwerte der Scheibe über der Kleberkennzahl. Optimal (und neutral) beispielsweise für $\varkappa\approx 7$ wäre ein Radienverhältnis $r_0/r_1=0{,}6$ bei einer relativen Pflasterdicke $t_2/t_1\approx 1$: dabei ist die Scheibenspannung $\sigma_{\varphi 1\,\max}=\sigma_{r1\,\max}=\sigma_\infty$, aber die Pflasterspannung $\sigma_{\varphi 2}=\sigma_{r2}<\sigma_\infty$ und damit für die Optimierung nicht maßgebend. Erst bei steiferer Kleberschicht wird $\sigma_{\varphi 1\,\max}<\sigma_2$ und somit die Optimal-

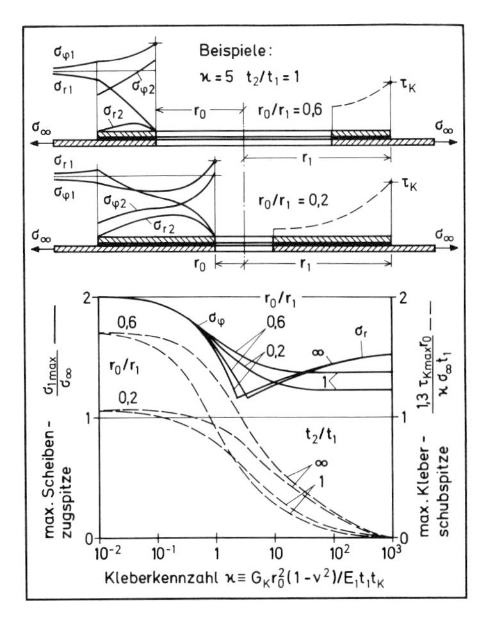

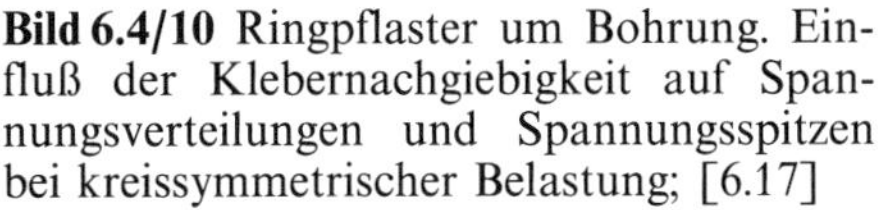

Bild 6.4/10 Ringpflaster um Bohrung. Einfluß der Klebernachgiebigkeit auf Spannungsverteilungen und Spannungsspitzen bei kreissymmetrischer Belastung; [6.17]

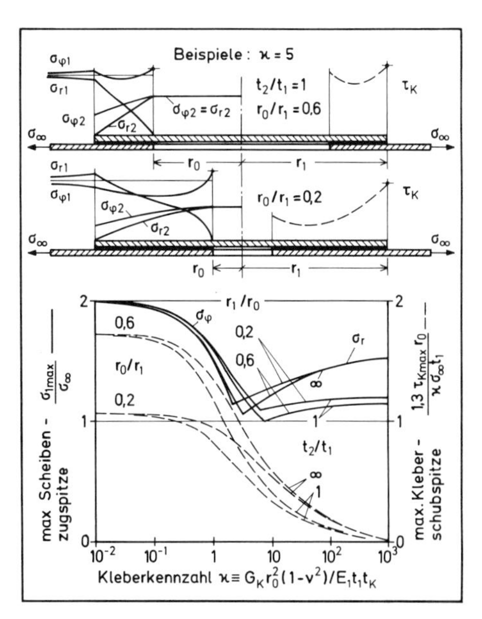

Bild 6.4/11 Deckendes Rundpflaster auf Bohrung. Einfluß der Klebernachgiebigkeit auf Spannungen bei kreissymmetrischer Belastung; nach [6.17]

bedingung $\sigma_2 = \sigma_{r1\max} = 1$ wirksam (im Grenzfall $\varkappa \to \infty$ mit (6.4–7) und (6.4–9) zur Bestimmung von ψ_{opt} und α_{opt}). Die Kleberkennzahl beeinflußt also nicht nur die quantitative Dimensionierung, sondern entscheidet auch über das Versagens- und Optimierungskriterium.

6.4.2.3 Rechteckiges Pflaster über einem Riß

Mehr als der spezielle kreissymmetrische Fall interessiert das Problem einer Rißabdeckung; dabei soll das Pflaster ein Aufklaffen des Risses und sein weiteres Fortschreiten behindern (Abschn. 7.3.2). Wie bei *Verstärkungspflastern* an Einzelbohrungen oder Lochreihen (Abschn. 6.4.1) trennt man am besten das innere Randproblem vom äußeren, indem man das Pflaster hinreichend lang und breit auslegt; das bedeutet: in Zugrichtung quer zum Riß mindestens mit der doppelten Klebungswirklänge $2l^*$. Die Pflasterdicke muß, gleiches Material vorausgesetzt, mindestens gleich der Scheibendicke sein, um deren Kraftfluß am Riß übernehmen zu können. Die äußere Pflasterform ist wieder am besten elliptisch (Bild 6.4/1); damit erhält man elementare Spannungsverteilungen im Pflasterbereich und geringste Spannungskonzentration in der Scheibe vor dem Pflaster.

Praktisch wird man zum Abkleben von Rissen Pflasterstreifen mit gerundeten oder beschnittenen Ecken verwenden. In jedem Fall ist eine Analyse bei Einbeziehen der Kleberwirkung nur numerisch möglich. Exemplarisch wurde ein Rechteckpflaster berechnet [6.20]; an diesem lassen sich die Scheibenspannungsspitzen und ihr Abbau durch die Klebernachgiebigkeit am deutlichsten demonstrieren.

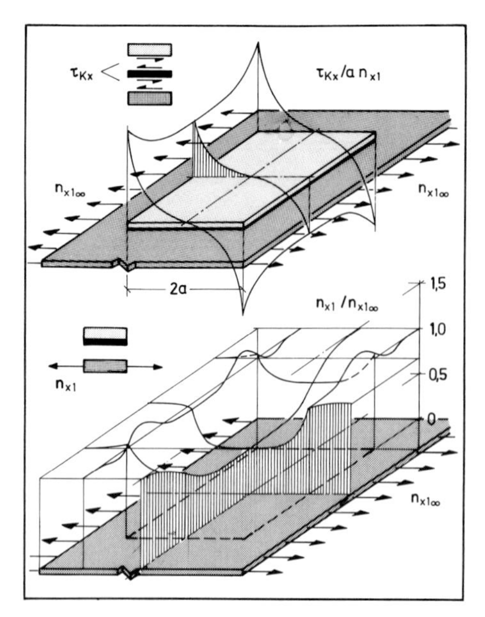

Bild 6.4/12 Rechteckpflaster auf Scheibe ohne Riß. Verteilung der Kleberschubspannung und der Scheibenzugspannung bei weichem Kleber ($\varrho = 10$); nach [6.20, 6.21]

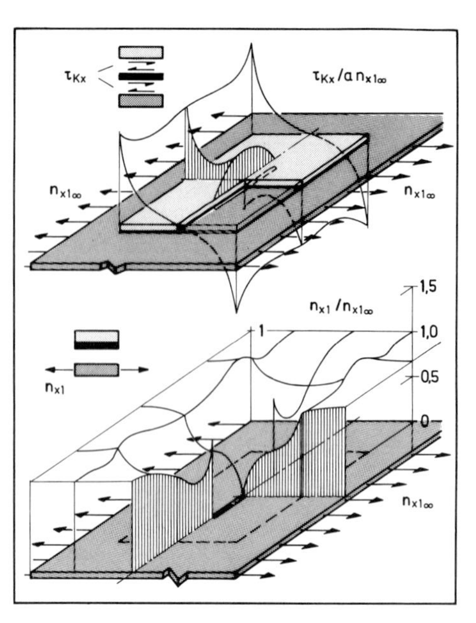

Bild 6.4/13 Rechteckpflaster auf Scheibe mit Riß. Verteilung der Kleberschubspannung und der Scheibenzugspannung bei weichem Kleber ($\varrho = 10$); nach [6.20]

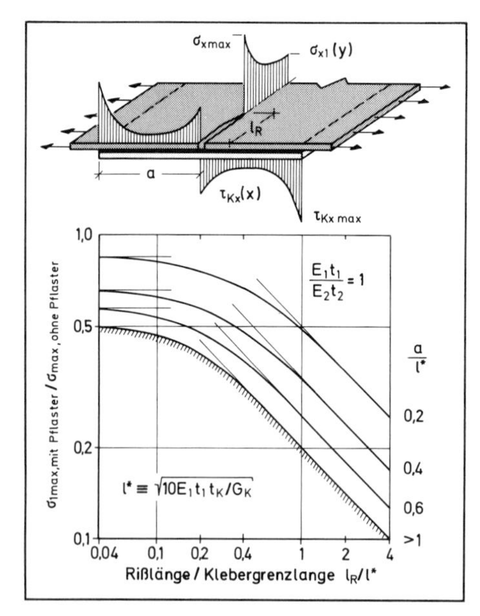

Bild 6.4/14 Pflasterstreifen auf Scheibe mit Riß. Minderung der Spannungsintensität im Kerbgrund, abhängig von Rißlänge und Klebernachgiebigkeit; nach [6.20]

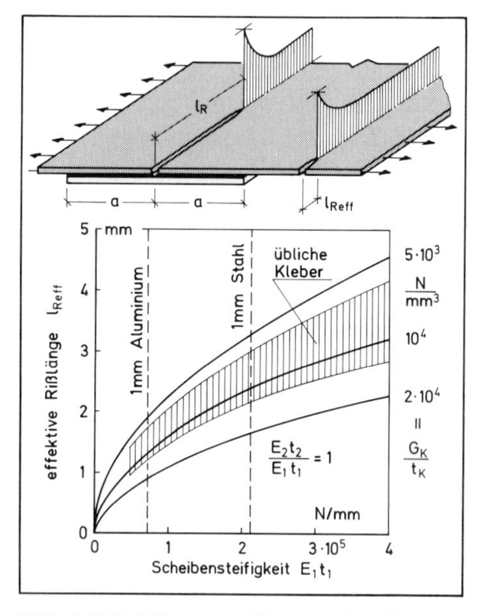

Bild 6.4/15 Pflasterstreifen auf Scheibe mit Riß. Verkürzung der effektiven Rißlänge, abhängig von Steifigkeiten der Scheibe und der Kleberschicht; nach [6.20]

Bild 6.4/12 zeigt für die einachsig gezogene, ungerissene Scheibe mit Rechteckpflaster die zweidimensionale Verteilung der Kleberschubspannung $\tau_{Kx}(x, y)$ und der Scheibenkraft $n_x(x, y)$: beide haben ihre Höchstwerte an den Feldecken. Der Schubverlauf $\tau_{Kx}(x)$ in der Symmetrieebene $(y=0)$ gleicht dem Verlauf am Pflasterstreifen (Bild 6.2/6). Am Rand $(y=b)$ erhöht sich die Schubspitze τ_{Kxmax} infolge Konzentration der Scheibenkraft, die durch Nachgiebigkeit des Klebers wiederum etwas gemindert wird. Damit sind nur die in Zugrichtung wirkenden Spannungen beschrieben; auf eine Darstellung der geringeren Scheibenkräfte $n_y(x, y)$ und $n_{xy}(x, y)$ sowie der Kleberspannungen $\tau_{Ky}(x, y)$ in Querrichtung ist hier verzichtet.

Bild 6.4/13 veranschaulicht die Überlagerung der äußeren mit einer inneren, durch einen Riß unter dem Pflaster verursachten Störung: die Kleberschubspannung $\tau_{Kx}(x)$ geht nun nicht durch Null, sondern baut am Rißrand eine neue Spitze auf, wie bei einer Laschenverbindung zweier Bleche (Bild 6.2/1 und 6.2/3). Da diese Kleberschubspitzen für die Verbindungsfestigkeit kritisch werden können, muß man sie durch hinreichende Überlappungslänge $a > l^*$ nach (6.2−6) auf ihr Minimum reduzieren. Die äußere Spitze am Pflasterrand läßt sich durch Schäftung abbauen (Bild 6.2/15), die innere Spitze am Riß nach (6.2−17) nur durch erhöhte Pflasterdicke $(\psi < 1)$.

Bild 6.4/14 beschreibt den Abminderungsfaktor der Scheibenspannungsintensität im Kerbgrund als Funktion der Pflastergröße a und der Rißlänge l_R in bezug auf die Wirkungslänge l^* (6.2−6) der Klebung. Ist der Riß sehr kurz $(l_R/l^* < 0{,}1)$, so wirkt das Pflaster nur durch Entlasten der Scheibe; bei längerem Riß $(l_R/l^* > 1)$ auch durch Behindern der Rißklaffung. Die *effektive Rißlänge* ist dann unabhängig von der tatsächlichen und nur noch proportional zu l^*, siehe Bild 6.4/15. Eine starre Klebung würde ein Aufklaffen völlig unterdrücken und die effektive Rißlänge l_{Reff} auf Null reduzieren; eine übliche Kleberschicht mit $G_K/t_K \approx 10^4 \text{N/mm}^2$ auf 1 mm dickem Aluminiumblech verkürzt sie auf 1 bis 2 mm.

6.4.2.4 Rechteckige Lasche zur Kräfteeinleitung

Bei der Diskussion linienhafter Krafteinleitungsgurte (Abschn. 6.1.1) blieb der Einfluß der Verbindungssteifigkeit unberücksichtigt. Er ist auch unbedeutend hinsichtlich der Mittragenden Scheibenbreite und der Gurtdimensionierung, aber nicht für die Spannungsspitzen der Scheibe am Gurtansatz und am Gurtende und für die Verbindungsfestigkeit. Der Gurt muß, um größere Kräfte einleiten zu können, über eine hinreichend breite Fläche mit der Scheibe verbunden sein; dadurch wird das Problem der Kräfteübertragung durch Klebung oder mehrreihige Nietung zweidimensional. Dies gilt erst recht für eine flache Einleitungslasche, die nicht viel länger als breit ist und beispielsweise zur Verbindung zweier längsgestringerter Platten dienen kann (Abschn. 6.4.3.1). Wie bei Pflastern wird man auch bei derartigen Laschen möglichst kontinuierliche Übergänge, Querschnittsverjüngungen und Rundungen vorsehen. Betrachtet sei einfachheitshalber eine rechteckige Lasche konstanter Dicke auf einer unendlich langen und breiten Scheibe.

Bild 6.4/16 zeigt die höchsten Beanspruchungen n_{x2} und n_{xy2} der Scheibe längs des Laschenrandes. Ist die Lasche relativ dünn $(E_1 t_1 < E_2 t_2)$, so wird ihre Kraft bereits vorne abgenommen; dagegen tritt bei steifer Lasche $(E_1 t_1 \gg E_2 t_2)$ die größere Scheibenbeanspruchung an der hinteren Ecke auf. Bei nachgiebiger Klebung, siehe

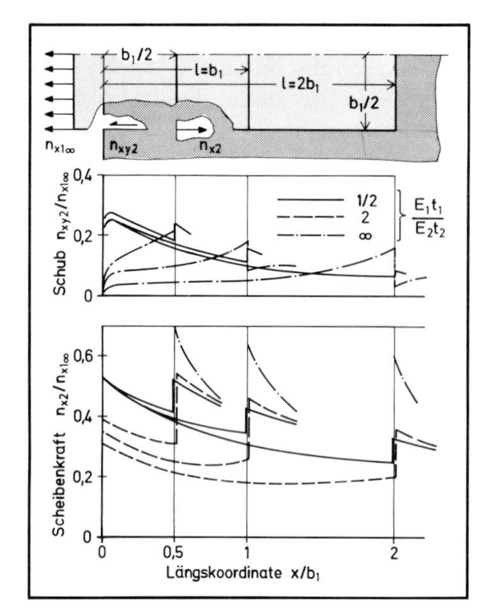

Bild 6.4/16 Rechtecklasche zur Kräfteeinleitung in Scheibe. Maximale Zug- und Schubkräfte der Scheibe längs des Laschenrandes, bei starrer Verbindung; nach [6.21]

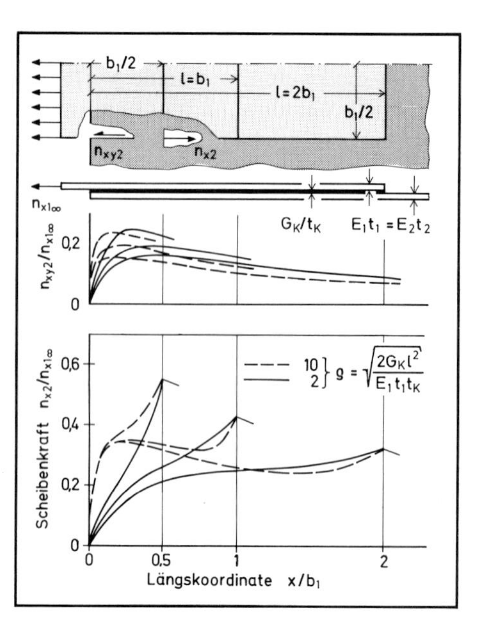

Bild 6.4/17 Rechtecklasche zur Kräfteeinleitung in Scheibe. Zug- und Schubkräfte der Scheibe längs des Laschenrandes, bei unterschiedlich weichem Kleber; nach [6.21]

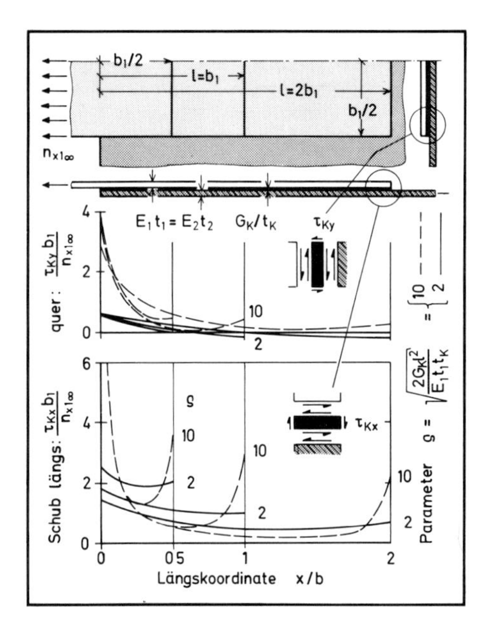

Bild 6.4/18 Rechtecklasche zur Kräfteeinleitung in Scheibe. Schubspannungen τ_{Kx} und τ_{Ky} des Klebers am Laschenrand, bei unterschiedlicher Nachgiebigkeit; nach [6.21]

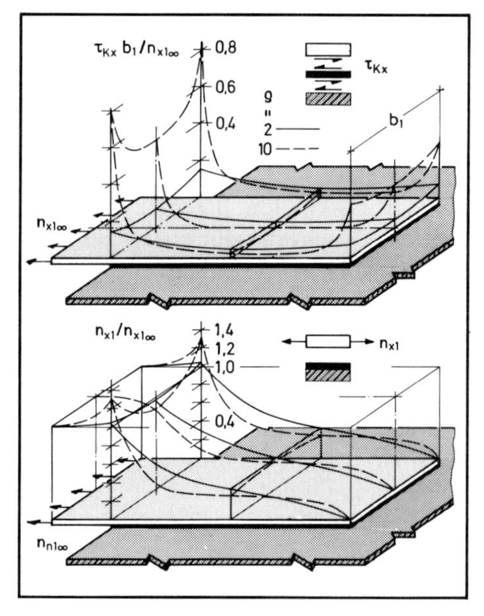

Bild 6.4/19 Rechtecklasche zur Kräfteeinleitung in Scheibe. Verteilung der Kleberlängsschubspannung τ_{Kx} und der Laschenlängszugkraft n_{x1} über die Breite; nach [6.21]

Bild 6.4/17, wird die vordere Längskraftspitze der Scheibe abgebaut und ihr Schubkraftmaximum etwas nach hinten verschoben. Der Lastspitze am hinteren Ende kann man nur durch eine Verlängerung oder Verjüngung der Lasche begegnen.

Für die Verbindungsfestigkeit ist, wie nach (6.2–12), die resultierende Kleberschubspannung maßgebend, deren Komponenten τ_{Kx} und τ_{Ky} längs des Laschenrandes in Bild 6.4/18 für unterschiedliche Klebungskennzahlen und Laschenlängen dargestellt sind. Der Verlauf $\tau_{Kx}(x)$ gleicht etwa der eindimensionalen Verteilung bei ungleicher Fügeteilsteifigkeit nach Bild 6.2/4; im vorliegenden Fall ist die breitere Scheibe als das stärkere Teil anzusehen, die höhere Schubspitze tritt darum vorne auf. Sie läßt sich durch Verlängern der Lasche nicht beliebig reduzieren, höchstens durch weichere Kleberschicht.

Bild 6.2/19 beschreibt noch die Verteilung der Laschenlängskraft n_{x1} und der Kleberspannung τ_{Kx} über die Laschenbreite. Bei steifer Verbindung $(\varrho > 10)$ konzentrieren sich die Spannungen deutlich an den vorderen Ecken, die darum einer Ausrundung bedürfen. Bei weicher Zwischenschicht $(\varrho < 2)$ verteilt sich die Kleberspannung gleichmäßig über Länge und Breite der Lasche und läßt deren Längskraft nahezu linear abnehmen.

6.4.3 Fügungen profilierter Platten, Rippen- und Spantanschlüsse

Druck- und schubbeanspruchte Leichtbauplatten sind in der Regel gegen Beulen versteift, sei es durch integral herausprofilierte Stege oder durch aufgesetzte Stringer. An unvermeidlichen Querstößen, Trennstellen oder Tankwänden von Tragflügelkästen wird der über das Profil elementar verteilte Spannungsfluß unterbrochen und muß durch passend gestaltete Fügungen und Verbindungslaschen möglichst ohne Exzentrizität umgeleitet werden. Ist die längsgestringerte Kastengurtplatte an eine Rippe oder die Zylinderschale an einen Spant anzuschließen, so müssen die Verbindungselemente imstande sein, horizontalen Schub zwischen Haut und Rippe zu übertragen, aber auch vertikale Zugkräfte zwischen Rippe und Stringer.

Die konstruktive Ausführung richtet sich nach den Besonderheiten des Einzelfalles: nach der Bauweise, den relativen Wanddicken und Stringerabständen, der Belastungsart. Hier seien nur einige Beispiele aus der Praxis skizziert und ein paar grundsätzliche Hinweise gegeben.

6.4.3.1 Querstöße längsversteifter Platten

Bild 6.4/20 zeigt die Verbindung zweier Integralplatten mittels einer gefingerten und abgestuften Lasche. Die Längsstege sind am Stoß unterbrochen; sie geben ihren Kräfteanteil zuvor an die Haut und über diese an die Lasche ab. Die Unterbrechung des Profils erlaubt den Anschluß einer durchgehenden Querrippe (etwa als Tankwand). Um Exzentrizität möglichst zu vermeiden, muß die Kraft etwa auf Höhe der Plattenneutralebene übertragen werden, also über der Haut. Außerdem muß man auf die Kerbgefahr am Auslauf der Längsstege achten; in Bild 6.4/21 ist dazu das Ergebnis einer experimentellen Formoptimierung dargestellt.

Bild 6.4/22 zeigt Beispiele zur Verbindung längsgestringerter Platten, diesmal mit besonderen Anschlußelementen zur Überleitung der Stringerkräfte. Diese Elemente sind an das Stringerprofil genietet und über abgewinkelte Flansche miteinander

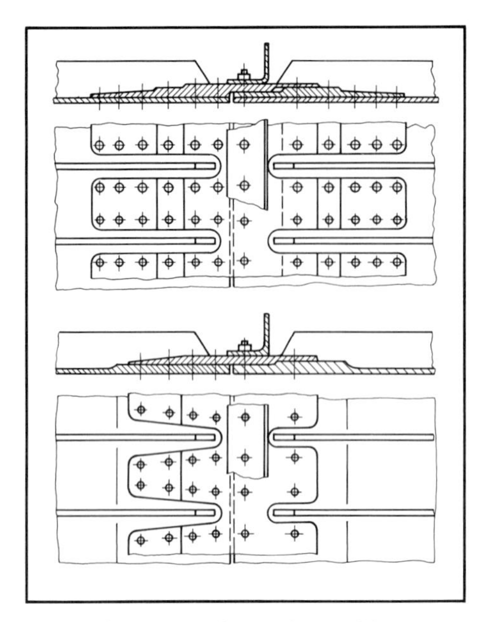

Bild 6.4/20 Querstöße von integral längsversteiften Platten. Geschraubte Laschenverbindung, stegumgreifend gefingert und stufig aufgedickt; nach [6.13]

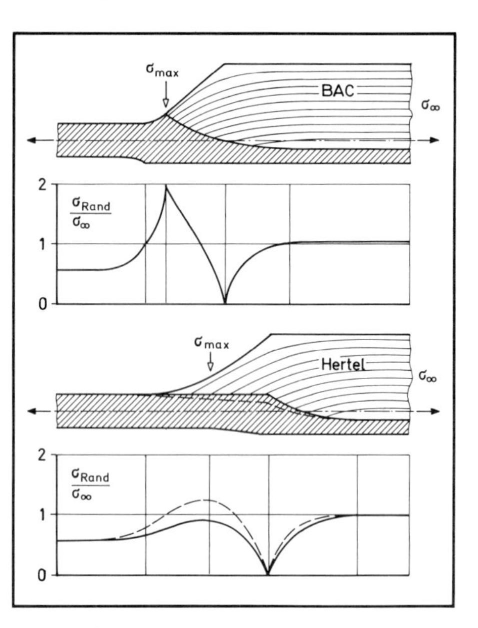

Bild 6.4/21 Querstoßauslauf einer Integralplatte. Kerbarme Gestaltung der Stegkontur und des Hautlängsschnittes, Randspannungsverlauf nach Versuchen [6.13]

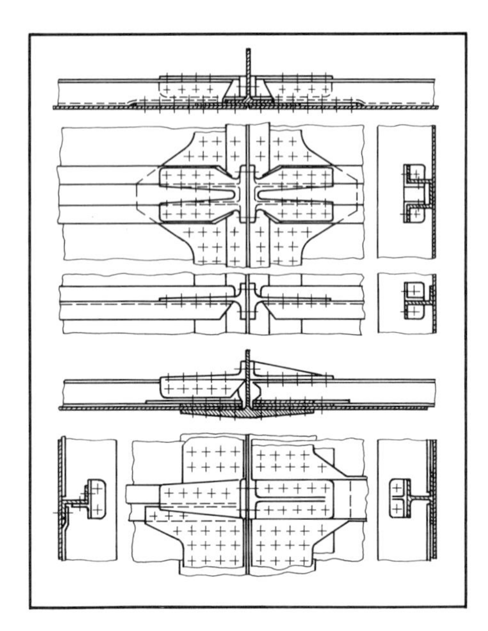

Bild 6.4/22 Querstöße längsgestringerter Platten. Genietete Laschenverbindungen. Besonderer Stringeranschluß durch Flanschelemente an Rippenwand

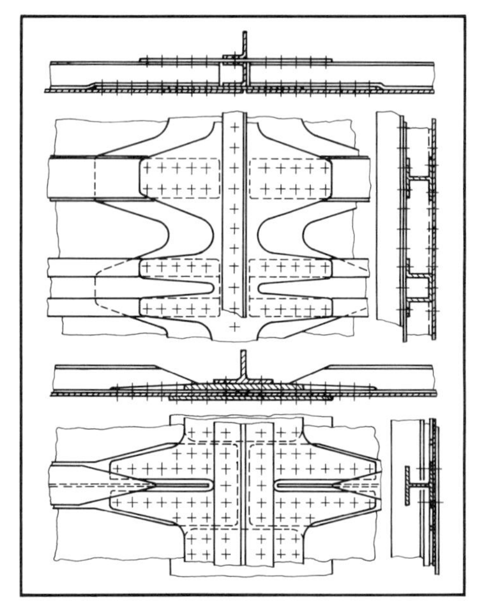

Bild 6.4/23 Querstöße längsgestringerter Platten. Genietete Laschenverbindungen. Besondere Fingerlasche für Stringer, oder aufgedickte Hautlasche

verbunden; dazwischen läßt sich wieder eine Tankwand einbauen. Die Fügung über abgewinkelte Flansche ist bei Druckplatten unbedenklich, beansprucht aber bei Zug die Winkel auf Biegung und die Schrauben auf Abreißen. Bei dünnwandigen Profilen erscheint darum eine an den Stringerflanschen angreifende, eben durchlaufende und den Stoß überbrückende Fingerlasche günstiger, siehe Bild 6.4/23 oben; dafür muß der Querrippenanschluß unterbrochen werden, was vielleicht die Montage erschwert. Verzichtet man auf einen besonderen Anschluß des Stringers, so muß man zunächst seinen Flansch in der Breite, dann seinen Steg in der Höhe reduzieren, und daneben zur Kraftflußübernahme eine in Dicke und Breite zunehmende Lasche vorsehen (Bild 6.4/23 unten).

6.4.3.2 Anschluß von Rippen oder Spanten an gestringerte Flächen

Rippen in Kästen wie Spante in Zylindern haben die Aufgabe, Schubflüsse aus Biegequerkräften und Torsion in die Längswände des Trägers einzuleiten (Bd. 1, Bild 6.2/13 bis 18 und 7.1/12 bis 14). Schubflüsse werden bei längsversteiften Platten oder Schalen nur durch die Haut aufgenommen; horizontale Anschlußwinkel müssen darum direkt mit dieser verbunden sein. Außerdem sind vertikale Lager- oder Stützkräfte der flächig beaufschlagten oder beulgefährdeten Platte auf die Rippe abzusetzen. Sie werden den Stegen des Platten- oder Stringerprofils entnommen und durch vertikale Zug-Schubwinkel auf Rippenknoten übertragen.

In Bild 6.4/24 sind solche Elemente zum Haut- und Stringeranschluß für eine Zylinderschale mit Ringspant skizziert. Sie können getrennt oder in einem räumlich

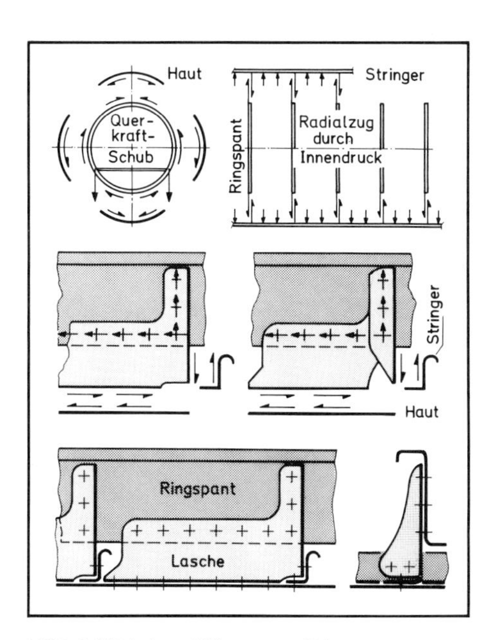

Bild 6.4/24 Anschlüsse von Ringspanten an längsgestringerte Zylinderschalen. Winkellaschen zur Übertragung von Schub auf Haut und Zug auf Stringer; nach [6.22]

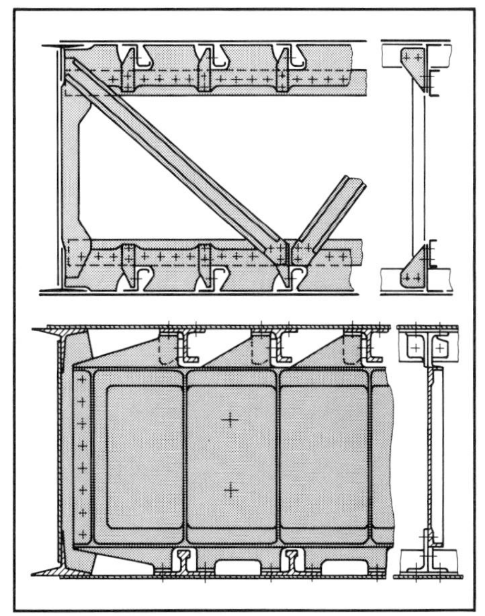

Bild 6.4/25 Anschlüsse von Ringspanten an längsgestringerte Tragflügelgurtplatten; Winkellaschen in Differentialbauweise, Flansche in Integralbauweise; nach [6.22]

gewinkelten Stück gefertigt und montiert sein; wichtig ist nur ihre funktions- und montagegerechte Gestaltung und ihr Anschluß an den Spant mit einer horizontalen Nietreihe für Schubkräfte und einer vertikalen für Zugeinleitung.

Bei dem in Bild 6.4/25 oben wiedergegebenen Beispiel eines Rippenanschlusses ist anstelle einzelner Schubelemente ein durchlaufender, nur zur Stringerdurchführung ausgeschnittener Winkel gewählt. Die einzelnen Zugelemente sind aufgesetzt und an den Stringerstegen festgemacht. Bei dickwandigen Strangpreßprofilen und gefrästen Integralrippen genügen auch einfache, am Stringerfuß ansetzende Rippenflansche zur Einleitung sowohl von Zug- wie von Schubkräften (Bild 6.4/25 unten).

7 Sicherheit und Zuverlässigkeit

Flugzeugunfälle, die durch Mängel oder Schäden der Struktur ausgelöst werden, haben ihre Ursache meistens in örtlichen Spannungskonzentrationen oder Inhomogenitäten an Kräfteeinleitungen und Fügungen. Insofern schließen sich die Betrachtungen über Sicherheit und Zuverlässigkeit der Konstruktion folgerichtig den vorausgegangenen Ausführungen (Kap. 6) an. Aber auch Fragen der Gewichtsminimierung (Kap. 4 und 5) sind im Hinblick auf die Sicherheitsforderung nochmals aufzugreifen; schließlich ist auch eine strengere Bewertung der Werkstoffe und Bauweisen (Kap. 3) hinsichtlich ihres Ermüdungsverhaltens, ihrer Schadensausbreitung und ihrer *Fail-Safe-Qualität* notwendig.

Fragen der Sicherheit und der Zuverlässigkeit technischer Systeme werden heute, unter dem Eindruck katastrophaler Unfälle der Raumfahrt, der Kerntechnik und der Chemie, mit besonderer Priorität diskutiert und beanspruchen auch in Zukunft erhöhte Aufmerksamkeit. Darum seien hier zunächst über Sicherheitsprobleme des Leichtbaus hinaus ein paar allgemeinere Betrachtungen zur Sicherheitstechnik und zur Sicherheitspolitik angestellt.

Im Bemühen um eine rationale Einstellung treten Probleme in zweierlei Hinsicht auf: zum einen in der Berechnung der Zuverlässigkeit, zum andern in der Festlegung der Sicherheitsmargen oder des *Restrisikos.*

Fordert man eine bestimmte Zuverlässigkeit, so muß man unterscheiden, ob im Versagensfall ein geringer oder ein großer Schaden auftritt. Liegt der Schaden, beispielsweise bei Ausfall eines Gerätes, in der Größenordnung seines Anschaffungspreises, so kann man sich mit geringer Zuverlässigkeit zufriedengeben und diese bereits im Kostenmodell berücksichtigen. Handelt es sich um Gefahr an Leib und Leben, so wird man höhere Zuverlässigkeit fordern und diese nicht im Kostenmodell unterbringen, sondern als Restriktion formulieren. Erst recht gilt dies bei Gefährdung von Umwelt und Nachwelt. Die Sicherheitsgrenze läßt sich dann nicht mehr nach wirtschaftlichen Kriterien festlegen, da Wirtschaftsinteressen in der Regel nur solche Sicherheitsmaßnahmen honorieren, die den Produktabsatz fördern und sich damit in absehbarer Zeit bezahlt machen. Wie im Kostenmodell macht es auch in Sicherheitsfragen einen Unterschied, ob Nutzen und Schaden dasselbe Individuum oder verschiedene Personen betreffen. Darum können sich etwa die Zuverlässigkeitsforderungen des Produzenten und des Konsumenten auf unterschiedliche Zeiträume beziehen (Lebensdauer oder Garantiefrist). Erst recht schwierig wird es, dem Sicherheitsbedürfnis Dritter gerecht zu werden, die aus dem Handel keinen Nutzen haben, die Gefahr möglicherweise nicht erkennen oder, unmündig oder ungeboren, ihr Interesse nicht wahrnehmen können. Hier schlägt das quantitative, technische oder ökonomische Problem in eine ethische, qualitative Frage um. Eine Risikobewertung und die Durchsetzung von Sicherheitsmaßnahmen ist dann, gestützt auf technischen Sachverstand, nur auf politischem Weg möglich. Letztlich ist es für den moralischen Rang einer Gesellschaft bezeichnend, welche Interessen oder Wertvorstellungen sich durchsetzen.

Die Frage nach der subjektiven Zumutbarkeit eines Restrisikos führt auf die objektive Frage nach dessen Kalkulierbarkeit. Da es sich bei *Zuverlässigkeit* und *Risiko* um Begriffe der Wahrscheinlichkeitsrechnung handelt, muß man sich dazu mehr oder weniger streuende Häufigkeitsverteilungen der Belastungen und der Belastbarkeit vorstellen. Die Zuverlässigkeit als Integral der Verteilungen wird hinsichtlich des Restrisikos um so ungenauer, je näher dieses an Null herankommt. Ein weiteres Problem tritt hinzu: Fordert man im Hinblick auf unermeßlichen Schaden eine verschwindende Versagenswahrscheinlichkeit, so erhält man gewissermaßen (sofern der Schaden überhaupt quantifizierbar ist) als Produkt einer extrem kleinen und einer extrem großen Zahl (Null mal Unendlich) praktisch jeden beliebigen Wert. Das bedeutet, daß ein Restrisiko, auch wenn kalkulierbar, doch nicht mehr bewertbar und damit auch nicht akzeptabel ist.

Was nun die Kalkulierbarkeit des Risikos, also die *Zuverlässigkeit der Zuverlässigkeitsrechnung* angeht, so ist zu bedenken, daß diese auf physikalisch oder statisch unzulänglichen Annahmen gründen kann und daß die Möglichkeit menschlichen Versagens (aus fachlicher oder moralischer Inkompetenz) oft unterschätzt wird. Charakteristisch für heutige Hochtechnologiesysteme ist ihre Komplexität. Daraus resultiert eine weitere Gefahr: der Aussagewert einer Zuverlässigkeitsrechnung kann soweit sinken, daß bei Überschreiten eines gewissen Komplexitätsgrades niemand mehr in der Lage ist, die Verantwortung für einen sicheren Betrieb des Systems zu übernehmen. Systeme, die sich der menschlichen Kontrolle entziehen, dürfen aber nicht realisiert werden. Ein Abwägen von Nutzen und Risiko verliert dann seinen Sinn; durch quantitative Aussagen einer *Zuverlässigkeitsrechnung* wird nur ein trügerisches Gefühl von Sicherheit erzeugt.

Man mag sich streiten, welches Risiko bei Kernkraftwerken oder bei ähnlichen Projekten vertretbar und welches realistisch ist, was dabei der eigenen Person, der gegenwärtigen Gesellschaft, der späteren Menschheit, der Natur oder dem Planeten Erde zugemutet werden darf: Das rationale Fundament jeder politischen oder ethischen Entscheidung bleibt in jedem Fall der Sachverstand des Konstrukteurs. In seiner Verantwortung liegt es, die Zuverlässigkeit seiner Projekte zu beurteilen und zu gewährleisten und alle denkbaren Maßnahmen zu ergreifen, die geeignet sind, das Auswachsen einer Teilschädigung zur Katastrophe zu vermeiden.

Auch der Leichtbau unterliegt dem Widerspruch zwischen Wirtschaftlichkeit und Sicherheit. Sicherheit wird mit Gewicht bezahlt; der Sicherheitsfaktor in der Optimierungsrestriktion muß darum auf ein eben noch vertretbares Minimum reduziert werden. Sofern er, als *Lastvielfaches* verstanden, eine von außen oder durch Ausfallen eines Bauteiles bewirkte Strukturüberlastung abdecken soll, reicht es aus, die möglichen Höchstwerte der Belastung abzuschätzen oder die Struktur hinsichtlich ihres *Ausfallverhaltens* zu analysieren und schadenstolerant zu konstruieren. Über die *Zuverlässigkeit* im statistischen Sinne ist damit noch nichts ausgesagt. Diese interessiert vor allem dann, wenn der Ausfall von Baugliedern strukturbedingt zum Versagen des Gesamtsystems führt, also bei *Funktionsketten* (etwa bei statisch bestimmten Tragwerken).

Soll der Sicherheitsfaktor eine vorgegebene Zuverlässigkeit garantieren, so muß man die Streuungen der Lastannahmen und der Festigkeiten kennen und im Leichtbauinteresse minimieren. Daß heute geringere Sicherheitsfaktoren gefordert und ohne Einbuße an Zuverlässigkeit vertretbar sind, geht auf verbesserte Qualitätskontrollen bei Werkstoffen und Halbzeugen, auf präzisere Fertigung, auf genauere Berechnungs- und Versuchsmethoden und auf die Auswertung realer Betriebslastabläufe zurück. Alle diese Maßnahmen sind für den Leichtbau nicht weniger wichtig, am Ende gar effektiver als geometrische Strukturoptimierung. Dabei ist für die Festlegung oder die Optimierung des Sicherheitsfaktors, der für unterschiedliche Teilsysteme im Interesse minimalen Gesamtgewichts durchaus verschieden sein kann, auch die Komplexität des Systems, die Anzahl und der funktionale Zusammenhang seiner Elemente zu beachten: im schlimmsten (aber theoretisch einfachsten) Fall einer statisch bestimmten Funktionskette steigt die Versagenswahrscheinlichkeit (bei konstantem Sicherheitsfaktor) mit der Potenz der Elementanzahl. Dies macht deutlich, daß eine *klassische* Auslegungsphilosophie mit vorgeschriebenem Sicherheitsfaktor der Zuverlässigkeitsproblematik moderner komplexer Systeme nicht mehr gerecht wird.

Hier soll nun zunächst, unter Annahme zufallsverteilter (*normalverteilter*) statischer Festigkeit und Belastung, der Einfluß des Strukturaufbaus (an den Grenzfällen *Kette* und *Gruppe*) auf die Zuverlässigkeit untersucht und diese als Funktion des Sicherheitsfaktors dargestellt werden (Abschn. 7.1). Im weiteren (Abschn. 7.2) wird auf die bei dynamisch beanspruchten Konstruktionen wichtige Frage nach der Ermüdungsfestigkeit bzw. der Lebenserwartung eingegangen, einmal für konstant schwingende Belastung, dann aber auch für Betriebsbeanspruchung mit zeitlich variierenden Amplituden. Die abschließenden Betrachtungen (Abschn. 7.3) widmen sich der im Flugzeugbau notwendigen *Fail-Safe-Technik*. Diese geht davon aus, daß man eine lokale Schädigung nicht ausschließen, ihre Folgen aber eingrenzen und Katastrophen durch geeignete Maßnahmen der Konstruktion und der Kontrolle vermeiden kann.

In jedem Fall ist es besser, durch richtiges Konstruieren Spannungsspitzen und daraus resultierende Gefahren zu reduzieren, als diese exakt berechnen zu wollen. Besser ist es, Fügungen kerbarm zu gestalten und damit die Lebensdauer vielleicht um eine Größenordnung anzuheben, als sich um Hypothesen zur Schadensakkumulation zu streiten. Lieber einer möglichen Schädigung ins Auge sehen und eine Katastrophe durch Fail-Safe-Maßnahmen abwenden, als seine Hoffnung auf statistische Unwahrscheinlichkeit setzen. Ist eine schadenstolerante Konstruktion nicht möglich, so muß das Projekt, sofern Menschenleben gefährdet sind, grundsätzlich verworfen werden. Damit wird die aus dem Flugzeugbau geborene Sicherheitsphilosophie zur Konstruktionsmaxime für alle technischen Bereiche mit vergleichbarem oder höherem Gefahrenpotential.

7.1 Zuverlässigkeit bei Normalverteilungen

Die Festigkeitswerte eines Werkstoffes oder eines Halbzeugs streuen mehr oder weniger stark. Große Streuungen müssen durch einen hohen Sicherheitsfaktor abgedeckt werden und sind darum im Leichtbau unerwünscht. Nur durch strenge Qualitätskontrollen und durch präzise Fertigung läßt sich hohe Zuverlässigkeit bei vertretbarem Gewichtsaufwand erzielen.

Zur Berechnung der Zuverlässigkeit wird meistens eine *normalverteilte* (oder *zufallsverteilte*) Häufigkeit angenommen, die bei hinreichender Versuchsanzahl zur Gaußschen Fehlerkurve konvergiert. Diese trifft auf Werkstoffestigkeiten im allgemeinen zu (eine *logarithmische Normalverteilung*, wie sie für Schwingfestigkeit und Lebensdauer vorgeschlagen wird, siehe Abschn. 7.2.1, unterscheidet sich bei geringer Streuung nur wenig von der gewöhnlichen Normalverteilung). Mit dem Gaußschen Wahrscheinlichkeitsintegral des Einzelbauteils kann man analytisch auf die Zuverlässigkeit auch kombinierter Tragwerksysteme schließen. Es ermöglicht schließlich die Berechnung des erforderlichen Sicherheitsfaktors bei Vorgabe der Gesamtzuverlässigkeit für bestimmte Streubreiten der Festigkeits- und der Lastverteilung.

Auch für die Streuung der Lastannahmen wird eine Normalverteilung zugrundegelegt. Unter *Häufigkeiten* darf man sich dabei nicht etwa Lastspielzahlen einer dynamischen Beanspruchung (wie später in Abschn. 7.2.2) vorstellen. Solange es sich um die statische Festigkeit handelt, interessiert nur die zeitliche Höchstlast, deren Wert mehr oder weniger genau, d.h. mit einer gewissen Streubreite, vorausgesagt werden kann.

In diesem Kapitel soll im besonderen deutlich werden, daß es angesichts der komplexen Sicherheitsproblematik von Großsystemen nicht mehr genügt, in klassischer Weise einen Sicherheitsfaktor vorzuschreiben. Zum einen muß man die Funktionszusammenhänge in mehrgliedrigen Systemen im Auge haben, um die Gefahr des Zuverlässigkeitsverlustes bei Kettenanordnung oder die Möglichkeit einer Zuverlässigkeitserhöhung durch Redundanz zu erkennen; zum andern muß man erwägen, ob es für ein Gewichtsminimum nicht vorteilhaft wäre, Glieder mit unterschiedlichen Funktionen und daher unterschiedlichem Gewichtsanteil auch mit verschiedenen Sicherheitsfaktoren zu dimensionieren. Derartige Zuverlässigkeits- und Optimierungsrechnungen sind im konkreten Fall freilich aufwendig und nur mit Computerhilfe durchführbar; hier wird als Demonstrationsbeispiel nur ein zweigliedriges System betrachtet.

Die für das Problem statischer Festigkeit dargestellten Zusammenhänge zwischen Zuverlässigkeit und Sicherheitsfaktor gelten auch für die in Abschn. 7.2 behandelte dynamische Festigkeit. Auf diese nimmt aber noch das Amplitudenverhältnis der schwingenden Belastung bzw. der Betriebslastverlauf Einfluß. Die Festigkeitsfrage kann sich dann auf die Spannung oder auf die Lebensdauer beziehen.

Abgesehen von seiner Funktion, die Zuverlässigkeit streuender Systeme zu garantieren, hat der Sicherheitsfaktor auch die Aufgabe, äußerlich oder durch Teilschädigung verursachte Laststeigerungen abzudecken. Darauf wird in Abschn. 7.3 eingegangen.

7.1.1 Zuverlässigkeit von Bauteilen und Tragsystemen

Ausgehend von einer Normalverteilung der Werkstoff- oder der Bauteilfestigkeit, die man nach Versuchen über eine Näherungsformel oder im Wahrscheinlichkeitsnetz gewinnen kann, soll die Zuverlässigkeit von kombinierten Systemen unter vorgegebener Belastung analytisch bestimmt werden. Als Grenzfälle aller möglichen Strukturvernetzungen sind einerseits die (statisch bestimmte) *Kette*, andererseits die (geometrisch bestimmte) *Parallelgruppe* anzusehen. Im einen Fall multiplizieren sich die Zuverlässigkeiten ($Z < 100\,\%$) der Elemente zu einer abfallenden Gesamtzuverlässigkeit, im andern multiplizieren sich die Versagenswahrscheinlichkeiten ($V = 1 - Z < 100\,\%$) und erhöhen damit die Sicherheit, jedenfalls wenn es sich um echte Redundanz, d.h. um Reserveglieder handelt.

Nun ist es in Leichtbautragwerken allerdings unüblich, gewichtige Bauteile als Reserve mitzuführen. Zwar unterteilt man die Struktur, um eine Schadensausbreitung zu stoppen oder bei Ausfall eines Elementes eine Resttragfähigkeit zu erhalten, doch tragen alle Elemente einer solchen (statisch unbestimmten oder geometrisch bestimmten) Struktur von Anfang an mehr oder weniger mit (Beispiel Drahtseil). Fällt ein Element aus, so müssen die übrigen dessen Last übernehmen und entsprechend höhere Spannung ertragen. Man darf also nicht, auch bei gleichen Elementen, einfach gleiche Wahrscheinlichkeiten multiplizieren, sondern muß mit fortschreitenden Ausfällen jeweils verminderte Zuverlässigkeit der Restglieder in Rechnung stellen. Daraus folgt, daß eine Zweiteilung (Längsspaltung) des Bauelementes die Systemzuverlässigkeit kaum erhöht. Erst bei mehrfacher Unterteilung oder bei hohem Sicherheitsfaktor, der das Spannungsniveau der Restglieder deutlich unter ihrem Festigkeitswert hält, darf man eine Verbesserung erwarten.

Zur Berechnung derartiger Systeme (mit steigender Spannung der Restglieder) muß die Wahrscheinlichkeit als Funktion der Elementspannung bekannt sein. Diese liegt als Gaußintegral meist in Tabellenform vor, kann aber auch durch eine Exponentialfunktion einfacherer Art angenähert werden. Die Ersatzfunktion hat im übrigen den Vorteil, daß man sie umkehren kann. So läßt sich schließlich (Abschn. 7.1.2) auch das zulässige Spannungsniveau oder der notwendige Sicherheitsfaktor zu einer vorgegebenen Zuverlässigkeit analytisch bestimmen.

7.1.1.1 Häufigkeitsverteilung und Wahrscheinlichkeitsintegral

Bild 7.1/1 zeigt die statistische Häufigkeit eines durch zufällige Fehler (Abweichungen vom Mittelwert) charakterisierten Ereignisses, hier des Versagens einer Werkstoffprobe oder eines Bauteils über der Spannung σ. Die symmetrische *Glockenkurve* ist auf ein Flächenintegral von 100 % normiert. Die Häufigkeit der Unterschreitung eines Festigkeitswertes σ, also das Integral von Null bis σ, wird als *Versagenswahrscheinlichkeit* V (*Ausfallwahrscheinlichkeit* oder *Risiko*) definiert, das Restintegral (von σ bis ∞) als *Zuverlässigkeit* $Z = 1 - V$.

Eine Normalverteilung $H(\sigma)$ ist durch ihren *Mittelwert* σ_m und ihre *Standardabweichung* σ_s (bzw. ihre *Streuung* σ_s^2) bestimmt. Führt man eine auf die Symmetrieachse zentrierte und auf σ_s bezogene Koordinate

$$x \equiv (\sigma - \sigma_m)/\sigma_s \qquad (7.1-1)$$

ein, so hat die normierte Verteilung nach Gauß die Form

$$H(x, \sigma_s) = (1/\sqrt{2\pi}\sigma_s)\, \exp(-x^2/2). \qquad (7.1-2)$$

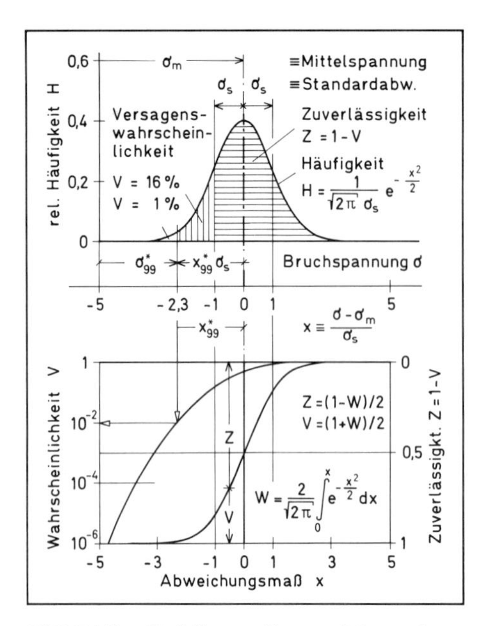

Bild 7.1/1 Zufallsverteilung (Normalverteilung) eines Festigkeitswertes. Versagensrisiko V und Zuverlässigkeit Z als Funktionen des Wahrscheinlichkeitsintegrals

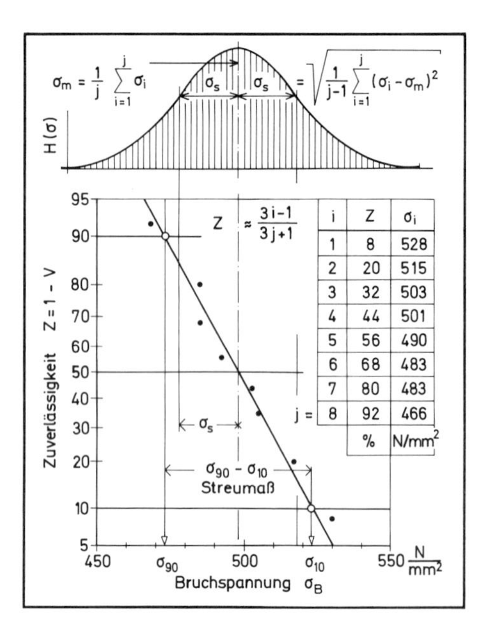

Bild 7.1/2 Ermittlung einer Normalverteilung. Versuchsauswertung durch Näherungsformeln. (Für Mittelwert σ_m, Abweichung σ_s) oder im Wahrscheinlichkeitsnetz

Als *Wahrscheinlichkeitsintegral* bezeichnet man den doppelten Betrag der von der Symmetrieachse ($x=0$) nach rechts bis $x(>0)$ gebildeten Fläche, also mit $d\sigma=\sigma_s dx$:

$$W(x)=2\sigma_s \int_0^x H dx=\sqrt{\frac{2}{\pi}} \int_0^x \exp(-x^2/2)\,dx\,. \qquad (7.1-3)$$

Damit erhält man die Zuverlässigkeit Z als linke und die Versagenswahrscheinlichkeit V als rechte Teilfläche:

$$Z=(1-W)/2, \qquad V=1-Z=(1+W)/2\,. \qquad (7.1-4)$$

Die Integralfunktionen sind im unteren Diagramm von Bild 7.1/1 gezeichnet: einmal in proportionaler, hinsichtlich Z und V symmetrischer Darstellung, das anderemal in logarithmischer Auftragung $\log V(x)$, um die Funktionswerte bei großen Beträgen x ablesbar zu machen. Für $x=0$ ist $V=50\,\%$, für $x=-1$ ist $V=16\,\%$ und für $x=-3$ nur noch $V\approx 10^{-3}$.

Oft ist umgekehrt die Zuverlässigkeit vorgegeben und die zulässige Spannung gefragt; beispielsweise die Festigkeit σ_{90}, die eine Zuverlässigkeit von 90 % verspricht. Unterstellt man eine Normalverteilung, so sind zur Beschreibung der statischen Festigkeit stets zwei Größen anzugeben: entweder der Mittelwert σ_m und die Standardabweichung σ_s, oder zwei Bezugswerte

$$\sigma_{10}=\sigma_m+x_{10}\sigma_s \quad \text{und} \quad \sigma_{90}=\sigma_m+x_{90}\sigma_s=\sigma_m-x_{10}\sigma_s \qquad (7.1-5)$$

mit Zuverlässigkeiten $Z=10\,\%$ und $90\,\%$, oder mit $Z=1\,\%$ und $99\,\%$:

$$\sigma_{01}=\sigma_m+x_{01}\sigma_s \quad \text{und} \quad \sigma_{99}=\sigma_m+x_{99}\sigma_s=\sigma_m-x_{01}\sigma_s\,. \qquad (7.1-6)$$

Nach (7.1−4) erhält man aus der Umkehrung des Wahrscheinlichkeitsintegrals $W(x)$ die Koordinaten

$$x_{10}=-x_{90}=1{,}3 \quad \text{bzw.} \quad x_{01}=-x_{99}=2{,}3 \qquad (7.1-7)$$

und mit diesen das *Streumaß*

$$\sigma_{10}-\sigma_{90}=2x_{10}\sigma_s=2{,}6\sigma_s \quad \text{bzw.} \quad \sigma_{01}-\sigma_{99}=2x_{01}\sigma_s=4{,}6\sigma_s\,. \qquad (7.1-8)$$

7.1.1.2 Ermittlung einer Häufigkeitsverteilung

Bei einer endlichen Anzahl j von Versuchsergebnissen $\sigma_i\,(i=1\ldots j)$ sind Mittelwert und Streuung der Häufigkeitsverteilung definiert durch die Summenausdrücke

$$\sigma_m=\frac{1}{j}\sum_{i=1}^{j}\sigma_i \quad \text{und} \quad \sigma_s^2=\frac{1}{j-1}\sum_{i=1}^{j}(\sigma_i-\sigma_m)^2\,. \qquad (7.1-9)$$

Je größer die Anzahl der Versuchspunkte ist, desto genauer läßt sich damit das Verteilungsgesetz erfassen. Wieviel Versuche zur Konvergenz der charakteristischen Werte σ_m und σ_s erforderlich sind, ist im konkreten Einzelfall zu prüfen; bei Normalverteilung genügen u.U. weniger als zehn.

Bild 7.1/2 zeigt ein (fiktives) Auswertungsbeispiel mit acht Versuchspunkten. Wenn diese *normalverteilt* sind, müssen sie sich im *Wahrscheinlichkeitsnetz* längs einer Geraden anordnen (die Ordinate ist dabei, statt in linearem oder logarithmischem Maßstab, so eingeteilt, daß sich die Zuverlässigkeit Z (7.1−4) über x oder σ als Gerade darstellt). Im vorliegenden Fall deutet die Lage der Punkte auf eine Normalverteilung, wobei vielleicht die Genauigkeit, die in der Annäherung der Geraden zum Ausdruck kommt, noch nicht voll befriedigt.

Zur Berechnung der Versuchspunktordinaten im Wahrscheinlichkeitsnetz sind die Versuchsergebnisse zunächst im Sinne abfallender Bruchspannungen σ_i zu ordnen und durchlaufend (von $i=1$ bis j) zu indizieren (siehe Tabelle in Bild 7.1/2). Danach kann man eine Näherungsformel nach [7.1] heranziehen:

$$Z_i\approx(3i-1)/(3j+1)\,. \qquad (7.1-10)$$

Mittelwert und Streuung lassen sich also entweder über (7.1−9) oder im Wahrscheinlichkeitsnetz gewinnen. In diesem erkennt man unmittelbar, ob die Versuchsergebnisse zur Normalverteilung konvergieren.

7.1.1.3 Zuverlässigkeit von Funktionsketten

Die Gesamtzuverlässigkeit (oder Systemzuverlässigkeit) kombinierter Tragwerke hängt von den Zuverlässigkeiten ihrer Einzelelemente und von deren funktionalem Zusammenhang ab. Im schlimmsten Fall versagt das Gesamtsystem bei Bruch eines beliebigen Elementes; in diesem Sinne sei hier von *Funktionsketten* gesprochen. Praktisch kann es sich um irgend ein statisch bestimmtes Tragsystem handeln, im besonderen um eine wirkliche Kette mit gleichen Gliedern, aber auch um ein

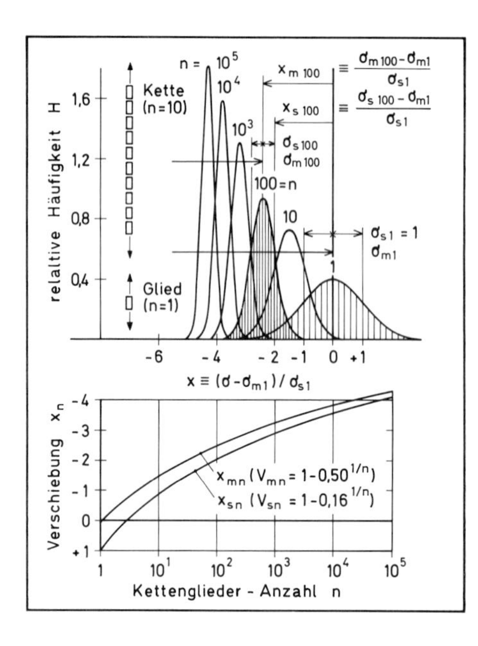

Bild 7.1/3 Häufigkeitsverteilung von Funktionsketten. Abnahme des Mittelwertes und der Streuung mit zunehmender Anzahl der Kettenglieder

kontinuierliches Seil. Die *Anzahl n* der Kettenglieder ist dann als das Verhältnis der wirklichen Seillänge zur Länge der Prüfstücke zu verstehen, die zur Ermittlung der Festigkeitswerte dienten.

Die Zuverlässigkeit Z_K einer n-gliedrigen Kette (bzw. des Seiles) ist, bei gleicher Belastung, geringer als die Zuverlässigkeit Z_i des Kettengliedes (bzw. des Prüfstückes), und zwar gleich dem Produkt der Einzelwahrscheinlichkeiten

$$Z_K = \prod_{i=1}^{n} Z_i \quad \text{oder} \quad \log Z_K = \sum_{i=1}^{n} \log Z_i . \tag{7.1-11}$$

Bei gleichen Einzelgliedern $(Z_i = Z)$ gilt demnach

$$Z_K = Z^n \quad \text{oder} \quad \log Z_K = n \log Z . \tag{7.1-12}$$

Liegt man noch im Bereich hoher Zuverlässigkeit oder geringer Versagenswahrscheinlichkeit $V_i = 1 - Z_i \ll 1$, so lassen sich die Einzelwahrscheinlichkeiten einfach addieren:

$$V_K \approx \sum_{i=1}^{n} V_i \quad \text{bzw.} \quad V_K \approx nV . \tag{7.1-13}$$

Damit kann man nicht nur die Zuverlässigkeit für eine vorgegebene Belastung σ herunterrechnen, sondern auch eine neue Häufigkeitsverteilung ermitteln: Bild 7.1/3 zeigt, ausgehend von der Glockenkurve des Einzelgliedes, wie sich mit zunehmender Anzahl n der Kettenglieder der Mittelwert σ_{mn} (für $Z_n = 50$ %) nach links verschiebt, gleichzeitig aber auch die Streuung σ_{sn}^2 geringer wird.

Nimmt man an, daß für die Kette wie für das Einzelglied eine Normalverteilung existiert, so erhält man die Lage des neuen Mittelwertes σ_{mn} gegenüber dem ursprünglichen $\sigma_{m1} \equiv \sigma_m$ über die Bedingung (7.1-12). Danach muß einer Zuverlässigkeit $Z_{mn} = 0{,}50$ der Kette die folgende Zuverlässigkeit Z bzw. Versagenswahrscheinlichkeit V des Gliedes entsprechen:

$$Z = Z_K^{1/n} = 0{,}50^{1/n}, \qquad V = 1 - Z = 1 - 0{,}50^{1/n}. \qquad (7.1-14)$$

Zu dieser kann man aus Bild 7.1/1 ein Abweichungsmaß x_{mn} entnehmen, das die Verschiebung des Mittelwertes im Koordinatensystem des Einzelgliedes beschreibt; es ist in Bild 7.1/3 über n dargestellt. Ebenso wurde, wieder von der Mitte der Ausgangsverteilung gerechnet, die Verschiebung x_{sn} der neuen Position $(\sigma_{mn} + \sigma_{sn})$ ermittelt, und zwar, mit der dort zu erwartenden Zuverlässigkeit $Z_n = 16\,\%$, als Funktion der Wahrscheinlichkeit

$$Z = 0{,}16^{1/n} \quad \text{bzw.} \quad V = 1 - 0{,}16^{1/n}. \qquad (7.1-15)$$

Mittelwert σ_{mn} und Standardabweichung σ_{sn} der Normalverteilung einer n-gliedrigen Kette erhält man dann aus den Werten σ_m und σ_s des Einzelgliedes:

$$\sigma_{mn} = \sigma_m + x_{mn}\sigma_s, \quad \sigma_{sn} = \sigma_m - \sigma_{mn} + x_{sn}\sigma_s = (x_{sn} - x_{mn})\sigma_s. \qquad (7.1-16)$$

Wie aus der Auftragung in Bild 7.1/3 hervorgeht, nimmt die Differenz $(x_{sn} - x_{mn})$ und damit die Streuung mit zunehmender Kettenlänge n stetig ab.

Hier, wie später auch bei der Bestimmung des Sicherheitsfaktors, sind Spannungswerte σ oder Koordinaten x als Funktion der Wahrscheinlichkeit V gefragt. Das Integral $W(x)$ (7.1–3) läßt sich aber nicht analytisch umkehren; man muß darum Kurven oder Tabellen heranziehen. Für eine analytische Bestimmung des Wertes $x(W)$ kann man die Wahrscheinlichkeit im Bereich $0 < V < 0{,}5$ annähern durch alternative Exponentialfunktionen

$$2V \approx \exp(-a|x|^r), \qquad (7.1-17)$$

$$2V \approx \exp(-a_1|x| - a_2x^2), \qquad (7.1-18)$$

mit $a = 0{,}89$ und $r = 1{,}72$; bzw. $a_1 = 0{,}63$ und $a_2 = 0{,}45$ (für Näherung im Bereich $0 < |x| < 5$). Ihre Umkehrung liefert den gesuchten Wert in expliziter Form

$$|x| \approx \frac{1}{a}\left(\ln \frac{1}{2V}\right)^{1/r}, \qquad (7.1-19)$$

$$|x| \approx \sqrt{\left(\frac{a_1}{2a_2}\right)^2 - \frac{\ln 2V}{a_2}} - \frac{a_1}{2a_2}. \qquad (7.1-20)$$

7.1.1.4 Zuverlässigkeit von Funktionsgruppen (Parallelsystemen)

Im vorigen Abschn. 7.1.1.3 wurde eine *Funktionskette* betrachtet, also ein System, das bei Ausfall eines Gliedes versagt. Eine *Funktionsgruppe* sei nun dadurch charakterisiert, daß ein Gesamtversagen erst bei Ausfall sämtlicher Elemente auftritt. Das bedeutet, daß ein einzelnes Element die Gesamtfunktion wahrnehmen kann und die übrigen als Reserve dienen. Dann ist die Versagenswahrscheinlichkeit das Produkt der Einzelwahrscheinlichkeiten, und man erhält in Analogie zur Kette anstelle von (7.1–11) und (7.1–12)

$$V_G = \prod_{i=1}^{n} V_i \quad \text{oder} \quad \log V_G = \sum_{i=1}^{n} \log V_i, \qquad (7.1-21)$$

und bei gleichen Gruppengliedern ($V_i = V$)

$$V_G = V^n \quad \text{oder} \quad \log V_G = n \log V. \tag{7.1-22}$$

Die Analogie beruht in einer Vertauschung von Zuverlässigkeit und Versagenswahrscheinlichkeit, also in der Vorzeichenumkehr der Abweichung x. Man erhält damit die Glockenkurve der n-gliedrigen Gruppe wie in Bild 7.1/3, nur gespiegelt zur Symmetrieachse der Ausgangsverteilung: die Streuung nimmt mit zunehmender Anzahl n wieder ab, der Mittelwert steigt indes an und mit diesem die Zuverlässigkeit des Systems.

Dies setzt voraus, daß ein Element allein die Funktion des Gesamtsystems erfüllen kann, also eine redundante Auslegung wie etwa bei Informationssystemen. Bei Leichtbautragwerken ist es aber nicht vertretbar, Bauteile, die ins Gewicht fallen, als nicht mittragende Reserve einzufügen; dafür wird die Struktur oft in parallel funktionierende Glieder aufgeteilt, um bei einem Ausfall noch eine gewisse Resttragfähigkeit zu erhalten. Im unversehrten Zustand tragen alle Elemente des Systems mehr oder weniger voll mit.

Bei geometrisch paralleler Anordnung gleichartiger Elemente (Stäbe, Drähte oder Fasern) erfahren diese bei gleicher Dehnung (geometrisch bestimmt) im unversehrten Zustand gleiche Spannung σ_0. Sind k von n Elementen ausgefallen, so müssen die übrigen $n-k$ Elemente deren Last mit übernehmen und eine erhöhte Spannung σ_k ertragen. Mit

$$\sigma_k = \sigma_0 n/(n-k) = \sigma_m + x_k \sigma_s \quad \text{und} \quad \sigma_0 = \sigma_m + x_0 \sigma_s \tag{7.1-23}$$

folgt daraus eine mit erhöhter Ausfallrate k/n wachsende Koordinate

$$x_k = \frac{n x_0 + k/c}{n-k}, \quad \text{mit} \quad x_0 = -\frac{1}{c}\left(1 - \frac{\sigma_0}{\sigma_m}\right) \quad \text{und} \quad c \equiv \frac{\sigma_s}{\sigma_m}. \tag{7.1-24}$$

Diesem Wert entspricht nach (7.1–3) eine gewisse Versagenswahrscheinlichkeit V_k, die man analytisch aus den Näherungsformeln (7.1–17) oder (7.1–18) berechnen kann. Dabei ist zu beachten, daß bei großer Ausfallrate die Zuverlässigkeit der Restglieder gegen Null geht. Die zunächst nur für den Bereich $x < 0$ aufgestellte Näherung muß darum für den Gesamtbereich geltend gemacht werden. Dies geschieht einfach durch Vorzeichenumkehr des Wahrscheinlichkeitsintegrals $W(x) = -W(-x)$ bei Umkehr der Koordinate x. So kann man anstelle von (7.1–4) schreiben

$$2V \approx 1 + \frac{x}{|x|} W(|x|), \tag{7.1-25}$$

und mit der Näherung (7.1–18), nun für den Gesamtbereich $0 < V < 1$, als Funktion von x_k (7.1–24):

$$2V_k \approx 1 - \frac{x_k}{|x_k|}[1 - \exp(-a_1|x_k| - a_2 x_k^2)]. \tag{7.1-26}$$

Die Versagenswahrscheinlichkeit V_n des Systems bzw. ihren Logarithmus errechnet man schließlich nach (7.1–21) durch Aufsummierung über sämtliche

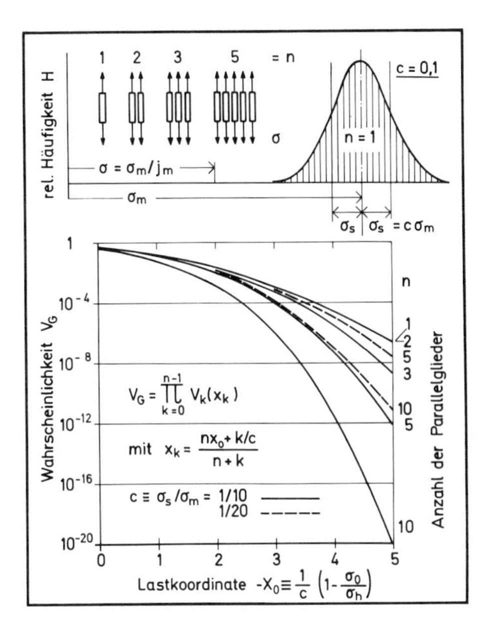

Bild 7.1/4 Funktionsgruppen (parallel tragende, gleichstarke Glieder). Schadensfortschritt bei konstanter Gesamtlast. Risikoabnahme mit zunehmender Gliederanzahl

Ausfälle $k=0$ bis $k=n-1$:

$$\log V_{\mathrm{K}} = \sum_{k=0}^{n-1} \log V_{\mathrm{k}}(x_{\mathrm{k}}). \tag{7.1-27}$$

Sie hängt über x_0 (7.1-24) vom *Sicherheitsfaktor* $j_{\mathrm{m}} \equiv \sigma_{\mathrm{m}}/\sigma_0$ des unversehrten Systems ab, im übrigen von der Elementeanzahl n und vom *Streufaktor* $c \equiv \sigma_{\mathrm{s}}/\sigma_{\mathrm{m}}$.

Wie ihre Auftragung in Bild 7.1/4 zeigt, verringert sich die Versagenswahrscheinlichkeit des in Parallelelemente aufgeteilten Systems erst bei hinreichend niedriger Belastung (hohem Sicherheitsfaktor), relativ breiter Streuung und mehrfacher Teilung. Auch bei relativ großem Streufaktor $c=1/10$ und einer Abweichung $x_0=-5$, also bei hoher Sicherheit $j_{\mathrm{m}}=2$, ist noch kein Vorteil einer Zweiteilung zu erkennen; erst bei $n>2$ macht sich (in vermindertem V_{K}) eine Erhöhung der Zuverlässigkeit bemerkbar.

Im Grenzfall verschwindender Streuung ($c \to 0$) versagt die Rechnung. Die Zuverlässigkeit ist dann entweder $Z=0$ ($V=1$) oder $Z=1$ ($V=0$), und man kann nur noch fordern, daß bei Ausfall von k aus n Gliedern die Spannung $\sigma_{\mathrm{k}} < \sigma_{\mathrm{m}}$ bleibt, also ein Sicherheitsfaktor

$$j_{\mathrm{m}} \equiv \sigma_{\mathrm{m}}/\sigma_0 = \sigma_{\mathrm{m}} n/(n-k)\sigma_{\mathrm{k}} > n/(n-k) \tag{7.1-28}$$

eingehalten wird. Bei einer dreiteiligen Struktur ($n=3$) wäre der Ausfall eines Teiles ($k=1$) durch den Sicherheitsfaktor $j_{\mathrm{m}}=1{,}5$ abgedeckt.

Je stärker die Bauteilfestigkeit streut, desto größer ist nach (7.1-24) die zu einer vorgegebenen Wahrscheinlichkeit V erforderliche Sicherheit. Der Faktor $j_{\mathrm{m}} \equiv j_{50} \equiv \sigma_{\mathrm{m}}/\sigma_0$ ist hier auf den Mittelwert σ_{m} (mit Zuverlässigkeit $Z_{\mathrm{m}}=50\,\%$) bezogen. Im folgenden wird der Zusammenhang zwischen Sicherheitsfaktor und Zuverlässigkeit allgemeiner dargestellt, und neben der Festigkeitsstreuung des Bauteils auch eine Laststreuung berücksichtigt.

7.1.2 Sicherheitsfaktor, Streufaktoren und Zuverlässigkeit

Der Sicherheitsfaktor $j_{BA} \equiv \sigma_B/\sigma_A$ ist definiert als Verhältnis der zulässigen (Bruchspannung) σ_B zur aufgebrachten Spannung σ_A. Davon abgesehen, daß er auch Spannungssteigerungen infolge Überlastung, Bauteilausfall oder Rißausbreitung abdecken muß (Abschn. 7.3), hat der Sicherheitsfaktor hier die Aufgabe, bei streuenden Verteilungen $H(\sigma_B)$ der Festigkeit und $H(\sigma_A)$ der Lastannahme die Zuverlässigkeit der Konstruktion zu garantieren. Unter dieser Einschränkung des Sicherheitsproblems geht $j_{BA} \to 1$ für verschwindende Streufaktoren $c_B \to 0$ und $c_A \to 0$; mit steigender Streuung und höherer Zuverlässigkeitsforderung steigt auch der notwendige Sicherheitsfaktor.

Zu seiner Berechnung sind neben der Versagenswahrscheinlichkeit $V = 1 - Z$ und den Streufaktoren c_B und c_A auch die Koordinaten x_B^* und x_A^* der Bezugsspannungen σ_B^* und σ_A^* vorzugeben; durch sie werden die Zuverlässigkeiten des Werkstoffwertes und des Lastwertes charakterisiert. Beim Dimensionieren bezieht man sich im allgemeinen auf Werkstoffwerte, die eine höhere Zuverlässigkeit als 50 % versprechen, also nicht auf den Mittelwert $\sigma_{Bm} \equiv \sigma_{B50}$, sondern auf einen geringeren Wert $\sigma_B^* < \sigma_{Bm}$ mit Zuverlässigkeit $Z = 90$ % oder 99 %, also mit $x_B^* < 0$ nach (7.1–7). Ist keine höhere Zuverlässigkeit des Systems als die des Werkstoffes verlangt (und keine Streuung der Lastannahme zu berücksichtigen), so genügt eine Dimensionierung mit $j_{BA}^* = 1$. Im Flugzeugbau werden aber um Größenordnungen geringere Versagenswahrscheinlichkeiten gefordert, und damit $j_{BA}^* > 1$.

Kennt man für das Einzelbauteil den Zusammenhang zwischen Zuverlässigkeit und Sicherheitsfaktor, so kann man fragen, wie groß diese Werte bei einem kombinierten System mit vorgegebener Gesamtzuverlässigkeit sein sollen.

Handelt es sich um eine reale Kette mit funktional und materiell gleichen Gliedern, so wird man diese mit gleichem Sicherheitsfaktor dimensionieren; was bedeutet, daß bei einer Versagenswahrscheinlichkeit V_n der Kette nach (7.1–13) jedes Glied dieselbe Wahrscheinlichkeit $V \approx V_n/n$ aufweisen muß. Handelt es sich dagegen um eine Funktionskette mit unterschiedlich beanspruchten und unterschiedlich gewichtigen Elementen (etwa ein statisch bestimmtes Stabwerk), so hängen die für ein Gewichtsminimum optimalen Wahrscheinlichkeitsverhältnisse und Sicherheitsfaktoren von den Gewichtsverhältnissen der Einzelelemente und ihren Streufaktoren ab.

Im folgenden werden die für vorgegebene Zuverlässigkeit notwendigen Sicherheitsfaktoren unterschiedlich streuender Bauteile zunächst berechnet, dann am Beispiel einer zweiteiligen Funktionskette nach Maßgabe ihres Gewichtsverhältnisses optimiert.

7.1.2.1 Sicherheit bei streuender Festigkeit und streuender Last

In Bild 7.1/5 sind Normalverteilungen $H(\sigma_B)$ der Festigkeit und $H(\sigma_A)$ der Lastannahme skizziert. Als Streufaktoren und Abweichungsmaße sind definiert

$$c_B \equiv \sigma_{Bs}/\sigma_{Bm}, \qquad x_B = (\sigma - \sigma_{Bm})/\sigma_{Bs},$$
$$c_A \equiv \sigma_{As}/\sigma_{Am}, \qquad x_A = (\sigma - \sigma_{Am})/\sigma_{As}. \qquad (7.1-29)$$

Versagen tritt ein, wenn die aufgebrachte Spannung die Festigkeit überschreitet, also wenn die Spannungsdifferenz $\sigma_{AB} \equiv \sigma_A - \sigma_B > 0$ wird. Sind $H(\sigma_B)$ und $H(\sigma_A)$

normalverteilt, so gilt das auch für $H(\sigma_{AB})$, und zwar mit der Mittelwertdifferenz

$$\sigma_{Am} - \sigma_{Bm} = \sigma_{ABm} \equiv x_{AB}\sigma_{ABs} \tag{7.1-30}$$

und der Streusumme

$$\sigma_{As}^2 + \sigma_{Bs}^2 = c_A^2\sigma_{Am}^2 + c_B^2\sigma_{Bm}^2 = \sigma_{ABs}^2 . \tag{7.1-31}$$

Die Versagenswahrscheinlichkeit ist dann nach (7.1–4), oder annähernd nach (7.1–17) bzw. (7.1–18), eine Funktion des Abstandes $x_{AB} \equiv \sigma_{ABm}/\sigma_{ABs}$, und über diesem in Bild 7.1/5 unten logarithmisch aufgetragen.

Der Sicherheitsfaktor definiert das Verhältnis einer Bezugsfestigkeit σ_B^* zu einer Bezugslast σ_A^* und ergibt sich damit aus

$$j_{BA}^* \equiv \frac{\sigma_B^*}{\sigma_A^*} = \frac{\sigma_{Bm} + x_B^*\sigma_{Bs}}{\sigma_{Am} + x_A^*\sigma_{As}} = \frac{\sigma_{Bm}}{\sigma_{Am}} \frac{(1 + x_B^* c_B)}{(1 + x_A^* c_A)} . \tag{7.1-32}$$

Darin sind die Streufaktoren c_A und c_B wie auch die Bezugskoordinaten x_A^* und x_B^* entsprechend den Zuverlässigkeiten von σ_A^* und σ_B^* nach (7.1–7) vorgegeben. Das Mittelwertverhältnis erhält man nach Elimination von σ_{ABs} aus (7.1–30) und (7.1–31) zu

$$\frac{\sigma_{Bm}}{\sigma_{Am}} = \frac{1 - b x_{AB}}{1 - c_B^2 x_{AB}^2} , \quad \text{mit} \quad b = \sqrt{c_A^2 + c_B^2 - c_A^2 c_B^2 x_{AB}^2} . \tag{7.1-33}$$

Neben den vorgegebenen Größen c_A und c_B geht hier die geforderte Zuverlässigeit über den Abstand $x_{AB}(V)$ ein.

Bild 7.1/6 zeigt Ergebnisse aus (7.1–32), wobei für die Umkehrung $x_{AB}(V)$ zu (7.1–33) die Näherung (7.1–19) benutzt wurde. Dargestellt ist der erforderliche Sicherheitsfaktor j_{BA} über der Versagenswahrscheinlichkeit V_{BA} für vier Beispiele unterschiedlicher Streufaktoren der Lastannahmen und der Festigkeit.

Für verschwindend geringe Streuungen ($c_A = c_B = 10^{-3}$ im Fall 1) wird keine Sicherung benötigt ($j_{BA} = 1$). Eine Streuung der Festigkeit ($c_B = 10^{-1}$ bei $c_A = 10^{-3}$ im Fall 4) erfordert höheren Sicherheitsfaktor als eine entsprechende Streuung der Lastannahme ($c_A = 10^{-1}$ bei $c_B = 10^{-3}$ im Fall 2). Überraschend ist der Verlauf der Kurve 3: obwohl beide Verteilungen stark streuen ($c_A = c_B = 10^{-1}$), ist ein geringerer Sicherheitsfaktor erforderlich als im Fall 4, bei großem V sogar geringer als im Fall 2. Das bedeutet, daß ein höherer Streufaktor sich günstig auswirken kann.

Dieser Effekt läßt sich damit erklären, daß hier die Bezugsspannungen $\sigma_B^* < \sigma_{Bm}$ und $\sigma_A^* > \sigma_{Am}$ des Sicherheitsfaktors kleiner bzw. größer als die Mittelwerte der Verteilungen sind. Während die Streufaktoren c_A und c_B das Mittelwertverhältnis (7.1–33) anheben, nehmen sie in (7.1–32) mit $x_B^* < 0$ (z.B. $x_B^* = -2{,}3$ für 99 % Zuverlässigkeit gegen Festigkeitsunterschreitung) und $x_A^* > 0$ ($x_A^* = +2{,}3$ für 99 % Zuverlässigkeit gegen Lastüberschreitung) reduzierend Einfluß: je stärker die Streuung ist, desto mehr entfernen sich die Bezugswerte von den Mittelwerten; σ_B^* und σ_A^* bewegen sich aufeinander zu und ihr Verhältnis, der Sicherheitsfaktor j_{BA}^*, tendiert gegen Eins.

Gerechnet wurde mit Bezugswerten, die 99 oder 90 % Zuverlässigkeit aufweisen; darum gehen die Kurven (2) und (4) durch $j_{BA}^* = 1$ für $V_{BA} = 10^{-2}$ bzw. 10^{-1}. Bei einer Kette aus hundert Gliedern (des Typs 4) wächst die Versagenswahrscheinlich-

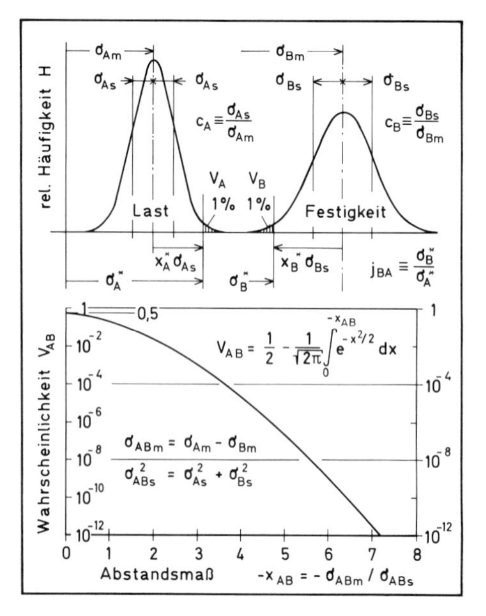

Bild 7.1/5 Versagensrisiko bei Normalverteilungen der Festigkeit σ_B und der Lastannahme σ_A, abhängig von streuungsbezogener Spannungsdifferenz x_{AB}

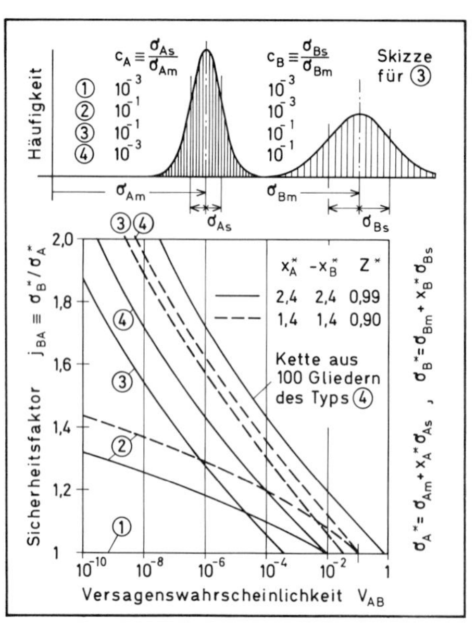

Bild 7.1/6 Erforderlicher Sicherheitsfaktor, abhängig von zulässigem Versagensrisiko sowie von Streufaktoren der Lastannahme und der Festigkeit

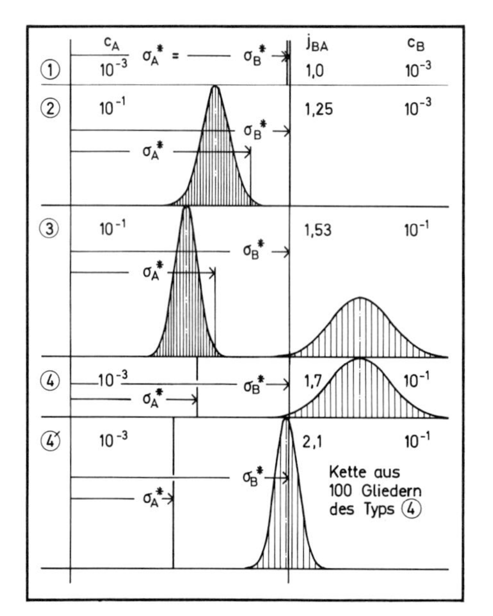

Bild 7.1/7 Zuordnung von Last- und Festigkeitsverteilungen bei gleichem Versagensrisiko $V_{AB} = 10^{-8}$, aber unterschiedlichen Streu- und Sicherheitsfaktoren

keit etwa auf das Hundertfache; dementsprechend erhöht sich nach Bild 7.1/6 der erforderliche Sicherheitsfaktor.

Bild 7.1/7 macht anschaulich, welchen Sicherheitsabstand die Glockenkurven der Last und der Festigkeit in den vier Beispielen und im Fall der Kette einhalten müssen, wenn eine Versagenswahrscheinlichkeit $V=10^{-8}$ nicht überschritten werden soll.

7.1.2.2 Optimierung der Sicherheitsfaktoren in Funktionsketten

Handelt es sich nicht um eine gewöhnliche Kette aus gleich beanspruchten und gleichartigen Gliedern, sondern um eine *Funktionskette*, etwa ein statisch bestimmtes Stabwerk mit unterschiedlich langen und verschieden hoch beanspruchten Zug- und Druckstäben, so erhält man ein Gewichtsminimum, wenn den Gliedern nach Maßgabe ihrer Gewichtsanteile auch verschiedene Anteile an der Versagenswahrscheinlichkeit des Systems, d.h. unterschiedliche Sicherheitsfaktoren zugewiesen werden.

Im folgenden wird, nach [7.2], ein zweigliedriges Stabsystem betrachtet, das man als Untersystem einer längeren Funktionskette auffassen kann.

Zu minimieren sei die Summe der Einzelstabgewichte G_i, die einerseits von den vorgegebenen spezifischen Gewichten γ_i und Stablängen l_i abhängen, andererseits von den variablen Querschnittsflächen A_i:

$$G_K = \sum_{i=1}^{n} G_i(A_i) = \sum_{i=1}^{n} \gamma_i l_i A_i \,. \tag{7.1-34}$$

Vorgegeben wird im übrigen die Versagenswahrscheinlichkeit V_n des Gesamtsystems, die sich nach (7.1−12) bei $V \ll 1$ etwa als Summe der Einzelwahrscheinlichkeiten V_i darstellt; diese sind Funktionen der Variablen A_i, damit gilt

$$V_K \approx \sum_{i=1}^{n} V_i(A_i) \,. \tag{7.1-35}$$

Die Zielfunktion G_n (7.1−34) ist linear; ein Optimum kann darum nur auf der (nichtlinearen) Restriktion V_N (7.1−35) gefunden werden. Analytisch läßt sich dieses (nach Lagrange) durch partielle Ableitungen beider Funktionen bestimmen. Danach muß im Optimum gelten

$$\partial G_K/\partial A_i + \mu \partial V_K/\partial A_i = 0 \,, \tag{7.1-36}$$

d.h. mit (7.1−34) und (7.1−35):

$$\gamma_i l_i = -\mu \partial V_i/\partial A_i \,. \tag{7.1-37}$$

Vergleicht man die Optimalwerte zweier Einzelelemente i und j, so kürzt sich der (willkürliche) *Multiplikator* μ heraus. Aus der Bedingung

$$\frac{A_i \partial V_i/\partial A_i}{A_j \partial V_j/\partial A_j} = \frac{\gamma_i l_i A_i}{\gamma_j l_j A_j} = \frac{G_i}{G_j} \tag{7.1-38}$$

folgt, daß die dimensionslosen Ableitungen $V_i' \equiv A_i \partial V_i/\partial A_i$ der Einzelwahrscheinlichkeiten sich zueinander verhalten müssen wie die Einzelgewichte G_i.

Die Ableitung von V nach x ist nach (7.1–3) und (7.1–4) mit der Verteilungsfunktion $\sigma_s H(x)$ identisch; damit ist

$$V' = \sigma_s H(x) x' \quad \text{mit} \quad x' \equiv A \partial x / \partial A \tag{7.1–39}$$

noch proportional der Ableitung der Koordinate x nach A. Nun hängt x über (7.1–33) von den Streufaktoren c_A und c_B und vom Spannungsverhältnis σ_{Bm}/σ_{Am} ab. Um x nach der Variablen A ableiten zu können, muß man also einen Zusammenhang zwischen der Querschnittsfläche A und den Spannungen σ_{Am} und σ_{Bm} formulieren.

Die aufgebrachte Spannung σ_{Am} ist, bei vorgegebener Stabkraft P, einfach umgekehrt proportional der variablen Fläche A:

$$\sigma_{Am} = P/A. \tag{7.1–40}$$

Dagegen hängt die Festigkeit σ_{Bm} davon ab, ob es sich um einen Zugstab oder um einen Druckstab handelt. Allgemein läßt sich schreiben

$$\sigma_{Bm} = Q A^q. \tag{7.1–41}$$

Beim Zugstab wäre $q=0$ und Q gleich der Materialfestigkeit. Beim knickgefährdeten Druckstab wäre die kritische Spannung proportional dem Quadrat des Trägheitsradius, beim Vollquerschnitt also $\sigma_{Bm} \sim A$ (d.h. $q=1$), und bei beulgefährdeten Profilen $\sigma_{Bm} \sim t^2 \sim A^2 (q=2)$. Der Faktor Q enthält dann den Modul und die Knicklänge.

Aus (7.1–39) und (7.1–40) folgt für das Verhältnis der aufgebrachten zur kritischen Spannung die Funktion

$$\sigma_{Bm}/\sigma_{Am} = A^{q+1} Q/P, \tag{7.1–42}$$

und mit (7.1–33) die Dimensionierungsgröße

$$A = [P(1 - b x_{AB})/Q(1 - c_B^2 x_{AB}^2)]^{\frac{1}{q+1}}. \tag{7.1–43}$$

Deren Ableitung nach x_{AB} ist gleich dem Kehrwert von x'_{AB}/A; so erhält man schließlich die Optimalbedingung (7.1–38) mit V' nach (7.1–39) und H nach (7.1–2) in der Form

$$V'_i = [(q+1) e^{-x^2_{AB}/2} b (1 - b x_{AB})(1 - c_B^2 x_{AB}^2)/(b - c_B^2 x_{AB})^2]_i \sim G_i. \tag{7.1–44}$$

Der Klammerausdruck enthält in der Koordinate x_{ABi} implizit die Versagenswahrscheinlichkeit V_{ABi} des Einzelstabes. Auswertungen [7.2] haben gezeigt, daß die optimalen Wahrscheinlichkeitsverhältnisse etwa den Gewichtsverhältnissen proportional sind:

$$\left(\frac{V_i}{V_j}\right)_{opt} \approx a_{ij} \left\{ \frac{G_i(q_i+1)}{G_j(q_j+1)} \sqrt{\frac{c_{Ai}^2 + c_{Bi}^2}{c_{Aj}^2 + c_{Bj}^2}} \right\}^{\alpha_{ij}}, \tag{7.1–45}$$

wobei der Faktor a_{ij} ($=0{,}5$ bis 2) und der Exponent α_{ij} ($=0{,}97$ bis 1,03) nur noch in geringem Maße von den Streufaktoren c_A und c_B sowie von der Systemwahrscheinlichkeit $V_K \approx V_i + V_j$ abhängen.

Kennt man das Verhältnis V_i/V_j, so kann man mit $V_K/V_i = 1 + V_j/V_i$ die Kurven des Bildes 7.1/6 um den entsprechenden Betrag ($\log V_K - \log V_i$) verschieben und erhält so den Sicherheitsfaktor $j_i(V_K)$, wie er in Bild 7.1/8 für ein Gewichtsverhältnis

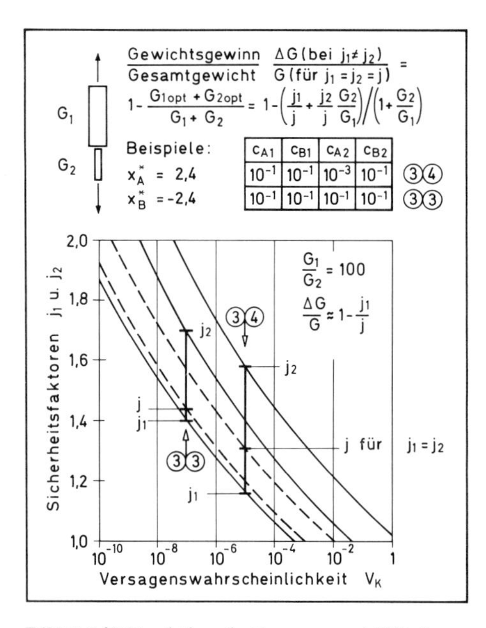

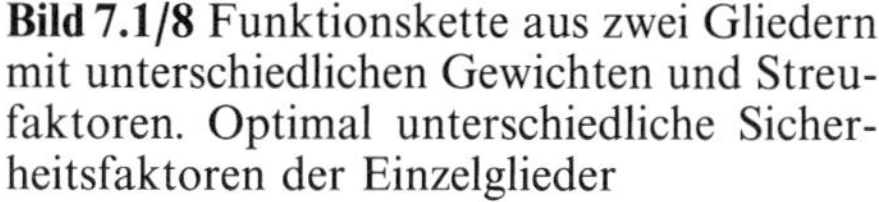

Bild 7.1/8 Funktionskette aus zwei Gliedern mit unterschiedlichen Gewichten und Streufaktoren. Optimal unterschiedliche Sicherheitsfaktoren der Einzelglieder

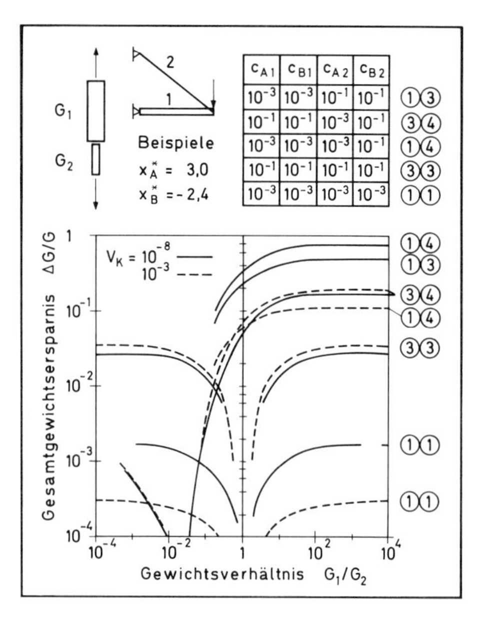

Bild 7.1/9 Funktionskette aus zwei Gliedern mit unterschiedlichen Gewichten und Streufaktoren. Gewichtseinsparung durch Optimierung der Sicherheitsfaktoren; nach [7.2]

$G_1/G_2 = 100$ (bei $q_1 = q_2 = 0$, also reiner Zugfestigkeit) über der Versagenswahrscheinlichkeit V_K aufgetragen ist. Im Fall (3) (4) differieren die Faktoren j_1 und j_2 stärker als im Fall (3) (3). Gestrichelt ist die bei gleichem Sicherheitsfaktor j zu erwartende Wahrscheinlichkeit eingezeichnet.

Mit den Verhältnissen $j_1/j = G_{1\text{opt}}/G_1$ und $j_2/j = G_{2\text{opt}}/G_2$ ist die durch optimale Zuordnung der Teilrisiken bzw. des Sicherheitsfaktors erzielte relative Gewichtsersparnis

$$\frac{\Delta G}{G} \equiv 1 - \frac{G_{\min}}{G} = 1 - \frac{G_{1\text{opt}} + G_{2\text{opt}}}{G_1 + G_2} = 1 - \left(\frac{j_1}{j} + \frac{j_2}{j}\frac{G_2}{G_1}\right) \Big/ \left(1 + \frac{G_2}{G_1}\right). \quad (7.1-46)$$

Bild 7.1/9 zeigt deren Abhängigkeit vom Gewichtsverhältnis G_1/G_2 (wieder für $q_1 = q_2 = 0$) für fünf Paarungen verschieden streuender Glieder. Unterscheiden sich die Streufaktoren der beiden Stäbe nicht und haben diese etwa gleiches Gewicht, so ist kein Gewinn zu erwarten. Streuen die Stabspannungen verschieden stark, wie in den Beispielen (1) (4), (1) (3) und (3) (4), so empfiehlt sich eine Optimierung auch bei gleichem Stabgewicht. Im übrigen ist der erzielbare Gewinn umso höher, je größer der Gewichtsunterschied ist und je stärker die Verteilungen streuen. Besonders lohnt es sich, einem Stab mit relativ geringem Gewicht aber großer Streuung eine hohe Zuverlässigkeit abzufordern und ihn mit großem Sicherheitsfaktor zu dimensionieren; dafür kann man, bei konstanter Gesamtzuverlässigkeit, den schweren Stab mit kleinerem Sicherheitsfaktor auslegen.

Als einfachstes Strukturbeispiel einer Funktionskette wurde hier ein statisch bestimmtes Stabwerk gewählt. Ähnliche Überlegungen lassen sich auch an anderen

Systemen anstellen, bei denen der Ausfall eines Elementes zum Gesamtversagen führt, etwa bei mehrstufigen Raumfahrzeugen. Dazu muß es sich nicht um Tragfunktionen handeln: neben der statischen und der aerodynamischen Flugtüchtigkeit wäre auch die Flugführung Glied einer Funktionskette, und das Gesamtrisiko des Systems die Summe der Einzelrisiken. Da Sicherheitsmaßnahmen Geld kosten, hätte man zu prüfen, an welchem Funktionsglied die Mittel am effektivsten zur Erhöhung der Systemzuverlässigkeit eingesetzt, bzw. wie die *Unzuverlässigkeiten* kostengünstig verteilt werden können.

Während der Sicherheitsfaktor bei *Funktionsketten*, hier bei statisch bestimmten Tragwerken, sich nur nach den Streuungen der Tragfähigkeit und der Beanspruchung richtet, muß er bei *Funktionsgruppen* mit Laststeigerungseffekten, etwa bei statisch unbestimmten Strukturen, den Ausfall von Baugliedern abdecken. Dafür gelten grundsätzlich andere Bestimmungskriterien (siehe Abschn. 7.3.3).

7.2 Schwingfestigkeit und Lebensdauer

In der Einleitung wurde das Problemfeld des Leichtbaus nach zwei Seiten hin charakterisiert: einerseits (bei kleinem Strukturkennwert) dominieren die Fragen der Steifigkeit und der Stabilität einer schlanken und dünnwandigen Konstruktion, andererseits (bei großem Kennwert) die Probleme der Festigkeit an Kräfteeinleitungen und Fügungen. Die dynamische Sicherheit der Konstruktion wird hinsichtlich ihres Schwingungsverhaltens durch die Struktursteifigkeit und hinsichtlich ihrer Schwingfestigkeit durch den Werkstoff und die Bauteilgestaltung bestimmt.

Für eine gewichtsminimale Auslegung der Gesamtstruktur sind in der Regel Kriterien der statischen Festigkeit oder Stabilität maßgebend (Kap. 4 und Kap. 5). Im Hinblick auf dynamische Sicherheit sind dabei auch Restriktionen der Steifigkeit zu beachten, um beispielsweise aeroelastisches Flattern oder anders angefachte Schwingungen zu vermeiden. Die Sicherung der dynamischen Schwingfestigkeit ist dagegen ein Gestaltungsproblem, das sich auf Bereiche örtlicher Störungen des elementaren Kraftflusses beschränkt und auf das Gesamtgewicht kaum Einfluß nimmt. Zur Gestaltung von Kräfteeinleitungen sind darum am Minimalgewicht orientierte Optimierungsmethoden weniger geeignet als analytische, numerische oder experimentelle Verfahren des Spannungsausgleichs, etwa wie sie Hertel [7.3] an zahlreichen Beispielen vorführt. Heute stützt man sich lieber auf den Rechner als auf den Versuch; doch bleibt der Grundsatz gültig, daß es besser ist, Kerben zu vermeiden, als ihre Auswirkungen analysieren zu müssen.

Freilich enthebt dies nicht der Pflicht, die Schwingfestigkeit oder die Lebensdauer der Konstruktion nachzuweisen, zumal Erfahrung zeigt, daß strukturbedingte Unfälle meist durch Ermüdungsbrüche verursacht werden. In der zivilen Luftfahrt muß sich teures Fluggerät durch intensive und vieljährige Nutzung bezahlt machen. Infolge häufiger Starts und Landungen, Rollen am Boden und Böenbelastungen im Fluge ergeben sich gegenüber früher erheblich gestiegene Anforderungen an die Ermüdungsfestigkeit im Bereich hoher Lastspielzahlen. Für das Verhalten unter zeitlich variierenden Lastabläufen wurde der Begriff *Betriebsfestigkeit* eingeführt. Dem Buch gleichen Titels von O. Buxbaum [7.4] verdankt der vorliegende Abschnitt Anregungen und Daten.

Der Überbegriff *Schwingfestigkeit* umfaßt zum einen die in *Wöhlerlinien* dargestellte Festigkeit unter *einstufiger*, d.h. konstant zwischen oberer und unterer Spannungsgrenze schwingender Belastung, zum andern aber auch die Betriebsfestigkeit unter stochastischem oder deterministischem Lastverlauf oder deren Simulation im *Mehrstufenversuch.* In Abschn. 7.2.1 wird zunächst, um das Materialverhalten, den Einfluß von Kerben und die Versuchsstreuung in verschiedenen Lastspielbereichen zu beschreiben, eine einstufige Schwell- oder Wechselbelastung angenommen. Weitere Fragen gelten der Lebensdauer unter Betriebsbelastung, bzw. dem Einfluß mehrstufiger Lastkollektive, und der Möglichkeit, die Betriebsfestigkeit durch Hypothesen der Schadensakkumulation auf einstufige Wöhlerversuche zurückzuführen und damit zu prognostizieren (Abschn. 7.2.2).

7.2.1 Schwingfestigkeit bei Einstufenbelastung

Es mag zum Nachweis der Betriebsfestigkeit notwendig sein, reale Lastverläufe nachzufahren oder durch Mehrstufenversuche zu simulieren; für die Aufgabe des Konstrukteurs, den richtigen Werkstoff auszuwählen, das Bauteil kerbarm zu gestalten oder andere Maßnahmen zur Verbesserung der Ermüdungsfestigkeit zu prüfen, genügt im allgemeinen der Nachweis im Einstufenversuch. Dabei werden Testläufe bei konstanten Spannungsausschlägen gefahren und die Lastspielzahlen registriert, bei denen ein Anriß oder der Bruch auftritt.

Als Lastparameter fungiert das Verhältnis $R \equiv \sigma_u/\sigma_o$ zwischen unterem und oberem Spannungsniveau; bei *Wechselbelastung* gilt $R = -1$, bei *Schwellbelastung* $R = 0$. Mittelwert und Amplitude der Schwingung sind damit

$$\begin{aligned} \sigma_m &= (\sigma_o + \sigma_u)/2 = (1+R)\sigma_o/2, \\ \sigma_a &= (\sigma_o - \sigma_u)/2 = (1-R)\sigma_o/2. \end{aligned} \qquad (7.2-1)$$

(σ_m nicht zu verwechseln mit dem in Bild 7.1/1 definierten Mittelwert einer Häufigkeitsverteilung.)

Hinsichtlich des Werkstoffverhaltens interessiert, in welchem Bereich der Lastspielzahl N der Abfall der zulässigen Spannungsamplitude σ_a im doppeltlogarithmischen Maßstab durch eine Gerade beschrieben wird, und wann gegebenenfalls mit einer *Dauerfestigkeit* als unterem Grenzwert zu rechnen ist. Die Häufigkeitsverteilung der Bruchlastspielzahl wird durch ein Streuband mit unterem Erwartungswert von 90 % und einem oberen von 10 % Zuverlässigkeit charakterisiert. Um die Versuchsstreuung gering zu halten, verwendet man vorgekerbte Proben. Die *Formzahl* α_k definiert die Kerbspannungsspitze; ihr Einfluß macht sich besonders bei hohen Lastspielzahlen geltend und ist im übrigen materialabhängig.

7.2.1.1 Kurzzeitfestigkeit, Zeitfestigkeit und Dauerfestigkeit

In Einstufenversuchen ermittelte Werkstoffestigkeiten zeigen in verschiedenen Bereichen der Lastspielzahlen bzw. der Spannungen unterschiedliche Verläufe. Dabei lassen sich im allgemeinen drei typische Bereiche charakterisieren.

Die *Kurzzeitfestigkeit* (low-cycle-fatigue) beschreibt das Materialversagen infolge plastischen Arbeitens bei niedrigen Lastwechselzahlen bis etwa 10^4. Die niederfrequenten, meist weggesteuerten Versuche liefern Hysteresen mit zunehmender oder

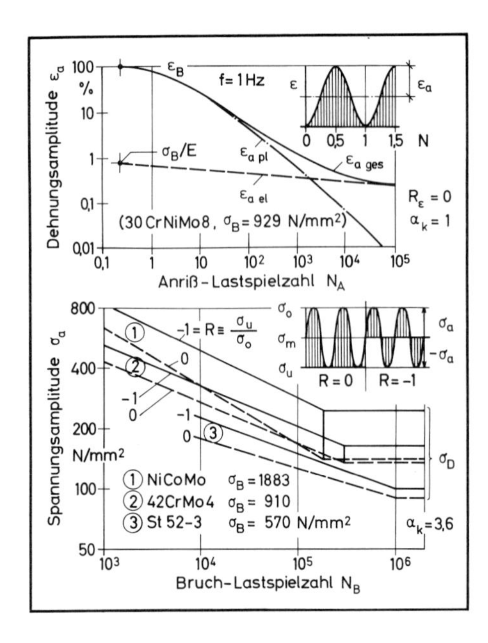

Bild 7.2/1 Kurzzeit-Schwellfestigkeit (elastische und plastische Dehnung) und Zeitschwingfestigkeit über der Lastspielzahl, Dauerfestigkeit; Beispiele nach [7.4]

abnehmender Spannungsamplitude (bei *verfestigendem* bzw. bei *entfestigendem* Werkstoff). Bild 7.2/1 zeigt im oberen Diagramm exemplarisch die bei unterschiedlich eingestellten Dehnungsamplituden ε_a (einer Schwellbelastung) bis zum Anriß erzielbare Lastspielzahl N_A. Üblicherweise wird zwischen elastischem und plastischem Dehnungsanteil unterschieden. Sieht man vom Einfluß der Brucheinschnürung bei hoher plastischer Verformung ab, so lassen sich beide Funktionen $\varepsilon_{a\,el}(N_A)$ und $\varepsilon_{a\,pl}(N_A)$ im doppeltlogarithmischen Maßstab jeweils für sich als Gerade darstellen; sie überschneiden sich im Bereich zwischen 10^3 und 10^4 Lastspielen. Ihre Summe, die ertragbare Gesamtdehnung, läuft danach als Kurve asymptotisch an die Gerade der elastischen Dehnung $\varepsilon_{a\,el}(N_A) = \sigma_{a\,el}(N_A)/E$.

Die *Zeitfestigkeit* charakterisiert das Materialverhalten $\sigma_a(N_A)$ im elastischen Beanspruchungsbereich bei einer Lebensdauer über 10^3 bzw. 10^4 Lastspielen (je nach Werkstoff). Bild 7.2/1 zeigt *Wöhlerlinien* verschiedener Stähle; sie laufen als Gerade im doppeltlogarithmischen Diagramm hier etwa parallel. Je geringer die statische Festigkeit σ_B des Werkstoffs, desto geringer ist im allgemeinen auch seine Wechselfestigkeit ($\sigma_a = \sigma_o$). Die zulässige Oberspannung der Schwellbeanspruchung ist höher, ihr zulässiger Amplitudenwert ($\sigma_a = \sigma_o/2$) aber stets niedriger als die Wechselfestigkeit. Auf die Neigung der Wöhlerlinie nimmt das Spannungsverhältnis $R \equiv \sigma_u/\sigma_o$ bei Stahl relativ geringen Einfluß (stärkeren bei Aluminium). Neben Werkstoffeigenschaften wirken sich auch geometrische Faktoren des Bauteils und seiner Spannungsverteilung auf die Wöhlerlinie aus: sie verläuft umso steiler, je größer die *Formzahl* $\alpha_k \equiv \sigma_{max}/\sigma_{nenn}$ (Spannungsspitzenfaktor) oder das Spannungsgefälle (etwa bei Biegebeanspruchung) oder je schlechter die Oberflächenbeschaffenheit ist. Die in Bild 7.2/1 wiedergegebenen Wöhlerlinien wurden an vorgekerbten Zugproben mit $\alpha_k = 3{,}6$ ermittelt (zum Einfluß der Formzahl siehe Abschn. 7.2.1.2) und repräsentieren eine Zuverlässigkeit von 50% (zur Streuung siehe Abschn. 7.2.1.4.)

Die im Bereich der *Zeitfestigkeit* mit etwa konstanter Neigung abfallende Wöhlerlinie geht bei großer Lastspielzahl kontinuierlich in eine Kurve geringerer Neigung über. Nimmt sie schließlich horizontalen Verlauf, so kann von einer *Dauerfestigkeit* als von einem lastspielunabhängigen Mindestwert gesprochen werden. Einfachheitshalber und nach der sicheren Seite ersetzt man die stetige Kurve durch zwei Geraden mit einem fiktiven Knickpunkt N_D (in Bild 7.2/1 beginnt der Bereich der *Dauerfestigkeit* bei $N_D \approx 2 \cdot 10^5$ bzw. 10^6). Die wieder vom Werkstoff, von der Formzahll α_k sowie von Umgebungsbedingungen abhängige Grenzlastspielzahl N_D interessiert vor allem im Hinblick auf eine Lebensdauerabschätzung über Schadensakkumulationshypothesen (Abschn. 7.2.2.4). Es wird empfohlen, die Zeitfestigkeitsgerade sicherheitshalber bis zu einer fiktiven Grenzzahl von $2 \cdot 10^6$ zu verlängern.

Ob und wann eine *Dauerfestigkeit* σ_{aD} des Werkstoffs tatsächlich existiert und wie diese gegebenenfalls mit seiner *zügig* ermittelten Bruchfestigkeit σ_B zusammenhängt, ist eine offene Frage der Metallphysik. Doch gibt es hierzu verschiedene empirische Ansätze; im einfachsten Fall wird Proportionalität der Festigkeiten angenommen: $\sigma_{aD}(R=-1)/\sigma_B = 0{,}25$ bis $0{,}6$ ($\approx 0{,}38$ für Al-Knetlegierungen). Andere Autoren unterstellen einen Zusammenhang zwischen Dauerfestigkeit und 0,2-%-Dehngrenze: $\sigma_{aD} \approx 0{,}44\sigma_{0,2} + 77\ \mathrm{N/mm^2}$ [7.4]. Bei gekerbten Proben oder Bauteilen ist die Dauerfestigkeit abgemindert.

7.2.1.2 Kerbwirkung, Einfluß der Formzahl

Bild 7.2/2 zeigt den Unterschied der Wechselfestigkeit gekerbter und ungekerbter Proben. Das Verhältnis dieser Werte wird als *Kerbwirkungszahl* $\beta_k \equiv \sigma_a(\alpha_k = 1)/\sigma_a(\alpha_k > 1)$ definiert und stellt sich bei logarithmischem Maßstab als Abstand der beiden Wöhlerlinien dar; sie ist im vorliegenden Beispiel (Al-Legierung 3.1 334.5, $\alpha_k = 2{,}5$) am größten etwa im Lastspielbereich $N \approx 2 \cdot 10^4$ ($\beta_{k\max} \approx 2{,}1$). Im unteren Diagramm sind Kerbwirkungszahlen über der Lastspielzahl für verschiedene Spannungsverhältnisse R und Formzahlen α_k dargestellt.

Die *Formzahl* (oder der *Kerbfaktor*) $\alpha_k \equiv \sigma_{max}/\sigma_{nenn}$ kennzeichnet die Spitze der elastischen Spannungsverteilung im Bauteil. Bei rein elastischer Beanspruchung (also $\sigma_{max} = \alpha_k \sigma_{nenn} < \sigma_{0,01}$) könnte man erwarten, daß die Kerbwirkungszahl β_k an die Formzahl α_k herankommt; sie bleibt jedoch stets geringer, die Spannungsspitze schlägt also nicht voll auf die Schwingfestigkeit durch (höchstens bei sprödem, hochvergütetem Werkstoff). Im Nahbereich der statischen Festigkeit wird die Spannungsspitze plastisch abgebaut, die Kerbwirkungszahl geht dann gegen Null. Dieser Effekt des Kerbspannungsgradienten wird nach Neuber [7.5] mit *Makrostützwirkung* bezeichnet; sie tritt nicht nur an Kerben, sondern auch bei Biegung oder Torsion auf (*Mikrostützwirkung* bezieht sich dagegen auf den im Werkstoffgefüge wirksamen Kerbfaktor).

Reproduzierbare und vergleichbare Wöhlerlinien erhält man nur über Probekörper mit exakt definierter Form und Größe. Das *Fraunhofer-Institut für Betriebsfestigkeit* [7.6] entwickelte dafür die in Bild 7.2/3 skizzierten Standardflachstäbe mit systematisch abgestuften Formzahlen $\alpha_k = 1$ bis $5{,}2$. Das Diagramm zeigt Wöhlerlinien, die mit diesen Proben ermittelt wurden, daneben ein Streuband für verschiedene einschnittig überlappte Schlagnietverbindungen. Dieses überschneidet bei $N = 10^4$ bis 10^5 die Linien der Kerbzahlen $\alpha_k = 2{,}5$ und $3{,}6$; indes nähert es sich bei größerer

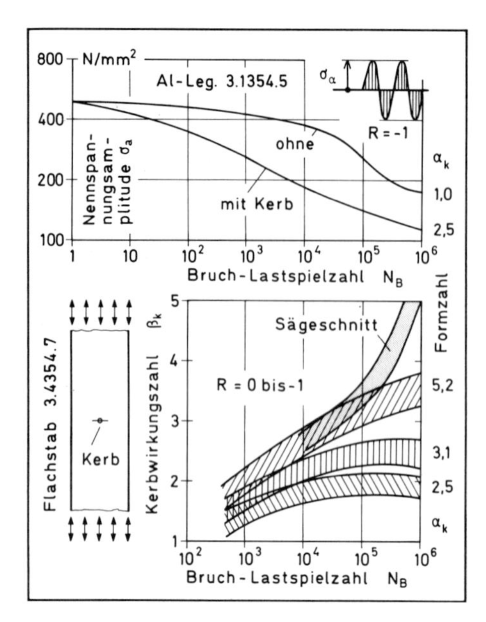

Bild 7.2/2 Schwingfestigkeit glatter und gekerbter Proben. Einfluß der Formzahl α_k (Spannungsfaktor) auf die Kerbwirkungszahl β_k (Festigkeit); nach [7.4]

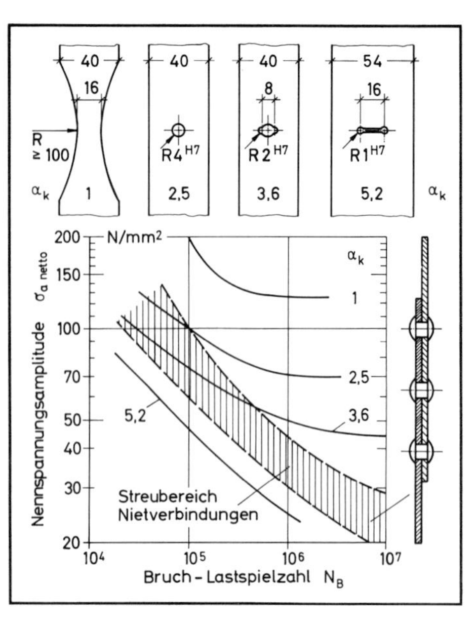

Bild 7.2/3 Standard-Flachproben mit definierten Formzahlen α_k. Versuchsergebnisse (Al 3.1354, $\sigma_m = 70$ N/mm², $Z = 50$ %), Vergleich mit Nietung; nach [7.4, 7.6]

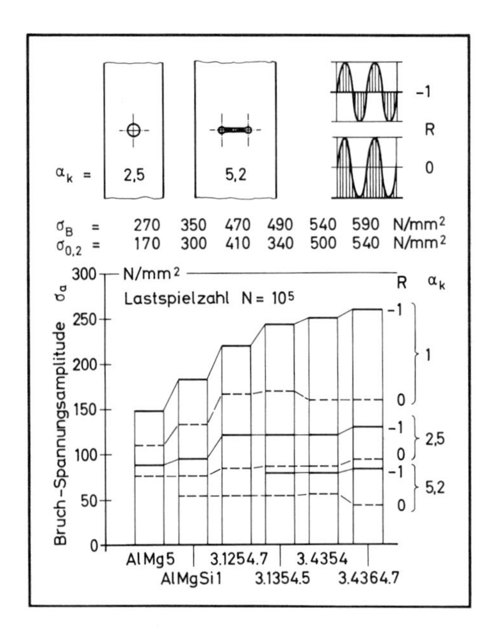

Bild 7.2/4 Vergleich verschiedener Aluminiumlegierungen (zunehmender statischer Festigkeit) hinsichtlich Schwingfestigkeit und Kerbempfindlichkeit; nach [7.4]

Lastspielzahl $N \approx 10^6$ der Linie $\alpha_k = 5{,}2$ und erreicht wie diese erst spät, wenn überhaupt, eine *Dauerfestigkeit.* Damit zeigt sich, daß die Schwingfestigkeit der Konstruktion nicht einfach über eine *äquivalente Formzahl* auf standardisierte Wöhlerlinien zurückgeführt werden kann. Neben der Formzahl nimmt auch die Absolutgröße und der Gesamtspannungszustand des Bauteils Einfluß auf das Anriß- und Bruchverhalten.

Standardversuche mit definierter Formzahl eignen sich also weniger zur Beurteilung des Bauteils als zum Vergleich verschiedener Werkstoffe hinsichtlich ihrer Kerbempfindlichkeit. In Bild 7.2/4 sind Zeitfestigkeiten (für $N = 10^5$) diverser, nach ihrer statischen Zugfestigkeit σ_B geordneter Al-Legierungen nebeneinandergestellt: mit σ_B steigt im allgemeinen auch die Wechselfestigkeit ($R = -1$), aber nicht unbedingt die Schwellfestigkeit ($R = 0$). Der Einfluß der Formzahl α_k äußert sich in einer Minderung der Schwingfestigkeit, deren Faktor β_k in jedem Fall kleiner als α_k bleibt. Am stärksten macht sich die Kerbwirkung an der hinsichtlich statischer Festigkeit σ_B und $\sigma_{0,2}$ hochgezüchteten Legierung (3.4 364.7) geltend, die damit bei hoher Formzahl $\alpha_k = 5{,}2$ eine geringere Schwellfestigkeit aufweist als die statisch weniger festen Vergleichslegierungen.

Neben der aus äußeren geometrischen Proportionen resultierenden Formzahl α_k der Probe spielt auch deren absolute Größe eine Rolle: im vergrößerten Querschnitt können mehr (mikroskopische) Fehlstellen im Gefüge ansprechen, die statische Schwingfestigkeit fällt dadurch ab (Abschn. 7.1.1.3).

Metallurgische Kerbwirkung kann nicht nur von mikroskopischen Einschlüssen, Fremdphasen und Rekristallisationszonen ausgehen, sondern auch von makroskopischen Lunkern, Schmiedefalten, Oxidhäuten oder Härterissen. Außerdem nimmt die Beschaffenheit der Oberfläche Einfluß, je nachdem ob diese glatt oder rauh, poliert, gefräst, geätzt, eloxiert oder beschichtet ist. Es versteht sich, daß derartige fertigungsbedingte Kerbeffekte durch höchste Sorgfalt auf ein Minimum reduziert werden müssen.

Die eigentliche Aufgabe des Konstrukteurs besteht aber in der kerbarmen Gestaltung des Bauteils, besonders an Kräfteeinleitungen, an Fügungen oder anderen Störungen des elementaren gleichförmigen Kraftflusses. Allgemein bedeutet dies: Vermeiden von Diskontinuitäten durch relativ große Übergangsradien, oder Lenken des Kraftflusses durch *Entlastungskerben.* Im besonderen Fall wird es ein Problem der Formoptimierung für minimale Randspannungen (Abschn. 5.4.2.4). Der Begriff *Gestaltfestigkeit* geht auf A. Thum [7.7] zurück. Ihrer Verbesserung durch konstruktive Maßnahmen widmet sich das Buch von H. Hertel [7.3]; auch bei O. Buxbaum [7.4] finden sich zahlreiche Hinweise zur Gestaltfestigkeit von Bauteilen sowie zu Einflüssen der Fertigung und der Oberflächenbehandlung.

Da Kerben nicht immer zu vermeiden sind, versucht man ihre Auswirkungen durch künstliche Eigenspannungszustände zu reduzieren. Dabei handelt es sich nicht um eine Gestaltungsmaßnahme über die Formzahl α_k, sondern um eine Einflußnahme über das Spannungsverhältnis R der Schwingung, wie im folgenden erläutert wird.

7.2.1.3 Einfluß des Spannungsverhältnisses und der Mittelspannung

In Bild 7.2/5 oben ist die Schwingfestigkeit einer Al-Legierung im *Haigh*-Diagramm $\sigma_a(\sigma_m)$ mit Parameter N wiedergegeben. Anstelle von σ_m oder σ_a kann auch das

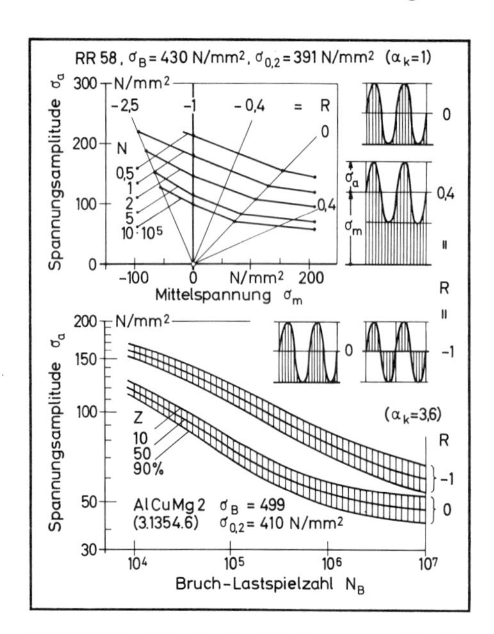

Bild 7.2/5 Schwingfestigkeit von Aluminiumlegierungen im Wöhlerdiagramm und im Haigh-Schaubild. Einfluß des Schwingspannungsverhältnisses R; nach [7.4]

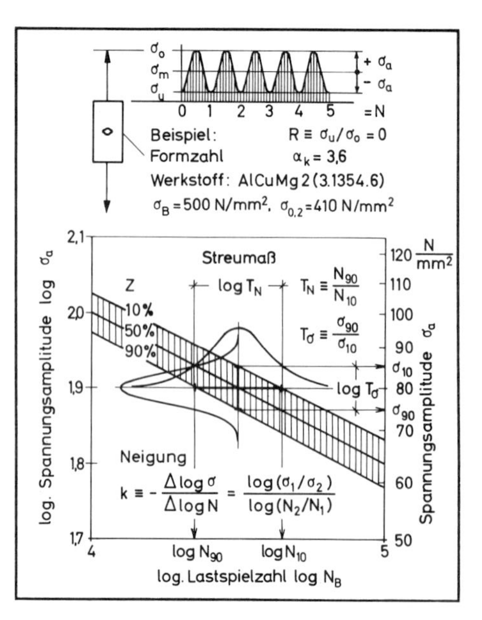

Bild 7.2/6 Streuung der Schwingfestigkeit. Logarithmische Normalverteilung der Bruchlastspielzahl oder der Spannungsamplitude; Streumaße; Beispiele nach [7.4]

Spannungsverhältnis $R \equiv \sigma_u/\sigma_o = (\sigma_m - \sigma_a)/(\sigma_m + \sigma_a)$ abgelesen werden. Je größer dieses Spannungsverhältnis, desto geringer ist (bei gleicher Lebensdauer N) die ertragbare Schwingungsamplitude σ_a, desto höher aber ist andererseits die zulässige Mittelspannung σ_m.

Als *Mittelspannungsempfindlichkeit M* bezeichnet man nach [7.8] den Anstieg der ertragbaren Spannungsamplitude über der Mittelspannung zwischen $R=0$ und $R=-1$; sie hängt kaum von der Lastspielzahl ab und ist damit nahezu eine Werkstoffkonstante. Sie steigt etwa proportional zur Zugfestigkeit σ_B und erreicht für Al-Legierungen den Wert $M=0{,}5$ bei $\sigma_B \approx 500\,\mathrm{N/mm^2}$. Von Werkstoffen mit $M>0{,}5$ wird abgeraten, wenn die Struktur eine hohe statische Grundlast trägt, also um eine hohe Mittelspannung schwingt.

Dagegen wirkt sich eine hohe Mittelspannungsempfindlichkeit vorteilhaft aus, sofern es gelingt, das Spannungsniveau im Kerbbereich des Bauteils zu senken. Die ertragbare Beanspruchung erhöht sich, wenn die Mittelspannung reduziert oder gar in den Druckbereich verlegt wird ($R<-1$), etwa durch künstliches Aufbringen einer Eigendruckspannung im anrißgefährdeten Bereich. Dies geschieht bei gekerbten Zugelementen durch plastisches Vorrecken, bei Bohrungen durch konisches Aufweiten, oder an Oberflächen durch Kugelstrahlen. Andererseits können fertigungs- oder fügetechnisch bedingte Eigenspannungszustände, beispielsweise an Schweißverbindungen, durch Erhöhen der Mittelspannung die Schwingfestigkeit mindern.

Schwingversuche im reinen Druckbereich ($R\to\infty$) interessieren bei metallischen Werkstoffen im allgemeinen nicht; dagegen sind Niet-, Bolzen- und Klebeverbindungen auch bei Druckübertragung schwingbruchgefährdet.

7.2.1.4 Streuung der Schwingfestigkeit

Die in Bild 7.2/1 wiedergegebenen Wöhlerlinien und die im *Haigh-Schaubild* (Bild 7.2/5 oben) eingetragenen Zeitfestigkeiten gelten mit einer Zuverlässigkeit von 50%. Für eine sichere Bauteildimensionierung ist aber neben diesem Mittelwert der Häufigkeitsverteilung auch eine Angabe der Standardabweichung oder des Streumaßes notwendig (Abschn. 7.1.2), sowie eine Aussage über den Charakter der Verteilungsfunktion.

Zur Beschreibung der grundlegenden Zusammenhänge zwischen Sicherheit und Zuverlässigkeit wurde von einer Gaußschen Normalverteilung ausgegangen. Nun ist aber die Streuung der Schwingfestigkeit nicht nur erheblich größer als die der statischen Festigkeit, sondern von unterschiedlichsten Faktoren und Schädigungsmechanismen zwischen Anriß und Bruch abhängig und damit das Produkt vieler Zufallsvariabler. Es ist darum auch nicht anzunehmen, daß eine allgemeingültige Verteilungsfunktion existiert. Neben der gewöhnlichen *Normalverteilung* zieht man heute die *logarithmische Normalverteilung*, die *Exponentialverteilung*, die *Weibull-Verteilung* und die *arc-sin-Transformation* zur Interpretation von Schwingfestigkeitsversuchen heran. Die *Weibull-Verteilung* läßt sich über ihre höhere Parameteranzahl den Versuchsergebnissen besser anpassen als eine Normalverteilung, erfordert aber zu ihrer statistischen Absicherung auch größeren Versuchsaufwand und läßt sich kaum verallgemeinern.

Als ökonomisch in der Versuchsdurchführung und zweckmäßig im Hinblick auf praktische Folgerungen erweist sich die Annahme einer Normalverteilung. Da es sich bei der Ermittlung der Zeitfestigkeit eigentlich um eine Lebensdauerbestimmung und somit um eine Streuung der Bruchlastspielzahl (bei vorgegebener Spannung) handelt, liegt es nahe, das für die Wöhlergerade charakteristische logarithmische Gesetz auf die Häufigkeitsverteilung zu übertragen. In der *logarithmischen Normalverteilung* steht dann $\log N$ anstelle von σ in (7.1−1) bzw. (7.1−2). Mittelwert und Streuung ergeben sich entsprechend (7.1−9) aus den Summen

$$\begin{aligned}(\log N)_{\mathrm{m}} &= \log N_{50} = \frac{1}{j}\sum_{i=1}^{j} \log N_{\mathrm{i}}\,,\\ (\log N)_{\mathrm{s}}^2 &= \frac{1}{j-1}\sum_{i=1}^{j} (\log N_{\mathrm{i}} - \log N_{50})^2\end{aligned} \qquad (7.2-2)$$

In Bild 7.2/5 unten und in Bild 7.2/6 ist für die Wöhlerlinie einer Al-Legierung ein Streuband angegeben, dessen obere und untere Grenze 10 bzw. 90 % Zuverlässigkeit verbürgen. Der Abstand dieser Grenzen wird anstelle der Standardabweichung als *Streumaß* $T_{\mathrm{N}} \equiv N_{90}/N_{10}$ definiert; man erhält es über (7.2−2) aus

$$\log T_{\mathrm{N}} = \log N_{90} - \log N_{10} = 2{,}6(\log N)_{\mathrm{s}}\,. \qquad (7.2-3)$$

Die *logarithmische Normalverteilung* $H(\log N)$ stellt sich im logarithmischen Netz, wie in Bild 7.2/6 skizziert, wieder als gewöhnliche Normalverteilung dar. Da im Bereich des Streumaßes die Linien gleicher Zuverlässigkeit parallel (mit gleicher Neigung $-1/k$) verlaufen, ergibt sich umgekehrt auch für die Schwingfestigkeit (bei gleicher Lebensdauer) eine logarithmische Normalverteilung mit Streumaß $T_\sigma \equiv \sigma_{90}/\sigma_{10}$ oder

$$\log T_\sigma = (\log T_{\mathrm{N}})/k\,. \qquad (7.2-4)$$

Die logarithmische Verteilung der Zeitfestigkeit folgt also über die Wöhlergerade zwangsläufig aus der entsprechenden Verteilung der Lebensdauer; sie muß nicht ebenso für die statische Festigkeit oder für die Dauerfestigkeit gelten. Im übrigen unterscheidet sie sich bei geringer Streuung nicht wesentlich von der gewöhnlichen Normalverteilung.

7.2.2 Schwingfestigkeit bei Betriebsbelastung

Schwingbelastungen mit konstanter Amplitude treten bei rotierenden, gleichförmig arbeitenden Maschinen auf. Auch bei druckbelüfteten Flugzeugrümpfen kann man noch annähernd von *Einstufenbelastung* sprechen, obwohl es sich nicht eigentlich um sinusartige oder regelmäßig ablaufende Schwingungen handelt. Im allgemeinen variieren aber die Betriebslastamplituden von Maschinen, Manipulatoren, Fahrzeugen oder Tragwerken über der Zeit mehr oder weniger deterministisch oder stochastisch. Man muß darum fragen, welchen Aussagewert *Wöhlerlinien* von Werkstoffen oder von Bauteilen als Ergebnisse von Einstufenversuchen für eine Lebensdauerprognose unter realen Betriebsbedingungen haben, und ob die dort gewonnenen Erkenntnisse über Werkstoffverhalten und Kerbwirkungen und daraus begründete Maßnahmen verallgemeinert werden dürfen.

Während qualitative oder vergleichende Aussagen zur Ermüdungs- und Kerbempfindlichkeit tendenziell gültig bleiben, wird zumindest die Vorhersage der Lebensdauer fragwürdig; nicht allein weil der Begriff *Lastspiel* nicht mehr eindeutig zu definieren ist, sondern auch weil der Schädigungsvorgang als komplexes Zusammenwirken großer und kleiner Amplituden verstanden werden muß, das man nicht ohne weiteres auf den einfacheren Fall der Einstufenbelastung zurückführen kann. Es erscheint darum zum Festigkeits- oder Lebensdauernachweis notwendig, im Betrieb aufgezeichnete Lastabläufe an der Gesamtstruktur oder an einzelnen Bauteilen nachzufahren, sei es im echten oder im gerafften Zeitmaßstab.

Solche Belastungsversuche sind möglich, aber sehr aufwendig. Unbefriedigend bleibt vor allem, daß damit zwar im speziellen ein Nachweis geführt, jedoch nichts für den allgemeinen Fall ausgesagt ist. Um den Erkenntniswert zu erhöhen und die Versuchsdurchführung zu vereinfachen, simuliert man die realen durch idealisierte Lastabläufe, die sich mit wenigen Parametern beschreiben lassen. Die wesentliche (nicht unbedenkliche) Vereinfachung besteht bei derartigen Betriebslastmodellen im Vernachlässigen der zeitlichen Reihenfolge der Lastamplituden; es wird lediglich eine gewisse Periodizität der Betriebslastfolgen angenommen. Über mindestens eine Periode werden die Lastspitzen oder -überschreitungen gezählt und zu *Lastkollektiven* geordnet. Erfahrungsgemäß genügt es, solche Kollektive durch einen einzigen Parameter zu charakterisieren; damit tritt neben die Wöhlerlinie des Einstufenversuchs eine durch diesen Parameter aufgefächerte (in Mehrstufenversuchen ermittelte) Linienschar, aus der man auf die Lebensdauer unter beliebiger Betriebsbelastung schließen kann.

Im folgenden werden zunächst die zur Aufstellung von Lastkollektiven möglichen Zählverfahren erläutert, typische Kollektive definiert und dazu in mehrstufigen *Programmversuchen* ermittelte Wöhlerlinien wiedergegeben.

Am Ende steht die Frage, ob und wie man von einstufig ermittelten Wöhlerlinien auf die Betriebslebensdauer schließen kann. Dies setzt in jedem Fall (wie auch die

Programmversuchstechnik) voraus, daß die Reihenfolge der großen und kleinen Amplituden ohne Belang ist; überdies müssen sich deren Teilwirkungen, gewichtet mit der relativen Häufigkeit ihres Auftretens, irgendwie akkumulieren und entsprechend aufsummieren lassen. Zur einfachsten Abschätzung bietet sich eine Hypothese der linearen Schadensakkumulation an.

7.2.2.1 Zählverfahren zur Aufstellung von Lastkollektiven

Fragt man nicht nach der zeitlichen Abfolge, sondern nur nach der Häufigkeit von Lastspitzen oder Lastüberschreitungen, so nimmt das Problem formal statistischen Charakter an, gleichgültig, ob es sich um zufällige oder gesetzmäßige Abläufe handelt. Dabei interessiert hier nicht, mit welcher *Wahrscheinlichkeit* eine gewisse Last zu irgendeinem Zeitpunkt auftritt oder überschritten wird. Das in Abschn. 7.1.2.1 am Beispiel statischer Festigkeit geschilderte Problem der Zuverlässigkeit von Lastannahmen existiert ebenso für dynamische Belastung, ist hier aber nicht angesprochen. Im Hinblick auf Schwingfestigkeit oder Lebensdauer interessieren die kleinen wie die großen Lastamplituden; sie beteiligen sich kollektiv an der Schädigung des Werkstoffs oder des Bauteils.

Ohne der Frage nach physikalischen oder bruchmechanischen Zusammenhängen nachzugehen, kann man an Lastverläufen verschiedene Merkmale abzählen und zu Kollektiven ordnen. Bild 7.2/7 zeigt drei Beispiele für jeweils gleichen Lastverlauf: im ersten Fall werden die Lastspitzen, im zweiten die Lastanstiegsbereiche, im dritten die Lastüberschreitungen gezählt. In jedem Fall unterteilt man die Lastkoordinate in *Klassen.* Als *Klassenhäufigkeit* wird die Anzahl der im Beobachtungszeitraum in einem solchen Abschnitt auftretenden Spannungsmaxima bzw. -minima aufgetragen (schraffierte Balken). Nimmt man die Maxima als positive und die Minima als negative Werte, so gelangt man durch Integration zwischen unterster ud oberster

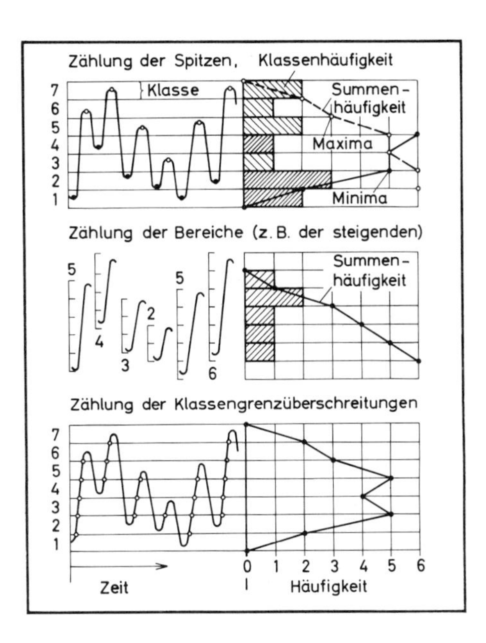

Bild 7.2/7 Betriebsbelastung. Zählverfahren zur Aufstellung von Lastkollektiven: Häufigkeiten der Klassen, der Summen und der Überschreitungen; nach [7.4]

Spannungsgrenze zur *Summenhäufigkeit* als Funktion der Klassengrenzen. Diese entspricht etwa der Häufigkeit der Grenzüberschreitungen im Lastverlauf und wird in der Regel als *Lastkollektiv* definiert. Je enger die Klassengrenzen gezogen sind, desto kontinuierlicher kann sich die Funktion der Summenhäufigkeit oder die Kollektivform darstellen.

Für das Zählergebnis lassen sich, analog zu (7.1–9), quasi statistische Kennwerte bestimmen. Für die Häufigkeit $H(\sigma)$ wäre der Mittelwert

$$\sigma_m = \left(\sum \sigma_i H_i\right) \Big/ \left(\sum H_i\right) \tag{7.2–5}$$

und das Quadrat der gemittelten Amplitude $(\sigma_{ai} = \sigma_i - \sigma_m)$:

$$\sigma_s^2 = \left[\sum (\sigma_i - \sigma_m)^2 H_i\right] \Big/ \left(\sum H_i - 1\right). \tag{7.2–6}$$

Diese Varianz ist für den Schwingungsvorgang charakteristisch und entspricht nur formal dem statistischen Begriff der *Streuung*.

7.2.2.2 Typische Formen des Lastkollektivs

Die *Klassenhäufigkeit* der Spannungsmaxima kann einer Gaußschen Normalverteilung gehorchen; im allgemeinen aber, vor allem bei determinierten Lastverläufen, weicht sie davon stark ab und zeichnet sich überdies durch Unstetigkeiten aus. So existiert beispielsweise bei gewöhnlicher Schwingung mit konstanter Amplitude die Funktion der Klassenhäufigkeit nur in den beiden Punkten σ_o und σ_u.

Die Funktion der *Summenhäufigkeit* wird durch Integration der Klassenhäufigkeit gewonnen und ist darum stetiger (bei konstanter Schwingungsamplitude nimmt sie eine Rechteckform an). Sie läßt sich häufig durch eine analytische Funktion annähern; bewährt hat sich dazu der exponentielle Ansatz

$$H_S = \bar{H}_S \exp(-a x_a^r), \tag{7.2–7}$$

der mit dem charakteristischen Parameter $r<1$ eine konkave und mit $r>1$ eine konvexe Verteilung der logarithmischen Summenhäufigkeit beschreibt, siehe Bild 7.2/8.

Die Häufigkeit eines Ereignisses hängt vom Beobachtungszeitraum ab, er ist hier auf eine Summenhäufigkeit $\bar{H}_S = 10^6$ festgelegt. Die Spannungskoordinate $x_a \equiv \sigma_a/\bar{\sigma}_a = (\sigma - \sigma_m)/\bar{\sigma}_a$ bezieht sich auf den Amplitudenhöchstwert $\bar{\sigma}_a$. Dieser tritt am seltensten auf $(H_S \to 1)$; am häufigsten wird die Mittelspannung σ_m überschritten $(H_S \to \bar{H}_S$ für $x_a \to 0)$. Die Häufigkeitsverteilung $H(x_a)$ ist zur Mittelspannung σ_m (7.2–5) nicht notwendig symmetrisch, aber meistens, jedenfalls wenn es sich um Schwingungsvorgänge mit statischer Grundlast handelt.

Der charakteristische Parameter r in (7.2–7) und Bild 7.2/8 ist eine Funktion der Varianz σ_s^2 (7.2–6). Der Grenzfall $r \to \infty$ gilt für die Summenhäufigkeit (oder Überschreitungshäufigkeit) der gewöhnlichen Schwingung mit konstanter Amplitude; Fälle $r>2$ treten an Brücken und Kränen auf. Vorzugsweise bei stationären Beanspruchungsverhältnissen mit zufallsverteilter Klassenhäufigkeit stellt sich eine Summenhäufigkeit mit $r \approx 2$ ein (sie entspricht formal etwa dem Gaußschen Wahrscheinlichkeitsintegral W (7.1–3), das sich auch durch eine Exponentialfunk-

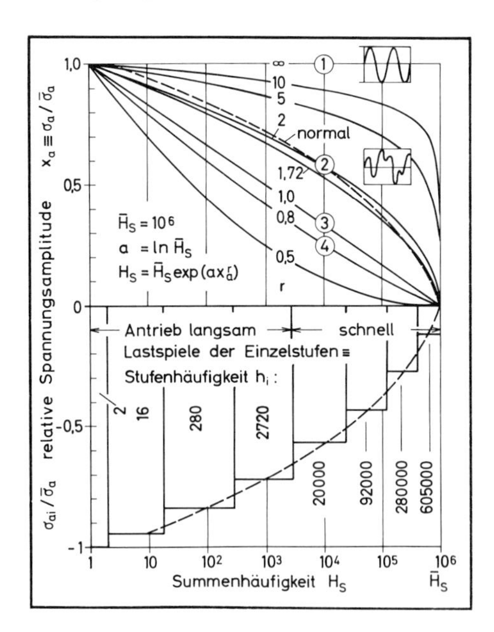

Bild 7.2/8 Typische Formen von Lastkollektiven (Summenhäufigkeit der Amplituden). Aufteilung eines Normalkollektivs für achtstufigen Programmversuch; nach [7.4]

tion (7.1 − 17) annähern läßt). Die *Geradlinienverteilung* $r = 1$ ist typisch etwa für Beanspruchungen aus Straßenunebenheiten oder Seegang; die als *logarithmische Normalverteilung* deutbare Kollektivform $r \approx 0{,}8$ für Böenbelastung.

Häufigkeitsverteilungen mit $r \leqq 1$ können, soweit sie aus kontinuierlichen stochastischen Schwingungen stammen, auch als Überlagerung verschiedener *Normalverteilungen* (mit $r = 2$, aber unterschiedlichen Beiwerten a) verstanden werden.

7.2.2.3 Ergebnisse mehrstufiger Programmversuche

Um Betriebsfestigkeitsdiagramme für typische Kollektivformen zu gewinnen, führt man Programmversuche durch, bei denen man das mehr oder weniger stetige Amplitudenkollektiv durch eine Treppenkurve ersetzt und die einzelnen Laststufen ohne Rücksicht auf den realen Betriebsablauf blockweise nacheinander fährt. Die Stufenanzahl sollte im Interesse der Genauigkeit möglichst hoch sein, aus versuchstechnischen Gründen (um den Einfluß verfälschender Einschwingvorgänge beim Blockwechsel niedrig zu halten) dagegen möglichst klein. Bewährt hat sich eine achtstufige Treppung, wie sie in Bild 7.2/8 unten für ein *Normalkollektiv* ($r \approx 2$) skizziert ist. Dabei wird die Summenhäufigkeit wieder in Klassen- oder Stufenhäufigkeiten differenziert.

Da bei Normalverteilungen kleine Amplituden wesentlich häufiger auftreten als große, fährt man diese im Versuch mit niedriger Frequenz, jene mit schnellem Antrieb. Eine *Teilfolge* (Programmperiode) umfaßt jeweils acht aufsteigende und ebensoviele absteigende Laststufen. Die Lastspielzahl der Teilfolge ist so zu wählen, daß bis zum Versagen mehrere Perioden durchlaufen werden (sie beträgt in der Regel nur einen Bruchteil des Bezugswertes $\bar{H}_S = 10^6$ in Bild 7.2/8)

Ergebnisse solcher Programmversuche sind in Bild 7.2/9 aufgetragen: oben für Wechselbelastungen um $\bar{\sigma}_m = 0$ ($\bar{R} = -1$), unten für Schwellen um $\bar{\sigma}_m = \bar{\sigma}_a (R = 0)$.

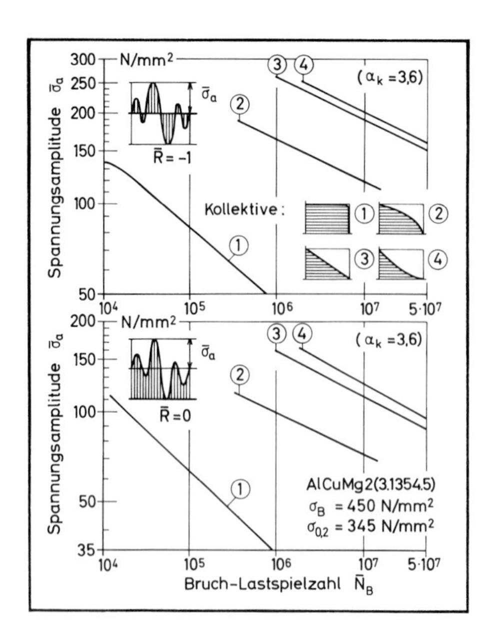

Bild 7.2/9 Ergebnisse mehrstufiger Programmversuche zu verschiedenen Lastkollektivformen (Höchstamplituden über ertragener Gesamtamplitudenzahl); nach [7.4]

Die Bruch-Lastspielzahl $\bar{N}$ umfaßt die Gesamtmenge aller Spannungmaxima, die im Fall (1) ($r = \infty$, konstante Amplitude) mit $\bar{\sigma}_a$ übereinstimmen, und im Fall (4) ($r \approx 0{,}8$) im Mittel am weitesten unter der Höchstamplitude $\bar{\sigma}_a$ liegen. Je kleiner der Exponent r des Kollektivs ist, desto höhere Bruchlastspiele $\bar{N}$ sind darum im Vergleich zur Wöhlerlinie (1) des Einstufenversuchs zu erwarten.

Man kann die Ergebnisse tendenziell auch über eine im zeitlichen Mittel *wirksame Spannungsamplitude* $\bar{\sigma}_{aw} < \bar{\sigma}_a$ interpretieren und die Linien $r < \infty$ damit auf die Wöhlerlinie (1) zurückführen. Vergleicht man die Schwingungsfestigkeiten typischer Lastkollektive (mit $0{,}8 < r < \infty$) im Bereich um $\bar{N} = 10^6$, so erscheint eine Abschätzung möglich über den Reduktionsfaktor

$$\eta_r \equiv \bar{\sigma}_{aw}/\bar{\sigma}_a(r) \equiv \bar{\sigma}_a(r = \infty)/\bar{\sigma}_a(r < \infty) \approx r/(r+4). \tag{7.2-8}$$

Diese Formel gilt nur, solange die Höchstspannung $\bar{\sigma}_a$ die Elastizitätsgrenze nicht überschreitet. Sie beansprucht überdies keine Allgemeingültigkeit und beruft sich nicht, wie die im folgenden erläuterte Hypothese, auf Vorstellungen zur Schadensakkumulation. Ebenfalls rein formalen Charakter hätte die Abschätzung einer wirksamen Amplitude $\sigma_{aw} \approx \sigma_s$ nach (7.2−6), obwohl diese Varianz den Einfluß der Kollektivform auf die Schwingfestigkeit im mittleren Lastspielbereich recht gut annähert. Eine derartige Umrechnung setzt etwa parallelen Verlauf der Wöhlergeraden voraus.

7.2.2.4 Hypothese der linearen Schadensakkumulation

Die auf A. Palmgreen [7.9] und M. A. Miner [7.10] zurückgehende und nach diesen Autoren benannte Hypothese unterstellt, daß jede Spannungsstufe σ_{ai} eine Teilschädigung D_i verursacht, die zum Gesamtschaden aufsummiert werden kann. Dazu wird angenommen, daß die Schädigung (was immer darunter zu verstehen ist) im

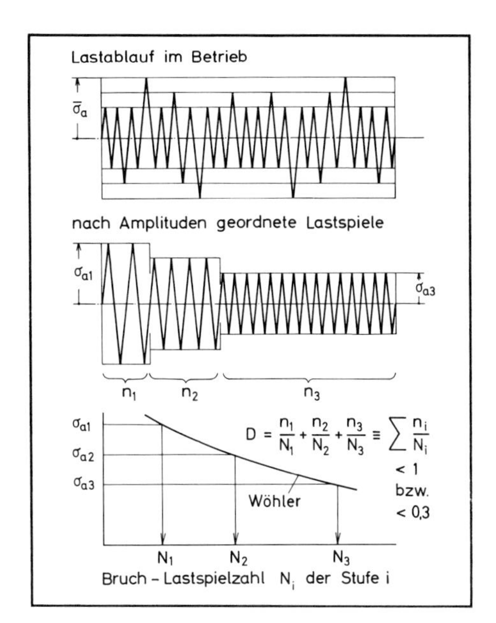

Bild 7.2/10 Hypothese der linearen Schadensakkumulation nach Palmgreen [7.9] und Miner [7.10], zur Abschätzung der Betriebslebensdauer aus Einstufenversuch

Einstufenversuch linear mit der Lastspielzahl n zunimmt, bis zum Wert $D=1$ ($=100$ %) bei Erreichen der Bruchlastspielzahl N.

Bild 7.2/10 zeigt die Ordnung der Betriebslast nach Amplitudenklassen σ_{ai} mit Häufigkeiten n_i. Im Einstufenversuch würden die Amplituden σ_{ai} bei Lastspielzahlen N_i zum Bruch führen. Der Teilschaden $D_i \equiv n_i/N_i$ wird als Verhältnis der auftretenden zur kritischen Lastspielzahl definiert und hypothetisch aufsummiert:

$$D=\sum D_i=\sum(n_i/N_i). \qquad (7.2-9)$$

Bruch oder Anriß wäre danach für $D \leqq 1$ zu erwarten, zur Sicherheit kann eine Auslegung mit $D<0{,}3$ gefordert sein.

Die *Palmgreen-Miner-Regel* wird, obwohl nicht unangefochten, heute noch zur Vordimensionierung schwingbeanspruchter Bauteile am häufigsten eingesetzt. Sie hat sich auch bei der Interpretation der Betriebsfestigket typischer Kollektivformen bestätigt.

Als entscheidender Einwand gegen die Hypothese einer linearen Schadensakkumulation läßt sich vorbringen, daß die zeitliche Reihenfolge der großen und kleinen Amplituden außer acht bleibt; doch gilt dasselbe im Prinzip auch für den Programmversuch. Erhebliche Bedeutung dürfte dieser Einwand haben, wenn der typische Betriebslastablauf sich bis zum Bruch nicht mehrmals wiederholt, sondern nur vereinzelt hohe Spitzen aufweist; solche wirken sich am Anfang anders aus als am Ende des Schädigungsprozesses. Auch wenn, beispielsweise an Tragflügeln, verschiedene Teilkollektive aus Flugmanövern, Böen und Rollen (am Boden) resultieren, deren Grundspannung σ_m veränderlich ist, muß man die Reihenfolge der Belastungen berücksichtigen.

Problematisch ist ferner, daß die Wirkung kleiner Amplituden unterhalb der Dauerfestigkeit (also mit $N_i \to \infty$) in der Hypothese nach Palmgreen-Miner unterschlagen wird. Eigentlich müßte man bei fortschreitender Schädigung mit abnehmender Zeit- und Dauerfestigkeit rechnen. Verschiedene bruchmechanisch begründete Ansätze versuchen die Akkumulationshypothese in dieser Hinsicht zu verbessern (siehe [7.4]).

Damit sind die Grenzen einfacher Lebensdauerprognosen oder standardisierter Betriebsfestigkeitsversuche aufgezeigt. Da eine Schädigung im geplanten Lebenszeitraum weder durch kerbarme Gestaltung noch durch hypothetische oder versuchstechnische Absicherung ausgeschlossen werden kann, muß man dafür sorgen, daß ein lokaler Schaden kein katastrophales Versagen des Tragwerks auslöst. Auf diese Konstruktionsphilosophie wird im folgenden eingegangen.

7.3 Schadenstolerante und ausfallsichere Konstruktionen

Das statische und dynamische Tragverhalten der Struktur unterliegt gewissen natürlichen Streuungen, die zum einen aus Zufallsverteilungen der Festigkeit, zum anderen aus solchen der Lastannahmen resultieren (Abschn. 7.1). Man kann sich bemühen, diese Streuungen durch strenge Materialkontrolle, präzise Fertigung und genauere Lastvorgaben zu mindern und die Versagenswahrscheinlichkeit durch höheren Sicherheitsabstand auf ein vertretbar erscheinendes Maß zu reduzieren; in keinem Fall aber ist eine 100 %ige Zuverlässigkeit erreichbar. Bedenkt man weiter, daß zu *natürlichen Streuungen* auch *unnatürliche* Einflüsse in Gestalt willkürlicher oder unwillkürlicher Verletzungen treten können, und daß bei großem Folgeschaden an Menschenleben selbst eine geringste Versagenswahrscheinlichkeit zum unermeßlichen Risiko wird, so muß man von einer *sicheren Konstruktion* in erster Linie fordern, daß ein Teilschaden sich nicht zur Katastrophe auswächst.

Bei Tragwerken bedeutet es: die Tragfähigkeit darf bei partieller Schädigung nicht verloren gehen, der Schädigungsprozeß muß auszuhalten oder wenigstens kontrollierbar sein. Dieser ist konkret als *Rißfortschritt* über der Zeit oder der Lastspielzahl vorzustellen, zu analysieren und in seinen Auswirkungen schrittweise zu verfolgen. Eine solche Analyse versteht das Problem der Rißausbreitung als das einer ständig veränderlichen, statisch unbestimmten Struktur; sie geht damit über die Frage nach der Formzahl des unversehrten Bauteils (Abschn. 7.2.1.2) hinaus, wie auch über die vage Annahme einer *Schadensakkumulation* (Abschn. 7.2.2.4), die hier konkret als Rißfortschritt aufgefaßt wird.

Freilich soll nichts unterbleiben, was geeignet erscheint, Primärschäden (Anrisse) im geplanten Lebenszeitraum zu vermeiden; eine *schwingbruchsichere* Konstruktion (safe-life design) läßt sich aber, wenn überhaupt, nur durch Überdimensionierung mit hohem Sicherheitsfaktor realisieren. Auch aus diesem Grund zieht man im Leichtbau den *ausfallsicheren* Entwurf (fail-safe design) vor, der nicht unbedingt den Anriß, jedenfalls aber seine katastrophale Auswirkung zu vermeiden trachtet.

Während die Frage der primären Schädigung mehr den Werkstoff und die lokale kerbarme Bauteilgestaltung angeht, betrifft die *Schadenstoleranz* und die *Ausfallsicherheit* das Verhalten und letztlich das Versagen des Gesamttragwerks; es handelt sich somit um eine Aufgabe des Strukturentwurfs. Dieser sieht konstruktive Maßnahmen vor, um die Ausbreitung von Rissen zu behindern oder zu stoppen und eine ausreichende Resttragfähigkeit der geschädigten Struktur zu sichern. Der Rißfortschritt muß nicht nur kalkulierbar sondern auch kontrollierbar sein, damit das Gerät rechtzeitig aus dem Verkehr gezogen wird. Zum Konzept der schadenstoleranten oder ausfallsicheren Konstruktion gehört also auch die Anweisung regelmäßiger Inspektionen und die Möglichkeit eines Austauschs geschädigter Bauteile. Die Konstruktion soll dazu an besonders gefährdeten Stellen, etwa an Kräfteeinleitungen und Fügungen, optisch zugänglich sein und durch fertigungs- und montagetechnische Unterteilungen gestatten, einzelne Elemente zu ersetzen oder zu reparieren.

Im folgenden werden die drei wesentlichen Fragen der Konstruktionssicherheit aufgeworfen und an Beispielen beantwortet: erstens, im Hinblick auf Inspektionsintervalle oder Schadenstoleranz, die Frage nach der Geschwindigkeit des Rißfortschritts; zweitens die Frage nach der Möglichkeit und Wirksamkeit seiner Behinderung; schließlich drittens die nach der Resttragfähigkeit einer unterteilten, durch Ausfall eines Elementes geschwächten Struktur und nach dem zur Abdeckung eines solchen Ausfalls notwendigen Sicherheitsfaktor.

7.3.1 Spannungsintensität und Rißfortschritt

Während früher hauptsächlich die *Ausfallsicherheit* der unterteilten Konstruktion gefordert wurde, ermöglicht heute ein besseres Verständnis der Bruchmechanik die Bewertung primär vorhandener oder entstandener Risse, und damit auch die *schadenstolerante* Auslegung (damage-tolerant design) einer nicht unterteilten oder einer integrierten Struktur.

Die grundlegenden bruchmechanischen Aussagen beziehen sich auf ein homogenes flächiges Bauteil (Blech oder Flachstab) und führen den Rißfortschritt auf drei Faktoren zurück: die Bruchzähigkeit des Werkstoffs, die Rißlänge und das Lastniveau, oder auf das Verhältnis der Bruchzähigkeit zur *Spannungsintensität* als Funktion von Rißlänge und Nennspannung. Die Fortschrittgeschwindigkeit wird als Änderung der Rißlänge über der Lastspielzahl definiert; sie hängt von der Spannungsintensität und von den Eigenschaften des Werkstoffs ab, von seiner Legierung, seiner Wärmebehandlung und seiner Anisotropie (Faser- oder Walzrichtung).

Kennt man für einen Werkstoff den Zusammenhang zwischen Rißfortschritt und Spannungsintensität (als Funktion der Rißlänge), so kann man durch Integrieren das Rißwachstum unter konstanter wie auch unter veränderlicher Schwingung, also unter Betriebsbelastung, verfolgen. Unstetigkeiten im Rißverlauf treten auf, wenn das Kerbspannungsniveau durch nachträgliches Aufbringen eines Pflasters reduziert oder durch einzelne Betriebslastspitzen plastisch abgebaut wird; der Riß wird dadurch gebremst oder für eine gewisse Zeit aufgehalten.

Auch die in Abschn. 7.3.2 erörterten Maßnahmen zur Rißbehinderung zielen auf eine Abminderung der Kerbspannungsintensität, d.h. des örtlichen Nennspannungsniveaus oder der *wirksamen Rißlänge*, und gehen damit auf grundlegende Aussagen der Bruchmechanik zurück.

7.3.1.1 Rißausbreitung unter zunehmender Last, Restfestigkeit

Die Bruchmechanik betrachtet das Wachstum des Risses, wenn dieser aus dem ersten, nur metallphysikalisch deutbaren Stadium in den makroskopischen Bereich übergetreten ist. Der Riß bildet sich zunächst in Kristallebenen senkrecht zur größten

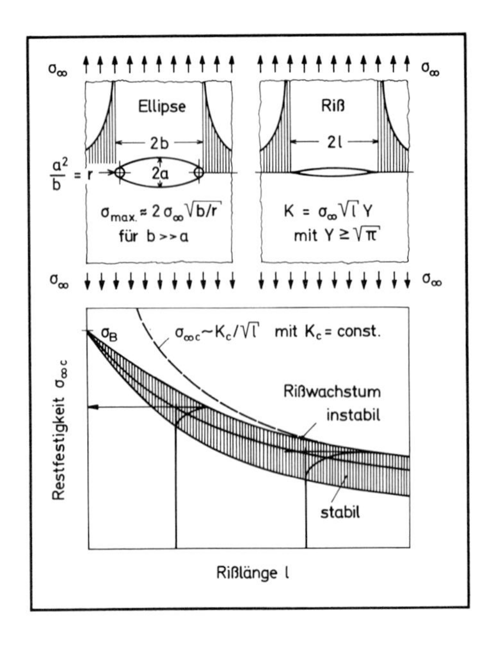

Bild 7.3/1 Rißwachstum unter zunehmender Last, Restfestigkeit abhängig von Anfangsrißlänge, erklärt mit Spannungsintensitätsfaktor $K \leqq K_c$ (Bruchzähigkeit)

Schubspannung, danach breitet er sich senkrecht zur größten Hauptzugspannung aus.

Wirksam ist dabei der Kerbfaktor, der zum einen von der Rißlänge, zum andern vom Kerbgrundradius abhängt. Der *Radius* ist nun allerdings wieder keine makroskopisch definierbare, sondern eine durch das Metallgefüge bestimmte Größe; darum kann anstelle einer dimensionslosen Formzahl und einer Kerbspannungsspitze auch nur ein *Spannungsintensitätsfaktor*

$$K \equiv \sigma_\infty \sqrt{\pi l}\, Y \qquad (7.3-1)$$

formuliert und als werkstoffspezifischer Wert (Bruchzähigkeit K_c) für den Rißfortschritt verantwortlich gemacht werden. Darin ist σ_∞ die Nennspannung im ungestörten Bereich, Y ein Faktor der Bauteilgeometrie ($Y=1$ bei der unendlich, $Y>1$ bei der endlich breiten Scheibe) und l die Rißlänge. Letztere geht wie bei einer quergestreckten Ellipse, siehe Bild 7.3/1 oben, über ihren Wurzelwert $l^{1/2}$ in die Spannungsintensität bzw. die Kerbspannungsspitze ein.

Das Diagramm in Bild 7.3/1 beschreibt schematisch das Tragvermögen einer angerissenen Probe und das Rißwachstum bei steigender Belastung: Die unversehrte Probe ($l=0$) erreicht die statische Zugfestigkeit σ_B. Ist die Probe bereits durch einen Riß ($l>0$) vorgeschädigt, so kann man sie ohne weitere Schädigung nur bis zu einer gewissen unteren Grenze belasten; wird diese überschritten, so wächst der Riß zunächst langsam, dann immer schneller an und läuft bei einer oberen Spannungsgrenze instabil gegen Unendlich, d.h. zum Bruch. Die zwischen oberer und unterer Grenze stark ausgezogene Kurve repräsentiert danach die bei einer anfänglichen Rißlänge noch zu erwartende *Restfestigkeit.*

Die bruchmechanische Theorie behauptet, daß der Spannungsintensitätsfaktor K (7.3−1) nicht ohne Gefahr die *Bruchzähigkeit* K_c des Werkstoffs überschreiten kann. Bild 7.3/1 zeigt (für ein willkürliches K_c) gestrichelt die danach zulässige

Spannung σ_∞ über der Rißlänge und bestätigt die tendenzielle Übereinstimmung mit dem empirischen Kurvenverlauf im elastischen Spannungsbereich.

7.3.1.2 Rißfortschritt unter konstant schwingender Last

Bevor der Riß die für den (statischen) Restbruch kritische Länge erreicht, schreitet er unter schwingender Belastung mehr oder wenig stetig fort. Wie für die Restfestigkeit wird die Spannungsintensität auch für die Fortschrittgeschwindigkeit verantwortlich gemacht; ihr Faktor

$$\Delta K \equiv \Delta\sigma_\infty \sqrt{\pi l}\, Y \qquad (7.3-2)$$

bezieht sich dann auf den Spannungsausschlag $\Delta\sigma \equiv \sigma_o - \sigma_u = 2\sigma_a$.

Die Fortschrittgeschwindigkeit dl/dN ist als Zunahme der Rißlänge über der Lastspielzahl definiert, siehe Bild 7.3/2 oben. In dem schematischen Diagramm ist eine Wöhlerlinie (über N im proportionalen Maßstab) für die Bruchgrenze eingetragen; sie sagt aus, bei welcher Lastspielzahl der Rißfortschritt instabil wird ($dl/dN \to \infty$). Im übrigen deutet die Auftragung der Rißlänge $l(N)$ an, daß unter hoher Last die Stabilitätsgrenze früher und bereits bei kürzerem Riß überschritten wird, wogegen eine niedrige Belastung nicht nur eine höhere Lastspielzahl, sondern auch eine größere Rißlänge toleriert. Das untere Diagramm in Bild 7.3/2 vergleicht verschiedene Aluminiumwerkstoffe hinsichtlich ihres Rißfortschritts $l(N)$; dabei erweist sich die Kupferlegierung (2024T3) gegenüber der Zinklegierung (7075T6) als wesentlich gutartiger: ihre Lebensdauer ist fünfmal höher.

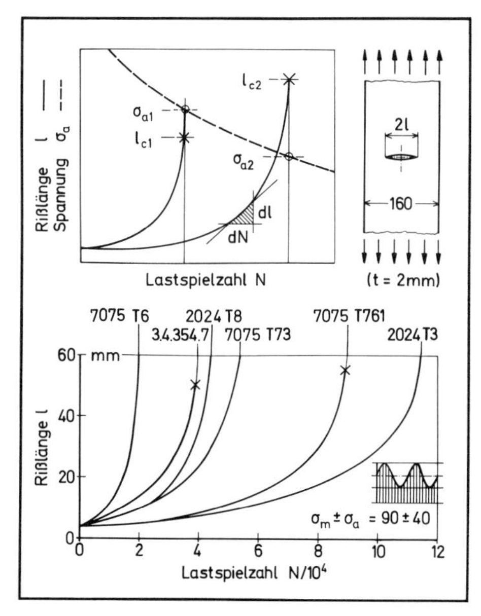

Bild 7.3/2 Rißfortschritt unter schwingender Last. Einfluß der Spannungsamplitude auf die Restbruchlänge, Vergleich verschiedener Aluminiumlegierungen; nach [7.4]

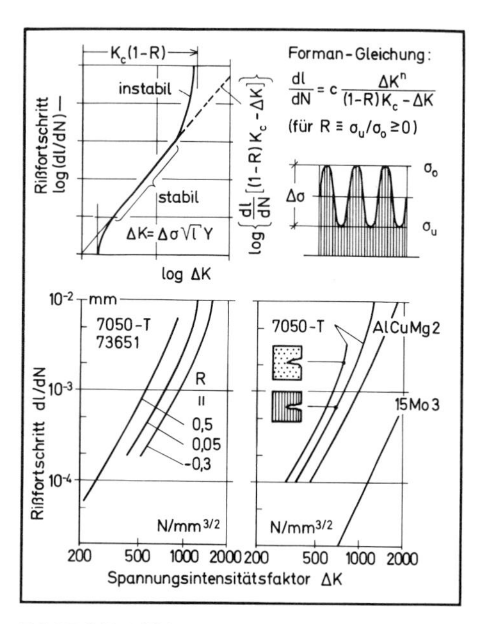

Bild 7.3/3 Rißfortschrittgeschwindigkeit bei konstanter Schwingamplitude, abhängig von Spannungsintensitätsfaktor, Schwingungsverhältnis und Material; nach [7.4]

Die höhere Lebensdauer geht auf die geringere Fortschrittgeschwindigkeit $\mathrm{d}l/\mathrm{d}N$ zurück, die zum einen vom Werkstoff, zum andern vom Faktor ΔK (7.3–2) der Spannungsintensität abhängt. Bild 7.3/3 beschreibt diese Funktion im doppeltlogarithmischen Maßstab; danach lassen sich drei Bereiche unterscheiden: bei kleinem Faktor ΔK ist kein Rißfortschritt zu befürchten ($\mathrm{d}l/\mathrm{d}N \approx 0$), im mittleren Lastbereich wächst seine Geschwindigkeit mit ΔK^{n} (hier dargestellt als Gerade mit Anstieg n) *stabil* an, bei großem $\Delta K \rightarrow K_{\mathrm{c}}(1-R)$ läuft sie *instabil* gegen Unendlich.

Das Verhalten im stabilen und im instabilen Bereich wird in geschlossener Form angenähert durch die *Forman-Gleichung*

$$\mathrm{d}l/\mathrm{d}N = C\Delta K^{\mathrm{n}}/[(1-R)K_{\mathrm{c}} - \Delta K], \quad \text{für} \quad R > 0. \tag{7.3–3}$$

Darin ist K_{c} die Bruchzähigkeit des Werkstoffs, $R \equiv \sigma_{\mathrm{u}}/\sigma_{\mathrm{o}}$ das Spannungsverhältnis der Schwingung, und C ein Beiwert, der den Einfluß des Spannungsverhältnisses und des Werkstoffs im Bereich des stabilen Fortschritts erfaßt (siehe hierzu die beiden unteren Diagramme in Bild 7.3/3). Der Nennerausdruck beschleunigt den Rißfortschritt im letzten Stadium vor dem Restbruch, d.h. für $\sigma_{\mathrm{o}}\sqrt{\pi l}\,Y \equiv K_{\mathrm{o}} \rightarrow K_{\mathrm{c}}$.

7.3.1.3 Rißfortschritt bei veränderlich schwingender Last

Wechseln im Betrieb oder im Mehrstufenversuch große und kleine Amplituden in großen Abständen, so nimmt der Rißfortschritt einen unstetigen Verlauf, siehe Bild 7.3/4. Ist die Lastfolge dagegen gut durchmischt, oder treten über die Lebenszeit viele Lastperioden (Teilfolgen) auf, so kann man hypothetisch eine mittlere Rißgeschwindigkeit abschätzen, indem man die Teilschäden (hier konkret verstanden als Rißlängenzuwachs $\mathrm{d}l_{\mathrm{i}}$ der einzelnen Laststufen σ_{ai}) akkumuliert; mit (7.3–2) und (7.3–3) erhält man dann im stabilen Bereich die gemittelte Geschwindigkeit

$$\mathrm{d}\bar{l}/\mathrm{d}\bar{N} = C\Delta\bar{K}^{\mathrm{n}} = C(2Y\sqrt{\pi l})^{\mathrm{n}}\bar{\sigma}_{\mathrm{aw}}^{\mathrm{n}}, \tag{7.3–4}$$

mit der *wirksamen Amplitude* $\bar{\sigma}_{\mathrm{aw}}$ bzw. ihrer n-ten Potenz

$$\bar{\sigma}_{\mathrm{aw}}^{\mathrm{n}} = \left(\sum_i \sigma_{\mathrm{ai}}^{\mathrm{n}} H_{\mathrm{i}}\right) \bigg/ \left(\sum_i H_{\mathrm{i}} - 1\right). \tag{7.3–5}$$

Diese entspricht für $n=2$ der Varianz (7.2–6) der Häufigkeitsverteilung $H_{\mathrm{i}}(\sigma_{\mathrm{ai}})$; nach Versuchen ist aber $n \approx 3$. (Die Hypothese bedarf hinsichtlich ihres Aussagewertes und ihren Grenzen noch empirischer Prüfung).

Treten im Betrieb einzelne hohe Lastspitzen mit plastischer Verformung des Kerbgrundes auf, so kann dies die Rißausbreitung vorübergehend stoppen. Ursache ist der Aufbau eines Eigenspannungszustandes, der die Mittelspannung im Kerbbereich momentan reduziert (Abschn. 7.2.1.3); die Wirkung verliert sich beim Weiterlaufen des Risses. Beispiele sind in Bild 7.3/4 unten wiedergegeben.

Bild 7.3/5 zeigt die nachhaltige Stoppwirkung, die durch ein aufgeklebtes Pflaster erzielt wird: dieses senkt nicht nur die Nennspannung σ_{∞}, es behindert überdies ein Aufklaffen des Risses, reduziert damit die im Spannungsintensitätsfaktor wirksame Rißlänge l_{w} und hält sie auch bei fortschreitendem Riß konstant. Dazu muß das Pflaster breit genug sein und die Verbindung intakt bleiben; ein Schubbruch des Klebers (bei zu dicken Fügeteilen oder zu kurzer Überlappung) beschleunigt den Rißfortschritt und löst womöglich spontan ein Gesamtversagen aus.

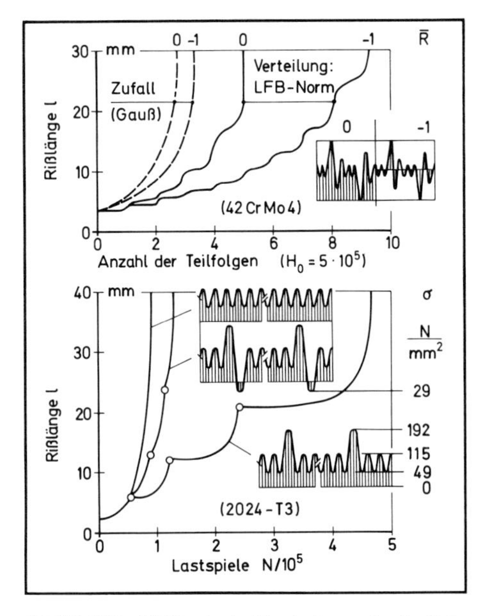

Bild 7.3/4 Rißfortschritt bei veränderlich schwingender Last. Unstetigkeit bei mehrstufigem Programmversuch; Rißstoppwirkung plastifizierter Lastspitzen; nach [7.4]

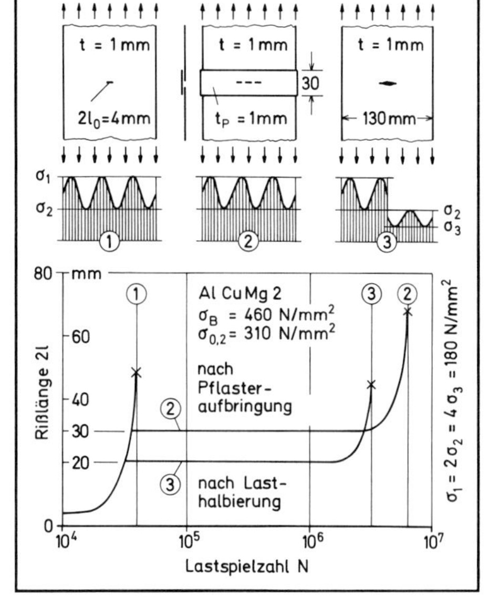

Bild 7.3/5 Rißstopp durch Klebepflaster, infolge Entlastung und Reduzieren der Spannungsintensität bzw. der effektiven Rißlänge (siehe Bild 6.4/14); nach [7.11]

Beim Spannungs- und Festigkeitsverhalten der Scheibe mit Pflaster handelt es sich bereits um das komplexe Problem der Schadenstoleranz einer kombinierten, in mehrfacher Hinsicht statisch unbestimmten Struktur, wie unten an Beispielen rißstoppender Maßnahmen ausführlicher dargestellt.

7.3.2 Behinderte Rißausbreitung, Maßnahmen und Wirkungen

Oben wurde angenommen, der Spannungszustand im Rißbereich sei unbestimmt, die Nennspannung σ_∞ der Scheibe aber vorgegeben. Praktisch erfährt das Blechfeld jedoch als Teilelement der untergliederten, durch Stringer und Rippen ausgesteiften Struktur eine statisch unbestimmte Belastung. Da mit der Rißausbreitung die Steifigkeit und damit auch die Nennspannung des Elementes abfällt, wird der Rißfortschritt verzögert und unter günstigen Umständen sogar für eine gewisse Zeit aufgehalten.

Ein Flächentragwerk in genieteter *Differentialbauweise* verhält sich darum trotz primärer rißauslösender Kerben (Nietlöcher) hinsichtlich der Schadensausbreitung gutartiger als in *Integralbauweise.* Noch günstiger erscheint die geklebte Konstruktion, da sie die Kerbwirkung des Nietloches vermeidet; andererseits erhöht sich aber die Gefahr, daß der Riß vom Blech auf das Versteifungselement übergreift. In der Spannungsanalyse der angerissenen Struktur sind darum nicht allein die Steifigkeiten von Blech und Stringern, sondern auch die Schubsteifigkeiten und die Abstände der Verbindungselemente zu berücksichtigen.

Die Schadenstoleranz der Struktur ist also bereits durch deren Bauweise und Unterteilungskonzept im ganzen vorgegeben; sie kann aber auch durch gezielte Einzelmaßnahmen an besonders gefährdeten Stellen verbessert werden. Im folgenden sei der Einfluß parallel wirkender Strukturelemente auf die Rißausbreitung zunächst allgemein, dann speziell für das Blech mit Längssteifen unter statischer oder schwingender Last beschrieben.

7.3.2.1 Rißverzögerung durch Parallelelemente

Bild 7.3/6 zeigt schematisch verschieden gestaltete und unterschiedlich eng oder steif verkoppelte Flächenpaarungen. Im ersten Beispiel sind zwei Bleche nur an ihren Enden linienhaft verbunden; reißt eines der Bleche ein, so verliert es an Längssteifigkeit und gibt mit wachsender Rißlänge immer mehr Kraft an den Partner ab. Im zweiten und dritten Beispiel sind die Bleche durch einen Sandwichkern bzw. durch Klebung verbunden; die angerissene Haut wird dabei nicht auf dem Umweg über die Einspannung entlastet, sondern unmittelbar am Riß. Dies behindert das Aufklaffen und Fortschreiten des Risses in stärkerem Maße; es kann sich aber, vor allem bei der schubsteiferen Klebung, auch ungünstig auswirken: zum einen kann die Verbindung versagen, zum anderen konzentrieren sich die Spannungen auch im zweiten Blech, so daß der Riß auf dieses übergreift. Im allgemeinen darf man aber bei Sandwichbauweise oder bei mehrschichtig geklebten oder laminierten Flächen eine höhere Schadenstoleranz erwarten als bei einfachem Blech.

Ist der Ort und die Richtung eines möglichen Anrisses (etwa an einer Bohrung) vorauszusehen, so empfiehlt sich das Aufkleben eines Streifens quer zur Hauptzugrichtung. An genieteten Querstößen werden oft solche *Doppler* angebracht, die vor allem das Spannungsniveau im geschwächten Bereich senken sollen.

In Zugrichtung aufgesetzte Stringer oder Steifen (Bild 7.3/6 unten links) reduzieren dagegen nicht das Kerbspannungsniveau einer Längsnaht-Lochreihe oder einer genieteten Haut-Stringer-Verbindung; sie verzögern aber einen auf die Steife zulaufenden Blechriß und können diesen bei entsprechend niedrig gehaltener Belastung sogar zum Stillstand bringen. Andererseits kann ein angerissener Stringer den Rißfortschritt beschleunigen. Blech und Steife beeinflussen sich bei kontinuierlicher Verklebung stärker als bei Nietung, vor allem bei großem Nietabstand.

Bei Faserlaminaten (Bild 7.3/6 unten rechts) wirken Schichten verschiedener Orientierung und Steifigkeit zusammen. Durch die unterschiedlichen Versagensmöglichkeiten einerseits der Fasern, andererseits des Harzes ist der Vorgang der Rißentstehung und der Rißausbreitung außerordentlich komplex. So können etwa die Fasern der Längsschicht die Harzrisse der Querschicht aufhalten; oder es kann der Faserbruch einer Längsschicht ($0°$) nicht auf eine gleichartige übergreifen, wenn beide durch eine nachgiebigere Zwischenlage (unter $\pm 45°$) getrennt sind. Im allgemeinen verhalten sich Faserlaminate, ähnlich wie Sperrholz, sehr schadenstolerant und werden nicht nur wegen ihrer gewichtsspezifisch hohen Festigkeit oder Steifigkeit bevorzugt.

Bild 7.3/7 gibt ein Konstruktionsdetail der AIRBUS-Rumpfschale wieder. Deren Längsnaht ist hauptsächlich durch die Umfangskräfte aus Innendruck gefährdet und zur Senkung des Spannungsniveaus in der dreireihigen Nietverbindung durch aufgeklebte *Doppler* verstärkt. Als besonderer Rißstopper wirkt ein unter den Spanten parallel zur Hauptlastrichtung aufgenietetes Titanblech.

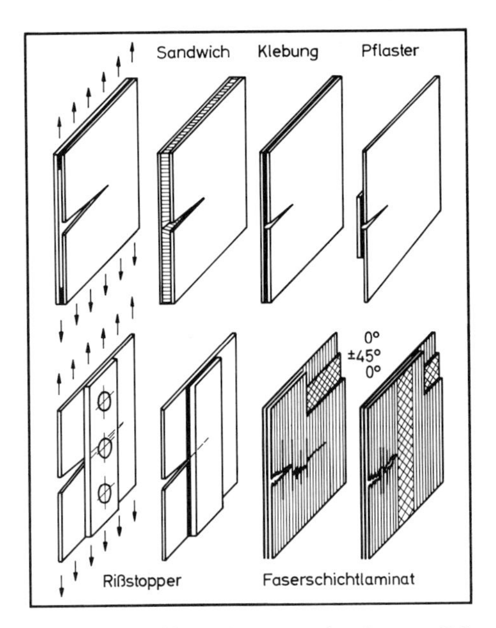

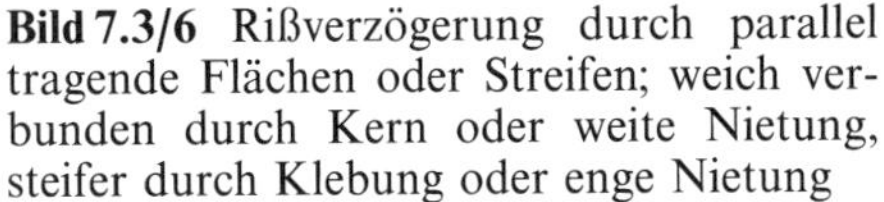

Bild 7.3/6 Rißverzögerung durch parallel tragende Flächen oder Streifen; weich verbunden durch Kern oder weite Nietung, steifer durch Klebung oder enge Nietung

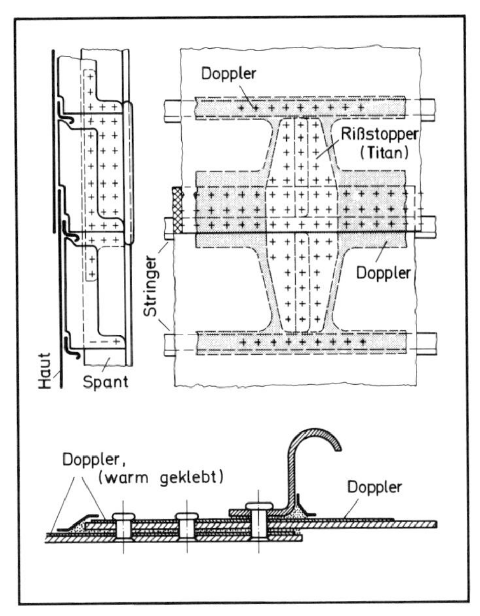

Bild 7.3/7 Rißstopper aus Titanblech, genietet auf Haut mit geklebtem Doppler, unter Ringspant und Stringer, über Längsnaht der Rumpfschale; nach [7.12]

7.3.2.2 Spannungsintensität des angerissenen Bleches mit Längssteifen (Stringern)

Rißfortschritt und Restfestigkeit des versteiften Blechs hängen wie die des unversteiften von der Spannungsintensität im Kerbgrund ab. Diese ist eine statisch unbestimmte Funktion einerseits der Geometrie der Struktur und des Rißverlaufs, andererseits der Steifigkeiten der Bauteile und deren Verbindungen. Für ein Blech mit aufgenieteten Längsstringern ist das Ergebnis einer Spannungsanalyse nach [7.13] in Bild 7.3/8 wiedergegeben. Zur einfacheren Rechnung sind flache Steifen anstelle profilierter Stringer angenommen.

Eine Auftragung der absoluten anstelle der relativen Spannungsintensität ergäbe einen im Stringerabstand periodisch schwankenden, aber im Mittel etwa konstanten Verlauf; wie man schließlich im Fall kontinuierlicher Rißabdeckung auch mit gleichbleibender Intensität oder konstanter *wirksamer Rißlänge* rechnen kann. Wie diese beim geklebten Plaster der *Klebergrenzlänge* (d.h. der Wurzel der Klebernachgiebigkeit) proportional ist (Bilder 6.4/14 und 6.4/15), so steigt sie bei aufgenieteten Stringern nach Bild 7.3/8 mit der Nachgiebigkeit der Verbindung, nämlich dem relativen Nietabstand d/a. Geklebte Stringer reduzieren die Spannungsintensität des Bleches tendenziell stärker als genietete.

Die Stringerbeanspruchung steigt mit dem Rißfortschritt an und erreicht im vorliegenden Beispiel ihr Maximum erst, wenn der Riß nach beiden Seiten bereits zwei weitere Stringer unterlaufen hat. Der Faktor der Spannungserhöhung, im Maximum gleich dem Verhältnis des Gesamtquerschnitts zum Stringerquerschnitt, ist für das Versagen des Stringers maßgebend, das neben dem Rißverhalten des Bleches bei der Beurteilung der Schadenstoleranz berücksichtigt werden muß.

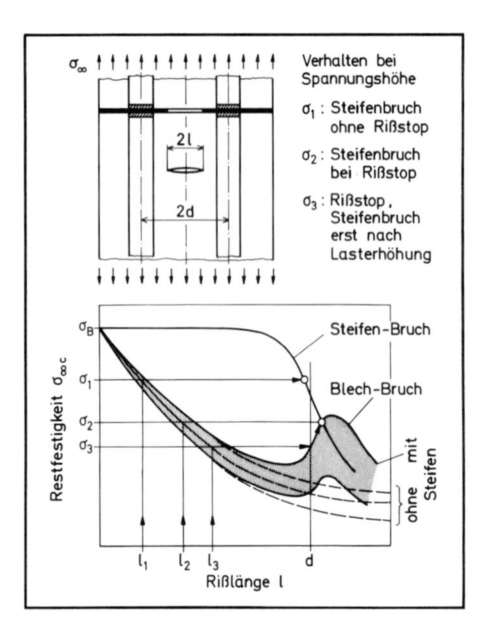

Bild 7.3/8 Reduzierung der Spannungsintensität oder der effektiven Rißlänge durch Längssteifen (Stringer). Einfluß der Nietabstände, bei unversehrten Steifen; nach [7.13]

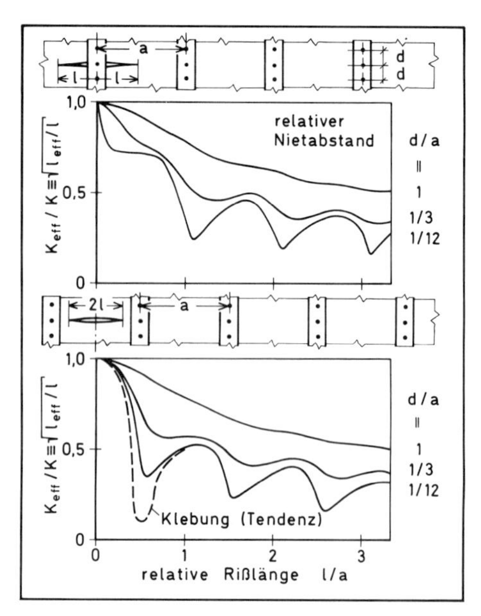

Bild 7.3/9 Rißausbreitung und Restfestigkeit der angerissenen Haut mit Längssteifen. Instabiler Rißfortschritt und -stopp, oder Steifenbruch, je nach Last und Rißlänge; [7.13]

7.3.2.3 Restfestigkeit des angerissenen Bleches mit Längssteifen (Stringern)

In Bild 7.3/1 wurde beschrieben, wie die für den Rißfortschritt kritische Spannung und die Restfestigkeit des unversteiften Bleches über der Rißlänge abnehmen. Dies gilt auch für das Blech mit Längsstringern, solange sich der Riß innerhalb des Feldes zwischen den Stringern ausbreitet. Erst wenn die Rißlänge $2l$ den Stringerabstand $2d$ erreicht, macht sich die Stützung in einer Abminderung der Blechspannungsintensität bemerkbar: die Restfestigkeit steigt wieder an und fällt erst nach Überschreiten eines relativen Maximums weiter ab, nachdem der Riß den Stringer um ein gewisses Maß unterlaufen hat; siehe Bild 7.3/9 (für flache Steifen). Die Entlastung des Bleches bedingt andererseits eine erhöhte Beanspruchung des Stringers, dessen Versagen die Restfestigkeit des Systems als zweite Restriktion begrenzt; diese fällt über der Rißlänge stetig ab (obere Kurve in Bild 7.3/8).

Das Ausbreitungsverhalten des Risses hängt nun wesentlich vom Spannungsniveau und von der Anfangsrißlänge ab. Bei kleiner Rißlänge l_1 ist die Restfestigkeit σ_1 des Bleches hoch; der Riß breitet sich aber instabil aus und durchbricht auch den Stringer. Bei niedriger Spannung σ_3 wächst der Riß l_3 zunächst gleichfalls instabil an, wird aber durch die Blechentlastung aufgehalten. Die höchste Restfestigkeit σ_2 bei stabilem Verhalten realisiert man im Schnittpunkt der beiden Restriktionen; das Haut + Stringer-System müßte demnach mit einem Sicherheitsfaktor $j = \sigma_B/\sigma_2$ ausgelegt werden.

Bild 7.3/10 beschreibt die Restfestigkeit des Systems für den Fall, daß der Anriß nicht zwischen zwei Stringern, sondern unter einem Stringer I (in einem Nietloch) beginnt und sich von dort symmetrisch nach beiden Seiten ausbreitet. Bleibt der

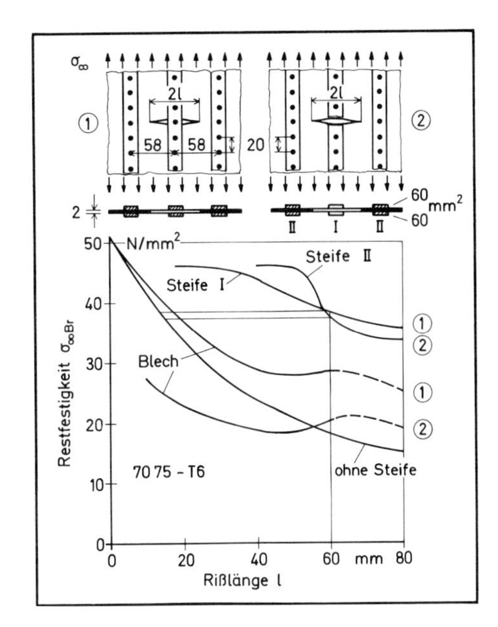

Bild 7.3/10 Restfestigkeit der angerissenen Haut mit Längssteifen, bei Rißbeginn unter einer Steife; besser bei unversehrter, schlechter bei gebrochener Steife; nach [7.13]

Stringer I unversehrt (Fall 1), so behindert er von anfang an das Aufklaffen des Risses und erhöht damit die Restfestigkeit schon bei kleiner Rißlänge. Ist dagegen primär der Stringer gerissen (Fall 2), so muß daß Blech seine Last übernehmen; die Spannungsintensität des Bleches wird nicht reduziert sondern erhöht, und seine Restfestigkeit ist, bei gleicher Rißlänge, darum zunächst geringer als die der unversteiften Scheibe. Erst wenn der Riß den unversehrten Nachbarstringer II anläuft, stellt sich auch hier wieder eine Stützung ein.

Der Nietabstand ist in diesem Beispiel (Bild 7.3/10) relativ groß, und die Stützwirkung der Steifen auf das Blech darum entsprechend gering; demzufolge ist das Restspannungsmaximum schwach ausgeprägt und mit ihm auch der Rißstoppeffekt, andererseits sind die Stringer weniger gefährdet. Beide Kriterien gehen in die Bewertung der Schadenstoleranz ein. Wenn man eine instabile Schadensausbreitung zulassen will, so darf man eine Nennspannung $\sigma_\infty \approx 330\,\mathrm{N/mm^2}$ ($j = 500/330 \approx 1{,}5$) aufbringen; soll der Riß aufgehalten werden, so muß $\sigma_\infty < 290\,\mathrm{N/mm^2}$ bleiben (Sicherheitsfaktor $j = 500/290 > 1{,}5$).

7.3.2.4 Blechrißfortschritt und Stringerbruch bei schwingender Last

Solange die Oberspannung einer Schwinglast nicht die Grenze der Blech-Restfestigkeit überschreitet, ist mit stabilem Rißfortschritt zu rechnen. Für das einfache Blech war die Fortschrittgeschwindigkeit $\mathrm{d}l/\mathrm{d}N$ in Bild 7.3/3 eine Funktion der Spannungsintensität ΔK. Damit kann man die rißverzögernde Wirkung eines Pflasters oder einer Steife auf die Abminderung der Spannungintensität oder der *wirksamen Rißlänge* zurückführen.

So wurde mit dem in Bild 7.3/8 (nach einer Spannungsanalyse) wiedergegebenen Verlauf der Spannungsintensität über der Rißlänge das Rißwachstum über der Lastspielzahl berechnet [7.13]. Die Auftragung in Bild 7.3/11 zeigt im Fall (1) eine

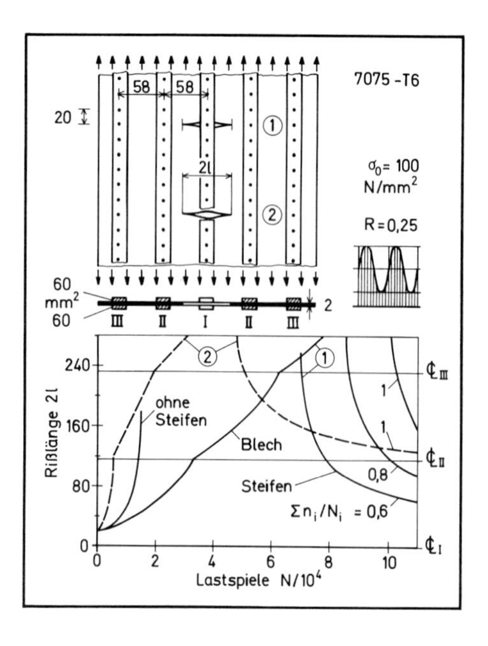

Bild 7.3/11 Haut mit Längssteifen. Rißausbreitung bei schwingender Beanspruchung (Schwellbereich), Verzögerung in Steifennähe; Versagen durch Steifenbruch; [7.13]

im Vergleich zum unversteiften Blech verzögerte Rißausbreitung. Startet der Riß aber, wie im Fall (2), unter einem bereits gebrochenen Stringer, so beschleunigt dies zunächst den Fortschritt; erst bei Anlaufen des Nachbarstringers tritt wieder eine Verzögerung ein.

Das Versagen der Stringer wurde, da ihre Spannung mit zunehmender Rißlänge anwächst, mit der Schadensakkumulationshypothese nach Palmgreen-Miner kalkuliert (Abschn. 7.2.2.4). Bei einer empirischen Schadensgrenze $\sum n_i/N_i \leqq 0{,}6$ wäre (im Fall 1) etwa nach $N = 7 \cdot 10^4$ Lastspielen ein Bruch des Stringers und damit ein beschleunigter Rißfortschritt zu erwarten.

Auch eine *schadenstolerante*, durch langsamen Rißfortschritt ausgezeichnete Struktur muß in gewissen Zeitabständen kontrolliert werden. Die Inspektionsintervalle richten sich nach der zulässigen Rißlänge oder nach der für Stringerbruch kritischen Lastspielzahl und hängen wie diese vom Spannungsniveau ab, also vom Sicherheitsfaktor der Auslegung.

7.3.3 Ausfallsichere unterteilte Konstruktion

Eine *schadenstolerante* Konstruktion setzt im Prinzip einen kalkulierbaren und kontrollierbaren Prozeß der Schädigung, etwa des Rißfortschritts oder des Rißübertritts zwischen mehr oder weniger steif verbundenen Strukturelementen voraus. Wie oben am Beispiel des längsgestringerten Bleches ausgeführt, muß dazu der Spannungszustand einer komplexen Konstruktion in jeder Phase analysiert und mit empirischen Aussagen der Bruchmechanik verknüpft werden. Abgesehen davon, daß der Rißverlauf gewissen Zufälligkeiten unterliegt und das zu analysierende System bei geometrisch komplizierten Strukturen nicht eindeutig definierbar ist, beschränken sich auch die bruchmechanischen Erfahrungen auf mehr oder weniger ideale

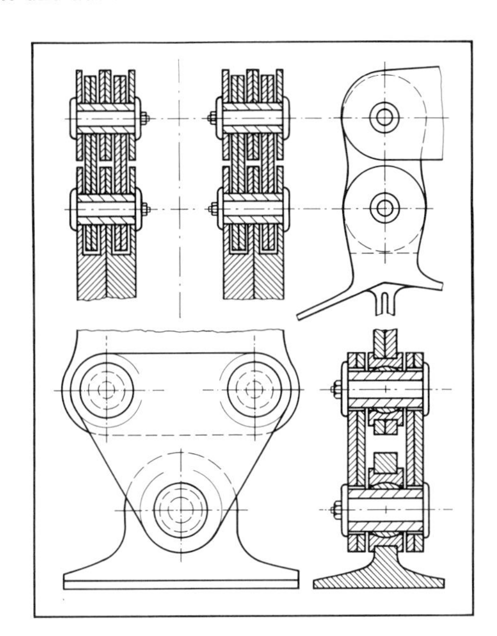

Bild 7.3/12 Vordere und hintere Aufhängung eines Triebwerkpylons. Ausfallsichere Konstruktion durch Unterteilung der Laschen und der Bolzen; Prinzip nach [7.12]

Bauteile und bieten darum nicht in jedem Fall die gewünschte Sicherheit. So verdient noch immer das ältere Prinzip der *ausfallsicheren Konstruktion* (fail-safe design) Interesse, das nicht nach dem Schadensverlauf fragt, vielmehr gleich davon ausgeht, daß sich der Schaden in einem Bauteil voll ausgebildet und dieses seine Tragfähigkeit dadurch gänzlich eingebüßt hat.

Eine solche Konstruktionsphilosophie setzt nun voraus, das Tragwerk sei derart in *parallel funktionierende* Elemente unterteilbar, daß nach Ausfall des einen oder des anderen eine noch funktionsfähige, unversehrte Struktur existiert. Die Unterteilung muß darum auch ein direktes Übergreifen des Schadens auf die Reststruktur ausschließen; die einzeln tragenden Bauteile oder Systeme dürfen nur *weich gekoppelt* sein.

Bild 7.3/12 zeigt als praktisches Beispiel einer ausfallsicheren Konstruktion die Aufhängung eines Triebwerkpylons: sowohl die Verbindungslaschen wie die Bolzen sind derart paarweise geteilt, daß die Einzelteile voneinander unabhängig tragen. Eine Wechselwirkung ist dabei bewußt vermieden, um eine Schädigung nicht auf das Partnerelement übergreifen zu lassen; dieses soll seine volle Tragfähigkeit bewahren.

Indem sie auf eine gegenseitige rißstoppende Wirkung der Einzelemente verzichtet, verfolgt die *ausfallsichere* im Gegensatz zur *schadenstoleranten* Konstruktion ein gewissermaßen umgekehrtes Prinzip: während beim längsgestringerten Blech (Bild 7.3/8) zur Reduzierung der Spannungsintensität ein möglichst enger Nietabstand gewünscht war, möchte die ausfallsichere Bauweise auf jede Verbindung zwischen Blech und Stringern am liebsten verzichten, um diese nicht in Mitleidenschaft zu ziehen.

Beim längsgestringerten Blech wie bei den paarweise unterteilten Verbindungslaschen der Pylonaufhängung (Bild 7.3/12) sind alle Teile, gleiches Material vorausgesetzt, mit gleicher Spannung beansprucht und damit gleich gefährdet. Eine derartige Strukturunterteilung ist nicht in jedem Fall realisierbar: so tragen bei einer schichtweise gegliederten Platte oder Röhre unter Biegung bzw. Torsion die einzelnen Schichten anfangs unterschiedlich mit; erst beim Versagen der äußeren kann die innere Schicht voll zum Tragen kommen. Die inneren Elemente bilden also eine zunächst nur partiell mittragende, erst im Ernstfall voll heranziehbare Reserve. Es können sogar Bauteile als *stille Reserve* vorgesehen sein, die im Normalbetrieb unbelastet sind und erst bei Ausfall eines Primärteiles dessen Last übernehmen oder umleiten.

Nicht voll ausdimensionierte Strukturen oder stille Reserven sind im Leichtbau eigentlich unerwünscht; jedenfalls repräsentieren sie kein globales Optimum. Andererseits bieten Strukturreserven höhere Sicherheit und führen zu gutartigem, mehr oder weniger deterministischem Bruchverhalten.

Der Sicherheitsfaktor der *ausfallsicheren* Konstruktion berücksichtigt den infolge Teilausfalls im allgemeinen zu erwartenden Verlust an Tragfähigkeit. Die Schädigung darf nur zufällig oder allmählich, nicht aber infolge Überlast auftreten: bei systematischer Laststeigerung versagt nach dem ersten Bauteil sofort die Gesamtkonstruktion. Verfügt die Struktur über primär nicht ausgeschöpfte Tragreserven, so erträgt sie nach erster Schädigung vielleicht noch eine Laststeigerung. Ein *Sicherheitsfaktor gegen Ausfall* wäre dann nicht notwendig; dafür muß aber eine *Optimierung mit Ausfallrestriktionen* durchgeführt und dabei zusätzlicher Gewichtsaufwand in Kauf genommen werden.

Im folgenden wird gezeigt, wie bei einer mehrteiligen ausdimensionierten Struktur ein Teilausfall durch den Sicherheitsfaktor abzudecken ist. An Beispielen nicht ausdimensionierbarer Strukturen (einem geometrisch bestimmten Dreistabwerk und einem Faserhybridverbund) läßt sich eine Optimierung unter Ausfallrestriktionen vorführen und der Gewichtsaufwand der Sicherheitsmaßnahme diskutieren. Schließlich seien noch Konstruktionen betrachtet, bei denen Bauteile als stille Reserve notwendig sind, um überhaupt eine Resttragfähigkeit herzustellen.

7.3.3.1 Ausfallsicherheit einer Gruppe ausdimensionierter Elemente

Bild 7.3/13 beschreibt schematisch die Anordnung, Belastung und gegenseitige Beeinflussung einer parallelen Gruppe gleichartiger Stäbe, Fasern oder Schichten. Die Elemente seien an ihren Enden zusammen eingespannt und erfahren damit gleiche Dehnung und Spannung. Bricht eine Anzahl m aus einer Gesamtmenge von n Stäben, so steigt die Last in den restlichen $(n-m)$ um den Faktor $n/(n-m)$; dieser muß als Sicherheitsfaktor j_{AS} vorgesehen sein, um die Tragfähigkeit der Reststruktur zu gewährleisten.

Die Rechnung ist bezeichnend für den Grundgedanken der Fail-Safe-Konstruktion: ein üblicher Sicherheitsfaktor $j=1{,}5$ erfordert die Aufteilung der Tragfunktion auf wenigstens drei gleichartig und voneinander unabhängig voll tragenden Teilstrukturen. Sie setzt aber auch voraus, daß sich die Last vor und nach einem Ausfall gleichmäßig auf alle noch tragenden Elemente verteilt; zwischen diesen darf keine Schubverbindung existieren.

Eine solche Verbindung ist nicht immer auszuschließen (man denke an Fasern in Kunststoff oder an ein Schichtlaminat). Wie in Bild 7.3/13 (zweite Reihe) skizziert, teilt sich dann das Versagen eines Elements unmittelbar dem Nachbarelement mit und erzeugt in ihm eine lokale Spannungsspitze. Nach Maßgabe der Verbindungssteifigkeit müßte man einen höheren Sicherheitsfaktor ansetzen. Im ungünstigsten

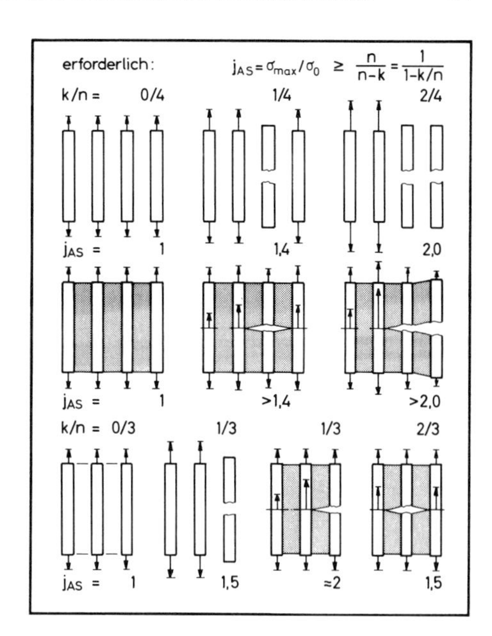

Bild 7.3/13 Gruppe parallel tragender Elemente. Gegen Ausfall einzelner oder mehrerer Glieder notwendiger Sicherheitsfaktor, Einfluß von Schubverbindungen

Fall wird die Last eines gebrochenen Elementes nur von einem einzigen Nachbarn übernommen; dann wäre $j_{AS} \approx 2$ erforderlich (siehe untere Reihe in Bild 7.3/13).

Die Maßnahme beschränkt sich in diesem einfachen Beispiel auf eine am Sicherheitsfaktor orientierte Unterteilung bei gleichmäßiger Ausdimensionierung ohne besonderes Zusatzgewicht. Mit minimalem Sicherheitsfaktor wird auch ein Gewichtsminimum erzielt. Die Ausfallsicherheit ist aber nur gegeben, wenn die Schädigung zufällig oder höchstens bei einer um den Sicherheitsfaktor reduzierten Spannung auftritt, da sonst sofort die Gesamtstruktur versagt (*zufällig* versteht sich hier nicht im Sinne einer streuenden Festigkeit, sondern deutet auf äußere, nicht kalkulierbare, jedenfalls nicht auf Überlastung zurückgehende Ursachen).

Eine Streuung der Festigkeit und eine Systemzuverlässigkeit sind in dieser Betrachtung nicht berücksichtigt. Zur Aussage des Bildes 7.1/4 wäre in diesem Zusammenhang aber anzumerken, daß dort auf die Zuverlässigkeit der Gruppe aus der Zuverlässigkeit des Einzelelementes, nicht aus der einer ungeteilten Gesamtheit geschlossen wurde. Der Gesamtquerschnitt ist n-mal größer als der des Einzelelementes; er weist entsprechend mehr Fehlstellen auf und damit eine geringere Zuverlässigkeit. An dieser gemessen steigt die Zuverlässigkeit durch Unterteilen einer Gesamtheit stärker als durch Gruppieren von Einheiten (nach Bild 7.1/4).

7.3.3.2 Ausfallsicherheit eines nicht ausdimensionierten Stabwerkes

Strukturen, deren Verformung geometrisch bestimmt ist, lassen sich nur in gewissen Zonen oder Richtungen ausdimensionieren; beispielsweise ein Biegeträger, den man darum als I- oder als Kastenprofil gestaltet, oder ein Schichtlaminat, dessen Fasern am besten in Lastrichtung orientiert werden. Man kann aber nicht immer eine Konstruktion realisieren, bei der das Material überall voll genutzt wird: entweder sind Höhe und Breite des Biege- oder Torsionsträgers begrenzt, und darum dickwandige oder gar volle Querschnitte notwendig, oder man kann auf Stege zwischen den Zugdruckgurten nicht verzichten, oder die Gurtplatten (beim Tragflügelkasten) sind gewölbt und erreichen nur im Bereich größter Profilhöhe die Materialfestigkeit.

Eine nicht durchgehend bis zur Festigkeitsgrenze ausdimensionierte Struktur ist im Leichtbau nicht absolut optimal, verfügt aber dafür über Tragreserven und erlaubt u.U. sogar eine überkritische Laststeigerung; freilich nur bei zusätzlichem Gewichtsaufwand. Diese Zusammenhänge werden am einfachsten an einem geometrisch bestimmten Dreistabwerk beschrieben, siehe Bild 7.3/14: Die beiden Unbekannten des symmetrischen Systems sind die Kräfte des inneren Stabes (1) und der äußeren Stäbe (2). Die beiden Variablen des Optimierungsproblems, die Stabvolumina $A_1 l_1$ und $2A_2 l_2$, spannen als dimensionslose Größen X_1 und X_2 (bezogen auf die Materialfestigkeit σ_B, die äußere Last F und die Knotenkoordinate l_1) ein Entwurfsfeld auf, in welchem sowohl die Zielfunktion $Z = X_1 + X_2$ wie auch die Festigkeitsrestriktion $R_0 \geqq X_2/(1 - X_1)$ sich als Gerade abbilden.

Die Restriktion R_0 begrenzt die Tragfähigkeit des unversehrten Stabwerks. Dieses wird unter der Last F zuerst im mittleren Stab (1) versagen, da die Seitenstäbe (aus geometrischer Bestimmung) nur die halbe Dehnung und Spannung erfahren. Ein Optimum stellt sich darum im Auslegungspunkt $X_2 = 0$, $X_1 = 1$ ein, also bei Verzicht auf die äußeren Stäbe. Ist ein Sicherheitsfaktor $j = 1{,}5$ oder $j = 2$ gefordert, so rückt die Auslegungsgrenze R_0 nach rechts und das Optimum nach $X_1 = 1{,}5$ bzw. 2.

Abgesehen von der Möglichkeit, den mittleren Stab aufzuteilen oder die Außenstäbe durch Variation des Winkels α nach F auszurichten, verfügt die *optimale* Einstabstruktur über keine Ausfallsicherheit. Dazu wären mindestens zwei tragfähige Teilsysteme erforderlich, hier also (1) und (2). Deren Verhältnis muß unter Ausfallrestriktionen neu optimiert werden: die Restriktion $R_1 \leqq X_2$ begrenzt die Tragfähigkeit des Restsystems (2) nach Ausfall von (1); entsprechend gilt $R_2 \leqq X_1$ für (1) nach Ausfall von (2). Das Optimum liegt danach im Punkt $X_1 = 1$, $X_2 = 2$.

Die Festigkeit des unversehrten Systems ist in diesem Punkt gerade um den Sicherheitsfaktor $j = 1{,}5$ höher als die Restfestigkeit; das Mindestgewicht des ausfallsicheren Systems beträgt indes das 3-fache des absoluten Optimums (für $j = 1$), also des ausdimensionierten Einzelstabes (1). Wäre für das unversehrte System eine größere Sicherheit $j > 1{,}5$ gefordert (oder wäre der Stabwinkel $\alpha > 45°$), so läge das Optimum nicht mehr im Schnitt R_1-R_2, sondern im Punkt R_1-R_0 und damit bei höherem Aufwand.

Eine solche Rechnung geht von der ungünstigsten Annahme aus, daß ein Seitenstab (2) ebenso ausfallen kann wie der Mittelstab (1), obwohl er (bei $\alpha > 0°$) weniger stark belastet ist; dies schließt die Möglichkeit zufälliger Ursachen, Fertigungsmängel oder Verletzungen mit ein. Erwartet man dagegen ein primäres Versagen allein durch Überschreiten der Last F, so genügt es, sich gegen Ausfall des höchstbeanspruchten Stabes (1) zu sichern; das Optimum liegt dann für jedes j im Schnitt der Restriktionen R_0 und R_1, die Restriktion R_2 bleibt bedeutungslos.

Hat man den Mittelstab in diesem Optimum mit $j = 1$ ausdimensioniert, so ist die Restfestigkeit gleich der Bruchfestigkeit: ein Seitenstab (2) bricht, nach sprunghafter Verformung, unmittelbar nach Versagen des Mittelstabes (1). Für $j > 1$ wäre definitionsgemäß die Restfestigkeit geringer als die Bruchfestigkeit; sie erlaubt darum keine Laststeigerung. Eine Reserve mit überkritischer Tragfähigkeit unter steigender Last existiert nur bei Optimalabstimmung für $j < 1$. Diese Abstimmung betrifft das

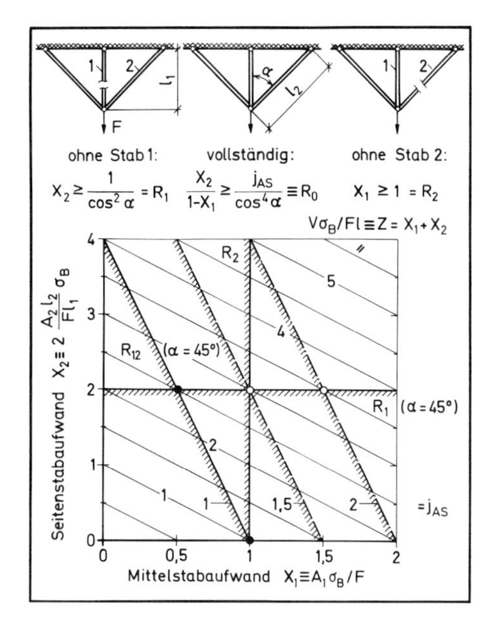

Bild 7.3/14 Nicht ausdimensionierbares Stabwerk. Optimierung der Stabquerschnitte mit Sicherheit ($j_{AS} = 1{,}5$) gegen Ausfall des mittleren oder eines äußeren Stabes

Verhältnis X_2/X_1 nach Bild 7.3/14; davon unberührt kann das Gesamtsystem mit einem beliebigen Sicherheitsfaktor dimensioniert werden, der sich einfach in einer erhöhten Last jF oder einer reduzierten Materialfestigkeit σ_B/j berücksichtigen läßt.

7.3.3.3 Ausfallsicherheit eines Faser-Hybridverbundes

Wie das oben besprochene Stabwerk mit unterschiedlichen Stabrichtungen zeigt auch ein paralleler Stab- oder Faserverbund mit unterschiedlichen Materialbruchdehnungen ein gutartiges, mehr oder weniger deterministisches Bruchverhalten. In Bild 7.3/15 ist das Spannungs-Dehnungs-Diagramm eines aus unidirektionalen CFK- und AFK-Laminaten geschichteten Hybridverbundes wiedergegeben. Den Elastizitätsmodul E des ungeschädigten Verbundes erhält man bei gleicher Dehnung aller Schichten als Linearkombination der Moduln E_1 (CFK) und E_2 (AFK), gewichtet mit deren relativen Dicken t_1/t bzw. $t_2/t = 1 - t_1/t$. Erreicht die Beanspruchung die Bruchdehnung ε_{B1} ($= 1{,}2\,\%$), bzw. die Spannung

$$\sigma_{B1} = \varepsilon_{B1} E = \varepsilon_{B1}[E_1 t_1/t + E_2(1 - t_1/t)], \qquad (7.3-6)$$

so fällt der Steifigkeitsanteil dieser Komponente mehr oder weniger plötzlich aus. Hier ist als ungünstigster Fall eine vollständige Delamination der CFK-Schicht angenommen; das überkritische Tragverhalten wird dann allein von der AFK-Schicht bestimmt, der Modul sinkt auf den Minimalwert $E = E_2 t_2/t$. Wird die Bruchdehnung $\varepsilon_{B2} = 1{,}9\,\%$ der Armidfaser erreicht, so tritt völliges Versagen ein bei

$$\sigma_{B2} = \varepsilon_{B2} E = \varepsilon_{B2} E_2 t_2/t\,. \qquad (7.3-7)$$

Eine *überkritische Tragfähigkeit* liegt vor, wenn die Restfestigkeit σ_{B2} (7.3−7) höher ist als die primäre Bruchfestigkeit σ_{B1} (7.3−7), also für

$$t_1/t_2 < (\varepsilon_{B1}/\varepsilon_{B2} - 1)\,E_2/E_1 \approx 1/3, \quad \text{also für} \quad t_2/t > 3/4\,. \qquad (7.3-8)$$

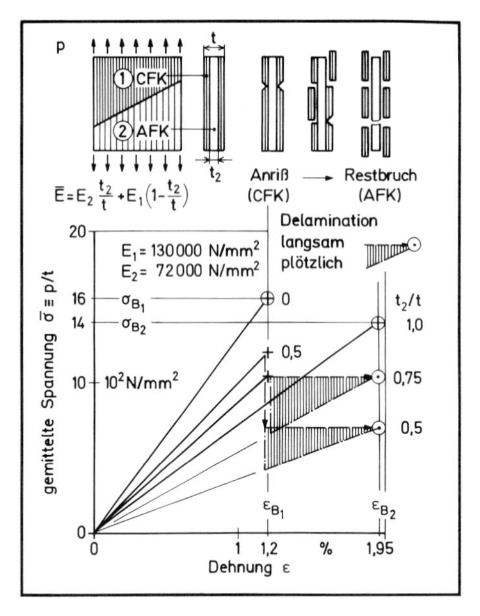

Bild 7.3/15 Hybridlaminat mit Fasern unterschiedlicher Bruchdehnung (Kohle und Aramid). Last-Verformungsverhalten bis zum Restbruch (siehe Bild 3.2/14)

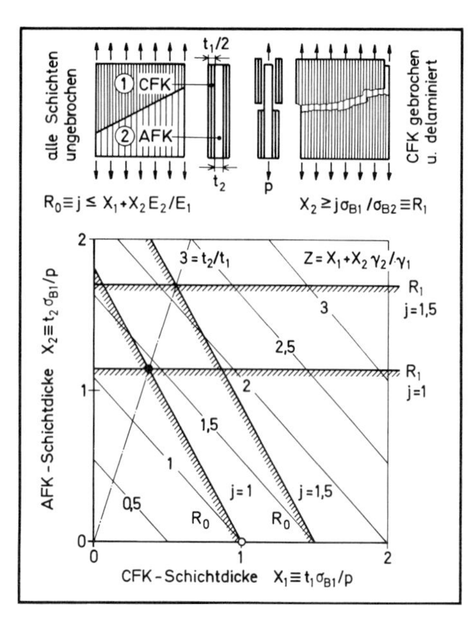

Bild 7.3/16 Hybridlaminat mit Kohle- und Aramidfasern. Optimierung der Schichtdicken bei Vorgabe des Sicherheitsfaktors gegen Primärbruch (der Kohlefaser)

Bei zu geringem Anteil t_2 der Aramidfasern ist die Restfestigkeit $\sigma_{B_2} < \sigma_{B1}$ und damit nur bei weggesteuerter Beanspruchung (Dehnungsvorgabe) nutzbar.

Um die Analogie zum Stabwerk deutlich zu machen, ist für den Hybridverbund in Bild 7.3/16 ebenfalls ein Optimierungsdiagramm der Variablen $X_1 \sim t_1$ und $X_2 \sim t_2$ dargestellt. Die Zielfunktion $Z = X_1 + X_2\gamma_2/\gamma_1$ berücksichtigt die unterschiedlichen spezifischen Gewichte γ_1 und γ_2 der Hybridkomponenten. Eine Optimierung bezüglich primären Strukturversagens, also mit σ_{B1} entlang der Restriktion R_0, führt zum Punkt $X_2 = 0$, $X_1 = 1$, also zu einem reinen CFK-Laminat. Eine Hybridkombination läßt sich demnach nur mit der Forderung der Ausfallsicherheit rechtfertigen: ist das CFK-Laminat ausgefallen, so trägt allein noch die AFK-Komponente, deren Festigkeitsgrenze σ_{B2} in der Restriktion R_1 zur Geltung kommt.

Das Optimum der ausfallsicheren Konstruktion liegt im Schnitt von R_0 und R_1; für $j \equiv \sigma_{B1}/\sigma_{B2} = 1$ ist $(t_2/t_1)_{opt} = 3$ wie nach (7.3–8). Eine überkritische Tragfähigkeit wäre für $j < 1$ mit $t_2/t_1 > 3$, eine unterkritische Reserve für $j > 1$ mit $t_2/t_1 < 3$ gegeben. Wie beim Stabwerk betrifft dieser Sicherheitsfaktor nur das Abstimmungsverhältnis X_2/X_1 der Variablen; generell läßt sich ein beliebiger, für das geschädigte wie für das unversehrte System geltender Sicherheitsfaktor in einer erhöhten Belastung jp unterbringen.

7.3.3.4 Ausfallsicherheit einer zweifach geschlossenen Torsionsröhre

Die oberen Beispiele nicht ausdimensionierbarer Strukturen waren einfach geometrisch bestimmt und zweifach variabel. Auf gleiche Weise sei nun ein ausfallsicherer

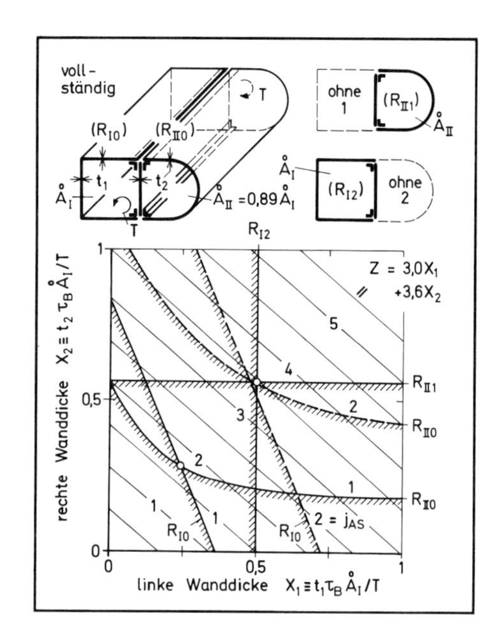

Bild 7.3/17 Zweifach geschlossene Torsionsröhre. Optimierung der Wanddicken ohne Sicherheit ($j_{AS}=1$) und mit Sicherheit ($j_{AS}\approx 2$) gegen Ausfall einer Wand

Torsionskasten nach Bild 7.3/17 optimiert, der als unsymmetrische, doppelt geschlossene Röhre zweimal statisch unbestimmt ist und drei Dimensionierungsvariable anbietet: zwei Außenwände (mit Dicken t_1 und t_2) und eine Zwischenwand t_3. Diese läßt sich im Unterschied zu den Außenwänden nicht ausdimensionieren und müßte darum bei Gewichtsminimierung entfallen (wie die Seitenstäbe in Bild 7.3/14); sie ist jedoch zur Ausfallsicherheit notwendig. Um das Problem auf zwei Variable zu reduzieren und damit anschaulicher zu machen, wird ein Teilergebnis vorweggenommen: im Hinblick auf einen Ausfall der Teilröhre I ist die Reströhre II mit $t_3=t_2>t_1$ auszudimensionieren.

Das Diagramm in Bild 7.3/17 zeigt das Optimierungsproblem für die zwei verbleibenden Variablen $X_1\sim t_1$ und $X_2\sim t_2$ (bezogen auf die Schubbruchfestigkeit τ_B, das Torsionsmoment T und die umschlossene Teilfläche $\mathring{A}_I$). Die Zielgröße $Z=3X_1+3{,}6X_2$ ist eine lineare Funktion der Wanddicken, jeweils multipliziert mit deren Abwicklung. Da hier, im Unterschied zum Stabwerk in Bild 7.3/14, nun auch am unversehrten System beide Variable ausdimensioniert werden können, sind zwei Restriktionen R_{I0} und R_{II0} zu berechnen und zum Schnitt zu bringen. Die Analyse der statisch unbestimmten Schubflüsse q_I und q_{II} (Bd. 1, Abschn. 7.1.2) führt mit den Dimensionierungsbedingungen $q_I\leqq q_{B1}=t_1\tau_B$ und $q_{II}\leqq q_{B2}=t_2\tau_B$ auf eine lineare Restriktion R_{I0} und eine nichtlineare R_{II0}, deren Schnitt, das Optimum, etwa bei einem Dickenverhältnis $t_2/t_1=X_2/X_1\approx 6/5$ realisiert wird.

Das Strukturkonzept der zweifach geschlossenen Torsionsröhre bietet eine Ausfallsicherheit in dreifacher Hinsicht: Fällt die Wand (2) aus, so bleibt die Röhre mit der Fläche $\mathring{A}_I$ und dem Schubfluß $q_I=T/2\mathring{A}_I$ bzw. dessen Restriktion $X_2\geqq R_{I2}=0{,}5$; bei Ausfall der Wand (1) bleibt $\mathring{A}_{II}$ wirksam mit $q_{II}=T/2\mathring{A}_{II}$ und der Dimensionierungsrestriktion $X_1\geqq R_{II1}=\mathring{A}_I/2\mathring{A}_{II}=0{,}56$. Schließlich könnte auch die Zwischenwand ausfallen; dann bliebe die Gesamtfläche wirksam und es müßte sein $X_1=X_2\geqq\mathring{A}_I/2(\mathring{A}_I+\mathring{A}_{II})=0{,}264$ mit dem Zielwert $Z=6{,}6X_1=1{,}74$.

Das Optimum der ausfallsicheren Konstruktion liegt im Schnitt von R_{I2} und R_{II1}. Die Restfestigkeit beträgt in beiden Ausfällen nur etwa die halbe Tragfähigkeit der unversehrten Struktur, die darum mit einem Sicherheitsfaktor $j \approx 2$ dimensioniert werden muß (ein Faktor $j=1{,}5$ würde bei einer dreifach geschlossenen Röhre hinreichen). Der Gewichtsaufwand der ausfallsicheren Konstruktion ist ebenfalls etwa zweimal höher als bei Normalauslegung (mit $j=1$), oder bei einer üblichen Sicherheit $j=1{,}5$ um den Faktor $2/1{,}5=4/3$. Verzichtet man in der Normalauslegung auf Ausfallsicherheit, so erübrigt sich der Zwischensteg, wodurch sich ihr Zielwert $Z_{\min}$ von 1,75 auf $5{,}6 \cdot 0{,}264=1{,}48$ verbessert; daran gemessen fordert die Ausfallsicherheit eine Gewichtserhöhung um den Faktor $2 \cdot 1{,}75/1{,}48=2{,}36$.

Der Ausfall des Zwischensteges würde erfordern $X_1=X_2 \geqq 0{,}264$ und wäre damit im Schnitt von R_{I0} und R_{II0} praktisch schon ohne Sicherheitsfaktor abgedeckt. Man kann daraus schließen, daß die Zwischenwand in der unversehrten Struktur kaum mitträgt, sondern erst bei Ausfallen der einen oder der anderen Außenwand deren Aufgabe übernimmt. Bei einer symmetrischen Doppelröhre ($\mathring{A}_I=\mathring{A}_{II}$) muß der Zwischensteg aus geometrischen Gründen unbelastet bleiben; er wäre dann nur als *stille Reserve* zur Ausfallsicherheit bei Torsion notwendig. Im folgenden werden dazu weitere Beispiele gegeben.

7.3.3.5 Hilfsstrukturen zur Kräfteumleitung bei Teilausfällen

Nicht immer läßt sich die Ausfallsicherheit eines Tragwerks einfach durch Aufteilung in unabhängig tragfähige Substrukturen herstellen. Statt dessen kann man Hilfsstrukturen vorsehen, die es dem Tragwerk ermöglichen, seine Aufgabe auf alternativen Wegen, d.h. mit unterschiedlichen Last- und Spannungsverteilungen wahrzunehmen. Diese Hilfsstrukturen sind im Normalfall unbelastet und treten erst bei Ausfall des einen oder des anderen primär tragenden Bauteils zur Kräfteumleitung in Aktion. Im Prinzip sind solche Konstruktionen für *überkritische* Tragwerke bekannt. So haben im Beispiel des *Zugdiagonalenfeldes* (Abschn. 4.3.5.3) die Pfosten zunächst keine tragende sondern nur stützende Funktion (zur Stabilisierung der Schubwand); überschreitet die Last die Schubbeulgrenze, so verliert die Wand ihre Tragfähigkeit in der Druckdiagonalen und die Pfosten müssen dafür Last übernehmen.

Dementsprechend muß man randparallele Gurte und Pfosten vorsehen, die bei Ausfall eines Teilfeldes dessen Schubkraft auf die Nachbarfelder übertragen; siehe Bild 7.3/18 (Bd. 1, Bild 6.1/5). Sofern sie nicht auch die Aufgabe wahrnehmen, die Wand gegen Beulen zu stützen, sind sie als *stille Reserve* notwendig.

Die Ausfallsicherheit eines Torsionskastens wurde oben (Bild 7.3/17) durch einen Zwischensteg als Reserveglied garantiert. Anders ist der Kasten in Bild 7.3/18 gesichert: nämlich durch den Einsatz von Querrippen und Längsgurten. Diese sind bei reiner Torsion der unversehrten Struktur unbelastet. Fällt ein Längswandfeld zwischen zwei Rippen aus, so tritt anstelle des umlaufenden Schubflusses ein Querkräftepaar auf, begleitet von Umlenkschüben in den benachbarten Rippen und einer Wölbkraftgruppe in den Gurten (Bd. 1, Abschn. 7.2).

Wollte man die Schubwand oder den Kasten gegen Ausfall nicht nur eines besonders gefährdeten, sondern jedes Feldes sichern, so müßte man nicht nur alle Wände verdoppeln, sondern auch Rippen und Gurte über die ganze Trägerlänge vorsehen; das Gewicht würde damit weit über das Zweifache ansteigen. Eine

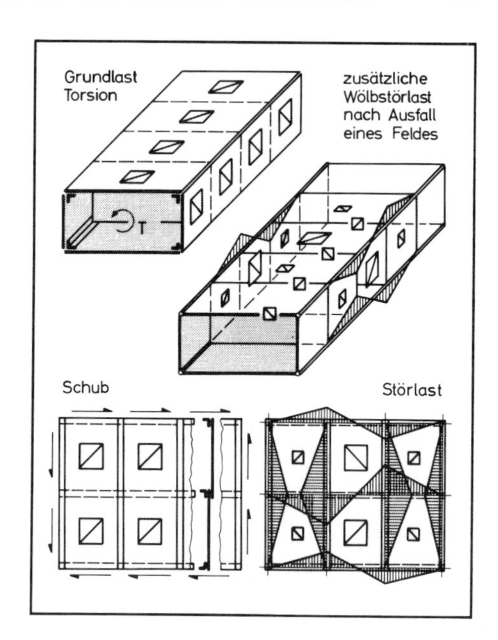

Bild 7.3/18 Störungen elementarer Kraftflüsse bei Ausfall von Einzelfeldern. Notwendige Hilfsstrukturen zur Kraftumlenkung. Beispiele: Torsionskasten, Schubwand

Ausfallsicherheit über Hilfsstrukturen ist darum nur vertretbar, wenn diese noch andere Funktionen, etwa der Kräfteeinleitung oder der Stabilisierung, wahrzunehmen haben und damit auch primär erforderliche Bauteile sind. Dies gilt für die Rippen eines Tragflügelkastens, die Querkräfte einbringen und die Druckgurtplatten gegen Beulen stützen. Die *Mehrzweckverwendung* von Bauteilen, hier einerseits zur Krafteinleitung und Stützung, andererseits zur Ausfallsicherung, ist ein Grundprinzip der Leichtbaukonstruktion.

Die Beispiele mögen genügen, die Komplexität des Konstruktionsproblems aufzuzeigen. Wenn, wie in der Flugtechnik, dem Ziel der Gewichtsminimierung erhöhte Sicherheitsansprüche gegenüberstehen, ist die Vorstellungskraft und die Kreativität besonders herausgefordert. Dann genügt es nicht, mit leistungsfähigen numerischen Verfahren ein Tragwerk zu analysieren und zu optimieren und die Sicherheit durch einen als Lastvielfaches verstandenen Faktor abzudecken; wichtiger ist, daß man sich von der Funktionsweise der Struktur, von den verschiedenen Schadensmöglichkeiten, vom Bruchverhalten und von der Resttragfähigkeit ein konkretes Bild macht, um sichere und doch gewichtsgünstige Strukturalternativen zu finden oder zu entwickeln.

Den Leichtbaukonstrukteur bei solchem Bemühen zu unterstützen war die Absicht des Verfassers.

Literatur zu Kapitel 1

1.1 Knauer, B.; Wende, A.: Konstruktionstechnik und Leichtbau. Berlin: Akademie-Verlag 1988
1.2 Reuleaux, E.: Der Konstrukteur. Braunschweig: Vieweg & Sohn 1889
1.3 Burmester, L.: Lehrbuch der Kinematik. Leipzig: Felix 1888
1.4 Waffenschmidt, W.C.: Denkformen und Denktechnik. Meisenheim/Glan: Hain 1961
1.5 Franke, R.: Vom Aufbau der Getriebe. Düsseldorf: VDI-Verlag 1958
1.6 Roth, K.; Franke, H.-J.; Simonek, R.: Die allgemeine Funktionsstruktur, ein wesentliches Hilfsmittel zum methodischen Konstruieren. Konstruktion 24 (1972) 453 ff
1.7 Koller, R.: Konstruktionsmethode für den Maschinen-, Geräte- und Apparatebau. Berlin, Heidelberg, New York: Springer 1976
1.8 Pahl, G.; Beitz, W.: Konstruktionslehre. 2. Aufl. Berlin, Heidelberg, New York, Tokyo: Springer 1986
1.9 Baumann, H.G.: Systematisches Projektieren und Konstruieren. Berlin, Heidelberg, New York: Springer 1982
1.10 Mehlhorn, G. u. H.-G.: Heureka-Methoden des Erfindens. Berlin: Neues Leben 1981
1.11 Hubka, V.: Bibliography of design science. Zürich: Edition Heurista 1981
1.12 Altschuller, G.S.: Erfinden, Wege zur Lösung technischer Probleme. Berlin: Verlag Technik 1984
1.13 Osyczka, A.: Multicriterion optimization in engineering. England: Ellis Horwood Limited 1984
1.14 Spur, G.; Krause, F.-L.: CAD-Technik. Lehr- und Arbeitsbuch für die Rechnerunterstützung in Konstruktion und Arbeitsplanung. München, Wien: Hanser 1984
1.15 Wingert, B.: CAD im Maschinenbau. Wirkungen, Chancen, Risiken. Berlin, Heidelberg: Springer 1984
1.16 Encarnacao, J.: CAD-Handbuch. Auswahl und Einführung von CAD-Systemen. Berlin, Heidelberg, New York, Tokyo: Springer 1984
1.17 Eigner, M.: Einstieg in CAD; Lehrbuch für CAD-Anwender. München, Wien: Hanser 1985
1.18 Mota Soares, C.A. (Ed.): Computer aided optimal design: Structural and mechanical systems. NATO ASI Series F; Computer and System Sciences. Vol. 27. Berlin, Heidelberg, New York, Tokyo: Springer 1987
1.19 Eschenauer, H.; Olhoff, N. (Ed.): Optimization methods in structural design. Proc. Euromech Colloquium 164, Univ. of Siegen (1982). Mannheim, Wien, Zürich: Bibliographisches Institut 1983
1.20 Gero, J.S. (Ed.): Optimization in computer aided design: Proc. IFIP WG 5.2 Working Conf. on Optimization in CAD, Lyon, France, 24–26 October 1983. Amsterdam: North-Holland 1985
1.21 Kesselring, F.: Technische Kompositionslehre. Berlin, Göttingen, Heidelberg: Springer 1954
1.22 Diderot, D.: Briefe an Sophie Volland. Leipzig: Reclam jun. 1986
1.23 Hertel, H.: Struktur, Form, Bewegung. Mainz: Krausskopf 1963
1.24 Horne, D.F.: Aircraft Production Technology. Cambridge University Press 1987

Literatur zu Kapitel 2

2.1 Breitling, U.: Rechnergestützter Entwurf zur Kostenminimierung ebener und räumlicher Fachwerke. TU Berlin, ILR-Ber. 39 (1978)
2.2 Hertel, H.: Der Vergrößerungsfaktor der Zusatzgewichte und das Gewichtsäquivalent der Zusatzwiderstände. Luftfahrttechnik 6 (1960) 100–104
2.3 Lufttüchtigkeitsforderungen, Part 23/25, Abschnitt C: Festigkeit. Braunschweig: Luftfahrtbundesamt
2.4 Federal-Aviation-Regulations Part 23/25. Washington D.C.: US Government Print Office, Departmant of Transportation

2.5 Schlichting, H.; Truckenbrodt, E.: Aerodynamik des Flugzeugs. Berlin, Heidelberg, New York: Springer 1969
2.6 Thorenbeek, E.: Synthesis of subsonic airplane design. Delft: University Press 1976
2.7 Beltramo, M.N.: Parametric study of transportation aircraft systems cost and weight. NACA-CR-151970 (1977)
2.8 Shevell, R.S.: Fundamentals of flight. Englewood Cliffs: Prentice-Hall 1983

Literatur zu Kapitel 3

3.1 Werkstoff-Handbuch der Deutschen Luftfahrt (Hrsg.: DIN-Normstelle Luftfahrt). Berlin, Köln: Beuth 1986
3.2 Hertel, H.: Leichtbau. Berlin, Göttingen, Heidelberg: Springer 1960 (Reprint 1980)
3.3 Reckling, K.A.: Plastizitätstheorie und ihre Anwendung auf Festigkeitsprobleme. Berlin, Heidelberg, New York: Springer 1967
3.4 Völzke, H.; Wiedemann, J.: Zum Tragverhalten von zylindrischen Druckbehältern in Faserverbund + Metall-Hybridbauweise. TU Berlin, ILR-Mitt. 213 (1988)
3.5 Savin, G.N.: Stress concentrations around holes. Oxford, London, New York, Paris: Pergamon Press 1961
3.6 Shanley, F.R.: The column paradox. J. Aeronaut. Sci. 3 (1946) 678 ff
3.7 Stowell, E.Z.: An unified theory of plastic buckling of columns and plates. NACA TN 1556, rep. 898 (1948)
3.8 Amthor, T.; Atzorn, H.H.; Wiedemann, J.: Analyse und Optimierung energieabsorbierender Leichtbauelemente. TU Berlin, ILR-Mitt. 163 (1986)
3.9 Buxbaum, O.: Betriebsfestigkeit. Düsseldorf: Stahleisen 1986
3.10 Hertel, H.: Ermüdungsfestigkeit der Konstruktionen. Berlin, Heidelberg, New York: Springer 1969
3.11 Wiedemann, J.: Elastizität und Festigkeit von Bauteilen aus GFK. In: Ehrenstein, G.W. [Hrsg.]: Glasfaserverstärkte Kunststoffe. Grafenau: Expert 1981
3.12 Wiedemann, J.: Auslegung, Berechnung und Konstruktion. Kap. 5 in Heißler, H.: Verstärkte Kunststoffe in der Luft- und Raumfahrttechnik. Stuttgart, Berlin, Köln, Mainz: Kohlhammer 1986, S. 250–293
3.13 Flemming, M.: Fertigungstechnik im Leichtbau. Vorlesungsskript TU Berlin, Inst. f. Luft- und Raumfahrt (1983)
3.14 Luftfahrttechnisches Handbuch (LTH), Band Faserverbund-Leichtbau (FVL). Arbeitskreis Faserverbund-Leichtbau
3.15 Wiedemann, J.: Beitrag zum Problem orthotroper Platten ohne allgemeine Neutralebene. Luftfahrttechnik 8 (1962) 283–289; 9 (1963) 73–82; 119–130
3.16 Puck, A.: Festigkeitsberechnung an Glasfaser-Kunststoff-Laminaten. Kunststoffe 59 (1969) 11 ff
3.17 Tsai, St.W.; Hahn, H.Th.: Introduction to composite materials. Westport: Technomic Publ. 1980
3.18 Schneider, W.: Versagenskriterien für Kunststoffe unter mehrachsiger Kurzzeitbeanspruchung. In: Belastungsgrenzen von Kunststoffbauteilen. Düsseldorf: VDI-Verlag 1975, S. 81–105
3.19 Wiedemann, J.: Schrittweise Berechnung des Kriechverhaltens orthotroper Schichtlaminate. Vorabdruck zur 14. öffentlichen Jahrestagung der Arbeitsgemeinschaft Verstärkte Kunststoffe e.V. (AVK), Freudenstadt 1977
3.20 Wiedemann, J.: Berechnung und Modellierung des Dämpfungsverhaltens orthotroper Schichtlaminate. Vorabdruck zur 13. öffentlichen Jahrestagung der AVK, Freudenstadt 1976
3.21 Wiedemann, J.; Glahn, M.: Schrittweise Berechnung des viskoelastischen Verhaltens von Bauteilen am Beispiel eines Knickstabes und einer Klebeverbindung. In: Belastungsgrenzen von Kunststoffbauteilen. Düsseldorf: VDI-Verlag 1975, S. 107–126
3.22 Wiedemann, J.; Griese, H.; Glahn, M.: Einflüsse der Viskoelastizität bei GFK-Bauteilen. Plastverarbeiter 25 (1974) 543–550
3.23 Wiedemann, J.; Kehl, K.: Dämpfung schwingender GFK-Zylinder. Vorabdruck zur 14. öffentlichen Jahrestagung der AVK, Freudenstadt 1977

3.24 Heißler, H.: Verstärkte Kunststoffe in der Luft- und Raumfahrttechnik. Stuttgart, Berlin, Köln, Mainz: Kohlhammer 1986
3.25 Wiedemann, J.: Technik, Probleme und Bewertung der Hybridbauweisen. In: Verbundwerkstoffe und Werkstoffverbunde. Düsseldorf: VDI-Verlag 1982, S. 167–191
3.26 Atzorn, H.H.; Wiedemann, J.: Analyse von Leichtbautechnologien des Flugzeugbaus auf ihre Anwendbarkeit im Automobilbau. TU Berlin, ILR-Mitt. 140 (1984)

Literatur zu Kapitel 4

4.1 Wiedemann, J.: Optimaldimensionierung von Bauweisen. 3. Lehrgang für Raumfahrttechnik der DFG und der WGLR, Aachen 1964
4.2 Kroll, W.D.; Fisher, G.P.; Heimerl, G.J.: Charts for calculation of the critical stress for local instability of columns with I-, ⅂-channel and rectangular-tube section. NACA WR L 204 (1944)
4.3 Wiedemann, J.; Hertel, W.: Faserverstärkte Leichtbaustäbe mit integrierten Anschlüssen. Kunststoffe im Bau 10 (1975) 26–36
4.4 Wittrick, W.H.: A unified approach to the initial buckling of stiffened panels in compression. Aeronaut. Q. 19 (1984) 265–283
4.5 Catchpole, E.J.: The optimum design of compression surfaces having unflanged stiffeners. J. R. Aeronaut. Soc. 58 (1954) 765–768
4.6 Gallaher, G.L.; Boughan, R.B.: A method of calculating the compressive strength of ⅂-stiffened panels that develop local instability. NACA TN 1482 (1947)
4.7 Hickman, W.A.; Dow, N.F.: Direct-reading design charts for 75 S-T6 alluminium-alloy flat compression panels having longitudinal extruded ⅂-section stiffeners. NACA TN 2435 (1952)
4.8 Dow, N.F.; Hickman, W.A.: Direct-reading design charts for 75 S-T6 alluminium-alloy flat compression panels having longitudinal straight-web Y-section stiffeners. NACA TN 1640 (1948)
4.9 Argyris, J.H.; Dunne, P.C.: Structural principles and data, part II: structural analysis. London: Pitman 1952
4.10 Farrar, D.J.: The design of compression structures for minimum weight. J. R. Aeronaut. Soc. (1949) 1051 ff
4.11 Lo, H.; Crate, H.; Schwartz, E.B.: Buckling of thinwalled cylinders under axial compression and internal pressure. NACA TN 2021 (1950)
4.12 Pflüger, A.: Stabilitätsprobleme der Elektrostatik. Berlin, Heidelberg, New York: Springer 1975
4.13 Crawford, R.F.; Stuhlmann, C.E.: Minimum weight analysis for trusscore sandwich cylindrical shells under axial compression, torsion or radial pressure. Lockheed Rep. 2-47-61-2, ASTIA AD-267625 (1961)
4.14 Stein, M.; Fralich, R.W.: Critical shear stress of infinitely long, simply supported plates with transverse stiffeners. NACA TN 1851 (1949)
4.15 Kuhn, P.: Stresses in aircraft and shell structures. New York, Toronto, London: McGraw-Hill 1956
4.16 Anevi, G.: Experimental investigation of shear strength and shear-deformation of unstiffened beams of 24 S-T ALCLAD with and without flanged lightening holes. SAAB TN 29 (1954)
4.17 Peterson, J.P.; Card, M.F.: Investigation of the buckling strength of corrugated webs in shear. NACA TN D-424 (1960)
4.18 Wiedemann, J.: wie [3.25]

Literatur zu Kapitel 5

5.1 Maxwell, C.: Scientific Papers II, p. 175. Cambridge: Cambridge Univ. Press 1869
5.2 Michell, A.G.M.: The limits of economy of material in frame structures. Philos. Mag. 8 (1904) 589–597

5.3 Cox, H.L.: The theory of design. Aeronautical Research Council 19791 (1958)
5.4 Hemp, W.S.: Theory of structural design. College of Aeronautics Rep. 115 (1958)
5.5 Hemp, W.S.: Studies in the theory of Michell structures. Proc. Int. Congr. Appl. Mech., München 1964
5.6 Chan, H.S.Y.: Optimum structural design and linear programming. College of Aeronautics Rep. Aero 175 (1964)
5.7 Cox, H.L.: The design of structures of least weight. Oxford, London: Pergamon 1965
5.8 Hemp, W.S.: Optimum structures. Oxford: Clarendon 1973
5.9 Prager, W.: On a problem of optimal design. Brown Univ., Div. Appl. Math., Techn. Rep. 38 (1958)
5.10 Chan, A.S.L.: The design of Michell optimum structures. College of Aeronautics Rep. 142 (1960)
5.11 Wiedemann, J.: wie [3.11]
5.12 Chan, H.S.Y.: Half-plane slip-line fields and Michell structures. Quart. J. Mech. App. Math. XX (1967), Pt. 4
5.13 Leyßner, U.: Über den Einsatz Linearer Programmierung beim Entwurf optimaler Leichtbaustabwerke. TU Berlin, Diss. D 83 (1974)
5.14 Hadley, G.: Linear programming. Reading, Massachusetts: Addison-Wesley 1969
5.15 Porter Goff, R.F.D.: Decision theory and the shape of structures. J. R. Aeronaut. Soc. 70 (1966)
5.16 Leyßner, U.; Wiedemann, J.: Die Reduktion des Simplex-Tableaus als Vorbedingung für den Entwurf räumlicher Stabwerke mittels Linearer Programmierung. TU Berlin, ILR-Mitt. 19 (1975)
5.17 Dorn, W.S.; Greenberg, H.J.: Linear programming and plastic limit analysis of structures. Quart. Appl. Mech. 15 (1957) 155–167
5.18 Pedersen, P.: On the minimum mass layout of trusses. AGARD Conf. Proc. 36 (1970)
5.19 Breitling, U.: Rechnergestützter Entwurf zur Kostenminimierung ebener und räumlicher Fachwerke. TU Berlin, ILR-Bericht 39 (1978)
5.20 Wiedemann, J.; Breitling, U.: Automatischer Entwurf regelmäßiger räumlicher Fachwerke minimalen Gewichts. TU Berlin, ILR-Ber. 34 (1978)
5.21 Höfler, A.: Formoptimierung von Leichtbaufachwerken durch Einsatz einer Evolutionsstrategie. TU Berlin, ILR-Bericht 17 (1976)
5.22 Rechenberg, I.: Evolutionsstrategie. Optimierung technischer Systeme nach Prinzipien der biologischen Evolution. Stuttgart: Fromman-Holzboog 1973
5.23 Schwefel, H.P.: Evolutionsstrategie und numerische Optimierung. TU Berlin, Diss. 1975. Basel, Stuttgart: Birkhäuser 1976
5.24 Höfler, A.; Leyßner, U.; Wiedemann, J.: Optimization of the layout of trusses combining strategies based on Michell's theorem and on the biological principles of evolution. AGARD Conf. Proc. 123 (1973)
5.25 Höfler, A.; Leyßner, U.; Wiedemann, J.: Studie zur Erstellung eines rechnertypunabhängigen Computerprogramms für den Entwurf gewichtsminimaler räumlicher Stabwerke. TU Berlin, ILR-Mitt. 11 (1975)
5.26 Wiedemann, J.: Entwurfsstrategie für Leichtbaustabwerke. VDI-Ber. 219 (1974) 147–150
5.27 Birkholz, E.: Zur Entwurfsoptimierung von Scheibentragwerken. TU Berlin, Diss. D 83 (1986)
5.28 Berkes, U.-L.; Wiedemann, J.: Efficient procedures for the optimization of aircraft structures with a large number of design variables. ICAS Congr. Proc. 16 (1988)
5.29 Berkes, U.-L.: Zur numerischen Multi-Purpose Dimensions- und Formoptimierung von Scheibentragwerken. TU Berlin, Diss. D 83 (1988)
5.30 Fletcher, R.: Reeves, C.M.: Function minimization by conjugate gradients. Br. Computer J. 7 (1964)
5.31 Haftka, R.T.; Kamat, M.P.: Elements of structural optimization. The Hague Boston, Lancaster: Nijhoff 1985
5.32 Vanderplaats, G.N.: Numerical optimization techniques for engineering design. New York: Mc Graw-Hill 1984
5.33 Gill, P.E.; Murray, W.; Wright, M.H.: Practical optimization. London, New York: Academic Press 1981

5.34 Botkin, M.E.: Shape optimization of plates and shell structures. AIAA J. 20 (1982) 2
5.35 Bennet, J.A.; Botkin, M.E.: Structural shape optimization with geometric description and adaptive mesh refinement. AIAA J. 23 (1985) 3

Literatur zu Kapitel 6

6.1 Wiedemann, J.: Netz- und kontinuumstheoretische Betrachtungen zur Optimalorientierung von Faserverstärkungen. Dresden, 6. Tagung Verstärkte Plaste (1976) 3–30
6.2 RAS Data Sheets on Fatique. London: Royal Aeronaut. Soc., No. 65004
6.3 Mansfield, E.H.: Neutral holes in plane sheet. Reinforced holes which are elastically equivalent to the uncut sheet. Quart. J. Mech. Appl. Math. VI 3 (1953) 370–378
6.4 Wiedemann, J.: Die Scheiben-Platten-Analogie und ihre Anwendung auf Ausschnitt- und Pflasterprobleme. Fortschrittber. VDI-Z., Reihe 1, Nr. 8 (1969)
6.5 Goland, M.; Reissner, E.: The stresses in cemented joints. J. Appl. Mech. 11 (1944) 17–27
6.6 Althoff, W.: The influence of moisture on adhesive bonded joints. In: Adhesion-5. Barking: Applied Science Publishers 1980
6.7 Niederstadt, G.: Krafteinleitungselemente. In Heißler, H.: wie [3.24], S. 305–324
6.8 Hertel, H.: wie [3.2]
6.9 Althoff, W.: Zeitstandfestigkeiten und Kriechverformungen von überlappten Metallklebungen im Temperaturbereich von +20 °C bis +175 °C. DLR FB 67-80 (1967)
6.10 Glahn, M.: Einflüsse der Viskoelastizität auf Klebeverbindungen. TU Berlin, ILR-Ber. 7 (1975)
6.11 Wiedemann, J.: wie [3.21]
6.12 Volkersen, O.: Die Schubkraftverteilung in Leim-, Niet- und Bolzenverbindungen. Energie und Technik 5 (1953), H. 3, 5 und 7
6.13 Hertel, H.: wie [3.10]
6.14 RAS-Data sheets on geometric stress concentration factors. Royal Aeronautical Society 1958
6.15 Bürnheim, H.: Beitrag zur Frage der Zeit- und Dauerfestigkeit der Nietverbindungen. TH Darmstadt 1944 D 87, s. auch Aluminium 28 (1952) 140–143 und 222–229
6.16 Kaiser, G.: Die Scheibe mit elliptischem Pflaster. Ing.-Arch. 30 (1960) 275–287
6.17 Wiedemann, J.; Glahn, M.: Scheibe oder Membran mit Loch und aufgeklebtem Pflaster unter allseitigem Zug. TU Berlin, ILR Ber. 1 (1974)
6.18 Wiedemann, J.; Griese, H.; Glahn, M.: Ausschnitte in GFK-Flächen. Kunststoffe 63 (1973) 867–873
6.19 Wiedemann, J.; Griese, H.; Glahn, M.: Stress and strength analysis of reinforced plastic with holes. AGARD Conf. Proc. 163 (1974) 7, 1–11
6.20 Wiedemann, J.; Kranz, C.: Auswirkung eines Klebepflasters auf Kerbspannungsintensität und dynamische Festigkeit einer angerissenen Scheibe. TU Berlin, ILR-Ber. 15 (1976)
6.21 Wiedemann, J.; Kranz, C.: Auswirkungen elastischer und viskoelastischer Klebenachgiebigkeit bei Krafteinleitungs- und Verstärkungspflastern. TU Berlin, ILR-Ber. 26 (1978)
6.22 Airbus Industrie: Airbus A 310-General
6.23 Matting, A.: Metallkleben. Berlin, Heidelberg, New York: Springer 1969
6.24 Krist, Th.: Metallkleben, kurz und bündig. Würzburg: Vogel 1970
6.25 Dorn, L. [u.a.]: Fügen von Al-Werkstoffen. Grafenau: Expert 1983

Literatur zu Kapitel 7

7.1 Rossow, E.: Eine einfache Rechenschiebernäherung an die den Normal Scores entsprechenden Prozentpunkte. Z. Wirtsch. Fertigung 59 (1964) 596–597
7.2 Hilton, H.H.; Feigen, M.: Minimum weight analysis based on structural reliability. J. Aerospace Sc. 27 (1960) 641–652
7.3 Hertel H.: wie [3.10]

7.4 Buxbaum, O.: Betriebsfestigkeit. Düsseldorf: Stahleisen 1986
7.5 Neuber, H.: Kerbspannungslehre. Berlin, Heidelberg, New York, Tokyo: Springer 1985
7.6 Ostermann, H.: Formzahlen von Flachstäben für Schwingfestigkeits-Versuche. Darmstadt: LBF, Techn. Mitt. 61 (1971)
7.7 Thum, A.; Peterson, C.; Svenson, O.: Verformung, Spannung und Kerbwirkung. Düsseldorf: VDI-Verlag 1960
7.8 Schütz, W.: Über eine Beziehung zwischen der Lebensdauer bei konstanter, zur Lebensdauer bei veränderlicher Beanspruchungsamplitude. Z. Flugwiss. 15 (1967) 407–419
7.9 Palmgreen, A.: Die Lebensdauer von Kugellagern. VDI-Z. 68 (1924) 339–341
7.10 Miner, M.A.: Cumulative damage in fatigue. J. Appl. Mech. 12 (1945) A159–A164
7.11 Wiedemann, J.; Kranz, C.: wie [6.20]
7.12 Airbus Industrie: wie [6.22]
7.13 Vlieger, H.: Fail-safe characteristics of built-up sheet structures. ICAS Proc. 1974. Vol. 2

Sachverzeichnis

Bei den unten aufgeführten Stichworten ist zwischen quantitativen Größen bzw. Funktionen (*kursiv*) und allgemeineren, den Gegenstand oder das Verhalten betreffenden Begriffen unterschieden. Zu öfter wiederkehrenden Begriffen sind im Register nur die Textseiten ihrer ersten Nennung oder ihrer wichtigsten Zusammenhänge angegeben. Stichworte sind dabei nicht unbedingt wörtlich, sondern auch sinngemäß zu verstehen.

Berichtigungen zu Leichtbau Band 1: Elemente

Seite	richtig	falsch	
25, Zeile 2:	aus ε	statt:	aus $\bar{\varepsilon}$
25, in Gl. (2.1–3):	$2\,\tau_{xy}$	statt:	τ_{xy}
25, in Gl. (2.1–4):	$\sigma_{1;2}=(\sigma_x+\sigma_y)/2\pm\sqrt{}$	statt:	$\sigma_{1;2}=(\sigma_x-\sigma_y)/2\pm\sqrt{}$
29, in Gl. (2.1–15):	$m_{xy}=2\int z\tau_{xy}\mathrm{d}z$	statt:	$m_{xy}=\int z\tau_{xy}\mathrm{d}z$
31, Zeile 3:	halben Differenz	statt:	Differenz
42, Zeile 13 v. u.:	$(b/l<1/5)$	statt:	$(b/l<1{,}5)$
91, in Gl. (3.1–16):	$+\sqrt{}$ und $-\sqrt{}$	statt:	$-\sqrt{}$ und $+\sqrt{}$
99, in Gl. (3.1–39):	$Q_{\bar{z}}/2I_{\bar{y}}$	statt:	$Q_{\bar{z}}/4I_{\bar{y}}$
104, in Bild 3.1/11:	$\mathrm{d}\mathring{A}=r(s)\mathrm{d}s/2$	statt:	$\mathrm{d}\mathring{A}=r(s)\mathrm{d}s$
182, in Gl. (4.2–4):	$\zeta\equiv\sqrt{D_xD_y}/D_{xy}$	statt:	$\zeta=\sqrt{D_xD_y/D_{xy}}$
185, in Bild 4.2/5:	(1) und (2) (3) (4)	statt:	(1) (3) (4) und (2)
235, in Gl. (5.2–2):	$\sqrt{B_xB_y}$	statt:	$\sqrt{B_x/B_y}$
237, in Bild 5.2/1:	$u_2+u'_2\mathrm{d}x$	statt:	$u_2+u'\mathrm{d}x$
278, in Gl. (5.3–23):	$\Phi_x\Phi_y[H_1H_2-(v+\hat{v})^2]$	statt:	$H_1H_2-(v+\hat{v})^2$
292, Zeile 10:	Φ_x, Φ_y	statt:	K_x, K_y
292, in Gl. (5.3–41):	B_y	statt:	$\sqrt{B_xB_y}$
320, in Gl. (6.2–31):	$\bar{\bar{\beta}}_m$	statt:	$\bar{\bar{\beta}}^m$
327, in Bild 6.2/11:	B_x/B_y und B_y/B_x	statt:	B_x/B und B_y/B
341, in Bild 6.3/6:	$p_{kr}b^2/\pi^2\sqrt{B_xB_y}$	statt:	$p_{kr}b^2/\pi^2\sqrt{B_x/B_y}$